ÉLÉMENTS

DE

PHYSIQUE MÉDICALE

MÊME LIBRAIRIE

GAUTIER

Professeur agrégé à la Faculté de médecine
Membre de l'Académie de médecine
Directeur adjoint du Laboratoire de chimie biologique.

Chimie appliquée à la physiologie, à la pathologie, à l'hygiène, avec les analyses et les méthodes de recherches les plus nouvelles. 2 vol. in-8 avec figures dans le texte.   18 fr.

La Première Partie : Chimie appliquée a l'hygiène, comprend l'étude : 1° *de l'air atmosphérique,* de ses variations, de ses viciations et de leurs effets sur l'homme; 2° *des aliments et de l'alimentation;* 3° *des eaux,* de leur nature, de leur rôle dans la nutrition, de leur influence sur la santé publique; 4° *des milieux habités* et de tout ce qui se rattache aux questions de cubage d'air, d'altération et d'assainissement des milieux où vivent l'homme et les animaux.

La Deuxième Partie : Chimie appliquée a la physiologie, est divisée en six livres. Livre I. *Des tissus proprement dits.* — Livre II. *Digestion.* — Livre III. *Assimilation.* — Livre IV. *Sécrétions.* — Livre V. *Respiration.* — Livre VI. *Innervation et reproduction.*

La Troisième Partie : Chimie appliquée a la pathologie, est divisée parallèlement à la Deuxième, en livres correspondants qui comprennent successivement : les *altérations pathologiques des tissus;* les *troubles de la digestion* et les *produits anormaux du tube digestif;* les *altérations morbides du sang, du chyle et de la lymphe;* les *modifications pathologiques des diverses sécrétions,* les *altérations du poumon et de la respiration,* etc.

NAQUET et HANRIOT

Professeurs agrégés à la Faculté de médecine

Principes de chimie fondée sur les théories modernes ; 4° édition, revue et considérablement augmentée. Paris, 1883. 2 vol. in-18 de 1200 pages avec gravures dans le texte.   11 fr.

Parmi les principales additions que l'on trouvera dans cette quatrième édition, nous signalerons les méthodes employées pour liquéfier les gaz réputés permanents. l'exposé de la classification de Mendeléef et l'histoire du Gallium, ce nouveau métal si singulier.

Depuis quelques années la chimie organique a changé de face. La connaissance approfondie de la constitution des corps, les nombreuses synthèses exécutées depuis cette époque, la thermochimie, ont modifié les considérations théoriques. Presque partout, ces passages des *Principes de chimie* ont dû être refaits. Bien des corps, séparés dans l'âge primitif, ont dû être rapprochés. Ainsi les sucres ont été décrits à côté des aldéhydes ; le cyanogène et ses dérivés à côté des amides. De nombreuses additions ont été faites, relatives aux aldéhydes, à la série aromatique, aux synthèses récentes de l'acide citrique, de l'indigo, de l'atropine, etc. Enfin, deux chapitres, entièrement nouveaux, relatifs, l'un à la série pyridique et quinoléique, l'autre aux relations du pouvoir rotatoire avec les positions des atomes dans la molécule, ont été introduits dans cette quatrième édition.

Sceaux. — Imprimerie Charaire et fils.

ÉLÉMENTS

DE

PHYSIQUE MÉDICALE

PAR

C.-M. GARIEL | V. DESPLATS

Membre de l'Académie de médecine | Professeur au lycée Condorcet

PROFESSEURS AGRÉGÉS A LA FACULTÉ DE MÉDECINE DE PARIS

PRÉCÉDÉS D'UNE PRÉFACE

PAR

M. GAVARRET

PROFESSEUR DE PHYSIQUE MÉDICALE A LA FACULTÉ DE MÉDECINE DE PARIS

DEUXIÈME ÉDITION

CORRIGÉE ET AUGMENTÉE

AVEC 535 GRAVURES DANS LE TEXTE

PARIS

LIBRAIRIE F. SAVY

77, BOULEVARD SAINT-GERMAIN, 77

—

1884

PRÉFACE

DE LA PREMIÈRE ÉDITION

La nécessité de l'introduction de la physique dans les études biologiques est, tous les jours, mieux et plus universellement comprise. D'une part, l'intervention des agents physiques, comme cause ou comme effet, dans l'accomplissement de toutes les fonctions des êtres vivants, n'est plus contestée par personne. D'autre part, tout observateur jaloux d'étudier, avec quelque précision, les phénomènes de la vie, soit à l'état physiologique, soit à l'état pathologique, s'empressé de recourir à ces moyens d'investigation empruntés à la physique, dont l'importance est aujourd'hui généralement appréciée, dont l'adoption a si puissamment contribué à imprimer, aux recherches de biologie, cette exactitude et cette rigueur qui sont devenues un besoin de tous les esprits et ont toujours été le caractère distinctif de toute véritable science.

Le monde médical retentit encore des discussions passionnées soulevées par la question de l'utilité de l'emploi du microscope dans les études anatomiques. Les faits ont parlé ; les progrès si rapides de l'embryogénie, de l'histologie normale et pathologique, ont fait justice de ces oppositions dont personne, aujourd'hui, ne serait tenté de prendre la responsabilité. Des laboratoires d'anatomie et de physiologie, le microscope est passé, en compagnie du polariscope, dans les services de clinique, et, de l'aveu de tous, la précision du diagnostic a beaucoup gagné à ces deux importations. Les jeunes générations marchent d'un pas ferme dans cette voie, dont la fécondité leur est démontrée et dont on essayerait vainement de les détourner.

Il serait inutile de parler ici des appareils de la locomotion et des organes des sens ; dans l'accomplissement de leurs fonctions, le rôle des lois de la mécanique et de la physique est tellement évident qu'il n'est jamais venu à l'esprit de personne de le révoquer en doute. Mais nous devons rappeler, en passant, que si la physiologie et la pathologie oculaires ont fait, dans ces derniers temps, des progrès si considérables, c'est : d'une part, parce que l'ophtalmomètre a permis de mesurer exactement les courbures des surfaces réfringentes de l'œil et les variations de ces courbures : d'autre part, parce que l'ophtalmoscope a rendu possible et facile l'observation directe des parties les plus profondes de l'organe de la vision.

Chez les animaux supérieurs à circulation lente, le cœur donne environ quarante pulsations par *minute ;* la durée d'une révolution cardiaque complète n'excède donc pas *une seconde et demie.* Dans un intervalle de temps aussi court, le cœur exécute des mouvements et subit des changements de forme très variés : les uns, *passifs,* sont la conséquence nécessaire du relâchement de ses fibres musculaires et des variations de la tension du sang dans ses cavités ; les autres, *actifs,* sont dus aux contractions des parois musculaires des ventricules et des oreillettes. Aussi, au premier abord, quand le cœur est mis à nu, au milieu de ces mouvements de sièges différents, si nombreux, si rapides, qui empiètent les uns sur

les autres, tout paraît confusion. Sans doute, avec de l'attention, on parvient à distinguer les mouvements *passifs* des
mouvements *actifs*, à séparer ce qui revient au jeu des oreillettes de ce qui dépend du jeu des ventricules. Par un effort
d'analyse, des physiologistes éminents avaient réussi à déterminer l'ordre de succession des principales phases de la
révolution cardiaque. Mais, en présence de tant de phénomènes, de leur complication apparente, de leur peu de durée,
il restait toujours place pour des interprétations différentes.
La démonstration n'était pas assez nette, assez éclatante,
pour commander la conviction et couper court à toute controverse. Il n'y a donc pas lieu de s'étonner si, malgré tant
de recherches exécutées depuis la découverte de Harvey, on
discutait encore, en 1843, sur le mécanisme de la circulation
intra-cardiaque et de la production des bruits du cœur.

Il a suffi à MM. Marey et Chauveau d'emprunter aux
physiciens leurs appareils enregistreurs à indications continues et de les appliquer à l'étude des mouvements du cœur,
pour dissiper toutes les obscurités dont ces importantes questions étaient restées enveloppées. L'adoption de ces procédés d'exploration leur a permis de confier au cœur le soin de
tracer lui-même, en caractères indélébiles, le tableau des
diverses phases d'une révolution complète. Instant précis et
durée de la systole et de la diastole des oreillettes et des ventricules, rôle des valvules auriculo-ventriculaires et sigmoïdes,
synchronisme de la systole ventriculaire, du choc et du premier bruit du cœur, coïncidence du second bruit et du début
de la diastole ventriculaire : tout s'est trouvé ainsi déterminé
avec une exactitude et une netteté inattendues. En même
temps qu'il a fait connaître aux physiologistes l'ordre de succession, le rythme, les caractères, les causes des mouvements et des bruits normaux du cœur, pendant une révolution complète de cet organe, le travail de ces deux éminents
observateurs est la base solide sur laquelle peuvent et doivent

s'appuyer les pathologistes, pour s'élever, de l'étude des altérations des mouvements et des bruits du cœur, au diagnostic
de ses lésions organiques.

Agent thérapeutique d'une puissance incontestable, l'électricité est, entre les mains des physiologistes, un réactif très
précieux pour analyser et mettre en lumière les fonctions
spéciales de quelques-unes des parties de l'économie. Les
électrisations localisées ont permis d'étudier directement sur
l'homme vivant l'action propre de chaque muscle, en le faisant contracter *seul* pendant que les muscles voisins restent
à l'état de repos. Aidé de ce puissant moyen d'investigation,
un des plus éminents physiologistes de l'école de Paris, M. le
professeur Longet, a poussé l'étude des fonctions du système
nerveux au delà des limites que n'avait pu franchir la physiologie expérimentale. Appuyé sur ce bel ensemble d'expéri-
mentations, il a pu donner la solution définitive et complète
de la question si longtemps controversée, si obscure avant
ses travaux, de l'excitabilité propre, directe, de la fibre musculaire dépouillée du filet nerveux qui, pendant la vie, lui
transmet les ordres de la volonté.

Il serait certainement inutile d'insister sur les services
rendus à la physiologie et à la pathologie par la détermination de la température propre normale de l'homme aux diverses
phases de son existence, et par la recherche, si ardemment
et si consciencieusement poursuivie aujourd'hui, des variations de cette température dans l'état de maladie. L'étude des
rapports de l'absorption avec les phénomènes d'imbibition,
d'osmose et de diffusion, nous montrerait combien une connaissance approfondie des actions moléculaires des corps
peut projeter de vives lumières sur les problèmes les plus
complexes et les plus obscurs de la vie organique.

Si, de la considération des fonctions en particulier, nous
passions à l'examen des conditions d'existence imposées à
l'être organisé, nous rencontrerions des faits de même ordre

et sur une bien plus grande échelle. L'animal naît, se développe et meurt, soumis aux influences créées autour de lui par les variations incessantes des conditions physiques de l'atmosphère qui l'enveloppe de toutes parts, profitant de celles dont l'action est bienfaisante, se garant, derrière des abris naturels ou derrière ceux que lui fournit son industrie, de celles dont l'action pourrait lui devenir nuisible, fatale. La vie entière se résume ainsi, non pas, comme on l'a trop répété et comme on le dit encore tous les jours, en une lutte soutenue contre les agents extérieurs, mais en un effort incessant pour établir l'harmonie entre les activités de chaque organisme et les conditions du milieu ambiant.

Un progrès immense a été accompli dans ces dernières années ; les travaux des physiciens ont établi que toutes les forces du monde extérieur sont transformables les unes en les autres par équivalence. Tous ces agents, chaleur, électricité, lumière, affinité, etc., si longtemps considérés comme distincts par leur nature aussi bien que par leur mode de manifestation, ne diffèrent en réalité que par *leur forme*, ont une commune mesure, le *travail*, ne sont que des modalités du principe dynamique répandu, comme la matière, en quantité invariable dans l'univers. Née d'hier, cette grande doctrine de la réciprocité des forces domine déjà toutes les sciences physico-chimiques ; déjà elle a conquis, dans la biologie, une place qui s'élargit tous les jours et que rien ne peut plus lui faire perdre. Lavoisier a démontré que la chaleur animale est produite par les réactions physico-chimiques accomplies dans les profondeurs de l'économie ; les recherches modernes tendent à établir que les deux autres grandes manifestations dynamiques dont dispose l'animal, la contractilité musculaire et l'action nerveuse, ont la même origine, ne sont que des transformations équivalentes de la chaleur. La doctrine de la réciprocité des forces est-elle assez générale pour embrasser les activités du monde organisé aussi bien que celles du monde inorganique ? Telle est la question qui s'impose d'elle-même. Les physiologistes doivent donc se préoccuper des origines des activités propres des éléments histologiques, des rapports de ces propriétés dites *vitales* avec les grands agents du monde extérieur ; pour se préparer à la recherche de la solution de ces hauts problèmes de biologie générale, ils ne sauraient trop se familiariser avec la notion de *travail*.

Ces quelques considérations nous paraissent suffisantes pour démontrer que, à quelque point de vue qu'on se place, de sérieuses études de physique doivent être recommandées aux jeunes gens qui se destinent à la carrière médicale. Un livre de physique, fortement empreint de ce caractère élémentaire qui n'exclut pas la rigueur de la démonstration, dans lequel se trouvent exposés, avec tous les développements convenables et avec les seules ressources des données expérimentales, les principes fondamentaux de la mécanique, en même temps que les principales lois de la chaleur, de l'électricité, de la lumière, de l'acoustique, des actions moléculaires, doit être désormais considéré comme un complément nécessaire des traités de physiologie, d'hygiène et même de pathologie. Toutes ces qualités se trouvent réunies dans les *Nouveaux éléments de physique médicale* publiés par MM. Gariel et Desplats ; nous ne saurions trop recommander cet ouvrage à l'attention des élèves des Facultés de médecine. Professeurs agrégés de la Faculté de médecine de Paris, préparés par des études approfondies des rapports des sciences physiques et des sciences biologiques, et aussi par une longue pratique de l'enseignement, MM. Gariel et Desplats ont prouvé qu'ils possédaient les connaissances et les aptitudes nécessaires pour mener à bonne fin une œuvre dont, mieux que personne, ils comprenaient toutes les difficultés.

J. GAVARRET.

10 mai 1870.

PRÉFACE

DE LA DEUXIÈME ÉDITION

—————

Nous ne saurions rien ajouter aux idées si bien exprimées par M. le professeur Gavarret dans la préface qu'il a bien voulu écrire pour la première édition de cet ouvrage sur l'importance du rôle de la physique dans l'étude des sciences biologiques ; tout au plus, nous serait-il possible de joindre quelques exemples récents à ceux qu'il a si magistralement indiqués. Nous voulons seulement signaler les changements que nous avons fait subir à notre précédent ouvrage et qui font de cette deuxième édition un livre véritablement nouveau.

Ces changements nous ont été suggérés par une longue pratique des examens et surtout par l'expérience, prolongée pendant plusieurs années, que l'un de nous a faite en traitant à la Faculté de Médecine successivement toutes les parties de la physique.

Bien que la physique médicale ne soit pas, au fond, une science distincte de la physique générale, bien que l'on

doive éviter d'établir avec la physiologie, sur certains points.
une confusion qui serait fâcheuse par suite de l'ordre établi
dans les études, il faut reconnaître que le cours de physique
professé dans une école de médecine doit se distinguer par
certains caractères spéciaux. Les diverses parties de la physique doivent être étudiées surtout en vue des applications
que les élèves seront appelés à en faire dans la suite de
leurs études ou même dans leur carrière professionnelle ;
l'importance relative des divers chapitres sera donc tout
autre que celle qu'on leur attribuerait dans un cours destiné
à des architectes et à des ingénieurs ; c'est ainsi que, par
exemple, l'étude des actions moléculaires doit être très complète, tandis que celle des lois de la chute des corps peut
être presque passée sous silence. D'autre part l'étude des
phénomènes physiques dans leurs rapports avec les sensations doit être plus développée qu'elle ne le serait dans un
cours général ; les exemples doivent être choisis spécialement dans les questions se rapportant aux études biologiques ; ajoutons que les démonstrations doivent présenter
un caractère très net de simplicité.

C'est en nous guidant sur ces idées que nous avons
remanié complètement la première édition des *Éléments de
physique médicale ;* nous avons cherché à beaucoup simplifier, tant dans le fond que dans la forme : les suppres-
sions, et elles sont nombreuses, étaient d'autant plus nécessaires que certaines additions s'imposaient, notamment en
électricité, car cette partie de la science a reçu depuis douze
ans de nombreuses et importantes applications dont la connaissance est nécessaire aux médecins.

Nous signalerons d'une manière spéciale les modifications
apportées à l'optique et à l'électricité.

En optique, la question de la réfraction à travers les
systèmes centrés a été traitée très complètement, parce
qu'elle est indispensable pour comprendre avec précision le

rôle des divers milieux réfringents de l'œil. Cette étude complète n'exige, d'ailleurs, que l'application des propriétés élémentaires des triangles semblables et celle des calculs algébriques les plus simples ; dans la plupart des cas même, ces démonstrations ont été rejetées en note et on peut les passer à la première lecture.

En électricité, pour des raisons que nous indiquons, nous avons pris le parti d'adopter la théorie d'un seul fluide et nous croyons avoir donné par là plus d'homogénéité à cette partie de la physique ; nous avons introduit les notions indispensables maintenant du potentiel, du champ magnétique, des lignes de force, sans aucun calcul d'ailleurs. Enfin nous avons insisté, et cela était indispensable, sur les unités électriques que ne saurait ignorer aucun de ceux qui, à un titre quelconque, appliquent ce merveilleux agent.

Indiquons, sans insister cependant, le développement que nous avons donné à l'étude des propriétés moléculaires ; ces propriétés, peu ou point développées dans les cours élémentaires, ont une importance capitale pour l'explication des phénomènes qui se produisent chez les êtres organisés.

Nous croyons inutile de nous appesantir sur les changements que nous avons apportés aux autres parties, changements qui sont nombreux et qui nous ont été suggérés par les leçons que nous avons faites à la Faculté de Médecine depuis plusieurs années.

Indiquons également quelques modifications matérielles : pour faciliter la lecture, les caractères ont été choisis de plus forte dimension, les lignes ont été plus espacées, ce qui a entraîné un changement de format. Les modifications introduites dans le texte ont amené la suppression de près de 100 figures et nous en avons fait graver plus de 130 nouvelles.

Dans ces dernières années les conditions de l'enseignement dans les écoles de médecine se sont modifiées, se sont améliorées à divers égards ; nous nous sommes efforcés de donner aux étudiants un livre fait spécialement en vue des conditions actuelles.

Puissions-nous avoir atteint le but que nous nous proposions.

Décembre 1883.

TABLE DES MATIÈRES

LIVRE PREMIER

PROPRIÉTÉS GÉNÉRALES DES CORPS.

LIVRE II

PREMIÈRE SECTION : ACOUSTIQUE.

DEUXIÈME SECTION : CHALEUR.

TROISIÈME SECTION : OPTIQUE.

LIVRE III

MAGNÉTISME ET ÉLECTRICITÉ.

ÉLÉMENTS

DE

PHYSIQUE MÉDICALE

INTRODUCTION

1. But de la physique. Ses divisions. — La physique est la science qui s'occupe des modifications que subissent les corps et des phénomènes dont ils sont le siège, tant qu'il n'en résulte pas pour ces corps des variations dans leur constitution intime. Ces phénomènes sont de divers ordres : tantôt ils affectent directement l'un de nos sens, ainsi qu'il arrive pour les corps qui s'échauffent, qui deviennent sonores ou lumineux, ou bien qui éprouvent des modifications de structure appréciables par le toucher, etc.; tantôt ces modifications ne se révèlent à nous que par les actions qui se produisent sur d'autres corps et qu'on peut mettre en évidence par l'expérience : c'est ainsi qu'un barreau de fer aimanté ne se distingue en rien, pour les sensations qu'il nous fait éprouver, d'un barreau non aimanté, et qu'il faut avoir recours à son action sur certains métaux pour avoir l'idée d'une différence quelconque entre les deux.

Les divisions que l'on a introduites dans l'étude de la physique ont été relatives précisément aux actions spéciales des organes des sens, et l'on a créé tout d'abord un agent spécial et distinct pour chaque ordre de phénomènes. On pense aujourd'hui que les différences des sensations dépendent non pas tant de la diversité des agents que de l'action propre à chacun des organes des sens, et l'on est porté à assigner à tous les phénomènes une même cause, *le mouvement*. Si la démonstration paraît complète pour les phéno-

mènes sonores, lumineux et calorifiques, il n'en est pas de même
pour la pesanteur, l'électricité et le magnétisme, que l'on ne peut
encore relier avec certitude à la même cause. Cependant des relations multiples et importantes rattachent toutes ces actions, et leur
étude complète et approfondie conduira vraisemblablement à admettre une seule cause pour tous les phénomènes physiques, auxquels se rattacheront les actions chimiques elles-mêmes.

Il est absolument nécessaire, pour l'étude de la physique, de
posséder quelques notions générales de mécanique, tant pour
concevoir le fonctionnement de divers appareils que pour pouvoir
se rendre compte des relations intimes qui existent entre les phénomènes physiques proprement dits et les phénomènes mécaniques.
Aussi nous a-t-il paru indispensable de placer, en tête de l'étude de
la physique, l'indication des principales notions de mécanique :
nous nous sommes efforcés de les réduire au strict nécessaire, et
d'autre part, nous avons cherché à montrer immédiatement leur
utilité en donnant des exemples de leur application directe.

Les phénomènes physiques se manifestent par les modifications
apportées aux corps dans diverses circonstances : il est donc naturel de s'occuper des propriétés générales des corps et des actions
qui s'exercent par leur simple contact, alors que ces actions ne
changent pas la constitution chimique des corps et qu'elles produisent des modifications dans les propriétés générales seulement.

L'étude des phénomènes sonores, calorifiques et lumineux forme
un ensemble rationnel : ils sont caractérisés par des sensations
distinctes, et, avec certitude pour les uns, avec grande probabilité
pour les autres, ils dépendent de mouvements vibratoires.

L'électricité et le magnétisme, dont l'existence ne nous est
pas connue par une sensation directe, dont la cause est inconnue,
mais qui sont intimement liés entre eux, seront étudiés en dernier
lieu.

2. Des lois et des théories physiques. — L'étude
des phénomènes physiques se fait par l'*observation*, dans laquelle
on se borne à noter les diverses particularités que présente un
fait qui se produit naturellement, et par l'*expérience*, qui fait
varier de différentes manières les conditions dans lesquelles ce
fait se produit, afin d'en faire varier également les résultats.
L'étude d'un phénomène est complète, lorsque l'on a déterminé d'une manière générale les relations qui existent entre les
conditions et les résultats; l'énoncé de ces relations constitue les
lois physiques, qui peuvent, pour la plupart, être traduites en formules algébriques et sont susceptibles alors de donner des résultats numériques.

Il faut bien remarquer que les lois ne sont que la généralisation d'un nombre plus ou moins considérable d'expériences ; que l'on ne doit les admettre, en général, que dans les limites mêmes des expériences, et que leur application en dehors de' ces limites est souvent abusive et peut conduire à des conséquences erronées.

L'étude des diverses lois qui se rapportent à un même ordre de phénomènes peut montrer qu'elles ne sont toutes que des conséquences d'un même principe ou d'une seule hypothèse : l'ensemble de ce principe et des lois qui en découlent constitue une *théorie physique*. De nouvelles expériences, des considérations particulières et souvent aussi l'application des mathématiques ont permis ·de réunir en une seule deux ou plusieurs théories, et de simplifier par suite leur étude. Nous avons déjà dit qu'on peut admettre avec une certaine vraisemblance que toutes les théories reçues aujourd'hui se fusionneront en une seule, et que toutes les lois de la physique pourront se déduire avec plus ou moins de facilité d'un seul et même groupe d'hypothèses : c'est à la découverte de cette théorie générale que tendent actuellement les travaux des physiciens.

3. — L'étude d'un phénomène ne peut être exclusivement qualitative, elle doit comporter des déterminations quantitatives. Ce sont ces déterminations quantitatives, ces mesures, qui conduisent aux énoncés des lois; aussi doivent-elles être prises avec la plus grande précision possible ; bien que l'on sache que l'on ne peut arriver à des valeurs *rigoureusement exactes*, il importe de diminuer autant que possible les erreurs d'observation, et il importe tout autant de les évaluer afin de savoir sur quelle approximation on peut compter. Les mesures spéciales, proprement physiques, ne peuvent être étudiées qu'avec les phénomènes auxquels elles se rattachent; mais il est des mesures importantes, d'ordre général, sur lesquelles il nous a paru nécessaire de donner d'abord quelques indications précises.

4. **Des mesures en général.** — La comparaison de deux grandeurs, qu'elle soit le résultat de l'action directe de nos sens ou de l'emploi d'appareils quelconques, conduit à conclure soit à l'égalité, soit à l'inégalité de ces grandeurs. Il est bon de rappeler que la comparaison, même réduite à ce degré de simplicité, ne peut avoir lieu qu'entre des grandeurs de même nature, et que, par exemple, on ne saurait comparer une longueur à un poids, pas plus que l'intensité de la lumière à celle du son.

Mais l'idée de comparaison peut être poussée plus loin et l'on peut chercher, par exemple, combien de fois une grandeur est contenue dans une autre. On arrive alors à déterminer le rapport entre deux grandeurs, opération qui ne peut pas toujours s'effectuer directement.

Enfin, on peut convenir que, au lieu de comparer entre elles, deux à deux, et de toutes les façons possibles, des grandeurs de même nature, on les comparera toutes à *une* de ces grandeurs, fixée arbitrairement mais bien déterminée. Il n'est pas utile d'insister sur l'avantage que présente cette convention. Cette grandeur fixe, invariable, est ce que l'on nomme l'*unité*, et sa représentation matérielle est un *étalon*. Le résultat de la comparaison d'une grandeur à l'unité correspondante est la *mesure* de cette quantité.

5. — Il résulte de ce que nous venons de dire qu'il faut autant d'unités distinctes qu'il y a de grandeurs de nature différente que l'on veut évaluer. Ces unités n'ont pas de rapport nécessaire entre elles : l'unité de poids n'est en réalité reliée en rien à l'unité de longueur, par exemple, et l'on peut concevoir un système d'unités dans lequel chaque étalon serait défini isolément sans préciser aucune relation avec les autres.

Mais le raisonnement dans certains cas, l'expérience dans d'autres, montrent que des relations effectives existent entre des grandeurs de nature différente : que, par exemple, les poids de sphères différentes d'une même substance sont proportionnels aux cubes des rayons; que l'intensité d'une attraction électrique (action mécanique) dépend des quantités d'électricité en présence (grandeur de nature spéciale) et de la distance (longueur); etc.

Ces relations, ces lois, les formules qui en découlent peuvent prendre des formes plus ou moins compliquées qui dépendent du choix des unités. Si l'on admet que l'on ait pris des unités telles que les lois et les formules soient réduites à la plus grande simplicité possible, l'ensemble de ces unités constitue un *système d'unités absolues*. (Le mot *absolu* ne doit pas être pris ici dans son véritable sens et signifie que les unités se déduisent *rationnellement* les unes des autres.)

On est encore loin d'avoir un système absolu d'unités pour toutes les grandeurs à mesurer. Ce système existe cependant, au point de vue géométrique, pour le système métrique français : l'*unité* de surface et l'*unité* de volume sont, en effet, par convention, le carré et le cube construits sur l'*unité* de longueur. A ce même système se trouvent rattachées l'*unité* de force (mécanique), puisque l'*unité* de poids est le poids de l'*unité* de volume d'eau, et les unités employées en électricité, comme nous le dirons plus loin. Malheureusement d'autres unités usitées en physique ne font pas partie du système absolu, et peut-être sont-elles depuis trop longtemps d'un usage général pour qu'il soit possible de les modifier : nous citerons, par exemple, les unités relatives à la chaleur, qui dérivent toutes du *degré*, notion sans lien avec les autres unités.

Il résulte de ces considérations générales que, parmi les unités, il en est qui dérivent d'autres précédemment définies: les unités de poids, de volume, dérivent de l'unité de longueur; cette dernière est dite *unité principale*, les autres *unités dérivées*. Il existe trois unités principales : l'unité de longueur, l'unité de temps et l'unité de masse. La dernière sera définie en mécanique (34); les deux premières peuvent être définies immédiatement.

L'unité de longueur est le *mètre*, soit la 10,000,000° partie du quart du méridien terrestre; l'*étalon*, règle en platine conservée aux Archives et dont on exécute actuellement des copies identiques pour la plupart des nations civilisées, diffère d'une quantité excessivement minime de cette valeur : c'est cet étalon qui est accepté d'un commun accord comme définissant l'unité de longueur.

L'unité de temps est la seconde solaire (17).

6. — La mesure des longueurs et des temps est nécessaire pour l'étude expérimentale de la première partie de la mécanique, la cinématique; de plus la mesure des grandeurs géométriques est souvent employée dans les applications : il est donc nécessaire de nous y arrêter quelque peu.

L'unité de longueur, le mètre, n'est pas une unité qui soit toujours très commode dans la pratique; aussi lui substitue-t-on souvent des multiples ou sous-multiples, le kilomètre pour les grandes distances, le centimètre ou le millimètre pour les petites longueurs, et même le *micron* (que l'on représente par la lettre grecque μ) ou millième de millimètre pour les objets microscopiques.

De même pour la seconde : on emploie, dans beaucoup de cas, au lieu de cette unité la minute, l'heure ou le jour. Dans certaines circonstances, on peut même faire usage de plus longues durées.

7. **Mesures géométriques.** — Les grandeurs que l'on a à mesurer au point de vue géométrique sont des longueurs, des surfaces, des volumes, des angles plans, des angles dièdres et des angles polyèdres.

La mesure géométrique des surfaces se ramène à des mesures de longueurs; il en est de même de celle des volumes.

La mesure des angles dièdres et polyèdres est donnée par celle d'angles plans. Enfin les angles plans sont mesurés par les arcs correspondants. On conçoit dès lors l'intérêt qui s'attache à la mesure exacte des longueurs.

Ajoutons qu'il y a des moyens directs de mesurer les surfaces : nous les indiquerons.

8. Mesure d'une longueur rectiligne. Vernier. — Pour mesurer une longueur rectiligne AB (*fig.* 1), on fait usage d'une règle rectiligne graduée, par exemple, en centimètres et millimètres. On

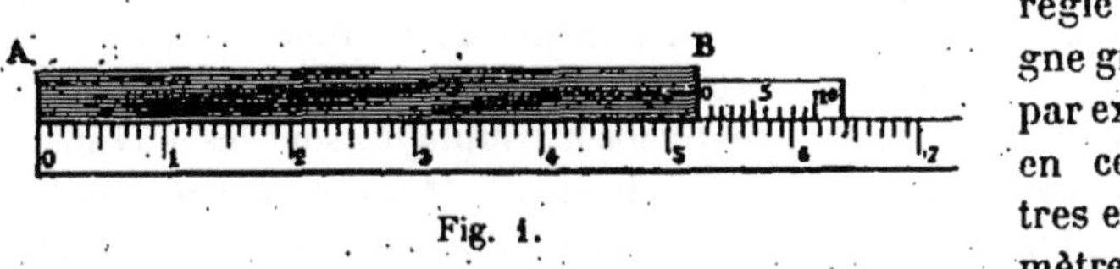

Fig. 1.

place l'extrémité de la règle en face de l'une des extrémités de la longueur AB et l'on regarde en face de quelle division se trouve l'autre extrémité; si cette extrémité se trouve en face d'un trait, le numéro du trait fait connaître la longueur cherchée. Mais si cette extrémité tombe entre deux traits, on voit seulement que la longueur cherchée est comprise entre celles correspondant à ces deux traits. Dans un grand nombre de cas cette évaluation est suffisamment approchée. Mais il peut être nécessaire d'obtenir une approximation plus grande; on pourrait y arriver évidemment en employant une règle dont les divisions fussent plus rapprochées; mais à cause de l'épaisseur des traits, on ne peut augmenter leur nombre au delà d'une certaine mesure. Il est peu commode, dans la pratique, d'avoir des traits qui soient à une distance moindre que 1 demi-millimètre.

On se sert du *Vernier* lorsque l'on veut apprécier une longueur avec une approximation qui dépasse le demi-millimètre. Le vernier est une petite réglette (*fig.* 1) qui peut glisser le long de la règle divisée et qui est elle-même divisée : si, par exemple, on veut avoir le 10° de millimètre, la règle étant graduée en millimètres, le vernier aura une longueur de 9 millimètres et sera divisée en 10 parties. (D'une manière générale, si D est la valeur d'une division de la règle et que l'on veuille une approximation égale à $\dfrac{D}{n}$, le vernier aura une longueur égale à $(n-1)$ D et sera divisé en n parties.) La longueur à mesurer étant placée à côté de la règle, le vernier permet de déterminer de combien l'extrémité B de la longueur dépasse le trait le plus voisin de la règle. A cet effet, on fait glisser le vernier jusqu'à ce que son zéro vienne s'appliquer contre l'extrémité B, et l'on cherche s'il existe un trait du vernier qui soit exactement sur le prolongement d'un trait de la règle, qui soit en *coïncidence*, suivant l'expression consacrée. Le numéro de ce trait indique combien de dixièmes de millimètre il faut ajouter à la longueur marquée par le trait précédent de la règle, pour avoir la mesure cherchée.

S'il n'y avait pas de coïncidence, on prendrait le numéro du trait qui présente la moindre distance avec un trait de la règle.

L'emploi de cet appareil, qui rend de très grands services, est basé sur ce que la différence entre une division de la règle et une division du vernier est égale à 1 dixième de millimètre, comme il est facile de s'en rendre compte.

Les verniers qui sont effectivement employés sont les suivants :

Avec une règle divisée en millimètres : 1° un vernier de 9 millimètres de longueur donnant le 10° de millimètre; — 2° un vernier de 19 millimètres donnant le 20° de millimètre.

Avec une règle divisée en demi-millimètres : 3° un vernier de $9^{mm},5$ donnant également le 20° de millimètre.

9. Cathétomètre. — Dans un assez grand nombre de cas, on a à mesurer des longueurs dans des conditions spéciales : par exemple, on veut déterminer la distance verticale de deux points, c'est-à-dire la distance de deux plans horizontaux, dont chacun passe par l'un des points considérés. On emploie alors le *cathétomètre*.

Cet appareil se compose d'un axe que l'on peut rendre vertical et autour duquel tourne un cylindre qui l'enveloppe et qui est gradué en parties égales, en centimètres et millimètres, par exemple. Un chariot glisse le long de ce cylindre et peut être fixé à une hauteur quelconque à l'aide d'une vis de pression. Sur ce chariot repose une lunette dont l'axe est perpendiculaire à l'axe de rotation, horizontal par conséquent. Cet axe peut, lorsque le chariot est fixe, tourner dans tous les azimuts, dans toutes les directions; comme, d'autre part, ce chariot peut monter ou descendre, il s'ensuit que, dans les limites d'étendue de l'appareil, l'axe de la lunette peut être dirigé vers un point quelconque de l'espace. En visant successivement deux points, le pied de l'appareil restant fixe, et notant pour chaque position la division de la règle graduée à laquelle s'est arrêté le chariot, on comprend que la différence mesurera la hauteur verticale cherchée.

L'appareil présente un certain nombre de pièces qui permettent de vérifier si les conditions essentielles sont remplies, verticalité de l'axe de rotation, horizontalité de l'axe de la lunette. De plus, le chariot peut être animé d'un mouvement très lent à l'aide d'une vis de rappel (13) et un vernier permet d'évaluer les déplacements avec une grande exactitude. Il est sans intérêt d'entrer ici dans le détail de ces diverses pièces.

10. Compas d'épaisseur. — Il arrive fréquemment que l'on veut évaluer la distance de deux points entre lesquels on ne peut appliquer une règle, comme par exemple lorsqu'il s'agit de déterminer l'épaisseur d'une tige, le diamètre d'une cavité.

Lorsque l'on veut trouver l'épaisseur d'un corps, on fait usage d'un compas d'épaisseur (*fig.* 2) formé de deux tiges métalliques,

Fig. 2.

terminées à une extrémité par une pointe ou un bouton, et réunies à frottement par une charnière à l'autre extrémité, de manière à conserver l'écartement qu'on leur donne; dans quelques cas, pour assurer la fixité de cet écartement, une pièce métallique, soudée à l'une des branches, passe à travers l'autre contre laquelle elle peut être serrée par une vis de pression.

Pour faire usage de cet appareil, on applique les deux extrémités libres des tiges sur les points dont on cherche la distance, et on les fixe à cette position; puis, retirant l'appareil, on le porte sur une règle graduée qui donne la distance cherchée.

Quelquefois la pièce transversale porte une graduation qui permet de lire immédiatement, pour chaque position des tiges, l'écartement correspondant de leurs pointes.

Il convient, dans la plupart des cas, de donner aux branches du compas une courbure plus ou moins prononcée. Cette disposition se rencontre notamment dans les *pelvimètres*, qui sont employés pour déterminer les diamètres des diverses parties du bassin.

Lorsque l'on veut déterminer le diamètre d'une cavité, on fait usage d'un compas à branches rectilignes; mais si l'ouverture de la cavité est moindre que le diamètre intérieur, on peut éprouver une difficulté que l'on évite en recourbant extérieurement les extrémités A et B des branches (*fig.* 3). Dans ce cas, comme on ne peut retirer l'appareil sans modifier son écartement, il convient d'employer un arc gradué donnant directement la valeur de cet écartement. Le plus souvent on prolonge les branches du compas de l'autre côté de la charnière d'une longueur égale : l'écartement se trouve alors le même de part et d'autre. Dans ce cas, on donne à ces tiges une forme courbe, de telle sorte que l'appareil, employé de ce côté, puisse servir de compas d'épaisseur.

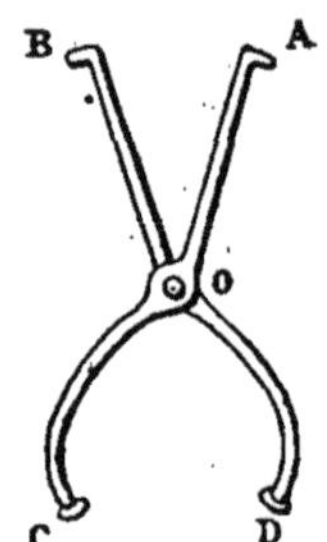

Fig. 3.

11. Vis micrométrique. — On appelle *vis micrométrique* une vis dont le pas est parfaitement régulier et, généralement au moins, est faible, un millimètre ou un demi-millimètre. L'écrou dans lequel tourne la vis doit présenter nécessairement la même régularité.

Si nous supposons que l'écrou soit fixe et que la vis vienne à se mouvoir, elle prendra ce que l'on appelle un mouvement hélicoïdal. On peut considérer comme éléments de ce mouvement, le déplacement parallèle à l'axe d'une part, et d'autre part le déplacement angulaire. Il résulte des propriétés de l'hélice que les déplacements parallèles à l'axe sont proportionnels aux déplacements angulaires. D'autre part, pour un tour entier, la vis avance d'une quantité égale à son pas. Si donc on connaît le déplacement angulaire, on pourra déduire le déplacement parallèle à l'axe.

C'est sur ce principe qu'est basé le *sphéromètre* (*fig.* 4) qui est destiné à mesurer les faibles épaisseurs, et qui peut servir à déterminer les diamètres des fils fins et, indirectement, à calculer le rayon des sphères.

Fig. 4.

Il est constitué, en principe, par une vis qui tourne dans un écrou porté par trois pieds et dont la pointe monte ou descend suivant que l'on tourne dans un sens ou dans l'autre. Le déplacement de cette pointe est évalué à l'aide d'un large disque fixé sur la vis, à sa partie supérieure, et divisé en parties égales. Ce disque tourne en face d'une règle verticale fixe servant d'index, ce qui permet d'évaluer les déplacements angulaires.

Si, par exemple, le pas de la vis est de 1 millimètre et si le disque est divisé en 100 parties, la pointe descendra de 1 centième de millimètre si l'on fait tourner la vis de manière à ce que 1 division du plateau passe devant l'index. Si le plateau a tourné de

37 divisions, la pointe a descendu (ou monté) de $0^{mm},37$; si l'on fait exécuter à la vis plus d'un tour, il faut compter évidemment le nombre de tours effectués.

On peut pousser l'approximation jusqu'au millième de millimètre à l'aide d'un sphéromètre dont le pas de vis soit de 1/2 millimètre et dont le plateau soit divisé en 500 parties.

12. Machine à diviser. — Si la vis était maintenue fixe et que l'écrou pût seul tourner, ce serait à cette partie que s'appliquerait la règle que nous avons énoncée précédemment. Il n'existe pas d'application pratique de cette disposition.

Mais on peut employer une disposition différente, par exemple, une vis qui ne puisse que tourner sans avancer, et un écrou qui ne puisse qu'avancer sans tourner. Dans ce cas, on reconnaît que les déplacements de l'écrou parallèles à l'axe sont proportionnels aux déplacements angulaires de la vis.

C'est sur cette idée qu'est basée la machine à diviser, qui peut servir à mesurer les longueurs. A cet effet, l'écrou est relié à un plateau qui glisse sur des rails qui le maintiennent et qui porte un microscope avec un réticule. La ligne à mesurer est placée sous ce microscope, parallèlement à l'axe, et par la rotation de la vis on amène la croisée des fils du réticule successivement au-dessus de chacune des extrémités de cette ligne : le nombre de tours et de fractions de tour fait connaître, comme pour le sphéromètre, le chemin parcouru et par suite la longueur cherchée.

Cet appareil est également disposé de manière à diviser les lignes droites en un nombre quelconque de parties égales.

13. Applications diverses de la vis micrométrique. — On désigne sous le nom de Palmer (*fig.* 5), dans certaines industries, un petit appareil qui sert à donner avec une grande précision le diamètre des tiges et des fils métalliques, et qui est basé sur la vis micrométrique.

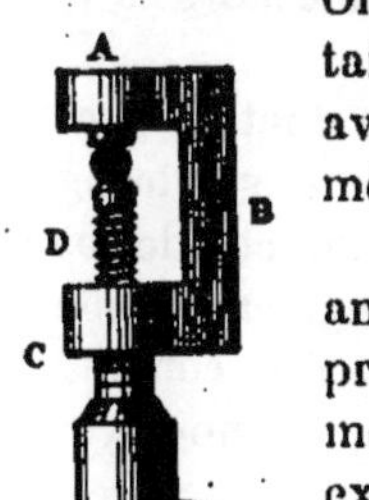

Il est formé d'une pièce deux fois recourbée à angle droit et dans laquelle, vers une extrémité, est pratiqué un écrou dont l'axe est parallèle au côté moyen du cadre. Une vis pénètre dans l'écrou et son extrémité, plane, peut venir buter contre la partie opposée. En tournant la vis, on laisse libre un intervalle dans lequel on introduit, jusqu'à ce qu'il passe exactement, le fil dont on veut déterminer le diamètre : la quantité dont a avancé la vis donne évidemment le diamètre cherché. Cette quantité est déterminée par le nombre de tours ou la fraction de tour dont on a fait tourner la vis, comme dans les appareils précédents.

Fig. 5.

Il existe plusieurs dispositions adoptées, mais généralement l'appareil est construit de telle sorte qu'on lit immédiatement sur la tête de la vis l'épaisseur cherchée, et non pas seulement le déplacement angulaire, ce qui évite un petit calcul.

La vis micrométrique est également employée dans les *microtomes* (*fig.* 6), pour faire monter la substance dans laquelle on veut faire une coupe de la quantité très petite qui représente l'épaisseur de la coupe.

Enfin, on utilise très souvent la vis, sous le nom de *vis de rappel*, pour faire mouvoir très doucement deux pièces M,N l'une par rapport à l'autre (*fig.* 7). L'une des deux présente un écrou fixe A, dans lequel pénètre une vis BC qui ne peut que tourner dans un collier D porté par l'autre pièce. En tournant la vis avec lenteur, on force l'écrou et la pièce à laquelle il est fixé d'avancer aussi lentement qu'on le désire et sans secousses.

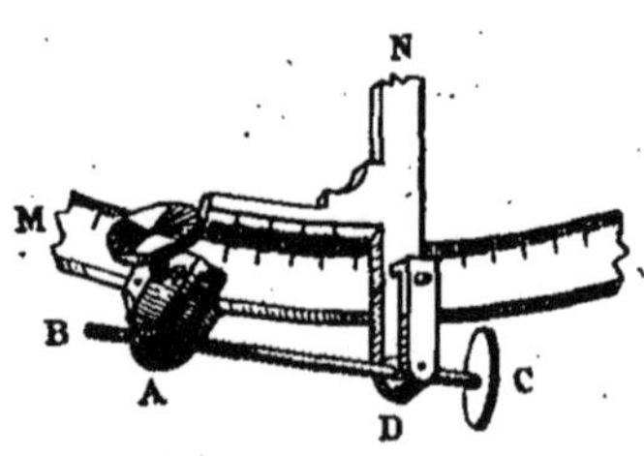

Fig. 6.

Fig. 7.

14. Mesure des lignes courbes. — Cette question se présente fréquemment et, suivant les circonstances, divers moyens peuvent être employés.

On peut, par exemple, se servir d'un fil flexible ou d'un ruban que l'on applique avec soin sur la ligne à mesurer; puis on le tend de manière à le rendre rectiligne, et on détermine alors sa longueur comme il a été dit précédemment.

On se sert également aussi d'une petite roulette dont la circonférence a une longueur connue et que l'on fait rouler sur la ligne courbe d'une extrémité à l'autre. En comptant le nombre de tours qu'elle a effectués, on en déduit aisément la longueur qu'elle a parcourue. Quelquefois, un compteur relié à l'axe fait connaître, par le mouvement d'une aiguille sur un cadran, ce nombre de tours.

Une ingénieuse disposition a permis d'éviter cette complication dans le *curvimètre* en même temps qu'elle dispense de tout calcul. L'axe autour duquel tourne la roulette est une vis dont la roulette forme l'écrou, de telle sorte qu'il se produit à la fois un déplacement latéral de celle-ci en même temps qu'un mouvement de rotation. Pour se servir du curvimètre, on s'assure que la roulette est à une des extrémités de l'axe; puis, l'appliquant sur la ligne, on la suit dans toute son étendue; on enlève alors l'appareil, la roue gardant la position qu'elle occupait, et on le porte sur une ligne droite graduée sur laquelle, à partir du zéro, on le fait rouler en sens inverse jusqu'à ce que la roulette, revenue à son point de départ, s'arrête à l'extrémité de l'axe. Le chemin parcouru, qu'on lit directement sur la ligne graduée, donne la longueur cherchée.

Dans le cas où les longueurs à mesurer sont comptées sur un cercle de rayon invariable, on peut diviser celui-ci en parties égales et faire usage d'un vernier (*fig.* 7) qui fonctionne comme pour les lignes droites, et qui peut glisser sur la circonférence sans la quitter.

Cette disposition est appliquée dans tous les instruments qui servent à mesurer les angles : on évalue ceux-ci à l'aide de la longueur de l'arc.

15. **Mesure des surfaces**. — La géométrie enseigne à déterminer, exactement ou avec approximation suivant les cas, la valeur d'une surface plane donnée, lorsque l'on connaît la grandeur d'une ou de plusieurs lignes tracées de façon à satisfaire à certaines conditions. Nous n'avons pas à nous arrêter ici à l'indication des formules auxquelles on est conduit.

Mais il existe d'autres moyens, souvent usités dans la pratique, de mesurer l'étendue d'une surface plane. On peut, par exemple, tracer cette surface sur un papier quadrillé, et compter le nombre de carrés qu'elle contient : on en déduira la valeur cherchée, si l'on connaît la surface de l'un des carrés. Cette méthode est peu exacte, sauf quelques cas particuliers, parce que, au périmètre, il se présente des carrés qui n'entrent que pour une partie dans la surface considérée, et que l'on ne peut que par à peu près évaluer à combien de carrés entiers correspond la somme de toutes les parties utiles des carrés traversés par le périmètre.

Un autre procédé, assez souvent employé et plus exact, consiste à tracer la surface sur un papier un peu fort et aussi homogène que possible, puis à la découper et à la peser. On pèse, d'autre part, une figure tracée sur le même papier et qui ait une surface bien connue, celle de l'unité de surface, par exemple. Il est facile de voir que, dans ces circonstances, les poids étant proportionnels aux surfaces, on déduira par un calcul simple la surface que l'on cherche du poids que l'on a trouvé.

Enfin, le *planimètre* est un appareil qui peut rendre de grands services et dont le maniement est aisé : il suffit, en effet, de placer l'appareil sur le plan où se trouve la surface à mesurer en maintenant fixe l'un de ses points, et de suivre avec une roulette le contour qui enferme la surface. Quelque compliquée que soit sa forme, lorsque la roulette est revenue à son point de départ, on lit directement sur un cadran la valeur que l'on cherche.

La théorie de cet appareil ne saurait être donnée ici : elle exige la connaissance du calcul intégral.

La question de la mesure des surfaces courbes est moins simple et, à l'exception des corps définis géométriquement, pour lesquels il existe des formules simples (sphère, cône, cylindre) ou des règles compliquées (ellipsoïde, etc.), on ne peut faire aucune évaluation exacte. C'est ainsi. que, par exemple, on ne peut déterminer avec quelque précision la surface du crâne, celle de la peau d'un animal : le seul procédé applicable consiste à décomposer la surface en éléments assez petits pour qu'on puisse les considérer comme plans et à employer alors un des moyens indiqués plus haut. Mais les erreurs s'accumulent sans qu'on puisse avoir une idée exacte de leur grandeur.

16. Mesure des volumes. — Indépendamment des règles données par les mathématiques pour certains volumes, il existe des moyens matériels pratiques de les mesurer. Mais ces moyens reposent sur la mesure de la poussée des liquides et ne pourront être indiqués que plus tard.

17. Mesure du temps. — Des phénomènes identiques exigent pour se produire, dans les mêmes circonstances, des temps égaux : on peut même dire que c'est là le point de départ de toute idée de la mesure du temps.

C'est ainsi que, dans un vase rempli d'un liquide dont le niveau est maintenu invariable, des quantités d'eau égales s'écoulent, par un orifice donné, dans des temps égaux; ou, d'une manière générale, les quantités d'eau qui s'écoulent sont proportionnelles aux temps. C'est là le principe des clepsydres qui étaient employées chez les anciens.

.Les appareils destinés à mesurer le temps sont maintenant basés sur de tout autres principes, que nous aurons l'occasion de signaler par la suite, et reposent sur l'emploi des ressorts ou du pendule.

Il n'existe aucune relation nécessaire entre l'unité de longueur et l'unité de temps : on aurait pu établir une liaison à l'aide d'une convention quelconque, mais rien de semblable n'a été fait et on a adopté une unité de temps absolument distincte et déduite des phénomènes astronomiques. L'observation a montré qu'il s'écoule toujours le même temps entre deux passages d'une même étoile au méridien d'un lieu : ce temps est appelé le *jour sidéral;* il a été divisé en **24** heures sidérales composées chacune de 60 minutes sidérales, chaque minute comprenant 60 secondes sidérales, de telle sorte qu'il y a 86,400 secondes sidérales dans un jour sidéral. C'est de la *seconde sidérale* ainsi définie que l'on peut déduire la valeur de la seconde du jour solaire moyen qui est l'unité de temps universellement adoptée.

Pour les durées moindres que la seconde, on fait quelquefois usage des *tierces* (la tierce est 1/60 de seconde); mais le plus souvent on emploie les fractions décimales et l'on compte par dixièmes, centièmes, etc., de seconde.

Nous indiquerons, en acoustique, le moyen d'évaluer avec précision de très petites durées.

NOTIONS DE MÉCANIQUE. — CINÉMATIQUE

Les deux notions d'espace et de temps sont les seules qui soient nécessaires pour l'étude du mouvement considéré indépendamment de ses causes, étude qui constitue une partie de la mécanique, désignée sous le nom de *cinématique*.

Nous allons réunir, en les résumant aussi brièvement que possible et sans les démontrer, les éléments de cinématique dont la connaissance est nécessaire pour l'étude de la physique et même de la physiologie.

18. **Mouvement, repos.** — On dit qu'un corps est en *mouvement* par rapport à un autre, lorsque les positions relatives de ces corps viennent à varier d'une façon quelconque. Un corps est en *repos* par rapport à un autre, lorsque aucune des parties qui le composent n'est en mouvement par rapport à cet autre.

Dans l'étude du mouvement considéré en soi, c'est-à-dire indépendamment de ses causes, la forme seule des corps est à considérer, et nullement leurs autres propriétés, de quelque nature qu'elles soient. En sorte que nous parlerons d'abord du mouvement d'un point, d'une ligne, d'une surface ou d'un volume, et non du mouvement d'un corps matériel.

Le corps ou la figure dont on étudie le mouvement s'appelle, d'une manière générale, le *mobile*. Nous considérerons, pour commencer, le mobile comme réduit à un point.

19. **Trajectoire. Lois du mouvement.** — Le lieu des positions successives d'un point en mouvement est sa *trajectoire*. La relation qui existe entre les espaces parcourus sur cette trajectoire, à partir d'un point déterminé, et les temps employés à les parcourir constitue la *loi du mouvement* : les distances mesurées doivent être supposées affectées du signe $+$ lorsqu'on les porte dans un certain sens à partir du point fixe pris pour origine, et du signe $-$ lorsqu'elles sont portées en sens contraire.

Cette loi du mouvement, relation entre deux quantités variables, l'espace et le temps, peut être définie par une équation que l'on désigne sous le nom d'*équation du mouvement ;* la forme de cette équation et la valeur des coefficients qu'elle renferme servent à définir la nature des divers mouvements.

On peut avoir une *courbe représentative du mouvement :* à cet effet, on trace dans un plan deux droites rectangulaires *ot* et *oe* *(fig.* 8), sur lesquelles on porte, à des échelles convenues, des longueurs. *op* et *oq* représentant respectivement le temps écoulé depuis l'origine des temps, et les espaces parcourus sur la trajectoire à partir d'un point fixe. Le point *m* d'intersection des parallèles menées par les points *p* et *q* aux axes *oe* et *ot* représentera *symboliquement* la position du point mobile ; l'ensemble des points analogues constituera la courbe du mouvement *ab*. Les instants auxquels on étudie le *mobile* seront d'autant plus rapprochés de l'origine du temps que les distances du point à l'axe *oe* seront moins grandes, et le mobile sera sur la trajectoire d'autant moins éloigné du point d'où l'on mesure les espaces parcourus que le point correspondant sera à une moindre distance de l'axe *ot*.

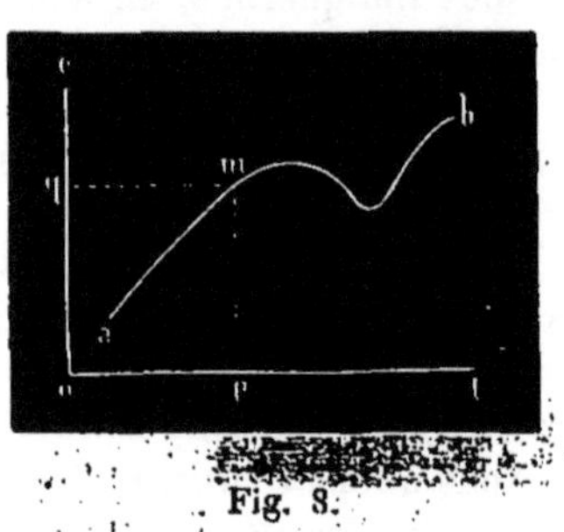

Fig. 8.

Enfin, on peut avoir, pour caractériser un mouvement, un tableau donnant à des époques déterminées les valeurs relatives du temps et de l'espace. Ce mode de représentation n'est qu'approximatif, car il laisse complètement indéterminée la nature du mouvement entre les instants inscrits dans le tableau.

20. Mouvement uniforme. Vitesse. — Le mouvement le plus simple que l'on puisse concevoir est celui dans lequel les espaces parcourus sont proportionnels aux temps : ce mouvement est appelé *mouvement uniforme.*

On conclut de cette définition que les espaces parcourus dans des temps égaux sont égaux, quelle que soit la durée des temps considérés.

On en déduit également que le rapport de l'espace au temps employé à le parcourir est constant. Ce rapport, constant pour un même mouvement uniforme, le différencie des autres mouvements uniformes : c'est la *vitesse.*

Si l'on considère un temps égal à l'unité, on voit que la vitesse est donnée par le nombre qui mesure l'espace parcouru dans ce temps.

La vitesse dépend de deux notions différentes, l'espace et le temps, et n'est définie, dès lors, que si l'on a fait choix d'unités pour ces grandeurs. Suivant les circonstances, on prend des unités différentes : on évalue la vitesse en kilomètres par seconde (vitesse de la lumière), en mètres par seconde (vitesse du son, vitesse du fluide nerveux), en kilomètres à l'heure (vitesse des trains de chemin de fer), etc. Dans les questions qui ont rapport à l'électricité, on prend pour unité de vitesse celle qui correspond à un mouvement uniforme dans lequel un espace de 1 centimètre est parcouru en 1 seconde.

21. Courbe représentative du mouvement uniforme. — On peut reconnaître facilement que la courbe représentative du mouvement uniforme est une ligne droite.

Considérons, en effet, le point mobile à divers instants correspondant à des temps représentés par OP, OP'... (*fig.* 9) les espaces seront donnés par les longueurs PM, P'M'... et l'on aura

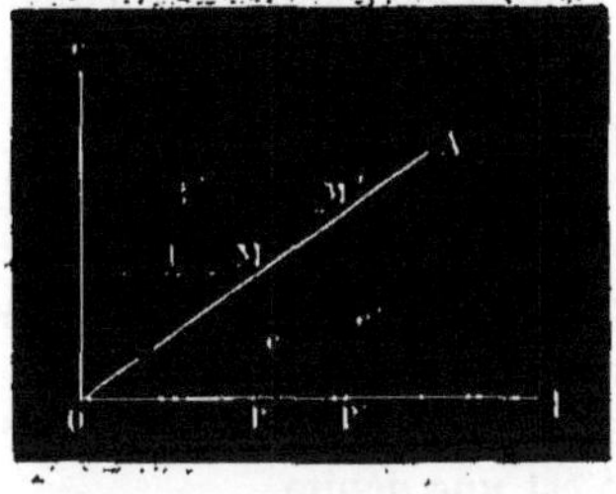

$$\frac{PM}{OP} = \frac{P'M'}{OP'} = \ldots,$$

D'où il résulte que les points M,M'... sont en ligne droite avec O. La valeur constante de ce rapport est la vitesse, par définition [1].

Fig. 9.

22. Mouvement varié. Vitesse dans le mouvement varié. — Tout mouvement qui n'est pas uniforme est varié.

La ligne représentative d'un mouvement varié est une courbe quelconque, et non plus une ligne droite.

Une courbe peut être considérée comme un polygone d'un nombre infini de côtés infiniment petits, et pratiquement comme un polygone d'un grand nombre de côtés dont chacun est très petit. Le mouvement varié qui correspond à une courbe ainsi caractérisée peut évidemment être considéré, dès lors, comme formé par la succession d'un nombre infini de mouvements uniformes d'une durée infiniment petite. La *vitesse* de ce mouvement à un instant quelconque est la vitesse du mouvement uniforme qui peut le remplacer à cet instant même [2].

---

1. Elle est égale à la tangente trigonométrique de l'angle que fait la droite représentative du mouvement uniforme avec l'axe des temps.

2. Lorsque l'on considère une courbe comme un polygone dont les côtés sont infiniment petits, le prolongement de l'un de ces côtés n'est autre chose que la tangente à la courbe en ce point. Dès lors, la vitesse dans le mouve-

23. Courbe des vitesses. — Il est facile de concevoir que l'on puisse tracer une courbe représentative des variations de la vitesse, comme on l'a fait pour les espaces, en portant le temps en abscisses sur l'axe horizontal et les vitesses sur les ordonnées verticales.

L'étude de cette courbe fait connaître d'un coup d'œil toutes les variations de la vitesse, comme nous l'avons indiqué pour les espaces.

Sur une ligne, le mouvement peut avoir lieu dans deux sens différents : on différencie les mouvements correspondants, algébriquement en convenant de donner des signes différents aux vitesses correspondantes, et géométriquement en portant les ordonnées qui représentent les vitesses au-dessus ou au-dessous de l'axe des temps suivant que le mouvement a lieu dans un sens ou dans l'autre.

24. Mouvement uniformément varié. Accélération. — Parmi les mouvements variés, le plus simple est celui dans lequel les vitesses varient proportionnellement aux temps : il a reçu le nom de *mouvement uniformément varié*. Il est dit aussi uniformément accéléré ou uniformément retardé, suivant que la vitesse augmente ou diminue lorsque le temps croît.

Il existe dans ce mouvement, entre la vitesse et le temps, la même relation que dans le mouvement uniforme entre l'espace et le temps. Il résulte de là que la courbe représentative des vitesses dans le mouvement uniformément varié est une droite.

La loi de variation de la vitesse dans ce mouvement montre que le rapport de la variation de vitesse au temps pendant lequel cette accélération s'est produite est constant; on lui a donné le nom d'*accélération*. Sa valeur caractérise chacun des mouvements uniformément variés, de même que la valeur de la vitesse caractérise chacun des mouvements uniformes [1].

La relation qui lie les espaces aux temps dans un mouvement uniformément varié est compliquée, en général. Nous n'insisterons pas, et nous nous bornerons à dire que si le point auquel ce mouvement est communiqué part du repos, l'accélération est égale au double de l'espace parcouru dans la première seconde [2].

---

meut varié à un instant sera la tangente trigonométrique de l'angle que fait avec l'axe des temps la tangente à la courbe représentative au point correspondant au temps considéré.

1. Il est évident, par analogie, que l'accélération dans un mouvement uniformément varié est représentée par la tangente trigonométrique de l'angle que fait avec l'axe des temps la ligne droite qui caractérise les variations de la vitesse.

2. L'équation générale d'un mouvement uniformément varié est

$$e = e_0 + v_0 t + \frac{1}{2} j t^2$$

dans laquelle e est l'espace parcouru par le point considéré après un temps t;

25. Mouvement périodique et périodiquement uniforme. — Le nombre des mouvements variés qui peuvent être réalisés est infini, et il n'y a aucun intérêt à chercher à établir ici une classification quelconque; nous nous bornerons seulement à indiquer un mouvement qui se présente très fréquemment et dont nous aurons à signaler plusieurs exemples : nous voulons parler du mouvement périodique.

Dans le mouvement périodique général, le point mobile est simplement astreint à revenir périodiquement à une position fixe et déterminée sur sa trajectoire ; suivant les circonstances, il peut, ou rester toujours d'un même côté de cette position fixe dont il se rapproche et s'éloigne alternativement, ou bien il

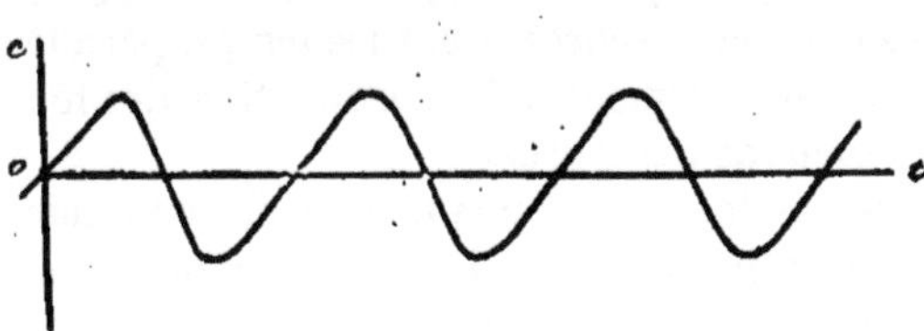

Fig. 10.

peut se trouver successivement de part et d'autre de cette position. Le premier cas est, par exemple, celui d'une balle élastique qui, se mouvant suivant une verticale, vient rebondir chaque fois en un même point; le second cas est celui d'un balancier d'horloge qui, à chaque oscillation, repasse par la verticale. On peut reconnaître aisément qu'il n'y a pas une différence essentielle entre ces deux formes de mouvements.

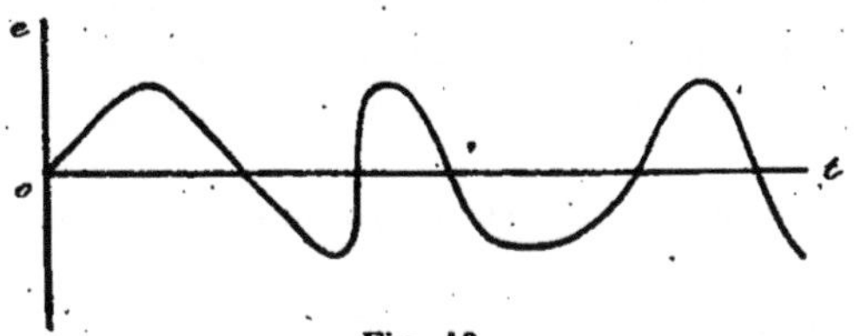

Parmi les mouvements périodiques, le plus intéressant, celui que l'on rencontre le plus fréquemment est le mouvement périodiquement uniforme, dans lequel le retour du point mobile à une position

Fig. 11.

déterminée, et dans le même sens, se fait toujours après le même temps qui est la *durée de la période*.

La courbe représentative d'un mouvement périodique est nécessairement une courbe sinueuse (*fig.* 10) dont les éléments ont naturel-

e_0 l'espace initial, c'est-à-dire l'espace au moment où l'on a commencé à compter les temps; v_0 la vitesse initiale et j l'accélération.

En choisissant convenablement les origines des temps et des espaces, cette équation peut se réduire à la forme

$$e = \frac{1}{2} j t^2$$

lement la même signification que précédemment. S'il s'agit d'un mouvement périodiquement uniforme, les diverses sinuosités sont identiques entre elles (*fig.* 11), comme il arrive pour la courbe donnée par la vibration d'un diapason ou celle qui, dans un tracé sphygmographique, représente les battements du pouls (*fig.* 15).

26. Détermination de la loi d'un mouvement. — Dans la pratique, on ne rencontre pas de *points* matériels, mais seulement des corps plus ou moins étendus. Dans un certain nombre de cas, si leurs dimensions ne sont point trop grandes, on peut approximativement les considérer comme des points ; c'est ce que nous allons d'abord supposer, et ce n'est que par la suite que nous les considérerons comme ayant des dimensions dont il y ait lieu de tenir compte.

Comment peut-on déterminer la nature d'un mouvement existant?

Dans certains cas, lorsque le mouvement n'est pas trop rapide, on note les instants où le corps passe en des points dont on connaît la position exacte, et l'on peut ensuite former un tableau numérique (19) contenant en regard les temps et les espaces qui se correspondent. C'est ce que l'on peut faire, par exemple, lorsque l'on voyage en chemin de fer, en notant les époques auxquelles on passe devant chacun des poteaux kilométriques.

A l'aide du tableau numérique, on peut tracer approximativement la courbe représentative du mouvement (19) ; on déterminera dans un plan, où l'on aura tracé deux axes, autant de points que l'on aura fait d'observations, en portant, à des échelles variant suivant les exemples, des longueurs représentant les temps, parallèlement à une direction et, parallèlement à l'autre direction, des longueurs représentant les chemins parcourus.

On fera ensuite passer par tous ces points une courbe continue, qui sera d'autant mieux la représentation de la loi du mouvement que l'on possédera un plus grand nombre de points.

M. le professeur Marey a montré tout le parti que l'on peut tirer en physiologie des tracés graphiques de ce genre.

Ces tracés auraient une valeur réelle bien plus grande si tous les points, et non seulement quelques-uns, étaient effectivement déterminés. C'est à quoi l'on arrive par l'enregistrement direct qui, d'autre part, est le seul qui puisse être utilisé dans le cas où le phénomène est très rapide.

27. Enregistrement graphique direct de la loi d'un mouvement. — Considérons un point qui se meuve dans un plan, et supposons que l'on ait placé parallèlement, et à une petite distance, un autre plan que l'on pourra faire mouvoir d'un mouvement de translation uniforme. Fixons au point un stylet qui puisse laisser une trace dans le plan.

Supposons que, le plan restant fixe, le point se déplace suivant la ligne *ab* (*fig.* 12); il laissera une trace rectiligne, qui pourrait bien faire connaître la nature de la trajectoire, mais qui ne fournira aucun renseignement sur la rapidité avec laquelle cette ligne est parcourue, sur la loi du mouvement.

Si le point est fixe et que le plan se déplace rectilignement, il s'y produira une trace rectiligne *xy* dont la direction sera celle du mouvement du plan.

Mais si les deux mouvements ont lieu en même temps, le plan tracera une courbe telle que *xm*, qui est la courbe du mouvement si le plan se meut uniformément. En effet, la distance *xn*, depuis l'origine du mouvement jusqu'à l'ordonnée passant par la position considérée, est pro-

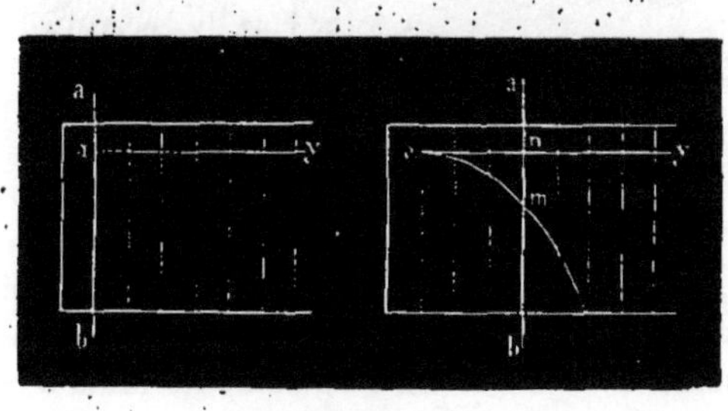

Fig. 12.

portionnelle au temps écoulé depuis cet instant et peut le représenter; la distance *mn* est l'espace parcouru par le corps depuis le même instant. La courbe tracée, étant telle que chacun de ses points a une abscisse *proportionnelle* au temps et une ordonnée *égale* à l'espace, est bien la courbe du mouvement.

Cette disposition a été employée sous cette forme même dans un certain nombre de circonstances. On conçoit que, au lieu de faire agir le point même dont on veut étudier le mouvement, on se serve pour tracer la courbe d'un point dont le déplacement est proportionnel à l'espace parcouru par le corps : car la courbe obtenue, qui aura les abscisses de chaque point *proportionnelles* aux temps et les ordonnées *proportionnelles* aux espaces parcourus, sera bien encore la courbe du mouvement.

Cette disposition a été adoptée dans le sphygmographe, appareil qui, comme nous l'avons dit, donne une courbe faisant connaître la loi des battements du pouls.

28. Sphygmographe. — Le sphygmographe se compose essentiellement d'un levier très léger, dont les mouvements sont déterminés par les pulsations artérielles. A cet effet, un bâti métallique (*fig.* 13 *et* 14) est assujetti au poignet à l'aide de rubans qui le fixent solidement; l'extrémité d'un ressort est fixée à ce bâti en B tandis que l'autre extrémité libre A appuie précisément sur l'artère; une vis C permet de faire varier la tension du ressort; à ce ressort est reliée une vis métallique qui agissant comme une crémaillère engrène avec un pignon E dont l'axe porte un levier en

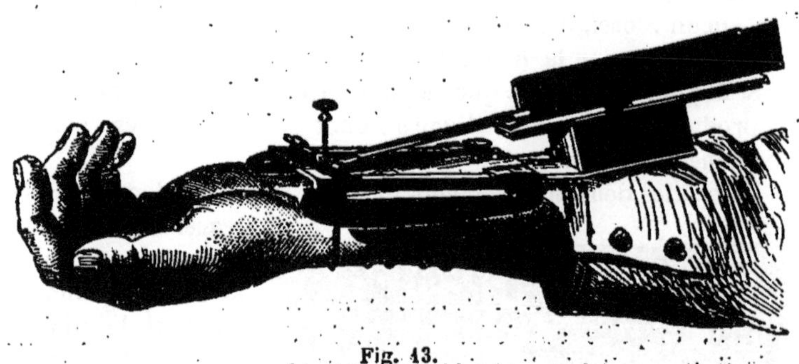

Fig. 13.

bois ou en aluminium, très léger et qui peut tourner librement autour de l'axe E; par suite du petit diamètre du pignon tout mouvement de l'artère transmis à la vis le sera également, mais très amplifié, à l'extrémité libre F de ce levier, l'amplitude de ses déplacements étant proportionnelle à celle de l'artère. Le levier porte au point F une petite plume que l'on remplit d'encre, et qui appuie sur une bande de papier FG, qu'un mécanisme d'horlogerie très précis, renfermé dans la caisse H, fait mouvoir uniformément. Pour

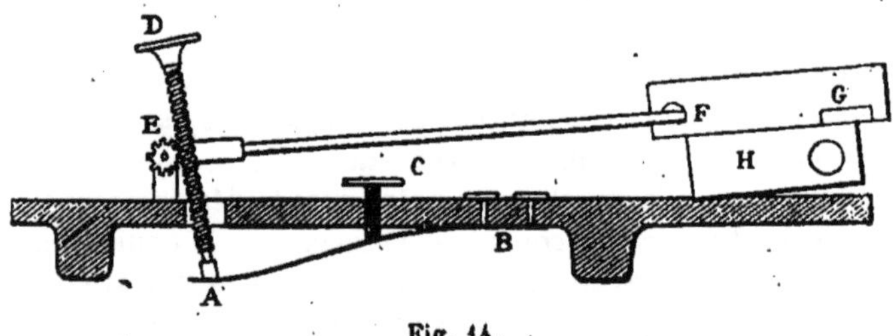

Fig. 14.

éviter que la pointe du levier dans ses mouvements ne dépasse les bords de la bande sur laquelle s'inscrit la courbe, la vis D permet de placer à diverses hauteurs le point du pignon E par lequel se fait la transmission du mouvement. Si le levier se déplace seul, la bande de papier restant immobile, la pointe décrit un arc de cercle dont le centre est en E; si, au contraire, le levier reste fixe, la bande se déroulant, la plume décrit une ligne droite; les deux mouvements ayant lieu simultanément, la plume trace une courbe sinueuse (*fig*. 15), dans laquelle les longueurs sont proportionnelles aux temps, les hauteurs proportionnelles aux déplacements, et qui, par suite, est la courbe du mouvement de l'artère.

En réalité, cependant, ce ne sont pas les hauteurs verticales,

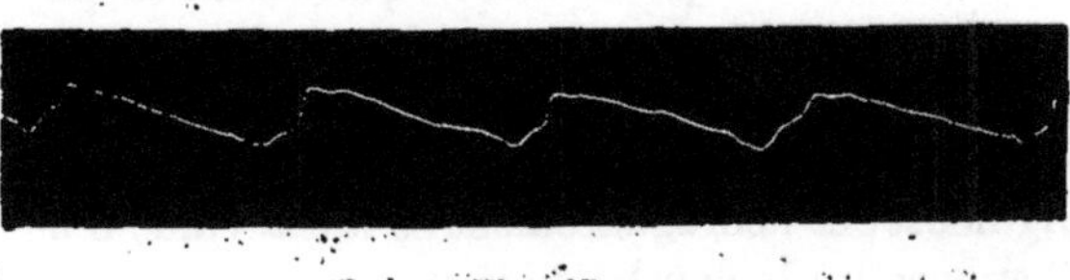

mais des arcs de cercles qui sont proportionnels aux déplacements de l'artère; et la différence,

Fig. 15.

quoique faible, n'est pas cependant négligeable dans des études exactes.

En somme, le levier, recevant le mouvement très près du point d'appui, amplifie considérablement le déplacement de l'artère. Mais il pourrait résulter des déformations dans la courbe si le levier n'était excessivement léger. M. Marey, par d'ingénieuses expériences, a démontré que ces déformations sont entièrement négligeables.

29. Cylindre enregistreur. — Dans le cas où l'inscription

Fig. 16.

doit se faire sur une assez grande étendue, comme, dans la pratique, il est malaisé de communiquer à un plan un mouvement uniforme de translation rectiligne, on obtient le tracé à la surface d'un cylindre qui, à l'aide d'un mouvement d'horlogerie muni d'un régulateur, tourne d'un mouvement uniforme autour de son axe. Ce mode d'enregistrement est employé très fréquemment en physiologie, et le cylindre tournant avec le régulateur Foucault est d'un usage continuel dans les laboratoires (*fig.* 16). Afin de diminuer les frottements, on noircit la surface en l'exposant à la fumée d'une flamme fuligineuse, et l'enregistrement se fait à l'aide d'une pointe fine qui fait apparaître la courbe du mouvement par un trait blanc sur un fond noir.

30. Mouvement d'un solide invariable. Mouvement de translation. Mouvement de rotation. — L'étude du mouvement d'un point n'est intéressante qu'au point de vue théorique, et comme introduction à celle du mouvement des corps, qui seuls existent dans la nature. Un corps, un *mobile*, ainsi qu'on dit en mécanique, pouvant être considéré comme formé par la réunion d'un certain nombre de points, son mouvement est déterminé lorsque l'on connaît la loi du mouvement de chacun de ces points. Si le corps est supposé *invariable*, c'est-à-dire si les distances et les positions relatives de tous les points qui le constituent ne peuvent pas changer, il suffit de connaître le mouvement de trois points non situés en ligne droite. Sauf des cas nettement spécifiés, on ne considère en mécanique que des solides invariables.

On dit qu'un corps est animé d'un *mouvement de translation parallèle*, lorsque les vitesses de tous ses points sont, à un instant quelconque, égales, parallèles et de même sens. On en conclut que les espaces parcourus par les divers points dans le même temps sont égaux. La vitesse de translation du corps est celle de l'un de ses points.

Un corps est animé d'un *mouvement de rotation* autour d'un axe, lorsque tous ses points décrivent dans le même temps des circonférences dont les plans sont perpendiculaires à l'axe et dont les centres sont sur cette ligne. On voit qu'un point décrit dans un temps donné un espace d'autant plus considérable qu'il est plus éloigné de l'axe; et que les angles décrits dans le même temps par les lignes joignant chacun des points au centre du cercle correspondant sont égaux.

On dit que le mouvement de rotation est uniforme, lorsque les angles ainsi parcourus dans des temps égaux sont égaux, quels que soient les temps. Dès lors, le rapport de l'angle parcouru au temps correspondant sera constant pour un même mouvement et pourra servir à caractériser chacun des mouvements de rotation uniformes.

Ce rapport porte le nom de *vitesse angulaire*. Soient (*fig.* 17), N un point situé à la distance r du centre D, I un point situé à la distance 1.

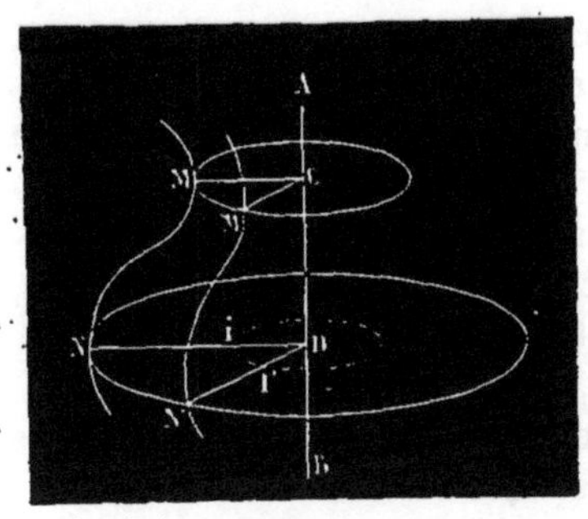

Fig. 17.

Les espaces parcourus par ces points sont proportionnels aux rayons r et 1; si l'on considère l'unité de temps, ces espaces donnent les vitesses qui sont aussi proportionnelles, par suite, aux distances de ces points à l'axe. Donc, si l'on appelle v la vitesse du point N, et ω celle du point I, qui est précisément la vitesse angulaire du mouvement de rotation du corps, on aura

$$\frac{v}{\omega} = \frac{r}{1},$$

d'où

$$v = \omega r.$$

31. — Il est très important de remarquer que tout mouvement circulaire n'est pas forcément un mouvement de rotation; nous en donnons un exemple ci-contre : la figure 18 représente le mouve-

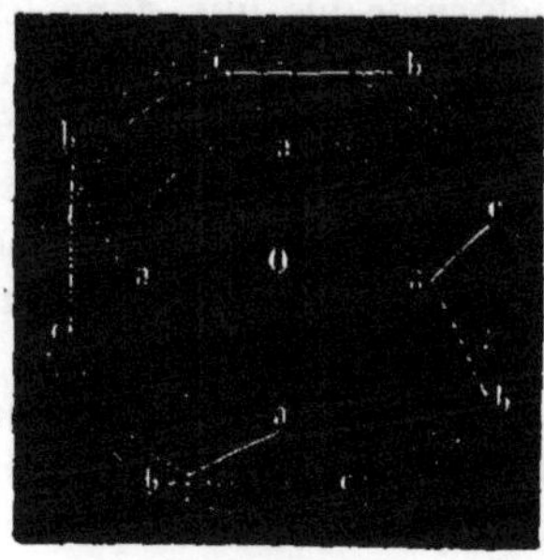

Fig. 18.

Fig. 19.

ment de rotation d'un triangle *abc*; la figure 19, un mouvement de translation parallèle circulaire du même corps.

On démontre enfin en mécanique que, pour faire passer un corps d'une position à une autre absolument quelconque, il suffit de lui attribuer successivement ou simultanément un mouvement de translation parallèle et un mouvement de rotation.

STATIQUE. — DYNAMIQUE

L'étude du mouvement considéré indépendamment de ses causes, la *cinématique*, n'est en réalité qu'une forme particulière de géométrie dans laquelle intervient le temps. La mécanique proprement dite commence avec l'étude des forces : on l'a divisée en deux parties, la *statique* et la *dynamique*. La statique, qui s'occupe des conditions d'équilibre des forces, est un cas particulier de la dynamique, qui étudie les relations existant entre les forces et les mouvements qu'elles produisent.

Dans la statique, la nature du corps auquel sont appliquées les forces est sans intérêt s'il s'agit de solides invariables. Un système de forces sera en équilibre aussi bien s'il est appliqué à une sphère de marbre, par exemple, que s'il était appliqué à une sphère de platine.

Mais il n'en est plus de même si l'on étudie le mouvement produit, et celui-ci dépend de la nature du corps : il faut alors introduire un nouvel élément, la *masse*, qui se trouve mécaniquement définie comme nous l'indiquerons plus loin (36).

32. De la force. — La physique, qui s'est longtemps bornée à étudier les divers phénomènes pris isolément, coordonne actuellement les résultats obtenus et tend à conclure que ces phénomènes sont tous susceptibles de se transformer les uns dans les autres, directement ou indirectement ; nous reviendrons souvent sur cette idée qui est fondamentale ; on a trouvé déjà, on trouvera encore sans doute, non seulement des rapports certains de succession entre les manifestations de propriétés diverses, mais une relation de grandeur parfaitement définie. (Voy. la *Théorie mécanique de la chaleur*.)

Le mouvement, que l'on étudie à part en mécanique, est une manifestation de propriétés comme la chaleur, la lumière : il suit les mêmes lois générales de transformation que tout autre phénomène, et, en s'appuyant sur des expériences assez nombreuses pour donner une probabilité équivalant presque à une certitude, on peut dire : Aucun mouvement n'est communiqué à une molécule qui ne soit la transformation d'un autre mouvement ou d'une autre propriété dite plus spécialement physique.

Lavoisier a démontré que dans les combinaisons chimiques le poids du composé est égal à la somme des poids des corps composants ; de la matière caractérisée par son poids il a pu dire : *Rien ne se crée, rien ne se perd*.

Ce qui est reconnu hors de doute aujourd'hui pour cette propriété des corps, le poids, la science l'étend de jour en jour à l'ensemble des autres propriétés; on ne peut appliquer cet axiome en parlant d'aucune de ces propriétés isolément, la chaleur, l'électricité, etc., mais il est vraisemblablement certain, nous le répétons, que, parlant de l'ensemble de ces diverses propriétés, qui ne sont peut-être que des modes variés de manifestation d'une seule propriété fondamentale, on doit affirmer que : *Rien ne se crée, rien ne se perd.*

On n'avait pas, on ne pouvait pas avoir ces idées, il y a seulement un demi-siècle : la science physique contenait autant de théories particulières qu'il y avait de propriétés connues; le mouvement était même étudié dans une science complètement distincte, et sans que l'on observât les phénomènes de nature différente qui accompagnent forcément son apparition et sa disparition.

Pour expliquer le passage d'un corps de l'état de repos à l'état de mouvement, ou plus généralement pour expliquer toute variation dans l'état de repos ou de mouvement d'un corps, variation qu'il répugne à l'esprit d'admettre comme spontanée, on supposa l'existence de *forces*, causes de mouvement; on en créa autant qu'il en fallut pour expliquer le changement de l'état de mouvement ou de repos d'un corps dans toutes les conditions connues.

L'idée de transformation des phénomènes les uns dans les autres, transformation sans perte ni gain, d'une manière absolue, idée que nous développerons, a dû nécessairement modifier ces hypothèses.

La *force* sera seulement la propriété de transformation des divers phénomènes les uns dans les autres, et plus spécialement de ces phénomènes en mouvement: ce n'est qu'une propriété de la matière et nullement une entité distincte, quelque chose ayant une existence propre; la force sera, pour ainsi parler, la mesure de la quantité de phénomène transformé en mouvement; la cause du mouvement sera le phénomène primitif se transformant; la force sera, en la considérant alors à un point de vue plus restreint, l'expression de la mesure de cette transformation.

33. — En réalité, une force ne nous est connue que par les mouvements, les déplacements qu'elle produit. Considérons le cas le plus simple, celui d'un point matériel en repos qui se met en mouvement; nous attribuons la production de ce mouvement à une force: la direction et le sens du mouvement sont dits la *direction* et le *sens* de la force, la *grandeur* de la force est liée à un élément de ce mouvement qu'on appelle l'accélération à laquelle on la considère comme proportionnelle; cette accélération peut être évaluée par le double de l'espace parcouru dans l'unité de temps, en admettant que les conditions qui produisent le mouvement ne changent pas

pendant ce temps ou, suivant l'expression consacrée, que la force est *constante*. On est convenu de représenter graphiquement cette force par une ligne partant du point dans la direction et le sens du mouvement et dont la longueur mesure à une échelle donnée la grandeur de la force. Nous nous rendons compte de l'effet obtenu en imaginant que nous tirons sur ce point à l'aide d'une corde flexible : ce point suivrait la direction de la corde dans le sens où nous tirons, et la grandeur de l'effort que nous faisons est liée à l'accélération produite et nous renseigne sur la grandeur de la force.

Lorsque, au lieu d'un point matériel, c'est un corps qui est mis en mouvement, il peut arriver (il n'arrive pas toujours) que nous pourrions produire le même mouvement à l'aide d'une corde flexible sur laquelle nous exercerions une traction. Nous retrouverions les mêmes éléments que précédemment, mais de plus il y aurait lieu de considérer le point où la corde devrait être attachée pour obtenir l'effet cherché : ce point est ce que l'on appelle le point d'application de la force et constitue avec la direction, le sens et la grandeur, les éléments de cette force, éléments qui la caractérisent absolument, de telle sorte qu'elle ne saurait à aucun point de vue se différencier d'une autre force qui posséderait les mêmes éléments.

34. — Nous avons rattaché sommairement dans ce qui précède l'idée de grandeur de la force à celle de l'accélération qu'elle communique à un point comme on le fait en mécanique. On peut l'introduire d'une manière plus générale, à l'aide des considérations suivantes.

Deux forces sont égales, lorsque, placées dans les mêmes conditions, elles produisent des effets identiques :

Une force F est double, triple, etc., d'une autre f, lorsqu'elle produit, en agissant dans les mêmes conditions, le même effet que deux, trois, etc., forces égales à f;

Enfin, deux forces F et F' sont entre elles dans le rapport de m à n, lorsque la première étant égale à m fois une force f, la seconde est égale à n fois la même force f.

L'expérience a prouvé que, pour la production du mouvement, seul point étudié en mécanique, les diverses forces admises peuvent se substituer pour produire un même effet, que par suite on peut les comparer toutes entre elles, et aussi toutes à une certaine force prise pour type. C'est l'action de la pesanteur agissant sur un corps déterminé (le décimètre cube d'eau distillée) et dans des conditions bien définies (dans le vide, à la température de 0°, à la latitude de Paris et au niveau de la mer) que l'on a prise pour terme de comparaison : en un mot, l'unité de force est le kilogramme.

Les appareils qui servent le plus généralement pour la mesure des forces sont :

La balance (83);

Les dynamomètres, dans lesquels l'effet produit est la déformation d'un ressort de forme variable. Lorsqu'une force de nature quelconque et un poids auront également déformé le ressort, la force et le poids seront égaux, la force sera mesurée par le poids. La valeur de la force exprimée ainsi en unités de force, en kilogrammes, est ce qu'on appelle l'*intensité de cette force*.

35. Principe de l'égalité de l'action et de la réaction. — Il importe de remarquer que ce n'est que par abstraction que nous parlons d'une force isolée. Dans la nature, une force n'apparaît jamais seule : c'est l'idée générale qui résulte du principe de l'action et de la réaction, que l'on ne peut démontrer rigoureusement d'une manière directe, mais qui se trouve vérifié par ses conséquences. Ce principe consiste en ce que si un point A agit sur un point B en produisant une force d'une certaine intensité, simultanément le point B exercera sur A une force exactement égale et de sens contraire.

Un exemple frappant consiste en ce que l'aimant attire le fer, mais que le fer attire l'aimant avec la même intensité.

36. De la masse. — L'expérience montre que lorsque des forces quelconques agissent successivement sur un point, elles lui communiquent des mouvements variés dont les accélérations (24) sont proportionnelles aux intensités des forces. Si donc F, F', agissant successivement sur un même point lui ont communiqué des accélérations j, j', on a :

$$\frac{F}{F'} = \frac{j}{j'}$$

Si l'on a fait choix d'unités de force et d'accélération, ces lettres représentent des nombres, et l'on peut écrire cette équation comme il suit :

$$\frac{F}{j} = \frac{F'}{j'} = \frac{F''}{j''} \ldots = m$$

car les mêmes conséquences s'appliqueraient à d'autres forces.

Donc le rapport d'une force quelconque appliquée à un point à l'accélération correspondante, a une valeur constante. C'est ce coefficient numérique qu'on appelle la *masse* du point considéré. Sa grandeur dépend des unités choisies pour la force et pour l'accélération (et par suite pour la longueur et le temps).

De la relation précédente, on déduit.

$$F = mj.$$

équation très usitée en mécanique.

Cette équation permettrait de déduire F si l'on se donnait m. Aussi certains auteurs considèrent-ils la *masse* comme 3e unité fondamentale et non la force. Dans ce cas, l'unité de masse est la masse de l'unité de volume d'eau distillée à la température du maximum de densité.

La masse est, d'après la définition précédente, une simple donnée numérique qui n'a pas de signification physique. Lorsqu'il s'agit d'un même corps, la masse est proportionnelle au volume du corps et par conséquent à la *quantité de matière* qui constitue le corps; mais il n'existe plus de notion simple de ce genre s'il s'agit de corps de nature différente.

La question de la masse se rattache à celle du poids des corps; nous y reviendrons par la suite.

37. Composition des forces. — Supposons deux forces F et F′ agissant simultanément sur un même point A (*fig.* 20); en général, le point se mettra en mouvement. Si la force F agissait seule, elle produirait un mouvement dirigé suivant AB et possédant, après un certain temps, une seconde par exemple, une vitesse que l'on pourrait calculer; la force F′ agissant seule entraînerait le point suivant AC, et l'on pourrait de même trouver la vitesse qu'il posséderait au bout d'une seconde. Sous l'influence des deux forces agissant simultanément, le point prendra un mouvement dont la direction et la vitesse seront différentes de chacune de celles que nous venons d'indiquer; on pourrait trouver une force qui, agissant seule, lui aurait communiqué précisément le mouvement dont il est animé; cette force qui, seule, produit le même effet que les deux autres, est dite leur *résultante;* les forces F et F′ sont les *composantes* de la résultante.

Sans insister sur les démonstrations, nous nous bornerons à indiquer les énoncés auxquels on est conduit, énoncés dont on fait un fréquent usage, et dont la connaissance est nécessaire même au point de vue de l'étude de la physiologie.

Plusieurs cas sont à distinguer, suivant que les forces sont ou non appliquées en un même point, et suivant qu'elles sont ou non de même direction.

38. Composition des forces appliquées en un point. — 1° Les forces agissent dans la même direction : elles donnent alors naissance au mouvement qui serait produit par la force égale à leur somme ou à leur différence, suivant qu'elles sont de même sens ou de sens contraire.

Cette dernière force étant la résultante, on voit que l'on peut donner l'énoncé suivant :

La résultante de deux forces de même direction et de même sens est une force de même direction et de même sens et égale à leur somme.

La règle est la même quel que soit le nombre de forces, si elles sont parallèles et de même sens.

La résultante de deux forces de même direction et de sens contraires est une force de même direction, égale à leur différence et de même sens que la plus grande.

S'il y a plus de deux forces de même direction mais de sens quelconque, il faut composer séparément toutes les forces de chaque direction : on aura ainsi deux résultantes partielles de même direction et de sens contraires que l'on traitera comme il vient d'être dit.

S'il existe des forces de sens contraires, il pourra arriver que la résultante soit nulle. On dit alors que le système de forces est en équilibre.

2° Les forces F et F' agissent sur un même point A, mais dans des directions quelconques AB et AC (*fig. 20*).

Il existe entre la résultante et les composantes une relation que l'on démontre en mécanique et qui est connue sous le nom de *parallélogramme des forces*. Voici son énoncé :

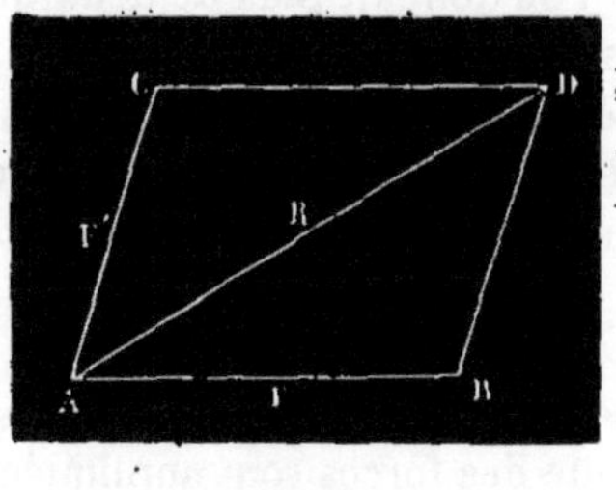

Fig. 20.

La résultante de deux forces concourantes est mesurée en grandeur, direction et sens par la diagonale du parallélogramme dont les côtés adjacents représentent de la même façon les composantes.

Si les composantes sont constantes en grandeur et en direction, il en sera de même de la résultante; celle-ci variera au contraire lorsque l'une des composantes, ou les deux, varieront de grandeur, ou de direction, ou de grandeur et de direction.

Dans le cas d'un nombre quelconque de forces concourantes, on cherche d'abord la résultante des deux premières, puis la résultante de cette résultante et de la troisième force, et ainsi de suite jusqu'à ce que l'on ait épuisé toutes les composantes; la dernière résultante est la résultante du système.

Dans le cas où l'on a trois forces seulement, la construction se simplifie, et l'on arrive au théorème suivant, connu sous le nom de *parallélépipède des forces* (fig. 21).

La résultante de trois forces concourantes non situées dans un même plan est la diagonale du parallélépipède dont les trois composantes sont les arêtes aboutissant à un même sommet.

Déterminer la résultante de deux ou plusieurs forces, constitue l'opération de la *composition* de ces forces.

On dit au contraire que l'on *décompose* une force lorsque l'on cherche les composantes dont cette force serait la résultante. Cette opération n'est déterminée qu'autant que l'on s'impose un certain nombre de conditions : on peut décomposer

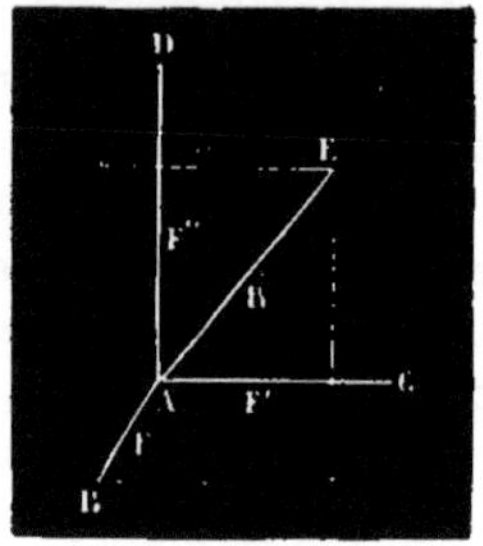

Fig. 21.

une force en deux autres de directions données situées dans un même plan avec la force, la question revient à construire un parallélogramme connaissant la grandeur et la direction de sa diagonale et la direction de ses côtés ; on peut décomposer une force également en trois autres de directions données dans l'espace; il faut construire alors un parallélépipède ayant ses arêtes connues en direction et sa diagonale connue en grandeur et en direction. La question serait indéterminée, et l'on pourrait effectuer la décomposition d'une infinité de manières, si l'on donnait plus de deux directions dans un plan ou plus de trois dans l'espace.

Ainsi que nous le verrons, on a fréquemment besoin de décomposer une force suivant deux directions rectangulaires dans un plan, ou suivant trois directions rectangulaires dans l'espace : cette question n'est qu'un cas particulier de la question générale que nous venons d'indiquer.

39. Composition des forces appliquées en divers points d'un corps solide. — Lorsque des forces sont appliquées à un corps solide invariable, si elles ont le même point d'application elles se composeront exactement comme il vient d'être dit, et l'on trouvera d'après cette règle la résultante qui existera toujours.

Il n'en sera plus ainsi si les diverses forces sont appliquées en des points différents, et les résultats varieront suivant les circonstances.

Occupons-nous d'abord du cas où les forces ont des directions parallèles :

1° Lorsque deux forces parallèles F et F' appliquées aux points A et B ont la même direction, elles ont une résultante R égale à leur somme, parallèle, dirigée dans le même sens et appliquée en un point C tel que ses distances aux points A et B soient en raison inverse des intensités des forces F et F' (*fig.* 22).

Lors donc que l'on aura donné les forces F et F' et la distance AB de leurs points d'application, la résultante R sera complètement déterminée par les équations suivantes :

$$R = F + F' \quad \text{et} \quad \frac{AC}{BC} = \frac{F'}{F} ;$$

d'où

$$\frac{AC}{F'} = \frac{BC}{F} = \frac{AB}{R} .$$

S'il y a plus de deux forces parallèles et de même sens, on com-

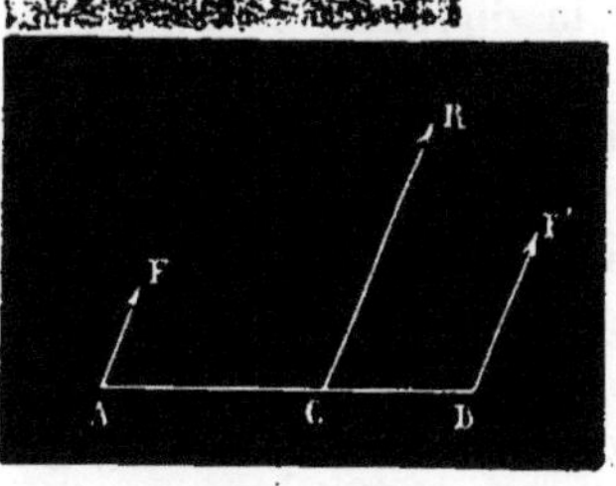

Fig. 22.

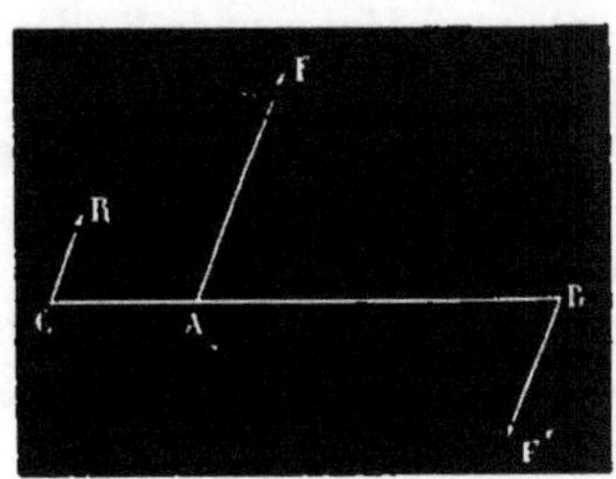

Fig. 23.

posera d'abord les deux premières ; puis on composera ensuite cette résultante partielle avec la 3ᵉ force, et ainsi de suite, de proche en proche, jusqu'à ce que l'on ait épuisé toutes les composantes. On reconnaît aisément que la résultante est égale à la somme de toutes les composantes : son point d'application est indépendant de l'ordre des opérations.

2° Lorsque deux forces parallèles F et F' appliquées aux points A et B sont dirigées en sens contraire, elles ont une résultante parallèle, égale à leur différence, dirigée dans le sens de la plus grande et appliquée en un point C tel que ses distances aux points A et B soient en raison inverse des intensités des forces F et F', c'est-à-dire en dehors de l'espace AB, mais du côté de la plus grande force (*fig.* 23).

Cet énoncé donne, pour déterminer la grandeur et la position de la résultante, les équations suivantes :

$$R = F - F' \quad \text{et} \quad \frac{AC}{BC} = \frac{F'}{F} ;$$

d'où

$$\frac{AC}{F'} = \frac{BC}{F} = \frac{AB}{R} .$$

En appliquant ces dernières formules au cas où les forces sont égales, on trouverait que la résultante est nulle, et que son point d'application est transporté à l'infini ; autrement dit, il n'y a pas de résultante : le système des forces constitue alors un *couple*.

Un couple ne tend pas à entraîner dans une direction déterminée le corps sur lequel il est appliqué, mais il tend à le faire tourner, à lui communiquer un mouvement de rotation. La grandeur de l'effet produit par un couple ne dépend pas seulement de la grandeur des forces qui le constituent, mais aussi de leur distance ; elle dépend du produit de ces deux quantités qui a reçu le nom de *moment du couple*.

On appelle donc *moment d'un couple*, le produit de l'intensité de l'une des forces par la distance entre les deux forces, cette distance étant comptée perpendiculairement à la direction commune des forces.

40. Composition des forces de directions quelconques. — Dans ce cas, il n'existe pas toujours une résultante et par suite on ne peut pas toujours faire équilibre à un système quelconque à l'aide d'une force unique. Mais on démontre que quels que soient le nombre des forces, leurs directions, leurs points d'application, on peut toujours remplacer leur ensemble par une force accompagnée d'un couple. La force peut, de plus, être considérée comme appliquée en un point quelconque, défini à l'avance : elle est égale en grandeur, direction et sens à la résultante que l'on obtiendrait en transportant en ce point toutes les composantes, parallèlement à leur direction. Elle a reçu le nom de *résultante de translation*.

Il importe de remarquer que le couple ne conserve pas toujours la même valeur, le même moment ; et que ce moment change suivant la position que l'on fixe pour le point d'application de la résultante de translation.

D'autre part, le couple qu'il est nécessaire d'adjoindre à la résultante de translation n'est pas invariablement déterminé par ses éléments, et on peut modifier ceux-ci dans de larges limites en changeant la grandeur ou la direction des forces qui le constituent, ou même en faisant varier de position le plan qui le contient, pourvu que l'on satisfasse à certaines conditions : ces conditions peuvent être considérées comme déterminant l'équivalence de deux couples, puisque ce sont celles pour lesquelles, sans changer les effets produits, on pourra remplacer un des couples par l'autre. On est ainsi conduit à l'énoncé suivant :

Deux couples sont équivalents lorsque leurs plans sont parallèles, qu'ils tendent à faire tourner le corps auquel ils sont appliqués dans le même sens et qu'ils ont le même moment.

41. De l'équilibre d'un système de forces. — Un point

ou un corps solide invariable auquel on vient à appliquer un système de forces qui n'agissaient pas sur lui auparavant, peut ne pas être modifié dans son état de repos ou de mouvement. S'il en est ainsi, on dit que les forces étaient en *équilibre*; une question intéressante consiste à rechercher quelles sont les conditions auxquelles doivent satisfaire des forces pour être en équilibre.

Si l'état de repos ou de mouvement du corps est modifié, les forces ne sont pas en équilibre et l'on doit rechercher les relations qui existent entre les éléments des forces et la nature du mouvement produit : cette question est du domaine de la mécanique pure, et nous n'en signalerons que quelques cas, que nous ne pourrons même traiter que très incomplètement, mais dont la connaissance est nécessaire.

La question de l'équilibre, en général, est fort simple à énoncer : un système de forces ne peut être en équilibre que s'il a une résultante nulle; si ce système pouvait être remplacé par une force résultante ou par un couple résultant, cette force ou ce couple produirait un effet.

On peut énoncer ce résultat d'une autre façon : il faut, pour l'équilibre, que l'une quelconque des forces soit égale et contraire à la résultante de toutes les autres.

On voit que la question de l'équilibre des forces appliquées à un corps solide invariable se résout par l'application des règles de la composition des forces.

Indiquons rapidement ce qui se passe si les forces appliquées au corps ne sont pas en équilibre.

42. Action des forces appliquées à un solide libre. — Étudions d'abord le cas d'un corps absolument libre; trois circonstances peuvent se présenter.

Les forces appliquées au corps ont une résultante unique : elles communiqueront au corps le même mouvement que si cette résultante existait seule, c'est-à-dire un mouvement de translation parallèle, mouvement dont la direction et la loi dépendront de la direction et de la valeur de la force.

Si les forces peuvent être remplacées par un couple, le corps prendra un mouvement de rotation. Mais ici, deux cas sont à examiner. Les forces sont liées au corps de telle sorte que la direction du couple change avec la position du corps : alors le mouvement de rotation sera continu. C'est ce qui se passe, par exemple, dans le tourniquet hydraulique, dans l'éolipyle, où les forces qui constituent le couple ont à chaque instant la direction des ajutages et, par suite, tournent en même temps que le corps même. Mais si les forces ont une direction indépendante de la position du corps, la valeur du couple changera quand le corps commencera à tourner et, pour une certaine position de celui-ci, le couple aura un moment nul, la ligne qui joint les points d'application des forces ayant la direction même de ces forces; pour cette position les forces seront sans action et le corps pourra rester en équilibre. C'est ce qui arrive pour une aiguille aimantée soumise à l'action des forces émanées de la terre, forces constituant un couple et dont la direction n'est pas liée à celle de l'aiguille : l'aiguille abandonnée à elle-même dans une position quelconque commencera à tourner, mais s'arrêtera finalement à une position d'équilibre.

Enfin, dans le cas le plus général, le système des forces appliquées au corps considéré ne pourra être remplacé que par deux forces non situées dans un même plan, ou, ce qui revient au même, par un couple et une force. Dans ce cas, le corps solide prendra un mouvement complexe dont on étudie les éléments en mécanique, mais sur lequel il n'y a pas lieu d'insister ici.

Si diverses forces étaient appliquées à différents points d'un corps et que ces points ne fussent point liés entre eux, il ne saurait être question de résultante, évidemment, et chaque point obéirait isolément à la force qui le sollicite.

La question serait plus complexe si les points étaient liés entre eux, mais non d'une manière invariable : c'est ce qui arriverait s'il s'agissait d'un solide déformable (comme ils le sont tous, en réalité). Dans ce cas, des déformations se produiraient sous l'action des forces, et ces déformations mêmes feraient naître d'autres forces dont il faudrait tenir compte pour déterminer absolument les effets produits.

43. Des corps gênés. — Il est fort important d'examiner rapidement les circonstances qui peuvent se présenter lorsque le corps solide sur lequel agit un système de forces n'est pas libre, c'est-à-dire lorsque ce corps est astreint à certaines conditions qui limitent la nature des mouvements qu'il peut prendre.

Si le corps a un point fixe, les autres points peuvent prendre des mouvements tels que chacun d'eux se déplace sur une sphère ayant pour rayon la distance du point considéré au point fixe.

Le corps est-il astreint à avoir une droite fixe autour de laquelle il ne peut que tourner sans glisser : les autres points ne peuvent que décrire des cercles, et le mouvement du corps est un mouvement de rotation simple.

Le corps enfin peut être forcé de se mouvoir de telle sorte qu'un certain nombre de ses points se déplacent en restant en contact avec une ligne ou une surface déterminée : la nature du mouvement des autres points dépend alors des conditions imposées. Si,

par exemple, trois points du corps sont astreints à se mouvoir dans
un plan, tous les autres points subiront des déplacements parallèles
à ce même plan. Dans la vis, où la surface du filet est astreinte à
s'appuyer constamment sur la surface des rainures de l'écrou, tous
les points décrivent des hélices de même pas.

44. — En réalité, on ne peut produire les deux premiers modes
de liaison, effectivement, car un point et une droite n'existent pas
matériellement. C'est toujours par des surfaces qui sont astreintes
à rester en contact suivant des conditions données que l'on réalise
les liaisons les plus simples.

Si, par exemple, on a une sphère pleine astreinte à se mouvoir
dans une sphère creuse de même rayon, les effets sont exactement
les mêmes que si la sphère mobile avait un point maintenu fixe
invariablement, son centre. C'est même pratiquement l'une des
dispositions les plus employées pour satisfaire à cette condition,
comme dans les articulations dites à genou et à coquilles.

On peut, en combinant deux mouvements de rotation autour de
deux axes qui se coupent, obtenir la rotation autour du point d'intersection des deux axes. C'est cette disposition qui est adoptée
dans la *suspension à la Cardan* que nous décrirons plus loin (*Voir*
Baromètre de Fortin).

De même le mouvement d'un corps cylindrique plein dans un
cylindre creux, ou d'un cône plein dans un cône creux produit
précisément le mouvement de rotation autour d'un axe fixe; c'est
le moyen de réaliser matériellement ce genre de liaison, ainsi qu'il
est employé, par exemple, dans les charnières, les treuils, cabes-
tans, poulies, les robinets, etc.

45. Des articulations au point de vue mécanique. —
On trouve de semblables liaisons, qui limitent la nature des mouvements de pièces mobiles, dans les articulations des diverses parties
des squelettes osseux des animaux. La question à cet égard est d'une
grande importance et il serait à désirer qu'on établît une classification rationnelle des articulations au point de vue mécanique des
mouvements qu'elles permettent. Ce n'est pas ici le lieu d'essayer
cette classification et nous nous bornerons à donner pour les principaux types quelques exemples pris dans le squelette de l'homme.

Les os qui doivent s'articuler entre eux (nous ne parlons ici que
des articulations mobiles) présentent des surfaces de forme variable
suivant la nature du mouvement; ces surfaces sont recouvertes de
cartilages adhérents à l'os par une face, et polis sur l'autre face qui
a une forme dépendant également du mouvement. Les os appuient
ainsi l'un contre l'autre par l'intermédiaire de ces cartilages; mais
ils sont maintenus en contact par des ligaments souples, présen-

tant une certaine élasticité et de formes et de dispositions très diverses.

Le mouvement le plus général qui peut se produire est la rotation autour d'un point fixe : il n'y a pas d'articulation où la rotation puisse s'effectuer absolument pour toutes les positions, mais il y en a où ce mouvement peut être très étendu : ce sont les *énarthroses*, parmi lesquelles nous citerons l'articulation coxo-fémorale (fig. 24) et l'articulation scapulo-humérale. L'une des surfaces, la tête du fémur, celle de l'humérus, a la forme d'une portion étendue de la sphère qui se trouve enclavée dans une cavité sphérique creusée dans l'autre os et complétée en partie par une capsule : c'est une disposition analogue à celle de l'articulation à genou et à coquilles.

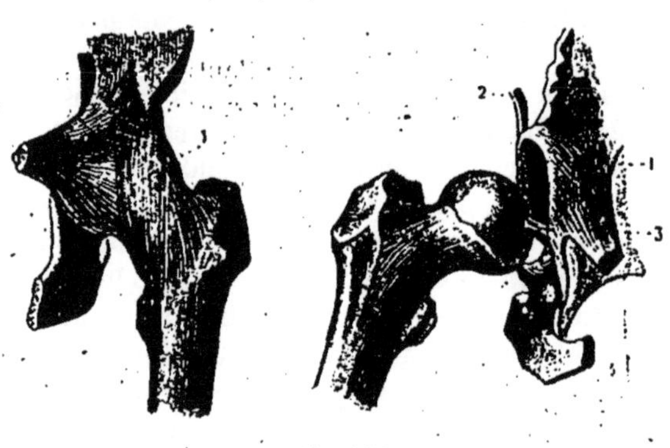

Fig. 24.

Dans d'autres articulations le mouvement est une rotation plus ou moins étendue autour d'un axe fixe. Tantôt cet axe fixe est perpendiculaire à l'axe de l'os, comme pour l'articulation du radius avec l'humérus (fig. 25), ou celle du tibia avec le fémur, et alors elle a reçu le nom de *ginglyme* ; tantôt l'axe fixe est parallèle à l'axe

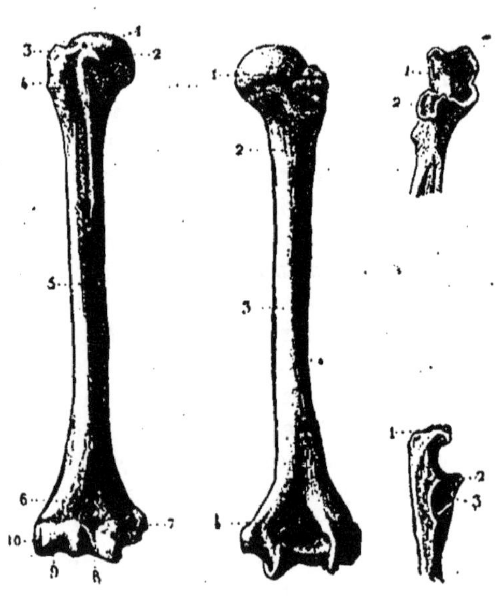

Fig. 25.

de l'os mobile, comme il arrive pour les articulations du radius et du cubitus (fig. 26) ; cette espèce d'articulation a reçu le nom de *trochoïde*.

Dans le *ginglyme*, on trouve d'une part une tête qui a la forme d'une surface de révolution en relief, d'une poulie : c'est une *trochlée* ; tandis que l'autre os présente une partie creuse qui est comme le moule, la contre-partie de la trochlée. Des ligaments maintiennent ces surfaces en contact. Le mouvement est d'ailleurs limité par la disposition même des pièces osseuses en présence.

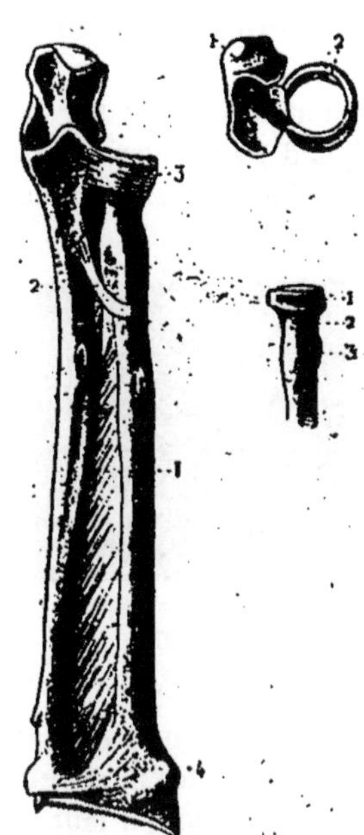

Fig. 26.

Dans les *trochoïdes*, il existe une partie cylindrique en relief à l'extrémité de l'os mobile, et cette partie est reçue dans un anneau comprenant une partie osseuse contre laquelle la tête mobile est maintenue par la partie fibreuse qui complète l'anneau.

Il existe également des *arthrodies*, dans lesquelles les surfaces articulaires sont planes ; les pièces osseuses peuvent alors glisser les unes sur les autres dans l'étendue permise par l'existence des ligaments diversement disposés autour de l'articulation *(os du carpe)*.

Ces diverses espèces d'articulation sont les seules dans lesquelles les pièces en contact peuvent se mouvoir sans cesser d'être en contact dans toute leur étendue. Mais il existe d'autres formes qui permettent des mouvements assez variés, grâce à des pièces en relief et à des cavités de formes diverses qui ne sont en contact que sur une étendue variable avec la position relative des deux os. Nous citerons comme exemple l'articulation par emboîtement réciproque (articulation du trapèze avec le premier métacarpien) et l'articulation condylienne (articulation temporo-maxillaire). Leur description et leur étude nous entraîneraient trop loin des principes dont nous voulions seulement montrer l'application.

46. Équilibre des corps gênés. Équilibre d'un corps ayant un point fixe. — L'existence d'une liaison modifie les conditions d'équilibre des forces appliquées à un corps, puisque ces forces peuvent être capables de produire seulement un mouvement incompatible avec les liaisons existantes. Il est évident que toute force appliquée à un corps ayant un point fixe et dont la direction passe par ce point fixe ne produira aucun effet; car elle pourrait être supposée appliquée en ce point qui est sur sa direction et ne pourrait le mouvoir. Si donc des forces quelconques appliquées à un corps ont une résultante unique dont la direction passe par ce point, le corps sera en équilibre.

47. Moment d'une force. — Lorsqu'une force agit sur un corps qui a un point fixe, son action ne dépend pas seulement de son intensité mais aussi de sa distance au point fixe. En réalité, c'est toujours le produit de ces deux quantités qui intervient : c'est là ce qu'on appelle le *moment de la force* par rapport au point fixe.

La distance du point à la force, comptée perpendiculairement, est appelée le *bras de levier* de la force.

On démontre en mécanique que si l'on a des forces situées dans un même plan et appliquées à un corps ayant un point fixe, le corps sera en équilibre à la condition suivante :

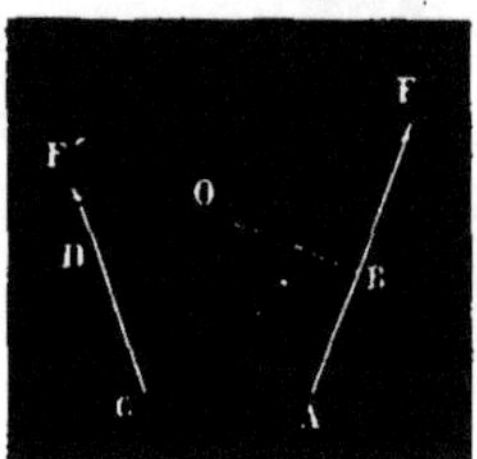

Fig. 27.

On fait la somme des moments de toutes les forces qui tendent à faire tourner le corps dans un sens, puis la somme des moments des forces qui agissent en sens contraire ; pour l'équilibre, il faut et il suffit que ces deux sommes soient égales.

48. Équilibre d'un corps ayant un axe fixe. — Si un corps a un axe fixe autour duquel il ne peut que tourner, il sera en équilibre si la résultante unique des forces rencontre cet axe ; il en sera de même encore si les forces appliquées au corps donnent naissance à un couple résultant dont les forces passent par l'axe fixe ou dont le plan soit parallèle à cet axe fixe, car ce couple est seulement capable de faire tourner le corps autour d'un axe perpendiculaire à son plan et ce mouvement est incompatible avec la nature de la liaison à laquelle le corps est soumis.

Si le corps peut glisser le long de l'axe fixe, une force rencontrant l'axe produira ce glissement si elle n'est pas perpendiculaire à sa direction.

Il n'existe pas d'énoncé général correspondant à l'équilibre dans le cas où le corps doit se mouvoir de manière qu'un certain nombre de points ne quittent pas une surface déterminée ; mais il existe quelques règles simples pour plusieurs cas particuliers. Nous examinerons le cas où trois points du corps sont astreints à se mouvoir dans un plan : c'est le cas d'un corps guidé par des glissières.

Quelquefois le corps est seulement *posé* sur le plan fixe qui résiste dans un sens, mais dont il peut se séparer sans effort dans l'autre sens : c'est notamment le cas de la plupart des corps posés sur un plan.

49. Équilibre d'un corps glissant sur un plan. — Lorsqu'une force agissant sur un corps est normale au plan fixe sur lequel il doit s'appuyer, elle est sans action car elle ne pourrait que donner au corps un mouvement incompatible avec les liaisons qu'il subit. Si le corps n'est que posé, il faut en outre que cette force applique le corps sur le plan et que sa direction vienne rencontrer ce plan en dedans du polygone de sustentation formé en joignant les points d'appui par des lignes droites ne laissant aucun point en dehors [1].

Il va sans dire que le résultat précédent est vrai aussi bien lorsque le corps est soumis réellement à une force unique que lorsqu'il est soumis à plusieurs forces ayant une résultante unique.

Si la force unique (ou résultante unique) est parallèle au plan, le corps se mettra en mouvement dans la direction de cette force. Si elle est oblique, on pourra la décomposer en deux forces : une parallèle au plan qui entraînera le corps, et une perpendiculaire au plan à laquelle il faudrait appliquer ce que nous avons dit précédemment.

Si le corps astreint à se mouvoir sur un plan est soumis à un couple, on comprend facilement que si le plan du couple est parallèle au plan fixe, le mouvement se produira comme si la liaison n'existait pas. Si le couple a son plan perpendiculaire au plan fixe, il sera sans action si le corps ne peut quitter le plan ni dans un sens, ni dans l'autre. Enfin si le plan du couple est oblique, on pourra remplacer ce couple par deux autres : l'un parallèle et l'autre perpendiculaire au plan fixe, et l'on déterminera séparément les effets de chacun de ces couples composants.

50. Effets de la composante normale. — Comme nous l'avons dit, la réalisation d'un point fixe, d'une droite fixe ou d'une surface fixe s'obtient par le contact d'autres corps solides qui, en réalité, ne résistent que jusqu'à une certaine limite et non pas indéfiniment. Il est évident, dès lors, que pour que les conditions indiquées puissent suffire, il faut que les forces appliquées ne dépassent pas cette limite. Aussi dans chaque cas où l'on voudra réaliser une disposition matérielle correspondant à une liaison déterminée, il faudra évaluer ces forces et s'assurer que les résistances sur

---

1. Nous n'avons point l'intention de démontrer ces énoncés qui résultent des théorèmes de mécanique élémentaire.

lesquelles on peut compter leur sont supérieures. La question devra être étudiée spécialement pour chaque cas particulier.

Considérons, par exemple, le cas d'un corps astreint à se mouvoir sur une surface fixe. Il faudra à chaque instant déterminer la pression normale, composante normale à la surface, de la force totale appliquée au corps et s'assurer que la surface matérielle qui constitue la liaison peut, en chaque point, résister sans se briser à cette composante.

Dans la pratique, on rencontre un grand nombre de cas dans lesquels cette détermination serait nécessaire. Nous citerons par exemple les actions qui se produisent lors de l'application du forceps : la tête du fœtus est astreinte à se mouvoir en s'appuyant constamment sur les parois du canal qu'il doit parcourir. Il faudrait. pour éviter tout inconvénient, que l'on pût exercer à chaque instant une traction dans la direction de la partie du canal où se trouve alors la tête ; mais cette condition est au moins très difficile à réaliser, et pendant une certaine partie du parcours la traction effectivement exercée sur la tête du fœtus est oblique à l'axe du canal : une partie seulement de cette force agit pour provoquer le mouvement, la composante parallèle à l'axe du canal. L'autre composante normale contribue à produire une pression entre les parois du canal et la tête du fœtus (indépendamment des pressions actives qui sont le résultat de contractions), et si cette pression dépasse une certaine valeur, des accidents variés, meurtrissures, contusions, déchirures, etc., peuvent se manifester.

31. Des systèmes articulés. — Lorsque plusieurs corps solides sont unis de telle sorte que le mouvement de l'un commande, au moins dans une certaine mesure, le mouvement de l'autre, lorsque, en un mot, ces corps sont unis par des *liaisons*, ils forment ce que l'on appelle un *système articulé.* La mécanique des systèmes articulés présente un intérêt très réel : outre que ces systèmes interviennent dans un grand nombre d'applications, c'est sur elle que repose la mécanique tout entière des corps vivants, des animaux, au moins des animaux supérieurs, qui ne sont pas autre chose, au point de vue mécanique strict, que des systèmes articulés.

Un système articulé est en équilibre toutes les fois que chacune des parties qui le constituent est en équilibre; de telle sorte qu'il suffit d'appliquer à chacune de ces parties les règles générales qui précèdent, à la condition de tenir compte de *toutes les forces.* C'est précisément cette dernière condition qui rend le problème complexe, parce que, par suite des liaisons, il se produit entre les diverses parties des réactions dont la grandeur et quelquefois même la direction ne sont pas fixées à l'avance, de telle sorte qu'il faut déterminer les conditions d'équilibre en tenant compte de forces qu'il s'agit de déterminer également et qui dépendent de l'existence même de cet état d'équilibre.

Une chaîne, une corde sont des systèmes articulés dont on fait très fréquemment usage et qui présentent cette particularité de résister seulement à la traction. Si ce système n'était pas pesant, la corde soumise à une force ne serait en équilibre que si elle avait la direction même de la force et transmettrait par conséquent à son autre extrémité une force dont la direction serait ainsi déterminée absolument. Mais, en réalité, les cordes sont pesantes : aussi même lorsqu'elles ne sont soumises à l'action d'aucune force, elles ne restent rectilignes que si elles sont verticales; s'il en est autrement, la corde prend une forme courbe facile à observer et connue sous le nom de chaînette. Cette courbe ne disparaît jamais et, par exemple, pour une corde tendue horizontalement, aucune force agissant aux extrémités, quelque grande que soit son intensité, ne peut faire disparaître la flèche.

52. Équilibre et mouvement des systèmes articulés. — Lorsqu'un système articulé est en équilibre, on peut le considérer comme un corps solide invariable. On démontre, en effet, en mécanique, et cela se conçoit aisément, que lorsqu'un système quelconque est en équilibre, on peut sans rien changer à l'équilibre établir de nouvelles liaisons (ceci ne serait point vrai si le système était animé d'un mouvement quelconque) ; on peut donc imaginer que les liaisons que l'on établit aient pour effet de relier invariablement les pièces qui, en réalité, sont mobiles les unes par rapport aux autres.

Il résulte de là que l'on peut appliquer aux animaux en repos les résultats que nous avons précédemment signalés d'une manière générale pour les systèmes solides. Nous verrons par la suite des applications intéressantes de cette remarque.

La détermination du mouvement que prend un système articulé sous l'action de forces quelconques constitue un problème très complexe et qui n'est pas susceptible de solutions générales; la question doit être examinée dans chaque cas particulier.

53. Énergie; énergie actuelle, énergie potentielle. — Ainsi que nous l'avons dit, nous ne concevons pas que les forces soient des entités distinctes, isolées: elles ne sont que le résultat de l'action des corps matériels. Il faut toujours avoir égard à cette notion lorsque l'on veut se rendre un compte exact d'un phénomène.

Un corps en mouvement vient à en rencontrer un autre et, par suite de cette rencontre, est susceptible de produire des effets divers, par cela seul qu'il est en mouvement, en vertu de la vitesse acquise, ou sous l'influence d'une cause quelconque qui entretient ce mouvement; ces effets peuvent être très variés dans leurs manifestations, comme nous le dirons par la suite, ce peuvent être seulement des effets mécaniques comme nous le supposons ici d'abord. Un corps qui presse contre un obstacle *fixe* ne produit pas d'effet, bien qu'il soit susceptible d'en produire, ce qui arrivera si l'obstacle cesse d'être fixe.

On exprime cette différence qui dépend non pas du corps en lui-même, mais plutôt des circonstances dans lesquelles il se trouve, en disant que le premier possède une *énergie actuelle*, le second une énergie en *puissance*, une *énergie potentielle*. Ces deux énergies peuvent se substituer l'une à l'autre pour un même corps par un changement dans les conditions extérieures.

Nous verrons que cette notion peut s'étendre, se généraliser, et qu'elle domine les relations de toutes les parties de la physique entre elles et avec la mécanique et la chimie.

54. Du travail des forces. — Une force peut agir de diverses façons, soit en faisant équilibre à une autre force, soit en déplaçant un corps au mouvement duquel s'oppose une résistance quelconque. Ce dernier cas est le plus fréquent dans l'industrie; on emploie plus spécialement la résistance de pièces fixes lorsqu'il s'agit seulement de s'opposer à l'action d'une force.

Dans la pratique, le service rendu dépend, non seulement de la force déployée, mais aussi du chemin parcouru par son point d'application. Un manœuvre, employé à élever des fardeaux, fera deux fois plus d'ouvrage qu'un autre, aussi bien s'il élève dans le même temps un poids deux fois plus grand à la même hauteur, que s'il transporte le même poids à une hauteur double.

On peut varier les exemples et conclure que, lorsque la force agit dans la direction du chemin parcouru, on doit tenir compte et de l'intensité et de l'espace décrit, si l'on veut avoir une notion complète de l'utilité qu'on a retirée de l'emploi de la force.

On appelle *travail d'une force* le produit de l'intensité de cette force par le chemin parcouru par le point d'application dans la direction de la force : c'est le travail qui mesure le service rendu.

Il peut arriver que la force agisse dans une direction autre que celle du chemin parcouru; le travail devra alors avoir une expression différente de celle que nous venons d'indiquer. Si l'on applique une force oblique sur le côté d'un wagon, par exemple, le wagon ne pouvant que se déplacer le long des rails, une partie de la force sera perdue et l'effet sera moindre que si on l'eût poussé directement par derrière; l'effet peut être nul même, si la force agit perpendiculairement à la direction des rails. Si l'on monte un fardeau par une rampe douce, le chemin parcouru sera considérable sans que l'effet soit autre que si l'on se fût servi d'une échelle verticale ; le travail doit avoir la même valeur dans ces deux conditions.

La direction de la force par rapport au chemin parcouru doit donc entrer en ligne de compte dans une définition complète du travail; cette définition est la suivante :

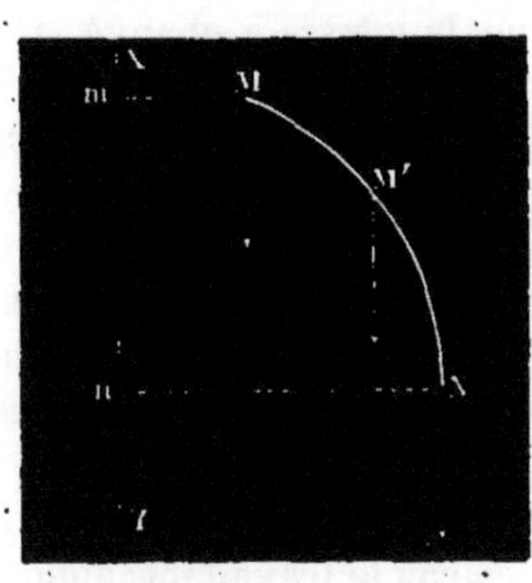

Fig. 28.

Le travail d'une force constante en intensité et en direction F est égal au produit de la force par la projection *mn* du chemin parcouru MN sur la direction de la force (*fig.* 28).

Si la force varie de grandeur et de direction, il faut, à chaque instant, faire un produit analogue pour obtenir le *travail élémentaire* correspondant. Le *travail total* est la somme de ces travaux élémentaires.

Pour se rendre facilement compte d'un travail mécanique sans avoir à étudier ses éléments, on a fait choix d'une unité à laquelle on a donné le nom de *kilogrammètre* et qui correspond au travail produit par un poids de 1 kilogramme (unité de force) descendant d'une hauteur verticale de 1 mètre (unité de longueur). On évalue les travaux mécaniques en kilogrammètres; ainsi l'on dira : le travail maximum que puisse développer un homme dans une journée est de 280,000 kilogrammètres.

Le kilogrammètre est une unité dérivée appartenant au système absolu des unités.

Lorsqu'une force ne donne lieu à aucun effet autre qu'une action mécanique (ce qui d'ailleurs n'est pas le cas général), on prend le travail développé par la force pour mesure de l'énergie actuelle du corps qui est la cause matérielle de cette action mécanique.

55. Force vive d'un corps en mouvement. — Le produit de la masse m d'un point par le carré de la vitesse v dont il est animé est ce que l'on nomme la *force vive* du point. La force vive d'un point est donc mv^2.

La force vive d'un corps est la somme des forces vives de tous ses points.

Il ne faut attacher aucun sens particulier à chacun des mots employés dans cette expression: le mot *force* y a perdu sa signification habituelle. L'expression *force vive* doit être prise en bloc et ne représente rien autre chose que mv^2.

Si un point ou un corps n'est soumis à l'action d'aucune force et, par suite, est animé d'un mouvement uniforme, sa force vive restera constante.

Lorsque le mouvement d'un corps n'est pas uniforme, lorsque sa vitesse change, nous admettons que le corps est soumis à une force, force qui agit dans le sens du mouvement si la vitesse croît, et qui agit en sens contraire si la vitesse décroît. Pendant ce temps la force produit un travail, puisque le corps s'est déplacé : d'autre part la force vive a varié puisque la vitesse a changé. On démontre en mécanique une très importante relation entre le travail de la force et la variation de la force vive : *Le travail d'une force appliquée à un corps est égal à la moitié de la variation de la force vive (ou à la variation de demi-force vive).*

Il convient de remarquer que le sens de la variation indique si le travail de la force est positif ou négatif : dans le premier cas, la force vive initiale est plus petite que la force vive finale; c'est le contraire si le travail est négatif.

Si un corps animé d'une certaine vitesse est réduit au repos, il abandonne toute sa force vive ; et dans ce cas le travail mécanique produit par le corps est égal à la moitié de la force vive qu'il possédait. Le travail mécanique ainsi développé est pris comme mesure de l'énergie actuelle du corps, énergie actuelle qui, dès lors, est aussi mesurée par la demi-force vive perdue par le corps.

Si le corps qui subit l'action est laissé au repos et s'il ne reproduit pas des effets d'autre nature, s'il s'agit, par exemple, d'un poids qui est élevé à une certaine hauteur, d'un ressort que l'on bande, ce corps possédera une énergie potentielle égale à la demi-force vive disparue, car le poids en tombant de la hauteur à laquelle il a été élevé, le ressort en se débandant seront susceptibles de produire un travail mécanique qui, abstraction faite des pertes, sera égal à celui que le premier corps aurait fourni directement.

55. Des machines. — On désigne sous le nom de *machine* tout corps ou tout système de corps gêné par un obstacle.

Les machines permettent de transmettre l'action d'une force, l'énergie d'un corps, en en modifiant au moins l'un des éléments, ou en changeant le lieu où elle se manifeste.

Soit une force F agissant en un point déterminé pendant un certain temps θ que nous pouvons considérer comme assez petit pour que la vitesse v qu'il communique à son point d'application ne change pas : nous supposerons d'ailleurs que la vitesse soit dans la direction de la force même. Dans ce cas, si l'on appelle e l'espace parcouru, le travail (54) sera Fe, expression qui peut être remplacée par $Fv\theta$. Supposons cette quantité de travail appliquée en un point d'une machine : la machine, abstraction faite des pertes dont nous allons parler, transmettra dans le temps θ cette même quantité de travail en un autre point; de plus, et à volonté, les éléments constituants de cette quantité de travail pourront être modifiés soit en direction, soit en grandeur, si bien que l'on pourra obtenir au point indiqué un travail correspondant à l'action d'une force F' ayant une direction indiquée d'avance et quelconque d'ailleurs et dont le point d'application parcourra un espace e' avec une vitesse v'. Ce travail aura alors pour valeur soit $F'e'$, soit $F'v'\theta$. On démontre, en mécanique, que quel que soit le mode de transmission, on a toujours $Fe = F'e'$ ou $Fv\theta = F'v'\theta$. On tire de là :

$$\frac{F'}{F} = \frac{e}{e'} \quad \text{ou} \quad \frac{F'}{F} = \frac{v}{v'}$$

ce qui montre que si F' est plus grand que F, il faudra nécessairement que e soit plus petit que e' ou v plus petit que v'. C'est ce que l'on exprime en disant que, à l'aide des machines, *ce qu'on gagne en force on le perd en espace parcouru ;* ou encore que *ce qu'on gagne en force on le perd en vitesse.*

57. Des machines simples. — Les machines les plus élémentaires que l'on puisse concevoir sont au nombre de trois auxquelles on donne le nom de machines simples et qui, par leur combinaison, forment toutes les machines quelque compliquées qu'elles soient. Ces machines simples sont :

Le *levier*, qui, dans le sens le plus général du mot, est un corps astreint à tourner autour d'un point fixe;

Le *tour* ou *treuil*, corps astreint à tourner autour d'une droite fixe, sans glisser suivant sa longueur;

Le *plan incliné;* dans cette machine, un corps se meut en s'appuyant constamment sur un plan fixe ou sur une surface fixe.

Une machine composée n'étant que la combinaison de ces trois machines simples, il suffit, pour pouvoir se rendre compte des conditions d'équilibre d'un appareil quelconque, de connaître les conditions d'équilibre du levier, du treuil et du plan incliné.

Un levier est en équilibre lorsque les moments par rapport au point fixe de toutes les forces auxquelles il est soumis ont une somme nulle. Dans ce cas, en effet, la résultante est nulle, ou bien passe par le point d'appui et son action est annulée par la résistance de l'obstacle.

Dans le cas où les forces se réduisent à deux, il faut qu'elles soient dans un même plan avec le point d'appui, qu'elles tendent à faire tourner le levier en sens contraire l'une de l'autre, et que les valeurs absolues des moments soient égales. Si P et R sont les forces, p et r leurs bras de levier, on doit donc avoir.

$$Pp = Rr$$

ou bien

$$\frac{P}{R} = \frac{r}{p} \cdot$$

Pour l'équilibre du levier, les forces doivent être en raison inverse des bras de levier.

On classe quelquefois les leviers en trois genres, suivant les positions respectives du point d'appui et des points d'application de la puissance et de la résistance[1] ; les conditions d'équilibre sont les mêmes pour les trois genres et cette classification a peu d'utilité.

Dans le tour, par un raisonnement analogue, mais plus complexe, on arrive pour l'équilibre aux conditions suivantes : les forces, supposées réduites à deux (ou, si ces forces sont obliques à l'axe, leurs composantes perpendiculaires à cette ligne) doivent tendre à faire tourner le treuil en sens contraire, et leurs intensités doivent être en raison inverse de leurs distances à l'axe.

Enfin, dans le plan incliné, l'équilibre a lieu lorsque les composantes des forces parallèles au plan ont une résultante nulle; les composantes normales au plan sont détruites par la résistance de ce plan.

Nous avons indiqué succinctement les conditions d'équilibre des machines simples; dans le cas d'une machine composée, il faut pour l'équilibre que les machines simples, ses éléments, soient en équilibre séparément, sous l'influence des forces qui leur sont appliquées

1. Premier genre. — Point d'appui C entre les points d'application A et B (*fig.* 29).
Deuxième genre. — Point d'application B de la résistance entre le point

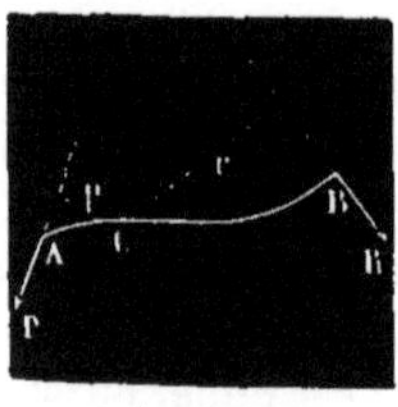

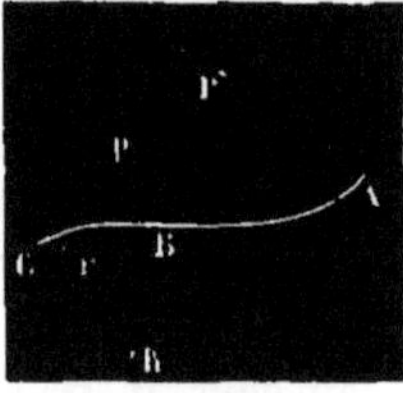

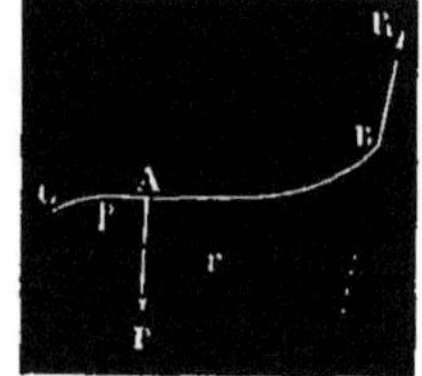

Fig. 29.   Fig. 30.   Fig. 31.

d'appui C et le point d'application A de la puissance (*fig.* 30).
Troisième genre. — Point d'application A de la puissance entre le point d'appui C et le point d'application B de la résistance (*fig.* 31).

directement ou qui leur sont transmises par les autres éléments.

58. Utilité des machines ; conditions de leur emploi. — Les machines permettent avec une force quelconque de faire équilibre à une force aussi grande que l'on veut : c'est ce qu'on a vu avec le levier, où la variation des distances du point d'appui aux points d'application de la puissance et de la résistance permet de vaincre tel effort qu'il est nécessaire; on sait aussi qu'il en est de même dans le treuil et que l'on a d'autant moins de peine à soulever un corps au moyen de cet appareil que le rayon de la manivelle sur laquelle on agit est plus grand; avec le plan incliné un homme peut élever un fardeau qu'il ne pourrait soulever directement (*ex.* : le haquet); avec un effort moyen on peut exercer de très fortes pressions (*ex.* : la vis qui dérive directement du plan incliné).

Il semble donc que l'on a multiplié la force; il en est ainsi, en effet, tant que l'on ne considère que l'équilibre; mais dès qu'il y a mouvement, l'effet produit n'est nullement augmenté par l'emploi des machines; car toutes les fois que l'on aura pu employer une force moindre, le chemin parcouru par le point d'application de la force aura été augmenté, et l'augmentation de ce fait aura justement compensé la diminution de force. Dans le levier, le treuil, si, pour vaincre une résistance donnée, on a diminué la force motrice dans une certaine proportion, il aura fallu augmenter le bras de levier dans le rapport inverse, et par suite aussi le chemin parcouru : il en serait de même avec le plan incliné.

C'est là la signification pratique de ce que nous avons exprimé plus haut d'une manière générale, en disant que ce que l'on gagne en force on le perd en chemin parcouru.

Dans les cas particuliers que nous venons d'examiner on voit directement qu'il en est ainsi, et que par suite le travail fourni d'un côté à la machine simple est égal au travail recueilli d'autre part; puisque la diminution de force est justement compensée par l'augmentation de chemin parcouru, ou inversement, le produit de ces deux quantités, c'est-à-dire le travail, est constant. Nous avons dit d'ailleurs que l'on démontre ce théorème d'une manière tout à fait générale en mécanique.

Le but de l'emploi des machines n'est donc pas d'économiser le travail dépensé, mais de permettre la production de cette quantité de travail dans des conditions favorables. Ainsi, un homme ayant à soulever un poids de 1000 kilogrammes à une hauteur de 1 mètre, ne le pourrait directement; mais l'emploi de leviers, treuils, plans inclinés, pris séparément ou diversement combinés, lui permettra d'effectuer cette opération. Ici la possibilité a été substituée à l'impossibilité. Si un ouvrier doit élever dans un puits de mine un poids de 100 kilogrammes, le transport n'est pas impossible, mais il est incommode, sinon dangereux; l'emploi d'un treuil, qui lui permet de ne développer qu'un effort peu considérable, 20 kilogrammes par exemple, lui donne toute sécurité. Dans cet exemple, la machine n'était pas indispensable, elle est avantageuse.

Mais, en résumé, quelle que soit la manière d'opérer, pour produire un certain effet mécanique, la même quantité de travail est toujours nécessaire.

59. Du travail des machines. — Une machine peut être, par la pensée, supposée destinée à transmettre l'action d'une force à distance, en faisant varier les conditions diverses d'application.

Le moteur, quel qu'il soit, produit à chaque instant une force que l'on peut mesurer à l'aide d'un dynamomètre, et dont le point d'application décrit un espace déterminé. On peut donc calculer le travail de cette force; il existe même des appareils spéciaux (dynamomètres enregistreurs) qui, par divers procédés, donnent directement la valeur du travail produit : ce travail est dit *travail moteur.*

D'autre part, on peut aussi se rendre compte du travail nécessité par chaque opération qu'exécute la machine, en cherchant, par exemple, quels poids pourraient produire ces opérations et en mesurant le chemin décrit par le point d'application; on calcule ainsi autant de travaux partiels qu'il y a d'opérations diverses, et la somme de ces travaux constitue le *travail résistant.*

L'expérience, confirmant en cela les idées théoriques, prouve que, toujours, le travail résistant est plus petit que le travail moteur. Il y aurait tout intérêt à rendre cette différence aussi petite que possible, nulle même; mais une partie du travail moteur est employée à la destruction des pièces qui frottent les unes sur les autres et à leur échauffement : le travail ainsi absorbé, que l'on doit chercher à réduire au minimum, est appelé *travail des résistances passives.*

On démontre en mécanique que, dans toute machine ayant acquis un mouvement régulier, le travail moteur est exactement égal à la somme du travail résistant et du travail des résistances passives.

Comme le travail des résistances passives ne peut jamais être annulé complètement, on voit que le problème du *mouvement perpétuel* ne peut avoir de solution. Ce problème consiste, en somme, à construire un mécanisme qui, une fois mis en mouvement, marcherait indéfiniment sans qu'on le soumît à aucune force extérieure.

60. Applications spéciales des machines simples. —

Sans avoir.la prétention d'étudier d'une manière générale, non pas même les machines industrielles, mais seulement celles qui sont usitées en médecine, en chirurgie et en physiologie, nous donnerons quelques exemples.

On donne dans la pratique le nom de *levier* à des machines qui sont réellement des *treuils*, car leur mouvement se fait autour d'un axe fixe et non autour d'un point fixe. La différence consiste surtout dans la forme : le levier est généralement un corps allongé, de forme variable, aux extrémités duquel sont appliquées les forces antagonistes, tandis qu'on réserve le nom de tour ou treuil aux corps arrondis, de chaque coté desquels les forces sont appliquées, tangentiellement le plus souvent.

Les ciseaux (fig. 32), les pinces, les forceps, les spéculums à valves,

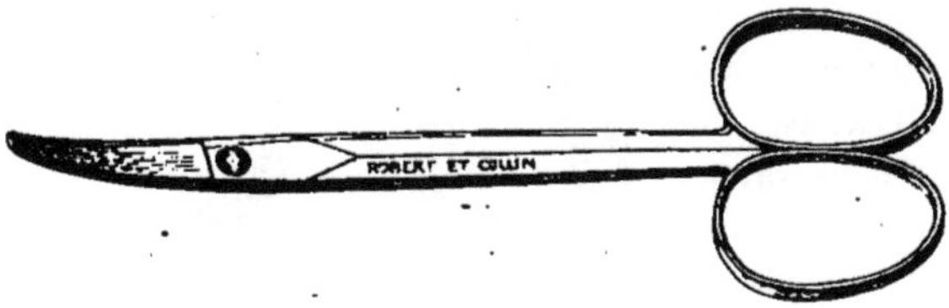

Fig. 32.

les cisailles, les daviers, etc., sont des exemples de leviers du premier genre. Les branches ont des longueurs qui sont dans des rapports différents suivant l'effet que l'on recherche : lorsqu'il s'agit d'exercer une grande pression (cisailles (fig. 33), davier), les manches où l'on

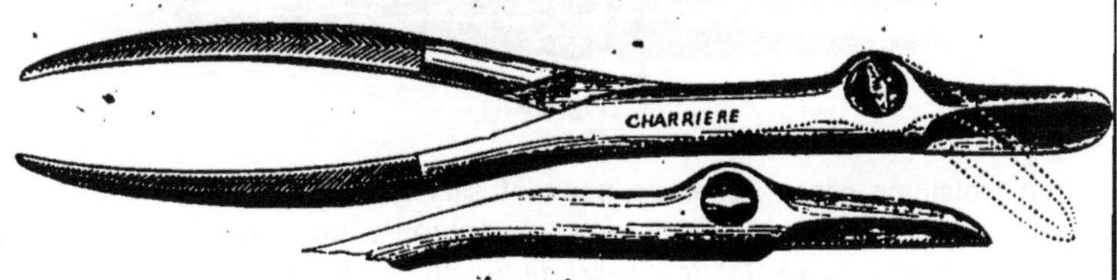

Fig. 33.

applique la force, c'est-à-dire que l'on tient à la main, sont longs par rapport à la partie qui doit trancher le corps dur ou saisir avec énergie. S'il ne s'agit pas au contraire de produire un effet considérable, mais seulement de produire un écartement assez grand (spéculum (fig. 34), pince, etc.), les branches où l'on applique les doigts ne sont pas notablement plus longues et peuvent même être plus courtes que celles qui portent les mors et servent à saisir.

Dans les ciseaux longs, qui sont tranchants sur une longueur assez grande, on peut produire un effet plus ou moins énergique suivant la place occupée par le corps que l'on veut trancher. Cet effort sera faible s'il se trouve près de la pointe, il sera très grand si on place le corps près de l'axe de rotation.

Il est à remarquer que les deux extrémités d'une même branche se meuvent toujours en sens contraire : si les branches sont rectilignes, ou du moins sans interversions, les deux côtés seront ouverts ou fermés en même temps. Il y en aura

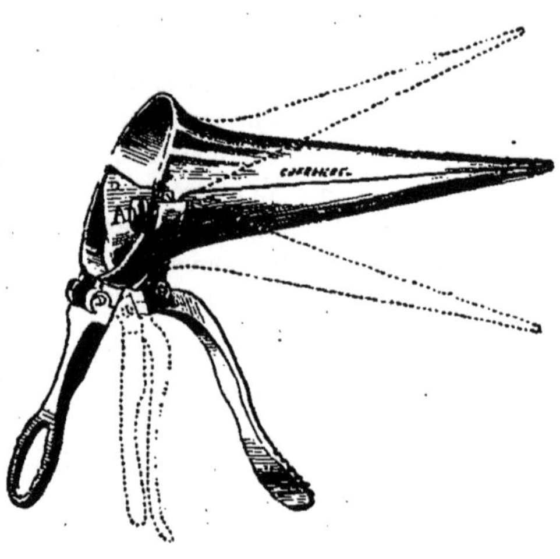

Fig. 34.

au contraire un qui se fermera pendant que l'autre s'ouvrira si les branches sont coudées.

Les pinces à artères, les pinces érignes (fig. 35), sont des leviers

Fig. 35.

du troisième genre : elles ne peuvent servir à produire des effets énergiques, puisque la puissance a toujours un bras de levier moindre que la résistance; mais pour un faible mouvement des doigts, les extrémités se déplacent notablement. Comme dans le cas précédent, suivant la forme des branches, le mouvement de rapprochement des doigts peut correspondre à un mouvement de rapprochement ou à un mouvement d'éloignement des mors.

Les leviers du deuxième genre sont moins fréquemment usités : nous donnerons comme exemple usuel le casse-noisettes. Naturellement, ce levier est toujours susceptible de produire des effets énergiques.

61. **Des leviers dans l'organisme.** — On trouve également de nombreux exemples de leviers dans l'organisme : c'est

ainsi que les muscles de la nuque insérés en A (fig. 36), qui
maintiennent droite la tête que son poids appliqué en B tendrait à
faire basculer en avant autour de l'articulation occipito-atloïdienne
C, constituent la puissance appliquée à un levier du premier genre.

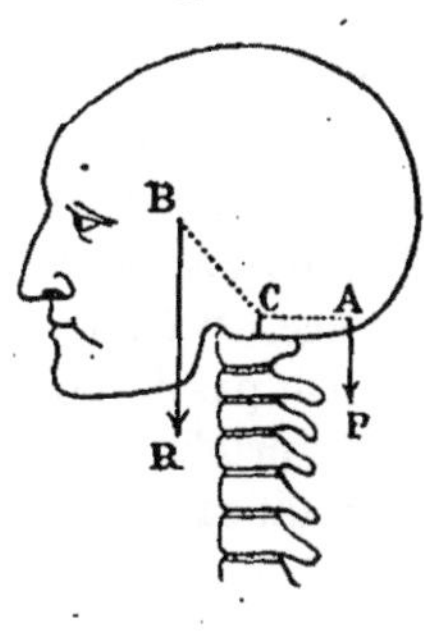

Fig. 36.

C'est une action du même genre qui se produit par l'action des muscles qui amènent
l'extension de l'avant-bras sur le bras, de la
jambe sur la cuisse, etc.

On trouve un exemple d'un levier du deuxième genre lorsque l'on se tient sur la pointe
du pied. Le point d'appui est à l'extrémité
antérieure C (fig. 37) des métatarsiens; la
résistance est le poids du corps qui est transmis par le tibia; la puissance est constituée
par les muscles jumeaux et le soléaire qui
s'insèrent en arrière au calcanéum en P par
l'intermédiaire du tendon d'Achille.

Les leviers du troisième genre sont assez répandus : ils sont
défavorables au point de vue de l'énergie des efforts produits;
mais, pour un faible déplacement du point d'application de la résis-

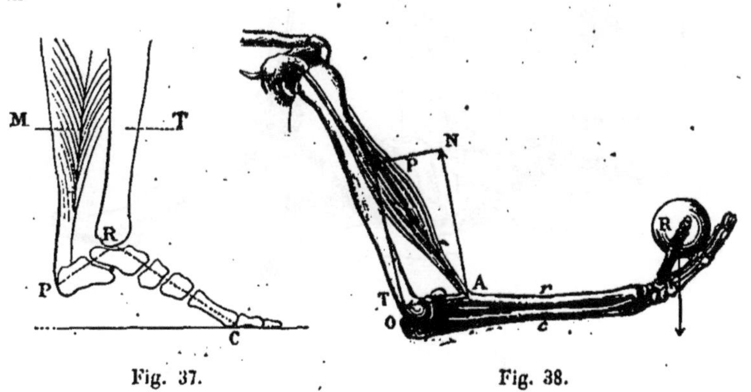

Fig. 37.   Fig. 38.

tance, l'extrémité du levier se meut sur un long espace. On trouve
cette disposition dans la plupart des mouvements de flexion : ainsi
dans la flexion de l'avant-bras sur le bras (fig. 38), le point fixe est
l'articulation du coude, la puissance est à l'insertion du muscle
biceps, et la résistance est représentée par le poids de l'avant-bras
et de la main augmenté du poids à soulever.

La disposition est plus ou moins analogue dans la flexion de la
cuisse sur le bassin, de la jambe sur la cuisse, etc.

62. Applications du tour. — Le tour se rencontre dans l'industrie sous trois formes principales : le *treuil* proprement dit qui sert à élever les fardeaux, le *cabestan* à l'aide duquel on produit des tractions horizontales, spécialement dans la marine, et la *poulie*.

La poulie est un cylindre en bois ou en métal creusé d'une gorge et tournant autour de deux tourillons reposant sur une chape qui, généralement, est maintenue fixe : une corde passe dans la gorge et à ses deux extrémités sont appliquées d'une part la puissance et de l'autre la résistance. Lors de l'équilibre, la puissance est égale à la résistance; aussi l'emploi de la poulie ne présente-t-il pas d'autre avantage que de changer la direction dans laquelle se produit l'action d'une force. Il y a nombre de cas où cette modification est indispensable d'ailleurs (fig. 39).

Fig. 39.

La poulie, principalement sous la forme de *moufles*, est presque seule usitée en chirurgie. On appelle moufle un ensemble de poulies montées sur un même axe, parallèlement; on emploie les moufles par paire : une moufle fixe et une mobile; à cette dernière est attaché le corps sur lequel on veut exercer un effort. Une corde fixée par une extrémité à l'une des moufles passe successivement sur chacune des poulies de l'une et de l'autre moufle : son autre extrémité, libre, est entre les mains de l'opérateur qui en tirant sur cette corde exerce une traction sur le corps mobile. Il est aisé de concevoir que chaque *brin* de la corde devant se raccourcir d'une quantité égale au déplacement de la moufle mobile, l'extrémité libre de cette corde parcourra un espace égal à l'espace décrit par la moufle mobile multiplié par le nombre des brins. Mais nécessairement, par contre, la force exercée sur le corps sera égale à celle produite par l'opérateur multipliée par le même nombre.

Cette disposition a été employée pour réduire les luxations : elle présente l'avantage que l'on peut opérer avec un faible effort et que la traction est continue, qu'elle présente moins de secousses que la traction directe. Mais elle n'est pas

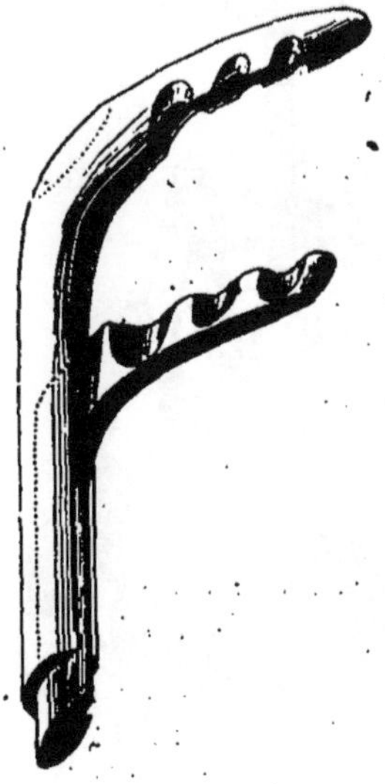

Fig. 40.

Fig. 41.

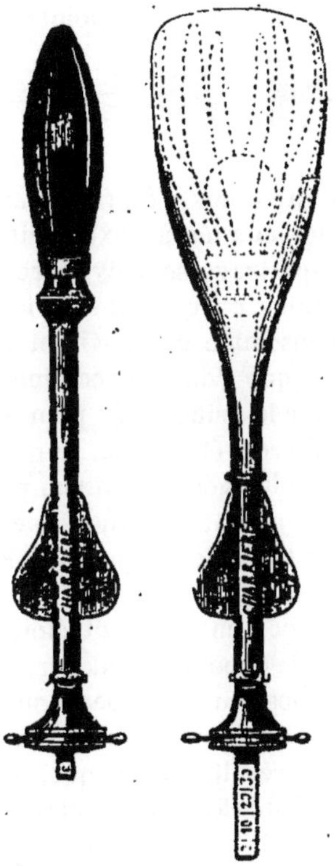

Fig. 42.

sans danger, à cause de la facilité avec laquelle on dépasse la valeur que l'on s'était fixée : aussi convient-il de placer toujours un dynamomètre entre la moufle et le membre sur lequel on exerce la traction, afin d'être assuré de ne pas dépasser cet effort limite.

Le vilebrequin qui, sous le nom d'*arbre* (fig. 40), est utilisé dans le trépan est à proprement parler un tour.

63. Application du plan incliné. — Comme nous l'avons dit, on entend par cette expression toute machine dans laquelle le mouvement d'un corps est déterminé par la condition de rester en contact avec une surface donnée, plane ou courbe.

A ce point de vue, l'ensemble d'un bistouri et d'une sonde cannelée sur laquelle il glisse doit être rattaché au plan incliné. Il en est de même de tout appareil dans lequel une pièce mobile est guidée par une ou plusieurs glissières fixes : ainsi les pompes, les resingues, les trocarts, les brise-pierres (fig. 41), etc.

C'est également au plan incliné que l'on doit rattacher le dilatateur anal de Reybard (fig. 42), dans lequel plusieurs branches, mobiles autour de points situés à la circonférence de base d'un

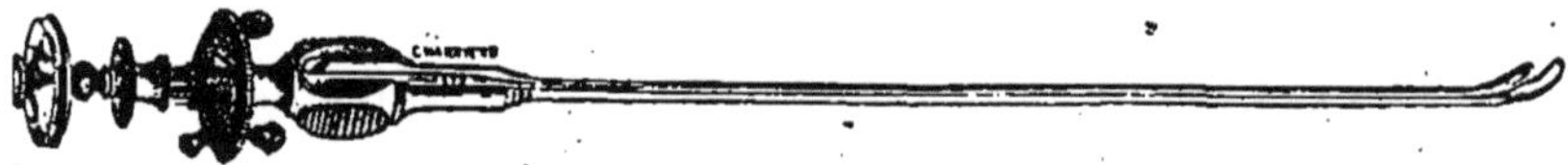

Fig. 43.

cylindre creux, s'écartent par le déplacement, à leur intérieur, d'une sphère montée à l'extrémité d'une tige qui traverse le cylindre.

Mais c'est surtout sous la forme de l'ensemble d'une vis et de son écrou que l'on a l'occasion d'appliquer le principe du plan incliné.

L'écrou étant fixe, ce qui est le cas le plus général, la vis, pour un tour complet, n'avance que d'une quantité égale au pas. Si donc le pas est faible et que la force soit appliquée en un point éloigné de l'axe, le chemin décrit par le point d'application sera beaucoup plus considérable que celui décrit par la vis. Il résulte de là, que, à l'aide d'une faible force agissant pour faire tourner la vis, on pourra exercer un effort considérable dans le sens de l'axe de la vis. Le résultat est

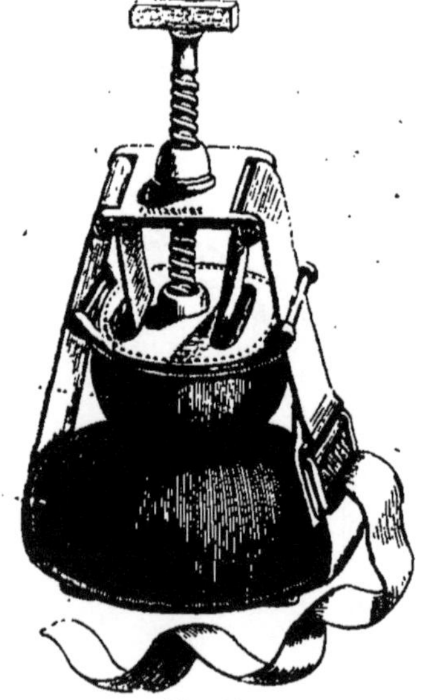

Fig. 44.

d'ailleurs analogue quelle que soit la nature du mouvement que puisse prendre la vis ou l'écrou.

Dans les brise-pierres (fig. 43), l'écrou est fixe absolument, en général, et l'on fait tourner la vis, dont la pointe avance, entraînant le mors mobile avec une grande énergie.

Dans le tourniquet (fig. 44), la vis ne peut que tourner sans avancer et l'écrou ne peut qu'avancer sans tourner : c'est à l'écrou qu'est reliée la pièce qui doit exercer l'effort.

Dans certains modèles d'écraseurs au contraire (fig. 45), l'écrou

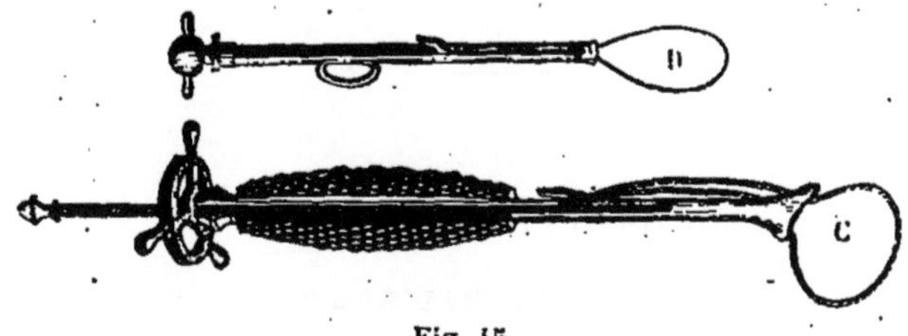

Fig. 45.

ne peut que tourner sans avancer et la vis avance sans tourner ; c'est à la vis qu'est fixée l'anse métallique ou la chaîne.

Il est très important de remarquer que les actions produites par la vis, en même temps qu'elles sont très énergiques, sont absolument continues et s'exercent sans aucune secousse.

LIVRE PREMIER

PROPRIÉTÉS GÉNÉRALES DES CORPS

CHAPITRE PREMIER

DE LA MATIÈRE

64. De la matière. Ses propriétés. — L'existence des corps nous est révélée par les sensations que nous éprouvons et dont nous supposons la cause extérieure à nous : ces sensations sont variées et peuvent, suivant les conditions, exister séparément ou simultanément; cette diversité nous conduit à admettre des différences nombreuses entre les corps. Cependant, écartant par la pensée ces différences, nous pouvons concevoir une substance réunissant les caractères communs à tous les corps ; cette substance, à laquelle on donne le nom de *matière*, est susceptible de nous procurer en outre, dans des circonstances diverses, les sensations que nous pouvons éprouver.

Ces caractères communs à tous les corps, qui nous servent à définir la matière, sont l'*étendue* et l'*impénétrabilité*.

L'*étendue* est la propriété que possèdent les corps d'occuper une certaine partie de l'espace. Nous n'avons pas à rechercher si la notion d'étendue est innée, ou si elle est due à l'expérience; il nous suffit de remarquer que nous ne pouvons concevoir un corps, cause de sensations, qui n'aurait aucune étendue.

L'*impénétrabilité* d'un corps, qui le rend distinct de tout autre et lui donne une existence, consiste en ce que deux corps ne peuvent occuper simultanément le même lieu. Cette propriété, nous semble-t-il, s'impose à notre esprit comme un résultat de l'expérience, comme une conséquence de la résistance que nous éprouvons lorsque nous touchons un corps. De nombreuses expériences peuvent être indiquées comme prouvant l'impénétrabilité des corps; nous citerons particulièrement la suivante : lorsque l'on introduit un corps solide dans un vase contenant un liquide, il y a déplacement de celui-ci et élévation du niveau ; des mesures précises montrent que la quantité d'eau ainsi déplacée a précisément le même volume que le solide introduit.

Mais, d'autre part, des expériences également très nombreuses semblent infirmer ces premières notions : il nous suffira de les indiquer rapidement, car nous aurons à y revenir dans plusieurs chapitres. On sait que les solides et les gaz sont susceptibles de se dissoudre dans les liquides ; on sait également que le mélange de deux liquides peut avoir un volume moindre que la somme des volumes des corps mélangés, que presque tous les corps diminuent de volume par le refroidissement, par la compression, etc.

65. — On ne voit pas tout d'abord comment on peut accorder ces faits, affirmés incontestablement par l'observation et l'expérience, avec l'impénétrabilité, si cette propriété signifie que l'on suppose une continuité absolue à la matière dans un même corps. Aussi a-t-on été conduit à supposer que cette continuité n'existe pas et que la matière présente des pleins et des vides ; ces derniers, auxquels on a donné le nom de *pores,* par leurs variations de capacité, permettent l'explication des variations de volume que nous avons signalées : les parties pleines peuvent dès lors être impénétrables, et cette propriété peut être conservée à la matière. Il faut dire que les pores sont supposés avoir des dimensions très petites et telles que l'œil, armé du plus puissant microscope, ne saurait les distinguer : les cavités de grandeurs diverses que l'on aperçoit dans certains corps, soit à l'œil nu, soit avec un grossissement convenable, ne sont pas des pores. On les appelle quelquefois, mais improprement, des *pores sensibles.* L'existence de pores sensibles de dimensions plus ou moins facilement appréciables peut se prouver expérimentalement. Il n'en est pas de même des pores proprement dits. Aussi l'idée de la *porosité,* propriété que possède les corps de présenter des pores, est-elle seulement imposée par le désir d'accorder les expériences avec l'existence de l'impénétrabilité, à laquelle l'esprit s'attache volontiers et naturellement. Ces propriétés sont connexes, et toute hypothèse sur la constitution des corps qui supprimerait l'impénétrabilité de la matière pourrait supprimer aussi la porosité.

66. — L'idée de *propriétés* que posséderaient les corps et qui seraient la cause immédiate des sensations qu'ils nous font éprouver, des phénomènes divers qu'ils peuvent produire, est une simple vue de l'esprit. Il n'existe pas une matière étendue et impénétrable, mais inactive, qui servirait de *substratum* à des propriétés qui seraient les causes des actions observées : il existe effectivement une matière active qui est elle-même cause d'actions, la diversité des actions dépendant de la diversité des états dans lesquels

se trouve la matière ou des conditions dans lesquelles elle est placée.

Etant bien entendu que le mot *propriétés* représente non des entités distinctes, mais des modes d'activité de la matière, il est intéressant de les étudier et surtout d'étudier celles qui ne sont pas le caractère distinctif de quelques corps, mais qui appartiennent à tous et qui, pour cette raison, sont dites propriétés générales.

Ces propriétés se rattachent plus ou moins directement à l'action de nos sens : il en est quelques-unes qui dépendent du sens de la chaleur, d'autres du sens de l'ouïe, d'autres encore du sens de la vue (nous ne parlons pas du goût et de l'odorat, pour lesquels on ne connaît rien à ce point de vue); elles seront étudiées plus tard. Mais il en est qui se rattachent plus directement aux phénomènes mécaniques et pour lesquelles il suffit de faire appel au sens du toucher ainsi qu'à la sensation spéciale qui résulte de l'effort musculaire. C'est par ces propriétés que nous commencerons l'étude de la physique.

67. Divisibilité. Constitution hypothétique des corps. — L'expérience prouve que les corps sont susceptibles de se diviser en fragments sans que ces fragments cessent de posséder, au moins dans une certaine mesure, les propriétés que possédait le corps dans son entier : c'est là ce qui constitue la divisibilité.

Cette division effective peut être poussée très loin, comme nous aurons occasion de le dire : mais il existe des limites matérielles de petitesse qui n'ont pas été dépassées; non pas, peut-être, qu'elles ne puissent l'être, mais parce que nos moyens d'action et d'investigation sont probablement insuffisants.

Nous n'avons pas le droit d'étendre au delà des limites des expériences le résultat de ces expériences, d'une part; d'autre part, le raisonnement *seul* ne peut rien apprendre sur des faits matériels. Il est donc impossible de décider, de chercher à conclure si la matière est, oui ou non, indéfiniment divisible.

Mais il semble résulter des lois qui président aux combinaisons chimiques[1], que les corps sont constitués par des éléments excessivement petits et indivisibles, auxquels, suivant les cas, on donne le nom d'*atomes* ou de *molécules*. Comme nous le verrons, cette hypothèse semble satisfaire pleinement à l'explication des phénomènes fondamentaux de la physique, à la condition, toutefois, d'y joindre de nouvelles hypothèses que nous allons indiquer.

Nous admettrons que, entre deux molécules qui entrent dans la composition d'un corps, il existe des forces mutuelles, les unes at-

---

1. Loi des proportions définies et loi des proportions multiples.

tractives, les autres répulsives ; que ces forces ne dépendent que de la distance, et diminuent très rapidement lorsque celle-ci augmente ; que les forces attractives augmentent moins rapidement que les forces répulsives lorsque la distance diminue; enfin que des forces analogues prennent naissance entre des molécules de deux corps différents, lorsque leur distance est devenue suffisamment petite.

Ces forces attractives et répulsives ont reçu collectivement le nom de *forces moléculaires* [1] ; comme elles sont deux à deux égales et contraires, leur existence n'a aucune influence sur le mouvement d'ensemble du corps.

Nous devons ajouter que cette hypothèse des forces moléculaires n'est pas la seule par laquelle on tente actuellement d'expliquer les phénomènes qui ont la matière pour siège ; dans tous les cas, les corps sont considérés comme composés de molécules, mais, dans une autre hypothèse, on suppose que ces molécules sont animées de mouvements variables de nature et de grandeur ; ces molécules sont impénétrables et non élastiques, et malgré cela leur rencontre donne lieu à des effets analogues à ceux du choc entre corps élastiques; l'existence supposée d'un milieu particulier, dans lequel elles se meuvent, complète les conditions qui permettent de supprimer l'idée des forces moléculaires, en y substituant des transformations de mouvement.

Nous avons voulu indiquer cette théorie que nous croyons appelée à prendre une grande importance ; il ne nous a cependant pas été possible de l'employer comme nous l'aurions désiré : outre qu'elle n'est pas encore classique, elle exige des connaissances assez étendues sur les mouvements et leurs effets, connaissances que nous ne pouvions supposer généralement répandues, et qu'il ne nous était pas possible de donner dans les notions de mécanique que nous avons succinctement résumées.

Il n'est pas sans quelque intérêt de remarquer que l'hypothèse des molécules permet de conserver, comme propriété générale de la matière, l'impénétrabilité, qui semble en contradiction avec certains effets obtenus en agissant sur des corps matériels, et que, nous ne chercherons pas la cause de ce fait, l'esprit paraît regarder comme une propriété *nécessaire* de la matière. Il suffira en effet de supposer que les atomes ou molécules sont impéné-

---

1. On peut remarquer que cette supposition de deux groupes de forces agissant inversement sur une même molécule est peu simple : dans aucun cas, ces groupes n'ont pu être mis séparément en évidence et ils ne se manifestent jamais que par leur résultante. Peut-être serait-il plus simple de ne parler que de cette dernière, dont l'action pourrait changer de sens suivant les cas, et d'abandonner l'idée de composantes hypothétiques. Il faut bien dire qu'au fond les raisonnements seraient les mêmes.

trables : les effets de pénétration apparente s'expliquent alors, comme nous l'avons dit, par des changements dans les espaces intermoléculaires, dans les pores.

68. Différents états des corps. — Il n'existe aucune relation forcée, absolue, entre les diverses propriétés des corps, et, d'une manière générale, la connaissance de l'une d'elles pour un corps ne permet pas de prévoir ce que seront toutes les autres. Cependant, il est un certain groupe de propriétés, celles qui se rattachent précisément aux actions mécaniques, qui, moins que les autres, semblent indépendantes : l'ensemble de ces propriétés constitue ce que l'on appelle les divers *états* des corps, dont nous allons indiquer les caractères différentiels.

Les *corps solides* sont ceux qui possèdent une forme et un volume déterminés, et qui résistent plus ou moins complètement aux actions mécaniques auxquelles on les soumet et qui auraient pour effet de les comprimer, de les allonger, de les fléchir, de les diviser, etc.

Les *corps liquides* n'ont pas une forme déterminée, et prennent celle des vases dans lesquels on les place ; ils ont, comme les solides, un volume à peu près invariable, et, comme eux, ils résistent énergiquement aux actions de compression ; mais ils se laissent diviser et déplacer avec une extrême facilité.

Les *corps gazeux* (gaz et vapeurs) n'ont ni forme, ni volume déterminé ; ils admettent ceux des vases qui les renferment ; contrairement aux solides et aux liquides, ils se laissent facilement comprimer, et ils partagent avec les liquides la propriété de se laisser diviser et déplacer très facilement. En outre, ils sont *expansibles*, c'est-à-dire qu'ils se répandent dans un espace et le remplissent quelle que soit sa capacité : l'*expansibilité* caractérise les corps gazeux.

Les deux derniers groupes de corps, dont les molécules se laissent séparer sans difficulté, sont désignés collectivement sous le nom de *fluides*. Les liquides sont désignés sous le nom de *fluides incompressibles*, et l'on réserve pour les gaz la qualification de *fluides compressibles*.

Nous indiquerons plus loin les hypothèses auxquelles on a recours pour expliquer ces différences dans les propriétés des corps.

Il ne faudrait pas croire que ces divisions soient toujours parfaitement tranchées ; ainsi l'on peut indiquer l'existence d'un état *pâteux*, intermédiaire entre les états solide et liquide, et certaines expériences permettent d'admettre de même un état particulier qui participerait des états liquide et gazeux ; il est probable, enfin, qu'il existe une gradation continue depuis l'état solide jusqu'à l'état gazeux.

Il faut ajouter également que rien ne prouve que les corps ne peuvent exister qu'à trois états différents ; peut-être, par exemple, comme on l'a supposé, après les expériences de M. Crookes, peut-être existe-t-il un quatrième état qui diffère autant, par ses propriétés générales, de l'état gazeux, que celui-ci diffère de l'état liquide. On peut soupçonner l'existence de ce quatrième état ; peut-être y en a-t-il d'autres qui, jusqu'à présent, ont échappé complètement à l'observation.

Ces diverses propriétés, que nous avons signalées précédemment, ne sont nullement caractéristiques de chacun des corps : nous connaissons un grand nombre de corps qui sont susceptibles de prendre successivement ces trois états, et même les états intermédiaires ; il est fort probable que si l'on pouvait disposer de moyens suffisamment énergiques de compression, de refroidissement et d'échauffement, tous les corps présenteraient ces mêmes variations.

Dans le chapitre qui traite de la chaleur, nous aurons à nous occuper tout spécialement de ces changements d'état.

69. Les trois états des corps et l'hypothèse moléculaire. — L'hypothèse que nous avons indiquée sur la constitution des corps doit expliquer les divers phénomènes que nous rencontrerons ; elle doit dès lors, tout d'abord, être en concordance avec l'existence des trois états des corps qui conduisent à compléter certains points de cette hypothèse.

L'existence de la cohésion, qui maintient les molécules des corps solides dans leurs positions et leurs distances respectives malgré l'action des forces extérieures tendant à les séparer, met en évidence la prédominance des forces attractives sur les forces répulsives, ce qui correspond en somme à une résultante attractive. Cette résultante est loin d'avoir la même valeur dans tous les corps et diminue bien certainement pour les corps plus ou moins pâteux.

D'autre part, la résistance énergique à la compression montre que, pour un rapprochement même faible des molécules, il se manifeste une résultante répulsive faisant équilibre à la pression que l'on fait agir ; c'est donc dire que les forces répulsives l'emportent alors sur les forces attractives, et que, par suite, si le rapprochement a fait croître les unes et les autres, les forces répulsives ont augmenté plus rapidement que les forces attractives.

Nous allons retrouver cette dernière hypothèse dans les liquides ; la première, au contraire, prédominance des forces moléculaires attractives sur les forces répulsives, sera absolument caractéristique des corps solides.

La constitution hypothétique des liquides peut être définie de la manière suivante :

Un liquide est formé de molécules isolées, sans orientation propre, entre lesquelles existent concurremment deux séries de forces opposées qui, dans le cas d'un liquide entièrement libre, sont égales entre elles ; ces forces, dont, à la même température, l'intensité ne dépend que de la distance des molécules, sont les unes attractives et les autres répulsives ; les intensités augmentent quand les distances diminuent, et les forces répulsives croissent alors beaucoup plus rapidement que les forces attractives, de telle sorte que leur action devient prépondérante ; ces forces diminuent quand la distance augmente, et sont nulles dès que cette distance devient appréciable.

Les analogies et les différences que nous avons signalées entre les liquides et les gaz nous conduisent à considérer un corps gazeux comme formé de molécules isolées, parfaitement mobiles, uniformément distribuées et soumises comme les liquides à l'action de forces attractives et répulsives, qui varient avec la distance ; seulement dans les gaz les forces attractives sont insensibles ou disparaissent devant la grandeur des forces répulsives. Malgré cette différence, et à cause de la mobilité des molécules, un certain nombre de propriétés des liquides pourront être étendues aux gaz.

CHAPITRE II

DES CORPS SOLIDES

70. Les corps solides sont pesants. — Les corps solides sont pesants : nous dirons d'ailleurs qu'il en est de même des autres corps ; c'est donc là une propriété générale des corps, propriété sur laquelle nous reviendrons avec détail. Mais nous croyons devoir dire immédiatement que cette propriété, pour être absolument générale, ne doit pas être considérée comme la plus importante ; c'est que, en effet, elle n'est pas la conséquence forcée de l'existence, de la nature du corps que l'on considère, mais qu'elle se manifeste seulement par suite de la présence d'autres corps ; elle diffère en cela des autres propriétés. Un corps serait élastique ou mou, obscur ou lumineux, froid ou chaud, aimanté ou non, alors même qu'il existerait seul dans l'espace indéfini ; mais, dans ces conditions, il ne donnerait naissance à aucun des effets que nous allons signaler et qui dépendent de ce qu'il est pesant.

Il serait logique de commencer l'étude des corps par l'indication des propriétés qui leur sont inhérentes, et de faire passer en seconde ligne les propriétés qui dépendent de circonstances extérieures. Mais, comme le fait que les corps sont pesants est absolument général sur notre globe, et que les manifestations de cette propriété se produisent dans toutes les circonstances, pour modifier souvent les manifestations des autres propriétés, nous sommes conduits à commencer par l'étude de la pesanteur des corps.

71. Poids des corps. — Les corps exercent en général une pression de haut en bas sur les points sur lesquels ils reposent : cette pression est manifestée par la sensation particulière qu'ils nous font éprouver lorsque nous les tenons dans la main ; elle est également rendue sensible par la flexion qu'ils font subir aux corps élastiques auxquels ils sont fixés. On exprime cette propriété en disant que les corps sont *pesants*. Cette propriété même s'appelle la *pesanteur*.

D'autre part, les corps librement abandonnés à eux-mêmes se mettent en mouvement de haut en bas, ils *tombent*.

On doit conclure de l'existence de ces effets que chaque corps est soumis à une force à laquelle on a donné le nom de *poids* du corps.

Il importe de remarquer que tous les corps sont pesants, même ceux qui se comportent d'autre façon que celle que nous venons d'indiquer, et que les corps qui s'élèvent au lieu de tomber n'en ont pas moins un poids : leur mouvement ascensionnel est le résultat de la pesanteur des corps qui les entourent, comme nous l'expliquerons plus loin.

Le poids étant une force, il y a lieu pour chaque corps de déterminer sa direction, son point d'application et son intensité. Nous chercherons ensuite quelle peut être l'origine de cette force.

72. Direction de la pesanteur. — La direction d'une force est celle de l'élément de chemin qu'elle fait parcourir au corps auquel elle est appliquée. L'étude des mouvements des corps tombant en chute libre montre qu'ils sont rectilignes et parallèles en un même lieu ; on peut, en effet, tendre un fil dans une direction telle qu'un corps en tombant le suive dans toute sa longueur ; cette direction est celle de la pesanteur.

On peut opérer autrement, en employant le fil-à-plomb : cet appareil consiste en un corps pesant, suspendu par un fil très flexible dont on fixe l'extrémité libre ; après quelques mouvements, l'équilibre sera établi. A cet instant, la direction du fil est la même que celle de la pesanteur, car la force de réaction du fil qui agit suivant sa longueur, faisant équilibre à la pesanteur, doit être directement opposée à celle-ci, qui est ainsi déterminée. La direction donnée par le fil-à-plomb a reçu le nom de *verticale;* on appelle *ligne horizontale* et *plan horizontal* toute ligne et tout plan perpendiculaires à la verticale.

La direction de la pesanteur est la même pour des points peu distants à la surface de la terre, mais varie lorsque la distance qui sépare ces points est assez notable. Des observations astronomiques permettent de mesurer ces variations.

On reconnaît, en résumé, que les directions des poids en tous les points du globe concourent au centre de la terre, comme si ces forces avaient une origine commune en ce point.

73. Centre de gravité. — Le point d'application du poids d'un corps a reçu le nom de *centre de gravité* de ce corps.

Il résulte de cette définition qu'un corps soumis à la seule action de la pesanteur est en équilibre si son centre de gravité est maintenu fixe, car l'action de la pesanteur est détruite par la réaction du point. Cette remarque permet de trouver par l'expérience la position du centre de gravité d'un corps. A cet effet, on attache celui-ci *(fig.* 46*)* par un point *a* à un fil maintenu en *m*; lorsque l'équilibre est obtenu, le centre de gravité se trouve sur le prolongement *ab* du fil *ma*, puisque la pesanteur et la réaction du fil doivent être directement opposées. On recommence

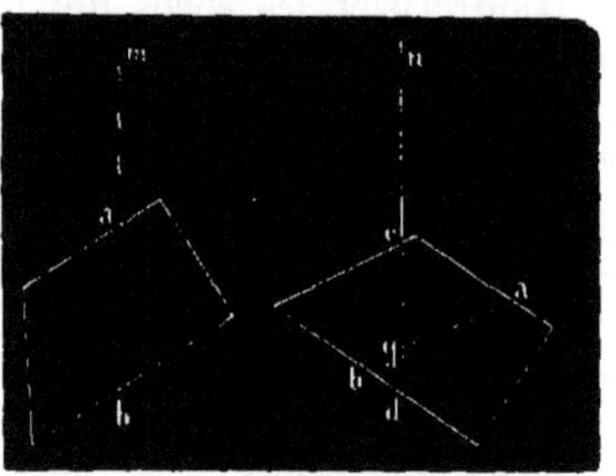

Fig. 46.

l'expérience, en attachant le corps à un autre point *c;* pour la même raison, le centre de gravité doit se trouver sur la droite *cd* prolongement de la direction que prend le fil lors de l'équilibre. Le centre de gravité devant se trouver à la fois sur *ab* et sur *cd* se trouve en *g* à leur intersection.

Il peut arriver que le point déterminé par cette méthode ne soit pas un point du corps : par exemple, dans un anneau, le centre de gravité est au centre de figure. Il est clair que ce point qui n'existe pas matériellement ne saurait être réellement le point d'application d'une force appliquée au corps.

C'est que, en réalité, le poids n'est pas une force élémentaire existant effectivement, mais seulement une résultante de forces élémentaires. Toutes les parties d'un corps sont pesantes, car un corps même réduit en poudre très ténue a un poids, et chaque partie tombe, quelque petites que soient ses dimensions. Les poids des diverses molécules d'un corps ne cessent pas d'exister lorsque ces molécules sont groupées, et le poids du corps n'est autre chose que la résultante des poids de ces molécules. De telle sorte que la résultante n'a pas d'existence réelle et que son point d'application peut n'être pas matériel.

74. Corps homogènes ; corps hétérogènes. — On dit qu'un corps est homogène lorsqu'il est composé d'une manière identique dans toutes ses parties[1] : la position de son centre de gravité dépend seulement alors de la forme du corps. La mécanique, qui permet de démontrer cette propriété, donne aussi des procédés pour déterminer la position de ce centre de gravité. On reconnaît alors que, pour les corps homogènes, le centre de gravité est :

Pour la droite, au milieu de sa longueur ;

Pour le triangle, au point de rencontre des médianes ;

Pour le rectangle et le parallélogramme, au point d'intersection des diagonales ;

Pour le cercle et les polygones réguliers, au centre ;

Pour le prisme et le cylindre, au milieu de la droite qui joint les centres de gravité des bases ;

Pour la pyramide et le cône, sur la ligne qui joint le sommet au centre de gravité de la base, et au quart à partir de cette base.

Lorsque le corps n'est pas homogène, mais que sa composition varie d'un point à un autre, suivant une loi bien définie, la mécanique permet encore de trouver par le calcul la position du centre de gravité. Les résultats dépendent des conditions indiquées, et n'offrent rien que l'on ait à retenir.

75. Équilibre d'un corps pesant. — Un corps pesant, qui n'est libre que de tourner autour d'un point fixe ou d'un axe hori-

---

1. Cette propriété s'exprime d'une manière plus précise de la façon suivante :

On dit qu'un corps est homogène lorsque les poids des diverses parties sont proportionnels à leurs volumes.

Si donc p et p' sont les poids de deux parties dont v et v' sont les volumes, on a :

$$\frac{p}{p'} = \frac{v}{v'}$$

et, si l'on a fait choix d'unités pour les poids et pour les volumes, cette relation peut s'écrire

$$\frac{p}{v} = \frac{p'}{v'}$$

ce qui revient à dire que le poids de l'unité de volume est constant dans toute l'étendue du corps. C'est ce poids constant qu'on appelle le *poids spécifique*.

zontal fixe, est évidemment en équilibre si son centre de gravité est en ce point ou sur cet axe ; il est également en équilibre, si la verticale de son centre de gravité passe par le point ou par l'axe : car son poids, qui agit suivant cette direction même, est équilibré par la résistance de l'obstacle, résistance que nous supposons indéfinie.

Si le corps pesant repose sur un plan horizontal par plusieurs points A, B, C et D (*fig.* 47), il y aura équilibre si la verticale du centre de gravité passe à l'intérieur de la figure obtenue en joignant ces points par des droites, de manière à n'en laisser aucun en dehors (cette figure a reçu le nom de *polygone de sustentation*). Dans ce cas, en effet, les diverses réactions des points d'appui prendront des valeurs telles que leur résultante passe au centre de gravité G et fasse équilibre au poids : cela ne pourrait avoir lieu si ce point était en dehors du polygone ABCD, les réactions étant toutes dirigées dans le même sens, de bas en haut.

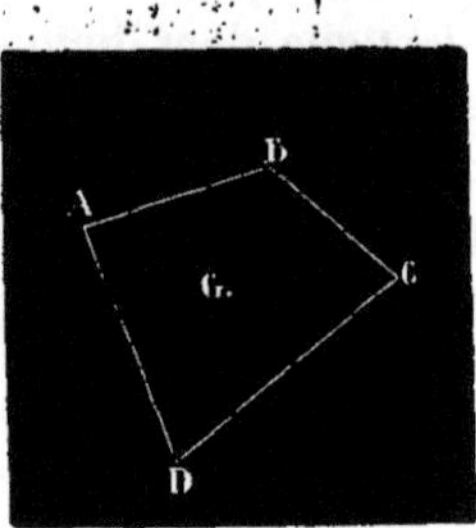

Fig. 47.

Dans les différentes circonstances que nous venons d'indiquer et dans lesquelles les corps sont en équilibre, les conditions ne sont cependant pas toujours les mêmes : l'équilibre peut être *stable, instable* ou *indifférent*.

L'équilibre est *stable* si le corps, écarté de sa position, tend à y revenir ; il est *instable,* si le corps tend à s'en écarter davantage ; il est *indifférent* si le corps est également en équilibre dans la nouvelle position qu'on lui a donnée.

Nous indiquerons seulement les résultats pour le cas de l'équilibre des corps pesants qui ne sont soumis à l'action d'aucune force extérieure.

76. — D'une manière générale, on démontre en mécanique que l'équilibre est *stable* si, par le déplacement communiqué au corps, le centre de gravité est élevé par rapport à sa position primitive ; — l'équilibre est *indifférent* si le déplacement ne fait que déplacer le centre de gravité dans un plan horizontal ; — l'équilibre est *instable* si, par le déplacement, le centre de gravité est abaissé.

Dans le cas où le corps a un point fixe ou un axe fixe, l'équilibre a lieu quand la verticale du centre de gravité passe par le point fixe ou par la droite fixe. L'équilibre est :

Stable, si le centre de gravité est au-dessous du point ou de l'axe fixe (*fig.* 48) ;

Indifférent, si le centre de gravité coïncide avec le point fixe ou se trouve sur la droite fixe : c'est le cas d'une roue tournant autour de son essieu ;

Instable, si le centre de gravité est au-dessus du point ou de l'axe fixe.

On conçoit dès lors, sans qu'il y ait besoin d'insister, qu'il y a

Fig. 48.

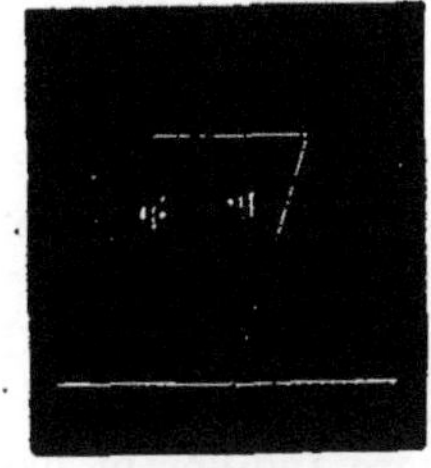

Fig. 49.

intérêt à toujours abaisser le plus possible le centre de gravité d'un corps.

Si le corps pose sur un plan par une pointe *(fig. 49)*, le résultat est indépendant de l'existence du plan et le corps se comporte comme s'il avait un point fixe. Aussi tout ce que nous venons de dire y est-il applicable : c'est ce qui explique, par exemple, les équilibristes d'ivoire dont le centre de gravité est abaissé par les boules de plomb qui leur sont fixées inférieurement.

77. — Si le corps est astreint à se mouvoir de manière à rester en contact avec une surface fixe quelconque, la question est assez complexe et nous ne nous y arrêterons pas. Les résultats sont simples, au contraire, si la surface fixe est un plan horizontal : si le corps ne peut quitter le plan horizontal, l'équilibre est toujours indifférent. Mais si le corps est seulement posé sur le plan, il y a lieu de tenir compte de la nature du déplacement : l'équilibre est indifférent si le déplacement est parallèle au plan; si l'on cherche à faire tourner le corps autour d'une de ses arêtes ou autour d'un de ses sommets, en général, on doit dire que l'équilibre est stable car le corps tend à revenir à sa position d'équilibre, à moins que le déplacement ne soit considérable. Dans ce cas, on est convenu de déterminer des degrés dans la stabilité.

Le degré de stabilité est mesuré par la rotation plus ou moins grande autour de l'une des arêtes, à partir de laquelle le corps s'écarte de sa position d'équilibre. Il est facile de voir que, toutes choses égales d'ailleurs, la stabilité sera d'autant plus grande que le centre de gravité est plus bas et que la base est plus large.

Il arrive souvent qu'un corps repose sur un plan par un point appartenant à une surface arrondie, et que le déplacement change le point de contact à la fois sur le plan et sur le corps; il n'y a pas de règle particulière à donner dans ce cas et il faut appliquer la règle générale. C'est ainsi qu'on voit qu'un œuf, un ellipsoïde sont en équilibre instable lorsqu'ils reposent par un sommet du grand axe; l'équilibre est stable si l'œuf ou l'ellipsoïde reposent par une extrémité du petit axe et qu'on déplace le corps dans le sens du grand axe. Enfin si le déplacement a lieu perpendiculairement à ce grand axe, l'équilibre est indifférent pour l'œuf et pour l'ellipsoïde s'il est de révolution. L'équilibre

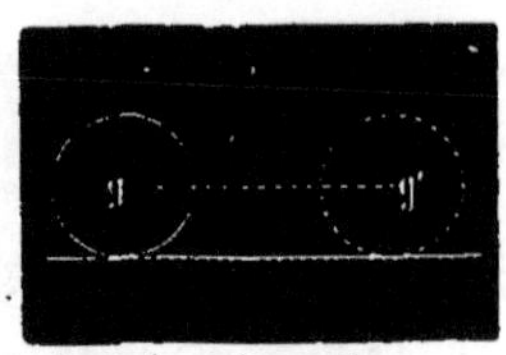

Fig. 50.

est encore indifférent dans le cas d'une sphère qui roule sur un plan horizontal *(fig. 50)*.

78. — Nous avons dit, que lors de l'équilibre, les systèmes articulés peuvent être traités comme le seraient des solides : cette remarque peut, bien entendu, s'appliquer aux systèmes articulés pesants.

Cela fait concevoir pourquoi on peut appliquer à un homme, à un animal à l'état d'équilibre, à l'état de repos, les conditions que nous avons indiquées précédemment pour les corps solides.

C'est ainsi qu'il est vrai de dire que lorsqu'un homme est en équilibre, la verticale de son centre de gravité (ou du centre de gravité du système qu'il forme avec les fardeaux qu'il supporte) doit passer à l'intérieur de la base de sustentation, surface comprenant ses pieds et la partie du plan située entre ceux-ci et les droites qui joignent les extrémités.

Mais si l'homme est en mouvement, les choses se passent tout différemment et il n'est pas nécessaire que, à chaque instant, la verticale du centre de gravité passe à l'intérieur de la base de sustentation; on sait d'ailleurs que cela n'est pas vrai.

Les conditions de stabilité de l'homme au repos sont les mêmes que nous avons indiquées précédemment. La stabilité sera d'autant plus grande que la base de sustentation sera plus large et que le centre de gravité sera plus abaissé.

79. **Centre de gravité du corps humain.** — Il n'existe pas un centre de gravité unique pour le corps humain, pas plus qu'il n'en existe en général pour les systèmes articulés : le centre de gravité se déplace quand le système subit des déformations. On peut seulement se proposer de déterminer la position du centre de gravité du corps pour une situation donnée.

C'est à Borelli que l'on doit les premières recherches sur le centre de gravité du corps de l'homme ; sa détermination expérimentale s'effectue comme s'il s'agissait d'un corps inerte. Si l'on fait coucher un homme sur un plan mobile autour d'un couteau horizontal, on constate que le corps se maintient en équilibre lorsque le plan vertical qui passe par l'arête du couteau partage le corps de la dernière vertèbre lombaire en deux moitiés à peu près égales. D'autre part, le plan médian antéro-postérieur divisant le corps en deux parties que l'on considère comme égales, on peut admettre que le centre de gravité se trouve aussi dans ce plan ; de plus, comme le tronc est en équilibre sur les deux têtes du fémur, le centre de gravité est encore dans le plan transverse qui passe par l'axe de rotation du bassin sur les têtes fémorales ; le centre de gravité est donc à l'intersection de ces trois plans. C'est ainsi que Weber a trouvé que ce point se trouve à une hauteur de un centimètre au-dessus du promontoire, c'est-à-dire de l'angle formé par la dernière vertèbre lombaire et le sacrum.

On peut déterminer de la même façon le centre de gravité des autres parties du corps : ainsi le centre de gravité du tronc est situé sur la ligne qui va de l'appendice xiphoïde à la huitième vertèbre dorsale et sur un plan transverse qui passe un peu en arrière de l'axe de rotation du bassin.

80. Mécanisme de la station. — Dans l'attitude droite il faut, comme nous l'avons déjà dit, que la verticale du centre de gravité se maintienne constamment dans la base de sustentation. Si la contraction musculaire était seule chargée de remplir cette condition, la fatigue interviendrait bientôt et la station ne pourrait plus être soutenue. C'est pourquoi, à l'action musculaire s'ajoutent, pour maintenir le contact des surfaces articulaires, l'action de la pesanteur et surtout l'action des ligaments.

Cette rigidité du corps, dans la station debout, se produit de la manière suivante :

1° La tête repose sur l'atlas et reste en équilibre dans l'articulation par l'action des muscles postérieurs du cou ; mais l'effort que ces muscles ont à faire est très faible à cause de la petite longueur du bras de levier de la résistance, bras de levier qui est représenté par la ligne qui joint le centre de gravité de la tête à l'articulation.

2° La colonne vertébrale conserve sa fixité, grâce à la contraction des muscles des gouttières vertébrales, mais surtout des ligaments jaunes.

3° L'équilibre du tronc sur les articulations coxo-fémorales est assuré, indépendamment de toute contraction musculaire, par la tension des nombreux ligaments qui s'opposent à sa chute (le tenseur du *fascia lata*, la bandelette aponévrotique du triceps fémoral, ligament rond, etc.); cet appareil ligamenteux maintient l'équilibre du tronc sur les cuisses et des cuisses sur les jambes.

Ainsi donc, tout le corps jusqu'à l'articulation de la jambe avec le pied forme une tige rigide dont la solidité est due en grande partie à l'action des ligaments et, pour une faible part, à l'activité musculaire.

Le seul axe de rotation autour duquel la chute du corps soit possible est celui de l'articulation tibio-tarsienne. Là, en effet, ni les surfaces articulaires ni les ligaments ne sont disposés pour s'opposer à des déplacements du tronc en avant et en arrière. La position très élevée du centre de gravité au-dessus de ces articulations donne lieu à un équilibre instable du corps sur les pieds. La contraction musculaire peut seule l'assurer, et c'est dans ce but que la jambe se trouve pourvue de muscles nombreux et puissants.

On distingue en général deux modes de station droite : la station *symétrique* et la station *asymétrique*. Dans la station symétrique, le poids du corps repose sur les deux jambes et l'équilibre se maintient par la contraction des muscles et particulièrement des muscles des extrémités inférieures; c'est pour cette raison qu'elle finit par amener la fatigue.

Dans la station asymétrique ou *hanchée*, le poids du corps repose sur un seul membre tandis que l'autre est légèrement fléchi; elle exige moins d'action musculaire, et c'est aussi celle que nous prenons naturellement, quand la station debout se prolonge au delà de certaines limites.

81. Corps posé sur un plan incliné. — Considérons un corps pesant placé sur un plan incliné : la force, qui est le poids du corps, est verticale et, par suite, oblique au plan; il y a donc une composante normale qui appuie le corps sur le plan, et une composante parallèle au plan qui devrait entraîner le corps. L'expérience prouve cependant que, tant que l'angle du plan avec l'horizontale n'a pas atteint une certaine valeur, le mouvement ne se produit pas. Il faut donc que le corps soit soumis à une force autre que son poids et que la réaction du plan qui est normale : cette force, nous l'étudierons ultérieurement sous le nom d'*adhérence*. L'introduction de cette force complique naturellement toutes les questions.

La question se présente d'une façon analogue si le corps est posé sur une surface courbe; car celle-ci peut en chaque point être remplacée par son plan tangent. L'équilibre ne devrait donc avoir lieu que pour les points où ce plan tangent est horizontal. Il n'en est pas ainsi et l'équilibre subsiste tant que le plan tangent ne fait pas un trop grand angle avec l'horizontale; ce fait s'explique également par l'hypothèse de l'adhérence.

82. Mesure du poids d'un corps : dynamomètre. — Le poids étant une force, on peut le mesurer par les divers procédés qui servent à mesurer les forces. Nous dirons même que pour unité de force, on a choisi un poids, l'unité de poids : en réalité, c'est le gramme qui est l'unité de force; mais comme sa valeur est petite par rapport à celle des forces employées dans la pratique, on emploie plus souvent le kilogramme, sauf pour des expériences de précision.

On peut évaluer les poids à l'aide de dynamomètres, appareils basés sur l'élasticité des corps. Dans ce cas, quelle que soit la forme de l'appareil, les mesures sont indépendantes de la position du lieu où se fait l'observation (pourvu que la température soit la même, ce qu'il est facile d'obtenir); cette propriété serait fort importante si les mesures prises à l'aide des dynamomètres avaient la même précision que celle que l'on peut atteindre à l'aide de la balance.

83. Balances. — Dans les balances, la mesure du poids d'un corps se fait toujours en lui faisant équilibre, dans un appareil comprenant un ou plusieurs leviers, avec des corps de poids connus, déterminés à l'avance; c'est ce que l'on appelle des poids étalonnés, des poids marqués. Ces appareils permettent d'obtenir une grande exactitude et ils sont usités d'une manière générale : ils présentent cependant un inconvénient au point de vue de la valeur absolue des mesures, comme nous l'expliquerons plus loin.

84. Conditions d'établissement d'une balance. — La balance est un instrument destiné à mesurer le poids des corps; elle se compose essentiellement d'une tige nommée *fléau*, qui peut tourner autour d'un axe horizontal placé en son milieu et supportant à ses extrémités deux plateaux, dans lesquels on met les corps à peser et les poids qui leur servent de mesure.

L'appareil, qui constitue ainsi un levier du premier genre, doit être construit de telle sorte que le fléau prenne une position horizontale lorsque des poids égaux sont placés dans les deux plateaux; c'est cette direction du fléau qui indique l'égalité de poids des corps que l'on compare.

Il faut donc d'abord que, lorsque la balance est à vide, son fléau reste horizontal, ce qui exige que, dans cette position, le centre de gravité des parties mobiles de la balance se trouve sur la verticale du point de suspension; car le poids de l'appareil, seule force appliquée, sera détruit par la résistance de l'axe de suspension par lequel il va passer.

Par suite, toutes les fois que le fléau sera horizontal, l'action du poids de la balance devra être négligée dans la recherche des conditions d'équilibre.

Si l'on met des poids égaux dans les plateaux, le fléau devra rester horizontal ; ces deux poids seront les seules forces en jeu, et, pour l'équilibre, il faut, puisqu'elles sont égales, qu'elles soient appliquées à des bras de levier égaux aussi.

Les deux conditions essentielles sont donc que, lorsque l'horizontalité du fléau est établie, le centre de gravité de la balance soit sur la verticale de l'axe de suspension et que les bras de levier soient égaux.

Pour s'assurer si la première condition est remplie, il suffit d'abandonner à elle-même la balance vide : le fléau doit prendre la position horizontale. Pour vérifier la seconde condition, on établit, au moyen de poids ou de corps quelconques placés dans les plateaux, l'horizontalité du fléau ; puis on change ces corps de plateaux : si la balance est juste, l'équilibre subsiste ; si les bras de levier étaient inégaux, il eût fallu mettre, dans la première partie de l'expérience, le poids le plus fort du côté du plus petit bras de levier ; mais alors, dans la deuxième partie, il se serait trouvé du côté du plus grand et la balance aurait penché de ce côté.

Le centre de gravité de la balance peut occuper trois positions différentes par rapport au point de suspension :

1° Le centre de gravité est au-dessus du point de suspension. Dans ce cas, l'équilibre obtenu lorsque les plateaux sont également chargés est *instable* (76), et le fléau bascule complètement pour tout mouvement qui le dérange de sa position horizontale ; à plus forte raison, bascule-t-il si les poids ne sont pas égaux de part et d'autre : la balance est alors dite *folle* (*fig.* 51).

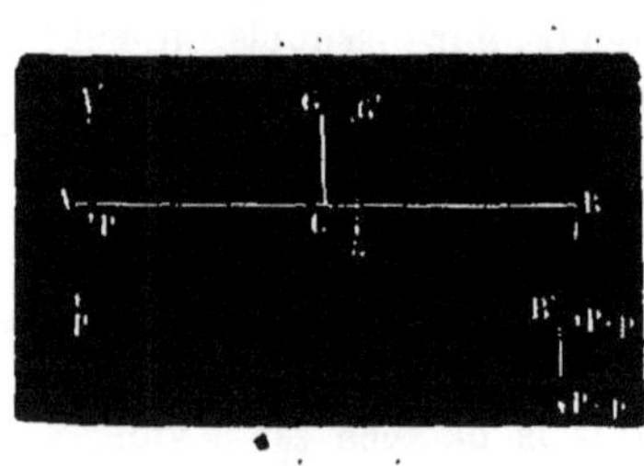

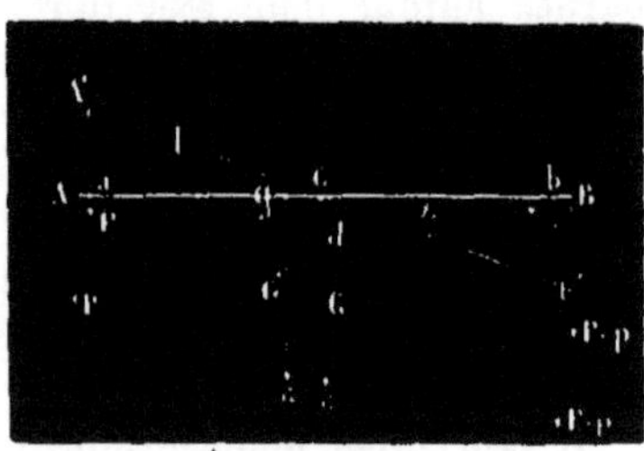

Fig. 51.   Fig 52.

2° Le centre de gravité est au point de suspension. Si les poids sont égaux de part et d'autre, leurs effets se détruisent, et la balance est en équilibre dans toutes les directions du fléau (76) ; elle est dite, à cause de cela, *indifférente.* En outre, elle est folle pour tous les cas où les poids placés dans les plateaux ne sont pas absolument égaux.

3° Le centre de gravité est au-dessous du point de suspension. La balance est dans l'état d'équilibre stable, si les poids placés dans les plateaux sont égaux; le fléau revient à la position horizontale, s'il a été déplacé par une cause quelconque. Si les poids en expérience ne sont pas égaux, le fléau s'inclinera du côté du plus lourd; en même temps, le centre de gravité s'élèvera d'autre part (*fig.* 52), et, son bras de levier augmentant tandis que le bras de levier du poids diminue, il y aura certainement une inclinaison du fléau pour laquelle l'équilibre sera obtenu. La balance est donc telle que son fléau reste horizontal pour des poids égaux, et s'incline, sans cependant basculer complètement, pour des poids inégaux : elle est dans les conditions que l'on doit rechercher.

85. Sensibilité de la balance. — On conçoit que, les plateaux de la balance étant inégalement chargés, l'angle du fléau avec l'horizon dépend de la différence de poids, et la balance sera d'un emploi d'autant plus avantageux que, pour une même différence, l'inclinaison sera plus considérable, que la balance sera plus *sensible*. La *sensibilité* de la balance est évaluée par la tangente de l'angle que fait le fléau avec l'horizontale au moment où l'équilibre est atteint [1].

La sensibilité d'une balance n'a rien d'absolu et, en réalité, dépend de la charge, c'est-à-dire de la somme des poids qui sont dans les plateaux.

Une bonne balance de laboratoire doit trébucher à un milli-

---

1. Soit α cet angle (*fig.* 52); appelons P et P $+$ p les poids placés dans les plateaux et agissant à l'extrémité des bras du fléau de longueur l; désignons par d la distance GG du centre de gravité au-dessous du point de suspension, et par π le poids de la balance appliqué en ce point. Lorsque l'équilibre est obtenu, la somme des moments de toutes les forces par rapport au centre de suspension doit être nulle, ce qui nous donne

$$(P + p).\, Cb - P.\, Ca - \pi.\, Cg = 0,$$

ou

$$(P + p)\, l \cos \alpha - Pl \cos \alpha - \pi d \sin \alpha = 0.$$

En réduisant, il vient

$$pl \cos \alpha = \pi d \sin \alpha$$

et par suite :

$$\mathrm{Tg}\ \alpha = \frac{pl}{\pi d}.$$

On voit que, pour un même poids additionnel p, la sensibilité varie avec la longueur des bras du fléau et en raison inverse de son poids et de la distance du centre de gravité au point de suspension. On ne peut augmenter l sans faire croître π, de telle sorte que la sensibilité dépend presque exclusivement de d et est d'autant plus grande que le centre de gravité est plus rapproché du point de suspension.

gramme sous une charge de 100 grammes : c'est-à-dire que lorsqu'il y a 50 grammes dans chaque plateau, il suffit d'une différence de 1 milligramme pour déterminer une inclinaison appréciable du fléau.

86. Méthode des doubles pesées. — Quel que soit le soin apporté à la construction des balances de précision, jamais les bras du fléau ne sont rigoureusement égaux, ni le centre de gravité exactement sur la verticale du point de suspension. Malgré ces imperfections, et pourvu que la balance soit sensible, on peut trouver le poids exact d'un corps au moyen de la méthode des doubles pesées, dont l'indication est due à Borda, et qui se compose des opérations suivantes :

Le corps à peser étant mis dans un des plateaux de la balance, on lui fait équilibre à l'aide d'une *tare*, placée dans l'autre plateau : la tare consiste en corps quelconques réduits en fragments, grains de plomb, fil de fer, sable, etc. Le fléau étant ramené à la position horizontale, on retire le corps que l'on remplace, dans le même plateau et sans toucher à la tare, par des poids marqués, de manière à rendre de nouveau le fléau à l'horizontalité. La somme des poids marqués donne le poids du corps; car ces deux forces, ayant fait équilibre à la même tare dans les mêmes conditions, sont égales.

87. Description d'une balance de précision. — Les balances que l'on emploie dans les laboratoires, pour les recherches exactes, sont construites de manière à satisfaire aussi complètement que possible aux diverses conditions précédemment énumérées. On ne recherche cependant pas une égalité absolue des bras de levier, égalité presque impossible à obtenir, et que rend inutile l'emploi constant de la méthode des doubles pesées; mais il faut, au moins, que les longueurs des bras de levier restent invariables, c'est-à-dire que les distances du point d'appui du fléau aux points de suspension des plateaux ne puissent changer.

Le fléau de la balance est le plus souvent en forme de losange très allongé; il est évidé de telle sorte que, pour une longueur déterminée, il présente le poids le plus faible possible, et cependant une rigidité telle que les plus fortes charges qu'il doit supporter ne puissent le faire fléchir d'une quantité notable (*fig.* 53).

Le fléau porte en son milieu un couteau, prisme triangulaire en acier à arêtes horizontales, dont le tranchant inférieur repose sur une petite surface plane en acier trempé ou en agate portée par une colonne verticale invariablement fixée sur une table : le fléau, seul, reposant par son couteau sur le support, doit prendre une direction horizontale. A ses extrémités, le fléau est recourbé et se termine par des couteaux d'acier, dont le tranchant est dirigé en haut (*fig.* 54); d'autre part, les plateaux sont supportés par des

Fig. 53.

tiges métalliques de faible diamètre, présentant à leur partie supérieure un cadre ou étrier qui vient reposer sur les couteaux extrê-

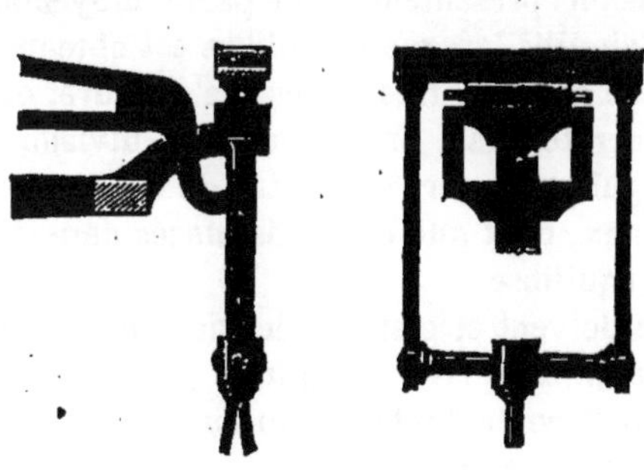

Fig. 54.

mes du fléau par l'intermédiaire d'un plan d'acier trempé. On conçoit que, par cette disposition, les bras de levier, distances du point d'appui du fléau aux points de suspension des plateaux, ou distances des tranchants des couteaux sont invariables, au moins tant que la température ne change pas.

Les arêtes des prismes finiraient par s'émousser si les couteaux supportaient constamment la charge du fléau et des plateaux. Pour éviter cet inconvénient qui serait grave, les couteaux et les plans d'acier ne sont en contact que pendant la pesée. A cet effet, une sorte de fourche métallique, située derrière la colonne, et mue à distance à l'aide d'une vis ou d'une manivelle, peut être abaissée ou soulevée : lorsqu'on la fait monter, elle entraîne dans son mouvement d'abord les plateaux, puis ensuite le fléau même, de sorte que les couteaux ne supportent plus aucun poids. Au moment de faire une pesée, on fait descendre cette fourche qui replace d'abord le couteau du fléau sur son support, puis les étriers des plateaux sur leurs couteaux : ces mouvements doivent être fort doux, afin d'éviter des chocs qui détruiraient plus ou moins complètement les tranchants des couteaux.

La sensibilité dépend de la position du centre de gravité de l'ensemble des parties mobiles, et augmente lorsque ce point se rapproche de l'axe de suspension. Pour permettre de faire varier cette sensibilité, le fléau porte en son milieu une petite tige verticale filetée sur laquelle se déplace un bouton formant écrou : en faisant monter ou descendre ce bouton, on fait également monter ou descendre le centre de gravité du système, et l'on peut, par quelques tâtonnements, obtenir la sensibilité que l'on désire. Pour obtenir le maximum de sensibilité, on opère de la manière suivante : la balance étant chargée du corps à peser et d'une tare lui faisant à peu près équilibre, on fait varier la position du bouton jusqu'à rendre la balance indifférente ; il suffit alors pour pouvoir terminer la pesée de faire descendre le bouton d'une petite fraction de tour.

Enfin, le fléau porte une longue aiguille verticale dirigée vers le bas, et dont la pointe se meut devant un petit arc de cercle présentant des divisions égales qui servent à se rendre compte de l'amplitude des oscillations. Ces divisions présentent à leur partie moyenne un 0, auquel doit s'arrêter l'aiguille lorsque l'équilibre est obtenu ; comme les oscillations sont, en général, très lentes à s'éteindre, on n'attend pas que l'aiguille s'arrête, mais on observe les divisions extrêmes qu'atteint cette aiguille de part et d'autre du 0; lorsque les arcs ainsi décrits sont égaux, c'est que les poids placés dans les plateaux se font exactement équilibre.

Les balances de précision doivent être enfermées dans une cage en verre dont l'air est constamment privé d'humidité par des substances hygrométriques, afin d'éviter toute action nuisible sur les pièces métalliques qui constituent ces appareils.

88. Modèles divers de balances. — Il existe d'autres modèles de balances, toutes basées sur le principe du levier, mais dans des conditions différentes.

Nous n'insisterons pas et nous nous bornerons à indiquer deux dispositions que l'on rencontre fréquemment.

1° La *romaine* est un levier du premier genre : le corps à peser est placé dans un plateau ou fixé à un crochet, d'un côté du point d'appui ; de l'autre côté, le fléau est une tige rigide assez longue sur laquelle peut se déplacer un poids curseur. C'est de la position de ce poids dont la valeur est constante que dépend l'équilibre : le poids devra être d'autant plus éloigné du point d'appui que le corps à peser est plus lourd. Des divisions tracées sur le fléau et obtenues par comparaison donnent la valeur du poids cherché par une simple lecture.

2° La *balance de Roberval (fig. 55)* est constituée par un parallélogramme articulé dont deux branches restent verticales malgré les déformations que subit le système, tandis que les autres branches se meuvent autour de points fixes situés au milieu de chacune d'elles et disposés sur une même verticale.

Fig. 55.

Les tiges mobiles verticales se prolongent au-dessus de la caisse où est renfermé le mécanisme et supportent des plateaux qui leur sont invariablement fixés et dont chacun dès lors reste horizontal, malgré les mouvements du système.

On démontre, en mécanique, que l'équilibre est obtenu lorsque des poids égaux sont placés dans les plateaux, quelle que soit la position qu'ils y occupent, quelles que soient leurs distances aux points fixes.

Les balances de ce système ne sont pas très sensibles, mais elles sont fort commodes : leurs plateaux n'étant pas encombrés par des chaînes, on peut facilement peser des corps volumineux. On a même disposé des balances de ce système dans lesquelles un des plateaux est remplacé par une petite corbeille et qui sont destinées à peser les jeunes enfants.

89. Poids spécifique, densité, masse spécifique. — Le poids P d'un corps homogène est proportionnel à son volume V (74), on a donc :

$$\frac{P}{V} = p \, ;$$

p qui est le poids de l'unité de volume du corps est ce qu'on appelle son *poids spécifique ;* c'est une quantité constante pour le même corps considéré à la même température, et à la même pression s'il s'agit des gaz.

La valeur du poids spécifique dépend évidemment des unités adoptées pour mesurer le poids et le volume.

On remplace avantageusement à cet égard le poids spécifique par un autre coefficient indépendant des unités choisies : c'est la *densité*.

On appelle *densité d'un corps par rapport à un autre* le quotient du poids d'un certain volume du premier corps par le poids du même volume du second corps.

Soit V le volume d'un corps, p son poids spécifique, p' celui du corps par rapport auquel on prend la densité ; si P et P' sont les poids des deux corps, on a

$$(1) \qquad P = Vp \quad \text{et} \quad P' = Vp'.$$

Appelons D la densité du premier corps par rapport au second, on a :

$$(2) \qquad D = \frac{P}{P'}$$

et, par suite, en vertu des équations (1)

$$(3) \qquad D = \frac{p}{p'} \, ;$$

on voit que ce rapport est indépendant des unités choisies, pourvu qu'elles soient les mêmes pour les deux corps.

Généralement on prend comme termes de comparaison : l'eau, à la température de 4°, pour les solides et les liquides ; et l'air, à la température de 0° et sous la pression de 760 millimètres, pour les gaz.

La valeur de D s'appelle alors absolument la *densite* du corps. Ainsi lorsque l'on dit que la densité du mercure est de 13,59, on veut exprimer que, à volume égal, le mercure pèse 13,59 fois plus que l'eau ; de même en donnant la densité du gaz hydrogène égale à 0,069, on veut dire que, à volume égal, à la même température et à la même pression, le poids de l'hydrogène est les 0,069 de celui de l'air.

L'équation (2) donne

$$P = P'D$$

D ayant la première signification indiquée ; et à cause de la relation (1),

$$P = Vp'D.$$

On peut, par cette formule, trouver le poids P d'un corps connaissant son volume V, sa densité D par rapport à un second et le poids spécifique p' de ce second corps.

Ainsi le poids d'un corps homogène est égal au produit de son volume multiplié par sa densité prise par rapport à un certain corps et par le poids spécifique de ce dernier corps.

En particulier, s'il s'agit d'un solide ou d'un liquide, le corps qui sert de comparaison est l'eau, et p est le poids spécifique de l'eau. Mais dans le système métrique décimal français le poids spécifique de l'eau a été pris comme unité de poids; on a donc :

$p = 1$ gr., si l'unité de volume choisie est le centimètre cube.

$p = 1$ kilogr., si l'unité de volume adoptée est le décimètre cube ou litre ; et, par suite, suivant le cas :

$$P = V \times D \times 1^{gr} \quad \text{ou} \quad P = V \times D \times 1^{kilogr}.$$

Comme la multiplication par 1 ne change pas la valeur numérique du produit, on peut dire, lorsqu'il s'agit d'un solide ou d'un liquide, que le poids d'un certain volume de corps est égal *numériquement* au produit du volume par la densité.

S'il s'agit d'un gaz ou d'une vapeur (toujours à la température et à la pression normales), l'unité de volume adoptée est le litre et l'on a pour le poids de 1 litre d'air :

$$p = 1^{gr},293 ;$$

il viendra donc :

$$P = V \times D \times 1^{gr},293,$$

formule moins simple que celle que l'on a pour les solides et les liquides, parce que l'air, terme de comparaison dans ce cas, n'a point été utilisé dans la détermination des unités du système métrique.

90. Le poids d'un corps est une force constante. — Le poids d'un corps est une force constante en un même point du globe : on pourrait le vérifier à l'aide d'un dynamomètre en reconnaissant que, à un instant quelconque, le ressort est fléchi de la même quantité. Mais les indications des appareils de ce genre sont peu précises et l'on ne pourrait apprécier les variations de poids si elles étaient minimes.

Comme nous l'avons dit, la balance donne des indications plus précises : mais elle ne peut être utilisée dans le cas dont il s'agit. Avec cet appareil, en effet, on compare un poids à un autre poids ; or, comme nous le dirons plus loin, les poids des corps reconnaissent une même origine. On conçoit donc que si le poids d'un corps a changé c'est que la cause a changé elle-même, et que par suite les poids de tous les corps ont dû se modifier ; l'équilibre qui existait entre les valeurs primitives des poids doit exister entre les valeurs modifiées. C'est en effet ce qui arrive, comme nous l'indiquerons. La balance ne fournit que des indications comparatives et, ne donnant pas de valeurs absolues, ne peut servir dans le cas dont il s'agit.

C'est à d'autres phénomènes qu'il faut avoir recours pour mettr en évidence la constance du poids d'un corps en un point du globe; c'est à l'étude des mouvements des corps pesants dans des circonstances déterminées.

91. Mouvements des corps pesants. — Un corps solide étant constamment soumis à l'action d'une force, de son poids, doit se mettre en mouvement lorsqu'il n'est pas maintenu fixe, et la nature du mouvement dépend des conditions dans lesquelles le corps se trouve placé.

Il convient de considérer deux cas importants, celui d'un corps absolument libre et celui d'un corps ayant un point fixe.

Si un corps solide est abandonné librement à lui-même sans vitesse initiale, il prend un mouvement rectiligne dont on peut déterminer la loi.

92. Mouvement en chute libre. — La détermination de la loi du mouvement peut s'opérer en étudiant la chute libre, comme le fit Galilée; on fait tomber un corps de diverses hauteurs et on évalue la durée des diverses chutes. La méthode est très imparfaite, parce que la chute est trop rapide.

On peut, laissant le corps tomber librement, le charger de tracer lui-même la loi de son mouvement. On emploie pour cela la machine de Morin

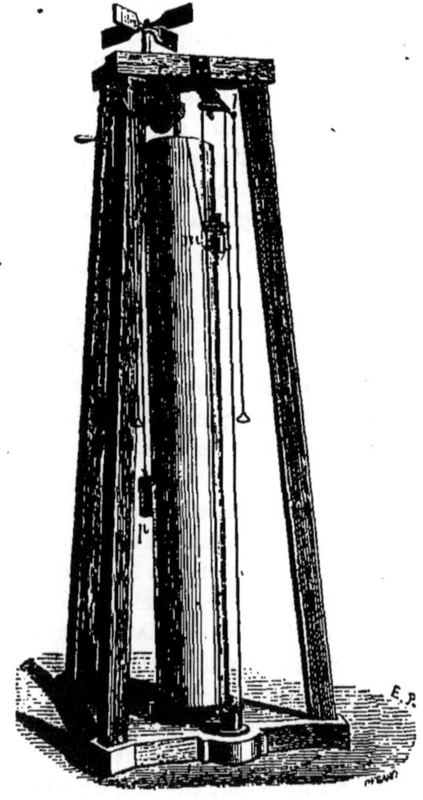

Fig. 56.

(*fig.* 56) qui est une application de la méthode générale d'enregistrement graphique des phénomènes. Le corps tombe librement devant un cylindre vertical tournant autour de son axe et laisse une trace sur une feuille de papier enroulée sur ce cylindre. L'étude de la courbe que l'on observe sur la feuille déroulée permet de déterminer la loi du mouvement.

On peut, au lieu d'étudier le mouvement en chute libre, étudier un mouvement qui soit lié au premier par une relation connue et que l'on puisse ralentir assez pour que les mesures soient facilement déterminées. A cette méthode générale se rattachent le plan incliné de Galilée et la machine d'Atwood.

Les déterminations faites dans ces divers cas montrent que le mouvement d'un corps qui tombe doit être considéré comme uniformément accéléré ; dès lors la force est constante pendant toute la durée de la chute [1].

L'étude du mouvement en chute libre permet de calculer l'accélération que possédait le corps à un instant déterminé [2]. Si on répète la même mesure à une époque quelconque, avec le même corps au même point du globe, on trouvera que la valeur de l'accélération est restée la même. Par suite, la force qui a produit le mouvement a dû conserver également la même valeur.

93. Mouvements des corps pesants animés d'une vitesse initiale. — On peut considérer le cas où le corps abandonné à lui-même possède une vitesse dans une direction quelconque.

Si cette vitesse est verticale, le mouvement ne cesse pas d'avoir lieu suivant la même verticale ; si cette vitesse est dirigée de haut en bas, les espaces parcourus par le corps pendant un temps quelconque seront plus grands que ceux qu'il aurait parcourus en chute libre ; si la vitesse initiale est dirigée de bas en haut, le corps commence à monter d'un mouvement uniformément retardé, mais il s'arrête à une certaine hauteur de laquelle il retombe en chute libre.

Si la vitesse initiale a une direction autre que la verticale, le corps décrit une trajectoire parabolique dont les éléments dépendent de la grandeur et de la direction de la vitesse et de l'accélération du mouvement en chute libre.

On pourrait, à la rigueur, de l'étude de ces mouvements déduire

---

1. On ne peut affirmer que le mouvement est rigoureusement uniformément accéléré, mais seulement qu'il diffère très peu d'un mouvement de cette nature : dès lors on peut conclure seulement que la force s'éloigne très peu d'être constante pendant la durée de la chute.

2. La loi du mouvement uniformément accéléré étant $e = \frac{1}{2} g t^2$, si l'on mesure des valeurs correspondantes de e et de t, on pourra déduire la valeur de g.

la valeur de l'accélération en chute libre; mais la question est moins simple et l'on n'arriverait à aucun résultat précis.

Il importe de dire que l'étude de ces mouvements, du mouvement parabolique notamment, est fort importante pour certaines applications pratiques (Tir des armes à feu, etc.).

94. Du pendule. — La valeur de l'accélération du mouvement en chute libre peut être donnée par une méthode indirecte, mais très précise, par la mesure de la durée des oscillations du pendule.

On appelle pendule simple un point matériel pesant attaché à l'une des extrémités d'un fil inextensible et sans pesanteur, dont l'autre extrémité est fixe. Le système étant abandonné à lui-même à l'état d'équilibre constitue un fil-à-plomb, comme nous l'avons indiqué ; si l'on déplace le système de cette position, le point matériel restera constamment sur la sphère ayant le point fixe pour centre et la longueur du fil pour rayon; nous ne considérerons pas le mouvement dans ce cas général, mais nous supposerons que le point matériel soit astreint à rester dans un plan vertical, dans lequel il ne pourra dès lors que décrire une circonférence.

Soient M le point matériel (*fig.* 57), et O le point fixe; soit m une position quelconque donnée au point matériel que l'on abandonne librement à l'action de son poids P qui est dirigé verticalement, suivant mp; on peut remplacer cette force par deux autres (38) que nous choisirons dirigées, l'une suivant la tangente et qui sera

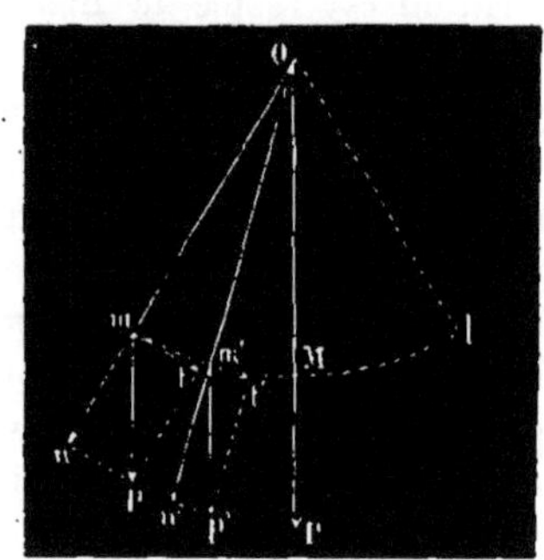

Fig. 57.

mt, l'autre suivant la normale et qui sera représentée par mn; l'action de cette dernière est nulle, puisque le fil est supposé inextensible, et le poids mp agit seulement par la composante tangentielle, sous l'influence de laquelle le point descendra sur l'arc de cercle mM. Pour toute autre position telle que m' le même effet se reproduira, et l'action de la pesanteur ou plutôt de la composante tangentielle $m't'$ s'ajoutera aux effets précédents, seulement cet effet sera moindre. Le point prendra donc un mouvement accéléré, et arrivera au point le plus bas M avec une certaine vitesse, en vertu de laquelle il continuera son mouvement sur l'arc Ml; mais à partir de ce point M, l'action de la pesanteur toujours réduite à sa composante tangentielle va s'opposer au mouvement, le ralentir, et finalement réduire le corps au repos. A cause de la parfaite symétrie des actions de part et d'autre de la verticale, on conçoit, sans qu'il soit nécessaire d'insister, que le point *l*, pour lequel la vitesse du mobile sera nulle, est situé à la même hauteur que le point de départ *m*. Le mobile se retrouvera exactement dans les mêmes conditions qu'au point *m*, et, les mêmes actions se reproduisant, le point matériel parcourra l'arc *lm* en sens inverse pour venir s'arrêter en *m*, puis en repartir, et ainsi de suite indéfiniment : le mobile *oscillera* de part et d'autre de la verticale OM ; le temps employé pour parcourir l'espace *ml* est la *durée de l'oscillation*, l'angle *m*OM de la position extrême du fil avec la verticale est l'*angle d'écart*, l'arc *ml* est l'*amplitude* de l'oscillation.

Le pendule simple est impossible à réaliser, et, au point de vue expérimental, les actions ne sont pas aussi simples que nous venons

Fig. 58.

de l'exposer. On se rapproche le plus possible des conditions théoriques, en employant une sphère en plomb ou en platine suspendue à un fil de soie aussi léger qu'il est possible (*fig.* 58) ; on réduit par la pensée la sphère à son centre que l'on assimile au point matériel du pendule théorique, et l'on admet que l'on peut négliger le poids et l'extension du fil. Quoique l'identité de cet appareil et du pendule théorique ne soit pas complète, on pourrait en général les assimiler entièrement l'un à l'autre, s'il n'existait des causes perturbatrices qui sont principalement la résistance de l'air et le frottement au point fixe ; l'action de ces résistances est d'empêcher le mobile de remonter exactement à la hauteur de laquelle il est parti, de diminuer l'amplitude à chaque oscillation, et de réduire le corps au repos, après un temps qui varie suivant les circonstances. On démontre par le calcul et l'expérience que ces résistances n'ont pas une influence sensible sur la durée des oscillations, mais seulement sur leur grandeur.

95. Lois du pendule simple. — La mécanique permet de déterminer les lois du mouvement du pendule simple ; on peut sans erreur sensible les appliquer à des pendules construits comme il a été dit précédemment, et l'on en peut donner des démonstrations expérimentales.

1re LOI : *Pour un même pendule, la durée d'une oscillation est indépendante de l'amplitude, si cette amplitude est très petite.*

Cette loi, dont la découverte est due à Galilée, est connue sous le nom de *loi de l'isochronisme des petites oscillations* ; elle cesse d'être applicable si l'amplitude dépasse 5 ou 6°. Pour la démontrer, on note d'une manière précise le temps correspondant à un certain nombre d'oscillations du pendule, 100 par exemple, lorsque leur amplitude est de 5° environ ; puis on répète l'expérience plus tard, lorsque les résistances ont réduit l'amplitude à 3° par exemple ; puis, plus tard encore, lorsque l'amplitude n'est que de 1° ; on trouve qu'il faut exactement le même temps dans ces diverses con-ditions pour faire le même nom-bre d'oscillations. Cette égalité de durée, dont on se rend diffi-cilement compte tout d'abord, paraît moins surprenante, si l'on remarque que l'inégalité de che-min à parcourir correspond à une inégalité analogue entre les for-ces tangentielles *mt*, *m't* (*fig.* 59) seules agissantes, et l'on com-prend qu'il puisse y avoir com-pensation.

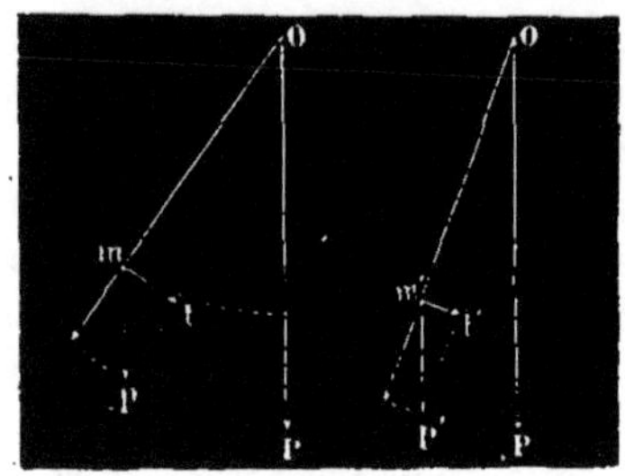

Fig. 59.

2° LOI : *La durée des oscillations d'un pendule est en raison directe de la racine carrée de sa longueur.*

On mesure comme précédemment le temps correspondant à un certain nombre d'oscillations ; puis on réduit la distance entre le point de suspension et le centre de la sphère à n'être plus que le quart, puis le neuvième de la distance primitive, et l'on trouve que les temps correspondants aux mêmes nombres d'oscillations sont réduits respectivement à la moitié, au tiers... du temps primitif.

96. Du pendule composé. — Tout corps pesant suscep-tible d'osciller autour d'un point fixe ou d'un axe horizontal égale-ment fixe constitue un *pendule composé* ; lorsqu'il sera dérangé de sa position d'équilibre, qui correspond au cas où la verticale du centre de gravité rencontre le centre de suspension, il tendra à y revenir ; et, comme le pendule simple, après l'avoir atteinte, il la dépassera en vertu de la vitesse acquise ; il arrivera à une position où cette vitesse sera nulle et redes-cendra alors. Son mouvement oscillatoire continuera indéfiniment.

Dans un pareil système, le mouvement de chacun des points est influencé par tous les autres, à cause de l'invariabilité des distances de ces points. Soient, en effet (*fig.* 60), A le point autour duquel se fait le mou-vement et M, M' deux points situés sur la même ver-ticale ; s'ils étaient isolés, le point M oscillerait plus rapidement que le point M' ; mais, à cause de leur liaison invariable, ils prendront l'un et l'autre un mouvement moyen, dont la vitesse sera comprise entre celles des points M et M',

Fig. 60.

le même effet se produit si l'on considère un nombre quelconque de points, et l'on peut dire que les points rapprochés de A oscillent tous plus lentement que s'ils étaient seuls, et que les points les plus éloignés se meuvent, au contraire, plus rapidement que s'ils n'étaient point liés au corps oscillant. Il existe donc forcément un certain point compris entre A et l'extrémité libre du pendule qui oscille comme s'il était seul : ce point s'appelle *centre d'oscillation :* sa distance au point A, centre de suspension, porte le nom de *longueur* du pendule composé ; c'est celle d'un pendule simple qui oscillerait dans le même temps que le pendule composé, qui lui serait *synchrone.* C'est cette longueur qui doit entrer dans la formule, si on veut l'appliquer au pendule composé.

97. Formule du pendule. — Les lois qui régissent le pendule, celles en particulier que nous venons d'énoncer et que l'on peut vérifier expérimentalement, sont la conséquence d'une formule démontrée en mécanique rationnelle, savoir :

$$t = \pi \sqrt{\frac{l}{g}}$$

dans laquelle t est la durée d'une oscillation, l la longueur du pendule, g l'accélération en chute libre et π le rapport de la circonférence au diamètre 3,1416. L'accélération doit être évaluée à l'aide des unités qui servent à mesurer la longueur du pendule et le temps d'une oscillation, généralement le mètre et la seconde.

Cette formule n'est applicable qu'aux petites oscillations.

98. Application du pendule à la mesure du temps. — La principale application du pendule consiste dans la mesure du temps : c'est un pendule composé qui règle la marche des horloges. La longueur du pendule simple qui bat la seconde, à Paris, est de 0^m,994 ; c'est cette distance qui, dans les pendules, doit séparer le centre d'oscillation du centre de suspension. Le mouvement du pendule s'arrêterait bientôt par suite de la résistance de l'air et des réactions qu'il reçoit des rouages sur lesquels il agit, si, par un mécanisme particulier, le moteur ne lui communiquait périodiquement de nouvelles impulsions.

Dans les horloges, le moteur est entretenu par un poids dont la descente produit un travail mécanique susceptible de vaincre les divers frottements. Dans les pendules de moindres dimensions, le moteur est entretenu par un ressort, comme nous le dirons plus loin.

99. Détermination de g à l'aide du pendule. — L'observation du pendule permet de déterminer la valeur de g : il suffit.

en effet, de mesurer la longueur du pendule et la durée d'une oscillation pour en déduire la valeur de g.

En réalité, on ne détermine pas la durée de 1 oscillation, mais
celle de 100 ou 1000 oscillations en comptant combien, pendant ces
1000 oscillations, par exemple, on a entendu de battements d'une
horloge astronomique faisant 86,400 oscillations par
jour sidéral. Comme toutes les oscillations ont la même
durée (95), on aura, en divisant par 1000, le temps de
1 oscillation.

Cette méthode permet d'arriver à une grande précision : on ne peut commettre d'erreur d'observation, en
effet, qu'au début et à la fin de l'expérience. Les erreurs
ne représentent qu'une fraction de la durée de l'oscillation, et comme elles doivent être réparties sur les 1000
oscillations étudiées, l'erreur qui en résulte pour chacune de celles-ci est très minime.

Les déterminations de g effectuées à l'aide du pendule, en un même lieu, montrent que sa valeur est invariable, au moins dans les limites de l'approximation
que peut fournir l'expérience.

Il résulte de là que la force qui agit sur le corps
qui constitue le pendule est une force constante en un
même lieu, comme nous l'avions déjà dit.

100. **La valeur de g est la même pour tous
les corps**. — Lorsque, à l'aide d'un procédé quelconque, on détermine l'accélération de la pesanteur pour
divers corps, on trouve qu'elle a la même valeur quels
que soient le poids ou la nature du corps considéré :
cette valeur est de $9^{m},8088$ par seconde.

On reconnaît facilement, sans faire de détermination précise, que, en effet, tous les corps tombent avec
la même vitesse. Mais il faut prendre quelques précautions et éviter les influences perturbatrices, qui ont une
très grande influence, et notamment la résistance de
l'air ; on peut mettre en évidence et le fait principal et
l'influence de l'air à l'aide d'une expérience avec le tube
de Newton : c'est un tube en cristal *(fig. 61)* ayant environ 2 mètres de longueur et fermé à ses extrémités par des garnitures métalliques dont l'une porte un robinet. Des fragments de diverse nature ont été introduits dans ce tube, des plumes, quelques
grains de plomb, etc.; l'air ayant été retiré presque entièrement à
l'aide de la machine pneumatique et le vide étant maintenu par la
fermeture du robinet, si l'on retourne le tube rapidement, tous les

Fig. 61.

corps tomberont en même temps et arriveront simultanément à l'extrémité inférieure. Si l'on fait rentrer de l'air, même en assez faible quantité, on pourra noter une différence, et cette différence augmentera à mesure que l'on introduira une plus grande masse d'air.

Nous étudierons ultérieurement avec quelques détails la question de la résistance de l'air.

101. — On peut également reconnaître l'invariabilité de g pour les divers corps à l'aide du pendule. Le mouvement de cet appareil est soumis, en effet, à la loi suivante :

3° LOI : *Pour des pendules de même longueur, la durée de l'oscillation est indépendante du poids et de la nature des corps qui les composent.*

Cette loi est une conséquence directe de la première loi de la chute des corps; on la démontre en faisant osciller des pendules de même longueur, mais dont les boules sont en bois, en plomb, en marbre, etc.; les temps correspondants à 100 oscillations, par exemple, sont les mêmes dans tous les cas.

Cette loi est implicitement comprise dans la formule que nous avons donnée (97), puisque celle-ci ne contient rien qui puisse caractériser la nature du corps qui constitue le pendule.

Il résulte de cette loi que l'on peut fixer absolument la longueur du pendule qui bat la seconde en un lieu déterminé (pour le pendule composé, cette longueur est la distance qui sépare le point de suspension du centre d'oscillation). A Paris. cette longueur est de 0,994.

Le fait que la valeur de g est constante en un même lieu montre que ce nombre peut-être pris pour caractériser l'action de la pesanteur, *l'intensité de la pesanteur* en un point donné.

Nous ajouterons que cette invariabilité prouve que les poids des divers corps en un point déterminé sont proportionnels à leurs masses [1].

102. **Variations d'intensité de la pesanteur.** — La valeur de l'intensité de la pesanteur, de g, n'est pas la même aux divers points du globe : c'est ce que montrent des expériences directes. Mais, comme nous l'avons expliqué, ce n'est qu'avec le pendule que l'on peut arriver à mettre en évidence ces variations qui sont très faibles. Le fait a été signalé par Richer (*1672*) qui a trouvé qu'un pendule battant la seconde à Paris, c'est-à-dire effectuant 86,400 oscillations par jour, en faisait environ 86,250 lorsqu'il eut été

---

1. Nous avons dit en effet que l'on a, d'une manière générale, $F = mj$; on aura donc, pour la pesanteur en particulier, $P = mg$; et comme g est constant pour tous les corps, P et m sont proportionnels.

transporté à l'équateur : dans les régions polaires, au contraire, il en fait plus de 86,500.

D'autre part Bouguer reconnut que le pendule battant la seconde au Pérou avait une longueur de $0^m,99076$ lorsqu'il était au niveau de la mer, et seulement de $0^m,98963$ sur le Pichincha, à une altitude de $4,750^m$.

103. Le centre de la terre paraît attirer les corps. — Le fait que la direction du fil à plomb passe toujours par le centre de la terre conduit à conclure que les phénomènes relatifs à la pesanteur se comportent comme si l'origine du poids de chaque corps se trouvait en ce point ; comme si, autrement dit, le centre de la terre attirait les corps.

S'il en était ainsi, on comprendrait que l'action fût d'autant moins énergique que le corps considéré est plus loin de ce centre : que, par suite, elle doit être moindre au sommet des montagnes qu'à la base (ce qui est conforme aux expériences de Bouguer), et que, la terre étant renflée à l'équateur et aplatie au pôle, comme l'ont démontré des mesures directes, l'action doit aller en croissant de l'équateur au pôle.

Il n'est pas vraisemblable que le centre de la terre (qui, au point de vue géométrique seulement, présente une particularité de position, mais qui, au point de vue physique, ne doit différer en rien des autres points de la partie centrale du globe terrestre) puisse posséder la propriété exclusive d'être un centre d'attraction.

Nous allons indiquer rapidement les raisons qui tendent à prouver que, en effet, ce point ne jouit en réalité, en tant que point matériel, d'aucune propriété particulière, et que les faits observés qui tendraient à lui donner une importance spéciale dépendent seulement de la considération de résultantes, c'est-à-dire de forces n'ayant pas d'existence réelle, mais dont l'emploi permet de simplifier les calculs et les énoncés.

104. Identité de la pesanteur et de l'attraction universelle. — Newton, s'appuyant sur les lois du mouvement des corps célestes qui avaient été découvertes par Képler, démontra que ces mouvements peuvent s'expliquer en concevant qu'il existe entre le soleil et les planètes des forces attractives variant proportionnellement aux masses en présence et en raison inverse du carré de la distance. La cause inconnue de ces forces est désignée sous le nom d'*attraction universelle*.

Disons immédiatement que l'existence réelle de cette force ne paraît pas probable, car on conçoit difficilement aujourd'hui les actions s'exerçant à distance, actions qu'on admettait sans difficulté autrefois : nous ne revenons pas sur ce point, que nous avons déjà signalé. Il suffit d'ailleurs, au point de vue du raisonnement, que les choses se passent comme si cette force existait ; c'est du reste ainsi que Newton a présenté l'hypothèse que nous venons d'indiquer.

Ajoutons que toute la mécanique céleste est actuellement basée sur l'application du calcul à cette hypothèse ; qu'elle permet de prévoir toutes les particularités des mouvements des astres en tenant compte, non seulement de l'action du soleil sur chaque planète, mais encore des actions que chaque planète subit de la part de toutes les autres. Donc, toute restriction faite sur la cause première du phénomène, nous pouvons considérer que tout se passe comme si l'attraction existait.

Cette attraction n'est pas la propriété exclusive des astres qui circulent dans les espaces célestes ; elle appartient à la matière même, de telle sorte que nous devons concevoir qu'un corps quelconque agit par attraction sur un autre corps situé à une distance quelconque. Mais, en général, ces attractions seront très minimes et seront masquées par les moindres résistances ; aussi les mouvements qui devraient résulter de ces forces attractives ne se produisent-ils pas, par suite des frottements qui prendraient naissance. Cependant, en se plaçant dans des circonstances favorables, Cavendish a pu mettre en évidence l'attraction d'une masse de plomb pesant 147 kilogrammes sur une sphère d'ivoire de petit diamètre.

Le globe terrestre que nous habitons ayant une masse considérable, on doit concevoir qu'il exerce sur les corps placés dans le voisinage une attraction ayant une valeur appréciable.

Dans ce cas particulier, l'attraction universelle a reçu le nom de *pesanteur*. La force qui est appliquée à chaque corps, par suite de l'action de la pesanteur, est appelée le *poids* du corps.

105. — Il faut concevoir que le poids d'un corps n'est pas une force élémentaire : non seulement, comme nous l'avons déjà dit, c'est une résultante (73), mais c'est une résultante de résultantes. Chaque molécule du corps subit l'attraction de toutes les molécules de la terre, et c'est la résultante de ces attractions qui est le poids de la molécule ; le poids du corps est la résultante du poids de ses molécules.

Le poids d'un corps est donc la résultante des forces attractives exercées par chacune des molécules de la terre sur chacune des molécules du corps considéré. Chacune de ces attractions élémentaires est très petite, mais leur nombre est très considérable.

106. — Entre deux molécules la force attractive agit suivant la droite qui les joint ; mais on ne peut savoir *a priori* la direction d'une résultante du genre de celle qui constitue le poids. Le calcul

fournit à cet égard des renseignements importants : on démontre, par exemple, que, pour des forces agissant proportionnellement aux masses et en raison inverse du carré des distances (comme pour l'attraction universelle), l'action d'une sphère est la même que si toute sa masse était condensée à son centre.

L'action de la terre sur une molécule matérielle est la même que s'il existait une attraction émanant du centre de la terre, proportionnelle à la masse de la terre (quantité constante), à celle de la molécule considérée, et en raison inverse du carré de la distance.

Le poids d'un corps sera dès lors la résultante de forces appliquées à toutes les molécules du corps et qui semblent émaner du centre de la terre. A cause de la grande distance à laquelle le centre se trouve des corps placés à la surface ou dans le voisinage, ces forces peuvent être considérées comme parallèles, et le poids qui est leur résultante est égal à leur somme et leur est parallèle: c'est-à-dire que le poids d'un corps est la somme des poids des molécules qui le constituent.

107. — Enfin, si l'hypothèse faite sur l'action exercée par la terre sur les corps est vraie, l'attraction est proportionnelle aux masses des corps en présence. La masse de la terre étant invariable. le poids de différents corps doit être proportionnel à leur masse. S'il en est ainsi, en vertu des principes généraux de la mécanique, les divers corps soumis à des forces proportionnelles à leurs masses devant prendre des mouvements de même *accélération*, les corps doivent tous tomber également vite.

Or nous avons dit que c'est précisément ce que l'expérience démontre(100), à la condition d'éliminer l'influence perturbatrice de l'air.

Il y a donc accord entre ce que la théorie indique et les résultats de l'expérience.

108. **La pesanteur varie avec l'altitude.** — La pesanteur obéissant aux mêmes lois que l'attraction universelle et se comportant comme si elle émanait du centre de la terre, cette force doit conserver une valeur constante pour tous les points qui sont situés à la même distance de ce centre. Mais des variations doivent se manifester si l'on considère des points situés à des distances différentes du centre. Dans la pratique, et tant que les points s'éloignent peu de la surface, on peut négliger ces variations et considérer la valeur comme sensiblement constante[1].

1. Soient R le rayon de la terre, d la distance d'un point A à la surface, f et f_1 les forces à la surface et en ce point A; on doit avoir

$$\frac{f}{f_1} = \frac{(R+d)^2}{R} = 1 + \frac{2d}{R} + \frac{d^2}{R^2}$$

et si d est petit par rapport à R, on peut négliger sans erreur sen-

109. — Il est clair que les résultats ne seraient pas les mêmes si les variations de distance avaient des valeurs assez considérables pour ne pouvoir être négligées en présence du rayon terrestre. C'est là précisément un fait qui se présente lorsque l'on considère des points diversement situés à la surface de la terre : on sait en effet que la terre n'est pas une sphère, mais possède une forme qui se rapproche d'un ellipsoïde aplati, de telle sorte que la distance du centre à la surface décroît d'une manière continue de l'équateur au pôle. L'attraction exercée par la terre sur un corps, le poids, doit donc croître continûment de l'équateur au pôle.

Nous avons à peine besoin d'insister sur ce point que les résultats expérimentaux que nous avons précédemment indiqués (102) sont entièrement d'accord avec les conséquences de l'hypothèse que nous venons de développer sommairement.

110. — En résumant ces notions générales qu'il était impossible de ne pas donner, nous dirons donc que l'action exercée par la terre sur les corps qui se trouvent à sa surface et dans son voisinage, que la pesanteur, en un mot, n'est qu'un cas particulier de l'attraction universelle en vertu de laquelle deux molécules matérielles s'attirent comme s'il existait entre elles une force attractive dirigée suivant la droite qui les joint, proportionnelle au produit des masses de ces molécules et en raison inverse du carré de leur distance.

PROPRIÉTÉS MÉCANIQUES DES CORPS SOLIDES

111. Action des forces mécaniques sur les corps solides. — En mécanique, on considère des solides invariables, des corps indéformables; mais c'est là une fiction, et non la réalité. Il faut maintenant rechercher quels sont les effets produits réellement par l'action des forces mécaniques sur les corps solides.

Proposons-nous d'étudier les effets produits par les actions mécaniques sur les corps solides, en tant que ces effets ne consistent pas en un mouvement : ils se réduisent alors à un changement de forme ou à un changement de volume, et le plus souvent, presque toujours peut-on dire, à ces deux changements à la fois.

---

sible $\dfrac{2d}{R}$ et $\dfrac{d^2}{R^2}$: on voit alors que l'on aurait $f = f_1$. Par exemple, on sait que R $=$ 6000 kilomètres environ; si $d =$ 100 mètres, hauteur qui dépasse beaucoup les distances sur lesquelles on opère, on aurait $\dfrac{2d}{R} = 0{,}00003$ et $\dfrac{d^2}{R^2} = 0{,}0000000003$, de telle sorte que $f = 1{,}0000300003\, f_1$. La différence entre f et f_1 est pratiquement inappréciable.

Lorsqu'une force agit sur un corps solide, dans ces conditions, elle peut produire une déformation générale ou seulement donner naissance à une modification locale. Il y a lieu encore de distinguer s'il s'agit d'une action qui se manifeste progressivement ou brusquement : le premier cas est celui de la plupart des forces dont l'action croît jusqu'au maximum dans un temps très court, il est vrai, mais appréciable; le second cas correspond aux effets analogues à un choc.

112. — Quelle que soit la déformation observée et quelle qu'en soit la cause, elle peut être permanente ou ne persister que pendant le temps durant lequel la cause continue d'agir. Les corps qui reprennent leur forme primitive après la cessation de l'action sont dits *corps élastiques;* ceux pour lesquels la déformation subsiste sont dits *corps mous.*

En réalité, il n'existe ni corps parfaitement élastiques, ni corps absolument mous. Les corps les plus élastiques que nous connaissions peuvent être déformés d'une manière permanente sous l'influence d'une force trop intense : on dit alors que l'on a dépassé la limite d'élasticité. Mais, d'autre part, les corps mous peuvent présenter une certaine élasticité si les déformations produites ont été très minimes. On observe d'ailleurs tous les degrés intermédiaires entre les types, que l'on conçoit, mais qui n'existent pas réellement, d'un corps parfaitement élastique qui reprendrait sa forme primitive quelle que fût la déformation à laquelle il aurait été soumis, et d'un corps absolument mou qui conserverait toute déformation qu'il aurait subie quelque minime qu'elle puisse être. Pratiquement on peut prendre comme exemple de ces types extrêmes, pour les solides, l'acier et la cire à modeler.

Les déformations que subissent les corps élastiques, en modifiant les positions et les distances des molécules, font naître des forces qui s'opposent à la déformation et qui ramènent les molécules à leurs positions primitives lorsqu'elles cessent d'être contrebalancées par les forces extérieures. Ces forces de réaction, dont on désigne quelquefois l'ensemble sous le nom d'élasticité d'un corps, donnent lieu à de fréquentes applications.

113. Déformation élastique générale d'un solide sous l'action de forces extérieures. — Il peut arriver que le corps soit soumis en tous les points de sa surface à des pressions plus ou moins énergiques, ou bien que l'action puisse se ramener à celle d'une force unique ou d'un couple. Ces deux cas doivent être examinés séparément.

Lorsqu'un corps solide est soumis en tous ses points à des pressions, il doit subir une contraction, il doit diminuer de volume. Le cas se présente, par exemple, lorsque ce solide est plongé dans un liquide qui est soumis à une forte pression : alors les diverses actions élémentaires que subit le solide sont, en chaque point, normales à la portion de surface sur laquelle se produit l'action (156). C'est, par exemple, ce qui se présente lorsque l'on descend un corps solide à de grandes profondeurs en mer, comme on le fait maintenant pour les dragages destinés à l'étude des animaux sous-marins. Dans la dernière campagne de l'aviso le *Travailleur*, la sonde est descendue jusqu'à 5,100 mètres : à cette profondeur les solides que l'on a descendus et ceux qui existaient au fond étaient soumis à une pression de plus de 500 kilogrammes par centimètre carré.

Les variations de volume, même dans ces circonstances, sont très petites.

Il est intéressant de signaler que si l'on place dans un liquide soumis à une certaine pression un corps creux, dans lequel la pression se manifeste par conséquent aussi bien à l'intérieur qu'à l'extérieur, il y a cependant une diminution de capacité et que cette diminution est égale à celle qu'aurait subie, sous la même pression, un corps plein ayant un volume capable de remplir exactement la capacité du corps creux.

114. Déformation élastique limitée d'un solide. — En ce qui concerne le cas d'un nombre limité de forces appliquées à un corps, nous considérerons seulement un prisme ou un cylindre encastré à une de ses extrémités, de manière à la maintenir absolument fixe, et soumis d'abord à une seule force. Cette force pourrait avoir une direction quelconque, mais nous considérerons particulièrement le cas où cette force est parallèle ou perpendiculaire à l'axe : si elle était oblique, on la remplacerait par deux composantes ayant ces directions et dont on pourrait déterminer isolément les effets.

115. Traction, compression. — La traction et la compression se manifestent lorsque la force est dirigée parallèlement à l'axe du prisme ou du cylindre. Il y a traction si elle tend à allonger le corps, et compression dans le cas contraire. Les variations de longueur sont soumises aux lois suivantes, que l'expérience a vérifiées, dans l'un et l'autre cas :

1re Loi. — *Les variations de longueur sont proportionnelles à la longueur de la tige.*

2e Loi. — *Elles sont proportionnelles aux forces qui les produisent.*

3e Loi. — *Elles varient en raison inverse des sections des tiges.*

Ces lois sont comprises dans la formule suivante :

$$\lambda = \frac{LP}{QS},$$

DE L'ÉLASTICITÉ.

dans laquelle λ est la variation de longueur de la tige, L sa longueur, S sa section, P la force qui agit, et Q un coefficient constant pour chaque substance et qui a reçu le nom de coefficient d'élasticité. On déduit de cette formule en y faisant $S = 1$ et $\lambda = L$ que le coefficient d'élasticité est égal au poids qui allongerait une barre, ayant l'unité de section, d'une quantité égale à sa longueur.

Voici un tableau des valeurs de Q pour quelques métaux :

Plomb	1700
Or	5600
Argent	7150
Cuivre	10500
Platine	15500
Acier	17550
Fer	20800

Les lois sont applicables à la traction tant que l'on ne dépasse pas la limite d'élasticité. En ce qui concerne la compression, les phénomènes se compliquent dès que le cylindre a une longueur qui dépasse quarante fois environ le diamètre extérieur : l'expérience montre en effet qu'il s'infléchit alors et les lois cessent d'être applicables.

116. Applications de l'élasticité de traction et de compression. — Les applications de l'élasticité de traction sont fréquentes ; c'est à elle que se rapportent les usages si variés des tubes et des bandes de caoutchouc qui se laissent distendre avec une assez grande facilité, mais qui, une fois allongés, tendent à revenir à leur longueur primitive et exercent un effort qui peut être considérable sur les corps auxquels ils sont fixés par leurs extrémités. Cette propriété est utilisée, par exemple, dans les appareils à extension continue qui sont employés pour la réduction des luxations et dont l'usage se comprend immédiatement.

Il faut éviter, dans les cas de ce genre, d'exercer un trop grand effort, et l'on a quelquefois appliqué un dynamomètre qui fait

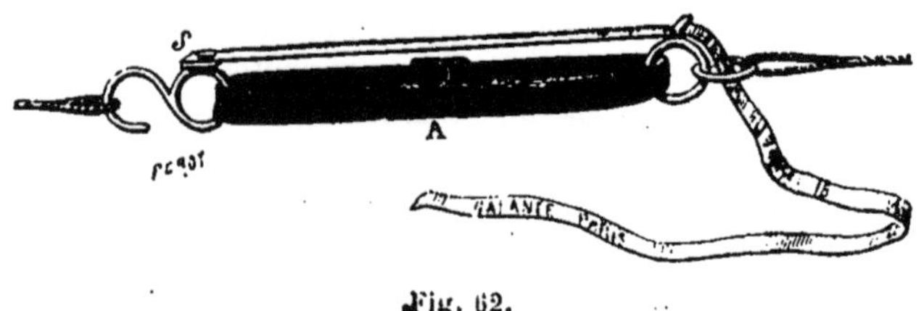

Fig. 62.

connaître l'effort exercé à chaque instant. Mais, comme d'après les lois indiquées plus haut, il y a une relation entre l'allongement et la force correspondante, on peut éviter l'emploi du dynamomètre.

A cet effet, on place parallèlement à la bande élastique A une bandelette flexible, mais inextensible, qui donne à chaque instant la longueur de la bande étirée, et sur laquelle on a tracé à l'avance des
divisions qui indiquent par un numérotage convenable la valeur de
la force correspondante (*fig.* 62).

C'est encore l'élasticité de traction qui est utilisée dans le cas
où l'on cherche à produire une compression circulaire à l'aide d'une
bande de caoutchouc préalablement étirée, ainsi que cela se pratique dans la méthode d'Esmarch. La bande allongée correspond à
un périmètre d'un certain rayon et ce rayon diminue en même
temps que diminue le périmètre et, par suite, la longueur de la
bande qui revient à sa grandeur primitive.

C'est évidemment le même effet qui se produit pour les ceintu-
res, bas, brassards, etc., que l'on fabrique avec un tissu élastique.

Enfin c'est encore par un effet analogue qu'agissent les pelotes
en caoutchouc que l'on distend en y insufflant de l'air et dont le
volume, ainsi augmenté, diminue à mesure que chacun des éléments linéaires, que l'on peut considérer comme constituant l'enveloppe, revient à sa longueur primitive, en chassant avec plus ou
moins d'énergie le gaz qui s'y trouvait renfermé.

Il y a peu de circonstances pratiques dans lesquelles on ait
utilisé l'élasticité de compression : on peut signaler cependant l'emploi de balles ou cylindres de caoutchouc servant comme ressorts
de suspension que l'on emploie dans un certain nombre de modèles
de voitures de tramways.

**117. Changements de volume dans la traction et la
compression.** — Dans les effets de traction ou de compression,
il se produit un changement dans la section en même temps qu'un
changement de longueur : la section diminue dans le cas de la
traction, elle augmente dans le cas de la compression. Mais ces
variations de section ne compensent pas exactement les variations
de longueur, et le volume du corps change ; ces changements de
volume sont trop peu importants pour qu'il soit utile de nous y
arrêter.

Il se produit quelque chose d'analogue, bien que la cause ne
soit pas absolument la même, dans la contraction des muscles : la
longueur diminue, la section augmente et finalement le volume
s'accroît, comme on peut le démontrer par une expérience directe.
Cette expérience se fait en plaçant le bras, par exemple, dans un
vase rempli d'eau et fermé par une membrane de caoutchouc appliquée hermétiquement contre le bras (*fig.* 63). A travers cette membrane passe un tube plongeant dans l'eau et qui se prolonge extérieurement en présentant quelquefois un renflement : les variations de

niveau dans le tube ou dans la boule mettent en évidence les variations de volume de la main lorsque celle-ci vient à se serrer plus ou moins fortement sur un objet.

L'appareil peut être disposé de manière à permettre l'enregistrement graphique des variations.

Le même procédé pourrait être appliqué à la mesure des variations de volume dans un cas quelconque.

118. Élasticité du caoutchouc, des artères. — Wertheim a étudié expérimentalement l'élasticité des artères, et il a reconnu que, au point de vue de la traction exercée sur des bandelettes de ces vaisseaux, elles n'obéissent pas aux lois de l'élasticité : l'allongement croît moins rapidement que la force de tension. Pour le caoutchouc, au delà de certaines limites, c'est l'inverse qui se produit et c'est

Fig. 63.

ce qui explique que lorsqu'on se sert de l'allongement du caoutchouc pour mesurer la grandeur d'une traction (116) les divisions sont d'autant plus écartées que la traction a une valeur plus élevée. Pour des tensions faibles le caoutchouc subit des allongements proportionnels à la tension.

Des expériences de ce genre permettent de déduire ce qui se produit dans le cas d'un volume, cylindre ou sphère, dans lequel on exerce une pression dans tous les sens, s'il s'agit du caoutchouc, corps homogène. L'expérience seule peut décider pour les artères, à cause de leur constitution spéciale. M. Marey a reconnu expérimentalement que les accroissements de volume des artères augmentent moins rapidement que la pression, tandis que, pour le caoutchouc, les accroissements de volume croissent plus rapidement que la pression. Si, par conséquent, on représente graphiquement ces résultats en portant en abscisses les pressions et en ordonnées verticales les volumes correspondants, on voit que la courbe représentative tourne sa convexité vers l'axe des pressions pour le caoutchouc, tandis que pour les artères elle tourne sa concavité vers ce même axe.

119. Élasticité de flexion. —Lorsque l'on fixe horizontalement une barre métallique dans un étau et que l'on applique un poids à son extrémité libre, on fléchit la barre en la courbant légèrement, de telle sorte que les molécules de la partie supérieure se trouvent écartées, tandis que celles de la face inférieure sont rapprochées : les actions moléculaires qui prennent alors naissance tendent à ramener la barre à sa position d'équilibre par une série d'oscillations, lorsque l'on enlève le poids.

Nous ne voulons pas donner toutes les lois qui régissent cette action; nous dirons seulement que, toutes choses égales d'ailleurs, *l'écartement est proportionnel à la force qui l'a produit.*

On démontre en mécanique que, lorsque cette condition est remplie, les oscillations qui en résultent sont isochrones. Nous aurons à faire usage de cette propriété dans l'acoustique.

La flexion se manifeste également lorsqu'un corps est posé à ses deux extrémités et qu'il supporte à sa partie médiane une action perpendiculaire à sa direction; elle intervient également lorsque la barre, soumise à une action analogue, est *encastrée* à ses extrémités. Le déplacement que subit le point de cette barre qui se déplace le plus constitue ce que l'on appelle la *flèche.*

120. — L'élasticité de flexion intervient toutes les fois qu'un corps rigide est soumis à une action qui lui est transversale : le cas le plus simple est celui d'un corps placé horizontalement sur deux appuis. Il fléchit alors sous son propre poids et, à plus forte raison, sous l'influence des corps pesants qu'il supporte. Dans cette circonstance, qui se présente à chaque instant, par exemple dans les constructions, on cherche à diminuer la flèche autant que possible.

La flèche dépend bien en partie de la surface de la section du corps fléchissant, mais elle dépend surtout de la manière dont la matière est répartie dans cette section : on démontre, en mécanique, et l'expérience vérifie le fait, qu'il y a intérêt à ce point de vue à répartir la matière à la périphérie, d'une manière générale, de telle sorte qu'un cylindre annulaire creux résiste mieux qu'un cylindre plein de même poids. C'est cette disposition qui explique la grande résistance relative des plumes des oiseaux dont le tube présente une rigidité assez considérable malgré son faible poids.

Les os longs ne subissent pas généralement d'action qui soit directement transversale : leur forme de cylindre creux n'est pas cependant sans intérêt, parce que les forces qui leur sont transmises ne sont pas toujours rigoureusement longitudinales, d'une part, et présentent par suite une composante transversale; et parce que, d'autre part, ces os ne sont pas absolument rectilignes et sont susceptibles de fléchir sous l'influence d'une simple compression.

Dans le cas où l'action transversale ne doit se produire que dans un sens déterminé à l'avance, comme lorsqu'il s'agit de poutres supportant un plancher, un pont ou des rails, il y a intérêt à ce que la matière soit répartie à la partie inférieure et à la partie supérieure : la ridigité est d'autant plus grande que ces deux parties sont plus éloignées l'une de l'autre. Cette remarque explique la forme donnée aux poutres métalliques (double T) ou aux rails de chemins de fer. La flèche d'une

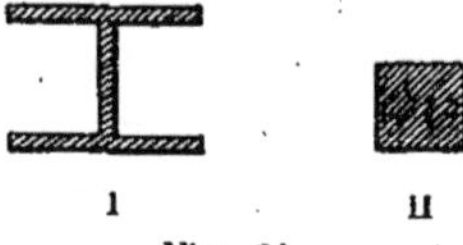

Fig. 64.

poutre double T (*fig.* 64, I) serait seulement les 0,20 de celle d'une poutre de même poids et de section carrée (II).

121. Applications de la flexion ; dynamomètre. — Dans quelques cas, c'est au contraire la déformation même, la flexion qui est le but que l'on se propose : il faut naturellement rechercher alors des conditions inverses.

L'une des applications de la flexion dans ce cas est celle que l'on en a faite aux dynamomètres qui servent à la mesure des forces. On conçoit en effet que, à la même température, c'est-à-dire lorsque l'élasticité restera la même, la même force produira toujours la même flèche et réciproquement.

Des modèles divers ont été employés (*fig.* 65) : leur emploi est commode et facile à concevoir, mais ils ne présentent pas une grande précision. Nous signalerons seulement avec quelques détails le suivant, qui est fréquemment usité pour étudier la force musculaire des mains.

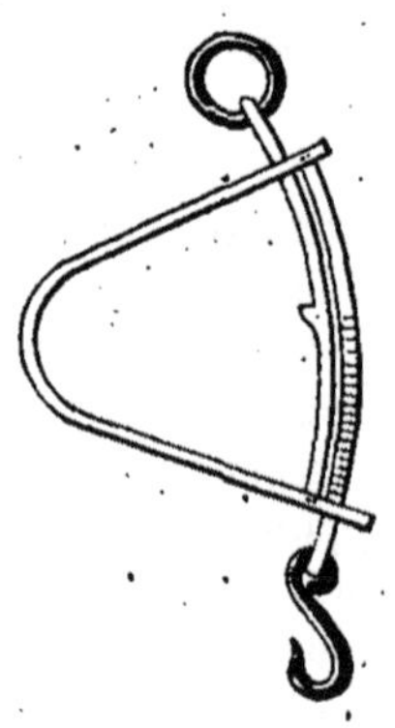

Fig. 65.

Il consiste en un anneau elliptique en acier (*fig.* 66) que l'on peut déformer en appuyant sur les deux extrémités du petit axe, en le serrant à la main : le raccourcissement de cet axe est d'autant plus grand que l'on serre davantage ; on évalue la force à l'aide d'une aiguille qui se

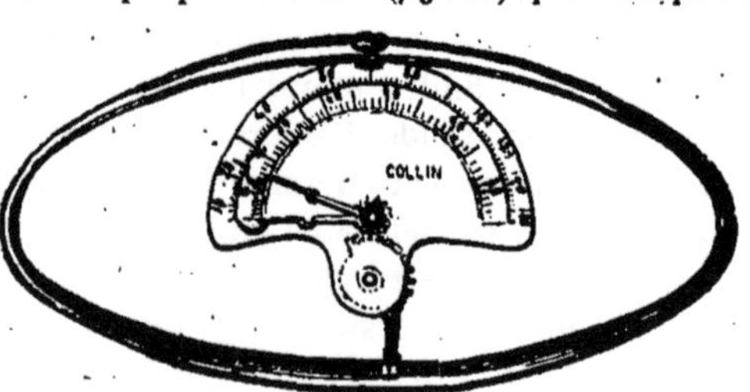

Fig. 66.

meut sur un arc divisé et qui est reliée à un cercle denté qui engrène avec une crémaillère fixée à l'un des sommets du petit axe de l'ellipse. L'aiguille, ainsi déplacée par la déformation du ressort, revient à sa position primitive lorsque l'on cesse de presser sur le dynamomètre : on ne pourrait donc pas aisément savoir quelle valeur a été atteinte, si cette aiguille ne poussait dans son mouvement une aiguille folle sur son axe qui reste à la position extrême qu'elle a atteinte.

En tirant sur les extrémités du grand axe de l'ellipse on déforme le ressort de la même façon. Mais il faut agir avec une force beaucoup plus considérable pour produire le même effet. Une seconde échelle, portée par l'arc gradué, donne les indications correspondantes.

122. Application à la mesure du temps. — La flexion est utilisée pour la durée isochrone des oscillations auxquelles elle donne lieu (indépendamment des phénomènes acoustiques) dans les montres, chronomètres et autres compteurs destinés à la mesure du temps et qui, devant être déplacés, ne peuvent employer le pendule. Un ressort en spirale (*fig.* 67) est maintenu fixé à une de ses extrémités D tandis que l'autre extrémité est reliée invariablement à un arbre C qui porte une roue AB appelée *balancier*, et qui d'autre part est en relation avec le mécanisme moteur, de telle façon qu'une dent d'une roue de ce mécanisme échappe à chaque oscillation de

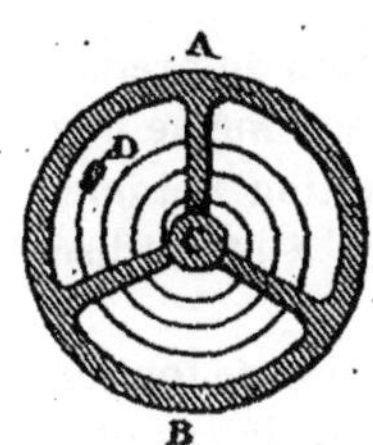

Fig. 67.

l'arbre du balancier. La position d'équilibre du ressort correspond à une forme déterminée de spirale : lorsque le balancier tourne dans un sens ou dans l'autre, le ressort se déforme, la spirale s'enroulant tantôt plus et tantôt moins, d'où résulte une flexion du ressort dans un sens ou dans l'autre. Le ressort passe alternativement d'une position à l'autre et, la durée de ses oscillations étant isochrone, l'échappement se fait régulièrement à des intervalles de temps égaux. Le mouvement s'arrêterait bientôt si, par suite des dispositions mêmes de l'appareil d'échappement, une impulsion n'était communiquée à l'arbre du balancier à chaque oscillation.

123. Elasticité de torsion. — Une verge ou un fil métallique, étant invariablement fixés à une extrémité, éprouveront une déformation si l'on cherche à les tordre par l'autre extrémité. Les forces moléculaires qui prendront naissance viendront bientôt faire équilibre au couple qu'il aura fallu employer pour produire cette torsion, et tendront à ramener le corps à sa forme primitive par une série d'oscillations, lors de la cessation de l'action du couple.

Les lois de la torsion ont été étudiées par Coulomb qui a donné les énoncés suivants :

1ᵉ Loi : *Pour un même fil, l'angle de torsion est proportionnel au couple de torsion.*

2ᵉ Loi : *L'angle de torsion est proportionnel à la longueur du fil.*

3ᵉ Loi : *L'angle de torsion est en raison inverse du rayon du fil.*

Comme conséquence de la 1ʳᵉ loi, il résulte que les oscillations exécutées par un fil que l'on a tordu et qui revient à sa position d'équilibre doivent être isochrones. Coulomb a vérifié que cette loi peut s'appliquer lors même que l'angle de torsion atteint des valeurs égales à plusieurs circonférences, si la longueur du fil est assez considérable.

L'application de la 1ʳᵉ loi permet de mesurer la valeur du moment d'un couple : on l'utilise pour la mesure des petites forces. Cavendish s'en est servi pour étudier l'attraction à distance de la matière, Coulomb pour ses recherches sur les attractions et les répulsions électriques (balance de torsion).

Les deux dernières lois montrent que, à la condition de prendre un fil assez long et d'un assez petit diamètre, on peut, même avec un couple d'une très faible valeur, obtenir une déviation notable : c'est ce qui explique précisément pourquoi la torsion a été utilisée pour l'étude des petites forces.

Nous devons signaler, pour les élasticités de flexion et de torsion, les mêmes restrictions que nous avons indiquées dans le cas de la traction ; les lois que nous avons données ne peuvent s'appliquer lorsque l'on s'approche de la limite d'élasticité.

124. Application de l'élasticité de torsion. — Il n'existe pas, en dehors des appareils que nous venons de signaler, d'importantes applications de l'élasticité de torsion employée seule. Mais elle se trouve mise en jeu ainsi que l'élasticité de flexion dans les *ressorts à boudin* qui sont, sous des formes un peu variables, employés dans de nombreuses circonstances.

Un ressort à boudin est constitué par un fil élastique rigide que l'on a enroulé en hélice sur un cylindre : tantôt les spires successives du fil se touchent, tantôt au contraire elles sont légèrement distantes à l'état d'équilibre. La première forme est destinée à la traction, la seconde plus spécialement à la compression.

Lorsque l'on agit sur les extrémités d'un semblable ressort parallèlement à l'axe, ces extrémités s'éloignent ou se rapprochent, le ressort s'allonge ou se raccourcit suivant que l'on agit par traction ou par compression. Mais dans tous les cas il y a déformation des spires, dont le pas augmente ou diminue, et cette déformation comporte à la fois une flexion et une torsion.

La force des ressorts est très variable suivant la nature, le diamètre des fils employés et le diamètre du cylindre sur lesquels ils ont été enroulés. Une propriété importante de ces ressorts c'est que, jusqu'à une certaine limite naturellement, l'allongement (ou le raccourcissement) est proportionnel à la force qui agit sur le ressort.

Les ressorts à boudin sont employés dans un grand nombre d'appareils comme ressorts antagonistes, pour s'opposer au déplacement trop étendu d'une pièce mobile, ou pour la ramener à sa position primitive quand la force qui l'en écartait cesse d'agir.

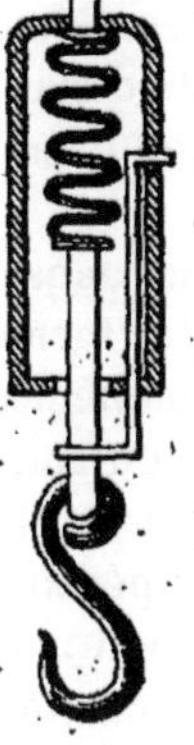
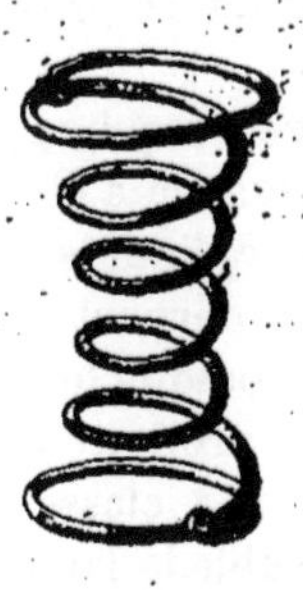

Ils ont été employés également comme dynamomètres et peuvent servir soit à évaluer des forces de direction quelconque, soit à peser les corps : les dynamomètres basés sur ce principe ont des formes diverses, mais faciles à comprendre, depuis le *peson à ressort* (*fig.* 68) jusqu'au *pèse-lettres*.

Il faut ranger dans la même catégorie les appareils dans lesquels le fil est enroulé, non sur un cylindre, mais sur un ou même deux cônes comme les ressorts qui servent dans la literie (*fig.* 69), etc.

Fig. 68.   Fig. 69.

125. Limite d'élasticité. Déformation par compression, écrasement. — Les limites d'élasticité sont fort importantes à connaître puisqu'elles indiquent jusqu'à quelles valeurs sont applicables les lois que nous avons données. Lorsque ces limites sont dépassées, la déformation ne disparaît pas après la cessation de la cause qui l'avait produite : elle est devenue permanente. Elle croît d'ailleurs avec la grandeur de la force employée, mais sans obéir à des lois précises. Si la force atteint une valeur trop considérable, le corps se divise en fragments; il y a *rupture* dans le cas de la traction, *écrasement* dans celui de la compression.

Étudions avec quelques détails les valeurs qui correspondent à ces effets particuliers, valeurs que dans la pratique il convient évidemment de ne jamais atteindre, à moins que la fragmentation du corps ou sa déformation permanente ne soit précisément le but que l'on poursuit.

La propriété que possèdent certains métaux de se déformer d'une manière permanente est utilisée dans quelques circonstances, par exemple dans la frappe des monnaies : le métal est découpé en forme de cylindre de faible hauteur, poli sur toutes ses surfaces et qui est connu sous le nom de *flan*. On le place dans un moule d'acier

trempé qui le comprime à la fois dans tous les sens avec une très
grande énergie ; le flan est comprimé, déformé, épousant toutes les
formes du moule et, lorsque celui-ci vient à être desserré, il conserve
cette forme parce que la pression a été suffisante pour que la limite
d'élasticité ait été dépassée. Disons, en passant, que la densité du
métal a été augmentée, ce qui prouve que la diminution de volume
qui s'était évidemment produite pendant la compression a subsisté
lorsque celle-ci a cessé.

C'est d'ailleurs par un effet analogue que l'on explique les procédés employés pour prendre des empreintes, sans changement de
température, par exemple avec l'argile, la cire à modeler. Seulement ces corps sont mous, ce qui veut dire que leur limite d'élasticité est excessivement faible et que la moindre pression suffit pour
la dépasser.

126. — C'est une action du même genre qui se produit dans le
laminage des métaux qui permet de donner à ceux-ci des formes
diverses en les faisant passer entre des cylindres convenablement
taillés et qui, pressés l'un contre l'autre, tournent en sens contraire.
Souvent cette opération se fait à chaud et lorsque le corps est à l'état
pâteux, ou à peu près; mais elle peut se produire à la température
ordinaire. Voici l'ordre suivant lequel on a classé les métaux eu
égard à la facilité qu'ils présentent de subir le laminage, l'or étant
celui pour lequel l'opération réussit le mieux. C'est ce que l'on a
appelé la *ductilité*.

Or, argent, cuivre, étain, plomb, zinc, platine, fer.

Voici d'autre part quelques chiffres qui indiquent la pression,
évaluée en kilogrammes par centimètre carré, qui amène l'*écrasement*
de divers corps.

Bonne brique.	150	Plomb.	500
Pierre de Château-Landon.	950	Étain.	1000
Bois divers.	200 à 550	Fer.	2500
Marbre.	700	Cuivre.	7000
Basalte.	2000	Fonte.	4000 à 11000

127. — On a peu de chiffres à citer pour les corps organisés : la
question est complexe d'ailleurs et toute compression qui s'exerce
sur un tissu peut avoir non seulement pour effet de l'écraser dans
le sens physique du mot, mais encore de vider les vaisseaux qui s'y
rencontrent et d'exprimer les liquides qui l'imbibent. C'est pourquoi
on ne peut pas comparer aux phénomènes précédents le fait, cité
par Buffon, d'un jeune homme d'une taille de $1^m,85$ qui, à la suite
d'une nuit passée au bal, perdait 4 centimètres de hauteur. On a
d'ailleurs vérifié souvent qu'un homme de taille moyenne peut
perdre 1 centimètre en une journée. Ces diminutions paraissent

devoir être attribuées aux variations d'épaisseur éprouvées par les fibro-cartilages intervertébraux. Mais, certainement, il n'y a pas seulement là un effet d'écrasement : les liquides sont exprimés et il se manifeste des troubles dans la nutrition de ces parties.

128. — Ce n'est guère que pour les os longs comprimés dans le sens de leur longueur que l'on pourrait étudier le phénomène simple ; mais on n'arrive pas à la limite d'écrasement, même dans ces conditions, parce que l'os se brise par *flexion*, par déformation latérale avant qu'il n'y ait écrasement. On sait cependant que la résistance est assez grande, et l'on peut citer l'exemple suivant donné par Désaguliers. Un homme était assis par terre, les pieds appuyés contre une poutre invariablement fixée au sol ; il portait à la taille une ceinture à laquelle était fixée, par devant, une corde que tiraient, parallèlement au sol, deux chevaux. Dans ces conditions l'homme résistait aux efforts de l'attelage, effort qui, on le comprend, était transmis à la poudre fixe par l'intermédiaire des os des cuisses et des jambes ; Désaguliers évalua à 1,000 livres l'effort des chevaux, de telle sorte que chaque fémur, par exemple, résistait à une force de 500 livres. Désaguliers estimait que l'écrasement se fût produit seulement sous une pression quatre fois plus forte ; nous ne savons au juste sur quelles données il s'appuyait pour fixer cette limite.

129. **Résistance à la rupture ; ténacité.** — La résistance à la rupture par traction continue présente également un grand intérêt : on lui a donné le nom de *ténacité*.

Dans une série d'expériences, on a classé comme il suit les métaux par ordre de ténacité, la ténacité du plomb ayant été prise pour unité.

Plomb.	Étain,	Zinc,	Or,	Argent.	Platine,	Cuivre,	Fer.
1	1,66	4	7,2	9	13,2	14,5	24,5

En valeur absolue nous signalerons, d'après d'autres recherches. les nombres suivants qui représentent les charges de rupture en kilogrammes par millimètre carré.

Plomb,	Cordes,	Cuivre,	Fer,	Acier.
1,28	5 à 8	20	37 à 60	100

L'étirage des fils métalliques, le passage à la filière est une opération qui dépend à la fois de deux propriétés : la ductilité qui permet au corps de se déformer assez facilement d'une manière permanente, et la ténacité qui est nécessaire pour que l'on puisse exercer sur le fil, sans le rompre, un effort suffisant pour amener à la fois son allongement et sa diminution de section. Voici l'ordre

dans lequel, à ce point de vue, on a classé les métaux, le platine
étant celui qui s'étire le mieux :

Platine, argent, fer, cuivre, or, zinc, étain, plomb.

Quelques recherches ont été faites sur les corps organisés : les
résultats obtenus ne peuvent être considérés que comme approximatifs à cause du manque d'homogénéité des substances : ils représentent la force de rupture en kilogrammes par millimètre carré.

	VALENTIN	WERTHEIM	
		VALEURS LIMITES	VALEURS MOYENNES
Muscles.	0,18	0,02 à 0,07	0,038
Artères.	»	0,11 à 0,17	0,14
Veines.	0,40	0,10 à 0,31	-0,18
Nerfs.	1,45	0,59 à 3,53	1,35
Tendons. , ...	2,62	4,11 à 10,38	.6,25
Os.	»	3,30 à 15,03	7,99

130. — Voici encore quelques évaluations numériques d'ensemble qui ne sont pas sans intérêt.

Hales a trouvé que, sur un veau de 9 semaines, il fallait un
poids de 119 livres pour arracher l'épiphyse inférieure de l'os de la
jambe, le périoste ayant été enlevé. Pour l'autre jambe, dont le
périoste avait été conservé intact, il fallut 550 livres, de telle sorte
que la résistance du périoste à la rupture n'aurait pas été moindre
de 431 livres.

Dans un autre cas, le même auteur indique que l'articulation
d'un genou dépouillé des muscles et des tendons n'a cédé qu'à un
effort de 830 livres.

Les valeurs précédentes doivent être prises en considération
dans les opérations de réduction des luxations, par exemple, dans
lesquelles on exerce une traction sur un membre. Il faut tenir
compte, il est vrai, dans une certaine mesure, de l'action des muscles qui en se contractant contribuent à la résistance, de telle sorte
que l'on a pu, sans inconvénient, exercer sur le vivant des tractions
plus énergiques que celles qui auraient amené la rupture sur un
cadavre. Il est cependant prudent de ne pas exercer de trop fortes
tractions et de les évaluer à chaque instant avec un dynamomètre.

131. — C'est également au même ordre d'idées qu'il faut rattacher les faits de rupture de réservoirs ou de cylindres à l'intérieur
desquels on exerce une pression. La question a été étudiée expérimen-

talement sur des vaisseaux; mais l'on conçoit combien la question
est complexe, à cause de l'organisation de ces vaisseaux qui ne
présentent pas l'homogénéité des métaux. Voici cependant quelques
résultats numériques :

ORGANES soumis à la pression.	DIMENSIONS.	PRESSION ayant amené la rupture	NOM de l'Observateur.
Carotide d'un chien. .	3^{cm} long.	5^{atm},42.	Hales.
Jugulaire — . .	—	5	—
Jugulaire d'un cheval.	—	4 ,1.	—
Carotide —	—	N'a pu se rompre.	—
Aorte descendante d'un jeune homme.	Diamètre 13^{mm}. Épaisseur 2,5.	4 ,7.	Wintringham.
Aorte d'un bélier. . . .	—	4 ,36.	—
— d'une brebis . . .	—	3 ,52.	—
Veine cave d'un bélier. .	—	4 ,84.	—
— d'une brebis.	—	4 ,15.	—
Sangsue.	—	2 ,60.	Bouland.

Il est à peine besoin d'ajouter que ces chiffres varieraient avec
l'état des organes étudiés, avec leur état de santé ou de maladie,
avec l'âge du sujet, etc. Ils n'ont guère, d'ailleurs, qu'un intérêt
théorique, car il n'y a pas de circonstances pratiques dans lesquelles
on ait à soumettre ces organes à des pressions susceptibles d'amener la rupture.

Nous ne connaissons aucune donnée relative à la limite d'élasticité de torsion qui mérite d'être citée ici.

132. Dureté. — Lorsqu'un corps presse contre un autre corps
avec une certaine intensité, on peut observer, au lieu d'une déformation générale, une déformation locale, dans le cas où l'on aura
dépassé la limite d'élasticité. Cet effet est manifeste surtout si le
corps qui presse est terminé en pointe ou présente des parties
aiguës, tranchantes, et principalement si ces parties se déplacent,
frottent sur l'autre corps. On dit alors que le corps qui présente
ces déformations locales est *rayé* par l'autre corps. C'est à ce genre
de déformation que s'applique le mot *dureté*, qu'il ne faut pas confondre avec *ténacité* ou avec *résistance à l'écrasement*. La dureté est,
à proprement parler, la mesure de la résistance que présente un
corps à se laisser rayer.

A ce point de vue, le diamant est le plus *dur* de tous les

corps : le corindon doit être placé après le diamant sous ce rapport.

Pour les métaux l'ordre de dureté est le suivant :

Acier trempé, fer, platine, cuivre, argent, or, antimoine, étain, plomb.

D'après Burdach, les principales matières organiques peuvent être rangées dans l'ordre suivant, au même point de vue :

Émail, os, ongles, cartilages, tendons, muscles, glandes, membranes muqueuses, membranes séreuses, substance cérébrale, neurine, tissu cellulaire, tissu adipeux.

Nous devons dire que, sauf pour les quatre premières substances, l'idée de dureté ne nous paraît pas réellement applicable.

Dans le cas des corps cristallisés, la dureté peut n'être pas la même sur les diverses faces ou dans différentes directions sur une même face, ce qui répond bien à l'idée que l'on se fait du groupement moléculaire non symétrique dans les cristaux. Huyghens a même observé que dans le spath' d'Islande, sur la même face et suivant la même ligne, la dureté varie avec le sens suivant lequel on meut le corps qui raye.

133. Usure. — Lorsque deux corps frottent l'un contre l'autre ou qu'un corps pulvérulent frotte contre un corps moins dur, il se produit un effet particulier, l'*usure*. Cet effet est très important au point de vue de ses applications, qui sont nombreuses.

Si les corps considérés sont homogènes, l'usure est le résultat de rayures multipliées dont chacune a enlevé une petite quantité de matière ; il en résulte que, dans ces conditions, l'ordre d'usure doit être également l'ordre de dureté. Mais, en plus, la forme et la dimension des parties frottantes intervient : on comprend que l'action doit être plus intense si la partie frottante est composée de petits fragments, si elle présente des parties aiguës ; mais on n'a pas étudié la question d'une manière précise. Dans quelques cas, les effets observés ne peuvent s'expliquer que par cette influence de la forme et de la dimension ; c'est ce qui arrive pour la taille du diamant qui, étant le plus dur de tous les corps, ne peut être rayé ni usé par aucun ; mais il est rayé, usé par l'*égrisée* qui est de la poudre de diamant, poudre qui ne saurait être plus dure que le diamant même et dont l'action est due aux petites dimensions des particules.

S'il s'agit de corps hétérogènes, la question est moins simple. C'est ainsi que la pierre ponce qui est rayée par le verre use cependant celui-ci, et que le fer est usé par le grès, tandis que, au contraire, il raye le grès. On peut s'expliquer ces résultats et d'autres analogues en remarquant que la pierre ponce, par exemple, présente des parties inégalement résistantes; on peut la considérer comme une sorte de trame très dure dont les intervalles sont vides ou remplis par une matière moins dure. Dans l'usure, les parties résistantes agissent et, l'effort du corps à user se manifestant partout à la fois, ces parties résistent ; dans la rayure, ces parties sont attaquées en des points limités et, n'étant pas maintenues ou étant maintenues d'une manière insuffisante, elles cèdent et se laissent briser.

Pour évaluer la résistance à l'usure de différents corps sous l'influence d'un même corps, on pèse les résidus pulvérulents obtenus. Aucune loi générale n'est résultée des recherches de ce genre si ce n'est que, comme il était aisé de le prévoir, l'usure augmente avec la pression des corps en contact.

134. Applications. — Les applications de ces propriétés sont nombreuses. La dureté est un caractère qui, dans quelques cas, aide à distinguer les corps les uns des autres : c'est ainsi que l'on peut caractériser certains métaux, comme le plomb, ou certains minéraux en disant qu'ils sont rayés par l'ongle.

La rayure du verre produit une partie de moindre résistance, non par suite de la quantité de substance enlevée, la diminution d'épaisseur étant très minime, mais parce que la surface est dans le verre la partie la plus résistante et que cette surface est ainsi détruite sur une certaine étendue. C'est ce qui explique que le verre peut être coupé à l'aide du diamant, ou, pour mieux dire, qu'ayant été rayé à l'aide du diamant, il se casse suivant cette rayure lorsque l'on vient à exercer un effort transversal sur les parties avoisinantes.

C'est également à un effet d'usure que l'on doit attribuer le forage des roches à l'aide du diamant, si souvent employé maintenant; l'usage de la scie, de la lime pour les métaux repose aussi sur la même propriété et l'on peut y joindre également l'action du trépan. Dans la plupart de ces cas l'usure est facilitée par l'emploi de parties frottantes pointues. Dans le cas où l'on scie ou lime du bois, l'effet est moins simple, parce que les parties pointues non seulement usent la substance, mais encore enlèvent mécaniquement des éclats.

Les divers procédés employés pour polir reposent sur la propriété de rayer les corps; c'est toujours par l'action de corps pulvérulents durs et réduits en poudre plus ou moins fine que l'on arrive à obtenir des parties polies qui résultent seulement, en effet, de la juxtaposition d'un nombre extrêmement considérable de sillons extrêmement fins.

135. Du choc des corps élastiques. — Nous nous sommes

occupés jusqu'à présent des effets qui se produisent lorsque les forces agissent progressivement, pour ainsi dire. Il y a lieu d'étudier les effets qui se manifestent dans le cas d'actions brusques, qui atteignent leur maximum d'action dans un temps très court; c'est ce que l'on appelait autrefois les *forces instantanées*. On emploie encore quelquefois la même dénomination, bien que l'on n'admette plus qu'il puisse y avoir d'action instantanée; il faut toujours un certain temps pour qu'une action se produise; mais la durée de ce temps peut être très variée et elle est quelquefois extrêmement réduite.

Dans les actions brusques, on peut également ne pas dépasser la limite d'élasticité, ou bien produire une déformation permanente, ou bien encore amener une rupture.

Lorsque deux corps arrivent au contact rapidement, brusquement et que dans leur action mutuelle la limite d'élasticité n'est pas dépassée, il y a déformation de l'un et l'autre; puis, par suite de leur élasticité même, ils tendent à reprendre leur forme primitive et y reviennent en effet, ce qui ne peut se produire que par la production d'une action égale et opposée à celle qui les avait déformés : cette action aura pour effet de produire un mouvement (mouvement relatif) inverse de celui qui avait amené la rencontre, le choc.

La question peut être étudiée par le calcul ou par l'expérience; dans tous les cas, celle-ci confirme les résultats de la théorie. Nous résumons les cas principaux qui peuvent se présenter.

136. — L'un des corps étant fixe, l'autre, venant à le choquer, *rebondit* : il prend, après le choc, un mouvement ayant une vitesse égale en valeur à celle qu'il possédait avant le choc. Si la rencontre a eu lieu normalement, le corps suit le même chemin après le choc, mais en sens contraire : la vitesse a seulement changé de sens sur la même direction.

Si le choc a lieu obliquement, la ligne suivie après la rencontre ne se confond plus avec le chemin primitivement parcouru. Mais ces lignes font avec la normale au point où a eu lieu le choc des angles égaux situés de part et d'autre de cette normale ; ces angles égaux ont reçu les noms d'angle d'incidence et d'angle de réflexion.

Si les deux corps qui se rencontrent ont des masses égales et si l'un d'eux est en repos, l'autre s'arrête au moment du choc et le premier part dans le même sens avec la même vitesse. S'ils se rencontrent en marchant dans le même sens, ils continuent leurs mouvements dans ce sens, mais après avoir échangé leurs vitesses. Enfin s'ils marchaient en sens contraire, après le choc ils ont l'un

et l'autre changé de direction et ont également échangé leurs
vitesses.

Les effets sont plus complexes si les masses élastiques qui se
rencontrent ne sont pas égales; mais il n'y a pas lieu d'insister.

Les résultats que nous venons d'indiquer sont faciles à observer
dans le jeu du billard, soit à la rencontre des billes avec les bandes.
soit lorsque deux billes se rencontrent. Mais en général les actions
se compliquent par suite du mouvement de rotation dont ces billes
sont animées, mouvement qui en faisant naître des frottements, soit
au contact d'une bande ou d'une bille, soit sur le drap du billard,
produisent des actions fort complexes constituant ce que l'on nomme
les *effets*.

137. **Du choc des corps mous.** — Si les corps sont mous, les
choses se passent différemment. Si un corps mou, facilement déformable, rencontre un corps de masse infinie, ou seulement très grande,
et au repos, il s'arrête par le choc, après avoir subi une déformation plus ou moins considérable et en avoir fait subir une également
au corps qu'il rencontre.

Si aucun des deux corps n'a une masse infinie, ils se déforment
l'un et l'autre par le choc et, restant réunis après leur rencontre, se
meuvent ensemble avec une vitesse que la mécanique permet de
calculer par une formule qu'il est inutile de donner ici.

Comme il n'existe en réalité ni corps parfaitement mous, ni
corps absolument élastiques, les effets que nous venons de signaler
ne se manifestent jamais d'une manière complète, mais la différence
peut être négligeable dans bien des cas.

138. **Déformation pendant le choc.** — L'explication que
nous avons donnée des effets produits dans le choc des corps
élastiques suppose qu'il s'est produit une déformation, déformation qui ne subsiste pas. On peut mettre en évidence l'existence de cette déformation de la façon suivante : on laisse tomber une bille d'ivoire, par exemple, sur un plan de marbre sur
lequel on a étendu une mince couche d'huile. Après le choc et
le rebondissement, on observe que sur un espace circulaire l'huile
a été chassée, ce qui s'explique facilement si l'on admet que la
bille s'est aplatie. On a pensé quelquefois que cet effet est dû à
l'air qui serait chassé au moment du choc; mais on observe que
l'espace sec change lorsque l'on fait tomber d'une même hauteur des billes de nature différente et de même diamètre. Dans ce
cas, s'il y avait mouvement de l'air seulement, l'effet devrait être
le même; il doit être différent au contraire s'il s'agit de substances
qui se déforment différemment.

Pour les corps non élastiques la déformation qui subsiste est facile à reconnaître; mais à cet égard quelques faits intéressants peuvent être signalés.

On conçoit, par exemple, que suivant que la déformation aura atteint une valeur plus ou moins prononcée, le corps en expérience pourra se comporter ou non comme corps élastique. C'est ainsi que si l'on fait tomber d'une certaine hauteur une balle de plomb sur un plan dur, elle s'y arrête absolument; avec de la cendrée, au contraire, pour une même chûte, il pourra y avoir rebondissement : le poids étant minime pour chaque grain, la déformation aura été faible et la limite d'élasticité pourra n'avoir pas été atteinte, tandis qu'elle est dépassée dans le cas de la balle de plomb.

139. — La valeur de la vitesse au moment du choc a une importance considérable et les effets produits augmentent plus rapidement que la vitesse même [1]. Dans tous les cas les effets qui se produisent ainsi pendant le mouvement sont plus considérables que ceux qui se manifestent au repos. Un marteau posé sur une masse de plomb ne la déforme pas, tandis que la déformation est notable dès que le marteau frappe le plomb avec une certaine vitesse. C'est également ce qui se passe lorsque l'on enfonce un clou en frappant avec un marteau : dans quelques cas, un marteau léger peut faire plus d'effet qu'un gros marteau, parce qu'on peut lui communiquer facilement une plus grande vitesse.

C'est également par suite de la vitesse qu'agissent les boulets de canon et surtout les balles de fusil, qui ne produiraient aucun effet par leur seul poids, mais qui occasionnent des déformations considérables à cause de la grande vitesse qu'elles possèdent (4 à 500 mètres par seconde). Cela explique pourquoi le principal perfectionnement que l'on cherche à obtenir pour les armes à feu consiste à accroître la vitesse qu'elles peuvent communiquer aux projectiles.

Il y a quelques effets dépendant de la vitesse et qu'il est difficile d'expliquer : si on lance avec une faible vitesse, par exemple, une chandelle de suif contre une planche de sapin, celle-ci ne subira aucun effet et la chandelle s'aplatira. Mais si on lance la chandelle avec un fusil, de manière à lui communiquer une assez grande vitesse, elle traversera la planche de sapin en y faisant un trou.

140. — Quelquefois les déformations subies par un corps fixe qui vient en choquer un autre sont locales et se produisent seule-

---

1. Lorsqu'un corps en mouvement s'arrête brusquement les effets qu'il peut produire dépendent de la force vive qu'il possède et sont, par conséquent, proportionnels à son poids et au carré de sa vitesse. Le plus souvent les effets produits sont seulement des effets calorifiques et des déformations et, approximativement au moins, ceux-ci peuvent être considérés comme dépendant de ces éléments suivant les mêmes lois.

ment dans la région où le choc a eu lieu : c'est ce qui se passe lorsque le corps qui reçoit l'action est mou. Mais l'effet peut se propager et la rupture se manifester sur une assez grande étendue : c'est ce qui arrive pour les corps non élastiques qui présentent cependant une certaine rigidité. C'est ainsi qu'une pierre lancée contre un bloc d'argile s'y enfoncera jusqu'à une certaine profondeur sans modifier en rien les parties voisines de la cavité qui aura été creusée, tandis que la même pierre lancée de la même façon contre une vitre la brisera en plusieurs fragments.

Mais dans ce cas encore, la vitesse a une importance considérable et si, par exemple, on tire un coup de fusil contre une vitre placée à une petite distance de l'arme, de manière que la balle ait encore une grande vitesse, celle-ci pourra ne faire qu'un trou rond sans éclat. Il semble que le choc a été de trop courte durée pour que la déformation ait pu se propager : elle reste localisée à l'endroit où elle s'est produite. Il existe un certain nombre d'exemples analogues qui s'expliqueraient de la même façon et qu'il est inutile de signaler en détail.

Des actions du même genre ont été remarquées dans des observations chirurgicales, par exemple dans le cas où de petits projectiles sont venus frapper des os plats, l'omoplate, les os du crâne, etc. Tantôt l'os est comme éclaté autour du point où la balle est venue frapper ; tantôt, au contraire, on observe une ouverture à bords nets et presque absolument circulaire. Ces différences tiennent à la différence de vitesse que possédait le projectile au moment où il a rencontré l'os, comme aussi, bien entendu, à la fixité plus ou moins grande de l'os même.

141. — Il existe, par contre, quelques effets qui sont absolument inverses et dans lesquels le moindre choc amène des ruptures singulières. C'est le cas des larmes bataviques, que l'on obtient en versant dans l'eau froide des gouttes de verre en fusion. Cette masse de verre, ainsi refroidie brusquement, présente en certains points une grande résistance au choc : c'est ainsi que l'on peut frapper à coups de marteau sur la partie arrondie sans la briser. Mais si l'on vient à appuyer sur la pointe fine, celle-ci se casse très facilement et, au même instant, la masse entière est amenée au même état de division que si le verre avait été pilé. Il semble que le verre soit, dans ce cas, dans un état d'équilibre instable dont la conservation est liée à l'intégrité de la pointe de la larme.

Des faits analogues et qui doivent se rapporter à une cause de même ordre s'observent pour le verre trempé.

142. — On peut produire des expériences analogues dans le cas de la flexion simple : on peut, par un choc brusque, briser une tige

rigide sans que l'action se transmette jusqu'aux points sur lesquels elle repose à ses extrémités.

C'est l'effet qui se produit avec une règle de bois soutenue à ses deux extrémités par deux étriers de papier ordinaire : un coup sec donné en son milieu la brise en deux parties sans que le papier subisse aucune déchirure.

Le résultat est le même avec un tuyau de pipe en terre cuite et assez résistant : on le pose à ses deux extrémités sur deux verres à boire minces. Un coup sec au milieu le rompt: les verres ne sont point brisés malgré la violence du choc.

143. — Il y a en ce qui concerne la traction des effets analogues à ceux que nous venons de signaler pour la flexion et l'on peut, sous l'influence d'un choc, amener des ruptures qui ne se produiraient pas sous une action continue.

On sait, par exemple, que l'on peut en tirant brusquement sur les deux extrémités d'une ficelle, que l'on maintenait lâche, la briser alors que l'on ne pourrait obtenir cet effet en la tendant et exerçant ensuite une traction continue aussi forte que possible à l'aide des deux mains.

On observe un effet analogue certainement dans les cas de rupture du tendon d'Achille, par exemple; la rupture n'est pas due seulement à la grandeur de l'effort exercé sur ce tendon, mais à ce fait que l'action, au lieu de se manifester progressivement, s'est produite brusquement.

Si l'action est très brusque, la rupture peut se produire non dans la partie qui, statiquement, serait soumise aux plus grands efforts, mais dans la partie la plus voisine du point où l'action s'est manifestée. On peut mettre le fait en évidence par l'expérience suivante. On suspend à l'aide d'un fil une boule pesante, à la partie inférieure de laquelle est attaché un fil identique au fil de suspension. Si l'on tire graduellement sur le fil inférieur, on observe une rupture du fil supérieur; celui-ci subit, en effet, outre la traction qui lui est transmise, l'action du poids de la boule; le fil inférieur ne subit que la traction et doit mieux résister, par conséquent. Malgré cela, si l'on donne une secousse brusque, c'est toujours le fil inférieur qui casse; l'effet est le même que si l'action avait duré trop peu de temps pour pouvoir se propager à distance.

144. Applications des déformations par le choc. — Cette question de la déformation permanente, de la rupture, de l'écrasement sous l'action de chocs présente un grand intérêt au point de vue pratique.

C'est ainsi que le travail des métaux par le martelage est une application de cette déformation permanente. Cette propriété qui constitue la *malléabilité* dépend de la température qui, nous l'avons déjà dit, influe considérablement sur l'état et l'élasticité des corps. Il semble que l'ordre dans lequel doivent être rangés les métaux au point de vue de la malléabilité est le même que celui qui correspond à la ductilité ; mais la question paraît devoir être étudiée à nouveau.

Les procédés d'estampage si fréquemment employés dans l'industrie reposent également sur la malléabilité.

Le fait que des corps qui résistent à des pressions continues même assez considérables peuvent être déformés ou brisés par un choc est trop connu pour qu'il soit nécessaire d'insister. Nous signalerons cependant que l'on a des exemples d'écrasement du calcanéum à la suite d'une chute sur les talons, d'écrasement de vertèbres à la suite de chute sur la tête, par exemple ; là encore, ces os résistent normalement, non seulement au poids du corps, mais même à ce poids augmenté de fardeaux très lourds, et l'écrasement est le résultat de l'influence de la vitesse.

La forme des fractures à la suite de coups, celle des blessures qui sont produites par les projectiles d'armes à feu dépendent des conditions : de la masse du corps, de sa vitesse, de la manière dont le choc s'est produit. On conçoit que l'on puisse rencontrer des applications des remarques que nous venons de faire.

145. Circonstances qui font varier l'élasticité. — On gnore en réalité par quoi sont produites les différences si tranchées qui existent entre les divers corps au point de vue de l'élasticité, et il n'y a pas de lois qui permettent de prévoir les modifications que subit cette propriété, lorsque le corps est placé dans des conditions différentes.

L'action d'une élévation de température se fait sentir sur l'élasticité de tous les corps solides ; mais cette action sera étudiée ultérieurement, en même temps que celle d'un refroidissement brusque.

Le groupement moléculaire, comme on pouvait le prévoir, modifie grandement l'élasticité, la dureté, etc. C'est ainsi que ces diverses propriétés sont en général différentes pour un corps déterminé à l'état amorphe, et le même corps à l'état cristallisé.

Disons également que de très minimes variations dans la composition chimique amènent des différences qu'il eût été difficile de prévoir. On conçoit sans difficulté que dans les alliages, où des substances diverses entrent en composition en proportions à peu près égales, les propriétés des éléments se trouvent masquées les unes par les autres. Mais des effets analogues se produisent même pour de petites quantités d'un corps que l'on fait entrer dans la composition d'un alliage. C'est ainsi que les alliages monétaires contenant 1 dixième de cuivre sont plus résistants notablement que l'or et que l'argent purs. L'effet est encore bien plus sensible pour le fer : la fonte et l'acier, qui sont du fer contenant une très minime proportion, 1 à 3 p. 100, de substances étrangères ont des propriétés absolument différentes de celles du fer. Il suffit de traces de soufre pour rendre la fonte aigre, cassante, etc.

146. Accumulation d'énergie dans les corps élastiques déformés. — Pour déformer un corps, il faut dépenser une certaine quantité d'énergie; si le corps est définitivement déformé, si c'est un corps mou, l'énergie est entièrement absorbée. Mais si, le corps étant élastique, on n'a pas dépassé la limite d'élasticité, l'énergie est seulement emmagasinée, accumulée et peut être récupérée lorsque le corps revient à sa position primitive.

Les corps élastiques sont fréquemment employés pour utiliser cette propriété, pour accumuler l'énergie qui est ensuite dépensée à volonté. C'est ce qui se présente dans tous les mouvements d'horlogerie, montres, pendules, etc.; le ressort qui est alors un ruban d'acier enroulé en spirale est *bandé*, ce qui exige une certaine dépense d'énergie pour fléchir le ressort dont les spires se resserrent et qui est maintenu à sa nouvelle forme jusqu'au moment où il doit produire son effet. Il a fallu dépenser, pour bander le ressort, une force d'autant plus grande que l'enroulement était déjà plus complet : mais, par contre, lorsque le ressort se débande, l'action très énergique d'abord diminue au fur et à mesure que le ressort revient à sa forme primitive. Aussi l'action que ce ressort peut produire varie-t-elle considérablement et, si l'on veut donner naissance à des effets réguliers, il faut avoir recours à des dispositions particulières, à des régulateurs. (Balancier dans les montres, pendule dans les horloges, régulateur à force centrifuge dans les moteurs Foucault, etc.)

Dans un certain nombre de cas, le ressort moins flexible a une forme sensiblement rectiligne et ne peut être déformé que d'une petite quantité; mais alors, lorsqu'on l'abandonne à lui-même, il revient à sa position primitive très rapidement en rendant en un temps très court l'énergie emmagasinée. Cette disposition est adoptée dans un certain nombre d'appareils, notamment dans le staphylotôme où un ressort préalablement tendu, puis abandonné à lui-même, fait mouvoir la lame tranchante qui coupe la luette.

147. — L'élasticité de torsion a été utilisée quelquefois dans le même but. Dans quelques appareils où le moteur doit être très léger, on emploie un faisceau de fils de caoutchouc auquel on communique une certaine torsion et qui, en se détordant, rendent l'énergie qu'ils ont emmagasinée. Cette disposition a été adoptée,

par exemple, pour la construction des oiseaux mécaniques dans lesquels on a cherché à reproduire les mouvements des ailes des oiseaux.

L'élasticité de traction est trop faible dans la plupart des corps, sauf le caoutchouc, pour pouvoir être utilisée à emmagasiner de l'énergie. On a employé le caoutchouc dans ce sens pour la construction de certains jouets mécaniques, et il pourrait rendre service dans quelques autres circonstances. Le fil de caoutchouc est fixé à l'une de ses extrémités en un point invariable, tandis que l'autre extrémité est attachée sur un arbre susceptible de tourner. En mettant ce dernier en mouvement, on enroule à sa surface le fil de caoutchouc qui s'allonge au fur et à mesure : lorsque l'on vient à rendre libre cet arbre, le fil tend à reprendre sa longueur primitive et force l'arbre à tourner en sens contraire. Il convient de remarquer que l'action, très vive en commençant, diminue progressivement jusqu'à s'annuler et ne saurait, par suite, donner directement naissance à un mouvement uniforme.

148. — Les phénomènes complexes qui se produisent dans les déformations des ressorts à boudin pourraient être utilisés au même titre que la compression ou la traction directe. Il y a peu d'exemples intéressants à citer : nous signalerons cependant les *révulseurs*, appareils peu employés maintenant et qui consistent en fines aiguilles montées sur un support fixé à l'extrémité d'une tige s'enfonçant dans la cavité d'un tube; entre la tige et le tube est placé un ressort à boudin dont une extrémité est fixée au support des aiguilles, et dont l'autre est attachée à un bouton libre à l'autre extrémité du tube. On pose l'appareil sur la peau, puis on tire sur le bouton, ce qui tend le ressort qui accumule l'énergie. Lorsque l'on abandonne le ressort, l'énergie est récupérée et communiquée à la tige et au support qui applique les pointes sur la peau avec d'autant plus d'énergie que le ressort a été plus tendu.

149. **Transmission d'énergie par l'intermédiaire de corps élastiques.** — La propriété que possèdent les corps élastiques de rendre l'énergie qu'ils ont reçue lorsqu'ils ont été déformés est particulièrement intéressante en ce que, quelque brusque que soit l'action qui a produit cette déformation, le corps élastique ne récupère l'énergie que progressivement. Or, dans la plupart des cas, les actions continues progressives sont plus favorables que les actions brusques, les chocs, qui éteignent une partie de la force vive.

Une ingénieuse expérience de M. Marey montre nettement cette influence de l'élasticité, influence qui entre en jeu dans un assez grand nombre de cas et notamment pour les actions musculaires.

L'appareil employé consiste en un fléau de balance (*fig.* 70) muni d'un cliquet qui glisse sur une roue à rochet et qui empêche le mouvement de bascule dans un sens, tandis qu'il laisse libre ce mouvement dans l'autre sens. A l'une des extrémités est suspendue une masse pesante par l'intermédiaire d'une tige métallique ; à l'autre extrémité on attache un fil assez long terminé par une petite sphère d'un

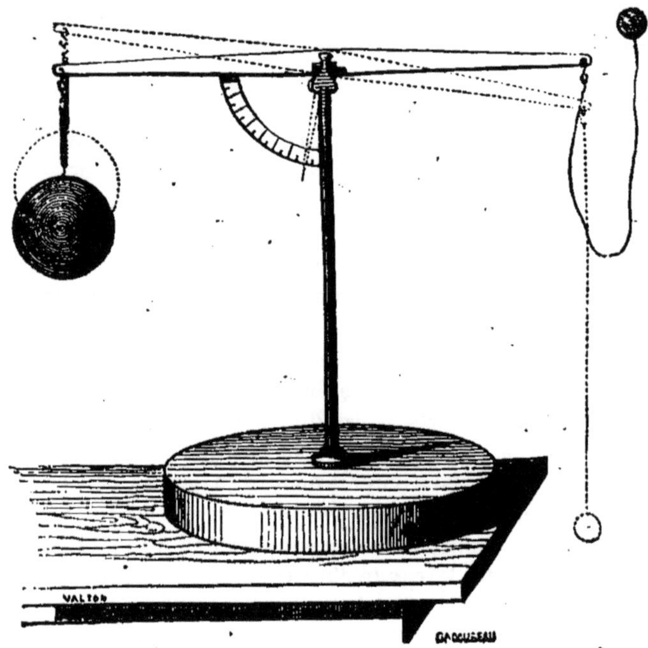

Fig. 70.

faible poids. Malgré le poids de la masse, le fléau reste horizontal à cause de la roue à rochet et du cliquet. On laisse tomber la petite sphère d'une certaine hauteur : arrivée au bas de sa chute, elle produit un choc brusque sur le fil qui l'arrête. L'appareil entier est ébranlé, secoué, mais le fléau ne varie pas de position. On substitue alors à la tige métallique un ressort à boudin de même longueur, et on fait retomber la sphère de la même hauteur, ce qui correspond à la même force vive communiquée à l'appareil. Dans ce cas, on voit le fléau s'incliner, sans secousses : la force vive, l'énergie a été utilisée à élever la masse pesante dans ce cas, alors qu'elle était transmise par un fil élastique ; tandis que, dans le premier cas, elle était dépensée à produire des secousses et non à fournir du travail mécanique.

150. Divisibilité matérielle des solides. — Nous n'avons aucune notion précise sur les dimensions des molécules, mais nous savons que les corps solides peuvent être réduits en fragments très petits qui sont certainement beaucoup plus étendus que les molécules mêmes. Nous citerons quelques exemples choisis parmi les plus frappants; pour ces très petites dimensions, on a fait choix d'une unité spéciale, le millième de millimètre auquel on donne le nom de *micron* et que l'on représente par la lettre grecque μ.

Le verre filé que l'on obtient en étirant des tubes qui, malgré leur ténuité, conservent leur capacité intérieure, peut arriver à un diamètre extérieur de 1 μ : telle est également l'épaisseur des lamelles de verre que l'on obtient lorsqu'on *souffle* cette substance ramollie par l'élévation de température.

Wollaston a pu obtenir des fils de platine dont le diamètre était seulement de $0^\mu,8$. On aura une idée plus nette de leur ténuité par ce fait que 1,000 mètres de ce fil ne pèseraient que $0^{gr},07$:

Les feuilles d'or obtenues par le battage et qui servent aux peintres et aux doreurs ont une épaisseur de $0^\mu,1$: une feuille de 1 décimètre carré de superficie pèse seulement $0^{gr},022$.

D'après Haüy on peut obtenir par le clivage des feuilles de mica dont l'épaisseur serait seulement de $0^\mu,043$.

L'or qui recouvre les fils d'argent employés dans la passementerie a une épaisseur moindre encore. A l'aide de $0^{gr},01$ d'or, on peut recouvrir un cylindre d'argent du poids de $3^{gr},5$; celui-ci, après avoir été étiré, puis laminé, donne un ruban doré sur toute sa surface *sans discontinuité appréciable* d'une longueur de 1,200 mètres et d'une largeur de $0^{mm},25$. En tenant compte seulement des deux surfaces (négligeant par conséquent l'or qui existe sur la tranche du ruban) et remarquant que l'on peut distinguer aisément à l'œil nu une longueur de $0^{mm},1$ et, par suite, une surface de 0,01 de millimètre carré, on reconnait que le ruban contient au moins 60,000,000 de parties distinctes les unes des autres. La petite masse d'or ($0^{gr},01$) a donc été divisée en ce même nombre de parties : l'épaisseur de la couche correspondante est alors de $0^\mu,004$.

151. — Les corps organisés présentent dans leurs éléments des parties dont les dimensions sont très faibles; nous en citerons quelques exemples.

Les fibres de la laine ont des diamètres variant de 50μ à 20μ; celles de la soie ont, en moyenne, un diamètre de 10μ.

Les globules du sang de l'homme ont un diamètre moyen de 7μ: pour le cochon d'Inde, ce chiffre descend à $2^\mu,5$. Les hématoblastes ne dépassent pas 2μ.

Les batonnets de la rétine ont une longueur variant de 60 à 80μ, leur diamètre est d'environ 2μ; les vaisseaux capillaires peuvent atteindre à un diamètre de 1μ; les fibres de l'épanouissement du nerf optique ne dépassent pas $0^{\mu},5$.

Les fils d'araignée sont tellement fins qu'un fil d'une longueur de 1^{km} ne pèserait que 10 milligrammes. On observe des diatomées qui présentent des stries dont on peut compter 3.500 et plus dans l'étendue de 1^{mm}.

Les animalcules microscopiques, qui correspondent à un organisme complexe et ne sont pas des éléments, peuvent avoir des dimensions très minimes. Ehrenberg a reconnu que certaines roches sont constituées par des coquilles, des carapaces d'infusoires fossiles tellement petites qu'il n'y en aurait pas moins de 2,500,000 dans 1 millimètre cube. Leuvenhœck a observé des infusoires tels que le même volume en pourrait contenir plusieurs milliards.

152. — Indépendamment de l'intérêt que présentent ces chiffres qui sont loin certainement de mesurer la grandeur des molécules, la question de la divisibilité est intéressante, parce que, grâce à la division des corps, on peut obtenir certains effets que l'on n'observe pas lorsque ces corps sont en gros fragments. Ces effets sont surtout ceux qui dépendent de la surface et qui doivent varier avec l'étendue de celle-ci. Sans insister sur certaines actions mécaniques (133), nous dirons que, par exemple, les actions chimiques sont plus vives sur les corps pulvérisés que sur les corps entiers. C'est ainsi que Changeux a reconnu dès 1775 que le verre porphyrisé est soluble dans l'eau d'une manière appréciable; le fer réduit, qui est en poudre fine, peut s'enflammer à l'air, etc.

153. — On peut se rendre compte aisément que, pour un poids donné d'un corps, la surface est d'autant plus considérable que le corps est réduit en un plus grand nombre de fragments : si l'on brise un corps en deux parties seulement, les surfaces libres primitives continuent d'exister, et de plus, il y a de libres les deux surfaces qui correspondent à la section et qui primitivement n'existaient pas. Chaque nouvelle division, sans rien diminuer à la surface primitive, donne naissance à de nouvelles surfaces [1].

1. Si l'on admet que les fragments sont semblables au corps primitif, on peut donner une expression simple de cet accroissement de surface. Soient, en effet, V le volume d'un corps, S sa surface, soient v et s le volume et la surface d'un fragment; soit enfin n le rapport entre les longueurs de deux parties correspondantes dans le corps et dans le fragment. On sait que l'on a

$$\frac{V}{v} = n^3 \text{ et } \frac{S}{s} = n^2$$

Il y a donc n^3 fragments et la surface de chacun d'eux est $s = \dfrac{S}{n^3}$; la surface totale est $n^3 s = nS$, c'est-à-dire qu'elle a augmenté dans le rapport de 1 à n.

L'influence de l'état de division a été évaluée avec quelque précision par Ménier. C'est ainsi qu'il a observé le temps nécessaire pour dissoudre dans de l'acide azotique étendu un même poids de marbre 0^{gr},850 : il a trouvé les nombres suivants :

Nombre de fragments...	.10	27	113	Corps porphyrisé.
Durée de l'opération . . .	22h30^m	9h50^m	5h58^m	1h16^m

Dans une autre expérience, on a cherché les poids perdus par 0^{gr},420 de phosphate calcaire après 1 heure de séjour dans de l'eau de Seltz :

Nombre de fragments...	5	14	55	Corps porphyrisé.
Perte de poids.......	4^{mgr}	11	48	81 —

154. — La division des corps solides a également pour effet de modifier certaines de leurs propriétés. C'est ainsi que, au point de vue de la lumière, les corps en lames minces donnent naissance à de curieux effets de coloration, et que la réflexion sur de très petites surfaces produit également des effets particuliers qui seront étudiés par la suite (voy. Interférences, Diffraction).

Mais au point de vue des propriétés que nous avons déjà étudiées, nous pouvons signaler des variations dues à la grande division. C'est ainsi que les feuilles d'or se laissent ployer avec une extrême facilité ; que des corps cassants comme le verre et le mica deviennent flexibles quand ils sont réduits en lames très minces ; que le verre étiré a acquis une grande flexibilité : il se comporte presque comme des fibres textiles et on peut l'utiliser pour tisser des étoffes.

CHAPITRE III

DES CORPS LIQUIDES

155. — Les liquides sont des corps caractérisés par une extrême mobilité (68) ; il semble, comme nous l'avons dit, que les molécules sont complètement libres, n'ayant aucune tendance ni à s'éloigner, ni à se rapprocher. Nous dirons par la suite qu'il n'en est pas absolument ainsi ; mais, dans un grand nombre de cas, et notamment pour l'étude de l'équilibre des liquides, l'hydrostatique, il n'y a aucun inconvénient à raisonner comme si la mobilité était absolue.

Nous dirons également que, sous l'influence des forces extérieures, les liquides peuvent se comprimer, qu'ils diminuent de volume mais cette compressibilité est très faible et nous pouvons également la négliger comme première approximation.

On désigne quelquefois sous le nom de *liquides parfaits* des liquides tels que peut les concevoir la théorie, c'est-à-dire absolument mobiles et incompressibles.

156. — Les liquides sont pesants; il est inutile de nous arrêter sur cette question : les preuves sont absolument les mêmes que pour les corps solides. Les liquides abandonnés à eux-mêmes tombent, ils se dirigent vers le centre de la terre, d'une part; d'autre part, ils exercent une pression sur les corps qui les supportent; il est à peine besoin d'ajouter que, en général, l'expérience ne peut se faire directement et immédiatement, et qu'il faut placer le liquide dans un vase convenablement disposé. Il suffira d'observer l'action produite par le vase, avant que le liquide n'y soit introduit et après, pour s'assurer que le liquide est effectivement pesant.

Si, dans leur chute, les liquides se divisent en général, cela tient d'une part à leur fluidité et d'autre part à la résistance que l'air leur fait éprouver comme nous le dirons plus tard.

HYDROSTATIQUE

157. Principe d'égalité de transmission des pressions; principe de Pascal. — L'hydrostatique est la partie de la physique qui traite des conditions d'équilibre des corps liquides; elle repose tout entière sur un principe fondamental développé par Pascal et qui, une fois admis, sans être démontré directement, conduit par le raisonnement à un grand nombre de conséquences que l'expérience vérifie.

Le principe de Pascal peut s'énoncer ainsi : *un liquide entièrement libre étant enfermé dans une enveloppe, toute pression exercée sur un élément plan de sa surface se transmet intégralement à tout autre élément plan égal.*

Supposer un liquide entièrement libre, c'est supposer un liquide soustrait à l'action de la pesanteur; ce sont des liquides placés dans ces conditions, que l'on peut concevoir, que nous examinerons d'abord.

L'hypothèse faite sur la constitution moléculaire des liquides rend compte de l'existence de ce principe. Concevons dans un vase quelconque un liquide que nous

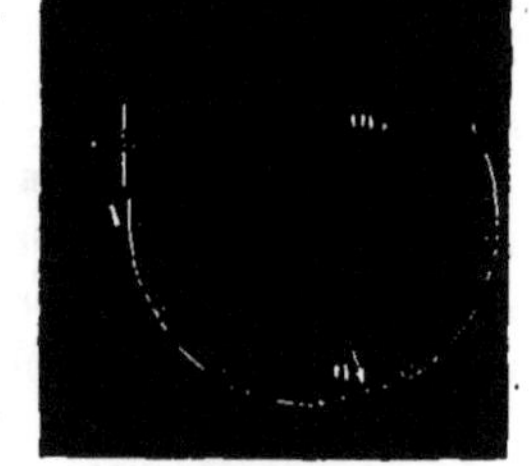

Fig. 71.

supposerons d'abord soustrait à l'action de la pesanteur, et sur lequel on exerce une pression extérieure au moyen d'un piston A (*fig.* 71); suivant le principe énoncé, il faut admettre que toutes les parties du vase et du liquide éprouveront cette même pression sur des surfaces égales et cela quelle que soit la direction de la surface considérée.

En effet, sous l'influence de cette pression extérieure, le liquide sera comprimé, c'est-à-dire que les distances respectives des molécules diminueront, et lorsque l'équilibre sera rétabli, ces molécules seront nécessairement partout à la même distance, l'effort extérieur ayant ainsi déterminé un rapprochement égal de toutes les molécules du liquide; la pression exercée sur un élément plan *m* ou *n* sera conséquemment la même dans l'intérieur de la masse ou sur une paroi quelle qu'elle soit.

Ce qui revient au fond à énoncer le principe de Pascal sous la forme simple suivante : *tout liquide reste homogène quand on le comprime*, c'est-à-dire que ses molécules se rapprochent de la même quantité.

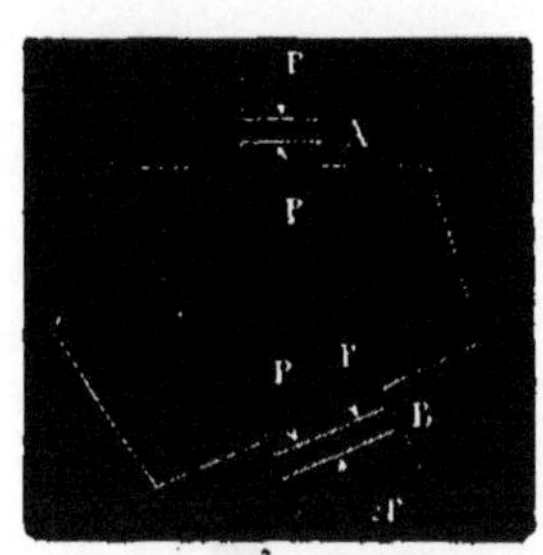

Fig. 72.

158. — Si maintenant on pratique, sur la paroi du vase qui contient le liquide, deux ouvertures dont l'une B (*fig.* 72) ait une surface double de l'autre A, et qu'à ces ouvertures soient appliqués deux pistons, toute pression P exercée sur le petit piston exercera sur le grand une pression double 2 P. car on pourra concevoir le piston B comme représentant deux pistons égaux à A, ce qui revient à dire que *les pressions sont proportionnelles aux surfaces pressées*. Si donc P est la pression exercée sur la surface S, P′ la pression exercée sur la surface S′, on a la relation

$$\frac{P}{P'} = \frac{S}{S'} \qquad \text{ou} \qquad \frac{P}{S} = \frac{P'}{S'}.$$

ce qui veut dire que, dans un liquide en équilibre, la pression supportée par l'unité de surface est une quantité constante.

Dans tout ce qui va suivre, lorsque nous parlerons de la pression dans un liquide sans spécifier de quelle surface il s'agit, nous entendrons toujours cette pression par unité de surface; c'est aussi, du reste, de cette façon que l'on indique le plus souvent dans l'industrie les pressions auxquelles sont soumis les liquides.

On déduit de la relation ci-dessus que, par l'intermédiaire d'un liquide, une force aussi faible que l'on veut peut faire équilibre à une force quelconque, en agissant sur des pistons de grandeur convenable;

mais il faut bien noter que, si par ce moyen on cherche à vaincre une résistance, le chemin parcouru par celle-ci sera moindre que le chemin parcouru par la puissance, et cela précisément dans le rapport des pistons, car le volume d'eau correspondant à l'enfoncement de l'un des pistons est le même que celui qui correspond au soulèvement de l'autre. On retrouve donc ici ce que nous avons dit en mécanique : ce que l'on gagne en force, on le perd en chemin parcouru.

159. Presse hydraulique. — Le principe de Pascal a conduit à une application très importante, à la presse hydraulique qui permet de produire des pressions énormes à l'aide de forces relativement faibles.

Cet appareil se compose de deux corps de pompe (*fig.* 73), l'un présentant un grand diamètre et l'autre un très petit : ces deux

Fig. 73.

corps de pompe sont réunis par un tuyau C muni d'un robinet par lequel s'effectue, au besoin, l'évacuation de l'eau. Le petit corps de pompe communique avec ce tuyau par l'intermédiaire d'une soupape S' qui s'ouvre de dedans en dehors; il est, d'autre part, en communication par un tuyau d'aspiration muni d'une soupape S s'ouvrant de dehors en dedans avec une bâche B remplie d'eau; un piston plongeur p qu'on meut au moyen d'un levier L glisse à l'intérieur de ce corps de pompe; en le faisant mouvoir, l'eau de la bâche est aspirée puis refoulée dans le grand corps de pompe, les soupapes s'opposant à tout mouvement en sens contraire. Le liquide ainsi introduit dans le second corps de pompe soulève un autre piston plongeur P de grandes dimensions qui porte un plateau très solide D sur lequel on place les corps que l'on veut presser; ceux-ci vont s'appuyer d'autre part contre un sommier très résistant relié au corps de pompe par un bâti très solide.

Si l'on fait abstraction des frottements et résistances, on obtient sur le grand piston une force égale à celle qui est appliquée sur le petit piston multipliée par le rapport des sections des deux corps de pompe.

Une grande difficulté s'est présentée lors des premières applications de cet appareil; à cause de la pression considérable supportée par le liquide, les fuites étaient nombreuses, et l'on n'obtenait que de mauvais résultats. On évite maintenant ces inconvénients en remplaçant dans le grand corps de pompe la boîte à étoupe ordinaire par le *cuir embouti de Bramah*. Dans une rainure pratiquée à la partie supérieure de la surface interne on place une pièce de cuir annulaire à laquelle, par le moyen d'un mandrin, on a donné la forme d'une gouttière que l'on aurait enroulée suivant une circon-férence (*fig.* 74); cette pièce est engagée la partie creuse regardant en bas. L'eau, en pé-nétrant dans cette espèce de rigole renver-sée, presse le cuir à la fois contre le fond de la cavité et contre le piston, et cela d'autant plus fortement que la pression est plus considérable.

Fig. 74.

Les presses hydrauliques sont d'un usage fréquent dans l'industrie pour obtenir de très fortes compressions; on s'en sert également pour soulever des pièces d'un poids énorme à la place qu'elles doivent occuper.

160. **Pressions dans les liquides pesants**. — Supposons actuellement que le liquide soit soumis à l'action de la pesanteur : dans ces conditions, l'état d'équilibre correspond à une certaine distribution des pressions qui ne sont plus alors égales dans toute la masse; le principe de Pascal ne subsiste pas moins dans ce cas, seulement ses effets s'ajoutent à celui de la pesanteur que nous considérons actuellement; de cette nouvelle action résultera une pression variable d'une partie à l'autre de la masse, suivant une loi déterminée, conduisant à des conditions d'équilibre que nous allons exposer brièvement. Seulement, dans ce cas, il faudra bien distin-guer la pression provenant d'une action mécanique exercée sur la

surface et qui se transmet également à toute la masse, de celle due à la pesanteur, laquelle est différente pour des points situés à diverses hauteurs.

161. Conditions d'équilibre d'un liquide pesant. — Examinons maintenant de quelle manière varie la pression d'un point à un autre, dans une masse liquide pesante.

1° *Dans un liquide en équilibre, la pression est la même en tous les points d'un même plan horizontal.* Considérons en deux points A et B, pris sur un même plan horizontal, deux éléments égaux de surfaces : comme la pression est indépendante de la direction de l'élément, on peut les relever verticalement et les considérer comme les bases d'un cylindre horizontal AB en équilibre, et auquel on pourra appliquer les lois de l'équilibre des corps solides; c'est-à-dire que pour l'équilibre, il faut que les pressions parallèles à l'axe aient une résultante nulle; or, ces pressions se réduisent à celles que supportent les éléments A et B, ces deux pressions sont donc égales. On appelle *couches de niveau* ou *surfaces de niveau* dans un liquide, les surfaces passant par tous les points qui supportent la même pression. Ces couches de niveau dans un liquide en équilibre sont donc des plans horizontaux.

2° *Dans un liquide pesant en équilibre la surface libre est un plan horizontal.* En effet, la surface libre d'un liquide est une couche de niveau, parce que la pression est nulle, ou constante si l'on tient compte de l'action de l'atmosphère; donc cette surface est un plan horizontal.

3° *Dans un liquide pesant en équilibre, la différence de pression entre deux points est égale au poids d'un cylindre liquide, ayant pour bases les points considérés et pour hauteur la distance entre ces points.* Si, en effet, on considère deux éléments égaux A et B pris sur deux plans différents et sur la même verticale, en construisant sur ces deux éléments un cylindre liquide, la différence de pression entre ces deux éléments se réduira évidemment au poids de ce cylindre.

162. Pression sur un élément plan. — 1°. Cherchons d'abord quelle doit être la valeur de la pression sur un élément horizontal *ab* pris sur une surface de niveau (*fig.* 75), cet élément se trouvant directement au-dessous de la surface libre. Construisons le cylindre

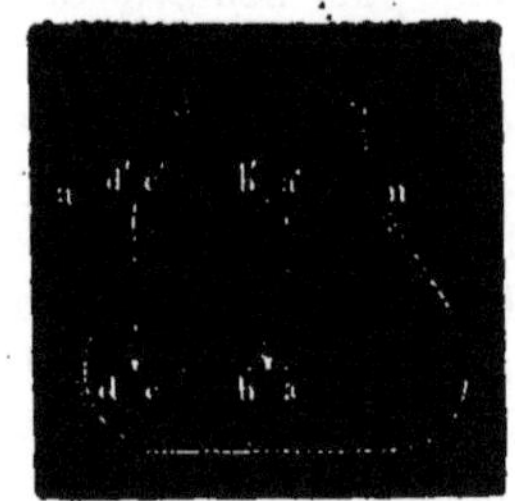

Fig. 75.

aba'b' ; sollicité à tomber par son poids, il presse de haut en bas sur l'élément *ab* avec une force égale à ce poids, et. l'équilibre subsistant, l'élément *ab* doit recevoir de la part du liquide environnant une pression égale et contraire, c'est-à-dire de bas en haut. Quelle que soit la face de l'élément que l'on considère, la pression supportée est mesurée par le poids du cylindre de liquide qui aurait pour base l'élément considéré et pour hauteur la distance du plan de cet élément à la surface libre.

De plus, puisque la pression est la même dans chaque plan horizontal, on aurait la même valeur de la pression sur un autre élément *cd* égal au premier et situé sur la même surface de niveau, alors même qu'il ne serait pas directement au-dessous de la surface libre.

On arriverait au même énoncé pour une surface plane horizontale et de dimensions quelconques.

2° Si l'on considère un élément incliné *cd* (*fig.* 76), les charges que supporte chacun de ses points étant très peu différentes, on peut les prendre toutes égales à celle à laquelle est soumise son centre.

Cette pression, normale à l'élément, est mesurée par le poids d'un cylindre de liquide *cdc'd'* qui aurait pour base l'élément *cd* et pour hauteur la distance de son centre à la surface libre.

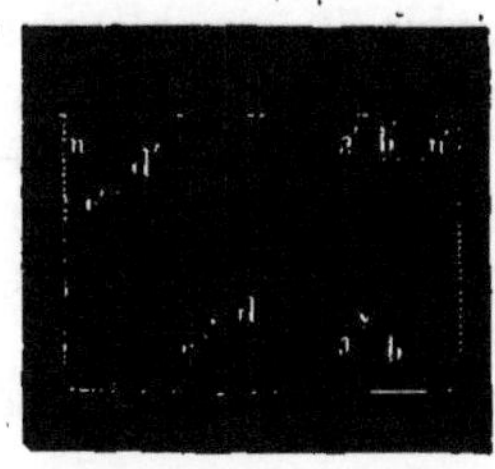

Fig. 76.

3° Enfin, si nous avons une surface quelconque, il faut la décomposer en éléments et déterminer la pression correspondante à chacun d'eux : la résultante de ces pressions élémentaires est la pression cherchée.

Considérons en particulier le cas d'une surface plane (*fig.* 77); sur chaque élément qui la compose, la pression est mesurée par le poids du cylindre de liquide qui aurait pour base cet élément et pour hauteur la distance du centre de cet élément à la surface libre. Ces diverses pressions étant parallèles, leur résultante est égale à leur somme, somme qui est évidemment égale au poids d'un cylindre de liquide ayant pour base la surface considérée et pour hauteur une moyenne *gg'* entre les diverses hauteurs élémentaires, c'est-à-dire la distance du centre de gravité *g* de la surface à la surface libre.

Fig. 77.

163. **Vérifications expérimentales.** — Les diverses con-

clusions auxquelles nous a conduits le raisonnement appliqué à la constitution hypothétique des liquides sont entièrement conformes à la réalité; c'est ce qui résulte des expériences suivantes.

1° La surface libre d'un liquide en repos est un plan horizontal, tant que l'on ne considère pas une très grande étendue. Si l'on suspend, en effet, un fil à plomb de telle sorte qu'il soit en partie plongé dans un liquide, on aperçoit par réflexion une image du fil; cette image est toujours dans le prolongement même du fil, ainsi qu'on peut s'en assurer en observant qu'un second fil à plomb peut la cacher, dans toutes les positions, en même temps que le premier fil à plomb. Ainsi qu'on le verra dans l'optique (voy. *Réflexion*), ce fait ne peut se produire que si la surface réfléchissante est perpendiculaire à l'objet dont on observe l'image.

Dans le cas où le liquide a une grande étendue, il doit présenter une surface sphérique : c'est ce que prouve l'observation de l'océan, qui, de quelque lieu qu'on le regarde, paraît limité par une circonférence; cet effet ne peut subsister que dans le cas d'une sphère.

2° On peut démontrer de la manière suivante les résultats auxquels nous sommes arrivés pour la valeur des pressions.

Un disque cylindrique en verre S (*fig.* 77), dressé avec soin et usé à l'émeri, est appliqué contre la base d'un tube en verre V également bien dressé, de manière à procurer une fermeture étanche. Le tube, muni de son obturateur, est introduit dans un vase rempli d'eau; on reconnaît que, pour détacher le disque, il faut employer une force qui augmente à mesure que le disque est plus profondément enfoncé. Pour évaluer exacte-

Fig. 78.

ment cette force, le disque S porte en son centre un crochet auquel on attache un fil qui, après avoir passé sur une poulie fixée au fond du vase qui contient le liquide, va s'attacher à l'extrémité A d'un fléau, ou sous le plateau d'une balance; à l'extrémité opposée B de cette balance est adapté un cylindre D de même base que V et dont le poids a été préalablement équilibré. En versant de l'eau dans le vase D, on tend à soulever l'extrémité A du fléau et par suite à vaincre la pression qui agit sur le disque S; on reconnaît que le disque est entraîné précisément à l'instant où le liquide a atteint dans le verre D une hauteur égale à celle qui sépare le plan xy du disque de la surface libre *nn'*; la pression qui s'exerçait sur S est donc bien égale au poids d'un cylindre de liquide ayant S pour base et pour hauteur sa distance à la surface libre.

On peut recommencer l'expérience en employant des tubes V' et V'' (*fig.* 79) de même diamètre que V, mais ayant des formes diffé-

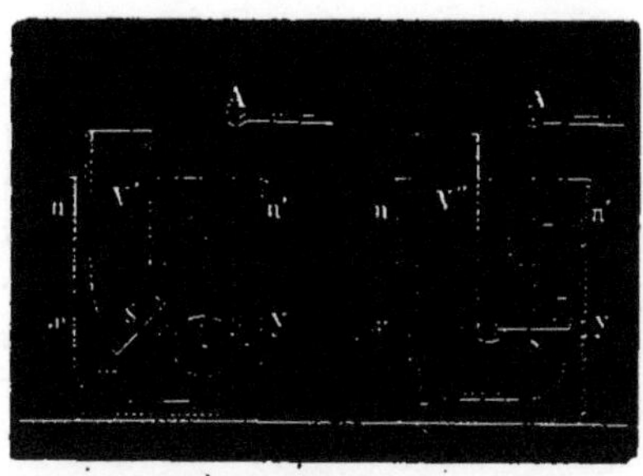

Fig. 79.

rentes, la base étant inclinée comme en V' ou dirigée vers le haut comme V''; dans chaque cas, le disque, appliqué contre le tube par la pression du liquide, peut en être séparé lorsque, après l'avoir relié à l'extrémité A du fléau de la balance par l'intermédiaire d'un fil et d'une poulie, s'il y a lieu, on verse de l'eau dans le cylindre D. La quantité d'eau qui amène la séparation du disque présente la même hauteur que celle qui existe entre la surface libre et le centre du disque.

164. Pressions sur le fond des vases. — Les énoncés auxquels nous sommes arrivés en déterminant les pressions exercées par les liquides étant applicables à une surface quelconque en contact avec le liquide, sont évidemment vrais pour les parois des vases. Donc :

La pression sur le fond horizontal d'un vase est égale au poids d'un cylindre de liquide qui aurait pour base ce fond et pour hauteur sa distance à la surface libre.

On voit que cette pression est indépendante de la forme du vase; cette conséquence

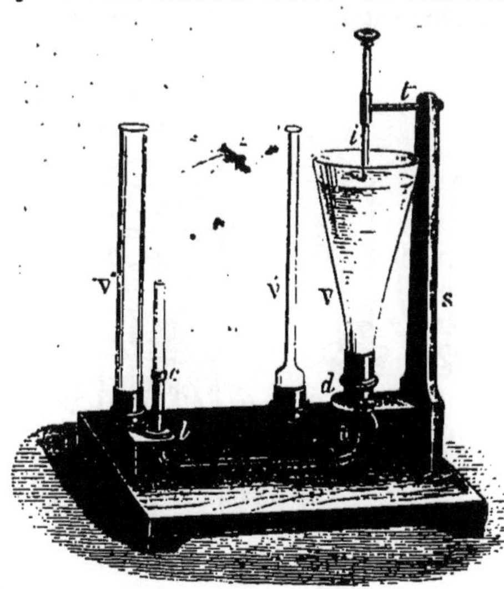

Fig. 80.

est vérifiée par l'expérience.

1° Appareil de Haldat. — Il se compose d'un tube deux fois recourbé *dabc* (*fig.* 80) contenant du mercure. La plus courte branche *ad* porte une virole *d* à robinet munie d'un pas de vis sur lequel on peut adapter des vases de formes diverses V, V' et V". Le fond de ces vases est formé en réalité par la surface même du mercure. On conçoit donc la possibilité d'évaluer la pression exercée sur cette surface par la hauteur à laquelle s'élèvera le mercure dans l'autre branche *bc*.

Pour faire l'expérience, on visse sur *d* un des vases, et l'on verse de l'eau jusqu'à un niveau déterminé par une pointe *i;* la pression de ce liquide fait monter le mercure dans l'autre branche en un point *c* que l'on note au moyen d'un curseur. On enlève le vase et on le remplace par un autre. On verse encore de l'eau jusqu'à l'affleurement de la pointe, et l'on voit le mercure remonter dans le tube *bc* à la même hauteur. On peut donc conclure que, quelle que soit la forme du vase, le mercure s'élève au même niveau, si dans le verre le liquide monte à la même hauteur.

Cet appareil ne peut servir à faire des observations bien précises à cause de la grande densité du mercure qui, comme on le verra, s'élève fort peu pour une variation notable de la pression.

2° Appareil de Masson. — Pascal, dans son *Traité de l'équilibre des liqueurs*, a décrit un appareil auquel Masson a fait subir d'avantageuses modifications.

Un trépied en cuivre D (*fig.* 81) supporte une bague cylindrique filetée sur laquelle peuvent se visser, comme dans l'appareil précédent, des vases de diverses formes V, V' et V"; un disque en verre bien dressé s'applique contre le bord inférieur de la garniture métallique, et est soutenu par un fil attaché en son centre et fixé d'autre part au plateau d'une balance. On constitue ainsi des vases de volumes divers, mais présentant tous la même

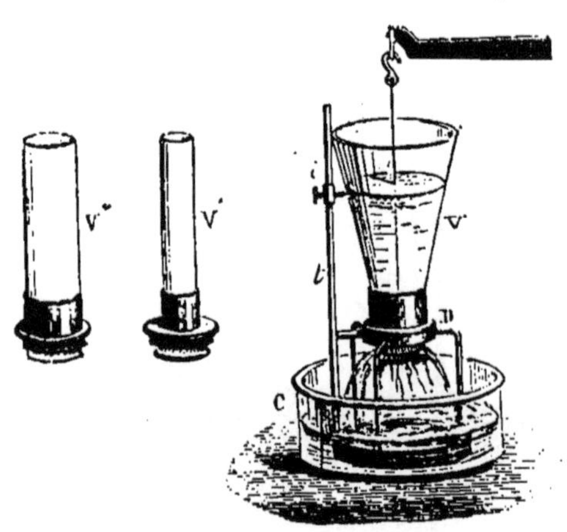

Fig. 81.

base mobile. Le disque étant appliqué contre la garniture par l'action d'un poids placé dans l'autre plateau, on verse de l'eau dans le vase et l'on note la hauteur à laquelle est parvenu le niveau au moment où le disque se détache. On recommence la même expérience avec un autre vase, et l'on reconnaît que le liquide aura également atteint la même hauteur au moment où l'équilibre est rompu. La valeur du poids placé dans l'autre plateau donne la mesure de la pression.

165. Pressions sur les parois latérales. — Tout ce que nous avons dit à propos des surfaces immergées dans un liquide peut s'appliquer aux parois latérales des vases; on a dès lors l'énoncé suivant :

La pression sur une paroi plane quelconque est égale au poids d'un cylindre de liquide ayant pour base la paroi considérée et pour hauteur la distance de son centre de gravité à la surface libre.

On peut mettre en évidence l'existence de ces pressions de diverses manières.

Si l'on place sur un petit chariot très mobile (*fig.* 82) un vase rempli de liquide, il y a équilibre, parce que sur un même plan horizontal les pressions latérales opposées sont deux à deux égales et contraires. Mais si l'on vient à percer une ouverture telle que *a,* le liquide s'écoule; la pression exercée sur l'élément opposé *b* produit son effet, et le vase se déplace en sens contraire de l'écoulement du liquide.

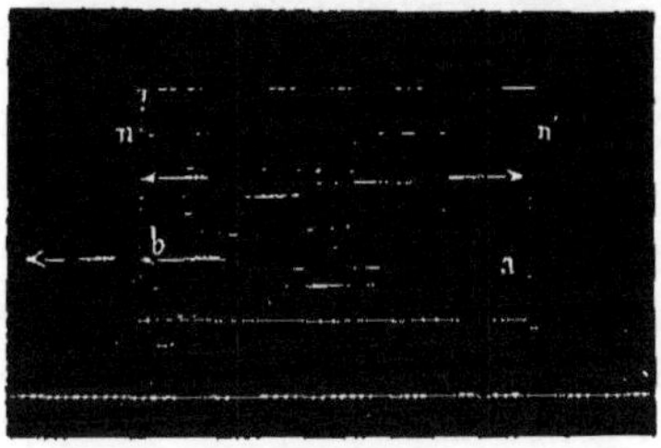

Fig. 82.

Un effet complètement analogue se produit dans le tourniquet hydraulique (*fig.* 83). Cet appareil se compose d'un vase V qui peut tourner autour d'un axe vertical; à sa partie inférieure, il porte deux ajutages horizontaux *c* et *c'* recourbés à angle droit et dirigés en sens contraire. Si le vase est rempli d'eau et les orifices ouverts, sur chacun des tubes de sortie il se produit une pression dirigée en sens contraire de l'écoulement : ces pressions déterminent un mouvement de rotation du vase.

On doit rattacher à cet appareil de démonstration les turbines qui, diversement modifiées, sont entrées dans le domaine de l'industrie.

L'existence des pressions latérales étant établie, pour les évaluer il suffirait d'employer le tube oblique indiqué dans la figure 79 : en versant de l'eau à l'intérieur, on verrait le disque S se détacher au moment où le liquide aurait atteint le niveau extérieur. A ce moment, la pression intérieure dans ce vase ferait équilibre à la pression du liquide extérieur que l'on connaît (163), ce qui permet de vérifier l'énoncé donné ci-dessus.

166. Résultante de toutes les pressions. Paradoxe hydrostatique. — Il faut bien remarquer que les faits que nous venons d'exposer ne se présentent ainsi que parce que nous considérons les pressions sur les parois en grandeur, sans tenir compte en aucune façon du sens dans lequel elles se manifestent. Si l'on veut avoir la valeur de la *pression totale*, il faut au contraire introduire le sens de chaque pression partielle. Si l'on cherche la pression exercée par un vase rempli de liquide sur un plan sur lequel on le place, par exemple sur

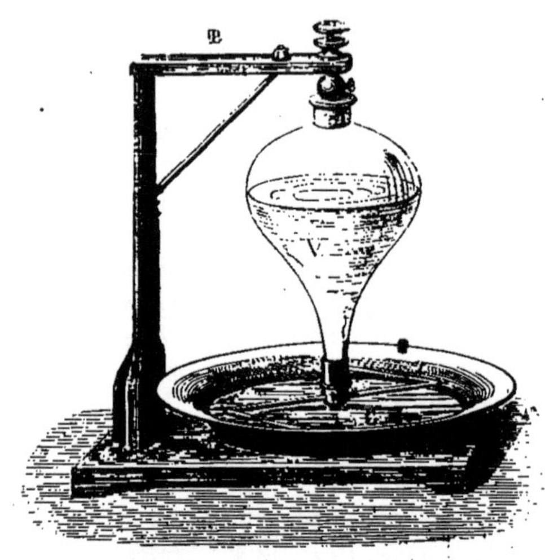

Fig. 83.

un plateau de balance, cette pression est égale au poids du vase plus le poids du liquide, et cela quelles que soient la forme du vase, l'étendue de la surface par laquelle le contact a lieu, et la hauteur à laquelle s'élève le liquide ; c'est ce résultat, qui peut, au premier abord, sembler en contradiction avec les principes précédents, auquel on a donné le nom de *paradoxe hydrostatique*.

167. Application des pressions. Manomètres à air libre. — La propriété que possèdent les liquides de transmettre les pressions dans tous les sens a été mise à profit pour mesurer la force élastique des gaz. On donne à ces appareils le nom de manomètres à air libre.

Sous sa forme la plus simple, il est formé d'un tube droit en cristal qui plonge dans une cuvette à mercure enfermée dans un cylindre métallique muni d'un robinet servant à établir la communication avec l'enceinte dont on veut évaluer la pression. La tension du gaz ou de la vapeur soulève le mercure à une hauteur égale à autant de fois 76 centimètres que la vapeur possède d'atmosphères de pression.

Lorsque les pressions à mesurer ne sont pas considérables, on emploie de préférence la forme d'un tube en U : la pression est, à chaque instant, mesurée par la différence des niveaux dans les deux branches. Le plus souvent (*fig.* 84), la branche par laquelle se com-

munique la pression présente un renflement d'un diamètre grand
par rapport à celui du tube, de telle sorte que l'on peut négliger les

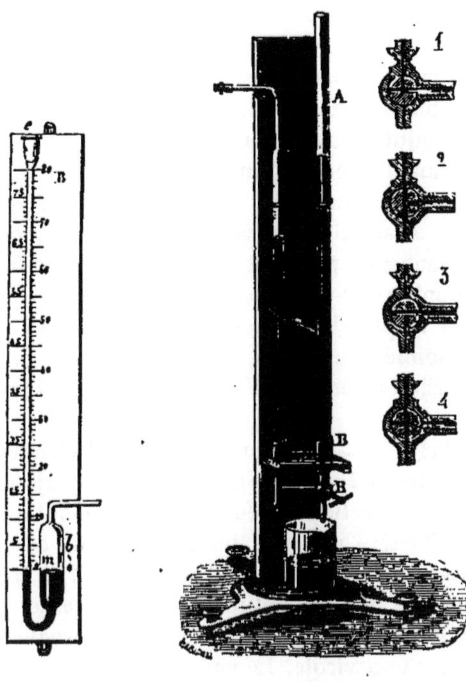

Fig. 84.   Fig. 85.

changements de ni-
veau qui s'y produi-
sent, et mesurer seu-
lement les variations
qui se manifestent
dans le tube ouvert. !

168. *Manomètre à
air libre dè M. Regnault.*
—Cet appareil (*fig.* 85)
sert surtout dans les
recherches et dans les
expériences de préci-
sion. Il est formé de
deux tubes de même
diamètre AB, CD, mas-
tiqués dans une pièce
en fonte munie d'un
robinet R, dit robinet
à trois voies; celui-ci
présente, outre un ca-
nal transversal ordi-
naire, un demi-canal
qui rencontre le pre-
mier à angle droit.
Cette disposition per-
met d'établir la communication entre les deux tubes ou de faire
écouler du mercure des deux tubes à la fois, ou seulement de AB, ou
seulement de CD. Les figures 1, 2, 3, 4, montrent la position que
doit prendre le robinet dans ces divers cas. Le tube est mis en communication avec le réservoir dont on veut mesurer la pression au
moyen d'un collier à gorge; le mercure, d'abord au même niveau
dans les deux branches, monte ou descend dans le tube ouvert, et
la pression du gaz est toujours égale à la pression atmosphérique
augmentée ou diminuée de la différence des niveaux que l'on mesure
au cathétomètre.

169. **Mesure de la pression sanguine au moyen du
manomètre à air libre.** — 1° C'est à Hales, physicien anglais,
que l'on doit les premières applications du manomètre à air libre à
la mesure de la pression sanguine dans les gros vaisseaux et de la
pression exercée par la sève ascendante. Hales coupait une artère
en travers sur un animal vivant ; un des bouts était lié, et l'autre,

celui par lequel arrivait le sang, était mis en communication avec un tube vertical; la hauteur à laquelle s'élevait le liquide dans le tube mesurait la pression. Mais la coagulation du sang dans le tube rendait cette méthode incertaine.

2° *Hémodynamomètre.* — Au tube vertical de Hales, on substitue avec avantage l'*hémodynamomètre de Poiseuille.* Cet appareil consiste en un manomètre à siphon contenant du mercure, dont la plus courte branche munie d'un ajutage à robinet est disposée de manière à pouvoir être introduite dans l'artère. Du mercure occupe les deux branches jusqu'à un certain niveau; il est surmonté du côté qui aboutit à l'artère par une dissolution de carbonate de soude qui retarde la coagulation; le sang en pressant sur le mercure, le fait descendre de ce côté et monter dans l'autre branche. La différence des deux niveaux mesure la pression sanguine. Comme, dans ce genre d'expériences, la colonne mercurielle oscille, Poiseuille prenait pour valeur de la tension artérielle la moyenne des hauteurs maxima et minima observées.

3° *Kymographe de Ludwig.* — Cet appareil (*fig.* 86) n'est autre chose que l'hémodynamomètre de Poiseuille modifié, auquel s'ajoute un appareil enregistreur. Le perfectionnement consiste à remplacer l'incision transversale de l'artère par une incision latérale qui a l'avantage de ne pas interrompre le cours du sang dans l'artère. Pour fixer l'ajutage, on se sert de deux petites plaques métalliques perpendiculaires à l'axe du tube et qui peuvent être rapprochées l'une de l'autre au moyen d'une virole. Le vaisseau artériel étant ouvert longitudinalement, la plaque la plus éloignée du tube est introduite dans l'artère, à travers cette incision; la seconde est rapprochée et soudée sur la première de manière à comprimer la paroi artérielle : c'est ainsi que la colonne mercurielle reçoit la pression sanguine telle qu'elle serait exercée sur la paroi de l'artère qu'elle remplace.

Pour étudier plus facilement les modifications successives de la pression sanguine dues aux mouvements respiratoires et aux mouvements du cœur, Ludwig a eu l'heureuse idée d'adapter à son hémodynamomètre un appareil enregistreur. A cet effet, dans la longue branche du manomètre se trouve un flotteur surmonté d'une tige 3 à laquelle est fixée un pinceau 2 qui trace lui-même sur un tambour 1 animé d'un mouvement uniforme toutes les variations de la colonne mercurielle.

L'évaluation de pression par les manomètres présentant des inconvénients qui se manifestent surtout quand il s'agit de faibles pressions, le moyen le plus commode et aussi le plus élémentaire est d'étudier le pouls (V. SPHYGMOGRAPHE).

4° *Hémomètre de Magendie ou cardiomètre de Cl. Bernard.* —
Dans cet instrument (*fig.* 87, I), la partie inférieure du manomètre

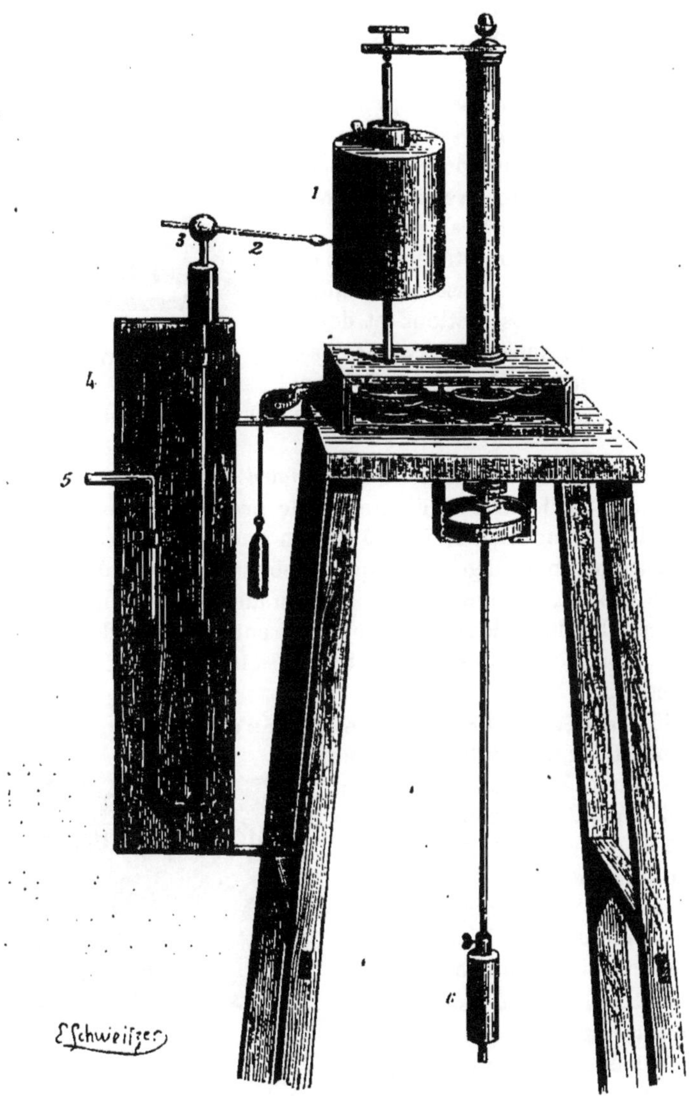

· Fig. 86.

est remplacée par une large cuvette B remplie en partie de mercure
et en partie d'une dissolution de carbonate de soude ; la plus courte

branche A, celle qui s'engage dans l'artère plonge dans la solution alcaline, la plus longue CD plonge dans le mercure. Les variations de la colonne mercurielle sont plus sensibles que dans l'hémodynamomètre ordinaire.

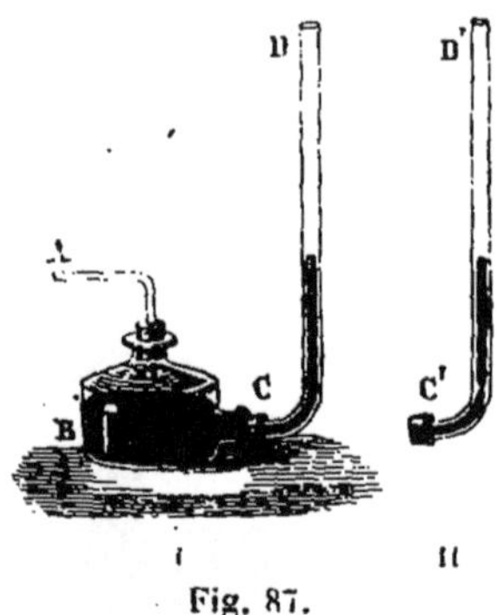

Fig. 87.

5° *Manomètre compensateur de Marey*. — Cet appareil n'est autre chose qu'une modification du cardiomètre dans lequel le tube vertical (longue branche du manomètre) (*fig.* 87, II) présente à sa base un étranglement capillaire qui par sa résistance diminue l'amplitude des oscillations et donne exactement la tension moyenne (*tension dynamique* de Marey), c'est-à-dire la moyenne entre les deux positions extrêmes de la colonne mercurielle.

6° *Manomètre différentiel de Cl. Bernard*. — Cet appareil permet de mesurer facilement les différences de pression entre deux vaisseaux. Il se compose d'un tube à siphon à branches parallèles portant chacune un ajutage métallique à robinet : on verse du mercure dans le tube et, par-dessus, une solution alcaline ; on introduit les deux canules dans deux vaisseaux différents, et les différences de niveau du mercure dans les deux branches indiquent les différences de pression.

170. De l'équilibre dans les vases communiquants. — Les conditions d'équilibre que nous avons établies pour les liquides sont complètement indépendantes de la forme du vase ; dans tous les cas, sur un même plan horizontal la pression doit être la même. Si donc on considère deux vases A et B (*fig.* 88) réunis par un conduit quelconque C, il faut que sur un plan horizontal xy les pressions sur deux éléments égaux a et c soient égales,

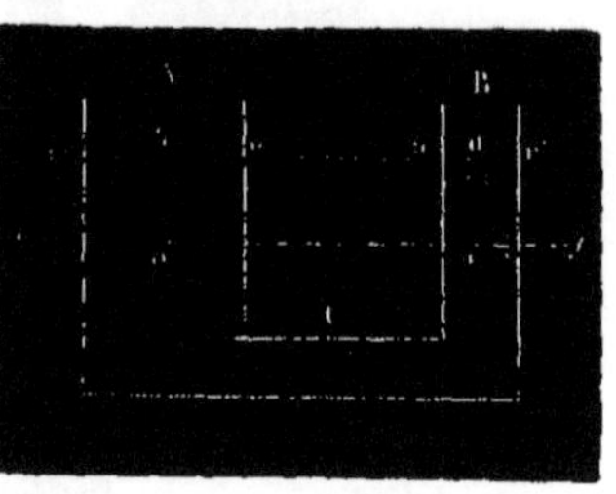

Fig. 88.

ce qui exige que les hauteurs ab et cd au-dessous des surfaces libres soient les mêmes. Donc :

Dans les vases communiquants, les surfaces libres sont sur un même plan horizontal.

La vérification expérimentale se fait au moyen d'un vase V (*fig.* 89) mastiqué dans une garniture en laiton qui porte un canal horizontal *de* sur lequel peuvent s'adapter des tubes de diverses formes V′, V″, V‴. Ce canal est fermé à son extrémité libre. Lorsque l'on verse du liquide dans le vase V, on le voit se répandre dans les divers tubes, de telle sorte que les niveaux soient constamment dans un même plan horizontal.

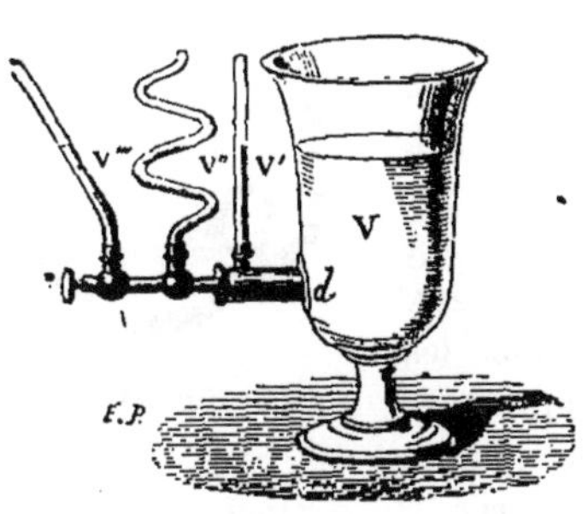

Fig. 89.

171. Applications de l'équilibre dans les vases communiquants. — L'une des applications les plus importantes est le *niveau d'eau*, appareil au moyen duquel on peut déterminer une direction parfaitement horizontale. Il consiste en un tube AB de fer-blanc (*fig.* 90) ou de cuivre recourbé à angle droit à ses deux extrémités; dans chacune de ces branches verticales s'engage un petit

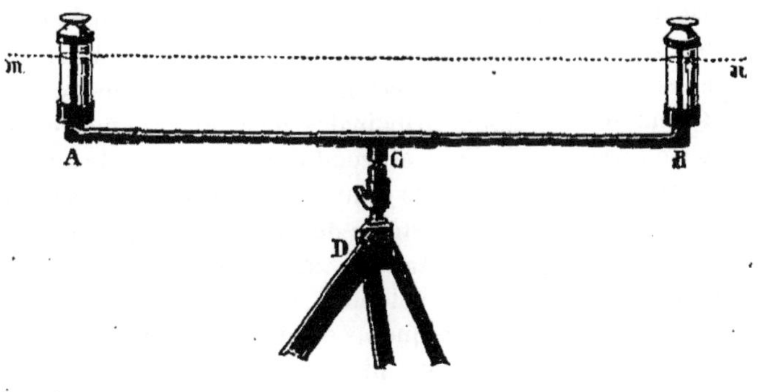

Fig. 90.

tube de verre. Tout l'appareil est porté sur un trépied. Pour se servir de cet instrument, on place la grande branche à peu près horizontalement, et l'on verse de l'eau légèrement colorée jusqu'à ce que son niveau apparaisse dans chacun des tubes de verre. Plaçant alors l'œil à la hauteur convenable, on dirige un rayon visuel *mn* qui affleure à la fois les deux niveaux. On peut alors faire placer à distance une mire dont le centre soit sur cette ligne. En opérant de même dans l'autre sens, on obtiendra sur une seconde mire un second point de la même ligne horizontale qui sera ainsi déterminée. Un nivellement se compose d'une série d'opérations analogues donnant les hauteurs verticales de divers points au-dessus d'un même plan horizontal.

Dans le niveau d'eau, la direction de la ligne de visée offre quelque incertitude; aussi les nivellements qui exigent une grande précision sont-ils effectués à l'aide d'instruments plus parfaits.

Lorsque l'on veut déterminer deux points exactement au même niveau et peu éloignés, on se sert quelquefois maintenant d'un niveau d'eau un peu modifié. C'est un long tube de caoutchouc *abc* terminé par deux tubes de verre *ad* et *ce* (*fig.* 91). On place les extrémités près des points à déterminer, et l'on introduit le liquide jusqu'à ce que le niveau apparaisse dans les tubes en verre. On a ainsi directement deux points *m* et *n* d'une ligne horizontale indépendante de toute incertitude de la ligne de visée.

Fig. 91.

C'est aussi sur la tendance que possèdent les liquides à prendre le même niveau dans les vases communiquants que sont basées les distributions d'eau dans les villes. Les eaux dont on dispose sont amenées directement ou refoulées par des machines dans de vastes réservoirs placés sur les hauteurs qui dominent les lieux où elles doivent se rendre. De ces réservoirs part un système de canalisation, formé de conduites principales de grand diamètre sur lesquelles s'embranchent d'autres conduites moindres. Les diamètres des divers tuyaux varient avec l'importance des quartiers qu'ils desservent; enfin, un dernier système de tuyaux de petites dimensions conduit l'eau dans les habitations, les usines, etc., où un robinet permet de la faire écouler à volonté. Cette canalisation constitue un ensemble de vases communiquants et, dans chacune des conduites, l'eau tend à s'élever au même niveau que dans le réservoir; il y a donc intérêt à ce que celui-ci soit situé le plus haut possible.

Mais, d'autre part, la pression sur une surface quelconque à l'intérieur d'un tuyau est mesurée par le poids du cylindre d'eau qui aurait cette surface pour base et pour hauteur sa distance verticale au-dessous du réservoir; les pressions augmentent donc avec la hauteur de celui-ci et peuvent devenir très considérables; aussi les conduites doivent-elles présenter une très grande solidité et des assemblages très étanches.

172. Principe d'Archimède. — Lorsqu'un corps est plongé dans un liquide, il éprouve sur sa surface des pressions dont la résultante est une force verticale dirigée de bas en haut et égale au poids du liquide déplacé.

Considérons, en effet, un solide de forme quelconque placé dans un liquide; il subira en chacun des points de sa surface une pression qui dépendra de la distance de ce point à la surface libre : quelle est la valeur de l'ensemble de toutes ces pressions? Pour nous en rendre compte, étudions un liquide au repos et isolons par la pensée, dans la masse, un certain volume : ce volume *acb*, soumis à l'action de son poids p (*fig.* 92) et restant en équilibre cependant, doit

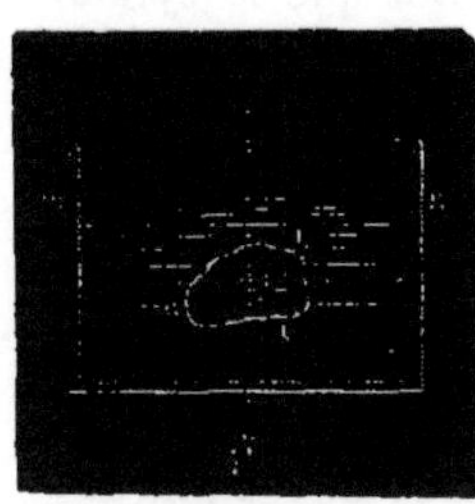

Fig. 92.

supporter de la part du liquide environnant des pressions dont la résultante π est égale et opposée à ce poids. Il en sera de même si l'on suppose les molécules composant cette masse isolée invariablement liées les unes aux autres, ou, comme l'on dit, si l'on suppose cette masse solidifiée. Si l'on remplace enfin cette partie de liquide solidifiée par un corps de même forme et de même volume, il est évident que rien ne sera changé à la pression π due au fluide environnant. Donc la résultante des pressions d'un liquide sur un corps qui s'y trouve plongé, résultante qu'on appelle la *poussée*, est une force verticale, dirigée de bas en haut, égale au poids du liquide déplacé et passant par le centre de gravité du volume : tel est le *principe d'Archimède*.

Un corps plongé dans un liquide est en somme soumis à la différence de son poids et de la poussée. De cette remarque, on déduit cet autre énoncé du principe d'Archimède : *Tout corps plongé dans un liquide perd une partie de son poids égale au poids du volume de liquide déplacé.*

173. **Vérification expérimentale du principe d'Archimède.**—L'appareil dont on se sert se compose d'une balance dite *hydrostatique*, dont le fléau peut être soulevé à l'aide d'une crémaillère mue par un pignon, et de deux cylindres en laiton, l'un plein et l'autre creux (*fig.* 93); ces deux cylindres ont le même vo-

Fig. 93.

lume, ce dont on s'assure en faisant entrer l'un dans l'autre avec
frottement : on attache le cylindre creux sous un des plateaux de la
balance, et le cylindre plein au-dessous du premier ; on établit l'é-
quilibre en plaçant sur l'autre plateau, soit des poids, soit une tare.
On soulève alors le fléau, on amène un vase plein de liquide sous
les cylindres et l'on fait redescendre le fléau. Dès que le cylindre
plein touche le liquide, l'équilibre est rompu : on descend néanmoins
le fléau jusqu'à ce que, s'il devenait horizontal, le cylindre plein
seul fût complètement immergé. Le corps plongé a donc subi de la
part du liquide une poussée de bas en haut, ce que l'on exprime le
plus souvent en disant à tort qu'il a perdu de son poids. En plaçant
des poids sur le plateau du côté des cylindres jusqu'à rétablir l'horizontalité du fléau, on aurait la valeur numérique de la poussée.
Mais, au lieu de mettre des poids dans le plateau, on remplit de liquide le cylindre creux et l'équilibre se rétablit, ce qui prouve que
la poussée du fluide est bien égale au poids d'un volume de liquide
égal au volume déplacé par le cylindre plein.

Par contre, le liquide doit paraître augmenter de poids d'une
quantité égale au poids du volume de liquide déplacé. En effet, sur
le fond du vase les pressions ont augmenté, puisque le niveau s'est
élevé ; si donc le vase est placé sur un plateau d'une balance, le fléau
doit s'incliner de ce côté. Remarquons que cette conclusion n'est
point en contradiction avec ce que nous avons dit à propos du paradoxe hydrostatique (165). Les pressions exercées de bas en haut sur
le corps, dans cette expérience, n'entrent point en composition avec
les pressions dirigées de haut en bas sur le liquide, puisque le corps
n'est en aucune façon relié à la pa-
roi, et par suite l'augmentation de
pression sur le fond n'est nullement
contre-balancée par l'augmentation
de poussée sur d'autres parties du
vase.

L'expérience confirme ces prévisions. On place sur l'un des plateaux
B d'une balance un vase C rempli de
liquide que l'on équilibre avec une
tare, puis on plonge le cylindre plein
dans le liquide (fig. 94). Aussitôt la
balance s'incline du côté du vase :

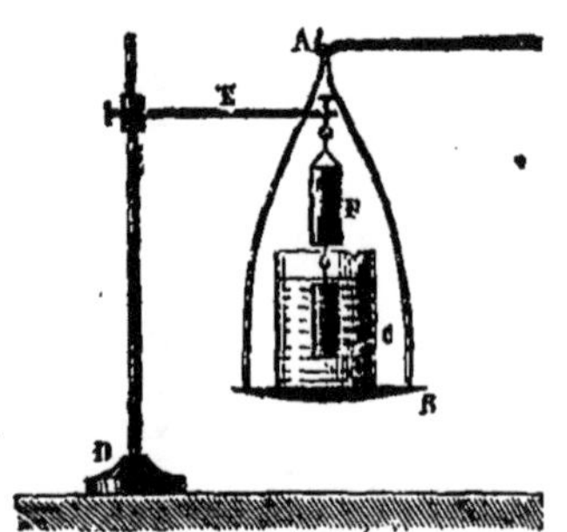

Fig. 94.

pour ramener l'horizontalité du fléau, il faut enlever à l'aide d'une
pipette une quantité de liquide précisément égale à celle qui remplirait le cylindre creux.

On pouvait encore prévoir ce résultat par l'expérience suivante :

on met sur le plateau d'une balance un corps quelconque et un vase rempli de liquide; on établit l'équilibre à l'aide d'une tare. Si l'on introduit le corps dans le liquide, on reconnaît que l'équilibre n'est pas détruit. Or, puisque le corps subit dans ce cas une poussée de bas en haut égale au poids du volume de liquide déplacé, il faut, pour que l'équilibre subsiste, qu'il se développe une pression égale, mais dirigée de haut en bas sur le liquide.

174. Équilibre et mouvements des corps immergés. — Considérons un corps homogène de volume V et de densité d plongé dans un liquide de densité d'. D'après ce que nous venons de voir, le corps est soumis à l'action de deux forces verticales. l'une dirigée de haut en bas, égale à son poids et ayant pour expression Vd; l'autre, poussée du liquide, dirigée de bas en haut et dont la valeur est Vd'.

1° Si $Vd = Vd'$, ou, ce qui revient au même, si $d = d'$, les deux forces se font équilibre et le corps reste en repos.

2° Si $Vd > Vd'$, ou $d > d'$, la résultante des deux forces (38) est égale à $Vd - Vd' = V (d - d')$, et dirigée de haut en bas; le corps descendra donc d'un mouvement uniformément varié, car la force qui produit le mouvement est constante.

3° Si $Vd < Vd'$, ou $d < d'$, la résultante dirigée de bas en haut a pour valeur $Vd' - Vd = V (d' - d)$; le corps montera dans le liquide d'un mouvement uniformément accéléré. Si le corps n'était pas homogène, il faudrait comparer directement son poids P à la poussée Vd du liquide : les densités n'interviendraient plus.

175. Centre de poussée. Stabilité. — Lorsque les densités d'un corps et du liquide dans lequel il est plongé sont égales, le corps ne tend ni à monter, ni à descendre; mais il peut ne pas rester immobile, et tourner autour d'un certain axe horizontal. Pour l'équilibre, il faut que les forces soient directement opposées, ou, ce qui revient au même, que leurs points d'application soient sur une même verticale. Or, le point d'application du poids est le centre de gravité du corps; celui de la poussée est le centre de gravité du volume du corps : il faut donc que ces deux points soient sur la même verticale.

Si le corps plongé est homogène, ces deux points coïncideront; car on sait que la position du centre de gravité d'un corps homogène dépend de sa forme et non de sa substance. Dans ce cas, l'équilibre aura lieu, quelle que soit la position du corps dans le liquide.

Si le corps n'est pas homogène, le centre de gravité ne coïncidera pas avec le centre de poussée, et la condition d'équilibre que nous avons énoncée plus haut ne sera pas toujours satisfaite. Lorsque le

centre de gravité et le centre de poussée seront sur une même verticale, l'équilibre aura lieu, mais, suivant les positions respectives
de ces points, il sera *stable* ou *instable*.

L'équilibre stable, c'est-à-dire celui pour lequel le corps plongé
tend à revenir à sa première position, se manifeste lorsque le centre
de gravité g (*fig.* 95) est au-dessous du centre de poussée n; car
tout déplacement amènerait ces points en des positions telles que g'

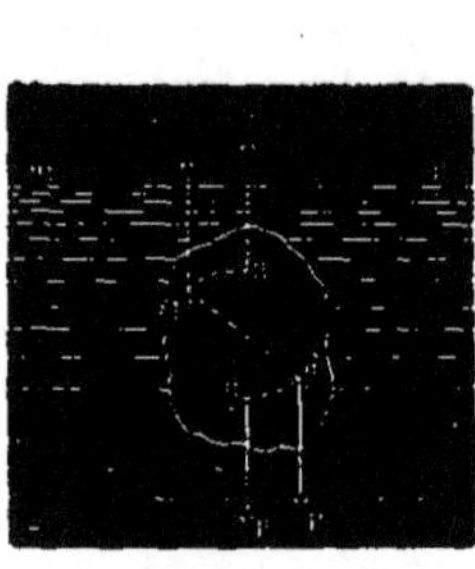

Fig. 95.   Fig. 96.

et n', dans lesquelles les forces p et π tendraient à ramener le corps
à sa première position.

Si le centre de gravité g auquel est appliqué le poids p (*fig.* 96)
est verticalement au-dessus du point o auquel est appliquée la poussée, tout déplacement amènerait les points en des positions telles
que g' et o', les forces p et π auraient alors pour effet de faire continuer le mouvement et l'équilibre est instable. .

176. Des corps flottants. — Lorsqu'un corps possède une
densité moindre que celle du liquide dans lequel il est plongé, il s'é-
lève, comme nous l'avons dit, jusqu'à la surface libre; quelle est,
dans ce cas, la condition d'équilibre?

Remarquons que ce corps est soumis à deux forces verticales :
son poids dirigé de haut en bas, et la poussée égale au poids du
liquide déplacé et qui agit de bas en haut; pour qu'il y ait équilibre, il faut que ces deux forces soient égales et directement opposées. On peut donc donner l'énoncé suivant :

Pour qu'un corps flotte à la surface d'un liquide, il faut que son
poids soit égal au poids du volume de liquide déplacé.

La condition de stabilité des corps flottants est loin d'être aussi
simple, sauf quelques cas particuliers, que pour les corps entièrement plongés : des difficultés, qui ne sont point encore complètement élucidées, se présentent par suite des variations de forme et
de volume de la partie plongée lors d'un déplacement quelconque.

177. Natation. — L'influence de la poussée sur les conditions d'équilibre des animaux qui vivent au sein de l'eau ou qui se trouvent à sa surface est considérable. Les uns et les autres n'ont qu'à vaincre la différence entre leur poids et la poussée, différence qui est toujours faible et qui peut être nulle.

Pour les poissons, cette différence est nulle en général, et l'animal est en équilibre au sein du liquide, de telle sorte que le moindre effort le fait à volonté monter ou descendre. Cet effet est dû à l'action des nageoires dans tous les cas; certains poissons possèdent en outre une vessie natatoire, poche à paroi musculeuse remplie de gaz. Les gaz sont sécrétés par des parties glanduleuses spéciales, et peuvent être rejetés par un canal débouchant dans l'œsophage. La quantité de gaz peut donc varier et aussi le volume. Certains auteurs pensent que le poisson fait varier le volume à volonté : quand celui-ci croît, le poisson monte naturellement, sans efforts; l'inverse a lieu quand les gaz sont comprimés. Suivant d'autres auteurs (Armand Moreau), l'action de cette vessie est toujours passive, son volume prenant spontanément, en vertu de la compressibilité et de l'expansibilité des gaz, la valeur convenable pour que le poisson puisse être en équilibre.

L'homme dont le poids spécifique moyen est de 1,01 ne peut se tenir immobile en équilibre ni au sein de l'eau, ni à plus forte raison à la surface. Il faut donc faire continuellement des efforts, il faut *nager* pour arriver à flotter : ces efforts sont d'autant plus nécessaires que c'est la partie la plus lourde, la tête, qu'il faut précisément tenir hors du liquide.

Les individus gras peuvent flotter sans mouvements : ils font la *planche.* Cela tient à ce que la graisse a une densité moindre que celle de l'eau et abaisse le poids spécifique moyen.

Le poids moyen d'un homme étant de $64^{kg},250$ et son volume de $63^l,500$, on voit qu'il suffirait d'une augmentation de volume de $0^l,750$ pour que le poids spécifique moyen de l'homme fût égal à 1. On peut s'approcher de cette condition en distendant la poitrine au moment de l'inspiration et ne laissant pas échapper la totalité de l'air lors de l'expiration.

178. Liquides superposés. — Si l'on place dans un même vase des liquides de densités différentes non susceptibles de se dissoudre ou d'agir chimiquement les uns sur les autres, d'après ce que nous avons dit sur les corps immergés et qui s'applique aux liquides aussi bien qu'aux solides, nous pouvons conclure que les liquides se rangeront, à partir du fond, par ordre de densités décroissantes.

De plus, les surfaces de séparation doivent être des plans hori-

zontaux. En effet, dans **chaque** liquide, la pression doit être la même
en tous les **points** d'une surface de niveau ; soit donc un plan horizontal *xy* (*fig.* 97) sur lequel on prend deux éléments égaux *a* et *b* :
les pressions qu'ils supportent se compo-
sent du poids du cylindre du premier liquide *ac*, *bd*, plus le poids du cylindre du
second *ca'* et *db'* ; les hauteurs totales *aa'*
et *bb'* sont égales, puisque la surface libre
est horizontale : ces poids ne peuvent être
égaux que si ces cylindres sont respectivement égaux, et l'on doit avoir *a'c = b'd* :
les points *c* et *d* sont sur un même plan horizontal : comme il en serait de même pour
tout autre point, la surface de séparation *m'n'* est un plan horizontal.

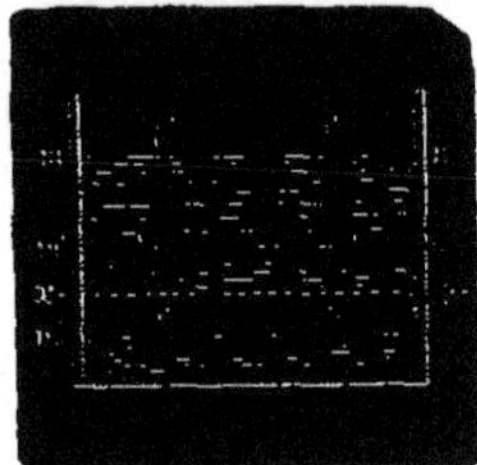

Fig. 97.

La démonstration se ferait de même pour une seconde surface
de séparation *m"n"*, et ainsi de suite.

**179. Vases communiquants dans le cas de liquides
différents.** — Le niveau s'étant établi entre deux vases communiquants dans lesquels on a versé un liquide pesant, du mercure,
par exemple, et les surfaces libres étant
sur un même plan horizontal, si l'on vient
à verser un liquide moins dense, de l'eau,
dans l'un des vases, il pressera sur le
mercure dont il abaissera le niveau de
ce côté, tandis qu'il l'élèvera dans l'autre
branche à une hauteur qu'il s'agit de déterminer. Pour cela soient *h* et *h'* (*fig.* 98)
les hauteurs des colonnes liquides au-
dessus du plan horizontal passant par la
surface de séparation, et *d* et *d'* les poids

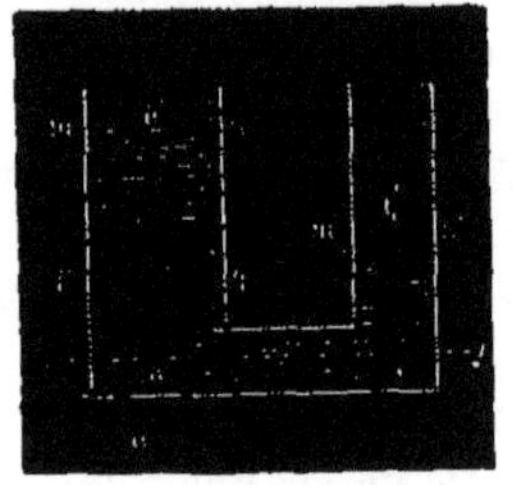

Fig. 98.

de l'unité de volume de chacun des liquides. Un élément de surface *s* dans le tube *mn* supportera une pression égale au cylindre
liquide *shd* ; dans l'autre branche un même élément *s* supportera
une pression égale au poids du cylindre liquide *sh'd'*. Ces deux
pressions étant égales, on aura

$$Shd = Sh'd'$$

ou

$$hd = h'd'$$

ou

$$\frac{h}{h'} = \frac{d'}{d}$$

Donc : *Deux liquides placés dans des vases communiquants sont en équilibre lorsque les hauteurs des surfaces libres de ces liquides au-dessus du plan de séparation sont en raison inverse de leurs densités.*

La démonstration expérimentale peut se faire au moyen d'un tube en U (*fig.* 99) fixé sur une planchette verticale, sur laquelle sont tracées des divisions équidistantes ; on verse deux liquides de densité différente, on mesure les hauteurs des surfaces libres au-dessus de la surface de séparation, et l'on reconnaît qu'elles satisfont à la loi précédente.

180. Manomètre différentiel de Kretz. — On a souvent besoin de mesurer des différences de pression très faibles pour les-

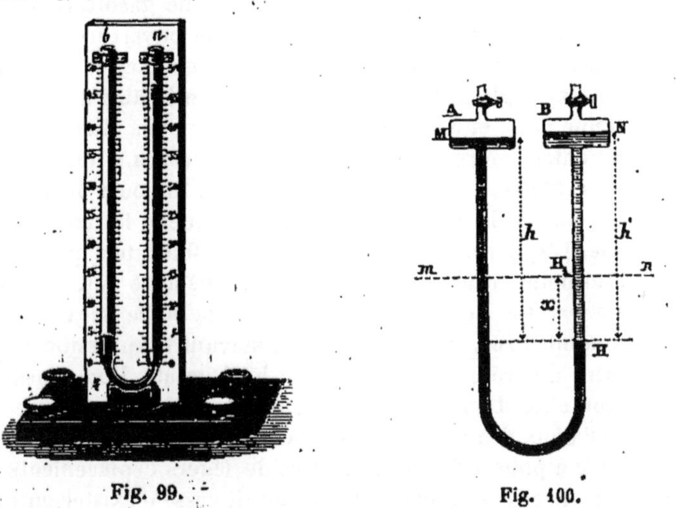

Fig. 99.   Fig. 100.

quelles l'appareil indiqué précédemment (169) serait insuffisant : on emploie alors le manomètre différentiel de Kretz. Il est formé d'un long tube en U (*fig.* 100) dont les deux branches sont terminées par de larges réservoirs A et B : chacun de ceux-ci peut être mis en communication, à l'aide de tubes munis de robinets, avec les gaz ou les vapeurs en expérience. On verse dans chacune des branches un liquide dont la surface libre se trouve dans le réservoir : ces deux liquides sont de densités très peu différentes. La surface de séparation II se déplace quand la différence entre les deux pressions qui existent dans les réservoirs vient à se modifier. Les déplacements sont d'autant plus considérables que les densités sont plus voisines et peuvent être considérés comme proportionnels aux variations des différences de pression [1].

1. Soient M et N les surfaces libres, H la surface de séparation, d et d' des

181. Niveau à bulle d'air. — Lorsqu'un vase fermé contient du liquide et une certaine quantité de gaz, de l'air par exemple, celui-ci, à cause de sa très faible densité, s'élève à la partie supérieure. C'est sur ce fait qu'est basé le *niveau à bulle d'air*, destiné à s'assurer de l'horizontalité des lignes et des plans. Il se compose d'un tube en verre *ab* (*fig.* 101) auquel on a donné une légère courbure dans le sens de sa longueur, et que l'on a fermé à ses deux extrémités après

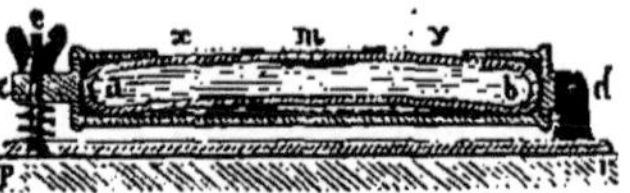

Fig. 101..

l'avoir rempli presque en totalité de liquide, de manière qu'il y reste une bulle d'air. Ce tube est fixé dans une garniture métallique présentant à sa partie supérieure une ouverture dans laquelle se place la partie la plus convexe du tube; cette garniture repose sur une règle métallique *pr* par l'intermédiaire d'une charnière *d* d'une part, et à l'autre extrémité au moyen d'une patte *c* maintenue entre un ressort à boudin et un écrou *e* qui se meut sur une tige filetée. La bulle d'air, se plaçant toujours au point le plus élevé, occupe la partie du tube pour laquelle la tangente est horizontale. L'appareil présente deux points fixes, tels que la tangente *xy* au point situé à la moitié de leur distance soit parallèle à la règle *pr*. De cette manière, lorsque la bulle sera amenée entre ces points fixes, entre ces *repères*, suivant l'expression consacrée, on sera assuré que la ligne *pr* est horizontale. Pour s'assurer de l'horizontalité d'un plan, il suffit de placer le niveau successivement sur deux droites perpendiculaires l'une à l'autre.

L'écrou *e* a pour effet de permettre de légers déplacements du tube *ab* dans le cas où le parallélisme aurait cessé d'exister entre la règle *pr* et la tangente *xy*, au point *m*.

densités et h, h' les hauteurs des surfaces libres au-dessus de H. Si la pression est la même en A et en B, on a :

$$hd = h'd'$$

Supposons maintenant que les pressions en A et B soient respectivement P et P', P étant, par exemple, supérieure à P'. Le niveau va monter de H en H_1, soit x ce déplacement : à cause de leur grande surface on peut négliger les variations des niveaux M et N.

Les pressions sur le plan horizontal qui passe par la surface de séparation doivent être égales de part et d'autre. On a donc :

$$P + (h - x)\, d = P' + (h' - x)\, d'$$

On déduit de là :

$$x = \frac{P - P' + (hd - h'd')}{d - d'}$$

Ce qui montre que x varie proportionnellement à P — P' et que sa valeur croît à mesure que $d - d'$ devient plus petit, c'est-à-dire que les deux densités diffèrent moins.

Quelquefois on fait usage d'un niveau dont le principe est analogue, mais qui est formé par une calotte sphérique : un petit cercle indique la position que doit occuper la bulle lorsque la base du niveau est horizontale.

182. Conclusion. — Ainsi que nous l'avons fait remarquer, il n'a pas été donné de démonstration du principe de Pascal. Mais, en nous appuyant sur ce principe supposé vrai, nous avons pu *prévoir* certaines conséquences (liquides soumis à la pesanteur, surface libre, vases communiquants, etc.) qui, toutes, ont été complètement vérifiées par l'expérience et donnent une grande probabilité à la vérité du point de départ, le principe de Pascal même ; cette probabilité augmentera à mesure que les expériences confirmeront les prévisions de la théorie et pourra approcher d'une certitude absolue ; mais, nous le répétons, il n'y a point de démonstration directe.

Quant à la constitution moléculaire des liquides, il ne nous est pas encore permis de rien affirmer sur sa probabilité. Cette hypothèse satisfait, en effet, aux principales propriétés, mobilité, compressibilité faible, élasticité parfaite ; mais il faut remarquer que ce sont ces faits mêmes qui nous ont conduits à formuler notre hypothèse et qu'il n'est que naturel qu'elle soit d'accord avec eux. Cette hypothèse nous a permis, en outre, d'expliquer plausiblement le principe de Pascal que nous avons vu être d'accord avec les faits ; mais cette vérification ne suffit pas pour nous permettre de considérer comme vraie, ni même encore comme probable, l'hypothèse que nous avons faite sur la constitution intime des liquides.

183. Recherche des densités. — Nous avons défini le poids spécifique et la densité (89), et nous avons dit que l'emploi du système métrique conduit à trouver les mêmes nombres pour ces deux quantités : aussi emploierons-nous souvent ces deux mots l'un pour l'autre. Cependant, nous chercherons uniquement la *densité* des corps solides et liquides, c'est-à-dire le rapport du poids d'un certain volume au poids d'un même volume d'eau : la question de la densité des gaz sera traitée dans un autre chapitre.

Il y a plusieurs méthodes pour la recherche des poids spécifiques ; la marche générale à suivre consiste à déterminer : 1° le poids du corps, 2° le poids d'un même volume d'eau, et à diviser les deux nombres obtenus l'un par l'autre. Dans ces pesées, on néglige l'influence de l'air et de la température ; puis, par des corrections qui seront indiquées plus loin, on ramène le nombre trouvé à celui qu'on eût obtenu si le corps avait été à 0° et l'eau à 4°, température de son maximum de densité.

Méthode de la balance hydrostatique. — 1° *Corps solides.* — On attache le corps à l'aide d'un fil fin de platine à l'un des plateaux de la balance (*fig.* 102), et on lui fait équilibre avec une tare; puis on ôte le corps et on le remplace par des poids titrés. On a ainsi, par double pesée, le poids P du corps. On enlève les poids, et après avoir suspendu de nouveau le corps, on le plonge dans l'eau distillée; l'équilibre n'a plus lieu pour le rétablir, on ajoute un poids

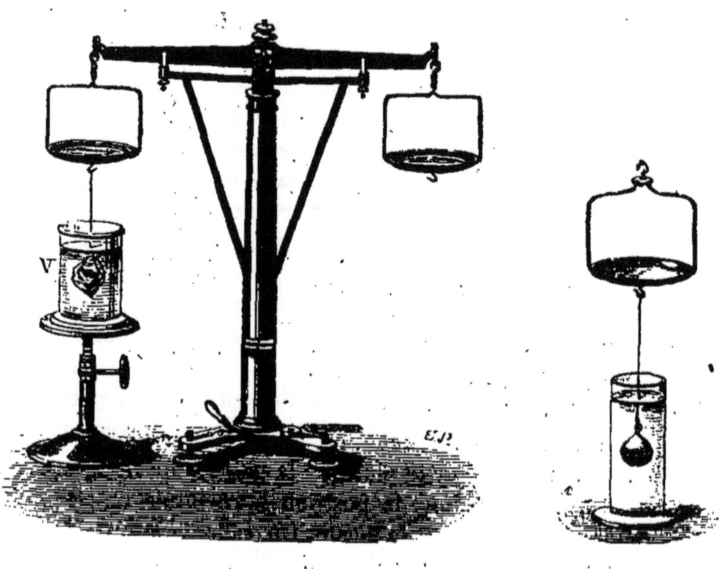

Fig. 102.   Fig. 103.

P' qui représente le poids d'un volume d'eau égal au volume du corps; le quotient $\dfrac{P}{P'}$ exprimera le poids spécifique cherché.

2° *Corps liquides.* — On suspend une boule de verre lestée avec du mercure à l'un des plateaux de la balance, et on équilibre par une tare (*fig.* 103). On plonge ensuite la boule successivement dans le liquide proposé et dans l'eau distillée; les poids titrés P et P' qu'il faut ajouter pour ramener l'équilibre représentent, d'après le principe d'Archimède, les poids d'un même volume de liquide et d'eau; la densité du liquide est donc $\dfrac{P}{P'}$.

Méthode du flacon. — 1° *Corps solides.* — On pose sur le plateau d'une balance le corps et un flacon plein d'eau (*fig.* 104, I), on équilibre par une tare placée dans l'autre plateau. On enlève le corps et on le remplace par un poids P qui rétablit l'équilibre. On a ainsi le poids du corps. On retire alors ce poids, et on introduit le corps dans le flacon, ce qui fait sortir un volume d'eau égal au sien. Le flacon toujours rempli d'eau étant reporté sur le plateau, il n'y a plus équilibre, et le poids P' qu'il faut ajouter pour ramener le fléau

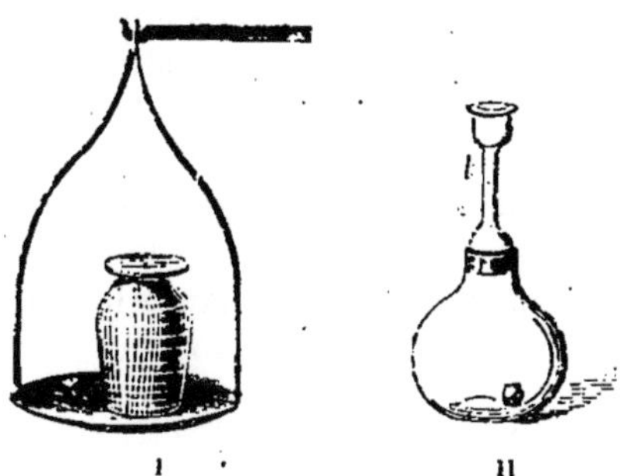

Fig. 104.

à l'horizontalité donne le poids d'un volume d'eau égal au volume du corps. Donc $\dfrac{P}{P'}$ sera la densité cherchée.

Pour effectuer cette opération, on emploie un petit flacon dont le col est rodé à l'émeri (*fig.*104,II); dans ce col s'engage un bouchon creux surmonté d'un petit tube à entonnoir sur lequel est marqué un trait de repère *t*; quelquefois on se sert aussi d'un flacon à large goulot que l'on ferme au moyen d'un disque de verre dépoli que l'on fait glisser sur les bords du vase (*fig.* 104, I).

2° *Corps liquides.* — On prend un flacon qu'on remplit du liquide proposé. On le place sur le plateau de la balance et on fait la tare. On vide alors le flacon, et, après l'avoir bien essuyé et desséché, on le replace sur le plateau; le poids P qu'il faut ajouter pour ramener le fléau dans la position horizontale représente le poids du liquide qui remplit le flacon. On exécute la même opération avec de l'eau distillée, ce qui donne le poids P' d'un égal volume d'eau. $\dfrac{P}{P'}$ sera donc le poids spécifique du liquide.

Cette méthode est très exacte, mais elle exige quelques précautions. Il importe de remplir toujours le flacon à

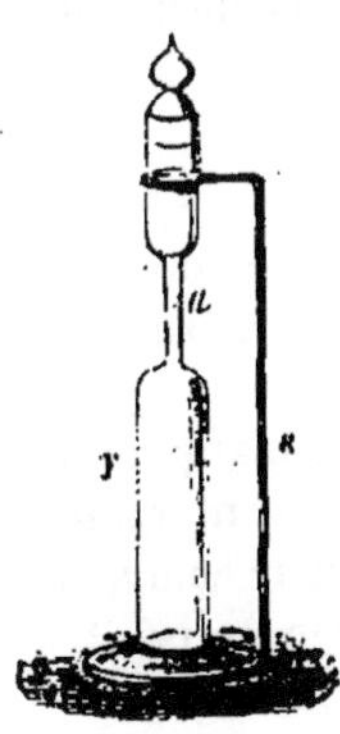

Fig. 105.

la même hauteur, ce qui est assez difficile. Aussi emploie-t-on le plus ordinairement un flacon formé d'un réservoir cylindrique qui porte un tube capillaire terminé par un entonnoir (*fig.* 105). On s'arrange de manière à faire monter le liquide dans le tube jusqu'à un trait de repère *a*. Comme le tube est très étroit, l'erreur que l'on peut commettre sur la hauteur est inappréciable. De plus, la forme du flacon permet de le placer dans la glace fondante et de le remplir de liquide à 0°

Cas particuliers. — 1° *Corps réduits en poudre.* — On se sert de la méthode du flacon, et on a le soin de chasser les bulles d'air adhérentes, soit en chauffant l'eau, soit en la soumettant à l'action du vide sous une cloche mise en communication avec la machine pneumatique.

2° *Corps poreux.* — Dans ce cas on peut se proposer de cher-cher le poids spécifique sous le volume réel, c'est-à-dire en ne tenant compte que de la matière qui le constitue, ou sous le volume apparent. Dans le premier cas, on réduit le corps en poudre et on opère par la méthode du flacon : dans le second, on prend le poids P du corps dans l'air ; on le recouvre d'une couche imperméable à l'eau, de cire par exemple, dont on mesure le poids p et dont on connaît la densité d. Enfin, on détermine le poids P' du corps enduit de cire lorsqu'il est plongé dans l'eau. En appelant x la den-sité cherchée, on a évidemment la relation

$$P' = P + p - \left(\frac{P}{x} + \frac{p}{d} \right)$$

d'où l'on peut tirer la valeur de x.

3° *Corps solubles dans l'eau.* — On opère avec un liquide dans lequel le corps n'est pas soluble. Soit A le corps proposé et B le liquide choisi, P le poids du corps dans l'air, P' le poids d'un même volume de liquide, et P'' le poids d'un égal volume d'eau. La den-sité de A par rapport à B est $d = \dfrac{P}{P'}$. La densité de B par rapport à l'eau est $d' = \dfrac{P'}{P''}$. Multipliant ces deux égalités entre elles, on a

$$dd' = \frac{P}{P'} \times \frac{P'}{P''} = \frac{P}{P''}.$$

mais $\dfrac{P}{P''}$ est la densité de A par rapport à l'eau : en la désignant par x, on a

$$x = dd'.$$

184. Aréomètres. — On peut encore déterminer les densités au moyen de petits flotteurs appelés *aréomètres*. En général, ces instruments ont la forme d'une boule ou d'un réservoir cylin-drique surmonté d'un tube étroit terminé quelquefois par un petit plateau. Ces flotteurs doivent se tenir verticalement quand on les plonge dans un liquide. Pour cela, il faut que leur centre de gravité soit situé au-dessous du centre de poussée. On satisfait à cette condition en adaptant à la partie inférieure une boule conte-nant du mercure ou de la grenaille de plomb, et en faisant le corps de l'instrument symétrique par rapport à un axe vertical. De cette manière l'équilibre est stable (75).

Les aréomètres peuvent être classés en deux groupes suivant

qu'ils doivent plonger dans le liquide toujours au même niveau *(aréomètres à volume constant)*, ou que l'enfoncement varie avec la nature du liquide *(aréomètres à poids constant)*.

Aréomètre de Nicholson. — Cet appareil est formé d'un cylindre métallique creux terminé par deux cônes *(fig.* 106). Le cône supérieur porte une tige très déliée terminée par un plateau. A l'extrémité inférieure est fixé un panier lesté avec de la grenaille de plomb. L'instrument a un poids tel, que, plongé dans l'eau distillée, il doit s'enfoncer au-dessous d'un trait marqué sur la tige, trait qu'on appelle point d'*affleurement.* Veut-on déterminer le poids spécifique d'un corps solide, voici la marche des opérations qu'il faut exécuter. On met un fragment du corps sur le plateau supérieur, et on détermine l'affleurement à l'aide d'une tare. On enlève le corps, et on amène de nouveau l'affleurement avec des poids gradués Ces poids donnent le poids P. du corps par la double pesée. Aussi appelle-t-on souvent cet aréomètre *balance de Nicholson.* Pour trouver le poids d'un même volume d'eau, on enlève P et on place le corps sur le panier inférieur. L'aréomètre remonte ; on ajoute un poids P' qui reproduit l'affleurement. Ce poids représente le poids d'un volume d'eau égal au volume du corps. Le quotient $\dfrac{P}{P'}$ donne le poids spécifique.

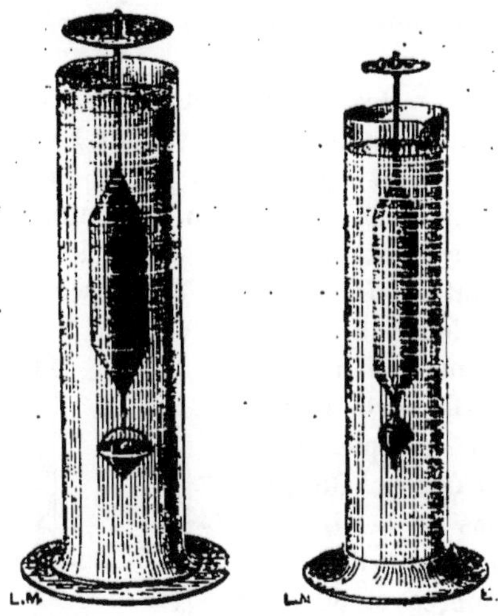

Fig. 106.   Fig. 107.

Si le corps solide est plus léger que l'eau, on le place au-dessous du panier après que celui-ci a été retourné.

Aréomètre de Fahrenheit. — Cet aréomètre est en verre, et a la même forme que le précédent. Seulement le panier est remplacé par une boule lestée qui donne de la stabilité à l'appareil *(fig.* 107). Pour trouver la densité d'un liquide, on pèse d'abord l'aréomètre avec une balance ; soit P le poids trouvé ; on le plonge dans l'eau distillée, et l'on ajoute un poids p pour faire affleurer. Le poids total de l'appareil P + p représente, d'après la loi d'équilibre des corps flottants, le poids du liquide déplacé. On répète la même expérience avec l'eau ; il faut ajouter un poids p' pour produire l'affleurement. La somme $P + p'$ est le poids de l'eau déplacée. Or l'eau et le liquide avaient le même volume ; donc le poids spécifique du liquide sera $\dfrac{P + p}{P + p'}$.

Dans cet aréomètre le volume a de l'influence sur l'exactitude du résultat ; car l'erreur sur les poids p et p' sera d'autant plus petite que P sera plus grand et, par suite, que le volume de l'instrument sera plus grand.

Aréomètres à poids constant. —Ces appareils ne servent pas, en général, à trouver le poids spécifique ; quelques-uns cependant sont destinés à cet usage ; ils prennent alors le nom de *volumètres* ou *densimètres*. Nous allons d'abord étudier les aréomètres à graduation arbitraire. Ils sont destinés à mesurer les proportions plus ou moins grandes dans lesquelles un corps de densité autre que l'eau est mélangé à ce liquide. On les appelle *pèse-acides*, *pèse-sels*, *pèse-liqueurs*, etc.

Aréomètre de Beaumé (fig. 108). — Beaumé a construit un aréomètre appelé *pèse-acides*, destiné aux liquides plus denses que l'eau. Voici sa graduation. L'aréomètre étant ouvert à sa partie supérieure, on le leste de manière que, plongé dans l'eau, il s'enfonce jusqu'au sommet de la tige ; en ce point on marque 0. On le fait plonger ensuite dans une dissolution de sel marin composée de 85 parties d'eau et de 15 parties de sel ; au point d'affleurement, dans ce liquide dont la densité est 1.116 on marque le nombre 15. On porte alors la longueur de 0 à 15 sur une feuille de papier, et on divise l'intervalle en 15 parties égales. On prolonge la graduation jusqu'au bas de la tige. Cet aréomètre marque 66 dans l'acide sulfurique concentré, 65 dans celui du commerce et 36 dans l'acide nitrique. La graduation de Beaumé faite à 12°.5 n'est rigoureuse qu'à cette température.

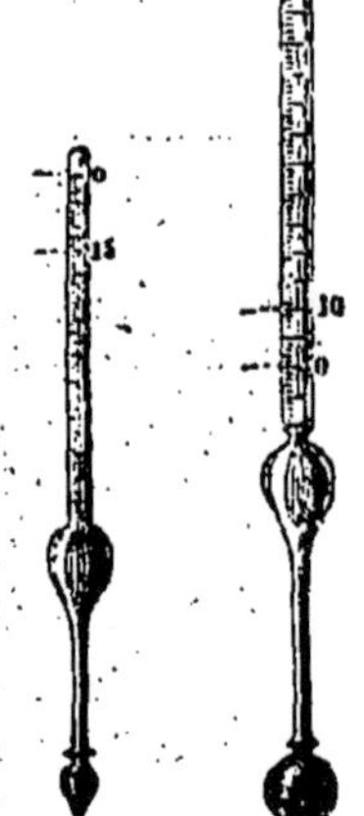

Pèse-esprit, pèse-éther. — Beaumé a construit un autre aréomètre pour les liquides moins denses que l'eau. À la rigueur, on pourrait se servir du premier en prolongeant la graduation au delà du zéro ; mais l'appareil présenterait trop de longueur. Beaumé a adopté pour cet instrument une autre graduation. On plonge l'aréomètre (*fig.* 109)

Fig. 108.   Fig. 109.

dans une dissolution formée de 10 parties de sel et de 90 parties d'eau, à la température de 12°.5, et on détermine le lest de manière que l'instrument s'enfonce jusqu'au bas de la tige. C'est en ce point qu'on place le zéro. En le mettant ensuite dans l'eau distillée, on obtient un second point, où l'on marque 10. L'intervalle entre 0 et 10 est divisé en parties égales, et on prolonge la graduation.

185. Alcoomètre centésimal. — Gay-Lussac á imaginé un aréomètre, appelé *alcoomètre*, qui indique en centièmes le volume d'alcool contenu dans un mélange d'eau et d'alcool. La graduation exige quelques précautions à cause de la contraction qui se produit quand on fait un mélange d'alcool et d'eau. On commence d'abord par plonger l'instrument dans l'alcool absolu de manière que, convenablement lesté, il s'enfonce jusqu'à la partie supérieure de la tige; en ce point on met le nombre 100. Pour avoir 100 volumes d'un mélange contenant 95 d'alcool absolu, on verse dans une éprouvette 95 volumes d'alcool et on ajoute une quantité d'eau suffisante pour faire 100 volumes à la température de 15°. Au point où l'aréomètre affleure dans ce mélange on marque 95. On détermine de la même manière les autres points de 5 en 5. Ces points ne sont pas également distants : néanmoins en partageant les distances entre deux de ces points en 5 parties égales, les erreurs que l'on commet sont tout à fait négligeables.

Remarquons que cette graduation n'est rigoureuse qu'à la température de 15°. Quand on opère à une température supérieure, l'alcoomètre indique plus de degrés; à une température inférieure il en indique moins. Gay-Lussac a construit une table de correction de la forme de celle de Pythagore : dans la première ligne horizontale, il y a les indications fournies par l'alcoomètre; dans la première ligne verticale sont inscrits les degrés de température, et dans chaque carré la différence entre le nombre de degrés trouvé et le nombre de degrés à 15° pour le même mélange.

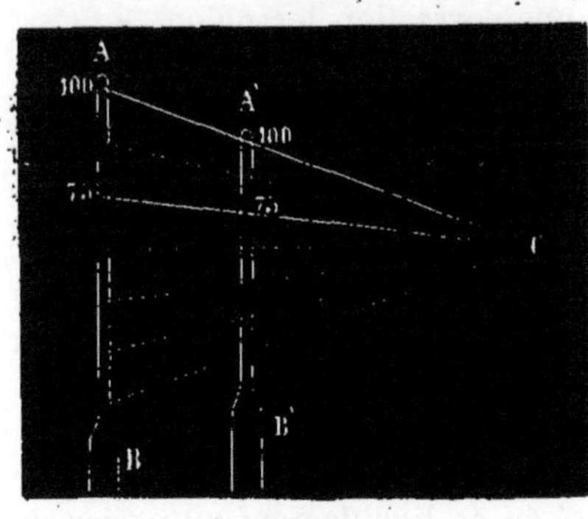

Fig. 110.

Quand on a construit un alcoomètre avec beaucoup de soin, on peut tracer facilement l'échelle de tout autre appareil, lorsqu'on connaît seulement deux points du second. Soit, en effet, AB un alcoomètre exact de Gay-Lussac (*fig.* 110). et soient 100 et 75 les points déterminés d'un autre A′ B′: on porte sur une feuille de papier les longueurs AB, A′B′ et les distances du point 100 à 75; on joint ces points deux à deux et on prolonge les deux lignes jusqu'à leur rencontre C. On a ainsi le point où doivent passer toutes les lignes qui joignent les mêmes degrés sur les deux alcoomètres.

Lorsqu'une liqueur est uniquement formée par un mélange d'alcool et d'eau, les indications de l'alcoomètre donnent immédiament la proportion d'alcool en centièmes : il n'en est pas de même lorsqu'elle contient d'autres substances en dissolution. Il faut alors séparer la totalité de l'alcool, et ramener le liquide au volume primitif, sur lequel on opère en ajoutant une quantité suffisante d'eau distillée. Tel est le cas, quand il s'agit de déterminer la richesse alcoolique du vin ; on emploie, pour effectuer cette opération, un appareil imaginé par Gay-Lussac, qui sera indiqué plus loin.

186. Galactomètre, lactomètre. — Ce sont des instruments destinés à reconnaître la falsification du lait et en particulier la quantité d'eau qu'on y a ajoutée. Le plus en usage est le *lacto-densimètre* de Quevenne (*fig.* 111). Il a la forme d'un aréomètre ordinaire qui porte sur un côté de sa tige les densités comprises entre 1,016 et 1,042; pour plus de simplicité les deux derniers chiffres seulement sont inscrits sur l'appareil. Le principe est, d'une part, que la densité du lait pur varie entre 1,029 et 1,033 (la densité de l'eau étant 1000), et. d'autre part, que chaque dixième d'eau ajoutée diminue de 3°, c'est-à-dire de trois dix-millièmes la densité du liquide.

Il est à remarquer que, l'instrument étant gradué à la température de 15°, il faut faire une correction lorsqu'on opère à toute autre température. Cette correction est d'ailleurs fondée sur ce fait sensiblement vrai que pour une variation de température de 5° au-dessus ou au-dessous de 15° il y a une variation de l'instrument égale à 1°.

Il importe aussi de remarquer que les indications fournies par cet appareil sont fort incomplètes, car si en même temps qu'on ajoute de l'eau on enlève de la crème, le lait est rendu à la fois moins dense et plus dense : il peut y avoir compensation et le galactomètre ne peut indiquer cette double fraude.

La même graduation peut servir à déterminer la densité de l'urine des diabétiques, la densité de ce liquide pouvant varier de 1.018 à 1.040.

187. Densimètre de Rousseau. — C'est un aréomètre ordinaire qui porte à son sommet une petite capsule destinée à recevoir 1 centimètre cube du liquide dont on veut connaître la densité; il est gradué de manière que la quantité dont il s'enfonce dans l'eau indique la densité cherchée : ainsi, si pour 1 centimètre cube de

Fig. 111.

liquide, la tige s'enfonce de 2 divisions, tandis que pour 1 centimètre cube d'eau elle ne s'enfonce que d'une seule, on en conclura que 1 centimètre cube de liquide pèse 2 fois moins qu'un centimètre cube d'eau et que sa densité est 0.5. Cet appareil sert souvent dans les recherches de physiologie.

PROPRIÉTÉS MOLÉCULAIRES DES LIQUIDES

188. Fluidité, viscosité. — Les liquides ne sont pas tous absolument fluides, comme l'exigerait leur définition : on pourrait même dire qu'aucun ne l'est rigoureusement : tout se passe comme s'il y avait une certaine attraction entre les molécules, une certaine cohésion ; c'est là ce que l'on a appelé la *viscosité* des liquides. On peut donner de nombreux exemples mettant en évidence cette viscosité.

Du mercure jeté sur une table se rassemble en gouttelettes sphéroïdales d'une certaine épaisseur et ne s'étend pas en couches à surface horizontale comme l'exigeraient les théorèmes de mécanique ; — en plongeant une baguette de verre dans de l'huile, dans de l'eau, etc., on peut en enlever une goutte (*fig.* 112) ; or, si dans celle-ci, par la pensée, nous considérons un plan horizontal tel que xy, nous voyons que la partie située au-dessous est sollicitée à tom-

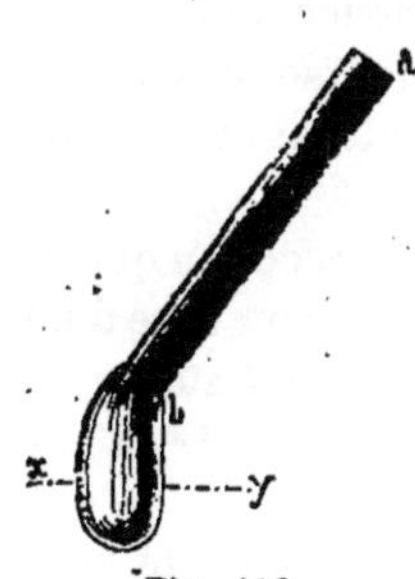

Fig. 112.

ber par son poids ; si elle se tient en équilibre, c'est que dans le plan xy il existe des forces attractives, ce qui est opposé à l'idée de fluidité absolue ; — les expériences de Plateau sont également une preuve de l'attraction d'un liquide pour lui-même ; nous n'en citerons qu'une : en versant une certaine quantité d'huile dans un vase rempli d'un mélange convenable d'eau et d'alcool (ayant la densité de l'huile), d'après les conditions d'équilibre des liquides, cette masse devrait pouvoir rester en repos quelle que fût la forme qu'on lui aurait communiquée ; or, il n'en est rien, et spontanément elle prend la forme sphérique que l'on démontre être celle qui correspond au cas où les molécules considérées exercent une attraction les unes sur les autres.

On peut, dans une certaine mesure, déterminer la valeur de la *viscosité* d'un liquide par l'expérience de Taylor : une plaque solide, en verre $a\,b$ (*fig.* 113), par exemple, est reliée au plateau d'une balance par l'intermédiaire d'un fil qui s'attache à son centre ; elle est équilibrée par une tare située dans l'autre plateau. On pose cette plaque à la surface d'un liquide et, progressivement, on ajoute des poids de l'autre côté jusqu'à ce que l'équilibre soit rompu. Lorsqu'on examine le liquide avant la rupture on reconnaît qu'il a une forme analogue à celle qui est reproduite ci-contre, et l'on voit que la rupture se fait par séparation de la couche liquide en deux parties, dont l'une est entraînée par la plaque solide ; de sorte que le poids qui a déterminé la rupture d'équilibre a contrebalancé précisément l'attraction du liquide sur lui-même.

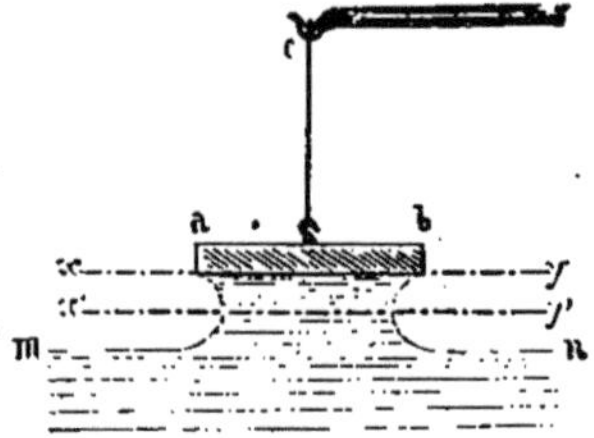

Fig. 113.

189. — La viscosité n'est pas sans intérêt au point de vue des applications : jointe au frottement contre les parois, elle explique les difficultés d'écoulement des liquides dans les tubes étroits. Cette question a été étudiée par Poiseuille dans l'intention d'en appliquer les résultats à la circulation du sang.

Les constructeurs de baromètres ont remarqué depuis longtemps qu'en remplissant un tube barométrique avec du mercure pur et récemment bouilli, ce liquide se maintient dans toute la longueur du tube lorsque celui-ci est redressé, lors même que cette longueur dépasse notablement 760 millimètres. Cette expérience, qui se rattache également aux attractions existant entre les solides et les liquides, ne peut cependant s'expliquer qu'en admettant la viscosité du liquide.

Il en est de même de l'expérience de Donny qui a reconnu que de l'acide sulfurique, parfaitement purgé d'air, placé dans un tube d'un baromètre à siphon de 1 centimètre de diamètre, restait suspendu dans le vide presque parfait, malgré que la colonne eût 1m,33 de hauteur.

C'est à la différence de viscosité, jointe à celle de la densité, qu'il faut attribuer la différence de poids des *gouttes*. La question n'est pas sans importance, car bien souvent on dose par gouttes ; voici quelques chiffres extraits du Codex et qui sont utiles à connaître : ce sont les poids de 20 gouttes des liquides ci-après désignés :

	gr.		gr.
Éther à 66°.	0,35	Laudanum de Sydenham. . .	1,10
Alcool à 86°.	0,45	Acide sulfurique à 66°.	1,20
Acide acétique à 10°.	0,60	Sirop de sucre à 35°.	1,50
Laudanum de Rousseau. . . .	0,75		

190. — C'est à la viscosité des liquides que les poissons doivent la propriété de pouvoir se déplacer dans l'eau, les hommes et les ani-

maux de pouvoir nager, les navires à aubes ou à hélice de pouvoir s'avancer. Si les liquides étaient absolument fluides, les molécules seraient repoussées par les nageoires, les mains ou les pattes, etc.. et n'offriraient pas de point d'appui résistant qui pût permettre la propulsion.

C'est également à la viscosité des liquides qu'est due la possibilité, pour certains corps pulvérulents, de rester en suspension dans un liquide, malgré leur plus grand poids spécifique. Les corps restent d'autant plus facilement ainsi en suspension qu'ils sont réduits en poudre plus fine, ce qui tient à l'augmentation de surface qui résulte de la pulvérisation (153). D'autre part la résistance varie avec la vitésse. et est d'autant plus grande que celle-ci est plus considérable. C'est ce qui explique que les cours d'eau rapides peuvent entraîner de plus gros fragments et que ceux-ci se déposent quand la vitesse diminue; les fragments les plus considérables se déposent d'abord.

On sait que c'est sur cette remarque qu'est basée la *lévigation*. nom donné par Berzélius à une opération qui permet de séparer des corps réduits en poudre d'après la grosseur des fragments. On place la poudre dans de l'eau et l'on agite fortement pour mettre le tout en suspension; puis on laisse reposer. Au bout d'un certain temps on décante le liquide qui surmonte la couche pulvérulente déposée, et on recommence l'opération plusieurs fois; les poudres déposées sont d'autant plus fines qu'elles correspondent à une opération plus avancée.

C'est ainsi que l'on opère pour l'émeri, pour l'azur, etc. L'azur dit des 4 *feux* est celui qui s'est déposé après 4 décantations faites à 1 heure d'intervalle les unes des autres.

191. Tension superficielle. — Les liquides, au moins certains d'entre eux, sont le siège, à leur surface libre, de phénomènes spéciaux qui se rapportent à ce que l'on nomme la *tension superficielle*. Il semble que, contrairement à ce que la théorie générale indique et à ce qui paraît se passer au sein des liquides, il existe des forces attractives entre les molécules qui constituent la surface libre; il en résulte que cette surface libre se comporte comme si elle était recouverte d'une très mince membrane élastique.

Sans vouloir insister, nous signalerons deux expériences qui mettent en évidence le fait dont il s'agit.

On saupoudre de grès fin la surface d'un bain de mercure; puis on y enfonce une baguette de verre bien propre. Celle-ci en s'enfonçant entraîne avec elle le sable, absolument comme si celui-ci était posé sur une membrane élastique que la baguette entraînerait; s'il y a une assez grande épaisseur de mercure, on peut faire disparaître le sable entièrement. Si l'on relève la baguette, le sable reparaît et vient de nouveau s'étaler à la surface. L'expérience réussit également bien avec de l'eau recouverte de poudre de lycopode, à la condition d'employer une baguette de verre légèrement grasse, de manière à ne pas être mouillée par le liquide.

L'autre expérience est également très nette.

Sur un cadre de fil de fer on produit, avec le liquide glycérique employé pour les expériences de M. Plateau, une lame liquide, sur laquelle on dépose doucement un anneau de fils de cocon qui prend une forme quelconque. Si l'on crève la partie de la lame intérieure à l'anneau, celui-ci se tend brusquement en prenant une forme circulaire qui témoigne qu'en tous ses points existe une tension constante (Van der Mensbrugghe).

192. Compressibilité. — Nous avons attribué aux liquides une incompressibilité absolue, comme nous avions supposé une mobilité extrême. Il n'en est pas ainsi et, en réalité, les liquides sont compressibles, c'est-à-dire que, soumis à l'action des pressions extérieures, ils diminuent de volume. Mais cette compressibilité est très faible, et cela différencie nettement les liquides d'un autre groupe de corps, les gaz, qui sont très mobiles, mais aussi très compressibles.

Pendant longtemps, on n'a pas pu mettre en évidence la compressibilité des liquides ; aussi portaient-ils le nom de *fluides incompressibles.* Pour constater l'exactitude de cette dénomination, vers la fin du dix-septième siècle, les académiciens de Florence soumirent à une forte pression une sphère creuse en or totalement remplie d'eau ; la sphère se déforma, et par suite son volume intérieur diminua, car on sait qu'à égalité de surface la sphère est le corps dont le volume est le plus grand. Sous l'influence de la pression, l'eau ne put être retenue dans l'intérieur de l'enveloppe, et vint suinter à travers les pores du métal. D'après cette expérience et d'autres, ces physiciens admirent que la compressibilité de l'eau, si elle existait, ne pouvait être constatée par l'expérience.

Canton, physicien anglais, le premier, en 1761, démontra la diminution du volume de l'eau sous l'influence d'une pression égale à celle de l'atmosphère.

En 1823, Œrsted, physicien danois, imagina un appareil connu sous le nom de *piézomètre.* Cet appareil se compose d'un réservoir cylindrique en verre *r* (*fig.* 114) d'un volume déterminé, surmonté d'un tube capillaire ouvert, divisé en parties d'égale capacité, et terminé par un entonnoir. Sur une plaque métallique qui supporte l'appareil, sont établis un thermomètre pour apprécier la température au moment de l'expérience, et un tube renversé plein d'air qui sert à mesurer les pressions. On remplit le piézomètre de liquide, et on place dans le petit entonnoir une goutte de mercure qui indique les changements de volume éprouvés par le liquide. On introduit

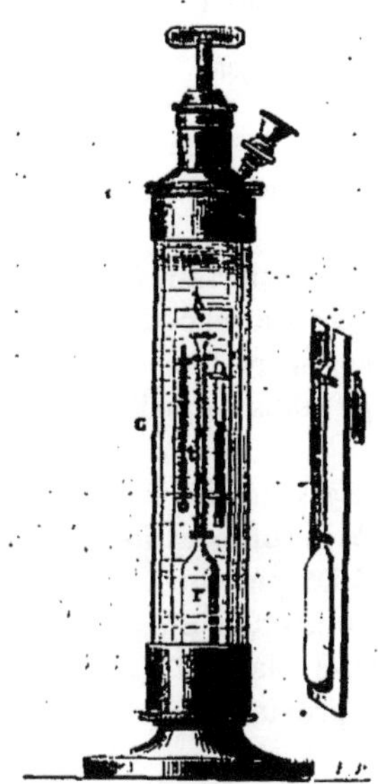

l'appareil dans un vase cylindrique de verre épais C, mastiqué à sa partie inférieure sur un pied métallique, et terminé en haut par une douille munie d'un piston à vis P (*fig.* 115); on verse de l'eau par un tube à robinet R jusqu'à ce qu'elle sorte par un trou latéral, et l'on ferme le robinet. En abaissant le piston, on comprime l'eau dans le vase; cette compression est transmise au liquide du piézomètre par l'intermédiaire du mercure. Le nombre de divisions parcourues par l'index donne la valeur de la diminution de volume, et la pression est indiquée par le niveau de l'eau dans

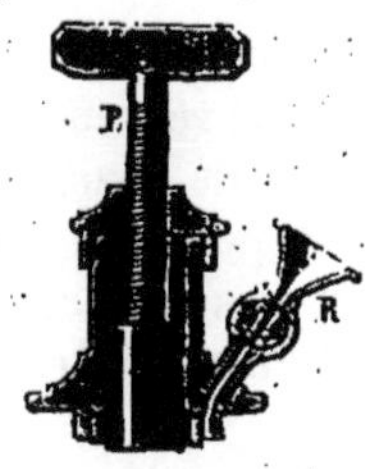

Fig. 114.   Fig. 115.

le tube à air. (Voyez *Loi de Mariotte.*)

En divisant la diminution de volume par le volume total et par la pression exprimée en atmosphères on a le *coefficient de compressibilité*; mais ce n'est là que la *compressibilité apparente*, dans laquelle on ne tient pas compte de la variation de volume de l'enveloppe. Le piézomètre pressé également à l'intérieur et à l'extérieur se contracte comme le ferait une masse de verre remplissant exactement sa capacité; cet effet tend à relever le niveau du liquide dans le tube capillaire, et, par suite, diminue d'autant la quantité dont le liquide comprimé s'abaisse. Le véritable changement de volume s'obtient en ajoutant la compression du réservoir à la compression apparente du liquide; le quotient de cette quantité par le volume total et par la pression donne ce que l'on nomme le *coefficient de compressibilité absolue.*

Pour éviter qu'une partie de l'eau ne s'infiltre dans le piézomètre entre le mercure et la paroi, on emploie le plus souvent maintenant un tube capillaire recourbé à sa partie supérieure et dans lequel on laisse une bulle d'air servant d'index (*fig.* 114).

Voici les valeurs des coefficients de compressibilité de quelques liquides, à la température de 0°.

Mercure	0,000003
Eau	0,000030
Ether	0,000111
Alcool	0,00008
Chloroforme	0,00006

193. Élasticité. — On ne saurait concevoir l'élasticité des liquides exactement dans le même sens que pour les solides, puisque les liquides n'ont pas de forme propre.

Tout au plus peut-on considérer comme se rapportant à l'élasticité le fait que des gouttelettes d'eau ou de mercure rebondissent en tombant sur un plan très dur. Cette expérience se rattache évidemment à l'existence de cette couche enveloppe dans laquelle existe la tension superficielle.

On désigne généralement sous le nom d'*élasticité des liquides* la propriété qu'ils possèdent de reprendre, après la compression, exactement le même volume qu'ils avaient avant l'expérience.

Les liquides semblent posséder cette propriété d'une manière complète. OErsted avait des doutes sur cette élasticité absolue; mais rien jusqu'ici n'est venu confirmer ses prévisions.

HYDRODYNAMIQUE

194. Liquides en mouvement : régime variable, régime permanent. — Nous avons étudié jusqu'à présent les liquides supposés en repos, en équilibre : les résultats que nous avons indiqués ne sont pas applicables au cas où les liquides sont en mouvement. Les questions qui se présentent sont complexes dans leur généralité et nous nous proposons d'insister seulement sur quelques cas simples.

Lorsque l'on vient à pratiquer une ouverture dans une paroi d'un vase contenant un liquide, le liquide s'écoule soit dans l'air, soit dans un canal ou dans une conduite. Le mouvement qui se produit peut être considéré dans deux phases: pendant la première, qui dure plus ou moins longtemps suivant les circonstances, le liquide part du repos pour arriver à une certaine vitesse; si, en outre, l'écoulement se fait dans un canal ou dans une conduite, il faut que la capacité de l'un ou de l'autre soit remplie. A cette période pendant laquelle tout varie en succède une autre qui constitue le *régime permanent* du liquide. Il est caractérisé par cela qu'une molécule peut prendre des vitesses différentes aux divers points de sa trajectoire, mais que les diverses molécules qui se succèderont sur cette ligne reprendront la même série de vitesses aux mêmes points. Autrement dit. chaque point de l'espace traversé par le liquide correspond à une vitesse invariable que les diverses molécules prennent successivement en passant en ce point.

Il résulte évidemment de cette définition du régime permanent que toutes les sections du filet liquide sont traversées dans le même temps par des quantités égales du liquide.

Nous indiquerons, sans insister, quelques-uns des résultats les plus nécessaires à connaître, parmi ceux qui se rapportent aux liquides en mouvement.

195. Écoulement d'un liquide par un orifice en mince paroi. Théorème de Torricelli. — Considérons un vase dans lequel se trouve un liquide dont le niveau est en *mn (fig.* 116); nous

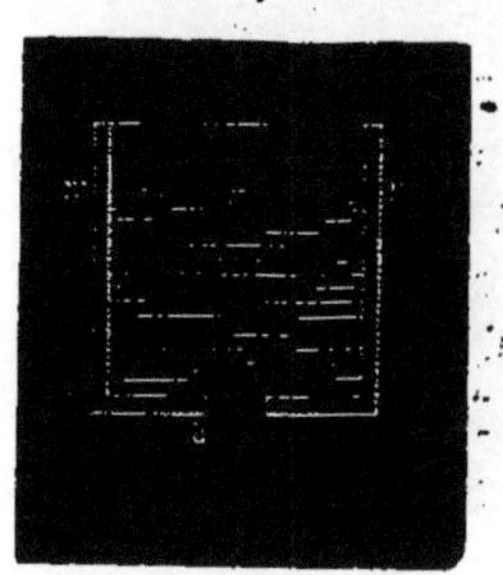

savons que sur tout élément de la paroi de ce vase le liquide exerce une pression dont on peut donner la valeur. Si nous perçons une ouverture *ab* sur cette paroi, les molécules situées en ce point, qui supportent la pression du liquide et qui ne sont plus soutenues, obéiront à cette pression ; elles tomberont avec une vitesse déterminée par le théorème suivant dû à Torricelli :

Fig. 116.

La vitesse d'une molécule de liquide qui s'échappe par une ouverture pratiquée à une paroi d'un vase est la même que celle d'un corps qui tomberait librement du niveau du liquide jusqu'au centre de gravité de l'orifice [1].

Cette vitesse, due à la pression du liquide, est toujours, comme celle-ci, normale à la paroi au point considéré. La forme de la trajectoire décrite par les diverses molécules qui se succèdent dépend de cette vitesse initiale et de la pesanteur; elle sera une ligne droite lorsque, l'orifice étant pratiqué dans un fond horizontal, la direction de la vitesse initiale sera verticale comme l'action de la pesanteur; elle sera une parabole dans tout autre cas.

On démontre en mécanique que les molécules sortant d'un vase en *a (fig.* 117) avec la vitesse due à la pression du liquide *mn* devraient, d'après le théorème de Torricelli, atteindre le plan *xy* du niveau supérieur. C'est ce que l'expérience démontre très sensiblement, lorsque l'orifice est percé sur la paroi supérieure d'un ajutage adapté au vase contenant le liquide; le liquide s'échappe par cet orifice en forme de jet d'eau, et la gerbe qui s'élève parvient jusqu'au niveau

1. La valeur v de la vitesse est donnée par la formule $v = \sqrt{2gh}$, dans laquelle h est cette hauteur et g l'accélération due à la pesanteur.

du liquide dans le vase. La petite différence que l'on observe doit
être attribuée à la résistance de l'air et aux chocs que les particules d'eau descendantes font subir aux particules ascendantes. On
augmente, en effet, la hauteur du jet, si l'on opère dans le vide,
d'une part, et d'autre part, si l'on incline d'un petit angle le jet à sa
sortie, comme en b, afin d'éviter l'action retardatrice des gouttes
descendantes.

Le mouvement produit par la combinaison d'une certaine vitesse
initiale avec une force constante ayant une direction différente
s'effectue suivant une parabole dont la
mécanique permet de déterminer facilement tous les éléments. Réciproque-

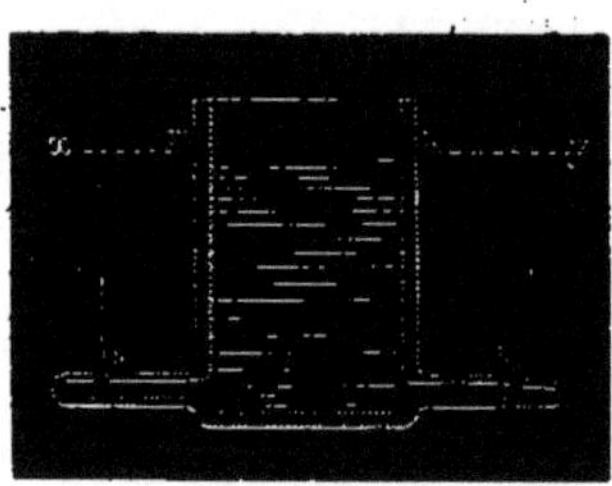

Fig. 117.

Fig. 118.

ment, connaissant les éléments tels que AC et CD (*fig.* 118)
d'une trajectoire parabolique ainsi que la grandeur et la direction de la force constante (ici, la pesanteur), et la direction de
la vitesse initiale, le calcul permet de trouver la grandeur de
cette vitesse. Dans tous les cas, et sauf de petites différences dues
à l'action de l'air, les résultats numériques déduits des expériences
se sont trouvés en concordance avec ceux déduits du théorème
de Torricelli.

196. **Dépense. Formules.** — On appelle *dépense* la quantité
d'eau qui s'écoule par un orifice pendant un temps déterminé; on
l'évalue en indiquant le nombre de litres écoulés par seconde sous
une charge désignée.

La quantité d'eau qui s'écoule par seconde sous une charge
constante s'obtient en multipliant la surface de l'orifice par la vitesse
de sortie; en effet, si les molécules conservaient exactement le mouvement qu'elles possèdent à l'orifice, elles constitueraient au bout
d'une seconde un cylindre ayant pour base l'orifice même, et pour
hauteur l'espace parcouru dans cette seconde par la première
molécule, soit une longueur égale à la vitesse.

L'expérience se fait facilement en recueillant dans un vase gradué le liquide qui s'écoule d'un orifice, préalablement mesuré, sous une charge maintenue constante.

Si le liquide sort par une ouverture pratiquée en *mince paroi*, c'est-à-dire si la longueur et la largeur sont grandes par rapport à l'épaisseur de la paroi, on trouve une *dépense effective* notablement inférieure à celle qu'indiquerait la règle précédente, qui constitue la *dépense théorique :* la dépense effective est les $\frac{2}{3}$ ou plus exactement les 0,62 de la dépense théorique. Nous avons dit que la vitesse est bien celle qu'indique la théorie ; cette différence entre le calcul et l'expérience pour la dépense ne peut dès lors provenir que d'une variation dans la section de la veine liquide ; c'est ce qui a lieu, en effet, comme nous l'indiquons plus loin [1].

197. Contraction de la veine. — Si l'on examine avec attention la veine liquide qui s'échappe d'un orifice *ab (fig.* 119) percé en

Fig. 119.

mince paroi, on reconnaît qu'au lieu de présenter la forme d'un cylindre ou plutôt d'un cône dont les sections varieraient presque insensiblement, elle diminue rapidement de diamètre ; à une distance de l'orifice égale à la moitié de sa longueur, le diamètre *cd* de la veine est réduit aux 0,8 environ du diamètre de l'orifice ; puis à partir de ce point et sur une certaine longueur, la forme cylindrique reparaît. Le liquide qui s'écoule constitue un cylindre ayant pour base, non l'orifice même, mais cette section contractée dont la surface n'est que les 0,64 de la surface de l'orifice, et par suite la dépense doit être réduite dans le même rapport. L'égalité presque absolue entre ce coefficient et celui que l'expérience a indiqué pour la dépense effective comparée à la dépense théorique paraît prouver que c'est bien à l'existence de cette contraction que l'on doit attribuer la réduction que subit la dépense.

On peut se rendre compte de l'existence de cette contraction en remarquant que ce ne sont pas seulement les molécules situées directement au-dessus de l'orifice qui s'écoulent, mais que tout le

1. En appelant Q la dépense théorique, *s* la section de l'orifice et *h* la hauteur du liquide, on a, pour une seconde,

$$Q = s\sqrt{2gh};$$

q désignant la dépense effective, il vient

$$q = 0,62\, s\sqrt{2gh}.$$

liquide participe à ce mouvement, ainsi que l'on peut s'en assurer en mettant en suspension dans le liquide des corps de faible masse. Les molécules, arrivant obliquement sur les bords de l'orifice, empêchent en partie les molécules situées verticalement au-dessus de l'orifice de tomber, et conservent en partie leur mouvement oblique jusqu'à ce que, les composantes horizontales des vitesses ayant été détruites par les chocs successifs, les vitesses verticales subsistent seules.

198. Effet des ajutages. — Si l'on adapte à une ouverture percée dans la paroi d'un vase un tuyau de faible longueur, l'écoulement liquide ne s'effectuera pas dans les mêmes conditions que pour l'orifice en mince paroi : ces tuyaux, auxquels on donne diverses formes, portent le nom d'*ajutages*.

Si l'ajutage est cylindrique et que sa longueur soit égale à une fois et demie son diamètre environ, comme en *abcd (fig. 120)*, lors-que le régime est établi, le liquide coule en remplissant tout le tuyau, à *gueule-bée*, com-me l'on dit, et l'on ne peut observer dans la veine liquide aucune contraction appré-ciable. Cependant, si l'on mesure la dé-pense effective, on ne trouve que les 0,82 de la dépense théorique ; ici, la section n'ayant point changé, il faut que la vi-tesse ait diminué ; on démontre qu'il en est ainsi, en observant les éléments de la pa-rabole décrite par le liquide, lorsqu'il s'é-coule par un ajutage cylindrique horizontal, et déduisant par le calcul la vitesse de sortie.

Fig. 120.

On peut produire l'écoulement du liquide à travers des ajutages coniques, convergents ou divergents ; les effets sont complexes et varient suivant les formes et les dimensions des ajutages. On peut, en employant un ajutage formé par un tronc de cône divergent d'un angle de 12° environ, obtenir une dépense effective se rapprochant beaucoup de la dépense théorique [1].

199. Constitution de la veine fluide. — La veine produite par l'écoulement d'un liquide à travers un orifice en mince paroi présente, après la section contractée et sur une certaine longueur, l'apparence d'un cylindre très légèrement conique et parfaite-ment transparent ; mais au delà, la veine se trouble en même temps qu'il se manifeste, à des intervalles régulièrement espacés.

---

1. La dépense, dans le cas d'un ajutage cylindrique, est donnée par la formule $q = 0,82\, s\sqrt{2gh}$; elle est $q = 0,05\, s\sqrt{2gh}$.

des renflements nommés *ventres*, suivis d'étranglements que l'on
appelle des *nœuds*. Savart, dans un travail intéressant, a rendu
compte des diverses particularités que nous indiquons et auxquelles
on peut attribuer les causes suivantes, qui sont vérifiées par diverses expériences de M. Plateau, que nous ne pouvons décrire.

La veine doit être considérée comme formée d'une série de gouttes distinctes tombant à des intervalles de temps égaux et très
petits ; les distances très petites de ces gouttes entre elles augmentent à mesure que l'on considère un point plus éloigné de l'orifice, à
cause du mouvement accéléré que prend chacune d'elles. En même
temps qu'elles tombent, elles subissent des déformations périodiques
qui successivement les allongent et les aplatissent, de manière à diminuer et à augmenter leurs dimensions horizontales et par suite celles de
la veine *(fig. 121)*. Les causes étant toujours les mêmes, c'est aux mêmes

Fig. 121.

points que les diverses gouttes qui se succèdent repassent par les mêmes formes. Par
suite de la grande rapidité du mouvement,
l'œil ne peut saisir les états successifs, mais
perçoit seulement l'ensemble, ce qui donne
lieu à l'aspect que nous venons d'indiquer.

On arrive, malgré la rapidité de la chute,
à distinguer ces états successifs des gouttes
qui constituent la veine par le moyen d'artifi-
ces divers. Il suffit, par exemple, d'éclairer
avec une étincelle électrique d'une durée excessivement petite une veine liquide coulant
dans une chambre obscure : l'illumination est
assez courte pour qu'il n'arrive à notre œil
que la sensation correspondant à une seule
position de chaque goutte. On arrive à un résultat analogue en décomposant, pour ainsi
dire, les impressions lumineuses multiples
produites par la chute du liquide, au moyen
d'un appareil spécial, le *phénakisticope*, que
nous décrirons plus loin. On a pu même découvrir l'existence de gouttes de petit diamètre et de forme invariable entre les gouttes
que nous avons précédemment indiquées :
c'est à ce second système que l'on attribue
l'opacité que possède la veine à partir de l'endroit où se manifestent
les ventres et les nœuds.

Savart étudia directement l'écoulement d'un liquide par un orifice très petit par lequel les gouttes sortaient une à une et à des

intervalles de temps qui atteignaient quelquefois plusieurs secondes. Il vit le liquide former à l'orifice une goutte s'allongeant de plus en plus jusqu'à ce qu'elle se détachât; pendant sa chute, cette goutte revint à la forme sphérique, puis s'aplatit et s'allongea successivement. C'est bien le même effet que nous avons supposé et que l'on peut, dès lors, considérer comme probable pour le cas où les gouttes se succèdent très rapidement.

200. Mouvement des liquides dans les tuyaux. — Lorsqu'un liquide, au lieu de s'écouler à travers un orifice en mince paroi ou un ajutage d'une faible longueur, se meut dans un canal ou dans une conduite d'une certaine longueur la question se complique encore, notamment par suite du frottement qui se manifeste toujours entre la paroi solide et le liquide, et par suite aussi de la viscosité du liquide. Ces frottements dépendent de la vitesse et du rapport qui existe entre l'étendue des parois mouillées et la surface de la section. Ils peuvent être négligés si la vitesse est très faible; leur importance est considérable, au contraire, dans le cas où le diamètre du tube est très petit.

Nous ne nous occuperons pas du mouvement des liquides dans les canaux découverts; nous donnerons seulement quelques indications relatives à l'écoulement dans les tuyaux cylindriques.

201. Pression dans un liquide en mouvement. — Lorsque le régime permanent est établi dans une conduite cylindrique. ayant partout le même diamètre. le mouvement du liquide est uniforme; mais la pression aux divers points n'est pas celle qui correspondrait à l'état d'équilibre, elle est toujours plus faible.

On peut mettre le fait en évidence d'une manière simple à l'aide des tubes piézométriques : ce sont des tubes verticaux implantés en divers points de la conduite et d'assez petit diamètre par rapport au diamètre de celle-ci pour que leur influence puisse être considérée comme négligeable. La hauteur du liquide dans ces tubes mesure la pression au point considéré, et le niveau du liquide constitue ce que l'on appelle le *niveau piézométrique* en ce point.

Quelle que soit la forme de la conduite, on sait, d'après le théorème des **vases communiquants**, que lorsque le liquide sera au repos, le niveau piézométrique sera le même en tous les points. les surfaces libres du liquide seront dans un même plan horizontal. Les pressions en chaque point dépendront uniquement de leur distance verticale au-dessus du niveau du liquide dans le réservoir.

Mais si l'écoulement vient à se produire, on verra immédiatement les niveaux piézométriques baisser dans tous les tubes, et d'autant plus que le point considéré est plus éloigné du point de départ de la conduite. De telle sorte que la pression en un point ne dépend plus seulement de sa distance verticale au-dessus de la surface libre, mais aussi de la longueur de la conduite de l'origine à ce point, et que, par exemple, la pression n'est pas la même en deux points situés dans un même plan horizontal.

202. Variation du niveau piézométrique dans une conduite. — Dans le cas particulier où la conduite est horizontale, le niveau piézométrique s'abaisse d'une manière continue et uniforme, proportionnellement à la distance qui sépare les points considérés.

Si la conduite part d'un réservoir où la pression est H, hauteur de la surface libre au-dessus de l'orifice de départ de cette conduite, et que, à l'autre extrémité, la conduite s'ouvre à l'air libre, la pression en ce dernier point sera nulle [1]. Si alors L est la longueur de la conduite, h la hauteur piézométrique en un point distant de l'origine de la conduite de l, on a immédiatement

$$\frac{h}{H} = \frac{l}{L}$$

d'où l'on tire

$$h = \frac{l}{L} H.$$

Le fait se vérifie expérimentalement de la manière suivante : la conduite étant maintenue en ligne droite, des tubes piézométriques

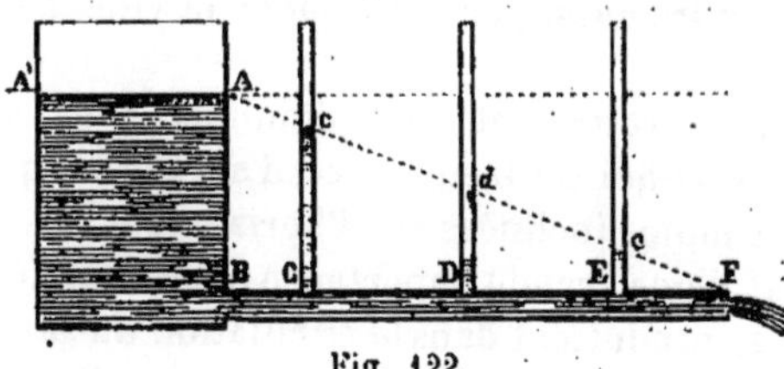

Fig. 122.

sont placés en divers points : lorsque l'écoulement a lieu, on reconnaît que les niveaux piézométriques sont tous situés sur la ligne droite qui joint l'extrémité de la conduite à la surface libre dans le réservoir ; ce qui correspond précisément à la proportionnalité.

On conçoit aisément d'après cette remarque que la décroissance des hauteurs piézométriques est d'autant plus rapide que le tuyau est plus court, et d'autant plus lente que la conduite est plus longue. L'expérience montre, d'autre part, que le débit est plus faible dans le second cas que dans le premier : il y a donc une relation directe entre la décroissance des hauteurs piézométriques et le débit.

La décroissance entre deux niveaux est due à l'existence de ce

---

1. En réalité, il conviendrait de tenir compte de la pression atmosphérique ; mais comme elle entrerait dans toutes les valeurs et que l'on n'utilise jamais que les différences de pression, elle disparaît toujours et on peut n'en pas parler.

que l'on appelle le frottement du liquide contre les parois de la conduite et mesure ce frottement.

Si le tuyau n'est pas cylindrique, cette décroissance n'est pas régulière; si, par exemple, en un point d'un tuyau on produit un étranglement, il y a en ce point un frottement plus considérable, une décroissance brusque, tandis que, en deçà et au delà, on trouve la décroissance régulière. On

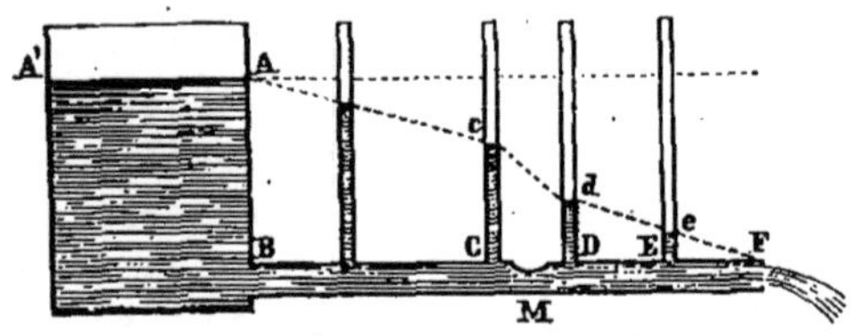

Fig. 123.

peut faire l'expérience comme précédemment en plaçant sur le trajet de la conduite cylindrique une partie flexible, en caoutchouc, par exemple. Au début les niveaux se disposent comme nous l'avons dit, mais si l'on vient à déprimer la partie flexible, on voit immédiatement les niveaux se relever en amont et s'abaisser en aval. La différence entre les niveaux piézométriques des points les plus voisins de cette partie, de part et d'autre, a augmenté, ce qui montre que le frottement, la résistance a cru. Mais d'autre part la décroissance des hauteurs piézométriques est moins rapide dans les parties cylindriques, en même temps que, naturellement, le débit est moindre et moindre aussi par conséquent la vitesse du liquide.

La vitesse diminuant, le frottement doit diminuer dans les parties non étranglées: c'est ce qui est bien d'accord avec le fait que les lignes des niveaux sont moins inclinées sur l'horizontale.

Ces considérations sont d'une grande importance pour l'explication des phénomènes qui se produisent dans la circulation du sang.

La question est moins simple s'il s'agit d'une conduite qui ne soit pas cylindrique, dont la section varie d'une manière continue, par exemple: elle est même trop complexe pour que nous nous y arrêtions, et nous indiquerons seulement ce qui se produit dans le cas où des tuyaux cylindriques de divers diamètres sont placés à la suite. Le régime permanent étant atteint, la même quantité de liquide doit passer dans le même temps à travers toutes les sections de la conduite. Par conséquent, la vitesse du liquide devra être d'autant plus grande que le tube aura un plus petit diamètre.

Les résultats de l'expérience sont bien d'accord avec ces indications, et sur une conduite formée de parties de diamètres inégaux on voit les niveaux piézométriques disposés sur une ligne brisée formée de parties rectilignes dont la pente est d'autant plus considérable que le tube correspondant a un plus petit diamètre.

Ces remarques trouvent également leur application dans la théorie de la circulation en physiologie.

203. Mouvement des liquides dans les tubes capillaires. — Les perturbations dont nous venons d'indiquer l'existence, quoiqu'il ne soit pas permis de les négliger, ne sont cependant pas assez importantes pour infirmer complètement les lois énoncées précédemment ; elle conduisent seulement à l'emploi de coefficients et de tables construites d'après l'expérience. Les résultats sont bien différents si le liquide est placé dans des conditions telles que la partie qui frotte contre la paroi est une notable partie de la masse, comme cela arrive dans le cas du mouvement des liquides dans les tubes capillaires : c'est ce qui résulte d'expériences précises faites dans le but spécial de leur application à la physiologie. M. Poiseuille, à qui elles sont dues, étudiait les temps nécessaires à l'écoulement d'une certaine quantité connue de liquide à travers des tubes capillaires variant de longueur et de diamètre, sous des pressions variables et à diverses températures. Il est arrivé aux résultats suivants :

Première loi : Les quantités de liquide écoulées sous diverses pressions sont, toutes choses égales d'ailleurs, proportionnelles aux pressions.

Le théorème de Torricelli eût indiqué qu'elles sont proportionnelles aux racines carrées de ces pressions.

Deuxième loi : A partir d'une certaine longueur, les quantités d'eau écoulées sont en raison inverse des longueurs des tubes ; les autres conditions restent les mêmes.

La longueur du tube serait indifférente si l'on pouvait supposer le liquide parfaitement mobile et appliquer la règle de Torricelli.

Troisième loi : La dépense est proportionnelle à la quatrième puissance des diamètres des tubes.

La formule usuelle de la dépense eût indiqué que les volumes d'eau écoulées sont proportionnels aux carrés des diamètres.

Enfin l'influence de la température ne change pas la loi même, mais fait varier dans des proportions considérables les coefficients que l'on doit introduire dans les formules.

Nous avons à peine besoin de signaler l'intérêt que présentent ces lois au point de vue de la circulation du sang dans les vaisseaux capillaires ; nous devons seulement faire remarquer que ces lois n'expliquent pas et ne peuvent pas expliquer tous les phénomènes qui se produisent dans ces circonstances : outre que les capillaires du système sanguin sont élastiques, ce qui modifie les conditions d'écoulement d'une façon considérable, le sang n'est pas un liquide homogène et la présence des globules doit forcément infirmer toute loi démontrée pour les liquides homogènes et que l'on voudrait appliquer abusivement au sang.

La circulation du sang d'ailleurs est loin d'être un phénomène assez simple au point de vue mécanique pour que nous puissions lui appliquer directement les indications que nous avons fournies précédemment. Outre l'objection provenant de ce que le sang n'est pas homogène, il faut tenir compte de ce que l'on n'arrive jamais à un régime permanent. Le mouvement du sang est produit par les impulsions rythmées du cœur et le liquide sanguin sous cette influence ne peut prendre un mouvement uniforme.

D'autre part les vaisseaux traversés par le sang ne sont pas rigides, ils sont élastiques, se laissent distendre par la pression intérieure et reviennent ensuite à leur diamètre primitif. Cette disposition spéciale, dont l'influence serait minime si le liquide avait un régime permanent, prend une grande importance s'il s'agit d'un écoulement qui se produise par intermittence. C'est ce que l'on peut facilement vérifier à l'aide de l'expérience suivante.

204. Influence des ajutages élastiques sur la dépense. — Si l'on adapte un tube élastique, en caoutchouc par exemple, à un orifice pratiqué dans la paroi d'un vase contenant un liquide, on pourra, en étudiant l'écoulement du liquide dans les conditions ordinaires, reconnaître que la dépense est la même que celle qui correspondrait à un tube rigide ayant un diamètre égal à celui que prend le tube élastique sous la charge du liquide. On arrivera à des résultats très différents si l'écoulement est rendu intermittent par un moyen quelconque; dans ce cas, la dépense du tuyau élastique est notablement supérieure à celle du tuyau rigide qui tout à l'heure donnait le même débit; en outre, tandis que le liquide manifeste, à sa sortie du tube non élastique, toutes les intermittences auxquelles on soumet l'écoulement, il sort d'une manière presque continue à l'extrémité du tube en caoutchouc, et la continuité est d'autant plus parfaite que le tube est plus long.

Ces résultats, signalés par M. Marey, sont très faciles à observer en montant sur un ajutage un tuyau bifurqué, aux branches duquel s'adaptent un tuyau en verre ou en métal d'une part, et un tube de caoutchouc d'autre part.

Il nous suffira d'indiquer l'importance de ces faits au point de vue de l'étude de la circulation du sang. Nous rappellerons qu'en effet le sang est mis en mouvement par le cœur d'une manière intermittente et qu'il passe d'abord dans les vaisseaux artériels dont l'élasticité est assez considérable.

205. Exposé de la circulation du sang. — Dans l'étude que nous allons faire de la circulation du sang, nous ne nous occuperons que des phénomènes physiques ou mécaniques qui sont des applications des lois et des principes précédemment exposés : nous indiquerons comment ce liquide est mis en mouvement, et nous donnerons l'explication des divers phénomènes qui ont été principalement observés.

La circulation que nous étudierons comprendra le cours du sang entre deux passages consécutifs de ce liquide dans l'organe central, que ce soit dans les mêmes cavités que ce retour ait lieu (circulation simple des poissons), ou que des parties distinctes de l'organe central le reçoivent successivement, de sorte qu'un double circuit doive être parcouru pour que le sang revienne à son point de départ (circulation double des mammifères, par exemple). C'est à la physiologie qu'il appartient d'établir ces distinctions qui sont sans intérêt au point de vue physique et mécanique.

1° *Organe central.* — L'organe central est le moteur de la circulation ; c'est le *cœur*, muscle creux, dont les fibres entre-croisées dans diverses directions diminuent notablement la capacité par leur contraction ; souvent (animaux supérieurs) il se compose de deux parties entièrement distinctes, connues sous les noms de *cœur droit* et *cœur gauche*, et dont nous ne considérerons qu'un seul. Avec cette restriction, nous décrirons l'organe central comme composé de deux cavités : *l'oreillette*, qui reçoit le sang d'une manière continue par un orifice fermé plus ou moins complètement par une valvule, soupape s'ouvrant de dehors en dedans et s'opposant par suite à toute sortie du sang par cet orifice, lors de la contraction de l'oreillette ; et le *ventricule*, dont les parois épaisses sont susceptibles par leur contraction de comprimer fortement le liquide qui s'y trouve contenu. Le ventricule est en communication avec l'oreillette par un large orifice, *orifice auriculo-ventriculaire*, pourvu d'une valvule se mouvant dans le même sens que la précédente, et s'opposant au passage du sang du ventricule dans l'oreillette, tandis qu'elle permet librement le mouvement en sens contraire. Enfin, le sang s'échappe du ventricule dans un système de vaisseaux, par un orifice également muni d'une valvule agissant de la même façon que les deux précédentes.

L'oreillette et le ventricule se contractent périodiquement : l'oreillette d'abord ; puis, aussitôt après, le ventricule. Ces mouvements du cœur sont suivis d'une période d'inactivité musculaire, pendant laquelle les fibres reviennent à l'état de repos : c'est la *diastole* ; la période de contraction a reçu le nom de *systole*.

2° *Artères.* — Le sang sorti du ventricule arrive dans un vaisseau unique d'abord, qui bientôt se subdivise pour se répandre, sans solution de continuité, dans tous les points où le sang doit arriver. Ces vaisseaux sont les *artères* : ils ont une texture assez complexe, de laquelle résulte une grande élasticité, propriété absolument caractéristique et qui est facilement mise en évidence par ce fait, qu'une artère coupée conserve un orifice circulaire et ne reste point déprimée. A mesure que les artères se subdivisent. leur diamètre diminue; mais il n'y a pas compensation exacte entre l'augmentation du nombre des artères et la diminution de section. et la somme des sections augmente à mesure que l'on s'éloigne de l'organe central.

3° *Vaisseaux capillaires*. — On désigne sous ce nom des vaisseaux de très petites dimensions, répandus partout, s'anastomosant dans tous les sens et faisant suite aux artères du plus petit diamètre dont ils diffèrent par la composition.

La section totale par laquelle le sang passe augmente encore des artères aux capillaires; d'après des observations et des calculs que l'on ne peut regarder d'ailleurs que comme des approximations, Donders et Valentin ont évalué la section totale des capillaires à cinq cents ou huit cents fois la section de l'artère à la sortie du cœur.

4° *Veines*. — Les vaisseaux capillaires se réunissent pour former un nouvel ordre de vaisseaux, les *veines*, qui diffèrent essentiellement des artères par leur manque d'élasticité; les veines d'un certain diamètre présentent, en outre, en quelques parties, des *valvules*, sortes de replis membraneux, faisant fonction de soupapes et opposant un obstacle au cours du sang vers les capillaires, tandis qu'elles le permettent dans un sens opposé. Les veines qui sont directement en rapport avec les capillaires ont un faible diamètre (*veinules*); elles se réunissent successivement en donnant naissance à des vaisseaux d'un plus grand diamètre : mais la section totale des veines diminue d'une manière continue des veinules au cœur, où les veines vont déboucher dans l'oreillette par un nombre restreint d'orifices.

5° *De la circulation du sang*. — Le sang arrive d'une manière continue des veines dans l'oreillette et la remplit pendant la diastole; par la contraction des parois de cette cavité, le sang se trouve pressé; il ne peut repasser dans les veines, tandis que la valvule auriculo-ventriculaire s'ouvrant par la pression même, il vient remplir à son tour le ventricule encore en diastole; mais la systole ventriculaire se produit alors, et, par un jeu de valvules facile à comprendre, lance dans l'artère tout le sang venant de l'oreillette. En un mot, le sang arrive d'une manière continue dans le cœur, il en sort périodiquement par ondées intermittentes.

Le sang est lancé dans les artères d'une façon discontinue, intermittente et sous l'influence de la pression ventriculaire que l'on a évaluée à une colonne de 0^m,15 de mercure. Cette ondée sanguine, qui, dans des tuyaux rigides, donnerait naissance à un écoulement intermittent, produit un double effet dans le système artériel : elle refoule la colonne liquide qui la précède, et en même temps dilate l'artère d'une quantité appréciable ; le retour de ce vaisseau à ses premières dimensions fait avancer le sang qu'il contient pendant la diastole ventriculaire. L'élasticité de l'artère tend à régulariser le cours du sang, à le rendre uniforme et non saccadé : ce fait, établi directement par des sections pratiquées sur des artères plus ou moins éloignées du cœur, a été reproduit dans une expérience schématique de M. Marey (206).

Il résulte, en outre, de l'augmentation de section totale des artères que la vitesse du sang décroît à mesure que les artères sont plus petites; cette vitesse est encore diminuée par le frottement sur les parois.

Le sang arrive donc d'une manière continue, ou à peu près, dans les vaisseaux capillaires : sa vitesse, bien diminuée déjà, décroît encore par suite de l'augmentation de section totale de ces vaisseaux et par suite des frottements qui augmentent très rapidement lorsque le diamètre devient très petit (204). Le mouvement est produit dans les capillaires par suite de l'impulsion du cœur, prolongée par l'élasticité artérielle.

Le sang arrive d'un mouvement uniforme dans les veines, ainsi que le prouve la continuité du jet dans la saignée, par exemple. Mais sa vitesse est d'autant plus considérable qu'on étudie des points plus rapprochés du cœur par suite de la diminution de section totale que nous avons signalée. Le sang contenu dans le système capillaire et soumis à la poussée du sang artériel refoule le sang contenu dans les veines, et est la cause principale de son mouvement, mais n'est pas la seule : la disposition des valvules est telle, que toute pression extérieure, fermant ces valvules, refoule le sang vers le cœur ; les contractions musculaires pressent les veines d'une manière intermittente et communiquent une impulsion au sang; d'autre part, le retour de l'oreillette à ses dimensions primitives, en augmentant sa capacité, produit une sorte d'aspiration à laquelle vient se joindre par instant la dilatation de l'oreillette, causée par la dilatation de la cage thoracique dans la respiration. Enfin, ces causes réunies font couler le sang dans les veines jusqu'à l'amener dans l'oreillette; à partir de cet instant, les phénomènes que nous venons d'indiquer se reproduisent identiquement[1].

1. Chez les animaux supérieurs, qui ont un cœur double, la circulation se compose de deux parties que rien ne distingue au point de vue *mécanique* :

206. De la tension dans le système circulatoire. — L'action des ventricules en refoulant le sang et dilatant les artères soumet ce liquide à une pression qui a été mesurée à diverses reprises.

En tenant compte des variations de diamètre des vaisseaux, qui sont d'autant plus petits qu'ils sont plus éloignés du cœur, et des variations de la section totale d'écoulement, qui croît, au contraire, dans les mêmes conditions, on peut prévoir qu'il doit y avoir des différences de pression aux divers points du système circulatoire.

Des expériences directes ont été faites, comme nous l'avons indiqué (169).

Ces expériences, sur les résultats numériques desquelles nous n'avons pas à insister, ont montré que les prévisions théoriques sont réalisées, que la pression diminue dans les artères à mesure que l'on s'éloigne du cœur, et que, dans les veines, elle est encore bien moindre par suite de l'action des capillaires.

207. Du pouls; du sphygmographe. — Si l'on étudie une artère d'une certaine dimension, l'uniformité du mouvement n'est pas encore établie, et les variations de l'impulsion en ce point peuvent donner des connaissances utiles sur le mode de fonctionnement du cœur ou des artères elles-mêmes. On peut se rendre compte de cette impulsion en appuyant le doigt sur une artère assez superficielle et reposant sur un plan résistant; ces conditions sont remplies, par exemple, pour l'artère radiale; la présence du plan résistant est nécessaire parce que sans cela l'artère se laisserait déprimer, et le mouvement se perdrait dans les tissus mous sous-jacents. Telle est l'explication du *pouls* dont on peut reconnaître les nombreuses variétés par une grande habitude.

Des appareils ont été inventés pour étudier avec plus d'exactitude le pouls et ses diverses propriétés; la méthode autographique, appliquée dans ce cas, a donné les meilleurs résultats en supprimant les impressions personnelles qui n'avaient pas une fixité absolue et les remplaçant par des indications toujours exactes. Plusieurs instruments ont été inventés en Allemagne dans ce but; mais le sphygmographe de M. Marey est le plus simple et le plus répandu; nous l'avons décrit précédemment (28).

208. Des ondes produites à la surface d'un liquide. —

1º Grande circulation ou circulation générale : oreillette gauche, ventricule gauche; artères, capillaires et veines de la circulation générale; oreillette droite.

2º Petite circulation ou circulation pulmonaire : oreillette droite, ventricule droit; artères, capillaires et veines pulmonaires; oreillette gauche.

Pour chacune de ces circulations, on peut répéter tout ce que nous venons d'indiquer.

174   DES CORPS LIQUIDES.

Nous ne nous sommes point arrêtés à l'étude de l'écoulement des
liquides dans les canaux découverts; mais il n'est pas sans intérêt
de signaler les déformations qui se propagent à la surface des liquides dont la masse reste au repos. Ce n'est pas que ces phénomènes présentent des applications directes; mais ils sont faciles à
observer matériellement, à vérifier, et leur connaissance est fort
utile pour la compréhension d'autres mouvements vibratoires dont
nous aurons à parler plus tard, et dont l'observation directe est
moins simple ou même peut être matériellement impossible (*Acoustique, optique physique*).

209. — Tout le monde connaît l'effet produit par un corps tombant dans un liquide tranquille : on distingue à la surface un cercle
ayant pour centre le point ébranlé, et qui se meut de telle sorte

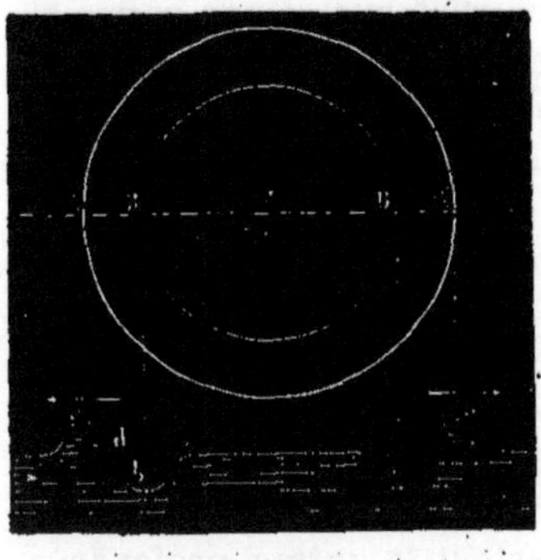

Fig. 124.

que son rayon aille constamment
en augmentant sans que son centre change; en observant plus attentivement, on reconnaît que ce
cercle correspond à une élévation
et à une dépression du liquide se
succédant immédiatement. La figure 124 montre une coupe du liquide par un plan vertical passant
par le centre du cercle; on distingue la partie surélevée en *a*, la
partie déprimée en *b*, le niveau
du liquide étant *cde*; dans cette fi-
gure, comme dans les suivantes, nous représenterons une onde
par deux traits parallèles, le trait fort correspondant à la partie
la plus élevée, et le trait faible à la dépression la plus considérable.

Sans entrer dans une étude approfondie de ces ondes, il importe
cependant de se rendre compte de leur production. Il faut comprendre surtout que ce que nous appelons *onde* n'a pas une existence
matérielle, et que ce n'est que d'une manière symbolique, pour
ainsi dire, que nous énonçons que l'onde se déplace. Il faut concevoir qu'à un même instant, et sous l'influence de causes quelconques, certaines molécules d'un liquide se trouvent dérangées de leur
position d'équilibre, les unes se trouvant élevées au-dessus de la
surface libre, les autres se trouvant abaissées au-dessous. Cet état
ne peut exister d'une manière stable, chaque molécule tendant à
revenir à sa position d'équilibre; mais le retour à cette position ne
s'effectue pas sans que les molécules voisines soient influencées, si
bien que la partie de la surface qui touchait l'élévation se trouvera
élevée à son tour, tandis que les molécules qui constituaient cette

élévation se seront abaissées au-dessous du niveau général par suite de l'action produite par le retour à la position d'équilibre des molécules précédemment déprimées; le liquide présentera donc comme avant une élévation suivie d'une dépression, mais non plus au même lieu, et ce ne sont pas non plus les mêmes molécules qui les constituent, chacune des molécules n'étant animée que d'un mouvement oscillatoire suivant une verticale ou à peu près, mais n'étant pas entraînée; l'onde n'est que l'expression d'un état de la surface, et son transport signifie simplement que des parties différentes prennent successivement ce même état. On peut avoir une idée assez nette de ce que nous désignons par onde, en observant l'effet produit par un coup de vent sur un champ de blé : on voit les épis s'abaisser successivement, puis se redresser et produire le même effet que si une vague se déplaçait à la surface, quoique dans ce cas bien certainement les épis ne puissent éprouver aucun mouvement de translation. On peut directement se rendre compte du mouvement vertical sur place des molécules, en examinant, au bord de la mer, l'effet d'une vague sur de petits corps flottants, comme des bouchons par exemple : pendant le passage de la vague le bouchon est soulevé, puis retombe ensuite, sans presque qu'il soit entraîné horizontalement.

La vitesse de propagation de l'onde, c'est-à-dire la rapidité avec laquelle le phénomène se manifeste successivement dans des points différents, dépend de la densité du liquide et de sa profondeur. Dans un liquide présentant partout la même profondeur, l'onde produite par un ébranlement communiqué en un point doit être circulaire par raison de symétrie. Dans une onde de forme quelconque, une petite portion pourra toujours être considérée comme rectiligne, si elle est à une grande distance du centre d'ébranlement.

210. De la superposition des ondes. — Si dans une nappe indéfinie de liquide au repos on produit en deux points différents des ébranlements, on donnera naissance à deux ondes circulaires ayant ces points pour centre et qui arriveront à se rencontrer puisque leurs rayons augmentent. Malgré cette complexité d'action, on continue à distinguer les deux ondes qui se traversent sans cesser d'exister. A l'endroit même de l'intersection des ondes, on observe que chaque molécule du liquide occupe précisément la même position que si les deux ondes au lieu d'exister simultanément y fussent parvenues successivement, et que l'effet de la seconde eût agi sur la molécule déplacée par la première et non encore de retour à sa position d'équilibre; par exemple, un point qui correspond à la partie élevée des deux ondes éprouve une élévation égale à la somme des

élévations partielles que chaque onde lui eût communiquées isole
ment.

On peut énoncer ce résultat d'une manière plus simple, en disant
que le déplacement total d'un point est égal à la somme algébrique
des déplacements que lui eussent procurés isolément les deux ondes,
en convenant de regarder les élévations comme des déplacements
positifs, par exemple, et les dépressions comme des déplacements
négatifs.

Plusieurs ondes peuvent coexister sans que leurs effets cessent d'être distincts ; c'est ce qui se voit fort bien au bord de
la mer ou sur un lac : outre les vagues produites par l'action
du vent et qui sont à peu près parallèles, au moins à une certaine distance du rivage, on distingue· simultanément les ondes
rectilignes produites par le mouvement d'un navire, les ondes
circulaires occasionnées par un oiseau pêchant un poisson, par une
pierre qu'on lance, etc.

211. Réflexion des ondes liquides. — Lorsque le liquide ne
présente pas une surface indéfinie, mais qu'il est limité par une
paroi verticale, un phénomène nouveau se présente, la réflexion de

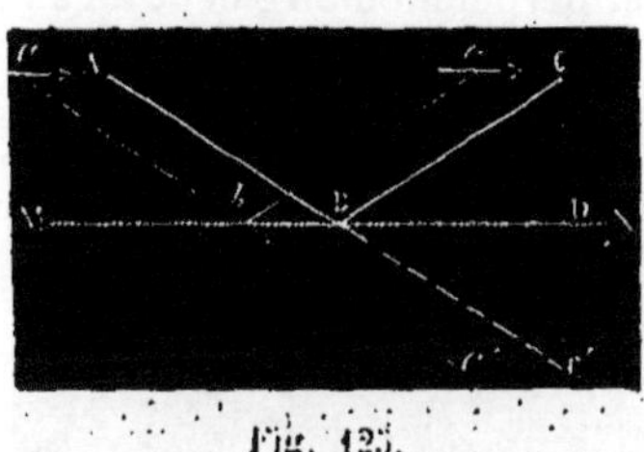

l'onde. Supposons d'abord une
onde plane BC*bc* (*fig.* 125) rencontrant une paroi MN, également
plane, avec laquelle elle fait un
certain angle ; elle ne s'anéantit
pas par le fait de cette rencontre,
mais donne naissance à une onde
plane nouvelle AB*ab* marchant
dans le même sens et faisant avec

Fig. 125.

la paroi MN, mais de l'autre côté de la normale, un angle égal à
celui que faisait l'onde incidente ; on dit alors que l'onde se réfléchit. Dans le cas d'une seule onde, l'effet produit est le même que si
l'on avait une onde en forme de V dont le sommet glissât le long
de la paroi.

L'effet est analogue si l'onde plane rencontre une paroi courbe,
seulement les angles doivent être mesurés alors avec la tangente à
cette courbe.

Lorsqu'une onde circulaire rencontre une paroi plane, elle se
réfléchit comme si, en chaque point, elle était remplacée par l'onde
rectiligne tangente. L'analyse géométrique du phénomène, d'accord
avec l'expérience, indique qu'il doit se développer une onde circulaire ED qui se meut en s'éloignant de la paroi de manière à être à
chaque instant symétrique de la portion d'onde ED' que la paroi a
interceptée (*fig.* 126), et, par suite, comme si elle émanait d'un

centre C', symétrique du centre véritable d'ébranlement C par rapport à la paroi.

L'application de la loi de réflexion conduit à quelques résultats importants dont nous aurons plus tard à nous servir.

Toute onde circulaire (*fig.* 127) dont le centre est au foyer F

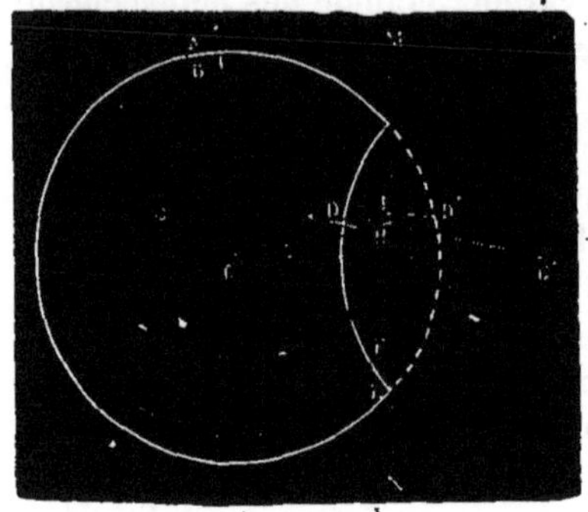

Fig. 126.

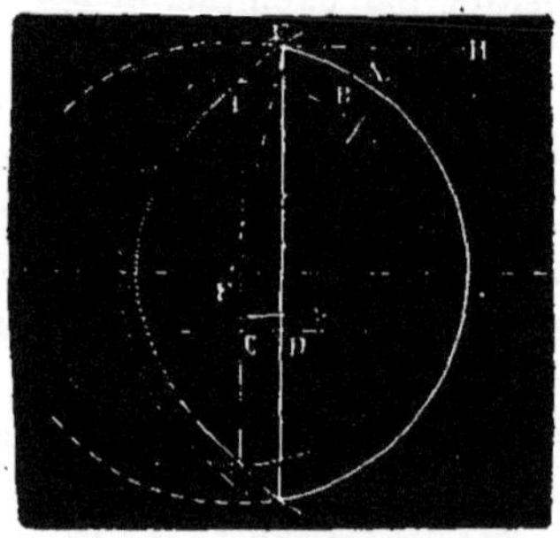

Fig. 127.

d'une parabole se transforme, après la réflexion, en une onde rectiligne se mouvant dans le même sens, perpendiculairement à l'axe de la parabole.

Toute onde circulaire (*fig.* 128) dont le centre est à l'un des foyers F d'une ellipse se transforme, après sa réflexion sur cette courbe, en une autre onde circulaire ayant son centre à l'autre foyer F′ et dont le rayon décroît jusqu'à 0.

Toute onde circulaire dont le centre d'ébranlement est au centre d'une circonférence donne naissance, par sa réflexion

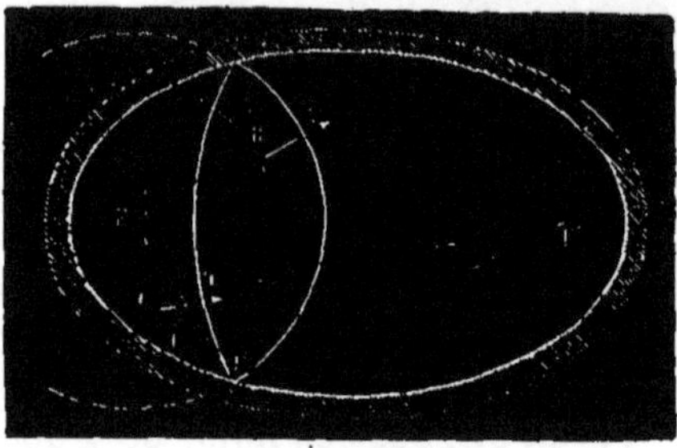

Fig. 128.

sur cette courbe, à une nouvelle onde circulaire de même centre, mais de rayon décroissant jusqu'à 0.

212. Interférence des ondes. — Nous avons dit (209) que le déplacement d'une molécule sous l'influence simultanée de plusieurs ondes est la somme algébrique des déplacements que chaque onde agissant seule aurait produits. Supposons que deux ondes rectilignes, parallèles et de même amplitude, AB et CD (*fig.* 129, 1), mais dirigées en sens contraire, avancent à la rencontre l'une de l'autre : il arrivera, par suite de leur mouvement, un instant où

l'élévation de chacune correspondra à la dépression de l'autre, et,
comme elles ont même amplitude, ces effets se détruiront et toute
apparence d'onde aura disparu (II) : les ondes auront *interféré*, pour
employer l'expression pro-
pre. Cet état ne durera pas;
chaque onde, continuant
son mouvement, reparaîtra
bientôt, mais il y aura eu
croisement (III).

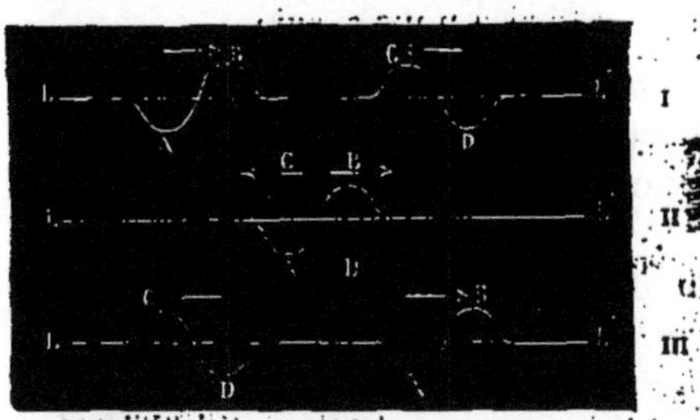

Dans le cas où l'on aura
des ondes présentant les
mêmes conditions de gran-
deur et de direction que

Fig. 129.

nous venons d'indiquer, mais se succédant d'une manière continue
et régulière, des effets analogues se produiront : à des époques
périodiques, tout le liquide paraîtra au repos; puis, dans l'intervalle, on percevra des élévations et des dépressions dues à l'action
simultanée de ces deux systèmes. Mais il y aura toujours des points
qui, par suite de deux actions égales et contraires, n'éprouveront
aucun déplacement; ces points, auxquels on donne le nom *de nœuds*,
sont régulièrement espacés, comme il est facile de le comprendre;
en outre, ce que nous ne pouvons démontrer ici, ils sont fixes et
restent les mêmes malgré le déplacement des ondes; à égale distance de deux nœuds consécutifs, on trouve des molécules animées
de mouvements d'amplitude maxima que l'on appelle *ventres*.

Les conditions de production des nœuds et des ventres se trouvent remplies dans le cas d'un canal étroit, terminé à une extrémité
par une paroi plane et normale à l'axe du canal, et à l'autre extrémité duquel on produit des ondes planes égales d'une manière continue et régulière. Les ondes réfléchies sont aussi planes et périodiques, et, rencontrant des ondes incidentes, interfèrent nécessairement en donnant naissance à des nœuds et à des ventres.

CHAPITRE IV

DES CORPS GAZEUX

213. — Les gaz sont des corps doués d'une très grande mobilité, comme nous l'avons déjà dit; cette propriété leur est commune
avec les liquides. Elle n'est cependant pas absolue, comme nous le

verrons ci-après ; mais on peut la regarder comme telle pour toutes les questions où les gaz sont au repos ou animés d'une faible vitesse.

Comme les liquides, les gaz sont compressibles, mais à un bien plus haut degré : on sait, en effet, que pour une variation de pression égale à une atmosphère, l'eau subit une réduction de volume représentée par le nombre 0,000030 ; la même pression appliquée à un gaz placé dans les conditions ordinaires le réduit à la moitié de son volume.

La grande compressibilité des gaz et leur élasticité se reconnaissent en enfonçant un piston dans un cylindre de verre à parois résistantes (*fig.* 130) plein d'air et fermé par un bout. Le moindre effort suffit pour réduire le volume de l'air d'une quantité notable. Dès que la compression cesse, le piston se meut en sens inverse, obéissant à la force de ressort du gaz jusqu'à ce qu'il ait repris sa position première. C'est aussi par un effort élastique qu'une vessie pleine d'air rebondit en tombant à la surface du sol ; l'enveloppe, en cessant d'être sphérique, diminue nécessairement de volume.

On voit que, comme pour les liquides, et par les mêmes raisons, l'élasticité des gaz doit être définie autrement que pour les solides et qu'elle se rapporte aux variations de volume et non aux changements de forme.

Comme pour les liquides, l'élasticité des gaz semble absolue.

Fig. 130.

214. **Expansibilité.** — Mais les gaz se distinguent des liquides par un autre caractère, l'*expansibilité*, qui fait qu'une masse gazeuse tend toujours à occuper l'espace qui lui est offert, quelque étendu qu'il soit. Pour le prouver par une expérience directe, on prend une vessie fermée contenant une petite quantité d'air (*fig.* 131). On l'introduit sous une cloche de verre, dont on peut extraire l'air intérieur au moyen d'une pompe pneumatique. A mesure qu'on fait le vide, on voit la vessie qui se gonfle de plus en plus, et qui prend tout le volume dont elle est susceptible. Dès que l'on fait rentrer l'air, elle s'affaisse en reprenant sa forme primitive. Cette expérience, due à Otto de Guéricke,

Fig. 131.

met en évidence la répulsion permanente des molécules gazeuses et, par suite, la pression qu'elles exercent contre les parois des vases qui les renferment, pression que l'on appelle *tension* ou *force élastique* des gaz. Il résulte de cette propriété que les gaz ne peuvent avoir de surface libre sur laquelle aucune pression ne soit exercée, puisqu'il faut un obstacle pour arrêter leur force d'expansion.

L'existence de l'expansibilité des gaz conduit à concevoir que, lors même qu'ils ne seraient pas pesants, ils exerceraient une *pression* sur les parois des vases qui les renferment.

Par raison de symétrie, et à cause de l'homogénéité de constitution de ces corps, la pression sur un élément plan doit être normale à l'élément, indépendante de sa direction, et elle doit avoir la même valeur en tous les points sur des surfaces égales.

C'est là ce qui constitue l'égalité de pression dans les gaz. Si les surfaces sont inégales, les pressions sont proportionnelles aux surfaces. (Principe de Pascal appliqué aux gaz.)

215. Les gaz sont pesants. — Les gaz sont pesants, comme le sont les solides et les liquides; mais, à volume égal, leur poids est beaucoup moindre. Aussi faut-il des précautions pour mettre en évidence l'existence de cette propriété ; on peut y arriver de la façon suivante.

On prend un ballon muni d'une douille à robinet et d'un pas de vis qui porte un crochet. Après avoir enlevé l'air du ballon, on le suspend à l'un des plateaux de la balance, et on équilibre par une tare. Si on ouvre alors le robinet, l'air rentre en sifflant, et en même temps le fléau penche du côté du ballon. Pour rétablir l'équilibre, il faut ajouter dans l'autre bassin des poids dont la valeur représente le poids de l'air qui s'introduit dans le ballon. On peut répéter l'expérience avec tout autre gaz, et le résultat est analogue.

En prenant les précautions convenables que nous indiquerons dans l'étude de la chaleur, on trouve que 1 litre d'air à la température de 0° et sous la pression de 760^{mm} pèse 1^{gr},293.

216. Pression des gaz pesants. — Imaginons, par la pensée, une masse de gaz non pesante et considérons un élément de surface, horizontal, par exemple. Cet élément sera soumis à une certaine pression qui serait égale à la pression subie par un élément de mêmes dimensions placé en un point quelconque de la masse gazeuse, verticalement au-dessus, si l'on veut.

Supposons alors que le gaz devienne pesant : on pourra appliquer avec quelques petites modifications ce que nous avons dit pour les liquides (161), et l'on arrivera aisément à concevoir qu'il doit exister entre les deux éléments une différence de pression égale au poids du cylindre de gaz compris entre eux [1].

---

1. Il importe de remarquer que, à cause de la grande compressibilité des

On conclut de là que, comme dans un liquide, la pression dans une masse gazeuse croît à mesure que l'on considère des points situés plus bas. Seulement tandis que dans un liquide, cette variation est sensible même pour de faibles hauteurs, pour les gaz elle est faible et peut être le plus souvent négligée même pour des différences de hauteur assez notables.

En général, et à moins de recherches très précises, lorsqu'il s'agit de masses de gaz limitées et telles qu'on en emploie dans les expériences, on peut ne pas tenir compte des variations de pression dues à la pesanteur et raisonner comme si la pression était partout la même.

217. Pression atmosphérique. — Il n'en est plus de même lorsque la masse gazeuse a une grande hauteur, comme, par exemple, l'atmosphère qui entoure notre globe : elle constitue une couche gazeuse d'une épaisseur qui n'est pas exactement connue, mais qui certainement dépasse 40 kilomètres. A sa surface extérieure, la pression serait nulle; à la surface du sol, la pression sera mesurée par le poids d'un cylindre de gaz occupant toute la hauteur de l'atmosphère et qui, vu sa grande hauteur, ne peut être négligé.

Il n'est pas possible d'évaluer par le raisonnement la valeur de cette pression, nommée *pression atmosphérique*, car on ne connaît ni la hauteur de l'atmosphère, ni la loi suivant laquelle varie la densité de l'air avec l'altitude. On ne peut non plus les déterminer directement, parce qu'une lame plongée dans l'air éprouve sur ses deux faces des pressions égales et contraires qui se font équilibre.

Ce n'est qu'en retirant l'air sur une face que l'on peut mettre en évidence la pression qui s'exerce sur l'autre face : l'expérience peut être faite d'un grand nombre de manières différentes, et notamment à l'aide du crève-vessie et des hémisphères de Magdebourg. Mais le procédé le plus satisfaisant est celui qui a été indiqué par Torricelli et qui consiste à mesurer la pression atmosphérique par la pression d'un liquide, d'une manière analogue à ce qui se passe dans les vases communiquants. Pour réaliser cette expérience, on prend, à l'exemple de Torricelli, un tube de verre ayant environ 1 mètre de longueur, fermé par un bout et ouvert par l'autre (*fig.* 132). On le remplit complètement de mercure; puis, après l'avoir bouché avec le doigt, on le renverse dans un vase V, en partie plein de mercure; le liquide contenu dans le tube descend et, après quelques oscillations, s'arrête à une hauteur d'environ 76 centimètres. C'est en 1643 que Torricelli exécuta pour la

gaz, la densité varie avec la pression et que le poids d'un cylindre vertical de gaz n'est pas, comme pour les liquides, proportionnel à sa hauteur.

première fois cette expérience célèbre; il établit ainsi que c'est
bien la pression atmosphérique, s'exerçant sur la surface libre du
mercure, qui s'oppose à ce que le liquide du tube s'abaisse pour se
mettre au niveau avec cette surface; car s'il n'y avait pas de pres-

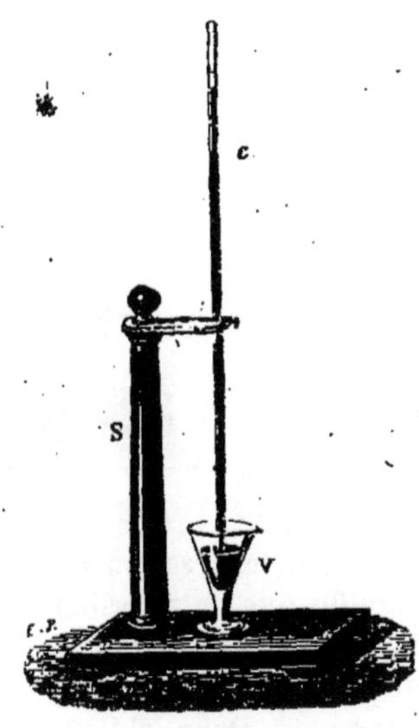

Fig. 132.

sion appliquée au mercure extérieur,
le principe de l'équilibre des liquides
dans les vases communiquants exigerait que les niveaux fussent les
mêmes à l'extérieur et à l'intérieur
du tube; mais la pression atmosphérique doit modifier ce résultat en forçant le mercure à monter dans le
tube au-dessus du niveau de la surface libre.

L'explication de Torricelli fut
confirmée par les observations de
Pascal. En répétant cette expérience
avec différents liquides, tels que
l'eau, l'alcool, Pascal fit voir que les
hauteurs des colonnes soulevées dans
le tube étaient dans le rapport inverse des densités. Si, par exemple,
avec le mercure, la hauteur est de
76 centimètres, avec l'eau elle sera égale à 76 × 13,59 ou
10^m,33.

Pascal reconnut que la largeur, la forme et l'inclinaison du
tube n'ont aucune influence sur la hauteur verticale; enfin, comme
dernière vérification, il constata que la hauteur diminue à mesure
qu'on s'élève dans l'atmosphère. C'est au Puy-de-Dôme qu'il fit
exécuter ces expériences restées célèbres; les observations faites
dans la ville de Clermont et au sommet de la montagne établirent
que, en ce dernier endroit, élevé au-dessus de la ville d'environ
500 toises (975 mètres), la hauteur du mercure était moindre de
3 pouces 1 ligne 112 (84^{mm}); cette différence ne pouvait être attribuée qu'à la différence de pression de l'air.

218. Baromètre. — L'appareil de Torricelli a reçu le nom de
baromètre, parce qu'il sert à évaluer la pression dans le lieu où il
est placé. En effet, considérons la surface libre du mercure xy
(*fig.* 133). Sur tous les éléments égaux de cette couche de niveau,
la pression est évidemment la même. Or, en dehors du tube, sur
l'élément m, c'est l'atmosphère qui exerce sa pression; en dedans,
sur un élément égal n, c'est la colonne mercurielle; donc cette
colonne est la mesure de la pression atmosphérique. En désignant

par p la pression que l'atmosphère exerce sur l'unité de surface, un centimètre carré, on aura, pour trouver la valeur de cette pression mesurée en grammes, la relation :

$$p = 1 \times h \times d,$$

h représentant la hauteur mercurielle exprimée en centimètres, et d la densité.

Si, par exemple, on fait h égal à $0^m,76$, comme le centimètre cube de mercure pèse $13^g,59$, en multipliant ce nombre par 76, on obtiendra 1.033 grammes ou $1^k,033$ pour la pression cherchée. Sur 1 mètre carré, elle serait par la même raison égale à 10.330 kilogrammes, et sur une surface quelconque S exprimée en mètres carrés, 10.330 $\times$ S kilogrammes. Remarquons que la valeur de p étant, dans tous les cas, proportionnelle à h, on se contente d'exprimer la pression par cette hauteur même. Ainsi, quand on dit que la pression atmosphérique est de 75 centimètres, cela signifie que la pression sur une certaine surface équivaut au poids d'une colonne de mercure de même surface et de 75 centimètres de hauteur.

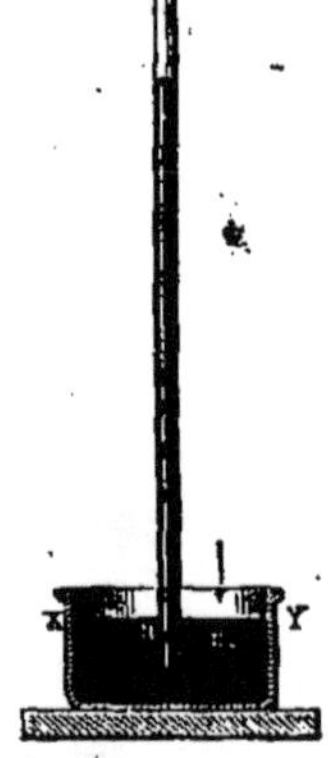

Fig. 133.

219. Construction du baromètre. — Pour obtenir un baromètre qui donne des résultats exacts, il faut prendre certaines précautions dans sa construction. Une première condition à remplir, c'est qu'il n'existe ni air, ni humidité au-dessus du mercure, dans cette partie du tube qu'on appelle *la chambre barométrique* ; car cet air et cette vapeur, en montant à la partie supérieure, déprimeraient la colonne mercurielle. Or, lors même qu'on remplit le tube complètement, il y a toujours des bulles qui adhèrent aux parois et dont on ne peut se débarrasser que par l'ébullition.

Il importe aussi d'éviter l'introduction de matières étrangères et l'oxydation du mercure. Pour cela, il faut nettoyer le tube à l'acide azotique et à l'eau distillée, prendre du mercure purifié et le faire bouillir dans un tube terminé par une ampoule effilée, c'est-à-dire dans une atmosphère de mercure. A cet effet, le tube étant plein de mercure jusqu'à la naissance de la boule, on le place sur une grille inclinée et on l'entoure de charbons ardents dans toute sa longueur, de manière à porter tout le liquide à une température voisine de son point d'ébulition. On ajoute alors des charbons à la base du tube, et on amène l'ébullition dans une étendue de quelques centimètres. Au bout de quelques minutes, on porte ces charbons un peu plus haut, et on produit encore l'ébullition dans la portion située immédiatement au-dessus, et ainsi de suite, jusqu'à la partie supérieure. Après cette opération, le mercure présente sur toute sa surface un aspect métallique brillant. On laisse refroidir le liquide, on coupe l'ampoule et on achève de remplir le tube avec du mercure chaud. Après avoir appliqué le doigt sur l'extrémité, on le renverse sur une cuvette à mercure. On reconnaît que la chambre barométrique est vide d'air, lorsque, en inclinant vivement le tube, le choc du mercure contre le sommet produit un bruit sec et métallique.

220. Baromètre à cuvette. — Quand le baromètre a été construit, on y adapte une échelle graduée en millimètres qui permet d'évaluer à chaque instant la hauteur verticale des deux niveaux. Mais un pareil instrument pourrait donner lieu à des erreurs dans l'évaluation de la pression. D'abord, l'échelle peut ne pas être verticale, et alors la longueur de la colonne mercurielle n'est plus égale à sa hauteur; de plus, lorsque le mercure monte ou descend dans le tube, le liquide de la cuvette doit descendre ou monter; par conséquent, l'échelle étant fixe, le zéro ne doit plus correspondre à la surface libre. Pour atténuer l'erreur due aux variations de niveau, on emploie des cuvettes dont le diamètre est très grand par rapport à celui du tube (*fig.* 134); on parvient ainsi à rendre le niveau très sensiblement constant.

Baromètre à cuvette fixe, Baromètre normal. — Dans les laboratoires, on emploie un baromètre dont la cuvette en fonte, de forme rectangulaire, est divisée en deux compartiments par une cloison verticale (*fig.* 135); dans l'un des compartiments plonge le tube barométrique A, qui a ordinairement 2 ou 3 centimètres de diamètre, afin d'éviter l'action de la capillarité. Il importe de connaître rigoureusement le niveau du mercure dans la cuvette. On se sert, pour cela, d'une vis à deux pointes qui passe dans un écrou fixe et dont on a déterminé d'avance la longueur. A l'aide d'un bouton, on fait descendre la vis jusqu'à ce que son extrémité inférieure soit en contact avec le mercure, ce que l'on reconnaît lorsque la pointe

Fig. 135.   Fig. 134.

touche son image réfléchie par le bain. On n'a plus alors qu'à mesurer la distance verticale du niveau du mercure dans le tube, à la pointe *a*. Cette mesure s'effectue à l'aide du *cathétomètre* (9).

En ajoutant au nombre trouvé la longueur de la vis, on a la hauteur cherchée. Un thermomètre *t*, dont le réservoir a le même diamètre que le tube, indique la température au moment de l'expérience. Le second compartiment sert souvent, dans quelques expériences, à placer un tube ouvert B à côté du premier, afin de mesurer, par la différence de hauteur du mercure dans les deux tubes, la pression d'un gaz que l'on fait communiquer avec la partie supérieure de B. La cloison empêche les brusques mouvements dans la masse mercurielle. Quand le niveau monte d'un côté de la cuvette, on ajoute du mercure de l'autre; dans le cas contraire, on en retire.

221. Baromètre de Fortin. — Fortin a construit un baromètre très précis qui porte avec lui sa graduation, qui se place toujours verticalement et qui peut en même temps être transporté. Pour que l'instrument soit portatif, il faut une petite cuvette; il y aura donc des variations de niveau notables. Pour les éviter, la cuvette se compose d'un cylindre de buis ou d'acier, formé par deux anneaux A et B (*fig.* 136, I) vissés l'un à l'autre; l'anneau supérieur est mastiqué à un cylindre de verre D qui laisse voir le mercure; l'anneau inférieur est fermé par un sac en peau de chamois S que l'on peut faire monter ou descendre à l'aide d'une vis de pression. Cette vis V passe dans une garniture en cuivre qui se relie à un couvercle C par des tiges *t*. Le couvercle est muni inférieurement d'une pointe d'ivoire *p* correspondant au zéro de l'échelle. Le tube barométrique pénètre dans la cuvette par une tubulure centrale; il y est maintenu par un disque en peau de chamois fixé à l'étranglement du tube et au pourtour de la tubulure, disposition qui permet à l'air d'exercer sa pression, tout en empêchant le mercure de s'échapper. Ce tube T (*fig.* 136, II) est enveloppé lui-même d'un étui métallique percé de deux fentes parallèles, à travers lesquelles on aperçoit le niveau

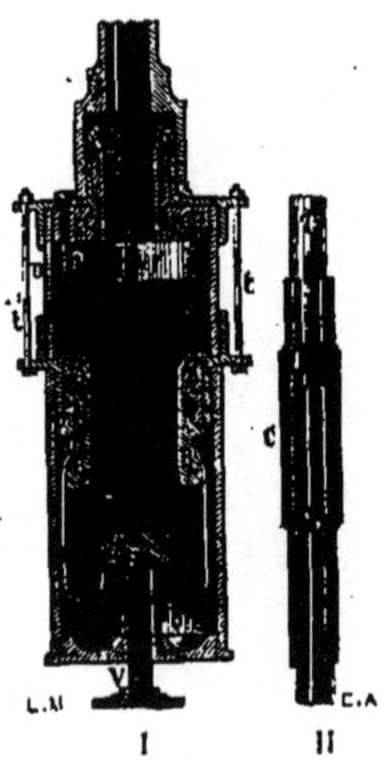

Fig. 136.

du mercure. Le long des bords de l'une des fentes est tracée une échelle en millimètres dont le zéro part de l'extrémité de la pointe d'ivoire. Pour faire une mesure, on fait tourner la vis V jusqu'à ce que la pointe vienne affleurer le niveau du mercure dans la cuvette; puis on cherche le point de l'échelle qui correspond au sommet du mercure dans le tube. On se sert pour cela d'un curseur C muni d'un vernier qui glisse à frottement le long du tube: en plaçant l'œil dans le plan horizontal qui passe par les bords opposés de ce curseur, on le dirige jusqu'à ce que ce plan touche le sommet du mercure. On lit alors la position du vernier et on a la hauteur barométrique à moins d'un dixième de millimètre. Pour rendre l'instrument vertical, il suffit de le suspendre librement par la partie supérieure. Le plus ordinairement en voyage, on emploie le mode de suspension à la Cardan.

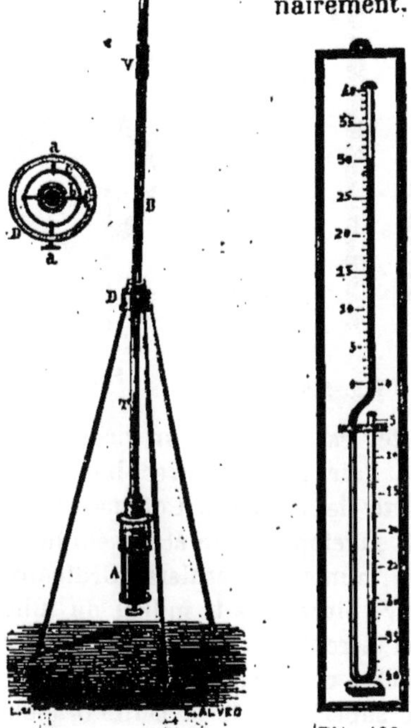

Fig. 137.

Fig. 138.

L'étui métallique qui porte le tube est mobile autour d'un axe b *(fig.* 137) formé par deux vis fixées à un premier anneau c. lequel est lui-même mobile autour d'un axe *aa'* perpendiculaire au premier; ce dernier est soutenu à son tour par un deuxième anneau auquel sont articulés trois pieds destinés à supporter tout l'appareil. Enfin. quand on veut le transporter. on relève la vis de manière à remplir le tube, on le renverse et on le place dans un étui en cuir.

222. Baromètre à siphon. — On emploie quelquefois le baromètre à siphon, qui se compose d'un tube recourbé dont la petite branche seule est ouverte *(fig.* 138). Pour le construire, on remplit la longue branche de mercure; puis on le renverse. Si la branche fermée est suffisamment longue, le liquide s'abaisse et s'y maintient à une certaine hauteur au-dessus du niveau de la branche ouverte qui sert de cuvette. La différence de niveau mesure la pression atmosphérique, comme on pourrait l'expliquer d'après la théorie des vases communiquants; pour l'évaluer, on fixe le long du tube une échelle dont le zéro est à peu près au milieu du tube, ce qui exige une double lecture: la somme des deux lectures donne la hauteur cherchée.

Baromètre à cadran. — On peut rendre manifestes les variations

de pression en les transmettant à un mécanisme qui les amplifie.
C'est ainsi que l'on construit le baromètre à cadran (*fig.* 139).
Un petit flotteur, soutenu par un fil, suit les variations du niveau
du mercure dans la branche ouverte. Ce fil passe dans la gorge
d'une poulie et se termine par un contre-poids. Lorsque le flotteur monte ou descend, le
poids descend ou monte, et
la poulie, en tournant, fait
mouvoir une longue ai-
guille attachée à son axe
et qui se meut sur un ca-
dran divisé.

*Baromètre de Gay-Lus-
sac.* — Gay-Lussac a con-
struit un baromètre à si-
phon portatif d'une grande
exactitude. Les deux branches A et B (*fig.* 140), de
même diamètre, sont pla-
cées sur le prolongement
l'une de l'autre et réunies
par un tube capillaire; la

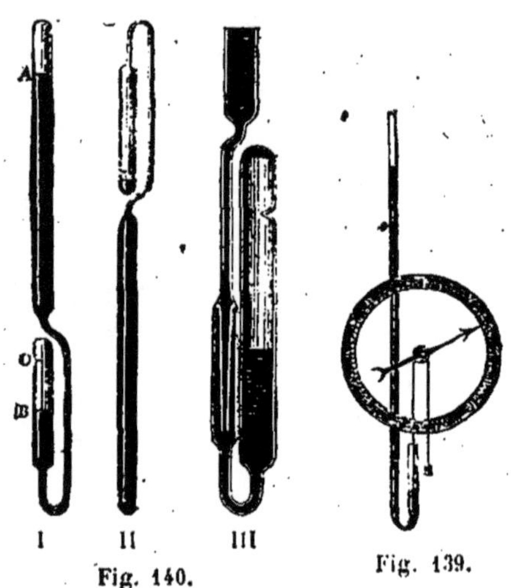

Fig. 140.

Fig. 139.

petite branche, qui forme cuvette, est percée d'un orifice très
étroit O, assez grand pour que l'air puisse entrer librement,
mais trop petit pour laisser sortir le mercure. Comme dans le
baromètre de Fortin, ce tube est enveloppé d'un étui métallique,
sur lequel glissent deux curseurs munis de verniers. Ordinairement le zéro des divisions se trouve placé vers le milieu du tube.
Pour transporter le baromètre, on le renverse lentement; le mercure vient occuper la grande branche, qu'il remplit complètement,
et l'excédent se loge à la partie supérieure de la petite branche
(*fig.* 116, II). Quand on veut le mettre en expérience, on le replace
dans sa première position; le mercure chasse l'air devant lui par
le tube trop étroit pour que la colonne puisse se diviser. Pour plus
de sûreté, Bunten a imaginé la disposition suivante (III) : la partie
inférieure de la grande branche se termine par une branche effilée
autour de laquelle est soudé un autre tube plus grand, communiquant avec la petite branche par un canal étroit. Par cette disposition, si une bulle d'air venait à s'introduire dans le tube capillaire,
elle irait se loger entre cette pointe et la paroi, sans pouvoir péné-
rer dans la chambre barométrique.

223. Baromètre métallique ou anéroïde. — On a construit aussi des baromètres sans mercure. L'un des plus simples est

le baromètre métallique de M. Bourdon. En voici le principe : un tube métallique creux et contourné supporte la même pression à l'intérieur et à l'extérieur, mais si on vient à le fermer et que la pression extérieure augmente, il se contourne davantage; vient-elle

Fig. 141.

à diminuer, il se distend. Ces effets sont surtout sensibles lorsque le tube est vide d'air et qu'il a une section elliptique très aplatie. Pour rendre évidentes les variations de courbure du tube, on fixe aux extrémités deux petits leviers *l* et *l'* (*fig.* 141), qui font mouvoir l'axe d'un arc de cercle *r* denté, lequel communique son mouvement amplifié à un autre axe qui fait tourner une aiguille *p* sur un cadran.

On gradue cet instrument par comparaison avec un baromètre normal.

On emploie fréquemment aujourd'hui une autre forme de baromètre métallique inventé par Vidie et qui a une plus grande précision. Cet instrument consiste en une boîte en laiton en forme de cylindre aplati dans laquelle on a fait le vide. Sa surface flexible et ondulée est toujours tirée vers le haut par un ressort, tandis que la pression atmosphérique tend à l'enfoncer. Quand la pression augmente le ressort cède un peu et le couvercle s'abaisse; il se relève au contraire par l'effet du ressort quand la pression diminue; ces mouvements sont amplifiés par un système de levier et transmis à une aiguille qui se meut sur un cadran.

Des dispositions de ce genre se prêtent très bien à l'enregistrement automatique des variations de la pression barométrique (baromètre enregistreur de Richard, par exemple).

224. Corrections relatives au baromètre. — Les observations barométriques doivent subir deux corrections, si on veut avoir exactement la mesure de la pression atmosphérique. La première est relative à la température dont les variations déterminent des changements dans la densité du mercure, ce qui oblige de réduire les hauteurs observées à une même température, afin de les rendre comparables. Nous verrons, dans l'étude des dilatations, la manière d'effectuer cette correction.

La seconde correction est relative à l'action capillaire qui déprime le mercure. Cette dépression dépend du diamètre du tube qu'il faut déterminer et de la convexité de la surface. Il faut donc connaître ce que l'on appelle la *flèche du ménisque*, c'est-à-dire la distance comprise entre les plans horizontaux correspondant au

sommet et à la base du ménisque (voy. *Capillarité*). On a construit
des tables qui donnent la valeur de ces corrections lorsqu'on a
mesuré le diamètre du tube et la hauteur du ménisque.

225. Détermination des hauteurs au moyen du baromètre. — La hauteur du baromètre diminuant à mesure que l'on
s'éloigne de la surface du sol, on conçoit que la distance verticale
de deux lieux soit liée à la hauteur barométrique en ces lieux, et qu'il
soit par conséquent possible de mesurer la hauteur à laquelle on s'é-
lève. Rien ne serait plus facile si l'air avait partout la même densité ;
car le mercure pesant 10,515 fois plus que l'air, un abaissement
de 1 millimètre dans la colonne mercurielle correspondrait à 10^m,515.
Mais comme chaque couche d'air supporte le poids des couches
supérieures, la densité de l'air diminue en progression géométrique
quand la distance croît en progression arithmétique, en supposant
que l'atmosphère reste toujours en repos, et que la température et
la proportion de vapeur d'eau ne changent pas. De plus l'agitation
de l'air, les variations de température, de l'humidité, ainsi que la diminution de l'intensité de la pesanteur rendent le calcul très compliqué.

Laplace a donné la formule suivante :

$$x = 18393 \log \frac{\text{H}}{h}\left[1 + 2\frac{(t+t')}{1000}\right]$$

H étant la hauteur au point de départ, h la hauteur à la station
supérieure, t et t' les températures correspondantes.

226. Action de la pression atmosphérique sur l'organisme. — Nous avons vu que la pression atmosphérique est représentée par une colonne de mercure de 0^m,76, ce qui équivaut à
1.033 grammes par chaque centimètre carré de surface, ou à
10.330 kilogrammes par mètre carré ; la surface du corps de l'homme
étant en moyenne de 17.500 décimètres carrés doit subir une pression de 17.900 kilogrammes à laquelle il résiste facilement par la
réaction des fluides intérieurs ; en outre, ses mouvements n'en éprouvent aucune gêne puisque les pressions, s'exerçant dans tous les sens,
s'équilibrent exactement autour de lui. Mais les effets seraient bien
différents, si l'air cessait de presser une partie du corps : ainsi la
main placée sur l'ouverture d'une cloche dont on raréfie l'air intérieur y reste fixée et ne peut être soulevée que par un effort puissant ;
quand on applique une *ventouse* sur un point du corps, l'élasticité
des fluides intérieurs n'étant plus contrebalancée par la pression extérieure, le sang jaillit sous la cloche à travers les incisions faites
à la peau.

De même dans les articulations mobiles (*diarthroses*), c'est simplement la pression atmosphérique qui détermine l'adhérence des surfaces articulaires, comme on peut le démontrer dans les articulations coxo-fémorales et scapulo-humérales. La pression atmosphérique seule pourrait faire contre-poids aux membres, même sans l'intervention des faisceaux musculaires, pour maintenir le contact des surfaces articulaires.

Enfin la pression de l'air contribue d'une manière accessoire à la circulation veineuse : au moment de l'expiration, il se produit dans la poitrine un vide qui a pour effet l'afflux énergique du sang veineux.

227. Influence des variations de la pression sur l'organisme. — La pression de l'air peut augmenter ou diminuer dans des proportions assez notables sans qu'il survienne des accidents graves pour l'organisme. Ces variations donnent lieu à des effets physiologiques intéressants à connaître.

1° *Augmentation de pression.* Lorsqu'on augmente de moitié la pression barométrique sur le corps de l'homme placé dans l'intérieur d'une cloche, on constate les phénomènes suivants : l'oreille, par suite du refoulement du tympan, devient le siège d'une pression incommode qui se dissipe graduellement à mesure que l'équilibre se rétablit; l'ouïe paraît plus fine, la respiration s'exécute avec plus de facilité, la poitrine se dilate plus à l'aise, le pouls est plein, résistant, fréquent, enfin les mouvements, plus faciles et plus énergiques, semblent plus assurés. Quand la pression est de 4 à 4 atmosphères et demie, cette pression peut être encore supportée; mais alors le retour à la pression normale peut entraîner des accidents graves.

2° *Diminution de pression.* Les expériences exécutées dans un récipient où l'on raréfie l'air, les ascensions aérostatiques et celles qui sont faites sur les hautes montagnes ont permis d'étudier les effets de la diminution de pression. Si l'on diminue la pression d'un quart d'atmosphère, on constate les effets suivants : douleurs d'oreilles résultant du refoulement du tympan à l'extérieur; expirations courtes et nombreuses; pouls plein, dépressible et fréquent; augmentation des battements du cœur; hémorragie, etc.

Les mêmes phénomènes se reproduisent quand on s'élève dans l'air, ou quand on gravit les hautes montagnes.

Lors de l'ascension des montagnes, on observe l'accélération des mouvements respiratoires et du pouls, des épistaxis, de la céphalalgie, des éblouissements, des vertiges, des tintements d'oreilles, le refroidissement et la fatigue musculaire. On donne à l'ensemble de ces divers troubles le nom de *mal des montagnes.* Lortet a étudié le mal des montagnes à l'aide des appareils enregistreurs dont dispose aujourd'hui la physiologie (sphygmographe, anapnographe, thermomètre, etc.). La diminution de pression équivalant à une raréfaction de l'oxygène explique les troubles de la circulation et de la respiration ; le refroidissement provient de l'insuffisance des combustions internes et de la déperdition de la chaleur transformée en travail mécanique.

228. Mesure de la pression des corps gazeux. — Ainsi que nous l'avons dit, lorsque l'on considère des masses gazeuses d'une faible étendue les variations de pression dues à l'action de la pesanteur sont négligeables et il n'y a à s'occuper que de la pression due à l'expansibilité des corps gazeux.

Comment peut-on mesurer cette pression? On peut utiliser les divers manomètres et notamment ceux que nous avons déjà décrits ; il importe de remarquer que ces divers appareils, au repos, sont en communication avec l'atmosphère et que ce que l'on mesurera quand on les adaptera à un réservoir contenant un corps gazeux, ce sera la différence de la pression de ce corps avec la pression atmosphérique.

Lorsqu'il s'agit de mesurer de fortes pressions et que l'on ne recherche pas une très grande précision, on emploie souvent des manomètres métalliques (*fig.* 142) fondés sur le même principe que les baromètres métalliques, et que l'on gradue par comparaison avec un manomètre à air libre.

La partie essentielle de cet instrument consiste en un tube recourbé AEB, légèrement aplati, fermé par un bout et dans l'intérieur duquel on fait agir le gaz ou la vapeur. La pression détermine des variations de courbure et par suite un mouvement de l'extrémité B du tube. Une tige D, liée à ce point, communique le mouvement à une aiguille mobile sur un cadran.

Fig. 142.

Enfin, lorsque l'on veut déterminer avec précision des pressions inférieures à la pression atmosphérique, on peut se servir de l'appareil indiqué précédemment comme joint souvent au baromètre normal. En mettant en communication le tube B (*fig.* 135) avec un réservoir contenant un corps gazeux à une pression inférieure à celle de l'atmosphère, le mercure s'élève dans le tube et la différence de hauteur entre les niveaux de cette colonne mercurielle et de celle qui est dans le baromètre A mesure la pression cherchée.

229. Variations du volume et de la pression d'une masse gazeuse. — Étant donné une masse déterminée d'un corps gazeux, il est possible de faire varier son volume dans des proportions considérables ; ces variations de volume correspondent à des variations de distance entre les molécules et dès lors à des variations de grandeur des forces moléculaires. La pression exercée par le gaz, qui dépend de ces forces moléculaires dont elle est, en somme, la résultante, variera donc également.

Il est à remarquer que, comme conséquence forcée, il faudra que l'enveloppe qui renferme le gaz exerce sur celui-ci une force égale et contraire à celle qu'elle subit, puisqu'il y a équilibre. On peut donc parler aussi bien de la pression *exercée* par le corps gazeux que de la pression *subie* par lui; ce sont deux forces égales et contraires en vertu du principe de l'action et de la réaction.

Les conditions dans lesquelles se trouvent les gaz se modifient beaucoup avec l'action de la chaleur; aussi n'en pouvons-nous pas faire ici une étude complète, et devons-nous nous borner à étudier le cas où la température est maintenue constante.

230. — Considérons une masse gazeuse renfermée dans un espace dont nous pouvons faire varier le volume à volonté et dont la température est invariable. On peut réaliser ces conditions à l'aide d'un tube en U (*fig.* 143) dont une branche A est fermée, l'autre B, plus

Fig. 143.

longue, ouverte, et qui présente à sa partie inférieure un ajutage C muni d'un robinet : on conçoit aisément qu'en ajoutant du mercure par la branche ouverte B on diminuera le volume du gaz renfermé en A, et qu'en en laissant écouler par C on le fera croître. La température sera maintenue constante en plaçant l'appareil dans un manchon en verre que l'on aura rempli d'eau.

Il est clair que si le niveau du mercure est le même dans les deux branches, c'est que le gaz aura en A une pression égale à la pression atmosphérique : si cette pression a une autre valeur, les surfaces seront à des niveaux différents et la distance verticale des deux niveaux mesurera la différence de la pression du gaz et de la pression atmosphérique; le gaz aura une pression inférieure si le niveau en A est au-dessous du niveau B, et inversement.

Il n'est pas nécessaire d'insister sur la marche des expériences, puisqu'il suffira de faire varier le volume de la masse gazeuse à volonté dans un sens ou dans l'autre et d'observer quelle est la variation de pression.

231. — Dans ces conditions, on reconnaît d'une manière générale que la pression varie en sens contraire du volume; elle augmente quand le volume diminue et diminue lorsque le volume augmente.

Si l'on fait croître le volume, la pression décroît *indéfiniment* et l'on a pu atteindre pour celle-ci des valeurs extrêmement faibles, 1 millionième d'atmosphère, par exemple. Les corps gazeux amenés dans ces conditions paraissent jouir de propriétés qui ne sont pas identiques à celles que présentent ordinairement les gaz. Cette différence, signalée par M. Crookes, n'a guère été étudiée qu'au point de vue des effets de l'électricité et nous en parlerons plus loin.

Si l'on fait décroître le volume, la pression croît, mais non pas indéfiniment, du moins en général, et il arrive une valeur pour laquelle le corps gazeux change d'état : il devient liquide. Il y a là une condition toute spéciale qui mérite d'être étudiée à part.

On réserve en physique le nom de *gaz* aux corps gazeux qui sont éloignés de cette liquéfaction, et l'on désigne sous le nom de *vapeurs* ceux qui en sont voisins. Le sens de ce dernier mot est donc différent du sens vulgaire qui signifie l'état gazeux d'un corps qui ordinairement est liquide et qui ne passe à l'état gazeux que sous l'action de la chaleur.

Nous allons préciser dans un instant la différence entre le gaz et la vapeur.

232. Loi de Mariotte. Différence entre les gaz et les vapeurs. — Lorsque l'on étudie les variations correspondantes du volume et de la pression d'une masse gazeuse, on trouve que lorsqu'elle est éloignée de sa liquéfaction, lorsqu'il s'agit d'un *gaz*, ces variations obéissent à une loi simple qui a été découverte simultanément par Mariotte et par Boyle (1670) ; cette loi qui, en France, porte le nom de *loi de Mariotte*, peut s'énoncer ainsi :

A température constante, les volumes occupés par une même masse de gaz sont inversement proportionnels aux pressions.

Nous verrons plus tard comment on vérifie cette loi et quelles conséquences on en tire.

La loi semble applicable très loin, sinon indéfiniment, lorsque l'on diminue la pression. Mais il n'en est plus ainsi lorsqu'on augmente la pression, et avant que l'on soit arrivé à la liquéfaction, on reconnaît que le corps gazeux ne suit plus la loi de Mariotte : pour une variation donnée de pression, il se comprime plus que ne l'indiquerait cette loi.

C'est là ce qui distingue effectivement les gaz des vapeurs : les gaz (on dit encore gaz *parfaits*) suivent la loi de Mariotte, les *vapeurs* ne la suivent pas.

Si l'on diminue le volume de plus en plus, la pression croît, mais seulement jusqu'à une certaine valeur qui dépend uniquement de la nature de la vapeur pour une même température (nous dirons plus loin qu'elle croît avec la température). Cette pression, cette tension que l'on ne peut dépasser est dite la *tension maxima* pour la température considérée. Sa valeur peut être déterminée à l'aide de l'appareil que nous venons de décrire.

Que se passe-t-il donc qui puisse expliquer que la pression reste constante malgré la diminution de volume? L'expérience le montre immédiatement : du liquide, produit par le changement d'état d'une partie de la vapeur, se dépose à la surface du mercure et la quantité augmente lorsque le volume diminue. A partir de cet instant les conditions sont tout autres puisque la masse de la vapeur ne reste plus la même, qu'elle diminue avec le volume.

Il est évidemment nécessaire d'étudier séparément les deux cas extrêmes qui correspondent l'un aux gaz parfaits, l'autre aux vapeurs présentant la tension maxima et arrivées à la période de changement d'état : les vapeurs sont intermédiaires et il y aura peu de choses à en dire.

233. Étude des gaz parfaits. Loi de Mariotte. — L'appareil que nous avons indiqué pourrait servir également à vérifier la loi de Mariotte pour les pressions inférieures à l'atmosphère et pour les pressions supérieures : on a l'habitude de diviser cette démonstration et d'étudier séparément ces deux cas. Il est bon de remarquer que cette division de la démonstration est basée uniquement sur le mode de construction de l'appareil et qu'elle ne correspond à aucune division naturelle : la pression atmosphérique normale n'a qu'un intérêt accidentel, celui d'être la pression du gaz dans lequel nous vivons et, au fond, ne se distingue par rien de spécial de toutes les autres pressions.

1° *Démonstration de la loi de Mariotte pour les pressions supérieures à une atmosphère.* — L'appareil dont on se sert pour vérifier cette loi est connu sous le nom de tube de Mariotte (*fig.* 144). Un tube à deux branches inégales est fixé sur une planchette en bois. La longue branche est ouverte et divisée en centimètres, la petite est fermée et graduée en parties d'égale capacité. On introduit une petite quantité de mercure dans le tube, et en l'inclinant dans un sens ou dans un autre on amène le mercure au même niveau dans les deux branches.

Fig. 144.

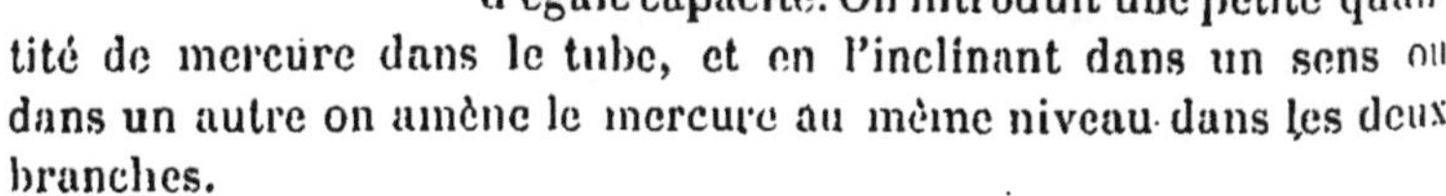

La pression de l'air enfermé dans la petite branche est alors égale à la pression H de l'atmosphère. On note le nombre de divisions occupées par cet air, 24, par exemple; on verse du mercure dans le tube jusqu'à ce que l'air n'occupe plus que la moitié du volume primitif, c'est-à-dire 12 : pour avoir la pression nouvelle, il suffit de mesurer la distance verticale des deux niveaux, et d'ajouter à cette distance la hauteur de la colonne barométrique exprimée en centimètres; on trouve que cette expression est égale à 2H. En versant de nouveau du mercure, de manière à réduire le volume initial à 8 divisions, on obtient une pression égale à 3H, et ainsi de suite.

En général, si, dans une première expérience, V est le volume du gaz et H la pression ; si, dans une seconde expérience, le volume devient V' et la pression H', on a

$$\frac{V}{V'} = \frac{H'}{H},$$

ou bien.

$$VH = V'H'.$$

ce qui exprime que le produit du volume par la pression est toujours constant.

Enfin, si D et D' représentent les densités ou les poids spécifiques correspondant aux volumes V et V', on a, d'après la formule $P = VD$,

$$VD = V'D' \quad \text{ou} \quad \frac{V}{V'} = \frac{D'}{D} = \frac{H'}{H} \cdot$$

De là résulte une conséquence de la loi de Mariotte qui est utile dans les applications : *Les densités ou les poids spécifiques sont proportionnels aux pressions, la température restant constante.*

2° *Démonstration de la même loi pour les pressions inférieures à une atmosphère.* — On emploie un tube gradué plein de mercure que l'on renverse sur une cuvette profonde, en partie remplie du même liquide (*fig.* 145). On introduit dans ce tube une petite quantité d'air bien desséché qui fait baisser le niveau du mercure. On mesure le volume V de cet air en enfonçant le tube jusqu'à ce que le niveau soit le même à l'intérieur et à l'extérieur, de telle sorte que la pression intérieure soit égale à la pression atmosphérique H. Pour soumettre le gaz à une pression moindre, on soulève le tube; le volume augmente et devient V', mais en même temps le mercure monte dans le tube jusqu'à une hauteur h (*fig.* 146). Si H' désigne la pression intérieure du gaz à ce moment, on a évidemment

$$H = H' + h,$$

et par suite

$$H' = H - h.$$

On reconnaît que l'on a précisément pour chaque expérience

$$VII = V' (H - h).$$

Si, par exemple, le volume de l'air est réduit successivement à 2 ou 3 fois le volume primitif, la colonne de mercure est respectivement $\frac{1}{2}, \frac{2}{3}$ … de la pression barométrique, et par suite la pression intérieure est $\frac{1}{2}, \frac{1}{3}$ … de la pression primitive ; ce qui démontre la loi. La loi de Mariotte est donc vraie quand on dilate l'air comme quand on le comprime.

234. — Les expériences que nous venons d'exposer n'ont pas une grande précision ; elles prouvent seulement que l'air suit sensiblement la loi de Mariotte. D'autres expériences ont été faites depuis, soit pour rechercher si les autres gaz suivent la même loi, soit pour reconnaître si cette loi est rigoureusement exacte.

Tandis que Despretz et Pouillet, opérant par des méthodes différentes, reconnaissaient que tous les gaz (même ceux qui étaient alors regardés comme permanents) ne se compriment pas de la même façon et que, par conséquent, la loi de Mariotte ne saurait être une loi générale, Dulong et Arago, par une méthode directement dérivée du tube de Mariotte, étudiaient la compressibilité de l'air et concluaient que jusqu'à 27 atmosphères ce gaz suit la loi de la Mariotte.

Plus tard Regnault reprit l'étude de la question par une méthode un peu différente et dans laquelle il rendait négligeables des erreurs qui entachaient les résultats obtenus par Dulong et Arago. De ces expériences, faites avec une grande précision, il résulte qu'aucun gaz, dans les circonstances ordinaires, ne suit rigoureusement la loi de Mariotte ; tous se compriment un peu plus que la loi ne l'indique. Seul, l'hydrogène a une compressibilité un peu moins grande.

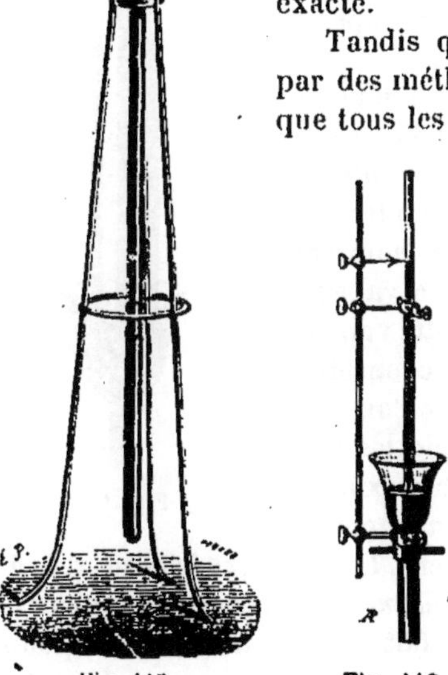

Fig. 145.

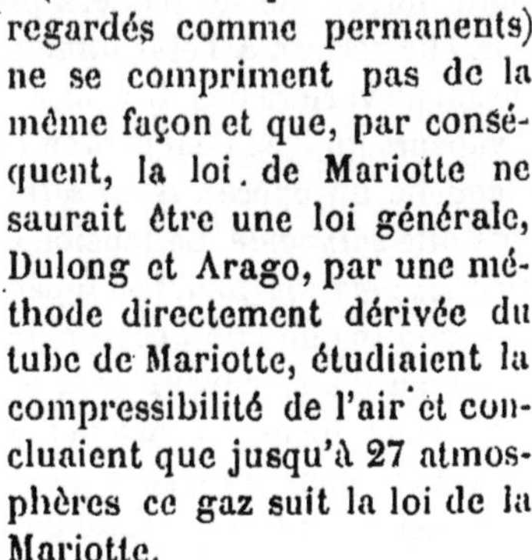

Fig. 146.

En étudiant la compressibilité de l'air et de l'acide carbonique à des températures plus élevées, on trouve qu'il s'écartent beaucoup moins de la loi théorique qu'ils ne le font à la température ordinaire, ce qui permet de supposer qu'il pourrait exister, pour chaque gaz pris dans un état de condensation déterminé, une température à laquelle il suit la loi théorique. Mais ce n'est là qu'une hypothèse qui pourrait n'être pas vérifiée ultérieurement.

235. Tension maxima des vapeurs. — Considérons une vapeur renfermée dans la partie supérieure d'un baromètre à cuvette profonde (*fig.* 147), vapeur dont la tension n'ait pas encore atteint la valeur maxima. Introduisons par la partie inférieure du tube une goutte du liquide : en arrivant au niveau du mercure, cette goutte disparaîtra, elle se transformera en vapeurs et en même temps la tension augmentera. L'effet sera donc le même, et cela est assez naturel, que si l'on ne changeait pas la quantité de vapeurs et que l'on diminuât le volume occupé par cette vapeur.

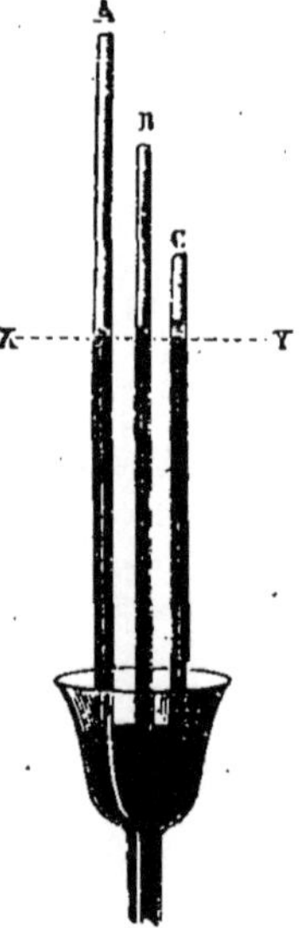

Il sera possible de répéter la même expérience et d'observer les mêmes faits plusieurs fois de suite; mais il arrivera un instant où une nouvelle goutte introduite ne passera plus à l'état de vapeur, elle restera à l'état liquide. Bien entendu la tension ne variera pas. L'espace est rempli d'autant de vapeurs qu'il en peut contenir (à la température à laquelle on opère), il est *saturé* : la vapeur est alors dite *saturante*. La tension de cette vapeur est la *tension maxima* (pour la température considérée).

Les faits que l'on observe lorsque l'on change le volume d'une vapeur sont au fond les mêmes que ceux-ci. Ici on arrive à la tension maxima, à la saturation pour un *espace donné*, en augmentant

Fig. 147.

progressivement la quantité de vapeur. Dans les expériences précédentes, on y parvient pour un *poids donné* de vapeur en diminuant le volume. Dans l'un et l'autre cas on fait varier, en somme, le poids de vapeur par unité de volume; la tension de la vapeur est un des moyens les plus nets de mettre en évidence ces variations de poids par unité de volume.

La question de tension de vapeur se rattache très intimement aux questions de chaleur, la tension maxima dépendant de la température; nous aurons l'occasion d'y revenir par la suite.

236. Poids spécifique, densité des gaz. — Le *poids spécifique* d'un corps gazeux varie considérablement avec la pression, à température constante; aussi, lorsque l'on en donne la valeur, est-il nécessaire d'indiquer à quelle pression il correspond. Si l'on ne précise pas la pression, il est convenu qu'il s'agit de la pression dite normale. Pour les gaz qui suivent, au moins approximativement, la loi de Mariotte, il suffit de connaître un poids spécifique et la pression correspondante pour pouvoir par proportionnalité déduire le poids spécifique à une autre pression quelconque.

Le poids spécifique dépend également de la température et varie avec elle d'une manière très notable : aussi il y a intérêt à traiter la question seulement lorsque l'on étudie l'action de la chaleur sur les corps gazeux.

Pour la même raison, nous renvoyons à ce moment l'étude de la *densité* des corps gazeux dont nous nous bornerons à donner ici la définition complète.

La *densité* d'un corps gazeux, à une température et à une pression déterminées, est le rapport du poids d'un certain volume de ce corps au poids du même volume d'air pris dans les mêmes conditions de température et de pression.

Nous verrons ultérieurement les conséquences à déduire de cette définition.

237. Applications de la loi de Mariotte. Manomètre à air comprimé. — Dans la pratique, lorsque l'on opère sur des gaz éloignés de leur point de liquéfaction, on peut sans erreur sensible appliquer la loi de Mariotte. Nous signalerons quelques-uns des cas dans lesquels. se basant sur la propriété des gaz de changer facilement de volume, on a l'occasion d'appliquer cette loi, et nous commencerons par la description d'un manomètre différent de ceux que nous avons déjà décrits (168 et 228), le *manomètre à air comprimé*.

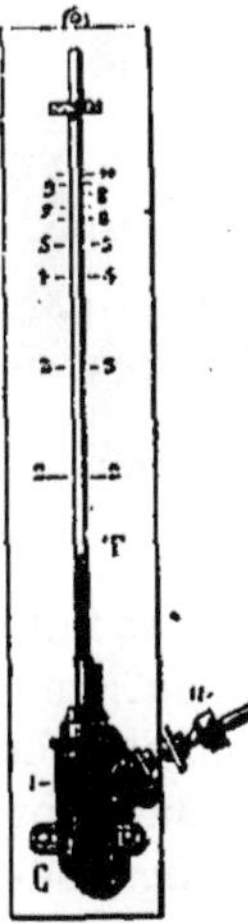

Fig. 148.

La forme la plus simple du manomètre à air comprimé est la suivante : un tube droit de cristal T, plein d'air sec, fermé à son extrémité supérieure, plonge dans une cuvette en partie remplie de mercure (*fig.* 148); la cuvette est entourée d'un cylindre de bronze C fixé solidement au tube, et mise en communication avec la chaudière par l'intermédiaire d'un robinet *a*. On évalue la pression en ajoutant à la hauteur mercurielle la force élastique de l'air calculée d'après la loi de Mariotte.

Pour éviter ce calcul, on gradue le manomètre en le comparant à un manomètre à air libre, à tube de cristal. On fait communiquer les deux appareils avec un récipient dans lequel on comprime de l'eau au moyen d'une pompe foulante. Les deux manomètres marchent ensemble, et l'on rapporte sur le premier les indications fournies par le second.

On donne souvent aussi au manomètre à air comprimé la forme d'un tube à siphon renversé dont les deux branches portent deux boules ayant à peu près la même grosseur (*fig.* 149). Cette disposition a pour effet d'empêcher la sortie de l'air du tube par suite du vide qui peut se produire dans la chaudière, lorsque la vapeur vient à se liquéfier.

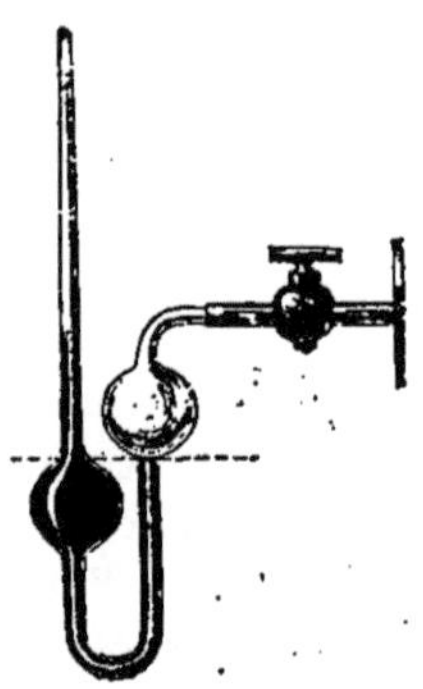

Fig. 149.

238. Machine pneumatique. — La machine pneumatique, inventée par Otto de Guéricke vers 1650, est destinée à raréfier l'air contenu dans un réservoir. Réduite à ses éléments les plus simples, cette machine se compose d'un corps de pompe P (*fig.* 150), dans lequel se meut un piston. Celui-ci est muni d'une soupape S qui s'ouvre lorsqu'elle est pressée de bas en haut. Le corps de pompe communique par un tuyau recourbé avec un vase R appelé *récipient*. Une soupape S', qui s'ouvre aussi de bas en haut, est placée à la base du corps de pompe, et sert à fermer ou ouvrir le canal de communication. Le plus ordinairement, le récipient a la forme d'une cloche de verre dont l'ouverture s'applique sur un plan de verre douci qu'on appelle *platine*, et dont on assure le contact au moyen d'un corps gras.

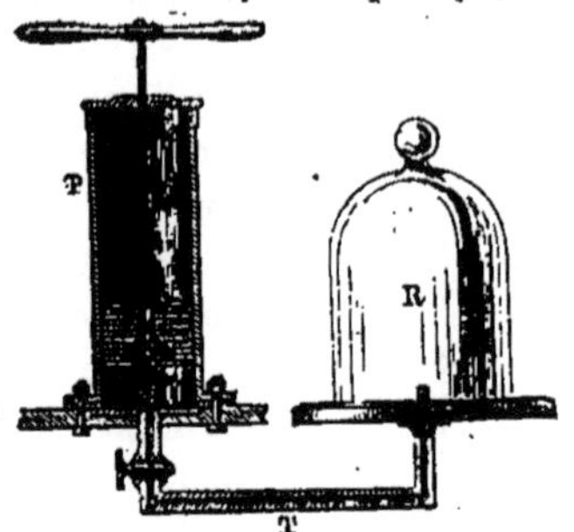

Fig. 150.

Jeu de la machine. — Les soupapes S et S' étant fermées, on soulève le piston que l'on suppose d'abord placé au fond du corps de pompe. Aussitôt le vide se fait au-dessous, la soupape S' se lève sous l'action du récipient; cet air se précipite en partie dans le corps de pompe et le remplit. Lorsque l'on abaisse le piston, la soupape S' se ferme, l'air du corps de pompe étant comprimé de plus en plus, sa pression augmente et devient un peu supérieure à la pression extérieure. A ce moment, la soupape S s'ouvre et l'air du corps de la pompe s'échappe au dehors. Le piston étant parvenu au bas de sa course, on pourra recommencer la même opération, c'est-à-dire soulever et abaisser alternativement le piston et diminuer ainsi la quantité d'air contenu dans le récipient.

239. — On peut reconnaître aisément que, en théorie, la machine pourrait continuer à fonctionner indéfiniment : d'une part, quelque petite que soit la quantité d'air qui existe dans le récipient, elle se partagera toujours entre celui-ci et le corps de pompe si le vide y existe quand on aura levé le piston ; d'autre part, l'air qui sera ainsi introduit dans le corps de pompe augmentera de pression *indéfiniment* lorsque l'on baissera le piston, puisque son volume décroît jusqu'à *zéro*[1].

Mais bien que l'on puisse continuer ainsi indéfiniment la même opération, cependant, d'après le jeu même de la machine, le récipient ne sera jamais complètement privé d'air ; car le gaz intérieur ne fait que se fractionner entre le corps de pompe et le récipient. Supposons, par exemple, que les capacités du récipient et du corps de pompe soient égales. Lors de l'ascension du piston, l'air du récipient se répandra dans un espace deux fois plus grand ; par conséquent il restera dans le réservoir un même volume d'air, dont la densité, la force élastique et le poids seront deux fois plus petits ; après un second coup de piston, la densité deviendra le quart de ce qu'elle était d'abord ; après le troisième elle sera réduite au huitième, et ainsi de suite.

240. Limite du vide. — Dans la pratique, les choses ne se passent pas réellement ainsi, car le piston ne peut jamais fermer hermétiquement le corps de pompe, et l'air rentre toujours entre le piston et les parois. A cette cause d'imperfection de la machine, il

---

1. On peut aisément donner une formule indiquant la loi de variation de la pression ou du poids spécifique, ce qui revient au même, les poids spécifiques des gaz variant proportionnellement aux pressions. Soient R le volume du récipient, P celui du corps de pompe, H_{n-1} et H_n les pressions après le $n - 1^e$ coup de piston et après le n^e, c'est-à-dire avant et après le n^e. Avant, le volume de l'air était R ; après, cet air s'étant répandu également dans le corps de pompe, on a, en appliquant la loi de Mariotte

$$R\,H_{n-1} = (R + P)\,H_n \quad \text{ou} \quad H_n = \frac{R}{R + P}\,H_{n-1}$$

ce qui permet de calculer H_n en fonction de H_{n-1}.

En écrivant une série d'équations analogues à partir du premier coup de piston, on reconnaît facilement que l'on arrive à l'équation générale

$$H_n = \left(\frac{R}{R + P}\right)^n H_0$$

On aurait de même

$$d_n = \left(\frac{R}{R + P}\right)^n d_0$$

H_0 et d_0 étant la pression initiale et le poids spécifique correspondant.

Ces formules montrent que l'on ne peut jamais, en théorie, enlever tout l'air, car H_n ni d_n ne peuvent devenir nulles ; mais on peut donner à ces quantités des valeurs aussi petites que l'on veut.

faut ajouter l'impossibilité dé faire appliquer exactement la base du piston sur le fond du corps de pompe; il existe toujours entre ces deux surfaces un espace, appelé *espace nuisible*, dans lequel vient se loger de l'air qui se dilate quand le piston monte, et ne sort pas quand il descend, sa force élastique étant insuffisante pour soulever la soupape. Aussi la loi de la raréfaction établie par le calcul n'est pas tout à fait rigoureuse. L'influence de l'espace nuisible fait que la force élastique de l'air contenu dans le récipient ne peut pas décroître indéfiniment[1].

241. Machine à deux corps de pompe. — La machine telle que nous venons de la supposer représente à peu de chose près celle d'Otto de Guéricke. Mais la manœuvre en serait pénible, car, lorsque la pression de l'air intérieur devient très faible, il faut une force considérable pour soulever le piston, et une force non moins grande pour l'empêcher de redescendre trop vite. Pour éviter cette dépense de force et accroître l'action de la machine, on emploie deux corps de pompe P et P' (*fig.* 151), dont les pistons ont leurs tiges a et a' dentées, et qui sont mis en mouvement à l'aide d'une roue qu'une double manivelle MM' fait tourner tantôt dans un sens et tantôt dans l'autre. On parvient ainsi à équilibrer à peu près la pression extérieure,

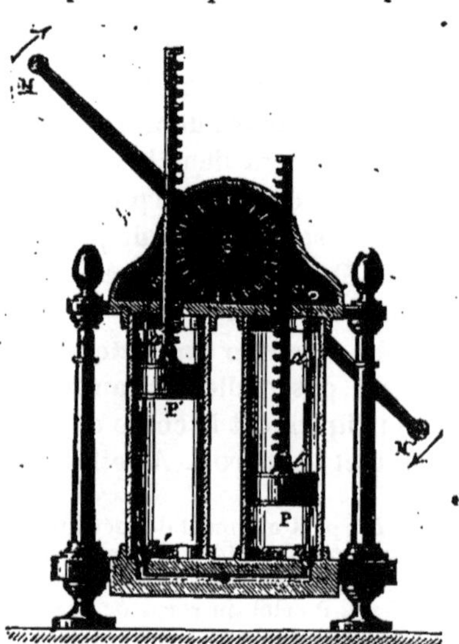

Fig. 151.

puisque, dans le mouvement produit, la force qui s'oppose à l'ascension de l'un est à peu près égale à celle qui favorise la descente de l'autre. Les conduits des deux corps de pompe sont

1. On peut évaluer facilement cette limite du vide. Soit, en effet, a l'espace nuisible; au moment où la machine cesse de fonctionner, l'air renfermé dans l'espace nuisible, lorsque le piston est au bas de sa course, a une pression égale à la pression extérieure H, puisque la soupape n'est pas soulevée; lorsque le piston est en haut du corps de pompe, la pression de cet air est la même que celle du récipient, puisque nous considérons l'instant où l'air n'arrive plus dans le corps de pompe; soit x cette pression. L'air confiné occupe donc successivement des espaces u et P, à des pressions qui sont respectivement H et x. On a par suite $Hu = Px$.

D'où
$$x = H\,\frac{u}{P}.$$

Telle est la valeur de la pression limite.

réunis en un canal unique qui aboutit au centre de la platine.

Soupapes. — Les soupapes sont de deux sortes : celle du piston (*fig.* 153) consiste en un disque métallique surmonté d'une petite

Fig. 152.

tige. Ce disque ferme une ouverture conique creusée dans la base du piston. La tige, retenue par une traverse, est entourée d'un res-

Fig. 153.

sort à boudin qui, en vertu de son élasticité, maintient la soupape contre l'ouverture. Le jeu de cette soupape est réglé par l'élasticité de l'air du corps de pompe. La soupape placée à la base du corps de pompe est fermée et ouverte par le mouvement du piston. Elle se compose d'un tronc de cône métallique Z (*fig.* 151) recouvert de cuivre et d'une longue tige *t* qui traverse le piston à frottement dur.

Lorsque celui-ci monte, la soupape est entraînée. Mais avant qu'elle soit complètement sortie de l'ouverture, un petit arrêt, placé au haut de la tige, s'applique sur le couvercle du corps de pompe et arrête le mouvement de la tige. Quand le piston redescend, il entraîne la tige, et la soupape se ferme.

Robinet. — Pour pouvoir à volonté fermer ou établir la communication entre le récipient et l'air extérieur, on dispose sur le trajet du conduit principal qui va du récipient R aux corps de pompe P un robinet, auquel on donne le nom de *clef* de la machine. Ce robinet (*fig.* 154) est percé de deux canaux : l'un M transversal, qui doit être placé dans l'axe du canal principal, quand on veut faire le vide ; l'autre recourbé C, présentant un orifice extérieur fermé par un bouchon métallique *t*, et dont l'ouverture extérieure aboutit à l'axe du conduit principal de la machine. Les figures 1, 2 et 3 représentent une section du robinet perpendiculaire à son axe. La position 1 établit par le conduit M une communication entre le récipient et les corps de pompe,

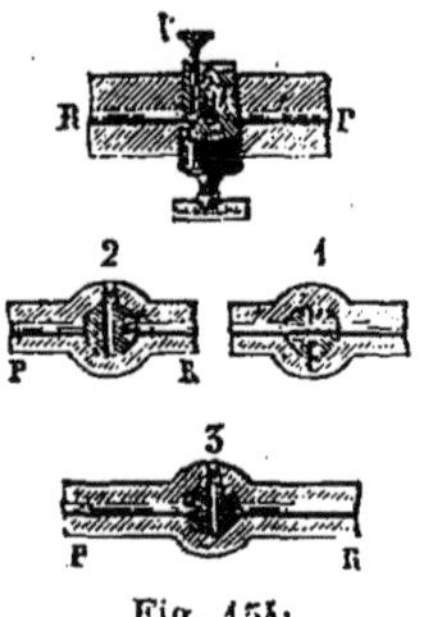

Fig. 154.

quand on veut faire le vide ; dans la position 2, le récipient seul peut communiquer avec l'extérieur ; dans la position 3, c'est l'inverse.

Éprouvette. — Enfin, pour connaître, à un moment donné, l'élasticité de l'air du récipient, on adapte à la machine un baromètre à siphon, fixé à une échelle métallique et enveloppé d'une éprouvette qui communique avec le récipient (*fig.* 155). Comme ordinairement on ne veut mesurer la pression qu'à la fin de l'opération, on y adapte un baromètre tronqué, dont les branches ont une même longueur de 25 à 30 centimètres. Au commencement, le mercure remplit toute la branche fermée, mais quand la pression a suffisamment diminué, le mercure baisse dans l'une des branches et remonte dans l'autre ; alors les deux niveaux se rapprochent, et la différence de hauteur du mercure dans les deux branches représente la force élastique de l'air du récipient.

Fig. 155.

242. Machine de Babinet. — Lorsque dans l'espace nuisible la force élastique de l'air est devenue égale à la pression atmosphérique, la machine cesse de fonctionner. Mais si la pression extérieure était plus petite qu'une atmosphère, il serait possible d'extraire encore de l'air du récipient. Ce principe a permis à Babinet de reculer la limite d'épuisement par l'addition d'un robinet particulier placé dans l'axe du conduit principal. Quand la machine a atteint le degré de vide qu'elle peut donner, on ferme la communication ordinaire entre les deux corps de pompe, et on n'en laisse communiquer qu'un seul avec le récipient ; puis on fait passer l'air de l'espace nuisible de ce corps de pompe dans l'autre ; cet air, en s'accumulant dans ce dernier, y acquiert

assez de force pour soulever la soupape et s'échapper au dehors.
Par ce moyen ingénieux, on peut obtenir un vide plus parfait.

243. Machine pneumatique à mercure de Geissler. —
Geissler (de Berlin) a construit une machine pneumatique qui est
fondée sur l'expérience de Torricelli, et dans laquelle le mercure
en montant et en descendant dans la chambre barométrique fait

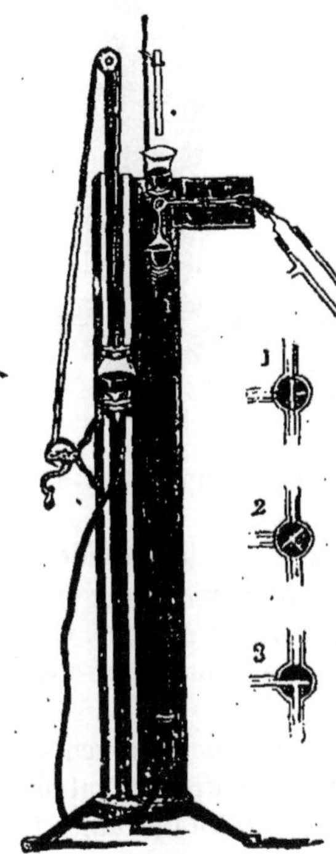

Fig. 156.

fonction d'un piston se mouvant dans un
corps de pompe. La figure 156 représente
un modèle de cette machine construite
par M. Alvergniat. Elle est formée d'un
tube barométrique qui communique à sa
partie inférieure avec un réservoir plein
de mercure, par l'intermédiaire d'un tube
en caoutchouc. Supérieurement, le tube
de verre se termine par un robinet à trois
voies qui sert à le mettre en relation soit
avec un récipient, soit avec un entonnoir
à robinet, et par suite avec l'air extérieur.

Voici le jeu de la machine : le robinet
étant tourné de manière que le tube et
l'entonnoir soient en communication, on
soulève la cuvette au-dessus du robinet:
le mercure envahit tout le tube et une
partie de l'entonnoir. On ferme le robinet
et on abaisse la cuvette. Aussitôt le mercure descend dans le tube en vertu de
la pression atmosphérique, et un vide parfait se forme. On fait tourner alors le robinet du côté du récipient; une portion de
l'air qu'il contient pénètre dans la cham-
bre barométrique. On ferme de nouveau, et par une rotation convenable on établit la communication du côté de l'entonnoir. En
soulevant de nouveau la cuvette, l'air est complètement expulsé.
En répétant cette manœuvre très simple, on parvient à faire un
vide presque parfait, $\frac{1}{10}$ de millimètre environ.

Cette machine a aussi été utilisée dans ces derniers temps pour
l'extraction complète des gaz du sang.

Il existe de nombreuses formes de machines pneumatiques qui
diffèrent par des détails de construction, mais qui reposent sur les
mêmes principes : il n'y a pas lieu de les décrire en détail.

244. Machine de compression; pompe de compression.
— On a construit des machines destinées à comprimer l'air dans un
récipient et qui avaient la disposition générale des machines pneu-

matiques; le sens dans lequel pouvaient fonctionner les soupapes était inverse. Il est aisé de se rendre compte du fonctionnement de ces appareils, qui ne donnaient pas de bons résultats et qui sont abandonnés.

Lorsque l'on veut comprimer un gaz pour les expériences de physique, on emploie la pompe de compression imaginée par Gay-Lussac et modifiée par Regnault. Elle se compose d'un corps de pompe muni d'un piston plein (*fig.* 157); à la base de ce corps de pompe aboutissent deux petits conduits T et T', fermés par des soupapes S et S' qui s'ouvrent en sens contraire. L'un de ces conduits communique soit avec l'atmosphère, soit avec un réservoir de gaz, et l'autre avec le récipient. On peut associer plusieurs de ces pompes, en faisant mouvoir les pistons à l'aide de leviers coudés fixés au même axe de rotation.

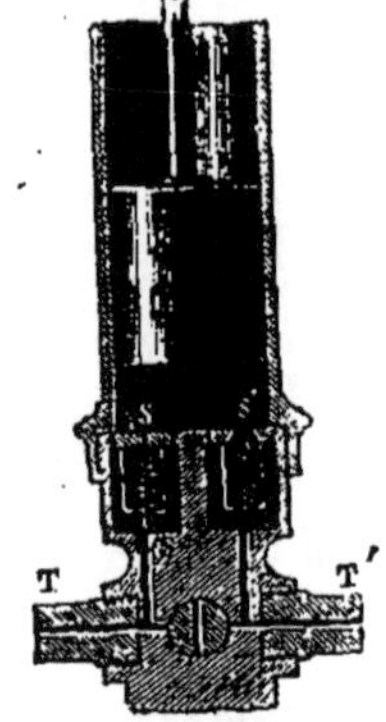

Fig. 157.

245. Usages du vide et de la pression. — Les usages du vide et de la pression, et par suite de la machine pneumatique et de la pompe de compression, sont très nombreux.

En chimie, on utilise le vide pour concentrer certains liquides et produire l'ébullition plus facilement et à une température plus basse, ce qui prévient l'altération des liquides par la chaleur. C'est aussi sur la raréfaction de l'air dans un espace limité que repose l'emploi des ventouses.

La pression est également d'un emploi fréquent pour la ventilation des grands établissements, tels qu'amphithéâtres, hôpitaux. C'est au moyen de l'air comprimé que l'on peut faire travailler les ouvriers sous l'eau dans les cloches à plongeur.

Les bains d'air comprimé imaginés par Junod s'obtiennent en refoulant l'air à l'aide d'une pompe de compression dans une enceinte, à une pression d'une à trois atmosphères.

246. Ventouse. — On donne le nom de ventouse à une petite cloche de verre que l'on applique sur la peau et dans l'intérieur de laquelle on fait le vide, soit en dilatant l'air au moyen de la chaleur, soit en enlevant l'air au moyen d'une petite pompe aspirante. La portion du tégument externe qui est ainsi soustraite à la pression atmosphérique rougit et se gonfle par l'afflux des humeurs. Lorsqu'on veut ensuite enlever la ventouse, il suffit de déprimer la peau avec le doigt sur un point quelconque de la circonférence de la cloche pour donner accès à l'air. On donne à ces ventouses le nom de *ventouses sèches*; on emploie souvent des ventouses dites *scarifiées* lorsqu'on les applique sur des portions de téguments qu'on a préalablement incisées pour déterminer une saignée abondante.

Depuis quelques années, on se sert de ventouses dites à *refoulement*, dans lesquelles la raréfaction de l'air s'obtient au moyen d'une sphère creuse en caoutchouc que l'on fixe à la tubulure d'une petite cloche en verre : pour en appliquer une, on comprime la sphère afin de chasser une partie de l'air, puis, appuyant la cloche sur la peau, on décomprime et la ventouse reste appliquée par l'effet de la pression extérieure.

247. Principe d'Archimède appliqué aux gaz. — L'air étant pesant, le principe d'Archimède lui est applicable, et, dans

Fig. 158.

l'air comme dans l'eau, la poussée est égale au poids du fluide déplacé. Un corps restera donc en équilibre dans l'atmosphère si son poids est égal au poids de l'air déplacé, il s'élèvera si le poids est moindre, il tombera dans le cas contraire.

On peut constater l'existence de cette poussée au moyen du *baroscope* (*fig.* 158). Aux extrémités du fléau d'une balance on suspend deux boules de diamètres différents ; la grosse boule est creuse, la petite est massive ; cette dernière est taraudée sur le fléau : on peut donc, en la rapprochant ou en l'éloignant, augmenter ou diminuer la longueur de l'un des bras du fléau, de manière à obtenir l'équilibre dans l'air. En plaçant l'appareil sous une cloche et en raréfiant l'air, on voit le fléau pencher du côté de la sphère creuse, ce qui prouve que dans l'air la grosse sphère éprouvait une poussée plus grande que la petite.

L'expérience du baroscope nous montre bien la poussée exercée par l'air, mais elle n'en donne pas la valeur. On peut cependant arriver à une vérification expérimentale du principe d'Archimède dans le cas des gaz, en prenant une vessie vide et comprimée que l'on suspend au plateau d'une balance et à laquelle on fait équilibre ; on la gonfle ensuite et on remarque que l'équilibre n'est point troublé. Cependant on a augmenté le poids de la vessie de toute la quantité d'air qu'on y a introduit ; si donc le poids paraît rester le même, c'est qu'il est contrebalancé par la poussée de l'air : cette poussée est donc égale au poids de l'air introduit, c'est-à-dire au poids de l'air déplacé.

248. Influence de la poussée sur le poids des corps.
— Lorsque l'on tient un corps à la main, l'effort que l'on a à faire pour le soutenir n'est pas égal au poids du corps, mais seulement à ce poids diminué de la poussée qu'il subit, c'est-à-dire du poids du volume d'air déplacé. De même pour l'action exercée par ce corps sur un dynamomètre, sur le fléau d'une balance : on conçoit que cette poussée exerce dès lors une influence appréciable sur les pesées.

Les poids *marqués* qui servent à effectuer la comparaison dans les pesées ont été étalonnés de manière que l'indication qu'ils portent représente leur véritable valeur, celles qu'ils ont dans le vide. Dans l'air, ils n'ont qu'une valeur moindre, à cause de la poussée de l'air; de là, une seconde correction qu'il faut faire pour avoir le résultat exact d'une pesée [1].

Enfin, si l'on opère par la méthode des doubles pesées, la tare subit également l'action de la poussée de l'air, et il y a lieu, en général, d'en tenir compte.

Ces corrections doivent être faites dans toute expérience de précision où il entre des pesées, et notamment dans toutes celles qui se rattachent à la mesure des densités.

249. Influence de la poussée sur la chute des corps.
— Un corps qui tombe dans l'air n'est pas sollicité par son poids seul, mais il subit en même temps l'action de la poussée et se meut sous l'influence de la résultante de ces deux forces qui sont de sens contraire. Il doit donc tomber moins vite qu'il ne tomberait dans le vide.

La poussée dépend du volume seul; elle est la même pour tous les corps de même volume, quels que soient leurs poids : on conçoit donc que son importance sera relativement plus grande pour les

---

1. Soient P le poids d'un corps, p son poids spécifique; son volume sera donc $\dfrac{P}{p}$, et si a est le poids spécifique de l'air au moment de l'expérience, la poussée sera $\dfrac{P}{p} a$. L'action exercée par le corps sur la balance sera donc $P - \dfrac{P}{p} a$, ou $P\left(1 - \dfrac{a}{p}\right)$. S'il s'agit d'une pesée avec une balance juste, l'action exercée par le corps sera égale à celle exercée par les poids marqués; soient π la somme des poids marqués, ω leur poids spécifique, cette action sera de même $\pi\left(1 - \dfrac{a}{\omega}\right)$ et l'on devra avoir

$$P\left(1 - \frac{a}{p}\right) = \pi\left(1 - \frac{a}{\omega}\right)$$

D'où l'on déduira P.

Il importe de remarquer que a varie avec la pression, la température et l'état hygrométrique de l'air, et qu'il faut calculer sa valeur à chaque série de pesées.

çorps de moindre poids spécifique, qui seront plus retardés dans leur chute que les corps très denses [1].

Ces résultats sont facilement mis en évidence dans l'expérience du tube de Newton (100).

Ajoutons que, lors de la chute dans l'air, il faut tenir compte également de la résistance opposée par ce gaz.

250. Aérostats. — C'est sur le principe d'Archimède appliqué aux gaz que repose l'ascension des aérostats, et en général de tout corps moins lourd que l'air. La force ascensionnelle d'un aérostat est égale à la poussée P′ de l'air diminuée du poids P.

Dans la pratique, lorsqu'un ballon s'élève, il n'est jamais rempli complètement : son volume peut augmenter librement, mais son poids reste invariable ; il en sera à peu près de même de la poussée. Donc dans les premiers instants de l'ascension, la force ascensionnelle sera sensiblement la même, tant que le ballon ne sera pas complètement gonflé ; à partir de ce moment, la poussée ira en diminuant et finira par devenir nulle.

Lorsqu'au contraire l'aérostat est complètement gonflé au départ, son volume est alors constant, et à mesure que l'aérostat monte, la pression extérieure diminuant, la force ascensionnelle décroît rapidement.

Les aérostats que l'on construit aujourd'hui sont formés d'une enveloppe de soie recouverte d'un vernis de caoutchouc. On leur donne une forme à peu près sphérique et on les gonfle, soit avec l'hydrogène, soit avec le gaz d'éclairage dont la densité est 0,5. L'enveloppe est entourée d'un filet protecteur qui porte la nacelle et lui donne de la solidité. A la partie supérieure est pratiquée une soupape qui doit pouvoir s'ouvrir ou se fermer facilement au moyen d'un cordon. La force ascensionnelle au départ est mesurée au moyen d'un dynamomètre. Un poids de quelques kilogrammes est suffisant pour la faire varier ; l'aéronaute doit porter avec lui une quantité assez grande de sable dont il se débarrasse lorsqu'il veut s'élever à une plus grande hauteur ; pour descendre, il ouvre la soupape. Un baromètre indique le mouvement ascensionnel du ballon par les variations de la colonne mercurielle.

---

1. Soient g l'accélération d'un corps tombant dans le vide sous l'influence de son poids P, et g' l'accélération qu'il aura dans l'air sous l'influence de la force (33) résultante $P\left(1-\dfrac{a}{p}\right)$ qui agit sur lui ; on doit avoir :

$$\frac{g'}{g} = \frac{P\left(1-\dfrac{a}{p}\right)}{P} \qquad \text{ou} \qquad g' = g\left(1-\frac{a}{p}\right)$$

On voit que g' sera d'autant plus près de g que p sera plus grand.

PROPRIÉTÉS MOLÉCULAIRES DES GAZ

251. Viscosité des gaz; résistance de l'air. — Les corps que nous connaissons à l'état gazeux sont loin de présenter tous la mobilité extrême que nous avons signalée comme un de leurs principaux caractères. Le fait est presque visible pour certaines vapeurs et, probablement, il est général pour tous les corps gazeux placés dans des conditions voisines de celles où ils passent à l'état liquide. Mais on peut reconnaître expérimentalement que même les gaz qui sont loin des conditions de liquéfaction présentent, comme les liquides, une certaine viscosité.

Nous nous occuperons plus spécialement de l'air, bien que tout ce que nous allons dire puisse s'appliquer à des gaz quelconques.

Le fait que les gaz ne sont pas absolument fluides est surtout mis en évidence par le frottement qu'ils éprouvent en passant dans des tuyaux, et surtout par la résistance qu'ils opposent aux corps solides qui se déplacent dans une masse gazeuse immobile, ou l'action que, lorsqu'ils sont en mouvement, ils exercent sur des solides immobiles.

Ce dernier exemple correspond principalement à l'action du vent sur les corps en repos; on sait quelle peut être la grandeur des effets observés. Ces effets ne se produiraient pas si les molécules, étant *absolument* mobiles, pouvaient se déplacer avec une extrême facilité, lorsqu'elles rencontrent un obstacle quelconque. Voici quelques chiffres relatifs à la pression du vent :

Désignation du vent.	*Pression par mètre carré.*
Brise légère	0^{kgr},50
Vent frais	2 "
Forte brise	8 "
Tempête	50 à 125
Ouragan	175 à 275

Si les corps sur lesquels agit ainsi le vent sont de petites masses, ils peuvent être soulevés et entraînés, même à de grandes distances : on sait que l'on a recueilli dans nos pays des poussières, des sables venant des déserts de l'Afrique. L'action est d'autant plus énergique que la vitesse du vent est plus considérable, et des corps d'autant plus volumineux sont soulevés.

252. — La résistance de l'air immobile sur les corps en mouvement est facile à mettre en évidence dans un assez grand nombre de cas. C'est cette résistance qui permet aux oiseaux et aux insectes de voler : si elle n'existait pas ou si elle était notablement diminuée, le vol ne pourrait avoir lieu. L'observation montre bien qu'il en est ainsi, et les pigeons qu'on lâche à une grande hauteur dans les ascensions aérostatiques tombent rapidement malgré des battements d'ailes précipités.

Cette même résistance se traduit par un retard apporté dans la chute des corps, et amène une inégalité dans la rapidité du mouvement des corps suivant leur forme : la résistance est d'autant plus grande que la surface est plus considérable [1]. C'est ainsi qu'une feuille de papier qui tombe lentement lorsqu'elle est déployée tombe plus rapidement lorsqu'elle est ramassée en boule. De même, une balle de plomb tombe plus vite qu'une autre balle de même poids, mais que l'on aurait aplatie au marteau.

C'est également cette résistance de l'air qui explique que les liquides qui tombent d'une certaine hauteur se résolvent en gouttes et ne se meuvent pas en masse. Si, en effet, on projette une masse d'eau dans le vide elle tombera comme un bloc solide : c'est là l'expérience classique du marteau d'eau.

253. Écoulement des gaz. — La question de l'écoulement des gaz dans les tuyaux présente à signaler des considérations analogues à celles que nous avons indiquées pour les liquides ; il y a lieu de tenir compte des pertes de charge qui se produisent par suite du frottement et de la viscosité. Les résultats sont à peu près de même nature, mais moins simples ; comme d'ailleurs il n'y a pas d'applications immédiates, nous ne croyons pas devoir insister.

Mais si les espaces à travers lesquels les gaz doivent se mouvoir sont très petits, la résistance qu'ils éprouvent peut être telle que le passage ne se produise pas, malgré que les gaz soient soumis à une forte pression. C'est ce qui est nettement mis en évidence dans les machines pneumatiques à piston libre de M. Deleuil : dans ces appareils, le piston a un diamètre un peu plus petit que celui du cylindre dans lequel il se meut, de telle sorte qu'il n'y a pas contact, que le mouvement se fait sans frottement de solide contre solide, et que la fermeture n'est pas hermétique dans le sens ordi-

---

1. Soient, en effet, P le poids d'un corps et R la résistance qu'il éprouve de la part du gaz, résistance qui croît avec la surface. Si g est l'accélération du mouvement dans le vide, g' celle du mouvement dans le gaz, on a :

$$\frac{g'}{g} = \frac{P - R}{P}$$

D'où

$$g' = g \left(1 - \frac{R}{P} \right)$$

Donc g' sera d'autant plus petit que R et par conséquent aussi la surface du corps seront plus considérables.

La surface et par suite la résistance totale peuvent augmenter, soit par une simple déformation du corps, soit par la pulvérisation.

naire du mot. Malgré cela, si cet intervalle libre qui existe tout autour du piston n'a pas plus de 0,01 de millimètre, si le piston a une assez grande longueur, si surtout il présente une série de rainures circulaires de faible profondeur, l'air ne passera pas entre le piston et le corps de pompe, alors même que le vide sera poussé assez loin et que, par conséquent, l'air sera sollicité à rentrer par une pression à peu près égale à la pression atmosphérique.

254. Tambours à levier pour la transmission des mouvements. — Parmi les appareils dans lesquels on a utilisé le mouvement de l'air dans des tuyaux, il faut signaler spécialement les tambours à levier qui sont si fréquemment employés en physiologie pour transmettre une action à distance. Dans ce cas, comme le tuyau qui contient le gaz a une faible longueur, comme surtout la vitesse de transmission est faible, les frottements ont une minime importance.

Ces tambours (*fig.* 159) sont formés chacun d'une caisse ou capsule métallique fermée en haut par une membrane de caoutchouc mince et peu tendue. Les deux tambours portent chacun un tube métallique qui s'ouvre à leur intérieur et s'adapte à un tuyau de

Fig. 159.

caoutchouc qui les fait communiquer l'un avec l'autre. Si l'on appuie sur la membrane du premier, on expulse une partie de l'air qu'il contient. Cet air s'écoule à travers le tube avec une faible vitesse, et parvient dans le deuxième tambour dont il déplace la membrane. Quand on cesse de presser sur le premier tambour, la membrane du deuxième s'abaisse. Cette solidarité d'action permet de transmettre un mouvement à distance; il suffit pour cela d'articuler chacune des membranes des tambours avec un levier : les mouvements de ces leviers seront semblables, mais en sens inverse.

Le mouvement ne se transmet pas instantanément, mais le retard est faible et on peut l'évaluer; la perte de charge est minime et d'ailleurs sans importance.

255. Anémomètres; anapnographe. — Il est nécessaire, dans un assez grand nombre de cas, de mesurer la vitesse d'un courant d'air: cette détermination peut être utile pour elle-même, comme il arrive en météorologie, et parce qu'elle permet d'évaluer la pression exercée par le courant d'air ; ou bien parce qu'elle permet d'évaluer la quantité de gaz qui a passé dans une conduite donnée, cas qui se présente dans les recherches sur la ventilation des édifices et, en physiologie, dans la détermination de la capacité respiratoire.

La vitesse d'un courant d'air est donnée par l'*anémomètre*, sorte de moulinet dont les ailes sont tantôt planes et inclinées sur l'axe, tantôt hélicoïdes et tantôt hémisphériques : un compteur permet d'évaluer le nombre de tours effectués dans un temps donné. L'appareil a été *taré* à l'avance par des expériences directes, et on déduit la vitesse, à l'aide d'une formule simple, de ce nombre de tours.

M. Guillet a appliqué directement cet appareil à la mesure du volume d'air sortant des poumons pendant l'expiration.

Dans l'*anapnographe*, MM. Bergeon et Kastus ont cherché à évaluer le volume d'air expiré à chaque instant par le déplacement d'une valve qui obéit à la plus faible pression et qui, en s'inclinant, débouche un orifice variable et tel que le volume qui s'écoule soit proportionnel au déplacement de la valve. On conçoit que cette valve puisse être reliée à un appareil enregistreur et que le tracé que fournit cet appareil permette d'étudier tous les détails qui se produisent pendant l'expiration.

256. Écoulement des gaz ; transpiration. — Considérons un réservoir rempli d'un gaz à une pression déterminée et séparé par une plaque mince d'un espace où l'on a fait le vide. Si l'on pratique une ouverture dans cette plaque, le gaz s'écoulera en vertu de sa pression et la théorie, justifiée par l'expérience, a montré que :

La durée du passage de volumes égaux est proportionnelle aux racines carrées des densités des divers gaz.

C'est là ce qui constitue l'*effusion* des gaz.

Si l'ouverture par laquelle passe le gaz sépare deux réservoirs contenant ce gaz à des pressions différentes, l'écoulement se fera naturellement du réservoir où la pression est la plus forte à celle où elle est la moindre. Bernouilli a donné la loi suivante qui a été reconnue exacte par l'expérience tant que la différence de pression ne dépasse pas 1 mètre d'eau.

La durée du passage de volumes égaux est proportionnelle à la racine carrée de la pression qui détermine l'écoulement, et en raison inverse de la racine carrée de la différence des deux pressions.

Si l'écoulement se fait à travers des tubes capillaires fins, dont la longueur soit égale au moins à 4.000 fois le diamètre, le frottement qui se manifeste contre les parois acquiert une très grande importance et les phénomènes n'obéissent pas aux mêmes lois, ainsi d'ailleurs qu'il arrive pour les liquides. Graham a étudié spécialement ce phénomène, auquel il a donné le nom de *transpiration* des gaz; il a reconnu que les vitesses propres aux différents gaz sont entre elles dans un rapport constant qui semble correspondre à une propriété particulière, la *transpirabilité*.

Voici quelques chiffres se rapportant à cette propriété : l'oxygène, ayant la moindre vitesse de transpiration, a été pris comme terme de comparaison.

VITESSE DE TRANSPIRABILITÉ DE QUELQUES GAZ.

Oxygène	1,000	Protoxyde d'azote	1,334
Air	1,107	Acide carbonique	1,369
Azote	1,141	Hydrogène	2,288

Les vitesses, pour un même gaz, dépendent de la densité : elles sont proportionnelles à la densité, la température restant constante.

Ajoutons enfin que la résistance d'un tube, pour un même gaz, dépend, non de la nature, mais des dimensions du tube. Elle est proportionnelle à la longueur et croît avec le rapport du périmètre à la section : on voit dès lors que la résistance sera plus grande, à égalité de section, si l'écoulement se fait par plusieurs orifices que s'il se fait par un seul ayant la même section totale.

257. Passage des gaz à travers les corps poreux : diffusion simple. — Un corps poreux séparant un espace rempli de gaz d'un espace vide doit laisser passer ce gaz, en général ; on conçoit que l'on ne puisse appliquer à ce passage, désigné sous le nom de *diffusion simple*, les lois indiquées précédemment ; ce n'est à proprement parler ni l'effusion, ni la transpiration.

Il n'est pas sans intérêt, d'ailleurs, d'indiquer quelques cas dans lesquels se produit ce phénomène.

Le gaz hydrogène est particulièrement propre à ces expériences : c'est sur lui qu'ont porté la plupart des expériences.

Les gaz séparés du vide par une paroi poreuse peuvent passer à travers cette paroi. Pour le montrer nettement, Graham construisit un baromètre avec un tube de verre dont une extrémité était fermée par un bouchon de plâtre. La partie supérieure du tube fut coiffée par une vessie contenant de l'hydrogène ; au bout de quelque temps, on vit le mercure descendre en même temps que la vessie se vidait peu à peu. Cet effet tient à ce que l'hydrogène passe dans la chambre barométrique à travers le plâtre.

Le même effet se produit aussi pour d'autres gaz, seulement la rapidité de l'action est moindre.

M. Sainte-Claire Deville fait passer dans un tube de terre un courant d'hydrogène qui chasse l'air et remplit bientôt le tube : celui-ci communique avec un tube vertical de verre de 0^m,80 de

longueur plongeant dans du mercure d'une part, et d'autre part porte
un robinet sur le tube d'arrivée de l'hydrogène. Quand le passage du
gaz a duré quelque peu, on ferme le robinet : l'hydrogène diffuse aussitôt et, la pression étant diminuée à l'intérieur, le mercure est soulevé jusqu'à une hauteur qui peut atteindre $0^m,60$ et même $0^m,70$.

258. — L'action de la chaleur est notable et l'élévation de température amène des effets de ce genre qui ne se produisent pas à froid.

Si, dans l'expérience précédente, on remplace le tube de terre
par un tube d'acier, il ne se produit rien à la température ordinaire ;
mais le phénomène se manifeste de nouveau si on chauffe le tube
au rouge vif, et le mercure est soulevé jusqu'à $0^m,74$, alors même
que les parois n'ont pas moins de 3 à 4 millimètres d'épaisseur. Il
faut seulement garantir le tube d'acier de l'action des gaz du foyer
en le plaçant dans un tube de porcelaine ; sans cela ces gaz pourraient pénétrer et troubleraient les résultats.

Cailletet a montré en effet qu'un tube de fer aplati et fermé à
ses extrémités reprend sa forme lorsqu'on le place dans un foyer vif,
et que cette action est due à de l'hydrogène, ce que l'on reconnaît
en ouvrant le tube sous l'eau ; ce gaz atteint ainsi la pression de
$0^m,34$ de mercure.

Enfin Graham a montré que si le palladium ne laisse pas passer
l'air, il est perméable à l'hydrogène à chaud : il a vérifié qu'un
tube de ce métal dans lequel on a fait le vide le conserve dans l'air
à toutes les températures ; qu'il n'y a pas d'action dans l'hydrogène
à froid et jusqu'à 100° ; mais que le gaz commence à entrer à 240°
et que l'action est continue à partir de 265°.

A ce sujet se rattachent une série d'autres questions fort intéressantes par leurs applications et qui se rapportent, d'une part
aux phénomènes de diffusion simple des mélanges gazeux, et d'autre
part aux échanges gazeux qui se produisent entre deux milieux
différents séparés par une cloison poreuse. Ces diverses questions
seront étudiées dans le chapitre V.

CHAPITRE IV

APPLICATIONS DE L'HYDROSTATIQUE ET DE L'AÉROSTATIQUE.

259. — Les lois relatives aux liquides et aux gaz sont souvent
appliquées simultanément et donnent l'explication d'un grand nombre de faits et d'appareils dont beaucoup sont d'un usage fréquent.

L'existence de l'atmosphère, dont la pression intervient plus ou moins directement dans un grand nombre de cas, explique notamment que, pour la plupart, les applications relatives aux mouvements des liquides ne puissent se traiter qu'après l'étude des gaz.

Nous indiquerons sommairement quelques-unes des applications les plus intéressantes.

260. **Siphon**. — Le siphon est un appareil destiné à transvaser les liquides sans incliner les vases. Il se compose d'un tube recourbé *abc* à branches généralement inégales (*fig.* 160); la petite branche *ab* étant plongée dans le liquide, si l'on vient à aspirer en *c* jusqu'à avoir amené le liquide à dépasser le point *d*, situé à la hauteur du niveau dans le vase, on verra le mouvement continuer et l'écoulement s'établir par l'orifice *c*.

Pour nous rendre compte de cet effet, supposons le siphon amorcé, c'est-à-dire entièrement plein de liquide, et considérons la tranche de liquide située en *b*, au point le plus élevé; elle est pressée du côté de la branche *ab* par

Fig. 160.

la pression atmosphérique, diminuée de la colonne de liquide qui aurait pour hauteur la distance verticale entre le plan *xy* et le niveau *mn* du liquide : soit *h* cette hauteur et P la valeur de la pression atmosphérique, que pour plus de simplicité nous supposerons évaluée par une colonne du liquide même qui remplit le siphon ; P — *h* est l'expression de la force qui agit sur la tranche *b* dans la direction de *x* vers *y*. De la même façon, en désignant par *h'* la distance verticale qui sépare le plan *xy* de l'extrémité libre *c* du tube, on voit que P—*h'* mesure la force qui agit sur la tranche *b* dans le sens de *y* vers *x*. La tranche *b* étant soumise à deux forces opposées se mouvra dans le sens de la plus grande; si donc on a

$$h' > h$$

c'est-à-dire si l'extrémité libre *c* se trouve au-dessous du niveau *mn* du liquide dans le vase, la force P — *h* sera prépondérante et la tranche *b* sera entraînée vers l'extrémité *c* par une force égale à la différence (P — *h*) — (P — *h'*) ou *h'* — *h*. La même action se reproduisant à chaque instant; le liquide s'écoulera constamment par la partie *bc* avec une vitesse d'autant plus grande que la différence *h'* — *h* sera plus considérable; cette différence est mesurée par la distance verticale *cd* de l'extrémité libre du tube au niveau du liquide *mn*.

261. — Le mode d'action du siphon donne l'explication de quel-

ques expériences telles que le *verre de Tantale*, qui se vide lorsque le liquide que l'on y verse a atteint une certaine hauteur; les fontaines intermittentes que l'on rencontre dans certains pays peuvent être également expliquées par l'existence d'un conduit recourbé naturel qui jouerait le rôle de siphon.

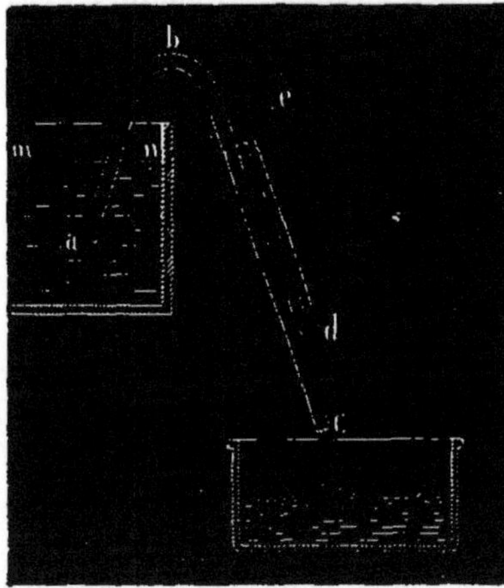

Fig. 161.

Les siphons sont avantageusement employés dans les laboratoires de chimie pour décanter les liquides qui surmontent les précipités, sans troubler ceux-ci. Dans le cas où le liquide est corrosif, il faut éviter de produire l'aspiration dans la grande branche avec la bouche; on emploie alors un siphon de forme plus complexe (*fig.* 161), qui présente un second tube *de* communiquant avec la partie inférieure de la grande branche du siphon et ouvert librement à la partie supérieure. Pour l'amorcer, on aspire par l'ouverture *e* après avoir bouché avec le doigt l'extrémité *c*; lorsque, sous cette action, le liquide a dépassé dans la grande branche la hauteur du liquide dans le vase, le siphon est amorcé et

Fig. 162.

l'écoulement s'établit. Dans ce cas, la différence de niveau qui déter-

mine le mouvement du liquide doit être comptée, non jusqu'à l'extré
mité inférieure du tube, mais seulement jusqu'à sa réunion *d* avec
le tube latéral, puisque la pression atmosphérique agit en ce point.

262. — Le siphon a reçu une intéressante application médicale:
M. le docteur Faucher a imaginé de l'utiliser pour pratiquer le
lavage de l'estomac. A cet effet, un tube de caoutchouc de 1^m,50 de
longueur et de 8 à 12 millimètres de diamètre intérieur, à parois
assez épaisses pour pouvoir se courber sans effacer le calibre, est
introduit jusque dans l'estomac par l'œsophage : cette opération se
fait plus facilement qu'on ne pourrait le penser.

Le tube est terminé à son extrémité libre par un entonnoir que
le malade remplit de liquide et élève lorsque le tube est enfoncé de
50 centimètres environ (*fig.* 162). Le liquide descend rapidement, et
lorsque l'entonnoir est presque vide, on l'abaisse au-dessous du
niveau de l'estomac (*fig.* 163). On a ainsi un siphon amorcé qui
fonctionne aussitôt: on voit en effet refluer le liquide mélangé des
résidus de la digestion.

En se basant sur le mode de fonctionnement du siphon, il est
aisé de parer aux incidents qui peuvent se présenter et amener
l'obstruction du tube ou le désamorcement du siphon.

263. **Vase de Mariotte**. — L'appareil qui porte ce nom
est destiné à étudier
l'écoulement des liqui-
des dans diverses cir-
constances, et il sert
spécialement à obtenir
une vitesse invariable
malgré les variations
de niveau du liquide
dans le vase; il se com-
pose d'un flacon (*fig.*
164) en verre dont le
goulot est garni d'un
bouchon que traverse
un tube *de* ouvert à ses
deux extrémités et que
l'on fixe à diverses
hauteurs; la paroi du
flacon est percée de
plusieurs ouvertures
situées à différentes
hauteurs, et qui sont

Fig. 163.

généralement au nombre de trois; elles peuvent être fermées par des bouchons que l'on ôte à volonté, et leurs dimensions sont assez petites pour que les filets d'eau qui s'en échappent ne puissent être divisés par l'introduction de bulles d'air.

Le flacon étant rempli d'eau, supposons que l'on enfonce le tube

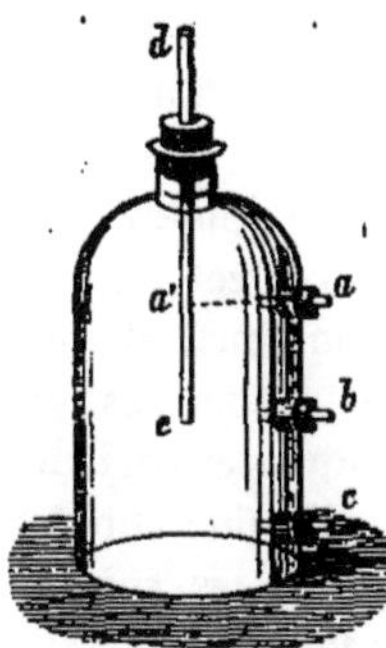

Fig. 164.

jusqu'à ce que son extrémité inférieure se trouve au niveau de l'orifice moyen b' et soit d le niveau du liquide dans le tube. Débouchons l'orifice b : un jet de liquide s'échappera aussitôt, mais sa vitesse et son amplitude diminueront rapidement, et bientôt l'écoulement cessera. On peut facilement se rendre compte de cet effet. La tranche de liquide située à l'orifice b se trouve soumise à deux forces: l'une agissant de dehors en dedans, la pression atmosphérique; l'autre, dont l'effet se produit de l'intérieur à l'extérieur, et qui est égale à la pression atmosphérique agissant en d, augmentée de la pression due à une colonne de liquide ayant pour hauteur la différence des niveaux de d et de b; cette seconde force est prépondérante et son action produit l'écoulement; mais la pression due à la différence de niveau diminue à mesure que le liquide baisse en d, et par suite la vitesse devient plus faible; et lorsque, dans le tube, le liquide est arrivé au niveau de b, la pression atmosphérique agit également dans les deux sens et l'écoulement s'arrête.

Si l'on ouvre alors l'orifice a, on voit des bulles d'air s'introduire dans le flacon par cette ouverture en même temps que le liquide remonte dans le tube, et cet effet continue jusqu'à ce que son niveau ait atteint celui du point a. Cet effet tient à ce que, en e, le liquide est soumis, par le tube, à l'action de la pression atmosphérique, et d'autre part à cette même pression augmentée de la pression due à une colonne de liquide qui a pour hauteur la différence de niveau des points a et e; le liquide doit donc remonter dans le tube, mais il faut que de l'air vienne occuper l'espace qu'il occupait dans le flacon, et c'est par l'orifice a qu'il s'introduit.

Enfin, les orifices b et a étant fermés, si l'on enlève le bouchon en c le liquide s'écoulera, et l'on ne distinguera aucune variation dans le jet tant que le niveau du liquide dans le vase n'aura pas atteint l'extrémité inférieure e du tube; en même temps des bulles d'air s'introduiront dans le vase par le tube de et gagneront la partie supérieure. Comme dans le premier cas, l'écoulement se produit en vertu de la pression due à une colonne de liquide qui aurait pour hauteur la différence de niveau des points c et e, quantité constante; le liquide doit donc sortir par *c*, mais il faut que l'air vienne occuper sa place. On voit par suite que l'on peut faire varier dans de certaines limites la vitesse de l'écoulement en changeant la distance de *c* à *e*. Mais lorsque le liquide aura atteint le niveau de *e*, la colonne qui produit l'écoulement aura une hauteur qui diminuera constamment, et il en sera de même de l'amplitude du jet.

Le vase de Mariotte permet donc d'obtenir un écoulement dont la vitesse reste invariable pendant un certain temps; cet appareil n'est pas le seul qui produise un écoulement constant, et nous allons indiquer divers autres moyens d'arriver au même résultat.

264. Vase à niveau constant. — Dans quelques expériences il peut être nécessaire de maintenir le niveau d'un liquide constant ou à peu près : on peut y arriver par divers moyens; les suivants se rapportent au sujet que nous traitons dans ce chapitre.

1° Lorsque l'expérience ne doit durer qu'un temps limité, on peut employer la disposition suivante. Un ballon rempli de liquide est renversé sur le vase dans lequel on veut maintenir le niveau constant, l'extrémité du col étant précisément à la hauteur de ce niveau. Lors de l'écoulement, le niveau baisse et laisse sortir du ballon une certaine quantité de liquide en même temps que des bulles d'air rentrent pour occuper sa place; mais lorsque le niveau a atteint l'extrémité du col, toute arrivée d'air et par suite toute sortie de liquide est arrêtée, pour reprendre dès que le niveau aura de nouveau descendu. Cet appareil est fréquemment employé pour le lavage des précipités en chimie.

2° Le siphon donne également un moyen d'obtenir un écoulement constant; il suffit pour arriver à ce résultat de maintenir invariable la différence entre le niveau du liquide dans le vase et l'extrémité libre de la grande branche. Pour qu'il en soit ainsi, le siphon est à peu près tenu en équilibre par un poids auquel il est relié par un fil passant sur une poulie; une plaque de liège fixée sur la petite branche flotte sur le liquide dont elle suit les variations de hauteur en entraînant le siphon dans son mouvement.

265. Des pompes. — Les pompes sont des appareils destinés à élever l'eau; elles consistent en général en une capacité close dont on peut faire varier le volume au moyen d'un piston, paroi mobile qui la ferme d'un côté. La description des divers systèmes de pompes appartiendrait à un cours de mécanique; il nous suffira d'indiquer les types principaux.

1° *Pompe foulante.* — Ce système, à proprement parler, n'est guère employé que pour les incendies. Il se compose d'un corps de pompe AB (*fig.* 165) placé dans le liquide à élever, avec lequel il communique par une soupape C s'ouvrant de dehors en dedans ; d'autre part, le tuyau de refoulement de l'eau débouche également à la partie inférieure du corps de pompe et présente à

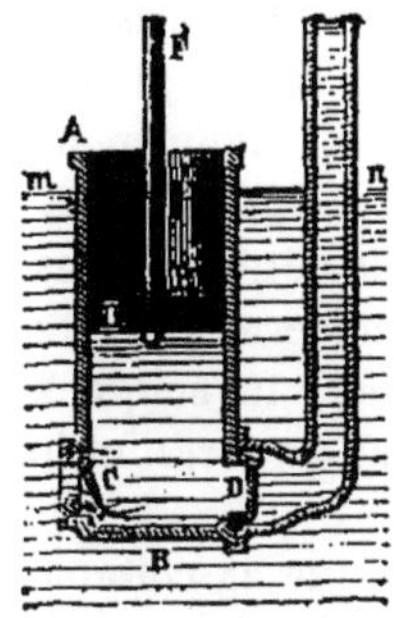

Fig. 165.

son extrémité une soupape D s'ouvrant de dedans en dehors. Un piston plein P fixé à une tige F se meut dans le corps de pompe ; supposons-le placé au bas de sa course ; lorsqu'on le soulèvera, la pression de l'eau extérieure ouvrira la soupape C, et le liquide remplira le corps de pompe ; si l'on baisse alors le piston, la pression exercée fermera la soupape C, et le liquide passera dans le tuyau de refoulement après avoir ouvert la soupape D qui se refermera sous le poids de la colonne introduite, et s'opposera à son retour lors du mouvement suivant du piston. A chaque coup de piston, on fera de la même manière passer dans le tuyau une certaine quantité de liquide. Rien ne limite la hauteur à laquelle on peut élever l'eau, si ce n'est la force dont on dispose.

2° *Pompe aspirante.* — Le corps de pompe est un cylindre vertical ABC (*fig.* 166) situé à une certaine hauteur au-dessus du niveau *mn* du liquide à élever,

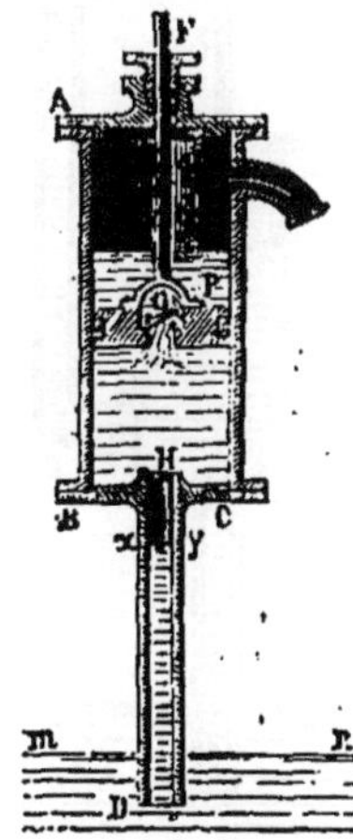

Fig. 166.

auquel le fait communiquer un tube DH dit *tuyau d'aspiration* ; à l'orifice supérieur de celui-ci se trouve une soupape H s'ouvrant de bas en haut ; le piston P qui se meut dans le cylindre présente également une soupape G s'ouvrant dans le même sens ; il est mis en mouvement par l'intermédiaire d'une tige F qui le plus souvent s'articule à un levier ; enfin, vers la partie supérieure du corps de pompe se trouve l'orifice d'écoulement de l'eau.

Supposons le piston au bas de sa course ; si on vient à le soulever, on augmentera la capacité du corps de pompe, et la pression de l'air à l'intérieur sera diminuée ; la soupape G se fermera, la soupape H s'ouvrira ; la pression de l'air dans le tuyau d'aspiration diminuant également, l'eau s'élèvera dans ce tuyau sous l'influence de la pression atmosphérique extérieure jusqu'à ce que la pression de l'air intérieur, augmentée de la pression due à la colonne de liquide, égale la pression extérieure. Quand on redescendra le piston, la soupape H se fermera, et l'eau restera dans le tuyau d'aspiration au niveau qu'il avait atteint ; la soupape G s'ouvrira et laissera échapper l'air qui se trouvait dans le corps de pompe. Lorsqu'on soulèvera le piston pour la seconde fois, un effet analogue se produira, mais l'eau atteindra un niveau plus élevé. Après un certain nombre de coups de piston, pour chacun desquels un effet analogue se produira, l'eau atteindra le niveau H. Le piston étant alors descendu effleurera le liquide, et, dans son mouvement ascendant, entraînera toute la colonne; à la descente, la soupape H se fermant tandis que la soupape G s'ouvre, le liquide contenu dans le corps de pompe passera au-dessus du piston, et sera dès lors soulevé et rejeté lors de la montée pendant laquelle la soupape G sera abaissée; à partir de cet instant, la pompe est *amorcée*, et le même effet se reproduit à chaque coup de piston.

Pour que la pompe puisse fonctionner, il faut que la colonne liquide soulevée par l'action de la pression atmosphérique extérieure atteigne et dépasse même la soupape H; il faut donc que le tuyau d'apiration soit moindre que 10^m,33.

Pour que la pompe, à chaque coup de piston, produise le maximum d'effet, il faut que le liquide suive le piston jusqu'à sa position supérieure extrême, que celle-ci, par suite, soit au plus à 10^m,33 au-dessus du niveau du liquide à élever.

La présence d'un espace nuisible (239), impossible à éviter dans ces machines, ne permet jamais en pratique d'atteindre à ces hauteurs.

3° *Pompe aspirante et foulante.* — Cet appareil se compose d'une pompe foulante AB (*fig.* 167) présentant des soupapes G et H disposées comme nous l'avons indiqué précédemment, et placée à l'extrémité supérieure d'un tuyau d'aspiration CD, dont la hauteur doit être moindre que 10^m,33. Le fonctionnement de cette pompe se comprend très facilement.

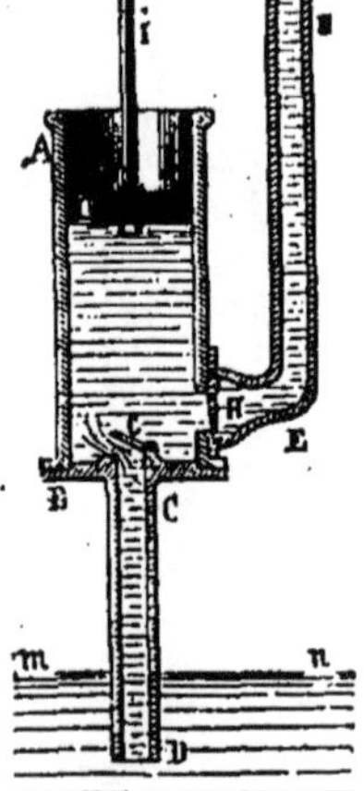

Fig. 167.

Dans ces trois appareils l'écoulement du liquide est intermittent; on peut obtenir un écoulement continu en accouplant deux pompes, mais le jet présente encore une intensité variable; on arrive à une régularité presque absolue en se servant de trois pompes agissant à des intervalles de temps égaux. On obtient encore le même effet en interposant sur le trajet du tuyau de refoulement un réservoir d'air dans lequel l'air, se comprimant lors de l'arrivée brusque du liquide, retarde par là même son mouvement, et en se détendant lorsque l'eau arrive moins rapidement augmente au contraire sa vitesse de manière qu'il y ait compensation presque absolue.

Au point de vue théorique, les trois pompes présentent les mêmes conditions ; si l'on néglige les frottements divers, le *travail* nécessaire pour élever l'eau à une certaine hauteur est, dans tous les cas, mesuré par le produit du poids de cette eau par la hauteur à laquelle on l'élève.

266. Cloche à plongeur : fondation à l'air comprimé ; scaphandre. — Dans ces divers appareils qui sont destinés à permettre le travail au-dessous du niveau de l'eau, les ouvriers se trouvent plongés dans une atmosphère gazeuse comprimée.

Il importe de remarquer que, dans tous les cas, la pression de cette atmosphère est déterminée par la profondeur du point où est l'appareil, une augmentation de profondeur de 10 mètres amenant une augmentation de pression de 1 atmosphère à peu près.

Il ne faut pas oublier que des perturbations graves dans l'organisme peuvent résulter de changements brusques de pression ; il faudra donc, surtout s'il s'agit de pressions élevées, procéder lentement à la compression et à la décompression.

267. Trompe ; aspirateur Sprengel. — Lorsqu'un liquide s'écoule dans un tuyau qu'il ne remplit pas complètement, il entraîne une certaine quantité du gaz qui l'entoure en produisant une aspiration, par suite de cet entraînement même. A l'extrémité du tuyau le gaz est mis en liberté, et si la colonne liquide s'écoule dans un espace clos, le gaz s'y comprime de telle sorte que l'on a aux deux extrémités de la conduite, d'une part une aspiration, et de l'autre une compression. La limite de l'une et de l'autre dépend de la vitesse du courant et par suite de la pression du liquide.

Cet appareil a été d'abord employé dans les montagnes sous le nom de *trompe* pour obtenir de l'air comprimé destiné à alimenter des fourneaux métallurgiques, en profitant des chutes d'eau naturelles. Actuellement, on en fait usage dans les laboratoires, en utilisant la pression des conduites de distribution d'eau, et suivant les besoins on se sert des trompes pour obtenir de l'air comprimé ou pour raréfier un gaz dans un espace clos.

Dans l'*aspirateur de Sprengel*, l'air est entraîné par une colonne de mercure d'une façon à peu près analogue, mais non pas identique : la colonne de mercure, qui a abandonné dans une première partie de l'appareil l'air qu'elle pouvait contenir, pénètre avec une assez grande vitesse dans un tube capillaire qui communique avec l'espace qui contient le gaz que l'on veut raréfier. La colonne se divise, tombe goutte à goutte et chaque goutte faisant piston, pour ainsi dire, entraîne une partie du gaz qui se dégage dans la cuvette où se termine inférieurement le tube qui a repris un plus grand diamètre après un certain parcours. Cette machine permet d'arriver à une raréfaction extrêmement grande.

CHAPITRE V

ACTIONS MOLÉCULAIRES IMMÉDIATES.

268. — Le titre de ce chapitre, bien que consacré par l'usage, est mal appliqué aux sujets spéciaux que nous allons traiter. Sans vouloir insister sur ce point que nous avons déjà indiqué, nous tenons à dire que, en physique, comme en chimie d'ailleurs, *toutes* les actions se passent de molécule à molécule et jamais d'une masse finie à une masse finie : les effets que nous observons sont des résultantes de toutes ces actions moléculaires. Un aimant n'attire pas un morceau de fer doux, mais chaque molécule de l'aimant agit sur chaque molécule du morceau de fer, donnant ainsi naissance à un très grand nombre de forces élémentaires de faible valeur, forces que nous ne pouvons étudier séparément, mais dont nous observons la résultante.

Ce n'est pas à ce point de vue que l'on se place lorsque l'on parle généralement des *actions moléculaires :* on entend par là une série de phénomènes qui se produisent par le seul contact de corps de nature différente, et sans que l'on puisse en donner d'explication autre que les attractions ou les répulsions que les molécules de ces corps peuvent exercer les unes pour les autres.

Les diverses actions moléculaires que nous voulons signaler ne sont pas toutes très bien connues dans leurs lois; leur étude même incomplète est cependant d'une importance capitale pour l'explication des phénomènes observés en physiologie tant animale que végétale. Nous ne pourrions, sans sortir du domaine de la physique, insister sur ces applications qui sont très nombreuses, et nous ne pouvons que les signaler sommairement.

269. —La connaissance complète des causes des phénomènes que nous allons indiquer conduirait certainement à en donner une classification rationnelle : nous devons nous borner à en donner une classification artificielle que nous avons cherché à rendre aussi simple que possible.

I. Les actions s'exercent sur des corps en contact : actions immédiates.

II. Les corps entre lesquels s'exercent ces actions sont séparés par un diaphragme de nature convenable.

D'autre part, les actions immédiates peuvent se manifester :

A. 1° de solide à solide (*adhésion*); 2° de solide à liquide; 3° de solide à gaz (*occlusion*);

B. 4° de liquide à liquide; 5° de liquide à gaz (*dissolution*);

C. 6° de gaz à gaz;

le mot *gaz* étant pris dans le sens de corps à l'état gazeux, et non dans le sens restreint où on l'oppose au mot *vapeur*.

Des subdivisions peuvent encore être indiquées. Dans l'action réciproque des solides et des liquides les effets suivants peuvent se produire :

2° *a*. Action de simple contact (*capillarité*).

b. Changement d'état du liquide (*imbibition*).

c. Changement d'état du solide (*dissolution*).

Dans l'action réciproque des liquides et des gaz, on peut observer les effets suivants :

d. Changement d'état du gaz (*dissolution*).

e. Changement d'état du liquide (*évaporation*).

Nous ferons précéder l'étude de ces divers points de quelques remarques générales importantes sur les changements d'état.

270. Des changements d'état. — Un corps ne conserve pas nécessairement toujours le même état, et il est beaucoup de substances que nous connaissons à l'état solide, à l'état liquide et à l'état gazeux. On admet même généralement que, sauf le cas de décomposition chimique, tous les corps pourraient être amenés sous ces trois états, si l'on disposait de moyens assez énergiques.

Les changements d'état sont à étudier, tant au point de vue des causes qui les produisent que des phénomènes qui les accompagnent.

Au point de vue des causes, il y a à distinguer plusieurs cas, suivant que le changement d'état est dû à l'intervention directe d'un autre corps, comme dans la dissolution des gaz et des solides dans les liquides, ou bien que le changement se produit sans l'action directe d'aucun autre corps.

Le premier cas sera étudié dans ce chapitre; le second cas correspond à l'influence de la pression extérieure et de la chaleur : comme la chaleur joue ici un rôle très important, sinon toujours prépondérant, c'est en parlant des phénomènes calorifiques que nous traiterons cette question.

Mais en ce qui concerne le phénomène même du changement d'état, il n'est pas sans intérêt de faire les remarques suivantes.

D'une manière absolument générale, le changement d'état est accompagné d'un changement de volume, ce dont on est averti notamment par la variation du poids spécifique.

Pour le passage de l'état solide à l'état liquide ou pour le changement inverse, la variation de volume a lieu tantôt dans un sens et tantôt dans l'autre : c'est ainsi que la glace, eau solide, est moins dense que l'eau liquide ; que, par suite, un poids donné de glace diminue de volume en se liquéfiant. Pour d'autres corps, le blanc de baleine, la cire, la paraffine, c'est l'effet inverse qui se produit, et le corps solide occupe moins de volume que lorsqu'il est liquéfié.

Pour le passage de l'état liquide à l'état gazeux la variation de volume a lieu toujours dans le même sens, et elle est beaucoup plus considérable : le corps à l'état de gaz occupe un volume bien plus grand qu'à l'état liquide ; la vapeur d'eau occupe un espace 1400 fois plus grand, à la pression ordinaire, que l'eau qui lui a donné naissance. Il importe d'ailleurs de remarquer que ces différences varient évidemment avec la pression à laquelle on mesure le volume de la vapeur.

Ces résultats généraux sont applicables aussi bien aux changements par dissolution qu'aux changements d'état obtenus directement.

Il faut savoir enfin que des corps solides peuvent passer directement à l'état gazeux sans passer à l'état liquide, et réciproquement. Nous étudierons dans la *Chaleur* les conditions qui amènent ce changement direct. Dans ce cas, d'ailleurs, le corps gazeux formé occupe un espace beaucoup plus considérable que le corps solide qu'il remplace.

271. Les changements d'état et le travail mécanique. — En se reportant à l'hypothèse moléculaire et aux différences qui correspondent aux trois états des corps, on voit aisément que les changements d'état amènent des modifications dans les relations des molécules entre elles (69) ; ces modifications se traduisent par des actions mécaniques.

Si, par exemple, on veut amener un corps de l'état solide à l'état liquide, il faudra vaincre les forces attractives qui existaient entre les molécules et qui les rendaient solidaires ; il faudra pour obtenir ce résultat dépenser une certaine quantité de travail mécanique : c'est ce qui arrive lorsque l'on réduit un corps en poudre, mais la désagrégation s'exerçant sur les molécules doit être plus complète pour amener la liquéfaction et exige une plus grande dépense de travail mécanique que l'on devra fournir sous une forme ou sous une autre.

On comprend aisément que la même remarque s'applique au passage d'un corps de l'état liquide à l'état gazeux ; pour le produire il faudra dépenser du travail mécanique.

Mais, par contre, les changements inverses correspondront à la restitution d'une certaine quantité de travail mécanique, travail mécanique qui pourra se manifester sous des formes diverses suivant les circonstances.

Ces remarques ont une très grande importance, comme on le verra plus tard.

272. Adhésion. — Dans les expériences et les raisonnements que nous avons eu l'occasion d'indiquer jusqu'à présent, nous avons supposé que l'attraction des molécules des solides ne se manifestait que lorsque les molécules formaient un *seul* corps, et que le simple contact des solides ne pouvait mettre cette force en évidence. En réalité, il n'en est point ainsi, et l'on peut prouver que la *cohésion*, force qui réunit les molécules d'un même corps, n'existe pas seule, qu'il existe une autre force analogue, l'*adhésion*, qui s'exerce entre les molécules de corps différents. Les expériences suivantes peuvent prouver l'existence de cette force.

On prend deux balles de plomb que l'on sépare l'une et l'autre à l'aide de sections bien planes et bien vives ; on rapproche les segments de ces balles, avant que les parties coupées aient pu s'oxyder, et on les presse légèrement ; il prend naissance par ce contact des forces attractives assez puissantes pour que l'une de ces balles reste suspendue lorsqu'on soulève l'autre ; il faut même un certain effort pour les séparer : il y a *adhérence*.

On fait une expérience analogue, mais qui réussit plus facilement, à l'aide de deux plans en verre parfaitement rodés que l'on fait glisser l'un sur l'autre en même temps qu'on les presse l'un contre l'autre. Comme dans l'expérience précédente, l'un des disques peut rester suspendu au-dessous de l'autre ; il peut même supporter un petit plateau dans lequel on met des poids qui finissent par déterminer la séparation, et donnent ainsi une mesure approximative de l'adhésion. On prouve facilement que cette réunion de deux corps distincts n'est pas due à l'action de la pression atmosphérique, comme on l'a pensé autrefois, en plaçant les plateaux, dont le supérieur est fixé à un support, sous une cloche dans laquelle on fait le vide, et observant que la suppression de la pression extérieure n'amène pas leur séparation.

On reconnaît facilement que l'adhérence, nulle si les corps sont placés à une certaine distance, même très petite, ne se manifeste qu'au contact et est d'autant plus considérable qu'on a cherché à obtenir un plus grand rapprochement, un contact plus intime : cette remarque est d'accord avec l'idée que l'adhérence est due à l'attraction des molécules d'un corps sur celles de l'autre ; cette attraction augmente, en effet, quand la distance diminue, et devient nulle quand la distance devient appréciable (67).

Il est moins facile d'expliquer un fait qui paraît constant, c'est que l'adhérence augmente avec le temps, c'est-à-dire qu'il faut pour séparer deux corps adhérents, une force d'autant plus grande qu'ils sont depuis plus longtemps en contact.

L'adhérence est indépendante de l'épaisseur des lames considérées ; ce qui prouve que les actions dont elle dépend se passent dans des couches très minces de l'un et l'autre corps, que ce sont des actions à très petite distance.

273. — En général, l'adhérence n'est pas assez énergique pour permettre d'obtenir une réunion définitive ; c'est-à-dire, s'il s'agit par exemple de deux fragments d'un même corps, que le corps présentera à la surface de contact une résistance à la fragmentation beaucoup moindre qu'en tous les autres points : c'est au moins ce qui arrive pour les corps solides présentant une certaine ténacité. Il n'en est plus de même si l'on opère avec des corps mous comme l'argile, la cire molle, etc.; la propriété que possèdent ces corps de se souder à eux-mêmes est très importante et est, avec leur mollesse même, la cause de leur plasticité. Le caouchouc, fraîchement coupé, peut aussi se souder à lui-même : l'action est facilitée par une série de coups de marteau. Ajoutons que certains corps comme le fer, le verre, qui ne possèdent pas cette propriété à la température ordinaire, lorsqu'ils sont durs, l'acquièrent lorsqu'ils deviennent mous par l'action de la chaleur.

Dans quelques cas l'adhérence est facilitée par la présence d'un liquide qui disparaît ensuite : c'est ainsi que s'explique l'adhérence des gommes et des colles déposées en dissolution sur un corps et dont le liquide s'est évaporé. On comprend par la même raison pourquoi certaines poussières s'attachent plus ou moins sur la peau, et comment il se fait que l'action, à peu près nulle lorsque la peau est sèche, est manifeste si la peau est humide et subsiste lorsque par la suite elle redevient sèche.

274. — Le mot *adhérence* est employé dans la mécanique pratique dans un sens différent de celui que nous avons indiqué jusqu'ici : il signifie alors une circonstance particulière dans laquelle se manifeste le *frottement*. C'est ainsi que l'on parle de l'*adhérence* des roues des locomotives sur les rails, adhérence sans l'existence de laquelle elles tourneraient sur place sans faire avancer la machine; c'est également l'adhérence qui est en jeu dans les transmissions de mouvement par l'intermédiaire de poulies et de courroies; dans ces cas et dans les cas analogues l'adhérence est une résistance non à l'écartement, à l'éloignement, mais au glissement. La différence est manifeste, notamment en ce que l'*adhérence* est d'autant plus forte que les corps en présence sont plus polis, tandis que cette condition, au contraire, diminue le frottement.

Le frottement d'ailleurs est intéressant en soi : il paraît résulter de ce que les corps en contact, n'étant pas polis absolument, présentent des saillies et des cavités et qu'il y a une sorte d'engrènement réciproque des unes et des autres : pour que le mouvement soit possible, il faut qu'il y ait ou rupture des saillies ou écartement des corps, ce qui exige, dans tous les cas, un effort qui correspond au travail mécanique absorbé. Le frottement entre en jeu dans la plupart de nos mouvements : en particulier, la marche ne serait pas possible, s'il ne se produisait un frottement entre le pied et le sol, etc.

275. Action des solides sur les liquides. Capillarité. — Lorsque l'on plonge un corps solide dans un liquide et qu'on l'en retire, il peut arriver que le solide entraîne avec lui quelques gouttes du liquide (Ex : eau et verre), ou au contraire qu'il reste absolument sec (Ex : verre et mercure) : dans le premier cas on dit que le solide *est mouillé* par le liquide; on dit qu'il *n'est pas mouillé* dans le second cas. Le fait qu'un solide est *mouillé* par un liquide prouve qu'il existe entre les deux corps une attraction capable de faire équilibre au poids du liquide soulevé.

L'existence de cette attraction est également mise en évidence par l'expérience suivante.

Si l'on fixe une plaque de verre ab (*fig.* 113), par un fil attaché à son centre de gravité, au fléau d'une balance équilibrée par des poids placés dans le plateau opposé, et qu'on la descende jusqu'au niveau mn de l'eau contenue dans un vase, il faudra pour la soulever mettre dans le plateau opposé un poids plus grand que celui de la plaque seule, et la plaque en se soulevant entraînera une certaine quantité de liquide.

Cette expérience donne une indication sur la valeur de cette attraction qui s'exerce suivant le plan xy (aussi bien d'ailleurs que de l'action du liquide sur lui-même qui se manifeste sur un plan tel que $x'y'$) : on voit, en effet, que cette attraction est plus grande que le poids qui tendait à soulever la plaque. En augmentant progressivement ce poids, on arrive à séparer le plateau et à l'élever hors du liquide; le poids qui détermine cette rupture mesurerait l'attraction du solide pour le liquide si la séparation s'effectuait suivant xy, ce qui n'a presque jamais lieu; elle mesure l'attraction du liquide pour lui-même si, comme cela se présente, la séparation s'effectue suivant un plan $x'y'$. On peut ainsi conclure que l'attraction du liquide pour le solide est alors plus considérable que celle du liquide pour lui-même.

Les phénomènes dont nous avons à nous occuper sont produits tant par cette attraction des liquides pour les solides, que par la cohésion même du liquide et par l'existence de ce que nous avons appelé la *tension superficielle* (191).

276. — Les conséquences auxquelles on arrive en hydrostatique reposent sur l'idée que les liquides considérés ne sont soumis à aucune force autre que la pesanteur : on conçoit que l'on ne puisse plus appliquer les résultats obtenus pour les liquides réels dans lesquels, à l'action de la pesanteur, s'ajoutent l'action des parois ou des autres corps solides avec lesquels ils sont en contact et l'action de la tension superficielle, quelle que soit l'origine de celle-ci.

Deux théorèmes importants cessent d'être applicables : 1° *la surface libre d'un liquide de peu d'étendue est plane et horizontale ;* 2° *dans deux vases communiquants, les surfaces libres sont sur un même plan horizontal.* L'expérience montre que les résultats observés sont entièrement différents, comme nous allons le dire.

Lorsque l'on examine un liquide dans les environs d'un corps solide avec lequel il est en contact, on reconnaît que, sauf de rares exceptions (eau et acier poli), la surface présente une dénivellation caractérisée par la production d'une surface courbe ; la dénivellation est tantôt un exhaussement du liquide dans le voisinage du solide (*fig.* 168), tantôt un abaissement (*fig.* 169) : les surfaces

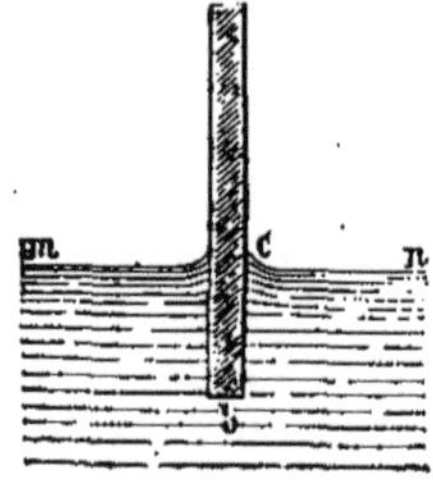

Fig. 168.

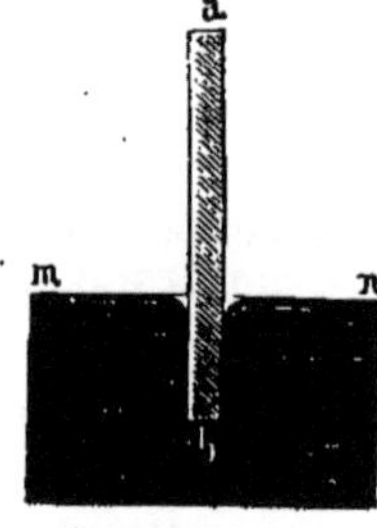

Fig. 169.

courbes sont appelées *ménisque concave (*168*)* et *ménisque convexe*(169).

Il existe d'ailleurs une relation certaine entre cette propriété et l'attraction du solide pour le liquide, car on reconnaît que le ménisque concave se produit toujours lorsque le liquide mouille le solide, et le ménisque convexe lorsque le liquide ne mouille pas.

277. — La surface du ménisque rencontre le corps solide sous un angle qui dépend des corps en contact : l'angle $a\,c\,e$ (*fig.* 170) compris entre la surface liquide $d\,c$ et la partie du solide $c\,a$ qui est en dehors du liquide s'appelle *angle de raccordement.* Voici sa valeur pour quelques corps :

Fig. 170.

Mercure et verre.	45°
Eau et verre.	180°
Eau et acier poli.	90°

La valeur de cet angle, pour les mêmes corps, est indépendante de la direction de la partie solide. C'est cette remarque qui explique ce qui se passe lorsque l'on verse du mercure dans une sphère en

verre ; l'angle de raccordement reste constant, mais la direction
de la paroi variant, la surface du mercure change de forme, par
rapport à la verticale, jusqu'à devenir concave.

278. — Lorsque l'on observe deux vases communiquants dont
l'un a un petit diamètre (moins de
2 centimètres), on reconnaît qu'il n'est

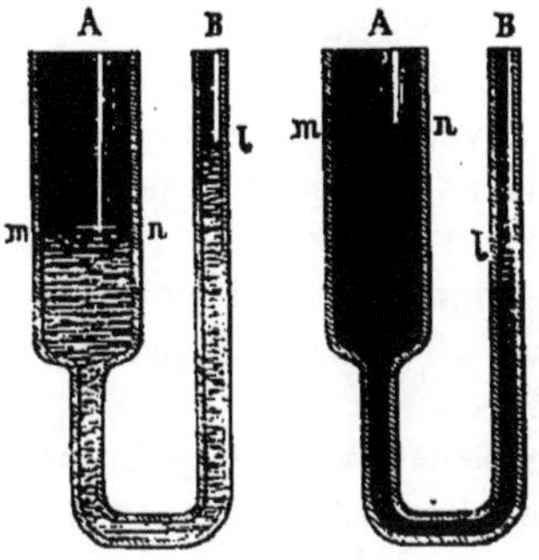

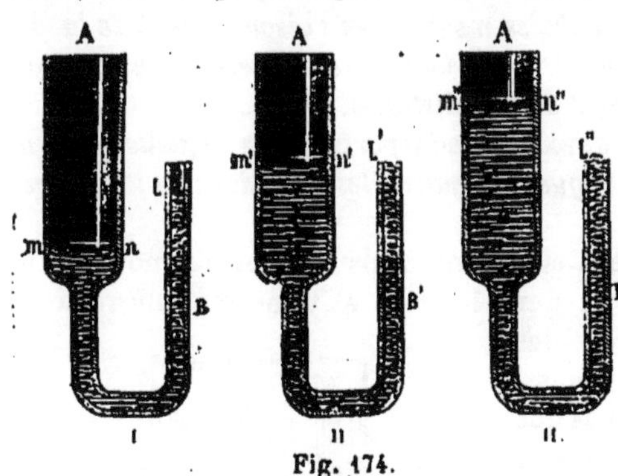

Fig. 171. 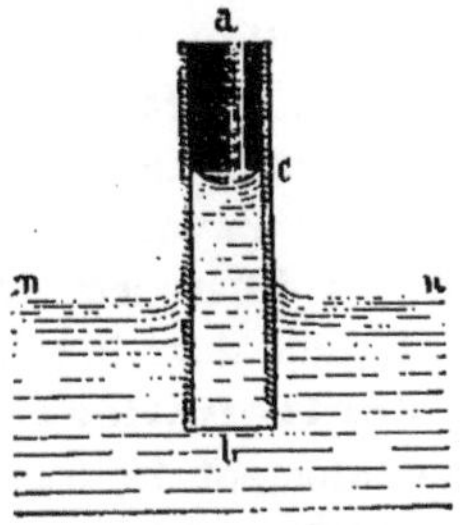   Fig. 172. 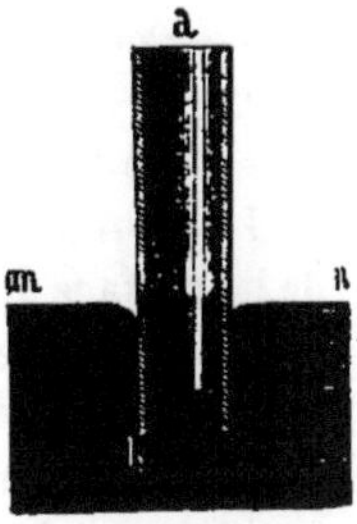   Fig. 173.

pas vrai que les deux surfaces libres sont sur un même plan horizontal : l'expérience réussit soit que l'on emploie réellement
deux vases communiquants (*fig.* 171), soit que, ce qui revient au
même au fond, l'on se borne à plonger un tube dans un liquide (*fig.*
172 et 173). Il y a dénivellation, et la dénivellation peut avoir lieu
de telle sorte que le liquide dans le tube soit au-dessous de la surface générale ou qu'il
soit au-dessus : on
reconnaît également
qu'il y a élévation
quand le liquide
mouille le solide.
quand il y a un mé-
nisque concave, et
qu'il y a abaissement
quand le liquide ne
mouille pas le solide.
quand il y a un mé-
nisque convexe.

Fig. 174.

Il est important de remarquer que l'élévation et l'abaissement
sont dus à la forme du ménisque et non à la nature des corps en
contact; car, si l'on parvient avec les mêmes corps à changer la
forme du ménisque, on transformera une élévation en abaissement.
ou réciproquement. C'est ce que prouve l'expérience suivante.

Reprenons un vase analogue au précédent, mais dans lequel le
tube B (*fig.* 174) n'arrive qu'à la moitié de la hauteur du vase A, et
versons de l'eau dans ce vase; le liquide présentera en *l* (I) une sur-

face concave, et ce point sera plus élevé que le liquide en *mn* ; ajoutons de l'eau, le niveau dans le tube arrivera à l'extrémité *l'* du tube B, et l'on pourra avec un peu d'habileté rendre sa surface terminale plane (II) : on verra alors que le niveau *m'n'* dans le vase A sera très approximativement sur le même plan horizontal. Continuons encore à ajouter de l'eau (III), le liquide sortira un peu du tube B sous forme d'une gouttelette à surface convexe, et dans ce cas le niveau *m"n"* dans le vase A sera notablement supérieur au point le plus élevé *l"* de cette gouttelette.

Le liquide ni le solide n'ayant changé, non plus que la courbure de la surface en A, ces différences de niveau ne peuvent provenir que de la forme du liquide dans le tube B.

279. Lois des dénivellations capillaires. — Gay-Lussac a étudié expérimentalement les dénivellations dues aux actions capillaires ; les résultats auxquels il est arrivé sont également ceux qu'ont indiqués Laplace et Poisson, qui les avaient déduits du calcul.

Les lois sont les suivantes :

PREMIÈRE LOI. — *Pour un même liquide, les élévations ou abaissements dans les tubes de même substance sont en raison inverse des diamètres.*

DEUXIÈME LOI. — *Dans les mêmes conditions, entre deux lames parallèles, l'élévation ou l'abaissement est en raison inverse de la distance de ces lames. Elle est la moitié de ce qu'elle serait pour un tube dont le diamètre serait égal à cette distance.*

TROISIÈME LOI. — *Le diamètre de la partie dans laquelle se forme le ménisque est le seul duquel dépendent les élévations ou les abaissements.*

Les lois se démontrent en visant à distance et au moyen d'un cathétomètre les niveaux dans le vase et dans les tubes ou les plaques. Les diamètres des tubes, que l'on choisit aussi complètement cylindriques que possible, sont mesurés par le poids d'une colonne de mercure d'une longueur connue qu'ils contiennent. Les distances des plaques sont déterminées en plaçant entre elles des fils métalliques de diamètre connu.

Fig. 175.

Comme conséquence de la loi relative aux plaques, on peut citer l'expérience d'Hawksbee : deux plans en verre, liés par une charnière *ab* (*fig.* 175) que l'on

place verticalement, sont plongés dans l'eau après qu'on les a légèrement écartés; l'eau s'élève entre ces plans de manière à dessiner
une courbe *ce* qui est une hyperbole équilatère, ce que démontrerait facilement le calcul. On peut se rendre compte de ce fait en
remplaçant par la pensée les plans continus obliques par une série
de plans parallèles de plus en plus rapprochés, entre lesquels l'eau

Fig. 176.

s'élèverait davantage à mesure qu'ils
seraient moins éloignés (*fig.*176); l'eau
formerait ainsi une série de gradins qui
se transformeraient en courbe continue à mesure que les plans précédents
deviendraient moins larges.

Enfin, la troisième loi peut se prouver
au moyen d'une cloche de diamètre
quelconque *abcd* (*fig.* 177) terminée par
un tube vertical *e* de petit diamètre.
Cette cloche, plongée dans l'eau presque
jusqu'à l'extrémité du tube capillaire et
relevée ensuite, reste pleine de liquide, et
le niveau supérieur se trouve sur le même plan horizontal que
celui contenu dans un simple tube *st* de même diamètre que *e* et
placé à côté dans le liquide.

Si la cloche, renversée est

Fig. 177.

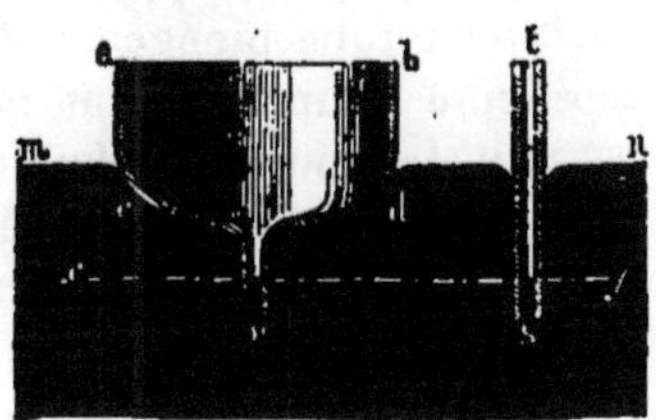

Fig. 178.

plongée dans le mercure, celui-ci reste dans le tube *e* au-dessous du
de la surface (*fig.* 178) au même niveau que dans un tube de même
diamètre placé à côté dans le liquide.

280. Mouvements dus aux actions capillaires. — Des
expériences qui précèdent, on conclut que, lors de la formation
d'un ménisque, tout se passe comme s'il existait une force dirigée
de la convexité à la concavité et d'autant plus grande que la courbure est plus forte, c'est-à-dire que le diamètre du tube où se produit le ménisque est plus petit. Cette action se comprend aisément,
en se représentant la couche superficielle comme une sorte d'enveloppe élastique fixée aux parois par sa périphérie et cédant en

son centre au poids ou à la pression du liquide (Tension superficielle).

La considération de ces forces explique des mouvements qui se
produisent dans les liquides et qui sont dus à l'action capillaire, et
par exemple le mouvement spontané d'un liquide dans un tube
conique (*fig.* 179). S'il s'agit d'un liquide qui
mouille (I), il y a deux actions qui tendent à
attirer le liquide du côté de chacun des ménis-
qués, mais celui qui est du côté du sommet,
ayant la plus forte courbure, aura une action
prépondérante, et le liquide se rapprochera du
sommet.

Fig. 179.

Dans le cas d'un liquide qui ne mouille pas,
tout se passe comme si le liquide était re-
poussé par les ménisques ; mais le ménisque le plus rapproché
du sommet, ayant la plus forte courbure, aura l'action la plus énergique et déterminera en somme le mouvement dans le sens qu'elle
tend à produire : le liquide s'éloignera du sommet.

Il convient de remarquer que la capillarité ne peut pas produire
le mouvement continu d'un liquide, qu'elle ne peut que l'amener et
le maintenir à un état déterminé d'équilibre. Si, en effet, le système qui renferme le liquide forme un tube non interrompu, il n'y
aura pas de ménisque et par suite pas d'action capillaire. S'il
s'agit d'un tube plongeant dans un liquide et ouvert à la partie
supérieure à une hauteur moindre que celle à laquelle le liquide
pourrait être soulevé, le liquide ne pourrait s'écouler qu'à la condition que, à cette extrémité, la forme du ménisque changeât et
devînt convexe, ce qui serait incompatible avec l'élévation. Ce
qui arrive, dans ce cas, c'est que la concavité du ménisque change
jusqu'à ce qu'elle équilibre la colonne de liquide soulevé.

Il résulte de là que, indépendamment des autres raisons, on ne
peut attribuer à la capillarité le mouvement de la sève ni dans les
végétaux entiers, ni dans un tronc qui a été sectionné à une certaine
hauteur et d'où la sève s'écoule, même malgré une pression
notable.

281. — Dans certaines conditions, des corps solides placés à la
surface d'un liquide présentent des mouvements qui sont dus aux
actions capillaires.

Supposons que l'on ait deux lames mobiles autour d'axes
horizontaux placés à leur partie supérieure et qui toutes deux en
même temps soient mouillées ou non. Considérons le premier cas
(*fig.* 180, I). Pour tout le liquide situé au-dessous du plan horizontal
mn, il y aura équilibre à partir d'une certaine profondeur ; au-

dessus, tout se passera comme si le liquide était attiré par le ménisque et plus fortement par le ménisque compris entre les lames dont la courbure est plus forte; enfin, au-dessus de *hk*, limite du ménisque extérieur, il y aura à l'extérieur la pression

Fig. 180.

atmosphérique tendant à rapprocher les lames, et à l'intérieur une force attractive du ménisque agissant dans le même sens. En conséquence, toutes ces actions concourant, les lames se rapprocheront.

Si aucune des lames n'est mouillée (II), à partir d'une certaine profondeur les ménisques n'agiront pas; au-dessus, ils agiront comme donnant naissance à une force répulsive; enfin, au-dessus de *hk*, limite supérieure du ménisque inférieur, l'action répulsive du liquide extérieur sera prépondérante et les lames se rapprocheront encore.

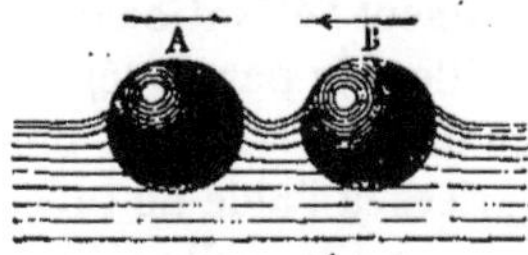

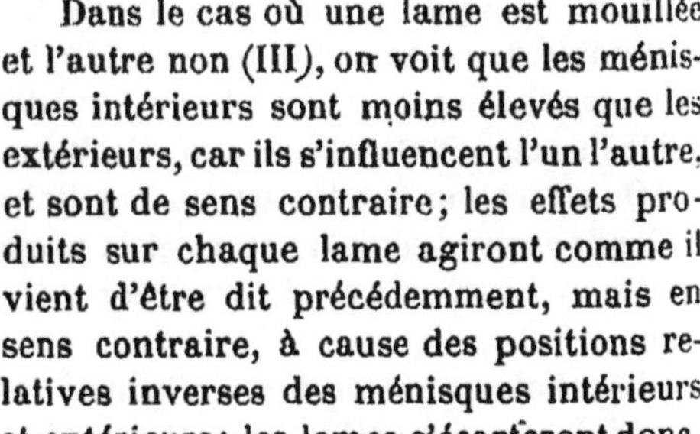

Dans le cas où une lame est mouillée et l'autre non (III), on voit que les ménisques intérieurs sont moins élevés que les extérieurs, car ils s'influencent l'un l'autre, et sont de sens contraire; les effets produits sur chaque lame agiront comme il vient d'être dit précédemment, mais en sens contraire, à cause des positions relatives inverses des ménisques intérieurs et extérieurs; les lames s'écarteront donc.

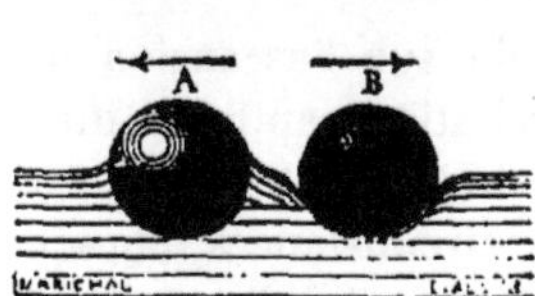

Fig. 181.

Cet effet se manifeste très clairement en mettant sur un vase rempli d'eau des boules de liège, les unes à l'état naturel qui sont mouillées, les autres enduites de noir de fumée qui ne sont pas mouillées : on voit alors se produire les effets que nous venons d'indiquer (*fig.* 181).

282. Corps flottant en vertu des actions capillaires. — Ainsi que nous l'avons vu, un corps flotte lorsqu'il déplace un volume de liquide d'un poids précisément égal au sien; un corps même de densité supérieure à celle d'un liquide, flottera donc s'il déplace un volume de liquide suffisant. C'est précisément l'action produite par la capillarité sur un corps que le liquide ne mouille pas (*fig.* 182); le volume déplacé, tant en réalité que par la formation du ménisque, peut suffire pour équilibrer le poids du corps. Le phénomène se manifeste dans la formation spontanée de certains cristaux (sel marin, par exemple), ou en posant avec précaution sur l'eau une aiguille fine, préalablement frottée entre les doigts de manière à l'enduire d'une couche de matière grasse ; c'est encore en vertu de la même cause que certains insectes aquatiques marchent à la surface de l'eau, etc. L'hypothèse d'une

Fig. 182.

couche à tension superficielle explique également bien ces effets.

L'influence des actions capillaires se manifeste en physique dans la variation de niveau de baromètres de différents diamètres observés simultanément, et dans l'affleurement des aréomètres de Nicholson et de Fahrenheit, ce qui limite la précision que l'on pourrait penser atteindre en employant des tiges de plus en plus fines.

283. — Les effets de la capillarité, et notamment l'élévation dans les tubes capillaires pour les liquides qui mouillent la paroi, dépendent comme intensité de la nature de ces liquides. Le fait a été mis en évidence tant par des mesures directes prises à l'aide de tubes en verre, que par la détermination de la hauteur à laquelle s'élève un liquide dans un corps poreux, dont les pores constituent des espaces capillaires, comme du papier à filtrer, des tubes remplis de sable fin, etc. (Matteucci, Cima, Decharme).

On a reconnu que les actions capillaires varient pour les dissolutions aqueuses avec la nature et la proportion des substances dissoutes : mais on n'a pu déterminer aucune loi relative à cette question.

La chaleur exerce une influence notable sur l'ascension des liquides ; d'une manière générale, la dénivellation capillaire diminue au fur et à mesure que la température s'élève.

284. **Imbibition**. — Dans certaines circonstances, lorsque l'on met en présence un solide et un liquide, il se produit une action spéciale, une pénétration réciproque telle que l'un des deux corps cesse d'exister à l'état qu'il avait précédemment. On dit qu'il y a *imbibition* si l'état solide subsiste ; il y a *dissolution*, au contraire, si le mélange a finalement l'état liquide. Nous nous occuperons d'abord de l'imbibition.

L'imbibition varie avec la nature des corps en présence : on l'évalue par la quantité de liquide qui peut être absorbée par un même poids du solide en expérience : c'est ainsi que, pour 100 grammes, le parchemin végétal absorbe 5 grammes d'eau, tandis que le caoutchouc n'est pas imbibé par ce liquide; mais, par contre, 100 grammes de cette dernière substance absorbent jusqu'à 100 grammes de sulfure de carbone.

Il n'y a d'ailleurs que des effets particuliers pour chaque corps et aucune loi générale. Il faut dire cependant qu'il y a une condition essentielle sans laquelle l'imbibition n'a pas lieu : *le liquide doit mouiller le solide*. Cette condition n'est pas suffisante, mais elle est nécessaire.

285. — Les substances organisées contiennent, à l'état naturel, une grande quantité d'eau, qui ne fait que les imbiber. On peut s'en assurer en ce que, si on les dessèche, elles peuvent de nouveau absorber de l'eau et reprennent alors, au moins pour la plupart, leur aspect primitif. C'est ce que vit Chevreul qui fit dessécher dans le vide des tendons frais et des fibres musculaires, qui perdirent les uns 50 et les autres 80 pour 100 de leur poids. Par imbibition, ces matières purent absorber ces mêmes quantités d'eau et reprirent leur première apparence. Dans de récentes expériences, M. Doumer a déterminé les poids suivants d'eau que peuvent absorber 100 grammes de matières soigneusement desséchées au préalable.

Cartilage de l'oreille.	231	Fibrine.	301
Tendons.	178	Parchemin végétal.	59
Ligaments jaunes.	148	Parchemin animal.	161
Tissu corné.	461	Membrane de la coque de l'œuf.	187
Ligaments cartilagineux.	319	Caoutchouc.	0

Comme il était facile de le prévoir, les quantités de liquide absorbées varient avec les substances qui y sont dissoutes ou mélangées. C'est ainsi que, d'après Liebig, 100 grammes de vessie de bœuf desséchée reprennent, après 24 heures, 310 d'eau distillée et seulement 235 d'une dissolution de sel marin dans son poids d'eau. Il a trouvé que le même corps absorbait seulement 60 d'un mélange par parties égales d'eau et d'alcool.

Dans les tissus organisés qui ne sont pas homogènes, l'action peut être différente, suivant que le liquide agit dans des conditions différentes ; c'est ainsi que la membrane de la coque de l'œuf n'absorbe pas la même quantité de liquide suivant que l'eau est en contact avec l'une ou avec l'autre face.

Il faut remarquer que, dans les organismes vivants, des actions diverses peuvent s'opposer et s'opposent à l'imbibition des tissus au delà d'une certaine limite, tandis que cette action se manifeste après la mort. Alors, par exemple, la bile imbibe quelque peu les tissus voisins de la vésicule biliaire, les liquides de l'œil imbibent les parois, ce qui amène l'opacité de la cornée, etc.

286. — Les substances organisées ne sont pas seules suscep-

tibles d'imbibition ; il en est de même de certaines matières minérales. Haüy a trouvé qu'une hydrophane, sorte d'opale opaque,
du poids de 1 gr. 8, peut absorber 0 gr. 3 d'eau ; par le fait de
cette imbibition, elle devient transparente.

L'huile imbibe également certaines pierres et même le marbre ;
des calcaires divers absorbent l'eau en quantité appréciable et constituent les pierres gélives ; ils absorbent aussi les dissolutions
salines. La craie peut également absorber de l'eau en quantité
appréciable.

Il ne faudrait pas croire que, dans ces phénomènes d'absorption,
le liquide pénètre simplement dans les cavités, dans les pores qui
existent entre les molécules : il y a une action spéciale qui se traduit par ce fait que l'imbibition a lieu malgré la pression, ainsi
que l'a montré M. Jamin. Un tube en verre doublement recourbé,
contenant du mercure et fonctionnant comme un manomètre, fut
scellé dans une cavité creusée dans un bloc de craie que l'on
plongea ensuite dans l'eau : l'imbibition se produisit, et le manomètre indiqua une pression de trois atmosphères.

287. Effets produits par l'imbibition. — Le fait de l'imbibition produit des effets divers, qui se traduisent par des modifications, soit dans les solides, soit dans les liquides, ou par des
changements communs aux deux ; nous les indiquerons successivement.

L'imbibition a, d'une manière générale, pour effet d'augmenter
les dimensions et le volume des solides qui absorbent les liquides.
C'est ce qui se produit dans le cas des boiseries neuves qui jouent ;
du bois, du carton, du papier même, qui se courbent lorsqu'on les
mouille sur une face, la convexité étant du côté mouillé ; par l'imbibition, les cheveux augmentent de longueur. Le bois préalablement
séché augmente de volume lorsqu'on le mouille, et c'est ce qui
explique l'emploi des racines de laminaire, de gentiane, pour obtenir
des dilatations forcées en chirurgie ; l'éponge préparée agit de la
même façon. La force de dilatation du bois ainsi séché puis mouillé
est considérable : elle est employée pour faire éclater des roches,
des pierres (fabrication des meules), etc.

Il est évident que, par contre, le dessèchement des substances
qui ont imbibé des liquides amène un retrait qui peut être notable.
D'après M. Boulland, par le dessèchement, une cornée de veau est
réduite au dixième de son épaisseur primitive.

Les fibres textiles s'allongent également par l'imbibition ; mais
lorsqu'elles sont réunies en corde, l'action est complexe parce qu'il
faut tenir compte de la torsion : aussi l'effet de l'imbibition sur
des cordes sèches est-il de les raccourcir. Ce raccourcissement

correspond à une force considérable, qui a été quelquefois utilisée.

288. — Lorsqu'un liquide contient un solide en suspension, ce dernier ne pénètre pas avec le liquide par imbibition. C'est ce qui explique, par exemple, l'action produite sur une feuille de papier filtre ou de papier buvard par une goutte d'un liquide comme le chocolat : la matière solide forme au centre, au point où est tombée la goutte, une tache fortement colorée; au delà la tache est incolore. Un effet analogue se manifeste dans les épanchements de sang dans le tissu cellulaire : le sérum seul se porte sur les bords, la matière colorante solide reste au centre.

L'action est moins simple lorsqu'il s'agit d'une dissolution; quelquefois la dissolution imbibe le solide sans changer de composition, et si l'action se produit au sein d'un liquide, celui-ci ne change dès lors pas de composition non plus; quelquefois la dissolution est modifiée, la matière dissoute étant absorbée dans une autre proportion que le dissolvant; mais la différence se produit tantôt dans un sens et tantôt dans l'autre.

On peut montrer par l'expérience suivante que, au contact d'une membrane organique, le liquide absorbé est moins riche (sel marin) que la dissolution primitive : on met dans deux flacons distincts en verre une dissolution de chlorure de sodium saturée à froid, et dans l'un d'eux on introduit un morceau de vessie préalablement desséchée. Dans le flacon où il n'y a que la dissolution saline, la liqueur reste limpide, tandis que dans l'autre on voit apparaître une masse de petits cristaux par suite de l'absorption d'une certaine quantité d'eau par la membrane organique.

Des effets du même genre ont été observés pour des mélanges de liquide, d'eau et d'alcool, par exemple.

289. — Il convient d'ajouter enfin que lorsqu'il se produit des phénomènes d'imbibition, ils sont accompagnés d'une élévation de température qui a été mise en évidence par Pouillet, Melsens, etc. Voici quelques chiffres se rapportant à ces effets :

NOMS DES SUBSTANCES MOUILLÉES	LE SOLIDE EST MOUILLÉ PAR	
	L'EAU	L'ALCOOL
Verre.	$0°,26$	$0°,23$
Magnésie.	$0,21$	$0,21$
Litharge,	$0,24$	$0,23$
Charbon.	$1,16$	$1,27$
Amidon.	$9,70$	$4,77$
Racine de réglisse.	$10,20$	$7,17$
Farine de blé.	$2,72$	$3,40$
Eponge.	$1,90$	»
Membranes très minces d'intestin de mouton.	$9,63$	$10,12$

290. **Transsudation. Filtration**. — Lorsqu'un solide réduit en lame ou en plaque est en contact par une de ses faces avec un

liquide, celui-ci est absorbé, il y a imbibition ; mais si le liquide
est soumis à une pression, il pénètre par force et, lorsque la
quantité absorbée a dépassé une certaine limite, lorsque l'imbibition
est complète, le liquide ne peut continuer à pénétrer qu'à la condition qu'une égale quantité sorte sur l'autre face : il y a alors *transsudation* ou *filtration*.

Des recherches intéressantes ont été faites à ce sujet par Liebig,
qui a déterminé les hauteurs des colonnes de quelques liquides produisant la transsudation à travers des membranes diverses : voici
les chiffres qui se rapportent à 1° une vessie de bœuf de $0^{mm},22$ d'é-
paisseur ; 2° au péritoine qui couvrait la face supérieure d'un foie
de bœuf, épaisseur $0^{mm},11$; et 3° au péritoine d'un foie de veau,
épaisseur $0^{mm},013$: les hauteurs donnent la pression produisant la
transsudation.

NOMS DES LIQUIDES	VESSIE DE BŒUF	PÉRITOINE DE BŒUF	PÉRITOINE DE VEAU
	m	m m	m
Eau.	0,325	0,215 à 0,270	0,108
Solution saturée de NaCl.	0,541	0,325 à 0,433	0,215 à 0,270
Huile.	0,920	0,595 à 0,650	1,094
Alcool.	»	0,974 à 1,083	»

L'alcool ne filtra pas à travers la vessie sous une pression de
$1^{m},310$.

Il est à remarquer que sous l'action prolongée de la pression,
la transsudation devient plus facile : il semble que la membrane
se soit quelque peu relâchée.

L'action est d'ailleurs complexe dans les membranes organiques :
comme elles ne sont pas semblables sur leurs deux faces, on observe
des résultats différents, suivant qu'on cherche à produire la transsudation dans un sens ou dans l'autre. C'est ainsi que Cima a
montré que, sous une pression constante de $0^{m},100$ de mercure,
l'eau peut transsuder à travers une peau de grenouille : il faut, pour
la même quantité d'eau, 5 minutes si le courant se produit de l'intérieur à l'extérieur, et 37 s'il a lieu en sens contraire.

291. — Si le liquide considéré contient un solide en suspension,
le solide ne passe pas, et le liquide est limpide à sa sortie de la
plaque qu'il a traversée. C'est sur cette remarque que sont basés
tous les systèmes de filtration, que la lame filtrante soit une étoffe,
un feutre, du papier non collé ou des pierres minces.

La rapidité de la filtration dépend de la différence des pressions
qui existent sur les deux faces de la lame filtrante : on peut
hâter l'opération en augmentant cette différence, soit que l'on fasse

croître la hauteur du liquide, que l'on exerce à sa surface une pression artificielle par l'intermédiaire d'un gaz, soit au contraire que l'on diminue la pression dans un réservoir fermé dont la lame filtrante soit une des parois.

Il n'est pas sans intérêt de remarquer que la filtration agit dans certains cas pour modifier la composition des dissolutions qui traversent le corps filtrant. Par exemple, Matteucci a étudié l'action d'une colonne de sable de 8^m sur de l'eau salée qui la traversait, et il a reconnu que dans les premiers instants la densité du liquide diminue dans le rapport de 100 à 91, le sel ayant été arrêté en plus grande proportion que l'eau; mais l'action ne continue pas, le sable se saturant pour ainsi dire de sel. En opérant avec un tube de 3^m seulement et une dissolution de carbonate de soude, il a reconnu, par contre, que la densité augmente dans le rapport de 100 à 100,5.

292. Dissolution. — Par suite de la pénétration réciproque des solides et des liquides, il peut arriver que la masse tout entière prenne l'état liquide : on dit alors qu'il y a *dissolution* du solide dans le liquide. Il faut distinguer cette dissolution purement physique de la dissolution résultant de l'action chimique ; la distinction n'est pas toujours facile : cependant l'action chimique donne naissance à des corps distincts ayant, entre autres caractères, un point d'ébullition spécial, tandis que dans la dissolution physique le point d'ébullition ne présente aucune fixité. Nous ne pensons pas d'ailleurs que l'on puisse, dans certains cas, affirmer qu'il s'agit de l'une des actions plutôt que de l'autre.

La solubilité d'un corps dans un liquide peut être considérée à divers points de vue : la rapidité avec laquelle l'action se produit, la quantité de matière qui peut entrer en dissolution (en général, il y a une relation directe entre ces éléments, et la dissolution s'effectue d'autant plus rapidement que le corps est plus soluble), les modifications que subit le liquide dissolvant dans ses propriétés par le fait même de la dissolution, et enfin les phénomènes d'ordres divers qui se produisent pendant la dissolution.

Nous nous occuperons d'abord de la quantité de solide qui peut entrer en dissolution.

293. — La dissolution ne peut continuer indéfiniment, et un liquide mis en contact avec une quantité indéfinie d'un solide n'en dissout qu'une portion déterminée à une certaine température : à cet instant, on dit que le liquide est *saturé*.

Sans même faire aucune mesure, on reconnaît facilement qu'il existe, au point de vue de la dissolution, des différences considérables. Un même liquide, l'eau, peut dissoudre rapidement des quanlités très grandes de sulfate de soude, tandis qu'il est sans action appréciable, même après un temps très long, sur le sulfate de baryte, sur le chlorure d'argent, etc. L'action dépend d'ailleurs aussi bien du dissolvant que du solide : c'est ainsi que le sucre, soluble dans l'eau, est à peu près insoluble dans l'éther ; que les résines, les graisses, insolubles dans l'eau, sont solubles dans l'alcool, etc.

Ce n'est pas seulement la constitution chimique qui détermine la solubilité, mais aussi l'état physique. En général, les corps qui se rencontrent sous des états allotropiques divers, soufre, phosphore, acide arsénieux, etc., présentent pour chaque forme une solubilité spéciale.

Nous ajouterons que, comme nous l'avons déjà indiqué, l'état de division plus ou plus moins grand suffit pour amener à cet égard de notables différences.

Les liquides les plus fréquemment employés pour effectuer des dissolutions sont : l'eau, l'alcool (les dissolutions prennent alors le nom de *teintures*), l'éther, le chloroforme, la benzine, le sulfure de carbone, etc. Nous nous occuperons plus spécialement des dissolutions aqueuses.

294. — L'expérience montre que le poids d'un corps qui peut se dissoudre dans une masse d'eau déterminée, à la même température est constant : Gay-Lussac a trouvé, par des mesures directes, que l'on arrive au même résultat, quant à la quantité dissoute, soit que l'on effectue la dissolution immédiatement à la température considérée, soit que l'on opère d'abord à une température plus élevée (pour laquelle la dissolution est plus concentrée) et que la dissolution soit ramenée à la température déterminée, en abandonnant par le refroidissement une partie du corps dissous (sauf les exceptions que nous signalerons ci-après); de telle sorte que le poids d'un solide dissous dans un liquide à une température déterminée est absolument spécifique.

Il n'existe aucune loi qui permette de prévoir quelle est la solubilité d'un corps donné pour une température déterminée : l'expérience seule peut fournir ces données numériques dont la connaissance est souvent utile.

295. — La quantité de solide capable de saturer un poids donné de liquide dépend de la température et peut varier beaucoup lorsque celle-ci vient à changer.

En général, la quantité d'un corps solide qui peut se dissoudre jusqu'à saturation dans un liquide, dans l'eau par exemple, augmente quand la température s'élève : la différence peut quelquefois être considérable. Nous donnons ci-dessous les poids de quelques sels qui peuvent se dissoudre dans 100 d'eau à différentes températures.

Chlorure de potassium			Chlorure de sodium		
0°	52°	109°	13°	59°	109°
29	43	59	35	37	40

Chlorate de potasse			Azotate de potasse		
0°	49°	104°	0°	55°	97°
3,3	19	60	13	97	236

On trouve d'ailleurs dans la plupart des traités de Chimie un tableau où sont représentées graphiquement les solubilités des sels à diverses températures.

Cette variation de la solubilité explique le dépôt du corps solide qui se produit, en général, par le refroidissement, la quantité de sel dissoute à chaud dépassant celle qui produit la saturation à froid.

Il y a d'ailleurs quelques corps qui présentent à cet égard des particularités curieuses : c'est ainsi que, pour le sulfate de soude, la solubilité augmente rapidement avec la température jusqu'à 32°,75 pour diminuer ensuite. Voici quelques chiffres qui se rapportent à ce sel, les poids indiqués sont ceux qui correspondent au corps supposé anhydre.

0°	5		33°,88	50,04
13°	12		40°	48
25°	28		50°	46
30°	43		103°	42
32°,73	50,65			

Cette singularité correspond à un changement de constitution chimique, le sel hydraté se déshydratant, même au sein de l'eau, lorsque l'on élève la température au-dessus d'un certain point.

Il importe donc de remarquer que le phénomène de dissolution peut souvent se compliquer, même sans que nous en soyons avertis, d'une hydratation qui est une action chimique.

296. — En général, avons-nous dit, une dissolution saturée à chaud abandonne, au moins en partie, le corps qu'elle contient par le refroidissement : le fait est très net, par exemple, pour le sulfate de soude, pour lequel la solubilité varie rapidement et qui à 33° se dissout dix fois plus qu'à 0°. Si cependant l'on prépare une dissolution saturée à 33° dans un ballon, et qu'on ferme à la lampe le col étiré, le refroidissement pourra s'opérer sans que la solution cesse d'être limpide : on dit alors qu'il y a *sursaturation* ; l'opération réussit d'ailleurs sans fermer le tube, mais en le bouchant par un tampon d'ouate qui tamise l'air, ou même en recouvrant la dissolution d'une couche d'huile. Cette solution est alors dans un état d'équilibre instable, et si l'on vient à briser la pointe du ballon, à

toucher la baguette avec un corps quelconque, même à y projeter
un courant d'air (non tamisé), la solidification est immédiate.
M. Gernez, qui a étudié spécialement cette question, a montré que
cette rupture de l'état d'équilibre était produite par le contact
d'un morceau, même microscopique, du corps dissous.

Le phénomène se produit également avec d'autres sels : l'alun,
l'hypophosphate de soude, etc.

297. — Un liquide qui tient en dissolution un solide est en
réalité un liquide nouveau, jouissant de propriétés particulières,
propriétés qui dépendent de l'état plus ou moins voisin de la saturation. La densité, les actions capillaires sont modifiées aussi bien
que le point d'ébullition, l'indice de réfraction, la conductibilité
pour la chaleur et l'électricité, etc. En un mot, les coefficients
numériques qui caractérisent les diverses propriétés d'un liquide
varient avec la nature et la proportion des corps dissous.

Nous nous occuperons ici seulement de la densité des dissolutions, densités dont l'étude fournit quelques renseignements intéressants.

Si la dissolution était un simple mélange, il serait facile d'évaluer la densité que doit présenter une dissolution de composition
déterminée [1], soit que l'on se donne les poids du liquide et du solide,
soit que, comme il arrive fréquemment, on se donne le titre de la
dissolution, c'est-à-dire le poids du solide dissous, évalué en centièmes du poids total de la dissolution.

Or, en comparant (sous cette forme ou sous une autre) les résultats fournis par le calcul à ceux donnés par l'expérience, on trouve
qu'il n'y a pas concordance : en général, il résulte des chiffres trouvés qu'il y a *contraction*, c'est-à-dire que la somme des volumes
du dissolvant et du corps dissous est plus grande que le volume
effectif de la dissolution. Les différences sont souvent assez consi-

---

1. Soient p et p' les poids du dissolvant et de la substance dissoute, d et d'
leurs poids spécifiques, δ le poids spécifique de la dissolution ; les volumes des
deux corps sont respectivement $\frac{p}{d}$ et $\frac{p'}{d'}$, et comme le poids de la dissolution est égale à la somme des poids des éléments, on a

$$p + p' = \delta \left(\frac{p}{d} + \frac{p'}{d'} \right)$$

d'où l'on tire

$$\delta = \frac{(p + p')dd'}{pd' + p'd}$$

Si l'on a donné le titre de la dissolution, c'est-à-dire le poids du solide contenu
dans 100 de la dissolution, on doit avoir $p + p' = 100$ et le titre est p'. On a
alors :

$$\delta = \frac{100dd'}{100d' + p'(d - d')}.$$

dérables : mais cette contraction ne suit pas, en général, une loi déterminée ; elle change, pour les mêmes corps, avec les proportions des corps en présence, et peut même passer par un maximum lorsque l'on fait varier le titre d'une manière continue.

C'est précisément sur la variation du poids spécifique avec le degré de concentration des dissolutions que repose l'emploi du pèse-sels de Baumé dans le commerce.

298. — Le fait qu'une dissolution est un liquide spécial différent du liquide où s'est faite la première dissolution, se manifeste dans des circonstances relatives au phénomène même de la dissolution. C'est ainsi qu'un liquide saturé par un corps peut dissoudre un autre *solide* : de l'eau *saturée* de sel marin peut dissoudre du sucre, une dissolution saturée d'azotate de potasse peut dissoudre, même en proportion assez notable, du chlorure de potassium, etc. Le dernier exemple que nous venons de citer présente, en outre, une particularité, c'est que cette dissolution *saturée* d'azotate de potasse devient capable de dissoudre une nouvelle quantité de ce sel après qu'elle a dissous du chlorure de potassium : on peut se demander si, dans des actions de ce genre, il n'y a eu qu'une action physique et si, au sein du liquide, il ne s'est pas produit des réactions chimiques.

299. — On n'a pas de données précises sur la période pendant laquelle se fait la dissolution, sur la vitesse avec laquelle se produit le phénomène, ni même sur le temps nécessaire pour arriver à la saturation dans des conditions déterminées.

On sait seulement, et c'est ce qu'il était facile de prévoir, que la dissolution d'une masse donnée du solide est d'autant plus rapide que la solution est plus éloignée de la saturation. Cela explique pourquoi il convient d'agiter un liquide au fond duquel se trouve le corps à dissoudre, et pourquoi il est nécessaire, si l'on veut obtenir la dissolution rapidement, de le maintenir à la partie supérieure du dissolvant. Le liquide devient plus lourd par le fait même de la dissolution et descend, de telle sorte que le solide est toujours en contact avec la partie la moins riche de la liqueur.

300. **Variations de température produites par la dissolution**. — La dissolution d'un solide dans un liquide correspond en somme à une désagrégation, à une séparation des molécules; on peut prévoir, conformément à ce qui arrive dans des cas analogues, que cette action qui exige un certain travail mécanique doit être accompagnée de refroidissement : la question est souvent moins simple, car il est possible, et même probable dans quelques cas, que la dissolution s'accompagne d'une véritable action chimique, d'une hydratation de la substance dissoute, qui dégage de la

chaleur. Le résultat observé, résultante de ces deux actions opposées, dépend de leur grandeur relative et peut varier dans les divers cas. Cependant le refroidissement est sensible pour certains corps : ainsi, on a reconnu que la dissolution de 50^{gr} de chlorure de sodium dans 200^{gr} d'eau abaisse la température de 1°,9 ; l'abaissement est de 11°,4 si, avec les mêmes proportions, on emploie le chlorure de calcium.

Lorsqu'une dissolution sursaturée à une température déterminée vient à abandonner brusquement une partie du corps dissous à l'état solide, il y a une élévation de température qui manifeste le dégagement d'une certaine quantité de chaleur ; c'est là le phénomène inverse de celui que nous venons d'indiquer.

301. — Il n'est pas improbable que la dissolution physique d'un corps amène un dégagement d'électricité, comme la dissolution chimique, quoique à un degré moindre. On ne possède aucune donnée certaine sur ce point.

Il est quelques faits qui ont été observés, mais qui n'ont pas été étudiés complètement, et qui se rattachent aux phénomènes produits pendant la dissolution : nous signalerons, par exemple, les mouvements qui semblent la conséquence de la dissolution, comme ceux que prend le camphre pendant qu'il se dissout dans l'eau, etc.

302. — Les circonstances dans lesquelles intervient la dissolution sont très nombreuses : elle sert à obtenir des corps à l'état de cristaux, elle aide aux réactions chimiques et les règle dans une certaine mesure (Lois de Berthollet). Les solutions sont employées dans quelques cas pour leur densité, plus forte que celle du dissolvant, pour leur point d'ébullition plus élevé, pour certaines propriétés optiques, absorption de radiations déterminées, etc.

Le titre des dissolutions variant naturellement avec la quantité de liquide, Valentin a imaginé d'utiliser cette propriété pour déterminer la quantité de sang existant dans l'organisme. On fait une saignée à un animal : on lui injecte une quantité connue de sel marin en dissolution dans l'eau, et après quelque temps on fait une seconde saignée. La comparaison du titre en chlorure de sodium des deux liquides extraits permet de déduire la quantité de sang dans lequel le sel s'est répandu. Le procédé est ingénieux, mais il est incertain parce que, entre les deux saignées, une partie du sel peut avoir été éliminée par sécrétion. Ce n'en est pas moins une curieuse application des propriétés des dissolutions.

Enfin, la dissolution facilite et permet même l'absorption dans des solides ou à travers des solides de corps qui ne pourraient pas pénétrer s'ils étaient eux-mêmes à l'état solide. L'importance de la question est donc grande au point de vue médical et physiologique et justifié les développements que nous lui avons donnés.

303. Occlusion des gaz. — Certains corps solides peuvent, dans des conditions convenables, absorber des gaz, même dans une proportion considérable. Cette absorption, qui était connue depuis longtemps pour certains corps, a été étudiée d'abord par Graham qui lui donna le nom d'*occlusion*. Cet effet peut se manifester quel que soit l'état du solide, mais il est notable surtout lorsque ce solide présente de nombreux pores apparents ou qu'il est à un état de grande division ; ces conditions s'expliquent facilement si l'on admet, ce qui paraît vraisemblable, que l'occlusion se produit exclusivement à la surface.

Parmi les exemples que l'on peut citer, nous indiquerons le chlorure d'argent qui absorbe l'ammoniaque dans une forte proportion : 1 volume de ce sel absorbe 320 volumes de gaz à la température de 15°. On sait que Faraday a utilisé cette propriété pour la liquéfaction de l'ammoniaque. Le fer à chaud, mais à une température inférieure à celle de sa fusion, absorbe l'hydrogène : à 800°, un cylindre de fer du poids de 500^{gr} (ayant un volume de 64 centimètres cubes) absorbe environ 45^{cmc} d'hydrogène : il peut absorber des quantités 7 à 8 fois plus grandes d'oxyde de carbone. Le platine platiné, la mousse de platine surtout, absorbent également les gaz : 100 volumes de ce dernier corps peuvent absorber 250 volumes d'oxygène.

Le charbon de bois chauffé au rouge et éteint rapidement dans le mercure est un absorbant énergique : voici quelques chiffres obtenus à la pression normale et à la température de 12°. 1 volume de charbon de bois absorbe les gaz dans les proportions suivantes :

	Vol.		Vol.		Vol.
Hydrogène.	1,75	Oxyde de carbone.	9,5	Acide sulfhydrique.	57,0
Azote.	7,50	Acide carbonique.	35,0	— chlorhydrique	85,0
Oxygène.	9,25	Protoxyde d'azote.	40,0	Ammoniaque.	90,0

M. Joulin a fait sur ce sujet d'intéressantes recherches ; il a trouvé que 4^{gr} de charbon de bois, à la pression ordinaire et à la température de 0°, absorbent les volumes suivants de gaz : hydrogène, 15^{cmc} ; azote, 47 ; oxygène, 130 ; acide carbonique, 215 ; ammoniaque, 550.

Il n'est pas sans intérêt de remarquer qu'il semble y avoir un certain parallélisme pour les gaz entre l'absorption par le charbon, la solubilité dans l'eau et la propriété d'être odorant.

Le palladium, même forgé, absorbe énergiquement l'hydrogène, jusqu'à 650 fois son volume ; mais ici la question serait autre et, d'après Graham, il se ferait dans ce cas une véritable combinaison chimique.

304. — D'une manière générale, la quantité de gaz qui peut être condensée par un solide diminue quand la température s'élève : du charbon porté au rouge, de la mousse de platine amenée à l'incandescence dégagent les gaz qu'ils avaient absorbés ; le chlorure d'argent perd l'ammoniaque qu'il avait condensée lorsqu'on le chauffe à la température de 40°.

M. Joulin a reconnu que, à une même température, les quantités absorbées sont *sensiblement* proportionnelles à la pression, au moins pour les gaz difficilement liquéfiables.

Dans le cas où l'on opère sur un mélange gazeux, il semble, d'après le même auteur, que chaque gaz est absorbé comme s'il était seul, et soumis à sa pression individuelle, à sa tension ; voici, par exemple, quelques chiffres :

$12^{gr},70$ de charbon au contact de l'air, à 0° et à 760^{mm}, ont absorbé 120^{cmc} de gaz ; la composition du gaz absorbé était de 32^{cmc} d'oxygène et 68 d'azote (le même volume d'air aurait contenu 24 d'oxygène et 96 d'azote):

Mais, comme pour toutes les actions moléculaires, l'application rigoureuse de cette loi n'est possible que s'il n'existe pas une trop grande différence pour les pouvoirs absorbants, des gaz en présence. Si un solide ayant occlus un gaz à saturation est placé dans un autre gaz beaucoup moins facilement absorbable, l'occlusion ne se produit pas pour ce second gaz. Si, au contraire, le pouvoir absorbant est à peu près le même, une partie du premier gaz est chassée et l'on retombe sur la loi générale.

Ces indications font comprendre pourquoi, pour le charbon, il faut le chauffer d'abord, afin de chasser les gaz qui pourraient avoir été absorbés auparavant.

M. Joulin a également vérifié un fait intéressant, et qui rentre dans les lois générales du même genre. Un morceau de charbon ayant absorbé un gaz à saturation est placé dans un espace limité : il perd une partie du gaz condensé et finalement, à très peu près du moins, le résultat final est le même que si le charbon privé de gaz eût été mis directement dans une atmosphère du même gaz où la pression eût été la même que la pression finale observée.

305. **Variations de température produites par l'occlusion.** — Il paraît résulter de certaines observations que l'occlusion des gaz, leur absorption par les solides peut amener une élévation de température. D'autre part, cette absorption, qui amène les gaz dans un état particulier qui n'est certainement plus l'état gazeux facilite certainement les actions chimiques. Il semble dif-

ficile de préciser, s'il n'existe pas, comme il semble naturel, une relation entre ces deux ordres de phénomènes et si les uns ne sont pas une conséquence des autres. Nous nous bornerons à indiquer quelques-uns des faits les plus intéressants.

Un morceau de charbon ayant occlus de l'acide sulfhydrique est plongé dans une éprouvette remplie d'oxygène; à la température ordinaire, il se produit de l'eau, de l'acide sulfureux et du soufre se dépose. Un effet analogue peut être observé dans les linges exposés au dégagement d'acide sulfhydrique (bains sulfureux).

Le fer réduit, qui est en poudre fine, est pyrophorique. La mousse de platine produit à froid la combinaison directe de l'hydrogène et de l'oxygène et peut enflammer le mélange; elle produit également la combinaison de l'oxygène et de l'azote en donnant de l'acide azotique; de l'azote et de l'hydrogène en donnant de l'ammoniaque, etc.

Les actions de ce genre expliquent les effets avantageux que l'on a pu obtenir, par exemple de l'éponge de fer proposée par M. Bischof, pour le filtrage des eaux, ce qui amène la destruction, probablement par oxydation, de la presque totalité (0,9) des matières organiques. De même on peut expliquer le rôle du charbon de bois que l'on emploie souvent réduit en poudre comme désinfectant: il condense d'abord les corps odorants, infects, puis les détruit en les combinant avec l'oxygène de l'air également condensé.

306. — Ce sont sans doute des effets complexes du même genre. élévation de température et actions chimiques simultanées, qui peuvent expliquer les inflammations spontanées qui se produisent fréquemment dans des corps existant à l'état de grande division.

C'est ainsi que l'on a signalé des bois chauffés à 25° seulement. mais pendant un long temps, s'enflammant spontanément : ils s'étaient desséchés et étaient devenus poreux, absorbaient de l'oxygène et la température s'élevait assez pour provoquer l'inflammation. Il n'est pas rare que, dans les navires ou dans les magasins. des balles de coton donnent ainsi lieu à des incendies spontanés : de même aussi, pour le charbon très divisé, dans les poudreries (ce qui a conduit à ne pas broyer ce corps seul, mais mélangé avec du soufre).

Un effet du même genre, mais peut-être plus complexe, se produit pour les chiffons qui sont entassés après avoir servi à essuyer l'huile dans les lampisteries, dans les machines à vapeur. M. A. Renouard a fait à ce sujet des expériences intéressantes dont nous citerons quelques-unes seulement : il a reconnu que du coton imbibé d'huile bouillie et maintenu dans une étuve à 76° atteint une température de 173° après $1^h 1/4$. Dans les mêmes conditions, l'huile de lin crue amène la combustion après 5 à 6^h, l'huile de navette après 10^h seulement, etc.

Il nous paraît probable que des effets de condensation d'un genre analogue doivent se produire toutes les fois que de fines poussières sont en suspension dans l'atmosphère. On pourrait alors s'expliquer la gravité des combustions, des explosions même, spontanées ou provoquées, qui ont eu lieu dans des moulins à farine (États-Unis), dans des fabriques de garancine (à Sorgues), dans des mines de houille, où les poussières fines de charbon viennent quelquefois compliquer les effets du grisou, etc.

307. Mélange. Dissolution des liquides. — Lorsque l'on place deux liquides qui sont sans action chimique l'un sur l'autre dans un vase et qu'on vient à les agiter, il peut arriver qu'ils se séparent entièrement et, comme nous l'avons dit (178), se placent alors par ordre de densités; c'est ce qui se produit par exemple pour l'eau et le mercure, l'eau et l'huile. Mais souvent le mélange donnera naissance à un liquide mixte, homogène dans toutes ses parties, et qu'il est impossible de séparer en ses éléments par des actions mécaniques : les deux liquides se sont dissous l'un dans l'autre. On dit alors que ces liquides sont *miscibles*; l'eau et le mercure ne sont pas miscibles.

Il ne faut pas confondre la dissolution avec l'émulsion, dans laquelle il y a simplement suspension au sein d'un liquide d'un autre liquide très divisé et de densité peu différente. Les émulsions sont fréquemment usitées en thérapeutique. S'il n'existait pas de tension superficielle pour chacune des gouttelettes très petites, l'émulsion ne pourrait subsister et les liquides qui ne sont pas miscibles se superposeraient par ordre de densités : l'existence de cette tension donne à chaque gouttelette, pour ainsi dire, une individualité propre qui l'empêche de se réunir aux gouttelettes voisines, puisque l'effet est le même que si chacune était entourée d'une fine membrane. Le fait que la valeur de la tension superficielle varie avec la nature des liquides en présence explique que les émulsions ne réussissent pas également bien avec les divers liquides excipients.

Comme dans tous les cas où deux substances réagissent l'une sur l'autre, les mélanges des liquides doivent être étudiés à deux points de vue distincts ; les effets que l'on observe pendant que le mélange se produit, et ceux qui résultent du mélange effectué. Contrairement à ce qui a lieu dans d'autres cas (dissolution des solides ou des gaz dans les liquides), c'est ici les conditions mêmes qui accompagnent le mélange qui ont été le mieux étudiées ; nous nous occuperons d'abord des résultats que l'on obtient lorsque l'action est terminée.

308. — On a peu de renseignements précis sur les proportions suivant lesquelles les liquides peuvent se mélanger ou se dissoudre. En général, les liquides, lorsqu'ils sont miscibles, peuvent se mélanger en toutes proportions ; c'est ce qui se produit, par exemple, pour l'eau et l'alcool.

Mais il n'en est pas toujours de même : c'est ainsi que l'eau dissout seulement 0,01 environ de son poids de chloroforme ; qu'elle dissout 0,1 de son poids d'éther ; que l'éther dissout seulement $\frac{1}{10}$ de son poids d'eau, etc.

Il y aurait évidemment lieu, pour ces corps, de considérer un coefficient de solubilité ; de déterminer l'influence de la température ; mais il n'existe jusqu'à présent aucun renseignement précis sur ce sujet.

309. — Le mélange de deux liquides a un poids spécifique intermédiaire à celui des liquides mélangés et que l'on peut facilement calculer connaissant les proportions du mélange, si le mélange se fait sans contraction, c'est à dire si le mélange a un volume qui est la somme des volumes mélangés.

L'expérience montre que, en général, il n'en est pas ainsi et que le poids spécifique du mélange est plus considérable que ne l'indiquerait la formule. Le mélange se produit donc avec contraction, c'est-à-dire que son volume est plus petit que la somme des volumes des corps mélangés. C'est ce que l'on observe, par exemple, pour l'eau et l'alcool ; il y a toujours contraction. La contraction varie avec les proportions employées et présente un maximum qui, pour la température de 15°, se produit lorsque l'on mélange 52,9 d'alcool avec 47,7 d'eau : le volume du mélange est de 96,35 au lieu de 100.

Des faits analogues ont été observés pour les mélanges d'acide sulfurique et d'eau ; mais la question est plus complexe à cause des actions chimiques qui se produisent alors.

310. — En général, comme nous l'avons dit, lorsque l'on veut obtenir le mélange de deux liquides, il suffit de les agiter ensemble. Quelquefois cependant il se produit des actions singulières et dont la cause est encore mal connue. C'est ainsi que si, sur une plaque de porcelaine humectée, on verse une goutte d'alcool ou d'eau-de-vie, l'eau est repoussée tout d'abord et animée de violents mouvements qui se manifestent aisément si l'on a projeté une poussière quelconque sur le liquide.

Nous avons signalé, d'autre part, les effets qui se manifestent dans les émulsions.

Il est aisé de concevoir que si l'un des liquides présente une certaine organisation les phénomènes pourront être moins simples. Ainsi, d'après M. Person, si l'on verse une goutte d'huile dans de l'albumine, celle-ci se coagule partiellement, forme une membrane autour de la goutte et constitue une sorte de vésicule.

Un effet analogue se produit si l'on verse une goutte de gélatine, rendue incoagulable par l'ébullition, dans une dissolution de tannin : il se forme également une vésicule présentant une enveloppe solide. Mais dans ce cas il y a une véritable action chimique.

311. Diffusion des liquides. — Lorsque deux liquides susceptibles de se mélanger sont placés dans un vase par ordre de densités, ce à quoi l'on peut arriver moyennant quelques précautions, on reconnaît que la couche de séparation, nette d'abord, devient de moins en moins distincte, qu'il y a eu pénétration réciproque des liquides ; c'est là ce qui constitue la *diffusion moléculaire*, qui est due aux actions moléculaires attractives existant entre des molécules dissemblables et qui les fait se mouvoir même en sens contraire de l'action de la pesanteur.

On met nettement le fait en évidence en superposant dans un vase de la teinture de tournesol à de l'acide sulfurique : la coloration rouge se manifeste après un certain temps, gagnant peu à peu les couches inférieures d'une part, tandis que, d'autre part cette teinte s'élève et remplace peu à peu la coloration du tournesol. Il a donc fallu que la teinture descendît peu à peu dans l'acide, en même temps que l'acide s'élevait dans la teinture. Même après un très long temps, on observe encore la couleur franche du tournesol à la partie supérieure et celle de l'acide à la partie inférieure.

312. — Il pourrait être utile d'étudier, sinon les lois, au moins les conditions dans lesquelles deux liquides diffusent l'un dans l'autre. Aucune recherche complète n'a été faite à ce sujet : on s'est borné à étudier la diffusion d'un liquide, de l'eau en général, contenant en dissolution une substance solide, vers ce liquide même. La question est intéressante, mais il est clair qu'elle est incomplète sous cette forme.

La diffusion des liquides a été particulièrement étudiée par Graham. La méthode expérimentale du chimiste anglais

Fig. 183.

consiste à immerger au milieu d'une masse d'eau distillée un flacon à large goulot (*fig.* 183) renfermant la dissolution dont on veut déterminer le pouvoir diffusif.

Au lieu d'introduire la dissolution dans un vase séparé, il est

préférable de la déposer au fond de l'eau au moyen d'une pipette.
Il faut, dans ces expériences, éviter toute agitation, et opérer dans
une enceinte à température constante. Au bout d'un certain temps,
on recueille avec un petit siphon, à partir du sommet, une portion
du liquide extérieur, et on détermine la proportion de sel qui se
trouve répandue dans les couches successives. Voici un tableau de
quelques résultats obtenus par Graham, en opérant avec des dissolutions de sel marin, de sucre, de gomme et de tannin, renfermant
10 pour 100 de matière, après 14 jours, à la température de 10°.

ORDRE DE COUCHES.	SEL MARIN.	SUCRE.	GOMME.	TANNIN.
1re............	0,104	0,005	0,003	0,003
2e............	0,129	0,008	0,003	0,003
3e............	0,162	0,012	0,003	0,004
4e............	0,267	0,039	0,004	0,003
....				
15e et 16e...........	2,266	3,782	5,601	6,697

Les phénomènes de diffusion sont soumis aux lois suivantes.

1re Loi. — *Lorsque les quantités d'une substance en dissolution
varient dans la proportion de 1 à 5 pour 100, les quantités diffusées
dans le même temps (huit jours ordinairement) sont proportionnelles
aux quantités dissoutes, la température étant la même.*

2e Loi. — *La diffusion croît avec l'élévation de la température.*

313. — Il n'est pas sans intérêt de signaler que ce n'est pas immédiatement que se produisent d'une manière appréciable les phénomènes de diffusion ; l'action est progressive et lente, même pour les
corps qui donnent les résultats les plus nets. Voici, par exemple.
quelques chiffres qui mettent en évidence l'influence du temps pour
une dissolution de sel marin dans les mêmes conditions que ci-dessus.

NUMÉROS DES COUCHES.	ACTION PRODUITE APRÈS			
—	4 jours.	5 jours.	7 jours.	14 jours.
1.............	0,004	0,004	0,013	0,104
4.............	0,011	0,020	0,051	0,198
8.............	0,145	0,233	0,318	0,535
12.............	1,031	1,090	1,057	0,991
15 et 16...........	4,023	3,613	3,294	2,266

314. — Comme il résulte du tableau ci-dessus, il y a pour les
divers corps de grandes différences dans la rapidité de la diffusion.
On peut mettre sous une autre forme ces différences en évidence.
Les nombres suivants expriment les durées relatives de diffusibilité
de quelques substances pour des quantités égales.

Acide chlorhydrique......................	1,00
Sel marin........................	2,33
Sucre..........................	7,00
Sulfate de magnésie................	7,00
Albumine........................	40,00
Caramel.........................	98,00

Considérées relativement à leur diffusibilité, les diverses substances peuvent être divisées en deux groupes : 1° celles qui ont un grand pouvoir diffusif, comme les acides chlorhydrique et sulfurique, l'alcool, l'éther et toutes les matières cristallisables, les sels divers, le sucre ; on les appelle *cristalloïdes.* 2° celles qui se diffusent très peu, comme la silice hydratée, l'alumine hydratée, l'amidon, la gomme, l'albumine et toutes les matières extractives végétales ou animales. Ces corps se gonflent au contact des liquides et ne se cristallisent pas : la gélatine représente le type de ce second groupe. On désigne ces corps sous le nom de *colloïdes.*

315. **Diffusion des mélanges.** — Le cas particulier d'un mélange de deux sels est très important à considérer.

Lorsque deux sels se trouvent dans une même dissolution, ils se répandent dans l'eau à peu près comme si chacun existait seul, et la vitesse de diffusion est réglée principalement par la diffusibilité propre de chaque substance. Souvent même cette inégalité diffusive augmente ; d'où il suit que la diffusion peut devenir un moyen de séparation entre les matières diverses qui se trouvent dans un même liquide. C'est ce que Graham a constaté avec des mélanges de chlorure de sodium et de chlorure de potassium ou de sulfate de soude, etc. Nous étudierons plus loin les applications importantes de ces diverses propriétés.

316. — Un fait très remarquable c'est que des phénomènes de diffusion tout à fait analogues se produisent au sein de milieux gélatineux ou colloïdes mis en contact. Graham obtenait de semblables milieux en additionnant 100 grammes d'eau de 2 grammes de gélatine, ce qui suffit pour donner naissance à une véritable gelée ; au fond d'un verre cylindrique il plaçait 100 grammes de cette gelée additionnée de 10 grammes de chlorure de sodium, et il ajoutait au-dessus 700 grammes de gelée pure. Après huit jours, à la température de 10°, l'analyse des diverses couches donna les résultats suivants :

1re couche.	. . . .	0,015
2e —	. . . .	0,015
3e —	. . . .	0,026
4e —	. . . .	0,035
8e —	. . . .	0,350
12e —	. . . .	1,172
15e et 16e	. . . .	3,450

La diffusion avait été presque aussi rapide que dans l'eau pure.

L'effet est très marqué et visible directement si l'on emploie un sel coloré comme le bichromate de potasse, tandis qu'un corps colloïde coloré, le caramel, ne donne rien d'appréciable.

Ajoutons enfin que dans le cas d'un mélange de sels on observe le même effet que pour la dissolution.

Il suffit d'indiquer, sans insister, les applications qui peuvent être faites de ces idées à divers phénomènes physiologiques, non pas que ceux-ci se présentent ordinairement dans les conditions simples que suppose la diffusion, mais parce que cette action peut se manifester et jouer un rôle important, sinon absolu, dans des circonstances complexes d'ailleurs.

317. Dissolution des gaz. — Lorsque l'on met un gaz en contact avec un liquide qui n'exerce sur lui aucune action chimique, le liquide absorbe généralement, dissout une certaine quantité de gaz qui cesse ainsi d'être à l'état gazeux et qui, d'une façon particulière, passe à l'état liquide.

Dans des conditions déterminées de température et de pression, un volume donné de liquide ne peut dissoudre une quantité quelconque de gaz : lorsque la masse du gaz dissous a atteint une certaine valeur, la dissolution ne peut se continuer ; on dit alors que le liquide est *saturé* de ce gaz, que l'on a une *dissolution saturée*.

Comme pour tous les phénomènes du même genre, la question est à considérer à deux points de vue : pendant la période où se fait la dissolution et lorsque, la saturation étant arrivée, la dissolution est terminée.

318. Lois des dissolutions saturées. — Occupons-nous d'abord des lois qui régissent les dissolutions saturées de gaz, lois qui ont été étudiées notamment par Dalton et par le Dr Henry de Manchester (1803).

1re Loi. — *A une même température et à une même pression, le poids d'un gaz dissous dans un liquide est proportionnel au poids du dissolvant.*

Cette loi est assez simple pour qu'il n'y ait pas lieu de s'y arrêter.

La quantité de gaz dissous dépend de la température et de la pression ; il existe une relation simple pour l'action de la pression, elle constitue la loi suivante :

2° Loi. — *A la même température, le poids de gaz dissous dans une masse donnée de liquide est proportionnel à la pression qu'exerce le gaz non dissous au moment de la saturation.*

Cette loi peut être énoncée d'une autre façon : on sait, en effet, d'après la loi de Mariotte, que les poids d'un même volume de gaz sont proportionnels aux pressions que ce gaz exerce ; la loi précédente est donc équivalente à la suivante :

Loi. — *Le volume de gaz dissous, à une température donnée, dans une masse liquide, est toujours le même, ce volume de gaz étant mesuré à la pression même qu'exerce le gaz non dissous.*

Ceci revient encore à dire que, à une température déterminée, il existe un rapport constant entre le volume de gaz dissous et le volume du liquide dissolvant, à la condition de mesurer le volume du gaz à la pression qu'exerce le gaz non dissous, lors de la saturation.

319. — Ce rapport constant pour une température donnée est donc caractéristique de l'action dissolvante du liquide sur le gaz : il a reçu le nom de *coefficient de solubilité* à la température considérée. Nous donnons ci-dessous la valeur d'un certain nombre de ces coefficients.

Si V est le volume du dissolvant, K le coefficient de solubilité, le volume de gaz dissous lors de la saturation est toujours KV. Si la pression était H et que l'on voulût avoir le volume U qu'occuperait ce gaz à la pression normale de 760^{mm}, la loi de Mariotte donnerait immédiatement

$$U \times 760 = KV \times H$$

d'où

$$U = \frac{KV \times H}{760}$$

et si d est la densité du gaz, on aura pour son poids p :

$$p = \frac{KV \times H}{760} \times d \times 1.293.$$

La loi que nous venons d'indiquer a été vérifiée, approximativement au moins, pour les gaz qui ne sont pas très solubles (Bunsen). Il faut savoir cependant qu'elle n'est pas rigoureuse, bien qu'on puisse l'appliquer sans erreur sensible dans la pratique (Louguinine et Khanikoff).

320. — Il résulte de la loi précédente que lorsqu'une dissolution effectuée à une certaine pression se trouve soumise à une pression moindre, une partie du gaz doit se dégager de manière que la quantité qui reste en dissolution soit en rapport avec la nouvelle pression. Si, même, on met la dissolution dans un espace où l'on fasse le vide, le gaz devra se dégager entièrement.

En réalité les choses ne se passent pas tout à fait aussi simplement : si l'on diminue la pression du gaz qui surmonte une dissolution, il se dégage une partie du gaz dissous, mais non pas autant que l'indiquerait la loi ; le gaz semble éprouver une certaine paresse, il paraît présenter une tendance à rester en dissolution. C'est là un phénomène qui est analogue à la sursaturation (296) ; mais, comme dans ce cas, cet état n'est pas stable et il suffit de circonstances qui au premier abord pourraient sembler indifférentes pour provoquer le dégagement du gaz qui se trouvait en excès. Si par exemple on jette un corps anguleux, une poudre, chacune des pointes deviendra le siège d'un dégagement de gaz. Cet effet se produit très nettement pour les dissolutions d'acide carbonique dans l'eau (eau de seltz) ou dans le vin (vins mousseux, vin de Champagne).

321. — Lorsqu'une dissolution d'un gaz est mise en communication avec une atmosphère indéfinie d'un autre gaz, la dissolution se détruit peu à peu et le gaz primitivement dissous disparaît pour être remplacé par le gaz constituant l'atmosphère indéfinie. Le gaz provenant de la dissolution se dégage sans pouvoir jamais atteindre extérieurement une pression qui maintienne la dissolution, car il se diffuse dans un espace indéfini; tout doit donc se dégager peu à peu.

C'est ce qui explique que les dissolutions gazeuses qui ne correspondent pas à une combinaison chimique avec l'eau se détruisent lorsqu'elles sont placées dans un flacon ouvert.

On conçoit aisément qu'un effet entièrement analogue doit se produire lorsque l'on fait traverser une dissolution par un courant continu d'un autre gaz, qui produit la même action qu'une atmosphère indéfinie.

322. — La solubilité d'un gaz est un caractère spécifique dépendant à la fois de la nature du gaz dissous et de la nature du liquide dissolvant. On n'a pu jusqu'à présent expliquer les différences observées par aucune des autres propriétés physiques, du moins avec précision.

Les liquides qui contiennent déjà en dissolution des substances solides peuvent dissoudre des gaz; mais il faut faire intervenir des coefficients de solubilité spéciaux pour chaque solution, qui agit comme un liquide particulier, pour lequel on ne pourrait sans erreur prendre le coefficient de solubilité qui appartient au liquide pur. C'est ainsi que le chlore, très soluble dans l'eau pure, l'est beaucoup moins dans l'eau salée.

Cette remarque est applicable spécialement au sang, qui dissout les gaz, mais non comme le ferait l'eau pure.

323. — Il serait intéressant de chercher quel est l'état sous lequel le gaz existe dans la dissolution : peut-on admettre qu'il présente seulement une condensation considérable sans cesser d'être à l'état gazeux? doit-on penser qu'il existe à l'état liquide? ou enfin, faut-il invoquer un état particulier dont l'existence ne se manifesterait que dans ces circonstances? c'est ce qu'il est impossible, jusqu'à présent, de décider d'une manière exacte.

On peut cependant, en s'appuyant sur la valeur de la densité des dissolutions gazeuses, rechercher quelle doit être la densité du corps uni au dissolvant. En faisant le calcul pour quelques corps [1], on trouve des valeurs qui sont égales aux valeurs trouvées directement, ou qui du moins en diffèrent peu. Ainsi :

	Ammoniaque.	Ac. sulfureux.
Densité calculée	0,596	1,42
— observée	0,591	1,42

On est donc porté à conclure que, dans leurs dissolutions, les gaz sont effectivement à l'état liquide.

324. Action de la température sur la solubilité. — En général, la solubilité des gaz diminue quand la température s'élève; le coefficient de solubilité devient donc plus petit. Les différences peuvent être assez considérables, ainsi que l'indique le tableau suivant qui donne, pour diverses températures, le coefficient de solubilité des principaux gaz dans l'eau et dans l'alcool.

NOMS DES GAZ	EAU			ALCOOL		
	0°	10°	20°	0°	10°	20°
Hydrogène	0,0193	0,0193	0,0193	0,0692	0,0679	0,0667
Azote	0,0203	0,0161	0,0140	0,1263	0,1228	0,1204
Oxygène	0,0411	0,0325	0,0284	0,2840	0,2840	0,2840
Chlore	1,44	2,60	2,15	»	»	»
Oxyde de carbone	0,0329	0,0264	0,0231	0,2044	0,2044	0,2044
Acide carbonique	1,7987	1,1347	0,9014	4,3295	3,5140	2,9465
Acide sulfhydrique	4,3706	3,5858	2,9053	17,891	11,992	7,415
Acide sulfureux	79,789	56,647	39,374	328,62	190,31	114,48
Acide chlorhydrique	»	500	»	»	»	»
Ammoniaque	1019,63	812,8	654,00	»	»	»

Il résulte de ce tableau que, comme nous l'avons déjà dit, les gaz les plus solubles sont en même temps ceux qui sont le plus facilement absorbables par le charbon. On remarque d'autre part que le chlore présente une exception et que son coefficient de solubilité atteint un maximum vers 8 ou 10°; peut-être y a-t-il là une action chimique qui se manifeste : on sait qu'il existe un hydrate de chlore.

325. — Du fait général que la solubilité diminue quand la température croît, il résulte qu'on dégagera un gaz de sa solution en le chauffant. Généralement le gaz est entièrement dégagé avant la

---

1. De la formule générale que nous avons trouvée (p. 243, en note), on peut déduire la densité d' du corps uni au dissolvant qui donnerait un mélange dont la densité serait δ : on a en effet alors

$$d' = \frac{p'd\delta}{100\,d - (100 - p')\delta}$$

température d'ébullition du liquide. C'est en s'appuyant sur cette remarque que l'on peut évaluer en général la quantité de gaz dissoute dans un liquide, par exemple la quantité d'air contenue dans les eaux potables.

Pour certains gaz, le dégagement est entièrement terminé bien avant la température de l'ébullition du liquide : c'est ainsi que l'ammoniaque est entièrement dégagée de sa dissolution à la température de 60° environ. Cette remarque est quelquefois utilisée dans les laboratoires pour obtenir promptement du gaz ammoniac : en opérant dans un tube de Faraday, on peut arriver à liquéfier le gaz sous sa propre pression.

Mais l'action de la chaleur n'est pas toujours aussi complète : ainsi la dissolution d'acide chlorhydrique perd peu de gaz jusqu'à l'ébullition et distille à 110° en retenant encore une proportion notable de gaz, 20 °/₀ environ. Il est probable qu'il y a, dans ce cas, formation d'un composé chimique défini, et qu'il n'y a pas seulement une dissolution physique.

326. Dissolution des mélanges de gaz. — Lorsqu'un mélange de plusieurs gaz est en contact avec un liquide, chaque gaz se dissout comme s'il était seul; dans l'application de cette loi, il importe de remarquer que la pression qui doit entrer dans les calculs est, non la pression totale du mélange, mais est, pour chaque gaz, la *pression individuelle* de ce gaz, c'est-à-dire la pression qu'il aurait s'il remplissait seul l'espace occupé effectivement par le mélange (340).

Cette loi explique la différence de composition qui existe entre l'air libre de l'atmosphère et l'air en dissolution dans l'eau, air qui est beaucoup plus riche en oxygène et en acide carbonique, comme les analyses l'ont prouvé. Il est facile de voir qu'il doit en être ainsi.

Laissant de côté d'abord l'acide carbonique, on sait que l'air est un mélange, en chiffres ronds, de $\frac{1}{5}$ d'oxygène et de $\frac{4}{5}$ d'azote; c'est-à-dire que, dans l'air à la pression 760 ^{mm}, l'oxygène possède une pression individuelle qui est de $\frac{1}{5} \times 760$ et l'azote une pression individuelle de $\frac{4}{5} \times 760$.

Mais le coefficient de solubilité de l'oxygène est de 0,04 tandis qu'il n'est que de 0,02 pour l'azote. Un volume V d'eau dissoudra donc 0,04 V d'oxygène et 0,02 V d'azote. S'il s'agit de l'air, les proportions seront les mêmes, seulement les volumes ainsi déterminés sont supposés mesurés respectivement aux pressions $\frac{H}{5}$ et $\frac{4H}{5}$.

On peut ramener ces volumes à ce qu'ils seraient en les mesurant à la pression normale de 760 : d'après la loi de Mariotte, ces volumes seraient réduits :

pour l'oxygène, dont la pression passerait de $\frac{1}{5} \times 760$ à 760, le volume serait :

$$\frac{1}{5} \times 0,04 \times V;$$

pour l'azote, dont la pression passerait de $\frac{4}{5} \times 760$ à 760, le volume serait :

$$\frac{4}{5} \times 0,02 \times V.$$

Ces volumes seraient donc dans le rapport de 0,008 à 0,016, c'est-à-dire dans le rapport de 1 à 2. L'oxygène, dans l'air dissous, entrerait donc pour une proportion de $\frac{1}{3}$, tandis que dans l'air libre cette proportion est seulement de $\frac{1}{5}$.

En vertu de la même loi, et vu sa grande solubilité, l'acide carbonique devra se trouver dans les gaz de l'eau en bien plus grandes proportions que dans l'air : c'est précisément ce que l'on vérifie expérimentalement.

327. — La loi relative à la dissolution d'un mélange de gaz n'est applicable que lorsque les degrés de solubilité des gaz qui constituent ce mélange sont du même ordre de grandeur; elle cesse d'être vraie lorsque ces coefficients de solubilité sont très différents : le gaz le plus soluble peut rester seul en dissolution. C'est ce qui se produit, par exemple, lorsque l'on veut préparer une dissolution aqueuse d'acide sulfureux et que l'on obtient ce corps par l'action du charbon sur l'acide sulfurique. Un mélange d'acide carbonique et d'acide sulfureux passe dans l'eau ; mais, à la longue, ce dernier gaz subsiste seul dans le liquide.

328. — Il n'est pas sans intérêt d'examiner les conditions dans lesquelles se produit la dissolution. Mariotte paraît être le premier qui ait étudié cette question en évaluant le temps nécessaire à la dissolution d'un poids donné de gaz. Nous indiquerons seulement quelques résultats se rapportant à ce sujet, qui n'a pas fait l'objet de recherches suivies : ces résultats se conçoivent facilement d'ailleurs en remarquant que dans ces conditions la dissolution consiste en une diffusion du gaz dans le liquide.

La quantité de gaz qui se dissout dans un temps donné varie

avec la surface du liquide qui est en contact avec le gaz; elle augmente avec la pression du gaz et est d'autant plus considérable que la dissolution est plus éloignée de son point de saturation.

Il résulte de ces deux dernières remarques que, comme Mariotte l'a dit, si l'on met une masse limitée de gaz en contact avec un volume déterminé d'eau, la proportion qui se dissoudra dans le premier jour sera plus considérable que celle qui se dissoudra dans le jour suivant, etc. On comprend dès lors que l'agitation du liquide, en augmentant les surfaces et en répartissant le gaz dans toute la masse, favorise l'absorption.

On aura une idée de l'influence de ces conditions d'après les chiffres suivants de Dalton. Par l'agitation, l'eau privée d'air prend sa « *pleine charge* » en 1 minute : d'autre part un volume d'eau de $4^l,50$ versé dans un vase cylindrique ayant une surface de 2,25 décimètres carrés, exposé à l'atmosphère sans agitation, recouvre la moitié de son air en deux jours; au bout de dix jours, on ne remarque plus aucune absorption; mais, au moyen d'une violente agitation, le liquide peut prendre une surcharge de 1/10 ou 1/12.

329. — Divers procédés peuvent être employés pour déterminer la quantité de gaz dissous dans un liquide, question qui se présente assez fréquemment; ils sont basés sur les propriétés et les lois que nous avons exposées plus haut.

On peut chercher à dégager le gaz qui se trouve en dissolution en soumettant le liquide au vide : l'appareil doit être disposé d'une manière particulière si l'on veut pouvoir recueillir les gaz pour les mesurer et les analyser.

Comme nous l'avons déjà dit, on peut soumettre la dissolution à l'action de la chaleur : c'est le procédé que l'on emploie le plus souvent pour étudier les gaz de l'eau. On remplit un ballon et le tube abducteur du liquide que l'on essaie, et on fait arriver l'extrémité libre du tube sous une éprouvette remplie de mercure. Par l'action de la chaleur, le gaz se dégage et vient se réunir à la partie supérieure de l'éprouvette; on peut alors aisément mesurer ce gaz et même en faire l'analyse.

Un autre procédé consiste à faire traverser le liquide par un courant d'un autre gaz, qui se substitue en partie au gaz qui existait dans la solution. On recueille le mélange de gaz qui se dégage, et de sa composition on peut déduire la composition du gaz qui était en dissolution et la quantité totale de gaz qui existait dans le liquide.

330. **Étude des gaz du sang.** — L'étude des gaz du sang présente un intérêt tout particulier, comme il est facile de le comprendre. On ne peut songer ici à employer l'élévation de la tempé-

rature, qui produit une coagulation du sang ou une mousse qui empêche toute mesure précise : on peut bien s'y opposer en partie, en étendant le sang d'une proportion notable d'eau, mais il est préférable de faire usage d'une autre méthode. On a employé la méthode par le vide et celle par le passage d'un courant de gaz.

Lorsque l'on veut opérer par cette seconde méthode, il convient d'employer un gaz qui ne puisse se trouver normalement dans le sang. On a fait usage d'un courant d'hydrogène.

Mais il est préférable d'employer l'action du vide, et on arrive à de bons résultats par l'emploi de la machine de Geissler, qui permet d'extraire complètement les gaz du sang. La machine représentée dans la figure 156 est en communication avec un tube recourbé contenant le sang et plongé dans un bain dont on peut élever la température à 50 ou 60°. Le fonctionnement de l'appareil est le même que nous avons indiqué (243) ; les gaz sont recueillis dans une petite éprouvette placée au-dessus de l'entonnoir fixe : par un jeu convenable du robinet, on comprend qu'il soit facile d'y refouler les gaz dégagés du sang sous une faible pression. Cette méthode a été appliquée par MM. Ludwig, Schoffer et Helmholtz, notamment.

331. — Il ne saurait entrer dans le cadre de cet ouvrage de relater les résultats nombreux qui ont été obtenus et de les discuter ; la question est entièrement du ressort de la physiologie.

Il nous suffira de dire que ces résultats ont montré que les gaz du sang ne sont pas à l'état de simple dissolution physique. Le phénomène de la dissolution gazeuse se complique de l'influence que les sels en dissolution dans le plasma exercent sur ces divers gaz, et de la présence des globules du sang.

On a cherché à produire directement l'absorption de l'oxygène et de l'acide carbonique par le sang dans diverses conditions.

On a trouvé ainsi que 100 volumes de sang mis en contact avec une atmosphère d'acide carbonique pur absorbent 178 volumes de ce gaz ; mais la quantité de gaz dissous ne varie pas proportionnellement à la pression : une partie est combinée chimiquement, l'autre seulement obéit aux lois de la dissolution. Un fait analogue se présente d'ailleurs dans l'action de l'acide carbonique gazeux sur une solution de carbonate de soude.

Des résultats analogues ont été obtenus pour l'oxygène : 100 volumes de sang absorbent, à la pression de 760^{mm}, de 9 à 9,5 volumes de ce gaz ; mais cette quantité varie peu avec la pression, ce qui tient à ce que ce gaz ne se trouve pas à l'état de simple dissolution et qu'il se produit une véritable combinaison avec l'hémoglobine.

332. — On a d'ailleurs étudié la question de plus près. Il résulte des recherches de MM. Fernet et Lothar-Meyer que les phosphates et les carbonates alcalins en dissolution dans le sérum augmentent de moitié le pouvoir absorbant de ce liquide pour l'acide carbonique, circonstance qui tient à une combinaison faible de ce gaz avec ces sels; car le coefficient de la solubilité propre de l'acide carbonique est moindre dans une solution de phosphate ou de carbonate que dans l'eau pure. Les résultats trouvés par M. Fernet semblent confirmer cette idée théorique qu'il y aurait là deux actions distinctes, l'une, purement physique, soumise aux lois de Dalton, l'autre, chimique, dépendant de la nature de la dissolution. L'influence des mêmes sels sur l'oxygène paraît être moins importante; néanmoins la présence de l'un d'eux augmente encore un peu le pouvoir absorbant de l'eau pour ce gaz.

Enfin, l'action des chlorures, et surtout du chlorure de sodium, abaisse le coefficient de solubilité de l'acide carbonique, et surtout de l'oxygène. Quant à l'azote, son coefficient de solubilité n'éprouve pas de modification sensible.

D'après L. Meyer, l'absorption de l'oxygène par le sang n'est due que pour une très faible part à une action de dissolution physique.

Les globules sont les véritables condensateurs de ce fluide, leur pouvoir absorbant étant vingt-cinq fois plus considérable que celui du sérum; cette condensation correspondrait, comme nous venons de le dire, à une action chimique.

Pour terminer, nous indiquerons les quantités moyennes de gaz contenues dans 100 volumes de sang.

	Oxygène.	Acide carbonique.
Sang artériel	21,1	35
Sang veineux	11,8	44

333. — La propriété que possèdent les gaz de se dissoudre dans les liquides est très importante à divers égards. C'est grâce à elle que les animaux et les plantes aquatiques peuvent vivre au sein de l'eau : on sait qu'un poisson placé dans de l'eau privée d'air par une récente ébullition meurt asphyxié au bout d'un temps assez court, si l'on a empêché que de l'oxygène de l'air pût se dissoudre dans le liquide en recouvrant celui-ci d'une couche d'huile.

L'eau pour être sapide et même digestive doit contenir de l'air en dissolution : c'est pour cette raison, entre autres, que l'eau provenant de la fonte des glaciers, l'eau distillée et l'eau récemment bouillie sont désagréables, fades et souvent d'une digestion difficile. On peut leur rendre la saveur, la légèreté en les aérant, soit en les abandonnant pendant un certain temps au contact de l'air; soit mieux encore en les battant et les agitant violemment. Voici quelques chiffres relatifs à l'air dissous dans l'eau.

	Air.	Acide carbonique.
Eau de Seine	0,003 à 0,004	0,013
Eau d'Arcueil.	0,004	0,070
Eau de la Moselle	0,030	0,004

Il existe des eaux naturelles qui renferment souvent des quantités très considérables de gaz : ce sont les eaux minérales gazeuses ; nous citerons, par exemple, l'eau de Vichy dont, pour certaines sources, *un* litre contient 1¹,50 d'acide carbonique; aux Eaux-Bonnes, 1 litre d'eau contient 0,0064 d'ac. carbonique et 0,0035 d'ac. sulfhydrique.

334. — L'emploi des dissolutions est très fréquent dans les laboratoires de chimie : ammoniaque, acide chlorhydrique, acide sulfhydrique, acide sulfureux, chlore, etc.

Les eaux minérales artificielles, l'eau de Seltz, contiennent de l'acide carbonique que l'on a dissous sous pression; il en est de même de certaines boissons composées, comme les limonades.

Enfin les vins mousseux, la bière contiennent également en dissolution sous pression une certaine quantité d'acide carbonique qui provient de la production de ce gaz au sein même du liquide, par suite de la fermentation des matières sucrées.

335. **Évaporation.** — Lorsqu'un liquide est mis en contact avec un gaz, en même temps que le gaz se dissout dans le liquide, une partie du liquide passe à l'état gazeux, à l'état de vapeur; c'est là ce qui constitue l'*évaporation*. Les deux actions ont lieu en même temps, d'une manière générale; en réalité elles sont pour ainsi dire de même nature: il se produit dans l'un et l'autre cas une véritable diffusion.

L'évaporation se produit à une température quelconque, et par là son étude doit être séparée de celle des phénomènes calorifiques; les conditions calorifiques influent sur cette modification, comme d'ailleurs sur presque tous les phénomènes, mais elles ne sont point essentielles à considérer pour préciser les lois générales.

Étant donné un liquide maintenu à une température invariable, et placé au contact d'une masse gazeuse, le liquide, par sa partie superficielle, se diffusera dans l'atmosphère gazeuse sous forme de gaz, de vapeur, et cette action se continuera tant que l'atmosphère ne sera pas saturée (235), tant que la vapeur n'aura pas atteint la tension maxima qui correspond à la température considérée.

L'évaporation peut être étudiée tant sous le rapport de la quantité du liquide qui passe à l'état gazeux que sous celui de la rapidité de l'action.

En ce qui concerne la quantité, les résultats sont faciles à prévoir : l'évaporation ne s'arrêtera que lorsque l'espace qui surmonte le liquide sera saturé. Si cet espace est limité, s'il s'agit d'un vase clos, il est aisé de calculer la quantité de vapeur qui devra être produite, puisque l'on sait que lorsque l'opération sera terminée la vapeur aura une pression qui n'est autre que la tension maxima pour la température considérée.

Si l'espace qui surmonte le liquide est indéfini, la vapeur produite se diffuse au fur et à mesure de sa formation et, par suite, l'espace ne peut être saturé : l'évaporation continue donc tant que le liquide n'a pas tout entier passé à l'état gazeux.

Il est à peine besoin de dire que les faits sont entièrement en concordance avec ces prévisions.

336. — Pour caractériser la rapidité de l'évaporation, on peut indiquer la quantité de vapeur produite dans l'unité de temps ; les lois ont été étudiées par divers physiciens, et notamment par Davy, puis par Regnault.

On a trouvé que la quantité de vapeur produite à un instant donné est :

1° Proportionnelle à la surface du liquide qui s'évapore.

2° Proportionnelle à la différence qui existe entre la tension maxima de la vapeur pour la température considérée et la tension actuelle de cette vapeur, à l'instant où l'on opère.

3° Inversement proportionnelle à la pression totale de l'atmosphère gazeuse qui surmonte le liquide [1].

Ces lois se démontreraient en pesant le liquide avant et après l'évaporation effectuée dans des conditions déterminées.

Il importe de remarquer que, bien que la température n'entre pas directement dans l'énoncé de ces lois, cet élément intervient : la tension maxima dépend, en effet, comme nous l'avons dit (235), de la température.

Les conditions que nous avons indiquées comprennent implicitement le cas où le vide existe au-dessus du liquide ; dans ce cas, la pression de l'atmosphère où se diffuse la vapeur étant nulle, la 3° loi indique que la vitesse d'évaporation est infinie ; ce que l'on exprime, en général, sous la forme suivante :

Les vapeurs se forment instantanément dans le vide.

---

1. Si l'on désigne par p le poids de liquide évaporé en 1 seconde, S la surface d'évaporation, F la tension maxima de la vapeur pour la température considérée, f la tension actuelle, H la pression extérieure et K une constante, on a donc :

$$p = \text{K}\,\frac{\text{S}\,(\text{F} - f)}{\text{H}}.$$

337. — Il résulte des lois précédentes que tout liquide susceptible de se réduire en vapeur doit s'évaporer ; le vide de la chambre barométrique doit contenir de la vapeur de mercure, et si un vase rempli de mercure est placé dans une pièce, l'atmosphère doit contenir une certaine quantité de vapeurs de ce liquide.

Ce dernier fait, qui a un intérêt capital au point de vue de l'hygiène des industries où l'on emploie le mercure, a été nié pendant longtemps ; mais, grâce à un réactif extrêmement sensible, M. Merget a pu démontrer qu'il était réel.

Nous ajouterons que les phénomènes d'évaporation s'accompagnent de variations de température, d'absorption de chaleur : ces questions sont très importantes, mais elles ont leur place marquée après l'étude de la calorimétrie ; nous n'avions pas à nous en préoccuper, puisque nous admettions que l'on maintenait la température invariable.

Il ne serait pas sans intérêt de savoir ce qui se produit dans le cas de l'évaporation d'une dissolution d'un solide : la présence de ce corps modifie-t-elle la rapidité de l'évaporation? la concentration de la liqueur influe-t-elle? on ne sait rien de précis à cet égard.

De même pour l'évaporation d'un liquide contenant en dissolution un gaz? de même aussi pour l'évaporation d'un mélange de liquides? on n'a pas déterminé les lois, les conditions du phénomène.

338. **Mélange des gaz; diffusion gazeuse.** — On peut, pour certains gaz et avec quelques précautions, arriver à superposer deux couches gazeuses de densités différentes, le gaz le plus dense étant à la partie inférieure : c'est ce que l'on peut obtenir avec l'acide carbonique et l'air, par exemple, avec le chlore et l'air. Dans ce dernier cas, à cause de la couleur du chlore, on aperçoit une surface de séparation assez nette.

Mais cette limitation des gaz ne dure pas et, si on les abandonne à eux-mêmes, quels que soient les gaz en présence, quelle que soit la différence de leurs densités, ils *diffusent* l'un dans l'autre, comme font des liquides miscibles, mais avec cette différence que cette diffusion se fait très rapidement et qu'elle est complète, c'est-à-dire qu'après un temps assez court, il existe la même proportion de chacun des gaz dans la masse tout entière. Cette propriété s'explique d'ailleurs fort bien par l'expansibilité qui caractérise les corps gazeux.

Le phénomène de la diffusion a été mis nettement en évidence par l'expérience suivante due à Berthollet (1811). Deux ballons à robinet de même capacité furent remplis à la pression normale, l'un d'hydrogène et l'autre d'acide carbonique : on les plaça l'un au-dessus de l'autre (l'hydrogène à la partie supérieure) dans les caves de l'Observatoire où la température ne varie pas. Après 24 heures, alors qu'ils eurent atteint cette température, on ouvrit les robinets, ce qui établit la communication. Lorsque, après quelque temps, on vint à examiner les gaz dans les ballons, on reconnut que la pression n'avait pas changé et que, en outre, chacun d'eux renfermait un mélange par parties égales d'hydrogène et d'acide carbonique. La diffusion seule peut expliquer ce résultat.

339. — Le fait de la diffusion dont nous venons de parler n'est pas en contradiction avec l'expérience qui résulte de la manière dont on recueille le chlore dans les laboratoires : la diffusion est rapide, mais exige cependant un certain temps pour se produire, et le fait que le flacon qui sert de récipient au gaz se remplit prouve seulement qu'il arrive plus de chlore par le tube de dégagement qu'il ne s'en perd dans l'atmosphère par diffusion.

La preuve qu'il en est bien ainsi, c'est que si l'on vient à arrêter le dégagement du gaz, la diffusion continuant à se produire, le flacon se décolore peu à peu jusqu'à ne plus contenir de chlore, tandis que l'odeur caractéristique de cet élément se répand dans la salle entière où se fait l'expérience.

C'est une explication analogue que l'on peut donner de l'existence d'une couche d'acide carbonique limitée à une certaine hauteur au-dessus du sol dans la *grotte du chien*, à Naples. Le sol présente, en effet, des fissures et la constance de la couche prouve qu'il se dégage par ces fissures une quantité d'acide carbonique précisément égale à celle qui se répand dans l'atmosphère par diffusion à la partie supérieure de la couche.

On ne sait rien de précis sur le temps nécessaire pour que le mélange soit complet, ni sur la loi suivant laquelle la diffusion se produit. De telle sorte qu'il y a seulement à étudier les phénomènes qui se manifestent quand le mélange est complet.

340. — Les effets qui peuvent se manifester par l'action d'un mélange gazeux doivent être divisés en deux groupes ; d'une part, l'effet observé dépend du mélange dans sa totalité ; d'autre part, la masse gazeuse n'agit pas par son ensemble, mais chaque gaz conserve son individualité propre et se comporte tout à fait, ou à peu près, comme s'il était seul dans l'espace occupé par le mélange.

Dans la première catégorie, il faut ranger les actions mécaniques, les pressions exercées par la masse gazeuse, la densité, le poids spécifique de cette masse, son action réfringente sur la lumière, etc. Dans la seconde catégorie, il convient de placer les actions chimiques, les phénomènes de dissolution, de transpiration, etc.

Il est nécessaire d'introduire ici une notion théorique, celle de la *tension* ou *pression individuelle* d'un gaz dans un mélange; c'est celle qu'il aurait s'il occupait seul l'espace rempli effectivement par le mélange [1]. S'il était seul, on pourrait mesurer expérimentalement la pression. On ne peut le faire, comme nous allons l'expliquer; mais on peut calculer sa valeur et c'est cette valeur *calculée* qui intervient dans tout ce qui nous reste à dire.

341. — Au point de vue de la pression, les appareils de mesure, les manomètres, donnent seulement la pression du mélange pris dans son ensemble et n'apprennent rien sur la pression individuelle. Mais il existe, entre la pression totale effectivement mesurable et les pressions individuelles calculées, une relation qui est définie par la loi suivante :

La pression d'un mélange de gaz est la somme des pressions individuelles de chacun des gaz qui constituent le mélange.

Pour démontrer cette loi, on prend plusieurs gaz dont on connaît la pression et le volume, on les introduit dans une capacité déterminée : on *calcule* la pression individuelle de chacun d'eux, on fait la somme des valeurs trouvées et l'on reconnaît qu'elle est égale précisément à la pression mesurée directement au manomètre [2].

342. — La même loi se présente pour les vapeurs comme pour les gaz, si la température ne change pas. La question est particulièrement intéressante en ce qui concerne les vapeurs saturantes. Dalton a étudié les conditions qui se présentent alors et a établi la loi suivante :

La force élastique maxima d'une vapeur, à une température donnée, est la même dans les gaz que dans le vide.

Pour la vérifier, on se sert d'un appareil imaginé par Gay-Lussac.

---

1. Si v est le volume d'un gaz dont p est la pression; si on l'introduit dans un volume V, il prendra une pression x qui est donnée par la loi de Mariotte $Vx = vp$, d'où $x = \dfrac{vp}{V}$. Ce sera la valeur de la *pression individuelle* du gaz si, sans le changer, sans modifier la température, on introduit dans le même espace un ou plusieurs autres gaz.

2. Soient divers gaz dont les volumes et les pressions sont respectivement v_1, p_1; v_2, p_2; v_3, p_3, etc., que l'on introduit dans une capacité V; les pressions individuelles $x_1, x_2, x_3...$, sont données par les formules

$$x_1 = \frac{v_1 p_1}{V}, \qquad x_2 = \frac{v_2 p_2}{V}, \qquad x_3 = \frac{v_3 p_3}{V} \dots$$

Si P est la pression observée du mélange, la loi s'exprime en écrivant

$$P = x_1 + x_2 + x_3 \dots$$

d'où l'on tire, après réduction,

$$VP = v_1 p_1 + v_2 p_2 + v_3 p_3 \dots$$

Relation très simple et que l'on a fréquemment l'occasion d'appliquer.

Cet appareil se compose d'un gros tube T (*fig.* 184) gradué, muni à ses deux extrémités d'une douille à robinet. Ce tube communique avec un second T' plus long et ouvert. L'appareil étant bien desséché, on le remplit de mercure, et on visse au-dessus du tube un ballon plein

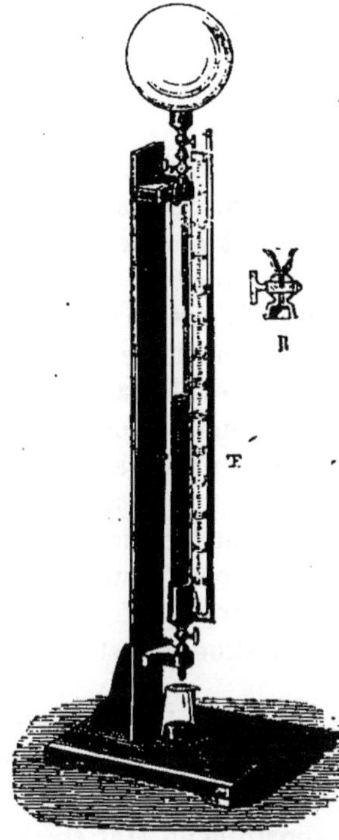

Fig. 184.

d'air sec. On ouvre ensuite les trois robinets, le mercure s'écoule, et une partie du gaz pénètre dans le tube. Quand la quantité d'air introduite est suffisante, on ferme les robinets, et on ramène la pression extérieure à celle de l'atmosphère, en versant du mercure par le petit tube, jusqu'à ce que le liquide s'élève à la même hauteur dans les deux branches. On note le volume V. On remplace alors le ballon par un robinet à cuvette R, et l'on verse quelques gouttes d'un liquide dans l'entonnoir. En faisant tourner plusieurs fois le robinet R, on fait pénétrer dans le tube T une petite quantité de liquide. Bientôt l'air se sature de vapeur, et le mercure descend peu à peu dans le tube T, et monte dans le tube T'. On ramène le mercure à son volume primitif V, en versant de nouveau du mercure [1]. La différence des niveaux mesure l'accroissement de force élastique dû à la formation de la vapeur. On trouve que cette force élastique est la même que celle que l'on observe dans le vide à la même température.

343. — Les effets physiques moléculaires des mélanges de gaz et les effets chimiques qu'ils exercent sur d'autres corps dépendent non de la pression totale du mélange, mais de la pression individuelle de chacun d'eux.

Nous n'avons pas à insister ici sur les effets chimiques; nous pouvons cependant citer à l'appui de cette opinion les phénomènes de dissociation ainsi que, par exemple, l'action de l'oxygène sur le phosphore : on sait que le phosphore se combine lentement avec l'oxygène de l'air, ce qui le rend lumineux dans l'obscurité, phos-

---

1. Cette opération a pour but d'éviter un calcul, en ramenant le gaz à son volume primitif et lui rendant par conséquent aussi sa pression primitive. Si l'on opérait autrement, il faudrait calculer la nouvelle pression du gaz et la retrancher de celle du mélange : on trouverait alors la force élastique de la vapeur, qui aurait d'ailleurs la même valeur.

phorescent. La phosphorescence disparaît dans l'oxygène pur à la pression normale, mais elle se manifeste de nouveau si l'on diminue la pression et reprend la même intensité qu'elle avait dans l'air si l'oxygène est ramené à la pression de $\frac{1}{5}$ d'atmosphère, valeur qui est précisément la pression individuelle de l'oxygène dans l'air. Dans l'atmosphère la valeur totale de la pression n'avait produit aucun effet particulier et l'action de l'oxygène avait été réglée par la pression individuelle de ce seul gaz.

Les phénomènes de dissolution d'un mélange gazeux mettent également en évidence le fait que pour cette action, c'est la tension, la pression individuelle qui règle la dissolution et non la pression du mélange (326). Il est inutile de revenir sur ce sujet.

344. — L'absorption des gaz par le sang obéit aux lois des mélanges gazeux que nous avons signalées, au moins d'une manière approximative; la quantité d'oxygène absorbé après le passage du sang dans les poumons dépend de la pression individuelle de ce gaz dans l'atmosphère où l'animal respire. D'autre part, l'acide carbonique qui s'est formé dans le passage du sang à travers l'organisme se dégage et la quantité qui se dégage dépend également de la pression individuelle de l'acide carbonique dans l'atmosphère. Nous nous occuperons plus spécialement de l'action de l'oxygène, nous bornant à étudier sommairement cette question qui est du ressort de la physiologie.

Pour que les fonctions de la vie puissent s'exécuter normalement il faut que le sang artériel contienne une quantité déterminée d'oxygène; lorsque cette quantité est diminuée, il se manifeste des accidents particuliers dont l'ensemble constitue un état spécial auquel on a donné le nom d'anoxyhémie. C'est à cette cause maintenant que l'on rapporte les symptômes observés lorsqu'on s'élève à de grands altitudes et qui caractérisent le mal des montagnes dont souffrent les hommes et les animaux qui ne sont pas acclimatés pour vivre à cette pression.

Il y a plus, et si la pression atmosphérique est trop fortement diminuée la mort peut survenir, comme l'a prouvé le funeste accident qui a amené la mort de Sivel et de Crocé-Spinelli (Ascension du *Zénith*, 1874) qui se sont élevés jusqu'à une hauteur de 11,000 ᵐ.

Ces divers effets (abstraction faite des cas où les variations de pression sont brusques et dans lesquels les phénomènes sont d'autre nature et dus surtout à l'expansibilité des gaz) doivent se rattacher uniquement à la variation de pression individuelle de l'oxygène qui s'abaisse assez pour ne plus maintenir dans le sang une quantité suffisante de gaz.

Il résulte de là que l'on doit pouvoir compenser les effets de la diminution de pression par l'emploi d'un air plus riche en oxygène: tant que la pression ne sera pas devenue inférieure à 15^{cm} de mercure, tension, pression individuelle de l'oxygène dans l'air normal, cette compensation pourra évidemment être obtenue. Des expériences variées de M. Paul Bert ont montré qu'il en est ainsi en réalité; nous ne pouvons que les signaler.

Nous indiquerons également sans nous y arrêter que le même savant a fait des recherches sur l'influence de l'acide carbonique, et qu'il a démontré que ce gaz agit en vertu de sa tension, de la pression individuelle qu'il possède.

345. — Outre les applications que l'on peut faire de ces remarques, par exemple pour éviter les accidents qui arrivent quelquefois dans les ascensions aérostatiques, M. Paul Bert a montré le parti que l'on peut en tirer dans d'autres circonstances. Il a étudié ainsi les conditions de l'anesthésie par le protoxyde d'azote et a reconnu que l'on ne peut arriver à la produire que si ce gaz est employé seul, c'est-à-dire à la pression de 76^{cm} de mercure; mais alors l'asphyxie se produirait infailliblement (car le protoxyde d'azote n'entretient pas la respiration), si on ne suspendait par instants l'inhalation de ce gaz. M. P. Bert a proposé d'utiliser la propriété anesthésiante de ce gaz, sans danger, en faisant respirer un mélange de 85 de protoxyde d'azote et de 15 d'oxygène à une pression supérieure à l'atmosphère, soit, par exemple, à une pression de 92 centimètres. Dans ce cas, le protoxyde d'azote a une tension ou pression individuelle de $92 \times 0,85 = 78,2$ suffisante pour amener l'anesthésie; l'oxygène a une pression de $92 \times 0,15 = 13,8$ peu différente de celle qu'il possède dans l'air à la pression normale.

Cette méthode a été appliquée et a donné les résultats prévus, dans divers hôpitaux de Paris. Comme on ne peut pratiquement faire respirer un gaz comprimé dans une atmosphère à une moindre pression, le patient avec le chirurgien et ses aides sont placés dans une chambre métallique hermétiquement close où l'on comprime de l'air : le mélange de protoxyde d'azote et d'oxygène est renfermé dans un sac flexible placé dans la chambre même, de telle sorte qu'il est à la pression de l'air extérieur et que la respiration se fait sans aucune difficulté.

346. **Atmolyse**. — Les phénomènes de transpiration (265) se produisent pour les mélanges gazeux et, dans ce cas encore, le passage se produit pour chaque gaz comme s'il était seul. Si donc on a deux gaz pour lesquels la facilité de transpiration soit très différente on pourra arriver à les séparer, en partie au moins; on aurait ainsi un procédé particulier d'analyse des mélanges gazeux

que Graham a proposé de nommer *atmolyse*. C'est ce qu'il a réalisé
dans les expériences suivantes.

Un tuyau de terre de pipe est traversé par un mélange d'oxygène
et d'hydrogène que l'on peut recueillir dans une éprouvette : il est
placé dans un tube de verre fermé par des bouchons. On peut
mettre en communication l'espace compris entre les deux tubes avec
une machine pneumatique qui y raréfie l'air. Dans ces conditions
une partie du mélange passe à travers le tuyau en terre de pipe,
mais l'hydrogène passe beaucoup plus rapidement. Dans une expérience, le mélange gazeux qui entrait dans l'appareil comprenait
67 °/₀ d'hydrogène et 33 °/₀ d'oxygène : il passait à la vitesse de
9 litres à l'heure ; dans ces conditions, un volume de 0ᶦ,45 recueilli dans
l'éprouvette était composé de 91 °/₀ d'oxygène et 9 °/₀ d'hydrogène ;
c'est-à-dire qu'il avait passé beaucoup plus d'hydrogène que
d'oxygène à travers la paroi.

Dans une autre expérience il employa un sac de soie enduite de
caoutchouc, à l'intérieur duquel un feutre était interposé. Il raréfia l'air
à l'intérieur et maintint la communication avec une pompe de Sprengel qui continua l'aspiration ; l'appareil une fois amorcé, on recueil-
lit du gaz qui se dégageait régulièrement en pénétrant à travers le
tissu caoutchouqué : le gaz analysé contenait un mélange d'azote
et d'oxygène comprenant 41,42 et même 47 °/₀ d'oxygène (au lieu
de 21 °/₀ dans l'air).

CHAPITRE VI

ACTIONS MOLÉCULAIRES MÉDIATES

**347. Actions moléculaires à travers des corps inter-
posés.** — Les actions moléculaires que nous venons d'étudier avec
quelques détails ne sont pas les seules qu'il y ait à considérer ; les
corps susceptibles d'agir les uns sur les autres n'agissent pas seulement lorsqu'ils sont au contact : des effets notables se produisent
même lorsque ces corps sont séparés par des lames poreuses, par
des membranes. Ces effets sont d'un intérêt très réel, car ils correspondent à des circonstances qui se présentent fréquemment dans la
nature et que l'on rencontre en particulier très souvent dans les
corps organisés.

On n'a pas étudié, jusqu'à présent, toutes les circonstances qui
peuvent se présenter, et ce n'est que dans un petit nombre de cas

que nous aurons à donner autre chose que des indications sommaires : mais le fait même isolé de l'existence de certaines de ces actions mérite souvent d'être connu.

Sans pouvoir nous arrêter aux diverses actions énumérées plus haut (269), nous suivrons le même ordre, insistant seulement sur les phénomènes qui présentent une réelle importance.

348. Osmose des liquides. — Le fait fondamental de l'*osmose*, c'est que, entre deux liquides différents séparés par une membrane organique ou par certains corps poreux, indépendamment de toute action mécanique, il y a échange des liquides, production de courants.

Nollet, Fischer de Breslau, avaient observé des phénomènes de ce genre, mais sans les étudier comme le fit plus tard Dutrochet (1826). Celui-ci fut conduit à l'étude de ces questions par l'observation de quelques phénomènes de gonflement qu'il observa sur des moisissures couvrant une plaie faite à la queue d'un poisson et sur les sacs spermatiques des limaçons mis en contact avec l'eau.

349. — Dutrochet, ayant adapté à l'extrémité d'un tube de verre une vessie ou un cœcum de jeune poulet, remplit l'appareil ainsi formé d'un liquide plus dense que l'eau, du lait, des dissolutions de

Fig. 185.

gomme, d'albumine, etc.; et, ayant plongé la membrane dans l'eau, remarqua que le niveau du liquide dans le tube s'élevait d'une manière notable et que l'effet se maintenait tant que la membrane ne se désorganisait pas par suite de la putréfaction. Il appela *endosmose* l'action par laquelle le liquide extérieur pénétrait ainsi *dans* l'appareil; on sait maintenant que cette action est complexe et qu'il y a deux courants de sens contraires. Le phénomène dans son ensemble est appelé *osmose*, et, quel que soit le sens, on appelle *endosmose* le courant le plus fort et *exosmose* le courant le plus faible. Pour étudier ces actions on se sert d'*endosmomètres*, appareils constitués par un tube fin présentant à sa partie inférieure un évasement considérable sur lequel on fixe la membrane à étudier. Il faut remarquer que dans les expériences que nous venons d'indiquer l'action non seulement provoque le passage du liquide, mais encore surmonte la pression produite par l'élévation du niveau. On a pu éviter ce résultat complexe, soit en rendant horizontal le tube de l'osmomètre (Bouland), soit en suspendant l'appareil au plateau d'une balance hydrostatique dont le fléau s'inclinait spontanément (Hoppe-Seyler). Dans d'autres cas, on a cherché à mesurer la pression en employant un osmomètre manométrique, etc.

L'existence du double courant est manifestée d'une part parce que le niveau s'élève dans le tube, ce qui prouve qu'il y a un courant de dehors en dedans ; d'autre part, parce que l'on retrouve dans l'eau du liquide extérieur une partie de la substance qui était en dissolution dans le liquide intérieur. Il est évident que, dans ce cas, le courant vers l'intérieur a été plus énergique que le courant opposé.

350. — Les questions relatives à l'osmose ont été étudiées par divers savants et notamment par Graham ; sans pouvoir arriver à des lois bien précises, on a pu déterminer quelques indications nécessaires à connaître.

L'osmose se manifeste à l'aide de membranes organisées diverses, soit animales, soit végétales. Mais cette condition n'est pas nécessaire et on peut observer des phénomènes d'osmose à travers certaines substances poreuses telles que l'ardoise (jusqu'à une épaisseur de 10 millimètres), la terre de pipe ; par contre, le calcaire tendre, la porcelaine dégourdie ne sont pas susceptibles de donner des courants osmotiques, au moins dans les conditions ordinaires.

Nous avons indiqué que les phénomènes d'osmose manifestés par un double courant ont été observés d'abord entre une dissolution et de l'eau ; mais ces conditions n'ont rien non plus d'absolu et l'on peut observer l'osmose entre deux liquides ne contenant aucune substance en dissolution, comme l'eau, l'alcool et l'éther ; ou bien entre de l'eau et un acide étendu ; ou bien entre deux dissolutions quelconques.

Mais, par contre, l'osmose ne se produit pas nécessairement lorsque deux liquides sont séparés par une membrane : l'eau et l'huile ne peuvent jamais donner lieu à des courants osmotiques l'un vers l'autre. Il faut pour qu'il y ait osmose : 1° que les deux liquides en présence soient miscibles, soient susceptibles de diffuser l'un dans l'autre ; 2° que l'un d'eux au moins puisse imbiber la membrane.

Nous ajouterons enfin que l'élévation de température favorise la production des courants osmotiques.

351. — Nous pouvons maintenant rechercher les causes de ces actions.

D'après Poisson l'osmose serait due aux actions capillaires ; mais outre que cette explication serait en contradiction avec le double courant qui existe toujours, il faut remarquer que l'élévation de température augmente l'osmose, ce qui serait contraire à la théorie capillaire.

Sans nous arrêter à discuter une idée émise par Poiret, et abandonnée aujourd'hui, qui attribuait les effets observés à l'action de courants électriques, nous dirons que la théorie paraît pouvoir être donnée comme suit.

Soit d'abord le cas simple d'une membrane (*fig*.186) située entre deux liquides A et B et qui soit susceptible de s'imbiber par A seulement.

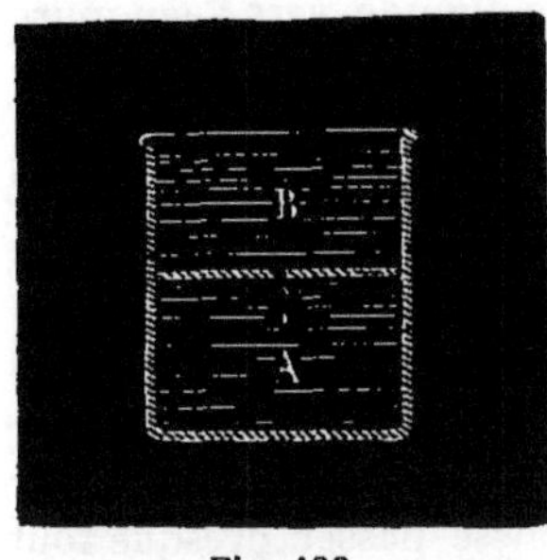

Fig. 186.

A pénétrera la membrane et se trouvera sur l'autre face en contact avec B, et comme ils sont miscibles une partie de A passera dans B ; la membrane ayant ainsi abandonné une partie du liquide, A pourra en recevoir une nouvelle quantité par imbibition et ainsi de suite ; une partie de A passera donc dans B en produisant un courant à travers la membrane.

Si maintenant les deux liquides imbibent l'un et l'autre la membrane, ce sera en général dans des proportions différentes, par exemple 2 de A et 5 de B : c'est-à-dire que par imbibition la membrane recevra 2 A et 5 B. Ce mélange complexe se trouvera en rapport sur une face avec A, sur l'autre avec B. Sur la 1re face il se produira une diffusion entre le liquide libre A et le 5 B de la membrane : sur la 2e face la diffusion aura lieu entre le liquide libre B et le 2 A de la membrane. Il y aura donc deux diffusions en sens contraire et l'on comprend qu'elles devront être inégales.

352. — L'explication que nous venons de donner, et qui paraît conforme aux faits, est illustrée, pour ainsi dire, par d'intéressantes expériences de Lhermite. Dans un vase cylindrique il dépose avec précaution et par ordre de densités trois liquides A, B et C, tels que A et B ne soient pas miscibles, mais que B et C le soient ainsi que A et C ; par exemple :

C. Alcool.	Alcool.	Éther.
B. Huile.	Essence de térébenthine.	Eau.
A. Eau.	Eau.	Chloroforme.

Au bout de deux jours, on reconnaît que le liquide B a passé à la partie supérieure et que la couche inférieure contient des liquides A et C mélangés. Le liquide A, se mêlant avec B, arrive après quelque temps au contact de C où il se diffuse ; mais alors une nouvelle quantité de A se dissout dans B, et ainsi de suite jusqu'à ce que tout ait disparu.

Ce serait, on le voit, un phénomène très semblable à celui de l'osmose.

353. — L'osmose, on le voit, est une conséquence de la diffusion des liquides, et toutes les circonstances qui facilitent celle-ci doivent augmenter les courants osmotiques. C'est ce qui résulte, par exemple, d'une expérience du Dr Bocchetti qui a trouvé que l'osmose se produit lorsque l'osmomètre est plongé dans l'eau courante; l'action serait même plus énergique que dans le cas ordinaire. C'est que, en effet, la diffusion se fait alors d'un liquide vers l'eau pure tandis que, sous la forme habituelle, elle se fait d'un liquide vers une dissolution plus ou moins étendue.

Les substances qui diffusent facilement l'une vers l'autre sont également celles entre lesquelles l'osmose se produit avec une grande netteté : il n'y aurait de différence que dans la rapidité de l'action. Les substances colloïdes ne passent pas, ou très peu, par osmose; les substances cristalloïdes passent facilement. Une dissolution de bichromate de potasse et de caramel séparée d'une masse d'eau par une membrane convenablement choisie laisse passer presque tout le bichromate et retient le caramel à peu près intégralement, etc.

Dans une circonstance déterminée, où une dissolution saline avait abandonné 0^{gr}, 836 de sel par diffusion directe, la quantité qui passa par osmose fut de 0,631. La concordance paraît aussi très grande si l'on considère des dissolutions diversement concentrées; par exemple pour le sulfate de magnésie voici les proportions qui ont passé :

Titre..	2 p. 100	5	10	20
Par diffusion	2,00	4,43	8,21	13,75
Par dialyse	2,00	4,18	7,65	14,50

354. — L'influence de la nature des liquides entre lesquels se produit l'osmose est grande : voici quelques chiffres qui mettent en évidence l'influence de la substance solide en dissolution.

Osmose après **25** heures à travers la muqueuse de l'estomac d'un porc (soutenue entre deux morceaux de calicot) :

Gomme	0,400	Glycérine	0,505
Sucre	0,347	Chlorure de sodium	1,000
Alcool	0,573		

Osmose après **24** heures à travers du papier parcheminé :

Caramel	0,005	Ammoniaque	0,847
Acide gallotannique	0,030	Acide picrique	1,020
Cachou	0,159	Chlorure de sodium	1,000
Sucre	0,472		

Élévation sous l'influence d'une lame de terre cuite d'une dissolution au titre de 1 p. 100 des matières suivantes :

Moins de 25^{mm}. Alcool, sucre, glucose, tannin, urée, sels de quinine et de morphine, chlore, brome, chlorure de potassium de sodium, sel de magnésie.

De 25 à 35^{mm}.   Acides tartrique, acétique, citrique, azotique, chlorhy-
                      drique.
De 35 à 55^{mm}.   Sulfates alcalins, acide sulfurique.
Au-dessus de 55^{mm}. Biarséniate de potasse, borax, carbonate et bicarbonate
                      de soude.

Nous signalerons spécialement le bioxalate de potasse qui à la proportion de 0,25 p. 100 donne une élévation de 700^{mm}.

Les résultats sont autres si l'on a interposé une membrane organique : mais l'action est faible toujours pour la salicyline, le tannin, l'urée, la gélatine, l'alcool, le sucre (pour l'alcool et le sucre elle croît avec la concentration). Le sulfate de fer donne une élévation de 21 à 30, le nitrate d'argent de 35, le protochlorure de fer jusqu'à 300, le chlorure d'aluminium 540, etc.

On a mesuré les quantités de sel qui passaient pour un même poids d'eau dont augmente le liquide qui est dans l'osmomètre, et l'on a trouvé que ce nombre est constant pour un même sel ; c'est donc un coefficient spécifique : on lui a donné le nom d'équivalent osmotique.

355. — Les substances dont nous avons parlé jusqu'à présent sont plus denses que l'eau et donnent naissance à une élévation du niveau lorsqu'elles sont dans l'endosmomètre ; il n'en faudrait pas conclure que le phénomène dépend de la différence de densité, car, dans les conditions de l'expérience ordinaire, l'alcool, moins dense que l'eau, produit l'endosmose par rapport à l'eau.

D'ailleurs le sens du phénomène peut changer entre deux liquides si l'on change la membrane : c'est ainsi que le courant endosmotique va de l'eau à l'alcool à travers une vessie, tandis qu'il va de l'alcool à l'eau à travers le caoutchouc.

Lors même qu'il s'agit des mêmes liquides en présence, l'action de la densité et par suite de la concentration de l'un d'eux ne suffit pas pour expliquer les différences observées.

Graham a étudié l'influence de la concentration des mélanges d'eau et d'alcool : voici des élévations observées après 5 heures pour des mélanges dont nous donnons les proportions p. 100.

Titre.	Élévation.		Titre.	Élévation.
0,25	7^{mm}		5	45 à 54
1	10 à 15		10	80 à 90
2	19 à 22		20	115 à 130

Dutrochet a déterminé les pressions évaluées en colonnes de mercure correspondant à l'osmose de dissolutions sucrées de diverses densités :

Densités..	1,035	1,070	1,140
Pressions	286^{mm}	617	1238

Mais, d'autre part, pour des dissolutions diverses d'acide sulfurique, Graham a donné les chiffres suivants :

| Titres. . . . . | 0,1 | 1 | 4 | 10 |
| Élévations . . . . | 43 | 40 | 39,5 | 39 |

Bien que ces chiffres ne soient pas très concluants, ils semblent
indiquer une marche du phénomène inverse de celle indiquée précédemment : mais il y a d'autres exemples curieux.

Pour une dissolution d'acide tartrique à la température de 25°
contenant moins de 11 p. 100 de ce corps, le courant va de l'acide à
l'eau; toute action cesse quand la dissolution contient 11 p. 100
d'acide (densité 1,05), et si elle en contient plus le courant va de
l'eau à l'acide.

Un phénomène analogue s'observe pour l'acide chlorhydrique:
à la densité de 1,02 le courant va de l'eau à l'acide; il est dirigé
de l'acide vers l'eau si l'acide a une densité de 1, 015.

356. — Nous avons supposé que l'un des liquides en présence
était l'eau pure ; mais il peut y avoir osmose entre deux dissolutions,
deux liquides différents. L'osmose qui ne se produit pas entre certains corps et l'eau peut se manifester si l'on remplace l'eau par une
dissolution.

Une membrane d'œuf séparant de l'eau pure d'une solution al-
bumineuse, on observe (von Wittich) qu'il passe vers la solution
3 centimètres cubes d'eau, et vers l'eau $0^{gr},015$ d'albumine. Si
l'on remplace l'eau pure par de l'eau salée, il ne passe plus vers la
solution d'albumine que $2^{cmc},1$ d'eau, mais en sens contraire il
passe $0^{gr},431$ d'albumine:

Heynsius a placé de part et d'autre d'une membrane d'amnios
du sérum de sang de bœuf et de l'urine acide : dans ces conditions,
l'albumine ne passa pas. Il remplaça l'urine acide par de l'urine
alcaline, et l'albumine passa.

357. — Nous ne pouvons signaler même rapidement les circonstances multiples qui se présentent en physiologie, en biologie, et dans
lesquelles on peut invoquer l'osmose. Il n'appartient pas à ce cours
d'indiquer toutes les applications possibles; il nous suffisait de faire
connaître les lois, les principes sur lesquels il faut s'appuyer dans
les cas divers qui peuvent se présenter. Nous nous bornerons à
indiquer quelques exemples qui ne ressortissent pas absolument à
l'enseignement des sciences médicales.

L'osmose doit être considérée comme la cause du gonflement
qui se manifeste lorsque l'on met des fruits dans l'eau-de-vie pour
les conserver : ils perdent une certaine partie des liquides intérieurs
et absorbent l'alcool. On sait, en effet, que le liquide extérieur se

colore peu à peu et que le fruit prend un goût spiritueux caractérisé.

Un phénomène du même genre a été signalé par J. Boussingault
pour les fruits sur l'arbre qui, souvent, se fendillent après la pluie :
la rupture de la membrane provient du gonflement du fruit par
absorption de l'eau par endosmose ; en même temps du sucre
s'exosmose. Le fait serait très important au point de vue de la physiologie végétale, s'il était général ; mais des expériences faites sur
les feuilles n'ont donné aucun résultat net, et rien ne s'est produit
dans des essais qui avaient porté sur des racines telles que navets,
betteraves, etc.

358. — Un des phénomènes les plus intéressants et qui, se rattachant à l'osmose, peut avoir d'importantes applications en biologie, est le suivant signalé par M. Traube.

Une goutte de gélatine rendue incoagulable par une ébullition
prolongée est plongée dans une dissolution de tannin : il se forme
par la combinaison des deux corps à la surface une couche solide
enveloppant la goutte par une sorte de membrane et constituant ainsi une espèce de cellule. Cette cellule artificielle, plongée
dans l'eau, ne subissait aucune modification ; mais, plongée dans
une dissolution de tannin au titre de 1, 4 p. 100, elle s'accroissait par
suite d'un passage du liquide à travers l'enveloppe, qui elle-même
s'accroissait par l'action continue du tannin sur la gélatine, et
comme par intussusception. L'effet était d'ailleurs très net, car, dans
une expérience, une cellule de $14^{mm},5$ de diamètre pesant $1^{gr},79$
avait acquis après 13 jours un diamètre de 22^{mm} et un poids de
$6^{gr},50$.

Sans vouloir établir prématurément une analogie entre cette
expérience et ce qui se passe dans le développement des cellules vi-
vantes, on ne peut pas ne pas être frappé de ce fait qui est réellement remarquable.

359. **Dialyse.** — Graham a désigné sous le nom de *dialyse*
une méthode particulière d'analyse, de séparation des corps en
dissolution par la diffusion à travers certaines substances ; ce n'est
en somme qu'un cas particulier de l'osmose appliquée à une diffusion
rapide. Les phénomènes de ce genre ont été étudiés d'abord, à ce
qu'il semble, par Dubrunfaut (1854) qui, avec succès, a appliqué
ces procédés aux besoins de l'industrie, principalement à l'industrie sucrière, tandis que, à la même époque, Graham faisait
des recherches intéressantes au point de vue scientifique.

On se sert généralement pour la dialyse du *papier parchemin*
obtenu par l'action sur le papier d'un mélange en proportions convenables d'acide azotique et d'acide sulfurique. Cette substance se

laisse rapidement traverser par les substances cristalloïdes et est
par conséquent très propre à la dialyse.

On a pu se rendre compte de la rapidité du passage de quelques
corps : à cet effet du papier parchemin de $0^{mm},0877$ d'épaisseur
fut recouvert sur une face d'une couche d'empois, légèrement coloré
par la teinture de tournesol ; l'autre face fut mise en contact avec
un acide au 1/1000. Après 9 à 10 secondes, l'acide sulfurique avait
traversé le papier ; pour l'acide chlorhydrique, il ne fallait que 5 à
6 secondes.

L'opération est très simple : le *dialyseur* est constitué par un vase
sans fond en verre ou en gutta-percha (*fig.* 187) sur la base duquel
on tend du papier parchemin. Dans le vase ainsi constitué, on place
100 centimètres cubes de la dissolution que l'on veut soumettre à
la dialyse, et on l'enfonce d'une petite quantité dans un vase renfermant de 500 à 1000 centimètres cubes d'eau distillée (*fig.* 188).
Dans ces conditions, l'action peut
être très rapide : par exemple, une

Fig. 187.   Fig. 188.

dissolution contenant 2 grammes de sel marin, étant placée dans le
dialyseur, avait laissé passer $0^{gr},75$ après 5 heures et $1^{gr},657$ après
24 heures. La rapidité dépend d'ailleurs de la substance employée.

360. — Graham a insisté surtout sur l'importance que, dans
certains cas, la dialyse pourrait présenter au point de vue de la
reconnaissance de certaines substances ; en médecine, légale par
exemple, pour séparer les corps cristalloïdes des colloïdes qui souvent gênent l'analyse chimique. Ainsi il a montré que, l'acide arsénieux dialyse facilement, quelle que soit la nature des liquides avec
lesquels il est mélangé ; il a donné les chiffres suivants qui sont
concluants à cet égard :

Nature du liquide.	Poids d'acide arsénieux dissous.	Poids d'acide arsénieux, dialysé.
Eau pure.	0,25	0,241
Eau albumineuse	0,25	0,214
Eau gommée.	0,50	0,450

L'opération avait duré 24 heures ; on voit que la dialyse avait
été peu entravée par l'addition d'albumine ou de gomme dans le
liquide.

Des résultats de même ordre furent obtenus pour l'émétique, pour la strychnine, pour la brucine, etc.

Dans un autre ordre d'idées, Grandeau a également employé la dialyse pour l'étude des terres noires de la Russie ; il traita ces substances par l'acide chlorhydrique et le carbonate d'ammonia- que, puis les plaça dans le dialyseur : les sels minéraux passèrent, mais la matière ulmique, matière colorante organique, resta dans l'appareil.

361. — Les mélanges de substances colloïdes et cristalloïdes sont séparés par l'osmose ; mais les phénomènes sont très complexes lorsque les sels mélangés dans la dissolution présentent une diffusi- bilité de même ordre de grandeur. Il suffit d'ajouter dans une dissolution une petite quantité d'un autre sel pour modifier considé- rablement les résultats. Ainsi une dissolution de sulfate neutre de potasse donne une élévation de 20^{mm} ; on ajoute du carbonate de potasse dans la proportion de 1 p. 1000 de la solution, l'éléva- tion devient 100. D'autre part une dissolution de carbonate de soude au millième qui s'élève à 179^{mm} ne s'élève qu'à 32 si le sel contient 1 p. 100 de sel marin.

362. **Osmose des gaz.** — Lorsque deux gaz différents sont séparés par une membrane, la diffusion se produit pour chacun d'eux, de telle sorte qu'il y a un double courant à travers la mem- brane et que, après un certain temps, les gaz sont mélangés de part et d'autre : c'est là un véritable phénomène d'*osmose*.

L'action semble être la même que pour les phénomènes de trans- piration, seulement moins rapide : la vitesse de transpiration différant avec la nature du gaz, les échanges se font en quantités inégales. C'est que les faits suivants, entre autres, mettent en évi- dence.

Dans une cloche placée sur le mercure, on met un cylindre fermé à sa partie supérieure par une membrane, de la baudru- che par exemple ; on remplit la cloche et l'éprouvette ainsi formée, savoir :

Dans une 1re expérience : la cloche, d'hydrogène ; l'éprouvette, d'air.
    — 2º — : — d'air ; — d'hydrogène.

Après plusieurs jours, la membrane prend une courbure très prononcée, la convexité étant toujours dirigée du coté de l'hydro- gène, c'est-à-dire en haut dans la première expérience, en bas dans la seconde. On reconnaît d'ailleurs qu'il y a un mélange des deux gaz dans chaque enceinte ; mais en somme il a passé plus d'hydro- gène que d'air.

Si le cylindre communique par sa partie inférieure avec un

tube vertical T dans lequel (*fig.* 189) est un index liquide, le déplacement de celui-ci met en évidence le passage du gaz.

Dans une autre expé-
rience, un ballon rempli d'hydrogène est placé dans une
atmosphère d'acide carbo-
nique ; après 4 heures le ballon a diminué de volume et
il contient un mélange d'hydrogène et d'acide carbonique au titre de 21 0/0 d'hydrogène seulement. Il a donc
pénétré de l'acide carbonique, mais il est sorti de l'hydrogène en plus grande quantité puisque le volume a
diminué.

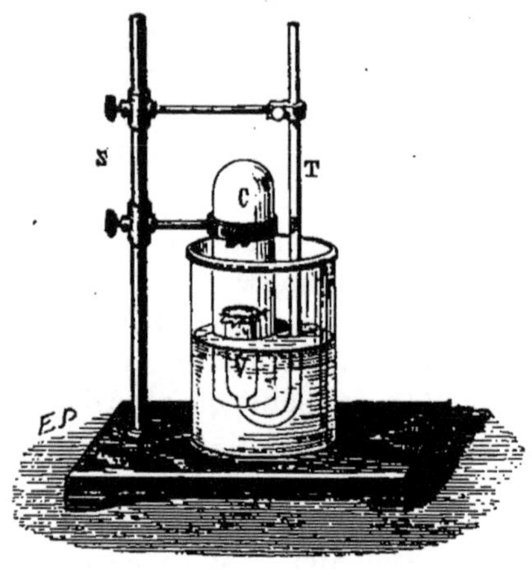

Fig. 189.

L'osmose des gaz se pro-
duit aussi à travers des solides : c'est ce qui résulte de l'expérience
suivante, due à M. Sainte-Claire Deville. Un tube en terre est placé
dans un tube de verre ; on fait arriver de l'hydrogène dans le premier et de l'acide carbonique dans le deuxième. Des tubes de
dégagement permettent de recueillir les gaz. En faisant passer des
courants de gaz assez lents, on recueille de l'hydrogène presque
pur pour le dégagement de l'espace annulaire, et de l'acide carbonique presque pur pour le dégagement du tube central.

Une vessie pleine d'oxygène et placée dans l'acide carbonique ne
change pas de volume : cependant le passage des deux gaz a lieu,
comme l'indique l'analyse, mais l'endosmose est égale à l'exosmose.

363. — Matteucci fit une expérience d'autant plus intéressante
qu'elle porte sur des tissus qui, dans l'organisme, sont le siège de
phénomènes du même ordre. Dans un poumon d'agneau préalablement vidé d'air autant qu'il était possible, il introduisit de l'oxygène ;
puis il plaça ce poumon, après avoir lié la trachée, dans une cloche
remplie d'acide carbonique. Le poumon se gonfla peu à peu, et
l'analyse faite ultérieurement montra qu'il y avait eu passage de
chacun des gaz, mais en quantités inégales. Le gaz intérieur contenait 2/3 d'oxygène et 1/3 d'acide carbonique ; le gaz extérieur
1/4 d'oxygène et 3/4 d'acide carbonique.

En faisant l'expérience en sens inverse, c'est-à-dire en remplissant le poumon d'acide carbonique, Matteucci reconnut que
l'action est la même, car le poumon s'affaisse quand il est plongé
dans l'oxygène.

364. — Dans le cas de cette expérience et de quelques autres analogues, si les membranes interposées sont humides, et si les gaz sont solubles, il y a bien passage des gaz, mais il n'y a plus osmose, à proprement parler.

C'est là le cas qui se présente dans l'expérience suivante, due à Marianini. On gonfle une bulle de savon avec de l'acide carbonique et on l'abandonne dans un air calme; on la voit peu à peu se dégonfler; si, au contraire, on gonfle d'air une bulle de savon placée dans une atmosphère d'acide carbonique, elle augmente peu à peu de volume et finit par crever. Voici ce qui se produit dans ce cas : la lame liquide qui constitue la bulle de savon dissout l'acide carbonique par la face qui est en contact avec ce gaz; mais comme sur l'autre face elle est en présence d'une atmosphère qui ne contient pas d'acide carbonique, elle abandonne peu à peu le gaz dissous; la dissolution s'appauvrit donc et devient dès lors susceptible de dissoudre une nouvelle quantité d'acide carbonique pour laquelle ont lieu les mêmes actions, ce qui explique le passage du gaz à travers la lamelle sans qu'il soit nécessaire d'invoquer une action spéciale.

Un effet du même genre se produit à travers une vessie mouillée et s'explique de la même façon. C'est également ce qui se présente dans le cas de l'expérience de Matteucci rappelée plus haut, et c'est ce qui explique pourquoi, lorsque l'on opère avec une simple vessie, on n'obtient pas les mêmes résultats.

365. — D'après ce que nous avons dit à plusieurs reprises, on comprend que si l'on a d'un côté de la membrane un mélange de gaz, l'osmose se produira pour chacun de ceux-ci comme s'il était seul; et comme, en général, leur diffusibilité sera différente, ils passeront en quantités inégales. Ainsi un ballon rempli d'hydrogène fut placé dans l'air; après trois heures, son volume avait diminué, parce qu'il avait perdu une notable quantité d'hydrogène; mais en même temps il était entré de l'azote et de l'oxygène à travers la paroi : le mélange gazeux intérieur ne contenait plus que 78,42 °/₀ d'hydrogène; quant au reste du mélange, il contenait de l'azote et de l'oxygène dans la proportion de 58 °/₀ du premier gaz et 42 du second (au lieu de 79 et 21 qui sont les proportions normales de l'air et qui existaient dans l'atmosphère extérieure). Le mélange s'est donc enrichi notablement en oxygène en passant à travers la membrane.

366. — L'osmose entre gaz, bien qu'étant un phénomène très intéressant, ne présente pas réellement des applications nombreuses : nous signalerons cependant que c'est à ce phénomène que se rapporte la difficulté qui se présente lorsque l'on veut gonfler un aérostat avec l'hydrogène : peu à peu l'hydrogène s'échappe à travers la membrane et est partiellement remplacé par de l'air ; aussi le ballon diminue de volume et augmente de poids, double condition par suite de laquelle la force ascensionnelle diminue.

Nous indiquerons sans insister l'application qui a été faite de ces idées à la construction d'appareils destinés à reconnaître l'existance de certains gaz (grisou, etc.) dans l'atmosphère (indicateur Ansell, etc.).

Des phénomènes de passage et d'osmose de gaz à chaud donnent l'explication de l'action toxique qui a été signalée, notamment par M. Carret, par suite de l'emploi des poêles en fonte dans des salles d'école ou autres. Ces appareils bourrés de charbon produisent, par suite d'une combustion incomplète, de l'oxyde de carbone qui, à chaud, peut passer à travers la paroi métallique et, se répandant dans l'atmosphère, être la cause d'accidents sérieux.

367. — Dans le cas où la membrane interposée est organisée, les résultats se compliquent, parce que, les deux faces de cette membrane n'étant pas identiques, les gaz ne se trouvent pas dans les mêmes conditions. Ainsi, d'après les expériences déjà anciennes de M. Mitchell (de Philadelphie), les passages des gaz à travers les membranes humides varient en intensité, non seulement avec le degré de solubilité des gaz, mais encore avec la direction du courant par rapport aux surfaces de la membrane. Ainsi, l'acide carbonique, séparé de l'air ordinaire par une cloison formée avec de la peau humaine, passe plus rapidement lorsqu'il est en contact avec la surface épidermique que lorsqu'il se trouve en relation avec le derme.

368. **Osmose de liquide et de gaz.** — Lorsqu'un gaz est séparé d'un liquide par une membrane, il se produit des échanges qui offrent en général un certain intérêt, mais qui jusqu'à présent n'ont pas été étudiés avec soin. Il peut se présenter d'ailleurs des cas assez variés : nous indiquerons seulement les principaux effets, ceux sur lesquels s'appuient les explications de divers faits observés en physiologie.

Considérons d'abord le cas d'un liquide, de l'eau, séparée d'un gaz par une membrane : la dissolution se fait malgré la présence de cette membrane. M. Joulin a opéré avec de l'eau récemment bouillie, et par conséquent privée de gaz, placée dans un sac de caoutchouc plongé dans une atmosphère d'acide carbonique : il a trouvé que les lois de la dissolution paraissent les mêmes que pour la dissolution directe ; comme il était naturel de le prévoir, l'action est seulement plus lente.

Des phénomènes de même nature se passent également quand

on a, non un gaz seulement, mais un mélange de gaz : on doit penser, d'après des expériences indirectes, que chaque gaz se dissout comme s'il était seul, mais il n'y a aucune mesure directe qui puisse permettre d'énoncer une loi précise.

369. — Il y a, dans ces cas, diffusion du gaz dans le liquide malgré la présence de la membrane ; mais inversement, il peut se produire une diffusion d'un liquide dans un gaz malgré la présence d'une membrane : un liquide peut s'évaporer dans l'atmosphère même à travers une membrane. On emploie, pour démontrer cela, un appareil analogue à l'osmomètre que l'on remplit d'eau et que l'on renverse sur une cuve à mercure : le liquide passe à travers la membrane et s'évapore en produisant par sa disparition une diminution de pression à l'intérieur, diminution qui se manifeste d'une part par la forme concave que prend la membrane, et d'autre part par l'élévation du mercure, élévation qui peut atteindre jusqu'à 80^{mm}.

Des phénomènes d'évaporation à travers les parois poreuses se produisent de même naturellement lorsqu'il s'agit d'un mélange de liquides. Généralement les liquides ne s'évaporent pas également vite et, comme conséquence, la composition du liquide intérieur change. On a surtout observé les mélanges d'eau et d'alcool ; Döbereiner avait trouvé que, dans ce cas, l'alcool passe en moindre proportion et que, par conséquent, le mélange s'enrichit en alcool ; M. Gal a reconnu que la question est complexe et que, comme on pouvait le prévoir d'ailleurs, les résultats de cette évaporation à travers une membrane dépendent de la température et de l'état hygrométrique du milieu où se diffusent les vapeurs.

370. — Les cas simples que nous venons d'examiner ne sont pas ceux qui se présentent le plus souvent : en général, on a, non un liquide pur, mais une dissolution d'un ou plusieurs gaz.

Dans ce cas, une partie du gaz qui est en dissolution dans le liquide pourra se dégager et une partie du gaz se dissoudra dans le liquide ; s'il s'agit d'un mélange gazeux, chaque gaz se dissoudra suivant une loi particulière. On peut penser que, à la rapidité près, les lois sont les mêmes que si la membrane n'existait pas.

Des expériences de M. Joulin tendent à montrer qu'il en est bien ainsi : il renferma 100^{cmc} d'air dans un sac de caoutchouc qui fut plongé dans de l'eau de Seltz ; dissolution d'acide carbonique. Après 24 heures, le sac contenait 487^{cmc} de gaz, dont 364 d'acide carbonique.

D'autre part, 100^{cmc} d'acide carbonique furent renfermés dans un sac qui fut placé dans une dissolution d'acide sulfhydrique : après 12 heures, l'acide carbonique avait disparu du sac et un peu d'acide sulfhydrique y avait pénétré.

A ces faits on peut rattacher quelques expériences de physiologie dont ils sont des applications importantes.

On sait, par exemple, qu'une grenouille, préalablement asphyxiée par l'acide carbonique, revient à la vie après 5 à 6 minutes par le dégagement du gaz irrespirable qui était dissous dans le sang.

371. — Les deux expériences suivantes se rapportent au même sujet. Un lapin est plongé dans un sac contenant de l'acide sulfhydrique, gaz toxique, de telle sorte que la tête soit absolument en dehors et que l'animal respire l'air atmosphérique pur. Cependant l'animal meurt empoisonné par l'acide sulfhydrique, le gaz s'étant dissous dans le sang à travers la peau.

L'expérience suivante est due à Priestley : une vessie contenant du sang veineux, c'est-à-dire du sang ayant dissous une notable proportion d'acide carbonique, est placée dans une atmosphère d'oxygène. Après un temps court, le sang est devenu du sang artériel, il est rutilant, il contient de l'oxygène en dissolution. En même temps, il a abandonné de l'acide carbonique que l'on retrouve dans l'atmosphère extérieure : il y a eu osmose entre l'acide carbonique dissous et l'oxygène libre.

Il est facile de comprendre l'intérêt qui s'attache à cette question, puisque cet échange est précisément celui qui se passe dans la respiration aérienne des animaux et qu'un échange analogue, mais inverse, a lieu chez les végétaux sous l'influence de la lumière. L'étude physiologique de ce sujet n'appartient pas à ce cours élémentaire : il nous suffisait d'avoir indiqué les principes ; nous croyons devoir faire remarquer cependant que la question n'est pas absolument aussi simple, parce que, en réalité, dans le sang, l'oxygène n'est pas seulement en dissolution, mais qu'il forme une combinaison chimique.

Il conviendrait donc d'étudier, mais la question serait complexe on le conçoit, les actions chimiques susceptibles de se produire malgré l'interposition de membranes.

372. — Enfin un dernier phénomène encore moins connu c'est celui de l'osmose gazeuse qui doit se produire entre deux dissolutions de gaz différents séparées par une membrane. Nous ne pouvons signaler ici aucune expérience relative à cette question ; nous pouvons cependant affirmer que cette action se produit, qu'elle existe, et que son importance est grande. N'est-ce pas, en effet, en vertu de cette osmose entre deux dissolutions gazeuses que se produit la respiration des animaux aquatiques ? d'une part l'acide carbonique dissous dans le sang veineux, d'autre part l'oxygène dissous dans l'eau. Le fait de l'échange gazeux est donc indéniable, encore que nous ne connaissions pas les conditions et les lois auxquelles il obéit.

373. — On conçoit, sans qu'il soit nécessaire d'insister, de quelle importance sont, au point de vue des sciences biologiques, les phénomènes divers que nous venons de passer en revue, phénomènes qui doivent se manifester d'une manière constante dans l'organisme vivant, puisque l'on y trouve partout des membranes séparant des gaz ou des liquides hétérogènes : c'est dire que l'osmose peut donner l'explication de nombreux faits observés, et que la connaissance au moins sommaire de ses lois est indispensable à l'étude de la physiologie chez l'homme sain comme chez l'homme malade.

Nous avons borné notre étude aux phénomènes relativement simples qui résultent de l'action moléculaire directe : il faut cependant savoir que d'autres faits ont été observés qui sont également intéressants, et au premier rang desquels nous placerons l'*électro-capillarité*. Il a été reconnu que des actions électriques relativement énergiques avaient lieu entre deux liquides salins séparés par une cloison poreuse et pouvaient donner naissance à des phénomènes chimiques qui ne se seraient pas produits ou qui se seraient manifestés faiblement sans la présence du corps poreux. Mais nous ne pouvons insister sur ce point qui exigerait la connaissance des lois relatives à l'électricité.

Nous renvoyons à l'étude de la chaleur l'indication de phénomènes décrits par M. Merget sous le nom de *thermo-diffusion*, et qui correspondent à des actions moléculaires se manifestant d'une manière spéciale sous l'influence de la chaleur.

LIVRE II

CHAPITRE PREMIER

GÉNÉRALITÉS SUR LES SONS ET LES BRUITS

375. — Des sensations auditives. Bruit. Son. — Les corps élastiques, sous l'influence de causes diverses, donnent naissance à certains phénomènes dont nous déterminerons la nature, et dont l'action sur notre oreille produit des sensations particuliè-res, les *sensations auditives*. L'étude des conditions dans lesquelles ces sensations se produisent et des modifications qu'elles peuvent subir constitue une branche de la physique que l'on désigne sous le nom d'*acoustique*.

Les sensations auditives portent le nom de *sons* ou *sons musicaux* lorsque leur continuité et leur régularité permettent d'établir entre elles une facile comparaison; elles reçoivent la qualification de *bruits* dans le cas contraire. Cette distinction est assez arbitraire, du reste, et laisse beaucoup à désirer. Telle sensation que nous classons parmi les bruits lorsqu'elle est isolée, acquiert les caractères d'un son musical lorsqu'elle se présente à la suite de sensations analogues. Lorsque l'on projette sur un corps dur un petit morceau de bois sec, le choc nous semble produire un bruit; mais, si l'on fait tomber successivement des morceaux de bois de même section, et présentant des longueurs qui soient dans le rapport des nombres 4, 5, 6 et 8 par exemple, on entendra une série de sons que l'oreille appréciera et pourra classer d'après les caractères qui seront étudiés plus tard; on obtient des effets analogues, en débouchant brusquement des tuyaux cylindriques fermés à une extrémité, et dont les longueurs sont dans les rapports précédemment indiqués. On rapporte que c'est l'observation des bruits produits par des marteaux de poids différents frappant une enclume qui conduisit Pythagore à étudier les lois qui régissent les sons.

375. Des qualités du son. Intensité, hauteur, timbre.
— Les sensations auditives que nous percevons ne sont pas toutes
identiques, mais présentent des différences que l'on a pu rapporter
à trois qualités ou propriétés, que nous distinguons dans un son
l'*intensité*, la *hauteur* et le *timbre*.

Si, pendant qu'un instrument de musique résonne, sans aucun
changement, nous nous plaçons à des distances variables, nous
éprouvons des sensations qui varient; le son produit, que nous
reconnaissons toujours cependant, nous paraît tantôt faible, tantôt
fort, et l'on dit alors que ce son présente des différences d'*intensité*.

La *hauteur* d'un son est la qualité en vertu de laquelle un son
nous paraît grave ou aigu.

Enfin deux sons de même hauteur et de même intensité peuvent
nous paraître différents, nous pouvons les distinguer l'un de l'autre,
comme il arrive lorsque deux instruments s'accordent ou lorsqu'une personne chante diverses voyelles sur la même note; c'est à
la troisième qualité, au *timbre*, que l'on rapporte cette distinction.

Un son quelconque, lorsqu'il peut être musicalement défini,
possède toujours ces trois qualités.

Il est facile de reconnaître que lorsque nous éprouvons une sensation auditive, lorsque nous entendons un son (indépendamment des
conditions pathologiques ou autres dans lesquelles il s'agit d'un phénomène purement subjectif), les conditions suivantes existent toujours :

Corps élastique en vibration auquel nous rapportons l'origine
de la sensation, c'est le corps sonore;

Succession non interrompue de milieux élastiques entre le corps
sonore et l'oreille.

Enfin on peut également reconnaître que des vibrations ont été
effectivement communiquées à l'oreille.

376. Production des sons. — On peut prouver par diverses
expériences que la cause de la production d'un son consiste dans
la vibration d'un corps élastique qui,
écarté de sa position d'équilibre par une
cause quelconque, oscille de part et d'autre de cette position, et oscillerait indéfiniment si son élasticité était parfaite,
et si le milieu gazeux dans lequel il se
meut ne lui opposait une résistance qui
n'est pas négligeable.

Ce mouvement oscillatoire est très
sensible lorsque l'on frappe une cloche
pour lui faire rendre un son; on peut le

Fig. 190.

mettre en évidence au moyen d'une cloche en verre (*fig.* 190) mon-

tée sur un pied métallique, qu'on ébranle à l'aide d'un archet enduit
de colophane, ou qui reçoit un choc léger : on perçoit aussitôt un
son ; si l'on approche des bords de cette cloche une petite bille
métallique suspendue par un fil, on la verra s'agiter sous l'influence
de chocs que l'on entendra à intervalles de temps réguliers. On peut
répéter l'expérience, en remplaçant la bille suspendue par une vis
tournant dans un écrou fixe, et l'on reconnaît que les mêmes chocs
se produisent, quoique la pointe de la vis soit, à l'état de repos,
à une distance appréciable de la cloche. Cette expérience ainsi modifiée permet d'avoir une idée approximative de l'amplitude du
mouvement oscillatoire produit.

Si l'on tend une corde métallique entre deux points fixes A et B
(*fig.* 191), et qu'après l'avoir soulevée par son milieu on l'abandonne,
on entendra un son faible, mais que l'on peut rendre [plus sensible
par divers moyens;
en même temps, si
cette corde se déta-
che sur un fond noir,
elle présentera un
aspect fusiforme, et

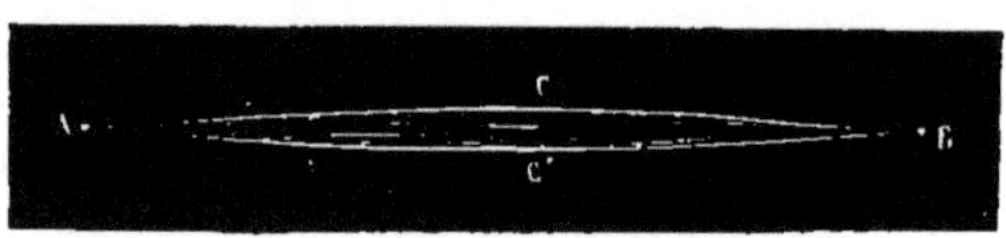

Fig. 191.

paraîtra notablement renflée à sa partie moyenne CC'. Cet aspect s'explique de la manière suivante : la corde à laquelle on a donné, en la soulevant, la position ACB, tend à redevenir rectiligne, et chacun de ses
points prend un mouvement accéléré qui lui fait dépasser la position
d'équilibre ; le mouvement se continue jusqu'à ce que chaque point
occupe, par rapport à cette position, une situation symétrique de
celle qu'il avait par le fait du déplacement initial, de sorte que la
corde prend la position AC'B, symétrique de ACB ; puis le même
mouvement recommence, mais en sens inverse, et la corde se
déplace constamment entre les positions extrêmes ACB et AC'B ;
par suite de la grande rapidité de ces oscillations, l'œil confond
dans une seule impression, comme simultanées, les positions extrêmes, et, à plus forte raison, les positions intermédiaires, d'où
résulte l'apparence fusiforme que nous avons signalée. En prenant
une corde très longue, les oscillations sont assez lentes pour que
l'œil ne fusionne plus les impressions successives en une seule, et
puisse les compter ; mais alors aucun son n'est perçu. Malgré ce
manque de sensation, on doit conclure que dans les deux cas le
mouvement de la corde est de même nature, et que lorsqu'il est
assez rapide il donne naissance à un son.

On produit encore un son ou un bruit, en présentant une lame
de ressort aux dents d'une roue d'engrenage tournant avec une
rapidité suffisante ; dans ce cas, un mouvement oscillatoire du res-

sort est produit évidemment par l'action des dents. On donne également naissance à un son, en dirigeant un jet continu de gaz sur un disque percé de trous régulièrement espacés, et animé d'un rapide mouvement de rotation; le courant de gaz rencontrant successivement une paroi pleine qui l'arrête et un orifice par lequel il peut s'échapper, acquiert un mouvement oscillatoire particulier.

Enfin, sans vouloir prolonger cette analyse, à laquelle viendront s'ajouter d'autres preuves, nous dirons que l'on a pu mettre en évidence l'existence d'un mouvement vibratoire d'un corps solide, liquide ou gazeux, chaque fois que l'on a reconnu la production d'un son.

377. Propagation du son. — L'expérience de tous les instants prouve que l'air transmet les sons et les bruits; on reconnaît facilement, comme nous allons le dire, qu'il en est de même des autres gaz et des vapeurs. Les liquides transmettent également les sons : les plongeurs savent que lorsqu'ils sont sous l'eau ils entendent les bruits produits dans l'air ; des expériences directes, faites sur le lac de Genève, dans un autre but (398), ont démontré que la transmission se fait à de grandes distances, et il semble même que cette transmission soit plus facile que par l'air; on raconte, en effet, que l'on entendit au bord de la mer, à Douvres, le bruit du canon de la bataille de Waterloo.

Enfin, le son peut être transmis par les solides ; il suffit de frapper légèrement l'extrémité d'une pièce de bois ou de fer de plusieurs mètres de longueur pour que ce faible bruit soit perçu par une oreille appliquée à l'autre extrémité; le sol même transmet les vibrations qui lui sont communiquées; on sait d'ailleurs que l'on entend un bruit produit dans une pièce voisine dont on est entièrement séparé par des murs ou d'autres parties solides.

L'existence d'un milieu matériel entre le corps sonore et l'oreille

est indispensable pour que le son puisse se transmettre, ainsi que le prouve l'expérience suivante. Une petite clochette est suspendue par un fil non élastique, en coton par exemple, dans l'intérieur d'un ballon en verre (*fig.* 192), qui, muni d'une douille à robinet, peut s'adapter à une machine pneumatique. En agitant le ballon, on remue la clochette, dont le son est très manifeste, même si l'on a fermé le robinet. Mais si l'on fait le vide à peu près complètement, on n'entend plus rien, quelque agitation que l'on communique à la sonnette, et bien que l'on puisse voir les chocs du battant ; le son se fait entendre de nouveau si on laisse rentrer de l'air, et, faible d'abord, il augmente

Fig. 192.

avec la quantité de gaz introduit. Le son devient aussi distinct lorsque l'on fait arriver une vapeur ou un gaz autre que l'air dans le ballon préalablement vidé, ce qui justifie ce que nous avons dit plus haut.

Il résulte de ces expériences que, si l'existence d'un corps animé d'un mouvement vibratoire est nécessaire pour la production d'un son, il est indispensable que, entre ce corps et l'oreille, des milieux pondérables se succèdent sans interruption.

378. Phonautographe. — On peut vérifier directement que l'ensemble des conditions précédemment indiquées a pour effet de transmettre à l'oreille des vibrations; pour le prouver, il suffit de placer au point même où était l'oreille une membrane tendue sur un cadre et contre laquelle vient s'appuyer un petit pendule, comme dans l'expérience indiquée ci-dessus. Les chocs que subit le pendule et qui l'écartent périodiquement de sa position d'équilibre montrent que la membrane est agitée de mouvements vibratoires que l'oreille devait subir également lorsqu'elle occupait cette place.

On renforce les effets produits en plaçant la membrane à l'extrémité d'un réservoir métallique de forme parabolique, qui, comme nous le dirons plus loin, concentre dans son plan focal les mouvements vibratoires qui existent dans l'air.

Enfin, au lieu de mettre en évidence le mouvement vibratoire à l'aide du pendule, il est préférable d'installer au centre de la membrane un petit fil métallique, une soie de sanglier qui participera au mouvement vibratoire et qui, venant frotter à la surface enfumée d'un cylindre enregistreur (29), y tracera une ligne sinueuse indiquant l'existence du mouvement vibratoire et permettant même d'étudier la nature de ce mouvement et les éléments qui le définissent.

Il convient d'enregistrer à côté de la trace laissée par l'index une autre ligne donnée par une pièce en contact avec une horloge et qui marque un signal à chaque seconde écoulée.

Dans la ligne sinueuse, le nombre des sinuosités indique le nombre des vibrations effectuées : si le mouvement est uniforme, le nombre correspondant à un intervalle de temps déterminé permettra de calculer la durée de chaque vibration après que l'on aura vérifié qu'elles sont égales, ce dont on s'assurera par ce que les sinuosités auront la même étendue comptée parallèlement au sens du mouvement.

Il est clair que l'étendue des sinuosités évaluée perpendiculairement à cette direction permet de mesurer *l'amplitude* des oscillations. c'est-à-dire le maximum d'écart. (On mesure en réalité l'amplitude de la déviation de l'extrémité de l'index, et non celle de la vibration des molécules d'air; mais on peut considérer qu'il y a proportionnalité, et cela est suffisant.)

-Enfin, on conçoit que la forme des sinuosités fournit des renseignements sur la loi du mouvement vibratoire, qui est alors complètement défini.

L'appareil que nous venons de décrire sommairement, et qui a reçu le nom de *phonautographe*, étant placé à côté d'un observateur. permet d'étudier les conditions objectives qui correspondent à des modifications dans le *son*, dans la sensation auditive.

. L'expérience montre que non seulement l'existence ou l'absence de cette sensation coïncide avec l'existence ou l'absence du mouvement vibratoire, mais que, de plus, toute modification apportée dans celui-ci correspond à un changement dans la sensation elle-même. La relation de cause à effet n'est donc pas douteuse.

Il importe de déterminer les relations qui existent entre les éléments du mouvement vibratoire et les qualités du son. Lorsque ces relations seront connues, on pourra étudier indifféremment la sensation même ou le mouvement vibratoire, suivant que l'expérience sera plus facile.

379. — On le voit, le *son* n'est pas, comme on l'a dit, un agent spécial, de nature inconnue : le son est une *sensation*, c'est-à-dire un phénomène subjectif. Dans les conditions normales, cette sensation est déterminée par un phénomène mécanique bien caractérisé, mouvement vibratoire dont l'existence n'est pas douteuse: — mais le *son* n'existe pas objectivement. Si tous les hommes étaient sourds, on pourrait étudier les lois auxquelles obéissent la production et la propagation du mouvement vibratoire, on ne pourrait s'occuper du *son*.

A cause de la relation directe de cause à effet, on parle souvent de production et de propagation du son ; ce sont là des expressions qu'il ne faut pas accepter littéralement, mais qui sont sans inconvénient lorsque l'on sait que ce sont des abréviations.

L'étude de la production des vibrations et de leur propagation dans les corps élastiques est une question de mécanique rationnelle que l'on peut traiter soit par l'expérience, soit par le calcul, en se basant sur les lois de l'élasticité. Mais comme, dans les expériences que nous aurons à indiquer à ce sujet, les effets peuvent être étudiés par l'oreille, il est nécessaire de nous occuper d'abord du son considéré en lui-même.

Enfin, et malgré ce qui serait plus logique en réalité, il est nécessaire, pour la facilité de l'exposition, d'étudier les conditions de propagation du mouvement vibratoire avant celles de la production.

380. **Hauteur du son**. — Nous avons défini la hauteur d'un son, la qualité qui nous le fait paraître grave ou aigu; nous allons prouver qu'elle dépend essentiellement du nombre de vibrations effectuées dans un temps donné. L'unité de temps choisie est habituellement la seconde. Pour rendre tous les résultats comparables, il faut bien définir ce que l'on entend par vibrations, et établir une distinction importante. On appelle *vibration simple* le mouvement d'un corps élastique pendant tout le temps qu'il conserve le même sens, et *vibration double* le mouvement qu'il effectue dans un sens, puis en sens contraire, pour revenir à sa première position. Lorsque nous ne spécifierons pas le genre de vibrations, il sera question des vibrations simples, ainsi qu'il est d'usage en France.

Indépendamment des observations faites avec le phonautographe, on peut arriver à des résultats identiques, en opérant avec des corps vibrant plus ou moins rapidement et placés à la même distance de l'oreille et dans le même milieu : le nombre des vibrations reçues par l'oreille dépend, dans ces conditions, seulement du nombre de vibrations du corps sonore. Si l'on approche une carte ou un ressort d'une roué dentée, il se produira un son, qui sera d'autant plus aigu que la roue tournera plus vite, c'est-à-dire qu'il y aura un plus grand nombre de vibrations communiquées à l'air par la carte ou le ressort.

On peut donner naissance à un son en pinçant dans un étau une lame d'acier dont on ébranle l'extrémité libre; on reconnaît que, la largeur et l'épaisseur restant les mêmes, le son est d'autant plus aigu que la longueur de la partie vibrante est plus courte. Si, d'autre part, on opère sur des lames analogues, et présentant une grande longueur, pour des dimensions convenables on pourra compter le nombre de vibrations, mais aucun son ne sera perçu; pour ces lames vibrant silencieusement, on reconnaît que le nombre de vibrations augmente lorsque la longueur diminue. En étendant aux lames sonores ce résultat qui ne dépend pas de la longueur absolue, on arrive bien à conclure que le son est d'autant plus aigu que les vibrations sont plus rapides.

Ce résultat est encore confirmé par les déterminations précises dont nous allons nous occuper.

381. — Le phonautographe permet, comme nous l'avons dit, par un enregistrement direct, de déterminer le nombre de vibrations effectuées dans un temps donné, en une seconde, par exemple. L'expérience montre que, s'il s'agit d'un son qu'il soit possible de définir musicalement, les vibrations présentent une grande régularité et correspondent toutes à la même durée; le nombre de vibra-

tions effectuées en une seconde caractérise donc, en tant que hauteur, un son musical déterminé.

Il résulte de là que deux mouvements vibratoires dont les nombres de vibrations diffèrent correspondent à des sons différents d'une manière absolue. Mais la différence des sensations peut n'être pas perçue par l'auditeur; la *sensibilité* de l'oreille a des limites à ce point de vue, limites qui sont très variables suivant les personnes. On peut admettre cependant qu'une personne peut, en moyenne, en écoutant avec attention, distinguer une différence entre deux sons dont les nombres de vibrations diffèrent de 1 millième de leur valeur absolue, soit 1 vibration sur 1000 par seconde, 2 sur 2000, 10 sur 10000, etc.

Il y a d'ailleurs à cet égard de grandes différences individuelles.

382. Limite des sons perceptibles. — Notre oreille n'est pas apte à recueillir ni à percevoir tous les mouvements vibratoires, et nous cessons de distinguer les sons aussi bien lorsque les vibrations sont trop lentes que lorsqu'elles sont trop rapides.

On n'a pu fixer, du reste, aucune limite parfaitement précise, et tout porte à croire qu'il existe de notables différences d'une personne à une autre. On admet cependant en général, d'après des expériences de Savart, que nous ne pouvons percevoir un son correspondant à moins de 32 vibrations par seconde; M. Helmholtz indique 60 vibrations comme minimum nécessaire.

MM. Despretz et Marloye, d'autre part, par l'étude de diapasons de très petites dimensions, sont parvenus à distinguer des sons correspondant à 73,000 vibrations par seconde; mais les sons obtenus étaient très faibles et peu distincts; c'est là une limite tout à fait extrême.

Les sons que nous percevons dans les conditions ordinaires sont compris à peu près tous entre les nombres de vibrations 80 et 10,000.

383. — Il importe de remarquer que ce qui détermine la hauteur du son c'est le nombre des vibrations qui parviennent à l'oreille en une seconde ; ce nombre est évidemment le même que celui des vibrations effectuées par le corps sonore, si celui-ci est à une distance invariable de l'observateur. Il n'en est plus ainsi s'il y a déplacement relatif : l'observateur reçoit plus de vibrations par seconde que le corps sonore n'en effectue s'il y a rapprochement ; il en reçoit moins s'il y a éloignement. Il en résulte que le son produit par un corps sonore paraîtra plus aigu à l'observateur si le corps sonore se rapproche que s'il est immobile; il paraîtra plus grave dans le cas contraire. Ces résultats ont été vérifiés expérimentalement en observant des sons produits sur une locomotive marchant à grande vitesse.

384. Des intervalles. — Nous pouvons donner actuellement quelques indications sur les sons spécialement usités en musique; car, comme l'échelle des sons est absolument continue, on a fait choix d'un certain nombre d'entre eux qui ont reçu le nom de *notes*.

Deux sons qui correspondent au même nombre de vibrations, quoique présentant souvent un caractère différent, nous donnent la même sensation de hauteur, et nous apprécions très nettement cette identité : on dit qu'ils sont à l'*unisson*.

L'audition successive ou simultanée de deux notes qui ne sont pas à l'unisson produit une sensation spéciale que l'on désigne sous le nom d'*intervalle*. Cette notion d'intervalle est essentiellement relative, indépendante de la hauteur absolue : si l'on a un intervalle déterminé entre deux notes A et B, on peut à partir d'une note quelconque C obtenir un intervalle équivalent, au point de vue de la sensation musicale, à l'aide d'une 4ᵉ note D. C'est là ce qui permet de transposer une mélodie ou un accord, c'est-à-dire de faire entendre à partir d'une note quelconque une mélodie ou un accord que nous reconnaissons pour avoir les mêmes caractères musicaux.

Si l'on a déterminé les nombres des vibrations a, b, c, et d correspondant aux quatre sons ainsi définis, l'expérience montre que l'on a :

$$\frac{a}{b} = \frac{c}{d}$$

C'est-à-dire que l'intervalle est caractérisé par le rapport des nombres de vibrations des deux notes qui le constituent, et non par la valeur absolue de ces nombres de vibrations. Ce sont des rapports que nous déterminerons pour définir les intervalles.

385. — Parmi tous les sons que l'on peut produire à partir d'une note donnée, il en est un qui donne une sensation de ressemblance presque parfaite avec le premier, quoique, avec un peu d'habitude, on reconnaisse une différence de hauteur incontestable; cette différence est masquée par une variation dans le timbre, mais cependant elle est toujours distincte : deux sons qui donnent une semblable sensation sont dits à l'*octave* l'un de l'autre; on conçoit dès lors que l'on n'a plus à étudier tous les sons possibles, mais seulement ceux qui sont compris entre deux sons à l'octave, ou, suivant l'expression usuelle, dans l'intervalle d'une octave.

L'étude des nombres de vibrations de deux notes à l'octave apprend qu'ils sont dans le rapport de 1 à 2. Si donc n désigne le nombre de vibrations d'un certain son, $2n$, $4n$, $8n$, etc., représenteront les nombres de vibrations de ses octaves successives.

386. De la Gamme. — Les intervalles d'octave sont faciles à subdiviser; on y a intercalé un certain nombre de sons, de notes dont l'ensemble contitue la *gamme*. On n'est pas d'accord actuellement sur les causes du choix des intervalles qui sont adoptés dans la gamme acceptée par les peuples occidentaux.

Si nous désignons par *ut* la première note de cette gamme, sa *tonique*, dont n soit le nombre de vibrations par seconde, les noms et les nombres de vibrations des autres notes de la gamme sont les suivants : .

ut	*ré*	*mi*	*fa*	*sol*	*la*	*si*	*ut.*
$n,$	$\frac{9}{8}n,$	$\frac{5}{4}n,$	$\frac{4}{3}n,$	$\frac{3}{2}n,$	$\frac{5}{3}n,$	$\frac{15}{8}n,$	$2n.$

ou n, $1{,}125n$, $1{,}250n$, $1{,}333n$, $1{,}500n$, $1{,}667n$, $1{,}875n$, $\qquad 2n.$

Au delà les notes reparaissent avec les mêmes noms et faisant avec le 2ᵉ ut $(2\,n)$ les mêmes intervalles; pour différencier les notes comprises dans les gammes successives, on les affecte d'indices différents (en musique, cette différenciation se fait par la position des notes sur les portées).

Dans une gamme, au lieu de comparer tous les nombres de vibrations à celui de la tonique, on peut comparer chacun d'eux au précédent, et l'on forme le tableau suivant :

$ut_1,$	$ré_1,$	$mi_1,$	$fa_1,$	$sol_1,$	$la_1,$	$si_1,$	$ut_2.$
$\frac{9}{8},$	$\frac{10}{9},$	$\frac{16}{15},$	$\frac{9}{8},$	$\frac{10}{9},$	$\frac{9}{8},$	$\frac{16}{15}.$	

387. — On distingue dans ce tableau trois rapports différents : le plus grand, $\frac{9}{8}$, s'appelle *ton majeur;* le suivant, $\frac{10}{9}$, est le *ton mineur;* et le plus petit, $\frac{16}{15}$, a reçu le nom de *demi-ton.*

Le ton majeur et le ton mineur diffèrent très peu ; leur différence [1]

---

1. Soit un intervalle des notes A à B caractérisé par le rapport p et un intervalle A à C caractérisé par le rapport q ; il est facile de déterminer l'intervalle r de C à B. En effet, si a, b et c représentent les nombres de vibrations de ces trois sons, on a:

$$p = \frac{b}{a}, \qquad q = \frac{c}{a}$$

et l'on aurait aussi :

$$r = \frac{b}{c} .$$

Cette dernière valeur peut s'écrire :

$$r = \frac{b}{a} \cdot \frac{a}{c} = \frac{b}{a} : \frac{c}{a}$$

est donnée par le rapport $\dfrac{9}{8} : \dfrac{10}{9} = \dfrac{81}{80}$, c'est-à-dire que, si n est le nombre de vibrations d'une note, $\dfrac{9}{8}\, n = \dfrac{81}{72}\, n$ est le nombre de vibrations de celle qui a avec la première un intervalle d'un ton majeur; et $\dfrac{10}{9}\, n = \dfrac{80}{72}\, n$ est le nombre de vibrations de celle dont l'intervalle avec la première est d'un ton mineur. Le rapport $\dfrac{81}{80} = 1{,}0125$ peut être, au point de vue pratique de la musique, remplacé par l'unité; on admet qu'on peut négliger cette différence de $\dfrac{1}{80} = 0{,}0125$ qui porte le nom de *comma*, et l'on appelle indifféremment *ton* l'intervalle $\dfrac{9}{8}$ ou l'intervalle $\dfrac{10}{9}$.

Le demi-ton serait en réalité tel, que deux intervalles d'un demi-ton devraient donner le ton; il n'en est pas ainsi, car $\dfrac{16}{15} \times \dfrac{16}{15} = \dfrac{256}{225}$, qui comparé au ton majeur $\dfrac{9}{8}$, donne le rapport $\dfrac{256}{225} : \dfrac{9}{8} = \dfrac{2048}{2025} = 1{,}0113$. L'intervalle formé par deux demi-tons consécutifs est donc plus grand que le ton majeur, mais la différence $0{,}0113$, plus petite que le comma, est négligeable; l'intervalle $\dfrac{256}{225}$, comparé au ton mineur, fournit le rapport $\dfrac{256}{225} : \dfrac{10}{9} = \dfrac{256}{250} = 1{,}024$. La différence $0{,}024$ est plus grande que le comma, cependant on peut la négliger au point de vue musical.

c'est-à-dire :

$$r = p : q$$

Si au contraire on avait : p intervalle de A à B, q intervalle de B à C, et si l'on voulait calculer l'intervalle r de A à C, on aurait, les données restant les mêmes :

$$p = \frac{b}{a}, \qquad q = \frac{c}{b} \qquad \text{et} \qquad r = \frac{c}{a}$$

mais cette dernière valeur peut s'écrire :

$$r = \frac{c}{b} \cdot \frac{b}{a},$$

c'est-à-dire enfin :

$$r = p \cdot q.$$

Eu égard à ces approximations, ont peut considérer la gamme que nous avons écrite plus haut comme composée de 5 tons et 2 demi-tons, disposés de la manière suivante :

$$1, \quad 1, \quad \frac{1}{2}, \quad 1, \quad 1, \quad 1, \quad \frac{1}{2}.$$

388. Hauteur absolue des sons. — Ainsi que nous l'avons dit, les gammes naturelles ont pour tonique *ut*, et se répètent dans toute l'étendue des sons perceptibles. Pour les distingüer, on affecte le nom de chaque note d'un indice qui est le numéro d'ordre de la gamme à laquelle elle appartient. L'*ut* donné par la 4e corde à vide du violoncelle porte l'indice 1, et ses octaves supérieures successives sont ut_2, ut_3, et ainsi de suite, tandis que son octave inférieure porte l'indice 0, les octaves suivantes ayant des indices négatifs ut_{-1}, ut_{-2}; toutes les notes de chaque gamme sont affectées du même indice que l'*ut* qui les commence [1].

Disons encore que le *la* à vide du violon, qui correspond au *la* de l'octave du milieu du piano, au *la* de la portée de la clef de sol, est le la_3.

Enfin, pour fixer les idées sur la hauteur des notes musicales, nous dirons que le la_3 donné par le diapason, et sur lequel on prend l'accord dans les orchestres, après avoir subi diverses variations, a été officiellement fixé en France à 870 vibrations simples par seconde, d'après les travaux de M. Lissajous. D'après ce chiffre, nous donnons les nombres de vibrations qui correspondent aux diverses octaves de l'*ut*.

ut_{-1}	ut_0	ut_1	ut_2	ut_3
32,33 ;	64,66 ;	129,32 ;	258,65 ;	517,3 ;

la_3	ut_4	ut_5	ut_6	ut_7
870 ;	1034,6 ;	2069,2 ;	4138,4 ;	8276,8.

389. Des accidents. Dièzes. bémols. — La distribution irrégulière et dissymétrique des tons et des demi-tons dans la gamme rend impossible la reproduction d'une gamme présentant les mêmes rapports en partant d'une note quelconque.

Si nous partions de *sol*, en effet, nous trouverions les intervalles suivants :

sol_1	la_1	si_1	ut_2	$ré_2$	mi_2	fa_2	sol_2
1	1	$\frac{1}{2}$	1	1	$\frac{1}{2}$	1	

---

1. Nous adoptons ici la manière de numéroter usitée en Allemagne et non celle employée en France, qui en diffère par l'absence de la gamme d'indice 0, ce qui nous paraît peu rationnel.

L'intervalle entre la 6e et la 7e note, mi_2 et fa_2, n'est que de $\frac{1}{2}$ ton, au lieu d'être 1 ton entier, tandis que de la 7e à l'octave, fa_2 à sol_2, on trouve un ton au lieu de $\frac{1}{2}$ ton. On peut facilement reconstituer, à partir de sol_1, une gamme identique à celle ayant ut pour tonique, en remplaçant fa_2 par une note plus élevée de $\frac{1}{2}$ ton, qui porte le nom de fa dièze, $fa\sharp$; l'intervalle entre la 6e et la 7e note deviendra 1 ton comme il convient, et cette nouvelle note ne sera plus distante de sol_2, octave de la tonique, que de $\frac{1}{2}$ ton; ce qui doit être.

D'autre part, si nous cherchions à faire une gamme en partant de fa, par exemple, nous aurions

$$fa_1 \quad sol_1 \quad la_1 \quad si_1 \quad ut_2 \quad ré_2 \quad mi_2 \quad fa_2,$$
$$1 \qquad 1 \qquad 1 \qquad \frac{1}{2} \qquad 1 \qquad 1 \qquad \frac{1}{2}$$

série qui différerait de la gamme d'ut en ce que la note si_1 est trop élevée d'un $\frac{1}{2}$ ton; on la remplace par une note, si bémol, $si\flat$, plus basse à peu près de ce $\frac{1}{2}$ ton, ce qui ramène la série de ces notes à présenter la distribution typique des tons et des demi-tons de la gamme[1].

390. — En prenant successivement pour tonique les différentes notes, on arrive à diézer et à bémoliser toutes les notes l'une après l'autre, et l'on obtient ainsi dans l'étendue d'une octave 21 sons différents, 3 pour chaque note (note naturelle, note diézée, note bémolisée). Mais on simplifie cet ensemble, en identifiant le dièze d'une note avec le bémol de la note supérieure, par exemple, $ut\sharp$ et $ré\flat$. L'erreur est négligeable, bien qu'elle soit appréciable pour une oreille exercée[2].

---

[1]. On définit le $fa\sharp$ en disant que son nombre de vibrations est égal à celui de fa multiplié par $\frac{25}{24}$. L'intervalle $\frac{16}{15}$ est remplacé par $\frac{16}{15} \times \frac{25}{24} = \frac{9}{8}$, qui est bien, en effet, un ton, et l'intervalle $fa_2 - sol_2$, qui est $\frac{9}{8}$, est remplacé par $\frac{9}{8} : \frac{25}{24} = \frac{27}{25}$, valeur qui, comparée à $\frac{16}{15}$, donne le rapport $\frac{27}{25} : \frac{16}{15} = \frac{81}{80} = 1,0125$. Le rapport $\frac{27}{25}$ ne diffère donc de $\frac{16}{15}$ qui caractérise le demi-ton que de 0,0125, soit un *comma*, de telle sorte que ces intervalles peuvent être substitués l'un à l'autre.

La note $si\flat$ est définie par ce que son nombre de vibrations s'obtient en multipliant par $\frac{24}{25}$ le nombre de vibrations du si. Les erreurs sont de même ordre que celles que nous avons indiquées pour les dièzes.

[2]. On a, en effet, si ut correspond à n vibrations, pour $ut\sharp$, $n \times \frac{25}{24}$, et pour $ré\flat$, $\frac{9}{8} n \times \frac{24}{25} = \frac{27}{25} n$, dont le rapport $\frac{27}{25} : \frac{25}{24} = \frac{648}{625} = 1,0368$ diffère de l'unité de près de 3 commas.

Moyennant ces approximations on arrive à définir l'octave comme constituée de 12 demi-tons.

$$ut,\ \genfrac{}{}{0pt}{}{ut\sharp}{r\acute{e}\flat},\ r\acute{e},\ \genfrac{}{}{0pt}{}{r\acute{e}\sharp}{mi\flat},\ mi,\ fa,\ \genfrac{}{}{0pt}{}{fa\sharp}{sol\flat},\ sol,\ \genfrac{}{}{0pt}{}{sol\sharp}{la\flat},\ la,\ \genfrac{}{}{0pt}{}{la\sharp}{si\flat},\ si,\ ut.$$

On voit que ce n'est que par une série d'approximations que l'on est conduit à considérer l'octave comme composée de 12 demi-tons, et à attribuer à tous ces demi-tons la même valeur; les gammes qui sont construites d'après ce système, et que nous donnent les instruments à sons fixes, tels que l'orgue, le piano, sont dites *gammes tempérées*. Elles diffèrent assez notablement de la gamme que nous avons indiquée auparavant, mais cependant la différence n'est pas telle que des instruments accordés suivant l'une et l'autre ne puissent jouer en même temps [1].

391. Harmoniques, sons partiels. — Indépendamment de la série arbitraire des sons qui, à partir d'un son donné, constituent la gamme, il est utile et intéressant de considérer une série naturelle qui est fournie d'ailleurs directement par des corps sonores dans diverses circonstances. Soit n le nombre de vibrations d'un son donné; les sons dont nous voulons parler s'appellent les *harmoniques* de ce son (on dit quelquefois aussi *les sons partiels*). Ils sont caractérisés par ce que leurs nombres de vibrations sont les multiples successifs du nombre n de vibrations du son fondamental considéré. Il est facile de déterminer la hauteur de ces divers harmoniques: nous admettrons que le son fondamental est ut; les valeurs données plus haut (386) pour caractériser les notes de la gamme nous permettent de trouver les valeurs ci-dessous :

$$n,\ 2n,\ 3n,\ 4n,\ 5n,\ 6n,\ 7n,\ 8n,\ 9n,\ 10n,\ 11n,\ 12n,\ 13n,\ 14n,\ 15n,\ 16n.$$
$$ut_1,\ ut_2,\ sol_2,\ ut_3,\ mi_3,\ sol_3,\ \text{»}\ ut_4,\ r\acute{e}_4,\ mi_4,\ \text{»}\ sol_4,\ \text{»}\ \text{»}\ si_4,\ ut_5.$$

On voit que, comme il était aisé de le prévoir, les intervalles de deux harmoniques successifs diminuent à mesure que l'ordre de ces harmoniques est plus élevé.

Les six premières notes (la note fondamentale et les 5 premiers

1. D'après la règle indiquée dans une note précédente pour ajouter des intervalles (p. 297), on voit aisément que la valeur du demi-ton tempéré est $\sqrt[12]{2} = 1{,}059$ et que les notes de la gamme tempérée ont respectivement les valeurs suivantes :

ut	$r\acute{e}$	mi	fa	sol	la	si	ut
1	1,122	1,260	1,335	1,498	1,682	1,888	2.

On voit, par comparaison, que dans cette gamme aucun intervalle n'est rigoureusement juste, si ce n'est l'octave.

harmoniques) appartiennent à l'accord parfait qui est caractérisé par les notes *ut, mi, sol* ou leurs octaves.

Il y a parmi ces harmoniques des notes telles que $9\,n$ et $15\,n$ qui appartiennent à la gamme, sans appartenir à l'accord parfait.

Il y a des sons, $7\,n$, $11\,n$... qui n'appartiennent pas à la gamme, tandis qu'il y a des notes *fa* et *la* qui ne sauraient se rencontrer dans la série des harmoniques même prolongée aussi loin qu'on le voudrait (à cause du dénominateur 3 qui entre dans le rapport qui caractérise ces notes).

Ces deux dernières remarques présentent un certain intérêt, en ce qu'elles montrent que l'on ne saurait faire dériver directement la gamme de la série des harmoniques.

392.- Intensité. — L'étude directe des tracés obtenus dans le phonautographe pour des sons qui, parvenant à l'oreille dans un même milieu, ont la même hauteur, mais des intensités différentes, montre que cette intensité varie avec l'amplitude de la vibration, ce qui revient à dire que pour une hauteur donnée l'intensité varie avec la vitesse moyenne de la molécule vibrante. Aucune recherche précise n'a été faite pour déterminer une relation exacte. Il importe d'ailleurs de dire que l'oreille apprécie assez mal les variations d'intensité et que jusqu'à présent on n'a pu construire d'appareil de mesure relatif à cette donnée.

On conçoit que si l'on se place à une distance invariable d'un corps vibrant, l'amplitude des vibrations communiquées à l'oreille dépendra de l'amplitude des oscillations de ce corps vibrant. L'expérience montre bien que, dans ces conditions, l'intensité du son perçu varie en même temps que cette amplitude même.

D'autre part, des expériences diverses ont montré que l'intensité est d'autant plus faible que la densité du milieu dans lequel le son se produit est moins considérable : dans l'expérience de la clochette dans le vide (377), le son est d'autant plus intense qu'on a laissé rentrer une plus grande quantité d'air ; il est plus faible si le ballon est rempli d'hydrogène, plus fort si l'on a comprimé de l'air ; ces résultats sont conformes à ceux indiqués par Saussure pour l'intensité des sons produits sur les hautes montagnes, par Rœbuch, qui observait dans des galeries où l'air était comprimé, etc.

L'intensité d'un son variant avec la vitesse moyenne des molécules du gaz qui est en contact avec l'organe de l'ouïe et, en même temps, avec la masse de ce gaz, et quoique la démonstration ne soit pas complète, on est porté à conclure que l'intensité d'un son est probablement mesurée par la puissance vive transmise à l'oreille par les ondes aériennes émanées du corps sonore et qui la rencontrent.

Ce résultat peut paraître d'autant plus probable que c'est précisément la force vive, mesure de l'énergie (55), qui intervient pour définir l'intensité de plusieurs phénomènes, comme nous le dirons.

393. Causes des différences de timbre. — Deux sons de même hauteur, donnés par deux instruments différents, ne sont pas en général identiques, et l'oreille saisit, outre une différence d'intensité, un caractère particulier qui constitue le *timbre*, comme nous l'avons dit.

Le son étant produit par des mouvements vibratoires dont la rapidité correspond à la hauteur et l'amplitude à l'intensité, il ne reste plus, pour produire les variations de timbre, que la nature du mouvement, nature qui n'est pas caractérisée par l'amplitude et la durée, car il existe une infinité de manières de faire parcourir à un point un espace donné dans un temps donné.

Il résulte, en effet, des travaux analytiques et synthétiques de M. Helmholtz que c'est à des différences dans la nature des mouvements, provenant de la superposition d'harmoniques au son principal, que l'on doit attribuer les différences de timbre.

Lorsque l'on écoute attentivement un accord produit dans un morceau de musique, il est possible de distinguer l'existence des diverses notes qui constituent l'accord et même de reconnaître ces notes : c'est un fait que peuvent vérifier les personnes qui s'occupent de musique d'une manière un peu spéciale.

Si maintenant on écoute avec attention une note produite d'une façon quelconque, il peut arriver que l'on ne puisse distinguer absolument qu'un son ; mais souvent on reconnaît l'existence de plusieurs sons simultanés ajoutés au son qui caractérise la hauteur de la note entendue et dont l'intensité est beaucoup moindre. Le fait a été signalé par Rameau et est facilement observable.

Les sons qui donnent la sensation d'une note unique sont dits des sons simples : les sons des diapasons, de la flûte sont *simples*, du moins d'une manière presque absolue. Les sons dans lesquels il est possible de distinguer des notes accessoires sont dits des *sons composés*.

Le timbre se trouve lié à cette différence ; il varie suivant que le son est simple ou composé et, dans ce cas, il change lorsque change le nombre des sons additionnels ou lorsque change leur intensité relative.

Il est possible qu'il intervienne d'autres éléments, mais les données précédentes ont une importance incontestable.

394. — Les notes additionnelles ne doivent pas être quelconques, sans quoi elles ne concourraient pas à donner une sensation générale unique, elles ne se fondraient pas toutes dans la sensation de hauteur de la plus grave d'entre elles, elles donneraient seulement l'impression d'un accord et non d'une note déterminée. Pour que cette fusion se produise, il faut que les notes additionnelles soient des harmoniques de la note la plus grave.

Nous ne pouvons maintenant indiquer les preuves expérimentales, autres que la perception directe par l'oreille, de l'importance de ces sons additionnels dans la constitution des timbres ; nous y reviendrons ultérieurement. Nous nous bornerons à faire remarquer que cette hypothèse çorrespond sous une autre forme à l'idée que le timbre est lié à la loi de la vibration. Un point ne saurait, en réalité, être animé de plusieurs mouvements vibratoires différents dont chacun correspondrait à une note différente ; si les causes de ces mouvements divers existent effectivement, le point prend un mouvement résultant unique, d'une manière analogue à ce que nous avons dit pour les ondes liquides. La loi de ce mouvement résultant, la forme de la vibration doivent varier avec la nature et le nombre des mouvements composants ; il y aurait donc effectivement une relation entre le timbre et la forme de la vibration.

Nous traiterons plus tard cette question, et notamment il sera nécessaire d'expliquer comment l'existence d'un mouvement vibratoire unique peut faire entendre simultanément des sons différents.

<hr>

CHAPITRE II

PROPAGATION DU SON

395. Propagation du son. — Comme nous l'avons déjà dit, l'expression de *propagation du son* doit être considérée comme une abréviation, car le son, qui est une sensàtion, ne se propage pas.

Nous allons indiquer comment on peut concevoir le mode de propagation du mouvement vibratoire qui produit le son, en considérant seulement le cas où le milieu dans lequel s'effectue cette transmission est homogène. Cette explication se trouvera facilitée par ce que nous avons déjà dit sur les ondes liquides.

Supposons qu'en un point d'une masse gazeuse indéfinie, l'atmosphère par exemple, on produise un ébranlement qui projette à quelque distance les molécules environnantes ; celles-ci se déplaceront jusqu'à venir choquer les molécules suivantes qu'elles mettront en mouvement à leur tour, en même temps que, revenues à leur position d'équilibre. elles resteront en repos. Le mouvement se communiquera de la même façon, de proche en proche, et l'on comprend que toutes les molécules qui sont en mouvement à un même instant sont, pour cause de symétrie, à la même distance du centre d'ébranlement; c'est-à-dire qu'elles se trouvent, par suite, sur une même surface sphérique ayant ce point pour centre de figure. L'ensemble de toutes les molécules qui, à un même instant, se trouvent ébranlées, porte le nom d'*onde* ou de *surface d'onde*. Dans le cas qui nous occupe, cette surface est une sphère dont le rayon croît avec le temps.

Si nous considérons, non plus un ébranlement isolé, mais une série d'ébranlements se succédant périodiquement, chacun d'eux se propagera comme il vient d'être dit, et donnera naissance à une onde, toutes les ondes se suivant avec la même périodicité.

Ce mode de propagation se comprend facilement en se reportant à ce que nous avons dit sur les ondes liquides, quoique celles-ci soient seulement circulaires et non sphériques comme les ondes sonores. Une différence capitale, mais qui n'exclut pas la justesse de la comparaison, consiste en ce que le passage de l'onde aérienne n'a pas pour effet de modifier le niveau des molécules, mais de produire des variations dans la pression, qui est tantôt supérieure, tantôt inférieure à la pression d'équilibre; la diminution de pression est produite par le passage d'une *onde dilatante*, l'augmentation par une *onde condensante*.

396. — Le mouvement vibratoire produit en un point ne se propage pas instantanément, il faut un certain temps pour qu'il parcourre un espace déterminé; comme nous le dirons, cette propagation se fait uniformément, la vitesse de propagation est constante.

Pendant que le corps vibrant exécute une oscillation complète, le mouvement vibratoire s'est propagé jusqu'à une certaine distance : cette distance est ce que l'on nomme la *longueur d'onde*. Pendant que le corps vibrant effectue une 2e oscillation, le mouvement vibratoire s'est avancé d'une quantité égale, en même temps que le mouvement qui correspond au début de la 2e oscillation a parcouru un espace égal à la longueur d'onde. Il résulte de ce raisonnement, que l'on peut poursuivre, que deux points qui sont dans la même période de leur vibration sont distants d'une ou de plusieurs longueurs d'onde.

Par contre, une onde condensante et l'onde dilatante voisine sont distantes d'une demi-longueur d'onde si le mouvement vibratoire est régulier; et, d'une manière générale, une onde condensante et une onde dilatante quelconques sont distantes d'un nombre impair de demi-longueurs d'onde.

Supposons que ω soit la vitesse de propagation du mouvement vibratoire, que le corps vibrant exécute n oscillations isochrones en 1 seconde, que λ soit la longueur d'onde et θ la durée d'une oscillation, on aura évidemment $n\,θ = 1^s$ et, d'après la définition de la longueur d'onde, puisque le mouvement est uniforme :

$$\lambda = \omega\,\theta.$$

On tire de ces équations les relations suivantes fréquemment employées :

$$\theta = \frac{1^s}{n} \qquad \lambda = \frac{\omega}{n} \qquad \text{ou} \qquad \omega = n\lambda.$$

Lorsque l'on perçoit un son, on n'a nullement conscience de l'existence de ces ondes, mais, par l'habitude, on arrive à reconnaître, avec une exactitude plus ou moins grande, la direction dans laquelle se trouve le corps sonore. Cette direction porte le nom de *rayon sonore*. Lorsque l'on assignait au son une existence matérielle, cette ligne était le chemin supposé parcouru par cet agent spécial; bien que cette idée soit entièrement rejetée aujourd'hui, certaines expressions usitées en physique correspondent à cette hypothèse.

397. Vitesse du son dans les gaz. — L'analyse que nous venons de faire de la propagation des ébranlements dans un milieu gazeux ne nous apprend pas avec quelle rapidité se fait cette communication de mouvement. Le calcul, se basant sur des considérations mécaniques que nous n'avons pas à énoncer, démontre que la vitesse de propagation du mouvement vibratoire, ou vitesse de propagation du son, est constante dans un même milieu; que cette propagation se fait uniformément; le calcul, d'accord avec l'expérience, démontre aussi que, pour un même gaz, cette vitesse est la même, quels que soient la nature ou les caractères divers du son ou du bruit considéré.

Des observations très simples montrent que le son n'est pas transmis instantanément. Lorsque nous sommes à quelque distance d'un charpentier, par exemple, nous le voyons frapper une pièce de bois avec un outil, et ce n'est qu'après un temps appréciable que le bruit du choc arrive à notre oreille; de même, nous voyons la lumière d'un coup de feu, que l'on tire en un point éloigné, souvent plusieurs secondes avant de percevoir l'explosion.

On sait, d'autre part, que le caractère rythmique et harmonique d'un morceau exécuté par un orchestre ne change pas, à quelque distance que l'on se trouve placé, pourvu qu'on l'entende; l'énergie seule de la sensation se trouve modifiée; cette remarque prouve que les sons différents, produits par les divers instruments, arrivent dans l'ordre même dans lequel ils ont été produits, et avec les mêmes variations de durée; que, par suite, ils se meuvent avec la même vitesse.

Des expériences faites en 1738 par l'Académie des sciences ont déterminé la vitesse de propagation du son. Des observateurs étaient placés aux stations de l'Observatoire, Montmartre, Fontenay-aux-Roses et Montlhéry, et notaient le temps qui s'écoulait entre l'instant où ils apercevaient la lueur d'un coup de canon et le moment où ils entendaient la détonation; par suite de la rapidité extrême de la lumière, on peut considérer le temps apprécié comme correspondant exactement à la propagation du son; les observations montrèrent que les durées observées étaient proportionnelles aux distances qui séparaient les expérimentateurs du point où était situé le canon; que, par suite, le mouvement est uniforme.

Des expériences analogues, mais plus exactes, furent exécutées en 1822 par les soins du Bureau des longitudes : les stations choisies étaient Villejuif et Montlhéry, distantes de 18,612 mètres; les observateurs étaient Prony, Arago, Mathieu, Humboldt, Gay-Lussac et Bouvard. Les expériences étaient faites à minuit, pour que la vue du coup de feu et le son fussent plus facilement appréciables; elles étaient croisées, c'est-à-dire que l'on faisait partir les coups de canon alternativement à l'une et à l'autre station, afin d'éliminer l'action perturbatrice du vent; enfin, l'appréciation du temps se faisait à l'aide de compteurs chronométriques très exacts. La moyenne des durées observées fut de 54ˢ,6, ce qui donne pour la vitesse correspondante 340ᵐ,90; les observations étaient faites à la température de 16°. La vitesse du son varie avec la température; elle n'est que de 337 mètres à 10°, et de 333 mètres à 0°; elle est indépendante de la pression de l'air et de la quantité d'humidité qu'il contient.

La vitesse du son varie avec la nature des gaz; Bernouilli, Dulong et Wertheim firent des recherches sur ce sujet, mais par des procédés indirects reposant sur l'emploi de tuyaux sonores. Le dernier expérimentateur étudia l'influence de la température d'une façon toute spéciale. Enfin, tout récemment, M. Regnault chercha la vitesse de propagation du son à l'aide de tuyaux qu'il remplissait successivement de divers gaz. Le son parcourait jusqu'à 2000 mètres.

Les principaux résultats trouvés sont les suivants :

Air.	333
Oxygène.	317,17
Hydrogène.	1269,50
Acide carbonique.	261,60
Oxyde de carbone	337,40
Protoxyde d'azote	261,90
Gaz oléfiant.	314,00

398. Vitesse du son dans les solides et les liquides. — Les liquides transmettent le son avec une vitesse plus grande que les gaz, l'hydrogène excepté.

Colladon et Sturm firent des expériences directes sur le lac de Genève, en 1827 : une cloche, plongée dans l'eau, était frappée par un marteau dont le mouvement allumait au même instant une certaine quantité de poudre ; l'inflammation indiquait à l'autre observateur l'instant de la production du son ; cet observateur percevait le son à l'aide d'un cornet acoustique dont le pavillon recouvert d'une membrane était plongé dans l'eau. Les expériences donnèrent une vitesse de 1435 mètres à la température de 8°.

Wertheim, en 1852, parvint à faire parler des tuyaux sonores à l'aide de courants liquides, et trouva dans ce fait la possibilité de calculer indirectement la vitesse du son.

Quelques-uns des résultats obtenus par cette méthode sont joints, dans le tableau suivant, à des nombres provenant d'autres expériences.

Éther	1159
Alcool	1159
Essence de térébenthine	1265
Eau	1437
Eau de mer	1453
Mercure	1471
Acide azotique	1521
Eau saturée d'ammoniaque	1820

399. — Les solides transmettent également bien les sons : Biot fit à cet égard des expériences qui sont devenues classiques. Il employait un tuyau en fonte de 951 mètres de longueur, destiné à la conduite d'eau de l'aqueduc d'Arcueil. Il frappait le tuyau à une extrémité, et, en même temps, une cloche située au centre de l'ouverture de ce tuyau ; à l'autre extrémité, un observateur entendait d'abord le son transmis par les parois du tuyau, puis, seulement $2^s,5$ après, le son transmis par l'air ; connaissant la vitesse dans ce dernier milieu, on pouvait calculer la vitesse dans la fonte, qui a été trouvée environ 10 fois plus forte ; elle est exactement de 3,496 mètres par seconde [1].

Par des procédés indirects, on a pu mesurer la vitesse de propagation dans divers solides ; voici quelques nombres qui expri-

---

1. Soit ω la vitesse de propagation dans l'air, v la vitesse inconnue dans la fonte ; si l est la longueur du tuyau, le son parcourt cet espace dans un temps $\frac{l}{\omega}$ pour l'air, et $\frac{l}{v}$ pour la fonte ; si donc t est le temps écoulé entre les instants où les deux sons ont été entendus, on aura évidemment

$$t = \frac{l}{\omega} - \frac{l}{v} .$$

ment combien de fois la vitesse dans ces corps est plus grande que
dans l'air.

Plomb	3,5	Or.	5
Argent	8	Cuivre	11
Platine	8	Fer	15
Zinc	9	Acier	15

Les chiffres sont 10 et 14 pour le hêtre et l'acacia, si la propagation se fait dans le sens des fibres; dans le sens transversal, ils sont
seulement 4,2 et 5,5.

400. Variations de l'intensité du son avec la distance.
— Le mouvement communiqué par un corps vibrant pendant un
temps donné au milieu qui l'entoure correspond à une quantité déterminée d'énergie : ce mouvement se manifestant sur des surfaces
sphériques de plus en plus grandes et la quantité d'énergie ne pouvant s'accroître par le fait de la propagation, car cet accroissement
se produirait sans cause (55), il faut qu'à égalité de surface l'é-
nergie décroisse à mesure que l'on considère des points plus éloignés du corps vibrant. Comme on sait que les surfaces des sphères
croissent comme les carrés des rayons, il faut que, à égalité de surface, l'énergie, la force vive, varie en raison inverse du carré de la
distance au corps sonore.

D'après ce que nous avons dit sur la relation qui existe entre
l'énergie du mouvement vibratoire qui est communiquée à l'oreille
et l'intensité du son, on voit que l'intensité du son produit par un
même corps placé successivement à diverses distances, ou par des
corps identiques, doit varier en raison inverse du carré de la distance. C'est ce que l'expérience vérifie.

L'observation nous montre fréquemment des différences d'intensité dans les sons que nous entendons ; mais nous ne pouvons
que difficilement effectuer des mesures; notre oreille ne nous permet qu'à peine de reconnaître l'égalité de deux sons, et ne nous
apprend pas qu'un son soit deux, trois fois plus faible ou plus
fort qu'un autre ; d'autre part, il n'existe aucun appareil avec
lequel nous puissions effectuer cette comparaison d'une manière
certaine.

L'expérience permet cependant de faire quelques mesures
approximatives se rapportant aux variations d'intensité qui sont
régies par la loi précédemment énoncée. On démontre cette loi en
plaçant un timbre à une certaine distance, puis respectivement 4, 9...
timbres identiques, à des distances double, triple... de la première ; on
remarque alors que les impressions ressenties par l'oreille sont
égales dans chaque cas, lorsque tous les timbres sont frappés
simultanément, c'est-à-dire que chacun d'eux produirait s'il était

seul, à des distances 1, 2, 3..., des effets $1, \frac{1}{4}, \frac{1}{9} \ldots$, ce qui vérifie l'énoncé précédent.

401. — Les variations d'intensité correspondent à ce qu'une quantité d'énergie se répartit sur des surfaces d'étendue croissante. Il n'en serait pas de même si la surface sur laquelle se manifeste le mouvement vibratoire restait constante ou si elle diminuait de grandeur; l'intensité devrait être invariable dans le premier cas, et devrait augmenter dans le second cas.

Nous donnerons en parlant de la réflexion des exemples de ce dernier cas : le premier se produit lorsque le mouvement vibratoire se propage dans un tube cylindrique; l'énergie fournie par le corps vibrant est transmise de proche en proche sur des surfaces égales. L'intensité devrait rester la même dans tous les points de ce tube : il n'en est pas absolument ainsi parce que, en réalité, la paroi absorbe une partie du mouvement vibratoire de l'air et diminue ainsi l'énergie transmise, mais cependant l'expérience montre que dans ce cas l'intensité du son varie très peu malgré un long parcours. C'est là ce qui explique l'emploi des tuyaux acoustiques.

402. **Réflexion du son. Écho, résonnance.** — On prouve en mécanique, et ce résultat est vérifié par l'expérience, que, lorsqu'un corps élastique vient choquer un plan immobile, il rebondit avec la même vitesse, mais en changeant de direction. Si, par exemple, il était arrivé suivant la ligne CB (*fig.* 193), faisant avec la normale BN un *angle d'incidence* CBN, il s'éloigne en faisant avec cette normale un *angle de réflexion* NBA, égal mais situé de l'autre côté.

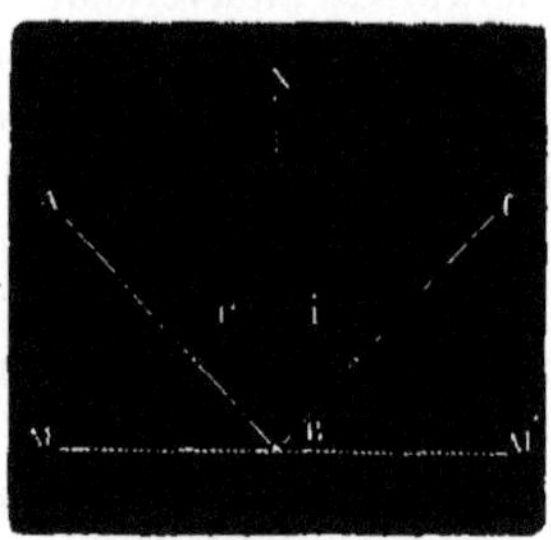

Fig. 193.

Supposons actuellement un corps sonore situé en C et un auditeur en A, MM' étant une surface plane suffisamment dure et élastique; l'observateur placé en A entendra deux sons distincts, l'un venant directement de C dont nous ne nous occuperons pas, l'autre qui semblerait venir d'un corps sonore placé de l'autre côté de la surface MM', suivant la direction AB; on reconnaît que ce point B est tel qu'en le joignant à A et à C, les lignes AB et BC font avec la normale BN des angles égaux. Par une comparaison abusive, on dit que le son se réfléchit sur une surface plane comme s'il était un corps matériel.

Il importe de se rendre un compte exact de ce qui se produit et de ne pas s'arrêter à des expressions qui n'ont aucun sens. En réalité, il n'y a pas de son qui se propage : il y a un mouvement vibratoire qui se transmet de proche en proche.; il y a des ondes sphériques successives dont le rayon croît sans cesse. Soit O (*fig.* 194)

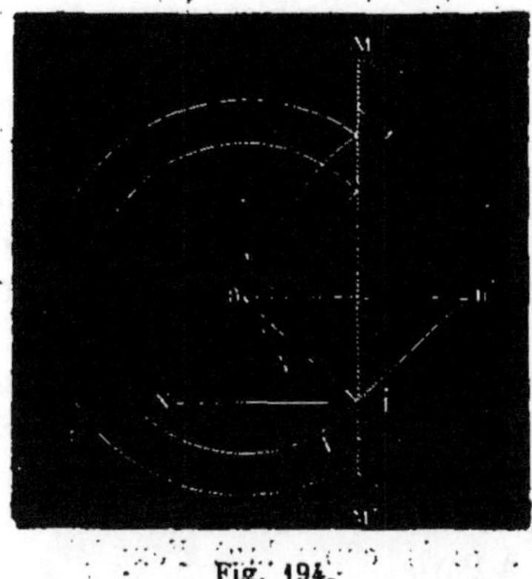

Fig. 194.

le corps sonore qui produit ces ondes sphériques; un observateur placé en A pourra être affecté directement par ces ondes, et reportera suivant AO la position du corps sonore. Mais ces ondes sphériques, par leur rencontre avec la surface plane MM', se transforment en ondes sphériques ayant pour centre O', point symétrique de O par rapport à MM', ainsi qu'il a été dit pour les ondes liquides (211); l'observateur A, affecté par ces ondes, supposera qu'elles ont pour centre d'ébranlement un corps sonore situé sur la direction AO'. Cette direction est la seule chose que nous puissions apprécier. On voit que, si l'on attribue au son une existence matérielle, comme il ne pourrait provenir du point O' et que l'on connaît son point de départ O, on est porté à supposer qu'il suit le chemin OIA. qui est tel, par suite de la symétrie de O et de O', que les lignes OI et IA sont également inclinées sur MM'. Mais, nous le répétons. ce sont les ondes sonores qui se réfléchissent et non le son.

Le son perçu après une réflexion porte le nom d'*écho*; lorsque l'on est placé de manière à percevoir le son direct et l'écho, ce dernier, outre qu'il est plus faible que le premier, arrive après celui-ci, puisqu'il correspond à une onde dont le rayon O'A est plus grand que le rayon OA de l'onde directe. (Pour simplifier l'énoncé, on peut, par comparaison, dire que le chemin OIA est plus long que le chemin OA). Mais, si la différence de longueur est faible. l'écho est perçu avant que la sensation du son direct ait cessé et ne se distingue pas de celui-là, qu'il renforce seulement ; on dit alors qu'il y a *résonnance*; cet effet se produit souvent dans les salles d'une certaine dimension, qui sont alors favorables aux chanteurs et aux orateurs.

Lorsqu'un observateur placé entre deux obstacles parallèles émet un son un peu fort, les ondes réfléchies par le premier obstacle et ayant donné lieu à un écho peuvent se réfléchir sur le second en produisant un second écho; il peut y avoir ainsi un certain nombre de réflexions successives, mais le son s'affaiblit chaque fois; on cite, au château de Simonetta, en Italie, un écho qui répète dix-sept fois une syllabe prononcée à haute voix.

403. Réflexion sur des surfaces courbes. — La réflexion sur une surface courbe se fait suivant la loi que nous venons d'énoncer, mais on obtient des résultats moins simples, parce que la normale varie de direction d'un point à un autre. D'après ce que nous avons dit à propos des ondes liquides (211), on peut comprendre que, par la réflexion sur une surface engendrée par la rotation d'une parabole, les ondes sonores qui ont pour centre le foyer sont transformées en ondes planes perpendiculaires à l'axe, ou, en abrégeant, que tout rayon sonore émané du foyer F se réfléchit parallèlement à l'axe.

De même, dans le cas de la réflexion sur un ellipsoïde de révolution, tout rayon émané du foyer F ira passer en F″ où il y aura production d'un son plus fort qu'en tout autre point. On voit un exemple d'une circonstance analogue dans la voûte d'une salle du Conservatoire des arts et métiers, à Paris.

404. — Pour que la réflexion des ondes ait lieu, il n'est pas indispensable qu'elle se produise sur un corps solide : elle peut se manifester à la surface de l'eau; elle peut également se produire à la surface des nuages; un faible écho peut même naître quelquefois du passage du mouvement vibratoire d'une masse d'air dans une autre de densité différente, comme Tyndall l'a observé dans diverses circonstances; la différence de densité est généralement produite par une différence dans la température ou dans l'état hygrométrique.

405. Renforcement des sons. — Il résulte des considérations précédentes que nous pouvons augmenter l'intensité du son perçu en rendant plus considérable la puissance vive transmise à l'oreille; c'est en effet ce que l'on peut obtenir par l'emploi de miroirs paraboliques ou elliptiques (211). Pour les premiers, si une onde plane arrive perpendiculairement à l'axe, l'oreille placée sur son trajet ne recevra qu'une faible partie de la puissance vive qu'elle possède; mais après la réflexion, l'onde sera devenue circulaire et, son rayon diminuant jusqu'à zéro, l'oreille placée au foyer qui est son centre absorbera la totalité de la puissance vive; des considérations analogues expliquent l'effet des surfaces elliptiques.

Les *porte-voix* ont pour effet de produire une onde plane, ou, si l'on veut, de rendre les rayons sonores parallèles à la sortie de l'appareil. Ils se composent de tubes évasés en forme de cône, et au sommet desquels on parle; par suite des réflexions à l'intérieur, sur les parois, les rayons sortent sensiblement parallèles.

Les *cornets acoustiques* sont basés sur le même principe : concen-

trer, rendre convergents, en un point où l'on place l'oreille, des
rayons qui, pris isolément, eussent été impuissants à produire une
sensation ; on arrive à ce résultat en faisant réfléchir sur les parois
d'un tuyau dur et élastique les rayons reçus à l'ouverture évasée,
nommée pavillon ; la forme peut varier, du reste, assez notablement, sans qu'il en résulte de changements d'effet bien appréciables.

406. Réfraction du son. — Lorsqu'un mouvement vibratoire se propage dans l'air, indépendamment de la sensation sonore
qu'il produira en se communiquant à l'oreille d'un observateur, il
est susceptible de produire sur son passage des effets divers. C'est
ainsi que, par exemple, il pourra provoquer l'explosion de composés détonants : une cartouche de dynamite placée à distance
d'une autre cartouche que l'on fait exploser détone sans qu'il existe
entre elles aucun lien matériel. Mais, sans insister sur des faits de
ce genre, nous devons nous arrêter aux cas où la communication de
mouvement a pour résultat un autre mouvement vibratoire capable
de donner naissance à son tour à des phénomènes acoustiques.
Deux cas peuvent se présenter, suivant que le corps auquel le mouvement aura été ainsi communiqué agit seulement comme milieu
propre à transmettre les vibrations, ou qu'il devient un véritable
corps sonore. Nous nous occuperons d'abord du premier cas.

Lorsqu'une onde sonore rencontre un obstacle, elle se réfléchit
en partie, mais elle peut aussi mettre en mouvement les molécules
de ce corps, et donner naissance dans son intérieur à une onde,
dite *onde réfractée*, dont la forme et la vitesse de propagation
dépendent de la nature de l'obstacle et de sa surface. Nous renvoyons pour cette question au chapitre de l'optique, qui traite de
la réfraction de la lumière, dont tous les résultats pourraient s'appliquer à la réfraction du son, *mutatis mutandis*.

Nous dirons seulement que M. Sonderhaus a vérifié expérimentalement l'existence de la réfraction du son en employant de vastes
lentilles en collodion remplies d'acide carbonique, et qui agissent
en concentrant les rayons sonores en un point, de même que les
lentilles de cristal réunissent les rayons lumineux à leur foyer.

407. Stéthoscope. — Lorsque le son passe ainsi d'un milieu à un
autre, le mouvement vibratoire subit toujours une diminution, il y
a affaiblissement de l'intensité du son produit. C'est ainsi qu'un son
produit dans l'eau s'affaiblit considérablement pour un observateur
placé dans l'air et que, de même, un son produit dans l'air paraît
plus faible lorsque l'observateur est plongé dans l'eau.

Il résulte de cette remarque que, d'une manière générale, le son
produit par un corps sonore présentera une intensité plus grande
s'il est transmis par un conducteur solide jusqu'aux parois osseuses

du crâne, que si la transmission se fait par l'air libre. Outre que l'on évitera ainsi les deux passages de solide à gaz et de gaz à solide, le mouvement se propageant par une série continue de solides, on y gagnera que la transmission par le solide de section limitée ne sera pas accompagnée par une répartition du mouvement vibratoire sur une surface croissante.

C'est sur cette remarque que repose l'emploi du *stéthoscope*, cylindre creux ou plein en bois élastique, auquel on a donné diverses formes et qui sert à transmettre à l'oreille les sons physiologiques ou pathologiques qui prennent naissance dans divers organes : il paraît bien prouvé que la transmission se fait seulement par la paroi solide, même si l'appareil est creux. Son emploi est surtout indispensable lorsque le siège du bruit se trouve en un point où l'oreille ne peut s'appliquer facilement, la carotide par exemple; dans tout autre cas, l'oreille reposant directement sur la paroi de l'organe sonore perçoit nettement les bruits que l'on veut étudier.

408. — Dans quelques cas, l'action d'un simple tube acoustique dont une extrémité est appliquée contre la paroi thoracique, par exemple, et dont l'autre extrémité, terminée par un embout, est introduite dans l'oreille de l'observateur produit un effet avantageux : on reconnaît aisément dans ce cas que la transmission se produit par l'air et non par la paroi. Mais la question se complique quelquefois, car il arrive que le tuyau acoustique soit d'une longueur telle qu'il joue le rôle d'un corps vibrant par lui-même, d'un résonnateur, et dans ce cas il ne produit pas un effet également avantageux pour tous les sons, il peut même en éteindre quelques-uns d'une hauteur déterminée.

La colonne d'air, alors qu'elle sert à transmettre simplement, donnera un effet d'autant plus net qu'une plus grande énergie lui sera communiquée : aussi il y aura avantage à ce que le tuyau s'applique sur la paroi vibrante par une large embouchure formée par une cloche rigide dont l'ouverture rétrécie sera le point de départ du tube.

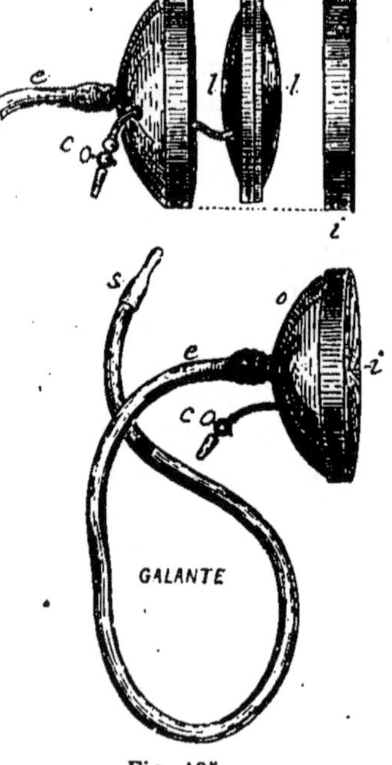

Fig. 195.

On peut arriver à un résultat analogue en interposant une len-

tille en caoutchouc entre la partie vibrante et le tuyau qui transmet
les vibrations (*fig.* 195) : cette lentille s'applique exactement sur la
paroi ; on peut, d'autre part, faire varier la pression de l'air qui y
est contenu et rechercher les meilleures conditions de transmission.

Dans les deux derniers cas, on peut fixer plusieurs tubes sur la
cloche qui est appliquée sur la paroi thoracique ou sur la capsule
qui reçoit la lentille de caoutchouc et, par suite, les sons peuvent
être étudiés par plusieurs personnes à la fois.

409. Vibrations au contact d'un corps sonore. — Lorsqu'un corps solide vibre dans l'air, la quantité de force vive qu'il
communique à ce gaz par un mouvement vibratoire donné dépend
de l'étendue du corps vibrant ; elle est considérable pour les cloches,
les membranes, les plaques vibrantes ; elle est minime pour les
cordes, les verges. On augmente cette quantité de force vive et par
conséquent l'intensité du son produit en mettant le solide vibrant en
communication avec une plaque de grande surface. L'effet est
le même, cela va sans dire, si le solide considéré transmet des
vibrations qu'il a reçues d'un corps vibrant au lieu de les produire.

Le phénomène est très net lorsque le solide considéré est une
tige vibrant longitudinalement, qui ne transmet directement à l'air
qu'une très petite quantité de force vive, mais qui produit, au contraire, un effet considérable, si elle est reliée à une surface plane
de grande étendue perpendiculaire à sa direction.

L'emploi des tables d'harmonie dans les instruments de musique
est expliqué par ces vibrations transmises. Les tables d'harmonie
consistent en lames minces de bois sec susceptibles de vibrer dans
des conditions très diverses, et qui sont mises en rapport avec les
cordes, par les chevalets dans les instruments à cordes, par
exemple. Les vibrations transversales des cordes, qui produiraient
peu d'effet, sont transmises au chevalet qui vibre longitudinalement.
et les vibrations de cette pièce sont communiquées à ces lames qui,
par leur grande surface, mettent en mouvement une masse d'air
plus considérable que n'auraient pu le faire les cordes isolées ; il en
résulte une augmentation de la force vive cédée dans un même temps
et augmentation d'intensité. Dans certains cas, comme cela arrive
pour les violons, le chevalet s'appuie sur l'une des parois d'une
caisse, et l'air qui y est contenu peut également entrer en vibration
et ajouter son effet à celui de la table.

Il faut remarquer que, si la présence d'un corps sonore, vibrant
par influence à côté d'une corde, augmente l'intensité du son, cet
effet ne peut se produire qu'aux dépens de sa durée : la corde ne
possède toujours, en effet, que la même quantité de puissance vive.

qui peut seulement se dépenser plus ou moins rapidement. L'expérience vérifie cette prévision de la théorie.

410. Vibrations par influence. — Il est des cas où la transmission des vibrations produites par un corps sonore met en vibration les corps qui y sont soumis, de telle sorte qu'ils vibrent pour leur propre compte, ajoutant leur effet à l'effet du premier corps et que, même, ils continuent à vibrer après que le premier a été réduit au repos : il se produit alors ce que l'on appelle des *vibrations par influence.*

Mais pour que ces vibrations se produisent, il faut absolument que le second corps puisse vibrer à l'*unisson* du premier ou tout au moins que le son qu'il puisse rendre soit un des harmoniques du premier son; dans ce dernier cas, l'action est beaucoup moins énergique. On démontre ce fait au moyen d'un timbre placé sur un pied en face d'un cylindre ouvert à une extrémité et dont le fond est mobile à l'aide d'une vis qui permet de faire varier sa longueur (*fig.* 196). Si l'ouverture est dirigée vers le timbre pendant que celui-ci résonne, on trouvera une position du fond telle, que le son acquerra une grande puissance, qui ne se manifestera plus si l'on éloigne le cylindre ou qu'on tourne son ouverture d'un autre côté, ou si l'on change la position du fond; le cylin-

Fig. 196.

dre, au moment du maximum d'action, a une capacité telle, que le volume d'air qui y est contenu vibre exactement avec la même rapidité que le timbre; car, si on vient à lui faire produire directement un son, il est à la même hauteur que celui donné par le timbre.

La transmission à distance des vibrations est encore mise en évidence par diverses observations : on sait qu'en chantant certaines notes on peut faire résonner un carreau de vitre, un verre; qu'une note exécutée à côté d'un violon ou d'un piano ouvert peut faire résonner certaines cordes de ces instruments; qu'un diapason peut, à la distance de plusieurs mètres, faire entrer en vibration un diapason accordé pour la même note, etc.

411. Résonnateurs. — C'est sur ce principe que sont basés les résonnateurs d'Helmholtz.

Les résonnateurs (*fig.* 197) sont des sphères généralement en cuivre, présentant en un point une petite ouverture circulaire et à l'extrémité opposée du même diamètre un petit prolongement sen-

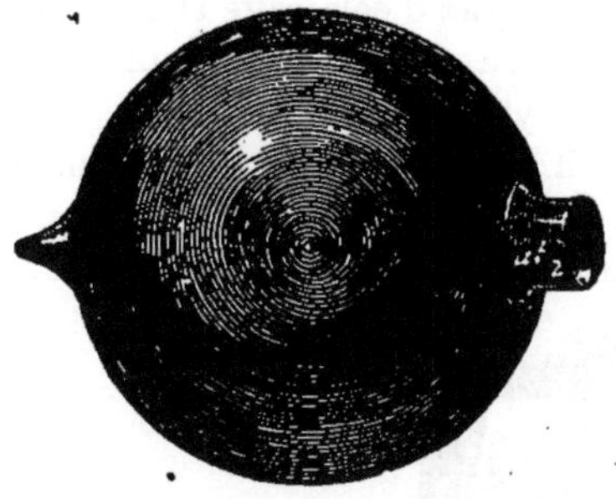

Fig. 197.

siblement cylindrique, également ouvert; quelquefois ce sont simplement des tubes ouverts aux deux bouts, mais l'une des extrémités étant de petit diamètre. Ces résonnateurs ont des dimensions variables et calculées de telle sorte, que la masse d'air contenue dans chacun d'eux produise, par sa mise en vibration, les sons que l'on veut rechercher, et que, par suite, elle entre en action par la production de ce même son dans le voisinage.

Ayant alors une oreille hermétiquement bouchée, l'expérimentateur applique un résonnateur à l'autre oreille, le petit ajutage étant entré dans le conduit auditif; tous les sons presque lui paraissent étouffés, il les entend comme dans le lointain, excepté lorsque l'on vient à produire dans le voisinage le son propre du résonnateur ; celui-ci prend alors une intensité extrême, et l'on parvient par ce moyen à le distinguer très nettement dans un accord ou même dans un bruit quelconque, comme le sifflement du vent dans les arbres, le bruit d'une cascade. On a ainsi un moyen de reconnaître l'existence d'un son quelconque, et l'on pourra, si l'on possède une série suffisamment complète de résonnateurs, parvenir à analyser un son complexe, quel qu'il soit.

En réalité, le résonnateur ne renforce pas seulement pour l'oreille le son propre qu'il peut produire, mais aussi les harmoniques de celui-ci ou les sons dont celui-ci est un harmonique. Mais, dans ces deux cas, le son, quoique renforcé, l'est beaucoup moins que dans le cas où l'on a produit le son propre du résonnateur, en sorte qu'il ne peut guère y avoir confusion.

412. Appareil à flammes manométriques. — Les résonnateurs que nous venons de décrire ne peuvent servir qu'individuellement. M. Kœnig a construit sur le même principe un appareil de démonstration des plus intéressants. Un résonnateur, appliqué à l'oreille, renforce un son parce que l'air qu'il contient, entrant en vibration, communique ce mouvement à la membrane du tympan, comme nous le verrons plus loin. Si, à la place de l'oreille, on fixait à l'ouverture du résonnateur une membrane mince élastique, elle vibrerait de même. Si cette membrane élas-

tique est l'une des parois d'une caisse traversée par un courant
de gaz, la sortie du gaz sera irrégulière et affectée de retards ou
d'accélérations se succédant très rapidement et dus à la vibration
de la membrane. Enfin, si ce gaz est du gaz d'éclairage et qu'il soit
allumé, la flamme à laquelle il donnera naissance présentera les
mêmes diminutions ou accélérations rythmées.

Tel est le principe de l'appareil de Kœnig (*fig.* 198) : sur le
parcours d'un tuyau aboutissant à un bec de gaz se trouve une
sorte d'ampoule dont une paroi en caoutchouc mince ferme d'autre

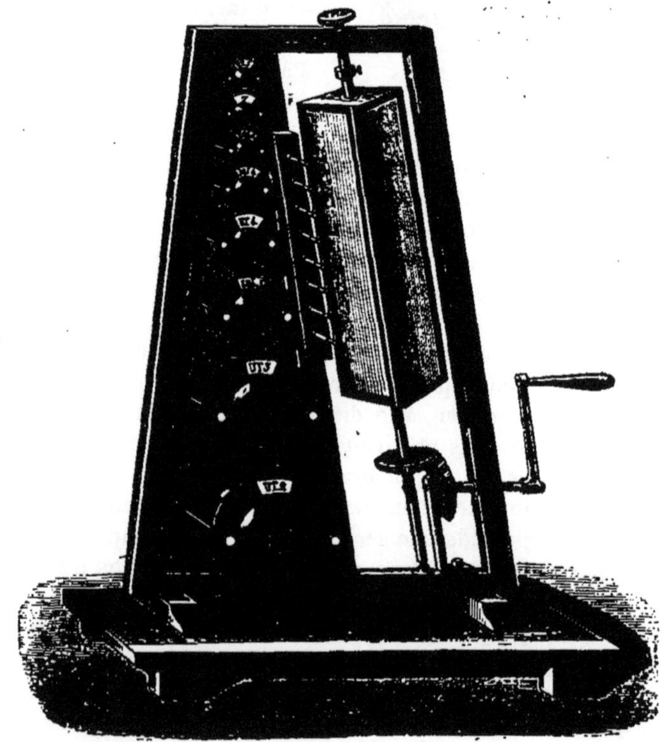

Fig. 198.

part l'orifice d'un résonnateur. La flamme vacillera dès que le
son correspondant au résonnateur sera émis, et restera régulière
pour tous les autres. Pour mettre en évidence les variations de
grandeur de la flamme, on la regarde, non directement, mais par
l'intermédiaire d'un miroir prismatique vertical tournant très rapidement autour de son axe et dont l'effet sera étudié plus loin.

413. Des interférences sonores. — Nous avons indiqué
(212), en parlant des ondes liquides, l'effet produit par la coexis-

tence de deux ondes qui, séparément, eussent produit des effets
égaux et contraires; nous avons dit qu'il y a destruction réciproque
des effets, qu'il y a interférence. On peut comprendre que le même
effet se produise avec des ondes aériennes : si donc l'on fait
arriver simultanément à l'oreille deux séries d'ondes de même
amplitude et de même rapidité, et qui par suite agissant séparément eussent produit le même son, mais qui se trouvent dans des
périodes opposées, il y aura *interférence* des ondes sonores et
aucun son ne sera perçu. Ce dernier résultat, par suite duquel
un *son* ajouté à un *son* produit un *silence*, a besoin d'être vérifié
par l'expérience. De nombreuses observations ont été faites à ce
sujet; nous n'en citerons que quelques-unes.

Un tube bifurqué est placé à l'ouverture d'un résonnateur que
l'on fait vibrer à l'aide d'un diapason, par exemple; après un certain parcours ne présentant pas de courbures brusques, les deux
branches se réunissent en un seul tube que l'on peut placer dans
l'oreille s'il s'agit d'observations personnelles, ou que l'on peut
adapter à une capsule manométrique si le phénomène doit être
rendu perceptible à un auditoire. Les ondes émanées du résonnateur se séparent pour se propager dans les deux branches, et
viennent se réunir à l'autre extrémité de l'appareil : si les deux
chemins parcourus sont égaux les ondes se retrouvent à la
même période, à la même phase et s'ajoutent simplement, reproduisant l'onde primitive avant la bifurcation. Mais l'une des
branches de l'appareil peut se mouvoir à coulisse, de telle sorte
que les chemins parcourus par les ondes après la bifurcation ne
soient plus égaux : les ondes ne se retrouveront plus dans la même
phase. Si la différence de chemin parcouru, la différence de
marche, est égale à une demi-longueur d'onde, ou plus générale-
lement à un nombre impair de demi-longueurs d'onde, les deux
vibrations arriveront dans des phases exactement opposées, les
actions se contrarieront absolument; il y aura *interférence*. L'auditeur n'entendra plus aucun son; la flamme manométrique
restera de hauteur invariable.

On conçoit même que cette expérience puisse servir à déterminer la longueur d'onde d'un son donné.

414. — Le phénomène des interférences, sans amener toujours
la destruction du mouvement vibratoire, peut donner naissance à
des variations d'intensité très notables.

On peut rendre ces variations d'intensité manifestes par l'expérience suivante : les deux cylindres creux A et B (*fig.* 199) ont
chacun un seul fond, et leur capacité est telle, que l'air qui y est
contenu vibre à la même hauteur qu'un certain diapason D; de

telle sorte que la présence de l'un d'eux au-dessous de celui-ci renforce le son auquel il donne naissance. Si cependant les deux
cylindres sont placés à angle
droit, comme l'indique la figure,
on entend à peine le diapason ;
le son devient assez intense, au
contraire, lorsque l'on enlève
l'un ou l'autre des cylindres;
seulement, lorsque les sons produits par la résonnance de ces
cylindres coexistent, ils interfèrent, et leurs effets s'annulent
réciproquement.

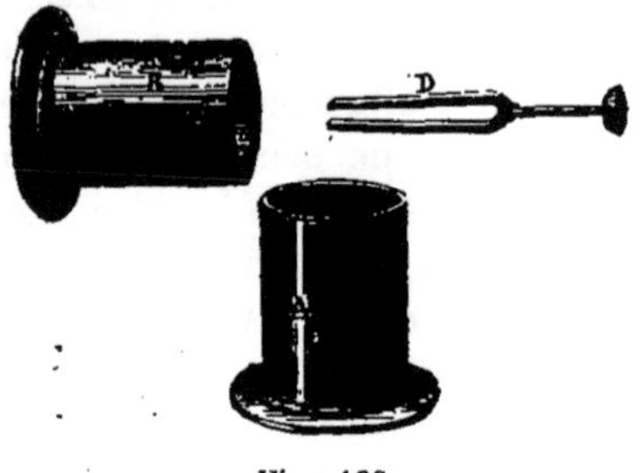

Fig. 199.

415. Battements, sons résultants. — Lorsque deux mouvements vibratoires émanés de sources différentes parviennent en
un même point de l'espace, on peut observer dans certaines conditions des phénomènes qu'il importe de signaler.

C'est ainsi que lorsque l'on produit deux sons assez intenses et
qui ne soient pas séparés par un trop grand intervalle, l'oreille distingue deux phénomènes de nature différente, les *battements* et les
sons résultants.

Les battements consistent en renforcements périodiques du son
séparés par des silences presque absolus ou tout au moins de notables affaiblissements. Les maxima portent le nom de *coups* et sont
très distincts lorsqu'il n'y en a qu'un très petit nombre par seconde;
si leur nombre augmente, on éprouve une sensation particulière de
roulement dans laquelle on peut, en faisant attention, distinguer
séparément les maxima et les minima d'intensité. Le nombre des
battements produits en une seconde par la coexistence de deux
sons est déterminé par des lois qui ne semblent pas être aussi simples qu'on l'avait pensé tout d'abord, comme l'à montré directement M. R. Kœnig.

Enfin dans certaines circonstances, à ces battements, qui d'ailleurs peuvent disparaître, se joignent des sons musicaux nettement définis, différents des sons produits directement; c'est là ce
que l'on appelle des *sons résultants.*

Les causes de ces phénomènes sont trop compliquées et d'ailleurs trop incertaines pour que nous puissions les donner ici;
disons seulement que leur existence n'est peut-être pas sans influence
sur le timbre des sons.

Les sons résultants ont été découverts presque simultanément
par Sorge et Tartini (1744).

CHAPITRE III

DES CORPS SONORES

416. — L'étude des corps sonores comprend la détermination des lois qui régissent la production des sons par les corps élastiques vibrant, c'est-à-dire la recherche des relations qui existent entre les données qui déterminent le corps et celles qui caractérisent les sons produits (qualités du son) ou qui définissent le mouvement vibratoire correspondant.

Il faut donc tout d'abord montrer comment on peut déterminer les données qui caractérisent le mouvement vibratoire d'un corps sonore, c'est-à-dire les qualités du son produit.

417. Détermination du nombre de vibrations. — Certaines personnes ont le sentiment direct de la hauteur absolue des sons et, à la simple audition, peuvent déterminer la position exacte du son dans la gamme rapportée au diapason normal : mais c'est là un procédé trop subjectif pour pouvoir être généralement employé.

Pour évaluer le nombre de vibrations produites par un corps dont la distance à l'observateur reste invariable, on a employé divers moyens ; nous indiquerons les principaux.

Pour trouver le nombre de vibrations d'un son produit par une lame d'acier encastrée à une extrémité, le P. Mersenne se servait d'une méthode basée sur l'expérience citée précédemment (380), en faisant vibrer silencieusement une lame semblable, assez longue pour qu'on pût en compter les oscillations ; il en déduisait le nombre de vibrations correspondant à une autre longueur, en s'appuyant sur ce que les nombres de vibrations sont en raison inverse des longueurs. Cette loi, donnée par la théorie, avait été vérifiée expérimentalement entre certaines limites.

On peut encore produire un son ou un bruit en présentant une carte aux dents d'une roue d'engrenage tournant régulièrement et avec une rapidité suffisante. En comptant le nombre de dents par lesquelles la carte a été rencontrée, on a le nombre de vibrations effectuées. Cette détermination peut se faire en adaptant à la roue un compteur qui indique le nombre de tours faits dans un temps donné, et en le multipliant par le nombre de dents de la roue ; cet appareil, qui porte le nom de *roue dentée de Savart*, donne difficilement des résultats exacts, par suite de la difficulté que l'on éprouve à produire un mouvement parfaitement uniforme.

418. Sirène. — Les méthodes indiquées précédemment sont abandonnées, et l'on sait maintenant obtenir des résultats beau-

coup plus exacts, soit par la méthode graphique, soit par l'emploi
de la *sirène*. Nous commencerons par décrire ce dernier appareil.

La sirène, inventée par Cagniard de la Tour, doit son nom à la
propriété qu'elle possède de pouvoir rendre des sons lorsqu'elle est
plongée dans l'eau, et sous l'influence d'un courant de ce liquide
aussi bien que lorsque, placée dans l'air, elle subit l'action d'un
courant d'air. Indiquons d'abord le principe sur lequel est basé
la production du son dans cet appareil.

Considérons un disque percé d'ouvertures régulièrement espacées
sur une circonférence, tournant uniformément autour d'un axe passant
par son centre et perpendiculaire à son plan, et soit un tuyau amenant
un courant d'air sous pression et dont l'extrémité vient presque en contact avec le disque. L'ouverture de ce tuyau sera bouchée, et l'air ne
pourra s'échapper tant que cette ouverture se trouvera en face d'une
partie pleine du disque. L'air sortira, au contraire, chaque fois que
deux ouvertures correspondront. La rotation du disque aura donc
pour effet d'amener dans le courant d'air des variations périodiques de
condensation et de dilatation, et, pour un tour du plateau, le nombre
de ces variations sera égal au nombre des ouvertures. Si donc le disque continue sa rotation d'un mouvement uniforme, on aura déterminé des vibrations de l'air périodiques et régulières, et l'on entendra
un son dont la hauteur dépendra de la vitesse de rotation.

La sirène est disposée de manière à ce que le courant d'air en
s'échappant, non seulement donne naissance à un son, mais encore
produise et entretienne le mouvement de rotation ; de plus elle permet de compter le nombre de tours effectués par le plateau. Voici
comment elle est disposée.

A l'extrémité d'un tuyau qui amène le vent d'une soufflerie se

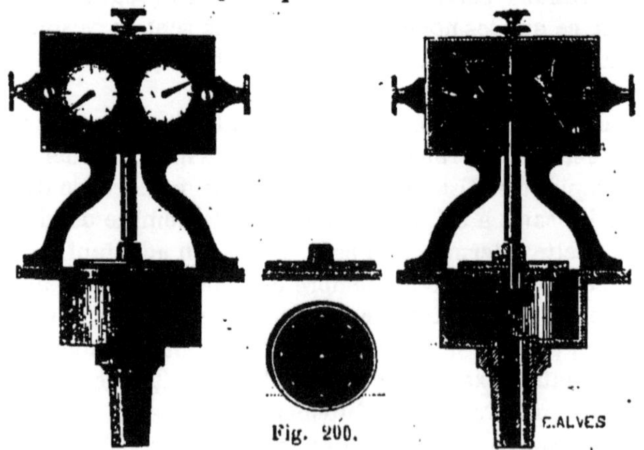

Fig. 200.

trouve une caisse cylindrique (*fig.* 200), dont la base supérieure

est un disque circulaire percé d'un certain nombre de trous. Ces
trous, disposés sur une circonférence concentrique au disque et
régulièrement espacés, présentent une inclinaison notable sur ce
disque. Mais, comme l'indiquent les coupes représentées sur la figure,
cette inclinaison existe non pas dans la direction des rayons d'un
disque, mais tangentiellement à la circonférence sur laquelle les
trous sont disposés. Un axe vertical ayant son pied au centre
du disque, et dont la partie supérieure est maintenue par une
garniture métallique, porte, à une petite distance du disque que
nous venons de décrire, un autre disque pouvant tourner avec
l'axe ; ce disque présente, en nombre égal, des ouvertures placées
absolument comme les précédentes sur une circonférence de
même rayon, seulement l'inclinaison des trous est en sens contraire.

419. — On conçoit que le fonctionnement de cet appareil est le
même que celui du disque (sirène de Seebeck) dont nous parlions
plus haut. L'existence de plusieurs ouvertures sur le plateau inférieur ne changera en rien le son produit, ni le nombre des vibrations. A cause de l'égalité d'espacement, tous les trous seront bouchés ensemble et débouchés aussi au même instant ; le courant d'air
subira donc le même nombre de variations, condensations et dilatations, seulement chacune d'elles sera plus considérable, et le son
aura une plus grande intensité.

La production d'un son bien caractérisé exige une régularité
parfaite de la rotation du disque ; la disposition de l'appareil
satisfait à cette condition ; par suite des inclinaisons opposées des
trous des plateaux, le courant d'air en s'échappant produit un
choc qui a pour effet de mettre le disque supérieur en mouvement ;
cette action se renouvelant à chaque instant, le mouvement s'accélère, mais les résistances et frottements de diverses natures augmentent aussi, et le disque atteint bientôt une vitesse pour laquelle
les impulsions et les frottements se font équilibre, et qui reste constante. Cette vitesse dépend de l'appareil employé et, pour un même
appareil, de la force du courant d'air.

Nous avons dit que, pour un tour, le nombre de vibrations de
l'air est égal au nombre des trous ; on aura donc le nombre total
de vibrations pour un temps quelconque, si l'on connaît le nombre
de tours effectués dans ce temps. L'axe vertical qui porte le disque
mobile est muni à sa partie supérieure d'une vis sans fin qui peut
engrener avec une roue dentée faisant partie d'un compteur à
cadran, dont les aiguilles marquent, en général, l'une les centaines
de tours, l'autre les dizaines et les unités. La mise en action du
compteur s'obtient en poussant, à l'instant convenable, un petit

bouton ; en agissant sur une autre pièce semblable, on rend, au contraire, le compteur indépendant.

Lorsque l'on veut compter le nombre de vibrations correspondant à un son donné, on fait parler la sirène, en augmentant ou diminuant la pression de l'air, jusqu'à ce que le son rendu soit à la même hauteur que le son donné ; lorsque l'on est arrivé à l'identité, on fait marcher le compteur en même temps que l'on note l'instant à un chronomètre ; au bout de 100 secondes, par exemple, on arrête le mouvement du compteur et on lit le nombre de tours effectués, d'où l'on déduit, en multipliant par le nombre de trous du disque, le nombre total de vibrations ; en divisant ce dernier nombre par 100, on a le nombre de vibrations par seconde.

420. Régulateur de pression. — Pour que l'expérience puisse être exécutée facilement, il faut que le courant d'air soit parfaitement régulier et qu'on puisse cependant le faire varier à volonté. On arrive à ce résultat en faisant traverser à l'air qui arrive de la soufflerie un régulateur de Cavaillé-Coll ; cet appareil (*fig.* 201) consiste en une caisse en bois de petites dimensions, séparée, par une cloison *c*, en deux parties distinctes A et B qui communiquent, l'une avec le tuyau porte-vent *l*, l'autre avec le

Fig. 201.

tube *s* sur lequel est montée la sirène ; la paroi supérieure est percée de deux ouvertures *o* et *o'* situées de part et d'autre de la cloison, et forme l'une des parois rigides d'un soufflet par l'intermédiaire duquel communiquent les deux cavités A et B. La seconde paroi rigide de ce soufflet porte une règle RS sur laquelle peut glisser un contre-poids dont l'effet est d'autant plus grand qu'il est plus loin de la charnière ; enfin, une soupape, qui ferme l'ouverture *o* lorsque le soufflet est plein, se trouve également fixée à la paroi mobile de ce soufflet. On conçoit alors le jeu de l'appareil : l'air, arrivant par *l*, remplit d'abord le soufflet, qui, sous l'influence du contre-poids, chasse l'air vers la sirène ; si l'air arrive en excès par *l*, le soufflet s'élève et la soupape ferme l'ouverture *o*, de sorte que ce n'est toujours que sous l'action du contre-poids, et non directement sous celle de la soufflerie, que l'air est envoyé à la sirène. En déplaçant le contre-poids, on peut faire varier l'intensité du courant d'air aussi régulièrement qu'on le désire.

421. Méthode graphique. — Dans cette méthode, dont on doit à Duhamel la première application, le corps vibrant laisse directement une trace matérielle de ses vibrations dont on peut compter le nombre et même étudier les principaux caractères.

Wertheim employa à cet effet un appareil assez compliqué, que nous
ne décrirons pas, malgré les avantages qu'il présente sur la disposition de Duhamel qui suffit pour donner une idée nette de la méthode.

Soit AB (*fig.* 202) une lame élastique encastrée en A dans un
étau et produisant un certain son par son mouvement oscillatoire;
on fixe une pointe à l'extrémité libre B, et on la met en contact avec

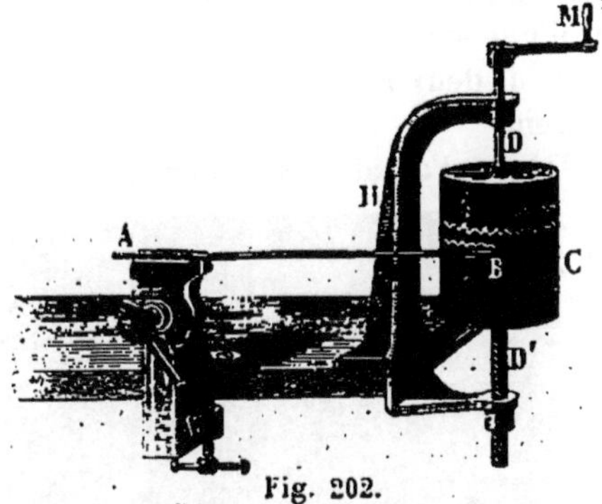

Fig. 202.

un cylindre C dont la surface est enduite de noir de
fumée que le frottement de
la pointe enlève facilement
en laissant une trace blanche très nette. Ce cylindre
est porté par un axe DD'.
auquel on peut donner un
mouvement de rotation à
l'aide de la manivelle M;
cet axe est maintenu dans
un support fixe H, sa partie

inférieure est filetée et passe dans un écrou D'; en tournant la manivelle, on donne donc simultanément au cylindre un mouvement de rotation et un mouvement de translation, de sorte que, si la pointe est
fixe, elle décrira une hélice; mais, si l'on a mis la lame en vibration,
elle tracera autour de cette courbe une série de dents régulièrement
espacées si le cylindre se meut uniformément, et dont chacune correspondra à une oscillation. En mesurant la durée de l'expérience et
en comptant le nombre total de dents, on pourra trouver le nombre
de vibrations par seconde; l'observation est plus facile et les vérifications plus simples si, par un mécanisme facile à imaginer, un
pendule battant la seconde est venu laisser une trace à chaque oscillation : le nombre de dents compris entre deux traces consécutives est le nombre de vibrations cherchées.

La méthode graphique a pu être appliquée à l'étude d'un grand
nombre de phénomènes rapides; la forme de la courbe tracée peut,
par ses variations, donner des indications précises sur les différentes
particularités qui échapperaient à l'observation directe à cause de
leur courte durée.

On remplace maintenant avantageusement l'appareil de Duhamel par un cylindre enregistreur dont le mouvement est rendu parfaitement uniforme au moyen d'un régulateur Foucault.

M. Mercadier a montré qu'il est possible d'enregistrer à distance
le son produit par un instrument de musique quelconque, un violon
par exemple. Un fil métallique est terminé à une extrémité par une

plaque mince que l'on introduit entre le chevalet et la table d'harmonie, tandis que l'autre extrémité, terminée en pointe, est placée au contact du cylindre à enregistrement. Entre ces deux points, le fil est soutenu sans être tendu par des crochets ou des fils de suspension qui ne troublent en rien les conditions de transmission des vibrations.

422. Méthode optique de Lissajous. — Nous voulons indiquer seulement le principe d'une méthode très élégante de comparer les nombres de vibrations de deux corps, sans avoir à se préoccuper des sons qu'ils produisent.

Supposons d'abord *(fig. 203)* que l'on ait deux diapasons D et D′ placés parallèlementà côté l'un de l'autre et portant chacun en b et e une partie très polie faisant l'office de miroir, et soit A un point lumineux du quel émane un rayon lumineux de direction fixe Ab. Si les diapasons sont immobiles, ce rayon se réfléchira deux fois en b et en e et donnera en a un point éclairé fixe sur l'écran MN.

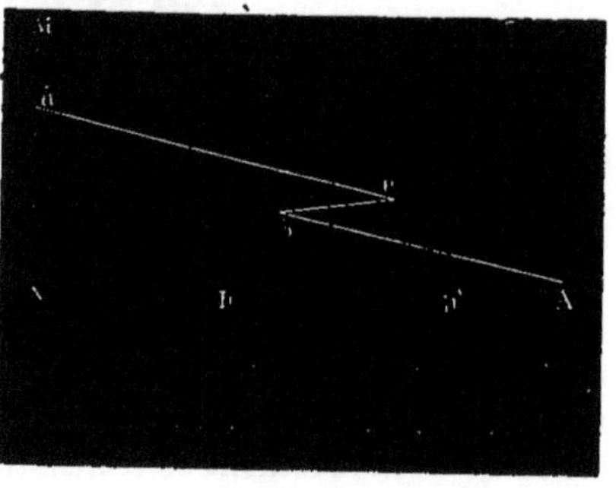

Fig. 203.

Si l'un des diapasons se met à vibrer, le point éclairé a se déplacera sur l'écran en produisant une petite ligne lumineuse; il en sera de même si les deux diapasons vibrent en même temps, car les rayons lumineux ne sortent pas du plan qui contient les diapasons et le point A; seulement la loi du mouvement (19) de a sur la droite qu'il décrit varie avec les mouvements vibratoires de chacun de ces diapasons.

Supposons, au contraire, que les diapasons ne soient plus dans un même plan, qu'ils soient rectangulaires, par exemple, comme

Fig. 204.

D et D′ *(fig. 204)*. Si les diapasons sont immobiles, le rayon lumineux émané de A, après s'être réfléchi sur les miroirs b et c, donnera un point immobile a; si l'un des diapasons se meut seul, le point lumineux se déplacera suivant une droite parallèle à la tige vibrante;

et, si les deux diapasons sont simultanément ébranlés, il résultera
des deux déplacements communiqués à *a* que ce point décrira une
courbe dont la forme dépend essentiellement du rapport des nombres de vibrations de ces diapasons, de sorte que, connaissant le
nombre de vibrations de D, par exemple, on peut, par l'étude de la
courbe lumineuse projetée sur l'écran MN, déduire le nombre de
vibrations de D'. Ce moyen peut être employé fort avantageusement,
surtout dans le cas où le rapport des nombres de vibrations est
simple, où les sons correspondent à l'unisson, la quinte, l'octave, etc.

**423. Etude de la forme et des éléments des vibrations
composées.** — On a reconnu, d'une manière générale, que, toutes
choses égales d'ailleurs, comme nous l'avons dit, l'intensité d'un son
varie avec l'amplitude des vibrations du corps sonore. On n'a pas
étudié cette question plus complètement.

L'étude de la forme de la vibration enregistrée graphiquement
permet de chercher les conditions qui correspondent à un timbre
donné. M. Helmholtz, à l'aide des résonnateurs, a cherché à mettre
en évidence l'existence des sons harmoniques accessoires accompagnant le son fondamental; M. Koenig a disposé l'appareil suivant
pour objectiver le phénomène.

Pour analyser une note produite par un instrument, il suffit
d'avoir à sa disposition soit une série de résonnateurs correspondant
aux divers harmoniques de la note produite, soit un appareil à
flammes dont les résonnateurs satisfont aux mêmes conditions. D'une
manière ou de l'autre, on arrivera à déterminer les divers sons partiels qui s'ajoutent au son le plus grave pour produire le son complexe entendu. Il résulte d'expériences suivies faites par M. Helmholtz :

Que le son du diapason est un son simple presque absolument;
qu'il en est de même du son de la flûte; que dans le piano la note fondamentale est accompagnée des 6 premiers harmoniques; que dans
les instruments à archet, le violon, l'alto, on peut mettre en évidence l'existence d'harmoniques jusqu'au 10e; la clarinette présente
seulement les harmoniques de rang impair; le hautbois, le basson,
ont la série complète jusqu'à une certaine limite; dans les instruments en cuivre, la trompette, etc., les harmoniques d'ordre élevé
sont relativement intenses.

En résumé, et sans entrer dans plus de détails, M. Helmholtz
attribue à l'absence d'harmoniques les sons *creux, sourds,* et admet
que les sons *pleins* correspondent à l'existence de ces harmoniques;
les sons *mordants* sont ceux dans lesquels les harmoniques élevés
présentent une intensité assez grande relativement aux premiers
harmoniques.

424. Synthèse des sons. — Quelque concluantes que soient les expériences que nous venons de décrire, les résultats auxquels elles conduisent sont encore plus nettement mis en évidence par des expériences synthétiques que nous allons résumer, et qui permettent de reproduire à volonté les divers timbres.

Un diapason qui vibre dans l'air produit un son fort peu intense, que l'on n'entend guère à distance. On peut augmenter très notablement son intensité, en le faisant vibrer en face de l'ouverture d'un tuyau sonore, dont la masse d'air est susceptible de prendre un mouvement oscillatoire identique à celui du diapason. En outre, en tous cas, le mouvement s'arrête assez rapidement, et le son s'éteint. On peut prolonger indéfiniment le mouvement, en produisant, à des intervalles de temps réguliers, des chocs sur le diapason, ou en attirant ses branches aussi régulièrement : on arrive à ce résultat par l'emploi d'électro-aimants, qui agissent lorsque passe un courant dans les bobines ; le passage du courant est déterminé par un autre diapason, ce qui assure la parfaite régularité des attractions.

L'appareil de M. Helmholtz se compose d'une série de diapasons et de résonnateurs disposés de cette façon : l'ouverture de chaque résonnateur peut être bouchée par un obturateur que fait marcher, à distance, une touche d'un clavier ; un appareil ainsi construit comprenait la note fondamentale $si\,b_0$ et les harmoniques suivants : si_{b_1}, fa_2, si_{b_2}, $ré_3$, fa_3, la_3, si_{b_3}, $ré_4$, fa_4, la_{b_4} et si_{b_4}, qui sont les harmoniques d'ordre 1, 2, 3, 4, 5, 6, 7, 8, 10, 12, 14, 16.

Lorsque l'on met en vibration les diapasons, tout en maintenant les résonnateurs fermés, on n'entend presque rien, un faible bruit plutôt qu'un son. On a, au contraire, la sensation d'un son musical très net, dès que l'on débouche un résonnateur ; on conçoit, du reste, que l'on puisse faire varier dans de certaines limites l'intensité de chaque son, en démasquant plus ou moins l'ouverture du résonnateur correspondant. On a donc un instrument capable de donner des sons complexes, comprenant, par exemple, le son $si\,b_0$ comme son fondamental, et telle série que l'on veut de ses harmoniques avec des intensités diverses. En variant les harmoniques joints au son fondamental et leur intensité, M. Helmholtz est arrivé à reproduire les sons de certains jeux de l'orgue, ceux de la clarinette, ceux du cor, et sans aucun doute il en eût reproduit d'autres encore, s'il avait eu une série plus complète de diapasons.

425. Vibrations des corps solides. — Les corps solides, les corps liquides et les corps gazeux peuvent les uns et les autres vibrer alors qu'ils sont placés dans des conditions convenables, ils peuvent devenir des *corps sonores* ; nous nous occuperons d'abord des solides.

On peut classer rationnellement les solides de la façon suivante, en tant que corps sonores, en se basant sur les grandeurs relatives des dimensions des corps et sur la distinction qui existe entre les corps rigides et ceux qui ne le sont pas, ceux-ci n'étant élastiques qu'à la condition d'être soumis à des forces, d'être tendus.

I. Corps ayant les trois dimensions du même ordre de grandeur.

II. Corps ayant une dimension très petite par rapport aux deux autres.

  a. Corps rigides : *plaques vibrantes.*

  b. Corps non rigides : *membranes vibrantes.*

III. Corps ayant deux dimensions très petites par rapport à la troisième.

  c. Corps rigides : *verges vibrantes.*

  d. Corps non rigides : *cordes vibrantes.*

Des corps élastiques ayant les trois dimensions du même ordre de grandeur peuvent vibrer et non seulement produire des bruits, mais même des sons musicaux. Mais on ne sait rien de précis à ce sujet et nous ne nous y arrêterons pas.

426. Des plaques vibrantes. — Les lames rigides et élastiques, telles que peuvent les fournir certains métaux, fixées en un

Fig. 205.

point et ébranlées à l'aide d'un archet, donnent naissance à des sons; les vibrations produites sont mises en évidence et étudiées en projetant du sable fin sur la plaque maintenue horizontale. Le sable est chassé des parties où les vibrations ont une certaine intensité, et se réunit peu à peu suivant des lignes régulières appelées *lignes nodales* (*fig.* 205), où il reste en repos. Ces lignes immobiles divisent la plaque en segments ou *concamérations a, b, c, d, e, f,* qui vibrent de telle sorte que deux concamérations voisines possèdent à un même instant des vitesses de sens contraires, c'est-à-dire que l'une s'abaisse lorsque l'autre s'élève.

Chladni et Savart ont étudié les modifications que présentent les figures nodales, sans avoir obtenu des résultats simples. On peut dire cependant que le nombre et la position des lignes nodales changent lorsque l'on fait varier le mode de fixation de la plaque ou la manière de l'attaquer, et que le son est d'autant plus aigu, en général, que le nombre des lignes nodales est plus grand.

Les cloches et les timbres vibrent à peu près de la même façon, et l'on peut y distinguer des lignes nodales dans certains cas.

427. — L'existence des lignes nodales, restant immobiles au

milieu de parties en mouvement, ne peut se comprendre, comme nous l'avons indiqué, que si l'on admet que deux parties voisines vibrent à chaque instant en sens contraires. On peut d'ailleurs vérifier expérimentalement qu'il en est bien ainsi; nous rapporterons d'abord une expérience due à M. Lissajous.

Une plaque circulaire, fixée en son centre, étant ébranlée de manière à ne présenter que des diamètres comme lignes nodales (*fig*. 206), on taille un disque de carton de même dimension, de sorte qu'il présente successivement des parties pleines et des vides correspondant à des concamérations respectivement voisines : les lettres se correspondent sur la figure 205 et sur la figure 206. On suspend cet écran par un fil fixé en son centre, et on l'approche au-dessus de la plaque, de telle sorte que ses segments correspondent exactement aux concamérations de celle-ci. On distingue alors un notable renforcement du son. Cet effet s'explique facilement : la présence de l'écran, en masquant toutes les concamérations de deux en deux, ne laisse passer que des vibrations parfaitement concordantes;

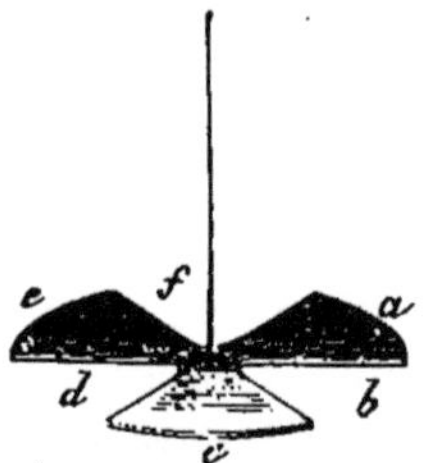

Fig. 206.

lorsque cet écran est enlevé, au contraire, il parvient à l'oreille des vibrations provenant de toute la plaque, et comme deux concamérations consécutives exécutent des mouvements de sens contraire, les effets se retranchent, se détruisent en partie, et produisent en somme un son moins intense.

Les plaques vibrantes peuvent encore donner naissance au phénomène de l'interférence, au moyen d'un tuyau à double embouchure (*fig*. 207). Ce tuyau a des dimensions telles, qu'il vibre à l'unisson de la plaque; à son extrémité supérieure, il porte une membrane tendue sur un cadre, sur laquelle on projette du sable, dont le mouvement met en évidence pour l'œil les vibrations de l'air; à la partie inférieure, ce tuyau se divise en deux autres, portant chacun une ouverture à la paroi inférieure. En plaçant l'une de ces ouvertures au-dessus d'une concamération, l'autre étant en dehors de la plaque, l'air du tuyau vibre, le son est renforcé, et le sable s'agite sur la membrane. Ces divers effets sont augmentés lors-

Fig. 207.

que les deux ouvertures sont placées au-dessus de deux concamérations de même ordre, et vibrant par suite dans le même sens: mais le renforcement du son et l'agitation du sable cessent complètement lorsque les ouvertures sont placées au-dessus de deux con-

camérations séparées par un nombre pair de segments; les mouvements vibratoires communiqués sont alors, en effet, égaux et de
sens contraire, et, par suite, se détruisent par leur superposition
dans le tuyau.

428. Vibrations des membranes. — Les membranes ne
vibrent de manière à donner naissance à un son que lorsqu'elles
sont tendues sur un cadre rigide : on peut alors les faire vibrer par un
choc direct, comme cela a lieu pour le tambour ; les membranes entrent, en outre, très facilement en vibration lorsque l'on produit à peu
de distance un son assez intense et de même hauteur que celui qu'elles
peuvent rendre. Si, dans ce cas, on a projeté du sable sur la membrane
tendue, il se rassemble, et l'on obtient des lignes nodales ; mais les
figures ainsi formées ont peu de fixité et varient sans même que
l'on puisse saisir aucune variation dans le son qui les influence.
Mais ces membranes sont susceptibles de vibrer sous l'influence
d'un grand nombre de sons, et cette propriété les rend intéressantes à plusieurs égards.

Les membranes, par leurs vibrations, donnent naissance plutôt
à des bruits qu'à des sons; aussi, le plus souvent, sont-elles utilisées
en musique seulement pour marquer le rythme.

429. Vibrations des verges. — Lorsque l'on considère une
verge en vibration, on reconnaît qu'il existe des points où le mouvement est sensiblement nul : ce sont des nœuds de vibration, tandis que dans les points voisins les déplacements sont faciles à
distinguer ; les points où se produisent les maxima de déplacement
sont des ventres. Deux concamérations voisines ont nécessairement
des mouvements vibratoires qui sont opposés à chaque instant.

Dans le cas le plus ordinaire les verges sont *encastrées* à une
extrémité et libres à l'extrémité opposée ; il y a toujours un ventre
à cette extrémité libre et un nœud au point d'encastrement. Lorsqu'il se produit plusieurs concamérations, la question présente une
certaine complication ; nous ne nous y arrêterons pas.

Si des verges vibrent dans leur totalité, on reconnaît que les
nombres de vibrations qu'elles effectuent sont :

1° *En raison inverse du carré de la longueur; 2° proportionnels à
l'épaisseur, et 3° indépendants de la largeur.*

430. Diapasons. — Les diapasons, qui sont fort usités en musique et en acoustique, sont des verges vibrant transversalement.

Un diapason est une lame d'acier recourbée (*fig.* 208) et portée
en son milieu par une tige droite : on écarte les branches de leur
position d'équilibre soit par l'action d'un archet, soit par le passage
entre elles d'un cylindre dont le diamètre est un peu supérieur à la

distance qui les sépare. Ces branches oscillent alors avec une rapidité qui dépend de leurs dimensions : le son produit est faible lorsque l'instrument est isolé ;
aussi, souvent, on l'adapte à
une caisse de résonnance pour
augmenter l'intensité. Outre
que les parois de la caisse vibrent, les dimensions ont été
calculées de telle sorte que
l'air qui y est contenu vibre
à l'unisson du diapason et
renforce ainsi le son propre
du diapason.

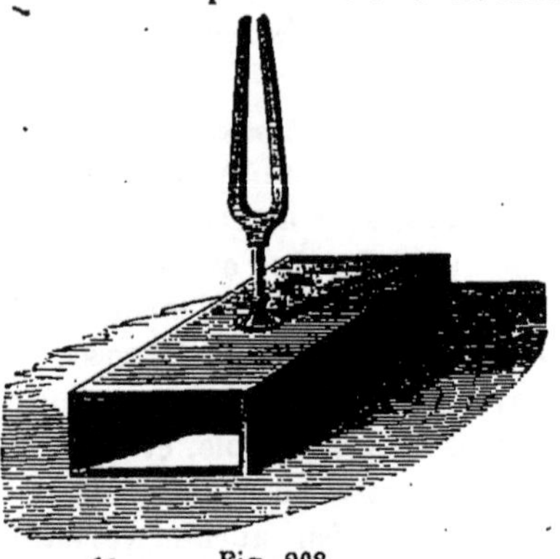
Fig. 208.

431. Vibrations longitudinales. — Les plaques et
les verges élastiques fixées, comme nous venons de le dire, outre le
mode de vibrations que nous venons d'étudier, sont susceptibles
d'éprouver des oscillations dans le sens de leur longueur. On détermine ces vibrations longitudinales en frottant la verge, suivant sa
longueur, avec les doigts enduits de colophane. Ce sont également
des vibrations longitudinales que l'on détermine dans un verre
dont on frotte le bord circulairement avec les doigts mouillés.

Les sons que l'on produit ainsi présentent un caractère désagréable, et sont toujours beaucoup plus élevés que ceux qui correspondent, pour la même verge, aux vibrations transversales. Ils
n'ont aucune utilité pratique ; mais leur étude a permis, à l'aide de
considérations mécaniques, de trouver indirectement la vitesse de
propagation du son dans les solides. La question est la même que
pour les tuyaux sonores, comme nous le dirons plus loin.

432. Des cordes vibrantes. — Nous avons expliqué rapidement comment se produit le mouvement vibratoire d'une corde
tendue, que l'on a écartée de sa position d'équilibre (376) ; nous
avons dit comment elle oscillerait indéfiniment de part et d'autre
de cette position, s'il n'y avait ni frottements, ni résistances accessoires. Il nous reste à indiquer que ces vibrations sont toujours de
même durée, quelle que soit leur amplitude, ce que l'on prouve en
remarquant que la hauteur du son produit par une corde ne change
pas lorsque l'intensité varie.

Pour faire varier les conditions dans lesquelles on place la corde,
on fait avantageusement usage du *sonomètre* (*fig.* 209). Cet appareil
consiste en une longue boîte rectangulaire, présentant quelques
ouvertures, et servant de caisse de résonnance ; elle est généralement portée sur des pieds. Sur la paroi supérieure on tend des

cordes de nature et de diamètres différents ; ces cordes sont arrêtées
d'une manière fixe à une extrémité ; à l'autre bout, elles s'enroulent
sur des chevil-
les à vis qui per-
mettent de les
tendre plus ou
moins, ou bien
elles passent sur
des poulies, et
supportent à
leur extrémité
des poids qui
produisent des

Fig. 209.

tensions que l'on peut faire varier. La partie de la corde que
l'on fait vibrer est limitée par des chevalets, dont l'un, au moins,
se meut sur une échelle divisée, tracée au-dessous des cordes.

On fait résonner les cordes soit simplement en les pinçant, soit
en les ébranlant à l'aide d'un archet enduit de colophane.

433. Modes de vibration des cordes. — D'une manière générale une corde que l'on fait vibrer présente l'aspect que nous avons signalé (376), c'est-à-dire que, à l'exception des extrémités maintenues
fixes, tous les points subissent des déplacements, le maximum de ces déplacements, le *ventre*, coïncidant avec le milieu. Mais le mode de vibration peut être différent, ainsi que cela résulte des expériences suivantes.

Soit AB (*fig.* 210, I) une corde tendue entre A et B, et soit C un
chevalet placé au tiers de la longueur ; si l'on ébranle directement
la partie AC, de manière à la
faire vibrer, on verra la partie
CB entrer aussi en vibration,
mais non pas dans sa totalité ;
elle se partage en deux segments
égaux chacun à AC, vibrant séparément et en sens contraire,
comme si le point D était invariablement fixé ; ce point porte le
nom de *nœud*, les parties E et E'

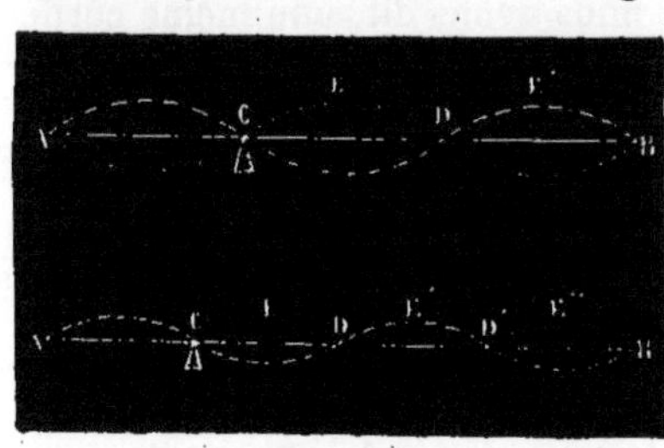

Fig. 210.

de la corde intermédiaires à C, D et B s'appellent des *ventres* ; on a
représenté par des lignes différemment ponctuées les positions
extrêmes que prend la corde dans ce mode de vibration. On
démontre expérimentalement la production des nœuds et des ventres
en plaçant de petits chevrons de papier sur la corde ; ceux qui
sont situés en E et E' tombent tandis que ceux qui sont situés au
nœud restent immobiles.

On arrive à des résultats analogues en faisant varier la position du chevalet, pourvu qu'elle corresponde à une partie aliquote de la longueur qui ne soit pas trop petite; la figure représente aussi le cas où le chevalet est au quart de la longueur de la corde (II).

On peut arriver à déterminer la vibration d'une corde par partie en l'ébranlant directement, à la condition de poser le doigt légèrement à la moitié, au tiers, au quart, etc., ce qui détermine un nœud en ce point, les autres nœuds étant régulièrement espacés.

434. Lois des vibrations des cordes. — Le sonomètre permet de faire varier successivement tous les éléments qui caractérisent une corde vibrante; on peut, d'autre part, déterminer soit à l'aide de la sirène, soit par un enregistrement direct, le nombre des vibrations correspondant à chaque son produit. On arrive ainsi à vérifier les lois de vibration des cordes, que l'on peut énoncer ainsi qu'il suit.

PREMIÈRE LOI. — *Toutes choses étant égales d'ailleurs, les nombres de vibrations effectuées en une seconde sont inversement proportionnels aux longueurs des concamérations.*

Cette première loi peut être appliquée particulièrement au cas où la corde vibre dans sa totalité, rendant ce que l'on appelle le *son fondamental*, et peut alors s'énoncer ainsi.

LOI. — *Toutes choses égales d'ailleurs, les nombres de vibrations effectuées en une seconde par une corde vibrant dans sa totalité sont inversement proportionnels aux longueurs de la corde.*

Une autre conséquence se déduit de la même loi et présente une réelle importance; d'après ce que nous avons dit, une même corde peut ou vibrer dans sa totalité, ou se subdiviser en 2, 3, 4... k, parties égales; la longueur de la corde étant l, les longueurs correspondantes des concamérations sont successivement :

$$\frac{l}{2}, \quad \frac{l}{3}, \quad \frac{l}{4}, \dots \quad \frac{l}{k}.$$

Si donc n est le nombre de vibrations correspondant au son fondamental, c'est-à-dire au son produit par la corde vibrant dans sa totalité, les sons successifs produits par la corde se subdivisant en concamérations correspondront à des nombres de vibrations :

$$2n, \quad 3n, \quad 4n, \dots \quad kn.$$

C'est-à-dire que ces sons successifs seront précisément les harmoniques du son fondamental.

DEUXIÈME LOI. — *Toutes choses égales d'ailleurs, les nombres de vibrations sont en raison inverse des diamètres.*

Troisième loi. — *Toutes choses égales d'ailleurs, les nombres de vibrations sont proportionnels à la racine carrée des tensions.*

Quatrième loi. — *Toutes choses égales d'ailleurs, les nombres de vibrations sont en raison inverse de la racine carrée des densités.*

Ces lois peuvent toutes être exprimées par la formule générale suivante :

$$n = \frac{1}{l\,r} \sqrt{\frac{g\mathrm{P}}{\pi d}},$$

dans laquelle n est le nombre de vibrations effectuées en une seconde, l la longueur de la partie vibrante, r le rayon de la corde, P le poids qui produit la tension, d la densité ; π et g sont respectivement le rapport de la circonférence au diamètre et l'accélération de la pesanteur.

Ces diverses lois trouvent leur application dans la construction et le fonctionnement de tous les instruments de musique à cordes.

435. Vibrations complexes des cordes. — On ne peut arriver sans précaution à faire vibrer dans sa totalité une corde de manière à présenter l'aspect simple de fuseau ; lorsque l'on ébranle la corde du sonomètre fortement éclairée et qu'on la regarde se mouvoir sur un fond noir, on reconnaît qu'elle prend des formes plus complexes.

La théorie mathématique de l'élasticité rend compte de ce fait en montrant que les divers modes de vibration qu'un corps peut prendre successivement peuvent aussi exister simultanément, se superposant, s'ajoutant les uns aux autres. Ainsi, par exemple, il peut se faire (*fig.* 211) que lorsque la corde vibre en totalité, chacune de ses moitiés vibre elle-même, la durée de la vibration étant par suite deux fois plus courte : nous avons représenté, en l'exagérant, la forme d'une corde soumise simultanément à ces deux

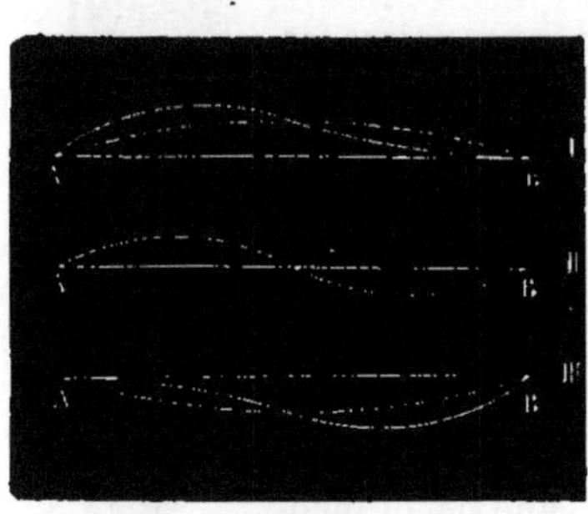

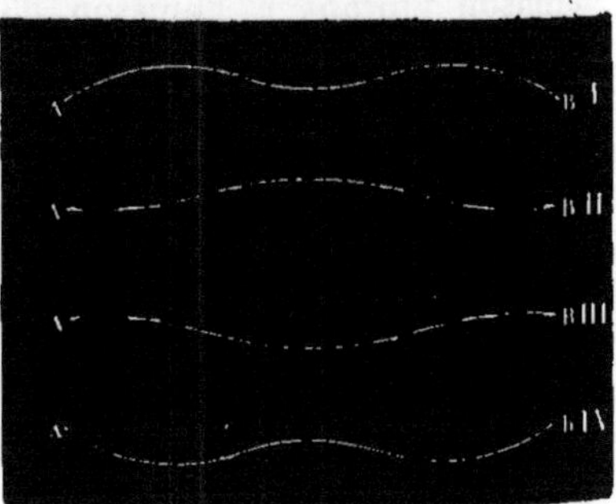

Fig. 211.

Fig. 212.

mouvements, à diverses phases de la vibration. Nous donnons également (*fig.* 212) le résultat de la superposition du mouvement de

totalité et de la vibration de la corde par tiers : les tracés I, II,III
et IV correspondent à des périodes diverses de la vibration totale.
Disons enfin que le calcul indique que des mouvements partiels, en
nombre quelconque, peuvent se superposer au mouvement de totalité. Il est évident qu'à chacun de ces modes de vibration correspond une loi spéciale pour le mouvement de chaque molécule.

Le fait que nous signalons n'est pas particulier aux cordes vibrantes, il se présente pour les plaques vibrantes, il se présente
également pour les tuyaux sonores, comme nous le dirons. On
conçoit l'importance de cette remarque au point de vue de la
théorie du timbre : elle explique aussi bien la différence de forme
des vibrations qui, nous l'avons dit, caractériserait les divers
timbres, que les sons accessoires qu'une oreille exercée peut distinguer dans la plupart des sons produits par les instruments de
musique. On conçoit en effet, d'une part, que, suivant les diverses
modes de vibration par partie qui se superposeront et suivant
leurs amplitudes relatives, la forme de la vibration du corps
sonore changera, ce qui suffirait pour expliquer les variétés de timbres. Il faut concevoir, d'autre part, que l'oreille pourrait dans un
mode de vibration complexe discerner les éléments simples qui
s'y trouvent et faire entendre les sons qui correspondent à ces éléments simples, en réalité fusionnés dans la vibration totale : cette
faculté d'analyse de l'oreille semble réelle ; nous indiquerons plus
loin comment on explique qu'elle puisse exister.

436. Des tuyaux sonores. Mise en vibration de l'air.
— On peut faire vibrer une masse d'air contenue dans une cavité de
diverses manières, par exemple par résonnance, comme nous
l'avons dit, en approchant de cette masse un autre corps sonore, un
diapason vibrant à l'unisson d'un son que puisse
rendre cette masse. On peut encore donner naissance
à un son en faisant arriver un courant d'air dans des
conditions convenables. Nous nous occuperons plus
spécialement des tuyaux sonores, et d'abord nous
allons indiquer les procédés les plus usités pour *faire
parler* un tuyau, suivant l'expression consacrée.

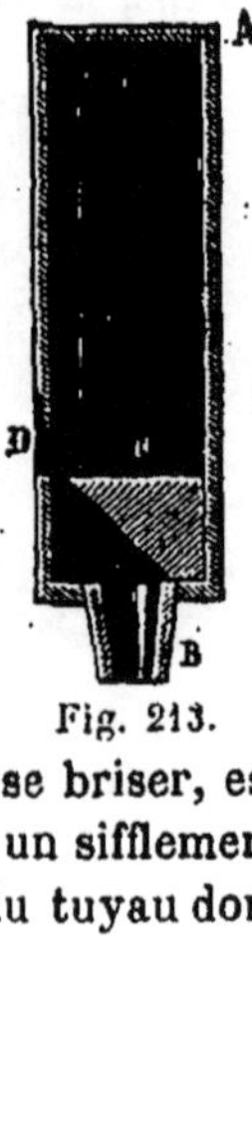

Les tuyaux à embouchure de flûte présentent, à
leur partie inférieure B (*fig.* 213), une ouverture que
l'on adapte au tuyau porte-vent d'une soufflerie. Le
courant d'air produit est dirigé par une paroi inclinée vers une ouverture D percée dans la paroi latérale,

Fig. 213.

et dont le bord supérieur, sur lequel le courant vient se briser, est
taillé en biseau. Le frôlement du courant d'air produit un sifflement
particulier, qui met en vibration, par influence, l'air du tuyau don-

nant naissance à un son intense. Il faut bien comprendre que le courant d'air ne traverse pas le tuyau, et, en particulier, cela ne pourrait être dans un tuyau fermé; mais, dès le commencement, le sifflement possède un mouvement complexe susceptible de faire vibrer par influence l'air du tuyau, et le mouvement vibratoire ainsi produit réagit aussitôt sur le courant d'air, en lui communiquant le rythme même des vibrations qui, par influence, feront vibrer l'air du tuyau.

On fait aussi parler les tuyaux sonores à l'aide d'*anches*, sorte de languettes élastiques, qui vibrent sous l'influence d'un courant d'air, et dont nous allons donner une description rapide. Soit BC (*fig.* 214) une ouverture pratiquée dans la paroi d'un tuyau. Une lame métallique FD faisant ressort, et qui est fixée à une de ses extrémités, ferme presque exactement cette ouverture, sans cependant que ses bords libres touchent les parois; lorsque cette languette est mise en vibration, son extrémité D passe successivement aux positions extrêmes d et d', pour lesquelles elle débouche l'ouverture BC. La longueur de la partie vibrante, qui détermine la durée de chaque vibration, peut être changée entre certaines limites, à l'aide de la tige métallique ou *rasette* EF, qui peut être descendue plus ou moins, et dont l'extrémité recourbée F rend le ressort immobile jusqu'en ce point.

Fig. 214.

L'anche que nous venons de décrire est placée de telle sorte, que l'ouverture BC soit le seul passage pour l'air sortant de la soufflerie; elle est généralement surmontée d'un tuyau, dont les dimensions ont une certaine relation avec celles de l'anche. L'anche sollicitée à vibrer par l'action de la pression de l'air qui existe dans la soufflerie, met à son tour en vibration l'air du tuyau, qui résonne avec une notable intensité. Il faut comprendre, du reste, que la rapidité des vibrations de l'air du tuyau réagit sur le mouvement de l'anche, ainsi que cela est manifeste dans les instruments, tels que la clarinette, le basson, qui n'ont qu'une seule anche pour produire des sons différents.

Dans quelques cas, l'anche se présente avec une forme différente, quoique son mode de fonctionnement soit le même, comme il arrive dans les embouchures dites à *bocal* (cor, trompettes, etc.); ce sont alors les lèvres de l'exécutant qui font fonction d'anches; on dit alors que ce sont des *anches membraneuses*.

437. Vibration de l'air dans un tuyau. — L'air qui vibre dans un tuyau ne présente pas les mêmes mouvements en tous les points, ainsi qu'on peut le prouver par l'expérience suivante.

Dans un tuyau qui parle et dont une des parois est en verre, on introduit une membrane légère tendue sur un cadre de petites dimensions, suspendu par des fils de soie. Du sable léger est répandu sur la membrane, et se met à sauter lorsque l'air environnant met celle-ci en vibration. En enfonçant cette membrane à diverses hauteurs, on reconnaît, par exemple, qu'à l'orifice l'air est en vibration, mais qu'au milieu de la longueur, en N, il est au repos, si le son produit est le plus grave que puisse rendre le tuyau ; les points tels que V ont reçu le nom de *ventres*, ceux dans lesquels l'air est immobile comme N sont les *nœuds*. En faisant varier la pression de l'air dans la soufflerie on peut changer le son produit, et l'on reconnaît que l'on obtient ainsi des ventres et des nœuds en nombres variables.

On peut démontrer que c'est bien l'air qui vibre dans les tuyaux sonores, et non les parties solides. Il suffit pour cela de placer dans les mêmes conditions sur la soufflerie des tuyaux de même longueur, mais dont les parois sont de natures différentes, en bois, en verre, en métal, en carton, etc. Les sons obtenus seront tous de même hauteur, ce qui montre que les parois ne constituent pas le corps sonore.

438. — Pour bien concevoir la manière dont se produisent les phénomènes vibratoires dans un tuyau, il faut se reporter à ce que nous avons dit sur les ondes liquides et les ondes aériennes, ainsi que sur les interférences ; nous devons, du reste, ajouter certains résultats de la théorie.

La réflexion d'une onde sonore sur une paroi résistante donne naissance à une onde qui se propage en sens contraire de l'onde incidente, et qui est telle, que le mouvement communiqué à une molécule par cette onde est de sens contraire à celui que lui aurait donné l'onde directe : donc, dans un tuyau bouché, à l'extrémité duquel on communique à l'air une série d'ébranlements périodiques, les ondes successives se réfléchiront sur l'extrémité fermée, et dans leur mouvement de réflexion interféreront avec les ondes incidentes.

Dans un tuyau ouvert, une onde venant à arriver à l'extrémité libre donnera naissance à une autre onde marchant en sens contraire de la première, mais communiquant à chaque instant à une molécule un déplacement égal à celui qu'aurait donné l'onde incidente et dans le même sens ; s'il y a une série d'ondes incidentes, il y aura une série d'ondes réfléchies, et de même il y aura interférence.

Dans les deux cas, nous avons des ondes de même durée, de même amplitude, puisque la propagation se fait dans un cylindre,

et marchant en sens contraire. La superposition des deux systèmes
d'ondes détermine en certains points fixes un repos des molécules,
et dans d'autres des déplacements variables : les points qui subissent
les déplacements maxima ont une position fixe par rapport à la longueur du cylindre; ce sont les ventres. On conçoit, du reste, que,
les ondes réfléchies n'ayant pas les mêmes caractères pour les tuyaux
ouverts ou bouchés, les résultats soient différents.

Pour donner une idée exacte du mode de vibration des tuyaux.
et quoique nous ne puissions insister sur ce point, il importe de
faire remarquer que le déplacement des molécules ne varie pas
comme les pressions de l'air en ces points; ainsi, par exemple, les
nœuds des tuyaux sonores, points pour lesquels le déplacement est
nul, sont les parties où la condensation et la dilatation atteignent
leurs maxima; tandis qu'elles sont constamment nulles pour les
ventres où les déplacements sont, au contraire, les plus grands
possibles.

439. Vibration des masses d'air; tuyaux sonores. —
On sait peu de chose sur le mode de vibration des masses d'air
de forme quelconque et sur les lois qui les régissent à ce point de
vue : il n'y a donc pas lieu de s'y arrêter.

On appelle spécialement *tuyaux sonores* des tubes dont la longueur est grande par rapport au diamètre. Le calcul indique et
l'expérience vérifie que le mode de vibration, et par conséquent
le son produit, ne dépendent pas du diamètre; on reconnaît qu'il
en est ainsi en faisant parler des tuyaux de même longueur mais
de sections différentes : la hauteur du son est la même. Les
tuyaux sonores peuvent être librement ouverts à l'extrémité
opposée à celle qui correspond à la soufflerie; ils peuvent être, au
contraire, fermés par une paroi solide; de là la distinction en *tuyaux*
ouverts et *tuyaux fermés*.

Un tuyau ne vibre pas toujours de la même façon et, par conséquent, ne rend pas toujours le même son; le mode de vibration dépend principalement de l'intensité du courant d'air.

440. Répartition des ventres et des nœuds dans les
tuyaux. — Dans un tuyau qui vibre les nœuds et les ventres ne
sont pas distribués d'une manière quelconque : leurs positions sont
soumises à la règle suivante donnée par Bernouilli.

Les ventres et les nœuds sont également distants. Il y a toujours un
ventre à la partie du tuyau qui communique avec la soufflerie; il y a
un ventre à l'autre extrémité si le tuyau est ouvert, un nœud s'il est
fermé.

Ces résultats ont été donnés par la théorie mécanique des tuyaux
sonores; on peut les vérifier au moyen de la membrane tendue que

nous avons indiquée ou par d'autres moyens dont nous parlerons plus loin. Quoique l'on puisse admettre cet énoncé, dans la pratique il n'est pas absolument juste, et, par exemple, les nœuds ou les ventres situés près de l'extrémité ne sont pas à la même distance que ceux qui sont au milieu du tuyau.

Les conséquences que l'on tire de cette loi sont les suivantes :

Pour les tuyaux fermés. — Il peut arriver qu'il n'y ait aucun nœud ni aucun ventre dans la longueur du tuyau (*fig.* 215, I) ; qu'il y ait 1 ventre et 1 nœud intermédiaires (II), 2 ventres et 2 nœuds (III), etc.;

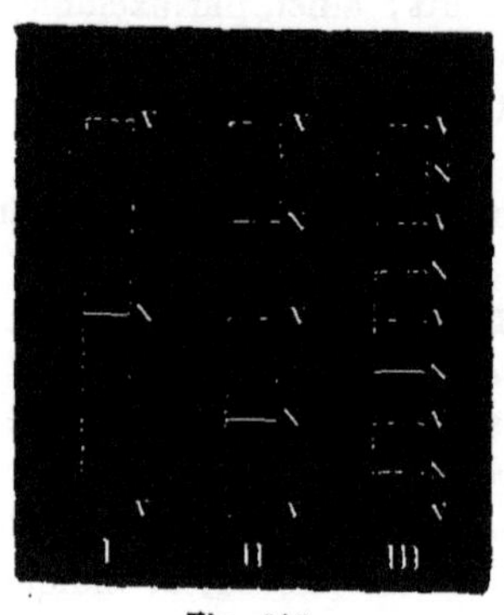

Fig. 215.

Fig. 216.

si donc l est la longueur du tuyau, la distance qui sépare un nœud du ventre le plus voisin prendra les valeurs l, $\dfrac{l}{3}$, $\dfrac{l}{5}$, etc.

Pour les tuyaux ouverts. — Puisqu'il y a un ventre à chaque extrémité, il y a au moins un nœud, au milieu (*fig.* 216, I) ; il peut y en avoir davantage, et, par exemple, 2 nœuds et 1 ventre (II), 3 nœuds et 2 ventres, 4 nœuds et 3 ventres (III), etc. ; par suite, les distances d'un nœud au ventre le plus voisin seront respectivement $\dfrac{l}{2}$, $\dfrac{l}{4}$, $\dfrac{l}{6}$, $\dfrac{l}{8}$, etc.

441. Loi des vibrations des tuyaux sonores. — Le nombre des vibrations exécutées par l'air d'un tuyau dépend précisément de la longueur des concamérations dans lesquelles il se divise ; il est donné par la loi suivante :

Les nombres de vibrations des sons rendus par les tuyaux sont en raison inverse de la distance qui sépare un nœud du ventre le plus voisin.

On démontre cette loi en comparant aux sons produits par la sirène les sons produits par des tuyaux de diverses longueurs, ou dans lesquels on détermine la formation de ventres ou de nœuds en divers points.

Il résulte de cette loi combinée à la précédente, que :

1° Le son fondamental d'un tuyau ouvert est à l'octave supérieure de celui d'un tuyau fermé de même longueur. Les distances d'un nœud au ventre voisin étant respectivement $\frac{l}{2}$ et l, les nombres de vibrations sont, en effet, dans le rapport de 2 à 1;

2° Les divers sons produits par un même tuyau fermé ont des nombres de vibrations qui sont dans le rapport des nombres impairs, 1, 3, 5, 7, etc.; ce sont donc les harmoniques d'ordre pair du son fondamental;

3° Les divers sons rendus par un même tuyau ouvert correspondent à des nombres de vibrations inversement proportionnels à $\frac{l}{2}, \frac{l}{4}, \frac{l}{6}, \frac{l}{8}$, etc.; c'est-à-dire proportionnels à la série des nombres entiers 1, 2, 3, 4, etc. Un tuyau ouvert a donc la même série d'harmoniques qu'une corde vibrante.

Les lois que nous venons de résumer portent le nom de Daniel Bernouilli, qui les a découvertes (1762).

442. Hauteur des sons rendus par les tuyaux. — On peut non seulement déterminer les rapports des nombres de vibrations, mais aussi la hauteur absolue du son rendu par un tuyau; on démontre en effet que la distance qui sépare un nœud du ventre voisin est égale à une demi-longueur d'onde. Or on sait que la longueur d'onde d'un son correspondant à n vibrations par seconde est $\frac{\omega}{n}$, ω étant la vitesse de propagation du son; si donc d est la distance d'un nœud au ventre voisin, on a : $d = \frac{1}{2}\frac{\omega}{n}$, ce qui permet de calculer $n = \frac{1}{2}\frac{\omega}{d}$.

Si donc on a un tuyau fermé, de longueur l, les nombres de vibrations des divers sons qu'il peut rendre seront successivement :

$$\frac{1}{2}\frac{\omega}{l}, \qquad \frac{3}{2}\frac{\omega}{l}, \qquad \frac{5}{2}\frac{\omega}{l} \ldots$$

S'il s'agit d'un tuyau ouvert de même longueur, pour le son fondamental $d = \frac{l}{2}$; on a alors pour les nombres de vibrations que ce tuyau peut rendre successivement :

$$\frac{\omega}{l}, \qquad \frac{2\omega}{l}, \qquad \frac{3\omega}{l}, \qquad \frac{4\omega}{l} \ldots$$

443. Mesure indirecte de la vitesse du son. — On peut faire parler un tuyau avec un gaz quelconque : on observe alors qu'il ne rend pas le même son que si, le mode de vibration étant le même, il parlait par l'action d'un courant d'air.

La différence provient de ce que la vitesse de propagation n'est pas la même dans les divers gaz; que, par conséquent, dans la formule $n = \dfrac{\omega}{2d}$, ω change avec la nature du gaz.

Cette remarque permet de mesurer indirectement la vitesse du son dans un gaz quelconque : on fait parler un tuyau à l'aide de ce gaz; on note la hauteur du son produit, son nombre de vibrations, à l'aide de la sirène par exemple; on mesure la distance d qui sépare un nœud du ventre voisin, et l'égalité précédente donne pour la valeur de la vitesse $\omega = 2\,n\,d$.

On a pu également faire parler, à l'aide d'un courant de liquide sous pression, un tuyau placé dans une caisse remplie du même liquide : les mêmes remarques sont applicables, ce qui a permis à Wertheim de déterminer la vitesse de propagation du son dans les liquides.

Enfin, il importe de remarquer que les conditions de vibration d'une verge vibrant longitudinalement sont les mêmes précisément que celles d'un tuyau sonore; l'extrémité encastrée correspond au bout fermé, l'extrémité libre de la verge correspond au bout ouvert du tuyau. On comprend dès lors comment il a été possible de déterminer par cette méthode la vitesse de propagation du son dans les solides.

444. Coexistence de divers modes de vibration dans les tuyaux. — Comme nous l'avons dit pour les cordes, il est rare qu'un tuyau vibre d'une façon aussi simple que l'indiqueraient les lois données ci-dessus; le plus souvent, l'air prend un mouvement vibratoire qui correspond à la superposition de divers mouvements vibratoires que le tuyau peut présenter isolément, c'est-à-dire que, par exemple, au mouvement correspondant au son fondamental se joignent un ou plusieurs mouvements correspondant à des harmoniques que peut rendre le tuyau. Ces divers mouvements ne peuvent, bien entendu, exister effectivement, mais ils donnent naissance par leur composition à un mouvement résultant unique dont la loi dépend du nombre, du rang et des intensités relatives des divers mouvements composants.

Cette remarque a le même intérêt général que nous avons signalé en parlant des cordes. Elle explique, en particulier, la différence des timbres produits par les tuyaux ouverts et les tuyaux bouchés, la succession des harmoniques qui peuvent être superposés au son fondamental n'étant pas la même.

CHAPITRE IV

DE LA PHONATION ET DE L'AUDITION

445. De la production de la voix. — L'organe qui nous
permet de produire des sons se compose de deux parties : les poumons et la cage thoracique, qui donnent naissance à un courant
d'air dans l'expiration, et le larynx dans lequel le son se produit.
Nous n'avons à nous occuper que de ce dernier organe.

Le larynx se compose de cartilages (2 impairs : le cartilage
cricoïde et le cartilage thyroïde; et 1 pair : le cartilage aryténoïde)
formant la terminaison supérieure de la trachée, et débouchant
derrière la langue; ces cartilages sont revêtus intérieurement d'une
membrane fibreuse et d'une muqueuse qui présentent des replis à
deux hauteurs différentes; ces replis sont les *cordes vocales inférieures et supérieures.*

Les premières nous intéressent seules; les cordes vocales supérieures ne paraissent jouer aucun rôle important dans la phonation.

Entre les cordes vocales inférieures, qu'il serait préférable, à
cause de leur forme, d'appeler les *rubans vocaux*, comme il a été
proposé, se trouve une fente dirigée d'avant en arrière et qui a
reçu le nom de *glotte*. (Ce même mot *glotte* a été employé autrefois
dans un autre sens : il faut aujourd'hui lui donner cette seule accep-
tion.)

Les cordes vocales inférieures peuvent, sous l'action des muscles
propres du larynx, acquérir des tensions variables.

446. — Le larynx n'agit pas seul dans la production des sons :
la masse d'air comprise dans les cavités buccale et nasale a un
rôle important. C'est, en effet, cette masse d'air qui est le corps
vibrant; le larynx ne fait que provoquer par ses vibrations les
vibrations de l'air situé au-dessus. Ces cavités jouent véritablement
le rôle de résonnateurs.

Les cordes vocales vibrent sous l'influence du courant d'air
donné par le poumon au moment de la formation d'un son : il est
facile de s'assurer de la vibration du larynx tout entier par la
méthode d'enregistrement graphique, comme l'a fait M. Rosapelly :
on peut même voir vibrer les cordes vocales.

Le laryngoscope, qui sera décrit plus loin, et qui permet d'observer les cordes vocales, met nettement en évidence leur mouvement de vibration pendant l'émission d'un son.

On a pu faire vibrer des larynx frais de porc et obtenir la production de sons en même temps qu'on distinguait les vibrations des
bords des cordes vocales.

On peut produire des sons d'une façon analogue à ce qui a lieu
dans le larynx, par l'emploi d'anches membraneuses, que l'on construit comme il suit. On coupe l'extrémité supérieure d'un tube en
bois ou en métal, suivant deux plans obliques, de manière qu'il
reste deux saillies à peu près rectangulaires. On place alors deux
bandelettes de caoutchouc vulcanisé, peu tendues, sur les deux
sections obliques, de manière à laisser entre elles, à la partie supérieure, une fente étroite, et on les entoure d'un fil; les anches
ainsi construites vibrent très bien, et par leur association à des
tuyaux de formes et de dimensions diverses on peut produire des
sons très variés.

Mais les sons produits par un larynx seul ne sont pas analogues
aux sons de la voix parlée ou chantée : le larynx ne constitue pas
seul l'organe de la phonation. La résonnance des masses d'air auxquelles est communiqué le mouvement vibratoire est indispensable
pour produire des sons ayant les caractères de la voix.

447. — Les sons produits pendant la phonation varient; sans
vouloir entrer dans l'étude détaillée qui est du domaine de la physiologie, il est nécessaire de montrer comment peuvent se produire,
au point de vue acoustique, les différences observées.

Les variations d'intensité s'expliquent facilement; elles sont en
rapport avec la force du courant d'air chassé des poumons, qui
détermine des vibrations des cordes vocales d'une plus ou moins
grande amplitude.

La hauteur varie avec les divers changements qui peuvent se
produire dans les cordes vocales et principalement avec leur tension. Plusieurs physiciens ou physiologistes, Müller, Fournié,
notamment, ont montré sur des larynx naturels ou artificiels que le
son devient d'autant plus élevé que la tension est plus grande. Le
fait est analogue d'ailleurs à celui qui se produit pour la production du son dans les instruments à vent dits *à bocal* (cor, trompette)
où ce sont les lèvres de l'exécutant qui agissent comme anches
membraneuses.

448. — Reste la question du timbre : ce mot doit être entendu ici
dans son sens précis, tel que nous l'avons défini (375) et non comme
l'entendent les chanteurs, qui s'en servent pour désigner seulement
certains caractères des sons (le timbre sombré, le timbre nasillard).
Il n'est pas douteux que les variations de timbre ne soient dues
aux modifications de formes et de dimensions de la masse d'air qui
résonne sous l'influence des vibrations du larynx. Suivant que la

bouche sera plus ou moins ouverte, que la langue se portera en avant ou en arrière, que les lèvres s'avanceront ou se resserreront, que l'air des fosses nasales participera ou non à la vibration, le son se modifiera dans des limites très étendues, sans cependant que la hauteur change.

Il ne paraît pas douteux ni contesté que les différences qui existent entre les voyelles ne soient dues à peu près uniquement à ces conditions variées. On connaît même d'une manière générale la forme que doit prendre la bouche pour une voyelle déterminée; la question n'est pas encore complètement élucidée cependant. Tandis que pour certains auteurs la position est invariable pour une voyelle déterminée quelle que soit la hauteur du son, d'autres pensent, et nous sommes de cet avis, que la forme doit se modifier avec la hauteur du son si l'on veut conserver la pureté de la voyelle.

La masse d'air qui entre en vibration, si elle était seule, produirait un son qui dans la formation de la voyelle s'ajoute au son du larynx. Ce son, s'il ne suffit pas pour donner à la voyelle un caractère, un timbre particulier, en est certainement un élément important.

Le son accessoire dont nous parlons varie nécessairement avec la forme et les dimensions des masses d'air en vibration. On voit alors que la question que nous venons d'indiquer comme douteuse revient à dire que chaque voyelle est caractérisée par un son accessoire (exceptionnellement par deux), et que tandis que certains physiciens pensent que le son caractéristique est invariable pour une même voyelle quelle que soit la hauteur du son, d'autres pensent que c'est l'intervalle du son accessoire au son chanté qui caractérise la voyelle et que, par suite, le son accessoire doit varier avec le son principal même.

La question des modifications de timbre autres que celles qui se rapportent aux voyelles a été étudiée d'une manière encore moins complète. On ignore même les conditions physiques qui distinguent ce que l'on nomme la *voix de tête* de la *voix de poitrine* : on ne sait pas si la différence est due à des modifications dans le mode de vibration du larynx. Nous serions plutôt disposés à penser qu'il s'agit seulement de modifications dans les sons accessoires produits dans les cavités buccale ou nasale.

449. Phonographe. — La production de la parole est un phénomène très complexe, car, ainsi qu'on l'observe aisément, les sons qui la constituent changent à chaque instant de hauteur, d'intensité, de timbre, et même des bruits accessoires y jouent un rôle important. Les sons changent de hauteur, car on *chante* plus ou moins en parlant, on peut noter musicalement une phrase parlée ; — l'intensité se modifie, car il y a des syllabes accentuées, et d'autres qui sont plus ou moins affaiblies ; — le timbre se modifie, car c'est précisément le timbre qui différencie les diverses voyelles les unes des autres ; enfin les bruits accessoires auxquels nous faisons allusion correspondent aux consonnes.

Mais ces divers caractères représentent des modifications dans les vibrations ; on doit penser dès lors que si, après avoir enregistré ces vibrations avec fidélité, on vient à les reproduire identiquement, on devra reproduire également les sons correspondants, fussent-ils aussi complexes que ceux de la parole. Ce résultat a été obtenu à l'aide d'un fort intéressant appareil, le *phonographe*, inventé par Edison ; voici en quoi il consiste.

Un cylindre métallique est monté sur un axe dont une partie filetée tourne dans un écrou, de telle sorte que le mouvement de rotation communiqué au cylindre le fait également se déplacer parallèlement à l'axe ; chaque point du cylindre décrit ainsi une hélice dans son mouvement (11) ou, ce qui revient au même, les différents points d'une même hélice, dont le pas est égal à celui du filet de vis de l'axe, passent successivement devant un même point fixe. Une rainure hélicoïdale présentant ce même pas est creusée à la surface du cylindre.

On fixe sur la surface du cylindre une feuille d'étain bien tendue qui est maintenue en contact avec les filets de l'hélice, et qui reste suspendue, pour ainsi dire, au-dessus de la rainure, dans toute sa longueur.

A côté de ce cylindre et au fond d'un cône métallique servant à concentrer les vibrations, on trouve une membrane bien tendue et assez rigide qui, par sa partie centrale, pose sur une tige portée par un ressort et dont l'extrémité libre est terminée par une pointe mousse. On s'arrange pour que la pointe soit exactement au contact de la feuille d'étain qu'elle effleure seulement.

Si l'on vient à parler dans le cône métallique, la membrane vibrera et communiquera ses vibrations à la pointe mousse : si pendant ce temps on fait tourner le cylindre, la pointe à chaque vibration enfoncera légèrement la feuille d'étain, métal facilement déformable lorsqu'il est mince et qu'il n'est pas soutenu, ce qui est le cas ici. Elle creusera donc un sillon hélicoïdal sur cette feuille, sillon présentant des profondeurs variables, qui seront en rapport avec le mode de vibration, de telle sorte qu'il existe une relation nécessaire entre les éléments caractérisant ces dernières et la forme des sillons.

Ramenons alors le cylindre à son point de départ, sans que

pendant ce mouvement la pointe mousse soit au contact avec la
feuille d'étain; puis rétablissons le contact et faisons tourner le
cylindre, mais sans produire aucun son dans le cône métallique.
La pointe, repassant dans le même sillon, le suivra dans toute sa
longueur et reprendra des positions variables avec la forme du
sillon, c'est-à-dire qu'elle reprendra le mouvement qu'elle avait
précédemment. Dans la première partie de l'expérience, le mouvement était la cause qui déterminait la forme du sillon ; dans cette
seconde partie, c'est exactement l'inverse qui se produit. La membrane participe au mouvement de la pointe mousse et vibre
comme elle faisait précédemment; elle produira donc un son ou
une série de sons et le mouvement vibratoire qu'elle prendra est une
répétition du mouvement vibratoire qu'elle avait eu ; c'est-à-dire
que les sons que rend la membrane doivent présenter des modifications analogues à ceux qui avaient été produits d'abord, si le
mouvement communiqué au cylindre est bien le même. Un observateur doit donc entendre la même série de sons avec ses divers
caractères ; si l'on a chanté ou parlé dans le cône métallique, il
pourra reconnaître le chant ou même la parole. C'est en effet ce
qui arrive ; la reproduction des mélodies est très nette, celle de la
parole l'est un peu moins; cependant elle est souvent parfaitement
reconnaissable.

Cette expérience est capitale, car elle montre bien que la parole,
malgré sa complexité, est produite dans des circonstances qui sont
celles que nous avons indiquées pour les autres sons en général. Si
la reproduction de la voix n'est pas parfaite, on en voit facilement
les raisons : l'étain, bien que présentant une certaine mollesse, ne
se laisse pas déformer sans effort et, par suite, le sillon creusé par
la pointe mousse vibrant ne reproduit pas identiquement la forme
de la vibration, de telle sorte que, au retour, la vibration déterminée par la forme du sillon ne sera pas identique à la vibration
primitive de la membrane, d'où une modification dans les qualités
du son.

Ajoutons que, pour donner plus de son dans la seconde partie de
l'expérience, on met un grand cornet, une sorte de porte-voix dans
le cône métallique; la présence de ce tuyau conique change le
timbre des sons.

Nous verrons plus tard (Voir Électricité) que dans le *téléphone*,
où les vibrations sont reproduites identiquement, la voix parlée est
aussi reproduite identiquement.

450. De l'oreille. — L'oreille est formé de trois parties
distinctes : l'oreille externe, qui se compose de la conque et du
conduit auditif, dont le seul but est de diriger les vibrations de l'air

vers la *membrane du tympan*, cloison qui sépare l'oreille externe de
la moyenne. Les vibrations de l'air, ainsi communiquées à la membrane du tympan, sont transmises par l'intermédiaire des *osselets*,
le marteau, l'enclume, l'os lenticulaire et l'étrier, qui forment une
chaîne continue jusqu'à la membrane qui ferme la fenêtre ronde, à
laquelle aboutit l'étrier. Les vibrations se communiquent au liquide
qui remplit l'oreille interne, et qui vient baigner la fenêtre ronde.
L'oreille interne est une cavité de forme assez complexe que nous
allons décrire succinctement, et qui est en rapport avec l'oreille
moyenne par la fenêtre ronde et la fenêtre ovale, l'une et l'autre
fermées par des membranes.

L'oreille interne comprend le *restibule* où se trouve la fenêtre
ronde, et où aboutissent les *canaux semi-circulaires*, sortes de tubes
en demi-cercle, dont les plans sont rectangulaires l'un à l'autre ;
dans le vestibule est aussi le commencement du limaçon, autre
tube qui s'élève en courbe hélicoïdale, comme certaines coquilles.

Ce tube, à sa partie supérieure, au point où le diamètre de la
circonvolution est le plus petit possible, communique avec un autre
tube tout semblable qui, s'accolant au premier, descend en décri-
vant des courbes de plus en plus grandes, et vient aboutir à la
fenêtre ovale.

451. — Les vibrations communiquées par la chaîne des osselets
sont transmises au liquide qui remplit l'oreille interne, et le mouvement oscillatoire de ce liquide est rendu possible par l'élasticité
de la membrane qui garnit la fenêtre ovale, tandis qu'il serait
empêché par l'incompressibilité du liquide, si la cavité était partout fermée par des parois osseuses. Enfin, pour que l'air contenu
dans l'oreille moyenne ne s'oppose pas par sa pression à ces divers
mouvements, une communication est établie entre cette cavité et
l'arrière-bouche par la trompe d'Eustache.

Les dernières ramifications du nerf auditif, qui sont destinées à
recueillir les vibrations et à les transformer en sensations sonores,
sont réparties en très grand nombre dans les parois membraneuses
qui tapissent la presque totalité de l'oreille interne ; elles sont
ébranlées par les vibrations du liquide de l'oreille interne ; mais
jusqu'à ces derniers temps on n'était point arrivé à se rendre
compte du mécanisme par lequel on parvient à entendre non
seulement des sons divers, ce que l'on pourrait comprendre par le
nombre plus ou moins grand d'ébranlements, mais encore plusieurs sons simultanés. Les récentes découvertes anatomiques
de Schultze et de Corti ont permis à M. Helmholtz d'édifier une
théorie entièrement satisfaisante.

452. — Les divers rameaux nerveux terminaux sont en rapport

chacun avec une fibre tendue (fibre de Corti) où avec un fil rigide élastique; ces fibres et ces fils en très grand nombre (de 3 à 4,000) sont susceptibles d'entrer en vibration chacun pour un son dictinct, ces sons étant forcément assez rapprochés. Si donc un son simple est produit, la fibre correspondante entrera seule en vibration, et, ébranlant un seul filet nerveux, procurera une sensation qui sera distincte de toute autre provenant d'un autre filet nerveux qui serait ébranlé par une autre fibre. Si un son complexe se manifeste, les diverses fibres, correspondant au son fondamental et à ses harmoniques, entreront en vibration et ébranleront, proportionnellement à leur intensité relative, les filets nerveux auxquels elles communiquent; on voit que le même son fondamental produira des effets divers, suivant l'ordre et l'intensité des harmoniques concomitants, puisque ce seront des filets nerveux différents qui seront ébranlés, ou du moins les mêmes filets qui seront ébranlés avec plus ou moins d'intensité.

Enfin, si un son simple se produisait qui ne correspondît exactement à aucune fibre, les deux fibres correspondant aux sons les plus voisins, supérieur et inférieur, entreraient simultanément, mais plus faiblement, en vibration; et leurs ébranlements concomitants, communiqués aux filets nerveux, se fondraient en une impression unique, en vertu d'une opération du cerveau dont l'explication n'est pas du domaine de la physique.

DEUXIÈME SECTION. — CHALEUR

CHAPITRE PREMIER

THERMOMÉTRIE

453. De la chaleur. — Nos organes éprouvent certaines sensations bien connues, que l'on appelle sensations de chaleur et sensations de froid. On admet que les unes et les autres sont dues à la même cause, la *chaleur*. Si on réfléchit sur la nature de ces impressions, on reconnaît facilement que les indications qu'elles nous fournissent sont purement relatives, et ne peuvent servir qu'à constater une succession d'inégalités dans les divers états calorifiques. Ainsi, le temps du dégel, qui nous paraît d'une grande douceur lorsqu'il survient en hiver, nous semblerait insupportable en été. C'est pour la même raison qu'une cave paraît tantôt froide et tantôt chaude, suivant la saison, quoique, dans la réalité, elle présente toujours le même état calorifique. Ces divers exemples montrent que les sensations plus ou moins vives que notre organisme éprouve, au contact d'un corps plus ou moins chaud, ne sauraient donner une idée exacte de l'énergie de la chaleur ou de sa puissance. A plus forte raison, et comme il arrive d'ailleurs pour toutes les sensations, ne sommes-nous renseignés en rien sur la cause de cette sensation.

Mais on observe que dans les circonstances où nous éprouvons des sensations de chaleur ou de froid, phénomènes subjectifs, les corps inanimés soumis aux mêmes conditions éprouvent des modifications diverses et variées qui nous indiquent, par l'existence même de ces phénomènes objectifs, qu'il existe effectivement une cause extérieure.

Ces modifications sont de nature diverse : tantôt les données qui caractérisent géométriquement le corps sont changées, le corps varie de longueur, de volume, il se dilate ou se contracte; tantôt ses propriétés générales subissent des variations, le corps devenant plus ou moins dur, plus ou moins élastique, s'il est solide, plus ou moins mobile ou visqueux, s'il est liquide ; sa pression change s'il est à l'état gazeux ; de plus il se comporte différemment vis-à-vis des autres corps au point de vue de la dissolution, de la capillarité, de l'osmose, etc. Comme conséquence des modifications de l'élasticité, les phénomènes acoustiques auxquels il peut donner lieu sont aussi différents, etc.

Disons enfin, mais ici nous ne pouvons que signaler les faits sur lesquels nous reviendrons plus tard, que les variations calorifiques des corps peuvent donner naissance à des phénomènes lumineux, à des phénomènes électriques, chimiques, etc.

Ces diverses manifestations ont des causes immédiates, variables, diverses et directement perceptibles; on admet qu'elles ont une cause réelle unique et nous avons à étudier les relations qui existent entre les effets produits et les variations de la cause.

454. — Jusqu'à ces derniers temps on a attribué les effets de la chaleur à une substance impondérable, à un *fluide*, qu'on appelait le *calorique*. Aujourd'hui on paraît s'accorder pour regarder la chaleur comme liée au mouvement vibratoire des *molécules* matérielles, mouvement essentiellement distinct du mouvement vibratoire des parties visibles des corps qui donne naissance aux sensations auditives, aux phénomènes acoustiques.

Nous ne pourrons indiquer que plus tard les raisons qui militent en faveur de cette hypothèse que nous accepterons cependant provisoirement : nous dirons seulement que cette idée est basée en partie sur la possibilité, absolument démontrée aujourd'hui, de la transformation par voie d'équivalence du travail mécanique en chaleur et réciproquement. Nous avons indiqué déjà la relation directe (55) qui unit le travail mécanique et la force vive; on conçoit que la chaleur puisse être considérée comme une forme de l'énergie, dont le travail mécanique est une autre forme : la chaleur serait liée à la force vive correspondant au mouvement vibratoire des molécules.

455. — La chaleur se transforme en travail mécanique et réciproquement par voie d'équivalence ; c'est-à-dire que, comme nous l'expliquerons plus tard en détail, une même quantité de travail donne toujours naissance à la même quantité de chaleur et réciproquement. On conçoit dès lors qu'il y a dans cette remarque une base qui aurait permis de rattacher la mesure des grandeurs dépendant des phénomènes calorifiques au système des unités absolues (5). Il aurait suffi pour cela de prendre pour *unité de chaleur*, par exemple, la quantité de chaleur correspondant à la transformation de l'unité de travail, du kilogrammètre; les autres unités auraient été déduites de celle-là.

En fait le système des mesures calorifiques a été choisi arbitrairement; il n'a aucun lien immédiat avec les autres systèmes de mesures (longueur, poids, etc); malgré l'inconvénient de ces conditions, il est presque impossible actuellement de ne pas les accepter. Il sera toutefois indispensable d'indiquer nettement les relations qui existent entre les unités adoptées et les valeurs qu'auraient eues les unités absolues correspondantes.

On aurait pu prendre pour base du système arbitraire de mesures calorifiques un ordre quelconque de phénomènes ; on s'est arrêté à l'un des plus généraux, que nous étudierons plus loin en détail, la *dilatation*.

456. Définition de la température. — En réalité lorsque nous voyons que, sans action mécanique proprement dite, un corps se dilate ou se contracte, nous ignorons quelle modification il subit ; mais l'expérience montre que dans les conditions où il se dilate, nous éprouvons une sensation de chaleur, et que nous éprouvons au contraire un refroidissement dans les conditions où le corps s'est contracté. Sans rien préjuger au fond de la nature des phénomènes, on dit que le corps s'échauffe ou se refroidit suivant qu'il se dilate ou se contracte.

Quelle que soit la cause réelle qui produit la dilatation, on vérifie que, lorsque les conditions calorifiques ne varient pas, le volume d'un corps déterminé ne change pas ; que ce volume varie au contraire si les conditions calorifiques viennent à changer, de telle sorte que le volume peut servir à caractériser les conditions calorifiques d'un corps.

Lorsque deux corps mis en contact pendant un certain temps conservent leurs volumes primitifs, on dit qu'ils étaient à la même *température*, ce mot de température caractérisant ainsi l'ensemble des conditions calorifiques de ces corps. S'ils ne conservent pas leurs volumes primitifs, au contraire, les variations se produisent toujours en sens inverse (à la condition qu'il n'y ait pendant l'expérience ni changement d'état, ni actions mécaniques, électriques ou chimiques): le volume de l'un des corps augmente, l'autre diminue. On dit alors que la *température* du premier corps était supérieure à celle du second ; par le contact, ils ont été amenés à la même température.

Au lieu de mettre deux corps en contact, on peut porter un corps dans une enceinte présentant des conditions calorifiques variables : le volume de ce corps changera, augmentera par exemple. On dit alors que la température de l'enceinte varie, que cette température *s'élève* ; elle *s'abaisserait* au contraire si le volume du corps diminuait progressivement. On conçoit alors que la mesure des variations de volume d'un corps préalablement bien défini puisse être prise pour caractériser les températures d'un autre corps, d'une enceinte, etc.

457. Hypothèse sur la cause des variations de température. — Lorsque l'on supposait que la chaleur était un fluide, un agent spécial, on expliquait ces phénomènes en disant que lorsqu'un corps s'échauffe ou se refroidit c'est qu'il reçoit ou perd une certaine quantité de chaleur; lorsque deux corps à des températures différentes mis en contact arrivent à la même température, on admettait que le corps qui se refroidit fournit une certaine quantité de chaleur à l'autre.

Aujourd'hui ce point de vue n'est plus accepté; mais des idées à peu près analogues se présentent sous une autre forme. Les variations de température s'expliquent par des variations dans la force vive du corps considéré, dans l'*énergie* qu'il possède. Comme. d'après le principe de la *conservation des forces vives*, la force vive d'un système ne peut varier s'il n'est soumis à l'action d'aucune force (55), si deux corps agissent l'un sur l'autre et qu'il se produise des changements dans l'énergie qu'ils possèdent, c'est que l'un d'eux a perdu une certaine quantité de force vive qui a été gagnée par l'autre. Les raisonnements sont donc les mêmes qu'autrefois et les expressions également, seulement le mot quantité de chaleur, au lieu de signifier une certaine quantité d'un agent spécial, d'un fluide impondérable, représentera une donnée mécanique, une certaine somme de forces vives, une certaine quantité d'énergie.

La question est autre lorsque les phénomènes calorifiques sont accompagnés de phénomènes mécaniques, chimiques ou électriques; nous aurons à revenir sur ce cas fort important.

458. Thermomètre. — L'instrument qui sert à mesurer les variations de température se nomme un *thermomètre*. En voici le principe. Soit un corps A, dont on peut bien voir les variations de volume. On le met en contact avec un corps B; A et B finiront par se mettre en équilibre de température. Mais l'un d'eux, A, par exemple, a perdu de la chaleur qu'il a cédée à B; donc A ne donne pas la température de B avant l'état d'équilibre. Pour que la température de B fût donnée rigoureusement par le corps A, il faudrait que l'état calorifique de B ne changeât pas, et, pour cela, il faudrait que B fût très grand par rapport à A. Il faut donc prendre pour thermomètre un corps très petit et très sensible aux changements de température. Mis en contact avec un corps quelconque, les variations de son volume indiqueront les variations de température de ce corps.

459. Thermomètre à mercure. Sa construction. — Le thermomètre le plus ordinairement employé dans les recherches de physique est le thermomètre à mercure, gradué sur tige. Cette préférence tient à la grande précision que l'on peut apporter dans sa construction, à la facilité avec laquelle on peut obtenir ce liquide identique, enfin à la grande étendue de température pendant laquelle ce liquide conserve son état.

Pour le construire, on prend un tube capillaire aussi cylindrique que possible. Pour s'assurer que cette condition est remplie, on introduit et on promène dans son intérieur une petite colonne de mercure, dont on mesure la longueur dans ses différentes positions. Comme le tube n'est jamais parfaitement cylindrique, on trouve de petites différences qu'on peut négliger sans erreur sensible. Mais, quand il s'agit de la construction d'un instrument de précision, il faut alors diviser le tube en parties d'égales capacités.

A l'une des extrémités du tube, on souffle un réservoir cylindrique, et à l'autre une ampoule à pointe effilée (*fig.* 217). Pour compléter l'appareil, on chauffe le réservoir et l'ampoule, afin de dilater l'air, et on plonge rapidement la pointe dans un bain de mercure. On laisse refroidir. L'air se contracte, et le mercure monte dans l'ampoule,

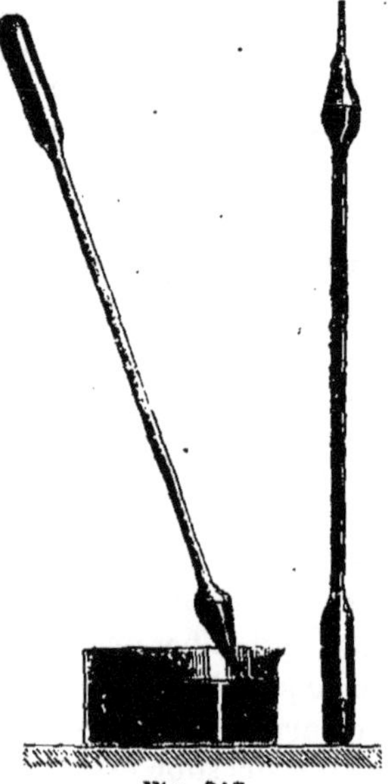

Fig. 217.

en vertu de la pression atmosphérique. On relève alors le tube, et on chauffe de nouveau le réservoir. Une petite quantité d'air s'échappe au dehors, et, en laissant de nouveau refroidir, le mercure pénètre en partie dans le réservoir. On fait bouillir le liquide, en plaçant le tube sur une grille inclinée, et en l'entourant de charbons incandescents (*fig.* 218). La vapeur

Fig. 218.

mercurielle chasse du tube l'air et l'humidité qu'il contient, et le liquide en se refroidissant remplit complètement le réservoir.

Cela fait, on enlève l'ampoule, et on effile le tube. Mais, avant de le fermer, il faut régler la course de l'instrument, c'est-à-dire déterminer la quantité de mercure qu'il faut laisser dans l'appareil. Pour cela, on le porte à la température maxima qu'il doit marquer, afin de chasser l'excédent de liquide; et, pendant que le mercure remplit la tige totalement, on ferme celle-ci au moyen du dard du chalumeau. Le tube se trouve ainsi privé d'air, lequel pourrait, à un moment donné, ou diviser la colonne mercurielle, ou amener la rupture de l'instrument. Quelquefois, cependant, on laisse une petite quantité d'air, qui peut se loger dans un réservoir pratiqué au sommet du tube.

460. Graduation du thermomètre. — Au moyen d'une suite de traits marqués sur la tige, on pourra reconnaître les changements de volume. Mais, pour que tous les thermomètres soient comparables entre eux, il faut prendre une graduation constante et toujours facile à reproduire dans la construction de ces instruments. Cette graduation repose sur la détermination de deux points de repère, qui correspondent à des températures bien déterminées. Le premier est donné par la température fixe de la glace fondante, et s'appelle le point zéro ou point inférieur; le second, par la température de la vapeur d'eau en ébullition à la pression de 760 millimètres, et prend le nom de point 100, ou point supérieur. Pour déterminer le point zéro, on entoure toute la partie du thermomètre occupée par le mercure de fragments de glace fondante renfermés dans un vase (*fig.* 219) percé de trous qui donnent passage à l'eau provenant de la fusion.

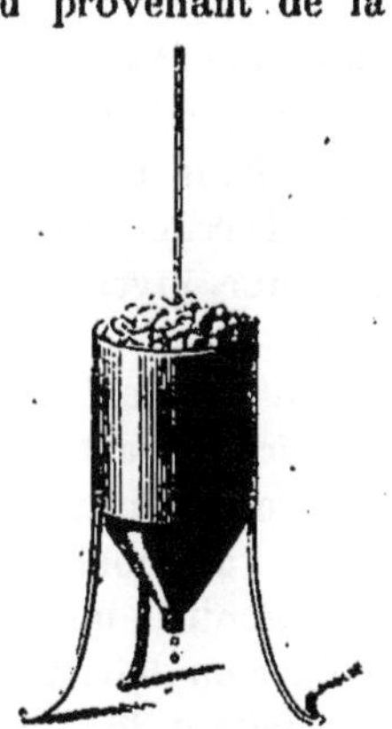

Fig. 219.　　　　　　　　Fig. 220.

Après un certain temps, le niveau du mercure reste stationnaire en un point, auquel on marque zéro.

Le point fixe supérieur ou 100 s'obtient par un procédé analogue. On se sert d'un vase en fer-blanc, contenant de l'eau distillée, surmonté d'un tube métallique enveloppé d'un manchon. La vapeur formée, avant de s'échapper dans l'air par un orifice a, est forcée de parcourir l'enveloppe intérieure c (*fig.* 220), disposition qui empêche la vapeur de se refroidir, et maintient les parois du tube à la même température que celle de la vapeur. Au milieu du tube est suspendu le thermomètre, qui prend la vraie température de la vapeur. Au point où la colonne mercurielle s'arrête, on marque 100. Un manomètre à eau sert à constater que la vapeur possède à chaque instant la même pression que l'air extérieur. Mais, pendant l'opération, la pression atmosphérique n'est pas ordinairement de 760 millimètres; il est indispensable de faire une correction, lorsqu'on opère sous une pression différente, parce que la température de l'ébullition de l'eau varie avec la pression, comme nous le dirons plus loin[1].

Le point supérieur étant ainsi déterminé, avec une machine à diviser, on partagera l'intervalle de 0 à 100 en cent parties égales, et on prolongera les divisions au-dessus de 100° et au-dessous de 0°. Chaque division se nomme un degré centigrade. Toutes les fois que le mercure montera ou descendra dans le tube d'une division, on dira que la température s'élève ou s'abaisse de 1 degré. Donc un degré est égal à la centième partie de la dilatation du mercure dans le verre, depuis la température de la glace fondante jusqu'à celle de l'ébullition de l'eau.

Nous dirons plus loin comment le *degré centigrade* ainsi défini se rattache au système des unités absolues.

461. **Échelles diverses.** — Dans la graduation Réaumur, le zéro représente toujours la température de la glace fondante; mais on marque 80 au point de l'ébullition de l'eau. Pour passer des degrés centigrades aux degrés Réaumur, il suffit de remarquer que 1 degré centigrade vaut $\frac{80}{100}$ ou $\frac{4}{5}$ d'un degré Réaumur. Inversement, un degré Réaumur vaut $\frac{5}{4}$ d'un degré centigrade.

On emploie dans les pays du Nord un thermomètre dont le zéro est à une température plus basse que celle de la glace fondante : c'est le thermomètre Fahrenheit. On obtient le zéro de cet instrument en le plongeant dans un mélange de glace et de sel ammoniac. Cet appareil indique 32° dans la glace fondante. Fahrenheit marquait 212 dans l'eau bouillante. On peut donc le graduer en déterminant les deux points fixes comme précédemment, et mettant 32 et 212 à la place de 0 et 100. Pour établir la correspondance entre le ther-

---

1. L'expérience montre que, dans le voisinage de 100°, une différence de pression de 27 millimètres produit une différence de température de 1°; et, pour de faibles variations de pression, les variations de température sont sensiblement proportionnelles à ces variations de pression. Donc si *d* représente la différence en millimètres de la hauteur barométrique et de 760, et x la température d'ébullition, on aura

$$x = 100 \pm \frac{d}{27}$$

momètre Fahrenheit et le thermomètre centigrade, il suffit de remarquer que 1 degré Fahrenheit vaut $\frac{100}{180}$ ou $\frac{5}{9}$ de degré centigrade: et, comme le premier marque 32 à la glace fondante, il faudra retrancher du nombre n de degrés Fahrenheit le nombre 32, et multiplier le reste $n - 32$ par $\frac{5}{9}$.

462. Sensibilité du thermomètre: — La sensibilité du thermomètre peut être envisagée de deux manières différentes, soit au point de vue de la rapidité avec laquelle il peut se mettre en équilibre de température avec le milieu où il est placé, soit au point de vue de la facilité avec laquelle il marque des variations très petites de température. Ces deux genres de sensibilité présentent une certaine opposition; car un thermomètre se met d'autant plus facilement en équilibre de température, que sa masse est plus petite; mais plus il est petit, moins ses déplacements sont appréciables. Aussi, on essaye d'obtenir les deux sensibilités, en prenant pour tige des tubes capillaires extrêmement fins. Dans chaque cas particulier, il sera facile de reconnaître celle qui est la plus importante et par conséquent celle qu'on doit surtout chercher à obtenir.

463. Thermomètres à échelle fractionnée : thermomètres médicaux. — Pour les recherches et pour les expériences de précision, il convient de n'employer que des thermomètres qui aient seulement 15 ou 20 degrés de course, l'un marquant, par exemple, la température de $+ 25°$ à $+ 15°$, un autre de $+ 15°$ à $- 5°$, un autre de $- 5°$ à $- 20°$, etc. Alors les réservoirs ne contiennent qu'une très petite quantité de mercure et, le tube étant très fin, chaque degré occupe une grande longueur. Pour les graduer, on se sert d'un thermomètre étalon, dont on a vérifié la précision.

Ces thermomètres sont dits à *échelle fractionnée*; ils sont utilisés avec avantage, d'une manière spéciale, pour la détermination de la température des hommes et des animaux dans les observations physiologiques ou cliniques. Ils peuvent avoir de petits réservoirs, ce qui leur permet d'arriver rapidement à l'équilibre de température: la tige capillaire, très fine, permet de lire des 5es et même des 10es de degré. Afin que la colonne soit plus facilement visible, la section du tube, au lieu d'être circulaire, peut être une ellipse très allongée: le liquide forme alors une sorte de fin ruban métallique que l'on regarde par sa face. Dans quelques cas, comme nous le dirons dans l'optique, la paroi est taillée de manière à donner un certain grossissement.

Pour les mesures de températures en clinique, il suffit que l'échelle s'étende de 25 à 45°.

464. Comparabilité du thermomètre à mercure. — Nous avons déjà dit que le thermomètre à mercure doit être adopté de préférence à tout autre, à cause de la grande précision que l'on peut apporter dans sa construction ; mais il existe une condition essentielle, à laquelle doit satisfaire tout appareil de mesure : il faut que, non seulement il soit toujours comparable à lui-même, c'est-à-dire qu'il marque toujours le même degré dans des conditions identiques, mais aussi qu'il puisse être reproduit à volonté, de manière à obtenir toujours des instruments comparables. Or, il résulte des expériences de M. Regnault que les thermomètres construits avec des verres ayant à peu près la même composition chimique ne marchent pas rigoureusement d'accord au delà des points fixes qui ont servi à régler leurs échelles, ce qui tient à l'inégale dilatation de l'enveloppe. Mais ces différences sont assez petites pour qu'on puisse les négliger dans la plupart des cas, surtout si on rejette les verres contenant une quantité notable de plomb. On pourra donc considérer le thermomètre à mercure comme identique à lui-même entre les limites — 36° et + 300° ; au delà, l'accord n'a plus lieu. Pour la détermination des températures plus élevées, il faut avoir recours au thermomètre à air, seul instrument comparable. Nous en parlerons plus loin.

465. **Thermomètre à alcool.** — Ce thermomètre est plus facile à construire que celui à mercure. Pour le remplir, on chauffe le réservoir, afin de dilater l'air, et on plonge rapidement l'extrémité ouverte du tube dans un bain d'alcool coloré. A mesure que la boule se refroidit, l'air se contracte, le liquide s'élève dans le tube, et entre dans le réservoir. On porte à l'ébullition la portion de liquide introduite ; la vapeur chasse l'air et, en le plongeant de nouveau dans le bain, l'appareil se remplit complètement, par suite de la condensation de la vapeur. Il arrive le plus souvent qu'il reste une bulle d'air qui se dégage du liquide. Pour l'expulser, on attache la tige du thermomètre à l'extrémité d'une ficelle, et on le fait tourner comme une fronde. La force centrifuge, agissant plus fortement sur le liquide, repousse celui-ci à la partie la plus éloignée du centre de rotation, et la bulle vers la partie supérieure du tube.

On le ferme en y laissant un peu d'air qui s'oppose à l'ébullition de l'alcool. Pour le graduer, on détermine le zéro par le procédé ordinaire ; mais on ne peut pas obtenir le point 100, parce que l'alcool bout avant l'eau. On cherche alors un autre point supérieur, en le comparant avec un thermomètre à mercure.

Le thermomètre à mercure et le thermomètre à alcool s'accordent exactement à zéro et au point de repère supérieur, et à très peu près pour les températures intermédiaires. Au delà ils ne sont plus comparables.

Cet instrument sert à la détermination des basses températures, parce que l'alcool ne se congèle pas.

466. Thermomètre à maxima et à minima de Rutherford. — Il est souvent utile de pouvoir connaître la température la plus basse ou la plus élevée qui a pu se produire à un moment donné.

Le thermomètre à maxima de Rutherford est un thermomètre à mercure ordinaire, dont la tige, un peu recourbée, est horizontale (*fig.* 221). Dans l'intérieur du tube, est placé un cylindre en émail, servant d'index. Quand la température s'élève, le mercure pousse l'index devant lui; quand la température baisse, l'index

Fig. 221.

reste en place et marque, par sa position, le maximum de température. Le thermomètre à minima est à alcool, et contient aussi un petit index en émail. La température vient-elle à s'élever, le liquide dépasse l'index sans le déplacer; s'abaisse-t-elle, le ménisque formé par l'alcool entraîne le cylindre. La position trouvée indique la température minima. Ordinairement, les deux appareils sont disposés sur une même planchette et en sens inverse. Pour les mettre en expérience, on les place dans la position verticale, et, à l'aide de quelques secousses légères, les deux cylindres glissent jusqu'aux extrémités des colonnes.

467. Thermomètre à maxima de Negretti. — Le thermomètre à maxima le plus commode est celui de Negretti. C'est un thermomètre à mercure ordinaire dont la tige est horizontale, mais un peu recourbée et rétrécie près du réservoir. Quand le mercure se dilate, il passe dans la tige à travers le rétrécissement; quand la température s'abaisse, le mercure du réservoir seul se contracte sans entraîner celui de la tige qui conserve la même position et dont l'extrémité donne la température maxima. Pour mettre le thermomètre en état de fonctionner à nouveau, il suffit d'imprimer à l'instrument quelques secousses qui font rentrer le mercure dans le réservoir.

Des thermomètres de ce genre sont employés avec avantage pour déterminer la température des malades.

468. Déplacement du zéro. — On a observé depuis long-temps qu'un thermomètre construit avec soin ne marque plus zéro au bout de quelque temps, quand on le plonge dans la glace fondante; ce point s'élève graduellement, comme si le réservoir éprouvait une diminution de volume. L'écart peut atteindre 2°. On a attribué d'abord ce changement à la pression de l'air s'exerçant à l'extérieur sur la surface du réservoir. Mais le même effet se produit avec des thermomètres ouverts, comme l'a constaté Despretz. On en a trouvé l'explication dans une sorte de trempe que subit le verre en se refroidissant rapidement, après avoir été porté au rouge par le travail à la lampe d'émailleur. Cette trempe augmente le volume du réservoir; puis, peu à peu, il se fait un travail moléculaire, qui diminue insensiblement cette capacité, et cause le déplacement du zéro. D'après Despretz, cette variation peut se continuer pendant quatre à cinq ans. Aussi, quand on veut faire des observations précises, faut-il toujours vérifier le zéro de l'instrument.

CHAPITRE II

DILATATION DES CORPS

469. Dilatabilité des corps. — C'est un fait général et facile à constater que la chaleur augmente le volume des corps solides, liquides et gazeux. On peut le prouver par les expériences suivantes.

1° *Corps solides.* — L'appareil connu sous le nom de pyromètre à cadran montre qu'une barre métallique s'allonge par l'action de la chaleur. Une tige t (*fig.* 222) de fer ou de laiton est fixée à l'une de ses extrémités m dans une borne métallique, au moyen d'une vis de pression. L'autre extrémité m' est libre, et s'appuie contre la petite branche d'un levier coudé, dont le grand bras peut se mouvoir

Fig. 222.

sur un cercle gradué C. Cette disposition sert à amplifier le mouvement de la tige dans le rapport des deux bras du levier. On chauffe la barre à l'aide d'une petite cuve cylindrique, où l'on allume du coton imprégné d'alcool. Aussitôt on voit la grande branche se mouvoir sur l'arc de cercle. Si on laisse refroidir, la barre se raccourcit, et l'aiguille revient à sa position initiale.

Un corps solide augmente dans tous les sens quand on le chauffe;
c'est ce que l'on prouve avec l'anneau de S' Gravesande (*fig.* 223).

Une petite sphère passe à frottement doux dans un anneau métallique. Si on la chauffe pendant quelque temps, on reconnaît
qu'elle ne peut plus passer; son volume a donc augmenté. Si on
chauffe à la fois l'anneau et la sphère, celle-ci peut encore traverser l'anneau, ce qui indique que le
diamètre de l'anneau a augmenté
comme celui de la sphère.

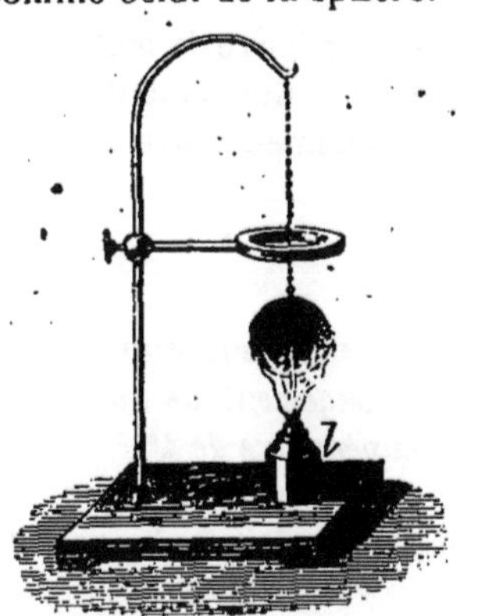

Fig. 223.　　　　Fig. 224.　　　　Fig. 225.

2° *Liquides.* — L'augmentation de volume des liquides par l'action de la chaleur se démontre au moyen d'un gros ballon plein de
liquide, soufflé à l'extrémité d'un tube long et étroit. Soit a (*fig.* 224)
le niveau du liquide, au moment de l'expérience. Si on plonge l'appareil dans l'eau chaude, on observe que le niveau s'abaisse d'a-
bord en a'; mais, après un temps très court, il remonte, dépasse
le point a et arrive en a''. Il résulte de ce fait que la chaleur du
bain s'est d'abord communiquée à l'enveloppe, ce qui a donné lieu
à une augmentation de capacité du ballon et à un abaissement de
niveau; puis, le liquide s'échauffant, et son volume augmentant plus
que celui du réservoir, le niveau remonte et dépasse sa position première.

3° *Gaz.* — Les gaz se dilatent plus que les solides et les liquides.
Pour le montrer, on se sert du même appareil, qu'on laisse rempli
d'air et dans lequel on introduit (*fig.* 225) une petite colonne m d'un
liquide coloré. En chauffant légèrement le ballon, on voit l'index
marcher avec rapidité, ce qui indique la grande dilatation du gaz.

470. Dilatation des corps solides. — Les corps solides se
dilatent dans tous les sens quand on les soumet à l'action de la chaleur; il y a donc lieu de considérer : la *dilatation linéaire* ou l'al-

longement de l'une des dimensions, et la *dilatation cubique* ou augmentation du volume total. Il existe, entre ces deux sortes de dilatations une relation très simple, quand les corps considérés sont homogènes : dans ces corps, la dilatation linéaire étant la même dans toutes les directions, on démontre par le calcul que la dilatation cubique est le triple de la dilatation linéaire.

471. — L'étude de la dilatation des corps solides, faite par Lavoisier et Laplace et par d'autres physiciens, a conduit aux résultats suivants :

1° Entre 0° et 100° l'allongement subi par une barre de métal est proportionnel à la température. Si donc l est l'allongement entre 0° et $t°$, l' l'allongement entre 0° et $t'°$, l'' l'allongement entre 0 et $t''°$, etc. on aura :

$$\frac{l}{t} = \frac{l'}{t'} = \frac{l''}{t''} = \lambda ;$$

ce nombre λ, constant pour un même corps, s'appelle son *coefficient de dilatation linéaire* : il représente *l'allongement de l'unité de longueur d'un corps pour une élévation de température de 1°.*

2° Les coefficients de dilatation varient d'un corps à un autre ; de plus, pour une même substance, ils dépendent de l'état physique [1].

TABLEAU DES COEFFICIENTS MOYENS DE DILATATION LINÉAIRE DE QUELQUES SUBSTANCES ENTRE 0 ET 100°.

Acier	0,0000115	Or	0,0000131
Acier trempé	0,0000122	Platine	0,0000088
Aluminium	0,0000222	Verre de 0,0000079 à	0,0000092
Cuivre	0,0000172	Zinc	0,0000297
Fer	0,0000118	Laiton	0,0000188
Fil de fer	0,0000144		

1. La connaissance des coefficients de dilatation permet de résoudre facilement plusieurs questions importantes.

1° *Connaissant le volume V_0 d'un corps à la température 0°, on peut trouver le volume V_t à une autre température $t°$.* Soit k le coefficient de dilatation de ce corps. Comme conséquence immédiate de la définition, la dilatation sera $V_0 kt$ et, par suite, le volume V_t sera

$$(1) \qquad V_t = V_0 (1 + kt).$$

La quantité $1 + kt$ revenant souvent dans les calculs de ce genre, on lui a donné un nom particulier, celui de *binôme de dilatation*.

De l'équation (1), on peut tirer :

$$(2) \qquad V_0 = \frac{V_t}{1 + kt} .$$

2° *Connaissant le volume V_t à $t°$, on peut chercher le volume $V_{t'}$ à une autre température $t'°$.*

Appelons V_0 le volume à 0° ; on a, d'après l'équation (1) :

$$V_t = V_0 (1 + kt) \quad \text{et} \quad V_{t'} = V_0 (1 + kt').$$

472. Dilatation des liquides. — La dilatation des liquides peut être envisagée sous deux points de vue différents : on peut considérer la *dilatation absolue*, c'est-à-dire l'augmentation réelle du liquide, et la *dilatation apparente* ou la quantité dont ce volume semble varier lorsqu'on le compare au volume du vase supposé invariable; ces deux quantités sont liées l'une à l'autre par une relation très simple qu'il est important de connaître : *la dilatation absolue d'un liquide est la somme de la dilatation apparente et de la dilatation de l'enveloppe*. Or, de ces deux sortes de dilatations, celle qui s'observe le plus facilement est la dilatation apparente, en mesurant la variation de niveau du liquide dans le vase qui le renferme : en y ajoutant la dilatation de l'enveloppe, on a la dilatation absolue.

Pour déterminer la dilatation de l'enveloppe, le procédé le plus commode consiste à déterminer la dilatation apparente d'un liquide dont on connaît la dilatation absolue. Ce problème a été résolu par Dulong et Petit en déterminant la dilatation absolue du mercure par un procédé indépendant de la dilatation de l'enveloppe; cette dilatation, comparée à la dilatation apparente fournie par le thermomètre à mercure, donne la dilatation cubique du verre. Cette dernière étant connue, on peut, en construisant des thermomètres avec différents liquides, déduire leur dilatation absolue de leur dilatation apparente.

473. Dilatation du mercure. — De toutes les dilatations

divisant la seconde équation par la première, il vient :

$$(3) \qquad \frac{V_{t'}}{V_t} = \frac{1 + kt'}{1 + kt},$$

ce qui veut dire que *les volumes, à diverses températures, sont proportionnels aux binômes de dilatation*. Approximativement on peut remplacer cette équation par

$$\frac{V_{t'}}{V_t} = 1 + k(t' - t),$$

d'où

$$V_{t'} = V_t [1 + k(t' - t)].$$

Les mêmes formules s'appliquent aux variations de surface et de longueur. Ainsi, en désignant par λ le coefficient de dilatation linéaire, on a :

$$L_t = L_0 (1 + \lambda t),$$
$$L_{t'} = L' [1 + \lambda(t' - t)].$$

3° Les variations de volume entraînent des variations de densité et de poids spécifique. Si P est le poids d'un corps dont les volumes et les poids spécifiques à 0 et à $t°$ sont respectivement V_0, V_t, d_0 et d_t, on a $P = V_0 d_0$ et $P = V_t d_t$. On déduit de là $\frac{d_t}{d_0} = \frac{V_0}{V_t}$. *Les poids spécifiques varient en raison inverse des volumes*. Les équations précédentes permettront donc immédiatement de déterminer d_t connaissant d_0 et t.

des liquides, la plus importante, en physique, est celle du mercure. Dulong et Petit avaient conclu de leurs expériences que le coefficient de la dilatation absolue du mercure était représenté par le nombre $\frac{1}{5550}$, entre 0° et 100°, ce qui donne sensiblement le nombre 0,00018; ces physiciens ont reconnu aussi que ce coefficient moyen augmente d'une manière sensible pour des températures supérieures à 100°.

Les expériences de Regnault ont montré que, même entre 0° et 100°, il n'est pas exact que le mercure se dilate proportionnellement à la température. Regnault a trouvé pour coefficient moyen de dilatation entre 0° et 100° le nombre $\frac{1}{5509}$, qui est très voisin de $\frac{1}{5550}$, trouvé par Dulong et Petit.[1]

Le coefficient de dilatation apparente du mercure dans le verre a été trouvé égal à $\frac{1}{6480}$ (Dulong et Petit).

474. — En général, la dilatation des liquides n'est pas proportionnelle à la variation de température, comme on peut l'admettre sans erreur appréciable pour les solides et le mercure. Voici cependant les valeurs de quelques coefficients de dilatation, que l'on peut employer si les températures ne sont pas trop élevées.

Acide azotique.	0,0011	Chloroforme.	0,00111
Acide chlorhydrique	0,0006	Essence de térébenthine.	0,0007
Acide sulfurique	0,0006	Ether.	0,00148
Alcool méthylique	0,00113	Huile.	0,0008
Alcool éthylique	0,00104	Pétrole. . . . de 0,0007 à	0,0010
Benzine	0,00117	Sulfure de carbone.	0,00114
Brome	0,00101		

La dilatation d'un liquide est très irrégulière à une température voisine du point d'ébullition. Ainsi l'alcool se dilate beaucoup plus de 78° à 79°, lorsqu'on le conserve liquide au-dessus du point d'ébullition, que de 0° à 1°. L'acide carbonique liquide, ainsi que l'a constaté Thilorier, a un coefficient de dilatation plus grand que celui de l'air. Drion en opérant sur l'acide hypo-azotique, l'acide sulfureux et l'éther chlorhydrique, à des températures élevées, dans des tubes scellés à la lampe, a trouvé que le coefficient de dilatation croît rapidement avec la température, et surpasse de beaucoup celui de l'air.

475. **Maximum de densité de l'eau.** — L'eau présente un

---

1. Les formules relatives à la dilatation cubique des solides sont immédiatement applicables aux liquides.

phénomène remarquable, qui la distingue des autres liquides.
Quand on chauffe de l'eau de 0° à 4° à peu près, son volume
diminue, et sa densité augmente; à partir de ce moment, si on
continue à la chauffer, le volume de l'eau augmente, et sa densité
diminue comme dans le cas général des liquides : il y a donc une
température où l'eau occupe le plus petit volume, et où sa densité
est la plus grande. C'est cette température qu'on appelle température du maximum de densité de l'eau. Il est difficile de la déterminer exactement, parce que dans le voisinage de ce point l'eau
éprouve peu de variation de volume.

Une expérience, due à Hope, permet de démontrer facilement
l'existence du maximum de densité de l'eau. On prend une éprouvette E (*fig. 226*), contenant de l'eau à 10° environ. On entoure la

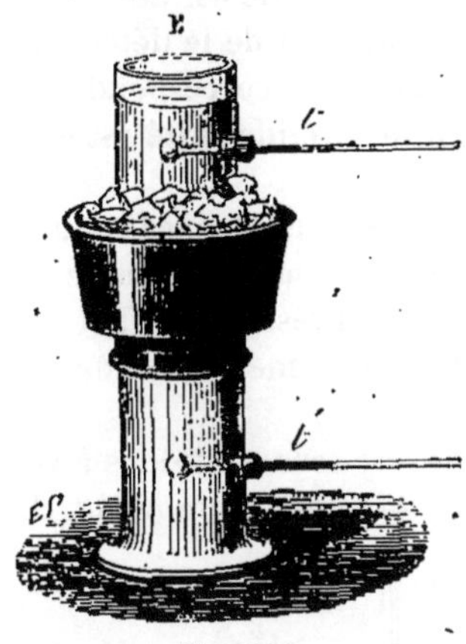

Fig. 226.

partie moyenne d'un manchon C, rempli d'un mélange réfrigérant, qui sert
à refroidir l'eau. Deux thermomètres
t et t' indiquent la température aux
deux extrémités de l'éprouvette. Dans
ces conditions, lorsque l'eau refroidie à la partie supérieure arrive dans
le voisinage de 4°, elle devient plus
lourde, et tombe au fond de l'éprouvette, en même temps que l'eau plus
chaude s'élève. Il arrive donc un moment où le thermomètre t' atteint 4°
tandis que le thermomètre t descend
jusqu'à zéro. L'eau même peut se
congeler à la partie supérieure, sans
que le thermomètre inférieur cesse de marquer 4°.

Cette expérience donne l'explication de ce qui se passe au fond
de certains lacs d'eau douce très profonds, où la température se
maintient constamment à 4° environ. Cela est dû à ce que, à une
certaine époque de l'année, l'eau prend, à la surface, une température voisine de celle de son maximum de densité, et tombe alors
au fond, en conservant cette température; ce fait intéressant
explique la constance d'une température modérée au fond des
grandes masses d'eau, circonstance très favorable pour empêcher
la mort des êtres qui les peuplent, et qui périraient infailliblement
dans les hivers très rigoureux.

L'expérience de Hope permet de déterminer avec une certaine
précision la température du maximum de densité. Despretz l'a
employée en la complétant; d'autre part, il a fait d'autres déterminations par la comparaison directe d'un thermomètre à eau et d'un

thermomètre à mercure entre 0° et 30°. Enfin Hallstrom a employé un autre procédé basé sur la mesure de la perte de poids éprouvée par un corps que l'on plonge dans l'eau à diverses températures.

Les divers résultats obtenus concordent pour fixer à 4° sensiblement la température du maximum de densité de l'eau.

476. Maximum de densité des dissolutions salines. — On s'était demandé souvent si l'eau de mer et, en général, les dissolutions salines avaient aussi un maximum de densité. Despretz a montré, par le même procédé, que toutes les dissolutions salines ont un maximum de densité, mais qu'il est souvent difficile de les placer dans les conditions où l'on peut observer ce maximum. Si dans l'eau pure on met du sel marin, on abaisse la température du maximum, mais aussi on abaisse celle de la solidification; et souvent le point correspondant au maximum de densité est au-dessous du point de solidification; c'est ce qui empêche de le déterminer facilement. Ainsi l'eau de mer a un maximum correspondant à $-3°,97$ et la température de congélation du liquide agité est égale à $-1°,88$.

477. Dilatation des gaz. — Les gaz se dilatent par la chaleur beaucoup plus que les solides et les liquides; comme leur volume peut varier sous l'influence d'un changement de pression, il faut pour avoir l'effet propre de la chaleur, chercher à mesurer leur dilatation à pression constante.

Les premières expériences faites dans ce sens sont dues à Gay-Lussac : à cet effet, il prenait un réservoir sphérique A (*fig.* 227) terminé par un long tube divisé et rempli d'air séparé de l'air extérieur par un index de mercure; l'appareil était plongé successivement dans la glace fondante et dans la vapeur d'eau à 100°. De la variation du volume, indiquée par le déplace-

Fig. 227.

ment de l'index, il déduisait la dilatation de l'air entre 0° et 100°.

L'idée du coefficient de dilatation est la même que pour les liquides : à cause de la valeur considérable de ce coefficient par rapport à celui des solides, il est inutile de s'occuper de la dilatation apparente [1].

A la suite d'un grand nombre d'expériences, Gay-Lussac trouva que le coefficient de dilatation de l'air entre 0° et 100° était représenté par le nombre 0,00375 ; il conclut, en outre, que ce coefficient est le même pour tous les gaz, et qu'il est indépendant de la pression.

478. Expériences de M. Regnault. — Ces résultats avaient été contestés par Pouillet et par Rudberg, physicien suédois, lorsque M. Regnault reprit cette détermination, en évitant les causes d'erreur inhérentes à la méthode précédente, et dont la principale est la difficulté d'opérer sur des gaz secs et avec des vases dont les parois soient absolument desséchées. Une autre cause d'erreur est due à l'index de mercure, qui ne ferme pas exactement le tube. En effet, le gaz étant à 0°, si on vient à le chauffer à 100°, et qu'on le ramène ensuite à 0°, l'index ne revient plus au même point.

L'appareil de M. Regnault se compose d'un ballon A (*fig.* 228),

Fig. 228.

auquel est soudé un tube capillaire, et d'un manomètre à air libre rempli de mercure jusqu'à un trait β. Ces deux parties sont réunies par un tube t à trois branches. Pour introduire un gaz sec, on place le ballon dans une cuve où se trouve de l'eau qu'on porte à l'ébullition, et on met la tubulure m en communication avec une série de tubes desséchants et avec une pompe pneumatique. On fait alors le vide, puis on laisse rentrer l'air, qui se dessèche en passant à travers les tubes. On ferme alors la tubulure à la lampe. Préalablement, on a déterminé le volume V du ballon jusqu'au trait α, et le volume v depuis α jusqu'à β. On en-

---

1. Si l'on maintient la pression constante, on peut appliquer aux gaz la formule générale $V = V_0 (1 + \alpha t)$, dans laquelle α est le coefficient de dilatation du gaz.

toure le ballon de glace fondante, et on maintient le niveau du mercure, de manière qu'il soit le même dans les deux branches, et qu'il se trouve toujours en β.

On opère donc sur un volume d'air parfaitement déterminé. On porte ensuite l'eau de la chaudière à l'ébullition, le gaz se dilate et refoule le mercure au-dessous du trait β ; on fait varier les niveaux du mercure dans le manomètre jusqu'à ce que la pression intérieure ait repris la valeur primitive. On pourra alors lire la dilatation dans la branche au-dessous du trait β, et il sera possible de calculer le coefficient de dilatation.

479. Relation entre la pression d'un gaz et sa température. — Si l'on chauffe un gaz dans le vase A, on peut, en ajoutant du mercure dans la branche ouverte, ramener en β le niveau dans l'autre branche : le gaz aura dès lors repris le même volume (abstraction faite de la faible augmentation de capacité du vase A) ; dans ce cas, l'action de la chaleur se sera manifestée non par une augmentation de volume, mais par une augmentation de pression.

On peut déterminer l'augmentation relative de pression pour une élévation de température de $1°$; on obtient ainsi un coefficient analogue au coefficient de dilatation et qui a reçu le nom de *coefficient d'élasticité*. Regnault a effectué des mesures relatives à ce coefficient à l'aide de l'appareil précédent, et il a trouvé que le coefficient d'élasticité d'un gaz est égal au coefficient de dilatation, au moins pour les gaz qui suivent à peu près la loi de Mariotte [1].

Nous donnons ci-dessous quelques chiffres relatifs à l'action de la chaleur sur les gaz [2].

---

1. Ce fait pouvait être prévu : soit en effet un gaz dont le volume soit V_0 à la température $0°$ et à la pression H_0, et soit V son volume à la température t et à la pression H. Supposons que nous chauffions le gaz de 0 à t sans changer la pression H_0, et soit V' le volume : on doit avoir $V' = V_0(1 + \alpha t)$. Si alors on vient, sans changer la température, à amener la pression de H_0 à H, l'application de la loi de Mariotte donne :

$$V'H_0 = VH.$$

D'où, en remplaçant V' par sa valeur :

$$V_0 H_0 (1 + \alpha t) = VH.$$

formule générale fort intéressante et qui est fréquemment employée.

Si l'on opère sur un gaz dont on a maintenu le volume invariable, c'est-à-dire pour lequel $V = V_0$, il vient la relation

$$H = H_0 (1 + \alpha t),$$

c'est-à-dire qu'il existe entre les pressions à volume constant précisément la même relation qu'entre les volumes à pression constante.

2. La formule à laquelle nous sommes parvenus

$$V_0 H_0 (1 + \alpha t) = VH$$

	COEFFICIENTS	
	d'élasticité.	de dilatation.
Hydrogène.	0,003667	0,003661.
Air atmosphérique..	0,003665	0,003670
Acide carbonique.	0,003688	0,003710
Protoxyde d'azote.	0,003676	0,003791
Acide sulfureux.	0,003845	0,003903

480. Dilatation des vapeurs. — Si l'on opère non sur des gaz, c'est-à-dire sur des corps à l'état gazeux loin de leur point de liquéfaction, mais sur des vapeurs, c'est-à-dire sur des corps gazeux voisins de leur point de liquéfaction, les résultats précédents ne sont plus applicables : le coefficient de dilatation est variable d'un corps à un autre, et les différences ne sont pas négligeables; il varie également d'une manière notable avec les limites de température entre lesquelles on opère.

Ce sont ces résultats que l'on exprime en disant que les vapeurs sont des corps gazeux qui ne suivent pas la loi de Gay-Lussac, comme nous avons dit qu'elles ne suivent pas la loi de Mariotte.

A mesure que la température s'élève et que la pression diminue, c'est-à-dire à mesure que la vapeur s'éloigne de son point de liquéfaction, elle se rapproche davantage de suivre la loi de Gay-Lussac, c'est-à-dire que la vapeur se rapproche alors de l'état de gaz parfait.

Lorsque l'on chauffe une vapeur non saturante en vase clos, ou au moins en l'empêchant de se dilater librement, sa pression augmente; mais il n'y a pas de loi simple qui permette de donner une relation entre la pression et la température. Si, cependant, la vapeur est éloignée de son point de liquéfaction, soit par une élévation notable de température, soit par une raréfaction suffisante, on pourra appliquer aux vapeurs les résultats indiqués ci-dessus pour les gaz, et admettre que les augmentations de pression sont proportionnelles aux variations de température.

Lorsqu'il s'agit d'une vapeur saturante, la question se présente sous une autre forme; nous savons en effet que, à chaque température correspond une tension maxima (235), et il importe de

peut s'écrire

$$V_0 H_0 = \frac{VH}{1 + \alpha t}$$

c'est-à-dire que l'expression $\dfrac{VH}{1 + \alpha t}$ est constante pour une masse donnée de gaz obéissant aux lois de Mariotte et de Gay-Lussac, quelles que soient les variations de température et de pression. Cette quantité caractérise donc aussi bien une masse donnée de gaz que son poids même. Par contre, elle n'est qu'approximativement constante pour les vapeurs.

rechercher quelle est, pour chaque vapeur, la tension maxima qui correspond à une température donnée. En principe, la question est simple et pourrait être résolue à l'aide de l'appareil que nous avons indiqué, lorsque tous les points de l'espace considéré sont à la même température. On reconnaîtrait que, d'une manière générale, la tension croît lorsque la température s'élève. Dans la pratique, il se présente des difficultés qui forcent d'avoir recours à des appareils divers que nous décrirons.

Lorsque tous les points de l'enceinte où se trouve la vapeur considérée ne sont pas à la même température, la question doit être examinée directement.

481. Théorème de la paroi froide. — Ce théorème, qui est également connu sous le nom de *théorème de Watt*, détermine la tension d'une vapeur dans une enceinte dont diverses parties sont maintenues à des températures différentes et invariables. La tension, lorsque l'équilibre est établi, est uniforme et est égale à la tension maxima qui correspond au point dont la température est la plus basse.

Les corps gazeux étant éminemment mobiles, il est évident d'abord que l'équilibre ne pourrait exister si la tension n'était pas la même partout, et que la vapeur se porterait des points où la tension est la plus forte vers ceux où elle est la plus basse.

Si, d'autre part, la tension uniforme existant était différente de la tension maxima qui correspond à la température la plus basse, la vapeur ne pourrait subsister au point où existe cette température, et une partie se condenserait, en même temps que la tension serait abaissée. Mais alors l'équilibre ne pourrait subsister, car la tension ne serait plus constante en tous les points : il faut donc pour l'équilibre que la tension constante soit celle qui correspond à la température la moins élevée.

Si, en particulier, dans une enceinte, on a en un point A du liquide maintenu à une température T et qu'un autre point B soit maintenu à une température t inférieure à T, la tension finale devra être celle qui correspond à t ; mais de la différence de température et par suite de pression qui existe au début, il résulte qu'une partie de la vapeur qui était en B se portera vers A où elle se condensera ; que d'autre part la tension étant diminuée en A, une partie du liquide passera à l'état de vapeur, et que les choses continueront ainsi jusqu'à ce que tout le liquide ait disparu en A et soit venu se condenser en B. C'est là le phénomène de la *distillation*, qui peut être accompagné d'ébullition, mais qui peut parfaitement aussi se produire par simple évaporation.

482. Mesure de la tension maxima des vapeurs. — Les méthodes que nous allons indiquer sont applicables aux vapeurs

de tous les liquides; elles ont été employées principalement pour
l'eau, à cause de l'intérêt pratique qui s'attache à la connaissance
de la valeur numérique de ses tensions aux diverses températures.
Le principe de la méthode qui a été d'abord appliquée est simple:
il consiste à produire des vapeurs saturantes dans des milieux portés à diverses températures et à mesurer directement la pression
correspondante. Les appareils employés diffèrent suivant que la
tension à évaluer est inférieure à 760^{mm} de mercure ou qu'elle est
supérieure à cette valeur.

Tension des vapeurs inférieure à 760^{mm}. *Procédé de Dalton.* —
Pour mesurer la force élastique d'une vapeur, Dalton se servait de
l'appareil suivant: dans une même cuvette
à mercure M (*fig.* 229), on place deux tubes
barométriques T et T'; le premier est un baromètre parfait; le second, un baromètre
dans lequel on a introduit une petite quantité de liquide. Ces deux tubes sont envelop-
pés d'un manchon plein d'eau, que l'on
chauffe au moyen d'un fourneau. Un agitateur y maintient la même température en
tous les points. En un moment donné, on
arrête le feu et on attend que la température reste stationnaire. La tension de la vapeur, à ce moment, est mesurée par la différence des niveaux dans les deux tubes, différence que l'on ramène par le calcul à 0°.

Cette méthode n'est pas très exacte, parce
qu'il est difficile de maintenir à peu près constante la température de l'eau du manchon;
de plus, la réfraction et l'action capillaire,
qui n'est pas la même pour le mercure sec
et le mercure humide, rendent incertaine
l'évaluation des hauteurs mercurielles.

Regnault a repris ces expériences, en
y apportant quelques modifications qui per-

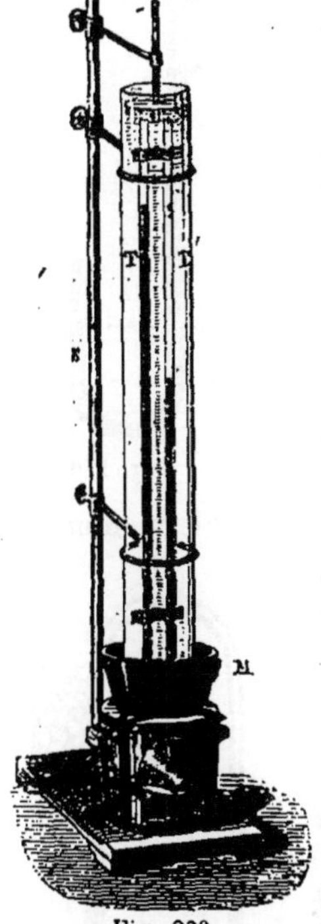

Fig. 229.

mettent d'obtenir plus d'exactitude dans les mesures.

Il est aisé de comprendre pourquoi la méthode de Dalton ne
permet pas de mesurer des tensions supérieures à 760^{mm}, puisque
pour cette pression le mercure du tube T' serait au niveau de la
cuvette. Dans les expériences de Regnault, où les tubes n'étaient
chauffés que sur une partie de leur longueur, on ne pouvait
même dépasser une tension de 300^{mm}.

Disons en passant que la température qui peut être atteinte dans l'appareil de Dalton est justement celle de l'ébullition de chaque liquide (voir ÉBULLILION).

483. Tension des vapeurs supérieure à 760^{mm}. — La méthode précédente ne peut s'appliquer à la mesure des tensions plus grandes que 1 atmosphère, et, même au-dessous de cette valeur, il est difficile d'obtenir une température uniforme, et par suite des résultats exacts.

Pour déterminer la tension de la vapeur d'eau ou d'un autre liquide au-dessus de 760^{mm}, Dalton employait un tube recourbé dont la petite branche était fermée et contenait en *c* (*fig.* 230) une faible quantité de liquide *m*. Il chauffait le liquide en le plongeant dans un bain d'huile. La vapeur se formait, et la différence des deux niveaux *ab*, augmentée de la pression atmosphérique, donnait la valeur de la force élastique à la température de l'expérience. Cette méthode était insuffisante et inexacte. En 1829, Dulong et Arago déterminèrent les tensions de la vapeur d'eau jusqu'à 27 atmosphères, en produisant de la vapeur dans une chaudière qui communiquait directement avec un manomètre à air libre : lorsque la température avait atteint la valeur à laquelle on voulait opérer, on s'arrangeait pour la maintenir constante pendant quelque temps et on lisait la pression correspondante sur le manomètre.

Fig. 230.

Cette méthode présentait des difficultés dans l'application et des causes d'erreurs : Regnault a imaginé une méthode applicable à tous les cas, que nous décrirons plus tard lorsque nous aurons indiqué le principe sur lequel elle repose.

484. Tension de la vapeur des corps solides. — Nous avons dit que les solides émettent des vapeurs ; en général la tension est faible, mais on a pu la mesurer, notamment pour l'eau. La méthode de Dalton n'est pas directement applicable, parce que si l'on refroidissait dans le tube T' (*fig.* 229) le liquide jusqu'à le solidifier, il formerait un bouchon qui s'opposerait au mouvement du mercure.

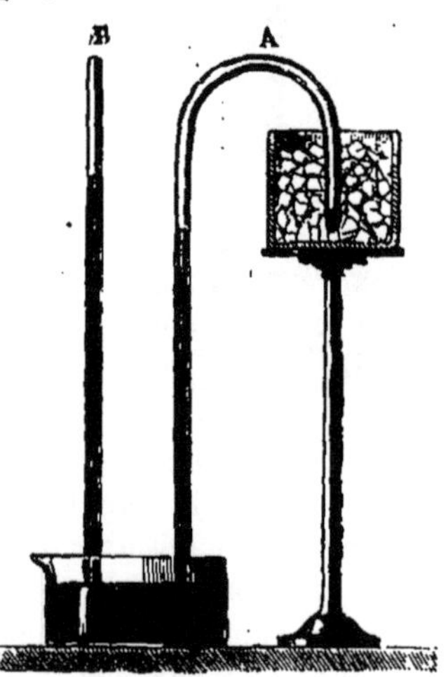

Fig. 231.

Gay-Lussac a imaginé une méthode qui évite cette difficulté et qui est basée sur le principe de la *paroi froide* (481).

On plonge dans la même cuvette, à côté d'un baromètre ordinaire B (*fig.* 231), le baromètre à vapeur A, dont la partie supérieure, recourbée, est entourée d'un mélange réfrigérant. La différence des niveaux mesure la tension de la vapeur à la température du mélange. M. Regnault a appliqué son appareil, légèrement modifié, à ce cas particulier: il se servait d'un mélange réfrigérant liquide formé de neige et de chlorure de calcium, ce qui lui permettait de l'agiter facilement et d'avoir une température plus constante.

485. — Les résultats numériques obtenus dans diverses séries d'expériences montrent qu'il n'existe aucune relation simple entre la tension maxima et la température. Il faut donc se borner à donner pour chaque corps des chiffres ou des courbes déduites de de ces chiffres; nous résumons en deux tableaux quelques nombres qu'il peut être intéressant de connaître.

Tensions maxima de diverses vapeurs

TEMPÉRATURE.	ALCOOL.	ÉTHER.	CHLOROFORME.	ACIDE SULFUREUX.
Degrés.	mm	mm	mm	mm
— 20	3,4	69	»	480
— 10	6,4	115	»	763
0	12,7	184	»	1165
10	24,2	287	160	1800
20	44,5	423	247	2460
30	78,5	635	370	3430
40	134	907	535	4670
50	220	1267	755	6220
80	813	3023	1865	»
100	1697	4950	3110	»
120	3232	7720	4880	»
150	7318	»	8730	»

Tensions maxima de la vapeur d'eau

TEMPÉRATURE.	TENSION.	TEMPÉRATURE.	TENSION.	TEMPÉRATURE.	TENSION.
Degrés.	mm	Degrés.	mm	Degrés	atm
— 30	0,4	2	5,3	100	1
— 20	0,9	4	6,1	120	2
— 10	2,1	6	7,0	134	3
0	4,6	8	8,0	144	4
10	9,1	12	10,4	152	5
20	17,4	14	11,9	159	6
30	31,6	16	13,5	171	8
40	55,9	18	15,3	180	10
50	92,0	22	19,7	199	15
60	148,8	24	22,7	215	20
70	232,0	26	25,0	225	25
80	354,0	28	28,1	»	»
90	525,4	»	»	»	»
100	760,0	»	»	»	»

486. Applications des dilatations. — L'action de la chaleur se fait sentir à peu près sur tous les corps et change leurs dimensions : il faut tenir compte des changements qui se produisent sous cette influence, soit pour éviter les inconvénients qui pourraient se présenter, soit pour en tirer parti.

Il importe que, lorqu'un corps est soumis à des variations notables de température, il puisse se dilater ou se contracter librement : c'est là une condition essentielle parce que si, en général, ces dilatations sont minimes comme étendue, elles correspondent à des efforts considérables. Une barre métallique placée entre deux points fixes, et que l'on chauffe, se courbe ou renverse l'un de ses points d'appui; de l'huile que l'on place dans un tube en fer, bouché à la partie supérieure par une lame de plomb de 3 millimètres d'épaisseur, détache une rondelle dans cette lame lorsqu'elle vient à être chauffée, etc. C'est pour cela que, dans les constructions métalliques, on s'arrange de manière à laisser un libre jeu aux dilatations; que les rails des chemins de fer sont séparés les uns des autres par un petit intervalle, etc.

La dilatation libre n'est pas sans présenter également des inconvénients. Les règles métalliques divisées subissent l'influence de la température et leurs divisions n'ont la valeur indiquée que pour la température à laquelle elles ont été construites; pour tout autre cas, il faut faire des corrections : c'est ce qui arrive pour les observations barométriques. Dans ce cas, d'ailleurs, la question est plus complexe, car le mercure change de poids spécifique avec la température, et les pressions exercées ne sont proportionnelles aux hauteurs que si le poids spécifique est constant; s'il varie, il faut faire une correction [1].

Dans le pendule, les variations de température, changeant la longueur, amènent des variations dans la durée des oscillations; mais on a pu ingénieusement utiliser les différences de dilatation des divers métaux pour arriver à maintenir la longueur constante

---

1. Supposons que les divisions de la règle représentent des millimètres à 0°, et que la lecture faite corresponde à h divisions pour la température $t°$; si λ est le coefficient de dilatation linéaire, la longueur de chaque division sera $1^{mm}(1 + \lambda t)$ et la longueur totale sera $h(1 + \lambda t)$. Si l'on veut savoir quelle hauteur h_0 aurait une colonne de mercure à 0° qui exercerait la même pression, on sait que, d et d_0 étant des densités, on doit avoir

$$\frac{h_0}{h(1 + \lambda t)} = \frac{d}{d_0};$$

mais, m étant le coefficient de dilatation du mercure, on sait que $\dfrac{d}{d_0} = \dfrac{1}{1 + mt}$; on a donc

$$h_0 = h\frac{(1 + \lambda t)}{(1 + mt)}.$$

malgré les changements de température (pendule compensateur).

On a également utilisé les différences de dilatation pour construire des thermomètres métalliques ; bien qu'ils puissent servir dans quelques cas, leur emploi ne paraît pas devoir se généraliser.

D'autre part, les variations de densité des liquides chauffés ont été utilisées pour obtenir la circulation de ces liquides, ainsi que nous l'indiquerons plus loin (chauffage à eau chaude). .

487. — La dilatation des gaz donne lieu à des considérations analogues; l'augmentation de pression qui se produit par l'élévation de température peut amener la rupture des vases dans lesquels les gaz sont placés. Dans d'autres cas, dans les machines à air chaud, par exemple, c'est au contraire cette augmentation de pression qui est utilisée en agissant sur un piston mobile.

Les variations de densité, lorsque la dilatation se fait librement, expliquent les mouvements de l'air tant dans l'atmosphère, sous l'influence directe ou indirecte de la chaleur solaire, que dans une pièce, sous l'influence des foyers, des lumières, de la respiration. Ce sont également ces variations qui déterminent les tirages des cheminées, etc.

Enfin, la dilatation des gaz peut être utilisée pour la détermination des températures, soit qu'il s'agisse d'une mesure différentielle, ce que permettent de faire les thermomètres de Rumford et de Leslie, que nous décrirons plus loin, soit qu'il s'agisse d'une mesure absolue. Sans vouloir entrer dans le détail, on conçoit aisément que, le coefficient de dilatation étant connu, si l'on détermine soit l'augmentation du volume à pression constante, soit l'augmentation de pression à volume constant, on en pourra déduire la température [1].

On peut, pour faire ces déterminations, se servir d'appareils analogues à celui qu'a employé Regnault pour la dilatation des gaz (478).

Regnault a indiqué une méthode plus commode au point de vue pratique, et dans laquelle interviennent à la fois le changement de volume et le changement de pression : l'appareil consiste en un réservoir que l'on porte à la température que l'on veut apprécier : une partie de l'air qu'il contient s'échappe; on ferme le tube à la lampe. Une détermination ultérieure permet de mesurer la quantité

---

1. Puisque l'on a :

$$V = V_0 (1 + \alpha t) \qquad \text{et} \qquad \Pi = \Pi_0 (1 + \alpha t)$$

on en déduit immédiatement

$$t = \frac{V - V_0}{V_0 \alpha} \qquad \text{et} \qquad t = \frac{\Pi - \Pi_0}{\Pi_0 \alpha}.$$

d'air qui s'est échappée et, de la connaissance de cette quantité, on déduit la température à laquelle le réservoir a été porté.

488. Densité des corps gazeux. — La densité et le poids spécifique d'un corps sont liés au volume occupé par ce corps : pour les corps gazeux, le volume varie trop considérablement avec la température et la pression pour qu'il soit possible d'en donner une définition indépendante de ces éléments. Nous pouvons maintenant traiter cette question d'une manière complète.

On appelle *densité* d'un corps gazeux le rapport du poids d'un certain volume de ce corps au poids d'un même volume d'air, dans les mêmes conditions de température et de pression.

Pour les gaz proprement dits, comme ils ont le même coefficient de dilatation que l'air, et que, comme ce corps, ils suivent la loi de Mariotte, les variations de température et de pression agissent de la même façon, de telle sorte que deux volumes égaux d'air et de gaz, pour une température et une pression déterminées, resteront égaux quels que soient les changements qu'ils subissent simultanément ; par conséquent, la densité sera indépendante de la température et de la pression.

Il n'en est pas ainsi pour les vapeurs ; comme elles ne suivent pas les lois de Mariotte et de Gay-Lussac, les modifications en volume qu'elles subissent ne sont pas les mêmes que celles que subit l'air ; le rapport des poids de volumes égaux, la densité, changera donc avec les conditions de température et de pression.

Réciproquement, si l'on prend la densité d'un corps gazeux dans des conditions diverses de température et de pression, et si l'on trouve des nombres égaux dans tous les cas, on en conclura qu'il s'agit d'un gaz, c'est-à-dire d'un corps qui suit les lois de Mariotte et de Gay-Lussac ; au contraire, si les densités trouvées par l'expérience varient, c'est qu'il s'agit d'une vapeur.

Des méthodes diverses ont été employées pour mesurer les densités des corps gazeux ; au fond, le principe est toujours le même, mais les dispositions adoptées diffèrent suivant qu'il s'agit d'un corps gazeux à la température ordinaire (ce que l'on nomme communément un *gaz*), ou d'un corps qui ne prend l'état gazeux que par l'élévation de la température (ce que l'on nomme vulgairement une *vapeur*).

489. Recherche de la densité des corps gazeux à la température ordinaire. — Biot et Arago, les premiers, ont employé à cette recherche un procédé semblable à celui qui sert pour les liquides. Ce procédé, modifié par MM. Dumas et Boussingault, présente l'inconvénient d'introduire des corrections délicates, qui rendent nécessairement les résultats incertains. Une méthode plus exacte est celle imaginée par M. Regnault, méthode qui supprime toute correction, et annule les diverses causes d'erreur.

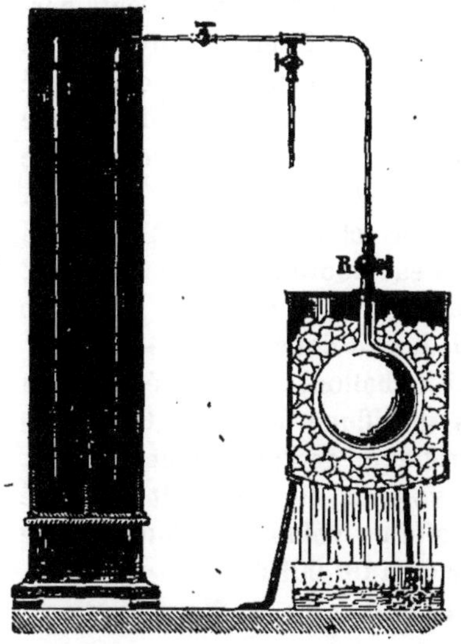

Fig. 232.

Un ballon de 10 litres environ de capacité est mis en relation, par l'intermédiaire d'un tube à trois branches, avec un baromètre-manomètre TT' (*fig.* 232) et une machine pneumatique, ou un appareil producteur de gaz. Le ballon étant placé dans la glace fondante, on y fait le vide aussi exactement que possible, et on le remplit de gaz sec à la pression Π. On pèse le ballon plein de gaz. Soit P son poids. On fait de nouveau le vide, et on observe la différence de niveau h dans les tubes T et T'. Cette différence mesure la force élastique du gaz qui reste dans le ballon.

Une seconde pesée donne le poids p du ballon rempli de gaz à la pression h. Donc la différence P — p, entre les poids obtenus, exprime le poids du gaz qui remplit le ballon à la pression $\Pi - h$.

On répète pour l'air sec la même série d'opérations, et l'on a un poids de gaz P' — p' correspondant à une pression $\Pi' - h'$. Comme la température est la même, il suffirait de prendre le rapport des poids pour avoir la densité cherchée ; mais il faut faire une correction pour tenir compte de la différence de pression, différence qui est toujours assez faible [1].

Pour exécuter les diverses pesées, M. Regnault faisait équilibre à son ballon au moyen d'un second ballon fermé, de même volume et façonné avec le même verre. On accroche les deux ballons sous les plateaux d'une balance ; de cette manière, ils déplacent le même volume d'air, et on évite ainsi les incertitudes qui proviennent des variations dues aux changements de température, de pression et

---

1. Les poids d'un même volume de gaz étant proportionnels aux pressions, si l'air avait été soumis à la pression $\Pi - h$, le poids de la masse contenue dans le ballon aurait été :

$$(P' - p') \frac{\Pi - h}{\Pi' - h'}.$$

La densité cherchée d, rapport des deux poids, est donc :

$$d = \frac{P - p}{P' - p'} \cdot \frac{\Pi' - h'}{\Pi - h}.$$

de composition de l'air qui peuvent se produire dans le cours des opérations.

490. Poids d'un litre d'air. — La méthode précédente permet d'obtenir le poids d'un litre d'air sec à 0° et à la pression de 760 millimètres. M. Regnault employait le même ballon compensé qui a servi à la recherche des densités. Il déterminait d'abord le poids a d'air sec qui le remplissait à 0° et sous la pression de 760 millimètres. Ce poids étant trouvé, il ne lui restait plus qu'à mesurer le volume du ballon à 0°. Pour cela, il le pesait successivement plein d'eau distillée récemment bouillie et plein d'air sec; la différence de poids p observée indiquait l'excès du poids de l'eau x sur celui de l'air a; on en déduisait donc $x = p + a$.

Du poids de l'eau qui remplissait le ballon, on peut déduire son volume V en divisant par le poids spécifique de l'eau à 0°; en divisant alors a par V, on a le poids spécifique de l'air à 0° et à 760^{mm}, c'est-à-dire le poids de l'unité de volume. M. Regnault a trouvé 1^{gr},293 en prenant le litre pour unité de volume; si l'on prend le centimètre cube, le poids spécifique sera 0^{gr},001293.

491. Poids spécifiques des divers gaz. — Nous avons dit que dans le cas des gaz (89) on a

$$P = V \times D \times 1^{gr},293$$

P étant le poids évalué en grammes d'un volume V évalué en litres. Si, dans cette équation, nous faisons $V = 1$, nous pourrons avoir le poids spécifique du gaz considéré, D. $\times$ 1,293.

Les nombres ainsi trouvés ne sont applicables que si la pression est 760 millimètres et la température 0°; pour d'autres conditions, il faut tenir compte des variations apportées dans les poids spécifiques[1].

TABLEAU DE LA DENSITÉ ET DU POIDS D'UN LITRE DES PRINCIPAUX GAZ, A 0° ET A 760^{mm}

Gaz.	Densité.	Poids du litre
Oxygène.	1,1056	1,43
Azote.	0,971	1,26
Hydrogène.	0,0693	0,090
Chlore.	2,42	3,133
Acide carbonique.	1,529	1,977
Oxyde de carbone.	0,957	1,234
Acide sulfureux.	2,193	2,73
Acide sulfhydrique.	1,1912	1,536
Protoxyde d'azote.	1,527	1,970
Bioxyde d'azote.	1,039	1,343
Cyanogène.	1,806	2,330
Hydrogène protocarboné.	0,559	0,727
Hydrogène bicarboné.	0,985	1,274
Gaz ammoniac	0,597	0,769
Acide chlorhydrique.	1,247	1,589

Si l'on opère à une température t et à une pression H, le poids spéci-

492. Recherche de la densité des corps qui ne sont pas gazeux à la température ordinaire. — Les méthodes employées pour les corps que l'on désigne vulgairement sous le nom de vapeurs lorsqu'ils sont à l'état gazeux diffèrent des méthodes précédentes en ce qu'il faut opérer à des températures assez élevées pour vaporiser le corps.

Pour déterminer la densité des vapeurs, on a employé principalement deux procédés. L'un, imaginé par Gay-Lussac, propre uniquement aux substances facilement volatiles, n'est plus usité maintenant, et le procédé de M. Dumas, applicable à toutes les températures, sert seul dans les laboratoires.

On prend un ballon B (*fig.* 233) de 400 à 500 centimètres cubes de capacité, que l'on étire en pointe effilée et recourbée. On commence par dessécher le ballon intérieurement au moyen de la machine pneumatique, et on le pèse plein d'air. Soit P son poids. On

Fig. 233.

introduit alors dans le ballon 10 à 15 grammes environ du liquide dont on veut déterminer la densité. Le ballon est ensuite assujetti solidement au milieu d'un bain d'eau, d'huile ou d'alliage fusible, renfermé dans une marmite en fonte M. On chauffe au-dessus de la température d'ébullition; la vapeur formée s'échappe par l'orifice; lorsqu'elle cesse de se produire, on maintient la température T constante pendant quelques minutes, puis on ferme rapidement la pointe et on note la hauteur barométrique H'. Le ballon, sorti du bain, étant lavé et essuyé avec soin, est pesé de nouveau. Soit P' le poids trouvé. La différence des pesées P' — P exprime l'excès du poids de la vapeur à T° et à la pression H sur le poids p de l'air qui le remplissait à $t°$ et à la même pression. On en peut déduire le poids π de la vapeur [1]. On porte alors le ballon sur une cuve à

fique de l'air deviendra

$$\frac{1{,}293 \times H}{(1 + \alpha t) \times 760}.$$

Comme la densité du gaz ne change pas, on aura pour le poids d'un volume V

$$P = \frac{V \times D \times 1{,}293 \times H}{(1 + \alpha t) \times 760}.$$

1. On a immédiatement

$$p = \frac{V \times 1{,}293 \times H}{(1 + \alpha t)\, 760}$$

et comme on a P' — P = $\pi - p$, il vient π = P' — P + p où tout est connu mercure. On casse la pointe sous le mercure; le ballon se remplit complètement si l'opération a été bien conduite. En pesant le ballon, ou mesurant le volume du mercure dans une éprouvette graduée, on peut, après une correction relative à la température, déterminer le volume V_0 du ballon à 0°. On peut calculer le poids a de l'air qui le remplirait à la température T et à la pression H' : le quotient $d = \dfrac{\pi}{a}$ mesurera la densité cherchée [1].

S'il est resté de l'air dans le ballon, ce dont on est averti par ce qu'il ne se remplit pas complètement de mercure, il faut faire une correction pour en tenir compte, après avoir mesuré son volume dans une éprouvette graduée. Mais si ce volume est un peu notable, s'il dépasse 10^{cmc} pour un ballon de 500^{cmc}, il est préférable de recommencer l'opération.

493. — MM. Sainte-Claire-Deville et Troost ont appliqué la méthode de M. Dumas en en modifiant quelques détails de manière à opérer à des températures très élevées. Pour arriver à ce résultat, on se sert d'un bain de chlorure de zinc, de cadmium fondu, de zinc fondu qui bout à plus de 1000°; seulement, on remplace le ballon de verre par un ballon de porcelaine, et pour fermer le col il faut employer un jet de chalumeau oxhydrique.

La température peut être déterminée dans ce cas à l'aide d'un autre ballon de porcelaine qui sert de thermomètre à air; mais il est préférable de mettre de l'iode dans ce ballon, de manière à le remplir de vapeurs de ce corps. On opérera comme pour un thermomètre à air, seulement, les vapeurs étant beaucoup plus denses que l'air, les erreurs seront moins considérables.

494. — L'étude des densités des vapeurs a confirmé les notions que nous avons données sur la manière dont se comportent les corps lorsqu'ils s'éloignent de leur point de liquéfaction : ils deviennent des gaz. On a trouvé, en effet, que, lorsque l'on opère à des températures peu éloignées de ce point, la densité varie quand la température change; mais que, à partir d'une certaine température qui, suivant les corps, est plus ou moins éloignée du point de liquéfaction, la densité devient constante : à partir de cette tem-

---

1. Si k est le coefficient de dilatation du verre, on aura :

$$a = \frac{V_0(1 + kt) \cdot 1{,}293 \cdot H'}{(1 + \alpha t)\,760} \,;$$

et par suite

$$d = \frac{(P' - P + p)(1 + \alpha t)\,760}{V_0(1 + kt) \cdot 1{,}293 \cdot H'} \,,$$

expression dans laquelle p a la valeur trouvée plus haut.

pérature le corps gazeux suit donc les lois de Mariotte et de Gay-Lussac, c'est un gaz.

Il est à remarquer que, dans certains cas, on peut déterminer par des considérations chimiques la densité que doit avoir un corps, s'il est à l'état de gaz parfait; les valeurs trouvées lorsque la densité est devenue constante diffèrent peu, en général, de ces valeurs théoriques.

Il y a de très grandes différences entre les divers corps relativement à la distance qui sépare le point de liquéfaction du point où la vapeur devient gaz parfait : elle est seulement de 15° environ pour la benzine, de 35° pour l'esprit de bois, de 140° pour l'acide formique. Le soufre, qui bout à 400°, a, à 500°, une densité de vapeur de 6,6; il faut opérer à une bien plus haute température, 1000°, pour avoir la densité 2,2 qui correspond à la valeur théorique.

TABLEAU DES DENSITÉS DE VAPEURS.

Iode.	8,716
Mercure.	6,976
Phosphore.	4,420
Soufre.	2,200
Vapeur d'eau.	0,622
Alcool.	1,613
Ether sulfurique.	2,586
Essence de térébenthine.	5,013
Chloroforme.	4,200

CHAPITRE III

CONDUCTIBILITÉ

495. Propagation de la chaleur par conduction. Conductibilité. — L'observation la plus simple montre que, lorsque l'on élève par un moyen quelconque la température d'une partie déterminée d'un corps solide, l'action ne se localise pas, et que progressivement la température s'élève dans tous les autres points du corps : on dit que la chaleur s'est transmise par *conduction*, et la propriété que possèdent les corps de permettre cette transmission est la *conductibilité*.

Lorsque l'on admettait l'existence d'un agent spécial, le *calorique*, pour expliquer les phénomènes calorifiques, cette conduction correspondait à l'écoulement du calorique à travers le corps, écoulement qui ne se produisait pas sans de certaines résistances, comme lorsqu'un liquide filtre à travers un corps poreux, mais très serré.

Les phénomènes calorifiques sont rattachés maintenant à des mouvements vibratoires : la température est liée à la force vive des molécules, et par suite à la vitesse moyenne des vibrations de ces molécules que l'on suppose osciller constamment autour de leur position d'équilibre.

Lorsque tous les points d'un corps sont à la même température, les molécules oscillent toutes de la même façon et, si elles ne sont soumises à aucune influence extérieure, elles continueront d'osciller ainsi, une molécule n'ayant aucun changement à apporter aux molécules voisines, aucune modification à en recevoir.

Élever la température d'une partie du corps revient à augmenter l'amplitude des vibrations des molécules correspondantes, c'est-à-dire la vitesse moyenne et, par suite, la force vive. On conçoit alors que ces molécules, en contact avec d'autres molécules vibrant moins énergiquement, leur communique une partie de la force vive qu'elles possèdent ; que, par suite, la température des molécules voisines s'élève, tandis que celle des premières molécules considérées s'abaissera, si une cause extérieure, une source de chaleur ne les maintient à leur état vibratoire primitif. C'est donc par la communication d'un mouvement vibratoire que nous nous représentons maintenant le phénomène de la conduction.

La conductibilité a été l'objet de très intéressantes études mathématiques sur lesquelles nous n'avons pas à insister ; il nous suffit de signaler les principaux résultats auxquels l'expérience a conduit.

496. Propagation de la chaleur par convection. — Lorsqu'il s'agit d'un liquide ou d'un gaz, les choses peuvent ne pas se passer de la même façon à cause de la mobilité de leurs molécules ; il peut arriver, en effet, que les molécules échauffées se déplacent et aillent communiquer par contact la chaleur qu'elles possèdent à d'autres parties du corps, tandis que de nouvelles molécules, se rapprochant de la source de chaleur, s'échauffent à leur tour. La transmission, la propagation de la chaleur est liée alors au déplacement des molécules et se fera dans le sens de ce déplacement ; nous dirons, avec Tyndall, que cette transmission se fait par *convection*.

Il est évident que toutes les circonstances qui faciliteront ou qui gêneront le mouvement du fluide faciliteront ou gêneront la transmission par convection.

497. État variable, état permanent. — Lorsqu'un corps est en équilibre de température et que l'on vient à élever sa température en un point et à maintenir cette élévation de température, on note aux divers autres points des échauffements progressifs jusqu'au

moment où la température de chaque point reste constante, cette
température variant, en général, d'un point à un autre. Il y a donc
à considérer un *état variable* et un *état permanent* ou *stationnaire*:
les recherches n'ont porté jusqu'à présent que sur l'état permanent.

498. Conductibilité des solides. — La propagation par
conductibilité ne se fait pas aussi facilement dans certains corps
que dans d'autres. Ainsi, on ne peut pas tenir à la main l'extrémité d'une barre métallique de 2 ou 3 mètres de longueur, dont
l'autre extrémité a été chauffée au rouge; mais on peut fondre un
tube de verre, en le tenant à quelques centimètres du point où
s'opère la fusion.

La conductibilité dépend de la nature du corps considéré. Il
résulte de là que si l'on étudie des tiges de même section, et qui
aient une extrémité à une température fixe, les températures des
points situés à la même distance de l'extrémité seront différentes,
ou, ce qui revient au même, les points qui auront la même température seront à des distances différentes de l'extrémité. On a pu
vérifier cette conclu-
sion, et mesurer ex-
périmentalement ces
distances, mais seu-
lement d'une manière
approchée, par l'ap-
pareil d'Ingenhouz
(*fig.* 234). C'est une
caisse métallique,
portant sur une de

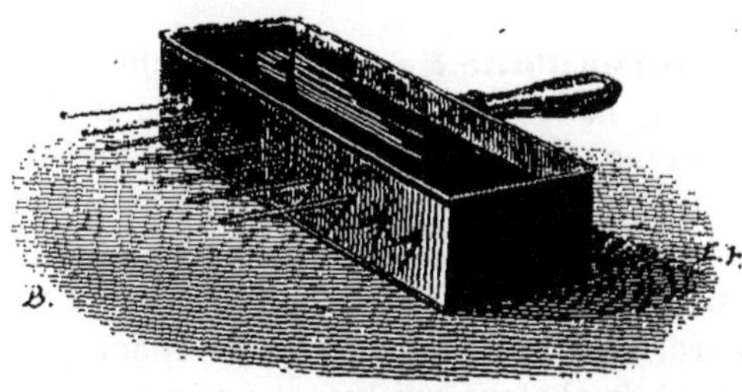

Fig. 234.

ses faces des tubulures, par où pénètrent des tiges de substances
différentes d'égale longueur et de même épaisseur. On les chauffe
toutes également, en versant de l'eau bouillante dans la caisse. Les
tiges ont été préalablement recouvertes d'une légère couche de
cire. La cire fond dans une certaine étendue, variable avec la nature
des tiges, en laissant un petit bourrelet. En ces points, la température était évidemment la même. Les distances de ces points à la
caisse sont donc les distances cherchées.

On a pris autrefois ces longueurs comme permettant de caractériser la conductibilité des corps pour la chaleur, de comparer la
conductibilité des différents corps; mais on ne peut arriver ainsi à
des résultats nets et précis.

499. Propagation de la chaleur dans un mur indéfini.
— Considérons un mur à faces parallèles, d'une épaisseur déterminée perpendiculairement à ces faces mais indéfiniment prolongé

dans toutes les autres directions, et dont on maintienne les faces à deux températures invariables; on démontre par le calcul que, lorsque l'état permanent est atteint, la variation de température est uniforme sur toute ligne droite allant d'une face à l'autre, c'est-à-dire que la variation de température est proportionnelle à la distance [1].

L'étude de la question montre que dans chaque plan parallèle aux faces il passe par seconde la même quantité de chaleur (508); mais pour maintenir la même différence de température entre deux points, cette quantité de chaleur varie d'un corps à un autre : c'est cette remarque qui conduit à définir ce que l'on appelle le *coefficient de conductibilité*. On appelle coefficient de conductibilité d'un corps la quantité de chaleur qui traverse dans l'unité de temps l'unité de surface d'une tranche prise sur un mur à faces parallèles de 1 mètre d'épaisseur, et dont les deux faces ont entre elles une différence de température égale à 1°. Il serait difficile de déterminer les coefficients de conductibilité d'après cette définition. Aussi ne détermine-t-on que leur rapport à un coefficient choisi arbitrairement.

500. Loi des températures d'une barre. —En recherchant théoriquement, par le calcul, la loi de la distribution de la chaleur dans une barre métallique, dont une extrémité est soumise à une température constante, et qui est plongée dans une atmosphère de température différente, Fourier est arrivé à prouver qu'il doit exister un état permanent, qui se conserve indéfiniment sans variation, chaque élément perdant alors par conductibilité et par rayonnement extérieur la quantité de chaleur qui lui est fournie par l'élément précédent. En outre, lorsque cet état permanent est atteint, *si l'on considère des points dont les distances à l'extrémité chaude sont en progression arithmétique, les excès des températures sur celle de l'enceinte décroissent en progression géométrique*, c'est-à-dire encore que le rapport de chacun de ces excès au précédent est constant.

Ce résultat a été vérifié, par Despretz, sur quelques corps conducteurs, tels que le cuivre et le fer. Dans une barre métallique

---

1. Si T_0 et T sont les températures de faces extrêmes distantes de c, et t la température d'un point situé à une distance x de la première face, on a donc :

$$\frac{T_0 - t}{x} = \frac{T_0 - T}{c},$$

d'où l'on déduit immédiatement

$$t = T_0 - \frac{T_0 - T}{c} x.$$

(*fig.* 235) recouverte d'un vernis épais, il pratiquait des cavités
équidistantes, qu'il remplissait de mercure, et dans lesquelles il plon-

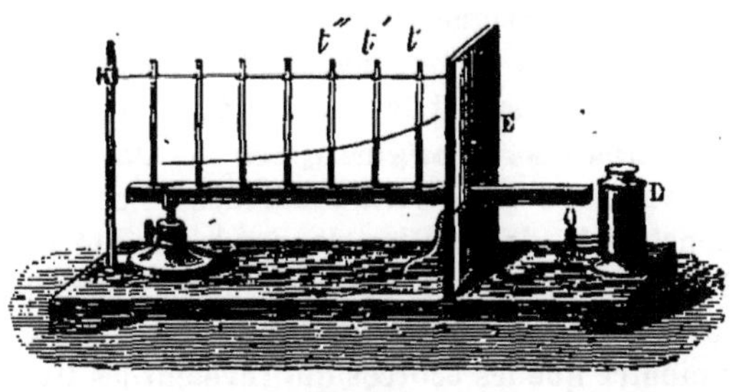

Fig. 235.

geait le réservoir
d'un petit thermo-
mètre. L'extrémité
située au delà du
premier thermomè-
tre était maintenue
à une température
constante, et la
barre était assez
longue pour que
l'autre extrémité pût être regardée comme ayant la température
de l'air ambiant. Lors que la barre avait pris l'état permanent, on
vérifiait la loi, en notant les températures des divers thermomètres.

Despretz a pu déduire de ces expériences le rapport des coefficients de conductibilité, par un calcul que nous ne pouvons indiquer;
mais cette méthode est défectueuse, il y a plusieurs causes d'erreur.
MM. Wiedmann et Franz ont repris ces expériences en évitant ces
causes d'erreur, et en se plaçant à tous égards dans des conditions
plus favorables. Les nombres qu'ils ont obtenus diffèrent peu cependant de ceux trouvés par Despretz. Voici les résultats, le pouvoir conducteur de l'argent étant représenté par 1000 :

Argent.	1000
Cuivre.	736
Or.	532
Zinc.	195
Fer.	119
Plomb.	85
Platine.	84

501. Conductibilité des cristaux. — On peut se demander
si la chaleur se propage également dans tous les sens. On comprend
qu'il n'en soit pas ainsi dans des corps non homogènes. M. de Sénarmont a constaté le même fait dans quelques cristaux. Il y a
des cristaux qui ne sont pas aussi facilement traversés par la lumière, qui sont plus élastiques dans un sens que dans un autre : il
était naturel de penser qu'il devait en être de même pour la chaleur. M. de Sénarmont l'a vérifié sur quelques cristaux. On prend
deux lames de quartz, par exemple, taillées, l'une perpendiculairement, et l'autre parallèlement à l'axe. On recouvre les plaques de
cire, et on fait passer par leur centre un fil que l'on fait rougir au
moyen d'un courant électrique. La cire fond tout autour du fil dans
une certaine étendue, limitée par un bourrelet circulaire pour la
plaque perpendiculaire, et pour l'autre par un bourrelet elliptique

allongé dans le sens de l'axe. La chaleur a donc marché plus vite le long de l'axe que perpendiculairement à l'axe.

M. Jannetaz a repris et étendu ces expériences qui mettent en évidence le manque d'homogénéité physique des cristaux, manque d'homogénéité qui a été déjà signalé à propos des actions mécaniques (132) et que nous retrouverons en parlant des propriétés optiques.

502. Conductibilité des tissus organiques. — On trouve dans le bois un exemple remarquable de cette différence de conductibilité. Ainsi que l'a constaté M. de la Rive, la conductibilité suivant les fibres est 2, 3, 4 fois plus grande que dans le sens perpendiculaire; le pouvoir conducteur des différents bois est très faible, du reste. L'expérience montre que les écorces qui revêtent les tiges sont formées d'une matière plus mauvaise conductrice que le bois; et, en général, toutes les substances animales ou végétales s'opposent au mouvement de la chaleur, circonstance qui tend à protéger les plantes et les animaux contre des soustractions brusques de chaleur, ce qui pourrait donner lieu à des effets pernicieux.

503. Échauffement des liquides par convection et par conduction. — La mobilité des molécules liquides complique le phénomène de la propagation de la chaleur dans l'intérieur de ces corps. Le plus souvent, en effet, l'échauffement des liquides se produit par convection. Lorsqu'on chauffe un liquide par la partie inférieure, il s'établit des courants intérieurs, dus aux parties chaudes qui, étant plus légères, s'élèvent, et aux parties froides qui sont plus lourdes et qui descendent, ce qui amène rapidement l'uniformité de température; on peut rendre visibles ces courants, en mêlant à l'eau C (*fig.* 236), que l'on chauffe par le bas, de la sciure très fine. On voit cette sciure s'élever

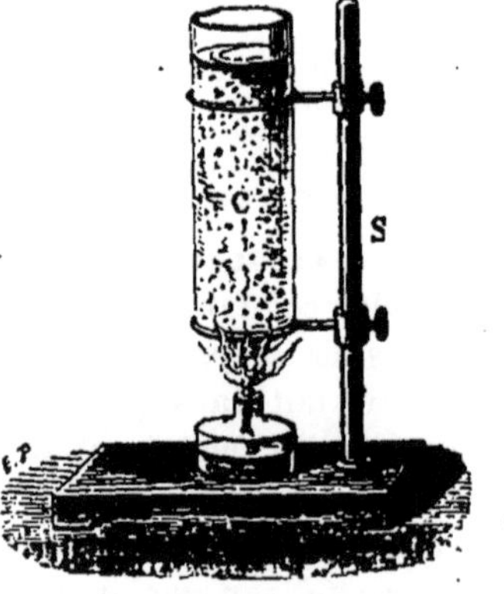

Fig. 236.

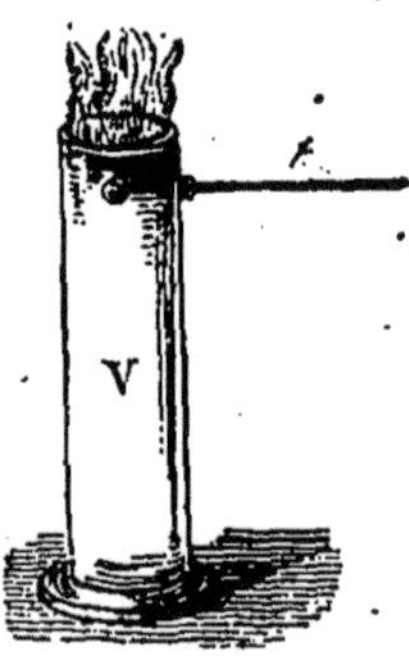

Fig. 237.

au centre, et descendre le long des parois. Pour éviter ces courants et rendre sensible l'échauffement par conduction dans les liquides, il faut les chauffer par le haut. Si l'on verse de l'éther sur de l'eau contenue dans un vase, et qu'on l'enflamme, un thermomètre t (*fig.* 237), placé dans le liquide à une petite distance de la couche d'éther, indique une élévation de température. Cette augmentation étant très faible, on a contesté la conduction de l'eau, et on s'est demandé si, dans l'expérience précédente, la chaleur ne s'était pas communiquée au thermomètre par les parois et par rayonnement à travers l'eau. Pour répondre à ces deux objections, Murray a répété l'expérience, en prenant, pour source de chaleur obscure, un vase de cuivre rempli d'eau chaude, et pour vase un bloc de glace. Enfin, M. Regnault a fait une expérience plus concluante. Il a pris un vase en bois, à parois épaisses, plein d'eau, qu'il surmontait d'un vase métallique, où l'on faisait passer un courant de vapeur d'eau à 100°; des thermomètres, placés à des distances égales les uns des autres, ont indiqué une élévation faible de température, et sont devenus stationnaires après 32 heures. M. Regnault a même pu vérifier la loi de Fourier (497), dans le cas des liquides.

En général, les liquides conduisent très mal la chaleur. Le mercure est celui qui a la conductibilité la plus grande.

504. Conductibilité des gaz. — Les gaz sont encore moins bons conducteurs que les liquides; mais il est difficile de faire des expériences concluantes sur ces corps, à cause de la mobilité extrême de leurs molécules, à cause du passage facile qu'ils livrent à la chaleur rayonnante, et de la difficulté avec laquelle on obtient la température d'un gaz. Il existe pourtant des différences entre les pouvoirs que possèdent divers gaz d'enlever de la chaleur aux corps solides avec lesquels ils sont en contact. Mais cette différence doit être plutôt attribuée au mouvement plus ou moins rapide des molécules gazeuses, à la facilité plus ou moins grande avec laquelle se fait la *convection*.

Ce qui prouve la mauvaise conductibilité des gaz et, en particulier, celle de l'air, c'est la lenteur avec laquelle se refroidissent les corps qui sont protégés par des couches d'air qui ne peuvent pas se renouveler. La laine, la soie, l'édredon, et toutes les substances filamenteuses, arrêtent les mouvements de l'air, et, par suite, sont des corps mauvais conducteurs. En comprimant l'ouate ou l'édredon, on augmente leur conductibilité.

505. Du refroidissement. — Lorsqu'un corps chaud est mis en contact avec un corps à une température inférieure, l'équilibre tend à s'établir, ce qui ne peut se produire que si le corps chaud fournit de la chaleur au corps froid; sa température s'abaisse alors, il se refroidit. La rapidité du refroidissement, et, par suite, celle du réchauffement du corps froid, dépendent de la conductibilité plus ou moins grande de ce dernier; mais si le corps est un liquide ou un gaz, il faut en outre tenir compte de la transmission de chaleur par convection et par suite de la mobilité plus ou moins grande du corps.

La question du refroidissement se complique dans ce cas de la perte par rayonnement, dont nous parlerons plus tard et qui joue un rôle important.

506. Applications de la conductibilité. — La conductibilité des métaux a été mise en pratique dans un grand nombre d'applications. Les constructeurs de machines forment de cuivre les parois des chaudières tubulaires, afin que la chaleur du foyer arrive plus facilement à l'eau. C'est pour la même raison que les ustensiles domestiques sont construits en métal.

La lampe de Davy est une application de la grande conductibilité des métaux. Les toiles métalliques refroidissent suffisamment les flammes pour que les gaz qui les traversent ne puissent pas brûler.

Les poêles destinés à répandre promptement la chaleur sont en métal, et présentent de longs tuyaux métalliques, qui donnent un passage facile à la chaleur, pour se porter de dedans en dehors.

Les glacières sont construites de manière que la chaleur du dehors ne puisse pénétrer à l'intérieur. On les fait en briques, de préférence à la pierre, qui est meilleure conductrice. Le transport de la glace dans les régions chaudes s'effectue en l'enveloppant de sciure de bois, de plâtre ou de paille hachée.

La construction des habitations exige la connaissance du pouvoir conducteur des divers matériaux.

507. Vêtements. — Les vêtements constituent l'enveloppe que l'homme interpose entre sa surface et l'air extérieur. Ils servent à le protéger contre des augmentations ou des pertes subites de chaleur. Le corps humain, d'une température généralement supérieure à celle du milieu ambiant, et dont la forme présente un grand développement en surface, est exposé à des pertes incessantes de chaleur par rayonnement et par conductibilité. Pour se soustraire à ces pertes, l'homme doit s'envelopper de substances protectrices, afin de maintenir sa température constante. Les substances premières le plus ordinairement employées sont le coton, le lin, le chanvre, la soie, la laine, quelques poils et les duvets. Ces tissus doivent surtout leur mauvaise conduction à la couche d'air emprisonnée entre leurs mailles qui arrêtent le mouvement de ce fluide, et empêchent ainsi le renouvellement de la lame d'air comprise entre la surface cutanée et la surface externe des vêtements.

Rumford a fait quelques expériences sur la conductibilité des substances employées dans les vêtements. Il plaçait la boule d'un thermomètre au centre d'un ballon rempli de la substance dont il

voulait déterminer le pouvoir conducteur. Il chauffait l'appareil à
100°, et le plaçait ensuite dans un mélange réfrigérant. Il notait le
temps que le thermomètre mettait à descendre d'un certain nombre de degrés. Il a trouvé ainsi les nombres suivants exprimés en
secondes :

Soie tordue	917	Soie écrue	1264
Fine charpie	1032	Poil de castor	1298
Coton	1064	Édredon	1305
Laine de brebis	1118	Poil de lièvre	1312

A l'inspection de ce tableau, on voit que c'est le poil de lièvre qui
a le plus faible pouvoir conducteur. Viennent ensuite l'édredon, le
poil de castor, la soie écrue. La contexture mécanique a une grande
influence sur la conductibilité ; la différence entre la soie écrue et
la soie tordue en est une preuve. En général, plus une étoffe peut
retenir l'air dans ses mailles, plus elle est chaude, plus son pouvoir conducteur est faible. Voilà pourquoi les étoffes lâches, tomen-
teuses, épaisses, conservent plus longtemps la chaleur du corps
que les étoffes lisses et serrées.

CHAPITRE IV

CALORIMÉTRIE : CHALEURS SPÉCIFIQUES

508. Quantités de chaleur; calorie. — Les phénomènes
dont nous nous sommes occupés jusqu'à présent, phénomènes caractérisés soit par la mesure directe des dilatations, soit par l'évaluation des variations de température, sont considérés comme liés
aux variations de la chaleur. Sans savoir même ce qu'est la chaleur, agent matériel, comme on le supposait autrefois, ou énergie
caractérisée par une force vive, comme on l'imagine maintenant,
on peut arriver à la notion de *quantités de chaleur* égales et de là
à celle de rapport de quantités de chaleurs inégales.

Il est évident que deux quantités de chaleur sont égales lorsqu'elles correspondent à des effets égaux produits dans des conditions identiques. En définissant ces conditions, on peut donc arriver à préciser une quantité de chaleur que l'on pourra toujours
reproduire identique à elle-même et qui, étant prise conventionnellement pour *unité*, servira à *mesurer* les quantités de chaleur
en général. Les phénomènes de changements de température ayant
été considérés comme liés le plus directement aux variations de
quantités de chaleur, c'est eux que l'on a pris *arbitrairement* pour
définir cette unité d'un nouveau genre ; nous expliquerons plus

loin que ce choix est fâcheux, comme nous l'avons déjà dit (455) : il est licite, puisqu'il est conventionnel, comme le choix de toute unité nouvelle, mais il n'est pas le meilleur.

509. — On est convenu de prendre pour unité de chaleur, ou *calorie*, la quantité de chaleur qu'absorbe 1 kilogramme d'eau pour s'échauffer de 0° à 1°.

Il résulte de cette définition que, pour élever p kilogrammes d'eau de 0° à 1°, il faudra p calories; ce qui, à la rigueur, permettrait d'évaluer un nombre quelconque de *calories*.

L'expérience démontre qu'il faut sensiblement la même quantité de chaleur pour élever un kilogramme d'eau de 0° à 1°, ou de 1° à 2°, ou de 2° à 3° ... Si, par exemple, dans un vase chauffé à 25°, on verse deux kilogrammes d'eau, l'un à 0° et l'autre à 50°, on trouve que la température du mélange liquide est de 25°; donc un kilogramme d'eau absorbe autant de chaleur pour passer de 0° à 25° que de 25° à 50°.

Ce qui revient à dire que la chaleur absorbée par un poids donné d'eau varie proportionnellement à la variation de température (au moins tant que la variation de température ne dépasse pas 60° à 80°).

Donc 1 kilogramme d'eau absorbera $t' - t$ calories pour passer de la température t à la température t'; et si le poids d'eau est p kilogrammes, la quantité de chaleur absorbée sera $p (t' - t)$ calories.

On voit donc que l'on peut donner une définition plus générale de la *calorie* : la *calorie* est la quantité de chaleur nécessaire pour élever de 1° la température de 1 kilogramme d'eau distillée, quelle que soit la température initiale, au moins pour des températures qui ne dépassent pas 60 ou 80°.

La *calorimétrie* est la partie de la physique qui s'occupe de la mesure des quantités de chaleur, plus spécialement de leur évaluation en calories.

Nous devons ajouter que l'on fait quelquefois usage d'une unité plus petite qui est un sous-multiple de la calorie, mais à laquelle on conserve malheureusement souvent le même nom. C'est la quantité de chaleur qui correspond à l'élévation de température de 1° de 1 gramme d'eau : cette unité est donc 1,000 fois plus petite que la précédente. Pour éviter la confusion, quelques auteurs désignent cette dernière unité sous le nom de *petite calorie* ou *calorie gramme-degré*, la distinguant ainsi de l'unité principale que nous avons définie et qui est alors la *grande calorie* ou *calorie kilogramme-degré*.

510. — Il doit être bien entendu que, dans les expériences relatives à ces mesures *calorimétriques*, il s'agit uniquement de *varia-*

tions thermiques, variations évaluées au thermomètre, et qu'il ne se produit ni actions mécaniques extérieures, ni changements d'état, ni actions électriques, ni actions chimiques.

Lorsque les phénomènes se produisent en sens contraire, lors-qu'un poids p d'eau se refroidit de t' à t^o, on admet qu'il perd de la chaleur; la quantité de chaleur qu'il abandonne ainsi est suppo-sée égale à celle qu'il avait absorbée lors de l'action contraire. Cette notion était évidente lorsque l'on admettait la matérialité du calorique; elle est non moins certaine, si l'on admet que la chaleur est liée à la force vive moléculaire.

511. Mesure des quantités de chaleur. Calorimètre à mercure. — Il existe plusieurs procédés pour mesurer des quantités de chaleur; nous nous bornerons à décrire les principaux. Les appareils correspondants permettent tous de faire ces mesures, mais dans des conditions différentes, de telle sorte que chacun d'eux peut être plus spécialement indiqué pour un ordre déterminé de recherches.

L'appareil dont l'emploi se rapproche théoriquement le plus des données générales que nous avons indiquées est le *calorimètre à mercure* de Favre et Silbermann. Il consiste en un gros thermomètre (*fig.* 238), qui peut loger dans son réservoir les substances qui dégagent ou absorbent de la chaleur. Le réservoir a la forme d'un ballon B à trois tubulures : l'une l' reçoit un moufle en fer ou en platine, dans lequel on place le corps ou les corps qu'il s'agit d'étu-

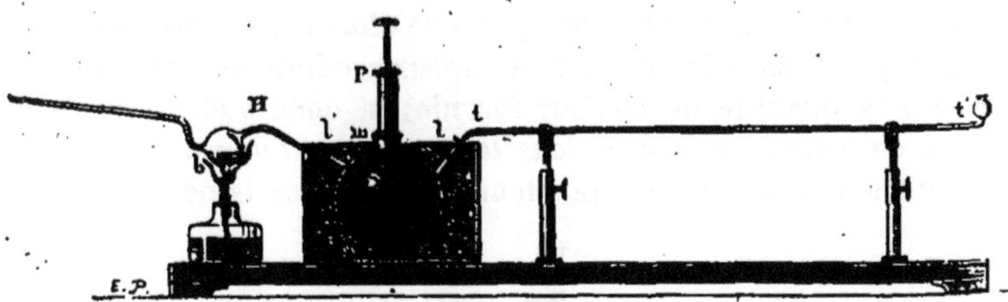

Fig. 238.

dier; la seconde tubulure l est reliée à un tube capillaire ll', qui forme la tige du thermomètre; enfin, dans la troisième m s'engage un piston à vis P, qui sert à amener le mercure au zéro au début de l'expérience. Les indications de l'instrument représentent directement des *calories*, par suite d'une graduation préalable; on a cherché quel déplacement correspond à la chaleur abandonnée par 1 gramme d'eau qui se refroidit de 1°. Il était de 3 millimètres dans l'appareil de MM. Fabre et Silbermann, ce qui correspondait ainsi à une *petite calorie*.

512. Méthode des mélanges. — La méthode des mélanges

qui a été imaginée par Black, est l'application directe de la définition même qui a été donnée de la calorie. On soumet à l'action, quelle qu'elle soit, qui correspond à un dégagement de chaleur, une masse d'eau déterminée dont on note les variations de température. Par exemple, soit p le poids de l'eau et supposons que la température de ce liquide se soit élevée de $t°$ à $t'°$; d'après ce que nous avons dit (510) l'eau aura *absorbé* $p\,(t'-t)$ calories, nombre qui représentera la quantité de chaleur fournie d'autre part. Si, au contraire, la température du liquide s'était abaissée de $t'°$ à $t°$, l'eau aurait *perdu* $p\,(t'-t)$ calories, et ce nombre représenterait le gain fait d'autre part.

En réalité, la question n'est pas aussi simple, parce que l'eau est placée dans un vase qui varie également de température et, par suite, suivant les cas, absorbe ou fournit une certaine quantité de chaleur; parce qu'il y a à tenir compte des pertes de chaleur par conductibilité, par refroidissement par l'air, etc. Nous reviendrons tout à l'heure sur la forme qui a été donnée à l'appareil, au calorimètre à eau, sur les moyens employés pour diminuer ces causes d'erreur et sur les corrections à introduire.

513. Méthode de fusion de la glace. — Tout phénomène qui peut se reproduire identiquement sous l'influence de la chaleur permet d'effectuer des mesures calorimétriques. Il est évident que si, par exemple, on considère un liquide se réduisant en vapeur à une température déterminée, changement d'état qui ne peut se produire que par l'absorption de chaleur, comme nous l'avons déjà dit (337), la quantité de vapeur produite sera proportionnelle à la quantité de chaleur fournie; si donc p et p' sont deux poids de vapeur produite *dans les mêmes conditions*, c et c' les quantités de chaleur correspondantes, on aura certainement :

$$\frac{p}{p'} = \frac{c}{c'}.$$

Si même on a mesuré expérimentalement le poids p' qui est fourni par une valeur de c' connue, cette relation permettra de déterminer absolument c, connaissant p, car on a

$$c = \frac{c'}{p'}\,p.$$

La même remarque s'applique entièrement au cas où il s'agit de la *fusion* d'un corps; nous n'avons qu'à remplacer dans ce qui précède : *poids de liquide réduit en vapeur* par *poids de solide fondu*, bien entendu dans des conditions déterminées.

514. — Cette idée a été appliquée principalement à la fusion de la glace, et l'on a mesuré des quantités de chaleur soit par le *calorimètre de Laplace et Lavoisier*, soit par le *puits de glace :* les conditions sont favorables, car la glace fond toujours à la même température, 0°, et l'eau de fusion conserve cette température, ainsi que nous le dirons en étudiant le phénomène de la fusion.

Lavoisier et Laplace, dans leurs recherches, se servaient d'un

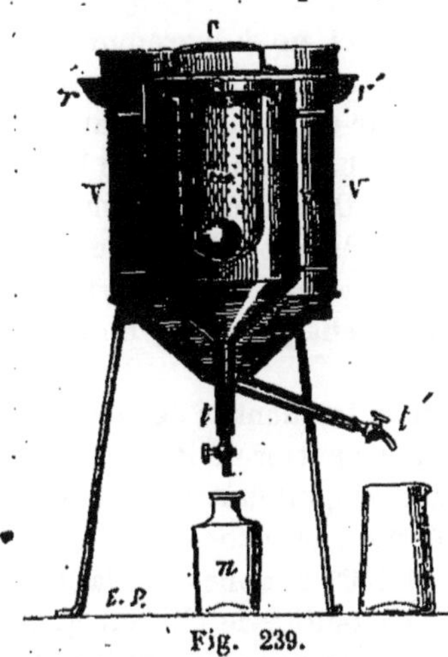

Fig. 239.

appareil formé de trois vases concentriques. Le plus petit *m* (*fig*. 239) représente une sorte de panier métallique, qui sert à contenir le corps chaud. Le second *v* est rempli de fragments de glace fondante, et se termine par un tuyau à robinet *t*, par où doit s'écouler l'eau de fusion. Enfin, ce vase est lui-même enveloppé par un autre V, qui contient aussi de la glace à 0°, et qui, recevant la chaleur rayonnée extérieurement, empêche qu'elle ne pénètre dans l'intérieur. L'impossibilité de recueillir très exactement l'eau provenant de la fusion doit donner des résultats incertains.

On préfère maintenant opérer à l'aide du *puits de glace*. On prend un bloc de glace dans lequel, à l'aide d'un corps chauffé, on creuse une cavité et que l'on peut fermer avec une plaque de même substance. Après avoir essuyé soigneusement la cavité, on y introduit le corps qui doit dégager la chaleur, et qui au bout d'un certain temps arrive à la température de la glace, après avoir fait passer une partie de cette glace à l'état d'eau que l'on recueille et que l'on pèse.

Dans le calorimètre de glace comme dans le puits, on a, ainsi que nous l'indiquons plus haut :

$$\frac{p}{p'} = \frac{c}{c'}.$$

Donc si, par une première expérience directe faite avec de l'eau chaude, on connaît des valeurs p' et c' qui se correspondent, on pourra trouver c lorsque l'on aura mesuré p.

515. Chaleurs spécifiques. — Les effets thermométriques produits sur divers corps par les mêmes quantités de chaleur ne sont pas les mêmes (étant toujours entendu qu'il ne se produit aucun autre effet qu'un changement de température). Autrement dit, une même quantité de chaleur absorbée par des poids égaux de deux corps différents n'élève pas leurs températures du même nombre de degrés; ou, ce qui revient au même, il faut des quantités inégales de chaleur pour faire varier d'un même nombre de degrés la température de poids égaux de deux corps différents.

C'est là un résultat qui ne pouvait pas être prévu et que l'expérience seule peut mettre en évidence.

Si on prend un kilogramme d'eau à 0° et un kilogramme de mercure à 100°, et qu'on mélange les deux liquides, la température finale devient 3°,22; ce qui prouve que, pour élever un kilogramme d'eau d'environ 3°, il faut toute la chaleur abandonnée par le kilogramme de mercure qui se refroidit de 97°. D'où l'on doit conclure que chacun de ces corps, pris sous le même poids, exige une quantité de chaleur différente pour faire varier sa température de 1°. Comme cette quantité est spéciale à chaque corps, on lui a donné le nom de *chaleur spécifique*.

La *chaleur spécifique* d'un corps est donc la quantité de chaleur, exprimée en calories, qui est nécessaire pour porter un kilogramme de ce corps de 0° à 1°; on peut admettre qu'il faut cette même quantité pour faire varier de 1° la température de ce corps, au moins lorsque celle-ci est comprise entre 0° et 100°. Si donc c est la chaleur spécifique d'un corps quelconque, la quantité de chaleur qu'il faudra à P kilogrammes de ce corps pour porter sa température de t à t' sera donnée par l'expression $Pc\,(t' - t)$.

Une expérience due à M. Tyndall met en évidence l'inégalité de chaleur spécifique des divers corps. On façonne un gâteau de cire d'environ 12 millimètres d'épaisseur (*fig.* 240); on plonge ensuite dans un bain d'huile à la température de 180° des balles égales de différents métaux: fer, cuivre, étain et plomb. Quand elles ont pris la

Fig. 240.

température du bain, on les pose sur le gâteau. Elles déterminent la fusion de la cire, et s'y enfoncent, mais avec des vitesses différentes et à des profondeurs différentes : tandis que celles de fer et de cuivre ne tardent pas à traverser la cire, d'autres, comme celles de plomb et de bismuth, restent à la surface, parce qu'elles ne possèdent pas assez de chaleur pour en déterminer la fusion. Cette expérience démontre donc que les différentes substances absorbent des quantités très inégales de chaleur pour s'échauffer d'un même nombre de degrés.

516. Recherche des chaleurs spécifiques. Calorimètre à eau. — La détermination de la chaleur spécifique d'un corps est une question fort simple en théorie; dans la pratique elle présente de très sérieuses difficultés. Soit P le poids d'un corps; on le porte à la température t'^o et on l'amène à une température inférieure t^o; si x est sa chaleur spécifique inconnue, il a donc abandonné $Px(t' - t)$ calories. Si d'autre part, à l'aide de l'un des moyens précédemment indiqués, on a mesuré la quantité C de chaleur ainsi fournie, on aura l'égalité

$$Px\,(t' - t) = C$$

d'où l'on déduira la valeur cherchée de x.

Bien que l'on ait pu employer dans ces recherches le calorimètre à mercure ou la méthode de fusion de la glace, c'est presque exclusivement à la méthode des mélanges que l'on a eu recours pour ces déterminations.

En indiquant le principe de la méthode, nous avons signalé l'influence du vase qui contient l'eau; nous pouvons maintenant en tenir compte. Nous nous occuperons exclusivement d'abord des corps solides et liquides.

Dans un vase en laiton, appelé *calorimètre*, on met un poids P d'eau à la température T^o, puis on y plonge un poids P' d'un corps à T'^o placé dans un petit vase de forme variable. L'eau s'échauffe, et quand la température du mélange a atteint son maximum, c'est que l'eau et le corps ont pris la même température. Désignons-la par θ. Dans ces conditions, on peut dire que la chaleur perdue par le corps est égale à la chaleur gagnée par le calorimètre. Or le corps a perdu $P'x\,(T' - \theta)$, x étant la chaleur spécifique du corps; le vase dans lequel se trouve le corps a perdu $pc\,(T' - \theta)$, p étant le poids du vase et c sa chaleur spécifique. On a donc :

$$\text{chaleur perdue} = (P'x + pc)\,(T' - \theta).$$

L'eau du calorimètre a gagné $P\,(\theta - T)$ et le vase qui la contient $p_1 c_1\,(\theta - T)$, p_1 étant le poids du calorimètre et c_1 sa chaleur spécifique. Donc,

$$\text{chaleur gagnée} = (P + p_1 c_1)\,(\theta - T).$$

On a donc l'équation

$$(P'x + pc)\,(T' - \theta) = (P + p_1 c_1)\,(\theta - T),$$

d'où l'on peut tirer facilement la valeur de x, lorsque l'on connaît c et c_1; mais il faut déterminer ces coefficients.

517. — On s'arrange d'abord pour que, le calorimètre étant en laiton, il en soit de même du vase, de la corbeille qui contient le corps, ce qui conduit à $c = c_1$. On fait alors une expérience en prenant un fragment de laiton, ce qui donne à x la valeur c_1. L'équation ne contient plus alors qu'une inconnue et permet de déterminer la valeur de c, qui servira pour les expériences ultérieures.

Pour être tout à fait rigoureux, il faudrait tenir compte de la chaleur absorbée par le thermomètre et il y a lieu de faire une correction, mais elle est faible et nous n'insistons pas.

Enfin une dernière correction est celle qui est relative aux pertes ou aux gains provenant des échanges qui s'opèrent avec l'extérieur. Pour rendre négligeable la perte due au rayonnement et au contact de l'air, on s'arrange de manière que, dans la première phase de l'expérience, le vase perde de la chaleur, et que, dans la seconde, il en gagne. Pour obtenir à peu près cette compensation, on prend de l'eau à une température inférieure de n degrés à celle du milieu ambiant, et on fait en sorte que la température maxima surpasse de n degrés celle de l'enceinte où se fait le mélange. La compensation n'est pas complète, parce que l'échauffement de l'eau, très rapide au moment de l'immersion, se ralentit quand on approche du maximum de température, et que par suite les deux périodes n'ont pas la même durée.

548. Appareil de M. Regnault. — Pour déterminer avec précision la chaleur spécifique des corps solides et liquides, on emploie un appareil commode qui a conduit à des résultats très exacts.

Cet appareil comprend deux parties : un calorimètre où on fait le mélange, et une étuve qui doit servir à chauffer le corps. Le calorimètre consiste en un vase (*fig.* 241) en laiton très mince, poli extérieurement afin de diminuer son pouvoir émissif, et renfermé dans un second vase également en laiton, mais poli intérieurement, ce qui lui permet de renvoyer la chaleur rayonnée par le premier. Pour éviter tout contact avec les parois métalliques, le premier vase repose sur deux fils de soie tordus, et le second est posé sur des supports en bois.

Fig. 241.

Le corps que l'on veut étudier est placé en petits fragments dans une corbeille en fils de laiton très minces qui porte en son milieu un tube cylindrique destiné à recevoir le réservoir du thermomètre. Pour échauffer le corps, on place la corbeille dans une enceinte entretenue à une température constante donnée par un bain de vapeur. Cette enceinte est constituée par trois enveloppes : l'une intérieure, A (*fig.* 242), dans laquelle est suspendue la cor-

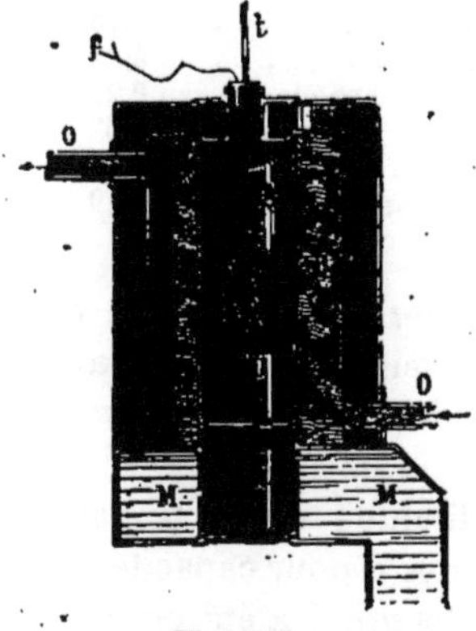

Fig. 242.

beille D avec le corps à échauffer ; une deuxième B, parcourue par un courant de vapeur d'eau fourni par une chaudière, qui arrive par le tube O et s'échappe par le tube O' ; enfin une troisième C, remplie d'air et qui empêche la vapeur de se refroidir. Une caisse à eau MM' et un écran empêchent la chaleur rayonnée d'arriver jusqu'au calorimètre. La figure 243 donne une idée générale de l'appareil. Lorsque le thermomètre indique que le corps a pris une température constante, on met dans le calorimètre un poids connu d'eau à une température un peu inférieure à celle de l'air ambiant ; on fait descendre la corbeille, on agite continuellement, et on attend que

Fig. 243.

le thermomètre atteigne sa température maxima. Telles sont les principales dispositions qu'il faut prendre pour arriver à un bon résultat.

Quand il s'agit de liquides, on se sert du même appareil, et on place le liquide dans un tube fermé que l'on chauffe à l'étuve.

TABLEAU DE LA CHALEUR SPÉCIFIQUE DE QUELQUES CORPS.

Fer	0,11379	Zinc	0,09555
Cuivre	0,09515	Argent	0,05701
Arsenic	0,08140	Phosphore	0,18870
Antimoine	0,05077	Charbon	0,02411
Plomb	0,03140	Sulfure de carbone	0,22
Potassium	0,16956	Éther	0,52
Mercure liquide	0,03332	Alcool	0,60
Soufre	0,02026	Esprit de bois	0,59
Iode	0,05412		

519. Variation des chaleurs spécifiques. — La chaleur spécifique d'un corps n'est pas rigoureusement une quantité constante; elle varie avec la densité, la température et l'état physique du corps.

1° En général, la chaleur spécifique diminue quand la densité augmente. Ainsi, le cuivre rouge ductile, qui a pour capacité calorifique 0,0950, donne le nombre 0,0936 lorsqu'il a été écroui; le soufre, le charbon, qui peuvent affecter divers états physiques, présentent des différences plus grandes :

$$
\begin{array}{llll}
\text{Charbon de bois} & \text{densité.} = 2 & c = 0,211 \\
\text{Graphite} & \text{densité.} = 2,5 & c = 0,202 \\
\text{Diamant} & \text{densité.} = 3,5 & c = 0,147
\end{array}
$$

2° L'état solide ou liquide influe aussi beaucoup sur la capacité calorifique. 1 kilogramme de glace, pour s'échauffer de — 10° à — 9°, n'a besoin que de 0,504 calorie au lieu de 1 ; le phosphore à pour chaleur spécifique 0,2 à l'état liquide, et 0,18 à l'état solide; pour le mercure liquide on trouve 0,3332, et à l'état solide 0,3136.

3° La température exerce une influence notable sur la valeur de c. En général, la chaleur spécifique augmente avec la température, de sorte que la quantité de chaleur absorbée par l'unité de poids d'un corps pour s'échauffer de 0 à t ne peut pas être représentée par la formule $c \times t$, comme nous l'avons admis pour déterminer la chaleur spécifique d'une substance quelconque. En calculant c d'après la relation

$$P c \, (t' - t) = Q,$$

Q représentant la quantité de chaleur abandonnée par le corps en passant de t' à t, on a ce que l'on appelle la *chaleur spécifique moyenne* entre la limite de température t' et t.

Pour les corps solides, les valeurs de c sont sensiblement constantes entre des températures éloignées du point de fusion; elles deviennent croissantes quand on approche de ce point. Pour les liquides, la chaleur spécifique croit notablement avec la température dans toute l'étendue de l'échelle thermométrique.

520. Chaleur spécifique des gaz. — La recherche de la chaleur spécifique des gaz est fort délicate, à cause du faible poids de ces corps, et à cause des variations que leur font éprouver les changements de pression. Cependant on a pu employer la méthode des mélanges, en la modifiant convenablement. Le procédé général consiste à échauffer un volume connu de gaz, en le faisant passer dans un serpentin plongé dans un bain chaud, où le gaz prend une température élevée. Il passe ensuite dans un second serpentin, où il se refroidit en échauffant l'eau d'un calorimètre dans lequel il est placé. Cette méthode, employée d'abord par Delaroche et Bérard, a été perfectionnée par M. Regnault, qui l'a modifiée à divers égards. Il existe encore d'autres méthodes que nous ne pouvons indiquer. Nous ne pouvons pas non plus énoncer les résultats nombreux qui ont été observés, et qui ne présentent rien de particulièrement simple, et nous nous arrêterons seulement à la remarque suivante.

Nous avons dit que la chaleur agissant sur un gaz produit, suivant les circonstances, tantôt une dilatation, une augmentation de volume à pression constante, et tantôt, au contraire, une augmentation de pression si le volume reste invariable. Or l'expérience a montré, et, comme nous le dirons, ce fait est capital, que pour un poids d'un gaz déterminé il faut des quantités de chaleur différentes pour élever la température de 1°, suivant que l'action se produit à pression constante ou à volume constant : il y a donc lieu pour les gaz de déterminer *deux chaleurs spécifiques* correspondant à ces deux conditions différentes. D'une manière générale, la chaleur spécifique à pression constante est plus grande que la chaleur spécifique à volume constant.

CHALEURS SPÉCIFIQUES DE QUELQUES GAZ, A PRESSION CONSTANTE

Hydrogène	3,2936	Air	0,2669
Oxygène	0,2361	Acide carbonique	0,2210
Azote	0,2754	Protoxyde d'azote	0,2369

Quelques auteurs ont rapporté les chaleurs spécifiques non à des poids égaux, mais à des volumes égaux : il n'y a pas lieu d'insister.

521. Loi de Dulong et Petit. Loi de Neumann. — Si on multiplie la chaleur spécifique c d'un corps simple par son poids atomique p, on trouve que le produit varie entre les nombres 6 et 7, et par suite peut être considéré comme sensiblement constant. En partant de la théorie atomique, ce résultat conduit à la loi suivante.

qui a une importance fondamentale, principalement au point de vue chimique :

La chaleur spécifique des atomes de tous les corps simples est la même.

En effet, si C représente la chaleur spécifique d'un corps simple, et n le nombre d'atomes contenus dans l'unité de poids, la chaleur spécifique c de l'atome sera $\dfrac{C}{n}$. Mais, puisque l'unité de poids renferme n atomes, le poids p d'un atome sera $\dfrac{1}{n}$; on aura donc $c = Cp$, quantité constante. Donc il faut la même quantité de chaleur pour élever de 1° la température d'un atome des différents corps simples.

Neumann a généralisé la loi de Dulong en l'étendant aux corps composés. Ce physicien a établi que, *dans les corps composés, de constitution chimique analogue, le produit de la chaleur spécifique par le poids atomique est toujours le même.* Cette loi a été vérifiée par les expériences très nombreuses et très variées de M. Regnault.

CHAPITRE V

RELATIONS ENTRE LES PHÉNOMÈNES CALORIFIQUES ET LES PHÉNOMÈNES MÉCANIQUES. — THERMODYNAMIQUE.

522. — Les changements de volume que subissent les corps ne sont pas les seuls effets que produise la chaleur ; ceux-ci, ainsi que les actions mécaniques qui se manifestent lorsque la dilatation n'est pas libre, sont toujours concomitants à des différences de température. Mais il existe d'autres actions qui sont également liées aux quantités de chaleur qui interviennent et qui peuvent se manifester dans des conditions très diverses, même sans élévation de température. Dans ces divers cas les phénomènes calorifiques peuvent être tantôt cause et tantôt effet de phénomènes d'autre nature que nous aurons à considérer.

Nous ne pouvons maintenant étudier toutes les actions qui sont ainsi en relation avec la chaleur, et certaines d'entre elles doivent être rejetées dans d'autres parties de ce livre : c'est ce qui arrive, par exemple, pour les phénomènes lumineux et les phénomènes électriques. Il en est d'autres, au contraire, qu'il est possible de traiter immédiatement, ce sont celles qui se rattachent aux actions mécaniques, aux actions moléculaires, aux changements d'état et aux actions chimiques. Nous les étudierons dans cet ordre même.

523. — On a remarqué dès longtemps une certaine corrélation qui existe entre le travail mécanique et la chaleur ; c'est ainsi que l'on sait que lorsque l'on fait glisser un corps sur un autre, ce qui exige la dépense d'une certaine quantité de travail, il se produit une élévation de température entre les surfaces en contact, élévation de température qui peut être considérable, qui peut aller jusqu'à l'incandescence. On sait également que, dans ce cas, on éprouve une certaine résistance pour continuer le mouvement. On expliquait ces effets autrefois en imaginant que le glissement fait naître une force opposée au mouvement, le *frottement*, et que l'existence de cette force, de ce frottement, produit ou dégage de la chaleur.

Tant que l'on a cru que le calorique existait à l'état d'agent distinct, d'une nature spéciale, l'explication ne pouvait guère aller plus loin, car on ne voyait aucune relation possible entre cet agent et une donnée mécanique quelconque. Tout au plus cherchait-on à expliquer le moins mal possible l'apparition de la chaleur ; on avait pensé tout d'abord que le frottement créait la chaleur, on imagina ensuite que cette chaleur existait à l'état de combinaison, pour ainsi dire, et que le frottement avait seulement pour effet de la rendre libre en la dégageant de sa combinaison.

524. — La question paraît plus simple maintenant : la chaleur est considérée comme un mode de mouvement (Tyndall), comme la manifestation d'un mode de mouvement ; elle est liée au mouvement vibratoire des molécules ; il y a donc entre la chaleur et les phénomènes mécaniques quels qu'ils soient des relations directes et immédiates, puisque, en somme, il n'y a de part et d'autre que des actions mécaniques en présence. L'expérience que nous signalions tout à l'heure devient alors susceptible d'une explication entièrement satisfaisante : on sait que si un corps en mouvement est soustrait à toute influence extérieure, il continue à se mouvoir uniformément, conservant par conséquent la même quantité d'énergie, de force vive (55) ; lorsqu'il glisse sur un autre, sa vitesse décroît, il perd de l'énergie, ou bien, si on veut lui conserver la vitesse primitive, il faut lui appliquer une force qui lui communique une certaine quantité de travail, travail dont l'effet ne se manifeste pas, puisque la vitesse ne change pas. Donc dans un cas comme dans l'autre il y a eu perte d'énergie, de force vive, de travail, car ces mots correspondent à la même idée (55), et au point de vue de la mécanique la perte est définitive. Mais, d'autre part, de la chaleur est apparue et il est assez naturel de la regarder comme représentant le travail perdu dont elle serait ainsi une transformation. Cette transformation se comprend d'ailleurs aisément : une partie de la force vive que possède le corps a été utilisée à accroître la vitesse de vibration des molécules des parties en contact, c'est-à-dire qu'il y a eu simplement communication de mouvement d'un corps à un autre, phénomène mécanique très simple. Le fait que l'un des mouvements était un mouvement de translation et l'autre un mouvement vibratoire ne change rien à la simplicité du phénomène. Des exemples de ce mode de communication ne sont pas rares et, par exemple, le mouvement de translation d'un archet communique à une corde un mouvement vibratoire.

525. — L'hypothèse du mouvement vibratoire moléculaire considéré comme correspondant à la chaleur explique donc facilement ce phénomène; il faut dire, d'ailleurs, que cette facilité d'explication est précisément une preuve sérieuse en faveur de l'hypothèse même qui, comme nous le verrons en optique, explique également bien des phénomènes d'ordre très différent.

Pour que cette hypothèse puisse être acceptée, il faut montrer que les faits de transformation sont fréquents et que la transformation inverse peut être également observée; puis, il faut s'assurer si cette transformation se fait suivant des lois déterminées. S'il n'y a réellement qu'un mode de mouvement substitué à un autre, l'énergie du second doit être égale à celle du premier; seulement, comme nous n'évaluons pas l'énergie de la même façon dans les deux cas, il devra y avoir *équivalence* seulement ; mais le rapport d'équivalence trouvé dans des circonstances déterminées devra être le même dans d'autres circonstances.

Nous allons examiner successivement ces divers points.

526. **Transformation du travail mécanique en chaleur.** — Les exemples de transformation du travail mécanique en chaleur sont nombreux et concluants : nous allons en rappeler sommairement quelques-uns.

L'expérience du briquet à air (81), qui nous a servi à prouver la compressibilité des gaz, montre que, pendant le mouvement descendant du piston, le gaz s'échauffe ; l'élévation de température des parois est sensible à la main. Si l'on a placé sur le fond un morceau d'amadou bien sec et que l'on abaisse très rapidement le piston, la chaleur dégagée peut être suffisante pour enflammer l'amadou.

Le frottement des corps solides est également une source de chaleur ; la force employée à entretenir le mouvement est en partie transformée ; c'est ainsi que le frottement des essieux des wagons dans les collets pourrait les amener à une très haute température, si l'on n'avait le soin de les graisser fréquemment. Les forets, les vrilles s'échauffent après quelques secondes d'usage et se détremperaient, si l'on ne prenait la précaution de les refroidir. Rumford, en opérant le forage d'un canon sous l'eau, a vu ce liquide entrer en ébullition. D'autre part, Davy montra que l'on fait fondre la glace en en frottant deux fragments l'un contre l'autre, dans une atmosphère dont la température est inférieure à 0°.

Le choc des corps, pendant lequel une certaine quantité de puissance vive disparaît, produit également de la chaleur. Les barres de fer peuvent devenir rouges sous la seule influence du choc des marteaux des forgerons; les boulets de canon, arrêtés par les plaques d'acier des vaisseaux blindés, parviennent également à l'incandescence. Quelques coups de marteau, appliqués sur une balle de plomb, l'amènent à une température suffisante pour que, projetée dans une petite quantité d'éther, elle en détermine l'ébullition. On sait enfin que les pièces de monnaie qui viennent d'être soumises à l'action de la presse sont chaudes.

La transformation du travail mécanique en chaleur est directe dans les exemples précédents; mais elle peut avoir lieu par l'intermédiaire d'autres agents, sans que la démonstration soit moins nette.

Dans ce dernier ordre d'idées, il faut citer la belle expérience de Foucault : un disque de cuivre est monté sur un axe très mobile auquel, par l'intermédiaire de roues d'engrenage, on communique un mouvement de rotation très rapide; il suffit alors d'un très faible effort pour entretenir ce mouvement, et le disque continue à tourner longtemps après qu'on a cessé de lui appliquer une force quelconque. Ce disque tourne entre deux morceaux de fer doux qui peuvent à volonté devenir des aimants puissants sous l'influence de l'électricité. (Voy. *Électro-aimants*.) Lorsque l'on fait passer le courant, il y a dans le disque production de courants induits qui ont pour effet d'arrêter le mouvement du disque instantanément. Si l'on applique une force suffisante à la manivelle, on peut entretenir la rotation du disque; mais, pour obtenir la même vitesse que précédemment, il faut déployer une quantité considérable de travail. Ce travail, ainsi employé sans produire aucun effet *mécanique*, s'est transformé en chaleur; en effet, la température du disque s'est élevée notablement, et d'autant plus que la rotation a été plus rapide. En communiquant au disque une certaine vitesse et par suite une certaine puissance vive, et l'arrêtant immédiatement, on peut noter l'élévation de température correspondante. Foucault a pu montrer dans une série d'expériences que l'élévation de température est proportionnelle au carré de la vitesse dont le disque est animé, c'est-à-dire à la force vive (mv^2) qu'il possédait. Cette expérience est des plus concluantes et montre la corrélation qui existe entre le travail disparu et la chaleur produite, lors même que la transformation est causée par un agent intermédiaire.

527. Transformation de la chaleur en travail mécanique. — Des expériences diverses montrent que la transformation inverse se produit également, et que la disparition de chaleur correspond à l'apparition de travail mécanique.

Si l'on prend une bande de caoutchouc préalablement étirée et qu'on la laisse revenir à sa longueur première, elle sera susceptible de vaincre un certain travail résistant, mais, en même temps, sa température diminuera et cet effet sera même sensible au toucher.

Si, dans un corps de pompe présentant un piston mobile, on a introduit un gaz comprimé, en maintenant le piston fixe, celui-ci sera soulevé lorsqu'on l'abandonnera. Son élévation exige la production d'une certaine quantité de travail mécanique; en même temps, la température du gaz s'abaissera, ce que l'on pourra vérifier si l'on a placé le corps de pompe dans un vase rempli d'eau faisant fonction de calorimètre.

Un effet entièrement analogue se produit, si l'on opère sur de la vapeur placée sous un piston et qui se détend, ou si l'on se sert d'un gaz dont on a également élevé la température. Le fait du refroidissement d'un gaz ou d'une vapeur au moment où elle se détend est vérifié par différentes observations.

On peut démontrer par diverses expériences que la quantité de chaleur disparue pour produire un certain travail est la même que celle qui apparaît lors de la consommation de la même quantité de travail. L'expérience de Joule est concluante : deux vases métalliques, mis en communication par un tube muni d'un robinet, sont placés dans un même vase rempli d'eau; l'un d'eux est plein d'air comprimé à 22 atmosphères; on a fait le vide dans l'autre. Au moment où l'on ouvre le robinet, l'air se répand dans le vase vide, et au bout de quelques instants la pression est uniformément de 11 atmosphères. Dans le premier vase, où la pression descend de 22 atmosphères à 11, il y a production de travail, et l'on observe un abaissement de température; dans l'autre, il y a consommation de travail et production de chaleur. Mais la production de chaleur est égale à sa consommation, ce qui est prouvé par ce fait que la température de l'eau extérieure n'a pas changé.

Il résulte donc de ces expériences que la production et la consommation de travail mécanique sont toujours liées à la consommation ou à la production de chaleur, de telle sorte que l'une est au moins une condition de l'autre; nous allons prouver qu'il y a une relation plus intime.

528. Équivalence du travail mécanique et de la chaleur. — Nous pouvons concevoir que, dans les expériences précédentes, et bien que cela présente des difficultés pratiques, on mesure, d'une part, la quantité de chaleur apparue ou disparue et, d'autre part, la quantité de travail disparu ou apparu. L'expérience montre que, si l'on a pu tenir compte de tout le travail, le rapport entre ces nombres a la même valeur dans tous les cas : soient ainsi T, T′, T″ les quantités de travail et C, C′, C″ les quantités de chaleur mesurées dans diverses expériences, on a

$$\frac{T}{C} = \frac{T'}{C'} = \frac{T''}{C''} :$$

C'est cette proportionnalité qui constitue l'*équivalence du travail mécanique et de la chaleur* : l'existence de cette équivalence constitue le 1ᵉʳ *principe de la théorie mécanique de la chaleur.*

Chaque fraction représente la quantité de travail, le nombre de kilogrammètres qui correspond à l'unité de chaleur, à la calorie; c'est là ce que l'on appelle l'*équivalent mécanique de la chaleur*; nous donnerons plus loin la valeur de ce coefficient qui a maintenant dans la science une importance capitale.

529. Détermination de l'équivalent mécanique de la chaleur. — Bien que l'on admette que la valeur de l'équivalent mécanique de la chaleur soit indépendante de la manière plus ou moins directe dont s'est faite cette transformation et du corps que l'on a employé [1], il n'est pas indifférent en réalité d'employer un corps ou un autre pour déterminer l'équivalent mécanique de la chaleur.

Les mesures nécessaires pour déterminer l'équivalent mécanique de la chaleur sont, par exemple, la quantité de travail disparu et

---

1. Voici comment on peut démontrer que, quel que soit le mode de transformation du travail en chaleur (ou *vice versa*), on doit trouver la même valeur pour cet équivalent. Cette démonstration est basée sur l'impossibilité du mouvement perpétuel, que démontre la mécanique rationnelle. Soient, en effet, E et E (1 + α) les valeurs de cet équivalent correspondant à deux ordres différents de phénomènes, et supposons un système complexe composé de deux parties : dans la première, où l'on applique le premier phénomène, on transforme du travail en chaleur; c'est la transformation inverse qui se produit dans la deuxième partie, où l'on met à profit le deuxième ordre de phénomènes. Appelons T une quantité de travail communiquée au système : il se produira dans la première partie de ce système une quantité de chaleur $\frac{T}{E}$, d'après la définition même de l'équivalent mécanique de la chaleur. Cette quantité de chaleur, appliquée à la deuxième partie du système, reproduira du travail, mais donnera $\frac{T}{E} \times E(1 + \alpha)$ ou $T(1 + \alpha)$ kilogrammètres, quantité supérieure au travail fourni, ce qui est absurde, car cela conduirait au mouvement perpétuel. On ne peut donc pas supposer que, pour le deuxième ordre de phénomènes, l'équivalent soit plus fort que pour le premier; de la même façon, on démontrerait qu'il ne peut être plus grand pour le premier que pour le second : il a donc une valeur absolument fixe et indépendante de la manière dont se fait la transformation.

la quantité de chaleur apparue; mais, pour que l'on puisse conclure quelque chose, il faut effectivement que tout le travail disparu ait été utilisé à fournir de la chaleur. Or, on n'est pas toujours assuré qu'il en est ainsi; car si l'action du travail mécanique a été de déformer un corps, il peut arriver que la déformation même ait absorbé du travail mécanique que l'on ne retrouve plus à la fin de l'expérience et qui, cependant, ne s'est pas transformé en chaleur. Si on pouvait évaluer ce *travail interne*, cette énergie employée à la déformation, on en tiendrait compte, et l'on saurait exactement les quantités de travail et de chaleur qui se correspondent. Malheureusement, on n'a pas de données précises sur le travail interne, de telle sorte qu'il existe là une cause grave d'erreur; il faut renoncer à employer des corps où ce travail interne existe, et n'avoir recours qu'à des corps où la déformation n'existe pas, ou bien dans lesquels elle se fait sans exiger de travail interne. Le second cas correspond à l'emploi des liquides ou des gaz; le premier à des expériences dans lesquelles il n'y a pas action *directe*, comme dans l'expérience de Foucault (526).

530. — Dans ses expériences, M. Joule obtenait la transformation par l'intermédiaire de palettes se mouvant dans un liquide; ces palettes étaient montées sur un arbré que faisait tourner un poids donné tombant d'une hauteur connue, ce qui permettait de calculer le travail absorbé. L'élévation de température du liquide, dont on avait mesuré le poids, donnait la quantité de chaleur produite.

M. Hirn, en analysant avec soin la marche d'une machine à vapeur, est arrivé, quoique moins directement, à trouver une valeur de l'équivalent mécanique de la chaleur. Un autre procédé s'appuie sur une relation qui lie cet équivalent avec les chaleurs spécifiques des gaz (chaleur spécifique à volume constant, chaleur spécifique à pression constante) [1].

Dans ces expériences, on agissait sur des corps liquides ou gazeux pour lesquels le travail interne de déformation n'a pas à entrer en ligne de compte. On a pu également utiliser l'expérience de Foucault, que nous signalons plus haut, bien qu'il s'agisse d'un solide, parce que, dans ce cas, le solide ne subit aucune transformation et qu'il n'y a pas à considérer de travail interne.

---

1. Lorsqu'un gaz est chauffé à volume constant, la chaleur qu'il reçoit est tout entière utilisée à élever sa température; si l'on opère à pression constante, l'élévation de température étant la même, il faudra d'abord lui fournir cette quantité de chaleur, et, de plus, il faudra lui en fournir une autre quantité qui se transforme en travail et est utilisée à vaincre la pression extérieure pendant la dilatation. Cette remarque explique la différence que nous avons signalée entre les deux chaleurs spécifiques des gaz (520).

Ces diverses méthodes, et d'autres encore, basées sur des principes très différents, ont cependant conduit à des nombres assez rapprochés : on admet aujourd'hui que 1 calorie correspond à 425 kilogrammètres.

La découverte du premier principe de la théorie mécanique de la chaleur fut faite presque simultanément (1842-1843) par trois savants, MM. Mayer, Joule et Colding. M. Mayer publia le premier les résultats qu'il avait obtenus, et c'est sous nom que l'on connaît le principe que nous venons d'énoncer.

A ces trois noms, il importe d'ajouter celui de Sadi Carnot, qui dès 1824 chercha à mettre en évidence la *puissance motrice du feu*. Quoique son point de départ ne fût pas exact (il s'appuyait sur l'*indestructibilité* du calorique), il établit des modes de raisonnement particuliers qui furent développés par Clapeyron et qui n'ont pas peu contribué aux progrès rapides de la théorie mécanique de la chaleur.

531. Unités thermiques absolues. — Au point de vue de l'étude même de la chaleur, les considérations que nous venons d'exposer montrent comment il serait possible d'adopter pour l'étude des phénomènes calorifiques une unité de mesure qui se trouvât rattachée au système des unités absolues (5), au lieu du *degré* centigrade qui est *entièrement arbitraire* et duquel dépend l'autre unité thermique, la *calorie*.

On conçoit en effet que, actuellement, le *degré centigrade* se trouve rattaché aux unités absolues par l'intermédiaire de la calorie : c'est la variation de température que subit 1 kilogramme d'eau quand il a transformé en chaleur un travail mécanique équivalant à 425 kilogrammètres.

De cette définition, conséquence nécessaire de ce que nous avons expliqué, il résulte que toutes les formules qui rattacheront entre eux les phénomènes mécaniques aux phénomènes thermiques comprendront le coefficient numérique 425.

On aurait évité cet inconvénient en adoptant pour unité de quantité de chaleur la quantité résultant de la transformation de 1 kilogrammètre ; le degré aurait été *absolument* l'élévation de température de 1 kilogramme d'eau qui absorberait cette unité de quantité de chaleur. Les unités de chaleur, de température, de travail se seraient correspondues et les grandeurs équivalentes auraient été représentées par le même nombre.

Il va sans dire que si ces unités absolues avaient été jugées trop petites, on eût employé, dans la pratique, des multiples convenablement choisis.

Il est à craindre que, à cause du temps depuis lequel on fait usage des unités actuelles et à cause du nombre des données numériques qu'elles ont servi à évaluer, on ne puisse voir les unités rationnelles remplacer les unités anciennes.

532. Principe de Carnot. — Lorsqu'une certaine quantité de chaleur disparaît et se transforme en travail mécanique, le principe de l'équivalence nous apprend quelle relation existe entre ces deux grandeurs; mais lorsque deux corps à des températures différentes sont en présence, nous ne savons pas quelle est la proportion de chaleur qui peut se transformer en travail mécanique. Carnot, quoiqu'il partît d'une hypothèse inexacte, énonça un principe qui répond à cette nouvelle question. Ce principe est également connu sous le nom de second principe de la théorie mécanique de la chaleur. Nous ne pouvons donner l'énoncé de ce principe qui, nous le répétons, complète la théorie mécanique, en indiquant quelle portion de chaleur peut disparaître. Il nous suffira de dire que l'on en peut déduire la conséquence importante que, s'il est possible de transformer intégralement une certaine quantité de travail en chaleur, la transformation inverse ne peut pas s'effectuer intégralement et que, par conséquent, une quantité de chaleur étant donnée, une partie seulement sera transformée, par voie d'équivalence toujours, mais qu'une autre partie restera nécessairement à l'état de chaleur.

C'est encore des remarques correspondant à cet ordre d'idées qui expliquent qu'il ne suffit pas d'évaluer les quantités de chaleur pour prévoir les phénomènes qui peuvent se produire, mais qu'il faut aussi tenir compte de la température des corps entre lesquels se fait l'échange de la chaleur. Ainsi un poids quelconque d'eau bouillante ne parviendra jamais à fondre 1 gramme de plomb, bien que cette eau contienne un nombre de calories plus que suffisant pour produire cette fusion.

533. — Les applications de la théorie mécanique de la chaleur, de la *thermo-dynamique*, sont nombreuses et importantes; le principe de l'équivalence rattache les phénomènes mécaniques à la chaleur et, par là, à tous les phénomènes physiques, tandis que, d'autre part, il rend raison de certaines particularités qui paraissaient singulières en physique et qui rentrant, au contraire, dans les lois générales s'expliquent aisément aujourd'hui.

Nous ne saurions dès maintenant indiquer tous les cas où nous aurons à faire usage de ces principes et que nous rencontrerons dans les diverses parties de la physique.

Mais nous dirons, au point de vue des applications pratiques, et sans insister quant à présent, que la thermo-dynamique rend compte des phénomènes variés qui se passent dans les machines à vapeur ou les machines à air chaud, et fait comprendre pourquoi on peut recueillir du travail mécanique sur l'arbre moteur.

Les principes de la théorie mécanique de la chaleur sont applicables aux êtres vivants, et l'étude que l'on a faite de cette question est importante; mais elle est plutôt du domaine de la physiologie, et nous nous bornerons à indiquer les idées générales dans un autre chapitre.

CHAPITRE VI

CHANGEMENTS D'ÉTAT DES CORPS

534. — Ainsi que nous l'avons dit (68), un corps ne conserve pas toujours le même état et certaines substances peuvent exister, suivant les conditions, à l'état solide, à l'état liquide ou à l'état gazeux; tous les corps ne passent pas successivement par ces trois états, soit parce que nous ne possédons pas des moyens assez puissants pour produire ces changements, soit parce qu'il se produit des actions chimiques qui modifient la constitution du corps avant qu'il ait changé d'état.

Il y a nécessairement quatre changements d'état à considérer. et il y a intérêt à les étudier en les groupant deux à deux :

1° De l'état solide à l'état liquide : *fusion*; et 2° passage inverse : *solidification*.

3° De l'état liquide à l'état gazeux : *vaporisation*; et 4° passage inverse : *condensation* ou *liquéfaction*.

Bien que ces modifications puissent se produire sous des influences diverses, c'est généralement à des variations thermiques qu'elles sont dues. De plus, elles sont toujours accompagnées de phénomènes calorifiques, de telle sorte que c'est à l'étude de la chaleur qu'il est le plus naturel de les rattacher.

535. **Fusion.** — Le premier effet physique de la chaleur sur les corps solides est d'augmenter leur volume; mais cette dilatation a une limite au delà de laquelle les corps deviennent liquides. Ce changement d'état s'appelle la *fusion*. Le phénomène de la fusion est soumis à deux lois :

PREMIÈRE LOI. — *Un corps solide commence toujours à fondre à la même température,* sauf quelques exceptions que l'on peut généralement expliquer. C'est cette température que l'on appelle température du point de fusion, et qui constitue un caractère spécifique propre à chaque corps. Il y a de grandes différences entre les points de fusion des divers corps. Les uns fondent aux températures les plus basses, exemple : acide carbonique solide, mercure solide;

d'autres, à des températures assez basses, comme la glace, le phosphore, la cire; d'autres, au contraire, exigent pour se fondre les températures les plus hautes que l'on puisse produire, comme le fer, l'acier, l'or et le platine. A mesure que l'on parvient à obtenir des températures de plus en plus élevées, on arrive à liquéfier un plus grand nombre de corps. Dans ces dernières années, MM. Deville et Debray sont parvenus à fondre facilement le platine, et M. Despretz a réussi à liquéfier le bore, le silicium, et à ramollir le charbon sous l'action de la chaleur développée par l'arc voltaïque d'une pile puissante.

TABLEAU DES POINTS DE FUSION DE QUELQUES CORPS.

Acide carbonique solide.	— 78°	Étain.	228
Mercure.	— 40°	Plomb.	332
Glace.	0°	Argent.	1000
Phosphore.	44,2	Or.	1200
Cire.	64	Fer.	1500
Soufre.	115	Platine.	2000

DEUXIÈME LOI. — *Pendant toute la durée de la fusion, la température du corps reste constante :* du moins le solide en fusion reste à la même température, mais le liquide provenant de cette fusion peut s'échauffer si l'on n'a pas soin de l'agiter constamment.

536. **Solidification.** — Quand on abaisse suffisamment la température d'un corps liquide, il peut reprendre l'état solide. Ce phénomène constitue la solidification; il est soumis aux lois suivantes :

PREMIÈRE LOI. — *Un corps liquide commence à se solidifier au point où le même corps, solide, commence à se liquéfier ;* en d'autre termes, le point de solidification est le même que celui de la fusion : aussi peut-on avoir, dans deux vases différents entourés de glace fondante, de la glace à 0° qui ne fond pas, et de l'eau à 0° qui ne se congèle pas.

DEUXIÈME LOI. — *La température demeure constante pendant toute la durée de la congélation.*

Cette loi est trop simple pour qu'il soit nécessaire de s'y arrêter : il faut, bien entendu, d'ailleurs, que par l'agitation on maintienne la température dans toute la masse, sans quoi les parties solidifiées pourraient être amenées au-dessous de la température générale.

537. **Surfusion.** — Dans quelques cas particuliers, la solidification d'un liquide ne se produit pas par l'abaissement de la température au point de solidification, et le corps conserve son état au-dessous de ce point; c'est là ce qui constitue la *surfusion.* Mais, dans ce cas, l'état moléculaire n'est pas stable et il suffit de la

moindre action pour ramener le liquide à l'état solide. C'est sur l'eau que ce phénomène a été observé pour la première fois par Fahrenheit. Gay-Lussac a pu refroidir de l'eau à — 12° dans un vase recouvert d'une couche d'huile, et Despretz a vu le même fait se produire dans un thermomètre rempli d'eau récemment bouillie; l'eau même peut atteindre la température de — 20° : si à ce moment on y projette un petit cristal de glace, l'eau se solidifie aussitôt et la température remonte à 0°. M. Gernez a constaté les mêmes faits sur le soufre et le phosphore. Nous citerons enfin les expériences de M. Dufour : des petites sphères d'eau, flottant librement au milieu d'un liquide de même densité, peuvent demeurer liquides jusqu'à 20° au-dessous de zéro; des gouttes de soufre ou de phosphore, refroidies jusquà 20° au-dessous de zéro, peuvent rester limpides dans une dissolution de chlorure de zinc. Dans toutes ces expériences, le contact d'un fragment du même corps amène une solidification brusque.

Ces circonstances exceptionnelles ne sont pas cependant absolument en contradiction avec la première loi de solidification ; car, en répétant les expériences précédentes, on reconnaît que, au moment où la solidification se produit brusquement, le thermomètre remonte immédiatement et atteint précisément la température normale de solidification.

En résumé, un liquide ne se solidifie pas toujours au moment où il a atteint son véritable point de congélation, mais il y revient toujours quand le changement d'état commence à se produire.

Il nous suffit de signaler, sans insister, la ressemblance de ce phénomène de la surfusion avec celui de la sursaturation, dont nous avons parlé précédemment (296).

538. Changements de volume pendant la fusion et la solidification. — Quand un corps entre en fusion, on remarque un changement brusque de volume, et pour le plus grand nombre des corps il y a dilatation; inversement, quand un corps se solidifie, on observe en général une contraction. Il y a néanmoins quelques substances qui en se congelant éprouvent une augmentation de volume et par suite une diminution de densité. Ainsi, à 0°, la densité de la glace est 0,9, tandis que celle de l'eau, à la même température, est 0,9998. L'eau se dilate donc en se congelant. Cet accroissement de volume est prouvé par ce seul fait, que la glace flotte à la surface de l'eau. On le démontre directement par une expérience due à Huyghens. On remplit d'eau à 4 ou 5° un canon de fusil bouché hermétiquement. Si on le refroidit dans un mélange réfrigérant, il ne tarde pas à se fendre dans toute sa longueur; en même temps une lame de glace sort à travers la fente. Des bombes, remplies d'eau et exposées à la gelée, peuvent se briser par la force expansive de la glace au moment de la solidification.

La fonte de fer, le bismuth, produisent des effets analogues. C'est par l'expansion qui accompagne la solidification que la fonte peut se mouler et reproduire en relief les traits les plus fins. Enfin, la force expansive de la glace explique un grand nombre de faits qu'on observe en hiver, tels que le brisement des vases et des tuyaux de conduite remplis d'eau, la rupture et la destruction des plantes par suite de la congélation de la sève, etc.

Bien que les causes ne soient pas les mêmes, il y a une sorte de parallélisme entre les changements d'état dûs à la chaleur et ceux qui se produisent par suite de l'action d'un liquide. Nous avons déjà signalé (297) les changements de volume que subissent certainement les corps solides qui passent à l'état liquide par dissolution.

539. Influence de la pression sur le point de fusion. — Le point de fusion d'un corps n'est invariable que si les circonstances extérieures restent les mêmes; il change avec celles-ci. La pression, notamment, exerce une influence qu'il n'est pas sans intérêt de signaler; l'augmentation de pression tantôt avance, tantôt retarde la fusion. Ces variations sont en rapport avec les changements de volume qui accompagnent les changements d'état : le fait n'est pas évident directement, mais la théorie mécanique de la chaleur en rend parfaitement compte.

Pour les corps qui augmentent de volume en fondant, un accroissement de pression élève le point de fusion; c'est ainsi que Bunsen a reconnu que le blanc de baleine, qui fond à 47°,6 sous la pression de l'atmosphère, n'entre en fusion qu'à 49°,7 sous 75 atmosphères et 50°,9 sous 156 atmosphères.

Inversement, les corps qui diminuent en fondant ont leur point de fusion abaissé sous l'influence de la pression : ainsi la glace fond à — 0°,129 sous une pression de 17 atmosphères.

Tyndall a fait des expériences que l'on peut expliquer en admettant que, sous l'action d'une pression très grande, la glace fond au-dessous de 0°. Par exemple, lorsqu'on comprime fortement des fragments de glace entre deux plaques de bois, où l'on a creusé deux cavités en forme de calotte sphérique, on obtient une lentille de glace parfaitement limpide.

Sous l'influence de la pression, une partie de la glace a passé à l'état liquide et s'est infiltrée entre les divers fragments; mais alors, n'étant plus comprimée, elle a dû se solidifier, de manière à se souder à la glace restante pour former une masse continue. C'est en se basant sur des expériences de ce genre que l'on peut expliquer aujourd'hui le mouvement des glaciers à travers les vallées, la glace pouvant être considérée comme une matière plastique par voie de pression.

540. Chaleur de fusion. — Nous avons dit (535) que, pendant toute la durée du passage d'un corps solide à l'état liquide, la température ne change pas. Il résulte de ce fait que toute la chaleur fournie par le foyer, pendant ce temps, n'a produit aucun effet sensible au thermomètre. Par cette raison, on lui a donné autrefois le nom de *chaleur latente de fusion*. Mais cette quantité de chaleur, si elle ne se manifeste pas par son action sur le thermomètre, produit un effet réel, un changement d'état. Elle n'est pas *latente;* en réalité, elle n'existe plus à l'état de chaleur : cette quantité de chaleur a disparu sous cette forme, elle s'est transformée en travail mécanique, en énergie mécanique qui a été utilisée à produire le changement d'état, c'est-à-dire à rendre les molécules des corps indépendantes les unes des autres.

La dénomination de chaleur latente a été abandonnée; on dit maintenant *chaleur de fusion*. Par ce mot, on entend d'une manière générale la chaleur qui a disparu sous cette forme et a passé à l'état mécanique pour désagréger les molécules; et, d'une manière plus spéciale, la quantité de chaleur, évaluée en calories, nécessaire pour produire la fusion de 1 kilogramme du solide considéré, amené préalablement à la température de fusion, cette température restant invariable.

Il est facile de mettre en évidence l'absorption d'une quantité de chaleur notable lors de la fusion d'un corps. Si l'on mélange un kilogramme d'*eau* à 0°, et un kilogramme à 80°, on obtient deux kilogrammes d'eau à 40°. Les quarante calories abandonnées par l'eau chaude, en passant de 80° à 40°, ont servi à élever la température de l'eau froide de 0° à 40°. Si l'on mélange, au contraire, un kilogramme de *glace* également à 0° et un kilogramme d'eau à 80°, on observe après quelque temps que la glace est fondue entièrement, mais que la température est restée à 0°. Les quatre-vingts calories fournies par l'eau chaude qui s'est refroidie ont donc été employées exclusivement à fondre la glace sans modifier sa température.

Inversement, pour qu'un liquide amené à sa température de solidification passe à l'état solide, il faut qu'il perde un certain nombre de calories, dont l'absorption par les corps voisins ne produit aucun changement sensible au thermomètre dans le corps qui change d'état. La quantité de chaleur fournie par un liquide qui se solidifie est exactement la même que la chaleur de fusion, ainsi que cela résulte d'expériences faciles à concevoir, et inverses de celles que nous venons d'indiquer.

541. Détermination de la chaleur de fusion de la glace. — La chaleur de fusion des corps est importante à connaître dans diverses expériences : on la détermine par la méthode des mélanges. Les précautions à prendre varient suivant que le corps est plus ou moins fusible, mais l'opération reste la même au fond, exige les mêmes soins et demande les mêmes corrections.

La chaleur de fusion de la glace est particulièrement intéressante à déterminer. Voici comment on opère : on introduit un poids P de glace bien pure et à 0° dans un vase contenant un poids P' d'eau à la température t'. La glace fond rapidement, et on note la température finale θ. Or la quantité de chaleur abandonnée par l'eau, $P'(t' - \theta)$, doit être égale à celle qui a servi à fondre la glace et à chauffer à 0° l'eau provenant de la fusion, c'est-à-dire à $Px + P\theta$; en négligeant toutes les causes d'erreur, on a la relation

$$Px + P\theta = P'(t' - \theta).$$

Il est vrai que le vase où se fait le mélange et le thermomètre ont aussi fourni une petite quantité de chaleur à la glace; de plus, il y aurait lieu de tenir compte de la perte par le rayonnement entre le vase et le milieu ambiant. Nous avons indiqué les précautions que l'on prend pour corriger ces erreurs.

En employant la méthode des mélanges, MM. La Provostaye et Desains ont trouvé le nombre 79,25 pour la chaleur de fusion de la glace; c'est-à-dire que 1 kilogramme de glace à 0° absorbe 79,25 calories pour passer à l'état d'eau à 0°.

542. Application à la calorimétrie. — La connaissance de la chaleur de fusion de la glace simplifie toutes les recherches calorimétriques où ce corps est employé (513). Il suffit, en effet, de savoir qu'un poids p de glace a été fondu pour en déduire immédiatement qu'il lui a été fourni un nombre de calories égal à $p \times 79{,}25$.

En particulier, dans le cas de la recherche des chaleurs spécifiques par le puits de glace, si P est le poids du corps que l'on a introduit à la température T et que x soit sa chaleur spécifique, si p est le poids de glace fondu lorsque le corps aura été amené à 0°, on a immédiatement l'équation

$$PTx = p \times 79{,}25$$

qui exprime que la chaleur perdue est égale à la chaleur gagnée, et d'où l'on déduit la valeur de x.

CHALEUR DE FUSION DE QUELQUES CORPS.

Eau	79c,25	Soufre	9c,37
Zinc	28,13	Plomb	5,37
Étain	14,23	Phosphore	5,03

543. Froid produit par la dissolution. Mélanges réfrigérants. — Le passage d'un corps de l'état solide à l'état liquide, qui se produit par l'action de la chaleur, peut aussi s'effectuer par l'action d'un liquide et, comme nous l'avons dit (300), il peut en résulter un abaissement de température, pour la même cause.

Lorsque l'on mélange deux corps solides, dont l'un soit susceptible de se liquéfier par fusion et dont l'autre puisse se dissoudre dans le liquide résultant de cette action, on conçoit qu'il y a une double cause pour expliquer l'abaissement de température provenant de l'absorption (ou mieux de la transformation) de la chaleur.

On appelle *mélanges réfrigérants* des mélanges qui absorbent de la chaleur en proportion notable et, par suite, abaissent plus ou moins considérablement la température des corps avec lesquels ils sont en contact.

PRINCIPAUX MÉLANGES RÉFRIGÉRANTS EMPLOYÉS :

Azotate d'ammoniaque.	1	$+ 10°$ à $— 15°$
Eau.	1	
Neige ou glace pilée.	2	$0°$ à $— 20°$
Sel marin.	1	
Sulfate de soude.	8	$+ 10°$ à $— 17°$
Acide chlorhydrique.	5	
Neige.	3	$0°$ à $— 51°$
Chlorure de calcium hydraté en poudre.	4	

La température limite qu'un mélange réfrigérant peut atteindre, est celle où le mélange des deux corps doit se solidifier. Ainsi le mélange de sel et de neige se congèle à $— 23°$; donc, dans aucun cas, il ne pourra s'abaisser au-dessous de $— 23°$.

544. Vaporisation. Condensation. — Sous diverses influences les corps liquides peuvent passer à l'état gazeux, et inversement, sous diverses influences aussi, un corps gazeux peut passer à l'état liquide. Deux éléments paraissent intervenir principalement, la pression et la température; il arrive le plus souvent d'ailleurs que l'on a recours à la fois aux deux actions, de telle sorte qu'il est plus commode de les rapprocher. Nous avons déjà dit quelques mots des changements d'état qui se produisent sans modification de température (335); nous aurons à y revenir pour préciser certains points que nous avions dû laisser de côté.

Les changements d'état que nous avons à étudier ont reçu les noms généraux de *vaporisation* et de *liquéfaction* ou *condensation*.

La *vaporisation* ne se produit pas toujours de la même façon; tantôt les vapeurs se forment lentement à la surface, c'est l'*évaporation*; tantôt, au contraire, elles prennent naissance au sein du liquide, auquel elles communiquent un mouvement tumultueux en s'élevant pour venir crever à la surface, c'est *l'ébullition*. Nous aurons à préciser les conditions qui déterminent l'un ou l'autre de ces phénomènes.

Peut-être pourrait-on signaler une différence analogue dans la condensation; tantôt le liquide apparaît sous une forme définitive, tantôt le changement est précédé de la formation d'un brouillard, d'un nuage, dans lequel le corps n'est pas au même état que précédemment. Ces différences ont été mal étudiées.

545. Conditions qui amènent le changement d'état. — Les notions générales que nous avons données à deux reprises différentes sur les corps à l'état gazeux (gaz ou vapeurs) se résument en deux idées très simples (235 et 480).

Pour chaque gaz il existe, pour une température déterminée, une tension maxima qu'il ne peut de passer ; — cette tension maxima croît avec la température.

Il résulte de là que :

1° Si l'on a un liquide dans un espace déterminé, à une température déterminée, l'équilibre ne subsistera que s'il existe dans l'espace qui surmonte le liquide des vapeurs en quantités telles que leur tension ait la valeur maxima correspondant à cette vapeur et à cette température.

2° Si l'on vient à augmenter l'espace sans changer la température, une partie du liquide se vaporisera pour maintenir la tension maxima dans cet espace plus grand.

3° Si l'on vient à élever la température sans faire varier l'espace, une partie du liquide se vaporisera pour amener la vapeur à posséder la tension maxima plus élevée correspondant à la nouvelle température.

4° et 5° Inversement, si l'on vient à diminuer l'espace rempli par la vapeur sans changer la température, ou à abaisser la température sans changer l'espace, une partie du corps gazeux devra passer à l'état liquide.

Il va sans dire que si l'on produit à la fois des changements de température et des changements de volume, les effets seront complexes et que l'on ne peut donner une règle générale.

Enfin, on arrive, lorsque la température est invariable, et sans changer effectivement le volume occupé par le corps gazeux, à produire le même effet en faisant varier la quantité de vapeur. Si on enlève de la vapeur, la pression de cette vapeur diminue et le résultat est le même que si, sans changer la quantité, on augmentait l'espace; si on introduit une nouvelle quantité de vapeur, on obtient le même résultat que par une diminution réelle du volume occupé.

Dans ce qui précède, nous n'avons pas distingué entre la vaporisation par évaporation ou par ébullition, parce que le résultat est le même quant à l'équilibre final : la différence est sensible surtout en ce qui concerne la rapidité avec laquelle on parvient à l'équilibre. Nous étudierons ultérieurement les conditions qui produisent l'évaporation et celles qui amènent l'ébullition.

546. Du point critique. — Les résultats précédents sont très nets lorsque la température des corps gazeux n'est pas très éloignée de leur point d'ébullition ; mais ils ont été très vivement contestés pour les corps gazeux éloignés de ce point. M. Andrews a déduit, de nombreuses expériences, qu'il existe pour chaque gaz une température telle qu'il est impossible de le liquéfier en faisant croître la valeur de sa pression autant qu'on le veut : cette température est ce qu'il appelle le *point critique*. Il l'a déterminé pour quelques gaz : il est de 31°, par exemple, pour l'acide carbonique ; on ne pourrait donc, quelque pression que l'on employât, liquéfier du gaz acide carbonique dont la température serait de 31° ou au-dessus. Le point critique serait à 140° pour l'acide sulfureux, à 200° pour la vapeur d'éther, à 413° pour la vapeur d'eau. Il serait à des températures très basses pour les gaz qui ont été longtemps considérés comme permanents, et c'est là ce qui expliquerait ce caractère qu'on leur attribuait ; on agissait, en effet, uniquement par augmentation de pression à la température ordinaire, et comme on était au-dessus du point critique, on ne pouvait pas les liquéfier. La liquéfaction n'a pu être obtenue que lorsque l'on eût combiné le froid et la pression (Cailletet, Pictet) de manière à abaisser la température au-dessous du point critique.

Nous devons dire que cette notion, présentée par M. Andrews, n'est pas acceptée sans contestation ; elle est notamment rejetée par M. Jamin, qui croit que, même au point critique et au-dessus, il est possible de liquéfier un gaz, mais que l'augmentation de pression doit être alors beaucoup plus considérable qu'elle ne l'est pour des températures inférieures.

En tout cas, ce n'est que dans des circonstances très exceptionnelles que l'on doit tenir compte de ces indications ; dans les conditions pratiques ordinaires, on peut, sans erreur sensible, appliquer les règles générales que nous avons données ci-dessus.

547. Variations de volume par la vaporisation ou la condensation. — Dans les conditions ordinaires, lorsque l'on considère des liquides loin du point critique, on peut dire que les vapeurs formées ont un volume considérablement plus grand que celui des liquides auxquels elles correspondent : la considération des poids spécifiques des liquides et des vapeurs correspondantes montre le fait très nettement. Mais le volume d'un corps gazeux varie avec la pression, si bien que lorsque l'on force un liquide à se vaporiser sous une très forte pression, la vapeur qu'il forme a un volume peu différent de celui du liquide correspondant. Cagniard-Latour a obtenu de la vapeur d'éther dans un espace double seulement de celui qu'occupait le liquide ; on obtient un résultat analogue avec de l'acide carbonique maintenu liquide dans un tube en verre résistant et que l'on chauffe vers 32°. Dans ces conditions, où le poids spécifique de la vapeur diffère peu de celui du gaz, le passage d'un état à l'autre ne paraît pas franc : la surface de séparation du liquide et du gaz, nette d'abord, devient indécise, une couche nébuleuse s'étend peu à peu dans les deux sens, s'efface progressivement, et bientôt le tube paraît vide.

Ces faits sont intéressants, mais il n'y a pas lieu de nous y arrêter davantage : ils correspondent à des conditions trop exceptionnelles.

548. Chaleur de vaporisation.—Les changements d'état correspondent tous à des modifications dans les quantités de chaleur, car ils sont en somme des désagrégations moléculaires pour les uns, ou des rapprochements moléculaires pour les autres. Étendant à la vaporisation et à la condensation ce que nous avons dit pour la fusion et la solidification, on peut prévoir que le passage d'un liquide à l'état de vapeur correspondra à la disparition d'une certaine quantité de chaleur, quantité qui est transformée en travail mécanique, quantité qui apparaîtra de nouveau sous forme de chaleur lorsque la vapeur repassera à l'état liquide.

C'est ce qui explique qu'un liquide qui s'évapore spontanément se refroidit, car il perd une certaine quantité de chaleur. Si, d'autre part, on fait arriver un litre de *vapeur* d'eau à 100° dans 9 litres d'eau à 0°, on aura un mélange qui sera à la température de 63° environ, tandis que si l'on avait mélangé à ces 9 litres à 0° un litre d'eau à 100°, on aurait eu une température de 10° seulement. La différence, considérable, on le voit, est due à la chaleur provenant de la transformation du travail mécanique au moment où la vapeur à 100° a passé à l'état liquide.

On appelle spécialement *chaleur de vaporisation* la quantité de chaleur qu'il est nécessaire de fournir à un kilogramme d'un liquide pour l'amener à l'état de vapeur *sans changement de température :* inversement, c'est également celle que 1 kilogramme de vapeur rendra lorsqu'elle repassera à l'état liquide *sans changement de température.*

Nous aurons à revenir plus tard sur cette question pour la préciser davantage et indiquer les moyens d'évaluer la chaleur de vaporisation.

549. Évaporation, ébullition; leurs conditions. — Considérons un liquide placé dans un vase ouvert et que l'on abandonne à lui-même; il y a évaporation, comme nous l'avons dit, et nous avons indiqué (336) les lois auxquelles obéit ce phénomène, qui est une diffusion du liquide dans l'atmosphère. L'évaporation continuera indéfiniment car, la vapeur étant entraînée au fur et à mesure de sa production, l'air ne sera jamais saturé.

Si le liquide est abandonné à lui-même, l'évaporation, qui absorbe de la chaleur, ne peut se produire qu'à la condition de refroidir le liquide, et le refroidissement sera d'autant plus énergique que l'évaporation sera plus rapide : si la température de ce liquide était supérieure à celle de l'atmosphère, elle sera bientôt ramenée à cette valeur (abstraction faite du refroidissement qui, d'ailleurs, aura pour effet de hâter le moment où l'équilibre est atteint). A partir de cet instant l'évaporation continue, plus lentement, et le liquide se refroidit encore ; mais alors, il subit l'action réchauffante de l'atmosphère qui lui fournit de la chaleur et, à un certain instant, l'équilibre est établi ; le liquide perd autant par évaporation qu'il reçoit de l'atmosphère ambiante, à laquelle se trouve ainsi empruntée la chaleur nécessaire au changement d'état. Pendant tout le temps que l'évaporation continuera, le liquide se maintiendra à une température inférieure à celle de l'atmosphère et d'autant plus basse que l'évaporation sera plus considérable.

Si, sans rien changer aux conditions calorifiques, on changeait la pression, l'évaporation serait modifiée : elle serait plus lente si la pression avait augmenté, plus rapide dans le cas contraire. Il pourrait même arriver que, la diminution de pression étant très notable, l'évaporation fût remplacée par l'ébullition ; nous étudierons ce cas en détail plus tard.

Supposons maintenant que l'on chauffe le liquide, qu'on lui fournisse constamment de la chaleur ; sa température s'élèvera; mais en même temps l'évaporation deviendra plus rapide et la chaleur absorbée de ce fait augmentera. Si la quantité de chaleur fournie à chaque instant n'est pas trop considérable, elle correspondra à la quantité de vapeur produite pendant le même temps par la surface et l'équilibre subsistera, la température ne variant plus. Mais si la quantité de chaleur fournie à chaque instant est très grande, la température pourra s'élever assez pour qu'un autre phénomène, l'ébullition, succède à l'évaporation; nous indiquons plus loin les conditions auxquelles correspond ce dernier mode de vaporisation.

Dans le cas où l'évaporation continue, la quantité de vapeur produite est d'autant plus grande que la quantité de chaleur fournie à chaque instant est plus considérable et que la température du liquide est plus élevée.

Si l'on opère dans un vase clos, l'évaporation cesse bientôt, parce que l'espace est saturé au bout d'un certain temps, ce qui arrête la formation de vapeur, pour ne reprendre, si la température ne change pas, que si l'on enlève une certaine quantité de vapeur. Si cependant, dans cet espace, il existe une partie qui soit maintenue à une température inférieure à celle du liquide, le théorème de la paroi froide se trouvera applicable, et l'équilibre ne sera atteint que lorsque tout le liquide sera passé de la partie qu'il occupait à la partie maintenue froide.

550. **Ébullition**. — Lorsque, à un instant déterminé, la pression à laquelle est soumis un liquide diminue brusquement, comme il arrive lorsque ce liquide est placé sous une cloche dans laquelle on fait le vide à l'aide de la machine pneumatique, la production de vapeur par évaporation peut être insuffisante et alors l'*ébullition* se produit, des bulles de vapeur naissant au sein du liquide pour venir crever à la surface. C'est encore ce qui se passe dans l'expérience dite du *bouillant de Franklin :* dans un ballon, on fait bouillir de l'eau de manière que l'air soit entraîné par la vapeur ; on bouche alors hermétiquement et l'on retourne le ballon de manière à empêcher la rentrée de l'air ; le liquide se refroidit lentement et, à chaque instant, la quantité de vapeur qui le surmonte est telle que sa tension soit la tension maxima correspondante à la température du vase. Mais si, sur la partie supérieure du ballon, on met un morceau de glace qui amène cette température à 0°, le théorème de la paroi froide devient applicable, les vapeurs se condensent en ce point, le liquide en produit de nouvelles et l'action est alors assez vive pour que l'évaporation soit insuffisante : l'ébullition se produit.

Mais c'est généralement par l'action directe de la chaleur que se produit l'ébullition. Lorsque l'on chauffe un liquide, une partie de la chaleur fournie est utilisée à produire de la vapeur par évaporation, mais une autre partie est utilisée à élever la température ; quand celle-ci sera arrivée à une certaine valeur, déterminée par les lois que nous allons indiquer plus loin, l'ébullition succédera à l'évaporation : cet effet ne se manifeste pas instantanément d'ailleurs.

Si on suit avec attention la marche du phénomène, on remarque que les premières bulles qui se dégagent partent du fond, qui est exposé à l'action directe du foyer. Ces bulles, en montant à la surface, rencontrent les couches supérieures qui sont plus froides ; elles s'y condensent et disparaissent. Ce phénomène produit alors un frémissement dans la masse liquide, d'où résulte un bruit particulier qui précède toute ébullition. Enfin la chaleur cédée par les bulles

précipitées accélère l'échauffement de toutes les parties liquides ;
la température devient uniforme, et les bulles de vapeurs acquièrent
une tension suffisante pour arriver à la surface : le phénomène de
l'ébullition est complet.

551. Lois de l'ébullition. — L'évaporation, avons-nous dit,
se produit à toutes les températures ; il n'en est pas de même de
l'ébullition qui, à cet égard, est soumise aux lois suivantes :

Première loi. — *Sous une même pression, chaque liquide entre en
ébullition à une température déterminée.* Cette température s'appelle
point d'ébullition.

2ᵉ loi. — *La tension de la vapeur pendant l'ébullition est égale à
la pression de l'atmosphère superposée.*

3ᵉ loi. — *Pendant toute la durée de l'ébullition, la température
reste invariable.*

Ces lois sont assez simples pour qu'il ne soit pas nécessaire d'insister sur leur énoncé même ; mais il importe de les étudier au point
de vue des conséquences que l'on en peut déduire.

552. Constance du point d'ébullition. — Le point d'ébullition sous une pression donnée est spécifique pour chaque liquide ;
mais, comme l'indique la 2ᵉ loi, il varie avec cette pression dans
des limites très étendues ; aussi est-il nécessaire, lorsque l'on donne
le point d'ébullition, de préciser à quelle pression il correspond ; on
est convenu d'ailleurs que lorsque l'on n'indique pas la valeur de
cette pression, c'est qu'il s'agit de la pression normale de 760ᵐᵐ.

Comme, dans presque tous les cas, les dissolutions se comportent
ainsi que le feraient des liquides spéciaux, elles ont un point
d'ébullition qui n'est pas celui du dissolvant : le fait est vrai non
seulement pour les dissolutions des solides, mais même pour les
dissolutions gazeuses, lorsque le gaz n'a pas été dégagé avant la
température du point d'ébullition.

TABLEAU DU POINT D'ÉBULLITION DE QUELQUES LIQUIDES A LA PRESSION DE 760ᵐᵐ.

Ammoniac (gaz)	— 35°	Phosphore	290
Acide sulfureux liquide	— 10	Acide sulfurique	325
Éther ordinaire	35,5	Mercure	357
Sulfure de carbone	48	Soufre	440
Alcool méthylique	63	Solutions saturées de	
Alcool	78,3	Carbonate de sodium	105
Benzine	80	Chlorure de sodium	108
Acide azotique	86	Chlorure d'ammoniam	114
Hydrate de chloral	98	Azotate de potassium	116
Eau	100	Carbonate de potassium	135
Essence de térébenthine	157	Chlorure de calcium	179

553. Retard de l'ébullition. — On peut observer quelques
irrégularités dans l'ébullition des liquides, irrégularités analogues

à celles que nous avons signalées pour la solidification, dans la surfusion. Il résulte d'expériences et de recherches diverses que, pour que l'ébullition puisse se produire régulièrement, il faut que des **gaz** existent en dissolution dans le liquide : ces gaz, sous l'influence de la chaleur, se dégagent, et c'est ce dégagement qui provoque l'ébullition. Nous citerons à cet égard les expériences et observations suivantes.

Gay-Lussac a observé que l'eau bout à une température plus élevée dans un vase de verre que dans un vase de métal. La différence peut atteindre 1 degré. Vient-on à faire bouillir de l'eau dans un ballon de verre, et le retire-t-on ensuite du feu, en projetant de la limaille de fer, on voit l'ébullition recommencer un moment, puis s'arrêter, à cause du refroidissement du liquide, par suite de l'absorption d'une certaine quantité de chaleur. Mais si on replace le ballon sur un fourneau, l'ébullition se produit de nouveau avec régularité. L'état de la surface vitreuse peut amener un retard plus grand encore. Dans un ballon où on a laissé séjourner, pendant plusieurs jours, de l'acide sulfurique, et qu'on a ensuite lavé avec soin, on observe dans l'ébullition un retard de 5 ou 6 degrés. De plus, les bulles sont grosses, peu nombreuses, et ne partent que d'un petit nombre de points de la surface chauffée ; en même temps, la température éprouve des oscillations très notables. L'ébullition de l'acide sulfurique dans un vase de verre donne lieu aussi à des bulles très grosses qui soulèvent la masse liquide, et déterminent des soubresauts qui peuvent amener la rupture du vase. On peut les éviter, en introduisant dans le liquide quelques fils de platine. Tous ces résultats s'expliquent par la cohésion du liquide, l'adhérence du liquide pour les parois et l'absence de bulles d'air.

Signalons encore les expériences suivantes de MM. Donny et Dufour. On prend un tube recourbé, terminé par deux ou trois boules (*fig.* 244). On le lave à l'alcool, à l'acide sulfurique et à l'eau distillée.
Après avoir introduit de l'eau, on la fait bouillir, de manière à

Fig. 244.

expulser l'air aussi complètement que possible, et on ferme à la lampe. En plaçant alors l'extrémité qui contient le liquide dans un bain de chlorure de calcium, on peut chauffer jusqu'à 135° sans donner lieu à aucune bulle de vapeur. La disparition de l'air a augmenté la cohésion, amené un retard considérable dans l'ébullition du liquide ; mais il arrive un moment où la colonne liquide se disloque subitement en se projetant dans les boules, qui amortissent le choc et empêchent le tube de se briser.

L'expérience suivante est encore plus concluante. Dans un bain, formé d'un mélange d'huile de lin et d'essence de girofle, en proportions convenables, on introduit quelques gouttes d'eau qui restent intactes au milieu du liquide, même quand la température dépasse 120° et même 130°. Si l'on vient à toucher ces bulles avec un fil de platine ou une tige de bois, aussitôt l'ébullition se produit, ébullition qui doit être attribuée à la présence de l'air apporté par le fil ou la baguette. Ce qui le prouve, c'est que la même baguette n'agit plus lorsqu'elle a servi plusieurs fois, par suite de la perte de l'air adhérent à sa surface.

M. Dufour a montré qu'on peut, d'ailleurs, exciter à volonté l'ébullition, en provoquant la formation artificielle de bulles de gaz par le passage d'un courant électrique.

Il résulte de ces expériences que l'ébullition doit être considérée comme un phénomène d'évaporation, ayant lieu à la fois par les surfaces libres intérieures et extérieures que présente un liquide.

554. Caléfaction. — Certains autres faits peuvent sembler, au premier abord, en contradiction avec la constance du point d'ébullition, notamment les phénomènes qui se passent lorsque l'on verse de petites masses liquides sur des plaques fortement chauffées : c'est là ce qui constitue la *caléfaction*. Ces phénomènes ont été découverts par Leidenfrost en 1756 ; ils ont été étudiés surtout en France, par M. Boutigny.

Si on projette une goutte d'eau sur une plaque chauffée à une température inférieure à 140°, cette goutte se réduit presque instantanément en vapeur. Mais si dans une capsule d'argent, de fer ou de platine, chauffée au-dessus de 140°, on laisse tomber quelques gouttes d'eau (*fig.* 245), celles-ci se réunissent en un globule, qui prend la forme sphéroïdale et qui s'évapore très lentement.

Fig. 245.

On peut démontrer par l'expérience que les liquides, lorsqu'ils prennent l'état sphéroïdal, ne mouillent pas le métal surchauffé, et qu'ils ne le touchent pas. Si, en effet, on verse de l'eau sur une plaque d'argent percée de trous et fortement chauffée, le liquide en prenant la forme globulaire ne passe pas à travers les trous. Si on place derrière la plaque une bougie allumée, on aperçoit distinctement un rayon lumineux, ce qui indique qu'il existe un intervalle entre le globule et la plaque.

Si on projette quelques gouttes d'acide azotique sur une capsule d'argent rougie, le métal n'est pas attaqué par l'acide; mais si on la laisse refroidir, le liquide s'étale et l'attaque très vivement.

Or, puisque le liquide ne touche pas les parois du métal, son échauffement n'a lieu que par rayonnement et, par suite, l'évaporation qui se produit à sa surface doit le refroidir et peut l'amener à une température inférieure à celle de son point d'ébullition à l'air libre. On s'en assure, en plaçant un thermomètre au centre du liquide; on constate que la température est inférieure au point d'ébullition. Pour l'eau, elle est de 96°; pour l'acide sulfureux, qui bout à — 10°, elle est de — 11°.

Parmi les nombreux faits observés par M. Boutigny, nous citerons la congélation de l'eau dans un creuset chauffé au rouge vif. Si on y verse quelques gouttes d'acide sulfureux liquide, l'acide passe à l'état sphéroïdal, et prend une température inférieure à — 10°. Si l'on introduit alors une petite quantité d'eau, elle se congèle instantanément.

Les phénomènes de caléfaction expliquent parfaitement l'incombustibilité momentanée des tissus vivants. On peut, en effet, plonger impunément la main dans une masse de plomb fondu, soulever un fer rouge, malaxer le verre en fusion. Tous ces faits tiennent à ce que la surface de la peau étant toujours humide, il n'y a aucun contact entre elle et le corps chaud. Quand on fait ces diverses expériences, il peut être bon de mouiller la main avec un liquide volatil, l'éther, par exemple.

555. Tension de la vapeur à la température d'ébullition. — La deuxième loi que nous avons énoncée fait connaître la condition qui détermine le point d'ébullition : l'ébullition se produit quand la température est telle que la tension maxima de la vapeur correspondante est égale à la pression de l'atmosphère superposée.

Cette loi, énoncée par Dalton, a été vérifiée par M. Regnault, dans ses recherches sur les tensions des vapeurs. On peut la démontrer par l'expérience suivante. Dans un ballon contenant de l'eau en ébullition, on introduit un tube recourbé, dont l'une des branches est fermée et dont l'autre est ouverte. La première branche contient de l'eau et du mercure, qui s'élève un peu dans l'autre. L'eau en se réduisant en vapeur, déprime le mercure, et le niveau devient le même dans les deux branches, ce qui prouve qu'à la température de son ébullition la vapeur d'eau possède une tension égale à celle de l'atmosphère qui pèse sur elle. On peut reconnaître le même fait avec d'autres liquides, tels que l'alcool, l'éther, etc. Cette loi caractérise le phénomène de l'ébullition.

556. Influence de la pression sur le point d'ébullition. — La température d'ébullition d'un liquide doit donc varier avec la pression qui s'exerce sur sa surface. A mesure que la pression diminue, on voit l'ébullition se produire à des températures de plus en plus basses. Ce fait se vérifie aisément par les expériences suivantes. On place sous le récipient de la machine pneumatique un vase contenant de l'eau à la température ordinaire. On raréfie l'air, et l'ébullition se produit aussitôt que la pression intérieure devient à peu près égale à la tension maxima de la vapeur correspondante à la température du liquide.

On peut encore faire cette expérience, sans machine pneumatique, à l'aide du bouillant de Franklin, comme nous l'avons expliqué plus haut (550).

557. Thermomètre barométrique et hypsométrique. — De la température d'ébullition de l'eau, on peut déduire la pression extérieure, qui n'est autre chose que la tension maxima de la vapeur à cette température. Si, par exemple, l'eau bout à 99°, on n'a qu'à chercher, dans les tables, la tension de la vapeur d'eau à cette température. Cette tension sera précisément la pression atmosphérique. Un thermomètre plongé dans l'eau bouillante peut donc servir de baromètre; dès lors, il peut être utilisé pour la mesure des altitudes (225) et reçoit le nom de *thermomètre hypsométrique*.

M. Regnault a construit un petit appareil portatif, très commode pour ce genre de mesures. Il se compose d'une petite chaudière en cuivre A (*fig.* 246), surmontée d'un tube en laiton C, qui soutient une lampe à alcool B, qui sert à faire bouillir l'eau de la chaudière. Un thermomètre très sensible D donne la température de l'ébullition du liquide. Pour l'usage de cet instrument, M. Regnault a dressé des tables de tension pour chaque dixième de degré entre 85° et 101°.

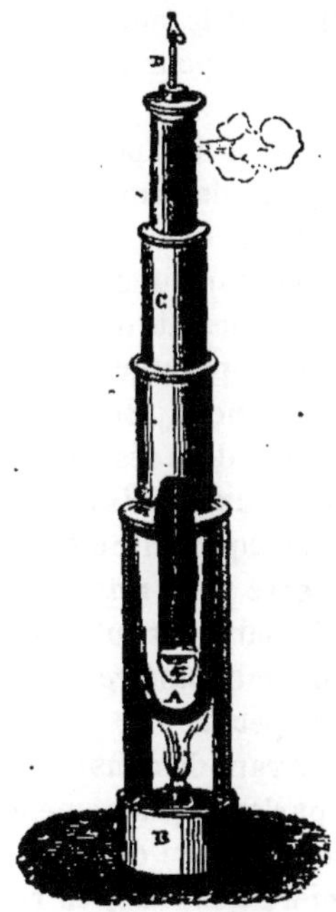

Fig. 246.

558. Marmite de Papin. — Lorsqu'on élève progressivement la pression, on retarde de plus en plus la température de l'ébullition, mais en même temps la température de l'eau s'élève ; c'est ce que l'on peut réaliser avec la marmite de Papin (*fig.* 247). Elle consiste en un vase cylindrique en bronze ou en cuivre, terminé par un rebord sur lequel s'applique un couvercle, maintenu par une vis mobile dans un écrou fixé sur les bords du vase. Une ouverture pra-

tiquée dans le couvercle est fermée par une soupape, que l'on charge
au moyen d'un levier muni d'un poids. En chauffant l'eau contenue, la vapeur formée exerce une pression
croissante, et l'eau s'échauffe de plus en
plus. Si on soulève la soupape, la vapeur
jaillit avec force à plusieurs mètres de hauteur, la température s'abaisse jusqu'à 100°,
et le phénomène se réduit à l'ébullition ordinaire. Si l'on place la main dans le jet, on
éprouve une sensation de chaleur très différente suivant la distance. A 5 ou 6 décimètres,
la main peut rester impunément dans le jet;
la vapeur, en se dilatant rapidement, absorbe
une grande quantité de chaleur, et abaisse

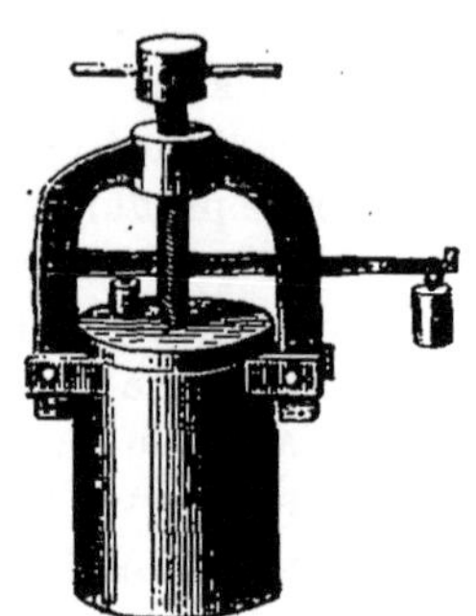

Fig. 247.

la température au-dessous de 40°. Mais, si on plaçait la main très
près de l'orifice, on serait infailliblement brûlé, la vapeur n'ayant
pas eu le temps de se refroidir en se dilatant.

En se basant sur la relation entre la pression et la température
d'ébullition, Regnault a imaginé une méthode pour déterminer la
valeur des tensions maxima à diverses températures.

Cette méthode consiste à faire bouillir de l'eau dans une chaudière, sous des pressions croissantes, et à déterminer, au moment
où l'ébullition est en pleine activité, d'une part la température, et de
l'autre la pression. M. Regnault a poussé ces expériences jusqu'à 27
atmosphères. L'appareil est formé d'une chaudière et d'un réservoir,
dans lequel on comprime ou on raréfie l'air. Ces deux parties sont
réunies par un tube, entouré d'un manchon dans lequel circule un
courant d'eau froide. La vapeur formée se condense pour retomber
dans la chaudière. Des thermomètres, renfermés dans des tubes de
fer pleins d'huile, donnent la température, et un manomètre à air
libre indique à chaque instant la tension de la vapeur.

559. Liquéfaction des corps gazeux.—Avant de nous occuper de la 3° loi de l'ébullition, il est nécessaire de parler du phénomène
inverse de la vaporisation, c'est-à-dire de la liquéfaction des corps
gazeux. Nous traiterons la question d'une manière générale, en ré-
servant absolument les cas où il serait nécessaire de tenir compte du
point critique dont nous avons déjà parlé.

Sauf cette restriction, pour amener des corps gazeux (gaz ou
vapeurs) à l'état liquide, il suffira de les amener à leur tension
maxima; à ce moment, la moindre diminution de volume ou de
température les fera passer à l'état liquide. Pour arriver à ce
résultat, on emploie, ou un abaissement de température, ou une
augmentation de pression, ou bien les deux moyens réunis.

1° *Action du froid*. — Certains gaz peuvent être obtenus liquides par un simple abaissement de température; il suffit, pour cela, de diriger le courant gazeux à travers un tube entouré d'un mélange réfrigérant : c'est ainsi qu'on obtient l'acide sulfureux, le chlore, l'ammoniaque, le cyanogène à l'état liquide. En soumettant l'acide carbonique à un froid de — 90°, MM. Drion et Loir ont pu le liquéfier et même le solidifier, sous une pression de 3 atmosphères.

2° *Action de la pression*. — A son tour, M. Pouillet, en soumettant la plupart des gaz à une forte compression, est parvenu à les liquéfier à la température ordinaire; ainsi, à 10°, l'acide carbonique se liquéfie à 45 atmosphères, le protoxyde d'azote à 43 atmosphères, l'acide sulfureux à 2 atmosphères 1/2.

3° *Méthode de Faraday*. — Ce physicien a donné une méthode générale et facile pour déterminer la liquéfaction des gaz, en utilisant à la fois le refroidissement et la compression. Dans un tube recourbé, à parois très épaisses, on introduit les substances propres à la production d'un gaz; celui-ci, en se dégageant, s'accumule dans le tube fermé, où sa tension augmente progressivement. En plongeant alors l'extrémité vide dans un bain réfrigérant, on obtient dans cette partie une couche liquide qui n'est autre que le gaz liquéfié. Faraday a pu liquéfier ainsi tous les gaz, à l'exception de l'hydrogène, l'oxygène, l'azote, l'oxyde de carbone, le bioxyde d'azote et l'hydrogène protocarboné.

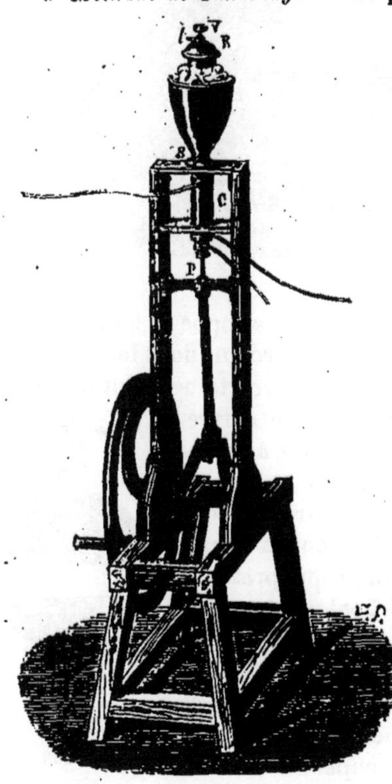

Fig. 248.

560. **Liquéfaction et solidification du protoxyde d'azote et de l'acide carbonique.** — M. Nattœrer a obtenu le protoxyde d'azote liquide en comprimant une grande quantité de ce gaz dans un espace très limité. On se sert aujourd'hui d'un appareil construit par M. Bianchi. Il consiste en une pompe P (*fig*. 248), qui refoule le gaz desséché dans un réservoir R en fer forgé.

capable de résister à des pressions énormes et qu'on entoure de glace fondante.

Pour la liquéfaction et la solidification de l'acide carbonique, on emploie l'appareil de Thilorier. Il est formé de deux réservoirs en

Fig. 249.

plomb G et B (*fig.* 249) recouverts d'une enveloppe de cuivre renforcée par des armatures en fer forgé. On introduit dans le générateur G de l'eau, du bicarbonate de soude et une certaine quantité d'acide sulfurique renfermé dans un long tube de cuivre. On fait basculer le générateur, de manière à opérer le mélange du sel et de l'acide, et on le met en communication avec le récipient B par le tube *t*. Il se produit une véritable distillation de l'acide carbonique, qui se liquéfie par sa propre pression. Lorsqu'on lance un jet de gaz carbonique dans l'air il se développe un froid tel, qu'une partie se solidifie sous la forme de flocons blancs ressemblant à de la neige. Pour en obtenir une grande quantité, on reçoit le liquide dans une boîte hémisphérique dont la figure 250 représente la une coupe.

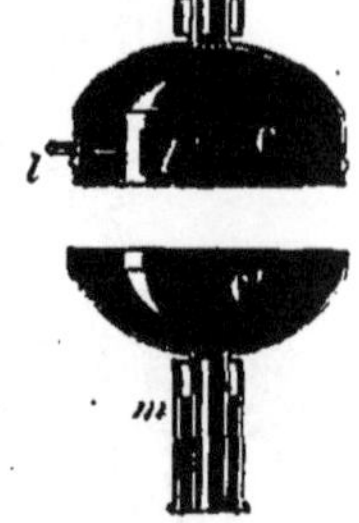

Fig. 250.

561. Liquéfaction des gaz dits permanents. — On désignait autrefois sous le nom de *gaz permanents* les corps gazeux que l'on n'avait pu amener à l'état liquide : jusqu'à ces dernières années, ils étaient au nombre de six. On admettait qu'il devait être possible de les liquéfier en employant des moyens assez puissants ; cependant ils avaient résisté à des pressions considérables.

Les idées de M. Andrews sur le point critique étant admises, on comprend que la liquéfaction n'ait pu se produire ; la résistance au changement d'état provenait de ce que jusqu'alors on avait opéré à des températures supérieures à ce point critique.

Il suit de là que pour parvenir à liquéfier ces gaz, ce n'est pas tant la compression qu'il faut employer, mais un froid qui les amène au-dessous de leur point critique ; c'est en suivant cet ordre d'idées que M. Cailletet d'un côté et M. Pictet de l'autre sont parvenus à les liquéfier.

En soumettant ces gaz à l'action combinée du froid et de la pression dans une enveloppe de fer capable de résister à des pressions énormes, M. Pictet a pu liquéfier l'oxygène et l'hydrogène. Pour l'oxygène, la liquéfaction a lieu à — 130° sous la pression de 273 atmosphères, et à — 140° sous la pression de 252 atmosphères : pour l'hydrogène, elle se produit à — 140° sous la pression de 650 atmosphères.

Les expériences de M. Cailletet sont fondées sur le froid produit par la détente d'un gaz fortement comprimé : ainsi pour un gaz qui se détend de 300 atmosphères, à la pression ordinaire, l'abaissement de température est théoriquement de 233 degrés.

Le principe du procédé de M. Cailletet est le suivant : on comprime fortement un gaz dans un tube de verre au moyen d'une presse hydraulique, puis on le décomprime brusquement ; on voit alors apparaître dans le tube un brouillard épais : ce sont des particules gazeuses qui se sont liquéfiées sous l'influence du grand froid résultant de la détente. Ce brouillard est facile à constater avec l'oxygène, l'azote, l'hydrogène, le gaz des marais, etc. De ces diverses expériences on peut conclure qu'il n'existe pas de gaz permanents ; tous peuvent être liquéfiés.

562. Chaleur de vaporisation. — Nous avons déjà dit que le passage de l'état liquide à l'état gazeux absorbe de la chaleur (548) : c'est ce qui résulte également du fait que la température reste constante pendant toute la durée de l'ébullition. Malgré que, pendant cette action, on continue à fournir de la chaleur, la température ne s'élève pas : il faut donc que la chaleur, au lieu d'être utilisée à produire un effet thermique, soit employée à donner naissance à une autre action. Comme nous l'avons dit, on admet qu'elle est alors transformée en travail mécanique, lequel sert à modifier les conditions moléculaires. D'après cette manière de voir, on comprend que la même quantité de chaleur doit être nécessaire pour produire la vaporisation d'un poids donné de liquide à une température donnée, quelle que soit la manière dont la vapeur s'est produite, par ébullition ou par évaporation.

Reprenant la définition donnée (548), nous dirons que l'on appelle chaleur de vaporisation d'un liquide, à une température donnée, la quantité de chaleur qu'il faut fournir à 1 kilogramme de ce liquide amené préalablement à cette température pour le faire passer à l'état de vapeur à la même température. Comme nous l'avons dit également, le même poids de vapeur repassant à l'état liquide à la même température dégagera la même quantité de chaleur, *chaleur de condensation*.

C'est cette quantité de chaleur que l'on désignait autrefois sous le nom impropre de *chaleur latente de vaporisation* : la chaleur n'est pas latente, elle a disparu en tant que chaleur; l'énergie dont elle est un mode de manifestation se présente alors sous une autre forme.

563. Détermination de la chaleur de vaporisation. — Cette détermination se fait presque toujours à l'aide de la méthode générale de calorimétrie, la méthode des mélanges : on détermine la quantité de chaleur abandonnée à un calorimètre rempli d'eau, par un poids donné de vapeur qui passe à l'état liquide.

L'appareil le plus simple pour cette détermination est celui de Despretz. On distille dans une cornue C (*fig.* 251), ou dans une petite chaudière un poids connu de liquide; la vapeur formée passe dans un serpentin SS, renfermé dans une caisse mince en laiton, qui contient de l'eau froide. Celle-ci chauffe l'eau en se condensant, et se rend ensuite dans un petit vase R, qui termine le serpentin, où elle prend la température du calorimètre. Un tube *mn*, qui communique avec l'extérieur,

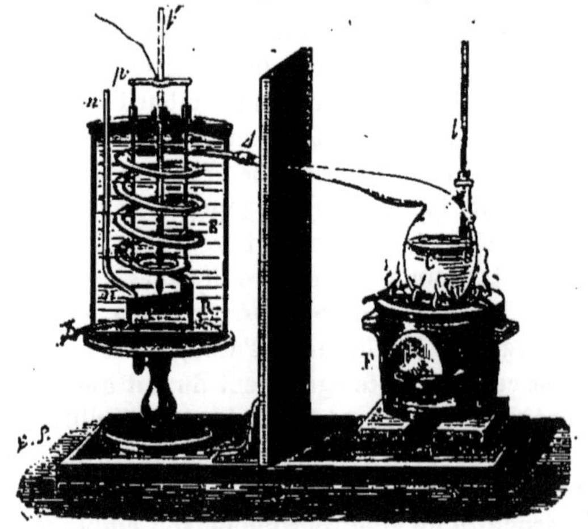

Fig. 251.

sert au dégagement de l'air. Un agitateur *p* maintient l'uniformité de température dans toute la masse d'eau. Enfin deux thermomètres *t* et *t'* donnent, l'un la température de la vapeur, et l'autre celle de l'eau du calorimètre

On comprend, sans qu'il soit nécessaire d'insister, que de l'élévation de température de l'eau du calorimètre on déduira la quantité de chaleur qu'il a reçue; que l'on pourra déterminer la quantité de chaleur abandonnée par le liquide condensé se refroidissant de t à t', et que la différence représentera précisément la chaleur de condensation égale à la chaleur de vaporisation [1].

Il y a, dans cette manière d'opérer, plusieurs causes d'erreur. En premier lieu, le calorimètre éprouve une perte sensible par l'effet du rayonnement. Pour l'atténuer, on prend l'eau du calorimètre à une température un peu au-dessous de celle du milieu ambiant, et on arrête l'opération au moment où elle acquiert une température supérieure à celle du milieu d'un même nombre de degrés. En outre, il y a de la chaleur communiquée, par conductibilité extérieure, au serpentin par le col de la cornue; des gouttelettes d'eau peuvent aussi être entraînées par la vapeur; et cette vapeur peut n'être pas tout à fait à la température T. Pour éviter ces inconvénients, on a le soin d'incliner légèrement le col de la cornue, et on ne fait arriver la vapeur dans le serpentin que lorsque le liquide est en pleine ébullition. Despretz a trouvé, par cette méthode, qu'il faut 540 calories à 1 kilogramme d'eau à 100° pour se transformer en vapeur à la même température. Il a déterminé, de la même manière, les chaleurs latentes de plusieurs autres liquides. Mais M. Regnault s'est occupé de la recherche des chaleurs latentes des vapeurs en employant une méthode et des appareils plus perfectionnés, et en évitant la plupart des causes d'erreur de l'appareil de Despretz. La vapeur était produite dans des chaudières en communication avec un réservoir d'air, destiné à entretenir une pression constante. Cette vapeur, avant d'arriver dans le condenseur, se rendait dans une enceinte, où elle laissait déposer les gouttelettes d'eau entraînées mécaniquement. De plus, pour évaluer l'effet de la conductibilité, M. Regnault se servait de deux appareils calorimétriques identiques; en faisant passer la vapeur dans l'un d'eux seulement, il pouvait apprécier l'influence de la chaleur due à la conductibilité.

1. Soit P le poids de la vapeur, x la chaleur de volatilisation, T la température de liquéfaction de la vapeur, et θ la température finale. La quantité de chaleur abandonnée par la vapeur pour se transformer en eau liquide à la température θ est $Px + P(T - \theta)$. Elle est égale à celle qui est absorbée par l'eau, le calorimètre, l'agitateur et le thermomètre, laquelle est représentée par $(p + M)(\theta - t)$, p étant le poids de l'eau, t la température du calorimètre et M l'évaluation en eau du vase et des accessoires; on a donc l'équation

$$Px + P(T - \theta) = (p + M)(\theta - t);$$

d'où

$$x = \frac{(p + M)(\theta - t) - P(T - \theta)}{P}.$$

Voici les valeurs de quelques chaleurs de vaporisation prises à
la température d'ébullition du liquide, sous la pression normale de
760^{mm}.

TABLEAU DES CHALEURS DE VAPORISATION DE QUELQUES LIQUIDES.

Eau.	537 Calories
Alcool.	208
Éther.	91
Acide acétique.	102
Éther acétique.	106
Essence de térébenthine.	69
Essence de citron. . . . . ,	70

564. Chaleur de vaporisation à différentes températures. — Un liquide peut se vaporiser à des températures très
différentes suivant les circonstances extérieures. La chaleur de
vaporisation reste-t-elle constante quelle que soit la température?
ou subit-elle quelques modifications? L'expérience a montré que
c'est le dernier cas qui se réalise.

La question a une importance particulière pour l'eau, à cause
de l'emploi de la vapeur de ce liquide dans les machines motrices.

Watt et Southern avaient des idées très différentes sur la chaleur latente de vaporisation. Le célèbre mécanicien anglais admettait que la chaleur totale qu'il fallait donner à 1 kilogramme d'eau
à 0° pour le transformer en vapeur à saturation était la même,
quelle que fût la pression. C'est ce que l'on appelle la *loi de Watt*.
En 1803, Southern concluait, d'expériences nombreuses, que la
chaleur latente reste constante sous toutes les pressions : c'est la
loi de Southern. La vérité est comprise entre ces deux lois.
M. Regnault, dans des recherches sur les chaleurs latentes à différentes pressions, a trouvé que la chaleur totale va en augmentant,
et la chaleur latente en diminuant, à mesure que la pression
devient de plus en plus grande.

D'après des recherches poursuivies jusqu'à 27 atmosphères, il
a pu donner les formules empiriques suivantes :

$$Q = 606,5 + 0,305t$$
$$q = 606,5 - 0,695t$$

dans lesquelles Q est la *chaleur totale* de vaporisation, c'est-à-dire
la quantité qu'il faut fournir à 1 kilogramme d'eau à 0° pour
l'amener à l'état de vapeur à $t°$, cette température étant celle de
l'ébullition; q est la *chaleur de vaporisation* proprement dite. La
1re formule contredit donc la loi de Watt, et la 2° la loi de
Southern.

565. Froid produit par l'évaporation. — Comme nous
l'avons déjà dit, la production de vapeurs par évaporation

absorbe de la chaleur, comme la vaporisation par ébullition. Si aucune source calorifique extérieure au corps n'intervient, le liquide, en s'évaporant, se refroidit d'une manière considérable. C'est ainsi que l'alcool ou l'éther, etc., versé sur la main, détermine la sensation d'un froid d'autant plus vif que le liquide est plus volatil; c'est ainsi qu'on peut congeler le mercure par une évaporation rapide de l'acide sulfureux liquide; enfin c'est sur ce principe que repose l'emploi des *alcarazas* qui servent à maintenir l'eau à une température inférieure à celle du milieu ambiant : le liquide, en filtrant à travers les parois du vase, s'évapore à sa surface et refroidit l'eau intérieure.

Leslie a fait une application intéressante du froid produit par vaporisation à la congélation de l'eau. On place sous le récipient

Fig. 252.

de la machine pneumatique un vase V (*fig.* 252) rempli d'acide sulfurique concentré, et au-dessus une petite capsule en liége noirci contenant une mince couche d'eau. En raréfiant l'air de la cloche, l'eau se vaporise rapidement; l'acide sulfurique absorbe les vapeurs à mesure qu'elles se forment, en sorte que, dans un temps très court, il se produit un abaissement de température suffisant pour congeler le liquide restant. Gay-Lussac, en entourant la cloche d'un mélange réfrigérant, est même parvenu à solidifier le mercure.

L'évaporation est une cause permanente du refroidissement du corps humain; car la transpiration cutanée donne naissance à une grande quantité de vapeur qui se forme aux dépens de la chaleur du corps. Quand la température extérieure s'élève, la transpiration prend une activité plus grande et *vice versa*. Ce fait explique la constance de la température du corps de l'homme.

Le refroidissement notable qui survient par une évaporation rapide de la sueur, évaporation qui est facilitée par un courant d'air, explique les désordres graves qui peuvent se manifester dans l'organisme et être la cause de maladies sérieuses lorsqu'un homme en transpiration est soumis à l'action du froid.

566. Anesthésie locale. — Le froid produit par une évaporation rapide de liquide très volatil tel que l'éther, le chlorure de méthyle, etc., est quelquefois employé en chirurgie pour insensibiliser certaines parties du corps sur lesquelles on doit pratiquer une opération douloureuse : il suffit pour cela de projeter un jet de liquide pulvérisé sur la partie que l'on veut anesthésier, soit à l'aide d'instruments spéciaux, soit au moyen d'un pulvérisateur quelconque. La température est localement abaissée et l'insensibilité se manifeste : elle disparaît d'ailleurs très rapidement, sans donner naissance à aucun trouble, dès que l'on cesse la pulvérisation ; la partie refroidie reprend promptement sa température et, avec celle-ci, sa sensibilité normale.

567. Production industrielle de la glace. — De tous les corps qui, par leur changement d'état, donnent lieu à un abaissement de température, aucun ne présente ce phénomène avec autant d'intensité que le gaz ammoniac. La dissolution saturée de ce corps, traitée par la chaleur, laisse dégager tout le gaz dissous, qui se liquéfie facilement lorsqu'on le soumet à une forte compression ; mais, une fois liquéfiée, si la pression vient à cesser, l'ammoniaque repasse à l'état gazeux en enlevant une quantité considérable de chaleur aux corps environnants. Tel est le principe de l'appareil Carré qui sert à la production artificielle de la glace.

Cet appareil est formé d'une chaudière A en fer forgé (*fig.* 253), renfermant une dissolution concentrée de gaz ammoniac et qui communique avec un récipient métallique annulaire B, qui porte

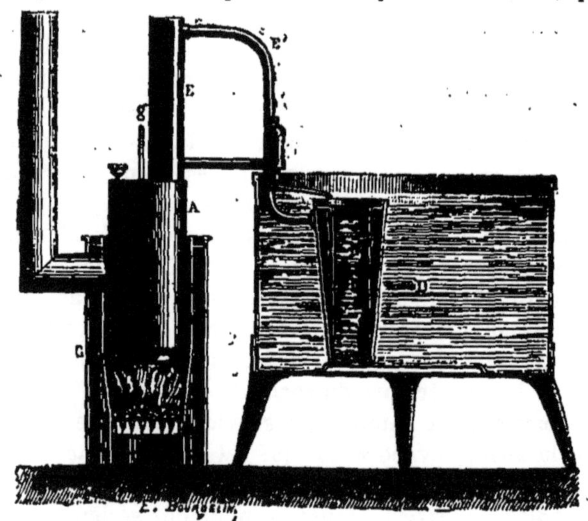

Fig. 253.

un espace destiné à recevoir l'eau à congeler. On place la chaudière sur un fourneau jusqu'à ce que la température ait atteint 130°. Le gaz, chassé par l'ébullition de l'eau, se rend dans le récipient entouré d'eau froide, où il se liquéfie par sa propre pression. On enlève alors le feu, et on introduit le vase *d* (*fig.* 254) qui contient l'eau dans la portion centrale de B. L'appareil étant revenu à la

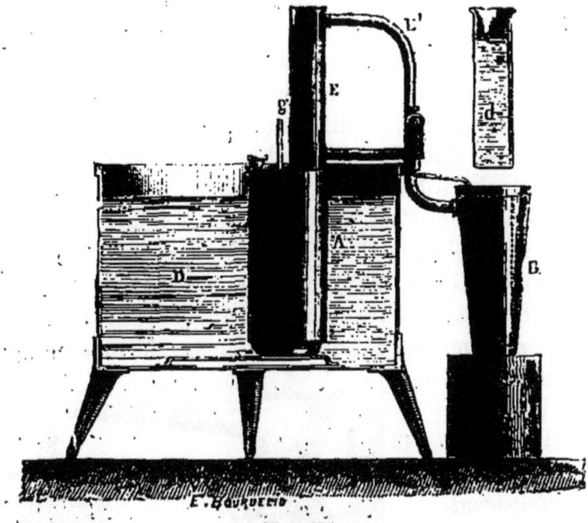

température ordinaire, l'ammoniaque liquéfiée reprend son état gazeux et vient de nouveau se dissoudre dans l'eau placée en A. Mais, pour se gazéifier, l'ammoniaque emprunte à l'eau environnante une énorme quantité de chaleur, et toute l'eau se congèle.

568. Concentration des liquides. Distillation. — Nous avons dit que la température du point d'ébullition sous la pression normale est spécifique pour chaque liquide. Mais cela n'est vrai que lorsque le liquide est un corps *chimiquement défini*; il n'y a pas de point d'ébullition constant pour des *mélanges* de liquides différents. Si l'on chauffe un pareil mélange, le liquide le plus volatil se vaporisera sitôt que la température aura atteint son point d'ébullition; ses vapeurs entraîneront une certaine quantité du liquide mélangé, si les points d'ébullition sont assez rapprochés; le second liquide pourra rester, au contraire, intégralement à l'état liquide, si les températures d'ébullition sont notablement différentes. Les résultats varient d'ailleurs suivant que les liquides sont miscibles ou non, et il n'est pas possible de donner une règle qui s'applique à tous les cas.

C'est sur ce mode d'action de la chaleur sur les mélanges que sont fondées les méthodes de *concentration* et de *distillation*, qui, l'une et l'autre, ont pour but d'obtenir une séparation plus ou moins complète d'éléments distincts, dont l'un est assez facilement volatil.

Dans la *concentration*, le liquide dont on veut débarrasser le mélange est le plus volatil. C'est ainsi que l'on concentre l'acide sulfurique du commerce, pour le ramener à l'état d'acide monohydraté par le départ de l'eau en excès qui le diluait. Il suffit, en général, de chauffer le mélange dans un vase ouvert; l'eau passe à l'état de vapeur et se dégage dans l'atmosphère. Lorsque le liquide restant a atteint une composition chimique fixe, la température s'élève jusqu'à son point d'ébullition, et il se vaporiserait si l'on n'avait soin de le soustraire à l'action de la chaleur.

Dans la *distillation*, c'est, au contraire, le liquide le plus volatil que l'on veut recueillir pur. On le chauffe alors dans une chaudière de forme variable C (*fig.* 255) nommée *cucurbite*, surmontée d'un *chapiteau* A, qui la recouvre exactement, et porte latéralement un tube T ou *allonge*, qui conduit les vapeurs formées dans un *ser-*
pentin S, tube contourné en hélice et placé au milieu d'un vase rempli d'eau froide, le *réfrigérant* R. Les vapeurs viennent se condenser dans le serpentin, maintenu à une température peu élevée par l'eau du réfrigérant, et le liquide sort par l'extrémité libre *t'*. Mais la condensation de la vapeur échauffe peu à

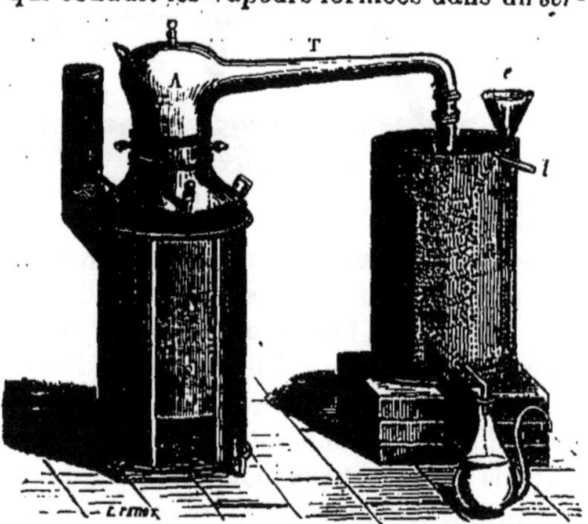

Fig. 255.

peu l'eau du réfrigérant (562), aussi est-on obligé de la renouveler souvent: à cet effet, on verse de l'eau froide par un tube à entonnoir *e*, qui la conduit au fond du réfrigérant, tandis que l'eau échauffée, rendue plus légère, s'élève à la surface, et s'écoule par l'ajutage *t*. L'ensemble des diverses pièces qui servent à la distillation constitue un *alambic*.

La distillation peut avoir pour but de séparer deux liquides inégalement volatils. C'est ainsi qu'elle est employée à retirer l'alcool du vin. Mais elle sert également à débarrasser un liquide de corps solides qui s'y trouvent en dissolution, et qui se déposent lors de la disparition du liquide par évaporation. C'est ainsi que l'on obtient l'*eau distillée*, chimiquement pure, en évaporant l'eau de source ou de rivière, qui contient toujours des sels en dissolution, et en condensant les vapeurs produites.

569. Titrage des liqueurs alcooliques. — Nous avons dit (185) que les indications données par l'alcoomètre ne sont exactes qu'autant que le liquide ne contient pas d'autres substances que l'alcool et l'eau. Or ce cas se présente rarement; et, particulièrement, les vins dont on a souvent à déterminer la richesse alcoolique contiennent un grand nombre de substances étrangères. On arrive à pouvoir employer l'alcoomètre à l'aide d'une opération préliminaire, dont le principe est la remarque suivante, faite par Gay-Lussac : lorsqu'un mélange d'eau et d'alcool, qui ne contient pas plus de 15 pour 100 de ce dernier liquide, est soumis à la distillation, la *totalité* de l'alcool passe avec le premier tiers du liquide dans le réfrigérant. Cet effet se produit lorsque l'on distille du vin, qui dépasse rarement cette teneur en alcool.

On chauffe dans un ballon B (*fig.* 256) un volume de vin remplissant l'éprouvette L jusqu'à un trait situé à la partie supérieure;

Fig. 256.

le ballon est mis en communication avec un serpentin C par le tube D, et le liquide distillé retombe dans l'éprouvette L. On pousse l'opération jusqu'à ce que le liquide atteigne le niveau d'un second trait, qui correspond à la moitié du volume employé. On est sûr que tout l'alcool du vin se trouve dans cette partie. Si donc on achève de remplir l'éprouvette L avec de l'eau, on aura un liquide contenant, sous le même volume, la même quantité d'alcool que le vin; et comme il n'y a pas de matières étrangères, on peut employer l'alcoomètre pour la détermination de sa richesse alcoolique.

CHAPITRE VII

HYGROMÉTRIE

570. Hygrométrie. État hygrométrique. — L'atmosphère contient toujours de l'eau à l'état de vapeur. Pour le constater, il suffit d'exposer à l'air un corps froid. On voit se déposer à la sur-

face une légère couche d'eau, qui se congèle même, si le corps a une
température suffisamment basse; ce fait peut être observé en tout
temps et en tout lieu. On peut encore reconnaître l'existence de la
vapeur atmosphérique, en abandonnant à l'air libre des substances
déliquescentes, comme le chlorure de calcium, la potasse caustique.
Au bout de peu de temps, ces corps deviennent liquides, en se dissolvant dans l'eau qu'ils ont précipitée.

On dit que l'air est plus ou moins humide, selon que la vapeur
d'eau s'approche plus ou moins de la saturation, et non pas selon
qu'il y a plus ou moins de vapeur dans l'air. Ainsi on sait qu'à 0°,
la tension maxima de la vapeur d'eau est de 4^{mm},6. Si donc la
vapeur atmosphérique acquiert ou s'approche de cette tension, l'air
sera très humide; il sera sec avec la même quantité de vapeur d'eau
à 20°. En hiver, il y peu de vapeur et l'air est, en général, très-
humide; en été, il y en a beaucoup plus, et l'air est sec. Ceci montre
que la température a une influence notable sur le degré d'humidité.

On ne peut avoir une idée exacte de l'état d'humidité de l'air
qu'en cherchant le rapport qui existe entre la quantité p de vapeur
d'eau que l'air contient réellement, et celle P qu'il contiendrait s'il
en était saturé à la même température. Ce rapport se nomme *état
hygrométrique de l'air, fraction de saturation*. Mais, comme la vapeur
aqueuse suit très sensiblement la loi de Mariotte, on peut remplacer
le rapport du poids par le rapport des forces élastiques des vapeurs
correspondantes. On pourra donc encore définir l'état hygrométrique de l'air E, *le rapport de la tension actuelle f de la vapeur contenue dans l'air à la tension maxima F, à la même température*; et on
aura :

$$E = \frac{p}{P} = \frac{f}{F} \cdot$$

571. Hygromètres. — Les instruments qui servent à déterminer l'état hygrométrique de l'air sont appelés des *hygromètres*. Il
y en a de quatre espèces, correspondant à quatre méthodes différentes :

1° La méthode chimique, qui consiste à absorber, au moyen de
substances très avides d'eau, la vapeur aqueuse contenue dans un
volume connu d'air, à en déterminer le poids et à en déduire la
tension; 2° la seconde méthode est fondée sur la propriété que possèdent certaines substances organiques (cordes à boyau, cheveux,
fanons de baleine) d'absorber la vapeur d'eau et de s'allonger en
même temps; 3° la troisième repose sur ce principe que, en abaissant la température, on peut condenser la vapeur d'eau contenue
dans l'air, et de la température observée déduire la tension de la
vapeur; 4° enfin, vient la méthode du psychromètre, c'est-à-dire

celle qui est fondée sur l'observation des températures données simultanément par deux thermomètres, l'un à boule sèche et l'autre à boule mouillée.

572. Méthode chimique. — On emploie le procédé de Brunner, qui consiste à remplir d'eau un aspirateur d'une capacité constante, et à le mettre en communication avec une série de tubes desséchants. En faisant écouler l'eau du vase, l'air aspiré se dépouille complètement de son humidité en traversant les tubes. Ces tubes étant pesés avant et après l'expérience, l'augmentation de poids donne le poids p de la vapeur contenue dans l'air.

On peut déduire du volume de l'aspirateur le volume de l'air qui a passé à travers les tubes moyennant une correction, facile à faire à l'aide d'une formule simple. Connaissant la température, on trouve dans les tables de tensions la tension maxima correspondante, ce qui permet de calculer le poids P de vapeur qui pourrait exister dans l'air s'il était saturé; le rapport $\dfrac{p}{P}$ est l'état hygrométrique cherché.

573. Hygromètre d'absorption de Saussure. — Parmi les substances qui s'allongent en absorbant l'humidité de l'air, les cheveux sont surtout aptes à la construction des hygromètres

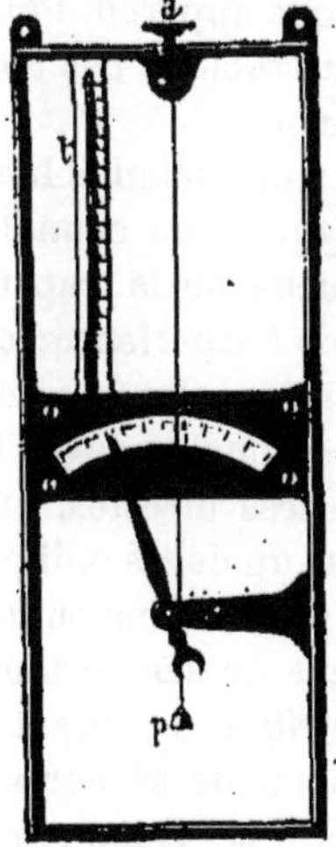

d'absorption; c'est sur cette propriété qu'est fondé l'appareil connu sous le nom d'*hygromètre de Saussure*. Pour le construire, on choisit un cheveu fin et soyeux ; on le dégraisse en le faisant bouillir dans une dissolution faible de carbonate de soude, et mieux en le laissant séjourner quelques heures dans l'éther. Après qu'il a été bien nettoyé, on le fixe à un cadre métallique, au moyen d'une pince a (*fig.* 257), tandis que l'autre extrémité est attachée à la gorge d'une poulie mobile. Cette poulie porte une seconde gorge sur laquelle on enroule un petit fil supportant un poids p d'environ $0^{gr},2$, réglé de telle sorte qu'il tende le cheveu sans l'allonger. Lorsque le cheveu s'allonge, la poulie marche dans un sens; s'il se raccourcit, elle se meut en sens contraire. On amplifie les mouvements à

Fig. 257.

l'aide d'une longue aiguille, fixée par son centre de gravité à l'axe de la poulie, et mobile sur un cadran métallique gradué.

574. Graduation. — Pour graduer l'hygromètre, on détermine deux points fixes correspondant aux deux positions que prend l'aiguille quand on place l'instrument: 1° dans un air parfaitement humide; 2° dans un air complètement desséché. Le premier point, ou le point 100, s'obtient en mettant l'hygromètre sous une cloche, dont les parois sont mouillées, et qui reposé sur l'eau. Pour obtenir le second point, ou zéro, on humecte les parois de la cloche avec de l'acide sulfurique, et on la pose sur une assiette contenant une couche d'acide. Il faut souvent plusieurs jours pour que l'aiguille prenne une position déterminée; quelquefois même, la seconde opé-ration altère le cheveu et, lorsque l'appareil est replacé dans la cloche humide, l'aiguille ne revient plus à 100° : il faut alors rejeter le cheveu. L'intervalle entre les deux points ainsi obtenus est divisé en 100 parties égales, qui sont les degrés de l'hygromètre. Mais ces degrés n'indiquent point les fractions de saturation. Quand, par exemple, l'hygromètre marque 50°, cela ne veut pas dire que la fraction de saturation est égale à 0,50; en d'autres termes, les degrés de l'hygromètre ne sont pas proportionnels aux variations de l'état hygrométrique, ainsi que cela a été constaté par Gay-Lussac et Melloni.

Regnault a fait une étude comparative des hygromètres à cheveu. Il a reconnu que des hygromètres parfaitement gradués s'accordaient rarement entre eux. La provenance du cheveu, sa grosseur, ont une grande influence sur les indications de l'instru-ment. Il faut donc construire une table pour chaque appareil. Pour faciliter sa construction, Regnault a donné un tableau des ten-sions de divers mélanges d'acide sulfurique et d'eau.

L'appareil étant mis sous une cloche à côté d'un mélange bien déterminé, on note le degré auquel s'arrête l'aiguille; on connaît, par les expériences de Regnault, la tension actuelle de la vapeur d'eau que fournit le mélange à la température de l'expérience; on sait également, par les tables, quelle est la tension maxima; on peut donc calculer l'état hygrométrique qui correspond au degré lu sur l'appareil. On construit ainsi, par des mesures directes, une table qui permet de déduire l'état hygrométrique du degré indiqué par l'aiguille : cette table, qui ne peut servir que pour le cheveu qui a été soumis à ces opérations, est prolongée dans un sens jusqu'à l'extrême humidité, c'est-à-dire l'état hygrométrique 1; quant à l'état hygrométrique 0, c'est-à-dire quant au point de sécheresse extrême, on n'a point à s'en occuper; d'ailleurs, M. Regnault a reconnu qu'il est difficile de le faire sans altérer le cheveu.

575. Hygromètre à condensation. — Si l'on refroidit len-tement de l'eau dans un vase, jusqu'à ce qu'il se forme sur les parois un dépôt de rosée, la température indiquée par l'eau au moment où la vapeur se précipite représente la température à laquelle l'air serait saturé pour la tension actuelle. En ces circonstances, l'air se contracte simplement, sans que sa force élastique change, ainsi que celle de la vapeur d'eau qu'il contient. Si donc t' est la température de l'eau au moment du dépôt de rosée, et t celle de l'air ambiant, le rapport $\dfrac{f}{F}$ des forces élastiques correspondantes sera la fraction de saturation. Tel est le principe des hygromètres à condensation, dont l'un des premiers modèles pratiques est l'hygromètre de Daniell.

Cet appareil est formé d'un tube en verre doublement recourbé,

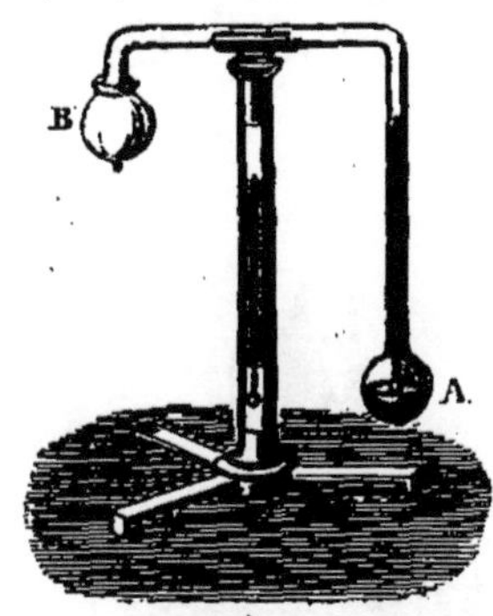

Fig. 258.

terminé par deux boules A et B (*fig.* 258) dont l'une, en verre bleu ou noir, est le corps sur lequel se formera le dépôt de rosée. Lors de la construction et avant que l'appareil ait été fermé à la lampe, on y a introduit de l'éther que l'on a chauffé de manière à chasser l'air. Un thermomètre placé intérieurement a son réservoir au centre de la boule A ; un autre fixé sur le pied de l'appareil donne la température extérieure.

On entoure la boule B d'un morceau de gaze, sur laquelle on verse quelques gouttes d'éther. L'évaporation de ce liquide produit un froid qui détermine la distillation de l'éther placé dans l'intérieur de la boule A et, par suite, son refroidissement. On voit bientôt de la rosée se déposer. A ce moment, on note la température t du thermomètre intérieur, et celle T du thermomètre extérieur. On cherche les tensions correspondantes f et F dans les tables de Dalton, et leur rapport est l'état hygrométrique. Cet appareil manque d'exactitude. En effet, la boule étant en verre, la paroi extérieure est moins froide que l'intérieure ; l'éther ne se vaporisant qu'à la surface et les liquides étant mauvais conducteurs de la chaleur, la température de la masse liquide n'est pas uniforme, de telle sorte que le thermomètre intérieur ne donne pas la température qu'il faudrait connaître, celle de la couche d'air qui entoure A. Ajoutons que les vapeurs provenant de l'éther que l'on a versé sur la boule B se répandent dans l'atmosphère et peuvent se condenser sur A.

Dans tous les appareils à condensation, il est difficile de saisir l'instant précis où *commence* le dépôt de rosée ; on ne le distingue que lorsqu'il est déjà formé, et alors la température observée t' est trop basse. Pour avoir une approximation plus grande, on laisse l'appareil se réchauffer et, au moment où la rosée disparaît, on note la température t'' ; cette température est trop élevée. Si donc on prend une moyenne entre t' et t'', on a un résultat à peu près exact, surtout si les deux températures t' et t'' diffèrent peu l'une de l'autre; on prend donc pour t la valeur $\dfrac{t' + t''}{2}$ et c'est la tension donnée dans les tables pour cette valeur moyenne que l'on prend pour f.

576. Hygromètre de Regnault ; hygromètre d'Alluard. — Regnault a construit, sur le même principe, un appareil qui évite les principaux inconvénients que nous avons signalés.

Le vase où est placé l'éther est un dé en argent, mince et poli,

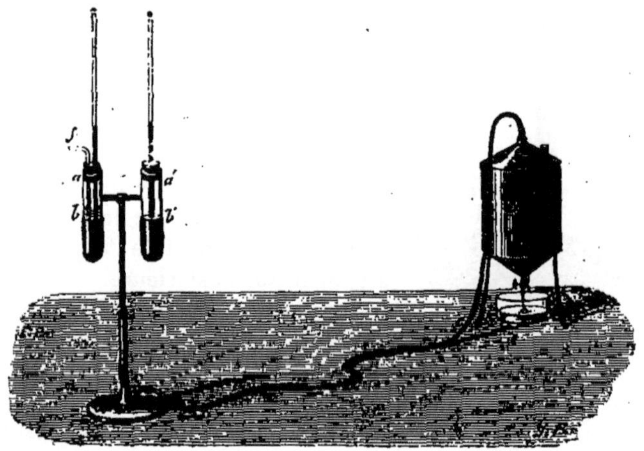

Fig. 259.

fixé à l'extrémité d'un tube de verre $a\ b$ qui présente latéralement une tubulure (*fig.* 259).

L'ouverture supérieure est fermée par un bouchon percé de deux trous, dont l'un est traversé par un thermomètre très sensible, et l'autre par un tube f, qui plonge jusqu'au fond. On verse de l'éther dans le tube, et on met la tubulure latérale en communication avec un aspirateur, par l'intermédiaire d'un tube en caoutchouc c. En faisant écouler l'eau de l'aspirateur, l'air pénètre par le tube f, traverse l'éther qu'il refroidit et détermine un dépôt de rosée.

Un autre tube, muni d'un dé d'argent, mais ne contenant pas d'éther, est placé à côté du premier. Un thermomètre indique la température de l'air. Comme les deux dés sont semblables, on voit nettement la différence dès que la condensation commence.

Dans cet appareil, l'éther est agité par le passage de l'air, sa température est constante dans toute la masse; de plus la paroi d'argent est mince, et le métal est bon conducteur. Il y a donc une faible différence entre la température donnée par le thermomètre intérieur et celle de la couche d'air dans laquelle s'est fait le dépôt de rosée ; enfin ni l'évaporation de l'éther, ni la respiration de l'observateur ne peuvent influer sur le dépôt de rosée : l'observateur lit les températures à distance à l'aide d'une lunette.

Malgré les précautions, on ne voit pas l'instant où commence le dépôt de rosée ; comme pour l'appareil de Daniell, on détermine alors la température à laquelle ce dépôt disparaît, et l'on prend la moyenne des températures. Cette opération est grandement facilitée par ce que l'évaporation de l'éther est à volonté ralentie ou accélérée; il suffit de régler la vitesse du courant d'air en tournant plus ou moins le robinet de l'aspirateur. On peut ainsi rapprocher à moins de 0°,1 les températures où l'on voit apparaître et disparaître la rosée.

M. Alluard a donné à l'hygromètre de Regnault une forme plus commode pour la pratique. Le dé d'argent est remplacé par un petit réservoir en laiton doré de forme prismatique, de manière que le dépôt se produit sur une surface plane ; cette surface est encadrée dans une lame de laiton doré qui ne la touche pas et qui conserve son éclat : les deux surfaces étant ainsi très voisines, la comparaison est facile et on perçoit très aisément le moindre dépôt de rosée.

577. **Psychromètre**. — On a proposé un autre genre d'appareil, destiné à donner l'état hygrométrique, c'est le psychromètre d'August (de Berlin), dont l'idée première est due à Gay-Lussac : en voici le principe : La vaporisation produisant un abaissement de température, l'évaporation d'une couche d'eau à la surface de la boule d'un thermomètre amènera un abaissement de température d'autant plus grand que l'évaporation sera plus rapide. Or l'évaporation dépend de la pression extérieure et de la quantité de vapeur d'eau contenue dans l'atmosphère; donc, il y a une relation entre l'abaissement de température et l'état hygrométrique de l'air.

Fig. 260.

Deux thermomètres parfaitement semblables sont placés l'un à côté de l'autre. L'un t' (*fig.* 260), plongé dans l'air, donne la température de l'atmosphère qui entoure l'appareil; l'autre t a sa boule entourée d'une gaze humectée par l'eau qui lui arrive d'un réservoir bb', par l'intermédiaire d'une petite mèche de coton. Les deux thermomètres marquent des températures peu différentes t et t'. Pour déduire de ces données la tension de la vapeur atmosphérique, on emploie la formule empirique

$$x = F - A (t - t') H;$$

x tension de la vapeur d'eau contenue dans l'air au moment de l'expérience, F tension maxima à la même température, H la pression et A une constante, qui dépend de l'exposition de l'instrument. On fixe celle-ci par une première expérience, pour laquelle on a déterminé x, à l'aide d'un hygromètre. Connaissant A, une fois pour toutes, on pourra, quand on le voudra, évaluer x, par une rapide observation.

578. Thermo-diffusion. — Nous rattachons à ce chapitre des phénomènes moléculaires fort intéressants qui se produisent uniquement sous l'influence de la chaleur. Ces phénomènes ont été découverts et étudiés par M. le professeur Merget qui a donné le nom de *thermo-diffusion* à l'action de nature inconnue qui les produit. La thermo-diffusion se manifeste, comme nous allons le dire, lorsque des corps poreux maintenus humides sont soumis à une élévation de température.

Dans un bloc de plâtre on pratique une cavité à l'ouverture de laquelle on adapte un tube qui aboutit soit à un manomètre, soit à une éprouvette destinée à recueillir les gaz. On peut remplacer le bloc de plâtre par un vase cylindrique poreux. Si l'on chauffe cet appareil lorsqu'il est sec, il ne se produit aucune action; mais si préalablement il a été imbibé d'eau, les choses se passent autrement et l'on observe soit une élévation de pression intérieure, soit un dégagement de gaz : l'action est énergique; dans certains cas on a pu observer une pression atteignant jusqu'à 3 atmosphères et on a pu recueillir un volume de gaz égal à 40 fois la capacité de la cavité chauffée.

Ajoutons que l'action est d'autant plus énergique que la température est plus élevée.

Par des expériences intéressantes, M. Merget a montré que cette action n'est pas due à l'osmose qui pourrait se produire entre l'air sec et l'air humide à travers la substance solide, mais qu'elle est bien le résultat de l'imbibition même.

Ne peut-on pas rattacher à ces phénomènes l'intéressante expérience suivante due au même savant. Le long pétiole d'une feuille de *Nuphar* est recourbé de manière à ce que son extrémité pénètre dans une éprouvette, le limbe de la feuille étant à l'air. Lorsque cette feuille est soumise aux rayons du soleil, des bulles d'air presque pur se dégagent dans l'éprouvette : il semble que la thermo-diffusion peut expliquer cet effet.

CHAPITRE VIII

LES ACTIONS CHIMIQUES ET LES PHÉNOMÈNES CALORIFIQUES

579. — Il existe entre les phénomènes calorifiques et les actions chimiques des relations fort importantes : on sait, depuis que l'on étudie avec quelque précision les combinaisons et les décompositions, que ces phénomènes s'accompagnent de variations de température; le plus souvent les combinaisons élèvent la température, et les décompositions correspondent à une absorption de chaleur. Mais ces indications, qui présentaient d'ailleurs des exceptions inexpliquées, ne paraissaient susceptibles d'aucune loi, d'aucune généralisation. La question commença à être étudiée avec précision à la fin du siècle dernier; elle fit quelques progrès par les expériences de Favre et Silbermann, mais ce n'est que dans ces dernières années que, grâce aux recherches de Sainte Claire-Deville et aux beaux travaux de M. Berthelot, les relations entre les phénomènes chimiques et les actions calorifiques ont pu être déterminées avec netteté.

580. Premières recherches sur les chaleurs de combustion. — Lavoisier et Laplace, à l'occasion de leurs travaux sur la chaleur animale, ont cherché, les premiers, à mesurer la chaleur dégagée dans les actions chimiques et, en particulier, dans la combustion du carbone et de l'hydrogène. Ils faisaient brûler un poids connu de la substance dans leur calorimètre de glace. Les produits gazeux étaient ramenés à 0°, en traversant des tubes remplis de glace fondante, ce qui déterminait la fusion d'une portion de glace; en pesant avec soin l'eau de liquéfaction, et en multipliant le poids trouvé par la chaleur de fusion de la glace, ils obtenaient la quantité de chaleur produite. A cette méthode, Rumford, Despretz et Dulong ont substitué celle du calorimètre à eau qui est plus facile et plus rigoureuse.

Cette méthode consistait à brûler les substances dans un creuset de platine placé au centre d'une caisse en cuivre mince remplie d'eau. Ce creuset communiquait avec deux conduits, dont l'un amenait l'oxygène nécessaire à la combustion, et dont l'autre servait à l'écoulement des gaz, après qu'ils avaient pris la température de l'eau du calorimètre. Les résultats trouvés par ces différents procédés ne sont pas exacts.

581. Recherches de Favre et Silbermann. — Le calorimètre à mercure que nous avons décrit a pu être utilisé pour déterminer les quantités de chaleur mises en liberté dans certaines réactions; il suffit pour cela d'introduire dans la mouffle à l'état solide ou à l'état liquide les corps dont on veut étudier la réaction. Mais l'appareil se prête mal à l'étude des combustions sous l'influence des courants de gaz ou à celle des combinaisons des corps gazeux entre eux. Pour cette étude, Favre et Silbermann ont employé le calorimètre à eau disposé d'une manière spéciale. Dans leur appareil, la chambre à combustion est un creuset A (*fig.* 261) en cuivre mince doré, qui reçoit l'oxygène par un tube a; un tube plus large k, terminé par un miroir incliné M, permet de voir dans l'intérieur de la chambre : les produits de la combustion traversent un serpentin S, avant de s'échapper dans l'air par le tube T, ou bien se condensent dans un petit vase placé en V. Les corps que l'on veut brûler sont introduits dans une petite lampe à mèche d'amiante, s'ils sont liquides, ou placés dans une corbeille en

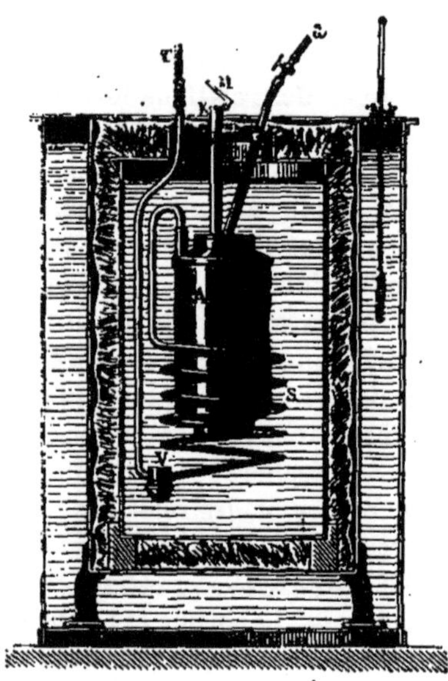

Fig. 261.

platine quand ils sont solides. Enfin, la chambre est placée dans un calorimètre à eau, entouré lui-même d'une caisse remplie de duvet, afin de le soustraire aux variations extérieures de température. Avec cet appareil, MM. Favre et Silbermann ont déterminé la *chaleur de combustion* du carbone et de l'hydrogène, c'est-à-dire le nombre de calories qui se dégagent quand on brûle 1 kilogramme de ces corps dans l'oxygène.

1º *Chaleur de combustion de l'hydrogène.* — Pour cette détermination, on enflamme le gaz à l'extrémité d'un tube effilé, et on l'introduit rapidement dans la chambre à combustion. Comme il ne se forme que de l'eau, on peut supprimer le serpentin. L'augmentation du poids de la chambre donne le poids de l'eau formée et, par suite, le poids p de l'hydrogène brûlé. En désignant par M le nombre de calories absorbées par le calorimètre, on a

$$px = M,$$

$$x = \frac{M}{p} = 34462.$$

2º *Chaleur de combustion du charbon.* — Dans un cylindre de platine, dont le fond est percé de trous, on introduit le charbon réduit en petits morceaux, et on l'allume en y jetant un petit fragment incandescent. Les produits gazeux traversent le serpentin, où ils se refroidissent, et passent de là dans une série de tubes à potasse, qui arrêtent l'acide carbonique ; du poids de l'acide carbonique obtenu, on déduit le poids total P de carbone consommé : la variation de température du calorimètre permet de déterminer la quantité de chaleur dégagée ; il est alors facile de calculer le nombre de calories correspondant à la combustion de 1 kilogramme de carbone.

En réalité, l'opération est moins simple, parce que la combustion du carbone n'est jamais complète : il se produit en même temps que de l'acide carbonique une certaine quantité d'oxyde de carbone qu'il faut mesurer et dont il faut tenir compte pour l'évaluation de la chaleur provenant de la combustion complète.

Voici les principaux résultats trouvés par MM. Favre et Silbermann pour les chaleurs de combustion de quelque corps [1] :

Hydrogène.	34462 c.	Gaz des marais.	13063
Oxyde de carbone.	2403	Gaz oléfiant.	11857
Charbon de bois	8080	Alcool de vin.	7184
Charbon de sucre.	8039,8	Acide formique.	2000
Diamant.	7770,1	Acide acétique.	3505
Soufre natif.	2261,8	Acide butyrique.	5647
Soufre cristallisé.	2258,6		

582. Lois relatives à la chaleur dégagée dans les combustions. — Les expériences de MM. Favre et Silbermann ont conduit aux deux lois suivantes, qui ont une importance capitale pour la solution du problème de la chaleur animale :

1° Lorsque du charbon forme d'abord, en brûlant, de l'oxyde de carbone, et que cet oxyde se transforme ensuite en acide carbonique, la chaleur dégagée dans ces deux actions successives est la même que celle qui se produirait, si le charbon passait directement à l'état d'acide carbonique. En général, il doit en être de même si un composé organique passe par une série successive d'oxydations avant de se transformer en eau et en acide carbonique. Ainsi 1 gramme de charbon, en devenant oxyde de carbone, dégage 2473 calories ; ce même gramme, en devenant acide carbonique, dégage 8080 calories. La différence entre 8080 et 2473 ou 5607, représente la chaleur produite par ce gramme de charbon pour passer de l'état d'oxyde de carbone à l'état d'acide carbonique. Mais 1 gramme d'oxyde de carbone renferme $\frac{3}{7}$ de charbon ; donc la chaleur de combustion de l'oxyde de carbone sera $\frac{3}{7} \times 5607 = 2403$ calories. Ce nombre est le même que celui qui a été trouvé directement.

1. Ces nombres représentent des *petites* ou des grandes calorie suivant qu'ils correspondent à 1 *gramme* ou 1 kilogramme du combustible.

2° La chaleur de combustion d'un corps composé est plus faible, en général, que celle qui résulterait de la combustion de ses éléments pris à l'état libre. Cette loi est le résultat des expériences faites sur les corps composés. Ainsi, par exemple, 1 gramme d'hydrogène protocarboné, en brûlant, dégage 13063 calories. En faisant la somme des quantités de chaleur dégagées dans la combustion des éléments simples qui constituent ce gaz, on trouve 14675, ce qui donne une différence de 1612 calories. Pour le sulfure de carbone, la différence est de 255 calories. Cependant le gaz oléfiant donne à peu près le même nombre.

583. Dégagement de chaleur produit dans les décompositions chimiques. — Dulong avait reconnu, le premier, que l'hydrogène et l'oxyde de carbone dégagent plus de chaleur en brûlant dans le protoxyde d'azote que dans l'oxygène. MM. Favre et Silbermann ont fait la même observation pour le charbon. Tandis que 1 kilogramme de carbone, brûlant dans l'oxygène, développe 8080 calories, dans le protoxyde d'azote il fournit 11158 calories; la différence 3078 entre ces deux nombres représente la chaleur dégagée dans la décomposition du protoxyde d'azote qui a servi à la combustion du charbon. Ce fait a été constaté directement, en mesurant la chaleur qu'abandonne le protoxyde d'azote, quand ses éléments se séparent. De même, l'eau oxygénée dégage de la chaleur en se décomposant, ainsi que cela avait été observé par Thénard.

584. Recherches thermo-chimiques de M. Berthelot. — Les phénomènes calorifiques étant une manifestation de l'énergie, les dégagements ou absorptions de chaleur qui se manifestent dans les actions chimiques ne sont pas seulement des effets concomittants, apparaissant accessoirement pour ainsi dire; ils doivent être, au contraire, dans la liaison la plus intime avec ces actions chimiques, l'activité d'une action chimique devant être plus ou moins vive suivant que les quantités de chaleur absorbées ou dégagées sont plus ou moins considérables. On doit pouvoir calculer à l'avance la quantité de chaleur correspondant à une action chimique qui se manifeste; bien plus même, d'après les quantités de chaleur correspondant à diverses réactions possibles entre divers corps en présence, on doit pouvoir prévoir laquelle de ces réactions aura lieu, quels composés prendront naissance définitivement.

C'est à l'étude de ces questions et à d'autres du même genre que se rapportent les travaux de M. Berthelot, qui constituent dès à présent, et bien qu'ils ne soient pas absolument complets, un chapitre intermédiaire à la physique et à la chimie; cette partie de la science a reçu le nom de *thermo-chimie*. Les résultats nous paraissent se rattacher plus spécialement à la chimie, et il nous semble qu'il suffit d'indiquer ici la méthode générale seulement.

Les déterminations des quantités de chaleur absorbées ou dégagées sont faites par la méthode des mélanges, dans un calorimètre à eau; les précautions les plus minutieuses sont prises pour faire disparaître toutes les causes d'erreur et effectuer toutes les corrections qu'il est impossible d'éviter complètement.

Un point essentiel des recherches que nous résumons sommairement, c'est que les quantités de chaleur ainsi mesurées ne représentent pas toujours les quantités de chaleur qui correspondent à l'action chimique qui s'est produite : cette condition n'est réalisée que si, par l'action chimique, les corps en présence n'ont pas changé d'état, comme il arrive dans le cas de deux liquides ou de deux gaz donnant naissance par leur réaction respectivement à un liquide ou à un gaz; si cette condition n'est pas satisfaite, il faut tenir compte du changement d'état produit et de la chaleur de fusion ou de vaporisation correspondante.

585. — Sans insister sur les conséquences, nous donnons ci-après les trois principes fondamentaux sur lesquels repose la thermo-chimie.

PREMIER PRINCIPE, OU PRINCIPE DES TRAVAUX MOLÉCULAIRES. — *La quantité de chaleur dégagée dans une réaction quelconque mesure la somme des travaux chimiques et physiques accomplis dans cette réaction.*

Ce principe est en réalité, comme nous l'avons déjà indiqué, la base même de la thermo-chimie : c'est une conséquence de la généralisation du principe mécanique de la conservation de l'énergie.

DEUXIÈME PRINCIPE, OU PRINCIPE DE L'ÉQUIVALENCE CALORIFIQUE DES TRANSFORMATIONS CHIMIQUES. — *Si un système de corps simples ou composés, pris dans des conditions déterminées, éprouve des changements physiques ou chimiques capables de l'amener à un nouvel état, sans donner lieu à aucun effet mécanique extérieur au système, la quantité de chaleur dégagée ou absorbée par l'effet de ces changements dépend uniquement de l'état initial et de l'état final du système. Elle est la même quelles que soient la nature et la suite des états intermédiaires.*

Les conséquences de ce principe sont nombreuses; nous citerons seulement la suivante : *La chaleur absorbée dans la décomposition d'un corps est précisément égale à la chaleur dégagée lors de la formation du même composé.* Cette relation avait été signalée par Laplace et Lavoisier dès 1780.

TROISIÈME PRINCIPE, OU PRINCIPE DU TRAVAIL MAXIMUM. — *Tout changement chimique, accompli sans l'intervention d'une énergie étrangère, tend vers la production du corps ou du système de corps qui dégage le plus de chaleur.*

Les conséquences de ce principe, qui permet de prévoir la nature des réactions qui doivent avoir lieu entre plusieurs corps, sont évidemment du domaine de la chimie; nous n'avons pas à insister.

586. Dissociation. — Certains corps se décomposent sous l'influence de la chaleur et non pas tous; la décomposition se produit à une température déterminée, et en vase clos, cependant, cette décomposition ne se produit pas, même à une température plus élevée. Ces faits et d'autres encore que nous ne voulons pas signaler en détail ont été expliqués par la *dissociation* qui a été découverte et étudiée par Sainte-Claire-Deville.

Ce phénomène rentre dans l'ordre des phénomènes chimiques, et nous ne nous y arrêterions pas si nous ne tenions à signaler une analogie qu'il présente avec un phénomène physique, la tension des vapeurs. Nous citerons un exemple seulement.

Si l'on chauffe un carbonate dans un vase clos communiquant avec un manomètre, on verra que, à une température donnée, la décomposition commencera avec un dégagement d'acide carbonique qui sera mis en évidence par l'augmentation de pression. Mais le dégagement cessera lorsque, la température restant invariable, le pression aura atteint une valeur déterminée; si l'on enlève une partie de l'acide carbonique, ce qui diminuera la pression, le dégagement de gaz se produira de nouveau jusqu'à ramener la pression à la valeur précédente. Si, au contraire, on introduit de l'acide carbonique dans le tube, ce qui augmentera la pression, une partie du gaz se recombinera jusqu'à ce que la pression reprenne la valeur précédente. Cette pression est donc la seule qui corresponde à l'équilibre pour la température déterminée, c'est ce que l'on appelle *tension de dissociation*; la tension de dissociation croît avec la température.

Si l'on avait chauffé le même carbonate à la même température à l'air libre, la décomposition aurait été complète après un certain temps. C'est que, en effet, l'acide carbonique se diffusant dans l'atmosphère au fur et à mesure de son dégagement, la tension de dissociation n'est jamais atteinte et la décomposition n'est alors jamais arrêtée.

Sans vouloir insister sur les conséquences de ces propriétés au point de vue de la chimie, nous tenons à indiquer la grande analogie qu'elles présentent avec celles qui ont rapport à la formation des vapeurs et à la tension maxima.

CHAPITRE IX

CHALEUR ANIMALE

587. Chaleur animale. — Les êtres vivants n'étant presque jamais en équilibre de température avec les corps environnants, semblent se soustraire aux lois qui président aux échanges de chaleur entre corps voisins. Le corps humain a, en effet, une température supérieure à celle du milieu ambiant, du moins entre certaines limites de température. Ce fait est général et s'applique à tous les animaux. Il doit donc exister chez eux une chaleur propre ou plutôt quelque moyen de produire de la chaleur; car la matière qui les compose, considérée comme matière, doit, par voie de rayonnement et de contact, se mettre en équilibre de température avec les corps qui l'environnent.

Le problème de la chaleur animale se réduit à la solution des questions suivantes : 1° quelle est la température des animaux? 2° quelles sont les quantités de chaleur produites par eux dans un temps donné? 3° par quel procédé ces quantités de chaleur sont-elles engendrées?

588. Mesure de la température des animaux. — La détermination de la température des animaux exige l'emploi d'instruments d'une grande sensibilité. On peut se servir de thermomètres gradués sur tige, d'un petit volume. Comme la température des êtres supérieurs oscille entre 35° et 45°, on a ordinairement recours, dans les observations physiologiques et pathologiques, à des thermomètres à échelle arbitraire, qui ne donnent qu'un petit nombre de degrés, et dont le réservoir, d'un très petit calibre, se met rapidement en équilibre de température, sans refroidir sensiblement les parties environnantes. Dans quelques cas, on se sert du thermomètre à maxima. Veut-on, par exemple, mesurer la température d'une cavité naturelle, on enfonce le thermomètre assez profondément, pour qu'on n'ait pas à craindre le refroidissement par rayonnement, par contact de l'air et par l'évaporation du liquide qui mouille le réservoir. Mais, pour arriver avec plus de certitude à constater des différences légères de température, il est mieux de placer l'instrument dans un tube métallique fenêtré, comme l'a indiqué M. Colin (d'Alfort). On peut, par ce moyen, évaluer aisément la température de la trachée, des bronches, du tissu pulmonaire, du cœur, etc.

S'agit-il d'explorer une région superficielle, on applique toute la partie qui contient le mercure sur cette région, et on la recouvre d'une couche d'ouate. Enfin, pour mesurer la température des couches profondes, et afin d'éviter toute lésion qui pourrait modifier l'état physiologique de ces parties, on se sert avec avantage d'appareils thermo-électriques convenablement disposés et que nous décrirons plus tard avec quelques détails.

589. Température de l'homme. — L'étude de la température chez les hommes et chez les animaux est une étude essentiellement physiologique et dans le détail de laquelle nous n'avons pas à entrer ; il nous suffit de noter les résultats généraux et d'indiquer les méthodes qui ont été employées pour étudier les phénomènes qui se rattachent à la question de la *calorification*, c'est-à-dire à la production de chaleur chez les êtres vivants.

Des observations très nombreuses qui ont été faites dans des circonstances variées ont montré que dans nos climats, comme l'a indiqué M. Gavarret, la température de l'homme adulte à l'état physiologique est comprise entre 36° 5 et 37° 5. Il y a des différences individuelles, de même qu'il y a des différences entre les diverses parties de l'organisme, mais il nous suffit de considérer la valeur moyenne.

Un fait très important à noter, c'est que cette température est à peu près indépendante des circonstances extérieures ; elle varie peu lorsque l'on considère l'homme vivant sous divers climats : J. Davy a trouvé que la température des matelots ne s'élève que de 1° lorsque des régions polaires ils passent dans les pays tropicaux.

Il y a plus, et il est important de signaler que les animaux peuvent supporter pendant quelque temps des températures supérieures à celle de leur corps, sans en éprouver aucune gêne. Un grand nombre d'observateurs ont pu s'introduire dans des étuves sèches, chauffées au delà de 40°, et y séjourner pendant 10 ou 15 minutes. Dobson a pu supporter 99° ; Blagdin, 127 ; Tillet et Duhamel, 128° et même 132°. Ils ont observé une accélération considérable du pouls, une augmentation de chaleur de 4° à 5°, et une transpiration cutanée très abondante.

590. Température des animaux. — L'étude comparative de la température des divers animaux a mis hors de doute ce fait, que tous les animaux possèdent une température qui leur est propre. Seulement, tandis que les uns ont une température indépendante du milieu où ils sont placés, les autres suivent les variations de la température de ce milieu : de là, la distinction établie entre les animaux à température *constante* et les animaux à température *variable*.

Les animaux à température sensiblement invariable sont les

mammifères et les oiseaux. D'après Davy, les premiers ont une température comprise entre 37° et 40°. D'après les observations des physiciens modernes, la température des mammifères oscille entre 35°,5 et 40°,5. Il y a quelques mammifères qui ne peuvent maintenir leur température qu'à 12° ou 15° au-dessus de celle de l'air. Ces derniers se refroidissent considérablement en hiver, et tombent alors dans un engourdissement et une sorte de sommeil léthargique : ce sont les animaux dits *hibernants*.

Les oiseaux sont, parmi les animaux, ceux qui présentent la température la plus élevée. Elle est comprise entre 39°,5 et 43°,9. Les reptiles et les poissons ont aussi une température propre appréciable à nos moyens d'investigation, mais relativement faible et variable avec le milieu ambiant. Pour les premiers, cette température dépasse, en moyenne, de 4° ou 5° celle du milieu. Les limites extrêmes sont 0°,04 et 8°,12 (*lacerta viridis*). Pour les poissons, cette différence oscille entre 0°,2 et 3°,88 (brochet).

On a fait aussi quelques observations sur les mollusques et les crustacés. En général, ces animaux ont à peu près la même température que celle du milieu où ils vivent, avec quelques écarts en plus.

Quant aux insectes, ils dégagent assez de chaleur pour se maintenir à une température bien supérieure à celle de l'air. C'est ce qui a été constaté par les observations de Melloni et Dutrochet. Les essaims d'abeilles peuvent faire monter le thermomètre à 40°.

En résumé, nous voyons que tous les animaux, à quelque degré de l'échelle qu'ils appartiennent, ont une température propre différente de celle du milieu où ils sont placés.

Chez les mammifères et les oiseaux, les quantités de chaleur développées suffisent pour compenser les pertes incessantes qui s'opèrent à leur surface, et pour maintenir leur température constante, malgré les variations extérieures. Au contraire, les reptiles, les poissons et tous les invertébrés produisent peu de chaleur, et leur température diffère peu aussi de celle du milieu qui les contient. Elle reste donc soumise aux variations de la température extérieure. En raison de cette circonstance, ces animaux ont été désignés à tort sous le nom d'animaux à *sang froid*, dénomination qui est remplacée par celle plus exacte d'animaux à *température variable*. Pour les vertébrés supérieurs, la température étant de beaucoup supérieure à celle de l'atmosphère, on les a appelés animaux à *sang chaud*, et mieux animaux à *température constante*.

591. Origine de la production de chaleur chez les animaux. — Bien que la question doive se présenter d'une manière analogue pour tous les animaux, nous nous occuperons principalement de l'homme et des mammifères, sur lesquels ont porté les principales recherches.

Pour arriver à expliquer la constance de la température, il faut trouver l'origine de la chaleur produite qui maintient la valeur de cette température malgré les causes de refroidissement; il faut également indiquer la raison pour laquelle cette température ne s'élève pas malgré l'élévation de température du milieu ambiant.

L'origine de la production de chaleur réside dans les combustions qui ont lieu dans l'organisme sous l'influence de l'oxygène absorbé par la respiration. Pour prouver qu'il en est bien ainsi, il faut comparer la quantité de chaleur effectivement produite par un animal avec celle qui serait due aux combustions intimes. Les recherches de ce genre comprennent donc une mesure calorimétrique, d'une part; d'autre part, une évaluation de la quantité des gaz inspirés et expirés et une analyse des uns et des autres permettant de fixer la nature des combinaisons qui se sont produites et, par suite, la quantité de chaleur qui correspond à ces combinaisons.

C'est Lavoisier qui, le premier, en 1783, posa et essaya de résoudre ce problème, au moyen de son calorimètre. Il plaçait un cochon d'Inde au centre d'une caisse entourée de glace fondante, et mesurait la quantité de chaleur fournie par l'animal, dans un temps donné, d'après le poids de glace fondue. En même temps, un autre cochon d'Inde était introduit sous une cloche, dont l'air était sans cesse renouvelé. Les gaz expirés traversaient, à leur sortie, des tubes à potasse qui arrêtaient l'acide carbonique exhalé. Il put ainsi calculer la chaleur développée par la combustion du carbone et de l'hydrogène dans l'acte de la respiration. De cette expérience et d'autres faites un peu plus tard, Lavoisier conclut que la chaleur animale était presque entièrement fournie par la combustion du carbone et de l'hydrogène qui a lieu dans l'organisme.

Il est à peine nécessaire d'insister sur ce fait que l'animal ainsi placé dans la glace fondante était loin des conditions physiologiques dans lesquelles il convient de l'étudier.

592. Expériences de Dulong et Despretz. — En 1822, Despretz et Dulong entreprirent de nouvelles recherches sur le même sujet. L'animal était enfermé dans une caisse entourée d'eau froide. L'air normal qui devait servir à la respiration était fourni par un gazomètre. Les produits expirés, après s'être refroidis, se rendaient dans un autre gazomètre pour y être soumis à une analyse. De cette manière, ces deux physiciens pouvaient déterminer : 1° la quantité de chaleur fournie par l'animal en expérience; 2° la quantité de chaleur produite par la respiration. Dulong trouva

qu'une portion de l'oxygène de l'air avait disparu, et était remplacé
par de l'acide carbonique. Mais la totalité de l'oxygène n'avait pas
servi à brûler le carbone. Une portion plus ou moins grande s'était
combinée à l'hydrogène pour faire de l'eau. Il constata, en outre,
qu'il y avait exhalation d'azote. Connaissant la chaleur de combustion du carbone et de l'hydrogène, il était facile de calculer la chaleur que la respiration peut produire. En faisant le calcul, on trouve
que la chaleur produite représente 9/10 de la chaleur perdue par
l'animal.

593. Expériences de MM. Regnault et Reiset. — Ces deux
physiciens ont fait une étude chimique de la respiration par une
méthode analogue à celle de Lavoisier. Ils faisaient séjourner
l'animal pendant un temps très long dans une cloche A (*fig.* 262),

Fig. 262.

enveloppée d'un manchon rempli d'eau, maintenu à la même
température. Pendant toute la
durée de l'expérience, la composition de l'air était maintenue
constante au moyen d'un appareil qui fournissait l'oxygène
nécessaire par l'intermédiaire
d'un tube *a*, tandis que l'acide
carbonique produit se rendait
par un tube *b* dans un condenseur rempli de potasse. On pouvait donc doser facilement l'oxygène consommé et l'acide
carbonique exhalé. Quant à l'a-
zote, en analysant un volume limité d'air pendant le séjour de
l'animal, on pouvait s'assurer s'il y avait eu absorption ou dégagement de ce gaz.

594. Expériences de M. d'Arsonval. — Nous devons indiquer sans insister une très ingénieuse méthode imaginée et appliquée par M. d'Arsonval et qui évite des inconvénients inhérents aux
méthodes précédentes ; au lieu de placer l'animal dans une enceinte
limitée par un calorimètre dont la température varie, M. d'Arsonval
maintient dans l'enceinte une température fixée à l'avance, en renouvelant le liquide au fur et à mesure que la température commence à changer ; la quantité de chaleur fournie au calorimètre est
évaluée par le poids du liquide qui a traversé l'appareil. Si *t* est la
température maintenue invariable du calorimètre, si l'eau que l'on
introduit dans l'appareil pour empêcher qu'il ne s'échauffe est à
0° et si dans un certain temps il a fallu amener un poids *p* de cette

eau, c'est que la quantité de chaleur produite est égale à pt calories.

On conçoit que cette condition d'invariabilité de la température permet de prolonger aussi longtemps qu'on le veut une expérience sur un animal, pourvu que l'on maintienne également constante la composition de l'atmosphère dans laquelle il vit, en absorbant l'acide carbonique au fur et à mesure de sa formation et en introduisant une suffisante quantité d'oxygène.

Il convient d'ajouter que le réglage de la température se fait automatiquement; le changement de volume correspondant au changement de température est utilisé pour faire mouvoir une pièce dont le déplacement ferme ou ouvre plus ou moins complètement le tube d'arrivée de l'eau froide; il s'écoule un poids d'eau échauffée égale au poids de l'eau froide introduite, et si l'expérience doit se prolonger, on enregistre graphiquement le poids de l'eau ainsi écoulée.

Ajoutons que le calorimètre est placé dans une enceinte dont la température est également maintenue constante, ce qui permet d'éliminer facilement les corrections relatives aux pertes et aux gains par rayonnement ou par conductibilité.

595. — La quantité de chaleur produite étant directement mesurée, il faut la comparer à celle que peuvent produire les actions chimiques qui se sont produites dans l'organisme. Dans les expériences que nous avons signalées, cette dernière quantité a été évaluée par la *méthode directe*, qui consiste à déterminer rigoureusement les quantités d'oxygène absorbé et d'acide carbonique exhalé. On peut calculer la quantité d'oxygène qui a été employé à former l'acide carbonique et l'on a admis que l'excès d'oxygène consommé a été utilisé à brûler de l'hydrogène; on peut calculer la quantité de chaleur correspondante à chacune de ces combustions. Mais les résultats ne sont pas exacts, car l'eau exhalée peut évidemment provenir, soit de l'eau qui se trouve dans les aliments ingérés, soit de la combustion de l'hydrogène des matériaux du sang, soit enfin de la combinaison de l'oxygène et de l'hydrogène provenant de ces mêmes matériaux. Aussi on a substitué à la méthode de l'analyse des gaz expirés un autre procédé qui présente une plus grande rigueur, et qu'on appelle *méthode indirecte*.

596. **Méthode indirecte**. — Elle a été mise en pratique, d'abord par M. Boussingault, sur quelques animaux, et ensuite par M. Barral, sur l'homme. Elle consiste à soumettre un animal (vache, cheval, tourterelle) à une alimentation réglée, de manière que son poids ne varie point. D'une part, on pèse exactement les aliments solides et liquides qui lui sont fournis, et on les analyse avec soin. D'autre part, on pèse également les déjections solides et liquides,

et on les soumet aussi à l'analyse. La différence de poids donne la quantité de chacun des éléments qui a disparu par la respiration pulmonaire et cutanée. Les résultats obtenus peuvent être vérifiés, dans quelques cas du moins, par la méthode directe.

M. Boussingault a reconnu ainsi qu'une portion de matière organique était brûlée et éliminée par le poumon et la peau, savoir : le carbone, sous forme d'acide carbonique; l'hydrogène, à l'état d'eau; et l'azote, à l'état libre. Mais, pour produire ces combustions, l'oxygène est emprunté en partie à l'atmosphère, et en partie à la matière organique.

D'après les chiffres fournis par M. Barral, en prenant la moyenne de deux expériences faites sur un adulte du poids de 47 kilogrammes à la température de 10°, M. Gavarret a calculé que, en 24 heures :

1° La combustion a porté sur :

289^{gr},005 de carbone ayant produit	2355 calories	
18 ,559 d'hydrogène	—	630 —
Soit au total	2985 calories	

2° La perte en eau, par la surface pulmonaire et cutanée, sous forme de vapeur à 37°, a été de 1229^{gr} 649 qui ont absorbé 690 calories environ.

La différence entre ces deux nombres, $2985 - 690 = 2295$, soit à peu près 2 calories par heure et pour 1 kilogramme, représente la quantité dont un homme peut disposer pour compenser les pertes par rayonnement et par le contact de l'air. Cette quantité est trop faible pour résister aux variations de la température extérieure, et maintenir la température du corps invariable, ce qui explique la nécessité des vêtements.

597. Origine de la chaleur animale. — Lavoisier et, plus tard, Dulong et Despretz ont cherché à prouver que la chaleur animale a pour origine la chaleur dégagée par la combustion du carbone et de l'hydrogène contenus dans les matériaux du sang, à l'aide de l'oxygène fourni par la respiration.

Mais les recherches de M. Regnault démontrent que les quantités d'acide carbonique trouvées par ces expérimentateurs sont de beaucoup trop faibles, et que le plus ordinairement l'oxygène contenu dans l'acide carbonique recueilli dépasse celui qui est absorbé par l'animal. Ces faits mettent en évidence l'inexactitude de cette théorie.

Nul doute que la chaleur animale soit produite par les réactions chimiques qui se passent dans l'organisme. Mais ces réactions sont trop complexes, pour qu'il soit possible de calculer les quantités de chaleur dégagées au moyen des quantités d'acide carbonique et d'eau produites par la respiration, en supposant que les choses se passent comme si l'oxygène brûlait du carbone et de l'hydrogène *libres,* ce qui n'est pas exact. D'ailleurs, les substances organiques ne sont pas toutes complètement détruites, c'est-à-dire réduites en eau et en acide carbonique. Une partie se transforme en d'autres substances, qui jouent un rôle important dans l'économie animale ou qui s'échappent dans les excrétions (urée, acide urique, etc.). Or, dans tous ces changements, transformation et décomposition, il y a dégagement ou absorption de chaleur. La complexité du phénomène montre donc la difficulté de soumettre au calcul la détermination exacte de la chaleur animale.

598. Utilisation de la chaleur produite chez les animaux. — Les combustions qui se produisent dans l'organisme dégagent constamment de la chaleur; que devient cette chaleur, puisque la température ne se modifie pas sensiblement?

Cette chaleur est utilisée d'une part à réparer les pertes qui se produisent, et d'autre part à donner naissance, par voie de transformation, au travail mécanique que les êtres vivants sont susceptibles de produire.

Dans l'état normal, les êtres organisés vivant dans l'atmosphère sont soumis à des causes multiples de refroidissement, dont les principales sont : 1° l'évaporation des liquides à la surface de la peau et du poumon; 2° le rayonnement extérieur, en vertu duquel un animal perd une certaine quantité de chaleur, puisque sa température est supérieure à celle du milieu ambiant; 3° le contact de l'air donne lieu aussi à des pertes continues par conductibilité, pertes qui varient avec le degré d'agitation de l'air, sa température, son état hygrométrique; 4° la température, généralement plus élevée que celle de l'atmosphère, à laquelle sortent de l'organisme les matières excrétées.

Si l'on trouve dans les combustions qui peuvent être plus ou moins vives un premier moyen de régulariser la température lorsque la température ambiante tend à s'accroître, l'évaporation des liquides à la surface de la peau et des poumons qui absorbe une grande quantité de chaleur (562) fournit un puissant moyen de refroidissement qui produit son effet, lorsque les circonstances extérieures tendent à amener un réchauffement. C'est cette évaporation exagérée qui explique le maintien de la température normale dans les climats chauds et qui fait comprendre qu'il soit possible de résister pendant un certain temps à des températures très élevées (389) avec une variation relativement faible.

Dans les études saturées d'humidité, les animaux succombent

très rapidement, quoique la chaleur ne dépasse que de quelques degrés celle du corps, ainsi que cela résulte des expériences de Berger et de Delaroche. Ces deux expérimentateurs pouvaient supporter 109° dans une étuve sèche, tandis qu'ils ne pouvaient rester que quelques minutes dans un bain de vapeur, compris entre 37° et 40°, la résistance à l'échauffement, par évaporation, étant impossible dans ces conditions.

599. Origine de la force chez les êtres vivants. — Les êtres vivants produisent des actions qui exigent une dépense d'énergie; on ne saurait admettre maintenant qu'ils créent cette énergie, qui se manifeste sous forme de travail mécanique; elle ne peut qu'être la transformation d'une action équivalente ayant son siège dans l'organisme même. Ainsi que nous l'avons dit (533) l'énergie correspondant aux actions chimiques de combustion dans l'intimité des tissus, qui fournit déjà à la dépense de chaleur, peut être, pour une autre part, l'origine de ce travail mécanique.

Si, comme la chaleur, la force d'un être vivant a sa source dans les combinaisons chimiques dont son organisme est le siège, et qui sont, pour la plupart, des combustions par l'oxygène que fournit la respiration, on doit être conduit aux conclusions suivantes : 1° Si la quantité d'oxygène inspiré ne change pas, la température de l'être vivant considéré doit être plus basse, toutes choses égales d'ailleurs, lorsqu'il effectue un travail mécanique que lorsqu'il est au repos; 2° pour que la température reste constante, il faut que la quantité d'oxygène absorbé soit plus considérable lors de la production d'un travail mécanique que pendant le repos.

Les expériences sont faciles à imaginer, mais difficiles à réaliser. Elles ont été faites cependant dans des circonstances variées, et principalement par MM. Hirn et Béclard. Dans tous les cas, les résultats ont été conformes aux conséquences énoncées plus haut. On a même tenté de déduire de quelques-unes de ces expériences une valeur de l'équivalent mécanique de la chaleur; mais les conditions sont trop complexes, et les causes d'erreur trop nombreuses, pour qu'on ait pu arriver à une évaluation bien exacte. Cependant, aux valeurs numériques près, les expériences ont donné des résultats entièrement conformes à la théorie.

600. Mesure des températures en clinique. — La mesure de la température en clinique ne présente pas de difficultés spéciales, mais exige quelques soins : le meilleur thermomètre à employer est certainement un thermomètre à maximum, constitué par un thermomètre à tige fine dont la colonne mercurielle a été brisée de manière qu'une partie du liquide soit séparée du reste par un petit espace; cet index est poussé tant que la dilatation se

produit, il reste immobile lorsque la contraction se manifeste.
Lorsque l'on a fait une lecture, une secousse brusque suffit pour
faire redescendre l'index.

On a proposé pour mesurer la température du malade de placer
le thermomètre dans le rectum, dans la bouche ou dans le creux de
l'aisselle : on ne peut songer à adopter d'une manière générale la
première disposition.

Il n'est pas sans difficulté d'obtenir de bonnes indications thermométriques en plaçant le thermomètre dans la bouche : il arrive
en effet que, à moins de précautions spéciales difficiles à obtenir,
le réservoir du thermomètre se trouve dans le courant d'air expiré ;
il se recouvre alors d'une couche de liquide qui s'évapore en abaissant la température.

En résumé, la seule disposition pratique consiste à placer le
réservoir sous l'aisselle en faisant serrer le bras contre le corps ;
l'équilibre de température est quelquefois long à obtenir, dix
minutes par exemple. Il ne faut considérer l'indication du thermomètre comme définitive que lorsque deux observations, faites à
quelque intervalle, deux minutes, ont donné la même valeur.

Dans les maladies, les variations de la température doivent être
observées comme les variations du pouls. Le thermomètre indique
des variations de 3, 4, 5, 6 degrés. En général, il importe de remarquer que les sensations subjectives de chaleur ou de froid n'indiquent pas toujours l'élévation ou l'abaissement de température.
Ainsi, dans la fièvre intermittente, pendant la période du frisson,
la chaleur du corps augmente de 3° à 4° ainsi que l'a constaté
M. Gavarret.

La thermométrie est devenue d'un usage général en clinique,
et nous n'avons pas plus à insister sur les avantages qu'elle procure que sur les indications qu'elle fournit.

Nous ajouterons seulement que, dans nombre de circonstances,
il serait intéressant de comparer les températures de deux parties
différentes, de deux points de la poitrine, par exemple, lorsque
l'un des poumons est malade. Il y a là une mesure différentielle à
prendre pour laquelle il n'a pas encore été trouvé de solution
pratique.

CHAPITRE X

CHAUFFAGE ET VENTILATION

601. Chauffage et Ventilation. — La question du chauffage
et de la ventilation des lieux habités a particulièrement fixé l'at-

tention des physiciens et des hygiénistes. Le chauffage, s'il ne s'effectue pas au moyen d'appareils bien appropriés, peut devenir une cause d'insalubrité pour les habitations. On sait que la combustion ne s'entretient dans nos foyers que par une consommation incessante d'oxygène, en échange duquel elle dégage des gaz impropres à la respiration. Les produits gazeux que les divers combustibles, bois, houille, charbon, peuvent verser dans une enceinte sont de l'acide carbonique, de l'oxyde de carbone, de l'hydrogène, quelques traces d'hydrogène proto-carboné et de vapeurs hydro-carburées. On comprend donc combien il est important, au point de vue de l'hygiène, que ces divers produits soient évacués au dehors, sinon l'air confiné pourrait donner lieu à des accidents d'asphyxie, et même acquérir des propriétés délétères, qui en rendraient le séjour dangereux. Mais, indépendamment du chauffage, d'autres causes peuvent amener la viciation de l'air des habitations. Si, en effet, une enceinte quelconque est occupée, d'une manière permanente ou temporaire, par un grand nombre d'individus, la respiration, comme la combustion, détermine la disparition d'une portion de l'oxygène de l'air qui se trouve remplacé par de l'acide carbonique, dont les proportions finiraient par atteindre la limite à laquelle il devient nuisible. Enfin, la nécessité d'éviter l'accumulation de la vapeur d'eau produite par la respiration et la combustion, l'utilité incontestable de se débarrasser des particules organiques provenant de l'air expiré ou de la transpiration cutanée, montrent aussi l'importance qu'il y a de renouveler l'air d'un espace confiné. La *ventilation*, c'est-à-dire l'expulsion de l'air intérieur déjà vicié, et son remplacement par de l'air pur venant du dehors, satisfait précisément à cette condition.

Outre que la quantité d'air à renouveler dépend du mode de chauffage, comme la ventilation peut, dans certains cas, s'effectuer par les appareils de chauffage même, on voit que ces deux questions sont solidaires et connexes. D'autre part, la respiration et la combustion ne produisent pas seulement des changements chimiques dans la composition de l'air; elles donnent lieu à une élévation de température qu'il faut éviter autant que possible en été par l'introduction d'un air frais tiré des caves, par exemple; en hiver, au contraire, si la ventilation est trop considérable, elle amène de l'air froid, ce qui explique la nécessité de maintenir une température convenable par une augmentation correspondante dans le chauffage.

602. Du chauffage. — La question du chauffage étant liée intimement à celle de la ventilation, nous allons d'abord étudier les différents systèmes en usage, surtout au point de vue de leur relation avec la ventilation.

Il existe différents procédés, que l'on emploie suivant les conditions imposées. Les principales dispositions adoptées peuvent être classées de la manière suivante :

Chauffage direct ou par les cheminées et les poêles;

Chauffage à air chaud par les calorifères;

Chauffage à la vapeur;

Chauffage par circulation d'eau chaude.

603. Chauffage direct. — Dans ce système, le foyer est placé dans l'enceinte à échauffer, et la chaleur est utilisée par le rayonnement, soit du foyer, soit de plaques métalliques ou autres polies et chauffées directement par le foyer. Les gaz de la combustion s'échappent par un tuyau spécial, auquel on donne toujours une certaine hauteur, ce qui détermine un *tirage*. En effet, les gaz du tuyau dilatés par la chaleur tendent à s'élever en vertu de leur légèreté spécifique. Ce mouvement ne peut s'effectuer que si ces gaz sont remplacés par d'autres qui affluent des parties inférieures. Ceux-ci s'échauffent à leur tour, sont remplacés par d'autres, et le tirage se trouve établi.

Quel que soit le combustible employé, bois, charbon, ou même gaz d'éclairage, on doit classer, parmi les appareils de chauffage direct, les cheminées et les poêles.

Une *cheminée* consiste en une cavité pratiquée dans le mur, et dans laquelle on place le combustible. Le tuyau d'évacuation prend son origine à la partie postérieure de cette cavité. Une faible partie de la chaleur est utilisée pour l'échauffement de l'appartement, 15 pour 100 environ. On augmente la proportion rayonnée par le foyer en plaçant autour et en avant des surfaces planes inclinées et polies. La plus grande partie de la chaleur se perd par les parois de la cheminée et par les gaz de la combustion qui s'échappent à une température bien supérieure à celle qui serait nécessaire pour entretenir un tirage régulier. A ces diverses causes de perte, il faut ajouter une combustion incomplète du combustible.

On peut réduire ces pertes au moyen de la disposition suivante. L'air pris à l'extérieur, et qui doit être introduit pour remplacer celui qui est absorbé par la combustion ou entraîné par le courant ascendant, passe par un tuyau qui entoure celui de la cheminée, et qui débouche dans la pièce, versant ainsi non de l'air froid, mais de l'air déjà échauffé, ce qui diminue d'autant la dépense de combustible.

Les *poêles* sont formés d'un foyer intérieur recouvert de parois en faïence, ou trop souvent de plaques métalliques. Un tuyau, qui s'élève à une certaine hauteur à l'extérieur, sert pour l'évacuation des gaz de la combustion.

Les poêles échauffent par la chaleur rayonnante qu'ils émettent,
par celle qu'ils transmettent à travers les parois, et aussi par l'introduction d'une certaine quantité d'air qui s'échauffe par sa circulation autour du foyer, et qui se déverse ensuite dans la pièce ; la
température des gaz qui s'échappent est également forte, mais on
peut recueillir la plus grande partie de la chaleur développée, en
faisant traverser au tuyau d'évacuation la salle dans sa plus grande
longueur. A l'inverse des cheminées, les poêles utilisent une proportion
considérable de la chaleur fournie par le combustible. Mais les chauf-
fages de ce genre sont, en général, désagréables et insalubres, parce
que l'évacuation de l'air vicié est toujours incomplète. On peut leur
reprocher encore de dessécher trop l'air, et de lui communiquer une
odeur désagréable, qui résulte de la combustion des matières organiques en suspension dans l'air par leur contact avec les parois chaudes.

604. Tirage des cheminées. — La cause du tirage des cheminées réside dans la dilatation de l'air du tuyau, par suite de son
échauffement ou, ce qui revient au même, de sa moindre densité.
Pour expliquer ce tirage, il suffit de remarquer que la colonne d'air
contenue dans le tuyau étant plus légère qu'une colonne d'air extérieure de même longueur, doit éprouver de bas en haut un excès de
pression égale à la différence des deux colonnes d'air de même section, et ayant pour hauteur la hauteur du tuyau.

On comprend aisément, dès lors, que la vitesse d'écoulement
doive varier avec la différence de température de l'air extérieur et de
l'air intérieur. C'est ce que l'expérience a confirmé. Elle varie également avec la hauteur verticale du tuyau. Toutefois, l'accroissement de vitesse avec le tuyau a des limites, à cause des frottements
que subit l'air dans son mouvement ascensionnel.

Une cheminée *fume* lorsque, le tirage étant trop faible, une certaine partie des gaz de la combustion n'est pas appelée au dehors.
On peut souvent se rendre compte des causes de ce défaut. On étudie, au moyen de la flamme d'une bougie, la direction des courants
d'air qui existent dans la salle, et qui sont indiqués par l'inclinaison
de cette flamme. Si les courants se dirigent vers la cheminée, celle-ci
fume seulement parce que l'air n'afflue pas en quantité suffisante,
et qu'il ne s'en introduit pas un assez grand volume ; l'on remé-
diera à cet inconvénient, en établissant une bouche de prise d'air.
Si les courants qui existent s'éloignent de la cheminée, et se dirigent
vers une porte de communication, c'est qu'il y a, de l'autre côté de
cette porte, un appel plus énergique que celui produit par la cheminée. Cet appel peut provenir d'une chambre voisine, dans laquelle
une quantité suffisante d'air n'arrive pas naturellement ; il peut provenir d'autres causes, comme, par exemple, d'une cage d'escalier,

formant cheminée d'appel pour les parties environnantes. Dans les deux cas, il faut, au moyen de bourrelets ou de doubles portes, intercepter toute communication possible de l'air entre la pièce qui fume et les chambres voisines; puis, il faut, dans ces pièces, assurer une arrivée d'air suffisant à l'appel de leurs cheminées.

605. Chauffage par l'air chaud. —Dans ce système, comme dans les suivants, la chaleur n'est pas fournie par le combustible à l'endroit où elle doit agir, mais à une distance qui varie suivant les cas. L'agent de transmission est ce qui caractérise chacun de ces systèmes. Dans le cas où le calorique est transporté par l'air chaud, les appareils employés portent le nom de *calorifères*.

Un calorifère se compose essentiellement d'un fourneau placé dans les caves, et dans lequel on allume un feu intense: des tubes de natures diverses sont placés dans le foyer; ils débouchent d'une part dans l'air, et de l'autre se réunissent en un seul conduit qui, arrivé dans les appartements, se divise de nouveau, et forme une série de tuyaux, dont chacun va s'ouvrir dans une pièce. L'air contenu dans les tubes inférieurs s'échauffe et détermine un tirage, qui a pour effet d'appeler l'air dans ces mêmes tuyaux où il s'échauffe d'une part, et d'autre part d'injecter cet air chaud dans toutes les pièces où débouchent les tuyaux de conduite.

L'air chaud ayant, en vertu de sa faible densité, une tendance à s'élever, on ne peut construire un calorifère donnant de bons résultats qu'à la condition que le courant échauffé ne sera jamais contraint de descendre, ni même de marcher horizontalement.

Les calorifères présentent des avantages parmi lesquels on peut placer, en première ligne, une répartition régulière de la chaleur, et la possibilité de varier la température par la manœuvre de registres placés dans chaque pièce. Le système présente aussi quelques inconvénients. Les tuyaux d'amenée de l'air chaud doivent avoir une assez grande section, et être placés dans les murs ou les planchers, afin d'être préservés du contact de l'air extérieur, qui pourrait amener un refroidissement notable, de telle sorte que pour que l'installation puisse être bonne et économique, il faut que la construction du calorifère soit projetée et exécutée en même temps que le bâtiment lui-même.

L'air apporté dans les appartements étant à une température plus élevée que l'air extérieur, la tension maximum de la vapeur d'eau a une valeur plus considérable; en sorte que si l'on n'a pas eu le soin de placer une certaine quantité d'eau sur le passage de l'air échauffé, de manière à le saturer, l'air chaud paraîtra desséchant, et gênera la respiration.

606. Chauffage par circulation de vapeur. —Ce système

est basé en principe sur la quantité considérable de chaleur absorbée par un liquide, et particulièrement par l'eau, pour passer à
l'état de vapeur, quantité qui est restituée, au contraire, lors du
retour de l'état gazeux à l'état liquide. Cette quantité n'est pas
moindre (563) que 540 calories par kilogramme d'eau.

Un générateur de vapeur, situé dans les caves, envoie la vapeur
produite, dans toutes les pièces à échauffer, au moyen d'un système
de tuyaux en métal, dont le diamètre est calculé de manière à
présenter un passage suffisant à la quantité de vapeur qui doit les
traverser. Dans chaque pièce, ce tuyau débouche dans un poêle ou
récipient hermétiquement clos, dans lequel la vapeur se condense
et échauffe les parois qui rayonnent dans tout l'espace environnant.
Un tuyau de retour, qui prend naissance à la partie inférieure de
ces poêles, conduit l'eau provenant de la condensation jusqu'à la
chaudière, ou plutôt jusqu'à la bâche d'alimentation de cette
dernière, de manière à utiliser, aussi complètement que possible,
la chaleur emmagasinée par l'eau. Dans chaque appareil, une ouverture spéciale est destinée à laisser échapper l'air au moment de
la mise en train.

La vapeur peut circuler sous des pressions variables suivant les
circonstances. Le plus souvent, le générateur est à basse pression,
et le mouvement a lieu sous l'influence d'une pression équivalente
environ à $0^m,33$ ou $0^m,35$ de mercure. Si la machine marche à haute
pression, il faut qu'elle soit munie de soupapes de sûreté. Dans tous
les cas, il faut avoir une soupape s'ouvrant de dehors en dedans
qui laisse rentrer l'air lorsque, le feu s'éteignant, la pression intérieure diminue, et permet d'éviter l'écrasement des tuyaux et de
la chaudière sous l'influence de la pression de l'atmosphère.

Le système de chauffage par la vapeur permet une distribution
très facile de la chaleur et une très grande rapidité de transport de
cette chaleur en tous les points ; mais, en revanche, il est difficile
de graduer les températures à volonté, et d'éviter le refroidissement
très rapide qui suit l'arrêt de la circulation de vapeur, car les
poêles métalliques perdent très vite leur température élevée.

607. Chauffage par circulation d'eau chaude. — Dans
ce système, on établit un vaste développement de tuyaux formant un
ensemble clos, en un point duquel se trouve une chaudière soumise
à l'action d'un foyer, cette chaudière étant généralement placée
au point le plus bas. L'eau échauffée dans la chaudière se dilate,
diminue de densité et, par suite, monte dans le tube ascendant,
en produisant un courant. Dans la partie descendante, qui présente
le plus grand développement, l'eau se refroidit par l'action de l'air
qui vient lécher les tuyaux de conduite, augmente de densité, et

revient dans la chaudière où elle se réchauffe. L'air est ainsi échauffé par le contact des parois des tuyaux de conduite. Quelquefois, sur le trajet de ces tuyaux sont disposés des récipients ou poêles remplis d'eau ; ce liquide participe au mouvement général, et est bientôt remplacé par du liquide chaud, qui réchauffe de même l'air environnant.

La circulation de l'eau peut s'effectuer à *basse pression* ou à *haute pression*, suivant que le système formé par la chaudière est ouvert librement à l'air en un point de sa partie supérieure, ou que ce système est fermé et soumis à des pressions réglées par des soupapes de sûreté.

Ce système présente des inconvénients et jouit d'avantages qui sont précisément inverses de ceux qu'offre le chauffage à la vapeur.

608. Chauffage par circulation d'eau et de vapeur. — Ce système, qui emprunte ses éléments aux deux précédents, participe également aux avantages de l'un et de l'autre. Un générateur de vapeur envoie par une série de tuyaux la vapeur qu'il produit dans des serpentins disposés au milieu de poêles remplis d'eau ; l'eau de condensation revient à la chaudière par un autre système de tuyaux. Par la condensation de la vapeur, l'eau du récipient environnant s'échauffe, et devient un foyer de chaleur, qui élève la température de l'air qui l'entoure. La chaleur est donc transportée rapidement à distance par la vapeur, et lorsque le feu est éteint, la température des poêles ne tombe pas rapidement, à cause de la grande masse d'eau qu'ils contiennent.

Enfin, dans les établissements d'une très grande étendue, chaque poêle d'eau chauffé par le serpentin de vapeur peut servir de point de départ pour une circulation d'eau chaude, à laquelle on ne peut donner une importance considérable, mais bien suffisante pour chauffer tout un étage, par exemple. Ce système paraît, en général, devoir être préféré aux autres dans les applications aux grands édifices publics.

609. Volume d'air nécessaire à l'assainissement des lieux habités. — Le volume d'air qu'il convient de fournir par individu et par heure dépend essentiellement des conditions spéciales au cas que l'on considère. On conçoit, en effet, que ce volume doive varier, suivant qu'il s'agira d'une habitation privée, d'une prison cellulaire, qui doit être occupée d'une manière permanente ; d'un atelier ou d'un hôpital, dans lesquels les causes d'insalubrité sont continues et peuvent acquérir, dans quelques cas particuliers, une intensité et une gravité très grandes.

De nombreuses observations, faites par Péclet, Morin, MM. Leblanc, Grassi et autres expérimentateurs, ont conduit à des résultats très différents. D'après Morin, les proportions d'air nécessaires pour une bonne ventilation doivent être les suivantes :

	Par heure et par individu.
Écoles.	15ᵐ à 20ᵐ
Salles de spectacle, casernes.	40ᵐ à 50ᵐ
Prisons.	50ᵐ
Hôpitaux pour malades ordinaires.	60ᵐ à 70ᵐ
Hôpitaux pour blessés et femmes en couches.	80ᵐ à 100ᵐ

Ces nombres correspondent au volume d'air vicié qui doit être évacué au moyen de dispositions convenables, tout en assurant la rentrée de l'air en quantité suffisante. Ces nombres, au premier abord, pourraient paraître exagérés, si l'expérience ne venait établir l'état d'infection de l'air contenu dans une enceinte occupée par une réunion d'individus. Il résulte des expériences faites par Morin, à l'hôpital Beaujon et à l'hospice Necker, que l'air qui s'échappe par les orifices d'évacuation ou par les cheminées d'appel est véritablement empoisonné et peut déterminer l'asphyxie, ce qui montre la nécessité d'une ventilation abondante et continue.

Divers procédés peuvent être employés pour obtenir la ventilation d'un espace fermé; nous pouvons les classer comme suit :

Ventilation naturelle ;

Ventilation par appel ;

Ventilation mécanique.

Nous indiquerons le principe de chacun des systèmes.

610. Ventilation naturelle. — Cette ventilation est celle qui s'établit forcément dans une pièce présentant une cheminée, le feu n'étant pas allumé. Les gaz viciés et échauffés par la respiration ou la combustion tendent à s'élever dans le tuyau, en vertu de leur moindre densité. Mais ils ne le peuvent qu'en déterminant un appel qui amène l'introduction d'air provenant du dehors par les bouches de prise d'air, par les fermetures incomplètes des portes ou des fenêtres.

Un effet analogue peut se produire, lorsqu'une galerie de mine aboutit à ses extrémités à des puits ayant des hauteurs différentes. Le tirage s'établit en vertu de cette différence de hauteur. L'air chaud et vicié s'échappe par le puits ayant son orifice libre le plus élevé, tandis que l'air pur s'introduit par l'autre puits.

Il faut remarquer que, dans ces conditions, l'appel ayant lieu sous l'influence d'un faible excès de température, le tirage peut être supprimé. C'est ce qui arriverait dans le cas où l'air extérieur, échauffé par le soleil, aurait une température supérieure à celle des gaz de la cheminée. Dans certains cas même le mouvement de l'air pourrait être renversé.

611. Ventilation par appel. — Le principe de ce système
est le même que le précédent, seulement l'appel est produit d'une
manière artificielle et non par les gaz à expulser eux-mêmes. En
hiver, les cheminées dans lesquelles le feu établit un tirage appartiennent à ce système.

Dans le cas où l'on a à ventiler un bâtiment entier, on fait communiquer toutes les pièces avec la partie inférieure d'une cheminée,
que l'on fait d'autant plus élevée que l'on désire une ventilation
plus énergique. Il faut avoir soin d'assurer, à chaque pièce, des
orifices de prise d'air, aboutissant, soit à l'extérieur, soit dans les
caves, et tels que leur somme soit égale, au moins, à la section du
tuyau d'évacuation.

L'appel peut être déterminé par un foyer placé à la partie supérieure de la cheminée, ainsi que cela a lieu presque toujours
dans les puits de mine ventilés suivant ce système, ou par un foyer
placé à la partie inférieure de la cheminée ; ce dernier cas est le
plus fréquent.

Lorsqu'il existe déjà un autre foyer, destiné à un usage quelconque, industriel ou autre, on peut utiliser la chaleur perdue de
ce foyer pour déterminer l'appel. C'est ce qui arrive, par exemple,
dans l'installation d'un système complet de chauffage et de ventilation. Il suffit, pour obtenir ce résultat, **en** évitant divers inconvénients qui sont à craindre, d'établir dans la cheminée d'appel, et
jusqu'à une hauteur de plusieurs mètres, un tuyau amenant l'air
chaud et la fumée du fourneau. Ce système n'exige, on le voit, que
les frais de première installation.

612. Ventilation mécanique. — De très nombreux systèmes ont été construits, qui doivent être classés dans cette division.
On peut les distinguer en deux groupes, quels que soient, d'ailleurs,
les appareils particuliers employés. Dans l'un, la ventilation est,
comme précédemment, obtenue par appel de l'air vicié, mais cet
appel s'effectue au moyen de ventilateurs, de pompes, etc. ; dans
l'autre, la ventilation se fait par refoulement, les appareils mécaniques prenant l'air dans les caves ou dans l'atmosphère extérieure, et le renvoyant avec une certaine vitesse dans les salles à
ventiler, où il chasse l'air vicié qui s'échappe par les ouvertures
spéciales ou accidentelles qui existent toujours.

Les appareils employés, qui sont, du reste, du ressort de la
mécanique, doivent être mis en mouvement par un moteur spécial,
machine à vapeur, chute d'eau, descente d'un poids préalablement
élevé, etc. Sauf le cas de très grands établissements, on ne peut
établir ce système avantageusement que si l'on possède déjà une
source de travail mécanique.

Nous devons dire pour terminer que la question de ventilation est loin d'être complètement résolue, et que chaque cas particulier doit être étudié d'une manière spéciale.

Nous ajouterons que si dans la plupart des circonstances il suffit de renouveler l'air intérieur, il en est d'autres où cette condition est insuffisante ; c'est le cas qui se présente lorsque l'air à rejeter dans l'atmosphère peut être dangereux pour le voisinage, ainsi qu'il arrive pour les hôpitaux et pour un certain nombre d'usines. Il faut alors détruire les particules organisées ou les gaz délétères qui pourraient exister dans l'air expiré : le moyen toujours employé et qui paraît être suffisant consiste à faire passer le courant d'air à rejeter sur un foyer incandescent ou une rampe de becs de gaz constamment allumés.

TROISIÈME SECTION. — OPTIQUE

CHAPITRE PREMIER

PROPAGATION DE LA LUMIÈRE.

613. Des sensations visuelles. — Parmi les sensations que nous sommes susceptibles d'éprouver, les sensations visuelles doivent être classées au premier rang, comme nous mettant le plus directement en rapport avec les objets extérieurs éloignés et nous donnant sur ces objets les notions les plus importantes au point de vue de leur forme, de leur couleur, de leur distance et de plusieurs autres propriétés. Aussi, l'*optique*, qui étudie ces sensations particulières, a-t-elle occupé les savants d'une manière toute spéciale à l'origine des sciences, et est-elle encore aujourd'hui la branche la plus complète de la physique.

Comme nous l'avons déjà dit, la nature toute caractéristique des sensations visuelles a conduit tout d'abord à considérer un agent spécial, capable de les produire, la *lumière*, agent impuissant à donner naissance à tout autre effet. Ainsi qu'il résultera de l'étude des chapitres de ce livre, nous serons amenés, au contraire, à regarder les sensations visuelles comme étant le mode de manifestation, à l'aide d'un organe et d'un nerf spéciaux, d'une cause qui, dans d'autres conditions, donne naissance à des sensations différentes.

614. Hypothèses sur la nature de la lumière. — Deux hypothèses diverses ont été admises successivement pour expliquer la lumière. L'hypothèse de l'*émission*, défendue par Newton, consistait à admettre que les corps lumineux émettaient, envoyaient dans toutes les directions des particules très nombreuses et très fines qui, après avoir subi des changements divers de direction en choquant les corps ou en les traversant, arrivaient au fond de notre œil, et par leur action sur la membrane rétinienne produisaient la sensation *lumière*. Dans l'hypothèse des *ondulations*, on suppose que l'espace est rempli d'un fluide élastique auquel on donne le nom d'*éther*, fluide susceptible de propager des mouvements ondulatoires, comme les corps matériels propagent les ondes sonores; ce serait ces mouvements ondulatoires dont l'action sur l'œil donnerait la sensation lumineuse.

Nous ne pouvons dès à présent choisir entre ces deux hypothèses; ce ne sera que les faits subséquents qui nous permettront de décider en faveur de la dernière. Dans toute la première partie de l'optique, aucune raison ne se manifeste d'abord de rejeter l'une d'elles; il faut remarquer que cette concordance n'a rien d'extraordinaire, que les faits dont nous nous occuperons d'abord sont connus depuis un temps considérable, et que l'esprit ne pouvait admettre dès l'abord que des hypothèses donnant de ces faits des explications plausibles; que, par suite, cet accord ne fournit aucune preuve de la réalité de l'une ou l'autre supposition.

Cette concordance entre l'hypothèse de l'émission et les faits observés n'existe d'ailleurs que si l'on se borne à une observation grossière des phénomènes; comme nous le dirons dans le chapitre de l'*optique physique*, ces mêmes phénomènes observés avec précision conduisent à des résultats qui sont en contradiction avec la théorie de l'émission et qui s'expliquent parfaitement par la théorie des ondulations. Il faut donc n'attacher aucune importance réelle à ces concordances apparentes.

Il est important de remarquer que, par suite de l'ancienneté relative de la théorie de l'émission, la plupart des termes et des phrases dont nous ferons usage en optique se rapportent à cette hypothèse, bien qu'elle soit actuellement rejetée. Pour nous conformer à l'usage, nous emploierons ces expressions, mais il faut prendre garde à ne pas les considérer comme conformes à la réalité.

615. — Les mouvements ondulatoires de l'éther sont susceptibles de produire des effets autres que des sensations lumineuses: nous étudierons les principaux avec quelques détails par la suite. et nous dirons que l'existence de ces mouvements vibratoires peut être décelée par des actions calorifiques, des actions chimiques, des actions de phosphorescence ou de fluorescence, etc. On pourrait faire choix de l'une de ces actions, à volonté, pour étudier la propagation de ces mouvements vibratoires et les modifications qu'ils subissent. Nous supposerons que l'on utilise seulement les sensations lumineuses dans l'indication des phénomènes généraux, parce que l'action est directe pour l'observateur, tandis que les autres effets exigent l'emploi d'appareils divers.

La lumière, quelle que soit sa nature, émane de corps placés dans des conditions convenables, se propage à travers l'espace et même à travers les corps, et par ce fait subit des modifications dans sa direction, dans son intensité, dans sa nature; nous avons à étudier ces diverses questions. Mais il est nécessaire de suivre un ordre autre que celui qui semblerait le plus logique, en commençant par l'étude des questions se rattachant à la propagation considérée seulement au point de vue de la seule direction : c'est là ce qui constitue ce que l'on nomme *l'optique géométrique*.

616. Propagation de la lumière. — L'existence d'une série continue de milieux matériels entre la source de lumière et l'œil n'est pas indispensable pour la perception d'une sensation. Outre que la lumière qui vient du soleil et des étoiles traverse des espaces que tout porte à considérer comme privés de matière, l'interposition d'un ballon dans lequel on a fait le vide, ou de la chambre barométrique d'un tube de Torricelli, entre le corps lumineux et l'œil, ne fait varier en rien la sensation perçue. Nous verrons même que l'on peut, au moyen de l'électricité, produire de la lumière dans le vide.

La lumière peut aussi se propager à travers certains corps qui sont dits *translucides* ou *transparents : transparents*, lorsqu'ils permettent de distinguer la forme et la couleur des objets lumineux ou éclairés, comme l'air, l'eau, le verre, etc.; *translucides*, lorsque, permettant de reconnaître la présence d'une source de lumière, ils empêchent cependant d'en avoir une notion complète, comme le verre dépoli, le papier, etc. D'autres corps sont *opaques*, lorsqu'ils empêchent absolument l'œil d'éprouver aucune sensation provenant d'une source lumineuse située de l'autre côté : le bois, les métaux, etc., sont opaques.

La transparence, la translucidité, l'opacité n'ont du reste rien d'absolu, et l'épaisseur des corps considérés a une très notable influence : nous reviendrons ultérieurement sur ce point.

617. Des faisceaux et des rayons lumineux. — L'expérience montre qu'un point ou un corps lumineux placé dans un milieu transparent est vu par un observateur quelle que soit la position occupée par celui-ci : c'est ce que l'on exprime en disant que, dans ce cas, la lumière se propage dans toutes les directions.

Mais si on a interposé un corps opaque dans lequel une ouverture est pratiquée, s'il existe des milieux différents séparés par des surfaces de forme variable, la sensation lumineuse n'est pas éprouvée indistinctement en tous les points, et ce n'est, en général, que dans un espace limité que l'observateur doit se placer pour être impressionné : cet espace constitue ce que l'on nomme un *faisceau lumineux*.

On peut concevoir par la pensée un faisceau lumineux dont la section diminuerait indéfiniment jusqu'à être comparable à un point, le faisceau devenant alors comparable à une ligne : cette ligne représente ce que l'on nomme un *rayon lumineux*.

Il est essentiel de remarquer que c'est là une simple conception idéale et qu'il est impossible de réaliser : comme nous le dirons, lorsque l'on cherche à se rapprocher de plus en plus des conditions qui permettraient d'obtenir un faisceau se réduisant à un rayon, les phénomènes se compliquent et on observe tout autre chose qu'un rayon. (*V. diffraction.*)

Dans l'hypothèse de l'émission, le rayon lumineux était le chemin réellement parcouru par les particules lumineuses qui venaient frapper l'œil, c'était leur *trajectoire*; dans l'hypothèse des ondulations, cette ligne n'a pas d'existence plus réelle que les rayons sonores (147) et doit être comprise de la même façon. Dans les deux hypothèses, tout point lumineux doit envoyer des rayons lumineux dans toutes les directions, soit que ces rayons correspondent aux trajectoires des particules lumineuses émises, soit qu'ils soient les normales aux surfaces d'ondes lumineuses, surfaces d'ondes qui, nous le répétons, sont pour l'éther lumineux ce que les ondes sonores sont pour l'air.

Quoi qu'il en soit, et à la condition de ne considérer que des faisceaux qui ne soient pas infiniment étroits (et de ne pas observer les portions très voisines des surfaces qui les limitent), on peut sans inconvénient considérer les faisceaux comme formés par la réunion, par l'ensemble d'un certain nombre de rayons lumineux.

618. — Le faisceau est dit *parallèle, convergent* ou *divergent*, suivant que les rayons qui le composent sont parallèles au départ du corps, ou qu'ils se rapprochent, ou s'écartent.

La lumière émanant d'un point lumineux est toujours divergente; il est facile de le prouver au moyen de l'expérience suivante : près d'une source de lumière A (*fig.* 263) on place un écran B percé d'une petite ouverture ; on établit à quelque distance un écran plein C ; cet écran ne recevra de lumière que par les rayons qui traversent

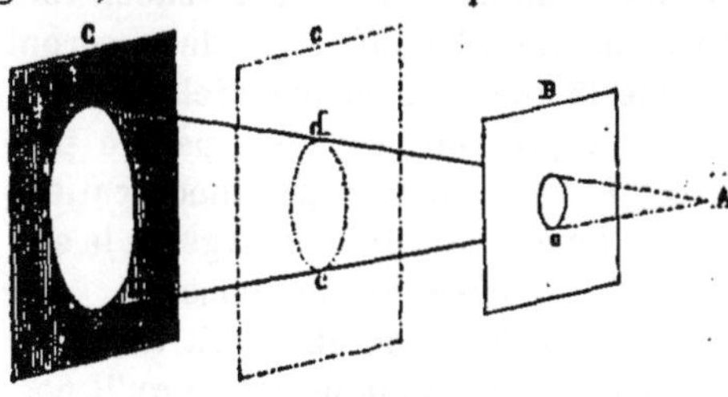

Fig. 263.

l'ouverture du premier écran ; on reconnaît que le diamètre DE de la partie éclairée augmente en même temps que la distance entre les écrans, ce qui indique que ces rayons s'écartent de plus en plus.

Pour que cette expérience réussisse, il faut qu'il n'y ait aucun corps interposé entre A et C; la présence de certaines surfaces suffirait, comme on le verra, pour transformer le faisceau divergent en faisceau parallèle ou même convergent.

Si l'on considère un faisceau de section déterminée émanant d'un point lumineux, l'angle du cône sera d'autant plus petit que le

point lumineux sera plus éloigné; si ce point s'éloigne indéfiniment,
le faisceau deviendra parallèle. On peut considérer comme tels, au
point de vue pratique, des faisceaux émanant de points très éloignés,
par exemple les faisceaux émanant des étoiles, du soleil, de la lune,
ou même d'un point situé à quelques centaines de mètres.

Les faisceaux produits directement ne sauraient donc être convergents; ils ne possèdent cette forme que s'ils ont déjà subi des
modifications sous l'influence de surfaces courbes.

Il importe de remarquer qu'un faisceau parallèle reste indéfiniment parallèle, qu'un faisceau divergent reste indéfiniment divergent. Mais il n'en est pas de même d'un faisceau convergent qui,
après que les rayons qui le constituent se sont entre-croisés, devient
nécessairement divergent.

On appelle *faisceau homocentrique* un faisceau, convergent ou
divergent, tel que tous les rayons qui le constituent passent en un
même point : ce point est le *sommet* du faisceau ou *centre d'homocentricité*. Un faisceau parallèle est un faisceau homocentrique
dont le sommet est à l'infini.

619. — Les effets produits par un faisceau lumineux, dans une
section quelconque, en ce qui concerne la direction et la forme ultérieures, au moins, dépendent uniquement de la forme et de la direction que possédait le faisceau immédiatement avant la section considérée et nullement des modifications qui avaient pu être produites
antérieurement.

Si, par exemple, il s'agit d'un faisceau divergent rencontrant
une surface quelconque qui le modifie, les effets produits seront
exactement les mêmes, soit que le faisceau émane réellement du
sommet du cône divergent qu'il représente, soit que, par un procédé quelconque et sans avoir à tenir compte des modifications
qu'il a subies auparavant, on lui donne dans le voisinage de la section considérée la forme qu'il possède effectivement encore.

Autrement dit, toute modification de forme que subit un rayon
en un point quelconque dépend seulement de la direction qu'il possédait en ce point et nullement des changements qu'il a pu éprouver auparavant dans sa trajectoire.

En particulier, lorsqu'un faisceau lumineux tombe sur l'œil d'un
observateur, il subit des modifications que nous étudierons plus
tard et qui, dans des conditions convenables, donnent naissance à
une sensation nette; l'effet sera le même, la vision présentera la
même netteté, soit que le faisceau ait conservé la même direction
et la même forme depuis son origine, soit que, la direction et la
forme ayant été primitivement quelconques, on parvienne à le
reproduire identiquement dans le voisinage immédiat de l'œil.

620. Propagation rectiligne de la lumière. — Un rayon qui se propage dans un milieu homogène transparent ou translucide doit, par raison de symétrie, rester indéfiniment rectiligne; aucun motif n'existe en effet et ne saurait exister pour qu'il y ait déviation d'un côté plutôt que d'un autre.

Il ne saurait exister de démonstration directe de ce principe, puisque l'on ne peut réaliser la production d'un rayon lumineux : il convient même d'ajouter que cette idée ne correspond pas à une idée simple dans la théorie des ondulations. Mais on reconnaît que, dans les limites que nous avons précisées (617), les faisceaux, dans un milieu homogène, se comportent comme s'ils étaient formés de rayons rectilignes; c'est ce qui résulte de tout ce que nous avons à dire en optique géométrique, de telle sorte que la propagation rectiligne peut être considérée comme vérifiée par ses conséquences indirectes. Comme nous allons le dire, il y a cependant quelques cas où la démonstration semble être plus directe.

621. — Un point lumineux envoie de la lumière dans toutes les directions; si, dans un milieu transparent homogène, on place un écran opaque garni d'une ouverture, une partie seulement de la lumière passera au-delà et constituera un faisceau conique, homocentrique, dont le sommet sera au point lumineux : ce faisceau tombant sur l'œil d'un observateur donnera une sensation que nous n'avons pas à analyser ici et de laquelle l'observateur, instruit par l'expérience, conclura à l'existence d'une cause de la sensation, cause qu'il reportera au sommet même du faisceau conique.

S'il s'agit d'un point lumineux situé dans un espace où il n'existe pas d'écran, l'effet sera exactement le même : il ne pénétrera dans l'œil qu'une partie de la lumière constituant un cône dont la base sera l'ouverture de la pupille de l'œil de l'observateur qui, de même, reportera au sommet de ce cône, de ce faisceau homocentrique, la cause de la sensation qu'il éprouve. On désigne souvent par le nom de *pinceau lumineux* le faisceau de petite section qui pénètre ainsi dans l'œil d'un observateur. Théoriquement, s'il n'existait qu'un rayon arrivant à l'œil, l'observateur n'aurait que la notion de la direction suivant laquelle vient la lumière; mais il suffirait de deux rayons pour que la cause de la sensation fût reportée à leur intersection.

Certains auteurs ont pensé que cette propriété de déterminer ainsi l'origine extérieure de la sensation est innée] chez l'homme : nous pensons plutôt qu'elle est un résultat de l'expérience, de l'éducation; il suffit d'ailleurs pour nous que la propriété existe, quelle que soit son origine.

622. Images virtuelles et images réelles. — Dans le cas

d'un point lumineux placé dans un milieu transparent homogène, quelle que soit la position de l'œil de l'observateur, il recevra un pinceau lumineux émané de ce point, c'est-à-dire que de tous les points de l'espace l'observateur *verra* le point lumineux.

Il peut arriver, et le cas, qui se présente fréquemment, est très important, il peut arriver qu'un faisceau, après avoir changé de forme et de direction d'une manière quelconque, prenne avant d'arriver à l'œil la forme d'un élément de faisceau homocentrique divergent. L'œil, impressionné seulement par la direction du faisceau à l'entrée, subira le même effet que si le faisceau partait effectivement du sommet de ce cône divergent, bien que ce sommet n'existe pas et que le faisceau n'existe non plus que sur une partie de sa longueur. L'œil subissant la même impression que si le faisceau existait dans toute son étendue, l'observateur aura la même sensation que s'il existait un point lumineux au sommet du cône géométrique considéré. Ce sommet, où, en général, il n'existe rien, et qui pour l'observateur semble être l'origine, la cause directe de la sensation, constitue ce que l'on appelle une *image virtuelle*.

Ainsi une image virtuelle est le sommet géométrique d'un cône avec lequel, sur une partie restreinte seulement, coïncide un faisceau lumineux divergent.

D'après ce que nous avons dit, on conçoit aisément que, après cette coïncidence partielle, on peut, dans tous les cas, pour étudier la marche d'un faisceau lumineux quelconque, considérer la lumière comme venant directement du sommet du cône, au lieu d'avoir à considérer les modifications effectives qu'a subies le faisceau depuis son origine.

623. — Lorsque l'on considère un faisceau convergent intercepté par un écran que l'on déplace, on obtient des taches lumineuses d'autant plus petites que l'on se rapproche davantage du sommet : au sommet, si le faisceau est homocentrique, la tache se réduit à un point ; elle croît ensuite si l'on continue à mouvoir l'écran dans le même sens.

Sans qu'il soit nécessaire d'insister sur ce point qui sera étudié plus tard, on conçoit aisément que la tache réduite à un point aura une intensité maxima. Ce sommet d'un faisceau homocentrique convergent qui donne sur un écran un point très brillant est ce que l'on appelle une *image réelle* (par opposition à l'*image virtuelle* qui est le sommet d'un cône divergent).

Au delà du sommet, le faisceau devient divergent : si donc il parvient (dans des conditions convenables de distance qui seront étudiées avec la *Vision*) à l'œil d'un observateur, celui-ci recevra la même impression que si le faisceau partait effectivement de ce sommet qui, pour cet observateur, paraîtra être l'origine même de la lumière reçue. L'observateur ne pourra discerner si, oui ou non, le faisceau part de ce point ou s'il vient de plus loin.

Bien entendu le même effet se produira pour toutes les modifications que le faisceau aura à subir : il se comportera toujours comme s'il partait seulement de son sommet, de l'*image réelle* formée par les rayons à leur croisement.

624. — Un faisceau émanant d'une image réelle ou paraissant émaner d'une image virtuelle (nous dirons à l'avenir, par simplification, qu'il émane de l'image virtuelle) se comporte effectivement comme s'il avait pour origine un point lumineux situé à l'endroit où se trouve l'image réelle ou virtuelle considérée. Il ne faudrait pas étendre ces conséquences et conclure qu'une image réelle ou virtuelle se comporte absolument comme un point lumineux; il existe en effet une différence essentielle : le point lumineux est vu de tous les points de l'espace, il envoie de la lumière dans toutes les directions. Une image, qu'elle soit réelle ou virtuelle, correspond à un faisceau limité; à l'intérieur de ce faisceau l'effet est absolument le même que s'il émanait d'un point lumineux; mais extérieurement à ce faisceau il n'y a aucun effet produit, et un observateur qui mettrait l'œil hors de ce cône n'éprouverait aucune sensation et ne verrait pas l'image. Il ne verrait pas davantage le faisceau, qui ne produit d'effet que dans le sens de la propagation.

Mais dans le cas d'une image réelle, alors qu'un écran est placé au foyer, cette image est vue dans toutes les directions. De même, si le faisceau traverse un espace où flottent des poussières, des corpuscules matériels, il pourra être distingué sur tout son parcours. Il se produit alors des phénomènes de diffusion dont nous parlerons par la suite.

625. **Ombre et pénombre**. — La propagation rectiligne de la lumière explique la formation des ombres géométriques, dont l'existence a été considérée comme une preuve à l'appui de ce mode de propagation. Un point lumineux, isolé et absolument seul dans l'espace, enverrait des rayons lumineux en *tous* les points; mais la présence d'un corps opaque a pour effet d'empêcher la lumière

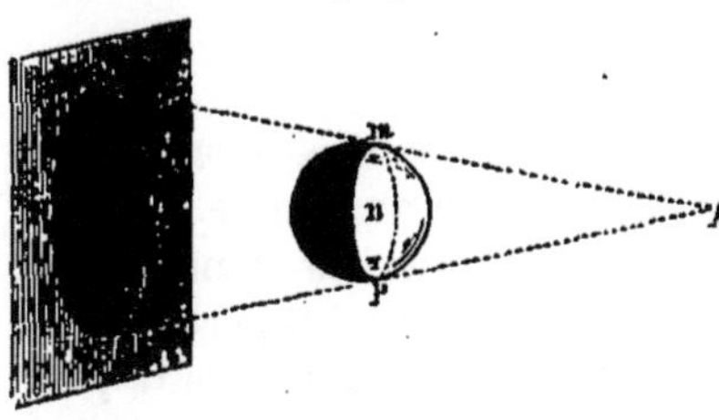

Fig. 264.

d'arriver dans une certaine partie, qui est alors dite dans l'*ombre*.

Soit, en effet, un point lumineux A (*fig.* 264) et un corps opaque, une sphère, par exemple, située à quelque distance; si l'on conçoit

une surface conique ayant son sommet au point A et s'appuyant
sur la sphère qu'elle touche suivant la courbe *mnp*, il est facile de
voir que tous les points situés derrière le corps opaque, à l'intérieur
de cette surface, seront dans l'ombre, car tout rayon lumineux qui
se dirigerait vers le point considéré serait intercepté par le corps
opaque. La portion de l'espace *mp*MP, située à l'intérieur de cette
surface conique et derrière le corps, a reçu le nom de *cône d'ombre*
et jouit de la propriété que tout corps qui y est plongé est dans
l'ombre; la partie du corps opaque lui-même située en arrière de la
ligne *mnp* est dans le cône d'ombre et par conséquent n'est pas
éclairée, elle constitue *l'ombre propre* du corps opaque. Enfin,
toute surface rencontrée par le cône d'ombre, un écran par exemple,
présentera une partie obscure, telle que MNP, correspondant à la
section du cône; c'est *l'ombre portée* par le corps opaque sur l'écran.

626. — Examinons maintenant le cas moins simple où l'on aurait
deux points lumineux L et L' (*fig.* 265) et un corps opaque : le
point L donnera un cône d'ombre *mm'pp'*, une ombre propre limitée à la courbe *mm'* et une ombre portée *pp'* sur un écran plan ; le
point L', d'autre part, donnera aussi un cône d'ombre *nn'qq'*, une
ombre propre limitée à la courbe *nn'* et une ombre portée *qq'* sur
l'écran. On peut facilement se rendre compte alors que certains points
sont entièrement dans
l'obscurité : ce sont
ceux qui sont compris
dans la partie *mpn'q*
commune aux deux
cônes, tant dans l'es-
pace que sur le corps,
et sur l'écran ; ils sont
absolument dans l'om-
bre. Les points qui
sont extérieurs aux
deux cônes à la fois, ou

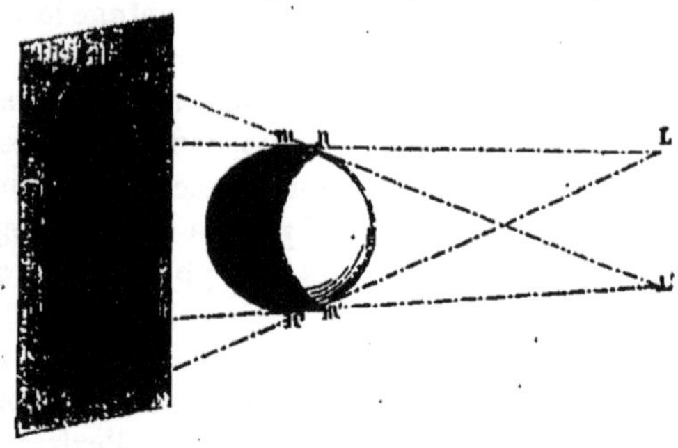

Fig. 265.

qui, sur le corps, sont à la fois en avant des deux courbes *mm'* et *nn'*,
reçoivent des rayons lumineux des deux sources de lumière L et L' en
même temps. Enfin, les points qui sont à l'intérieur d'un seul des
cônes d'ombre, c'est-à-dire qui sont compris dans des parties telles
que *mnpq'*, ne reçoivent de lumière que d'un seul point, de L, pour
cette partie ; ils sont par suite plus éclairés que ceux qui sont dans
l'ombre, mais moins que ceux qui sont extérieurs aux deux cônes :
ces points sont dits dans la *pénombre*; on distingue, comme pour
l'ombre, un *cône de pénombre*, une *pénombre propre* et une *pénombre
portée*.

Un effet analogue se produirait si l'on avait un corps opaque
placé devant trois, quatre, etc.; points lumineux. On arrive ainsi
à se rendre compte de ce qui se produit si la source de lumière a
des dimensions qui ne sont pas négligeables. Pour étudier un cas
simple, supposons que le corps opaque soit une sphère M'N', et le
corps lumineux une autre sphère MN (*fig.* 266); nous pourrons
alors mener deux cônes tangents aux deux sphères : le cône
MM'mNN'n est tel, que tous les points qu'il contient en arrière du
corps opaque ne peuvent recevoir de rayons du corps lumineux ;
c'est le cône d'ombre qui peut, suivant les dimensions respectives

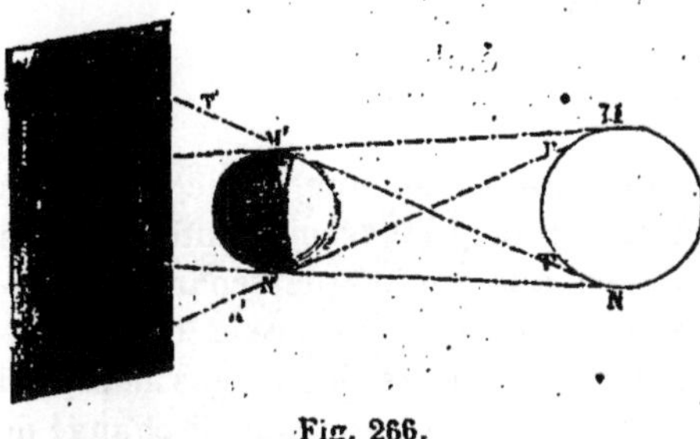

Fig. 266.

des sphères, être indéfini
ou se terminer à une
certaine distance, comme
ce serait le cas dans la
figure. On peut mener
un cône tangent aux
deux sphères, mais ayant
son sommet entre elles,
comme TT'tRR'r. Tous
les points qui lui sont
extérieurs reçoivent des rayons lumineux de tous les points de la
sphère MN, ils sont en pleine lumière ; mais les points compris entre
ces deux surfaces coniques ne reçoivent qu'en partie les rayons lumineux issus de MN par suite de la présence de M'N', ils sont dans la
pénombre. Il est facile de voir que ces points seront d'autant plus
éclairés qu'ils seront plus rapprochés du cône extérieur T'tR'r ;
que, par suite, la pénombre ne présentera pas une teinte uniforme,
mais qu'elle se dégradera régulièrement dans le cas simple que
nous avons supposé. Contrairement à ce qui arrive pour le cône
d'ombre, le cône de pénombre est toujours indéfini, et son diamètre
augmente constamment lorsque l'on s'éloigne du corps opaque.

627. — En réalité, les faits ne sont pas absolument conformes
aux résultats que nous venons d'indiquer. Lorsque le corps éclairant a des dimensions assez grandes, il n'y a pas de différences
sensibles : on observe bien, comme la théorie l'indique, une ombre
et une pénombre; on observe bien également que la pénombre
diminue d'étendue lorsque la grandeur du corps éclairant décroît;
c'est ainsi que les ombres produites par la lumière émanée d'un
arc voltaïque sont plus dures que celles produites par le gaz, parce
que la pénombre est très restreinte et semble même quelquefois
disparaître quoiqu'elle existe réellement.

Mais lorsque l'on veut se rapprocher du cas théorique simple.
du *point* lumineux unique, alors que la pénombre devrait dispa-

raître et qu'il devrait y avoir une séparation nette et tranchée entre
l'ombre et la lumière, on observe des phénomènes entièrement différents (V. *diffraction*), de telle sorte que ces résultats sont loin
d'être en concordance avec la propagation rectiligne de la lumière
telle qu'on la comprend dans la théorie de l'émission. Disons sans
insister que, au contraire, la théorie des ondulations rend compte
entièrement de tous les effets observés.

CHAPITRE II

RÉFLEXION DE LA LUMIÈRE

628. Réflexion de la lumière. — Lorsque, sur le trajet d'un
faisceau lumineux dans un certain milieu, on vient à interposer un
autre milieu, il peut se présenter à la surface de séparation plusieurs phénomènes ; dans le cas des corps transparents ou translucides, une partie du faisceau passe, en général, dans le second
milieu ; mais, dans tous les cas, le faisceau, après avoir changé de
direction, reprend en totalité ou en partie, son trajet dans le premier milieu, on dit que ce faisceau se *réfléchit*, et le phénomène
lui-même porte le nom de *réflexion*.

La réflexion se présente sous des aspects divers, suivant que le
corps sur lequel elle se produit est poli ou non. Nous étudierons
les deux cas extrêmes : poli parfait et irrégularité absolue; tous
les cas de la pratique sont compris entre ces limites, se rapprochant
seulement plus ou moins de l'une ou de l'autre.

629. Lois de la réflexion régulière. — Sur les corps parfaitement polis, les faisceaux limités restent limités après avoir
changé de direction : il y a un faisceau *réfléchi* correspondant à
un faisceau *incident* donné et s'en déduisant par l'application de
lois précises. C'est là ce qui constitue la *réflexion régulière* ou *spé-
culaire*.

On arrive à réduire au minimum les lois à indiquer, en considérant les faisceaux comme constitués par des rayons lumineux et en
donnant les lois de la réflexion pour un rayon; on en peut ensuite
déduire les modifications que subit un faisceau dans des conditions
données.

Le rayon avant la réflexion est dit *rayon incident;* il devient
rayon réfléchi après la réflexion. Le point où il coupe la surface
réfléchissante est le *point d'incidence*, et la direction de la surface
en ce point est déterminée par celle de sa *normale*. On appelle respectivement *plan d'incidence* et *plan de réflexion* les plans qui con-

tiennent l'un la normale et le rayon incident, l'autre la normale et le rayon réfléchi. De même on appelle *angle d'incidence* l'angle du rayon incident et de la normale, et *angle de réflexion* l'angle du rayon réfléchi et de la normale.

Les lois de la réflexion pour un rayon lumineux sont au nombre de deux :

PREMIÈRE LOI : *Le rayon réfléchi est dans le plan d'incidence.*

DEUXIÈME LOI : *L'angle de réflexion est égal à l'angle d'incidence.*

Ainsi MM' (*fig.* 267) étant une coupe normale d'un miroir plan, surface polie réfléchissante, et CB étant un rayon incident dans le plan même de la coupe, 1° le rayon BA est aussi dans ce plan, et 2° l'angle de réflexion ABN est égal à l'angle d'incidence CBN.

Fig. 267.

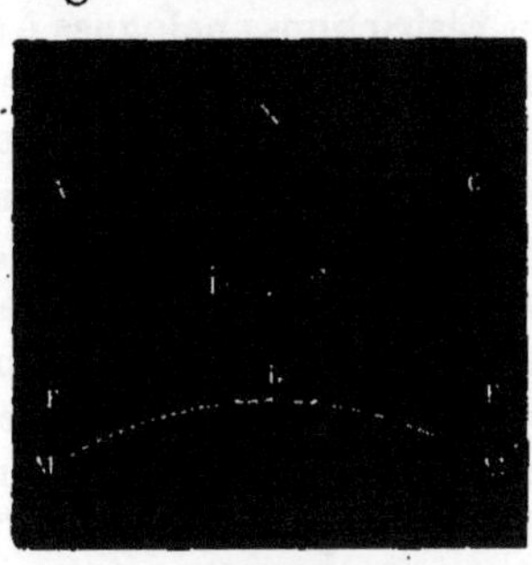

Fig. 268.

Dans ce phénomène, la portion de surface qui entoure immédiatement le point d'incidence a, seule, une influence sur la direction du rayon réfléchi. Les lois précédentes s'appliquent au cas d'une surface courbe MM' (*fig.* 268), en remarquant qu'au point d'incidence B, cette surface se confond avec son plan tangent PP', et que la normale BN est la même pour la surface et le plan tangent.

630. — Il est très important de remarquer que ces deux lois conduisent nécessairement à démontrer l'existence d'une propriété qui, comme nous le verrons plus loin, n'existe pas seulement pour la réflexion : nous voulons parler de la *reversibilité.*

Si, BA étant le rayon réfléchi correspondant à un rayon incident CB, on considère un rayon incident venant ensuite précisément suivant la direction AB, on verra immédiatement que le rayon réfléchi sera BC, c'est-à-dire qu'il coïncidera avec le précédent rayon incident. Cela doit être nécessairement, car les deux lois reviennent à dire que les trois droites CB, BN et BA doivent être dans un même plan et que les angles CBN et NBA doivent être égaux, conditions qui se trouvent satisfaites dans les deux cas précédents.

Cette propriété de la reversibilité fait comprendre qu'une

figure relative à la réflexion, peut être expliquée également bien
quel que soit le sens dans lequel on suppose que vient la lumière.

631. — Il existe quelques appareils et quelques méthodes qui
peuvent servir à démontrer directement les lois de la réflexion;
mais ils ne conduisent qu'à des approximations grossières. Il est
préférable de considérer que la démonstration de ces lois résulte de
la concordance que l'on observe entre les conséquences que nous
allons en déduire, pour des cas très divers, et les vérifications expérimentales dont quelques-unes se prêtent à des mesures très précises.

L'application à la réflexion de faisceaux lumineux des lois
que nous venons de donner pour les rayons lumineux est soumise
à des restrictions analogues à celles que nous avons déjà indiquées:
les faisceaux ne seront pas très restreints et les surfaces réfléchissantes ne seront pas de très petites dimensions.

632. Formation des images dans les miroirs plans. —
Les surfaces planes réfléchissantes nous font voir des images des
objets devant lesquels nous les plaçons; ces images semblent placées derrière la surface, à la même distance, de mêmes dimensions:
elles sont *symétriques* des objets. Nous avons à peine besoin d'indiquer que tel est l'effet des miroirs métalliques plans, de la surface
de l'eau tranquille, de celle d'un bain de mercure, etc.; les observations sont faciles à faire, et elles se présentent fréquemment.

Nous dirons qu'une image est *droite* lorsque, pour un observateur situé de manière à voir *à la fois* l'image et l'objet, les points
correspondants se trouvent d'un même côté; l'image est *renversée*
lorsque, dans les mêmes conditions, des points correspondants de
l'image et de l'objet sont l'un à droite, l'autre à gauche de l'observateur.

On dira dès lors que les miroirs donnent des images *droites*.

Il faut expliquer que ces effets sont une conséquence des lois
de la réflexion, et, pour cela, il faut étudier la réflexion des *faisceaux*.

633. Réflexion des faisceaux lumineux. — Sans qu'il soit
nécessaire d'insister, on reconnaît très facilement que si l'on considère un faisceau parallèle, il sera également parallèle après la
réflexion sur une surface plane; la direction du faisceau réfléchi
sera connue d'ailleurs aisément, puisqu'il suffira de chercher la
direction d'un des rayons qui le composent.

Soit maintenant (*fig.* 269) le cas d'un faisceau homocentrique
divergent dont A soit le sommet; soit AC l'un des rayons qui le
composent, il se réfléchira en CO suivant les lois indiquées ci-dessus.
Prolongeons ce rayon réfléchi au-delà du point d'incidence et cher-

chons le point A′ où il coupera la droite AA′ abaissée du point A parallèlement à la normale CN ; soit M le point où cette droite rencontre

Fig. 269.

le miroir plan. On voit
immédiatement que les
triangles AMC et A′MC
sont égaux et que, par
suite, on a MA′ = MA ;
le point A′ est symétri-
que du point A.

Si nous faisions la
même construction pour
un autre rayon AB, nous
trouverions que le prolongement du rayon réfléchi passe également
en A′ et qu'il en serait de même de tous les rayons réfléchis.

Donc le faisceau réfléchi est formé par des rayons dont les
directions passent en un point A′ : le faisceau réfléchi est donc
divergent, homocentrique comme le faisceau incident, et le sommet
de ce faisceau réfléchi est symétrique du point lumineux A.

Le point A′ ainsi défini est l'*image virtuelle* du point lumineux A,
et si un observateur reçoit, en totalité ou en partie, le faisceau réfléchi, il sera impressionné comme si la lumière venait de A′.

634. — Si nous avons (*fig.* 270) un objet lumineux AB placé

Fig. 270.

devant un miroir MM′,
nous répéterons le même
raisonnement pour cha-
cun de ses points, de
sorte que l'observateur
O perçoit les mêmes sen-
sations que si l'objet
était réellement placé en
A′B′ dans la position sy-
métrique de celle qu'il
occupe. On appelle *image*
de l'objet cette figure

A′B′ qui semble être la cause de la sensation.

L'image est *virtuelle*, puisqu'elle est composée de points qui
sont tous des images virtuelles ; la figure montre qu'elle est *droite*
(631) ; enfin le fait qu'elle est symétrique de l'objet apprend qu'elle
lui est égale.

635. — La reversibilité dont nous avons signalé l'existence
permet de déduire immédiatement du cas précédent les résultats
qui se manifestent lorsqu'un faisceau homocentrique convergent
tombe sur un miroir plan. La figure 269 est applicable et il suffit

de supposer que la lumière vient de la droite, de O, formant un faisceau dont les rayons se réuniraient en A′ s'ils n'étaient arrêtés par la surface réfléchissante; ils viennent alors passer par le point A, symétrique de A′. Le faisceau réfléchi est donc convergent comme le faisceau incident; il ne diffère de celui-ci que par sa direction qui se trouve définie par la position du point A.

Pour permettre de généraliser certains énoncés, il est utile de désigner le point A′, où iraient converger les rayons incidents s'ils n'étaient interceptés, par l'expression de *point lumineux virtuel*. Grâce à cette dénomination, on peut dire que dans la réflexion sur un miroir plan, un point lumineux et son image sont toujours de nature opposée (l'un réel et l'autre virtuel) et symétriquement placés par rapport à la surface réfléchissante.

636. Effets de la rotation des miroirs. — Si l'on fait arriver un rayon lumineux de direction fixe sur un miroir auquel on communique un mouvement de rotation simple, le rayon réfléchi change de direction, et l'angle dont il tourne est le double de celui dont a tourné le miroir, ainsi qu'il est facile de le démontrer[1]. On déduirait aisément ce qui arriverait dans le cas d'un faisceau.

Le résultat serait évidemment le même si le rayon

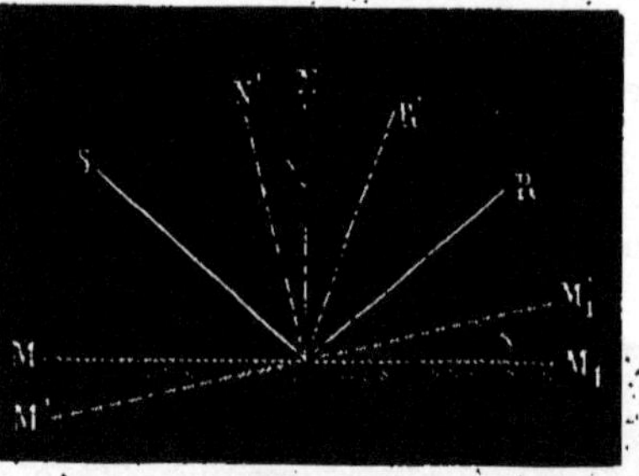

Fig. 271.

incident arrivait en tout autre point que I; les directions des rayons réfléchis seraient parallèles aux précédentes dans chaque position du miroir, et par suite l'angle aurait la même valeur.

Inversement si deux rayons incidents RI et R′I tombant successivement sur un miroir dans deux positions différentes se réfléchissent dans la même direction IS, c'est que l'angle RIR′ est le double de l'angle dont a tourné le miroir. C'est une conséquence de la reversibilité.

637. Images multiples produites par deux miroirs. — Lorsque l'on place un objet entre deux miroirs inclinés ou paral-

1. Supposons que le rayon incident SI (*fig.* 271) rencontre le miroir MM₁ en un point autour duquel s'effectue la rotation, et soit IR le rayon réfléchi; le miroir prend ensuite la position M′M′₁ après avoir tourné d'un angle α; soit IR′ la nouvelle direction du rayon réfléchi. Appelons i l'angle primitif d'incidence, on a SIR = 2i; mais la normale IN a tourné du même angle α que le miroir pour arriver en IN′; le nouvel angle d'incidence est donc $i - \alpha$, et on a par suite SIR′ = 2 ($i - \alpha$). L'angle cherché R′IR est la différence des deux angles SIR et SIR′; c'est donc 2i — 2 ($i - \alpha$) = 2α.

lèles, on observe, outre les images produites par chacun de ces miroirs et dont nous venons d'expliquer la formation, d'autres images en nombre plus ou moins considérable et régulièrement

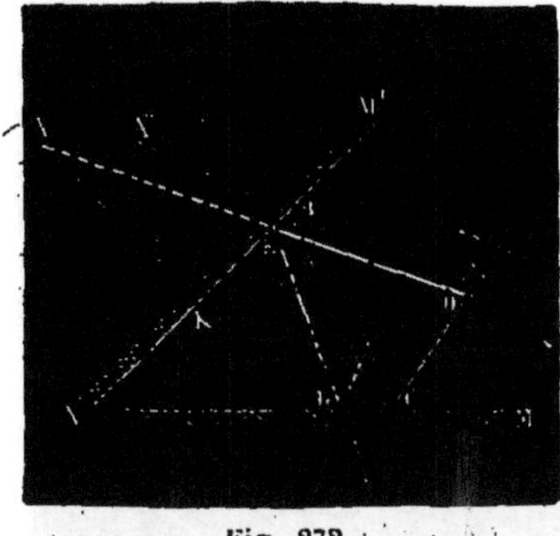

Fig. 272.

disposées. Ces images proviennent de rayons qui se sont réfléchis deux, trois... fois, ainsi que nous allons l'indiquer. ·

Soient MN et M'N (*fig.* 272) deux miroirs plans inclinés l'un sur l'autre; soient A un point lumineux placé dans l'angle qu'ils forment et O l'œil de l'observateur. Outre l'objet A, cet observateur perçoit encore l'image A' provenant de la réflexion du rayon AC, suivant CO, sur le miroir MN, et l'image A" par réflexion sur le miroir M'N.

Cherchons maintenant le symétrique A' de A' par rapport à M'N; nous disons qu'il existe un rayon émané de A et qui, après s'être réfléchi d'abord sur MN, puis sur M'N, arrive en O, comme s'il était émané du point A'. Joignons OA, qui coupe M'N en E; puis EA' qui rencontre en D la ligne MN, et menons enfin DA. La considération de triangles rectangles égaux, faciles à reconnaître, montre que les lignes AD et DE d'une part, DE et EO de l'autre, font des angles égaux respectivement avec MN et M'N, et par suite avec leurs normales; qu'un rayon émané de A suivant la direction AD suivrait le trajet ADEO et parviendrait en O. (Sur la figure, on a tracé en lignes fines la marche des rayons qui parviennent à l'œil après une seule réflexion, et en traits forts ceux qui n'arrivent que par deux réflexions successives.)

On conçoit de même que le symétrique de A" par rapport à MN eût donné une image correspondant à deux réflexions des rayons, d'abord sur M'N, puis sur MN. En opérant de la même façon sur ces nouvelles images que l'on pourrait appeler de second ordre, on obtiendrait des images de troisième ordre correspondant à trois réflexions successives, et ainsi de suite indéfiniment, à moins que l'une des images ne vienne à coïncider avec une des précédentes, auquel cas le nombre des images est limité; le nombre des constructions est illimité dans tout autre cas, mais le nombre des images est restreint; lorsque la construction géométrique conduit à une image placée dans l'angle formé par les prolongements des miroirs, les images que l'on serait amené à considérer ultérieurement n'existent pas physiquement.

Ajoutons que ces images sont d'autant moins nettes qu'elles sont plus avancées dans la série, parce que les réflexions multiples ont pour éffet d'affaiblir les images successives d'une manière notable.

Des considérations géométriques simples permettent de conclure que toutes ces images sont situées sur une circonférence ayant pour centre l'intersection des miroirs et passant par le point lumineux. On voit de la même façon qu'il y a un nombre limité d'images, si l'angle des miroirs est une partie aliquote de la circonférence; si, par exemple, il en est la n^e partie, il y a $n-1$ images. Ainsi, deux miroirs inclinés à 60° donnent 5 images distinctes; deux miroirs rectangulaires (*fig.* 273) en donnent 3, comme le montre la figure, dans laquelle les lettres ont la même signification que dans l'explication générale.

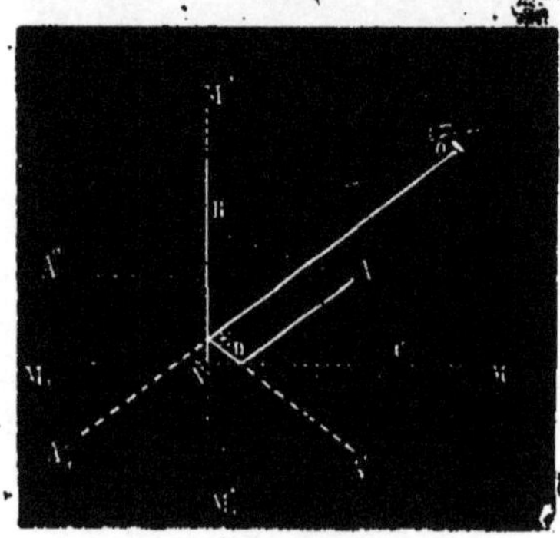

Fig. 273.

638. — On peut saisir facilement ce qui se produit dans le cas de deux surfaces réfléchissantes parallèles : si A est le point lumineux (*fig.* 274), on distingue une série indéfinie d'images situées sur la perpendiculaire commune à ces surfaces passant par A; ces images sont respectivement les symétriques les unes des autres par rapport aux surfaces, de telle sorte que leurs distances ne sont pas toutes égales, mais seulement de deux en deux, et qu'elles montrent alternativement à l'observateur la face droite

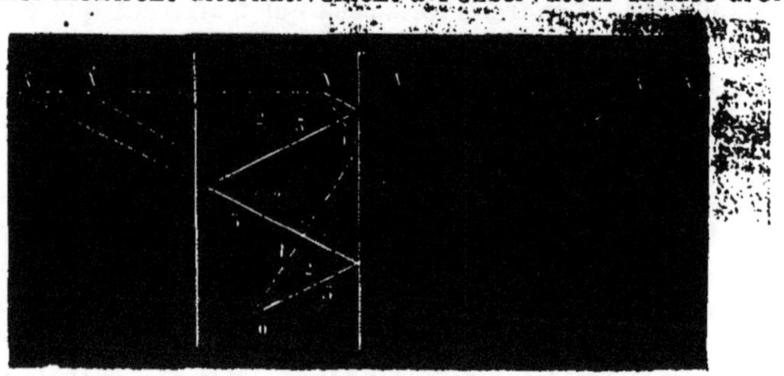

Fig. 274.

et la face gauche de l'objet lumineux. La figure montre, indiqués par des chiffres, les trajets correspondant à des rayons ayant subi 1, 2 et 3 réflexions.

Si les surfaces ne sont pas rigoureusement parallèles, les images ne sont plus en ligne droite, mais sont distribuées sur une ligne légèrement courbe; cette ligne est un arc de cercle ayant son centre au point de concours des surfaces réfléchissantes, et ce point est alors très éloigné.

La formation d'images multiples dans des miroirs inclinés donne l'explication du *kaléidoscope*, appareil intéressant inventé par Porta (1565), perfectionné par Brewster, et que l'on emploie dans certaines industries. Il se compose essentiellement d'un cylindre noirci intérieurement dans lequel on dispose parallèlement à l'axe deux miroirs inclinés à 60°; à l'une des extrémités, on place entre deux lames de verre des objets de forme quelconque, mais de couleurs vives et variées, que l'on éclaire fortement, et l'on applique l'œil à l'autre extrémité. Ces objets se groupent et se trouvent répétés cinq fois d'une manière régulière; on aperçoit, par suite, des sortes de rosaces à six branches dont les lignes ou la disposition des couleurs peuvent présenter un intérêt réel au point de vue ornemental. Un choc, même léger, imprimé au tube, fait varier le groupement des objets et change totalement la rosace.

639. Réflexion sur les surfaces courbes. — Ainsi que nous l'avons dit (629), la réflexion de la lumière sur les surfaces courbes suit les mêmes lois que la réflexion sur les surfaces planes. Mais les résultats sont bien différents, parce que les normales successives sont diversement inclinées et non plus parallèles. Ainsi, par exemple, il résulte de ce que nous avons dit que la position de l'image d'un objet dans un miroir plan est indépendante de la place qu'occupe l'œil du spectateur; il n'en est plus de même si la réflexion se produit sur une surface courbe, au moins d'une manière générale. De même aussi, l'homocentricité n'est pas conservée après la réflexion sur des surfaces courbes, sauf dans quelques cas particuliers, comme

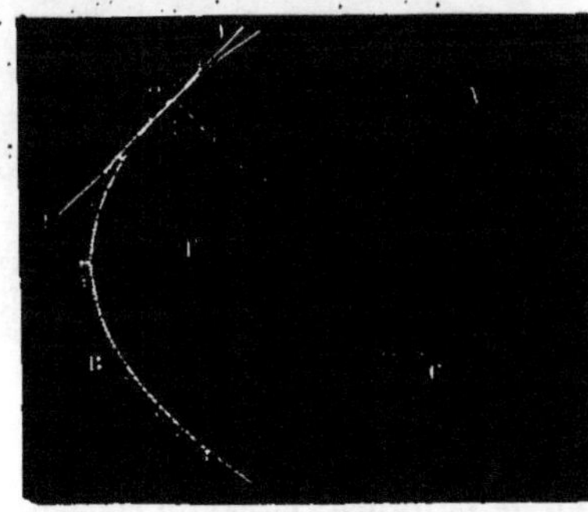

Fig. 275.

lorsqu'il s'agit de miroirs paraboliques, elliptiques ou hyperboliques.

Dans les miroirs paraboliques (*fig.* 275), les faisceaux parallèles à l'axe sont transformés en faisceaux convergents ayant leur sommet au foyer F de la parabole, et réciproquement.

Dans les miroirs elliptiques (*fig.* 276) ou hyperboliques, tout faisceau homocentrique ayant son sommet à l'un des foyers F est transformé, par la réflexion, en un faisceau homocentrique ayant son sommet à l'autre foyer F'. Ces résultats simples ne sont pas applicables d'ailleurs à des faisceaux ayant une autre position.

640. Miroirs sphériques. — Les miroirs que l'on emploie dans la construction des instruments d'optique sont le plus généralement des portions de sphère, des segments à une base. Soit MPM' (*fig.* 277) une coupe d'un semblable miroir appartenant à une sphère dont le centre est en O. L'angle MOM' est l'*amplitude* du miroir; le cercle engendré par la rotation de MM' qui limite la surface réfléchissante est la *base*; le point P, pôle de ce cercle, est le *sommet* du miroir; le point O est plus spécialement désigné sous le nom de *centre de courbure*; le rayon OP passant par le sommet P est l'*axe principal* du miroir; tout autre rayon est un *axe secondaire*; au point de vue géométrique, un axe secondaire ne diffère absolument en rien de l'axe principal, puisque tous les diamètres d'une sphère jouissent des mêmes propriétés. Enfin on appelle *section méridienne* toute section faite dans le miroir par un plan passant par l'axe principal; dans le cas des miroirs sphériques, toutes les sections méridiennes sont identiques entre elles.

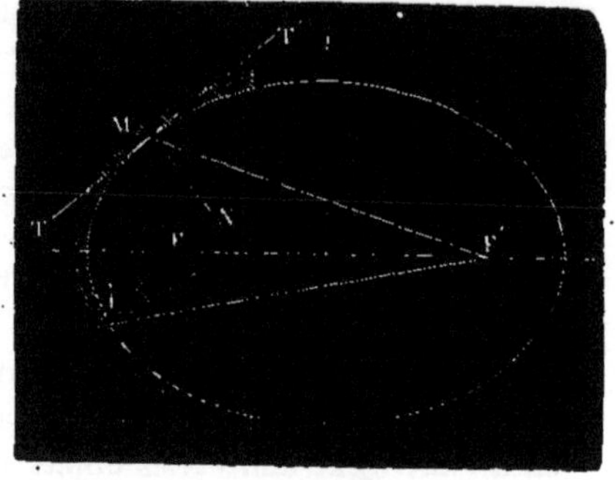

Fig. 276.

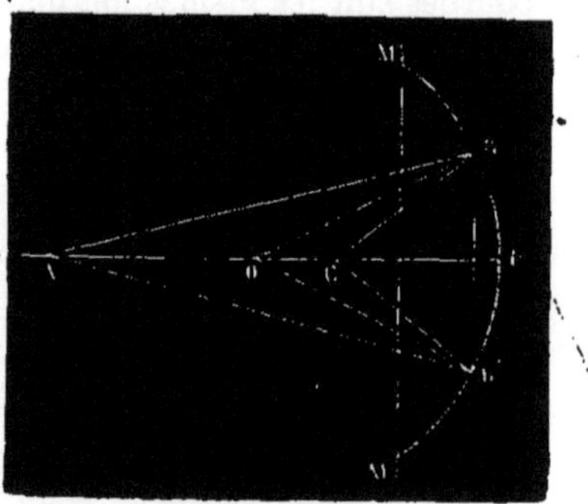

Fig. 277.

Considérons un point lumineux A situé sur l'axe principal et en voyant un rayon AB dans le plan de la figure; le rayon réfléchi BC sera dans le même plan et rencontrera l'axe en C, par exemple. Tous les rayons émanant de A et allant rencontrer le miroir en des points situés sur un même cercle BB' dans les diverses sections méridiennes donneront naissance à des rayons allant passer en C, par raison de symétrie. La question est donc ramenée à l'étude de ce qui se passe dans une section méridienne quelconque.

641. Foyers principaux. — L'expérience montre, et l'on démontre aisément qu'il en doit être ainsi, que lorsqu'un faisceau

parallèle tombe sur un miroir sphérique de peu d'amplitude il est
remplacé par un faisceau homocentrique dont le sommet est sur
l'axe parallèle au faisceau considéré[1]. Le faisceau réfléchi est convergent, (*fig.* 279) et le sommet est *réel* si le miroir est concave ; le faisceau est divergent (*fig.* 280) et le sommet est *virtuel* si le miroir est convexe.

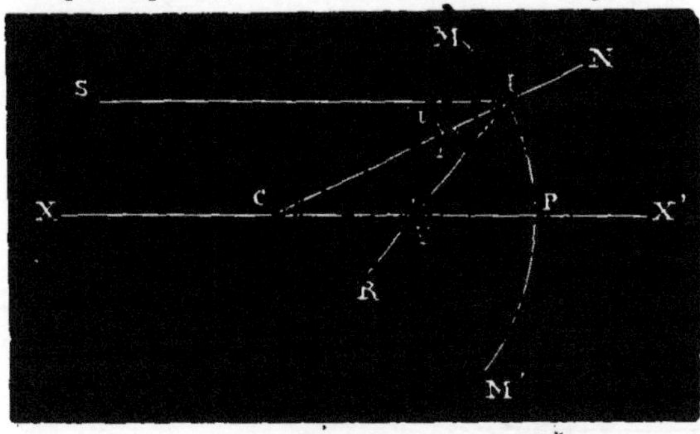

Fig. 278.

On démontre et l'on vérifie par diverses méthodes que ce
sommet est, dans chaque cas, situé à moitié distance entre le centre
et le miroir.

Si le faisceau cylindrique considéré est parallèle à l'axe principal, le sommet du cône est dit le *foyer principal* du miroir; ce foyer
est *réel* ou *virtuel* suivant que le miroir est concave ou convexe.

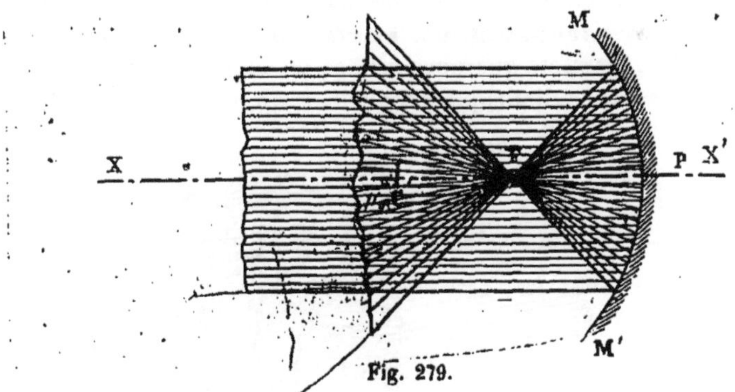

Fig. 279.

642. — Par suite de la reversibilité, on voit que le foyer principal d'un miroir jouit d'une autre propriété intéressante : lorsqu'un
faisceau conique incident a son sommet au foyer principal, le faisceau réfléchi est cylindrique et parallèle à l'axe.

Cet énoncé très important doit être étudié dans deux cas
distincts :

1° *Miroir concave.* — Le faisceau incident est divergent (*fig.* 279)

1. Soit MM' (*fig.* 278) une section méridienne d'un miroir concave dont XX
est l'axe principal, et soit SI un rayon incident parallèle à cet axe. Le rayon CI
est la normale au miroir, le rayon réfléchi IR se déterminerait donc en construisant un angle CIR égal à l'angle CIS. Si l'on remarque que les angles SIC

et émane d'un point lumineux effectivement situé au foyer principal F : il est remplacé après la réflexion par un faisceau cylindrique, moins divergent, par conséquent.

2° *Miroir convexe*. — Le faisceau incident (*fig*. 280) doit être convergent et tel que la *direction* des rayons qui le constituent passe

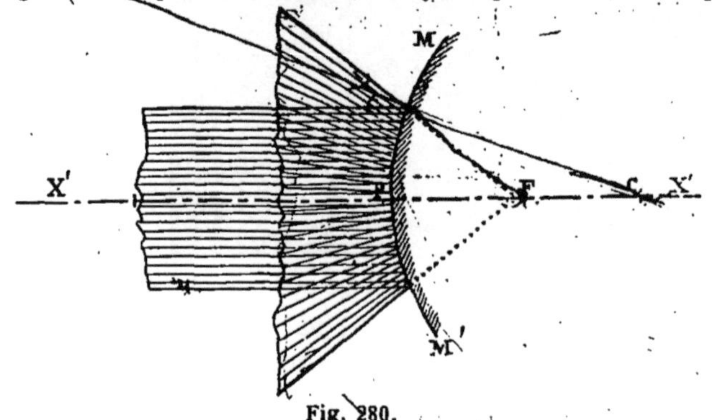

Fig. 280.

au foyer virtuel F ; ces rayons sont interceptés, bien entendu, par le miroir, derrière lequel il n'y a pas de lumière, et le faisceau réfléchi est parallèle, moins convergent par conséquent que le faisceau incident.

643. Foyers secondaires, surfaces focales, plans focaux. — Les résultats que nous venons de signaler seraient vrais pour un faisceau cylindrique parallèle à un axe secondaire $X_1 X_1'$

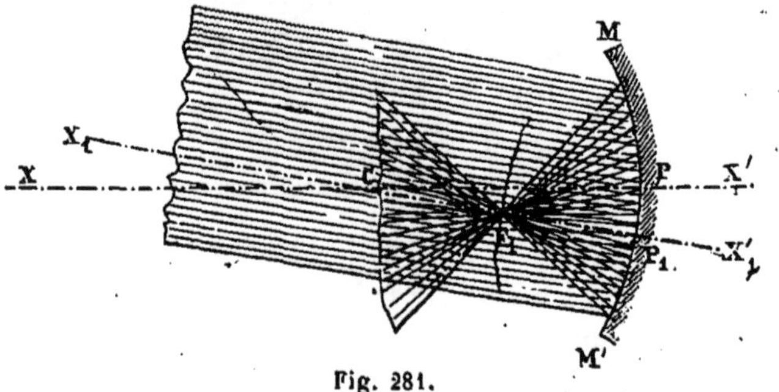

Fig. 281.

(*fig*. 281, 282) (pourvu que cet axe secondaire fît un *petit* angle avec

et ICF sont égaux comme alternes-internes, on verra que le triangle CIF est isocèle et que le côté CF est égal à FI.

En réalité, la position du point F dépendra de celle du point I ; mais si le miroir a peu d'amplitude, si, par conséquent, les angles PCI et CIS sont petits, on peut, sans erreur sensible au point de vue pratique, considérer FP comme égal à FI ; dès lors on aura, avec la même approximation, CF=FP, et le point F, milieu de CP, sera indépendant de la position du point I, c'est-à-dire que tout autre rayon incident parallèle à l'axe donnerait un rayon réfléchi allant passer en F.

La démonstration est la même pour le cas d'un miroir convexe.

l'axe principal), puisque l'axe secondaire jouit de toutes les propriétés géométriques de l'axe principal. Il y a donc sur chaque axe
secondaire un foyer F_1, sommet réel (*fig.* 281) ou virtuel (*fig.* 282) du
faisceau réfléchi qui correspond à un faisceau incident cylindrique

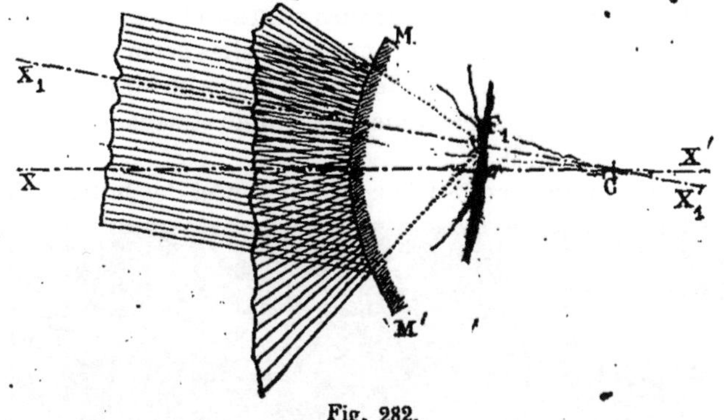

Fig. 282.

parallèle à l'axe secondaire considéré. Ce foyer, que nous appelle
rons un *foyer secondaire*, est à égale distance du centre et du miroir.

Les propriétés que nous avons déduites de la reversibilité lui
sont applicables. D'autre part, aussi, ce foyer est réel ou virtuel,
suivant que le miroir est concave ou convexe.

A chaque direction d'axe secondaire correspond un foyer secondaire ; pour un miroir déterminé l'ensemble de ces foyers constitue
une surface sphérique de peu d'amplitude (puisque le miroir lui-
même a peu d'amplitude), surface sphérique concentrique au mi
roir et ayant nécessairement un rayon moitié moindre ; c'est là ce
que l'on appelle une *surface focale*.

A cause de sa faible amplitude, cette surface focale, portion de
sphère peu étendue de part et d'autre de l'axe principal, peut être
remplacée, sans erreur sensible au point de vue pratique, par un plan
perpendiculaire à l'axe ; c'est ce que l'on appelle le *plan focal*, qui
est mené à égale distance entre le centre du miroir et le miroir.

644. Propriétés du plan focal. — Par la manière même
dont nous avons été conduits à considérer le plan focal, on voit
immédiatement quelques propriétés importantes qu'il possède.

Si l'on considère un faisceau cylindrique tombant sur le miroir,
on sait qu'il sera remplacé après la réflexion par un faisceau conique ; le sommet du cône, foyer (principal ou secondaire) correspondant à ce faisceau incident, doit se trouver dans le plan focal
et aussi sur l'axe secondaire parallèle à ce faisceau incident ; il se
trouvera donc à leur intersection et sera dès lors facile à déterminer.

Si un faisceau conique a son sommet dans le plan focal, il sera remplacé après réflexion par un faisceau cylindrique dont la direction sera celle de l'axe secondaire passant par le sommet du cône, c'est-à-dire celle de la droite joignant le sommet (réel si le miroir est concave, virtuel s'il est convexe) au centre du miroir.

645. Construction d'un rayon réfléchi quelconque. — Ces propriétés sont fort intéressantes, car elles permettent de trouver le rayon réfléchi correspondant à un rayon incident quelconque par une construction géométrique très simple et sans avoir à tracer d'angles.

Soit un rayon incident S I (la construction et les lettres s'appli-

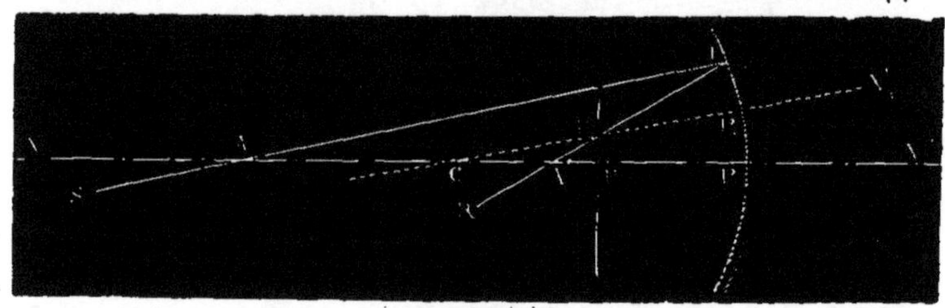

Fig. 283.

quent aux cas du miroir concave et du miroir convexe (*fig.* 283 et 284); menons par le centre C l'axe secondaire CX′₁, parallèle à SI, que nous considérerons comme un rayon lumineux; ces deux rayons appartiennent à un même faisceau cylindrique et après la réflexion iront passer par le foyer secondaire correspondant. Ce foyer est à l'intersection E de CX′₁ avec le plan focal F; le rayon réfléchi cherché doit passser en I et en E, il est donc complètement déterminé.

Il est à remarquer que la figure, par reversibilité, donne une

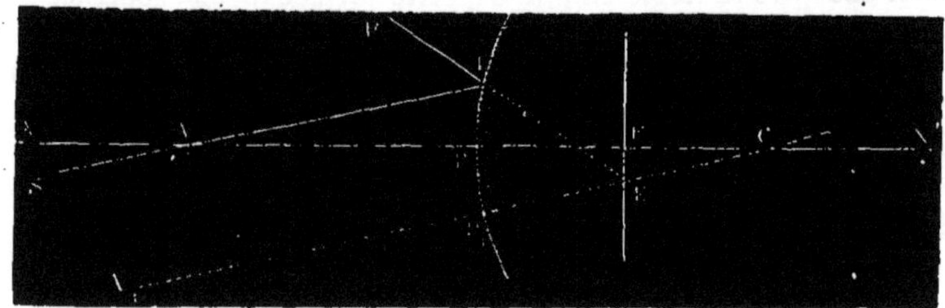

Fig. 284.

autre construction, car R I peut être regardé comme le rayon incident, et alors I S sera le rayon réfléchi.

Cette remarque est capitale, car elle permet de trouver le rayon réfléchi, même sans connaître le point I, et cette circonstance se présente quelquefois (*fig.* 285 et 286).

Soit SI le rayon incident; menons la parallèle CP. par le centre

C; elle rencontrera le plan focal en un point E, qui appartient au rayon réfléchi.

Mais, opérant par la méthode indiquée comme résultant de la reversibilité, prenons le point D où le rayon incident S I rencontre le plan focal; joignons le point D au centre C, nous aurons une direction à laquelle le rayon réfléchi doit être parallèle. Il passe par E, il est parallèle à DC, il est donc entièrement déterminé; comme on le voit, la construction n'exige pas la connaissance du point I.

Il n'est pas sans intérêt de remarquer que la figure CD IE est un parallélogramme.

646. Réflexion des faisceaux homocentriques. — L'expérience montre et le calcul vérifie que lorsqu'un faisceau homo-

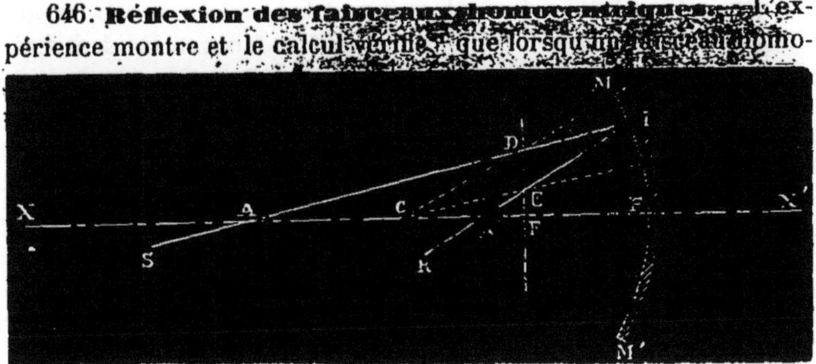

Fig. 285.

centrique tombe sur un miroir sphérique de peu d'amplitude, le faisceau réfléchi est également homocentrique.

Des cas divers peuvent se présenter: le faisceau incident peut être divergent ou convergent, il en est de même pour le faisceau

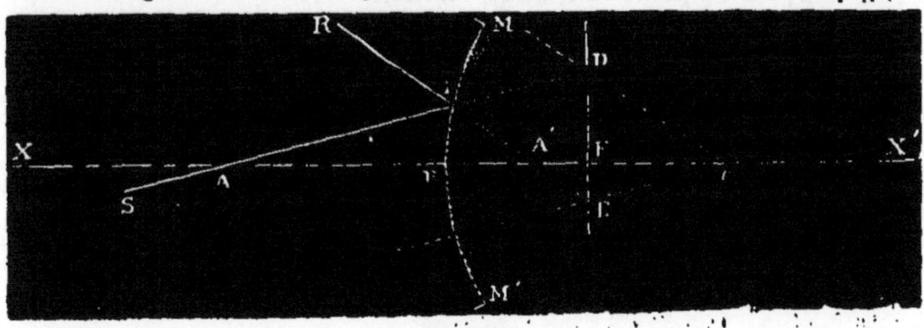

Fig. 286.

réfléchi; mais on aura toujours deux faisceaux coniques qui se correspondront.

Le sommet du faisceau réfléchi est appelé l'*image* du sommet

---

1. Dans la construction générale du rayon réfléchi correspondant à un rayon incident donné, soient A et A' (*fig.* 285 et 286) les points où ces rayons coupent l'axe principal; considérons les triangles ADC et CEA', semblables comme ayant leurs cotés parallèles, et appliquons la propriété générale à laquelle nous

du faisceau incident ; cette image sera réelle si le faisceau réfléchi est convergent, elle sera virtuelle si ce faisceau est divergent.

Par suite de la reversibilité, le sommet du faisceau incident doit être considéré comme l'*image* du sommet du faisceau réfléchi. Ces deux sommets sont donc tels que chacun d'eux est l'image de l'autre ; pour cette raison, ces deux points sont appelés *foyers conjugués*. (Il n'est pas sans intérêt de remarquer que cette expression implique l'idée de *deux* points liés entre eux par une certaine relation, et que l'on ne peut considérer *un* foyer conjugué seul.)

Dans le cas que nous venons de considérer, le sommet du faisceau incident est sur l'axe principal, et il en est de même de son image. Par raison de symétrie (640), si le sommet du faisceau incident était situé sur un axe secondaire quelconque, on ferait les mêmes remarques, les mêmes démonstrations, et l'on arriverait à conclure que son image est sur cet axe secondaire. Ce qui revient à dire que le sommet du faisceau incident, le sommet du faisceau réfléchi et le centre du miroir sont en ligne droite.

647. Interprétation physique des résultats. — Que signifient physiquement les résultats que nous venons d'indiquer?

Si le faisceau homocentrique incident est divergent, c'est qu'il part d'un point lumineux situé à une distance finie, ou du moins qu'il se comporte comme s'il partait de ce point.

Si le faisceau incident est convergent, c'est qu'il a déjà subi des modifications, il n'émane pas directement d'une source lumineuse ; son sommet, qui n'existe pas, puisque le faisceau est intercepté par le miroir avant ce point, son sommet est ce que nous avons appelé un *point* lumineux virtuel.

Le faisceau réfléchi est homocentrique, c'est-à-dire que c'est un cône convergent ou divergent ; s'il est convergent, son sommet est une *image réelle* (622) ; s'il est divergent, son sommet, qui n'existe pas physiquement, mais qui est un point d'où le faisceau lumineux *semble* venir, est une *image virtuelle* (622). Le résultat que nous venons de signaler signifie qu'un point lumineux réel ou virtuel a pour image dans un miroir sphérique un point réel ou virtuel.

aurons fréquemment recours : *les hauteurs homologues déterminent sur les bases opposées des segments proportionnels.* Nous avons immédiatement, en considérant les hauteurs DF et EF :

$$\frac{AF}{CF} = \frac{CF}{AF}$$

Ce qui montre que la position de A' ne dépend pas de I et que tous les rayons incidents passant par A donneront des rayons réfléchis passant tous par A' ; c'est-à-dire que si le faisceau incident est homocentrique, le faisceau réfléchi est homocentrique également.

Nous avons dit qu'un faisceau incident parallèle donne naissance
à un faisceau réfléchi *convergent* dans un miroir *concave*, et à un
faisceau réfléchi *divergent* dans un miroir *convexe*; on en peut évidemment conclure :

1° Qu'un faisceau incident *convergent* donnera un faisceau réfléchi *convergent* dans un miroir *concave* (*fig.* 287).

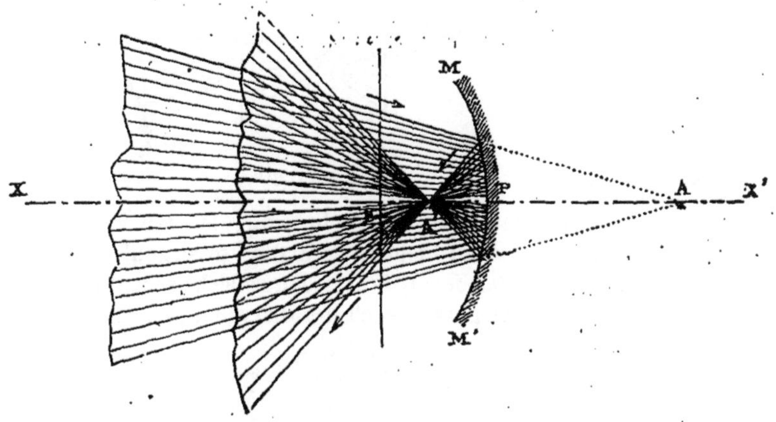

Fig. 287.

2° Qu'un faisceau incident *divergent* donnera un faisceau réfléchi
divergent dans un miroir *convexe* (*fig.* 288).

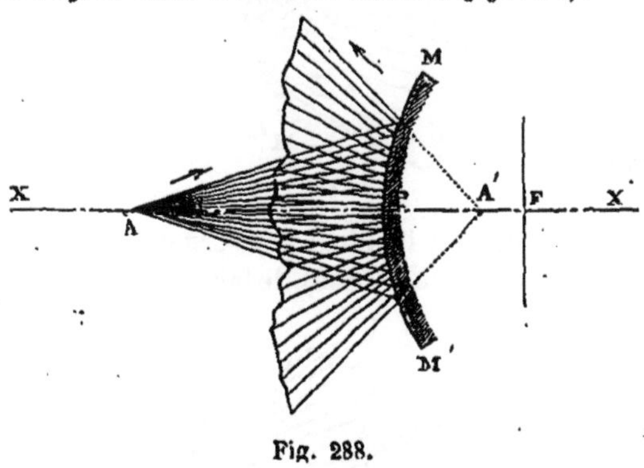

Fig. 288.

On ne peut rien
prévoir dans le cas
d'un faisceau inci-
dent divergent tom-
bant sur un miroir
concave, ou dans
celui d'un faisceau
incident convergent
tombant sur un mi-
roir convexe; sui-
vant les conditions,
le faisceau réfléchi
peut être conver-
gent, divergent ou parallèle, et il y a lieu à discussion.

648. Étude des miroirs concaves. — La discussion ne
présente d'ailleurs aucune difficulté en s'appuyant sur les propriétés
du plan focal.

Occupons-nous d'abord du miroir concave.

On sait qu'un faisceau incident divergent dont le sommet est dans
le plan focal est transformé par la réflexion en un faisceau paral-

lèle (642). Si le sommet A du faisceau incident s'éloigne au-delà du plan
focal (*fig.* 289), ce faisceau incident sera moins divergent que dans le
cas précédent ; le faisceau réfléchi sera aussi moins divergent et dès

lors, puisqu'il était
parallèle, il sera
rendu convergent.
On voit même fa-
cilement que ce
faisceau réfléchi
sera d'autant plus
convergent que le
sommet A sera
plus éloigné. Si,

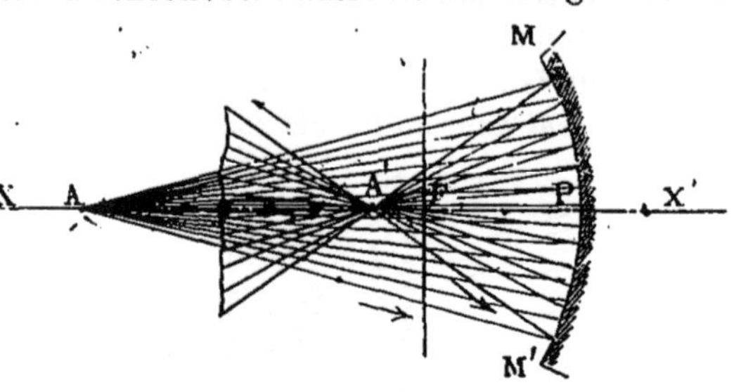

Fig. 289.

au contraire, le sommet A se rapproche entre le plan focal et le
miroir (*fig.* 290), le faisceau incident sera plus divergent que si le
sommet était dans le plan focal ; le faisceau réfléchi sera donc plus
divergent que le faisceau parallèle, c'est-à-dire qu'il sera divergent :

l'image d'un point lu-
mineux situé entre un
miroir et son plan focal
est donc virtuelle. On
reconnaît même que
cette image est d'autant
plus rapprochée du mi-
roir que le point lumi-
neux s'en rapproche
aussi davantage.

Des remarques tout
analogues s'appliquent

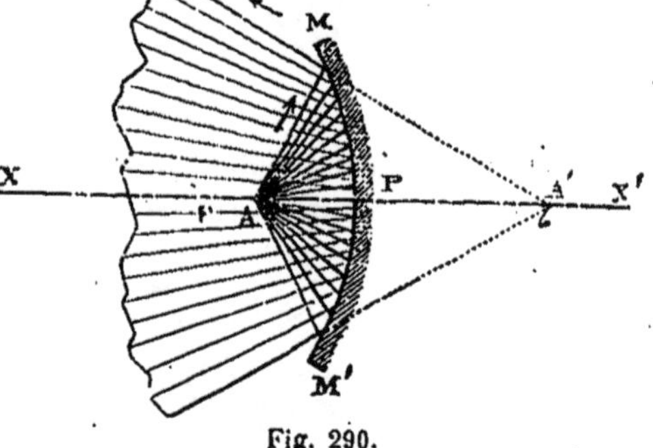

Fig. 290.

aux miroirs convexes : le faisceau incident convergent ayant son
sommet A (virtuel) dans le plan focal F (642), le faisceau réfléchi est

parallèle ; on voit ai-
sément que ce dernier
sera convergent et
donnera une image
réelle A' (*fig.* 291) si
le sommet A du fais-
ceau incident est com-
pris entre le miroir et
le plan focal F : dans
ce cas, d'ailleurs, le
faisceau réfléchi sera

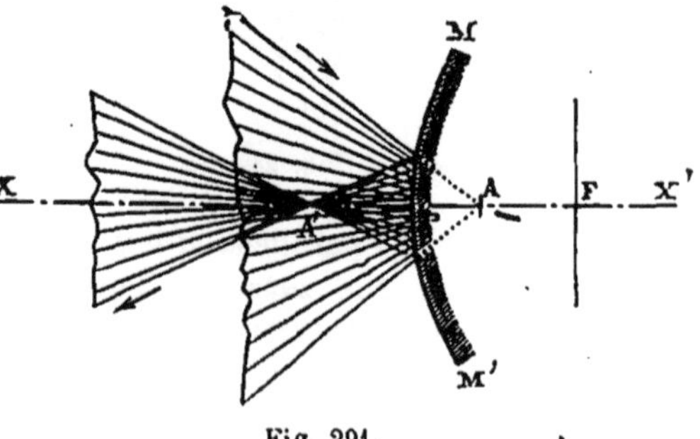

Fig. 291.

moins convergent que le faisceau incident. Si, au contraire, le

sommet A du faisceau incident est situé au-delà du plan focal F
(*fig.* 292) le faisceau réfléchi sera divergent, ce qui correspond à
une image virtuelle A'.

Ces considérations générales et intuitives, pour ainsi dire, seront
corroborées par ce que nous dirons dans la suite.

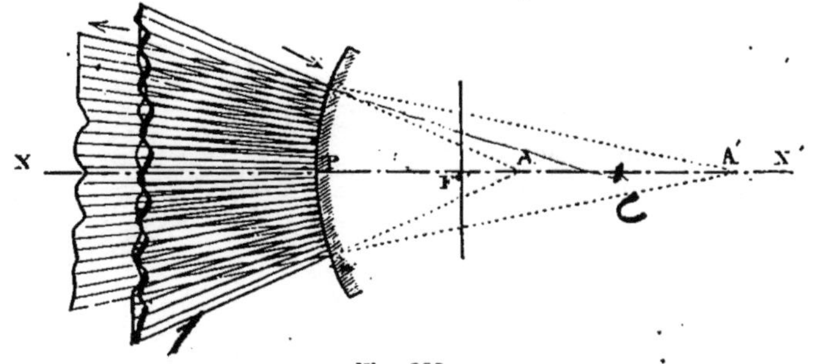

Fig. 292.

Il faut remarquer que les conséquences auxquelles nous venons
d'arriver seraient également vraies, bien entendu, si les points
considérés étaient sur un axe secondaire, et non sur l'axe principal comme le supposent les figures.

649. Image d'un objet. — On peut considérer un objet lumineux comme formé par la réunion de points lumineux ; de telle
sorte que la connaissance des résultats obtenus pour ceux-ci conduit à ce qui se produit pour un objet quelconque.

Il est évident que si l'on considère un objet lumineux qui soit
un arc de cercle de peu d'amplitude et ayant pour centre le centre
du miroir, chacun de ses points donnera une image sur l'axe secondaire correspondant. Toutes ces images seront à la même distance
du centre, et l'image sera par conséquent un arc de cercle.

Si ces arcs de cercle ont peu d'amplitude, on peut, sans erreur
sensible, les confondre avec les tangentes, et l'on arrive à cette conclusion importante :

L'image d'une petite droite perpendiculaire à l'axe principal est
une petite droite perpendiculaire à cet axe.

On comprend dès lors que si l'objet est une droite AB (*fig.* 293)
limitée d'une part à l'axe A et définie par son extrémité opposée
en B, l'image sera connue si on peut déterminer l'image A' de cette
extrémité.

Il faut donc, pour résoudre la question, considérer un faisceau
incident ayant cette extrémité pour sommet et chercher quel est le
faisceau réfléchi correspondant : son sommet sera l'image cherchée.

650.—Puisque l'on peut considérer géométriquement les faisceaux
comme constitués par des rayons lumineux, leurs sommets seront

définis par l'intersection de deux de ces rayons. On pourra prendre deux rayons de direction quelconque et leur appliquer la méthode générale que nous avons indiquée. Mais il est plus simple de choisir, pour faire la construction, des rayons dont on puisse trouver immédiatement le rayon réfléchi, comme par exemple : 1° le rayon parallèle à l'axe dont le réfléchi passe par le foyer ; 2° le rayon passant par le foyer dont le réfléchi est parallèle à l'axe ; 3° le rayon passant par le centre qui est normal et se réfléchit sur lui-même.

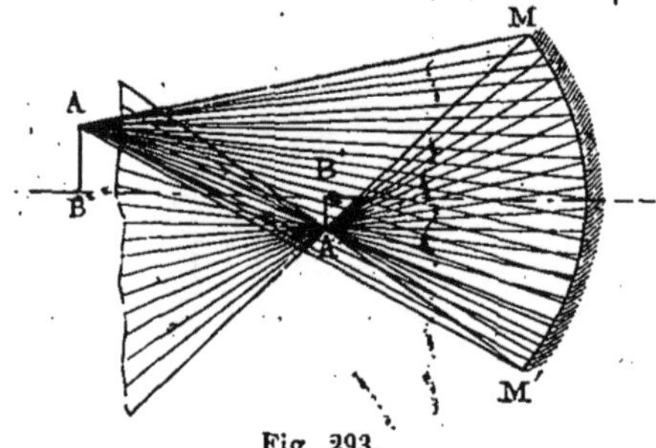

Fig. 293.

Il est question de direction et il peut arriver que l'on ait à considérer non le rayon, mais son prolongement ; les indications générales n'en subsisteront pas moins.

Il va sans dire que, au point de vue physique, les rayons que nous signalons n'ont rien de particulier ; qu'ils ne se distinguent pas des autres ; qu'ils pourraient même ne pas exister effectivement sans que le faisceau cessât de converger au point qui aurait été déterminé. Ces rayons, autrement dit, sont commodes pour les constructions géométriques, ils n'ont aucune propriété physique spéciale.

651. Construction des images dans les miroirs concaves. — Soit MM′ (*fig.* 294) un miroir concave dont XX′ soit l'axe principal, P le sommet, F le plan focal, et soit AB un objet lumineux,

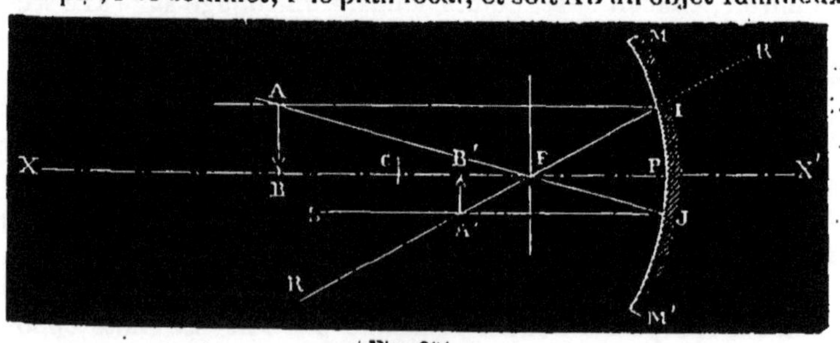

Fig. 294.

perpendiculaire à l'axe. Cherchons à déterminer l'image du point A et, pour cela, considérons deux rayons passant par ce point :

1° Le rayon AI parallèle à l'axe qui se réfléchit en passant par le foyer F. Il faut remarquer que quelle que soit la position de l'objet AB devant le miroir, le rayon AI restera invariable et qu'il en sera de même du rayon réfléchi IFR qui est dès lors un *lieu géométrique* de l'image de A ; d'autre part, on peut admettre, sans erreur sensible, à cause de la faible amplitude du miroir qui permet de confondre l'arc PI avec sa tangente, que l'arc PI est égal en grandeur à l'objet AB ;

2° Le rayon AFJ passant par le foyer et qui est réfléchi suivant JS parallèle à l'axe. L'intersection A' des deux rayons réfléchis sera l'image du point A (c'est-à-dire le sommet du cône réfléchi), et on voit que, approximativement, la longueur A'B', qui est l'image de l'objet AB, et PJ sont égales.

Ainsi que nous l'avons dit, on aurait pu prendre tout autre rayon pour déterminer le point A', et notamment l'axe secondaire qui se serait réfléchi suivant sa propre direction. Nous conclurons de là, comme nous l'avions déjà dit, que les points A, A' et le centre C du miroir sont sur une même droite.

652. — Lorsque l'objet prendra diverses positions par rapport au miroir, le rayon AI réfléchi en IR sera invariable ; mais au contraire le rayon AFJ, réfléchi en JS, variera ; l'image A'B' variera alors de grandeur, de position, elle variera également de sens et de nature.

Il est clair que tant que le point A' sera en avant du miroir (à gauche sur la figure), le faisceau réfléchi sera convergent, que l'image sera réelle, tandis que le faisceau réfléchi sera divergent et l'image virtuelle si le point A' se trouve en arrière du miroir (à droite sur la figure), c'est-à-dire sur le prolongement IR' du rayon réfléchi IR. D'autre part, l'image sera renversée, c'est-à-dire que A' sera au-dessous de l'axe, si ce point se trouve sur la partie FR du rayon ; elle sera droite si l'image de A' se trouve sur la partie FR'.

On reconnaît immédiatement sur les figures que tant que l'objet sera au-delà du foyer principal par rapport au miroir (à gauche du plan focal), l'image sera réelle et renversée ; elle sera virtuelle et droite lorsque l'objet sera entre le plan focal et le miroir. Enfin si la ligne AB est à droite du miroir, l'image est réelle et droite (le cas correspond non pas à un objet réel, mais à un objet *virtuel*, c'est-à-dire à des faisceaux arrivant en convergeant sur le miroir). On peut résumer ces résultats par la règle suivante qui est générale :

L'image est droite (de même sens que l'objet) quand l'image et l'objet sont de même nature (tous les deux réels ou tous les deux virtuels) ; elle est renversée si l'image et l'objet sont de nature opposée.

La construction montre, d'autre part, d'une manière générale aussi, que :

L'image et l'objet se meuvent en sens contraire.

653. **Rapport de grandeur de l'image et de l'objet. Plans principaux.** — En ce qui concerne le rapport de gran-

deur, on l'obtient aisément; car dans les triangles ABF et FPJ, toujours semblables comme ayant leurs côtés parallèles, le rapport des lignes PJ et AB est égal au rapport de FP à BF; ou bien encore, pour une raison analogue dans les triangles semblables A'B'F et FPI, le rapport des lignes A'B' et PI est égal à celui de B'F à FP.

En particulièr, on voit qu'il y a deux positions de l'objet pour lesquelles l'image est égale à l'objet, c'est-à-dire pour lesquelles on a PJ = AB ou, ce qui revient au même, A'B' = PI.

En effet, pour que l'on ait PJ = AB, il faut que l'on ait FB = FP. En même temps alors les triangles semblables FPI et FA'B' deviennent égaux, et l'on en conclut FB' = FP.

Ces valeurs générales conduisent à deux solutions :

1° Le point B coïncide avec le point P, il en est de même de B' : l'objet réel est en contact avec la surface du miroir; il en est de même de l'image, qui est virtuelle, droite et égale à l'objet.

2° Le point B coïncide avec le centre C (car nous savons que FC = FP) : l'objet se trouve dans le plan perpendiculaire à l'axe qui passe par ce centre; il en est de même de l'image, qui est réelle, renversée et égale à l'objet.

La surface du miroir, assimilée approximativement à un plan, et le plan perpendiculaire à l'axe et passant par le centre jouissent donc d'une propriété spéciale : dans ces plans il y a coïncidence et égalité de grandeur entre l'image et l'objet. A ce point de vue, nous appellerons la surface du miroir le *plan principal* du système, et le plan passant par le centre le *plan principal inverse* ou plan *antiprincipal*. Nous aurons dans la réfraction l'occasion de généraliser l'emploi de ces termes.

654. — En résumé, les deux plans principaux et le plan focal divisent l'espace en 4 zones : si on suppose que l'objet se déplace d'un mouvement continu de gauche à droite, on est conduit à énoncer les règles suivantes qui sont la conséquence de ce que nous venons de dire.

I, 1re *zone*. — L'objet est entre l'infini et le plan principal inverse, l'image est réelle, renversée et plus petite que l'objet, elle est située dans la 2e zone, d'autant plus petite et d'autant plus près du foyer que l'objet est plus loin.

II, *Plan principal* inverse : l'image est réelle, renversée et égale à l'objet, elle est dans le même plan.

III, 2e *zone*. — L'objet est entre le plan principal inverse et le plan focal; l'image est réelle, renversée, plus grande que l'objet, située dans la 1re zone, d'autant plus grande et d'autant plus éloignée que l'objet est plus près du foyer.

IV, *Plan focal* : il n'y a pas d'image à proprement parler; chaque

point donne un faisceau qui devient cylindrique après la réflexion.
Par généralisation, on dit qu'il y a une image à l'infini.

V, *3e zone.* — L'objet est entre le plan focal et le miroir : l'image

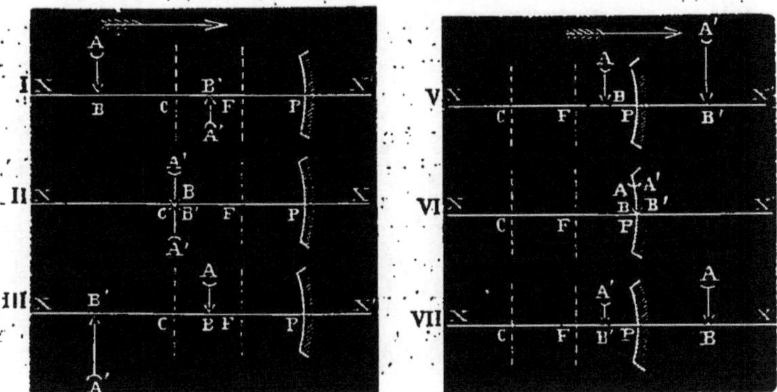

Fig. 295.

est virtuelle, droite, plus grande que l'objet, située dans la 4ᵉ zone,
d'autant plus grande et plus éloignée que l'objet est plus près du
plan focal.

VI, *Plan principal* (surface du miroir) : l'image est virtuelle,
droite, égale à l'objet et située dans le même plan.

VII, *4ᵉ zone.* — L'objet est au-delà du miroir (il est virtuel nécessairement, c'est-à-dire que ce sont des faisceaux *convergents* qui
tombent sur le miroir); l'image est réelle, droite, plus petite que
l'objet ; elle est située dans la 3ᵉ zone et d'autant plus petite et plus
près du foyer que l'objet virtuel est plus éloigné vers la droite.

Ces règles sont importantes : on peut les réduire, en remarquant
que les parties I et III d'une part, V et VII de l'autre dérivent les
unes des autres par reversibilité [1].

1. Il existe quelques formules qu'il n'est pas sans intérêt de signaler. La si-
militude des triangles ABF et FPJ, FPI et FA'B' donne immédiatement (*fig.* 294):

$$\frac{PJ}{AB} = \frac{PF}{FB} \qquad et \qquad \frac{A'B'}{PI} = \frac{FB'}{FP} .$$

D'où, à cause des égalités PJ = A B' et PI = AB, il vient encore

$$\frac{PF}{FB} = \frac{FB'}{FP} .$$

Convenons de déterminer d'une manière générale les points A et A' par
leurs abscisses et leurs ordonnées. (Les abscisses sont les distances comptées sur
l'axe XX' entre un point fixe choisi à l'avance, une origine, et les pieds des perpendiculaires abaissées des points sur l'axe; les ordonnées sont les longueurs
de ces perpendiculaires.) Nous conviendrons *d'une manière absolument générale* de compter les abscisses positivement du côté d'où la lumière est négativement en sens contraire; les ordonnées seront positives au-dessus de l'axe, négatives au-dessous.

Si nous prenons le foyer F pour origine et si nous appelons *l* et *l'* les abs-

655. Construction des images dans les miroirs convexes. — Au point de vue géométrique, la construction est la même que pour les miroirs concaves, et l'on peut répéter exactement ce que nous avons dit (*fig.* 296).

MM' étant le miroir dont F est le foyer et AB un objet perpendiculaire à l'axe, on mène :

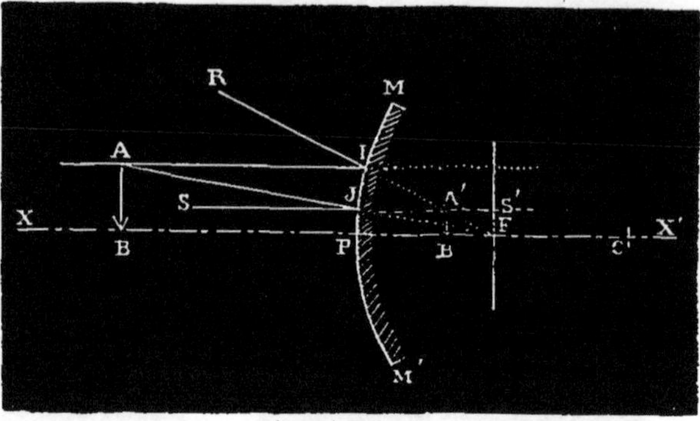

Fig. 296.

1° Le rayon parallèle à l'axe AI réfléchi en IR de manière que sa direction passe par le foyer F ;

2° Le rayon AF, passant au foyer, qui coupe le miroir en J et se réfléchit parallèlement à l'axe en JS.

L'image de A est en A' à l'intersection des directions des deux rayons réfléchis.

cisses des points A et A' et f l'abscisse du pôle P du miroir, nous aurons

$$l = FB \quad , \quad l' = FB' \quad \text{et} \quad f = - FP \quad ,$$

Appelons O (objet) et I (image) les ordonnées de A et A', il viendra :

$$O = AB \quad \text{et} \quad I = - A'B'.$$

Les égalités précédentes deviennent alors :

$$\frac{I}{O} = \frac{f}{l} \quad , \quad \frac{I}{O} = \frac{l'}{f} \quad \text{et} \quad \frac{-f}{l} = \frac{l'}{-f}.$$

Cette dernière équation s'écrit plus souvent $ll' = f^2$.

On prend quelquefois le point P pour origine : appelons alors p, p' et ψ les abscisses des points A, A' et F. On a, dans le cas de la figure 294,

$$p = PA \quad , \quad p' = PA' \quad \text{et} \quad \psi = PF;$$

les équations deviennent alors :

$$\frac{I}{O} = - \frac{\psi}{p - \psi} \quad , \quad \frac{I}{O} = \frac{p' - \psi}{\psi} \quad \text{et} \quad \frac{\psi}{p - \psi} = \frac{p' - \psi}{\psi}.$$

La dernière équation donne après réduction

$$O = pp' - p'\psi - p\psi \quad \text{ou} \quad \frac{1}{p} + \frac{1}{p'} = \frac{1}{\psi}.$$

Les formules auxquelles on arrive ainsi sont absolument générales, comme on le reconnaît en étudiant tous les cas ; elles s'appliquent également aux miroirs convexes, à la condition de tenir compte des changements de signe : il est facile de s'en assurer.

Ces formules, sous l'une ou l'autre forme, permettent de faire une discussion complète, aussi bien que la méthode géométrique que nous avons employée.

Les remarques que nous avons faites plus haut (651) et qui
sont relatives au sens de l'image et à son déplacement pour le
miroir concave sont absolument applicables ici, ainsi qu'il serait
facile de s'en assurer.

De même aussi les égalités approchées AB = PI et PJ = A'B'
conduisent à considérer des plans particuliers intéressants : le *plan
principal* qui coïncide avec la surface du miroir, et le *plan principal
inverse* qui passe par le centre et est perpendiculaire à l'axe. Les
propriétés de ces plans qui servent à les définir sont les mêmes que
pour le miroir concave : dans le plan principal, l'image coïncide
avec l'objet et lui est égale mais de nature opposée ; — dans le
plan principal inverse, l'image coïncide avec l'objet et lui est égale,
mais de même nature, l'une et l'autre virtuelles, ainsi qu'on le
reconnaît aisément.

656. — La discussion géométrique se fait comme pour le miroir
concave en considérant 4 zones ; mais, dans ce cas, ce n'est que
dans la 1re zone que l'objet est réel ; il est virtuel, c'est-à-dire
qu'il correspond à des faisceaux convergents, pour les 3 autres zones.

On voit immédiatement que dans le cas d'un objet (réel) l'image
est virtuelle, droite, plus petite que l'objet, située entre le miroir et
le plan focal, d'autant plus petite et plus près de ce plan que l'objet
est plus éloigné.

On fait aisément la discussion dans le cas de l'objet virtuel et

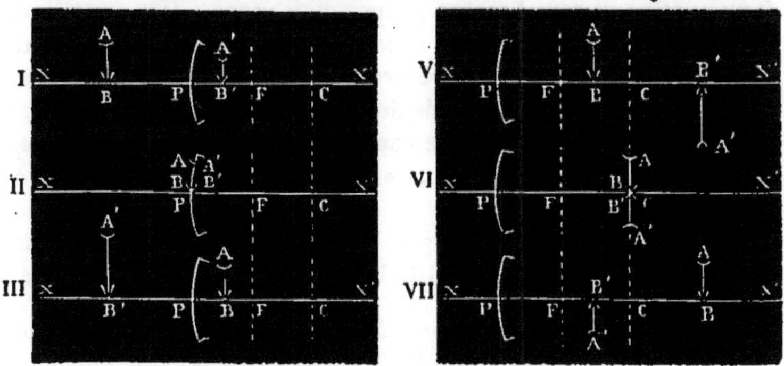

Fig. 297.

l'on reconnaît que diverses circonstances peuvent se présenter, et
que, notamment, on peut avoir une image réelle dans certains cas [1].

---

1. Cette discussion conduit aux résultats suivants (*fig.* 297) :

I, 1re zone, de l'infini au miroir (plan principal) ; image virtuelle, droite, plus
petite que l'objet, située dans la 2e zone, d'autant plus petite et plus près du
foyer que l'objet est plus loin.

II, plan principal ; l'image coïncide avec l'objet, comme nous venons de le
dire.

III, 2e zone, du plan principal (miroir) au plan focal. Objet virtuel ; l'image

657. Réflexion sur des surfaces non polies ; diffusion.
— Lorsqu'un faisceau lumineux vient tomber sur une surface non
polie, les rayons qui le composent sont, au moins en partie,
renvoyés dans *toutes les directions ;* la lumière, dans ce cas, est dite *diffusée.* On
dit aussi qu'elle est *irrégulièrement réfléchie,* mais cette expression est rejetée aujourd'hui ; tout se passe alors comme si
les rayons suivaient les mêmes lois de
réflexion qui ont été données dans le para-
graphe 629, mais que cette réflexion se
troduisît sur des particules présentant des
faces dans toutes les directions ; c'est à ces

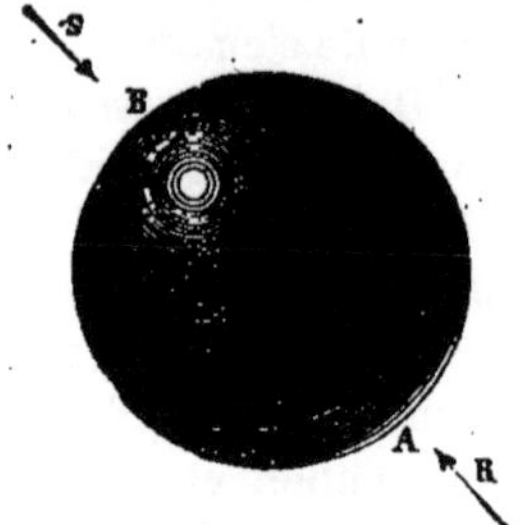

Fig. 298.

différences d'orientation que l'on a souvent attribué les effets de la
diffusion ; mais, comme nous le dirons, ils paraissent plutôt dus
à des actions d'une autre nature. (Voir *Diffraction.*)

C'est à la lumière diffusée que nous devons de voir les corps,
quelque position que nous occupions, par rapport à eux et à la
source de lumière, ce qui exige qu'un certain nombre de rayons
arrivent à notre œil dans chaque cas, et cela ne pourrait avoir lieu
par la réflexion régulière. La lumière diffusée par les corps voisins
nous permet de voir les objets situés dans l'ombre ; l'air même
diffuse la lumière, et c'est à cela que nous devons de distinguer la
forme des parties de l'ombre propre d'un corps ; c'est à ces rayons,
réfléchis par l'air, que sont dues les parties relativement claires
que l'on observe dans l'ombre propre d'une sphère (*fig.* 298) expo-
sée à une lumière, et éloignée de toute surface réfléchissante. On
peut remarquer, et la théorie complète en donne la raison, que la
partie la plus claire de l'ombre se trouve exactement opposée à la
partie la plus brillante.

Il résulte de la diffusion que l'éclairement d'un corps (comme
coloration également) dépend de la lumière directe ou régulièrement

est réelle, droite, plus grande que l'objet, située dans la 1re zone, d'autant
plus grande et plus éloignée que l'objet est plus près du plan focal.

IV, plan focal ; il n'y a pas d'image ; par généralisation on dit qu'elle est à
l'infini.

V, 3e zone, du plan focal au plan principal inverse (objet virtuel) ; l'image
est virtuelle, renversée, plus grande que l'objet, située dans la 4e zone, d'autant plus grande et plus éloignée que l'objet est plus près du foyer.

VI, plan principal inverse ; l'image coïncide avec l'objet, est virtuelle comme
lui, de même grandeur et renversée.

VII, 4e zone, du plan principal inverse à l'infini ; l'image est virtuelle (comme
l'objet), renversée, plus petite que l'objet, située dans la 3e zone, d'autant plus
petite et plus rapprochée du foyer que l'objet est plus éloigné.

Les formules que nous avons indiquées (654, note) sont applicables aux miroirs convexes ; seulement, dans ce cas, f est positif, tandis que ψ est négatif.

réfléchie qu'il reçoit, et de la lumière diffusée soit par l'atmosphère, soit par les corps voisins.

658. Réflexion sur des surfaces imparfaitement polies. — Si un corps était parfaitement poli, il ne pourrait être distingué en présence d'un point ou d'un corps lumineux ; ainsi que nous l'avons expliqué, nous percevrions des sensations lumineuses, provenant de son image, comme si c'était un objet, sans que rien pût nous renseigner sur l'existence de la surface réfléchissante. En réalité, les choses se passent rarement ainsi, et nous *voyons* non seulement l'image, mais aussi la surface réfléchissante ; celle-ci, qui n'est pas absolument polie, renvoie de la lumière diffusée, qui nous fait voir les points de la surface comme éclairés ou lumineux, et nous avertit de leur existence. Une expérience concluante montre la vérité de cette explication : dans une chambre obscure, on fait arriver, par une ouverture pratiquée à une paroi, un rayon lumineux qui se réfléchit sur un miroir très poli et bien net ; dans ce cas, à quelque distance on ne peut croire à l'existence de ce miroir, tandis que l'on voit l'image comme un corps lumineux réel ; mais, si l'on vient à projeter de la poussière, l'image pâlit, et le miroir devient distinct, et d'autant plus facilement que la poussière est en plus grande quantité. Cette poussière diminue, en somme, le poli de la surface, et rend appréciable la quantité de lumière diffusée.

CHAPITRE III

RÉFRACTION

659. Réfraction de la lumière. — Avant d'étudier des phénomènes nouveaux, nous devons insister spécialement sur cette condition que, dans ce chapitre, nous supposons que la lumière qui sert aux expériences est *simple*, condition qui sera nettement définie plus tard, et que nous pouvons remplir expérimentalement en interposant, par exemple, un morceau de verre rouge coloré par l'oxyde de cuivre sur le trajet du faisceau lumineux, ou en employant la flamme de l'alcool salé. Nous supposerons également que les milieux transparents traversés sont liquides ou amorphes, ou, s'ils sont cristallisés, qu'ils appartiennent au système cubique.

Lorsqu'un rayon lumineux vient frapper un corps transparent, il se transmet à peu près intégralement dans ce milieu ; mais, en général, il change de direction, de telle sorte que le nouveau chemin rectiligne qu'il parcourt n'est pas dans le prolongement de celui qu'il suivait dans le milieu précédent. On dit alors, pour exprimer cet effet, que le rayon se *réfracte*, qu'il subit une *réfraction* (du latin *frangere*, briser).

.On peut facilement mettre ce fait en évidence : on fait pénétrer un rayon dans une chambre obscure, et sur le trajet qu'il parcourt,

et qui, nous l'avons dit, est nettement visible, on place une cuve en cristal remplie d'eau ou d'un autre liquide transparent (*fig.* 299). Le rayon illumine le chemin AC qu'il suit dans le liquide, et l'on reconnaît nettement qu'il fait un certain angle avec le trajet extérieur SA. En faisant varier les conditions d'incidence et la nature du liquide, on fait également varier l'angle de déviation.

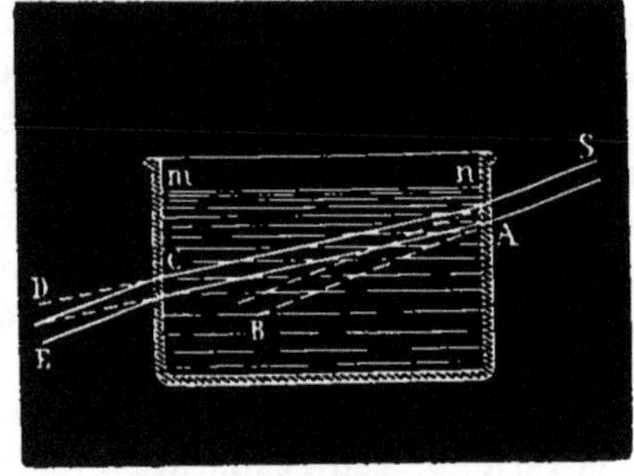

Fig. 299.

De même que pour la réflexion, il y a intérêt à considérer les faisceaux lumineux comme formés de rayons et à donner les lois de la réfraction pour un rayon ; on en peut déduire ensuite les résultats de la réfraction pour les faisceaux.

A chaque rayon incident, défini comme il a été dit pour la réflexion, correspond un rayon réfracté dont la position est déterminée par le *plan de réfraction* et l'*angle de réfraction* dont la définition est tout analogue à celle des éléments correspondants de la réflexion.

660. **Lois de la réfraction.** — Les lois qui régissent la réfraction des rayons lumineux sont les suivantes :

Première loi : *Le rayon réfracté est dans le plan d'incidence.*

Deuxième loi : *Pour deux milieux donnés, le sinus[1] de l'angle d'incidence est dans un rapport constant avec le sinus de l'angle de réfraction.*

Troisième loi : *Si l'on change le sens dans lequel se fait la propagation de la lumière, il y a reversibilité.*

Il n'existe pas de moyens précis de vérifier expérimentalement ces lois; comme

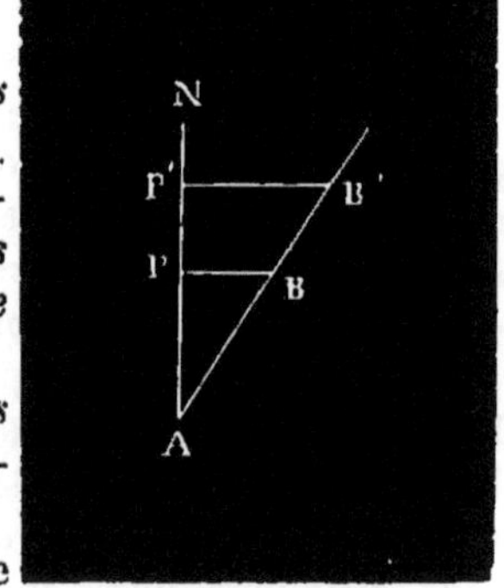

Fig. 300.

pour la réflexion, elles sont démontrées par l'accord des faits observés avec les conséquences qu'on déduit de ces énoncés.

1. On appelle *sinus* d'un angle NAB (*fig.* 300) le rapport de la longueur de la perpendiculaire abaissée d'un point B d'un côté de l'angle sur l'autre côté AN à

661. Loi de Descartes; indice de réfraction. — La première loi de la réfraction est trop simple pour qu'il y ait lieu de s'y arrêter. Il n'en est pas de. même de la seconde, dont l'étude conduit à d'importantes conséquences; cette loi est souvent désignée sous le nom de *loi de Descartes*. Elle se traduit par la formule

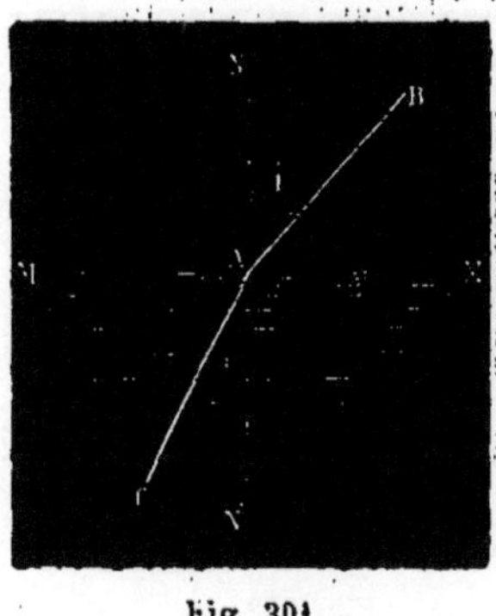
Fig. 301.

$$\frac{\sin i}{\sin r} = m$$

dans laquelle i et r désignent les angles d'incidence et de réfraction. m est une quantité constante pour deux mêmes milieux, indépendante de la valeur de l'angle d'incidence : elle a reçu le nom d'*indice de réfraction* du second milieu par rapport au premier.

Si l'on considère le cas où la lumière passe du vide dans une substance, l'indice de réfraction correspondant est ce que l'on appelle l'*indice absolu de réfraction* de la substance considérée.

Dans un grand nombre de cas, au point de vue des applications, on se sert, non de la loi de Descartes, mais d'une loi approchée, en admettant que pour deux mêmes milieux les angles d'incidence et de réfraction sont dans un rapport constant. Cette approximation n'est possible que lorsque l'on peut remplacer le rapport des sinus par le rapport des arcs, c'est-à-dire quand les angles sont très petits. Nous aurons à plusieurs reprises l'occasion d'utiliser cette remarque.

662. Construction géométrique des rayons réfractés. — La détermination du rayon réfracté correspondant à un rayon incident donné peut se faire à l'aide de la formule, de laquelle on tire

$$\sin r = \frac{\sin i}{m};$$

mais le calcul exige l'emploi des logarithmes. On peut, à l'aide d'une construction géométrique très simple, arriver au même résultat, de la manière suivante:

la distance de ce même point B au sommet de l'angle ; il est évident que ce rapport est indépendant de la position du point B, car on a

$$\frac{BP}{AB} = \frac{B'P'}{AB'}.$$

Soient MM' (*fig.* 302) la surface de séparation où se produit la réfraction, et BA un rayon lumineux rencontrant cette surface en A; de ce point comme centre décrivons deux circonférences, dont les rayons AE et AD, de grandeur absolue quelconque d'ailleurs, sont tels que l'on ait

$$\frac{AE}{AD} = m.$$

Prolongeons le rayon incident au delà de A, jusqu'à ce qu'il rencontre en B' la circonférence AD; par ce point B' menons une perpendiculaire à MM' jusqu'à

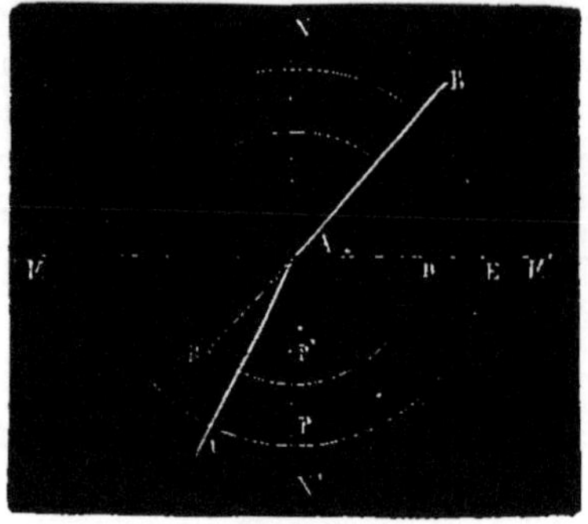

Fig. 302.

son point d'intersection C avec l'autre circonférence AE; le point C est un point du rayon réfracté, qui est par conséquent AC.

En effet, menons la normale NN' à la surface de séparation, et abaissons les droites B'P', CP perpendiculaires à NN' qui sont égales; on a

$$\sin i = \frac{B'P'}{AB'}, \qquad \sin r = \frac{CP}{AC};$$

en divisant membre à membre, il vient

$$\frac{\sin i}{\sin r} = \frac{AC}{AB'};$$

mais,
$$AC = AE \text{ et } AB' = AD:$$

donc
$$\frac{\sin i}{\sin r} = m.$$

Cette construction est facile, et conduit aux mêmes résultats que la formule, mais d'une manière moins abstraite.

La figure est faite dans l'hypothèse où la valeur de m est plus grande que 1: dans le cas contraire, le cercle de rayon AD serait extérieur au cercle de rayon AE, mais cela ne changerait rien aux résultats, à la construction.

Nous discuterons plus loin les conséquences de la loi de Descartes.

663. Retour inverse des rayons. — Soit un rayon incident BA (*fig.* 304) passant, par exemple, de l'air dans l'eau et prenant dans ce second milieu la direction AC; la 3° loi, celle de la *reversibilité* ou du *retour inverse des rayons*, signifie que si nous considérons dans l'eau un rayon incident ayant la direction CA, il sortira dans l'air suivant AB.

Soient i et r les angles d'incidence et de réfraction dans le premier cas ; i' et r' les angles d'incidence et de réfraction dans le second cas : la loi de reversibilité signifie que si l'on a $i' = r$ on doit avoir $r' = i$.

Mais si nous appelons m l'indice de réfraction de l'eau par rapport à l'air, et m' l'indice de l'air par rapport à l'eau, on a

$$\frac{\sin i}{\sin r} = m \qquad \text{et} \qquad \frac{\sin i'}{\sin r'} = m'.$$

D'où, en multipliant terme à terme et tenant compte des égalités précédentes :

$$mm' = 1 \qquad \text{ou} \qquad m' = \frac{1}{m}.$$

664. — Des expériences qui permettent d'obtenir des résultats assez précis montrent que par l'interposition sur le trajet d'un rayon lumineux d'un ou plusieurs milieux séparés par des plans parallèles la *direction* de ce rayon n'est pas changée : le rayon est seulement *déplacé* parallèlement à lui-même. De cette expérience on déduit quelques conséquences intéressantes, et d'abord que la loi de reversibilité est exacte.

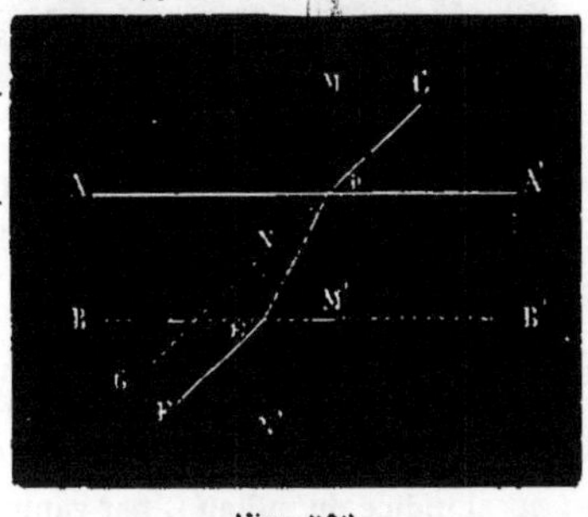

Fig. 303.

Considérons le cas simple d'une lame transparente à faces parallèles placée dans l'air et traversée par un rayon lumineux (*fig.* 303).

Appelons i et r les angles que font avec la normale DM le rayon incident CD et le rayon réfracté DE ; si m est l'indice de réfraction du premier milieu par rapport au second, on a

$$\frac{\sin i}{\sin r} = m.$$

Appelons de même i' et r' les angles que font avec la normale EN le rayon incident DE et le rayon réfracté EF, et soit m' l'indice de réfraction du second milieu par rapport au premier, dans lequel le rayon EF émerge en définitive. On a aussi

$$\frac{\sin i'}{\sin r'} = m'.$$

Mais à cause du parallélisme de AA' et BB', et de CD et EF, on a $i = r'$ et $r = i'$; en multipliant, par suite, les deux équations précédentes membre à membre, il vient

$$1 = mm' ;$$

d'où

$$m' = \frac{1}{m}.$$

équation qui, comme nous l'avons dit, caractérise la propriété de la reversibilité.

Si l'on se rappelle que, par suite des lois de la réflexion, le même chemin peut être parcouru dans les deux sens par un rayon lumineux, on voit que cette dernière remarque permet d'énoncer la loi générale suivante :

Quels que soient la nature et l'ordre des milieux à la surface de séparation desquels un rayon lumineux se réfléchit ou se réfracte, le chemin qu'il parcourt serait le même pour un rayon marchant en sens inverse, et dont la direction du rayon incident coïnciderait avec celle du rayon émergent précédent:

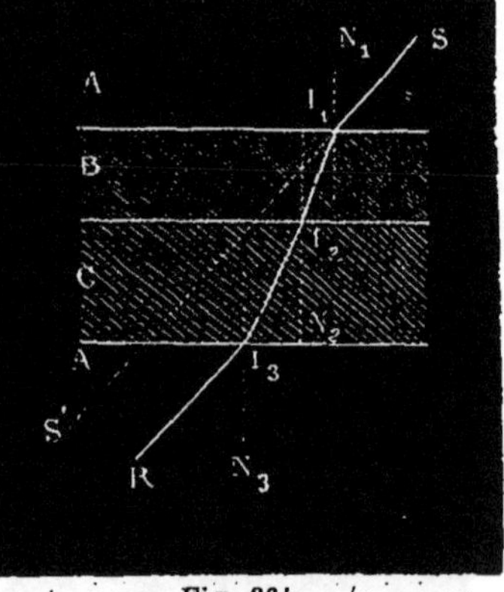

Fig. 304.

Un calcul analogue appliqué au cas où le rayon lumineux traverse plusieurs milieux conduit à une relation simple entre les indices de réfraction relatifs et absolus [1] :

1. Sans vouloir traiter la question dans toute sa généralité, nous nous bornerons à considérer le cas où le rayon incident étant dans l'air A (*fig.* 304) traverse deux milieux à faces parallèles B et C et sort dans l'air; soient m_{AB} l'indice de réfraction du milieu B par rapport à l'air; m_{BC} l'indice du milieu C par rapport à B, et m_{CA} l'indice de l'air par rapport à C. Soient d'autre part i_1, r_1 ; i_2, r_2 ; i_3, r_3, les angles d'incidence et de réfraction à chacune des surfaces de séparation on a immédiatement :

$$\frac{\sin i_1}{\sin r_1} = m_{AB} \quad , \quad \frac{\sin i_2}{\sin r_2} = m_{BC} \quad \text{et} \quad \frac{\sin i_3}{\sin r_3} = m_{CA} .$$

Les angles r_1 et i_2 sont égaux comme alternes-internes; de même pour r_2 et i_3 ; enfin puisque le rayon émergent est parallèle au rayon incident, on a aussi $i_1 = r_3$. Si alors on multiplie les trois égalités terme à terme, on a

$$1 = m_{AB} . m_{BC} . m_{CA} .$$

Enfin si l'on remarque que $m_{AC} = \dfrac{1}{m_{CA}}$ (m_{AC} étant l'indice de réfraction du milieu C par rapport à l'air), on a l'importante relation

$$m_{AC} = m_{AB} . m_{BC} ,$$

relation qui pourrait s'étendre à un nombre quelconque de milieux.

Si, par exemple, m_a et m_b mesure les indices absolus des milieux A et B (indice par rapport au vide), on aura

$$m_b = m_{AB} . m_a$$

d'où enfin

$$m_{AB} = \frac{m_b}{m_a} .$$

L'indice de réfraction d'un milieu B par rapport à un milieu A est égal au rapport des indices absolus des milieux B et A.

665. Discussion de la loi de Descartes. — Bien que, comme nous l'avons dit, la formule et la construction géométrique s'appliquent à tous les cas, les conséquences varient avec les valeurs attribuées à l'indice de réfraction m, et sont notamment très différentes suivant que l'on a $m = 1$, $m > 1$ ou $m < 1$.

La discussion de ces différents cas peut se faire à volonté en partant de la construction géométrique ou de la formule des sinus qui exprime la loi de Descartes. Nous développerons la discussion géométrique.

1° Soit $m = 1$: dans ce cas, les deux circonférences qui interviennent dans la construction sont confondues en une seule, le point C se confond avec le point B' (*fig.* 302) et le rayon réfracté est le prolongement du rayon incident; il n'y a pas *réfraction* à proprement parler. L'effet est le même que s'il n'existait pas deux milieux, mais un seul: deux milieux, quelles que soient leur nature et leur composition chimique, qui ont le même indice absolu de réfraction, et par conséquent ont l'un par rapport à l'autre un indice égal à 1, se comportent optiquement comme ne constituant qu'un seul milieu [1].

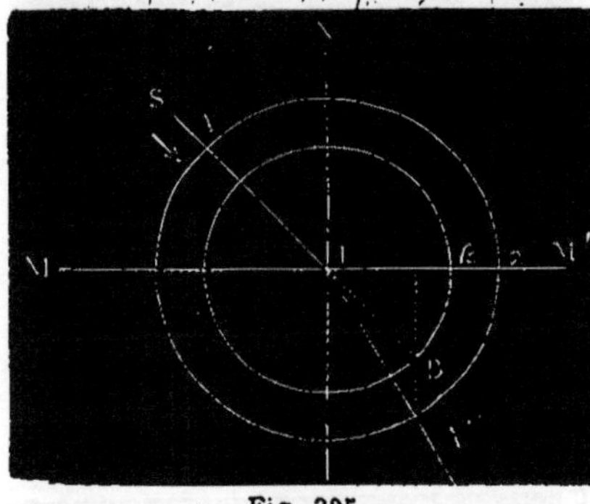

Fig. 305.

2° Soit $m > 1$: le cercle α est extérieur au cercle β (*fig.* 305), le point A' est plus éloigné de MM' que le point B et par suite le rayon lumineux en se réfractant se rapproche de la normale. On exprime ce cas en disant que le deuxième milieu est *plus réfringent* que le premier ou que le premier est *moins réfringent* que le deuxième.

En appliquant la construction à diverses positions du rayon incident (*fig.* 306) on reconnaît : 1° qu'elle est applicable quelle que soit la direction du rayon incident; 2° que si le rayon incident est normal, le rayon réfracté est normal, il n'y a pas réfraction à proprement parler; 3° que pour la dernière position possible du rayon incident, le rayon réfracté atteint une position l_4 qui ne peut être dépassée par aucun autre rayon arrivant au même point d'incidence; l'angle

1. Si dans la formule de Descartes on fait $m = 1$, on en conclut $\sin r = \sin i$, et, par suite, $i = r$, puisque ces deux angles sont nécessairement l'un et l'autre plus petits que 90°.

de réfraction correspondant à cette position est ce que l'on appelle *l'angle limite;* on le construit facilement et on déterminerait aisément sa valeur en calculant son sinus [1].

3° Soit $m < 1$: dans ce cas la circonférence β (*fig.* 307) est extérieure à la circonférence α; en appliquant la même construction, on voit que le point A' est moins éloigné que B de MM'; que, par suite, le rayon lumineux, en se réfractant, s'éloigne de la normale : le premier milieu est alors dit plus réfringent que le deuxième.

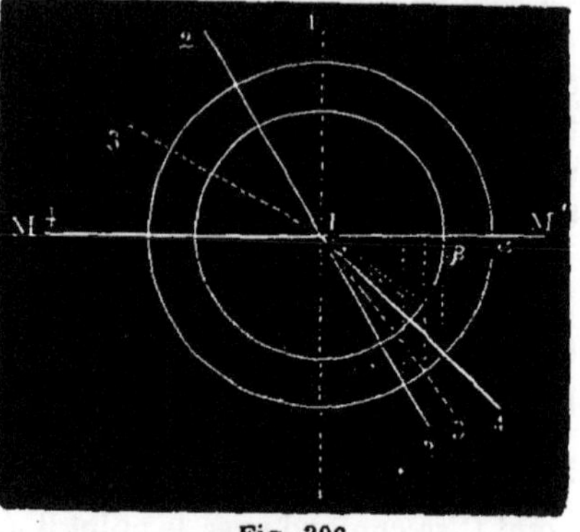

Fig. 306.

On peut continuer la discussion ainsi, ou bien on peut la conclure des résultats précédents et de la figure précédente en supposant que la lumière marche en sens contraire. On voit alors (*fig.* 308) que : 1° si le rayon arrive normalement, il passe normalement dans le deuxième milieu, sans réfraction à proprement parler; 2° la construction n'est pas toujours possible : il y a une position extrême 41 du rayon incident à laquelle correspond un rayon réfracté perpendiculaire à la normale et au-delà duquel la construction n'est plus possible : l'angle d'incidence correspondant est appelé *angle limite;* en déterminant sa valeur d'après la construction, on reconnaît qu'elle est la

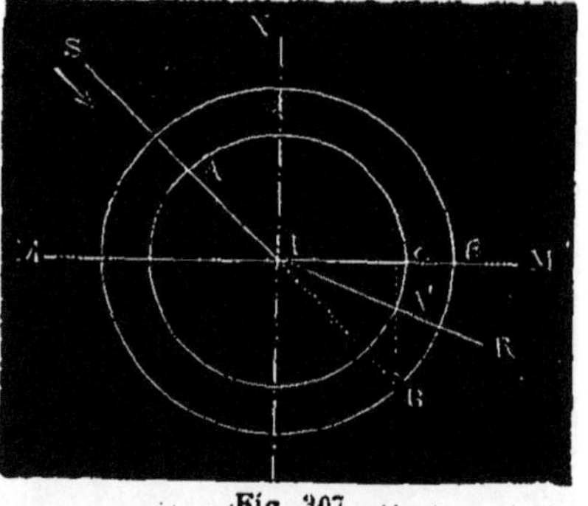

Fig. 307.

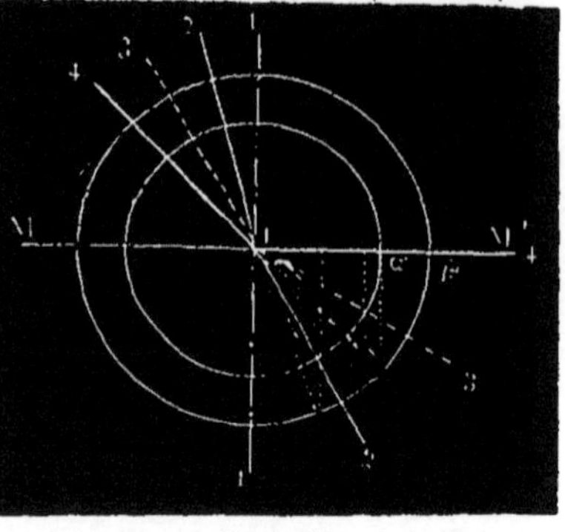

Fig. 308.

1. La loi de Descartes donne $\sin r = \dfrac{1}{m} \sin i$; si m est > 1, on en conclut que r est $< i$; si $i = 0°$ on a aussi $r = 0$; si on fait $i = 90°$, valeur extrême, l'angle de réfraction atteint une valeur maxima qu'il ne peut dépasser, *angle limite* R donné par la relation $\sin R = \dfrac{1}{m}$.

même pour les mêmes milieux que celle trouvée dans le cas précédent [1].

666. Réflexion totale. — La discussion précédente nous apprend que lorsqu'un rayon lumineux passe d'un milieu plus réfringent à un milieu moins réfringent, la réfraction ne se produit pas, si l'angle d'incidence est plus grand que l'angle limite ; elle ne nous permet pas de prévoir ce qui se produira si, ce qui est toujours possible, nous prenons un plus grand angle d'incidence. L'expérience montre que, dans ce cas, il y a purement et simplement réflexion, comme si la surface de séparation correspondait à un second milieu opaque, et non à un second milieu transparent.

Nous avons dit déjà que lors même qu'il y a une réfraction, toute la lumière n'est pas réfractée et qu'une partie est réfléchie : la proportion de cette dernière croît à mesure que l'angle d'incidence se rapproche de l'angle limite, et quand il la dépasse, *toute* la lumière est réfléchie, puisqu'il n'y a rien de réfracté ; c'est pour cette raison que l'on dit que, dans ce cas, il y a *réflexion totale*. Un rayon qui subit la réflexion totale obéit aux lois de la réflexion, comme y obéit d'ailleurs la partie de la lumière qui se réfléchit, alors qu'il y a en même temps réfraction.

667. Indice de réfraction. — On conçoit l'utilité qu'il y a à connaître les indices de réfraction : ils peuvent être déterminés seulement par l'expérience, et nous indiquerons plus loin le moyen de les déterminer. Disons seulement que l'on ne peut, même approximativement, déterminer l'ordre de réfringence des corps. Il n'existe aucune relation absolue entre la composition des corps et la valeur de leur indice de réfraction ; cette dernière quantité n'est pas non plus dans un rapport simple avec la densité, malgré certaines idées émises par Newton, qui ont trouvé des vérifications curieuses, mais qui ont été démenties depuis.

Les indices de réfraction des solides et des liquides varient dans des limites assez étendues, ainsi qu'il résulte d'un tableau que nous donnons plus loin. On détermine en général les indices de réfraction de ces corps par rapport à l'air, indices qui diffèrent peu des indices absolus.

Pour les gaz, on prend l'indice de réfraction absolu, c'est-à-dire

1. La loi de Descartes pour $m < 1$, à cause de $\sin r = \frac{1}{m} \sin i$, donne $r > i$; si $i = 0$, on a $r = 0$; on ne peut donner à i une valeur quelconque, car alors on aurait $\sin r > 1$, ce qui est impossible ; on ne peut dépasser la valeur $\sin r = 1$ pour $r = 90$, ce qui correspond à une valeur limite I définie par $\sin I = m$; cette valeur est la même que R définie plus haut ; la valeur $\frac{1}{m}$ du cas précédent est justement égale à la valeur actuelle m, car il s'agit de deux mêmes milieux traversés en sens inverse.

l'indice de réfraction du gaz considéré pris par rapport au vide. Ces indices sont très faibles; du reste, pour un même gaz, ils varient en raison inverse de la densité et, par suite, augmentent quand la pression croît, ou quand la température diminue.

668. Réfraction des faisceaux lumineux. — De la connaissance de la réfraction des *rayons* lumineux, on déduit le résultat de la réfraction des *faisceaux* lumineux : comme pour la réflexion, il y a lieu de considérer séparément le cas où il n'y a qu'une surface réfringente et celui où il y en a plusieurs ; enfin, dans le premier cas, que nous examinerons d'abord, il faut étudier successivement les surfaces planes et les surfaces courbes. Nous nous occuperons d'abord des surfaces planes qui sont les plus simples.

On comprend aisément, par raison de symétrie, qu'un faisceau parallèle à l'incidence reste parallèle à l'émergence : la direction du faisceau est changée comme l'est celle de l'un des rayons constituant le faisceau (on reconnaîtrait aisément que la section du faisceau varie aussi).

Si le faisceau incident est conique, homocentrique, il donne naissance après la réfraction à un faisceau qui n'est pas homocentrique : ce résultat est le même qu'il y ait convergence ou divergence. Un point lumineux ne donne donc pas naissance à une image par la réfraction, dans le sens précis du mot.

Mais on peut démontrer, et l'expérience vérifie que, si l'on prend un *pinceau* lumineux, faisceau homocentrique de peu d'amplitude à l'incidence, après la réfraction on a également un pinceau que l'on peut regarder sans erreur sensible comme homocentrique : le sommet de ce pinceau réfracté est l'*image* du sommet du pinceau incident.

669. Images à travers une surface plane. — On reconnaît aisément que, par la réfraction à travers une surface plane, la nature du pinceau n'est pas changée : il reste parallèle, divergent ou convergent, suivant que le pinceau incident était parallèle, divergent ou convergent. Si l'on avait un point lumineux réel donnant un faisceau divergent à l'incidence, son image serait virtuelle; réciproquement si l'on avait un pinceau convergent incident, c'est-à-dire un point lumineux virtuel, l'image serait réelle.

Si le faisceau passe d'un milieu moins réfringent à un plus réfringent, de l'air à l'eau, par exemple, la convergence du faisceau ou sa divergence est diminuée. Au contraire, la convergence ou la divergence est augmentée si le pinceau considéré passe d'un milieu plus réfringent à un milieu moins réfringent, de l'eau à l'air, par exemple : cela résulte immédiatement du sens dans lequel se fait la réfraction et se voit directement sur les figures 309 et 310; bien qu'il y ait 4 cas à considérer, il suffit de construire 2 figures, à la condition de supposer que dans chacune d'elles la lumière marche tantôt dans un sens et tantôt dans l'autre.

Ces conclusions permettent de déterminer quel est dans chaque

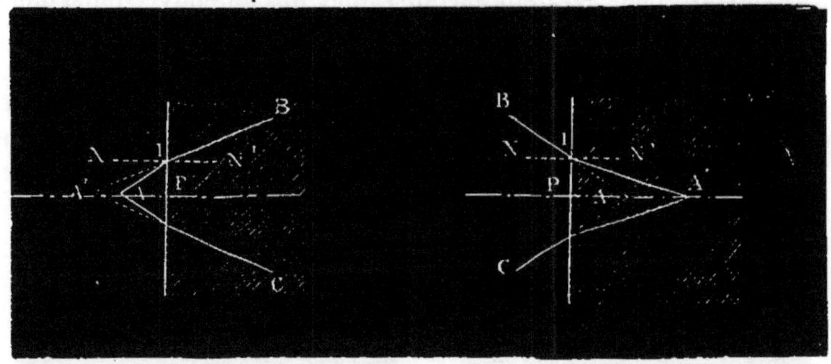

Fig. 309.   Fig. 310.

cas le déplacement de l'image par rapport à l'objet. On voit ainsi que, par exemple, étant donné un point lumineux A' dans un milieu tel que l'eau, pour un observateur situé dans l'air, milieu moins réfringent, l'image se fera en A plus près de la surface réfringente.

Il est sans intérêt d'examiner en détail tous les cas qui peuvent se présenter, comme aussi d'insister sur ce qui se produit dans le cas d'un objet, puisqu'il suffit d'appliquer les résultats précédents à chacun des points de l'objet.

670. **Applications de la réfraction sur une surface plane.** — Les résultats que nous venons de résumer donnent l'explication d'un certain nombre de faits dont plusieurs sont d'observation journalière, tels que les suivants. On place au fond d'un vase vide, à parois opaques, un objet AB (*fig.* 311) en un point tel, que

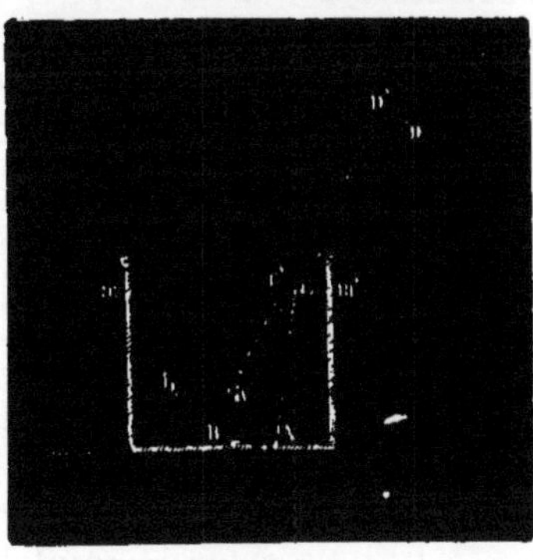

Fig. 311.

l'on ne puisse l'apercevoir du point D; si l'on vient à verser de l'eau dans le vase, il arrive un moment où, sans que l'on fasse varier les positions de l'œil et de l'objet, on le distingue [en *ab* : c'est qu'alors les rayons lumineux suivent, pour parvenir en D, une ligne brisée ACD que n'interceptent pas les parois, ainsi que nous l'avons dit; mais l'image que l'on voit n'est pas à la place même de l'objet, elle est relevée. C'est encore pour la même raison qu'un bâton droit que l'on plonge dans l'eau paraît brisé au point où il pénètre dans ce liquide; que le fond d'un étang semble plus rapproché de la surface qu'il ne l'est en réalité, etc.

Le fait que l'image virtuelle d'un point lumineux placé dans un milieu plus réfringent est plus rapprochée de la surface réfringente que le point même explique certains effets dus au couvre-objet dans le microscope.

L'existence de l'angle limite se manifeste notamment dans l'expérience suivante : un jour où le ciel est couvert de nuées, on expose en plein air une masse réfringente, de l'eau, par exemple, dont la

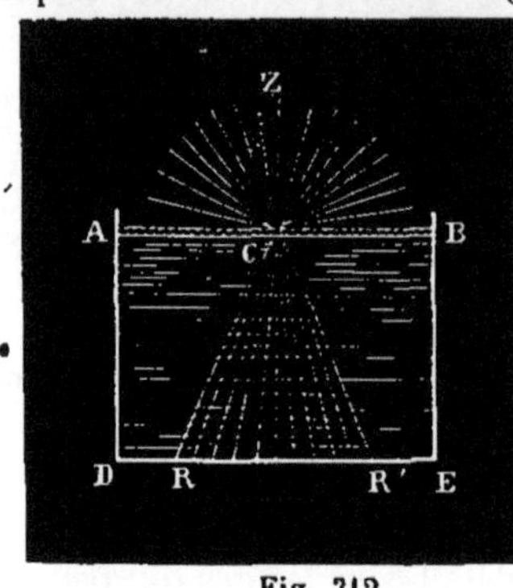

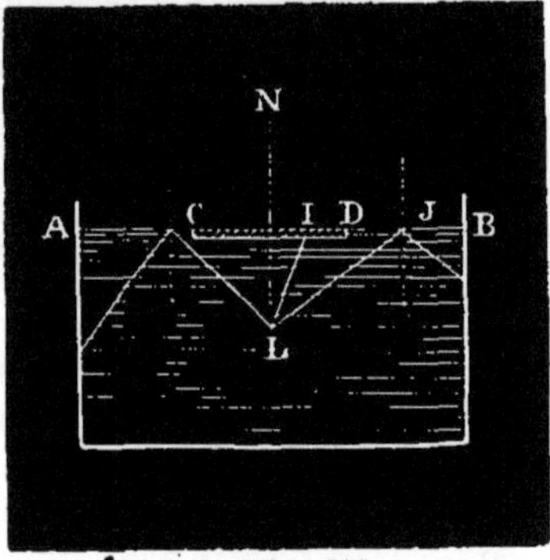

Fig. 312.   Fig. 313.

surface supérieure horizontale est recouverte d'un écran opaque AB, dans lequel est pratiquée une petite ouverture C (*fig.* 312). En ce point arriveront de tous les points de l'hémisphère céleste des rayons incidents dans toutes les directions. A l'intérieur de la masse réfringente, la lumière sera renfermée dans un cône de révolution CR'R dont l'angle au sommet est précisément l'angle limite et que l'on pourra distinguer moyennant quelques précautions expérimentales.

Inversement, si on recouvre la surface d'une masse d'eau d'un écran opaque circulaire CD (*fig.* 313) d'un rayon limité, on pourra placer dans le liquide un point lumineux L, une lampe électrique à incandescence, par exemple, au-dessous de l'écran et à une profondeur telle qu'il ne pourra être vu à travers la surface supérieure du liquide. Des rayons qui en partent, les uns, LI, qui font un angle d'incidence moindre que l'angle limite, sont arrêtés par l'écran ; les autres, LJ, tombent bien en dehors de l'écran, mais leur angle d'incidence dépasse l'angle limite et ils subissent la réflexion totale.

C'est aussi en s'appuyant sur le phénomène de la réflexion totale que l'on a donné l'explication des curieux phénomènes du mirage.

671. **Réfraction par les surfaces courbes**. — Sauf quelques cas très exceptionnels, un faisceau homocentrique passant d'un milieu à un autre à travers une surface courbe n'est pas transformé en un faisceau homocentrique. Cette propriété n'existe même pas en général pour un faisceau incident parallèle, tandis que nous

avons dit qu'elle se présente dans le cas où la surface réfringente est plane.

Mais, dans des conditions particulières et avec une certaine approximation, on peut trouver des *pinceaux* incidents homocentriques qui sont transformés par la réfraction en pinceaux que l'on peut, sans erreur sensible au point de vue pratique, regarder comme homocentriques : dans ce cas, le sommet du pinceau homocentrique réfracté est l'*image* du sommet du pinceau homocentrique incident ; et, à cause de la reversibilité, ce dernier peut être regardé aussi comme l'image du premier. Ces deux sommets dont chacun est l'image de l'autre sont des *foyers conjugués*.(646.)

Nous n'étudierons pas la réfraction sur des surfaces courbes en général, et nous nous bornerons à l'étude des surfaces sphériques. Pour que l'homocentricité puisse être conservée, il faut que les angles d'incidence et de réfraction soient assez petits pour que l'on puisse remplacer la loi exacte de Descartes par la proportionnalité des angles. Cette condition entraîne nécessairement, comme il est facile de le voir, que la surface réfringente doit avoir une faible amplitude, quelques degrés seulement : de plus, il sera dès lors toujours possible de mesurer dans son plan tangent les longueurs prises sur cette surface.

Le centre, l'axe principal, le pôle, les axes secondaires ont la même définition que pour les miroirs sphériques.

672. Foyers principaux. — Dans les conditions que nous venons de spécifier, on reconnaît par l'expérience et par le calcul qu'un pinceau incident homocentrique (les *faisceaux* tombant sur une surface de peu d'amplitude sont des *pinceaux*) donne naissance à un pinceau réfracté homocentrique. La question est importante et mérite d'être étudiée avec quelques détails.

Considérons d'abord le cas des faisceaux parallèles, et examinons spécialement ce qui se passe dans le cas d'un rayon SI parallèle à l'axe principal (*fig.* 314); il importe de remarquer qu'il y a quatre cas à considérer suivant : 1° que la lumière passe d'un milieu moins réfringent à un milieu plus réfringent ou inversement, et 2° que la surface de séparation, le *dioptre*, suivant l'expression proposée par M. Monoyer, est convexe ou concave du côté d'où vient la lumière.

En remarquant que le diamètre CI aboutissant au point d'incidence est la normale à la surface, on reconnaît aisément que le rayon qui arrive parallèlement se rapproche de l'axe dans le second milieu : 1° lorsque celui-ci est le plus réfringent et que la surface est convexe du côté d'où vient la lumière (I); ou 2° lorsque le second milieu étant le moins réfringent, la surface est concave du côté d'où vient la lumière (IV).

Dans ces deux cas, le *dioptre* est dit *convergent*.

Le rayon réfracté correspondant à un rayon incident parallèle à l'axe s'éloigne de l'axe : 1° lorsque le second milieu étant le plus réfringent. la surface est concave du côté d'où vient la lumière (II);

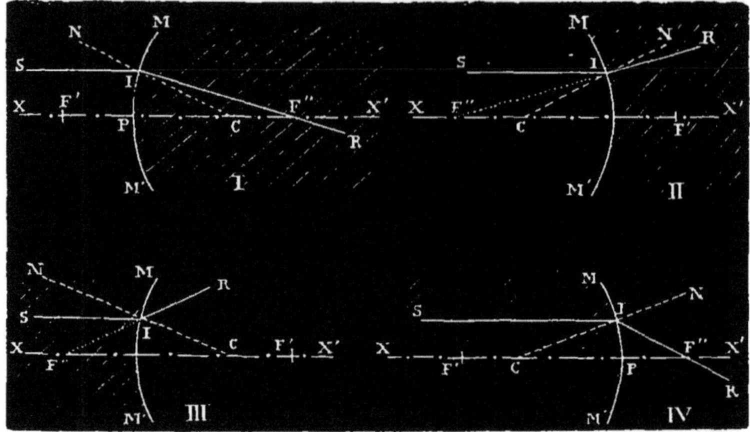

Fig. 314.

ou 2° lorsque le second milieu étant le moins réfringent, la surface est convexe du côté d'où vient la lumière (III).

Dans ces deux cas, le *dioptre* est *divergent*.

On reconnaît par une démonstration qui ne présente aucune difficulté que le point d'intersection avec l'axe du rayon réfracté (ou de son prolongement) est indépendant de la position du point d'incidence [1].

1. Soit SI un rayon quelconque de ce faisceau, parallèle à l'axe principal XX'; soient I le point d'incidence, C le centre de la surface; CIN sera la normale au point I, l'angle SIN (ou SIC) est l'angle d'incidence i. Soit, d'autre part, IR le rayon réfracté correspondant, l'angle RIN (ou RIC) est l'angle de réfraction r; appelons enfin F" le point où ce rayon rencontre l'axe principal, et cherchons à déterminer la position de ce point.

La loi simplifiée de la réfraction donne la relation

$$\frac{i}{r} = m.$$

En remarquant que l'on peut remplacer l'arc PI par sa tangente, d'une part; que, d'autre part, l'angle ICP est égal à l'angle d'incidence, on a

$$IP = CP \cdot \text{tg } i.$$

D'autre part, dans le triangle IF"C, on trouve immédiatement l'angle en F" qui est égal à $i - r$ ou à $r - i$, suivant le cas; d'où

$$IP = PF'' \text{ tg } (i - r) \qquad \text{ou} \qquad IP = PF'' \text{ tg } (r - i).$$

Prenons seulement la première valeur et égalons les deux expressions de IP; il vient

$$CP \text{ tg } i = PF'' \text{ tg } (i - r).$$

Mais, à cause de la petitesse des angles, le rapport des tangentes (comme

673. — On conclut immédiatement de là que, dans tous les cas, et pour tous les rayons arrivant parallèlement et à une petite distance de l'axe (pour que i soit petit), les rayons réfractés auront des directions qui passeront toutes par un même point F situé sur l'axe principal.

Autrement dit, le faisceau réfracté correspondant au faisceau incident parallèle est homocentrique. Le sommet de ce faisceau est ce que l'on appelle un *foyer principal* (641); nous l'appellerons le *deuxième foyer principal*.

Le faisceau réfracté n'a pas d'ailleurs la même forme dans tous les cas : dans les cas I et IV, il est convergent et le 2e foyer principal est *réel* (*fig.* 315); dans les cas II et III ce faisceau réfracté est divergent et le 2e foyer principal est *virtuel* (*fig.* 316).

La propriété d'un dioptre d'être convergent entraîne donc celle d'avoir un 2e foyer principal réel, et inversement [1].

674. — La reversibilité étant applicable à la réfraction, on voit que l'on pourrait donner une autre définition de ces foyers principaux en supposant que la lumière vînt de la gauche : si l'on considère alors des faisceaux incidents coniques, homocentriques (divergents pour les surfaces I et IV et convergents pour II et III) et ayant leur

celui des sinus) est égal à celui des arcs, et l'on a approximativement

$$\mathrm{CP} \cdot i = \mathrm{PF}'' (i - r) \quad \text{ou} \quad \mathrm{CP}\,\frac{i}{r} = \mathrm{PF}'' \left(\frac{i}{r} - 1\right).$$

Remplaçant $\dfrac{i}{r}$ par sa valeur m,

$$\mathrm{CP} \cdot m = \mathrm{PF}'' (m - 1),$$

ce qui donne enfin

$$\mathrm{PF}'' = \mathrm{CP}\,\frac{m}{m - 1}.$$

Si nous avions pris l'expression qui correspond aux deux derniers cas, nous eussions eu

$$\mathrm{PF}'' = \mathrm{CP}\,\frac{m}{1 - m}$$

ce qui est la même valeur, au signe près. Cette différence tient à ce que dans les premier et deuxième cas on a $m > 1$, et au contraire $m < 1$ pour les troisième et quatrième, de telle sorte que la valeur de PF'' est toujours positive. La position du point F'' peut être donnée par son abscisse, que nous appellerons f'' ; nous appellerons R l'abscisse du centre; ces abscisses sont prises à partir du point P, et nous conservons la convention des signes faits pour la réflexion (654 note). On reconnaît alors que ces diverses valeurs conduisent toutes à la formule *générale* :

$$f'' = \frac{m}{m - 1}\,\mathrm{R}.$$

1. D'après les conventions faites et la formule précédemment trouvée, on voit que le dioptre est convergent ou divergent, suivant que f'' est négatif ou positif. Le premier cas se présente quand on a $m > 1$ et $R < 0$ ou $m < 1$ et $R > 0$; le second cas correspond à $m > 1$ et $R > 0$ ou $m < 1$ et $R < 0$.

sommet au foyer principal, ils seront transformés par la réfraction
en faisceaux parallèles à l'axe principal.

Mais on voit aisément que, au sens près, la surface I ne diffère
pas de la surface IV, ni II de III, c'est-à-dire que, par exemple, I est
par rapport à la lumière venant de la gauche dans les mêmes conditions que IV pour la lumière venant de la droite.

A cause de cette réciprocité, on voit immédiatement que l'on
peut dans chaque cas trouver un faisceau incident (venant de la
gauche) conique qui sera transformé par la réfraction en un faisceau parallèle. Si, par exemple, dans I on porte à gauche de P une
longueur PF' égale à PF‴ de IV, le faisceau divergent partant de
F‴ sera transformé par la réfraction en un faisceau parallèle; et de
même pour chacun des autres cas. Le point F' ainsi défini dans
chaque cas est le premier foyer principal.

On reconnaît, comme conséquence immédiate de la manière dont
ces points ont été obtenus, que :

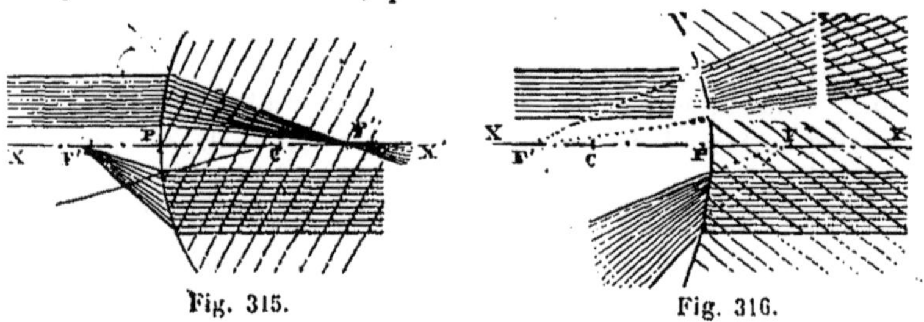

Fig. 315.   Fig. 316.

Le premier foyer principal est réel dans les cas I et IV et virtuel
dans les cas II et III; c'est-à-dire qu'un faisceau divergent est transformé en faisceau parallèle par les surfaces convergentes (*fig.* 315)
et que, au contraire, c'est un faisceau convergent qui est transformé
en faisceau parallèle par les surfaces divergentes (*fig.* 316).

675. Relations entre les distances focales. — D'après
les considérations mêmes qui ont conduit à déduire l'existence du
premier foyer principal de celle du deuxième foyer, il résulte nécessairement que ces deux points comprennent entre eux le centre C et
le pôle P de la surface; que, par conséquent, les distances de chacun
d'eux à l'un de ces points sont inégales. Les distances comptées à
partir du point P sont ce que l'on appelle la *première distance focale*
PF' et la *seconde distance focale* PF‴ [1]. Au signe près, le rapport

---

1. Nous avons donné la valeur $f'' = \dfrac{m}{m-1} R$; pour avoir f' considérons
un cas particulier, I, par exemple; nous savons que le foyer F' de I a été trouvé
en portant PF' égale à la longueur PF‴ de IV; nous connaissons f'' pour ce dernier cas, mais pour en déduire la valeur de f' de I il faut remarquer que le
sens dans lequel, à partir de P, on porte F et C est changé, puisque, pour les
mêmes milieux en présence, le sens du passage de la lumière est également

de la deuxième distance focale à la première est égal à l'indice de réfraction du second milieu par rapport au premier (c'est-à-dire au rapport des indices absolus de réfraction du second milieu et du premier milieu).

Nous venons de rappeler que PF′ de I est égal à PF‴ de IV; cette dernière valeur est égale à $PF''' = CP \dfrac{m}{1-m}$. Si nous voulons introduire cette valeur dans PF′ de I en fonction de l'indice de réfraction correspondant, il faut remplacer m par $\dfrac{1}{m}$, puisque les résultats obtenus correspondent à une marche de la lumière en sens contraire : on aura donc, pour le premier cas,

$$PF' = CP \frac{1}{m-1}.$$

Si, dans la même figure, nous calculons CF‴, il vient

$$CF'' = PF''' - PC = PC \frac{m}{m-1} - PC = PC \frac{1}{m-1} ;$$

c'est-à-dire que les distances CF″ et PF′ sont égales : on en déduit que PC + CF″ = PF‴ et PC + PF′ = CF′ sont des distances égales aussi. Donc :

La distance de l'un quelconque des foyers au centre est égale à la distance de l'autre au pôle de la surface.

676. Foyers secondaires; plans focaux. — L'axe principal, dans les cas que nous venons de considérer, ne présente aucune propriété qui n'appartienne à un autre diamètre quelconque de la surface sphérique, à un autre axe secondaire; cette remarque est vraie dans ce cas comme dans le cas de la réflexion sur les miroirs sphériques.

Des raisonnements en tout analogues à ceux que nous avons développés dans ce cas conduisent immédiatement aux conséquences suivantes :

Sur chaque axe secondaire il y a deux foyers; leurs distances au centre de la surface sont égales aux distances focales principales.

changé; il faudra donc, dans les formules, remplacer f'' par $-f'$; R par $-$R; et m par $\dfrac{1}{m}$. On a alors :

$$f' = \frac{1}{1-m} R.$$

On reconnaît aisément que cette formule est absolument générale.

On voit que l'on a la relation importante :

$$\frac{f''}{f'} = -m.$$

L'ensemble des foyers d'une même espèce constitue une surface sphérique focale.

Dans les limites des approximations permises et pour des rayons s'écartant peu de l'axe principal, on peut remplacer ces surfaces focales par leurs plans tangents aux points où elles sont rencontrées par l'axe principal ; ce sont les *plans focaux*, qui sont dès lors perpendiculaires à cet axe. Dans chaque cas, il y a un premier plan focal et un second plan focal.

Le second plan focal est dans le second milieu si le dioptre est convergent ; il est dans le premier milieu dans le cas contraire.

677. Construction d'un rayon réfracté. — La considéra-

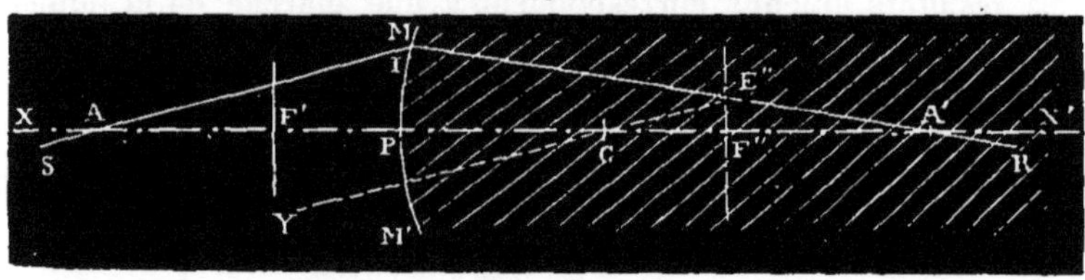

Fig. 317.

tion des plans focaux permet de trouver dans un cas quelconque le rayon réfracté correspondant à un rayon incident donné, sans avoir à construire d'angle. On s'appuie sur les propriétés des plans focaux, et l'on peut trouver plusieurs solutions à la question.

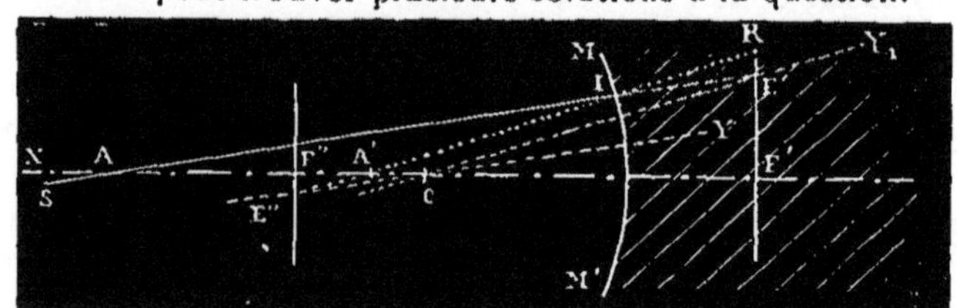

Fig. 318.

Soient MM' (*fig.* 317 et 318) la surface réfringente, F' et F" les plans focaux, C le centre, et soit SI un rayon incident quelconque. Considérons l'axe secondaire YC parallèle à SI ; le rayon réfracté passe au foyer secondaire correspondant à sa direction, foyer se-

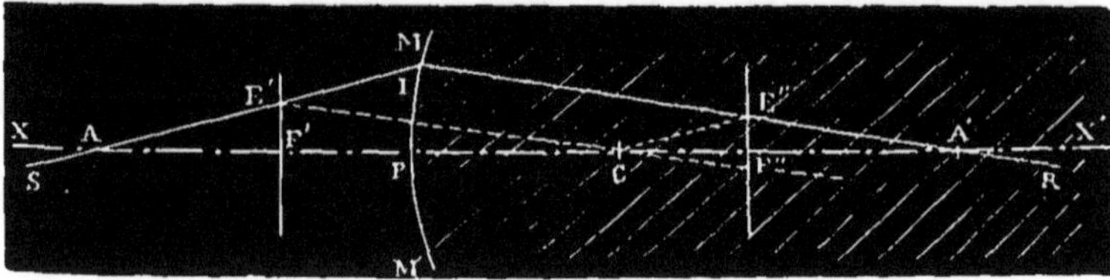

Fig. 319.

condaire qui doit être sur l'axe secondaire et sur le plan focal ; il est donc en E", à leur intersection, et le rayon réfracté devant passer par ce point E″ et par le point d'incidence I est complètement déterminé, c'est IR.

On peut opérer autrement (*fig.* 318 et 319) : soit E′ le point où le rayon incident coupe le premier plan focal ; menons E′CY qui est un axe secondaire, E′ étant le foyer secondaire correspondant : le rayon réfracté correspondant à SI qui passe au foyer secondaire E′ sera donc parallèle à cet axe secondaire, et comme il doit passer en I, il est complètement déterminé.

Il existe encore d'autres procédés de construction, mais il n'y a pas lieu de nous y arrêter davantage. Il importe de remarquer seulement que chaque mode de construction est absolument général et s'applique à tous les dioptres et à toutes les directions de rayon incident.

Les constructions que nous avons données montrent que l'on peut trouver le rayon réfracté sans avoir besoin du point d'incidence.

Dans les figures 318 et 319 considérons, en effet, le point E″ où le rayon rencontre le second plan focal : d'après la première construction, la ligne CE″ est parallèle au rayon incident, d'où la règle suivante :

Les droites qui joignent le centre aux points d'intersection du rayon *incident* avec le premier plan focal et du rayon *réfracté* avec le second plan focal sont respectivement parallèles au rayon *réfracté* et au rayon *incident*.

On a donc à mener CE″ parallèle au rayon incident et à mener par E″ une parallèle à E′C : c'est cette parallèle E″R qui est la direction du rayon réfracté.

678. Réfraction des faisceaux homocentriques. — Il existe une relation simple entre les positions des points A et A′ où le rayon incident et le rayon réfracté coupent l'axe principal (une relation analogue existe pour chaque axe secondaire). Les triangles AE′C et CE″A′ sont semblables comme ayant leurs côtés parallèles : les hauteurs sont E′P′ et E″P″ ; on a donc, entre les segments des bases, la proportion

$$\frac{AF'}{F'C} = \frac{CF''}{F''A'}$$

Les points F′, F″ et C sont donnés ; donc on pourra calculer la position de A′ quand celle de A sera déterminée.

On voit que cette équation est indépendante de la position du point I ; par conséquent, et en appliquant le même raisonnement que nous avons fait pour la réflexion (646), nous en conclurons immédiatement que :

Un faisceau incident homocentrique ayant son sommet sur l'axe principal donne naissance à un faisceau réfracté homocentrique ayant son sommet sur l'axe.

Le sommet du faisceau réfracté est l'image réelle ou virtuelle
du sommet incident.

Par suite de la reversibilité, le sommet du faisceau incident peut
être regardé comme l'image du sommet réfracté : ces deux sommets,
dont chacun est l'image de l'autre, sont des *foyers conjugués*.

**679. Images par réfraction des points, des objets lu-
mineux.** — Comme dans le cas de la réflexion et sans plus insister,
nous conclurons que la conservation de l'homocentricité subsiste
lorsque le sommet du faisceau incident est un point non situé sur
l'axe principal (mais peu distant de cet axe); son image sera nécessairement sur le même axe secondaire.

De l'image d'un point, on passera à concevoir l'image d'un
objet sans qu'il soit nécessaire d'insister, et nous conclurons également que l'image d'une petite droite perpendiculaire à l'axe est une
droite perpendiculaire à l'axe; si elle est limitée à l'axe à une extrémité, il suffira donc, pour déterminer son image, de déterminer
l'image de l'autre extrémité.

On y arriverait en considérant deux rayons quelconques passant
par le point A, sommet du faisceau incident, et déterminant par la
méthode générale les rayons réfractés correspondants : leur point
d'intersection sera le sommet du faisceau homocentrique réfracté,
c'est-à-dire sera l'image A′ de A (*fig.* 320 et 321).

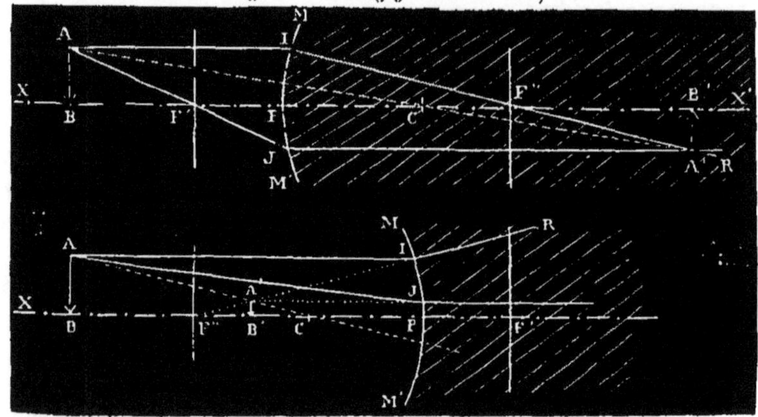

Fig. 320 et 321.

Mais il est plus simple de prendre des rayons incidents particuliers dont on connaisse le rayon réfracté sans construction. Ce seront
par exemple :

1° Le rayon AI parallèle à l'axe qui se réfractera en passant
en F″;

2° Le rayon AJ dont la direction passe en F′ et qui se réfracte
parallèlement à l'axe;

3° Le rayon AC qui, étant normal, ne change pas de direction en passant dans le second milieu.

Il suffit de prendre deux de ces trois rayons : au point de vue des constructions graphiques, le troisième rayon est très commode; pour la discussion, les deux premiers pris ensemble sont préférables, notamment en ce que les portions interceptées sur la surface en IP et PJ peuvent être considérées comme respectivement égales à AB ou A'B'.

Dans tous les cas, quelle que soit la position de l'objet AB, le rayon AI est invariable : il en est de même du rayon réfracté correspondant, IF‴R, qui est dès lors le lieu de l'image A'; la position de cette image dépend donc de la direction du rayon AF′ et par suite de la position du rayon réfracté correspondant JR′. La grandeur de l'image se trouve évidemment liée à sa position, et par suite à la position de l'objet.

La discussion est analogue à celle que nous avons faite pour la réflexion et nous pourrons ne nous arrêter que sur les résultats essentiels.

680. — Nous remarquons d'abord qu'il suffit d'examiner les résultats dans deux cas différents, bien que quatre circonstances différentes puissent se présenter, à cause de la reversibilité, chaque figure pouvant être lue dans deux sens différents, comme nous l'avons déjà fait remarquer. Il y a seulement à s'occuper du cas d'un dioptre convergent et de celui d'un dioptre divergent.

Comme conséquences absolument générales des constructions indiquées, nous dirons que :

Lorsque l'objet se déplace par rapport au dioptre, l'image, dans tous les cas, se déplace dans le même sens.

L'image est renversée ou droite par rapport à l'objet, suivant qu'elle est de même nature (tous deux réels ou tous deux virtuels), ou de nature différente (l'un réel et l'autre virtuel).

681. **Plans principaux.** — En ce qui concerne la grandeur comparative de l'image et de l'objet, on voit qu'elle est donnée par la comparaison des triangles semblables ABF′ et F′PJ (puisque PJ = A'B') (*fig.* 320 et 321).

En particulier on aura AB = PJ = A'B' lorsque l'on prendra BF′ = F′P; d'autre part, les triangles semblables PIF″ et F″B'A' seront alors égaux, car PI = AP′, et on en conclura que l'on a PF″ = F″B' dans ce cas. Ces résultats simples et très importants correspondent à deux solutions pour chaque cas :

1° L'objet AB peut coïncider avec la surface MM′, l'image coïncidera avec la même surface, sera égale à l'objet et de même sens : la surface MM′, considérée à ce point de vue, est désignée sous le nom de *plan principal* (on la confond avec un plan à cause de sa faible amplitude).

2° L'objet AB est dans un plan G' (*fig.* 322) tel que l'on a F'G' = PF'; alors l'image est dans le plan G″ dont la position est définie par ce que F″G″ = PF″; l'image est égale à l'objet, mais dirigée en sens contraire. Ces deux plans G' et G″ tels que les images conjuguées, de sens contraire, ont la même grandeur, sont appelés *plans principaux inverses* ou *plans antiprincipaux* [1].

682. — On conçoit dès lors que, par rapport à un dioptre déterminé, l'espace soit divisé en 6 zones par le plan principal, les plans principaux inverses et les plans focaux. Ce sont les positions de l'objet et de l'image par rapport à ces plans qui interviennent dans

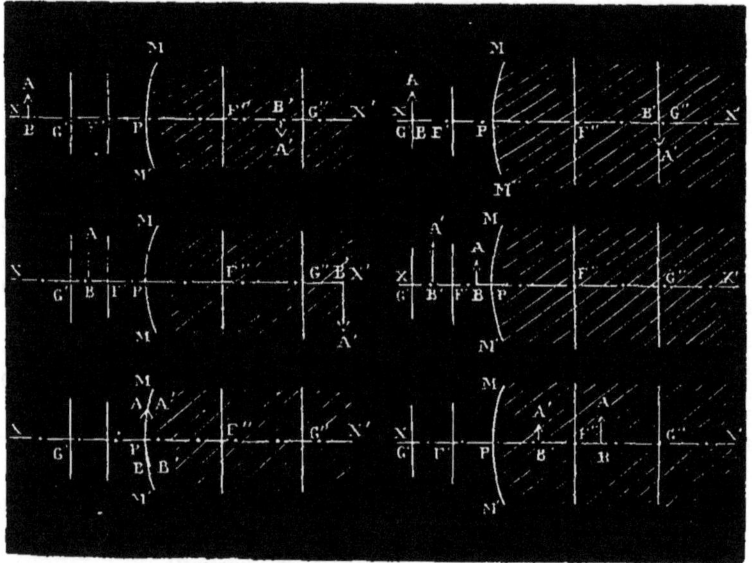

Fig. 322.

la discussion, qui doit être faite séparément pour le dioptre convergent et pour le dioptre divergent.

Examinons d'abord le cas d'un dioptre convergent et supposons que l'objet AB occupe successivement diverses positions se déplaçant de gauche à droite (*fig.* 322).

L'objet sera réel tant qu'il sera à gauche du dioptre; il pourra être utile de considérer le cas où, la lumière venant toujours de la gauche, l'objet serait à droite du dioptre, c'est-à-dire serait *virtuel*.

---

1. Le plan principal est analogue au plan principal des miroirs, les plans principaux inverses sont, pour ainsi dire, le dédoublement du plan principal inverse des miroirs (653). .

L'image, au contraire, sera réelle si elle se forme à droite du dioptre, elle sera virtuelle dans le cas contraire.

L'objet étant à l'infini, à gauche, l'image réelle, renversée et très petite, sera dans le deuxième plan focal F''' ; — l'objet se rapprochant, de l'infini au premier plan principal G', l'image réelle, renversée, plus petite que l'objet, se formera entre le deuxième plan focal et le deuxième plan principal inverse, d'autant plus grande et plus éloignée du deuxième plan focal que l'objet se rapproche davantage du premier plan focal ; — l'objet, est dans le premier plan principal inverse, G', l'image réelle, renversée, égale à l'objet est dans le deuxième plan principal inverse ; — l'objet se déplaçant du premier plan principal inverse au premier plan focal, l'image réelle, renversée, plus grande que l'objet, se forme au delà du deuxième plan principal, d'autant plus grande et plus éloignée que l'objet est plus près du premier plan focal ; — l'objet étant dans le premier plan focal, chaque point fournit après la réfraction un faisceau parallèle : il n'y pas d'image à proprement parler, on dit cependant qu'il y a une image à l'infini ; — l'objet se déplace du premier plan focal à la surface réfringente, l'image est virtuelle, droite, plus grande que l'objet, comprise entre l'infini à gauche et la surface réfringente, d'autant plus grande et plus éloignée que l'objet est plus près du premier plan focal ; — l'objet coïncide avec la surface réfringente (plan principal), l'image se fait à la même place et est de même grandeur ; — enfin l'objet *virtuel* se déplaçant de la surface réfringente à l'infini à droite, l'image réelle, droite et plus petite que l'objet, se fait entre la surface réfringente et le second plan focal, d'autant plus petite et plus rapprochée de ce plan que l'objet est plus éloigné de la surface MM'.

Les résultats de cette discussion s'obtiennent très facilement par l'étude des divers cas qui se présentent dans la construction géométrique : on peut également les déduire des formules algébriques qui expriment les relations de grandeur et de position qui existent entre l'image et l'objet [1].

1. Faisons les mêmes conventions générales que pour la réflexion, en y joignant la convention que le premier foyer principal F' sera l'*origine* des abscisses des *objets*, et le second foyer principal l'*origine* des abscisses des *images* ; nous appellerons première et deuxième distances focales f' et f'' les abscisses du point P prises à partir de F' et de F'' respectivement. Dans le cas de la figure 320, on aura

$$l = \text{F'B} \ , \ 0 = \text{AB} \ , \ l' = -\,\text{F''B'} \ , \ I = -\,\text{A'B'} \ , \ f' = -\,\text{PF'} \ \text{et} \ f'' = \text{F''P}.$$

Comme on a :

$$\frac{\text{PJ}}{\text{AB}} = \frac{\text{PF'}}{\text{F'B}} \qquad \text{et} \qquad \frac{\text{A'B'}}{\text{PI}} = \frac{\text{F''B'}}{\text{PF''}}$$

il vient, à cause de PJ = A'B' et PI = AB,

683. Discussion des dioptres divergents. — Une discussion analogue à celle dont nous venons d'indiquer les résultats serait applicable au cas d'un dioptre divergent : elle ne présente pas autant d'intérêt que la précédente, qui peut être utilisée dans l'étude de la vision ; aussi n'insisterons-nous pas. Nous nous bornerons à quelques remarques sommaires.

Les règles générales énoncées plus haut (679) sont vraies pour le cas des dioptres divergents.

Un objet lumineux réel, effectivement existant, dont tous les points, par conséquent, envoient des faisceaux divergents sur la surface réfringente, donne toujours une image virtuelle; cette image est droite et plus petite que l'objet. Elle se déplace du foyer F''' à la surface réfringente quand l'objet se déplace de l'infini à cette même surface.

Si l'on a un objet lumineux *virtuel*, c'est-à-dire s'il tombe sur le dioptre de faisceaux convergents, on aura, suivant les cas, des résultats différents; mais pour une convergence convenable à l'incidence, on pourra avoir des faisceaux encore convergents après la réfraction, c'est-à-dire une image *réelle*.

684. Homocentricité dans la réfraction à travers une surface plane. — Nous avons indiqué, bien que d'une manière

$$\frac{I}{O} = \frac{f'}{l} \qquad \text{et} \qquad \frac{I}{O} = \frac{l'}{f''}$$

et par suite

$$\frac{f'}{l} = \frac{l'}{f''} \qquad \text{ou} \qquad ll' = f'f'',$$

relations très importantes et générales, comme on pourrait le reconnaître ; elles se prêtent très bien à la discussion.

Il importe de remarquer que les quantités f' et f'' sont toujours de signe contraire, f' est négatif pour les dioptres convergents et positif pour les dioptres divergents.

Comme on a $\frac{f''}{f'} = -m$, la formule peut prendre l'une des formes

$$ll' = -mf'^2 \qquad \text{ou} \qquad ll' = -\frac{f''^2}{m}$$

qui sont quelquefois utiles.

On peut également convenir de compter toutes les abscisses à partir du point P; soient p, p' les abscisses de l'objet et de l'image, ψ' et ψ'' celles des foyers ; on a, avec la même convention des signes

$$p = PB, \quad p' = -PB', \quad \psi = PF' \text{ et } \psi'' = -PF'' \text{ (soit } \psi' = -f' \text{ et } \psi'' = -f'').$$

On a alors, en partant des mêmes proportions et toutes réductions faites, les formules également *générales* :

$$\frac{I}{O} = \frac{\psi'}{\psi' - p} \qquad \text{et} \qquad \frac{I}{O} = \frac{\psi'' - p'}{\psi''},$$

ce qui donne aussi, toutes réductions faites,

$$pp' = \psi'p' + \psi''p \qquad \text{ou} \qquad \frac{1}{\psi'} = \frac{1}{p} - \frac{m}{p'} \qquad \text{ou encore} \qquad \frac{m}{\psi''} = \frac{m}{p'} - \frac{1}{p}.$$

un peu sommaire, que l'homocentricité se conservait à travers les surfaces sphériques, pourvu qu'il s'agît de pinceaux d'une faible ouverture, et cela quel que fût le sens de la courbure. On peut donc conclure de là, sans qu'il soit besoin d'autre démonstration, que, comme nous l'avons dit d'autre part et sous les mêmes restrictions, l'homocentricité doit se conserver lors de la réfraction à travers une surface plane.

Le fait résulte de calculs simples; mais il est suffisamment établi par cette remarque.

685. — Les faisceaux lumineux ne se présentent pas toujours dans les conditions simples que nous avons indiquées, passant d'un milieu à un autre milieu à travers une surface géométriquement définie. Ils peuvent traverser un nombre quelconque de milieux limités les uns et les autres par des surfaces géométriques. Nous nous occuperons du cas le plus simple après celui que nous avons indiqué déjà, le cas où les faisceaux traversent successivement *deux* surfaces, passant ainsi dans trois milieux, et nous supposerons que le troisième milieu est identique au premier.

Diverses circonstances peuvent se présenter :

A, les surfaces réfringentes sont planes l'une et l'autre ;

    a, les surfaces planes sont parallèles ;

    b, les surfaces planes font un angle entre elles ;

B, l'une des surfaces au moins est courbe.

Le premier cas (*a*) comprend les lames à faces parallèles, le deuxième (*b*) les prismes et le troisième (B) les lentilles.

686. **Lames à faces parallèles.** — Nous avons peu de choses à dire sur ce cas : nous avons déjà dit que, par suite de la reversibilité, un rayon traverse une lame à faces parallèles sans être dévié, en étant seulement déplacé; nous avons dit aussi que l'expérience démontre qu'il en est ainsi.

Il est facile d'étudier ce qui se passe pour un faisceau, puisque l'on sait ce qui arrive pour chacun des rayons du faisceau. On reconnaît immédiatement ainsi qu'un faisceau parallèle donne à l'émergence un faisceau parallèle dont la direction est la même que celle du faisceau incident et qui a la même section : en un mot, c'est le même faisceau qui est seulement *déplacé* d'une certaine quantité.

Une remarque assez importante consiste en ce que tout rayon qui pénètre dans la lame donnera un rayon émergent, quels que soient les degrés de réfringence des milieux extrêmes et du milieu intermédiaire. En effet, l'angle de réfraction à la première surface sera inférieur ou au plus égal à l'angle limite (664); l'angle d'incidence à la deuxième surface, qui est égal à celui-ci comme alternes-internes, sera donc inférieur ou au plus égal à l'angle limite et il n'y aura pas réflexion totale.

687.— Un faisceau homocentrique quelconque donnant après le passage à travers la première surface un faisceau qui n'est plus homocentrique, il n'est guère probable que le passage à travers la deuxième surface reproduise cette homocentricité : ce n'est pas vrai, en effet, ainsi qu'on peut le reconnaître par le calcul ou par l'expérience.

Mais s'il s'agit d'un *pinceau* lumineux seulement, la réfraction à travers la première surface donné un pinceau également homocentrique (*fig.* 323); ce dernier, à son tour, passant à travers la deuxième surface, donnera un faisceau émergent qui sera homocentrique comme le pinceau incident. La question est simple et il n'est pas nécessaire d'insister.

Une discussion rapide, un examen sommaire de la figure qu'il y au-

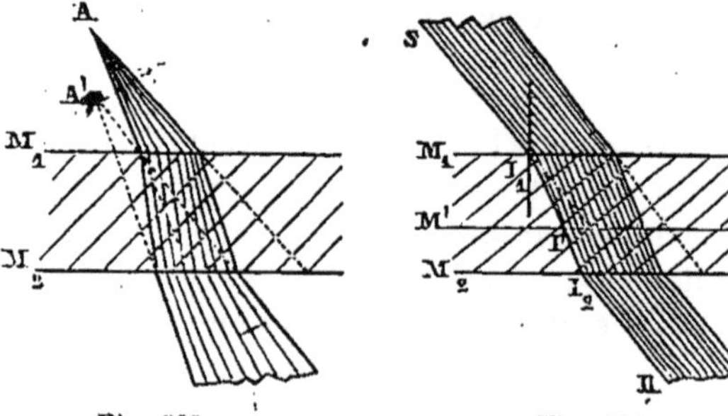

Fig. 323.   Fig. 324.

rait à faire dans chaque cas, montre que le passage à travers une lame à faces parallèles *déplace* le faisceau incident parallèlement à lui-même sans rien changer par conséquent ni à son amplitude, ni à sa direction.

Le déplacement du faisceau est proportionnel, on le voit aisément (*fig.* 324), à l'épaisseur de la lame; si cette épaisseur est très petite, on peut négliger le déplacement et considérer que, approximativement, une lame très mince à faces parallèles n'agit pas sur un faisceau qui la traverse.

Le déplacement dépend aussi de la réfringence du milieu intermédiaire; il se produit dans l'un ou l'autre sens suivant que ce milieu est plus ou moins réfringent que le milieu où se fait l'incidence et l'émergence.

688. **Action des prismes**. — Après avoir étudié le cas où deux faces planes qui limitent le milieu réfringent sont parallèles, considérons le cas où ces faces font entre elles un certain angle; c'est là ce que l'on appelle un *prisme*, mot qui n'a pas la même signification qu'en géométrie. On désigne en optique sous le nom de *prisme* l'espace compris entre deux plans obliques, et *le sommet du prisme* est la ligne d'intersection de ces plans. On trouve dans les

solides définis en géométrie sous le nom de prismes les éléments du prisme en optique ; c'est l'espace compris entre deux faces non parallèles, l'arête de l'angle dièdre, qui en réalité constitue le prisme, étant le sommet. L'interposition, sur le trajet d'un faisceau lumineux, d'un prisme de nature différente du milieu dans lequel se fait la propagation produit des effets de diverses sortes : une déviation que nous allons indiquer, en supposant, comme il a été dit plus haut, que le rayon est simple ; et un phénomène de décomposition des lumières composées qui sera étudié au chapitre suivant. (*Voy.* DISPERSION.)

Quoique les lois de la réfraction permettent de prévoir les changements de direction dans tous les cas, nous nous bornerons, pour plus de simplicité, à supposer que le rayon incident se trouve dans un plan perpendiculaire à l'arête, de telle sorte que le rayon réfracté étant aussi dans ce plan (654), nous ayons seulement à considérer ce qui se passe dans une section droite du prisme ; c'est, du reste, ce cas que l'on rencontre le plus souvent. Nous supposerons enfin que la matière dont est composé le prisme est plus réfringente que le milieu environnant.

689. — Soit un rayon incident AB (*fig.* 325) qui tombe en B sur la surface PR du prisme ; il pénètre, en se rapprochant de la normale MM', suivant la direction BC et rencontre en C la deuxième surface PR' ; l'angle d'incidence est alors BCN et n'est plus égal à l'angle réfracté précédent M'BC, de telle sorte que l'on ne peut pas savoir, sans une évaluation précise, si cet angle ne dépasse pas l'angle limite ; s'il en était ainsi, il y aurait réflexion totale et le rayon ne sortirait pas du prisme considéré : il pourrait bien sortir par une troisième face limitant la masse solide réfringente, mais il ne sortirait pas de l'angle dièdre RPR', qui constitue le prisme en

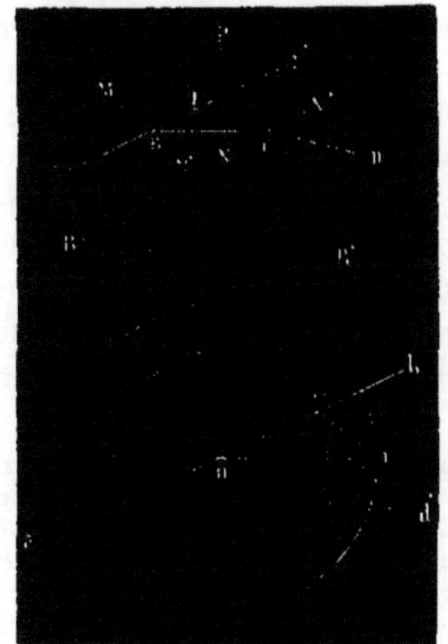

Fig. 325.

optique. Ce cas se présente dans quelques circonstances et est utilisé comme nous le dirons. Si l'angle BCN est plus petit que l'angle limite, il sortira en CD en s'écartant de la normale CN'. La direction CD est différente de celle de AB ; il y a *déviation* : l'angle DID', que font entre elles les directions du rayon incident et du rayon réfracté, mesure cette déviation.

Dans tous les cas, ainsi qu'il serait facile de s'en assurer, lorsque le rayon traverse le prisme, il est dévié du côté de la base du prisme. (Ce serait naturellement l'inverse si le prisme était moins réfringent que le milieu environnant.) On voit d'autre part que, si un observateur est placé sur la direction BA, il verra l'image sur AD', au lieu de voir l'objet à sa vraie position en D : l'image sera déplacée du côté du sommet du prisme [1].

690. **Variations de la déviation; déviation minima.** — On conçoit aisément, le calcul démontre et l'expérience vérifie que l'angle de déviation dépend de divers éléments : l'angle d'incidence, l'angle du prisme et la nature de la substance réfringente.

On peut reconnaître expérimentalement l'influence de ces éléments; et, d'abord, celle de l'angle d'incidence : à cet effet, on fait arriver un rayon lumineux dans une chambre obscure, et l'on note la position de la trace lumineuse sur la paroi. On place alors, sur le trajet de ce rayon, un prisme à arêtes verticales, monté sur un pied qui lui permet de tourner autour d'un axe également vertical. L'image est tout aussitôt déviée; en faisant mouvoir le prisme, et changeant, par suite, l'angle d'incidence, on voit l'image se déplacer; si, par exemple, on a noté la position de l'image lorsque le rayon incident arrive presque en rasant l'une des faces, du côté de la base, on reconnaît, en tournant le prisme de manière à diminuer l'angle d'incidence, que l'image se rapproche de la position qu'elle occupait avant l'action du prisme : la *déviation* diminue. Mais si l'on continue la rotation toujours dans le même sens, on voit que l'image, après avoir atteint une certaine position, rétrograde, c'est-à-dire qu'elle reprend les positions qu'elle occupait précédemment; il y a donc alors accroissement de la déviation qui a ainsi passé par un *minimum*. La position de l'image au moment de la *déviation minima* présente un certain intérêt, comme nous le dirons plus loin.

1. Soit le prisme RPR' (*fig.* 325), sur la face duquel tombe le rayon lumineux AB, et soient en O le centre des deux circonférences auxiliaires (689); menons par le centre la parallèle O*b* au rayon incident, et par l'extrémité *m* une normale *ml* à la direction de la face PR; le rayon BC qui traverse le prisme a la même direction que la ligne O*l*; il rencontre l'autre face en C, et, par une construction inverse (*ln* normale à la face PR' d'émergence), on a la direction O*n* du rayon réfracté dans l'air, que l'on peut indiquer en CD; ABCD est donc la trajectoire du rayon lumineux. Les directions d'incidence et d'émergence font entre elles un angle D'ID, qui est l'*angle de déviation*. Cet angle est donné en *mOn* sur la construction géométrique, qui présente aussi en *bml* et *dnl* les angles d'incidence et d'émergence. Nous avons dit que si, dans le cas considéré, le rayon pouvait toujours pénétrer dans le prisme, il ne pouvait pas toujours émerger. La construction géométrique indiquera ce fait en ce que la normale *ln* ne rencontrerait pas la circonférence intérieure O*m*; on peut même, étant donné l'angle d'incidence et l'indice de réfraction du milieu, c'est-à-dire le rapport $\frac{Ol}{Om}$, trouver facilement le plus grand angle du prisme qui permettrait l'émergence; il s'obtiendrait évidemment en mesurant l'angle que fait *ml* avec la tangente au cercle O*m* menée par le point *l*.

Enfin, la rotation continuant, l'image qui s'était déviée de plus en plus disparaît complètement pour une position déterminée du prisme : c'est que, à ce moment, le rayon réfracté dans le prisme

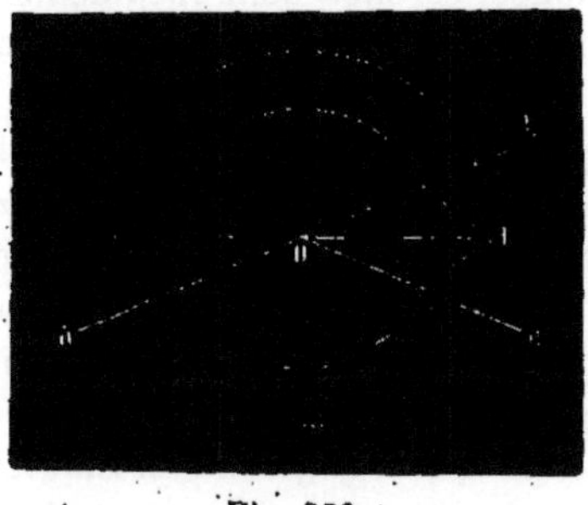

Fig. 326.

a subi la réflexion totale sur la face d'émergence et qu'il n'est pas sorti du prisme [1].

Si l'on a un moyen de mesurer les angles dont tourne le prisme, on reconnaît que la déviation minima correspond à la position du prisme qui est la moyenne exacte des positions pour lesquelles l'incidence commence (incidence rasante) et l'émergence cesse (réflexion totale).

691. — On démontre l'influence de la réfringence de la substance qui constitue le prisme, soit en mesurant la déviation produite pour la même incidence par des prismes de même angle et de divers indices de réfraction, soit à l'aide du polyprisme. Cet appareil est constitué par plusieurs tranches prismatiques de même angle et

---

1. La construction géométrique permet de trouver directement ces diverses conclusions : il suffit de remarquer que l'angle *mln* (*fig.* 326) des normales est égal à l'angle RPR' du prisme et que les divers cas seront déterminés par l'angle *lmb* égal à l'angle d'incidence, angle auquel il faudra donner toutes les valeurs compatibles avec la construction ; si donc on fait tourner l'angle *mln* autour du point *l* sans changer sa valeur, les lignes telles que O*b* et O*d* seront toujours parallèles, l'une au rayon incident, et l'autre au rayon réfracté correspondant ; l'angle *mOn* mesure alors la *déviation*. On reconnaît immédiatement que la construction est possible pour les positions de l'angle *mln* comprises entre celle où la droite *lm* est tangente au cercle intérieur et celle où c'est la droite *ln* qui devient tangente à ce même cercle.

Ou voit aisément qu'il y a une position moyenne où la direction O*l* du rayon réfracté est bissectrice de l'angle *bod* ; que, de part et d'autre, il y a symétrie complète, et que, pour cette position, la déviation est minima. Il existe pour cette position une relation simple entre cet angle, l'angle du prisme et l'indice de réfraction. Appelons, en effet, A l'angle du prisme, δ la déviation dont l'angle *mOl* est alors la moitié. En appliquant, dans le triangle O*ml*, la relation de proportionnalité des sinus des angles aux côtés opposés, il vient :

$$\frac{Ol}{Om} = \frac{\sin Oml}{\sin Olm} \qquad \text{ou} \qquad \frac{Ol}{Om} = \frac{\sin \dfrac{A + \delta}{2}}{\sin \dfrac{A}{2}}.$$

et, à cause de $\dfrac{Ol}{Om} = m$,

$$\frac{\sin \dfrac{A + \delta}{2}}{\sin \dfrac{A}{2}} = m.$$

Cette équation permet de déterminer une des trois quantités qui y entrent lorsqu'on connaît les deux autres. En particulier, c'est par la recherche de la déviation minima δ dans un prisme d'angle A que l'on mesure, en général, l'indice de réfraction *m* des diverses substances transparentes.

de substances différentes, que l'on superpose de manière à former un prisme unique. Un faisceau qui tombe sur l'une des faces rencontre à diverses hauteurs ces substances différentes : on obtient autant d'images qu'il y a de tranches, et elles sont inégalement déviées, la déviation la plus grande correspondant au corps le plus réfringent.

Enfin, l'influence de l'angle du prisme se prouve en mesurant la déviation produite par un prisme dont on puisse faire varier l'angle, soit que ce prisme soit solide et formé par deux pièces prismatiques susceptibles de tourner l'une par rapport à l'autre; soit que l'on prenne un prisme liquide formé par un vase dont les deux parois opposées, mobiles, peuvent s'incliner l'une par rapport à l'autre. La déviation est d'autant plus grande que l'angle du prisme est plus grand; mais la réflexion totale est plus promptement atteinte. On peut même trouver pour le prisme un angle assez grand pour que nul rayon ne puisse émerger, même lorsque l'incidence est rasante [1].

Comme dans les cas précédents, les résultats obtenus pour les rayons n'ont pas d'intérêt réel, et il conviendrait seulement d'en déduire des conséquences qui seraient applicables aux faisceaux, aux pinceaux. Sans étudier les divers cas qui peuvent se présenter, nous signalerons le fait (*fig.* 327), évident d'ail-

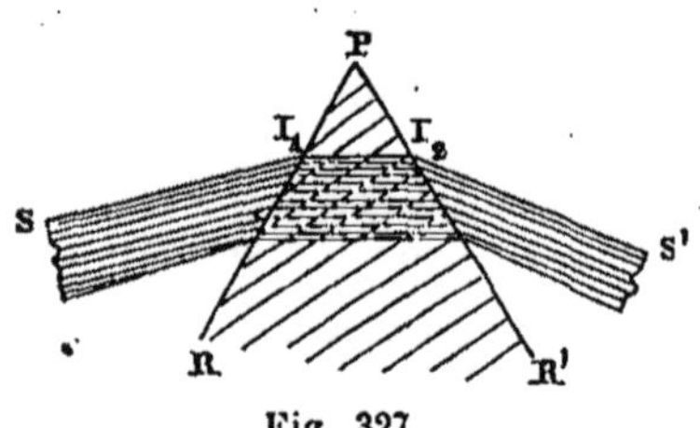

Fig. 327.

leurs, qu'un faisceau incident parallèle S est encore parallèle à l'émergence en S' : sa direction a changé, et en général aussi la largeur ou plus exactement la section du faisceau.

692. Applications des prismes. — Les prismes sont utilisés fréquemment pour leur propriété de produire la dispersion, propriété dont nous parlerons dans un autre chapitre; quelquefois ils servent seulement à produire des changements de direction. Leur mode d'emploi est alors trop simple à concevoir pour qu'il soit nécessaire d'insister.

Dans un très grand nombre de circonstances, on applique la propriété que possèdent les prismes de produire la réflexion totale;

1. La construction géométrique montre également ces résultats : l'influence de la réfringence se manifeste par ce que, pour un même angle du prisme, la déviation variera si l'on change le rapport des rayons Ol et Om (c'est-à-dire l'indice de réfraction).

L'influence de l'angle du prisme est évidente, car, pour un même angle d'incidence bml, la déviation mOn croît ou décroît en même temps que l'angle mln qui est égal à l'angle du prisme.

ils peuvent alors remplacer, et non sans avantage, les miroirs plans ; il y a moins de perte de lumière. C'est ainsi qu'on emploie fréquemment un prisme rectangle isocèle ABC (*fig.* 328) pour dévier un faisceau d'un angle de 90° : le faisceau SS' arrive normalement, pénètre sans déviation sur l'une des faces de l'angle droit,

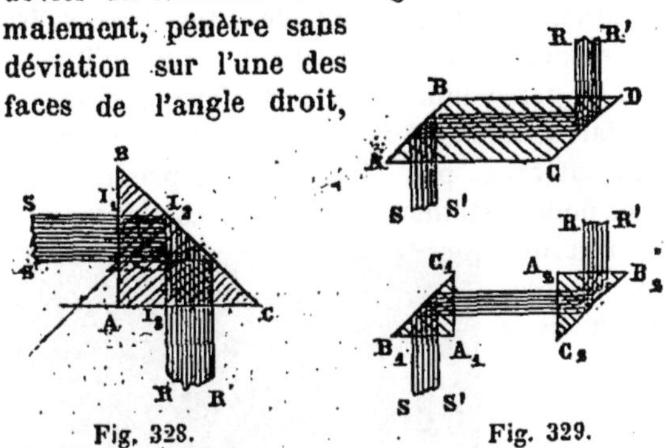

Fig. 328.

Fig. 329.

se réfléchit totalement sur la face hypoténuse (l'angle d'incidence est alors de 45°, supérieur à l'angle limite qui est de 43° 30′ pour le verre) et sort normalement en RR′ sans déviation, par conséquent perpendiculairement à sa direction primitive.

Dans quelques cas, on obtient, non une déviation, mais un déplacement notable d'un faisceau (*fig.* 329) à l'aide de deux réflexions totales produites, soit dans un prisme quadrangulaire ABCD, soit dans deux prismes triangulaires $A_1B_1C_1$, $A_2B_2C_2$ convenablement disposés.

693. Lentilles. — Étudions maintenant le cas où les faisceaux lumineux traversent une ou plusieurs surfaces courbes en supposant d'abord, comme nous l'avons déjà dit, que le milieu dans lequel émerge la lumière est identique au milieu dans lequel elle parvient avant la première réfraction : c'est le cas le plus simple, le cas des lentilles.

On désigne sous le nom de *lentille* tout bloc de substance réfringente terminé par deux surfaces définies géométriquement, dont l'une au moins est courbe.

Les lentilles employées ordinairement en optique sont en *crownglass* ou en *flint-glass*, plus réfringentes par conséquent que l'air, qui est le milieu où elles sont ordinairement placées.

Les surfaces courbes usitées ne sont pas quelconques et sont seulement des surfaces sphériques ou cylindriques, combinées entre elles de diverses façons ou avec des surfaces planes.

Nous nous occuperons principalement des lentilles qui ne comprennent que des surfaces sphériques ou planes, ce sont les *lentilles sphériques;* nous terminerons par quelques indications sommaires, mais importantes, sur les *lentilles cylindriques*, dans lesquelles on emploie des surfaces cylindriques.

694. Lentilles sphériques. — Ces lentilles sont limitées par des surfaces sphériques ou par des plans; on appelle *axe de la len-tille* la ligne qui joint les centres des sphères ou qui, passant par le centre de la surface sphérique, est perpendiculaire au plan qui constitue l'autre face.

Les surfaces qui limitent les lentilles sont, dans tous les cas, des surfaces de révolution autour de cet axe; il résulte de là qu'il nous suffira d'étudier ce qui se passe dans un *plan méridien* quelconque (c'est-à-dire dans un plan contenant l'axe) pour en déduire ce qui se passe dans tous les autres, et par suite ce qui se produit dans l'espace; nous n'aurons donc à étudier que des figures planes.

On reconnaît aisément que l'on peut diviser les diverses formes de lentilles en deux groupes.

Dans le premier groupe, les surfaces réfringentes se cou-pent, les bords sont tranchants, l'épaisseur diminue à mesure que l'on considère des points

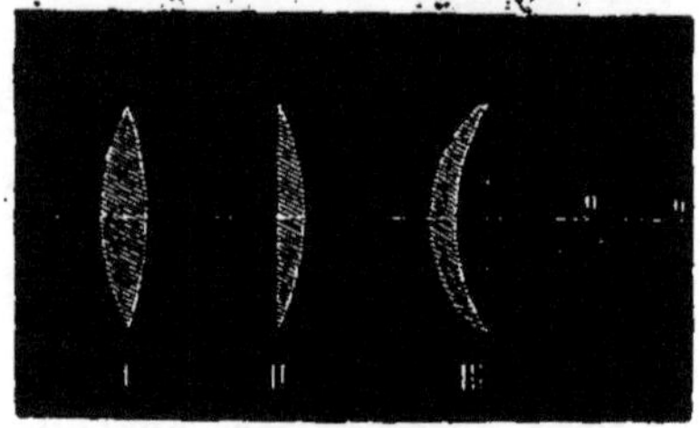

Fig. 330.

plus éloignés de l'axe; on distingue la *lentille bi-convexe* (I, *fig.* 330) dans laquelle les centres sont de part et d'autre de la lentille; la *lentille plan-convexe* (II) qui est terminée d'un côté par une face plane; et la lentille *concavo-convexe* ou *ménisque convergent* dont les centres sont d'un même côté de la lentille, le rayon le plus petit correspondant à la face convexe.

Dans le deuxième groupe, les surfaces réfringentes ne se coupent pas, la substance ré-fringente doit être limitée par une surface auxiliaire consti-

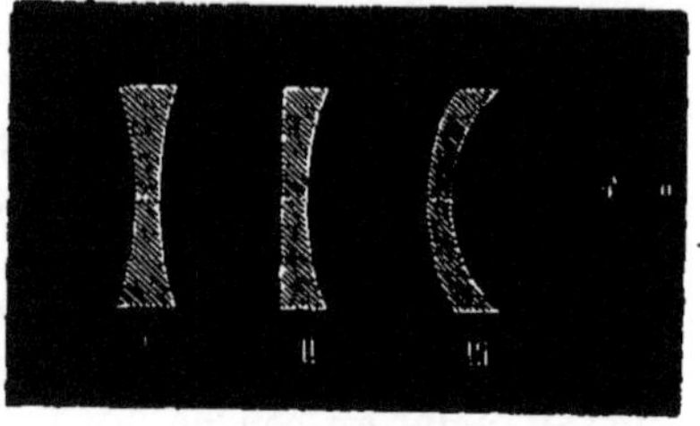

Fig. 331.

tuant un bord mousse, l'épaisseur s'accroît à partir de l'axe. On distingue la *lentille bi-concave* dont les centres sont de part et d'autre (I, *fig.* 331); la lentille *plan-concave* qui est limitée d'un côté par une surface plane (II), et la *lentille convexo-concave* ou *ménisque divergent* dont les centres sont d'un même côté, le rayon le plus petit correspondant à la face concave.

695. — On peut se rendre aisément compte que les lentilles du pre-mier groupe constituent des systèmes convergents et celles du deuxième groupe des systèmes divergents. Il suffit de remarquer que pour un rayon SI_1I_2R (*fig.* 332) qui traverse une lentille, l'effet est le même que s'il traversait un prisme qui aurait pour

faces les plans tangents au point d'incidence et au point d'émergence. Dans le premier groupe, ces prismes ont leur *base* du côté de l'axe, et les rayons qui les traversent, étant ramenés du côté de

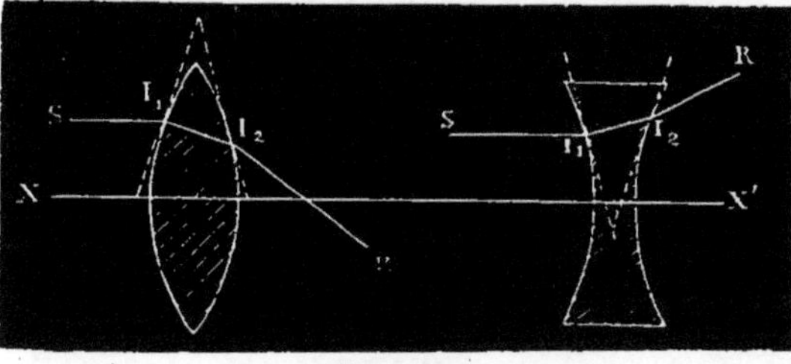

Fig. 332.

la base, c'est-à-dire du côté de l'axe, sont rendus convergents ou, tout au moins, moins divergents. Dans le deuxième groupe, ces prismes ont leurs *sommets* dirigés du côté de l'axe, et par conséquent l'effet sera inverse de ce qui se présente pour le premier groupe.

Bien qu'il y ait quelques différences entre les lentilles d'un même groupe, ces différences n'ont que peu d'intérêt dans les cas que nous avons à considérer, et il nous suffira d'étudier d'une manière générale une lentille convergente et une lentille divergente. Il y a d'ailleurs quelques considérations générales que nous exposerons d'abord et qui s'appliquent à tous les cas.

696. Conservation de l'homocentricité dans les lentilles. — Nous ne considérons que des lentilles dans lesquelles les dioptres constituants (672) ont peu d'amplitude et sur lesquelles les rayons arrivent sous de petits angles d'incidence : nous pourrons alors immédiatement appliquer les résultats auxquels nous sommes précédemment arrivés (678).

D'abord, d'une manière générale, on voit que si l'on considère un faisceau incident homocentrique il donnera, par sa réfraction à travers le premier dioptre (la première surface réfringente), un faisceau également homocentrique. Sauf de très rares exceptions, que nous ne considérerons pas parce que les lentilles ont toujours une faible épaisseur, ce faisceau ne parviendra pas à son sommet, il sera promptement limité par la seconde surface réfringente; il n'en sera pas moins homocentrique en arrivant sur ce second dioptre qui donnera, par la réfraction, un faisceau également homocentrique. Nous pouvons donc conclure que :

Par le passage à travers une lentille sphérique quelconque, un faisceau homocentrique est transformé en un faisceau également homocentrique.

697. Foyers; plans focaux. — Si donc on considère un faisceau incident parallèle à l'axe, il donnera à l'émergence un faisceau homocentrique dont, par analogie, nous désignerons le sommet sous le nom de second foyer principal F″ (*fig.* 333 et 334) : ce second foyer peut être, suivant les cas, réel (lentilles convergentes) ou virtuel (lentilles divergentes).

De même aussi, tout faisceau incident parallèle ayant une direction quelconque (peu distante cependant de celle de l'axe principal) sera transformé à l'émergence en un faisceau homocentrique, convergent ou divergent, dont

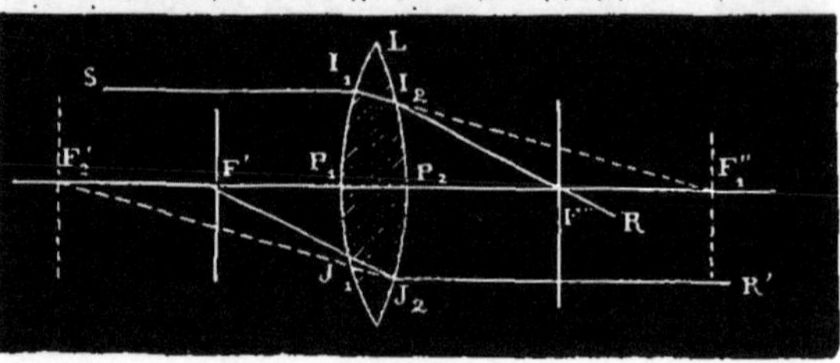

Fig. 333.

le sommet sera le foyer secondaire, réel ou virtuel, correspondant à la direction donnée.

Le lieu de ces foyers secondaires s'écartera peu d'être un plan et pourra être confondu avec cette surface : ce sera le *second plan focal*. En effet, ce second plan focal n'est pas autre chose que l'image à travers le second dioptre du lieu des

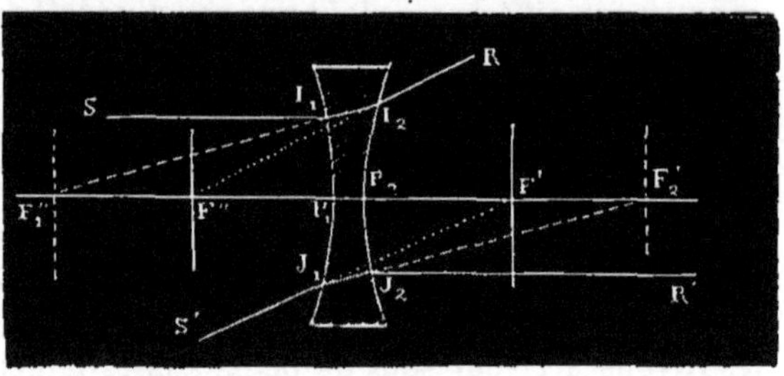

Fig. 334.

foyers secondaires du premier dioptre ; le lieu des foyers secondaires d'un dioptre est un plan (676) et l'image d'un plan à travers un dioptre est également un plan.

En appliquant le principe fécond de la reversibilité, nous concevrons aisément la notion d'un *premier foyer principal* F' et celle d'un *premier plan focal*.

Ces plans focaux jouissent, par rapport aux lentilles, des propriétés que nous avons signalées en détail pour les dioptres ; ils correspondent à des foyers réels si les lentilles sont convergentes, et à des foyers virtuels si elles sont divergentes.

698. Images d'un point, d'un objet. Foyers conjugués. — Si l'on considère un point lumineux correspondant à l'incidence à un faisceau homocentrique, le sommet du faisceau homocentrique émergent sera un point (réel si le faisceau est convergent, virtuel s'il est divergent), qui sera l'image à travers la lentille du point considéré.

Par reversibilité, le point A peut être dit également l'image du point A' si l'on considère la lumière marchant en sens inverse. Les deux points A et A' tels que chacun d'eux est l'image de l'autre sont dits des *foyers conjugués* (646).

Enfin, comme conséquence des mêmes propriétés générales, on voit immédiatement qu'un objet qui est une petite droite perpendiculaire à l'axe donne pour image une petite droite perpendiculaire à l'axe; l'image à travers le premier dioptre étant une droite a pour image à travers le deuxième dioptre l'image de la droite considérée.

699. Centre optique; points nodaux. — Considérons une lentille HH' (*fig*. 335); par les centres de courbure O et O' des faces, menons deux rayons parallèles O'A et OA' et joignons les points A et A' où ils percent les faces par une droite qui rencontre l'axe OO' en C. Ce point est indépendant de la direction des rayons considérés, car la comparaison des triangles semblables OA'C et O'AC donne

$$\frac{OC}{O'C} = \frac{OA'}{O'A}\,.$$

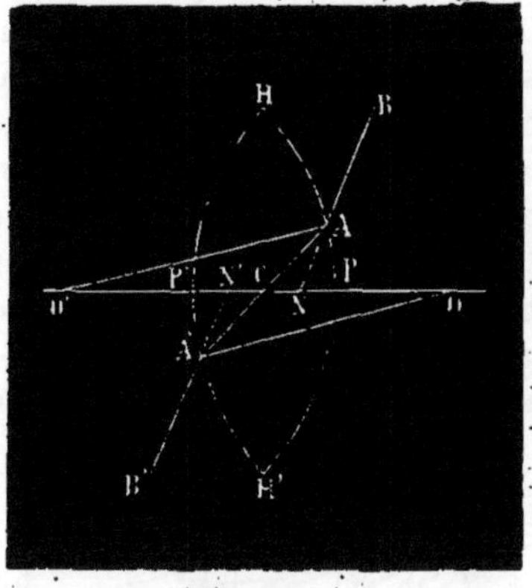

Fig. 335.

Le rapport $\dfrac{OA'}{O'A}$ étant le rapport des rayons est constant; il en est de même de $\dfrac{OC}{O'C}$ qui lui est égal et est dès lors indépendant de la direction des rayons considérés OA' et O'A ; le point C a donc une position fixe : c'est le *centre optique* de la lentille [1].

Supposons maintenant que le point C soit un point lumineux, et considérons les rayons CA et CA' qu'il émet : ces rayons ont même direction et vont couper les faces de la lentille en deux points qui ont des normales O'A et OA' parallèles par construction ; les rayons émergents correspondants AB, A'B' sont donc parallèles. Prolongeons le rayon AB jusqu'au point N, où il coupe l'axe de la lentille : ce point N est par suite le foyer conjugué de C par rapport à la face HPH', et par suite il est indépendant de la direction des rayons considérés, il est entièrement fixe ; de même pour le point N', où le prolongement de B'A' coupe l'axe : ces points sont les *points nodaux* de la lentille.

1. Si l'on appelle d la distance OO', r et r' les rayons des deux faces, et e l'épaisseur de la lentille, on arrive facilement à déterminer les valeurs suivantes :

$$OC = \frac{dr}{r+r'}\quad,\quad O'C = \frac{dr'}{r+r'}\quad,\quad PC = \frac{re}{r+r'}\quad \text{et}\quad P'C = \frac{r'e}{r+r'}$$

En somme, les points nodaux sont fixes dans chaque lentille, et ils jouissent de la propriété que, lorsqu'un rayon incident est tel, que son prolongement passe par l'un d'eux : 1° *le rayon correspondant dans la lentille passe par le centre optique; 2° le rayon émergent passe par l'autre point nodal et est parallèle au rayon incident.* Ces rayons incidents et émergents passant par les points nodaux et parallèles sont souvent désignés sous le nom de *droites de direction.*

Les rayons incident et émergent dont les directions passent par les points nodaux, les droites de direction sont dans les mêmes conditions que si la lumière traversait une lame à faces parallèles : le rayon est *déplacé* et non *dévié.* Si la lentille est assez mince pour que l'on puisse négliger son épaisseur, le déplacement pourra également être négligé, le rayon émergent pourra être regardé comme étant sur le prolongement du rayon incident : les deux points nodaux et le centre optique seront confondus et l'on pourra dire alors que toute droite qui traverse une lentille très mince en passant par le centre optique sort sans modification. Ces droites constituent ce que l'on nomme les *axes secondaires* de la lentille.

700. — On appelle *distance focale* dans une lentille infiniment mince la distance du foyer au centre optique; si l'on veut tenir compte de l'épaisseur, la distance focale est la distance du foyer au point nodal correspondant.

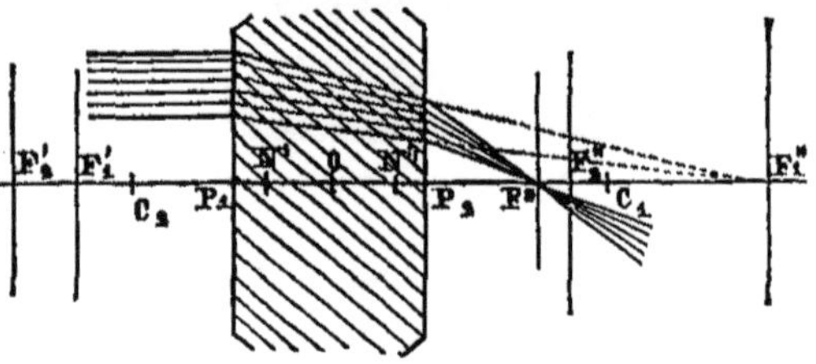

Bien qu'il y ait deux foyers dans toute lentille, il n'y a à considérer qu'une distance focale, parce que l'on reconnaît que les distances correspondant au premier et au second foyers sont égales. On le vérifie directement par l'expérience, mais on peut aussi le démontrer [1].

Les positions relatives du premier et du second plan focal,

Fig. 336.

---

1. Il est facile de reconnaître que les deux distances focales d'une lentille sont égales.

Soit une lentille constituée par deux dioptres dont les distances focales sont f', f''_1 et f'_2, f''_2. On sait que si m est l'indice de réfraction du verre, on a :

$$-\frac{f''_1}{f'_1} = m \quad \text{et} \quad -\frac{f'_2}{f''_2} = m,$$

ce qui entraîne

$$f''_1 f''_2 = f'_1 f'_2. \tag{1}$$

D'après ce que nous avons dit, le foyer principal F″ de la lentille est l'image à travers le deuxième dioptre du foyer F″_1 du premier dioptre; si donc nous appelons δ l'abscisse de F″_1 par rapport à F'_2, et f'' celle de F″ à partir de F″_2, nous

comme celles du premier et du second point nodal, ne sont pas toujours les mêmes : le calcul, comme les constructions géométriques

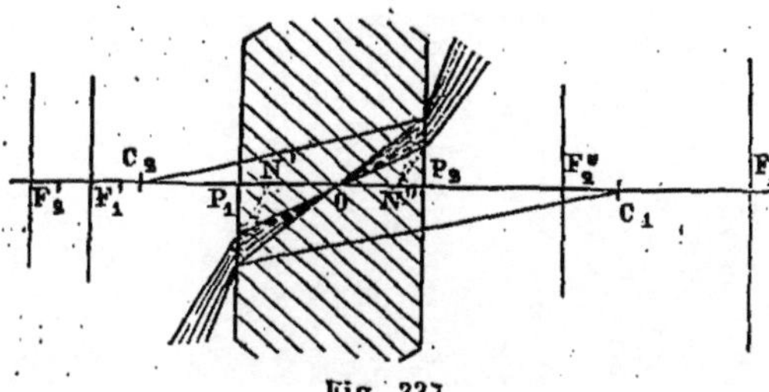

simples, montrent que dans les lentilles convergentes le premier plan focal et le premier point nodal se rencontrent d'abord lorsque l'on suit le sens dans lequel vient la lumière; c'est,

Fig. 337.

au contraire, le second plan focal et le second point nodal que l'on rencontre d'abord dans le cas des lentilles divergentes.

De plus, dans chaque espèce de lentilles, la position des points nodaux varie par rapport aux surfaces qui limitent la lentille, mais il est absolument sans intérêt d'entrer dans la discussion de ces divers cas particuliers.

701. Construction générale du rayon émergent. — Connaissant les plans focaux et les points nodaux, il est facile de

devons avoir

$$\delta f'' = f'_2 f''_2 \quad \text{d'où} \quad f'' = \frac{f'_2 f''_2}{\delta}.$$

Nous avons dit que le second point nodal N″ est l'image à travers le second dioptre du centre optique O ; désignons par ω l'abscisse de O à partir de F_2 et par n'' celle de N″ à partir de F''_2 ; nous avons également

$$\omega n'' = f'_2 f''_2 \quad \text{d'où} \quad n'' = \frac{f'_2 f''_2}{\omega}.$$

Si maintenant nous appelons f, distance focale du système, l'abscisse de N″ à partir de F″, nous avons $f = n'' - f''$, ou

$$f = f'_2 f''_2 \left(\frac{1}{\omega} - \frac{1}{\delta}\right) = \frac{f'_2 f''_2}{\delta} \left(\frac{\delta}{\omega} - 1\right).$$

Mais par la manière même dont on détermine le centre optique, on a

$$\frac{\omega}{\delta} = \frac{f'_2}{f'_2 + f''_1}.$$

Il vient donc

$$f = \frac{f'_2 f''_2}{\delta} \left(\frac{f'_2 + f''_1}{f'_2} - 1\right) = \frac{f''_1 f''_2}{\delta}.$$

Si maintenant on déterminait de la même façon l'abscisse de N′ par rapport à F′ on trouverait, par raison de symétrie, $- \dfrac{f'_2 f'_1}{\delta}$ (car alors il faudrait prendre l'abscisse de F'_2 à partir de F''_1 qui est $- \delta$). Mais, à cause de l'égalité (1), on voit que, au signe près, cette valeur est la même que celle de f. Les deux distances focales d'une lentille sont donc égales.

déterminer le rayon émergent correspondant à un rayon incident
quelconque, dans les mêmes conditions de simplicité que nous avons
indiquées pour les miroirs et pour les dioptres, sans qu'il soit nécessaire de chercher les
points où le rayon
incident et le rayon
émergent rencon-
trent les surfaces ré-
fringentes.

Soit un rayon SI'
tombant sur une
lentille convergente

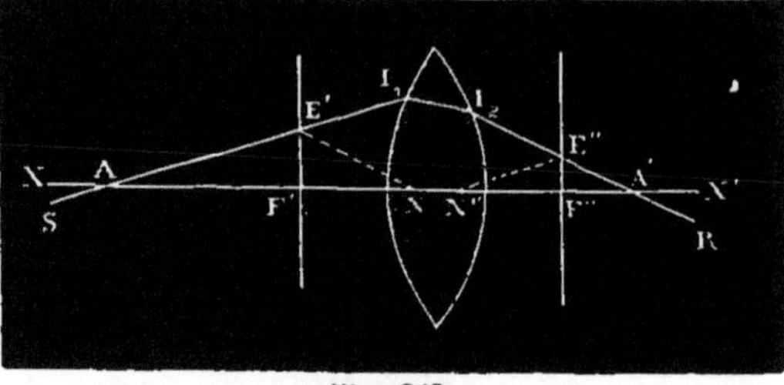

Fig. 338.

(*fig.* 338) ou divergente (*fig.* 339) dont F' et F" sont les foyers, et N' et N"
les points nodaux correspondants : soient E' le point où ce rayon
rencontre le plan focal F', joignons E'N' ; nous savons que les divers
rayons partant du
point E' situé dans le
plan focal F' sortent
parallèles entre eux,
et que leur direction
commune est celle de
la droite E'N'. D'autre
part tous les rayons
arrivant parallèle-
ment à SE', et par
conséquent ce rayon

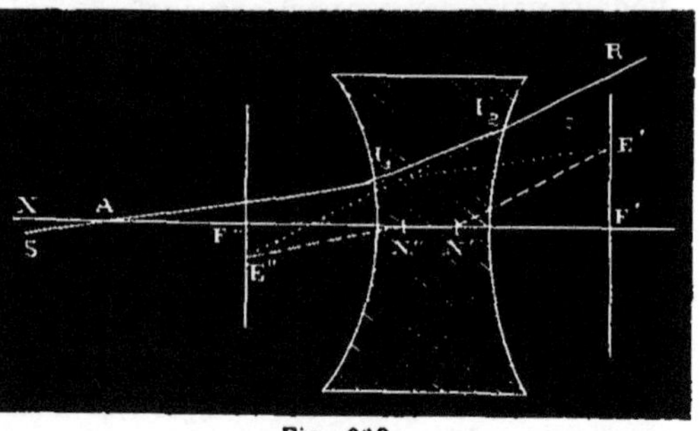

Fig. 339.

même, sortent en passant par un même point du plan focal F",
point que l'on obtient en menant par N" la parallèle N"E" au rayon
incident et cherchant son point d'intersection E", avec le plan focal
F". Le rayon émergent devant passer par E" et être parallèle à E'N'
est complètement déterminé.

Si l'on prolonge le rayon incident jusqu'en I_1 où il rencontre la
première surface réfringente et le rayon émergent jusqu'en I_2 où il
coupe la seconde surface réfringente, on a en joignant $I_1 I_2$ la marche effective $SI_1 I_2 R$ du rayon lumineux. En général, et sauf quelques cas particuliers, on n'a pas à tenir compte de la partie $I_1 I_2$.

702. — Il serait facile de déduire de cette construction que si
l'on considère les points A et A' où le rayon incident et le rayon
émergent coupent l'axe, la position de A' ne dépend que de la position de A et nullement de celle du point d'incidence I_1, ce qui démontrerait, si le fait n'était déjà prouvé, qu'un faisceau homocentrique
incident est transformé par une lentille en un faisceau émergent également homocentrique.

703. Forme des faisceaux émergents. — Nous ne considérons que des faisceaux homocentriques à l'incidence, les faisceaux émergents seront donc tous homocentriques. Les faisceaux incidents peuvent être : 1° divergents, 2° parallèles, ou 3° convergents ; le

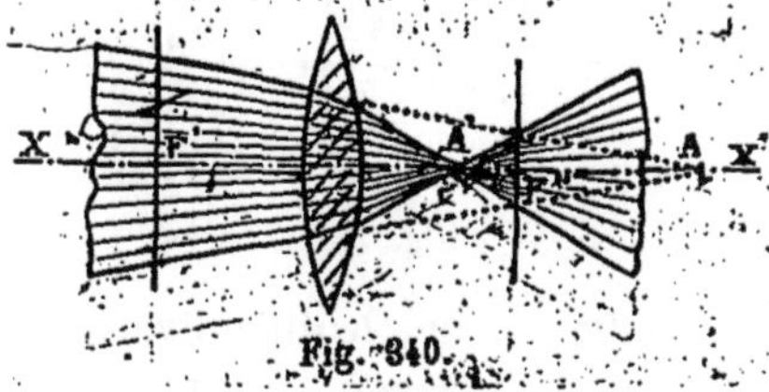

Fig. 340.

point lumineux est 1° réel et situé à une distance finie, 2° à une distance infinie, ou 3° virtuel (635). Le faisceau émergent peut présenter les mêmes variétés de forme après la seconde face réfringente ; si le faisceau émergent est convergent, son sommet est à droite de la lentille (dans le cas où la lumière vient de la gauche); l'image est réelle ; s'il est parallèle, il n'y a pas d'image à proprement parler,

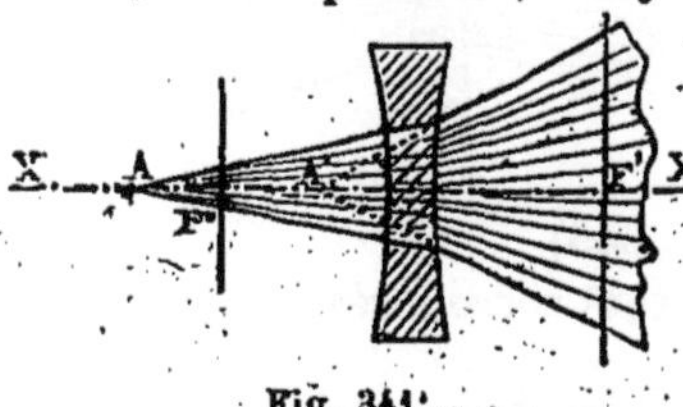

Fig. 341.

on dit qu'elle est à l'infini ; si le faisceau émergent est divergent, son sommet est à gauche de la face réfringente de sortie, l'image est virtuelle.

D'après ce que nous avons dit, on comprend immédiatement que :

1° Tout faisceau incident convergent traversant une lentille convergente donne à l'émergence un faisceau convergent (*fig*. 340).

2° Tout faisceau incident divergent traversant une lentille divergente donne à l'émergence un faisceau divergent (*fig*. 341).

On ne peut rien prévoir sans discussion pour les cas où un faisceau divergent traverse une lentille convergente, ni pour celui où un faisceau convergent traverse une lentille divergente.

704. — Un examen rapide de la question fait voir aisément ce

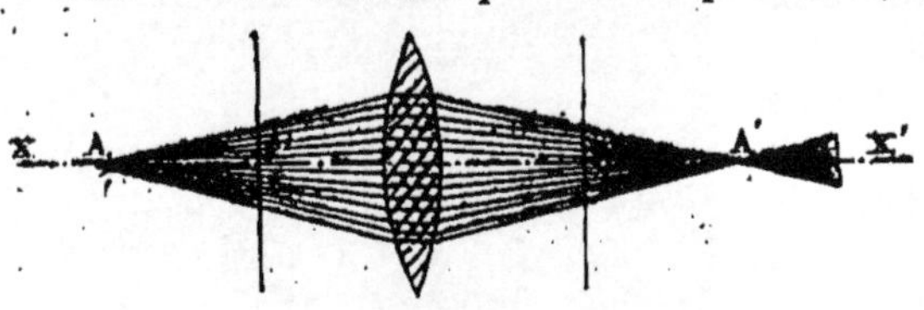

Fig. 342.

qui doit se passer dans chaque cas. Occupons - nous d'abord des lentilles convergentes.

Un faisceau ayant son sommet dans le plan focal en F″ donne, à l'émergence, un faisceau parallèle ; si le sommet A est plus loin que le plan focal, pour une même section du faisceau sur la lentille, le faisceau est moins divergent que dans le cas précédent ; il en sera de même du faisceau émergent, qui convergera dès lors en donnant une image réelle A′ (*fig*. 342).

Si, au contraire, le sommet A est situé entre le plan focal et la lentille, le faisceau incident est plus divergent que celui qui ayant même base aurait son sommet en F″ ; il en sera de même pour le faisceau émergent, qui sera alors divergent et donnera lieu à une image virtuelle A′ (*fig.* 343).

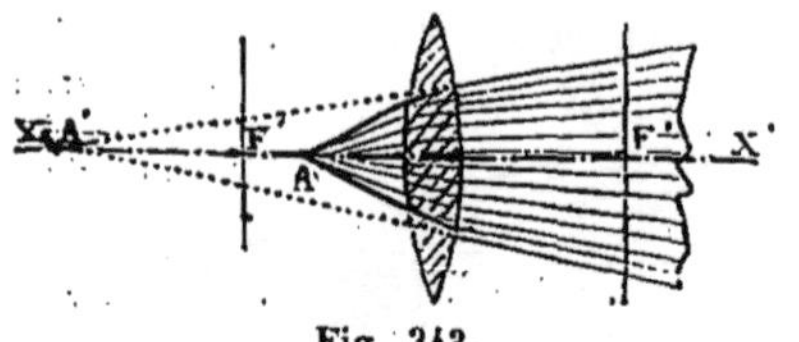

Fig. 343.

Des raisonnements de même nature montrent immédiatement que dans le cas où un faisceau convergent tombe sur une lentille divergente, le faisceau émergent est divergent ou convergent et, par suite, l'image est virtuelle ou réelle suivant que le sommet (virtuel) du faisceau incident tombe au delà du plan focal F″ (*fig.* 344) ou entre le plan focal et la lentille (*fig.* 345).

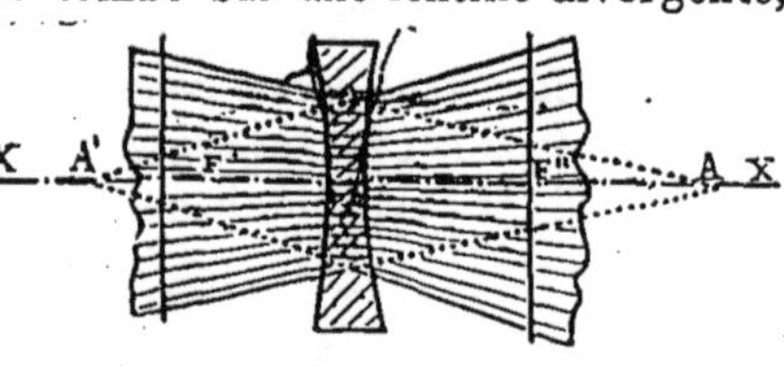

Fig. 344.

Ces résultats, faciles à concevoir, sont corroborés par l'expérience et par une discussion plus complète.

705. Image d'un objet. — Si nous considérons un objet lumineux AB, qui soit une petite droite perpendiculaire à l'axe, nous savons

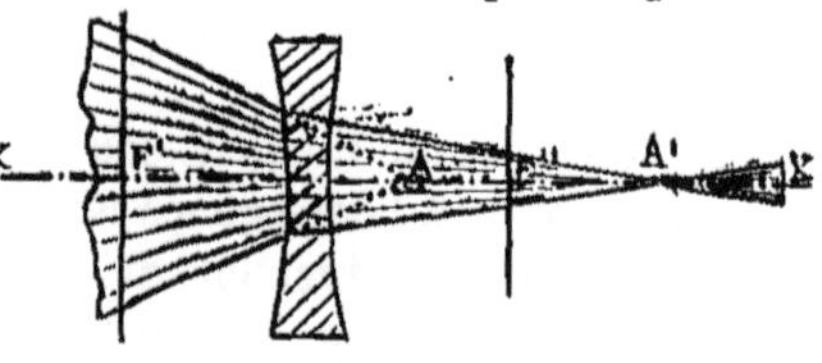

Fig. 345.

quel'image sera une droite également perpendiculaire à l'axe : l'objet étant déterminé par son sommet A, l'image sera également déterminée par son sommet A′. La question est donc ramenée à trouver l'image d'un point non situé sur l'axe principal. Pour arriver à ce résultat, il suffira de considérer au moins deux

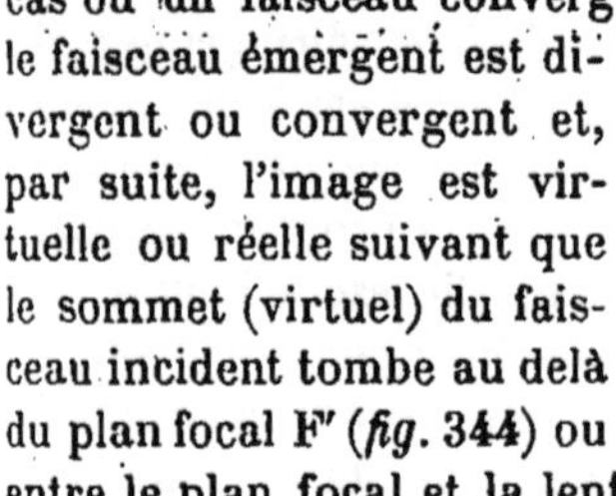

Fig. 346.

rayons passant par le point A et de chercher les rayons émergents correspondants qui se couperont en un point A′ qui sera l'image de A. On pourrait prendre deux rayons quelconques, pour lesquels on ferait la construction générale précédemment indiquée, mais il est préférable de choisir des rayons particuliers dont les rayons émergents soient connus sans construction. On peut prendre :

1° Un rayon AE′ parallèle à l'axe qui est transformé en un fais-

ceau passant par F″ et parallèle à la *droite de direction* E′N′ (*fig.*346
et 347);

2° Un rayon AF′ passant par le foyer F′ qui est transformé en
un rayon parallèle à l'axe,
passant en un point E″
déterminé par l'intersec-
tion du plan F″ avec la
droite de direction N″E″
parallèle à AF′;

3° Un rayon AN′, droite
de direction, qui serait remplacé par un rayon N″A′,

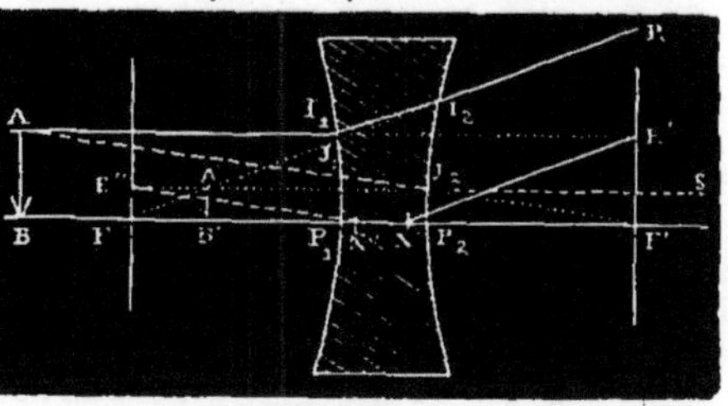

Fig. 347.

droite de direction parallèle à la direction incidente.

Au point de vue du tracé graphique, ce dernier rayon est le plus
commode; mais les deux autres sont préférables si l'on veut discuter les divers cas qui peuvent se présenter.

Il importe de remarquer que, comme nous l'avons déjà indiqué,
lorsque l'on connaît les points nodaux et les plans focaux, les constructions s'effectuent sans qu'il soit nécessaire d'utiliser les faces de
la lentille.

706. — L'inspection des figures montre immédiatement que l'on
a en E′F′ une ligne égale à la grandeur de l'objet, et en E″F″ une
ligne égale à la grandeur de l'image : comme nous le dirons, cette
remarque est utile.

L'examen des lignes de construction montre que, pour un même
objet placé à des distances différentes, le rayon incident AI_1 étant
fixe, il en est de même du rayon émergent correspondant $I_2F″A′$. Il
en est autrement du rayon $AF′J_1$ qui s'incline plus ou moins suivant
la position de l'objet AB : quand celui-ci se déplace l'image se
déplace et change de grandeur nécessairement, puisque ses deux
extrémités doivent se trouver toujours l'une sur l'axe XX′, l'autre sur
la droite $I_2F″R$. On voit tout d'abord et d'une manière générale que :

L'objet et son image se déplacent toujours dans le même sens.

Lorsque le faisceau émané du point A sort en convergeant, c'est-
à-dire lorsque la rencontre des deux rayons I_2R et $I_2R′$ se fait à
droite de la lentille, l'image est réelle : elle est virtuelle si le faisceau sort en divergeant, si la rencontre des rayons se fait à gauche
de la lentille.

Dans les conditions ordinaires, l'objet existe réellement, chacun
de ses points, et notamment le point A, envoient des faisceaux
divergents sur la lentille, ce qui revient à dire que l'intersection des
rayons incidents AI_1 et $AF′J_1$ se fait à gauche de la lentille. Mais,
pour généraliser, on peut être conduit à considérer des faisceaux

incidents convergents, l'objet est alors dit virtuel, ce qui revient à dire que l'intersection A des rayons incidents AI_1 et AF'_1J_1 se fait à droite de la première face de la lentille.

Avec quelque attention, on voit d'après la figure que : *l'image est renversée* (de sens contraire à l'objet) lorsque l'image et l'objet sont de même nature (tous les deux réels ou tous les deux virtuels) ; elle est droite lorsque l'image et l'objet sont de nature opposée. (Cette règle n'est pas applicable au cas où l'image et l'objet virtuels l'un et l'autre sont dans la lentille.)

707. Rapport de grandeur de l'image et de l'objet. Plans principaux. — La construction que nous avons indiquée montre aisément comment varie la position de l'image : elle donne aussi le rapport de grandeur de l'image A'B' à l'objet AB (*fig.* 346 et 347).

Les triangles A'B'F″ et E'F'N′ sont semblables comme ayant leurs côtés parallèles ; il en est de même des triangles E″ F″ N″ et ABF′ ; si l'on remarque que l'on a E″F″ = A'B' et EF′ = AB, on voit que le rapport de l'image A'B' à l'objet AB est égal, à volonté, au rapport de B'F″ à F'N′ ou de F″N″ à BF′.

En particulier, l'image sera égale à l'objet A'B' = AB ou bien E″F″ = AB, si l'on a BF′ = P_2F″.

Ces remarques s'appliquent à tous les cas ; pour en étudier les conséquences, il est bon de considérer séparément les lentilles convergentes et les lentilles divergentes.

Dans le cas des lentilles convergentes d'abord, la condition BF′ = F″P_2 que l'on peut écrire BF′ = F'N′, car les deux distances focales sont égales, conduit à deux solutions.

1° Le point B peut être porté à gauche de F′ à une distance égale à la longueur focale ; l'image dans ce cas sera réelle, égale et renversée ; de plus on en conclura B'F″ = F'N′, c'est-à-dire, qu'elle se fera à une distance du plan focal F″ égale à la longueur focale : les deux plans G′ et G″ ainsi déterminés sont ce que nous appellerons le premier et le second *plan principal inverse* ou les deux *plans anti-principaux*. Le fait qu'un objet AB placé dans le premier plan principal inverse donne une image égale et renversée dans le second plan principal inverse, montre que tous les rayons passant par A, c'est-à-dire coupant le premier plan principal inverse à une certaine hauteur au-dessus de l'axe, couperont le second plan principal inverse à la même hauteur au-dessous de l'axe. Cette propriété peut être prise comme définissant les plans principaux inverses.

2° Le point B peut être porté à droite de F′ à une distance égale à la longueur focale, c'est-à-dire qu'il coïncidera en N′ avec le premier point nodal ; dans ce cas l'image est droite et on voit facilement qu'elle se fait dans un plan qui passe précisément par N″, second point nodal. Ces plans passant par N′ et N″ et où l'image est égale à l'objet et de même sens sont appelés les premier et second plans principaux. L'égalité de l'image et de l'objet montre que tout rayon perçant le premier plan principal à une certaine hauteur, perce le second plan principal à la même hauteur et du même côté de l'axe. Cette propriété a été prise quelquefois comme définition des plans principaux.

Des considérations identiques et sur lesquelles il n'est pas utile d'insister conduiraient également à la considération des plans principaux et des plans principaux inverses dans la lentille divergente.

708. — Il est intéressant de signaler la généralité de la méthode que nous avons employée (Gauss et Listing) et la simplicité des résultats : les considérations générales sont analogues à celles que nous avons vues pour les dioptres, ou même pour les miroirs; il semble seulement que dans ces derniers cas on trouve réunis des points (points nodaux, centre) ou des plans qui sont séparés, distincts dans les lentilles.

La considération des plans principaux ou des plans principaux inverses permet d'obtenir très facilement un point du rayon émergent et simplifie par conséquent la recherche de cette ligne : il n'y a pas lieu d'insister[1].

709. **Usage des plans principaux**. — La considération des plans principaux conduit à quelques remarques intéressantes et à quelques modifications dans la construction du rayon émergent correspondant à un rayon incident donné, et permet, par exemple, de se passer des surfaces réfringentes et des plans focaux. Soient, par exemple, dans une lentille convergente, G′,G″ les plans princi-

---

1. On peut trouver, entre les éléments qui interviennent dans les questions que nous étudions, des relations très simples et très importantes qui se prêtent très bien à la discussion et donnent rapidement la solution de divers problèmes.

Nous adopterons entièrement les conventions et les notations que nous avons signalées précédemment (682, note). Soit, par exemple, le cas de la lentille convergente, nous aurons

$$l = \mathrm{F'B}, \quad l' = -\,\mathrm{F''B'}, \quad O = \mathrm{AB}, \quad I = -\,\mathrm{A'B'}, \quad \text{et enfin} \quad f = -\,\mathrm{F'N'}.$$

Les triangles précédemment signalés donnent :

$$\frac{\mathrm{E''F''}}{\mathrm{AB}} = \frac{\mathrm{F''N''}}{\mathrm{BF''}} \quad \text{et} \quad \frac{\mathrm{A'B'}}{\mathrm{E'F'}} = \frac{\mathrm{B'F''}}{\mathrm{F'N'}}$$

d'où l'on déduit

$$\frac{-I}{O} = \frac{-f}{l} \quad \text{et} \quad \frac{-I}{O} = \frac{-l'}{-f}$$

ce qui conduit à

$$= \frac{f}{l} = -\frac{l'}{f} \quad \text{et} \quad ll' = -f^2.$$

paux inverses, N' et N" les plans principaux (passant par les points nodaux), et soit SI' un rayon incident qui perce en J' le premier plan principal inverse et en I' le premier plan principal : nous savons immédiatement que le rayon émergent doit rencontrer le deuxième plan principal en I" à la même hauteur que I', et le deuxième plan

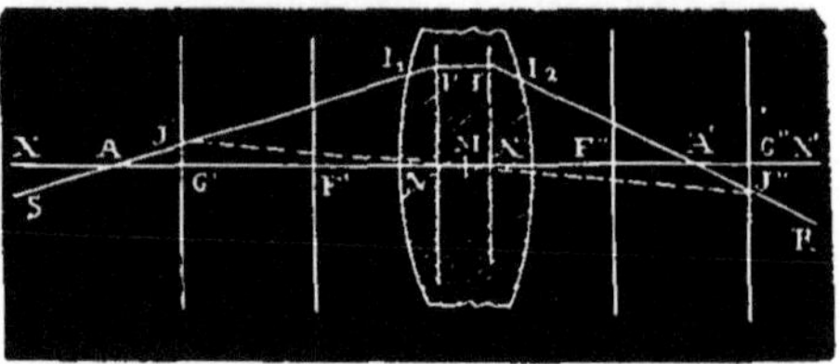

Fig. 348.

principal en J", tel que l'on ait G"J' = G'J"; il est donc complètement déterminé.

On a aisément le point I" en menant I'I" parallèle à l'axe, et le point J" en menant une droite passant par J' et par le milieu M de N'N". Cette remarque a permis de construire des appareils schématiques dans lesquels les rayons, représentés par des réglettes rigides, sont reliés mécaniquement l'un à l'autre de manière à correspondre toujours à des rayons conjugués.

Des constructions analogues sont applicables aux lentilles divergentes : il est inutile d'insister.

710. — Il est intéressant de signaler que la construction précédente ne donne pas la marche vraie des rayons *dans la lentille*, les points I' et I" n'ayant physiquement aucune signification, aucune existence : mais si l'on a les surfaces réfringentes (ce qui n'est pas nécessaire), les points d'incidence et d'émergence sont donnés par l'intersection de ces surfaces avec les rayons incident et émergent; en les joignant, on aurait le trajet effectif du rayon dans la lentille.

Si l'on suppose la lentille assez mince pour que l'on puisse négliger son épaisseur en comparaison des autres grandeurs considérées, les deux points N' et N" se confondent entre eux et avec le point M ; les deux points I' et I" se confondent également et la construction devient très aisée.

On reconnaîtrait que, en tenant compte des conventions faites, ces formules sont absolument générales.

On pourrait prendre les points N' et N" comme origines des abscisses et poser :

$$p = \text{N'B}, \quad p' = -\text{N''B'} \quad \text{et} \quad \varphi = \text{N'F'} = -f.$$

On aurait alors

$$l = p - \varphi, \quad l' = p - \varphi \quad \text{et} \quad (p - f)(p' + f) = -\varphi^2 \quad \text{ou} \quad pp' + p\varphi - p'\varphi = 0,$$

équation qui peut se mettre sous la forme

$$\frac{1}{p} - \frac{1}{p'} = \frac{1}{\varphi}$$

également générale, si l'on a égard aux conventions adoptées.

Cette construction se prête à la détermination de la formule qui lie les positions de deux foyers conjugués.

711. Discussion des images dans les lentilles. — La considération des plans principaux directs et inverses et des plans focaux permet de discuter rapidement les divers cas qui peuvent se présenter; la figure géométrique permet de se rendre aisément compte des diverses circonstances, en remarquant que l'image A′ du sommet A doit toujours se trouver sur la droite F″R, prolongée s'il est nécessaire; la position de cette image est déterminée, d'autre part, à l'aide de la droite AF′, qui varie d'inclinaison quand l'objet AB se déplace (on pourrait se servir, par exemple, également de la droite qui joint le point A au point G′).

Cette discussion se fait sans difficulté, et il est aisé d'arriver aux conclusions que nous résumons ci-après.

L'espace considéré par rapport aux positions de l'objet peut être divisé en quatre zones, savoir : 1° de l'infini à G′, 2° de G′ à F′. 3° de F′ à N′ et 4° de N′ à l'infini à droite. On peut également considérer quatre zones dans l'espace pour les images, savoir : 1° de l'infini à gauche à N″, 2° de N″ à F″, 3° de F″ à G″ et 4° de G″ à l'infini à droite (la lumière étant supposée toujours venir de la gauche). Les zones se correspondent deux à deux, ainsi que nous allons le dire; les résultats suivants peuvent être trouvés en appliquant seulement les règles générales (706).

L'objet étant supposé à l'infini à gauche donne une image réelle très petite dans le plan focal F″.

I. *Première zone*. L'objet est entre l'infini et le plan principal inverse G′; l'image est réelle, renversée, plus petite que l'objet, comprise entre le deuxième plan focal F″ et le deuxième plan principal inverse G″, d'autant plus grande et plus rapprochée de G″ que l'objet est plus rapproché de G′.

II. L'objet est dans le premier plan principal inverse G′; l'image est réelle, renversée, égale à l'objet, comprise dans le deuxième plan principal inverse G″.

III. *Deuxième zone*. L'objet est entre le premier plan principal inverse et le premier plan focal; l'image est réelle, renversée, plus grande que l'objet, comprise entre le deuxième plan principal inverse et l'infini à droite, d'autant plus grande et plus éloignée de G″ que l'objet est plus rapproché de F′.

IV. *Plan focal*. Il n'y a pas d'image, à proprement parler, chaque point donne à l'émergence un faisceau parallèle; par généralisation, on dit qu'il y a une image à l'infini.

V. *Troisième zone*. L'objet est entre le plan focal et la première face de la lentille; l'image est virtuelle, droite, plus grande que l'objet, comprise entre l'infini à gauche et la lentille, d'autant plus petite et plus près de la lentille que l'objet est plus rapproché de cette lentille.

Nous n'insisterons pas sur quelques particularités qui se présentent lorsque l'objet lumineux coïncide avec la première surface réfringente, non plus que sur les circonstances correspondant à des objets virtuels compris dans l'épaisseur de la lentille, c'est-à-dire

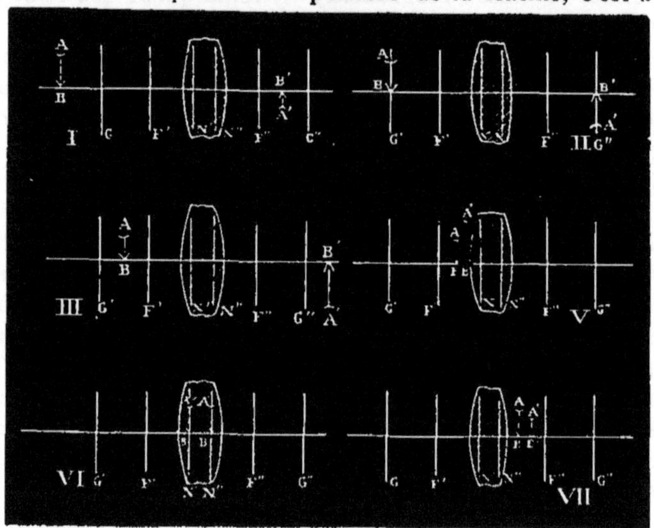

Fig. 349.

à des faisceaux convergents dont les sommets géométriques se trouvent *dans la lentille*. Ces cas particuliers n'ont aucun intérêt pratique (ils disparaissent quand on néglige l'épaisseur de la lentille) et nous nous bornerons à indiquer ce qui arrive pour le :

VI. *Premier plan principal.* Lorsque l'objet est dans le premier plan principal, l'image est dans le second plan principal et égale à l'objet.

VII. *Quatrième zone.* L'objet est virtuel et situé au delà de la deuxième face de la lentille : c'est-à-dire que les faisceaux incidents arrivent en convergeant sur la lentille qui les intercepte ; le sommet géométrique étant au delà de la lentille, l'image est alors réelle, droite, plus petite que l'objet, comprise entre la lentille et le deuxième plan focal, d'autant plus petite et d'autant plus rapprochée de ce plan que l'objet virtuel est plus éloigné vers la droite.

On pourrait abréger la discussion en utilisant la propriété de la reversibilité : on verrait ainsi que l'on peut déduire le cas III du cas I et le cas VII du cas V. Mais l'explication physique des phénomènes serait moins nette.

Tous les résultats que nous venons de signaler pourraient se déduire de la discussion des formules que nous avons indiquées (709, note).

712. — La question se présente d'une manière analogue dans les lentilles divergentes et la discussion complète se ferait suivant une marche identique. Nous n'insisterons pas et nous nous bornerons à signaler les résultats suivants que l'on peut aisément concevoir d'après ce qui a déjà été dit.

Un objet placé devant une lentille divergente donne toujours une image virtuelle, droite, plus petite que l'objet, d'autant plus petite et plus rapprochée du deuxième plan focal que l'objet est plus éloigné, comprise entre la lentille et le deuxième plan focal situé à gauche de la lentille, la lumière venant de la gauche.

Si l'objet est virtuel, si les faisceaux incidents sont convergents avant de rencontrer la lentille qui les intercepte, on aura une image virtuelle ou réelle, suivant que l'objet sera plus loin de la lentille que le premier plan focal ou moins loin; dans ce dernier cas, l'image, droite, sera plus grande que l'objet. Dans le premier cas, l'image sera renversée et pourra, suivant les cas, être plus petite ou plus grande que l'objet.

713. — Ainsi que nous l'avons dit, d'une manière générale toutes les lentilles à bords tranchants se comportent comme la lentille biconvexe, pour laquelle ont été plus spécialement faites les figures et les constructions précédentes, de même que les lentilles à bords mousses se comportent comme la lentille biconcave.

Nous devons dire cependant qu'il y a quelques formes exceptionnelles de ménisques pour lesquelles les résultats diffèrent; nous devons également signaler qu'il y a des modifications pour les objets placés très près de la lentille dans le cas où les plans principaux n'ont pas, par rapport aux faces de la lentille, la position relative que nous avons admise.

Mais ces particularités sont sans intérêt pratique, il nous suffisait de signaler leur existence.

714. **Effets physiques des lentilles**. — Les constructions géométriques, les formules, les règles abrégées auxquelles on est conduit ne doivent pas faire perdre de vue les notions physiques.

C'est ainsi que l'on ne saurait trop insister sur ce fait que les rayons particuliers que l'on emploie dans les tracés graphiques n'ont aucune propriété *physique* particulière; ils pourraient ne pas exister sans que rien fût changé aux résultats, sans que le faisceau émergent cessât d'exister avec le même sommet. C'est que, en effet, ce sont les faisceaux seuls qui existent et non les rayons; que les faisceaux sont suffisamment connus quand on connaît la position de

leur sommet et que la considération des rayons est seulement utile
pour déterminer cette position.

Nous rappellerons encore que chaque point d'un objet lumineux
envoie un faisceau divergent qui a ce point pour sommet et dont
la partie utile a pour base la surface de la lentille, et que le faisceau
émergent a la même base; que, si la lumière forme des faisceaux
convergents qui sont interceptés avant leur sommet, l'ensemble des
positions géométriques constitue ce que nous avons appelé un
objet virtuel; que si, à la sortie de la deuxième face de la lentille, la lumière est convergente, on a une image réelle formée
par l'ensemble des sommets des divers cônes convergents dont
chacun correspond à un point de l'objet; que si, à la sortie de la
deuxième face de la lentille, chaque faisceau est divergent, l'image
est virtuelle et constituée par l'ensemble des sommets *géométriques*
de ces faisceaux divergents; et enfin que, dans ce dernier cas, soit
pour l'œil d'un observateur placé dans cette lumière divergente, soit
pour tout autre appareil d'optique, l'effet est le même absolument, au
point de vue de la direction, que si la lumière émanait réellement de
cette image virtuelle.

715. — Une remarque intéressante a trait à la forme de la base
du faisceau; considérons un point lumineux envoyant un faisceau
divergent sur une lentille convergente; ordinairement la base de
ce faisceau sera un cercle. Mais on peut placer devant la lentille un
diaphragme de forme quelconque, interceptant une partie de la
surface. La forme du faisceau émergent se trouvera modifiée par là
même, puisqu'une partie de la lumière ne pourra traverser la lentille. On reconnaîtra d'ailleurs cette modification en interceptant le
faisceau émergent par un écran. Mais, et c'est là le point sur
lequel nous voulons insister, si l'écran est placé au foyer conjugué du point considéré, les diverses parties du faisceau se réunissent et donnent à leur sommet commun l'image nette de ce point.
Le résultat est le même si, au lieu d'un point lumineux, on a un
objet lumineux, car celui-ci est formé de points lumineux pour
chacun desquels la même remarque est applicable : l'image ne perd
en rien de sa *netteté*, quelle que soit l'étendue de la lentille ainsi recouverte par le diaphragme, son éclairement seul diminue.

Outre que cette remarque a été appliquée dans quelques appareils, elle fait comprendre pourquoi la vision peut n'être pas troublée par des opacités du cristallin ou de la cornée, pourvu que ces
opacités n'occupent pas une trop grande surface : les objets paraissent seulement moins éclairés.

716. **Aberration de sphéricité : lentilles aplanétiques.** — La théorie entière des lentilles suppose que les surfaces

constituant les lentilles ont peu d'amplitude et que les angles d'incidence sont très petits : tous les résultats que nous avons trouvés ne sont qu'approximatifs. Pratiquement même, on ne peut les admettre comme conformes à la réalité dès que l'amplitude dépasse quelques degrés : on en est averti en ce qu'un faisceau homocentrique à l'incidence ne donne pas un faisceau homocentrique à l'émergence, que l'on n'a nulle part, par conséquent, une image *nette*. C'est ce défaut qui constitue *l'aberration de sphéricité* des lentilles; il se manifeste, par exemple, si l'on considère un faisceau incident cylindrique, en ce que les rayons qui rencontrent la lentille près des bords, les *rayons marginaux,* coupent l'axe plus près de la lentille que ceux qui rencontrent celle-ci dans le voisinage de l'axe; il n'y a nulle part un point qui soit le sommet d'un cône. On étudie aisément ces effets en recouvrant la lentille d'un diaphragme présentant des ouvertures marginales et des ouvertures centrales.

Il importe de remarquer que cette différence tient, non pas tant à ce que le point d'incidence est éloigné de l'axe, qu'à ce que l'angle d'incidence est trop grand; comme nous le dirons, cette remarque a été utilisée dans certains cas.

On appelle lentille *aplanétique*, système optique *aplanétique*, une lentille ou un système qui ne présente pas d'aberration de sphéricité. On ne peut construire un système qui soit absolument aplanétique; on pourrait construire des lentilles absolument aplanétiques *pour des faisceaux incidents déterminés*, par exemple pour des faisceaux parallèles; Foucault en a construit de semblables pour des lunettes astronomiques. Mais il importe de remarquer que ces lentilles ne seraient plus aplanétiques si la lumière incidente était convergente ou divergente.

717. Mesure de la distance focale. — Il résulte des constructions géométriques et des formules que l'effet produit par une lentille dépend de la valeur de sa distance focale : les changements subis par les faisceaux qui traversent une lentille sont d'autant plus considérables que la distance focale est plus petite. Il est donc essentiel, lorsque l'on a à employer une lentille, de pouvoir déterminer sa distance focale. Plusieurs procédés peuvent être employés.

On peut calculer la distance focale à l'aide d'une formule [1] lorsque l'on connaît les rayons des deux faces, et ceux-ci peuvent être déterminés à l'aide du sphéromètre.

---

1. Dans le cas où l'on néglige l'épaisseur de la lentille, on a

$$\frac{1}{\varphi} = (m - 1)\left(\frac{1}{R_1} - \frac{1}{R_2}\right)$$

formule dans laquelle φ est l'*abscisse* du foyer, R_1 et R_2 les abscisses des centres de la première et de la deuxième face, et m l'indice de réfraction de la lentille.

S'il s'agit d'une lentille convergente, on peut chercher à produire l'image réelle d'un objet lumineux, la flamme d'une bougie par exemple. On détermine la distance de l'objet à la lentille et aussi la distance de la lentille à la position de l'image, que l'on recueille sur un écran de manière à l'obtenir nettement : ces distances introduites dans la formule (709, note) permettent de calculer la distance focale [1]. Il y a une petite erreur provenant de ce que les distances devraient être mesurées des points nodaux et non des faces de la lentille : cette erreur est faible, si la lentille est mince.

On peut encore faire tomber sur la lentille un faisceau parallèle et déterminer, à l'aide d'un écran, la position du sommet du cône émergent, qui est le foyer principal si le faisceau est parallèle à l'axe de la lentille. On obtient un faisceau parallèle, soit en utilisant la lumière du soleil, soit en se servant d'une source lumineuse quelconque que l'on place au foyer d'un miroir concave ou d'une autre lentille convergente et utilisant le faisceau émergent.

Une autre méthode fort commode et fort exacte repose sur ce que lorsqu'un objet est dans le premier plan principal inverse, l'image réelle se fait dans le second plan principal inverse et est égale à l'objet ; la réciproque est vraie : lorsque l'image est égale à l'objet, c'est qu'ils occupent les deux plans principaux et leur distance est égale alors au *quadruple* de la distance focale (707, 1°), ou du moins n'en diffère que de la petite distance qui sépare les plans principaux directs.

718. — Il existe des appareils spéciaux basés sur cette remarque, ce sont les *focomètres* ou *phakomètres*. Nous décrirons celui de Silbermann. La lentille à étudier est placée sur un support fixe au milieu d'une règle divisée ; sur deux supports mobiles le long de cette règle, on place deux écrans demi-circulaires en verre dépoli sur les bords desquels on a tracé des divisions égales, et l'on s'arrange pour que ces bords soient exactement à la hauteur de l'axe de la lentille ; l'un des écrans étant éclairé assez fortement, il se forme de l'autre côté de la lentille une image réelle aérienne que l'observateur peut voir en se plaçant à une distance convenable derrière l'autre écran ; si les écrans sont à la hauteur précise de l'axe de la lentille, l'image aérienne paraît se faire exactement au-dessus du bord du second écran. On reconnaît alors aisément si les divisions de l'image sont égales à celles de l'écran ou non ; on déplace les écrans jusqu'à ce que cette condition soit remplie. Pour faciliter ces déplacements,

---

1. Dans la formule $\dfrac{1}{p} - \dfrac{1}{p'} = \dfrac{1}{f}$, il importe de remarquer que p et p' sont des *abscisses*, et que, dans le cas considéré, on doit attribuer aux distances mesurées des signes contraires.

les supports de ces écrans sont portés par des crémaillères que l'on déplace à l'aide d'une roue dentée, de telle sorte que les supports se meuvent en sens contraire de quantités égales. Lorsque l'on est arrivé à réaliser la condition que nous avons indiquée, on lit sur la règle divisée, soit la distance qui sépare les deux écrans, distance qui est le quadruple de la distance focale cherchée ; soit, si l'on a établi une graduation spéciale, la valeur même de la distance focale ou le numéro de la lentille (720).

Pour pouvoir arriver à une évaluation plus précise, on regarde l'image réelle et l'écran oculaire non directement, mais à l'aide d'une lentille faisant fonction de loupe.

719. — Dans le cas des lentilles divergentes, on fait arriver sur la lentille un faisceau parallèle et l'on place devant cette lentille un diaphragme opaque percé de deux ouvertures A et B (*fig.* 350) : on

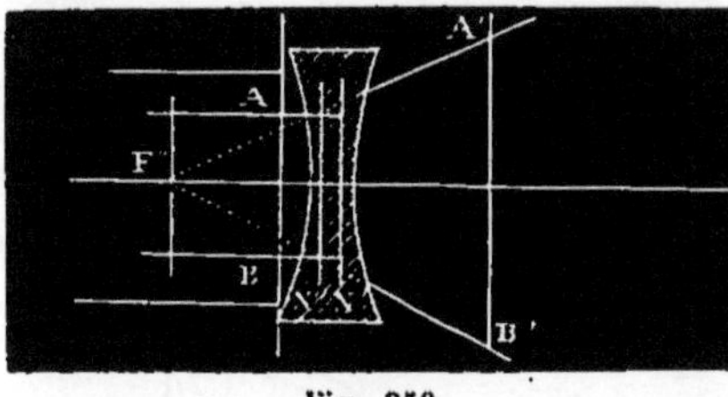

Fig. 350.

obtient à l'émergence deux faisceaux lumineux qui vont en s'écartant, et l'on cherche à l'aide d'un écran pour quelle position les centres des deux taches lumineuses A',B' qui s'y forment sont à une distance *double* de la distance des centres des deux ouvertures. On voit immédiatement alors, par suite des triangles semblables AF"B et A'F"B', que la distance de l'écran A'B' au plan nodal N" est égale à la distance de ce plan au foyer F", c'est-à-dire à la distance focale. En mesurant la distance de l'écran à la lentille, on aura approximativement cette même distance.

Il existe une autre méthode basée sur l'effet des combinaisons de lentilles, comme nous le dirons ci-après.

720. Numérotage des lentilles ; puissance dioptrique ; dioptrie. — Dans un grand nombre de circonstances, on définit une lentille par sa distance focale ; mais souvent, surtout dans les applications à l'oculistique, on caractérise une lentille par un *numéro* : ce numéro mesure la *puissance* de la lentille. Cette puissance est définie par le quotient de l'unité de longueur adoptée, le mètre, divisée par la longueur focale évaluée à l'aide de cette même unité ; si D est la puissance de la lentille et f la distance focale, on a donc

$$D = \frac{1^m}{f} \text{ d'où l'on déduit } f = \frac{1^m}{D} \cdot$$

Cette puissance est exprimée à l'aide d'une unité spéciale, la *dioptrie* ; cette unité est déterminée par ce que, pour la lentille correspondante, on doit avoir $D = 1$ et par suite $f = 1$. On voit donc que la *dioptrie* est la puissance d'une lentille de 1^m de foyer. Cette puissance est considérée conventionnellement comme positive pour les lentilles divergentes et négative pour les lentilles convergentes.

Nous verrons plus tard les applications directes de cette donnée d'une lentille ; nous nous bornerons à dire maintenant que, connaissant la puissance, on peut trouver la distance focale ou inversement. Si, par exemple, on a une lentille de 3 dioptries, sa distance focale est égale à $\dfrac{1^m}{3} = 0^m,33$; et une lentille de 20 centimètres de foyer a une puissance de $\dfrac{1^m}{0^m,20} = 5$ dioptries [1].

721: Des lentilles cylindriques. — On emploie assez souvent maintenant en optique et surtout en oculistique des lentilles cylindriques, dont les surfaces courbes sont des portions de surfaces cylindriques. Bien que l'on puisse obtenir des lentilles de diverses formes, on se sert en général seulement de lentilles dont l'une des faces est plane, l'autre étant une portion de cylindre convexe ou concave dont les génératrices sont parallèles à la face plane.

On conçoit aisément que des lentilles de ce genre se comportent autrement que les lentilles sphériques; considérons en effet l'axe (*fig.* 351), c'est-à-dire la perpendiculaire élevée au centre de la face plane, et des sections méridiennes passant par cet axe. Elles donneront toutes des droites sur la face plane, et sur la face courbe elles donneront des courbes diverses qui seront des arcs d'ellipse plus ou moins ouverts, ellipses comprises entre un cercle, correspondant

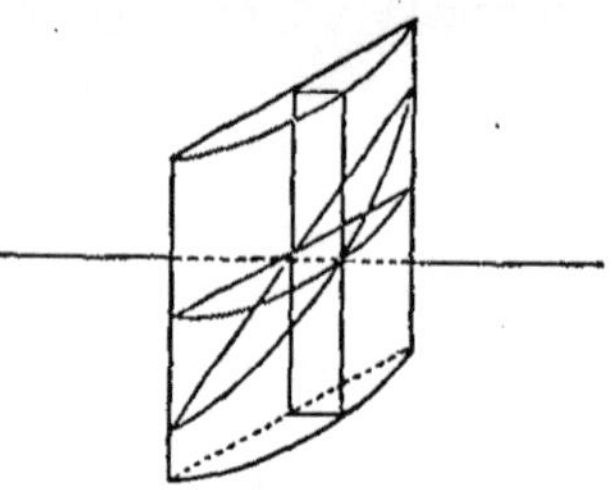

Fig. 351.

au cas de la section droite (plan perpendiculaire aux génératrices), et une droite lorsque la section passe par une génératrice.

Nous ne pourrons donc pas, comme dans les lentilles sphériques, déduire immédiatement ce qui se manifeste dans l'espace de ce que l'on a observé dans un plan : la question doit être étudiée spécialement par le calcul. Nous nous bornerons à indiquer les résultats principaux de cette étude.

1. On faisait usage autrefois, et ce procédé n'est pas encore absolument abandonné, d'un système dans lequel le *numéro* d'une lentille représentait la distance focale évaluée en pouces. Si N était le numéro et φ la distance focale évaluée en pouces, on avait donc N = φ. D'après la valeur du pouce, on a, à très peu près

$$f = \varphi \times 0,025 = \frac{\varphi}{40} ;$$

on déduit donc de là la relation importante

$$D = \frac{40}{N} \quad \text{ou} \quad N = \frac{40}{D}.$$

Un faisceau homocentrique tombant sur une lentille homocentrique est transformé en un faisceau émergent qui n'est jamais homocentrique, mais dont on peut caractériser la forme, au moins
d'une manière générale.

**722. Droites focales. Images dans les lentilles cylin-
driques.** — Lorsqu'un faisceau parallèle tombe sur une lentille
cylindrique, il est transformé en un faisceau conoïde ayant pour
base la lentille même et dont tous les rayons s'appuient sur une

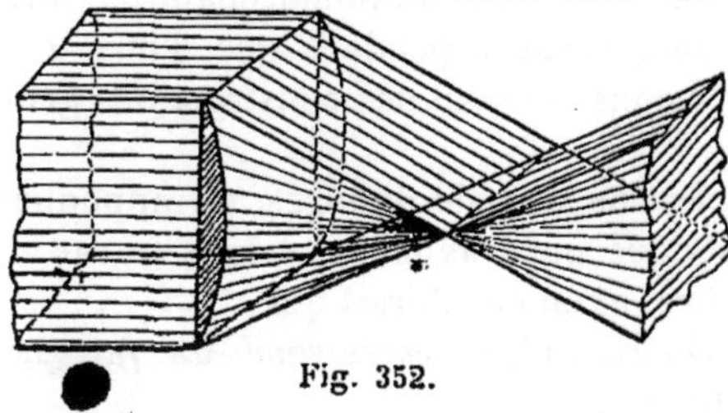

Fig. 352.

droite parallèle aux gé-
nératrices et de même longueur. C'est la *droite focale* du système ; on en
conçoit aisément l'existence
en remarquant que la len-
tille cylindrique peut être
considérée comme engen-
drée par la figure que nous avons adoptée pour les lentilles sphériques (*fig.* 333), mais qui au lieu de tourner autour de son axe se
déplacerait parallèlement à elle-même ; la figure plane qui indique
l'existence d'un foyer dans ce plan doit être considérée comme entraînée par la section de la lentille : la portion SI, S'I' engendre le
faisceau parallèle, les lignes IR, I'R' engendrent le faisceau émergent,
et leur intersection F engendre la ligne focale FF' par laquelle
passent tous les rayons et dont la position est ainsi déterminée.

La droite focale est réelle ou virtuelle, suivant que le faisceau
conoïde émergent est convergent ou divergent, suivant que la face
courbe est convexe ou concave.

723. — Si l'on considère un faisceau conique, convergent ou divergent, tombant sur une lentille cylindrique, le faisceau conoïde émergent sera déterminé par la condition que tous ses rayons doivent
rencontrer deux droites fixes, l'une parallèle aux génératrices,
l'autre perpendiculaire au plan qui passe par l'axe et la droite
précédente.

Il n'y a nulle part, à proprement parler, l'image du point lumineux, sommet du cône incident : ce sont ces deux droites que l'on
considère comme des *images*, déformées pour ainsi dire, du point.
Nous verrons plus loin, en parlant de la réfraction sur une surface
quelconque, que ces droites peuvent servir à donner des images
beaucoup moins déformées d'objets rectilignes convenablement
placés.

La droite perpendiculaire aux génératrices est à l'endroit même
(si l'on peut négliger l'épaisseur de la lentille) où est le sommet du
cône incident ; il résulte de là qu'elle est virtuelle si le point lumi-

neux est réel, et inversement. Quant à l'autre droite, elle varie de
nature et de position avec la forme de la lentille et avec celle du
faisceau incident.

724. Des systèmes centrés en général. — On appelle
systèmes centrés, en optique, une série de substances diversement
réfrangibles, limitées par des surfaces sphériques dont les centres
sont sur une même ligne droite, ou par des surfaces planes perpendiculaires à cette droite. L'étude de ces systèmes est très importante, car elle comprend, en réalité, celle des combinaisons de lentilles
et celle de l'œil; nous ne l'indiquerons cependant que d'une manière sommaire et sans entrer dans le détail des constructions géométriques et des formules.

Le système étant formé par une série de dioptres, on appliquerait les mêmes raisonnements que nous avons faits dans le cas de
deux dioptres pour les lentilles, et on conclurait que :

*A un faisceau incident homocentrique correspond un faisceau
émergent également homocentrique.*

Comme conséquence, on serait conduit à la considération d'un
second foyer principal et d'un *second plan focal ;* et, par la reversibilité, à celle d'un *premier foyer principal* et d'un *premier plan focal.*

*L'image d'une petite droite perpendiculaire à l'axe est une petite
droite perpendiculaire à l'axe.*

Une démonstration géométrique, basée sur le mode de construction des rayons réfractés à travers un dioptre, permet de
conclure que, dans un système quelconque de dioptres, il y a
deux *points nodaux* définis comme il a déjà été dit, c'est-à-dire
tels que tout rayon incident dont la direction passe par le premier point nodal donne un rayon émergent passant par le deuxième
point nodal et parallèle au rayon incident [1].

1. Soit un système centré quelconque composé de *n* dioptres. Considérons
ensemble des $n - 1$ premiers dioptres, et soient F'_1 F''_1 les foyers principaux du
système qu'ils constituent; soient N'_1 et N''_1 les points nodaux correspondants

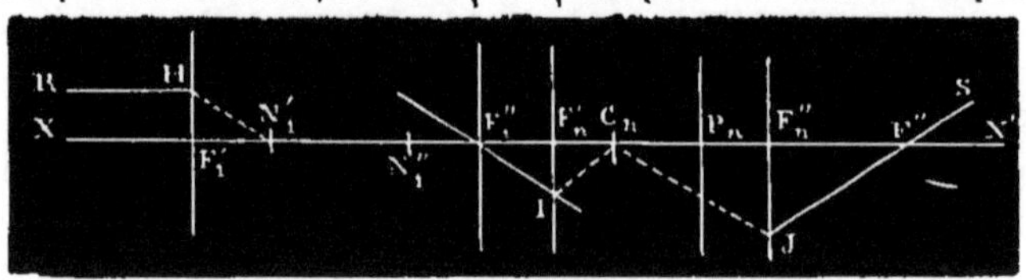

Fig. 353.

que nous supposons exister. Soit d'autre part C_n le centre du n^o dioptre P_n et
F'_n, F''_n ses foyers principaux. Nous allons indiquer comment on peut déterminer les foyers et les points nodaux du système complet.

Nous savons, par définition, que les rayons parallèles à l'axe, en passant à
travers le système des $n - 1$ premiers dioptres, passeront tous en F''_1; le foyer

Enfin, on reconnaît que si l'on appelle première et deuxième distances focales, respectivement, les distances du premier foyer F' au premier point nodal N' et du deuxième foyer F" au deuxième point nodal N", le rapport de la première distance focale à la deuxième est égal à l'indice de réfraction du milieu émergent par rapport au milieu incident (ou, ce qui revient au même, au rapport de l'indice absolu de réfraction du dernier milieu à l'indice absolu du premier). Ce rapport est indépendant de la nature des milieux intermédiaires quel que soit leur nombre.

725. Plans principaux; construction des rayons émergents. — Connaissant les plans focaux et les points nodaux du système considéré, on peut les utiliser, comme nous l'avons dit, pour le cas des lentilles : ce sont exactement les mêmes remarques

principal F' du système complet est donc l'image de F''_i à travers le dernier dioptre. La construction générale (676) nous donne ce point F". La considération des triangles semblables $F''_i I C_n$ et $C_n J F''$ montrerait aisément que ce point est indépendant du point d'incidence choisi (le faisceau émergent est homocentrique, ce que nous avons déjà dit) et permettrait même de déterminer aisément le point F".

Pour avoir les points nodaux, menons par N''_i et C_n des droits parallèles quelconques qui coupent en I et J les plans focaux correspondants F''_i et F'_n : considérons le rayon IJ comme un rayon réfracté à l'intérieur du système, et

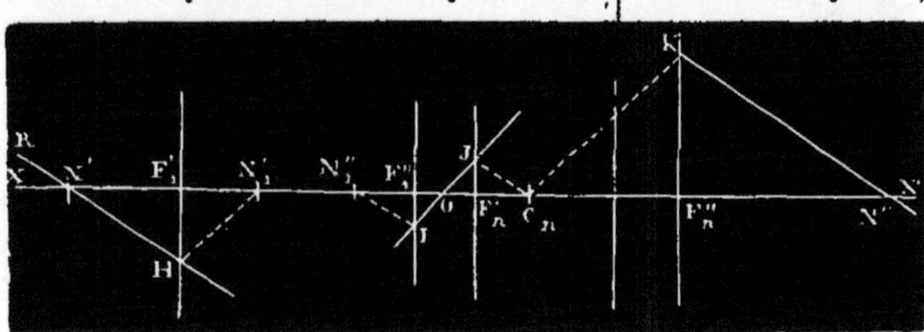

Fig. 354.

cherchons quels sont le rayon incident et le rayon émergent correspondants. L'application des constructions générales (676) montre qu'ils sont respectivement HN' et KN" parallèles à $N''_i I$ et $J C_n$, et par suite parallèles entre eux. La considération des triangles semblables $N'HN'_i$, $N''_i IO$, $C_n JO$ et $N''KC_n$ montre que les points N' et N" sont indépendants de la direction choisie $C_n I$, ils restent donc les mêmes pour tous les rayons qui, à l'émergence et à l'incidence, sont parallèles. Ce sont bien des points nodaux. Les mêmes triangles permettraient de fixer par une formule la position des points N' et N". On pourrait enfin déduire de ces formules les distances de N' à F' et de N" à F", et l'on trouverait que si les distances $F'_i N'_i$ et $F''_i N''_i$ satisfont à la condition énoncée pour la valeur de leur rapport, il en sera de même aussi du rapport de N"F" à N'F' qui est égal au rapport des indices de réfraction des milieux extrêmes.

On pourrait appliquer directement cette démonstration au cas de deux dioptres seulement, et on vérifierait les résultats annoncés. La démonstration montre alors qu'étant vrais pour deux, ces résultats sont vrais pour trois dioptres, et, en raisonnant de proche en proche, on voit que les résultats sont absolument généraux.

et les mêmes constructions. Les formules sont de même forme, mais diffèrent un peu, à cause de l'inégalité des distances focales; elles se rapprochent absolument de celles qui se rapportent à un seul dioptre [1].

La détermination des images, l'évaluation de leur grandeur, la discussion complète en un mot se fait exactement de la même façon.

En recherchant de même les conditions nécessaires pour que l'image soit égale à l'objet, on est conduit à la détermination des plans principaux, qui occupent les positions suivantes :

Le premier plan principal inverse coupe l'axe en un point G' tel que l'on a $F'G' = F''N''$, et le deuxième plan principal inverse coupe l'axe en G'' tel que $F''G'' = F'N'$.

Les points P' et P'' où l'axe est coupé par le premier plan principal direct [2] et par le deuxième sont tels que l'on a $F'P' = F''N$ et $F''P'' = F'N'$.

Les points P' et G' sont donc symétriques par rapport à F'; P'' et G'' sont symétriques par rapport à F''.

La discussion complète est basée sur les zones interceptées sur l'axe par ces divers points, d'une manière analogue à ce que nous avons déjà dit.

Les diverses combinaisons de dioptres constituant des systèmes de nature différente sont caractérisées par les positions relatives que ces divers points occupent les uns par rapport aux autres et par leurs distances relatives.

Il est très important de remarquer que si les points nodaux, les plans focaux et principaux permettent de construire géométriquement le rayon émergent qui correspond à un rayon incident quelconque, cette construction ne renseigne en rien sur la marche des rayons dans les divers milieux successifs. De même on peut trouver la grandeur et la position de l'image d'un objet donné, mais on ne peut savoir par là si l'une et l'autre sont réels ou virtuels, et cette donnée ne peut être obtenue que si l'on connaît la première et la dernière surfaces réfringentes.

726. Équivalence des systèmes centrés. — On peut démontrer que, quel que soit le système centré que l'on considère et dont on connaît les quatre éléments caractéristiques (deux points nodaux, deux plans focaux), on peut toujours trouver une com-

---

1. Si ce n'est, bien entendu, que dans le cas d'un seul dioptre, il y a une seule origine pour les abscisses, tandis qu'il y en a deux dans le cas du système centré : une origine pour les objets et une autre pour les images.

2. Il importe de remarquer que dans ce cas général les plans principaux ne passent pas par les points nodaux.

binaison de deux dioptres constituant ainsi une lentille et telle que, placée entre le premier et le dernier milieux observés, elle produise exactement le même effet que le système considéré.

En particulier, si l'on a un système dont les deux points nodaux sont assez rapprochés pour qu'il soit possible de négliger leur distance, on peut arriver à un résultat plus simple encore. Une seule surface réfringente, ayant pour centre les points nodaux confondus en un seul point et séparant deux milieux dont le premier soit identique au milieu incident du système, le deuxième au milieu émergent, produit exactement le même effet. On sait, en effet, que dans l'un et l'autre cas les distances focales sont dans le rapport des indices absolus de réfraction des milieux extrêmes. On voit immédiatement que les plans principaux inverses coïncident et que les plans principaux du système viennent à coïncider entre eux et avec la surface réfringente.

Comme nous le dirons, cette remarque est très importante au point de vue de la vision.

727. Des combinaisons de lentilles comme systèmes centrés. — Dans la plupart des instruments d'optique, on emploie des combinaisons de lentilles sphériques diverses; chacune de ces combinaisons constitue un système centré auquel on peut appliquer tout ce que nous avons dit en général. Mais il y a, dans ce cas, une simplification importante: le milieu où se fait l'émergence étant identique au milieu où a lieu l'incidence, les deux distances focales sont égales; les plans principaux passent précisément par les points nodaux, et les plans principaux inverses sont à des distances égales des plans focaux correspondants. Autrement dit, tout est symétrique de part et d'autre du plan mené perpendiculairement à l'axe à égale distance des points nodaux.

La substitution des éléments caractéristiques du système centré aux éléments des lentilles qui le constituent n'est pas toujours aussi commode qu'on pourrait le croire: cela tient à ce que, comme nous l'avons dit, tant que l'on ne connaît pas les positions des surfaces réfringentes extrêmes, il peut y avoir incertitude, dans certaines positions, sur la réalité ou la virtualité de l'objet et de l'image.

728. Distance focale d'un système de deux lentilles. — Considérons particulièrement le cas de deux lentilles et cherchons le second foyer principal. Soit, par exemple, le cas de deux lentilles convergentes dont F'_1, F''_1, F'_2 et F''_2 sont les foyers, et N'_1, N''_1, N'_2, N''_2 les points nodaux (la figure est faite dans le cas de deux lentilles convergentes). Cherchons le foyer principal du système: soit un rayon incident SII parallèle à l'axe, il donne un rayon F''_1I passant par F$'_1$ et parallèle à la direction IIN$'_1$. Ce rayon traversant la deuxième lentille donne un rayon émergent JR déterminé par la construction générale (701): le point J est l'intersection du plan focal F$''_2$ avec la droite N$''_2$ J parallèle au rayon incident F$''_1$I et le rayon émergent

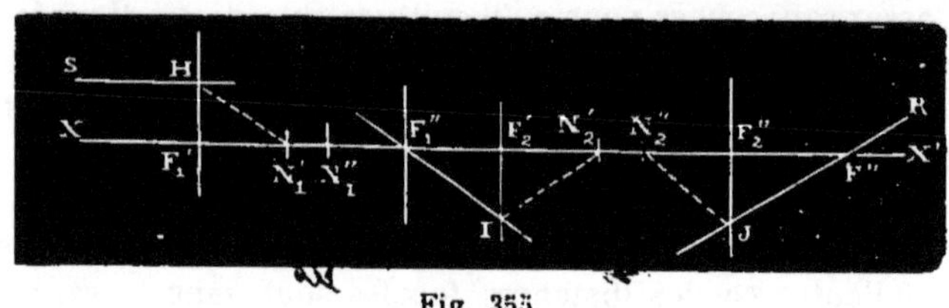

Fig. 355.

est parallèle à IN$'_2$. Le rayon JR coupe l'axe en un point F$''$ qui est le foyer cherché. Les triangles F$''_1$IN$'_2$ et N$''_2$JF$''$ sont semblables, les hauteurs IF$'_2$ et J F$''_2$ déterminent sur les bases des segments proportionnels ; on a donc immédiatement :

$$\frac{F''_1 F'_2}{F''_1 N'_2} = \frac{N'_2 F'_2}{N''_2 F''}$$

d'où l'on déduit :

$$N''_2 F'' \cdot F''_1 F'_2 = N''_2 F'_2 \cdot N'_2 F'_1$$

Introduisons dans cette équation la distance N$''_1$N$'_2$ qui mesure approximativement la distance des deux lentilles. On a :

$$N''_2 F'' (N''_1 N'_2 - N''_1 F''_1 - F'_2 N'_2) = N''_2 F'_2 (N''_1 N'_2 - N'_1 F''_1).$$

Équation qui déterminerait la position de F$''$ connaissant les distances focales des lentilles et la distance qui les sépare.

Il est un cas particulier intéressant à considérer, c'est celui dans lequel on suppose que les lentilles sont amenées au contact, c'est-à-dire que la deuxième face de la première est tangente à la première face de la seconde. Cela revient approximativement à supposer que N$''_1$N$'_2$ est nul. L'équation devient alors :

$$N''_2 F'' \cdot N''_1 F''_1 + N''_2 F'' \cdot N'_1 F'_2 = N''_2 F'_2 \cdot N''_1 F''_1$$

qui peut se mettre sous la forme :

$$\frac{1}{N'_2 F'_2} + \frac{1}{N''_1 F''_1} = \frac{1}{N''_2 F''}$$

Mais chacune des fractions qui entrent dans cette équation mesure la puissance de l'une des lentilles ou du système. On voit donc que, dans le cas considéré, la *puissance* du système formé par la superposition de deux lentilles (puissance évaluée en *dioptries*) est égale à la somme des *puissances* des deux lentilles composantes.

729. — En étudiant les divers cas qui peuvent se présenter, on reconnaît que la règle précédente peut se généraliser et que la puissance du système est toujours la *somme algébrique* (somme ou différence) des puissances des deux lentilles, en convenant d'attribuer des signes différents à ces puissances suivant que la lentille ou le système est convergent ou divergent.

Généralement on prend le signe $+$ pour les lentilles divergentes et le signe $-$ pour les lentilles convergentes [1].

730. Détermination de la puissance d'une lentille. — En s'appuyant sur cette règle, on déduit une méthode de détermination de la puissance, du numéro d'une lentille, ce qui permet de calculer la distance focale (717) lorsque l'on a à sa disposition une *boîte d'oculiste*, collection de lentilles convergentes ou divergentes de numéros bien déterminés à l'avance. On cherche dans cette collection une lentille de nature opposée à celle que l'on étudie, convergente si celle-ci est divergente ou inversement, et qui la compense exactement, c'est-à-dire telle que lorsqu'on les met en contact l'ensemble ne soit plus ni convergent ni divergent, que la puissance de système soit nulle. Lorsque cette condition est remplie, on est assuré que les numéros des deux lentilles sont égaux mais de signe contraire (puisque $\dfrac{1}{f_1} + \dfrac{1}{f_2} = 0$, c'est que nécessairement $f_1 = - f_2$).

Il est un moyen très simple de s'assurer si l'ensemble des deux lentilles a ou non une puissance nulle ; si le système a une puissance déterminée, lorsque l'on regarde un objet en le plaçant devant

---

1. En appelant l_2 l'abscisse du point F'' par rapport à F'_2 et l'_2 l'abscisse de F'' par rapport à F''_2 (soit, dans le cas de la figure 355, $l_2 = F'_2 F''_1$ et $l'_2 = - F''_2 F''$), $f_2 = - N''_2 F''_2$ la distance focale de la deuxième lentille, on a :

$$l_2 l'_2 = - f_2^2.$$

Si maintenant nous appelons λ la distance des deux lentilles et φ l'abscisse de F'' par rapport à N''_2, on a :

$$\lambda = - f_1 + l_2 - f_2 \quad \text{et} \quad - \varphi = - f_2 - l'_2$$

d'où

$$l_2 = \lambda + f_1 + f_2 \quad \text{et} \quad l'_2 = \varphi - f_2.$$

L'équation devient alors

$$(\lambda + f_1 + f_2)(\varphi - f_2) = - f_2^2 \quad \text{ou} \quad \lambda\varphi + f_1\varphi + f_2\varphi - \lambda f_2 - f_1 f_2 = 0$$

équation qui donnerait la valeur de φ.

Si les lentilles sont amenées au contact, on a $\lambda = 0$ et l'équation se réduit à

$$f_1\varphi + f_2\varphi = f_1 f_2,$$

d'où, en divisant tout par $f_1 f_2 \varphi$, il vient

$$\frac{1}{f_2} + \frac{1}{f_1} = \frac{1}{\varphi},$$

équation qui est générale, comme la formule de laquelle on la déduit.

l'œil, celui-ci voit en somme, non l'objet, mais l'image de cet objet ;
or cette image, qui doit toujours se trouver sur la droite qui joint
l'objet au centre optique du système, se déplacera avec celui-ci, s'il
existe, lorsque l'on déplacera la lentille. Si, au contraire, les deux
lentilles superposées se compensent exactement, le système n'est ni
convergent, ni divergent, il n'a pas de centre optique ; l'image que
l'on voit, image légèrement déplacée, est indépendante comme position de la position du système ; elle restera donc immobile bien
que l'on déplace l'ensemble des lentilles superposées.

Il y a plus, et à la condition de regarder un objet suffisamment
éloigné, on peut reconnaître aisément si le système complexe est
convergent ou divergent ; s'il est convergent, en déplaçant l'objet,
l'image réelle que l'on regarde, formée en avant de la lentille,
se déplace en sens contraire ; si le système est divergent, l'image
virtuelle que l'on voit se déplace dans le même sens que l'objet. On
arrive à des conclusions analogues si, l'objet étant fixe, on vient
à déplacer le système des lentilles.

**731. Images dans les combinaisons de deux len-
tilles.** — Dans le cas où l'on a seulement une combinaison de
deux lentilles, il est plus commode, lorsque l'on cherche l'image
d'un objet, de suivre la marche des rayons successivement à travers
chacune d'elles plutôt que de chercher les plans focaux et les points
nodaux du système centré pris dans son entier. Il faut alors faire
une discussion spéciale pour chaque combinaison de deux lentilles [1]. Il n'y a pas lieu d'insister.

1. Soient deux lentilles (1) et (2) ; soient O la grandeur de l'objet, l_1 son abscisse,
i l'image formée par la première lentille de distance focale f_1 et l'_1 son abscisse ;
soient de même l_2 l'abscisse de l'image i par rapport à la deuxième lentille de distance focale f_2 ; soient enfin I la grandeur de l'image et l'_2 son abscisse. On a :

$$l_1 \, l'_1 = -f_1^2 \qquad \text{et} \qquad l_2 \, l'_2 = -f_2^2 .$$

Si λ est la distance des deux lentilles (celle de N''_1 à N'_2), on a :

$$\lambda = -f_1 - f_2 + \frac{f_1^2}{l_1} - \frac{f_2^2}{l_2} .$$

On a d'autre part

$$\frac{I}{O} = \frac{I}{i} \cdot \frac{i}{O} .$$

Mais

$$\frac{I}{i} = \frac{f_1}{l_1} \qquad \text{et} \qquad \frac{i}{O} = -\frac{l'_2}{f_2}$$

et par suite

$$\frac{I}{O} = -\frac{f_1}{f_2} \cdot \frac{l'_2}{l_1} .$$

Ces formules, absolument générales, sont importantes.

732. — Lorsque l'on a une combinaison quelconque de deux lentilles, la construction donne toujours géométriquement l'image d'un point, d'un objet, quelle que soit leur position. Mais cela ne veut pas dire que le système formé par la combinaison de deux lentilles donne effectivement l'image d'un point quelconque. Comme nous l'avons dit, ce ne sont pas les lignes géométriques qui intéressent seules; pour que le système puisse donner l'image d'un point, il faut que le faisceau émané du point et ayant traversé la première lentille vienne en totalité ou au moins en partie rencontrer la deuxième lentille. Si cette rencontre n'a pas lieu, le système ne peut donner une image du point considéré, ce point est *hors du champ* de l'appareil.

À ce point de vue, capital on le voit, il intervient de nouvelles données, les dimensions, les ouvertures des lentilles ; nous y reviendrons par la suite.

CHAPITRE IV

DE LA DOUBLE RÉFRACTION.

733. **De la double réfraction.** — Les phénomènes de la réfraction que nous avons étudiés précédemment sont ceux que l'on observe dans les corps transparents amorphes, comme le verre, les liquides, etc., ou dans certains cristaux du système cubique; ces corps, auxquels la théorie est conduite à supposer une composition identique dans toutes les directions à partir d'un point quelconque, ont reçu le nom de milieux *isotropes*. Des cristaux des autres systèmes, tels que le spath d'Islande, la tourmaline, le rubis, le quartz, etc., présentent des phénomènes particuliers, que nous allons indiquer dans ce qui va suivre.

Pour mieux marquer les différences essentielles, nous allons reprendre le phénomène de la réfraction simple déjà étudié.

Soit une sphère pleine de verre, par exemple, sur laquelle on fasse arriver un rayon lumineux; si le rayon arrive normalement à la surface, suivant LA (*fig.* 356), il traversera la sphère suivant AB sans subir de déviation. Si l'on fait arriver ce rayon suivant une direction inclinée quelconque MA, le rayon

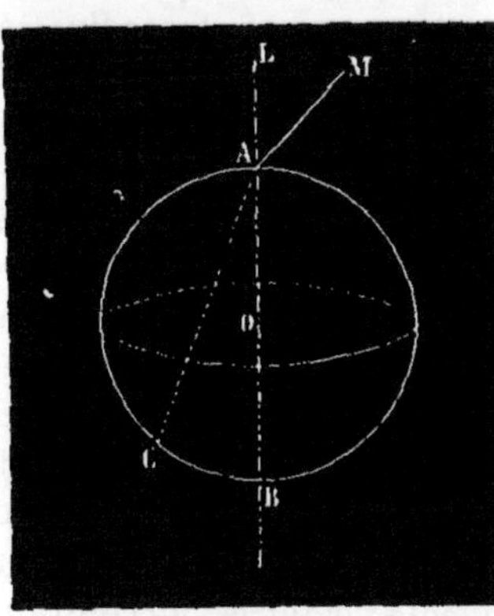

Fig. 356.

réfracté AC se trouve dans un même plan avec le rayon incident et la normale, et sa direction est donnée par la proportionnalité des sinus (659). Enfin, en quelque point de la sphère que se fasse le passage d'un rayon du premier au second milieu, l'effet est toujours absolument le même.

Si l'on répète les mêmes expériences avec une sphère taillée dans un cristal de spath d'Islande, on arrive aux résultats suivants :

1° Le rayon arrivant normalement donne naissance à deux rayons, l'un qui traverse la sphère sans déviation, l'autre qui éprouve un certain changement de direction. Si le rayon rencontre la sphère sous un angle quelconque, il donne encore deux rayons réfractés ; l'un d'eux, AC (*fig.* 357), suit exactement les lois de la réfraction ordinaire ; l'autre, AC', ne se trouve pas dans le plan normal d'incidence, et l'angle qu'il forme avec la normale est lié par une relation compliquée avec l'angle d'incidence.

Les rayons qui suivent les lois de Descartes ont reçu le nom de rayons *ordinaires*, les autres sont appelés rayons *extraordinaires*.

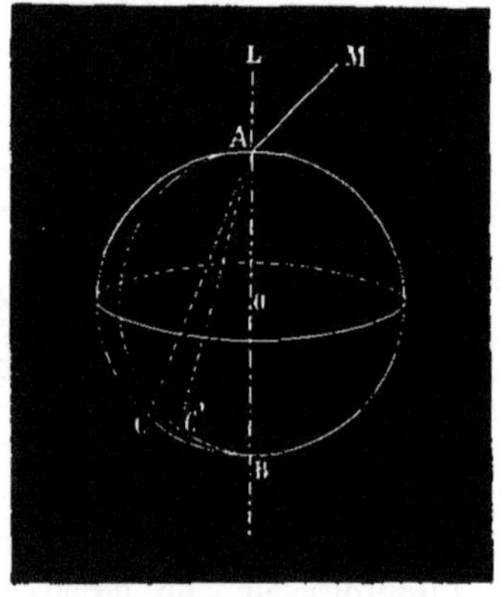

Fig. 357.

2° Si, sans rien changer à l'angle d'incidence, on fait tourner la sphère autour de son centre, on observe que, tandis que le rayon ordinaire conserve une même direction, les rayons extraordinaires varient de position et font avec la normale et avec le plan d'incidence des angles dont les valeurs diffèrent avec la quantité dont la sphère a tourné.

3° En faisant varier d'une manière continue la rotation de la sphère, on reconnaît que, pour certaines positions, le rayon extraordinaire se rapproche du rayon ordinaire, et il arrive même un instant pour lequel les deux rayons coïncident absolument. La direction commune des deux rayons dans la sphère porte le nom d'*axe optique du cristal*. Certains cristaux possèdent deux semblables directions et sont dits, pour cette raison, cristaux à deux axes ; on peut citer, parmi ceux-ci, la topaze, le mica, le péridot, etc. ; nous n'en parlerons que d'une manière incidente ; d'autres, au contraire, en plus grand nombre, ne possèdent qu'un axe : c'est de ceux-là que nous nous occuperons plus spécialement dans ce qui va suivre.

734. Lois de la double réfraction. — C'est Bartholin qui, le premier, en 1669, semble avoir indiqué le phénomène de la double réfraction ; mais c'est à Huyghens que l'on doit les premières recherches exactes sur ce sujet et l'énoncé des lois qui régissent la marche des rayons extraordinaires.

Pour pouvoir donner quelques indications sur les points les plus intéressants de cette question, nous devons insister sur ce fait, que la direction de l'axe optique, et non sa position absolue, nous intéresse seule ; que nous nous représenterons plus spécialement l'axe comme passant par le centre de la sphère, quoique toute droite menée parallèlement puisse également être appelée *axe*. La direction de l'axe dépend de la forme et de la nature du cristal dans lequel a été taillée la sphère. Nous désignerons sous le nom de *section principale* dans cette sphère le plan qui contient l'axe, ou, si l'on veut, le diamètre parallèle à l'axe et le diamètre aboutissant au point d'incidence.

Nous indiquerons les lois que suit le rayon extraordinaire dans les cas les plus simples ; il nous suffit de rappeler que le rayon ordinaire suit exactement les lois de Descartes.

1° Le rayon incident se trouvant dans une section principale, le rayon extraordinaire se réfractera dans le plan d'incidence avec le rayon ordinaire, mais l'angle n'est pas déterminé par la loi de proportionnalité des sinus.

2° Le rayon incident arrivant normalement, et par suite dans une section principale, le rayon extraordinaire suivra la même direction, dans les deux cas seulement où l'axe coïncide aussi avec cette normale, ou bien lui est perpendiculaire.

3° La normale au point d'incidence étant perpendiculaire à l'axe optique, et le rayon lumineux arrivant perpendiculairement à la section principale, le rayon extraordinaire reste comme précédemment, avec le rayon ordinaire, dans le plan d'incidence ; mais, en outre, l'angle de réfraction du rayon extraordinaire est lié à l'angle d'incidence par la relation de proportionnalité des sinus, c'est-à-dire que l'on a

$$\frac{\sin i}{\sin r_e} = m_e :$$

seulement, la valeur de la constante m_e est différente de l'indice de réfraction du rayon ordinaire m ; c'est l'indice de réfraction extraordinaire.

Pour certains corps, on a $m_e < m$: et à cause des relations :

$$\frac{\sin i}{\sin r} = m, \qquad \frac{\sin i}{\sin r_e} = m_e,$$

on en conclut que $r_e > r$; le rayon extraordinaire est plus éloigné de la normale que le rayon ordinaire. Si, au contraire, on a $m_e > m$, le rayon extraordinaire est moins éloigné que le rayon ordinaire.

On a remarqué que, dans le premier cas, l'action est la même que si l'axe attirait le rayon extraordinaire *moins* que le rayon ordinaire, et, pour cette cause, on a dit que l'axe est un axe *négatif* de double réfraction; parmi les corps qui sont dans ce cas, on peut citer le quartz, la baryte sulfatée. Pour une cause analogue, les cristaux pour lesquels $m_e > m$ sont dits avoir un axe *positif* de double réfraction; ce sont, entre autres, l'émeraude et la tourmaline.

Pour les autres directions du rayon incident, les lois sont trop compliquées pour que nous puissions les indiquer.

Le corps biréfringent le plus usité est le spath d'Islande, qui se présente sous la forme d'un rhomboèdre (parallélipipède oblique à base de losange), solide présentant six faces égales qui sont des losanges; ces faces se réunissent trois à trois à chaque sommet; à deux sommets opposés O et O' (*fig.* 358), se trouvent trois angles obtus des losanges; ces points sont dits plus spécialement les sommets du cristal, et la ligne qui les joint est l'*axe* du même cristal. Les échantillons que l'on emploie n'ont pas tous cette forme régulière: ils proviennent de rhomboèdres dont on aurait enlevé certaines par-

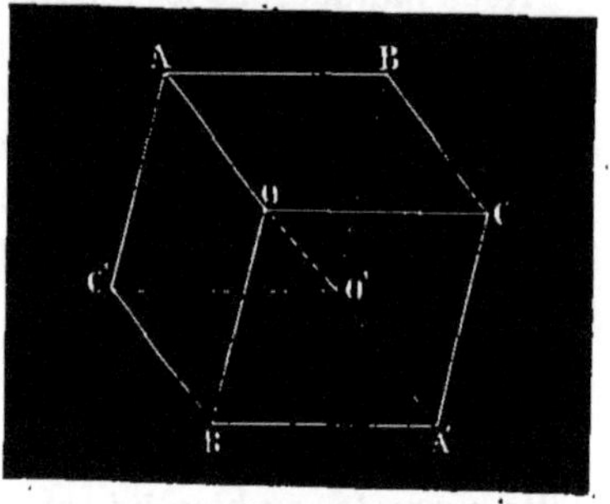

Fig. 358.

ties par des sections parallèles aux faces; il est indispensable, dans ce cas, de supposer le cristal entier ramené à sa forme primitive pour avoir la direction de son axe.

Les lames ou les prismes que l'on retire de ces cristaux sont en général taillés dans deux directions bien déterminées; leurs arêtes et leurs faces sont ou perpendiculaires ou parallèles à l'axe optique. Dans ces deux cas, il est facile de voir, en se figurant la sphère placée convenablement, que les rayons ordinaires et extraordinaires sont les uns et les autres dans le plan normal d'incidence, et que les rayons arrivant normalement aux faces ne subissent pas de déviation.

735. Effet des cristaux biréfringents. — On comprend que l'action d'une substance biréfringente varie avec la direction de l'axe par rapport aux plans sur lesquels s'effectue la réfraction; mais on pourra, dans tous les cas, se rendre compte du résultat en supposant la sphère précédemment indiquée placée tangentiellement à la face d'incidence, au point où le rayon pénètre dans le milieu biréfringent.

Soit un point L (*fig.* 359) émettant deux rayons LA et LA' qui se dédoublent l'un et l'autre en arrivant dans le cristal; considérons le rayon ordinaire AB du premier et le rayon extraordinaire A'B' du second. Lorsque ces rayons rencontreront la face d'émer-

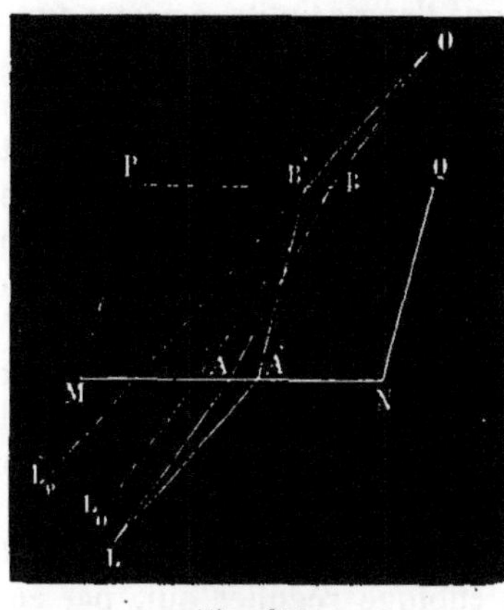

Fig. 359.

gence PQ, ils pourront sortir, et, dans ce cas, si la face d'émergence est parallèle à la face d'incidence, les rayons suivront l'un et l'autre la loi du retour inverse et ressortiront parallèles à leur première direction; l'œil O placé à l'intersection de ces deux rayons émergents, recevra deux faisceaux de rayons BO et B'O, croira voir l'objet sur le prolongement de chacun d'eux, et par suite apercevra deux images, l'une ordinaire L_o, l'autre extraordinaire L_e, déviées l'une et l'autre. L'expérience se fait facilement en regardant un objet à travers un morceau de spath d'Islande; il ne faut pas regarder un objet trop éloigné, pour lequel l'effet serait peu sensible. En se reportant à la figure, on voit que la distance des deux images augmente en même temps que l'épaisseur de la lame.

La même figure montre que les rayons lumineux issus d'un point L doivent se croiser dans l'intérieur du cristal pour arriver en un point O, où l'œil puisse les recevoir l'un et l'autre; cette remarque donne l'explication de l'expérience suivante due à Monge: si l'on fait glisser sous le cristal, de N en M, un corps opaque, c'est l'image L_e, la plus éloignée de l'écran, qui disparaît la première. Il doit en être ainsi, par suite de ce croisement des rayons.

736. Effet des prismes biréfringents. — Lorsqu'un rayon lumineux tombe sur un prisme taillé dans une substance biréfringente, il se divise à la surface d'incidence et à l'émergence, au moins en général, la divergence augmente.

L'angle que font entre eux le rayon ordinaire et le rayon extraordinaire à l'émergence dépend de tous les éléments de l'expérience. On démontre par le calcul et l'expérience prouve que si les arêtes du prisme sont parallèles à l'axe du cristal et que le plan d'incidence soit perpendiculaire à ces arêtes, le rayon émergent extraordinaire est dans ce plan comme le rayon ordinaire. Si, de plus, l'angle du prisme est petit ainsi que l'angle d'incidence, on peut admettre que l'angle de ces deux rayons est constant pour un même prisme, indépendant de l'angle d'incidence.

737. Réflexion totale dans les milieux biréfringents. — Les rayons réfractés dans un milieu biréfringent sont susceptibles de subir la réflexion totale, s'ils rencontrent la face de sortie sous un trop grand angle ; on sait que l'angle limite, à partir duquel la réflexion totale se produit, dépend de l'indice de réfraction ; il n'est donc pas le même, par suite, pour le rayon ordinaire et le rayon extraordinaire ; on conçoit donc que les rayons réfractés ordinaires et extraordinaires provenant d'un même rayon incident puissent rencontrer la face de sortie sous des angles tels, que l'un d'eux seulement subisse la réflexion totale, l'autre émergeant du milieu biréfringent dans l'air, suivant les règles ordinaires.

738. Des causes de la double réfraction. — Les observations précédemment indiquées nous permettent de rechercher les conditions dont dépend la double réfraction, bien que nous n'ayons point une connaissance exacte de la cause de la lumière.

Nous savons que les liquides, les corps non cristallisés, et les cristaux appartenant au système cubique régulier qui, par suite de leur constitution moléculaire, nous semblent devoir être identiques à eux-mêmes dans quelque direction que l'on les considère, ne possèdent point la propriété de la double réfraction. Les cristaux jouissant de la propriété de donner, en général, deux rayons réfractés, correspondant à un même rayon incident, appartiennent à des systèmes qui ne sont point symétriques dans tous les sens, mais dans lesquels une certaine droite possède le caractère d'être un axe de symétrie. On est porté à admettre que la constitution moléculaire varie suivant la direction que l'on considère ; et comme, d'autre part, cet axe cristallographique est précisément l'axe optique, il est naturel d'attribuer à ces différences de constitution moléculaire les phénomènes de double réfraction.

On doit à Fresnel une belle expérience, qui donne un caractère de vraisemblance à l'hypothèse que nous venons d'indiquer.

On place, à la suite les uns des autres, dans une monture métallique, des prismes triangulaires de verre ordinaire, disposés de manière à constituer par leur ensemble un parallélipipède rectangle. Les faces opposées étant parallèles, un rayon traverse tous ces prismes sans éprouver de changement de direction. Mais ces prismes n'ont pas même longueur ; ils sont alternativement plus grands et plus petits, de telle sorte qu'en agissant fortement sur la monture métallique avec une vis, on comprime les plus grands seulement.

dans le sens de la longueur, sans agir sur les autres ; on fait donc varier dans un certain sens la constitution moléculaire, sans qu'elle change dans les autres, et tout aussitôt on voit apparaître un second rayon réfracté, qui s'écarte d'autant plus du rayon ordinaire, que la compression est plus considérable.

On peut répéter l'expérience plus simplement, en courbant dans le sens de sa longueur une baguette de verre, de manière à éloigner les molécules du côté de la convexité, et à les rapprocher du côté de la concavité ; en un mot, à troubler la symétrie. La baguette de verre présente alors les diverses propriétés qui caractérisent les cristaux biréfringents.

Nous devons donc attribuer à la constitution moléculaire le pouvoir de donner naissance aux phénomènes de la double réfraction. La théorie complète de l'optique physique, en s'appuyant sur quelques hypothèses très rationnelles, établit, du reste, une liaison fort nette entre ces deux ordres de faits.

CHAPITRE V

ÉTUDE GÉNÉRALE DES RADIATIONS

739. Effets divers des radiations. — Le soleil est une source de lumière ; dans le jour, directement ou indirectement, il donne naissance à des sensations lumineuses qui résultent de la mise en action de la rétine et du nerf optique. Mais, en outre, il peut se produire des effets d'autre nature : on sait, par exemple, que le soleil nous procure également la sensation de chaleur et qu'un thermomètre exposé à l'action d'un faisceau solaire indique une élévation de température ; le soleil est donc en même temps une source de lumière et une source de chaleur.

Ces effets ne sont pas les seuls que cet astre puisse produire. bien que ce soient les seuls que nous puissions apprécier *directement*. c'est-à-dire pour lesquels nous ayons un sens spécial ; mais, de plus. ces faisceaux sont susceptibles de produire des actions de combinaison ou de décomposition chimiques des corps sur lesquels ils tombent : ils provoquent la combinaison brusque d'un mélange de chlore et d'hydrogène, et amènent la décomposition du chlorure d'argent. En même temps, ils provoquent des phénomènes lumineux très particuliers dits de *phosphorescence* ou de *fluorescence* sur des corps convenablement choisis, le sulfate de quinine, l'esculine, le sulfure de calcium, phénomènes que nous étudierons plus loin.

Ces phénomènes de diverse nature sont, ou, pour mieux dire.

semblent être indépendants les uns des autres : un vase rompli d'eau bouillante placé dans une chambre close donne lieu à des phénomènes calorifiques seuls ; les étoiles produisent des effets lumineux sans actions calorifiques. La lumière qui a traversé un verre rouge ou orangé produit des effets lumineux et non des effets chimiques ; les faisceaux qui ont traversé une mince couche d'argent agissent sur le chlorure d'argent sans donner lieu à des sensations lumineuses.

Il convient cependant de dire que toujours les effets chimiques se manifestent en même temps que les effets de phosphorescence ou de fluorescence ; nous les désignerons ensemble sous le nom d'effets actiniques.

Il semble donc qu'il y a indépendance entre ces divers phénomènes, et on a pu admettre qu'il y avait trois agents distincts présidant chacun à une action déterminée et considérer des faisceaux et des rayons *lumineux, calorifiques* et *actiniques*. Mais actuellement on admet, au contraire, que tous ces effets ont une seule et même cause, un mouvement vibratoire, le mouvement des molécules d'éther : la différence d'effet provient non de la diversité d'action, mais de la nature différente des organes qui interviennent ou des corps qui sont le siège des phénomènes observés.

740. — L'identité de ces rayons que l'on imaginait autrefois de nature différente ne peut être démontrée directement ; elle peut être considérée comme une conséquence de l'étude que nous allons faire des *radiations* en général ; nous désignons sous ce nom la cause des phénomènes multiples dont nous venons de donner une indication rapide. Nous montrerons que les radiations, quels que soient les effets qu'elles produisent, obéissent aux mêmes lois dans tous les cas, ce qui entraîne l'identité de nature.

Cette étude, d'ailleurs, ne peut nous renseigner sur la nature même des radiations ; l'idée qu'elles consistent en un mouvement vibratoire de l'éther sera la conséquence d'un autre chapitre. Nous l'admettrons cependant par anticipation, parce qu'elle permet de se rendre compte facilement de quelques effets.

741. Étude géométrique des radiations en général. — Les radiations doivent être considérées à divers points de vue et d'abord, comme nous l'avons dit, pour la lumière, au point de vue de leur direction seulement, au point de vue géométrique. La question est très simple, car, *dans tous les cas*, on peut appliquer à un faisceau quelconque, qu'on le considère au point de vue des effets calorifiques ou actiniques, toutes les lois que nous avons indiquées pour la lumière : propagation rectiligne, réflexion, diffusion, réfraction, double réfraction. Il peut se manifester quelque différence, non dans les lois, mais dans les valeurs numériques qui y correspondent : c'est ce que nous dirons par exemple pour les indices de réfraction.

Les lois étant les mêmes dans tous les cas, les résultats seront aussi les mêmes que ceux que nous avons signalés pour l'action des miroirs plans ou courbes, des prismes, des lentilles, etc.

742. Qualités des radiations. Intensité. — Nous ne nous sommes occupés dans l'étude de l'optique que de la question de la direction; mais nous savons que deux sensations lumineuses peuvent différer l'une de l'autre par leur *intensité* ou par la *coloration* dont elles nous donnent la notion (excepté pour certains yeux affectés de daltonisme, pour lesquels cette dernière notion manque plus ou moins complètement). Ces données qui caractérisent la sensation ne peuvent être appréciées que par l'œil : elles correspondent à une idée de quantité et à une idée de nature.

Pour la chaleur, appréciée directement, ou évaluée par l'action thermométrique, la notion de quantité est nette et définie ; jusqu'à présent rien ne répond à l'idée de chaleur de nature différente, quant aux effets produits.

Pour les effets actiniques, la notion de quantité est également aisée à concevoir : celle de nature peut se préciser par ce que l'on reconnaît que les effets actiniques pour un corps donné ne se manifestent pas également pour toutes les radiations.

743. Mesure des quantités de chaleur. Thermomètres différentiels. — Nous reviendrons ultérieurement sur la diversité des effets produits et par suite sur la diversité de nature des radiations, en recherchant à quoi correspond cette idée ; mais il est nécessaire dès à présent de pouvoir mesurer des quantités, de pouvoir faire des évaluations numériques. Nous allons indiquer les principaux procédés employés, en commençant par les effets calorifiques.

Les thermomètres que nous avons décrits peuvent être utilisés dans quelques cas, s'ils sont assez sensibles ; mais ils présentent l'inconvénient que leurs indications dépendent non seulement de l'effet que l'on veut étudier, mais aussi des variations de la température ambiante. Aussi, pour les expériences sur les radiations calorifiques, doit-on employer des *appareils différentiels* qui, indifférents aux variations générales de la température ambiante, indiquent les variations qui se manifestent en un point déterminé, mesurent les différences entre la température de ce point et celle du milieu ambiant.

Leslie a construit un thermomètre très sensible, fondé sur la dilatation de l'air, et qui sert à apprécier des différences de température. Il consiste en un tube deux fois recourbé à angle droit.

terminé par deux boules égales A et B (*fig.* 360). Une colonne d'acide
sulfurique coloré remplit en partie les deux branches et s'élève à
la même hauteur. Si on chauffe la boule A, le liquide monte du côté
de la boule B, à cause de l'augmentation d'élasticité de l'air due à
l'action de la chaleur.

Pour le graduer, on marque 0 aux points où le liquide s'élève

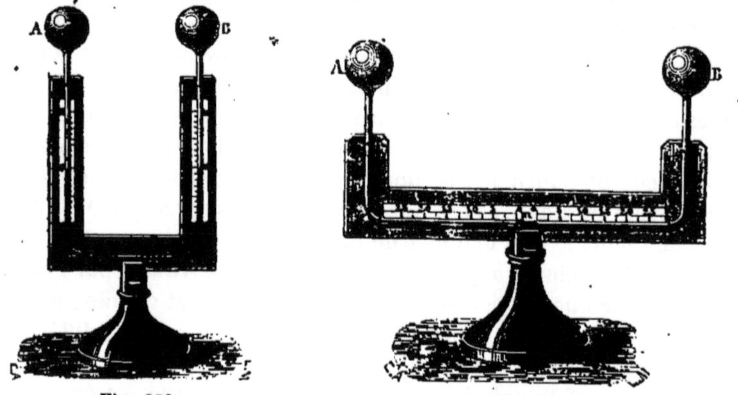

Fig. 360. Fig. 361.

dans les deux branches, lorsque les deux boules ont la même température. On met ensuite l'une des boules dans la glace fondante, et
l'autre dans l'eau à 10°; au point où le liquide s'arrête, on marque
10. On divise l'intervalle en 10 parties égales, et on prolonge la
graduation. Dans cet instrument, la différence de température des
deux boules est à peu près proportionnelle à la différence de
pression, ou à la différence des hauteurs du liquide dans les deux
boules.

Rumford a imaginé un appareil semblable; seulement les boules
sont plus grosses et la colonne liquide, réduite à un petit index m
(*fig.* 361), occupe toujours la branche horizontale. La différence des
températures des deux boules peut être regardée, dans ce cas,
comme proportionnelle à la différence des volumes occupés par les
deux masses d'air, différence qui est donnée par le mouvement de
l'index. La graduation s'effectue comme dans le premier cas.

744. Pile thermo-électrique. — Comme nous le dirons plus
loin, un appareil spécial, la pile thermo-électrique, donne naissance
à un courant électrique quand ses deux faces sont maintenues à des
températures différentes. Si donc une semblable pile est réunie à un
galvanomètre, appareil qui dénote l'existence d'un courant par le
mouvement d'une aiguille, tout déplacement de cette aiguille prouvera l'existence d'un courant et par suite celle d'une différence de
température entre les deux faces.

Non seulement cet appareil, dû à Nobili et à Melloni, met en évidence cette différence de température, mais il permet de faire des comparaisons, des mesures, car, entre certaines limites, la différence de température est proportionnelle à l'intensité du courant.

Cet appareil est tellement sensible, que, si on dirige la pile armée d'un cône vers le visage d'un individu placé à 2 ou 3 mètres, la chaleur rayonnée est capable de faire dévier l'aiguille de plus de 20°. Dans les observations, il importe de distinguer la déviation impulsive, c'est-à-dire l'écart maxima, et la déviation définitive, ou l'écart que l'aiguille atteint après quelques oscillations. Melloni a très habilement saisi les rapports constants qui existent entre ces deux sortes de déviations, et qui permettent de les déduire l'une de l'autre, lorsqu'on a dressé une table de ces rapports. Il en résulte un grand avantage pour la rapidité des observations.

Mais, pour que le thermo-multiplicateur devienne un instrument de mesure, il faut graduer le galvanomètre, c'est-à-dire chercher la relation qui existe entre les déviations et les différences de température des deux faces de la pile. Pour cela, on peut employer la méthode indiquée par MM. de la Provostaye et Desains : on dispose, d'un même côté de la pile, deux sources calorifiques A et B, d'intensité constante, et de manière que la droite menée de chacune d'elles au centre de la pile forme avec l'axe un angle très petit. On fait agir A seule; on obtient une déviation $n°$; puis, on fait agir B seule; on obtient $n'°$. Faisant agir A et B ensemble, on voit une déviation égale à $n + n'$, s'il y a proportionnalité. S'il n'y a pas proportionnalité, on agit de proche en proche (comme il sera dit au chapitre Galvanomètre), et l'on construit un tableau ou une courbe indiquant les déviations correspondant aux diverses intensités.

745. Mesure des intensités lumineuses. — *L'intensité* d'une lumière est la propriété qui nous fait juger qu'elle est forte ou faible, si nous la regardons directement, ou qu'elle éclaire plus ou moins vivement les objets en présence desquels elle se trouve, et que nous pouvons observer. L'intensité d'un corps lumineux dépend des conditions variées de l'expérience, ainsi que nous le verrons. Il s'agit de limiter nettement la question.

Dans ces conditions, nous dirons que deux corps lumineux de *même coloration* ont même *éclat apparent*, lorsqu'aux distances où ils se trouvent respectivement ils produisent la même sensation lumineuse, ou éclairent également un même corps ou deux corps identiques, et identiquement placés par rapport aux rayons lumineux. Nous dirons, d'autre part, que deux flammes ont même *éclat absolu*, lorsque, *à la même distance*, elles produisent la même sensation lumineuse. Nous pourrons comparer dès lors deux lumières, et dire que la première a un *éclat absolu*, double, triple, etc., d'une autre, lorsqu'il faudrait deux, trois, etc., lumières égales à la seconde pour produire la même sensation ; enfin, nous arriverions par là au rapport des éclats absolus de deux lumières données.

L'évaluation des éclats absolus ne s'obtient pas directement ; on cherche d'abord l'égalité des éclats apparents au moyen d'appareils spéciaux, les *photomètres* : on appelle *photométrie* la partie de l'optique qui s'occupe de la comparaison des intensités lumineuses.

746. Des photomètres. — Nous sommes incapables de déterminer, au moyen de notre organe de la vue, le rapport des intensités de deux sensations lumineuses, tandis que nous pouvons reconnaître l'égalité dans certaines conditions et avec une assez grande exactitude. Les *photomètres* ont pour but de nous placer précisément dans les meilleures conditions pour cette détermination, et de nous permettre d'observer l'égalité d'*éclat apparent* de deux lumières. Ainsi que nous le verrons, nous en pourrons déduire le rapport des éclats absolus.

Nous indiquerons seulement quelques-uns des photomètres qui sont employés.

1° *Photomètre de Bouguer.* — Cet appareil consiste essentiellement en une planche verticale en bois MN (*fig.* 362), présentant, à sa partie centrale, une partie rectangulaire évidée *abcd*, dans laquelle

Fig. 362.

se trouve fixée une plaque de verre dépoli, une feuille de papier mince, etc., en un mot, une lame translucide. Une autre lame verticale à bord mince PQ vient rencontrer la première perpendiculairement, de manière à diviser en parties égales la surface *abcd*. On place chacune des lumières à comparer dans les deux angles verticaux ainsi constitués, de manière qu'elle n'éclaire qu'une des moitiés de la lame translucide. En éloignant l'une ou l'autre des sources lumineuses, on arrive assez facilement à donner la même intensité lumineuse à ces deux moitiés.

2° *Photomètre de Foucault*. — L'écran opaque P produit une bande noire qui sépare les plages éclairées par les sources lumineuses L et L′; l'observateur apprécie moins facilement et moins exactement l'égalité ou l'inégalité des deux éclairements. Foucault a évité cet inconvénient. Dans son photomètre, qui diffère un peu comme forme de celui de Bouguer, l'écran opaque est mobile et peut glisser en s'écartant de *abcd* : lorsque l'on veut faire une mesure, on le fait mouvoir jusqu'à ce que la bande noire qui se rétrécit peu à peu ait disparu complètement; les deux plages éclairées sont alors en contact immédiat.

3° *Photomètre de Rumford*. — Le photomètre de Rumford est plus simple encore que le précédent. Il se compose d'une tige verticale noircie *ab* (*fig.* 363), placée devant un écran blanc MN en carton, par exemple. Les deux lumières à étudier peuvent être déplacées à volonté par l'observateur qui les fait mouvoir, de manière que les

Fig. 363.

ombres qu'elles produisent soient presque absolument au contact : dans ces conditions chaque ombre est éclairée uniquement par la source de lumière qui ne la produit pas. En déplaçant l'une ou l'autre de ces sources, on peut obtenir une égalité presque absolue d'intensité pour les ombres.

4° *Photomètre de Bunsen*. — Cet instrument consiste uniquement en une feuille de papier blanc très fort, tendue sur un cadre, et présentant à son centre une tache d'huile qui est translucide. Ce cadre est placé perpendiculairement à la ligne qui joint les deux lumières en expérience, et on l'avance dans un sens ou dans l'autre, jusqu'à ce que la tache d'huile translucide cesse d'être distincte de l'un et l'autre côtés ; l'expérience a montré, en effet, que cette position est

la même que celle pour laquelle le papier et la tache vus sur leurs
deux faces sont également éclairés.

Il est préférable d'opérer comme il suit : une lumière constante
A est placée d'un côté à une distance invariable. On place alors successivement les deux lumières que l'on veut comparer à des distances d et d' telles qu'elles fassent l'une et l'autre disparaître la tache.
L'éclairement a donc été le même dans les deux cas.

D'autres appareils ont été employés pour permettre de déterminer avec facilité l'égalité de deux sensations lumineuses. Mais le
détail nous entraînerait trop loin ; nous avons d'ailleurs indiqué les
procédés les plus usités.

Nous devons ajouter que les indications photométriques manquent *absolument* de précision dans le cas où les lumières observées
ont des colorations différentes.

747. Évaluations photométriques. — Comme nous le dirons plus loin (771), on démontre que : *les éclats apparents d'une
même lumière varient en raison inverse du carré de la distance.*

La connaissance de cette loi permet d'employer les photomètres
à des mesures comparatives d'intensité. A cet effet, la lumière prise
comme terme de comparaison, et dont nous représenterons l'éclat
absolu par E, étant placée à une distance quelconque d, on cherche
à quelle distance d' on doit placer la seconde lumière pour donner
dans le photomètre une sensation lumineuse égale : soit E' l'éclat
absolu de cette seconde lumière ; d'après la loi énoncée, les éclats
apparents de ces lumières aux distances respectives d et d' sont
$\frac{E}{d^2}$ et $\frac{E'}{d'^2}$, et puisqu'il y a égalité entre ces éclats apparents on a

$$\frac{E}{d^2} = \frac{E'}{d'^2},$$

d'où

$$\frac{E'}{E} = \frac{d'^2}{d^2},$$

ce qui donne le rapport cherché $\frac{E'}{E}$.

En France, dans l'industrie, on a l'habitude de prendre comme
terme de comparaison la flamme d'une lampe Carcel, brûlant
42 grammes d'huile à l'heure. En Angleterre et en Allemagne, on
prend la bougie comme unité photométrique ; cette unité est malheureusement très variable. En réalité, il n'existe pas encore un étalon
lumineux bien défini et constant absolument.

748. Des actinomètres. — L'intensité actinométrique n'a
guère été étudiée qu'au point de vue chimique, et encore assez incomplètement. On l'a évaluée tantôt en déterminant la décoloration

plus ou moins complète d'un mélange de chlore et d'hydrogène ;
tantôt, au contraire, en appréciant la coloration plus ou moins
intense d'un papier photographique, papier imprégné d'un sel
d'argent, généralement de chlorure. Dans quelques cas on a utilisé
la propriété que possède l'oxalate de fer de se décomposer.

M. Becquerel a employé un instrument, l'*actinomètre*, analogue
en somme à la pile thermo-électrique et basé sur ce que toute action
chimique qui se produit dans un circuit donne naissance à un courant électrique dont on peut mesurer l'intensité à l'aide d'un galvanomètre.

Il faut dire, que dans ces divers cas, il n'est pas prouvé *a priori*
et il n'a pas été démontré expérimentalement qu'il y ait une relation
de proportionnalité entre la grandeur des effets chimiques produits
et la grandeur de l'intensité de la radiation. Aussi les mesures qui
se rattachent à cet ordre de phénomènes laissent-elles à désirer.

749. Radiations de différentes natures. — L'étude des
radiations serait incompréhensible si l'on devait admettre qu'elles
fussent toutes de même nature, ne différant entre elles que par
l'intensité ; les effets observés sont au contraire simples à expliquer
si l'on admet qu'il existe des différences autres que celles d'intensité,
différences qui vont se trouver caractérisées par les expériences
suivantes.

Dans une chambre obscure, on fait arriver, par une ouverture O
(*fig.* 364), un faisceau de lumière blanche, de lumière solaire,
par exemple. Ce fais-
ceau va donner en B
une image du soleil
également blanche ;
si sur la direction de
ce faisceau, si en B,
par exemple, on place
un thermomètre, il
dénotera une éléva-
tion de température ;
si l'on met un papier
photographique, il su-
bira un changement

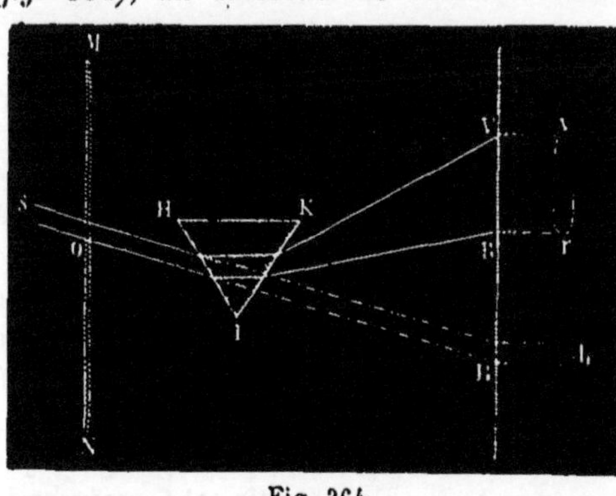

Fig. 364.

de coloration caractéristique. Le faisceau solaire produira en ce
point les divers effets que nous avons déjà indiqués.

Interposons sur le trajet de ces rayons un prisme HIK à arêtes
horizontales et ayant, par exemple, son sommet dirigé en bas. Si
la lumière avait traversé, en O par exemple, une lame de verre
rouge, l'action du prisme serait de relever l'image d'une certaine

hauteur, soit jusqu'en R. Mais, avec la lumière blanche, outre ce déplacement de l'image, on observera un changement de forme et de couleur : au lieu d'être ronde et blanche comme en *b*, elle présente l'aspect d'une bande *vr* de même largeur, mais fort allongée, et de couleurs diverses, variant d'une extrémité à l'autre. Cette image constitue ce que l'on nomme le *spectre solaire*.

Mais indépendamment des effets lumineux que nous allons étudier avec quelques détails, on observe des actions calorifiques qui sont manifestes non seulement dans la partie lumineuse dont nous venons d'indiquer l'existence, mais même en deçà de la partie la moins déviée du spectre, dans une région où l'œil ne perçoit rien ; il y a donc un *spectre calorifique* qui déborde le spectre lumineux du côté de la moindre déviation.

En étudiant le faisceau dévié par le prisme à l'aide d'un papier photographique ou d'une substance fluorescente, on reconnaît également que l'action actinique, nulle dans la partie du spectre calorifique située en dehors du spectre lumineux, action qui présente des intensités variables dans la partie lumineuse, existe et même avec une grande énergie dans une région située au delà de la partie lumineuse la plus déviée ; il y a donc un *spectre actinique* qui déborde le spectre lumineux du côté de la plus grande déviation.

Ajoutons que ces effets seront particulièrement nets si l'on a employé un prisme en sel gemme dont on comprendra l'utilité par la suite.

C'est l'ensemble des régions où il se manifeste des actions diverses ayant leur origine dans le faisceau solaire considéré qui constitue le *spectre solaire complet*.

Lorsque l'on imaginait qu'il existait trois ordres différents de radiations, on attribuait la formation de chacun de ces spectres à des rayons d'un ordre particulier ; cette idée n'est plus admise aujourd'hui, comme nous l'avons dit. Laissant de côté la différence des effets produits, on admet qu'il n'y a pas de différence dans la nature des radiations, depuis celles qui sont le moins déviées jusqu'à celles qui le sont le plus.

750. Faisceau complexe de radiation. — On imagine que le faisceau solaire que l'on reçoit, que l'on étudie est formé par la réunion, le mélange de radiations toutes de même nature, puisqu'elles correspondent toutes à des mouvements moléculaires de l'éther ; ces radiations diffèrent entre elles par la rapidité des vibrations correspondantes, ce qui correspond à des réfrangibilités différentes. S'il en est ainsi, on conçoit que lorsque le faisceau passe à travers un prisme, chaque radiation subit une déviation qui diffère de la déviation subie par les autres ; les radiations qui à l'incidence avaient la même direction s'écarteront donc à l'émergence, depuis une radiation, la moins réfrangible, qui sera le moins déviée, jusqu'à la plus réfrangible, qui sera le plus déviée. Cet écartement du faisceau dû à l'inégale réfrangibilité constitue la *dispersion*.

Avant d'indiquer sur quelles expériences on peut baser cette hypothèse que nous admettons par avance, il est utile d'étudier le spectre solaire complet.

751. Étude du spectre lumineux. — Le phénomène qui frappe d'abord l'observateur, c'est l'étalement de la partie lumineuse et la variété des colorations que présente l'image allongée qui remplace l'image blanche produite avant l'interposition du prisme. On reconnaît qu'il y a une variation *continue* de couleur, depuis la partie la moins déviée qui est rouge jusqu'à la partie la plus déviée qui est violette : il est impossible d'observer aucune limite précise à ces nuances qui se fondent les unes dans les autres. On en a cependant pris *arbitrairement* sept dont les noms, rangés par ordre de réfrangibilité décroissante, donnent le vers mnémonique suivant :

Violet, indigo, bleu, vert, jaune, orangé, rouge.

Cette division en sept couleurs n'a rien que d'arbitraire et est basée sur une tradition sans utilité : il n'est pas douteux que si l'on voulait conserver cette subdivision en couleurs tranchées qui n'existe pas effectivement, il serait préférable de ne prendre que *six* couleurs en réunissant en deux les trois nuances qui ont reçu les noms de bleu, indigo, violet.

Fig. 365.

752. Des raies du spectre. — On produit un spectre solaire très net et dans lequel les couleurs sont bien vives en employant les précautions suivantes : la source lumineuse doit avoir de petites dimensions; aussi n'emploie-t-on pas directement en général la lumière du soleil, mais son image formée au foyer d'une lentille convergente; on peut se servir avec avantage d'une lentille cylindrique, qui donne à son foyer une ligne lumineuse parallèle aux génératrices du cylindre et très étroite. Sur le trajet du faisceau lumineux émané de cette image, on place un écran dans lequel est pratiquée une fente étroite à bords bien parallèles et dans le même sens que l'image lumineuse, de telle sorte que les rayons qui la traversent n'aient qu'une faible divergence. Ces rayons arrivent sur un prisme dont les arêtes sont parallèles à la fente; ce prisme doit être parfaitement homogène et complètement dépourvu de stries ou autres défauts analogues : on obtient des prismes très convenables à tous égards en employant des auges prismatiques à parois de verre et remplies de sulfure de carbone.

On arrive, par ces précautions, à obtenir un spectre que l'on peut étudier avec avantage; on y reconnaît alors, au milieu des parties lumineuses, des bandes noires fines que Wollaston aperçut le premier (1802), mais dont Fraunhofer (1817) s'occupa le premier avec soin; ces *raies*, qui portent le nom du dernier observateur, sont parallèles aux arêtes du prisme réfringent. Fraunhofer en compta 590, parmi lesquelles il en choisit 8 principales comme points de repère situés dans les couleurs différentes. Il les désigna par les premières lettres de l'alphabet. Ainsi, A est une raie située à la limite du rouge obscur; B et C sont dans le rouge; D, à la limite de l'orangé et du jaune; E est dans le vert; G, dans l'indigo; enfin, H et I se trouvent dans le violet (*fig.* 365).

Les raies de Fraunhofer ont été l'objet d'un grand nombre de travaux importants : on sait maintenant qu'elles sont en nombre bien plus grand qu'on ne le pensait d'abord; en outre, on a pu dédoubler certaines raies considérées d'abord comme simples : les raies A et D sont doubles, E et G sont constituées par des raies fines assez nombreuses et fort rapprochées.

Ces raies, dont nous aurons plus tard à rechercher l'origine et qui, ayant toujours la même position relative, servent avantageusement de points de repères dans l'étude des spectres, n'existent pas en général lorsque l'on fait usage de sources de lumière artificielle.

753. Visibilité du spectre. Actions calorifiques et chimiques. — Le spectre solaire est visible directement dans l'espace compris entre les raies désignées, par Fraunhofer, par les lettres A et H; mais ces raies ne limitent pas absolument ce spectre, qui s'étend plus loin dans l'un et l'autre sens. Brewster a montré que l'œil peut distinguer du rouge au delà de la raie A, à la condition d'intercepter les rayons compris en deçà de cette raie, et dont l'intensité trop grande masque l'existence de ces rayons infra-rouges. M. Helmholtz a montré, d'autre part, que, dans des conditions analogues, on peut voir dans le spectre un espace éclairé du côté du violet, et plus loin que la raie H. Cet espace, correspondant à des rayons ultra-violets, et dont les dimensions sont considérables, ainsi qu'il résulte d'expériences nouvelles, présente une coloration d'un *gris lavande;* l'œil peut y distinguer également des raies obscures en nombre assez grand.

Ces parties du spectre, extérieures aux raies A et H, ont été étudiées complètement, mais d'une manière indirecte, et par leurs effets non plus lumineux, mais *calorifiques* ou *chimiques*, sur lesquels nous devons donner des indications générales.

En promenant un thermomètre très sensible dans le spectre solaire, on reconnaît que tous les rayons ne produisent pas le même effet à ce point de vue, mais que le maximum d'action a lieu dans les rayons rouges. En plaçant ce thermomètre en deçà de la raie A et dans la partie invisible, il manifeste encore une élévation de température qui est sensible dans une longueur à peu près égale à celle du spectre lumineux lui-même; il arrive même souvent que le maximum d'action calorifique se trouve dans la partie invisible.

D'autre part, en projetant sur une feuille de papier imbibée d'iodure d'argent un spectre solaire, on remarquera que la décomposition atteint des proportions très variées; qu'elle est nulle dans le rouge, qu'elle atteint un maximum dans le jaune, à peu près au même point que les rayons lumineux; qu'elle diminue rapidement au delà pour augmenter de nouveau, devenir maxima de nouveau entre les raies G et H, puis diminuer lentement en se prolongeant sur un grand espace dans toute la partie que nous avons indiquée comme présentant la coloration gris lavande des rayons ultra-violets. En appliquant les procédés de la photographie (822), on a pu obtenir l'image exacte de cette partie et des raies nombreuses qui s'y trouvent. M. Mascart en a obtenu jusqu'à 700.

De même MM. Foucault et Fizeau en employant de très petits thermomètres, et ensuite d'autres physiciens à l'aide de procédés différents ont également reconnu l'existence de bandes *froides* au milieu de la partie chaude, analogues, par conséquent, aux bandes obscures de la partie lumineuse.

Il est essentiel de remarquer que dans les parties où on peut observer deux ou trois des effets que nous étudions, une raie noire de Fraunhofer coïncide toujours avec une bande froide et une bande d'action chimique nulle.

754. Les radiations sont caractérisées par leur réfran-

gibilité. —Étant donnée une radiation correspondant à une bande
très mince d'un spectre solaire complet, il est nécessaire pour justifier l'hypothèse que nous avons indiquée de prouver 1° que cette
radiation est simple, 2° qu'elle a une réfrangibilité particulière qui
la différencie de toutes les autres radiations.

1° On peut montrer que les rayons correspondant à une même
partie du spectre sont *simples*, c'est-à-dire qu'un prisme interposé
sur leur trajet les dévie sans les disperser.

Pour cela, on projette un spectre solaire sur un écran MN
percé d'un trou que l'on peut placer à diverses hauteurs
(*fig.* 366). Supposons que cette ouverture corresponde aux rayons

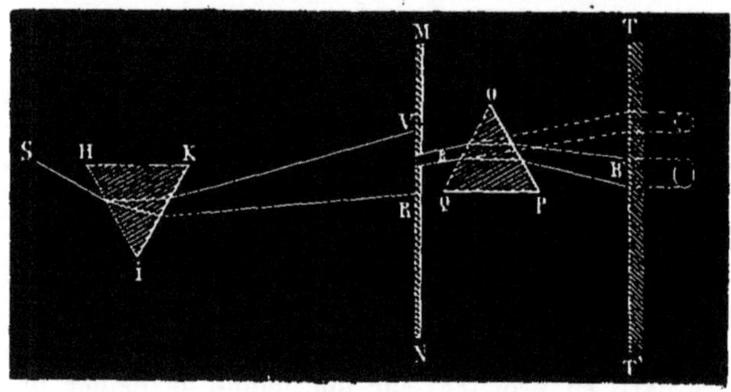

Fig. 366.

bleus B, et disposons un autre prisme POQ sur leur trajet, derrière
l'écran : ces rayons seront déviés en B', mais ils donneront sur un
écran TT' une image de l'ouverture absolument sans dispersion, si
celle-ci est assez petite.

Il va sans dire que cette absence de dispersion ne se manifeste
pas seulement par l'absence d'élargissement visible, mais aussi par
l'étude faite à l'aide d'un thermomètre ou d'un papier photographique.

2° Les rayons simples du spectre solaire ont des réfrangibilités
différentes.

On peut, en mesurant les déviations correspondantes à chaque
couleur dans l'expérience précédente, calculer les indices de réfraction pour chacune d'elles et reconnaître qu'ils sont différents. Mais
on peut faire la démonstration plus simplement, comme il suit.

On colle à la suite, sur une même ligne *mn* (*fig.* 367, I), des morceaux de papier présentant les couleurs du spectre, du violet V au rouge
R ; on regarde alors à l'aide d'un prisme dont on dispose les arêtes
parallèlement à *mn* : on voit alors une déviation pour chaque couleur, mais les déviations sont inégales, de telle sorte que les images
forment une série de gradins de M en N, les rayons violets étant

les plus déviés et la déviation décroissant régulièrement jusqu'à l'image rouge, qui est la moins déviée.

On fait, en général, cette expérienee sous la forme suivante : le

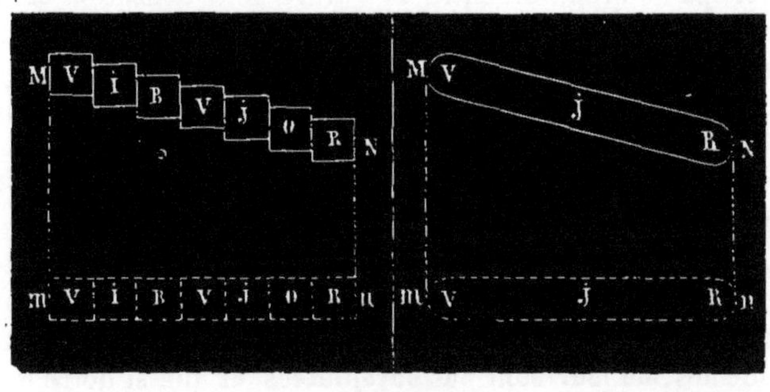

Fig. 367.   II

spectre *mn* (*fig.* 367, II) étant obtenu par l'action d'un prisme à arêtes verticales, on le regarde à l'aide d'un prisme horizontal; le même effet que précédemment se produit, seulement, les rayons lumineux étant en grand nombre et différant très peu de l'un à l'autre, on voit le spectre prendre une direction inclinée MN.

Enfin, on reconnaît, en faisant varier l'angle d'incidence, que la réflexion totale à la face d'émergence IK (*fig.* 368) ne se fait pas à la fois pour toutes les radiations; elle se produit d'abord pour le violet seul. On sait (665) que l'angle limite est lié à l'indice de réfraction. Les angles limites des diverses radiations étant inégaux, il en est de même des indices de réfraction.

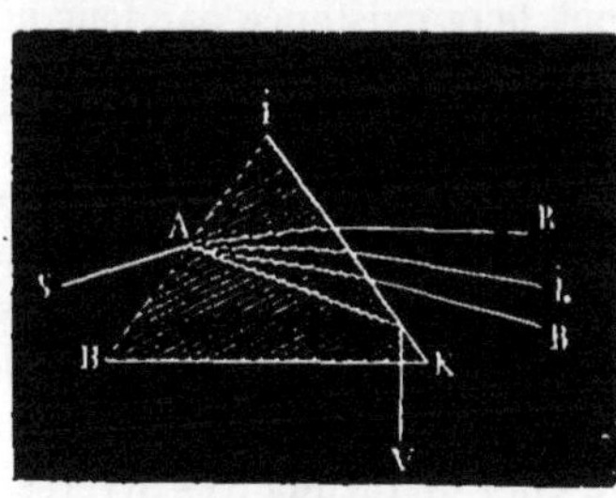

Fig. 368.

Nous devons encore insister sur ce que les effets que nous indiquons comme visibles, parce que ce mode de vérification est personnel et immédiat, sont également observables à l'aide du thermomètre ou du papier photographique.

Il résulte de là que, si l'on fait abstraction des effets produits, une radiation est absolument déterminée par son indice de réfraction par rapport à une substance donnée, et qu'un faisceau solaire est constitué par un mélange en proportions inconnues de radiations comprises entre deux réfrangibilités extrêmes.

Il est essentiel de remarquer qu'une radiation n'est pas, par elle-même, chaude ou lumineuse; si elle est lumineuse, qu'elle n'est pas par elle-même rouge ou bleue. A la grandeur près de l'indice de réfraction, les radiations sont de même nature : nous ne pouvons savoir, nous n'avons pas même à le rechercher, pourquoi une radiation nous donne la sensation d'une certaine couleur ; il n'existe pas de relation entre la nature de la sensation et la cause de la sensation, c'est là un principe qui domine toute la physiologie des organes des sens. Ce que nous avons à constater c'est que, à une radiation déterminée correspond une sensation ou un ensemble de radiations invariables pour un même individu.

Nous avons dit que certaines radiations sont susceptibles de produire des effets différents et nous avons indiqué aussi que, dans ce cas, ces effets subsistent ensemble, décroissent ou s'éteignent ensemble comme va le démontrer la fin de ce chapitre. Il faut donc conclure de là que ces propriétés diverses sont inhérentes aux rayons eux-mêmes, ne leur sont pas surajoutées, et que si notre œil ne les met pas toutes en évidence c'est qu'il n'est pas conformé de manière à subir leur action sous une forme qu'il puisse transmettre au cerveau.

Il est clair que nous ne saurions concevoir que notre œil donnât, par exemple, une sensation de chaleur, pas plus que le thermomètre ne peut mettre en évidence une action chimique, puisque l'œil, par sa nature même et quelle que soit l'influence sous laquelle il entre en action, ne peut donner naissance qu'à la sensation *lumière*. Mais on peut se demander pourquoi il ne réagit pas sous l'influence de certaines radiations qui manifestent leur existence par leur action sur le thermomètre ou sur le papier photographique; nous donnerons plus tard une explication de ce fait.

755. Effets du mélange des radiations. Recomposition de la lumière blanche. — Ayant décomposé un faisceau solaire comme nous l'avons dit, on conçoit que, étudiant la question au point de vue de la réaction lumineuse seule, on puisse recueillir sur de petits miroirs mobiles des radiations de couleur différente [1] et qu'on les mélange entre elles de façons très diverses. L'expérience montre que l'on aura ainsi une variété extrême de couleurs sans que jamais, directement, nous puissions apprécier les couleurs composant un mélange déterminé : l'œil, plus délicat que l'oreille à certains égards, n'a pas cette faculté d'analyse à laquelle parviennent pour ce dernier organe les musiciens ou les physiciens qui s'occupent d'acoustique. Des combinaisons diverses peuvent donner naissance à des sensations qui paraissent identiques; un mélange convenablement choisi peut produire le même effet qu'une radiation simple. En un mot, il n'y a aucune relation entre la sensation et la nature du faisceau qui lui a donné naissance.

---

1. Nous rappelons une dernière fois qu'une radiation n'a pas de couleur et que cette expression est prise abréviativement pour parler d'une radiation dont l'action sur un œil sain donne la sensation d'une couleur déterminée.

La question présentée sous cette forme, on voit qu'il n'y a aucune difficulté à admettre que la lumière blanche telle que nous la donne le soleil, par exemple, soit formée par un mélange de radiations variées : aussi ne croyons-nous pas utile d'insister longuement sur les diverses expériences que Newton a réalisées pour mettre en évidence ce que l'on appelle la recomposition de la lumière blanche. Nous ajouterons même que la question est bien plutôt une question de physiologie qu'une question de physique.

Nous nous bornerons à rappeler sommairement les deux expériences suivantes.

1° On reçoit un spectre solaire, non sur une surface continue, mais sur une série de petits miroirs mobiles (*fig.* 369), assez nombreux pour que sur chacun d'eux il n'arrive que des rayons sensiblement de même couleur. Il suffit, en général, qu'il y en ait sept. On les incline séparément, de manière qu'ils renvoient tous les rayons réfléchis en un même point C d'un écran. L'image prend des couleurs variables à mesure qu'un plus grand nombre de rayons y concourent, et devient blanche lorsque tous les rayons y parviennent. L'expérience réussit très bien aussi en remplaçant les sept miroirs mobiles par un miroir sphérique concave, et cherchant à l'aide d'un écran le foyer conjugué du point d'où les rayons colorés semblent émaner. L'image obtenue au foyer est blanche.

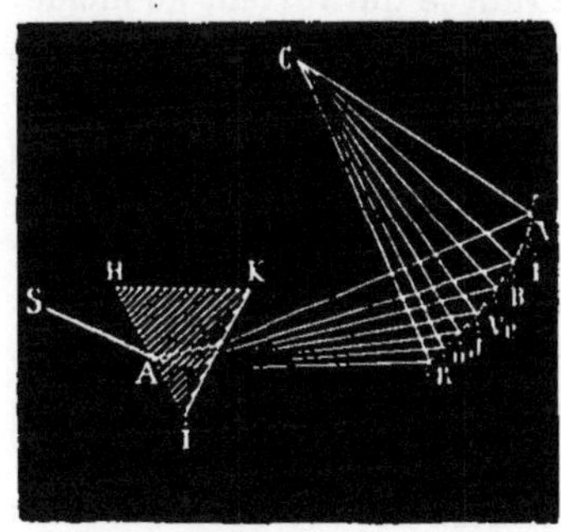

Fig. 36?.

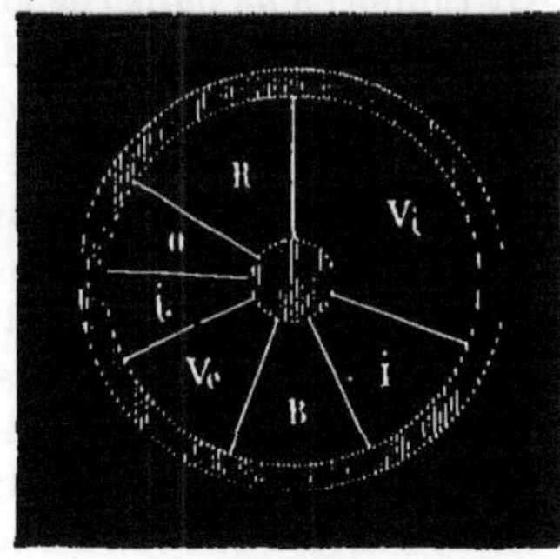

Fig. 370.

2° Le *disque de Newton* fournit une preuve également convaincante et d'une tout autre nature. Il consiste en un disque de carton présentant à son centre une partie noire, et également noir sur une certaine largeur à sa circonférence (*fig.* 370). La partie comprise entre ces deux zones noircies est occupée par des secteurs colorés ayant des étendues proportionnelles aux espaces que les couleurs correspondantes occupent dans le spectre. Ce disque est porté sur un axe qui passe par son centre, et à l'aide duquel on peut lui communiquer un mouvement de rotation très rapide.

Dans ce mouvement, chacun des secteurs vient occuper successivement la même position, qu'il ne conserve que pendant un très court espace de temps. En vertu d'une disposition particulière de notre œil, qui sera indiquée plus loin (voy. *Persistance des impressions lumineuses*), nous percevons comme simultanées des impressions se succédant très rapidement. L'effet est donc le même que si les couleurs se superposaient directement. La zone correspondante à ces secteurs colorés paraît blanche; le blanc est un peu gris en réalité, parce que l'on n'emploie, en somme, que sept couleurs distinctes, et non pas une série bien graduée.

L'expérience réussit très facilement en plaçant le disque précédemment.décrit sur une toupie que l'on met énergiquement en mouvement.

756. — Les notions précédentes permettent de préciser l'idée de lumière simple que nous avons introduite lorsque nous avons donné les lois de la réfraction. Un faisceau simple ou monochromatique est un faisceau qui est constitué par des rayons ayant tous la même réfrangibilité et qui en passant à travers un prisme est dévié, mais ne subit pas la dispersion.

Chaque rayon produisant ou pouvant produire plusieurs effets différents, il n'est pas rationnel de le caractériser par un effet particulier, et il serait préférable de le définir par son indice de réfraction par rapport à un milieu déterminé (ou, ce qui revient au même, comme nous le dirons plus tard, par sa *longueur d'onde*), ou tout au moins en indiquant la position qu'il occupe dans le spectre par rapport aux raies connues qui le sillonnent. On ne peut même faire autrement pour la partie invisible ultra-rouge ou ultra-violette; mais pour la partie lumineuse, on spécifie un rayon particulier par la coloration correspondante. Il est clair que l'on ne peut spécifier réellement une radiation, mais un ensemble de radiations présentant de faibles différences de réfrangibilité et produisant une sensation colorée à peu près semblable.

Il arrive souvent que l'on a à considérer un ensemble de radiations ayant certaines propriétés communes; une division que l'on a souvent l'occasion d'appliquer est la suivante :

1° *Radiations infra-rouges;* elles constituent la spectre calorifique invisible, que l'on appelle quelquefois la *chaleur obscure*.

2° *Radiations moyennes;* elles constituent la partie lumineuse du spectre; considérées au point de vue spécial de la chaleur, elles correspondent à la *chaleur lumineuse*.

3° *Radiations ultra-violettes*, constituant ce que l'on nomme le spectre chimique invisible.

757. **Angle de dispersion**. — Lors de l'action d'un prisme

sur la lumière composée, il y a deux choses à considérer : 1° la *déviation moyenne* du faisceau, qui, pour la lumière solaire, par exemple, correspond aux rayons jaunes ; et 2° l'*angle de dispersion*, qui est l'angle que font les rayons extrêmes. Ces deux éléments varient ensemble, et, pour une même substance réfringente, sont proportionnels : cette proportionnalité n'est pas bornée aux rayons extrêmes, mais existe également pour chaque portion du spectre, en sorte que, dans les divers spectres produits par une même substance et correspondant à différents angles réfringents et à différents angles d'incidence, les diverses couleurs occupent la même étendue relative.

Il n'en est plus de même si l'on considère des substances différentes, et bien que, d'une manière générale, on puisse dire que les matières les plus réfringentes sont aussi les plus dispersives, à une même déviation moyenne de deux prismes ne correspond pas généralement un même angle de dispersion, ou inversement. Autrement dit, si l'on produit deux spectres de même longueur avec des prismes de substances différentes, les couleurs n'occuperont pas le même espace dans chacun des deux spectres.

C'est à la grande valeur de la dispersion produite par le diamant que l'on doit attribuer les feux qui lui donnent un grand prix ; c'est le sulfure de carbone qui produit la plus grande dispersion.

758. Étude physique des radiations. — L'étude des radiations en général considérées au point de vue de l'intensité présente plusieurs points de vue. Comment sont-elles émises par les corps ? comment se propagent-elles à travers l'espace vide ? ou à travers la matière ? que se produit-il aux surfaces de séparation des milieux qu'elles traversent successivement ?

Les lois que nous aurons à indiquer, les résultats expérimentaux qu'il y a à signaler sont simples lorsque l'on étudie un faisceau constitué par des radiations simples, un faisceau monochromatique (nous conserverons ce nom même pour les faisceaux simples qui ne produisent pas d'effets lumineux). Les questions sont beaucoup plus complexes lorsqu'il s'agit de faisceaux composés de radiations diverses ; c'est là le cas général, dans les expériences, et c'est pour cela que l'étude dont nous avons à nous occuper a présenté tant d'obscurité pendant longtemps.

Nous aurons à rechercher également quelles sont les modifications subies par les corps qui émettent des radiations ou qui sont traversés par elles, et enfin nous aurons à citer quelques applications intéressantes des résultats précédemment trouvés.

759. Appareil de Melloni pour l'étude de la chaleur rayonnante. — Melloni a disposé pour l'étude des radiations ca-

lorifiques, dont on désigne quelquefois l'ensemble sous le nom de
chaleur rayonnante, un appareil que nous allons sommairement décrire. Il comprend un galvanomètre relié par des fils métalliques à
une pile thermo-électrique qui servira à évaluer des différences de

Fig. 371.

température comme nous l'avons indiqué ; cette pile sera réduite
à une très faible largeur, et sera ce que l'on appelle une *pile linéaire* que l'on peut déplacer à l'aide d'une vis micrométrique dans
la largeur du faisceau que l'on étudie.

Les pièces de l'appareil sont toutes disposées sur une règle métallique, sur laquelle glissent les supports des écrans, de la pile et
de la source de chaleur que l'on fixe au moyen de vis de pression.
L'écran qui est placé près de la source est une double plaque métallique polie, fixée à une charnière qui permet de l'abaisser, lorsque l'on veut faire agir la chaleur. Un second écran, plus voisin de
la pile, porte un diaphragme qui ne laisse passer qu'un faisceau
calorifique limité, à peu près parallèle à l'axe de la pile. Enfin,
derrière celle-ci se trouve un troisième écran, qui sert à la protéger contre le rayonnement des corps environnants. Les sources
de chaleur sont : ou la flamme d'une lampe d'Argant à double
courant ; ou la flamme d'une lampe de Locatelli, sans verre, avec
son réflecteur ; ou bien une spirale de platine incandescente ; ou
une plaque de cuivre noirci chauffée à 400° ; ou bien, enfin, un cube
noirci, rempli d'eau à 100°.

Lorsqu'on veut étudier la réflexion et la réfraction, on fixe
le pied de la pile sur une règle supplémentaire, qui tourne autour
d'un support sur lequel on place, soit la plaque réfléchissante, soit
le prisme réfringent.

La figure 371 représente un ensemble .général de toutes les pièces de l'appareil de Melloni.

Une disposition analogue peut être employée pour l'étude des radiations au point de vue des effets lumineux ou chimiques. Pour les premiers, on place l'œil, armé d'une loupe, au besoin, à l'endroit où dans l'appareil de Melloni était la pile thermo-électrique ; si l'on veut faire des mesures d'intensité, on place un photomètre en ce point. S'il s'agit des effets chimiques, on met à la même place, suivant les cas, soit une substance phosphorescente ou fluorescente, soit un papier sensible (papier photographique), soit un actinomètre.

760. Émission des radiations. Influence de la température. — L'émission est la propriété que possèdent les corps d'émettre des radiations qui, agissant à distance sur des appareils ou des organes convenablement disposés, font connaître l'existence de ces corps alors même qu'on ne peut les toucher.

Comme nous le dirons plus loin, un corps quelconque est considéré comme émettant toujours des radiations (voir *Équilibre mobile des températures*), mais nous ne nous occuperons maintenant que du cas où ce corps a une température supérieure à celle du milieu ambiant.

Nous avons à étudier l'émission au point de vue de la nature des radiations émises et au point de vue de leur intensité. Occupons-nous d'abord de la nature des radiations.

En disposant l'expérience comme pour obtenir un spectre complet et prenant pour source des radiations un corps dont on peut faire varier la température, par exemple un fil de platine traversé par un courant électrique qui peut l'échauffer jusqu'à l'incandescence, on reconnaît que lorsque la température est basse, quelques degrés seulement au-dessus de la température ambiante, le spectre se réduit à une faible bande correspondant à la partie la moins déviée des radiations infrà-rouges. Mais à mesure que la température s'élève, le spectre s'élargit, c'est-à-dire que des radiations plus réfrangibles viennent s'ajouter aux radiations que l'on avait d'abord observées. En élevant encore la température, et entre des températures qui, pour tous les corps, semblent ne pas s'écarter de 350° à 450°, on voit apparaître une bande lumineuse rouge : ce sont les premières radiations moyennes qui viennent s'ajouter aux radiations infrà-rouges.

La marche du phénomène continue de la même façon, c'est-à-dire que, les radiations précédemment observées continuant d'exister, de nouvelles radiations plus réfrangibles apparaissent lorsque l'on élève la température.

Disons d'ailleurs que les radiations disparaissent dans l'ordre inverse lorsque le corps se refroidit. Il y a donc une relation directe entre l'étendue du spectre et la température à laquelle on le produit.

761. Spectre des corps incandescents solides, liquides, gazeux. — La nature des corps qui émettent les radiations a une influence sur la composition du faisceau émis, composition que fait connaître l'étude du spectre.

On reconnaît facilement que lorsque le corps est solide ou liquide le spectre est continu, les radiations se succèdent sans aucune lacune ; si le corps est incandescent, le spectre lumineux obtenu ne présente aucune raie obscure.

Au contraire, les rayons émis par les gaz et les vapeurs incandescents, par leur séparation dans un prisme, donnent naissance à des spectres composés d'un certain nombre de raies brillantes diversement colorées et séparées par des intervalles obscurs.

On peut facilement obtenir ces spectres par l'inflammation de gaz combustibles, hydrogène, hydrogène carboné, cyanogène, ou par le passage de l'étincelle d'induction dans des tubes contenant les divers gaz à faible pression ; on peut encore dissoudre dans l'alcool d'une lampe des sels métalliques, dont les vapeurs se répandent dans la flamme, et y deviennent lumineuses en donnant à cette flamme une coloration spéciale. C'est ainsi que le sel marin et les composés du sodium donnent une flamme jaune, en même temps que le spectre correspondant se réduit à deux raies jaunes. Les sels de strontiane, ceux de cuivre donnent des flammes et des raies qui sont respectivement rouges et vertes, etc. On arrive très bien à des résultats analogues, en faisant passer l'étincelle électrique entre des parties conductrices terminées par les différents métaux, ou plus facilement encore en introduisant dans l'arc voltaïque (voy. *Lumière électrique*) des composés volatils des différents métaux.

De plus, les divers groupes de raies brillantes sont caractéristiques des différents métaux, quelles que soient la combinaison dans laquelle ils sont engagés et la température à laquelle le spectre est produit, au moins jusqu'à une valeur très éloignée. Ce fait, pressenti par Herschell (1822), fut vérifié par toutes les recherches subséquentes. MM. Bunsen et Kirchhoff, notamment, montrèrent l'intérêt de ces observations, sur lesquelles ils ont basé une importante méthode d'analyse, *l'analyse spectrale*, dont nous parlerons plus loin.

Les remarques que nous venons de signaler sur la constitution des spectres montrent que le spectre solaire ne rentre ni dans l'une, ni dans l'autre des catégories des spectres produits par émission :

nous verrons plus tard l'explication de sa constitution particulière.

762. Lois de l'émission. Pouvoir émissif. — L'étude des intensités des radiations émises par les corps dans des conditions variées n'a guère été faite qu'au point de vue calorifique ; c'est donc à ce seul point de vue que nous nous en occuperons.

La quantité de chaleur émise par un corps placé dans un milieu dont on peut négliger la conductibilité dépend de l'étendue et de la nature de la surface du corps, de l'excès de sa température sur celle du milieu ambiant. Si, de plus, on étudie pour une petite surface plane la quantité de chaleur qui parvient en un point donné, on observe qu'elle dépend de la direction que l'on considère par rapport à celle de la normale à la surface, autrement dit de l'angle que font entre elles ces deux droites.

Si l'on considère un faisceau constitué par des radiations simples, un faisceau monochromatique, il semble que la quantité de chaleur q émise dans l'unité de temps peut être représentée par l'expression

$$q = e\,S\,\theta\,\cos\alpha$$

au moins tant que θ ne dépasse pas 80° par exemple. La quantité e est une valeur qui dépend de la nature de la surface et de celle de la radiation considérée : c'est ce que l'on nomme le *pouvoir émissif absolu* de la substance expérimentée.

En réalité cette formule n'est pas rigoureuse ; autrement dit, pour un même corps et une même radiation, e n'est pas constant et varie avec la température et avec l'angle α ; mais ces variations sont assez faibles pour pouvoir être négligées en général.

763. — Leslie, qui le premier a étudié ces questions, a introduit une notion assez complexe et sans grand intérêt : ayant remarqué que le noir de fumée est la substance pour laquelle l'émission est la plus considérable, toutes choses égales d'ailleurs, il eut l'idée de prendre pour chaque corps le rapport entre la quantité de chaleur émise par ce corps et la quantité de chaleur émise dans les mêmes conditions de temps, de surface et de température par le noir de fumée ; ce rapport est ce que l'on appelle le *pouvoir émissif relatif* du corps considéré.

Si l'on appelle q' la quantité de chaleur émise par le noir de fumée et e' son pouvoir émissif absolu, on a :

$$q' = e'\,S\,\theta\,\cos\alpha.$$

Si donc on appelle $\varepsilon = \dfrac{q}{q'}$ le pouvoir émissif relatif, on a la relation

$$\varepsilon = \frac{e}{e'}.$$

764. Variation de l'émission avec l'inclinaison. —
Toutes choses égales d'ailleurs, la quantité de chaleur émise par
un corps est proportionnelle au *cosinus* de l'angle que fait la direction considérée avec celle de la normale à la surface : c'est là ce qui
constitue la loi de Lambert, qui a été démontrée, au moins approximativement, pour la chaleur, par des mesures directes.

Cette loi semble également vraie au point de vue lumineux ou
chimique (photographique), et explique que les surfaces courbes
lumineuses vues à une certaine distance paraissent être planes
ainsi qu'il est facile de le vérifier en regardant dans une chambre
obscure un boulet chauffé au rouge [1].

765. — Lorsque l'on opère sur un faisceau complexe, les phénomènes sont peu nets, alors que l'on cherche à évaluer la quantité
totale de chaleur émise : la formule, les lois qu'elle représente sont
bien toujours applicables à chaque radiation, mais pour un même
corps, la constante e varie avec la radiation considérée. Il est intéressant de remarquer que si Leslie est arrivé à un résultat simple,
c'est parce qu'il avait pris pour source de radiations un vase rempli
d'eau bouillante qui donnait un faisceau de radiations s'éloignant
peu d'être un faisceau simple, un faisceau monochromatique.

1. La loi de Lambert peut s'exprimer en langage ordinaire en disant
qu'une surface donnée envoie la même quantité de chaleur dans toutes les directions sur les sections droites des cylindres de direction quelconque ayant
pour base la surface considérée.

Soient, en effet, AB une surface chaude S, q la quantité de chaleur envoyée
normalement par unité de surface, q_α la quantité de chaleur envoyée dans une

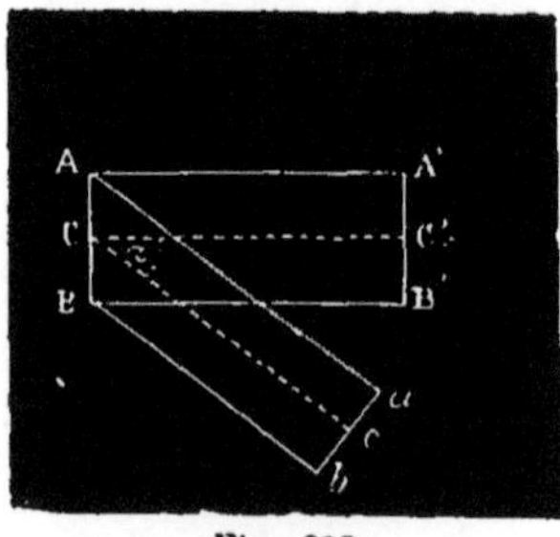

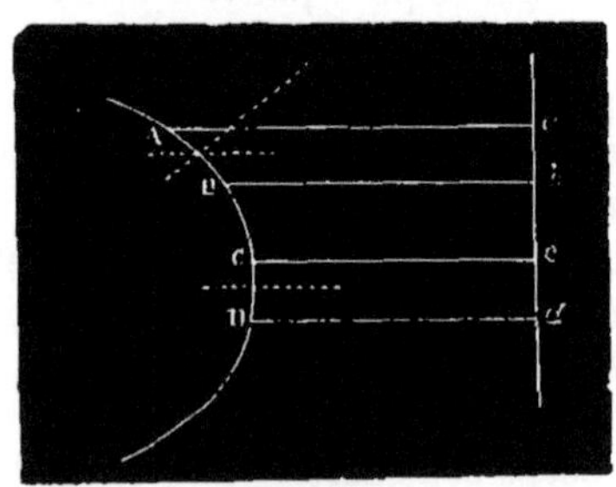

Fig. 372.   Fig. 373.

direction faisant un angle α avec la normale. La section droite du cylindre
normal reçoit une quantité de chaleur qS; la section droite s du cylindre
oblique reçoit $q_\alpha s$; mais comme on a $s = S \cos \alpha$, puisque s est la projection
de S, et que, d'autre part, $q_\alpha = q \cos \alpha$ d'après la loi de Lambert, ces deux
quantités sont égales.

On conçoit dès lors que, pour une surface courbe, l'œil placé en *ab* ou en
cd recevra autant de lumière bien qu'éclairé par des surfaces inégales AB et
CD; l'observateur recevant la même impression conclura que AB et CD sont
dans les mêmes conditions.

Les résultats obtenus par d'autres expérimentateurs ont été un peu différents ; mais comme les valeurs réelles sont sans grande importance et qu'il suffit de connaître l'ordre de grandeur des pouvoirs émissifs, nous donnerons seulement les chiffres de Leslie.

TABLEAU DES POUVOIRS ÉMISSIFS RELATIFS DE QUELQUES CORPS.

Noir de fumée	1,00	Acier poli	0,18
Blanc de céruse	1,00	Platine bruni	0,09
Colle de poisson	0,91	Argent précipité chimique-	
Verre	0,90	ment	0,05
Encre de Chine	0,85	Or en feuille	0,04
Gomme laque	0.72	Argent bruni	0,02

Ce tableau montre que le noir de fumée et le blanc de céruse sont les corps qui ont le plus grand pouvoir émissif ; il montre aussi que les métaux ont un pouvoir émissif extrêmement faible, et que ce pouvoir varie avec l'état physique de la surface ; car l'argent mat, quoique parfaitement blanc et brillant, possède un pouvoir émissif double de celui de l'argent poli.

La température a aussi une influence notable sur la valeur du pouvoir émissif. Ainsi, à 100°, le borate de plomb et l'oxyde de cuivre ont le même pouvoir émissif ; à 600°, le borate a un pouvoir émissif qui est les 0,75 de celui de l'oxyde de cuivre.

766. Répartition de la chaleur dans le spectre. — Il n'est pas sans intérêt de savoir comment se répartit dans le spectre l'intensité des radiations.

Bien que, approximativement, on puisse juger que le maximum de l'intensité lumineuse est dans le jaune, on ne peut rien préciser parce que, comme nous l'avons dit (746), on ne peut faire des comparaisons photométriques sur des lumières de colorations différentes : la difficulté est analogue pour les actions chimiques ou actiniques.

On a pu prendre des mesures précises au point de vue calorifique ; on a reconnu que la quantité de chaleur croît rapidement avec la température, ce que l'on pouvait prévoir, car chaque élévation de température accroît le nombre des radiations et augmente l'intensité des radiations qui existaient préalablement.

Lorsque l'on a un spectre complet, l'intensité calorifique qui correspond à la partie infrà-rouge l'emporte de beaucoup sur celle qui correspond à la partie moyenne, au spectre lumineux. Voici en effet quelques chiffres de Tyndall.

COMPOSITION DE QUELQUES SOURCES DE CHALEUR.

SOURCES.	LUMINEUX.	OBSCURS.
Flamme d'huile	10	90
Platine incandescent	2	98
Flamme d'alcool	1	90

767. Interprétation physique de l'émission. — Avec les hypothèses que nous avons indiquées sur la chaleur des corps et sur la nature des radiations, le phénomène de l'émission n'a rien de mystérieux.

Un corps chaud est un corps dont les molécules vibrent: ces molécules sont susceptibles de transmettre tout ou partie de leur mouvement vibratoire, de la force vive qu'elles possèdent, aux molécules d'éther dans lesquelles elles sont plongées pour ainsi dire: il n'y aurait là pas autre chose qu'une communication de mouvement analogue à ce qui se produit lorsque le mouvement vibratoire d'un diapason se transmet à l'air qui l'entoure. Si la température s'élève, c'est-à-dire si le mouvement vibratoire des molécules matérielles s'accélère (495), on conçoit sans difficulté que l'éther doive recevoir une force vive plus considérable, que l'intensité des radiations doive augmenter.

768. — Mais il peut être utile de savoir si ce sont seulement les couches superficielles des molécules matérielles qui communiquent leur mouvement à l'éther; ou bien si, jusqu'à une certaine profondeur, les molécules voisines participent à cette communication de mouvement. La question a été étudiée par Leslie, Rumford et Melloni: par des procédés un peu différents, ils ont évalué la quantité de chaleur émise par un corps, son pouvoir émissif total; ils ont recouvert ce corps d'une couche très mince d'une autre nature (vernis à la gomme laque, feuilles d'or), l'émission a été changée et devait l'être, dans tous les cas. Si la communication de mouvement est absolument superficielle, une seconde couche ajoutée à la première ne devrait produire aucun changement dans l'émission, puisque la surface n'est pas changée. Il n'en doit pas être de même si l'émission est produite par des couches situées à une certaine profondeur.

C'est ce dernier cas qui s'est trouvé réalisé: l'émission n'est donc pas un phénomène de surface seulement, il dépend des molécules situées dans une couche voisine de la surface et dont l'épaisseur ne paraît pas atteindre 50 μ ($0^{mm},05$).

769. Propagation des radiations dans le vide. — Les radiations se transmettent à travers le vide: il suffit, pour en être assuré, de remarquer que le soleil dont nous sommes séparés par un espace que nous considérons comme vide de matière pondérable nous envoie des faisceaux susceptibles de produire des effets calorifiques, lumineux, actiniques.

Rumford a démontré cette propriété par une expérience directe: il construisit un baromètre avec un tube qui était terminé par un ballon dans lequel on avait préalablement soudé un thermomètre. En séparant, à l'aide d'un trait de chalumeau, ce ballon, qui constituait la chambre barométrique, on avait un espace vide d'air. Si l'on plonge un semblable ballon (*fig.* 374) dans l'eau bouillante, on voit le mercure monter rapidement dans la tige. Cet effet ne provient pas de la communication de la chaleur par les parois du tube, car on obtient la même élévation, lors même qu'on refroidit la soudure avec de la glace. Les parois du ballon ont donc rayonné de la chaleur à travers le vide vers le réservoir du thermomètre.

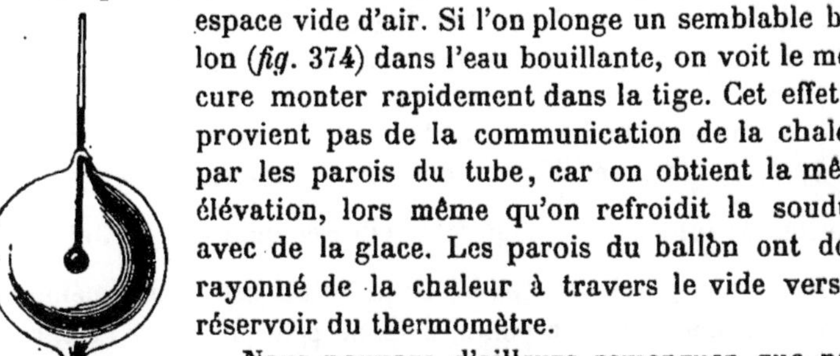

Fig. 374.

Nous pouvons d'ailleurs remarquer que nous *voyons* les objets situés sous une cloche où nous avons fait le vide le plus parfait que nous puissions obtenir, et que nous pouvons *photographier* ces objets : les effets lumineux ou chimiques peuvent donc être produits par des radiations qui ont traversé le vide.

770. Variation des intensités des radiations dans le vide. — Un seul élément est à considérer dans la propagation des radiations à travers le vide : l'intensité. Nous considérons seulement les radiations émises dans toutes les directions par une source donnée. Cette intensité, c'est-à-dire l'action recueillie par une surface déterminée, par l'unité de surface par exemple, varie avec la distance. On reconnaît que, dans tous les cas où des mesures ont été prises :

Loi. *L'intensité des radiations varie en raison inverse du carré de la distance.*

771. — Pour la lumière, la loi peut recevoir un énoncé un peu différent à raison des définitions que nous avons données (446) et l'on peut dire :

Loi. *Les éclats apparents d'une même lumière varient en raison inverse du carré de la distance.* Telle est la loi qui régit les intensités lumineuses, lorsque, comme nous l'avons dit, les sources de lumière ont des dimensions petites.

La démonstration se fait très facilement, à l'aide d'un photomètre quelconque. On place, d'une part, une bougie allumée, par exemple, à une distance que nous représenterons par 1 ; et, d'autre part, quatre bougies de même nature à une distance 2, et l'on reconnaît que les intensités lumineuses sont égales; d'où l'on conclut que chaque bougie n'a alors qu'un éclat apparent égal au quart de celui qu'elle avait à la distance 1. On arrive aussi à l'égalité d'éclairement en plaçant 9 bougies à une distance 3, etc.; d'où l'on déduit la loi.

On pouvait théoriquement prévoir cette loi, quelle que soit l'hypothèse faite sur la nature de la lumière, en remarquant qu'un point lumineux envoie de la lumière dans toutes les directions. Si donc on considère des surfaces sphériques concentriques de rayons 1, 2, 3, etc., elles recevront dans le même temps la même quantité de lumière; mais les surfaces variant dans le rapport 1, 4, 9, etc., un élément de même dimension recevra des quantités de lumière qui sont entre elles comme $1, \dfrac{1}{4}, \dfrac{1}{9}$, etc.

772. — L'appareil de Melloni se prêterait bien à une démonstration analogue à la précédente, mais on peut employer l'élégante méthode suivante indiquée par Tyndall.

Devant la face noircie d'un cube maintenu à 100°, on place la pile thermo-électrique armée de son cône, afin de recueillir un grand nombre de rayons calorifiques ; on met la pile en relation avec un galvanomètre dont les déviations indiquent la quantité de

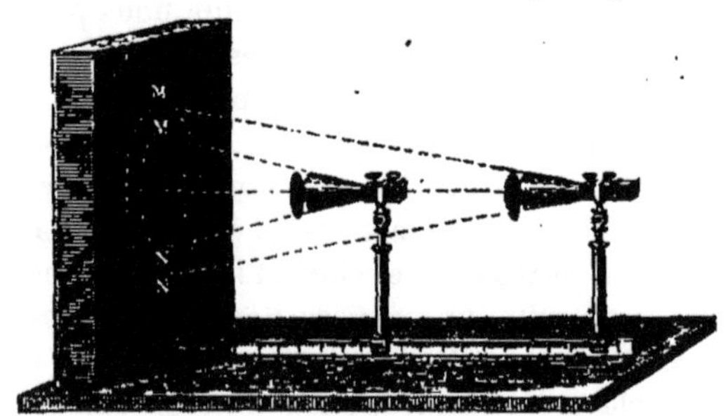

Fig. 375.

chaleur reçue. Si on porte successivement l'appareil à des distances doubles, triples…, on voit que l'aiguille demeure stationnaire. De ce résultat se déduit la loi de la raison inverse du carré des distances.

En effet, si on prolonge le cône qui regarde la source, il coupera la face du cube suivant des cercles concentriques MN, M'N comprenant tous les rayons efficaces, c'est-à-dire ceux qui tombent sur la pile; or ces cercles sont proportionnels aux carrés de leur distance à la pile; et, puisque la déviation est constante, il faut nécessairement, pour qu'il y ait compensation, que la quantité de chaleur reçue décroisse comme le carré de la distance.

773. — Ainsi que nous l'avons précisé, cette loi est applicable à la lumière émanant *directement* d'une source de radiations : elle ne le serait plus pour des radiations constituant un faisceau convergent ou seulement parallèle. Il y aurait là quelque chose de tout analogue à ce que nous avons dit pour le son (401).

Dans le cas où le faisceau serait parallèle, son intensité ne devrait pas diminuer, quelle que fût la distance considérée, parce que la section du faisceau conserverait la même grandeur à toutes les distances.

774. Transmission des radiations à travers les corps : absorption. — Considérons un faisceau de radiations qui aura été rendu parallèle de manière à rendre nulle l'action de la distance, comme nous venons de le dire : l'expérience montre que si ce faisceau traverse une substance matérielle quelconque, il subira un affaiblissement qui pourra être minime ou très considérable, mais qui existera toujours. C'est là ce qui constitue à proprement parler l'*absorption* des radiations par cette substance matérielle.

Des mesures prises dans des conditions variées ont montré que l'on peut admettre que la loi qui régit l'intensité d'un faisceau de *radiations simples* dans ces conditions est toujours la même :

Loi. *L'intensité varie comme les termes d'une progression géométrique décroissante, lorsque les épaisseurs traversées croissent en progression arithmétique.*

Si l'on admet de conserver toujours constante la raison de la progression arithmétique qui définit les épaisseurs considérées, l'expérience montre que pour une même substance la raison de la progression géométrique a des valeurs différentes, qui peuvent même être extrêmement différentes pour des radiations de diverses réfrangibilités, et que, de même, pour une même radiation déterminée, la raison de la progression géométrique peut varier considérablement d'une substance à une autre.

Cette différence dans l'absorption par une même substance pour des radiations différentes, même voisines, fait que l'on ne peut rien conclure directement pour un faisceau complexe.

775. — La loi dont nous venons de donner l'énoncé peut se traduire en une formule simple : si q_0 est l'intensité d'un faisceau de radiations en un point donné, q son intensité en un point distant du premier d'une longueur x, on a

$$q = \frac{q_0}{e^{kx}}$$

formule dans laquelle e est un nombre constant (base des logarithmes népériens, $e = 2,1828\dots$) et où k est un coefficient qui caractérise l'absorption et qui dépend à la fois de la nature de la substance et de la réfrangibilité de la radiation considérée [1].

La rapidité de l'absorption dépend absolument de la grandeur de ce coefficient d'absorption, qui peut prendre toutes les valeurs possibles : quelques cas extrêmes sont intéressants à signaler.

Si l'on avait $k = 0$, il viendrait $q = q_0$ (on sait que e^0 est égal

---

1. Il est aisé de reconnaître que quand x varie en progression arithmétique, il en est de même de kx; que, par suite, e^{kx} varie en progression géométrique croissante et $\dfrac{q_0}{e^{kx}}$ en progression géométrique décroissante.

à 1), c'est-à-dire que la substance considérée n'absorberait absolument pas la radiation considérée : elle serait *transparente* pour cette radiation. Melloni, étudiant la question au point de vue calorifique seulement, désignait ces substances par l'épithète de *diathermanes*.

Si l'on avait, au contraire, pour k une valeur infinie, alors on aurait toujours $q = 0$, l'absorption serait complète, la substance serait *opaque* (*athermane* au point de vue spécial de la chaleur).

Nous ne saurions trop insister sur ce que la transparence ou l'opacité d'une substance pour une radiation déterminée ne préjuge absolument rien de son mode d'action sur d'autres radiations, même voisines de la première radiation considérée.

776. — En réalité, on n'a jamais pour k des valeurs ni *nulles*, ni *infinies*, on a seulement des valeurs *très petites* ou *très grandes*. Cela introduit quelques conséquences intéressantes.

Si k est très petit mais non nul, il en sera de même de kx, et même, si l'on peut donner à x des valeurs assez grandes, kx pourra atteindre une valeur considérable et q deviendra très petit. C'est-à-dire qu'une substance peu éloignée d'être absolument transparente pour une radiation déterminée pourra intercepter presque complètement cette radiation si celle-ci la traverse sous une épaisseur assez grande. C'est là un fait que l'expérience vérifie : l'eau, presque absolument transparente pour toutes les radiations moyennes lorsqu'elle est en couche mince, est opaque presque absolument aussi sous une épaisseur inférieure à 100^m.

Si k est grand, mais non infini, kx sera très grand et q très petit, à moins que x ne soit extrêmement petit, ce qui pourra ne donner à kx qu'une valeur moyenne de telle sorte que q cessera d'être négligeable. C'est-à-dire qu'une substance qui paraît opaque dans les conditions ordinaires pour des épaisseurs même faibles sera transparente pour des épaisseurs très minimes. C'est ce qui se passe par exemple pour l'or, l'argent, le platine qui, opaques dans les conditions ordinaires, deviennent transparents lorsqu'ils sont réduits en feuilles ou en couches de moins de 0,001 de millimètre d'épaisseur (1 μ).

777. Absorption des faisceaux complexes : analyse. — On ne peut rien prévoir de l'effet que produira sur un faisceau complexe le passage à travers une couche déterminée d'une substance donnée ; car, ainsi que nous l'avons dit, les coefficients d'absorption peuvent varier considérablement, pour une même substance, d'une radiation aux autres radiations même voisines.

Il peut arriver, par exemple, que l'absorption soit la même pour toutes les radiations ; la substance est également *transparente* pour toutes (le coefficient k a la même valeur pour toutes) : le faisceau s'affaiblit, mais comme toutes les radiations diminuent *proportionnellement* d'intensité, il conserve la même composition à quelque distance qu'on l'étudie; les effets quels qu'ils soient sont tous diminués d'intensité, mais n'ont subi aucune autre modification. Ce cas est très rare et l'on ne peut guère citer que le sel gemme qui le réalise à peu près complètement; ce qui explique l'utilité qu'il y a à employer des lentilles et des prismes en sel gemme lorsque l'on veut étudier les radiations d'une manière générale.

Il n'existe qu'une manière d'étudier l'absorption pour en déterminer nettement les effets : c'est de comparer les spectres produits par un prisme de sel gemme avant et après l'interposition d'une lame de la substance que l'on considère, et de déterminer dans chacun des cas l'intensité sinon de chacune des radiations, ce qui serait impossible, au moins de groupes formés par des radiations voisines constituant des bandes d'une petite largeur.

Dans le cas que nous venons de supposer le spectre obtenu après l'absorption sera, pour ainsi dire, *semblable* au spectre primitif. Toutes les radiations seront diminuées d'intensité, mais proportionnellement.

778. — Un autre cas extrême est celui où la substance considérée absorbe toutes les radiations excepté une qu'elle n'affaiblit pas ou du moins très peu (en supposant nécessairement que l'on n'opère pas avec une lame infiniment mince de la substance). Dans ce cas, le faisceau qui arrive sur cette substance est entièrement absorbé s'il ne contient précisément pas la radiation que laisse passer la substance; s'il la contient, le faisceau émergent sera simple, il sera constitué uniquement par cette radiation même, radiation plus ou moins affaiblie suivant que la transparence sera plus ou moins complète.

Le spectre obtenu après l'absorption, dans ce cas, se réduira à une bande lumineuse occupant dans le spectre la place correspondant à sa réfrangibilité.

En général, on n'observe ni l'un ni l'autre de ces cas extrêmes, mais des cas intermédiaires qui peuvent être très différents les uns des autres : la substance peut être transparente pour presque toutes les radiations et absorber en très grande proportion, éteindre complètement même quelques-unes seulement; ou bien au contraire elle peut les éteindre presque toutes et n'en laisser passer que quelques-unes; quelquefois il n'y a extinction d'aucune, mais seulement affaiblissement d'un certain nombre.

Naturellement, les spectres correspondants différeront; par exemple, on observera un spectre ayant l'étendue normale, mais sillonné de bandes, de raies obscures ou froides correspondant aux radiations absorbées; ou bien on verra seulement des zones, des raies lumineuses se détachant sur un fond général obscur; ou bien enfin le spectre subsistera dans toute son étendue, avec des parties beaucoup plus diminuées d'intensité que d'autres.

On pourrait donner des exemples de ces divers cas; parmi les corps qui ne sont transparents que pour une radiation, on peut citer les verres colorés par l'oxyde de cuivre, qui ne laissent passer que les rayons rouges presque purs; le vert d'urane, qui n'est perméable qu'aux rayons verts : une couche d'argent mince, déposée chimiquement sur le verre, arrête les radiations infrà-rouges et moyennes et ne laisse passer que les ultrà-violettes.

L'alun, l'eau, le verre sous une certaine épaisseur laissent passer les radiations moyennes et ultrà-violettes (au moins pour la plupart), mais arrêtent les radiations infrà-rouges. Par contre, le sel gemme enfumé arrête les radiations moyennes et ultrà-violettes et laisse passer presque intégralement les radiations infrà-rouges; Tyndall a montré qu'une dissolution d'iode dans le sulfure de carbone jouit de la même propriété si elle est assez concentrée.

Les gaz, sous une épaisseur assez grande, donnent naissance, sous l'action de rayons solaires, à des spectres qui sont réduits à un certain nombre de parties lumineuses séparées par des espaces obscurs que l'on a reconnus être formés d'une multitude de raies lumineuses et obscures fort étroites. Brewster étudia l'action de l'acide hypoazotique, du chlore, de la vapeur d'eau; M. Janssen reprit les expériences sur ce dernier corps et résolut en raies fines les larges bandes indiquées par Brewster; ces raies coïncident exactement avec certaines raies du spectre solaire. Nous aurons, d'ailleurs, à revenir sur ce fait.

779. — Un fait extrêmement important et qui résulte de mesures prises notamment par MM. Becquerel, Jamin, Masson, est le suivant.

Si l'on considère une radiation déterminée susceptible de produire plusieurs effets, par exemple une radiation moyenne qui donne naissance à des effets calorifiques, lumineux et actiniques, on observe que, quelle que soit l'action à laquelle on soumet cette radiation, les trois effets subissent les mêmes modifications. Si après le passage à travers une substance déterminée, l'effet lumineux a disparu, on n'observe plus ni effet calorifique, ni effet actinique; s'il y a eu seulement un affaiblissement de l'effet lumineux, les effets calorifiques et actiniques auront été affaiblis seulement aussi, et, si l'on a pu faire des mesures d'intensité, on trouve que l'affaiblissement correspond à la même fraction de l'intensité lumineuse. Si enfin l'effet lumineux n'a subi aucune modification par l'interposition de la substance considérée, il en sera de même des effets calorifiques et actiniques.

Indiquons quelle importante conséquence on peut déduire de cette remarque jointe aux lois précédemment indiquées. Considérons une radiation correspondant à une réfrangibilité déterminée : nous avons dit que, autrefois, on imaginait qu'il y avait pour la place du spectre correspondant à cette réfrangibilité trois rayons différents : un rayon lumineux, un rayon calorifique, un rayon chimique ou actinique. Or nous avons dit aussi (741) que, en ce qui concerne la direction, ces rayons suivent identiquement les mêmes lois, de telle sorte que, unis au départ, ils ne sauraient se séparer, se disjoindre en traversant des substances quelconques. Il résulte de là qu'ils passent ou sont arrêtés ensemble par l'absorption et que par là encore on ne saurait les séparer. Il faut donc admettre qu'il existerait trois agents obéissant rigoureusement à toutes les mêmes lois, dont les modifications seraient régies par les mêmes coefficients numériques : cette identité ne saurait se concevoir d'agents différents les uns des autres. Et le fait paraît encore plus improbable si l'on remarque que ce n'est pas pour *une* radiation déterminée que cette identité a été observée, mais pour toutes celles sur lesquelles on a fait des mesures.

La question est toute simple si l'on admet qu'il n'y a qu'un agent qui subit, comme direction ou comme intensité, des modifications que les effets observés ne font que révéler. Nous avons déjà dit que cette hypothèse ne souffre aucune difficulté de ce qu'il y a production d'*effets* différents: la *différence* d'effets, on en pourrait citer de très nombreux exemples, est parfaitement compatible avec l'*unité* de cause ; il suffit que cette cause agisse sur des appareils ou des organes différents.

780. Relation entre l'émission et l'absorption. — Il existe entre l'absorption et l'émission une relation fort curieuse qui a été signalée par L. Foucault en 1849 et qui a servi depuis à de très intéressantes applications. Elle consiste en ce que si l'on considère un corps susceptible d'émettre des radiations et qu'on le fasse traverser par un faisceau complexe de radiations, *le corps considéré absorbe spécialement les radiations qu'il a la propriété d'émettre.*

L'indication de l'expérience fera comprendre nettement ce que cet énoncé présente d'incomplet.

Une flamme d'une faible intensité, celle de l'alcool salé, par exemple, donne un spectre réduit à deux raies brillantes ; on place derrière une autre flamme plus intense, celle de l'arc voltaïque, de telle sorte que le dernier spectre soit plus large que le premier, et l'on place dans l'arc un composé de sodium. Aussitôt, les raies jaunes de l'alcool salé disparaissent et sont remplacées par des bandes noires. Il est facile de s'assurer que ces bandes obscures occupent exactement la place des bandes lumineuses, car elles se trouvent sur le prolongement des raies lumineuses jaunes du spectre le plus large, qui a conservé son aspect primitif. Ainsi, la flamme la moins intense, qui émettait des rayons d'une certaine réfrangibilité, arrête ceux de la même réfrangibilité émanant d'une autre source lumineuse plus intense.

Il faut encore ajouter que ce n'est que par contraste que les bandes paraissent obscures.

Cette propriété donne l'explication de l'expérience suivante. Lorsqu'on place du sel marin sur l'un des électrodes de charbon entre lesquels jaillit l'arc voltaïque, on aperçoit d'abord les deux raies jaunes caractéristiques du sodium ; mais bientôt ces raies disparaissent, et sont remplacées par des raies obscures. C'est que d'abord les vapeurs de sodium se trouvaient dans la flamme seulement, mais que leur production augmentant, elles se répandent dans l'atmosphère entourant l'arc, et doivent, par suite, éteindre les rayons jaunes qui en émanent, tandis qu'elles n'arrêtent pas ceux d'une autre coloration et d'une autre réfrangibilité.

781. Perte des radiations par absorption. Coefficient d'absorption. — Si nous considérons une radiation déterminée, dont l'intensité soit représentée par q_0, traversant une épaisseur x d'un corps, elle est réduite à l'intensité $q = \dfrac{q_0}{e^{kx}}$. Il résulte de là que le faisceau a perdu une partie de son intensité, perte qui est $q_0 - q = q_0 \left(1 - \dfrac{1}{e^{kx}} \right)$. On voit que cette quantité, pour un corps et une radiation déterminés, dépend exclusivement de x et augmente avec cette épaisseur. Il n'y a pas là réellement à considérer un *pouvoir absorbant*, comme on a considéré un *pouvoir émissif*, comme on considérera un *pouvoir réflecteur*, mais il existe un nombre constant k dépendant de la substance et de la radiation duquel dépend la quantité absorbée ; nous l'appellerons *coefficient d'absorption*.

Nous dirons un peu plus loin dans quels cas Leslie a été conduit à étudier ce qu'il a appelé le pouvoir absorbant.

Malgré l'intérêt que cela peut présenter, on n'a aucune valeur précise des coefficients d'absorption.

782. Absorption dans le cas de faisceaux complexes. — Les effets produits sur les faisceaux composés de radiations différentes présentent des particularités qui paraissent singulières lorsqu'au lieu d'analyser par le prisme le faisceau et de comparer les spectres avant et après le passage à travers les substances sur lesquelles on opère, on se borne à étudier, à un point de vue quelconque, le faisceau dans son ensemble. C'est par cette étude d'ensemble, beaucoup plus compliquée que l'analyse, qu'ont commencé les recherches sur l'absorption, recherches qui ont porté sur la *quantité*, l'*intensité* au point de vue calorifique, et sur la *nature* au point de vue des effets lumineux.

Si, pour la chaleur, les effets observés à l'aide du thermomètre dépendent non de la nature des radiations, mais seulement de leur intensité, il n'en est pas de même pour les effets lumineux. La couleur qui résulte de l'action d'un faisceau complexe dépend de sa composition même, et toute modification dans cette composition peut amener un changement dans la couleur.

Considérons le cas simple d'un faisceau de deux radiations traversant une substance : si, exceptionnellement, pour ces deux radiations, le coefficient d'absorption a la même valeur, les intensités s'affaibliront proportionnellement, mais la couleur, qui dépend du *rapport* des intensités seulement, ne sera pas modifiée. Ce cas est excessivement rare et le plus souvent l'absorption ne se fait pas identiquement pour les deux radiations; l'une sera plus affaiblie que l'autre et, le mélange changeant dans ses proportions, la couleur sera modifiée. Si la différence dans l'absorption est faible, comme elle varie avec l'épaisseur traversée, elle sera négligeable pour des épaisseurs faibles et la couleur ne semblera pas changée, mais elle deviendra appréciable pour de plus grandes épaisseurs.

783. — Ces différences peuvent même donner lieu à des effets qui semblent bizarres; concevons un faisceau formé de deux radiations A et B d'intensités très différentes, A étant très intense, par exemple, et B très faible. La couleur résultant du mélange se rapprochera de celle de A dont elle paraîtra une simple nuance. Mais si l'absorption est rapide pour A et faible pour B, on trouvera une épaisseur telle que, tandis que B a conservé presque toute son intensité primitive, A est extrêmement réduite, son intensité étant devenue bien inférieure à celle de B. Dans ce cas, le mélange aura une coloration qui se rapprochera de celle de B et ne rappellera plus celle de A : une simple différence d'épaisseur de la lame traversée changera donc la coloration du faisceau.

Sans qu'il soit nécessaire d'insister, on comprend que des effets entièrement analogues se produisent si l'on opère sur des faisceaux formés de plus de deux radiations, et que les variations sont d'autant plus considérables que le nombre des radiations mélangées est plus grand.

Ces considérations sont applicables, nécessairement, aux faisceaux solaires, mélange d'un très grand nombre de radiations.

784. — Il est facile de concevoir comment on fait les expériences à l'aide de l'appareil Melloni que nous avons décrit (*fig.* 376) : on place sur un support en G la lame ou les lames dont on veut étudier l'absorption, et on note sur le galvanomètre G′ les effets produits

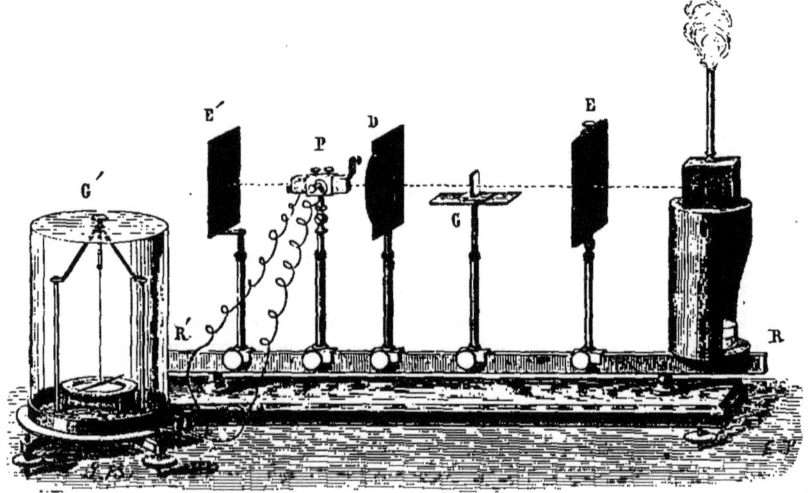

Fig. 376.

sur la pile thermo-électrique P suivant que les lames sont interposées ou non.

Si l'on prend pour source de chaleur un cube de Leslie rempli d'eau bouillante, on arrive à des résultats qui sont assez simples en général, ce qui tient à ce que le faisceau de radiations qui est émis est sensiblement monochromatique à cause de la basse température de la source.

S'il s'agissait d'étudier les effets lumineux, il faudrait opérer dans l'obscurité, employer une source incandescente et observer le faisceau émergent soit directement avec l'œil pour apprécier les colorations, soit avec un spectroscope si l'on veut faire une analyse précise.

785. **Absorption par plusieurs substances successives.** — Il importe de signaler également les effets qui se produisent lorsqu'un faisceau traverse successivement deux lames de même nature ou de nature différente. Considérons d'abord le cas où les lames sont de même nature; c'est surtout au point de vue calorifique que la question a été étudiée.

S'il s'agit d'un faisceau de radiations simples et si, pour simplifier, nous supposons que les lames ont la même épaisseur, l'effet est le suivant: la deuxième lame produit *proportionnellement* le même affaiblissement que la première, c'est-à-dire que si la première lame a laissé passer les 0,8 du faisceau primitif, la deuxième lame laissera passer les 0,8 du faisceau qui la traversera (par suite, les 0,64 du faisceau primitif).

Mais le résultat peut être entièrement différent si le faisceau incident est complexe et l'on reconnaît alors, comme Delaroche l'a observé, que la deuxième lame fait éprouver une perte relativement moindre que la première lame. L'explication de ce fait, qui résulte des recherches de Melloni, est d'ailleurs fort simple : le faisceau qui arrive sur la deuxième lame n'a plus, par son passage à travers la première lame, la même composition qu'il avait à l'incidence ; il a perdu surtout les radiations absorbées par la substance considérée, et le faisceau qui arrive à la deuxième lame est plus riche en radiations difficilement absorbables et doit moins perdre proportionnellement.

Voici un exemple donné par Melloni.

Un faisceau émané d'une lampe à huile était réduit à 0,39 de son intensité calorifique primitive en traversant une lame de verre de $2^{mm},6$: mais, si on lui faisait traverser une seconde lame de même épaisseur, le faisceau émergent représentait 0,85 de son intensité à l'entrée de la deuxième lame, c'est-à-dire que la perte était beaucoup moindre.

On peut se rendre compte de cet effet en admettant, par exemple, que le faisceau incident était composé de deux radiations seulement : l'une de la partie moyenne du spectre représentant les 0,4 du faisceau incident, l'autre de la partie infra-rouge représentant les 0,6 du même faisceau. Supposons qu'une radiation de la première espèce soit réduite à 0,9 par son passage à travers la lame considérée et celle de la seconde espèce à 0,05, on aura :

	1re RAD.	2e RAD.	TOTAL.
Avant la 1re lame	0,40	0,60	1,00
Après la 1re lame	0,36	0,03	0,39
Après la 2e lame	0,334	0,0015	0,3255

Le passage à travers la deuxième lame a donc bien amené une réduction à $\dfrac{0,3255}{0,39} = 0,85$ de la valeur à l'entrée de cette même lame.

Il va sans dire que les chiffres que nous indiquons pour les réductions par absorption ne doivent pas être considérés comme rigoureusement exacts, parce que le faisceau se compose non pas seulement de deux radiations différentes, mais d'un nombre plus grand qu'il n'est pas possible de préciser.

Des effets du même genre se produiraient pour les colorations : le passage d'un faisceau blanc à travers une lame colorée change la couleur observée, tandis que le passage à travers une deuxième lame identique n'apporte presque aucune modification à la nuance.

Enfin on conçoit sans peine qu'une 3ᵉ lame mise à la suite des deux premières produirait encore moins d'effet que la seconde : il est inutile d'insister.

786. — Si l'on place deux lames différentes l'une à la suite de l'autre, on peut observer des phénomènes très variés, suivant les circonstances, lorsque l'on étudie les effets résultants au point de vue qualitatif.

S'il s'agit d'une radiation simple, il faudra pour qu'elle passe que les deux substances soient l'une et l'autre transparentes pour la radiation considérée. Il suffirait que l'une seulement fût opaque pour cette radiation pour que celle-ci fût complètement interceptée.

S'il s'agit d'un faisceau complexe, il faudra étudier ce qui se passe pour chacune des radiations simples qui le composent et déterminer ensuite l'effet produit par le mélange des radiations qui n'auront pas été interceptées.

Nous ne saurions indiquer tous les cas qui peuvent se présenter et nous nous bornerons à quelques exemples.

Au point de vue des effets lumineux, nous avons dit que le verre rouge ne laisse passer que des radiations rouges ; une dissolution d'eau céleste ne laisse passer que des radiations bleues. Bien que ces deux substances soient transparentes, au sens vulgaire du mot, placées l'une à la suite de l'autre elles constituent un ensemble absolument opaque. Le verre rouge, que nous supposons placé le premier, arrête toutes les radiations excepté les rouges, qui sont interceptées par la dissolution d'eau céleste qui ne laisse passer que les radiations bleues.

Un effet analogue se produit au point de vue des effets calorifiques : le verre laisse passer de la chaleur et il en est de même du sel gemme enfumé. Mais des lames de ces deux substances réunies interceptent tout passage de la chaleur ; c'est que, en effet, le verre laisse passer les radiations moyennes et ultrà-violettes, tandis qu'il arrête les radiations infrà-rouges ; le sel gemme enfumé, au contraire, intercepte précisément les radiations moyennes et ultrà-violettes.

787. — Ces cas d'opacité absolue par la réunion de deux substances ne sont pas très fréquents : on peut observer d'autres effets, comme le suivant. Si l'on place à la suite une lame de verre bleu et une lame de verre jaune on observe une coloration verte : il ne

faut pas conclure de là, comme on le fait quelquefois, que cette coloration verte est due au mélange de la lumière bleue et de la lumière jaune : l'effet est tout autre et s'explique facilement si l'on a soin d'analyser les faisceaux transmis à travers chacun des verres. On reconnaît alors que le verre bleu laisse passer les radiations moyennes comprises du vert au violet et arrête les radiations *moins* réfrangibles que le vert (rouge, orangé, jaune); le verre jaune laisse passer les radiations comprises du rouge au vert et intercepte celles qui sont *plus* réfrangibles que le vert (bleu, indigo, violet). On voit donc que, à l'exception du vert, une radiation quelconque est interceptée par l'un ou l'autre des verres, et la coloration verte est observée parce que la radiation correspondante est la seule qui puisse traverser les deux lames.

788. — On s'est demandé si les phénomènes dont nous nous occupons sont bien le résultat du passage des radiations à travers les substances, ou bien si l'on ne devrait pas admettre que ces substances s'échauffaient et émettaient ensuite des radiations en vertu de leur élévation de température. Mais il est facile de répondre à cette objection : d'abord, à cause de la rapidité des effets qui se manifestent dans les expériences dont nous parlons, tandis que l'échauffement est lent; — puis parce que, en fait, la température des corps traversés peut ne pas s'élever, ou s'élève très peu : on a construit en glace des lentilles à l'aide desquelles on a enflammé du bois, fondu des métaux, sans que la glace se liquéfiât; — Delaroche, opérant sur une lame de verre, recouvrit de noir de fumée la face qui était tournée vers le thermomètre, ce qui augmentait le *pouvoir émissif* et devait, par suite, accroître les effets s'il y avait effectivement un emmagasinement de chaleur, puis une émission : il observa, au contraire, une diminution d'effet parce que le verre enfumé ne se laisse pas traverser aussi facilement que le verre non enfumé.

Ces expériences et d'autres sur lesquelles il est inutile d'insister montrent bien que la chaleur s'est transmise à travers ces corps autrement que par conduction.

789. **Nature physique de l'absorption.** — Il est intéressant d'indiquer comment les phénomènes que nous venons de signaler se rattachent aux hypothèses que nous avons exposées sur la nature des causes qui produisent les effets calorifiques et lumineux. Pourquoi un corps chaud émet-il des radiations? pourquoi un corps en absorbe-t-il? quelle est la nature du phénomène?

Dans l'hypothèse que nous avons adoptée et qui est généralement acceptée, ces phénomènes sont fort simples; ils correspondent à des communications de mouvement vibratoire : un corps chaud a des molécules matérielles vibrant avec une certaine amplitude qui caractérise leur température; ces molécules communiquent une partie de leur force vive aux molécules d'éther et, par cette communication même, perdent une partie de cette force vive; l'amplitude de leurs vibrations diminue, la température s'abaisse; d'autre part, le mouvement vibratoire communiqué à l'éther se propage à distance, constituant des radiations qui sont susceptibles de produire à leur tour des effets lorsqu'elles rencontreront un corps. Ce mouvement se communique-t-il aux corps mêmes, ils s'échauffent, ils se dilatent; si ce sont les nerfs de la sensibilité générale qui sont affectés, nous éprouvons le sentiment de *chaleur;* et si, enfin, ce mouvement vibratoire se communique à la rétine, le nerf optique est impressionné et nous fait éprouver la sensation *lumière*, la seule qu'il soit susceptible de produire. Agissant sur les corps, il se manifeste par des variations de volume, des changements d'état ou des actions chimiques (combinaison ou décomposition); mais il ne devient, à proprement parler, *chaleur* ou *lumière* qu'au moment où il agit sur certains de nos organes.

790. Réflexion des radiations. — Lorsqu'un faisceau de radiations tombe à la surface de séparation de deux milieux, il se divise, comme nous l'avons déjà dit, en trois faisceaux que nous avons étudiés au point de vue de la direction et que nous avons à considérer maintenant au point de vue de l'intensité: le faisceau réfléchi, le faisceau diffusé et le faisceau réfracté; nous nous en occuperons successivement.

Nous avons dit d'une manière générale que la réflexion, que nous avons étudiée plus spécialement au point de vue des effets lumineux pour les variations de direction, se manifeste d'une façon tout analogue si l'on considère d'autres effets. Nous pourrions passer outre, mais nous croyons devoir rappeler les expériences suivantes, qui viennent à l'appui de la remarque générale que nous venons de faire.

On sait que des rayons lumineux partant d'un point situé au delà du foyer d'un miroir concave viennent concourir, après leur réflexion, en un point qu'on appelle foyer conjugué. Ceci posé, si on place devant un miroir M (*fig.* 377) une source de chaleur, un boulet rouge, ou un cube A rempli d'eau chaude, et au foyer la boule noircie d'un thermomètre différentiel, celui-ci indique aussitôt une élévation notable de température. En deçà, ou au delà, l'index reste stationnaire. Il faut donc conclure que les rayons calorifiques se sont concentrés sur la boule comme les rayons lumineux, et que les lois de leur réflexion sont les mêmes.

On peut rendre l'expérience plus saisissante, en se servant de

deux miroirs concaves. On place en regard l'un de l'autre deux
miroirs sphériques M et M' (*fig.* 378), de manière que leurs axes se
confondent. Au foyer f de l'un, on dispose une grille remplie de
charbons ardents, et un corps facilement inflammable, de l'amadou,

Fig. 377.

par exemple, au foyer f' de l'autre. Au bout de quelques instants,
ce corps prend feu. Or, d'après les propriétés des miroirs, il est
évident que tous les rayons émanés de f, en se réfléchissant sur le
miroir M, forment un faisceau de rayons parallèles à l'axe, qui

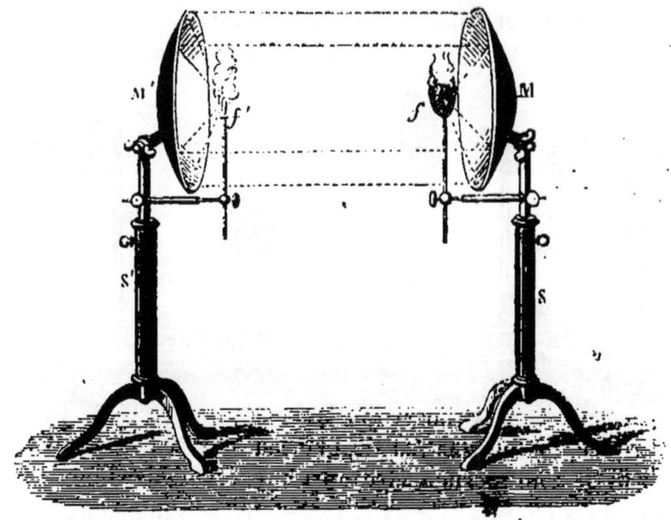

Fig. 378.

reçus et réfléchis par le second miroir M', viennent tous passer par
le foyer f'.

La propriété que possède la chaleur rayonnante de se réfléchir à la surface des corps polis est très utile pour l'étude de la chaleur rayonnante. Si des rayons ont une intensité trop faible pour produire, par leur action directe, des effets appréciables, on peut les recevoir sur un miroir sphérique qui les concentre en un même foyer, où leurs actions réunies deviennent sensibles. C'est sur le même principe qu'est fondée la construction des miroirs ardents qui peuvent concentrer, en certains points, une quantité de chaleur capable d'enflammer le bois, de fondre les métaux, etc.

Tyndall a fait des vérifications analogues sur les effets actiniques; il prenait pour source de radiations un foyer électrique qu'il plaçait au foyer f d'un miroir concave M et mettait en f', au foyer du 2° miroir M', un mélange de deux gaz susceptibles de se combiner sous l'action chimique des radiations. Pour prouver que la combinaison était bien le résultat de l'action chimique directe et non la conséquence d'une élévation de température, il renfermait ces gaz dans une enveloppe de collodion, substance combustible, qui était *brisée* mais non *brûlée* à la suite de l'action des radiations.

791. Pouvoir réflecteur absolu; pouvoir réflecteur relatif. — En opérant sur des lames planes, on reconnaît que l'intensité du faisceau réfléchi, considéré à un point de vue quelconque, est toujours moindre que l'intensité du faisceau incident. Melloni, MM. de la Provostaye et Desains ont étudié cette question au point de vue calorifique de la façon suivante.

On fixe sur la règle principale R (*fig.* 379) de l'appareil de Mel-

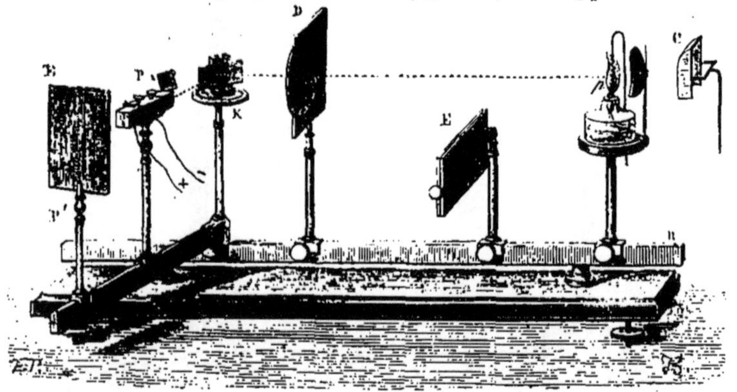

Fig. 379.

loni une seconde règle, qui porte la pile et qui est mobile autour d'un axe vertical. Cet axe est formé par une colonne K, surmontée d'un disque gradué, sur lequel on place la lame réfléchissante; la règle fixe porte la source de chaleur, un écran opaque E, et un écran à diaphragme D. Pour faire une expérience, on fait tourner l'alidade, jusqu'à ce qu'elle soit dans la direction de la règle fixe; on abaisse l'écran E, et on observe la déviation d du galvanomètre. On met ensuite la lame réfléchissante sur le disque, dans une position telle que le faisceau calorifique tombe sur elle, sous un certain angle que l'on mesure au moyen d'une graduation. On fait alors ourner l'alidade, jusqu'à ce que la pile reçoive le faisceau réfléchi. Le galvanomètre donne une déviation d', toujours moindre que d.

Si l'on veut étudier le phénomène au point de vue lumineux, on emploie une source incandescente et, l'appareil étant disposé d'une manière analogue, on remplace la pile thermo-électrique par un photomètre.

Il n'a pas été fait de mesures précises au point de vue actinique.

Dans des circonstances déterminées tant au point de vue de la nature de la radiation simple considérée que de la substance réfléchissante et de l'angle d'incidence, l'intensité du faisceau réfléchi est proportionnelle à l'intensité du faisceau incident: le rapport de ces deux intensités est ce que l'on appelle le *pouvoir réflecteur absolu*. Si I_0 est l'intensité du rayon incident, I celle du rayon réfléchi, r le pouvoir réflecteur absolu, on a

$$I = r\, I_0$$

792. — La valeur de r change avec la nature des radiations considérées: le fait est prouvé, bien que l'on n'ait pas des données très précises prises pour des radiations différentes, parce que si l'on opère sur des faisceaux complexes le pouvoir réflecteur change avec la nature de la source et par suite avec la composition du faisceau incident.

La valeur de r change avec l'incidence. En général, l'incidence n'a pas une grande influence sur le pouvoir réflecteur, tant qu'elle ne dépasse pas 70°. Quand on opère sur le verre, ce pouvoir varie, au contraire, avec l'incidence, et augmente très rapidement, à partir de l'incidence normale. Pour un angle de 20°, on trouve 5; pour l'angle de 60°, 18; et pour l'angle de 80°, 55.

M. Jamin, en étudiant la réflexion lumineuse sur une lame de verre, a obtenu à peu près les mêmes nombres. Cette remarque est très importante, pour les raisons que nous avons signalées d'autre part (779).

Enfin, toutes choses égales d'ailleurs, le pouvoir réflecteur change avec la nature de la substance réfléchissante. Leslie, qui avait étudié la question au point de vue calorifique seulement, avait trouvé que le laiton poli est le corps qui réfléchit le mieux; il le

prit comme terme de comparaison et, représentant par 100 l'intensité du faisceau réfléchi sur cette substance, il y rapporta les intensités des faisceaux réfléchis sur les autres corps. Il obtint ainsi les
nombres suivants :

Laiton.	100	Plomb.	60
Argent.	90	Étain amalgamé.	50
Étain.	85	Verre.	10
Étain plané.	80	Verre huilé.	5
Acier.	70	Noir de fumée.	0

Nous appellerons ces nombres, évalués en centièmes, les *pouvoirs réflecteurs relatifs*. On reconnaît aisément que le pouvoir réflecteur relatif d'un corps est égal au rapport de son pouvoir
réflecteur absolu r au pouvoir réflecteur absolu r' du laiton poli.

793. Diffusion des radiations. — On sait que la lumière
peut se réfléchir irrégulièrement sur les surfaces mates. Ce phénomène se nomme la *diffusion*. Melloni a reconnu que la chaleur

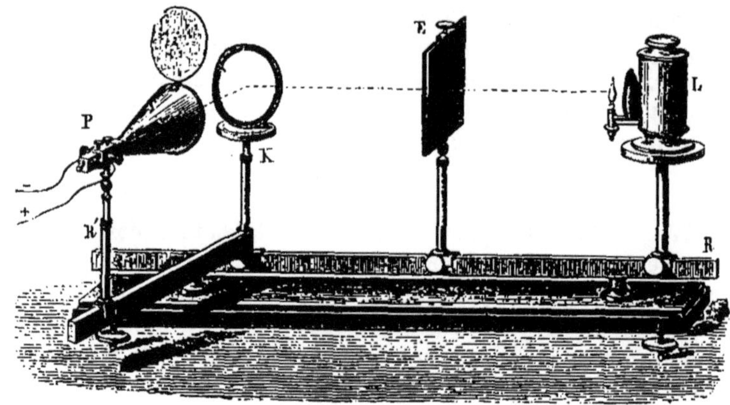

Fig. 380.

éprouve la même action. Pour le prouver, on fait tomber des rayons
de chaleur sur une lame de céruse, et on place sur la règle mobile
la pile P, armée d'un cône de laiton poli. Dans toutes les directions
que prend l'alidade, la pile accuse une élévation notable de température et, par suite, une diffusion dans tous les sens (*fig.* 380).

On pourrait attribuer cet effet à l'échauffement de la plaque,
mais alors la plaque rayonnerait de la chaleur par derrière, ce qui
n'a pas lieu. De plus, l'effet se produit instantanément, ce qui ne
pourrait être si la plaque devait s'échauffer avant de rayonner. Enfin
on peut opérer avec un faisceau solaire qui a traversé une lame de
verre, de telle sorte qu'il n'arrive sur la surface diffusante que des
radiations moyennes; si la lame s'échauffait et émettait de la cha-

leur, la chaleur rayonnée ne pourrait être que de la chaleur obscure qui ne traverse pas le verre. Or, en plaçant une lame de verre devant la pile, on constate encore un mouvement de l'aiguille du galvanomètre.

La diffusion dépend, en ce qui concerne l'intensité, de la nature de la radiation, de la nature de la surface diffusante, de l'angle d'incidence et de la direction suivant laquelle on considère le faisceau diffusé. On ne connaît rien de précis sur l'influence de ces divers éléments.

Pour un faisceau de radiations de nature donnée, dont l'intensité est I_0, tombant sous un angle donné sur une surface donnée, on peut concevoir que l'on détermine l'intensité I des radiations diffusées dans *toutes* les directions. En posant $I = d\,I_0$, nous appellerons la quantité d le *pouvoir diffusif absolu total*.

794. Pouvoir absorbant. — Soit un faisceau de radiations simples d'intensité I_0 tombant sur la surface de séparation de deux milieux; soit r le pouvoir réflecteur absolu, d le pouvoir diffusif total absolu. La quantité de radiations réfléchie sera $r\,I_0$, la quantité diffusée $d\,I_0$, de telle sorte qu'il restera pour pénétrer dans la deuxième surface un faisceau dont l'intensité sera $I_0\text{-}rI_0\text{-}dI_0$, soit $I_0(1\text{-}r\text{-}d)$: nous l'appellerons I'.

Deux cas peuvent se présenter : le second milieu se laisse traverser plus ou moins facilement par ces radiations, ou il est opaque. S'il est transparent, si son épaisseur est x et le coefficient d'absorption k, l'intensité à la face de sortie sera $I'\,e^{-kx}$. Mais à cette face le faisceau subira, en partie, la réflexion et la diffusion. et sera réduit après l'émergence dans le troisième milieu à $I'e^{-kx}\,(1\text{-}r'\text{-}d')$, r' et d' étant les pouvoirs réflecteur et diffusif sur cette surface. L'intensité du faisceau émergent sera donc, en remplaçant I' par sa valeur,

$$I' = I_0\,(1\text{-}r\text{-}d)\,(1\text{-}r'\text{-}d')\,e^{-kx}.$$

On ne retrouve donc pas toute l'intensité primitive, mais une partie seulement.

Si le second milieu n'est pas transparent (au moins pour l'épaisseur considérée que nous ne supposons pas infiniment mince), la quantité de radiations qui y pénètre $I_0\,(1\text{-}r\text{-}d)$ reste dans cette substance et sert à l'échauffer, elle est *absorbée*. Si nous la représentons par I. on a :

$$I = I_0(1\text{-}r\text{-}d) = a\,I_0$$

en désignant par a la quantité $1\text{-}r\text{-}d$. Cette quantité est ce que l'on appelle le *pouvoir absorbant absolu* pour la radiation considérée et pour la substance en expérience.

On voit qu'il existe une relation simple $a = 1 - r - d$ entre les pouvoirs réflecteur, diffusif et absorbant. Si la surface considérée est très polie, d est nul ou très petit, et il vient $a = 1 - r$; si la surface est rugueuse et mate, on a $r = 0$ et alors $a = 1 - d$.

On n'a pas de données précises sur les pouvoirs absorbants absolus, parce que l'on a généralement opéré sur des faisceaux de radiations complexes, tels qu'ils sont émis par des sources diverses.

Leslie recouvrait de diverses substances l'une des boules de son thermomètre et notait des échauffements différents, dus à des quantités de chaleur absorbées en quantités plus ou moins grandes. Il remarqua que le noir de fumée donnait le plus grand échauffement et le prit comme un terme de comparaison auquel il rapporta les quantités de chaleur absorbées par les autres substances; ces rapports, évalués en centièmes, sont ce qu'on appelle les *pouvoirs absorbants relatifs*. Ils sont sans grand intérêt et, de plus, n'ont aucune signification précise pour les corps qui ne sont pas athermanes, opaques.

On reconnaît aisément que si l'on appelle α le pouvoir absorbant relatif d'une substance, a et a' les pouvoirs absorbants absolus de cette substance et du noir de fumée, on a: $\alpha = \dfrac{a}{a'}$

795. Égalité des pouvoirs absorbant et émissif. — En comparant les pouvoirs absorbant et émissif d'un corps dans le même état et pour la même source calorifique, on reconnaît que l'on a trouvé des valeurs sensiblement égales ; on peut démontrer cette égalité par une expérience directe. On emploie un thermomètre de Leslie dont l'une des boules est enduite de noir de fumée et dont l'autre est recouverte par une feuille métallique. L'équilibre étant établi, on place entre ces boules et à égale distance un vase aplati contenant de l'eau chaude et dont les faces sont recouvertes, l'une de noir de fumée, l'autre d'une feuille métallique, et disposées par rapport aux boules du thermomètre de telle sorte que les surfaces soient de nature différente : la colonne liquide en regard n'éprouve aucun déplacement, les boules sont donc à la même température.

Il est facile de voir que A étant une constante dépendant de la température, e et e' les pouvoirs émissifs de l'argent et du noir de fumée, les quantités de chaleur émises par ces deux substances seront respectivement Ae et Ae'. Si, maintenant, B est une autre constante dépendant de la distance qui est la même de part et d'autre, et si a et a' sont les pouvoirs absorbants de l'argent et du noir de fumée, on voit que l'argent recevra $A\,e'. B\,a$ et le noir de fumée $A\,e. B\,a'$. Comme il y a égalité, il vient $A\,e'. B\,a = A\,e. B\,a'$, d'où $\dfrac{a}{a'} = \dfrac{e}{e'}$, c'est-à-dire que l'on a bien $\alpha = \varepsilon$.

796. — Nous avons étudié les modifications subies par un faisceau de radiations transmis à travers un ou plusieurs milieux. Nous avons maintenant à nous demander en quoi ces données peuvent nous renseigner sur les effets divers observés comme conséquence de cette transmission ? quelles explications elles fournissent ? Nous avons aussi à chercher ce que deviennent les radiations qui ont été absorbées ?

Nous commencerons d'abord par l'indication des cas dans lesquels il pourrait sembler que l'hypothèse des radiations constamment émises par les corps est au moins sans intérêt.

797. **Équilibre mobile des températures.** — Lorsque deux corps à des températures différentes sont situés à quelque distance, le corps le plus chaud se refroidit, et le corps froid s'échauffe. Cet effet se comprend, en admettant que le corps chaud seul émet de la chaleur, et rayonne vers le corps froid. Lorsque la température de ces corps est la même, aucun changement ne se manifeste, et l'on pourrait supposer que ni l'un ni l'autre n'émet de chaleur. Mais il y a là quelque chose qui semble peu rationnel, puisque alors la faculté pour un corps d'émettre de la chaleur serait subordonnée, non à son état propre, mais à l'état d'un corps extérieur. On doit à Prevost (de Genève) une hypothèse ingénieuse, qui rend compte simplement des faits observés. D'après cette hypothèse, tout corps émet de la chaleur, mais en quantité différente suivant sa température ; si donc deux corps, l'un chaud et l'autre froid, sont en présence, chacun émet de la chaleur et absorbe, d'autre part, la chaleur émise par l'autre ; mais le corps chaud envoie plus de chaleur que le corps froid, il émet plus qu'il n'absorbe, et se refroidit ; le corps froid, au contraire, absorbe plus de chaleur qu'il n'en émet, et se réchauffe. Enfin, si les deux corps ont la même température, chacun reçoit une quantité de chaleur égale à celle qu'il émet, et leur température ne change pas.

Cette hypothèse, qui, soumise à une analyse plus complète des faits observés, s'est trouvée en concordance avec ceux-ci, a reçu le nom d'*équilibre mobile des températures*.

798. **Réflexion apparente du froid.** — Lorsque l'on place un thermomètre en face d'un morceau de glace, on voit la température s'abaisser. L'effet est plus net et plus rapide, si l'on emploie les deux miroirs concaves (790), au foyers desquels on place respectivement, d'une part, le bloc de glace, et de l'autre, le thermomètre. Ces effets et quelques autres du même genre, par suite d'une fausse interprétation, ont pu faire croire à l'existence d'un agent frigorifique spécial. On se rend facilement compte de ce résultat, en remarquant que, dans ces expériences, le thermomètre

et le morceau de glace émettent chacun de la chaleur, mais que le thermomètre en envoie plus qu'il n'en reçoit de la glace, en sorte que sa température doit s'abaisser. L'effet des miroirs est de faire arriver sur le thermomètre la petite quantité de chaleur envoyée par la glace, au lieu de la quantité plus grande que lui auraient fournie les autres corps moins froids placés dans la même enceinte, et que masque le miroir.

799. Refroidissement, échauffement par rayonnement. — Un corps subit des modifications de température, non seulement lorsqu'il est en contact, direct ou indirect, avec un corps d'une température différente, par conduction, comme nous l'avons déjà dit, mais aussi par suite du rayonnement qui se produit entre tous les corps et qui tend à égaliser leurs températures, comme nous venons de le dire.

Si le corps que l'on considère, qui gagne ou qui perd de la chaleur, était placé dans le vide, il y aurait à considérer seulement les effets dus au rayonnement; mais en réalité, il faut tenir compte des effets d'échauffement ou de refroidissement dus au contact de l'air.

Les variations de température dues au seul rayonnement, dans le cas d'un corps isolé placé dans un espace vide à une température différente, dépendent de la différence de température et dépendent de la nature du corps; si la différence de température est faible, la quantité de chaleur perdue dans un temps donné très petit est proportionnelle à cette différence de température. Cette loi, qui n'est qu'approximative, est connue sous le nom de *loi de Newton*.

L'influence de la nature du corps est déterminée par la valeur du pouvoir émissif ou du pouvoir absorbant qui intervient en multiplicateur.

Il résulte de là quelques conséquences pratiques importantes. Si l'on veut qu'un corps s'échauffe par rayonnement, il convient que son pouvoir émissif soit grand, que sa surface soit rugueuse, noire, etc. Mais s'il s'agit d'obtenir qu'un corps chaud conserve sa chaleur, il faut que son pouvoir émissif soit faible, que sa surface soit métallique et polie. Les applications sont trop fréquentes pour qu'il soit nécessaire d'insister.

Nous ajouterons seulement que, outre que la loi de Newton n'est pas juste, comme l'ont démontré Dulong et Petit, le phénomène se complique toujours de l'action de l'air ambiant, agissant par conduction ou par convection.

800. — Nous avons dit que les radiations qui traversent un corps sont absorbées en tout ou en partie: elles sont susceptibles de produire des effets divers.

Elles peuvent échauffer les corps, elles peuvent y provoquer des actions chimiques, elles peuvent y produire des effets de phosphorescence ou de fluorescence.

Nous avons peu de choses à dire sur les effets calorifiques : s'il est possible de déterminer la quantité de chaleur qui a disparu dans le faisceau de radiations, si l'on connaît le poids du corps qui a absorbé ces radiations et sa chaleur spécifique, on pourra calculer l'élévation de température ou inversement.

Il va sans dire que si, dans ces actions, il se produit des changements d'état ou des actions mécaniques, la variation de température observée ne correspondrait plus à cette valeur.

Le corps qui absorbe des radiations, s'échauffant, rayonne plus que précédemment ; il semble avoir emmagasiné des radiations qu'il rend par la suite.

Comme nous l'avons dit, l'absorption des radiations par une substance ne se fait pas en bloc, et certaines radiations sont plus absorbées que d'autres.

Quant aux radiations émises comme conséquence de cette absorption, elles sont également déterminées et dépendent de la température à laquelle le corps a été porté.

801. Phosphorescence et fluorescence. — Certains corps, après avoir été soumis à des faisceaux de radiations, et bien qu'ils n'aient pas été portés à l'incandescence et qu'ils ne soient le siège d'aucune action chimique, deviennent visibles dans l'obscurité ; ils sont lumineux. Ces corps sont dits *phosphorescents*, et cette propriété se conserve quelquefois pendant plusieurs heures : nous citerons par exemple le diamant, certains sulfures alcalins (phosphore de Canton, phosphore de Bologne, etc.).

D'autres substances, auxquelles on a donné le nom de *fluorescentes*, prennent une coloration spéciale sous l'influence directe des faisceaux de radiations, et même sont rendues visibles sous l'action des radiations ultrà-violettes qui ne produisent pas directement d'effets lumineux. Parmi ces substances, nous citerons le bisulfate de quinine, le verre d'urane, l'esculine, la fluorescéine. Enfin, nous devons encore signaler le cristallin parmi les corps fluorescents, ainsi qu'on le reconnaît en amenant un œil vivant dans la partie ultrà-violette du spectre : ce cristallin devient alors nettement visible.

Il est à remarquer que, aussi bien pour la phosphorescence que pour la fluorescence, les radiations émises par les corps leur sont propres, c'est-à-dire n'ont pas la même réfrangibilité que celle des radiations qui leur ont communiqué cette propriété : il y a eu *transformation* des radiations.

M. Becquerel a étudié ces phénomènes et est arrivé par une analyse détaillée à reconnaître qu'ils étaient au fond de même nature, et que la phosphorescence doit être regardée comme une fluorescence qui se prolonge, ou la fluorescence comme une phosphorescence de très courte durée ; il put s'assurer, à l'aide d'un appareil spécial, le *phosphoroscope*, que cette durée descend à 0",33 pour le spath, à 0",01 pour l'azotate d'urane, et que, pour les liquides, cette durée est moindre que 0",0001.

Ces phénomènes ne doivent pas être confondus avec ceux que manifestent le phosphore sous l'action de l'air, certaines matières organiques en putréfaction, le vieux bois humide, phénomènes qui sont accompagnées d'actions chimiques, ni avec ceux qui résultent de quelques actions mécaniques comme le clivage, le broiement, etc.

Les effets de fluorescence sont produits par certaines radiations spéciales et non par toutes ; lorsqu'un faisceau complexe de radiations traverse une substance fluorescente, ce sont ces radiations qui sont absorbées seules ou à peu près ; elles correspondent presque toujours à la partie ultrà-violette du spectre. Il résulte de là qu'un faisceau qui a traversé une substance fluorescente, et qui peut n'avoir perdu que très peu de son intensité *lumineuse*, est devenu incapable de produire la fluorescence sur un autre échantillon de la même substance. Ce fait, qui explique un grand nombre de faits et d'expériences, peut s'énoncer en disant que les substances fluorescentes forment écran pour les radiations très réfrangibles : cela explique l'avantage qu'il y a à employer des lunettes en verre d'urane, comme l'a proposé L. Foucault, lorsque l'on a à regarder de puissantes lumières électriques riches en radiations très réfrangibles.

802. Relation entre les radiations absorbées et les radiations transformées. — En général, un corps qui s'échauffe par absorption de radiations n'atteint pas la température de la source qui émet ces radiations : les radiations qu'il émettra seront donc *moins* réfrangibles que celles de la source. D'autre part, dans la fluorescence, des radiations ultrà-violettes sont absorbées et le corps émet des radiations moyennes, produisant des effets lumineux, *moins* réfrangibles par conséquent que celles dont on les considère comme une transformation. On a pensé que cet abaissement de la réfrangibilité est une conséquence forcée de la transformation même ; mais on sait maintenant qu'il n'en est rien. Tyndall a montré, en effet, qu'un faisceau infrà-rouge, formé de radiations peu réfrangibles, concentré par une lentille sur une lame de platine platiné, amène celle-ci à l'incandescence ; c'est-à-dire que cette lame émet des radiations moyennes *plus* réfrangibles que celles dont elles sont la transformation.

803. Actions chimiques produites par les radiations.
— Les actions chimiques dues aux rayons solaires proviennent
plus spécialement des rayons situés à l'extrémité violette du spectre
et au delà de cette extrémité, et aussi des rayons jaunes. Ces actions
sont de deux sortes, que nous allons rapidement indiquer.

Sous l'influence des rayons solaires, certains sels sont réduits.
Par exemple, le chlorure d'argent noircit rapidement à la lumière :
la matière noire qui prend naissance est de l'argent métallique très
divisé; le même effet se produit avec l'azotate d'argent, et c'est la
cause de la coloration que prennent les parties touchées avec la
pierre infernale lorsqu'elles sont exposées au jour. D'autres sels, le
cyanure, l'iodure, le bromure d'argent, présentent la même décomposition; il en est de même aussi pour les sels analogues d'autres
métaux, le mercure, le fer, etc.

Mais, si les rayons solaires produisent dans certains cas des
décompositions, dans d'autres ils favorisent les combinaisons. On
sait qu'un mélange d'hydrogène et de chlore détone lorsqu'il est
exposé à la lumière, en donnant naissance à de l'acide chlorhydrique; l'action du chlore sur les matières organiques, celle de l'oxygène sur certains corps, tels que le bitume de Judée, la résine de
gaïac, sont favorisées par l'influence des rayons lumineux, et quelquefois même sont provoquées uniquement par cette influence.

Ces oxydations amènent quelques modifications importantes
dans les propriétés de certains corps : ainsi la résine de gaïac devient
bleue, le bitume de Judée devient insoluble dans les essences (propriété que Niepce appliqua dans ses premières recherches sur la
photographie.)

Certains corps qui, isolés, sont insensibles à l'action de la lumière, sont rendus impressionnables par leur mélange avec un
autre corps également insensible lorsqu'il est seul. C'est ainsi que
l'azotate d'urane est décomposé lorsqu'il est en dissolution dans
l'alcool et qu'il est insensible lorsqu'il est dissous dans l'eau. D'autre part, le bichromate de potasse et la gélatine sont séparément
insensibles à l'action de la lumière; mais leur mélange est impres-
sionnable et la gélatine, s'emparant de l'oxygène abandonné par
le sel de potasse, perd la propriété de se gonfler à l'eau.

L'effet ne se manifeste pas toujours immédiatement : le papier
sensible ordinaire des photographes ne donnerait d'effet net qu'a-
près un temps assez long; mais si, après l'avoir soumis pendant
quelque temps à l'action des radiations, on le trempe dans une dissolution d'acide gallique, de sulfate de fer, l'image apparaît immédiatement.

804. Action des radiations sur les animaux. — Il n'est

pas douteux que les radiations solaires n'aient une influence sur le développement des animaux et des végétaux ; mais la question ne peut être qu'indiquée très sommairement ici.

Tout le monde sait la différence d'aspect que présentent les animaux et les hommes qui vivent en plein air, le jour, ou ceux qui sont astreints à rester dans des espaces obscurs, et à ne sortir que la nuit. La différence de température, celle de l'état hygrométrique peuvent bien avoir un certain rôle, mais on est d'accord pour considérer que les radiations jouent le rôle capital dans ces influences.

On ne sait pas encore avec précision si certaines radiations produisent plus d'effet que d'autres : on a signalé dans ces dernières années l'influence spéciale de la lumière bleue qui calmerait les aliénés (?) et agirait aussi, mais différemment, sur quelques animaux ; mais en réalité, on ne sait que peu de chose à ce sujet. Signalons seulement les recherches de M. Ch. Morren sur des infusoires, *monas termo*, de M. Edwards sur les batraciens, de M. Béclard sur les œufs de mouche, sur les grenouilles, les petits oiseaux, etc. On ne peut rien déduire de général de ces expériences.

On ignore également si l'action des radiations se manifeste directement par une action calorifique, ou une action chimique : on pense assez généralement maintenant que les modifications que présente la peau sous l'influence des coups de soleil sont des actions directes (non calorifiques) dues spécialement aux radiations très réfrangibles.

La question est très importante : elle est encore entièrement à traiter, on peut le dire.

805. Action de la lumière sur les végétaux. — C'est à l'influence des radiations chimiques que l'on rapporte l'action incontestable de la lumière sur les plantes ; nous ne pouvons qu'indiquer les faits qui se rapportent à cet ordre de phénomènes, et dont l'étude complète nous entraînerait trop loin.

Il suffit de rappeler l'étiolement des parties des plantes qui ont végété dans l'obscurité, comparées à la teinte normale de celles qui ont été soumises à l'action de la lumière, pour mettre hors de doute cette influence. En étudiant ce qui se produit dans la respiration des plantes dans l'une et l'autre condition, on a reconnu que les parties vertes des plantes absorbent l'acide carbonique et dégagent de l'oxygène lorsqu'elles sont soumises aux rayons solaires, tandis que dans l'obscurité le contraire se produit, et que, comme les animaux, les plantes absorbent de l'oxygène et dégagent de l'acide carbonique. On peut obtenir des effets analogues en employant une lumière artificielle, pourvu qu'elle soit assez intense, et qu'elle contienne en notables proportions certains rayons que nous indiquerons tout à l'heure.

Un certain nombre d'expériences, dues principalement à Draper, ont prouvé que ce ne sont pas les rayons calorifiques auxquels on doit rapporter l'origine de cette action. Par exemple, un feu de bois, allumé à quelque distance d'une plante en expérience, ne détermina pas le dégagement d'oxygène, bien que l'action calorifique fût parfaitement sensible à cette distance. Draper étudia également l'influence des rayons diversement colorés, et reconnut que le dégagement d'oxygène atteint un maximum dans les rayons verts et rouges. Ces expériences ont été répétées à plusieurs reprises, sans que l'on ait pu arriver à des conclusions absolument nettes. On conçoit, en effet, que pour que l'expérience fût concluante, il faudrait que les rayons eussent même intensité, et l'on sait qu'il est impossible de comparer les intensités de deux lumières de couleurs différentes.

Des expériences du même genre ont été faites par M. Prillieux, par M. Dehérain qui, opérant avec des lumières artificielles intenses, ont cherché à se rendre compte des effets produits et qui ne sont arrivés à rien de précis.

Il semble que l'on ait quelques chances de réussir à trouver des lois simples en opérant sur des végétaux microscopiques, tels que l'*Euglenia viridis*, chez lesquels les fonctions ne présentent pas de complexité : la question est à l'étude.

Dans certains cas, on pourrait penser que les radiations ont une action calorifique et non chimique ou spéciale : peut-être pourrait-on rapprocher quelques phénomènes observés de ce qui se passe dans la thermo-diffusion (578) ?

806. Colorations dues aux faisceaux complexes de radiations. — Occupons-nous plus spécialement maintenant des sensations lumineuses qui se produisent dans certaines circonstances intéressantes.

Le spectre nous donne une série de sensations correspondant à des colorations variées; ces colorations ne sont pas les seules que l'on puisse observer; mais en opérant des mélanges, soit à l'aide d'un appareil analogue à l'appareil à miroirs décrit plus haut, soit à l'aide de disques analogues au disque de Newton (755, 2°) mais sur lesquels on dispose un moindre nombre de couleurs, deux ou trois, par exemple, en faisant varier le nombre des couleurs et leurs proportions, on peut arriver à reproduire toutes les colorations que nous présentent les corps de la nature ou les objets fournis par l'industrie. Nous devons donc considérer les rayons colorés du spectre solaire comme suffisants pour la production de toutes les teintes que nous distinguons.

Parmi les teintes composées que l'on peut obtenir ainsi, il en est qui, au point de vue de la coloration, sont identiques à certaines couleurs simples. C'est ainsi qu'un mélange, en proportions convenables, de rouge et de jaune reproduit un orangé que notre œil ne peut distinguer de l'orangé simple du prisme. Mais la distinction se fait immédiatement à l'aide d'un prisme qui dévie l'orangé simple sans le disperser ni changer sa couleur, et qui donne deux images distinctes, une rouge et une jaune, pour l'orangé composé.

Il n'existe pas de règle facile à employer, qui détermine à l'avance la coloration d'une teinte due à la superposition d'un certain nombre de rayons dont les colorations et les intensités sont données. L'expérience seule peut décider, ce qui est fâcheux, car la question se présente fréquemment.

807. — Parmi les teintes composées, la plus intéressante à considérer est le blanc : elle est produite par la réunion de toutes les radiations qui constituent le spectre solaire, mais on peut obtenir le même effet d'une manière plus simple. C'est ainsi que la superposition de rayons bleus, rouges et jaunes reproduit aussi de la lumière blanche. En s'appuyant sur cette expérience et sur d'autres que nous ne pouvons indiquer, certains physiciens et physiologistes ont cherché à expliquer tous les phénomènes de coloration par l'existence de *trois* sensations colorées distinctes seulement. Cette question n'est pas sans intérêt, mais elle est du ressort de la physiologie.

Enfin deux teintes peuvent par leur réunion donner de la lumière blanche; elles sont alors dites *complémentaires*. Telles sont les couleurs spectrales : rouge et bleu-verdâtre; — orangé et bleu cyanique; — jaune et indigo; — jaune-verdâtre et violet.

Il est facile de former des teintes composées complémentaires : on n'a qu'à diviser arbitrairement le spectre en deux parties et à réunir les radiations correspondantes; on aura ainsi deux faisceaux donnant des colorations différentes et dont la réunion fournira nécessairement du blanc.

Il importe de remarquer que les indications que nous venons de donner se rapportent aux mélanges des *sensations* produites par des faisceaux déterminés, et qu'il serait faux de les appliquer au mélange des *matières colorantes*.

808. **Couleurs des corps**. — Les corps se présentent à nous sous des couleurs variées dont il est intéressant d'indiquer rapidement les causes : nous laissons de côté le cas des lames minces, dont il sera question par la suite.

La couleur d'un corps, dans une circonstance déterminée, est due au mélange des radiations que ce corps nous envoie lorsqu'il reçoit un faisceau émané d'une source lumineuse. Ce corps, sauf exception, ne nous envoie pas toutes les radiations, il en absorbe un certain nombre, de telle sorte que le faisceau qui arrive à notre œil n'est pas identique, en général, comme composition à celui qui est émané de la source. C'est par absorption que ce faisceau est ainsi modifié.

La question est très simple pour les corps que l'on regarde par transparence, et nous avons indiqué les lois de l'absorption. La couleur d'un corps ainsi examiné dépend non seulement de sa nature, mais aussi de la nature du faisceau lumineux qu'il reçoit, et même de l'épaisseur traversée.

Un corps est incolore par lui-même lorsqu'il se laisse également traverser par toutes les radiations : il ne modifie en rien la composition relative des faisceaux qui le traversent; tel est le cas de l'air, de l'eau, du verre, au moins si les épaisseurs ne sont pas trop grandes.

Mais un corps est rouge, parce qu'il laisse passer seulement les radiations rouges; bleu, parce qu'il laisse passer seulement les radiations bleues, etc.

Un verre rouge, par exemple, produira le même effet, qu'il soit éclairé par de la lumière rouge ou par de la lumière blanche; dans le premier cas, tout passera; dans le second, tout sera arrêté à l'exception du rouge qui passera seul; l'effet sera donc le même. Enfin si le faisceau éclairant ne contenait pas de rouge, le corps ne serait pas éclairé, rien n'arriverait à l'œil, puisque la seule couleur qui n'est pas absorbée manquerait. On arrive difficilement à obtenir nettement ce dernier résultat, parce que l'on a rarement un verre qui ne laisse passer que des radiations d'*une seule* réfrangibilité et une source qui soit vraiment monochromatique.

On peut se rendre compte aisément des effets variés qui se produisent lorsque le corps transparent considéré laisse passer deux ou plusieurs radiations, mais non toutes.

809. — L'épaisseur du corps a aussi une importance, parce que, comme nous l'avons dit (783), de petites différences dans la composition du faisceau, négligeables sur une faible épaisseur, s'accentuent quand celle-ci augmente : la composition du faisceau changeant, il en est de même de la coloration. C'est ce qui explique que les corps éloignés vus à travers une épaisse couche d'air changent légèrement de couleur, celle-ci tendant vers le violet; que l'eau en grande masse paraît verte ou bleue; qu'une lame de verre blanc regardée par sa tranche est manifestement verte, etc.

Enfin les changements de constitution du faisceau avec l'épaisseur, changements qui peuvent intervertir l'ordre de prépondérance pour ainsi dire (783), expliquent les effets de dichroïsme que présentent quelques substances, comme la dissolution de permanganate de potasse qui, rose sous une petite épaisseur, devient verte sous une épaisseur plus grande.

810. — En ce qui concerne la couleur des corps vus par diffusion, comme les corps opaques, les corps transparents que l'on regarde du côté où est la source lumineuse, la question est la même, à ce qu'il semble. Ce n'est pas à la surface même que se produit le phénomène qui amène la coloration spécifique, phénomène qui est également une absorption de certaines radiations, c'est dans une couche voisine de cette surface, couche dans laquelle pénètre la lumière qui se diffuse et revient à l'œil de l'observateur ; le phénomène est donc le même, si ce n'est que la couche qui intervient est beaucoup plus mince : on sait, en effet, que l'on peut réduire un corps opaque à une très petite épaisseur sans que sa couleur change.

La coloration d'un corps dépend donc autant de la nature des radiations émises par la source que du corps lui-même : c'est ce qui explique les changements si considérables qui existent entre les couleurs des objets vus au jour ou éclairés par le gaz ou la lumière électrique. Les différences sont bien plus grandes encore si l'on fait usage de lumière monochromatique, comme celle qui a traversé un verre rouge, celle qui émane de l'alcool salé, etc.

811. **Des limites du spectre visible**. — Nous ne pouvons insister sur les questions relatives aux colorations ; il nous suffisait d'indiquer les connaissances qui sont nécessaires pour l'étude physiologique de la question et nous nous bornerons aux indications suivantes pour terminer.

Dans un spectre, le spectre solaire, par exemple, les rayons ne diffèrent pas entre eux seulement par la coloration, mais ils se distinguent aussi par leur intensité. Il n'est pas facile, nous l'avons dit, de comparer exactement les intensités de deux rayons diversement colorés : mais, cependant, dans le cas que nous considérons, les rayons jaunes sont certainement plus éclairants que les rayons bleus ou violets.

Il résulte d'expériences de M. P. Bert que certains crustacés presque microscopiques voient le spectre dans la même étendue que l'homme, et, comme lui, avec un maximum d'intensité dans le jaune. En remarquant que ces animaux, les *daphnies-puces*, présentent pour l'œil une conformation entièrement différente de celle de l'œil humain, on est porté à généraliser et à conclure que, pour la série animale tout entière, le spectre solaire est visible entre les mêmes limites et présente les mêmes variations d'intensité.

812. — Nous avons dit que le spectre s'étend au delà des limites
où l'œil perçoit une coloration, aussi bien du côté du rouge que du
côté du violet. Le fait est-il la conséquence d'une propriété organique de cet organe ? cela ne serait pas impossible et nous avons
vu quelque chose d'analogue pour l'oreille, qui ne distingue des
sons que pour des nombres de vibrations compris entre deux limites déterminées (382).

Mais on peut donner de cette propriété une explication physique
qui, par là même, doit être signalée ici. L'œil ne percevrait pas les
radiations infrà-rouges, ni les radiations ultrà-violettes, parce
qu'elles ne parviendraient pas à la rétine. Nous savons, en effet,
que l'eau absorbe les radiations infrà-rouges, et l'œil est constitué
par des milieux aqueux d'une assez grande épaisseur ; nous savons
d'autre part que le cristallin est fluorescent et nous avons dit que
les radiations ultrà-violettes qui produisent la fluorescence sont
absorbées par les substances qui jouissent de cette propriété.

Il est difficile, pour le moins, de prouver que telles sont les
causes qui rendent l'œil insensible pour certaines radiations ; cependant on peut signaler les faits suivants.

Tyndall a placé l'œil au foyer d'un faisceau infrà-rouge capable
d'amener le platine à l'incandescence ; non seulement il n'a eu aucune sensation *lumineuse*, mais la rétine n'a point été endommagée,
ce qui aurait pu se produire, malgré la courte durée de l'expérience,
si les radiations étaient parvenues jusqu'à cette membrane, à cause
de la très grande intensité du faisceau.

D'autre part, il résulterait d'observations faites par M. de Char-
donnet que des personnes qui avaient été opérées de la cataracte,
c'est-à-dire dont on avait enlevé le cristallin, voyaient le spectre se
prolonger bien au delà du violet qui forme la limite ordinaire, ce
qui s'expliquerait par ce que les radiations correspondantes n'étaient
plus arrêtées par le cristallin comme il arrive dans les yeux normaux.

813. **Effets divers de la dispersion**. — Les phénomènes
précédemment étudiés donnent l'explication de différents effets dont
nous allons indiquer les principaux.

Lorsqu'on regarde un objet à travers un corps réfringent terminé par deux faces non parallèles, comme un prisme, un morceau
de verre taillé à facettes, etc., on aperçoit une image de l'objet
déviée, de même couleur que l'objet, mais présentant sur tout ou
partie de son contour une irisation de teintes vives et variées. Soit,
par exemple, un rectangle blanc *mnpq* (*fig.* 381) placé sur un fond
noir, et que l'on regarde avec un prisme à arêtes verticales. Le
rectangle sera dévié du côté du sommet et présentera des irisations
sur ses bords verticaux seulement. Pour nous rendre compte de ce

fait, remarquons que la lumière blanche venant du rectangle peut être considérée comme composée de sept couleurs. Les rayons violets qui sont les plus déviés donneraient, s'ils étaient seuls, une image violette rec-tangulaire de h en h'; les rayons indigos, également seuls, donneraient une image présentant cette coloration et s'étendant de g en g'; et ainsi de suite jusqu'aux rayons rouges,

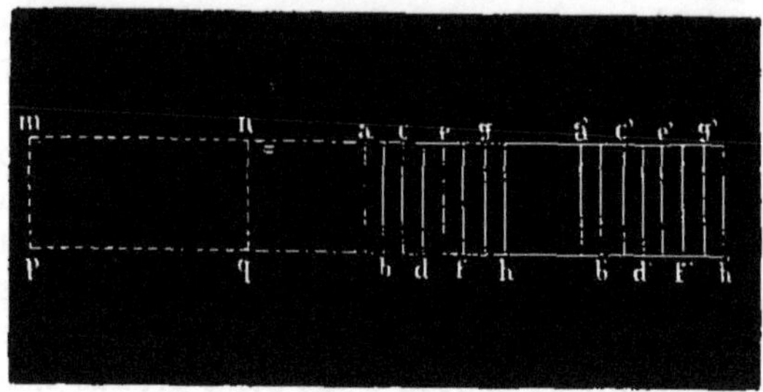

Fig. 381.

qui, isolés, donneraient une image rouge entre a et a'. Les divers rayons agissant simultanément, il y aura superposition au moins partielle des images différemment colorées. On conçoit alors que dans la partie $a'h$, commune à toutes les images, il y ait une recomposition totale produisant du blanc; mais en dehors de ces lignes, cette recomposition ne peut avoir lieu, et il doit se manifester des colorations diverses dépendant du point considéré. On voit, par exemple, que, entre a et b, il n'y a que du rouge pur, tandis qu'il n'y a que du violet entre g' et h'; les couleurs sont d'autant plus composées, que l'on s'éloigne davantage des bords.

Si les irisations ne sont pas trop étendues par rapport à la partie blanche, celle-ci reproduira l'objet regardé qui semblera seulement bordé de teintes variées. L'effet cesserait d'être net et on ne reconnaîtrait plus l'objet, si les irisations avaient trop d'importance.

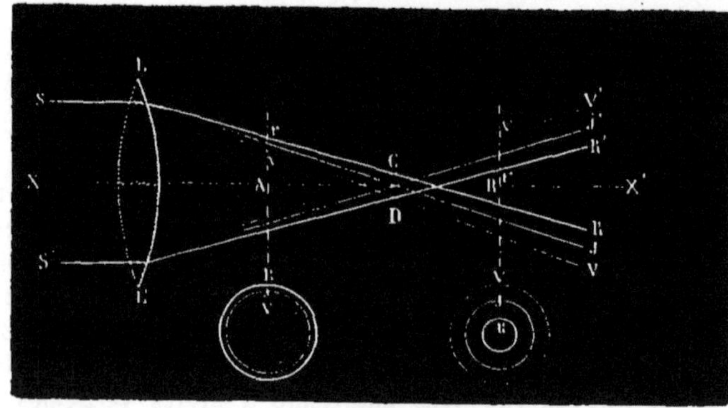

Fig. 382.

814. Aberration de réfrangibilité. — Soit une lentille convergente LL' (*fig.* 382), sur laquelle on fait arriver un faisceau de lumière composée SS', de lumière blanche, par exemple; on ne pourra, dans ce cas, trouver de l'autre côté un foyer unique, comme la théorie l'indique pour les rayons simples; si l'on coupe par un écran le cône lumineux formé derrière la lentille, on trouvera partout un cercle lumineux coloré en blanc et présentant des bords irisés, et nulle part un point lumineux unique. A cause de la réfrangibilité différente des rayons, on voit que, par leur passage à travers la lentille, les diverses couleurs donneront naissance à des cônes lumineux ayant tous même base, la lentille, mais présentant des angles inégaux, le cône des rayons violets ayant le plus grand angle, celui des rayons rouges le plus petit. Il résulte de là que le cône rouge déborde tous les autres avant le point de croisement des rayons, tandis qu'après ce point c'est le cône violet qui est le plus grand. Si donc nous coupons ces cônes par un écran en A, par exemple, la partie intérieure au cercle V correspondra à tous les cônes de diverses couleurs, et devra être blanche; à partir de cette ligne, le violet manque, puis successivement l'indigo, jusqu'en R où le rouge existe seul : on devra donc distinguer des couleurs composées bordées par du rouge. Si, au contraire, on place l'écran en B, l'effet sera analogue mais renversé, et le violet pur sera en dehors.

L'expérience est facile à faire, et donne exactement les résultats que nous venons de signaler. On désigne sous le nom d'*aberration de réfrangibilité* cette propriété des lentilles de séparer les rayons simples d'une lumière composée incidente. On comprend facilement que l'aberration de réfrangibilité varie avec le pouvoir dispersif de la substance dont est composée la lentille.

815. Achromatisme. — Il résulte de ce qui précède que l'emploi d'un prisme ou d'une lunette pour regarder un objet ne permet pas d'obtenir des images *achromatiques*, c'est-à-dire dont les bords soient nets et dépourvus d'irisation, sauf pour le cas peu fréquent où la couleur de l'objet est une couleur simple; de là, dans les instruments basés sur la réfraction, des causes d'erreur qu'il est indispensable d'éviter.

Newton croyait que la dispersion des rayons lumineux est proportionnelle à la réfraction : il en concluait que, si par un procédé quelconque on s'opposait à la dispersion, on détruirait également la réfraction. On doit à Hall (1735) et à Dollond (1757) des preuves expérimentales de la fausseté de cette conclusion; depuis, des expériences précises, d'accord avec la théorie, ont montré que l'hypothèse elle-même est fausse, qu'il n'y a pas un rapport constant entre la dispersion et la réfraction.

Pour le prouver, on peut faire l'expérience suivante : un rayon de lumière blanche est projeté sur un prisme en verre; sur l'une des

faces du prisme est adaptée à charnière une lame de glace dont les
bords latéraux s'appuient sur des plans fixes, de manière à constituer une sorte d'auge prismatique que l'on peut remplir de liquide.
Cette auge étant vide, le prisme agit seul et donne naissance à un
spectre ; si l'on met alors de l'eau ou un autre liquide incolore dans
l'auge, on reconnaît que le spectre change de longueur en même
temps que de position ; en faisant varier l'inclinaison de la lame et
par suite l'angle du prisme liquide, on fait varier aussi la nouvelle
image, et par tâtonnement on trouve une position de la lame telle
que l'image projetée soit blanche, tout en restant déviée cependant.

On ne peut achromatiser un prisme qu'à l'aide d'un prisme de
nature différente et placé en *sens contraire*, de telle sorte que la
déviation est nécessairement diminuée.

Dans la pratique, on achromatise les prismes par des prismes
d'autre nature et dont on détermine les angles par le calcul : on
emploie presque exclusivemement pour cela le *crown-glass* et le *flint-
glass* (verre très chargé de plomb et plus dispersif que le crown).

En réalité, on ne saurait obtenir un achromatisme absolu avec
deux prismes seulement ; il en faudrait employer autant que l'on
veut éteindre de couleurs. Dans la pratique, il suffit de chercher à
éteindre le jaune et le bleu, qui sont les couleurs les plus brillantes.

Nous avons signalé, parmi les effets de la dispersion, l'aberration de la réfrangibilité qui consiste en ce que les foyers des rayons
diversement colorés se font en des points différents, ainsi que le
montre la figure 382. Si donc on place un objet éclairé AB (*fig.* 383)
devant une lentille
LL', il se formera
une infinité d'ima-
ges correspondant
à chacune des cou-
leurs et comprises
entre les images
extrêmes rouges R
et violettes V, et
limitées aux axes
secondaires BC et
AC . Considérons
un œil situé en O ;
il recevra, super-

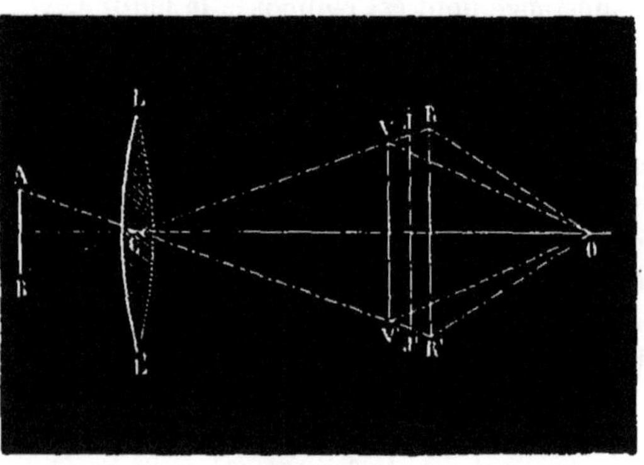

Fig. 383.

posés, les rayons provenant des diverses images et compris dans
l'angle VOV', et verra alors du blanc dans cette partie, mais les
bords seront irisés, parce que dans l'angle VOR, par exemple.
certains rayons manquant, il ne peut se produire du blanc.

On achromatise les lentilles comme les prismes, en accolant un certain nombre de lentilles de substances diverses, formant un système convergent, mais parmi lesquelles les unes sont convergentes et les autres divergentes. Ces lentilles sont choisies de telle sorte que

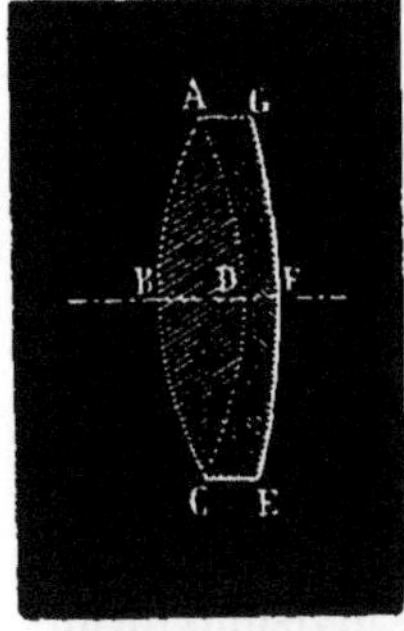

les images colorées les plus brillantes se fassent en un même point et, se superposant, reproduisent une image blanche. On emploie le plus souvent deux lentilles disposées comme l'indique la figure 384; quelquefois, cependant, on en réunit trois, mais jamais un plus grand nombre. En tout cas, il faut absolument que l'une d'elles soit divergente.

Fig. 384.

816. Analyse spectrale; spectroscopie. — Pour terminer cette étude des radiations, nous indiquerons des applications qui ont pris dans ces dernières années une très grande importance et qui sont fréquemment employées en physiologie.

L'étude des spectres dans diverses circonstances rend de grands services; elle est la base de l'analyse spectrale.

On peut étudier la position des diverses raies du spectre à

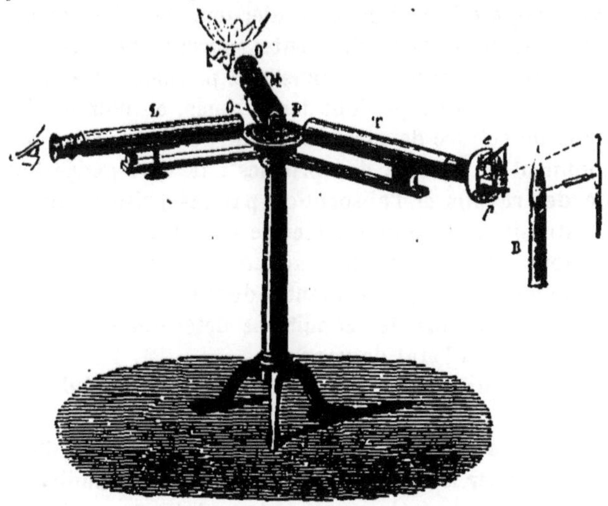

Fig. 385.

l'aide de l'appareil suivant qui porte le nom de *spectroscope*. Un plateau (*fig.* 385), monté sur un pied, porte un prisme, dont les arêtes sont verticales; trois branches latérales, fixées à la partie supérieure du pied, portent chacune un tube muni de lentilles ; le tube T porte à son extrémité une pièce mobile consistant en une

fente verticale, dont on peut faire varier la largeur ; un bec de gaz
B, dans lequel on place la substance à étudier par l'analyse spectrale, envoie des rayons lumineux qui, après avoir traversé la fente,
sont rendus parallèles par une lentille, dont on règle la distance
focale dans ce but. Ces rayons tombent sur le prisme sous un angle
tel, qu'ils le traversent en subissant la déviation maxima et se dis-
persent ; les rayons émergents séparés sont reçus dans le tube L,
qui porte aussi une lentille, à l'aide de laquelle l'observateur étudie
le spectre et ses raies ; d'autre part, un bec de gaz éclaire en O' un
micromètre, lame de verre sur laquelle sont tracés des traits fins
verticaux et équidistants ; l'observateur voit ces divisions par réflexion des rayons sur la face du prisme ; il superpose les images
du micromètre et du spectre, et peut reconnaître à quelles divisions
les raies de celui-ci correspondent ; on répète l'expérience avec des
rayons solaires, et l'on s'assure par les numéros des divisions du micromètre si les raies des deux spectres se correspondent réellement.

On conçoit facilement que, si l'on recueille sur un prisme le faisceau de lumière déjà décomposé en ses éléments par un premier
prisme, on obtiendra un spectre dans lequel les raies seront plus
séparées, et l'effet augmentera avec le nombre des prismes. On
construit des appareils destinés à étudier dans les plus grands détails les spectres produits par différentes sources lumineuses, et dans
lesquels le faisceau passe dans plusieurs prismes successifs ; on a
construit des spectroscopes dont les prismes, au nombre de neuf,
sont remplis de sulfure de carbone. On ne peut, du reste, augmenter indéfiniment le nombre des prismes : la divergence toujours
croissante des rayons et l'absorption par les prismes diminuent,
en effet, l'intensité lumineuse du spectre produit.

Nous avons dit (761) que les vapeurs incandescentes émettent
des spectres formés de lignes brillantes dont le nombre, la position,
la couleur sont liés, dans des conditions déterminées, à la nature
du métal qui existe à l'état de vapeur.

L'expérience suivante met en évidence la sensibilité de ces indications.

Dans un laboratoire, dont la capacité était d'environ 60 mètres
cubes, on fit détoner à une extrémité un mélange de 3 milligrammes
de chlorate de soude avec du sucre de lait ; à l'autre extrémité se
trouvait une lampe à gaz, que l'on observait à l'aide d'un spectroscope, et qui manifesta au bout de quelques minutes la double raie
jaune, caractéristique du sodium, qui persista pendant un certain
temps. Par un calcul approximatif, on reconnaît qu'il arrive à la
flamme $\dfrac{1}{3\,000\,000\,000}$ de gramme par seconde, et cette quantité très
faible est nettement décelée par le spectroscope.

817. — MM. Bunsen et Kirchhoff prouvèrent, par divers procédés et à la suite d'expériences nombreuses et délicates, que cette étude des spectres peut fournir un réactif sensible, permettant de reconnaître la présence des métaux dans leurs mélanges ou leurs combinaisons. En se rappelant la sensibilité dont nous venons de donner un exemple, en remarquant que le nombre et la position des raies sont absolument caractéristiques; que pour le fer, par exemple, on ne compte pas moins de 70 raies que l'on rencontre partout où la flamme observée contient du fer, on comprend que l'étude des spectres puisse donner une méthode délicate d'analyse des composés chimiques.

Ce procédé, qui reçut le nom d'*analyse spectrale*, donna immédiatement des résultats importants. Outre qu'il mit en évidence la présence de certains métaux alcalins, tels que le sodium, le lithium, dans un grand nombre de corps où on ne la soupçonnait pas, il conduisit MM. Bunsen et Kirchhoff à la découverte de nouveaux métaux alcalins. Une dissolution de lépidolithe de Saxe, privée de tous les métaux connus autres que le potassium et le sodium, et examinée dans le spectroscope, donna un spectre dans lequel ils observèrent, outre les raies du potassium et du sodium, des raies nouvelles qu'ils attribuèrent à un nouveau métal auquel ils donnèrent le nom de *rubidium*, du nom de la couleur rouge des deux raies les plus brillantes qu'ils venaient de découvrir. Ils parvinrent ensuite à isoler ce métal, dont les affinités sont plus vives que celles du potassium. Plus tard, les eaux-mères des salines de Durkheim, traitées de la même façon, donnèrent au spectroscope deux raies bleues inconnues jusqu'alors; on put de même isoler le nouveau métal correspondant, qui reçut le nom de *cæsium*. M. Crookes, de la même façon, annonça l'existence d'un nouveau métal, le *thallium*, correspondant à une raie verte très brillante. M. Lamy parvint plus tard à isoler également ce métal; MM. Reich et Richter isolèrent de même l'*indium*, correspondant à une raie indigo, et plus récemment (1875), M. Lecoq de Boisbaudran découvrait le *gallium* caractérisé par deux raies violettes.

818. — L'étude des spectres par absorption peut également être utilisée, et l'on peut reconnaître la présence de certaines substances en dissolution par la forme et la position des bandes qui se produisent dans un spectre correspondant à un faisceau de lumière blanche ayant traversé cette dissolution. C'est ainsi qu'une dissolution d'oxyhémoglobine, ou simplement de sang, dans l'eau produit deux bandes d'absorption, l'une près de la raie D, nette et sombre, l'autre plus large et plus pâle, près de la raie E; elles sont caractéristiques.

Si l'on réduit l'oxyhémoglobine, par l'action de quelques gouttes de sulfure d'ammonium, par exemple, on n'observe plus qu'une seule bande plus large que les précédentes et occupant l'espace qui était compris entre celles-ci ; cette nouvelle bande est caractéristique de l'hémoglobine réduite.

Une solution d'hématine dans l'acide acétique donne une large bande d'absorption à la place de la raie C du spectre.

La chlorophylle en dissolution donne également une bande d'absorption caractéristique, etc.

819. Explication des raies du spectre solaire. — Les diverses raies brillantes qui caractérisent les spectres des métaux ne sont pas seulement constantes en nombre et en couleur, mais, comparées au spectre solaire, on voit qu'elles occupent toujours la même position. Les observations se font en comparant, directement par juxtaposition, ou indirectement, un spectre solaire et le spectre que l'on veut étudier, dont on rapporte les bandes brillantes aux raies de Fraunhofer. Or, en faisant cette comparaison, on reconnaît que pour certains corps les bandes brillantes sont situées *exactement* comme certaines raies de Fraunhofer. Ce fait conduit à des conséquences importantes sur la composition du soleil. On admet aujourd'hui que le soleil se compose d'un noyau à température très élevée, qui donnerait un spectre continu ; mais ce noyau est entouré d'une atmosphère moins chaude et moins lumineuse, contenant des vapeurs métalliques. Les rayons émanés du noyau sont éteints s'ils correspondent à des raies qu'émettraient ces vapeurs mêmes, et, par suite, donnent des raies obscures séparant les parties lumineuses correspondant à des rayons émanés du noyau, et traversant l'atmosphère sans y être arrêtées. La comparaison des raies obscures du spectre solaire et des raies lumineuses des spectres des vapeurs métalliques a permis d'affirmer la présence dans l'atmosphère solaire de l'hydrogène, du sodium, du fer, tandis que l'or, l'argent, le mercure, etc., ne s'y trouvent certainement pas.

Toutes les raies de Fraunhofer ne sont pas expliquées de cette façon, certaines d'entre elles correspondent à l'absorption des rayons par notre atmosphère ; c'est ainsi que M. Janssen a démontré que quelques-unes sont produites par la vapeur d'eau. D'autres, enfin, n'ont pas encore une origine connue.

Le spectre des nuées, de la lune, des planètes est identique au spectre solaire, comme on devait s'y attendre. Au contraire, les étoiles, les nébuleuses, les comètes ont donné des spectres particuliers correspondant à des compositions différentes.

Disons, enfin, que l'étude des spectres a conduit tout récemment M. Janssen et M. Lockyear, chacun de son côté, à des résultats intéressants sur les protubérances visibles pendant les éclipses.

820. Emploi des raies du spectre dans la mesure des indices de réfraction. — La détermination d'un indice de réfraction s'obtient facilement en employant une lumière simple, cherchant le mininum de déviation et faisant usage de la formule que nous avons démontrée. Mais lorsque l'on emploie la lumière blanche, le prisme donne un spectre : en quel point faut-il viser pour avoir un résultat précis? Il va sans dire que l'on ne peut avoir *un* seul indice de réfraction, mais qu'il en existe un pour chaque radiation et qu'il suffit de préciser les radiations pour lesquelles on a fait les mesures. On fait la détermination pour une ou plusieurs raies bien caractérisées du spectre, ce qui revient, en somme, à chercher l'indice de rayons qui manquent dans la lumière considérée. On se sert pour cette mesure d'un *goniomètre.*

On appelle *goniomètres* des appareils fondés sur la réflexion, et qui servent principalement pour la détermination des cristaux. On en a construit de formes diverses, nous allons indiquer seulement le principe.

Un cercle divisé est rendu horizontal à l'aide de vis calantes et de niveaux à bulle d'air; il porte une alidade *o*M (*fig.* 386) mobile autour du centre, et une lunette E pouvant tourner autour du même point. A l'aide d'un peu de cire, on fixe sur l'alidade le prisme ou le cristal *oabd*, en s'assurant, par diverses opérations préliminaires, que l'arête coïncide avec le centre même, et est bien verticale.

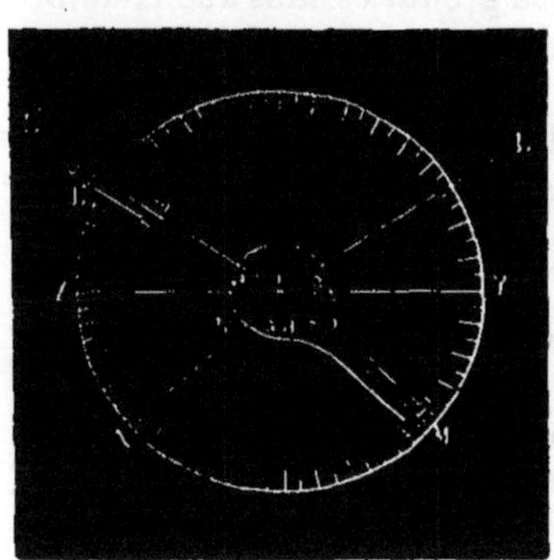

Fig. 386.

On fait arriver sur une face un faisceau de lumière, et l'on déplace la lunette, jusqu'à y recevoir le rayon réfracté; on fait alors tourner l'alidade qui porte le prisme, et on poursuit avec la lunette l'image qui se déplace. En continuant la rotation du cristal toujours dans le même sens, il arrive un instant où l'image semble revenir en sens contraire, et l'on fixe la lunette dans la position correspondante. On enlève le cristal, et on dirige la lunette dans la direction du rayon incident. L'angle δ, dont a tourné cette lunette, est l'angle de déviation minima.

Si l'on a mesuré préalablement l'angle A du prisme [1], on a par la formule générale (690 note) le moyen de déterminer l'indice de réfraction.

----

1. La détermination de l'angle du prisme se fait avec le même appareil et avant de chercher la déviation minima. Le cristal étant placé normalement au

TABLEAU DES INDICES MOYENS DE RÉFRACTION DE QUELQUES SUBSTANCES.

Chromate de plomb (max.) .	2,974	Ac. carbonique (gazeux).	1,000 449
Sulfure de carbone	1,670	Azote	1,000 300
Quartz.	1,547	Air atmosphérique. . . .	1,000 294
Alcool.	1,372	Oxygène	1,000 272
Glace	1,309	Hydrogène	1,000 138

TABLEAU DES INDICES DE RÉFRACTION DES PRINCIPALES RAIES DU SPECTRE
POUR QUELQUES SUBSTANCES.

	B	C	D	E	F	G	H
Eau à 18°	1,33095	1,33171	1.33357	1,33585	1,33780	1,34127	1,34417
Essence de térébenthine.	1,47019	1,47153	1,47443	1,47835	1,48174	1,48820	1,49387
Crown-glass. . . .	1,52431	1.52530	1,52798	1,53137	1,53434	1,53991	1,55468
Flint-glass.	1,60204	1,60380	1,60849	1,61453	1.62004	1,63077	1,64037

821. Daguerréotype ; photographie. — C'est sur ces actions chimiques de la lumière qu'était basé le *daguerréotype*, au moyen duquel Daguerre, son inventeur (1839), parvint à reproduire et à fixer sur une lame d'argent les images produites dans une chambre obscure par les objets situés en face de l'ouverture. Le procédé de Daguerre, entièrement abandonné aujourd'hui pour des causes multiples, donnait toujours des résultats certains, ce à quoi n'avait pu parvenir Niepce de Saint-Victor, qui, en 1826, était arrivé cependant à obtenir des reproductions de gravure, par l'action de la lumière sur le bitume de Judée.

La *photographie*, découverte à peu près à la même époque par M. Talbot, a fait depuis des progrès considérables, et s'est substituée peu à peu d'une manière complète au daguerréotype. Cette méthode, dans laquelle l'image est obtenue sur papier ou sur verre, exige des manipulations bien moins délicates que le daguerréotype, et présente en outre l'avantage de demander un temps bien moindre d'exposition au soleil.

Il ne nous est pas possible d'indiquer les nombreuses opérations nécessaires à la réussite d'une bonne épreuve ; nous indiquerons seulement les parties importantes, au point de vue théorique, de la méthode générale à laquelle on peut rapporter à peu près tous les procédés qui ont été publiés depuis quelques années.

plan du cercle, on tourne l'alidade et la lunette, jusqu'à ce que, par réflexion sur la face *oa*, par exemple, on voie l'image d'un objet vertical éloigné, comme une tige de paratonnerre. On fait tourner ensuite l'alidade et, par suite, le cristal, jusqu'à voir la même image, mais par réflexion sur la face contiguë *od*, et l'on mesure l'angle MoN dont on a tourné l'alidade. L'angle cherché est le supplément de MoN, comme le montre la figure, car c'est aussi l'angle dont a tourné la face *od* pour se placer sur le prolongement de *oa*.

On dépose à la surface d'une glace *parfaitement* nettoyée une couche de collodion contenant une dissolution d'un corps sensible à la lumière, l'iodure d'argent, par exemple, ce corps pouvant être mélangé de diverses autres substances propres à produire des effets déterminés. Cette opération, après laquelle la plaque se trouve recouverte d'une pellicule, dans laquelle la lumière produira des actions chimiques, doit être faite, bien entendu, dans l'obscurité, ou, tout au moins, dans une chambre à l'abri des rayons du soleil, et éclairée seulement par une bougie. La plaque, étant ainsi préparée, est introduite dans une chambre noire qui, préalablement, a été *mise au point*, c'est-à-dire dans laquelle on a déterminé la place où se forme l'image avec le plus de netteté. Sous l'influence des rayons lumineux émis par les corps voisins avec une intensité plus ou moins grande, la couche sensible est plus ou moins attaquée. Après un temps d'exposition variant suivant diverses circonstances, on enlève la plaque que l'on passe dans un bain révélateur contenant généralement de l'acide pyrogallique; puis on lave à grande eau, et l'on plonge la plaque dans une dissolution d'hyposulfite de soude destinée à enlever les substances en excès qui pourraient, par suite, réagir l'une sur l'autre et détruire l'image produite.

Cette image est dite *négative*. Les parties éclairées des objets, ayant envoyé des rayons lumineux en plus grande quantité que les parties obscures, ont produit une action plus intense et, par suite, décomposé plus fortement les sels d'argent. Le négatif, une fois fixé, peut être conservé indéfiniment, et servir à reproduire autant de positifs qu'on le désire, ainsi que nous allons l'expliquer.

On trempe la feuille de papier sur laquelle doit se produire l'épreuve, successivement dans des dissolutions de sel marin (chlorure de sodium) et de nitrate d'argent, ce qui donne naissance, dans la pâte même du papier, à du chlorure d'argent. La feuille, ainsi sensibilisée, est placée derrière le cliché négatif précédemment obtenu, et soumise à l'action de la lumière. Les rayons lumineux traversent en totalité les parties blanches du cliché, et sont arrêtés partiellement ou entièrement par les parties grises ou noires. Le maximum de décomposition et les noirs, par suite, correspondront aux blancs du cliché, il n'y aura pas d'action chimique, et le papier restera blanc derrière les noirs du cliché. L'image obtenue sur le papier est donc l'inverse de celle fixée sur le verre, et, par suite, est éclairée comme les objets eux-mêmes.

Lorsque la durée de l'action est jugée suffisante, la feuille de papier est lavée à grande eau, passée dans une dissolution d'hyposulfite de soude, qui dissout les matières en excès, et de nouveau encore lavée à grande eau : elle est alors fixée.

On comprend, d'après ce que nous avons expliqué, que ce ne sont pas seulement les parties les plus éclairées qui donnent naissance aux noirs de l'image, mais bien celles qui émettent le plus de rayons chimiques. Aussi, certains jaunes, et les bleus même clairs, donnent-ils des noirs assez foncés, ce qui trouble absolument l'harmonie de l'image, et la rend dissemblable d'aspect avec l'objet.

On voit aussi que toutes les lumières ne sont pas susceptibles d'être employées pour éclairer les objets que l'on veut reproduire photographiquement : il faut qu'elles émettent des rayons chimiques. Parmi les lumières artificielles, celle produite par la combustion du magnésium à l'air est très propre à cette action; il en est de même de la lumière produite par l'arc électrique.

822. — Les applications de la photographie se sont considérablement étendues dans ces dernière années et, sans vouloir insister sur les détails, nous devons indiquer quels ont été les principaux progrès réalisés.

Une meilleure disposition des appareils, auxquels des perfectionnements divers ont été apportés, a permis d'obtenir des images d'objets microscopiques qui ont rendu de très grands services et ont facilité la solution de quelques difficultés anatomiques. La reproduction à grande échelle par la photographie est entrée maintenant d'une manière courante comme moyen d'étude dans les sciences naturelles.

Nous dirons, mais sans insister, que, dans un autre ordre d'idées, l'astronomie utilise également les procédés photographiques, tant pour la détermination de certaines mesures que pour l'étude physique des astres.

Un progrès considérable a consisté dans la découverte de substances sensibles qui n'exigent qu'un temps de pose excessivement faible. Le gélatino-bromure d'argent permet actuellement d'obtenir des images dans un temps moindre que 0,01 ou même 0,001 de seconde. Cette intéressante propriété a été utilisée par M. Janssen pour l'étude du soleil et par M. Marey pour celle des phénomènes physiologiques de la marche, de la course, du vol, etc. Sans vouloir entrer dans les détails, on conçoit que si l'on peut prendre des images successives et très rapprochées d'un corps en mouvement, l'étude de ces images fournira des renseignements précis sur les actions des diverses parties du corps. Il a fallu construire des appareils spéciaux donnant des images correspondant à des poses de très courte durée et se succédant très rapidement. Nous ne saurions ici signaler les ressources qu'offre cet ingénieux procédé, ni les conséquences que M. Marey a déduites des expériences variées qu'il a entreprises, et nous nous bornerons à dire qu'il est arrivé à faire 60 épreuves d'un corps en mouvement en 1 seconde; par exemple, il a obtenu

25 figures représentant les positions du corps d'un homme en marche pendant la durée d'un pas.

823. Photolithographie, héliogravure. — On sait que les photographies se détériorent plus ou moins considérablement avec le temps : l'action de la lumière produit des modifications qui sont surtout notables si les lavages de l'épreuve n'ont pas été faits avec un grand soin. D'autre part, le tirage des épreuves d'après le négatif est une opération assez longue et coûteuse : pour ces deux raisons, les épreuves photographiques ne rendaient pas tous les services que l'on en pouvait attendre comme moyen de reproduction. Aujourd'hui les conditions ont changé à ce point de vue et la photographie est employée industriellement; mais on ne demande à l'action chimique des radiations que de faire une gravure, un *cliché* qui .seront utilisés par les imprimeurs, comme le seraient une planche gravée à la main, un cliché obtenu par les anciens procédés. L'emploi de la photographie assure la fidélité de la reproduction, le tirage à l'encre grasse et à la presse assure le bon marché et l'inaltérabilité.

Ces procédés sont très fréquemment employés aujourd'hui; nous ne pouvons les exposer en détail et nous indiquerons seulement le principe tel qu'il a été donné par Poitevin et qui repose sur ce fait que les matières gélatineuses, albumineuses, gommeuses mélangées de bichromate alcalin deviennent plus ou moins insolubles ou imperméables à l'eau lorsque la lumière les a frappées; l'action est proportionnelle à l'intensité lumineuse. En mettant sur une pierre lithographique une couche d'albumine bichromatée et en l'exposant à l'action de la lumière sous un négatif, on obtient une surface dont une partie seulement s'imbibe d'eau lorsqu'on la mouille et dont l'autre seulement prendra l'encre grasse, c'est-à-dire qu'on pourra se servir de cette pierre comme d'une pierre sur laquelle on aurait exécuté un dessin au crayon lithographique. Il en est de même d'une couche de gélatine bichromatée déposée sur une surface plane quelconque à laquelle elle adhère.

On peut opérer différemment : la gélatine bichromatée et ayant subi l'action de la lumière sous un cliché est placée dans l'eau froide : elle absorbe cette eau dans les parties qui n'ont pas été insolées ou qui l'ont été peu, elle se gonfle plus ou moins, reproduisant l'image du cliché en une sorte de modelage qui peut servir à donner, par divers procédés, une contre-épreuve métallique utilisable pour la typographie ou la gravure en taille-douce.

Les résultats auxquels on est parvenu par l'emploi de ces méthodes diversement modifiées sont très satisfaisants : ils sont maintenant d'un usage général.

824. Emploi industriel des radiations solaires. — C'est
du soleil indirectement que l'industrie tire l'énergie qu'elle utilise
soit sous forme calorifique, soit sous forme mécanique : les végétaux
ne peuvent croître que sous l'influence des radiations de cet astre ;
ils servent directement à la combustion et indirectement, en constituant la nourriture des herbivores qui eux-mêmes deviennent la
proie des carnivores, ils sont nécessaires à la production du travail
mécanique par les moteurs animés.

Enfin le combustible minéral industriel, la houille, est, sans
aucun doute, le résultat de l'enfouissement, dans des conditions qui
ne sont pas encore tout à fait déterminées, de végétaux des époques
géologiques antérieures.

Ne serait-il pas possible d'utiliser *directement* ces radiations solaires dont l'intensité est considérable? Dans des conditions favorables, 1 mètre carré à la surface du globe dans nos climats reçoit
du soleil 10 calories par seconde. Si dans ces conditions les corps
ne s'échauffent pas considérablement, c'est qu'ils émettent de la
chaleur d'autant plus qu'ils en ont absorbé davantage. Par un artifice indiqué par de Saussure, on peut obvier à cet inconvénient :
dans une caisse peinte en noir intérieurement, ouverte sur une face,
on place un vase rempli d'eau ; la face libre est fermée par une lame
de verre, ou mieux par plusieurs lames de verre placées à la suite, et
on dirige la caisse de manière que cette face reçoive les rayons du soleil. Au bout d'un temps assez court, l'eau entre en ébullition, ce qui
n'arrive jamais, on le sait, à de l'eau abandonnée au soleil à l'air libre.
Dans ce cas, d'abord, l'eau a été soustraite au refroidissement par
convection ou par conduction, puisque le vase est dans un espace
entièrement clos ; de plus, les lames de verre ont joué un double rôle :
d'une part, et c'est un inconvénient, elles ont arrêté la partie infrâ-
rouge du faisceau solaire, la chaleur obscure, et n'ont laissé pénétrer que la chaleur lumineuse ; mais celle-ci absorbée par l'eau était
transformée en chaleur obscure qui ne peut sortir à travers le verre ;
le refroidissement par rayonnement était supprimé. Il entre moins
de chaleur que si le vase était à l'air libre, mais il n'en sort pas.

Se basant sur cette idée et augmentant l'effet en plaçant une
chaudière entourée d'un manchon de verre dans l'axe d'un miroir
conique destiné à concentrer un faisceau plus intense, M. Mouchot s'est
proposé d'obtenir pour les usages industriels des chaudières solaires
dont la dépense serait nulle pour le chauffage. L'idée est ingénieuse
et ces appareils peuvent rendre des services dans quelques cas : ils
seront difficilement utilisés en grand à cause de l'étendue considérable qu'il faut donner aux miroirs pour obtenir des effets suffisants
pour l'industrie.

CHAPITRE VI

THÉORIE PHYSIQUE DE LA VISION.

825. De l'œil. — L'étude de la vision peut se faire à deux points de vue différents qu'il est difficile de séparer complètement : au point de vue physique et au point de vue physiologique. L'indication des phénomènes physiques qui se produisent dans la vision appartient entièrement à la Physique et est une introduction nécessaire, tant à l'étude des instruments d'optique qu'à l'étude physiologique de ce sens dont l'importance est capitale ; ces données physiques sont également nécessaires à connaître pour l'explication de certaines circonstances que l'on examine en ophtalmologie. Mais, d'autre part, il est nécessaire d'avoir quelques données physiologiques tant pour l'étude de l'œil, même au point de vue physique, que pour l'étude des instruments d'optique. Ce double point de vue explique le caractère particulier que présente ce chapitre.

L'œil est un organe globuleux, composé de milieux diversement réfringents, terminés par des surfaces courbes que nous supposerons être d'abord des portions de sphère, ayant toutes même axe. Ces milieux divers ont pour effet de faire converger les rayons incidents sur une membrane spéciale, la rétine, qui est en communication intime avec le nerf optique, et qui jouit de la propriété de donner une sensation lumineuse lorsqu'elle se trouve être le sommet d'un cône lumineux. Nous allons indiquer le nom et le rôle de chacun de ces milieux.

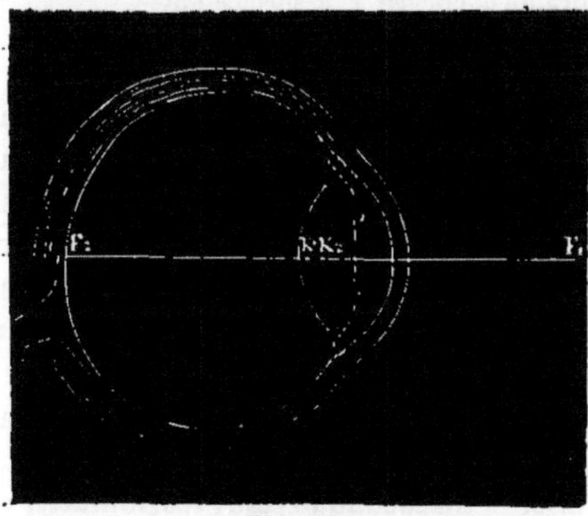

Fig. 387.

Les rayons lumineux qui arrivent sur l'œil (*fig.* 387) rencontrent d'abord une membrane extérieure, la *cornée transparente*, en forme de calotte sphérique, mais que nous pouvons considérer comme sans action sur ces rayons, parce que ses deux faces sont parallèles ; derrière la cornée transparente se trouve l'*humeur aqueuse*, remplissant l'espace compris entre celle-ci et le *cristallin*, lentille biconvexe, d'une composition spéciale sur laquelle nous reviendrons ; devant le cristallin se trouve l'*iris*, membrane opaque, percée d'une ouverture circulaire, la *pupille*, dont le diamètre peut varier, par action réflexe, sous l'influence de la lumière sur la rétine. La pupille se rétrécit sous l'influence d'une vive lumière, et s'élargit dans l'obscurité, de manière à ménager la sensibilité de la rétine, à laquelle une trop grande quantité de lumière pourrait nuire. L'espace compris derrière le cristallin jusqu'à la rétine est rempli par une matière transparente, l'*humeur vitrée*. Le globe de l'œil est en outre environné de diverses membranes qui servent à le protéger, mais qui sont sans importance au point de vue optique.

826. — L'indice de réfraction de l'humeur aqueuse est 1,336, celui de l'humeur vitrée 1,339. On peut donc admettre que le cristallin est une lentille placée entre deux milieux de même réfringence. Le cristallin n'est pas homogène, il paraît composé de couches successives, toutes plus réfringentes que les humeurs vitrée et aqueuse, et d'autant plus réfringentes qu'elles sont plus centrales. Les indices de réfraction de ces couches varient entre les limites 1,377 et 1,399.

Comme nous le dirons, l'œil peut changer quelque peu dans certaines dimensions ; lorsqu'il est au repos, on peut prendre les chiffres suivants comme représentant les valeurs moyennes des données qu'il est indispensable de connaître.

Rayon de courbure de la cornée....................	8^{mm}
Rayon de la face antérieure du cristallin..............	10
Rayon de la face postérieure du cristallin..............	6
Distance de la surface antérieure de la cornée à la surface antérieure du cristallin..............................	$3^{mm},6$
Épaisseur du cristallin............................	$3^{mm},6$

Ces diverses données permettent de calculer les éléments qui caractérisent l'œil considéré comme un système centré (724) au point de vue géométrique. On trouve ainsi que le premier foyer principal est à $13^{mm},75$ en avant de la cornée et le second foyer à $22^{mm},8$ en arrière du même point. Les deux points nodaux, situés dans le cristallin, sont respectivement à des distances de $6^{mm},97$ et $7^{mm},32$ en arrière de la cornée.

La figure 387 représente une coupe de l'œil plus grande que nature (1 fois 1/2) ; les points F_1 et F_2 représentent à l'échelle, pour un œil type, les positions du premier et du second foyers ; les points K_1 et K_2 sont les points nodaux ; en réalité, ceux-ci sont plus près de la face postérieure du cristallin et plus rapprochés entre eux que nous n'avons pu le figurer.

827. **Marche des rayons lumineux dans l'œil.** — Il est facile de se rendre compte que l'œil forme un système optique convergent : si l'on néglige en effet la cornée transparente (soit qu'on la considère comme une lame mince à faces parallèles de très petite épaisseur, soit qu'on remarque que, ayant le même indice de réfrac-

tion que l'humeur aqueuse, elle peut être considérée comme formant avec celle-ci un seul milieu, au point de vue optique), on voit que les trois dioptres successifs qui le constituent sont convergents. Considérons un rayon parallèle à l'axe tombant sur l'œil : passant de l'air, milieu moins réfringent, à l'humeur aqueuse, milieu plus réfringent, il se rapprochera de la normale au point d'incidence et par suite de l'axe de l'œil. Il irait ainsi converger au foyer principal de ce premier dioptre à 32^{mm} en arrière de la cornée; mais avant ce point il rencontrera la face antérieure du cristallin qui produira un effet analogue pour les mêmes raisons, rendra le rayon encore plus convergent et le dirigera en un point de l'axe situé à 26^{mm} en arrière de la face antérieure du cristallin. Avant ce point, il rencontrera la face postérieure du cristallin, concave, mais séparant un milieu plus réfringent du milieu suivant, moins réfringent. La convergence sera donc encore augmentée (672).

828. **Œil réduit**. — En se reportant à ce que nous avons dit des surfaces centrées et à ce que nous venons d'indiquer sur la position des éléments cardinaux de l'œil schématique, on aurait pu arriver directement à la même conclusion.

Les deux points nodaux de l'œil étant très rapprochés (724) les effets produits par le système complexe qui le compose sont sensiblement les mêmes que ceux que produirait une seule réfraction sur un dioptre unique séparant l'air d'un milieu ayant la réfringence de l'humeur vitrée. On peut calculer les éléments de cette surface et l'on a ainsi ce que l'on appelle l'œil réduit de Donders : elle est définie ainsi qu'il suit.

La surface réfringente unique qui constitue le dioptre est à 2^{mm},5 en arrière de la cornée; son rayon est de 5^{mm}; on prend l'indice de réfraction du second milieu égal à 1,33; enfin le premier foyer est à 15^{mm} en avant de la surface du dioptre et le second foyer à 20^{mm} en arrière [1].

Dans tous les cas, nous pouvons raisonner sur l'œil réduit et appliquer tous les résultats trouvés dans la discussion des dioptres 681). Le centre de la surface réfringente est le *centre optique* de l'œil.

829. — Il en résulte, en particulier, que tout point lumineux placé

1. En comptant toutes les distances à partir de la surface antérieure vraie de la cornée, on trouve les valeurs suivantes :

	OEil schématique.	OEil réduit.
1er foyer..	13^{mm},75	12^{mm},5
1er point nodal.	6 ,97	»
2e point nodal.	7 ,32	»
Centre de courbure du dioptre...	»	7 ,5
2e foyer.	22 ,8	22 ,5

plus loin de l'œil que le premier plan focal donne dans l'humeur vitrée un faisceau convergent; s'il s'agit d'un objet lumineux, et si
l'humeur vitrée se continuait indéfiniment, on serait assuré d'avoir
en un certain point une image réelle et renversée de l'objet.

Cette conclusion, que la théorie rend certaine, est d'ailleurs vérifiée par une expérience de Magendie. Il prenait l'œil d'un lapin albi-
nos, œil dans lequel la choroïde est transparente, et voyait à travers
cette membrane l'image d'une flamme placée à distance convenable.
L'image est de sens contraire à l'objet.

On a beaucoup discuté sur la question de savoir comment on
peut avoir l'idée des objets dans leur véritable position, alors que
l'œil ne donne que des images renversées. Mais ce n'est point ici la
place de discuter la cause de la perception. Il nous suffit d'avoir
montré que, conformément à la théorie, les images sont renversées
sur la rétine.

Nous nous bornerons à faire remarquer que nous ne *regardons*
pas, nous ne *voyons* pas l'*image* rétinienne ; nous en avons conscience
par suite des actions qui sont la conséquence dans le nerf optique
et dans le cerveau de l'impression produite sur la rétine, et le mécanisme de la transformation des impressions en sensations nous
est inconnu.

**830. Propriétés et constitution de la rétine. Muscle
ciliaire**. — Nous aurons à signaler, au moins rapidement, quelques-unes des propriétés physiologiques de l'œil; il en est une,
essentielle, sur laquelle nous devons insister dès à présent; c'est la
suivante.

Dans le cas d'un œil bien conformé, relié physiologiquement à
un cerveau sain, on a une sensation *précise* d'un objet extérieur,
on le voit *nettement*, lorsqu'il se produit sur la rétine une image
réelle *nette* de cet objet. Si cette image rétinienne est trouble, si
elle est produite par des cercles de diffusion, si par conséquent la
rétine n'est pas le foyer conjugué de l'objet que l'on regarde, la sensation sera elle-même vague, indécise ; on ne verra pas *nettement*
l'objet.

Il résulte de là que, laissant de côté la question physiologique,
il nous suffira de rechercher les conditions dans lesquelles l'image
réelle se fait *sur la rétine* ou non.

La rétine est formée d'éléments juxtaposés de petites dimensions,
$0^{mm},005$ environ, dont chacun paraît être l'extrémité d'un filet nerveux. Il semble que chacun de ces éléments anatomiques peut donner
une sensation distincte dès que son activité est mise en jeu; la sensation d'un objet vu est la résultante des sensations provenant de
la mise en activité de tous les éléments anatomiques sur lesquels

s'étend l'image réelle formée sur la rétine par l'appareil dioptrique de l'œil.

Nous ajouterons que l'on trouve dans l'œil un muscle, le *muscle ciliaire*, dont l'action est de presser circulairement sur le bord du cristallin et de tendre à le déformer, comme nous le dirons plus loin. Lorsque ce muscle n'agit pas, nous dirons que l'œil est au repos ; c'est alors qu'il présente les dimensions que nous avons données précédemment.

Ce muscle entre en action sans que nous en ayons conscience, et son effet, comme nous l'expliquerons, est de tendre à amener sur la rétine une image réelle qui, sans cette action, se formerait en arrière.

Ajoutons encore que, sous certaines influences, notamment sous l'influence de la belladone ou de l'alcaloïde qui en est extrait, l'atropine, le muscle ciliaire est paralysé ; son action ne peut se produire.

831. De l'emmétropie. — Ainsi que nous venons de le dire, l'œil étant un appareil optique convergent, on voit que les faisceaux lumineux émanés d'un objet situé plus loin de l'œil que le premier plan focal (et c'est le seul cas que l'on ait effectivement à considérer) sont rendus convergents à la sortie du cristallin dans l'humeur vitrée ; que, par suite, si cette substance était continuée indéfiniment, il se produirait, à une distance indiquée par la formule ou par la construction géométrique, une image réelle et renversée. Si, particulièrement, l'objet considéré était placé à l'infini ou à une distance assez grande pour pouvoir être pratiquement considérée comme infinie, l'image correspondante se ferait dans le second plan focal.

Il existe des yeux dont les dimensions sont telles que la rétine coïncide précisément avec ce second plan focal, l'action du muscle ciliaire sur le cristallin étant nulle, le cristallin étant à l'état de repos, suivant l'expression consacrée. Un œil qui satisfait à cette condition est dit *œil emmétrope*.

D'après ce que nous avons dit ci-dessus (830), un œil emmétrope voit donc nettement un objet situé à l'infini quand le cristallin est à l'état de repos.

On peut déduire de cette définition une propriété de l'œil emmétrope, propriété évidente par suite de la reversibilité de la marche des rayons lumineux et dont la connaissance est utile dans quelques circonstances.

Un point lumineux étant placé sur la rétine d'un œil emmétrope donnerait naissance à la sortie de la cornée à un faisceau parallèle.

On en déduirait aussi, par conséquent, que :

Dans l'œil emmétrope, la rétine considérée comme objet lumineux donnerait une image située à l'infini.

Ces deux propriétés pourraient, à volonté, être prises comme définition de l'emmétropie, mais seraient moins directes que celle que nous avons donnée.

832. — Étant donné un œil emmétrope à l'état de repos devant lequel on place un objet lumineux qui, de l'infini, se rapproche de plus en plus de l'œil, on sait que l'image, se déplaçant dans le même sens que l'objet, tendrait à se former à une distance de plus en plus grande du cristallin, c'est-à-dire à une distance plus grande que celle à laquelle se trouve la rétine. Cette membrane coupera alors les faisceaux lumineux qui existent dans l'humeur vitrée suivant des cercles de diffusion et, par suite, l'image lumineuse qui s'y formera ne sera pas nette, la vision ne sera pas distincte. Les cercles de diffusion seront d'autant plus grands, l'image lumineuse sera d'autant moins nette, la vision, par suite, sera d'autant moins distincte que l'image tendrait à se former plus loin derrière la rétine, que l'objet serait plus rapproché de l'œil.

Il résulte de là, par conséquent, que dans l'état de repos que nous avons considéré l'œil emmétrope ne peut voir distinctement que les objets situés à l'infini, ou tout au moins situés à une très grande distance.

L'expérience montre que dans les conditions ordinaires un œil emmétrope voit non seulement à l'infini, mais qu'il peut voir distinctement des objets situés à une distance même assez faible. Il faut rechercher dans quelles conditions peut se produire cette vision distincte pour des objets rapprochés, c'est-à-dire comment il peut se faire sur la rétine une image absolument nette, ou au moins une image correspondant à des cercles de diffusion assez petits pour que leur effet physiologique soit sensiblement le même que si ces cercles étaient réduits à un point unique.

833. — Les faisceaux qui vont former leur foyer dans l'œil sont nécessairement des faisceaux limités, leurs dimensions étant déterminées par le diamètre de la pupille. Ce diamètre, dans les conditions ordinaires moyennes, peut être évalué à 4^{mm}; connaissant ce diamètre et calculant par la formule des lentilles (708, note) la distance à laquelle l'image d'un point situé devant l'œil se fait derrière la rétine, la considération de triangles semblables permet de déterminer le diamètre des cercles de diffusion qui sont produits sur la rétine. On obtient ainsi les résultats suivants :

Distance du point lumineux. . . .	65^m	25	15	6	$1^m,5$
Distance de l'image à la rétine. .	$0^{mm},005$	0,012	0,022	0,050	$0^{mm},200$
Diamètre des cercles de diffusion.	$0^{mm},0011$	0,0027	0,0049	0,0112	$0^{mm},044$

On voit que tant que le point lumineux est à une distance de l'œil supérieure à 15^m, le diamètre des cercles de diffusion est inférieur à 0^{mm},005; dans ces conditions, chaque cercle de diffusion peut ne produire d'impression que sur un élément anatomique et par suite donner naissance au même effet que s'il y avait, non un cercle de diffusion, mais un *point*. Ceci revient à dire que l'œil, qui est susceptible de voir à l'infini, comme nous venons de le dire, voit distinctement aussi à 15^m.

Mais l'expérience prouve que l'on peut voir nettement avec un œil emmétrope non seulement à 15^m, mais à des distances 10 fois, 100 fois plus petites même; dans ces conditions, pour que les cercles de diffusion conservassent le même diamètre il faudrait que l'ouverture de la pupille devînt 10 fois, 100 fois plus petite. Or l'observation montre que si les dimensions de la pupille peuvent varier entre certaines limites, celle-ci n'atteint pas le degré de rétrécissement qui serait nécessaire pour que la vision restât distincte à 1^m,50 ou même à 0^m,15. Il faut donc avoir recours à d'autres considérations pour expliquer les faits observés.

834. — On peut d'ailleurs reconnaître que les résultats auxquels conduit la théorie sont exacts : on place devant l'œil une feuille opaque percée d'une très petite ouverture, d'un trou d'épingle, et l'on reconnaît que l'objet que l'on regarde peut être rapproché très près de l'œil (celui-ci ne subissant aucun changement). Les faisceaux étant ainsi diminués dans leurs dimensions transversales, il en sera de même du diamètre des cercles de diffusion, ce qui permettra d'avoir sur la rétine une image assez nette pour que la vision soit distincte.

Mais, nous le répétons, les variations normales de la pupille ne sont pas suffisantes pour expliquer l'existence de la vision distincte à des distances très variées. D'ailleurs cette explication exigerait que l'œil qui pourrait voir, grâce à cette modification, un objet rapproché devrait voir, à plus forte raison, un objet plus éloigné pour lequel chacun des cercles de diffusion est moindre. Or des expériences diverses, dont le détail ressortit plutôt à la physiologie (l'expérience de Scheiner notamment), montrent que l'on ne peut voir *simultanément* d'une manière distincte des objets placés à des distances différentes. Il faut qu'il y ait dans l'œil des modifications qui changent avec la distance à laquelle se trouve l'objet que l'on regarde. Ces modifications ont nécessairement pour effet d'amener sur la rétine (ou tout au moins à une très petite distance de celle-ci) les images réelles des objets regardés.

Tout concourt à prouver que la longueur de l'axe antéropostérieur de l'œil ne change pas, que la rétine ne s'écarte pas sensiblement de sa position normale, et ne peut pas venir se placer successivement aux diverses positions où se feraient les images d'objets placés à diverses distances si l'appareil optique de l'œil ne subissait aucune modification. Il faut donc, de toute nécessité, que ce soit cet appareil optique dont la distance focale varie avec la position de l'objet, de manière à ce que l'image de celui-ci se fasse toujours sensiblement sur la rétine. Cette propriété dont jouit l'appareil optique de posséder des distances focales variant dans certaines conditions constitue ce que l'on appelle l'*adaptation* ou *accommodation*.

835. Accommodation. — La distance focale d'un système optique dépend à la fois de la courbure des surfaces qui séparent les milieux diversement réfringents et de la réfringence de ceux-ci. Il est bien évident que l'on ne peut imaginer que les milieux de l'œil subissent d'un instant à l'autre des modifications de réfringence : c'est donc nécessairement par des changements de courbure que doit se produire l'accommodation.

L'observation directe montre bien, en effet, que lorsqu'un individu regarde des objets situés successivement à diverses distances, des changements se manifestent dans la forme des surfaces cristalliniennes.

C'est Thomas Young qui, le premier, émit l'opinion que la faculté d'accommodation est liée à des variations de courbure du cristallin; mais c'est à Cramer et à Helmholtz que l'on doit des démonstrations rigoureuses de ce fait et des mesures précises sur la grandeur des variations; les unes et les autres reposent sur l'étude des images de Purkinje, dont nous allons nous occuper.

Lorsque l'on se place en face d'une personne dont les pupilles sont un peu dilatées, et que l'on éclaire par une flamme placée sur le côté, on distingue dans son œil trois images de la flamme, deux images droites et une image renversée. La première image droite *a* est due à la réflexion sur la surface antérieure de la cornée. La deuxième image *b*, également droite et plus grande que la précédente, est produite par la face antérieure du cristallin; la troisième image *c* est renversée, plus petite et plus lumineuse que les précédentes, et est produite par la réflexion sur la face postérieure du cristallin. En observant attentivement ces images pendant que la personne dont on étudie l'œil cherche à voir des objets situés à différentes distances, on reconnaît des variations dans les grandeurs et les positions relatives de ces images. Ainsi si l'œil observé regarde d'abord des objets éloignés, puis des points rapprochés, on voit que : 1º l'image *a* de la cornée ne subit aucun changement de grandeur ni de position; 2º l'image *b* se rétrécit et se rapproche de la précédente; 3° l'image *c* se rétrécit aussi, mais très peu, et s'éloigne un peu de l'image *a*.

Cette expérience permet de conclure d'abord que la courbure de la cornée ne change pas, puisque l'image à laquelle elle donne naissance ne varie pas. D'après ce que nous avons vu sur les grandeurs des images (651), l'image diminue en même temps que la distance focale, si la distance de l'objet au miroir reste constante, ce qui est à peu près le cas ici, car le déplacement du cristallin, s'il y en a un, ne peut être que très faible ; la distance focale de la face antérieure du cristallin, considérée comme surface réfléchissante, diminue, il en est donc de même du rayon de courbure; il en est de même aussi de la face postérieure, mais l'effet, moindre d'ailleurs, est légèrement modifié par les changements dus à la réfraction par la face antérieure. En étudiant d'une façon analogue les déplacements des mêmes images, on reconnaît que la face antérieure, en même temps qu'elle change de courbure, est projetée en avant, tandis que la face postérieure n'éprouve pas de déplacement, mais seulement un changement de forme.

836. — Les expériences se font facilement de la manière suivante. Un microscope, placé horizontalement, permet à l'observateur de voir distinctement les images formées, et un réticule permet d'apprécier leurs dimensions et de mesurer leurs distances respectives; la lumière dont l'image se reflète est d'ailleurs placée latéralement. Si l'on opère dans une chambre obscure, ce qui est avantageux à tous égards, on a intérêt à prendre pour source de lumière une petite ouverture carrée percée dans l'une des parois. Les mesures sont facilitées notablement par la forme régulière des images. On effectue les mesures pendant que l'œil observé est disposé pour voir distinctement un point très éloigné, c'est-à-dire se trouve dans un état d'accommodation nulle s'il est emmétrope; puis on recommence, en faisant regarder un objet très rapproché et, par suite, pendant le maximum d'accommodation.

M. Helmholtz, par des mesures précises, a reconnu que le rayon de courbure de la surface antérieure du cristallin peut varier de $11^{mm},9$ pour la vision à grande distance jusqu'à $8^{mm},6$ pour la vision d'un objet rapproché; que, sur le même individu, le déplacement en avant de la face antérieure était de $0^{mm},44$.

On reconnaît également que la pupille diminue de diamètre pour la vision rapprochée; mais cette remarque ne présente pas pour nous une grande importance. Nous n'avons pas à nous occuper davantage de cette modification qui cependant contribue pour une part à diminuer l'étendue des cercles de diffusion.

837. — Les éléments optiques de l'œil accommodé se trouvent

nécessairement modifiés : il en est de même par conséquent de l'œil schématique et de l'œil réduit. La surface qui limite cet œil réduit doit avoir un rayon de courbure d'autant plus petit que l'accommodation est plus considérable [1].

L'accommodation, dont la valeur est variable, rend l'œil plus convergent que lorsque le muscle ciliaire n'agit pas. On peut imaginer que l'effet est le même que si, à l'œil au repos, on venait adapter, au contact, une lentille convergente convenablement choisie, puisque l'on sait que dans ces conditions (729) la *puissance* optique du système est la somme des puissances optiques des lentilles qui le composent. A chaque instant donc, l'accommodation pourra être caractérisée par cette lentille supplémentaire; et la puissance de cette lentille, évaluée en dioptries (720), mesure la valeur de l'accommodation à l'instant considéré.

838. Du punctum proximum. — Le changement de courbure que nous venons de signaler, l'accommodation est un phénomène dans lequel le cristallin subit une action de déformation due à la mise en activité du muscle ciliaire. Nous devons ici nous borner à dire que, en vertu de son élasticité, le cristallin reprend sa position de repos, celle qui correspond à la plus grande distance focale, lorsque le muscle ciliaire cesse d'agir.

En résumant ce qui précède, nous pouvons donc dire que par l'accommodation la distance focale de l'œil est diminuée et que, par suite, il peut se faire sur la rétine des images nettes d'objets d'autant plus rapprochés que l'accommodation est plus considérable.

Mais l'action du muscle ciliaire, comme celle de tous les mus-
cles, a une limite et il y a une distance focale minima qui ne peut être dépassée. Lorsque l'œil est dans cet état, l'image d'un objet situé à l'infini se fait en avant de la rétine (puis-

Fi 388.

que la rétine coïncide avec le plan focal lorsque l'œil n'est pas accommodé et que la distance focale a diminué quand l'accom-

1. Dans quelques-unes des figures qui ont rapport à la vision, afin de montrer plus nettement l'influence de l'accommodation, chaque dessin indique la marche des rayons dans deux cas distincts. La moitié supérieure, où le cristallin est représenté par la lettre A, correspond au cas d'*une accommodation nulle;* la moitié inférieure, distinguée par la lettre B au cristallin, indique l'effet produit dans le cas du *maximum d'accommodation.*

modation s'est produite). Mais, par contre, il y a nécessairement
une distance à laquelle un objet forme son image sur la rétine : en
effet, dans un système optique, lorsqu'un objet se déplace de l'infini
jusqu'au premier plan focal, l'image se déplace dans le même sens
du second plan focal jusqu'à l'infini. Ici le second plan focal étant
avant la rétine, l'image réelle se formera nécessairement sur cette
membrane pour une certaine position de l'objet située plus loin que
le premier plan focal (nous avons dit d'ailleurs que, en réalité, les
objets que l'on regarde sont toujours plus loin que le premier plan
focal). Le point ainsi déterminé, qui est le foyer conjugué de la
rétine lorsque l'œil est au maximum d'accommodation, est ce que
l'on appelle le *punctum proximum* de l'œil.

Il résulte de tout ce que nous venons de dire qu'un œil emmétrope peut voir distinctement, grâce à l'accommodation, tout objet
placé entre l'infini et le *punctum proximum* : c'est là ce qui constitue
l'étendue de la vision distincte. La distance dite de la *vision distincte* n'existe donc pas, mais il existe une *distance minima de la
vision distincte.*

839. Grandeur des images rétiniennes. — De ce que
l'on peut voir *distinctement* avec un œil emmétrope tout objet placé
entre l'infini et le *punctum proximum*, cela ne veut pas dire que
pour le regarder, pour en étudier les détails il soit indifférent de le
placer à une distance quelconque comprise entre ces deux limites.

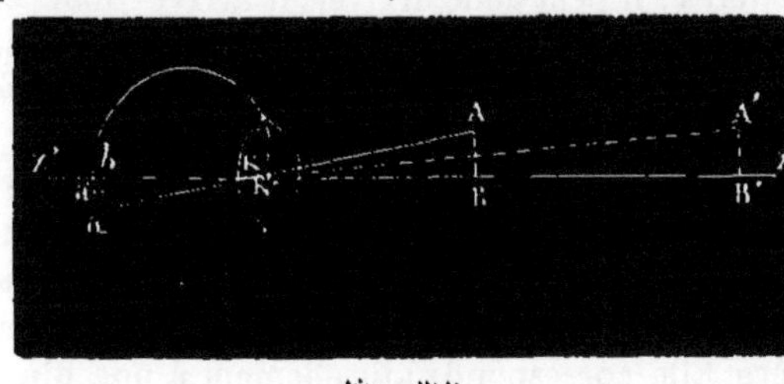

Fig. 350.

Sans vouloir empiéter sur la physiologie, on peut facilement comprendre, d'après ce que nous avons dit plus haut (830), que nous distinguons un nombre de détails d'autant plus considérable dans un objet que son image rétinienne est plus grande, puisqu'un plus grand nombre d'éléments anatomiques entrent en activité et que chacun d'eux peut donner une sensation distincte. Nous sommes donc conduits par là à rechercher de quoi dépend la grandeur d'une image rétinienne.

Si l'objet étant en AB, l'œil peut être accommodé pour cette
distance, c'est-à-dire que l'image se fasse exactement en *ab* sur
la rétine, on a immédiatement par les triangles semblables AKB
et *aKb*

$$\frac{ab}{AB} = \frac{Kb}{BK}$$

et, par suite,

$$ab = Kb \cdot \frac{AB}{KB}$$

Pour un même œil, Kb est constant, au moins sensiblement. On voit alors que ab dépend du rapport $\frac{AB}{KB}$: ce rapport de la grandeur de l'objet à la distance à laquelle il se trouve de l'œil est ce que l'on nomme le *diamètre apparent* de l objet ; on dit aussi que c'est *l'angle sous lequel on voit l'objet*.

Il résulte de là que pour un même objet le diamètre apparent et par suite l'image rétinienne sont d'autant plus considérables que l'objet est plus rapproché de l'œil. Il y aura donc intérêt pour voir les détails d'un objet à le rapprocher de l'œil le plus possible, mais à la condition, bien entendu, que l'image ne cessera pas de se faire sur la rétine exactement. Ces deux conditions impliquent nécessairement que l'objet sera alors placé au *punctum proximum*.

Cela ne veut pas dire que ce soit toujours en ce point que l'on place l'objet que l'on veut regarder : d'autres conditions peuvent intervenir, comme par exemple la nécessité d'embrasser d'un seul coup d'œil une étendue un peu considérable. Dans certains cas, d'ailleurs, comme il arrive pour la lecture, on ne cherche pas à voir le plus de détails, mais seulement à en voir assez pour reconnaître les caractères : il peut donc arriver, il arrive donc en général que l'on ne place pas au *punctum proximum* l'objet que l'on regarde. Mais il n'en est pas moins certain que c'est là où *il faut* le placer pour en distinguer le plus de détails.

840. — La position du *punctum proximum* n'a rien de fixe : elle varie d'un individu à l'autre et, pour un même individu, avec l'âge. On peut dire, d'une manière générale, que le *punctum proximum* s'éloigne à mesure que l'on devient plus âgé : la progression est assez régulière. Elle correspond naturellement à une diminution dans l'action du muscle ciliaire dont la puissance s'affaiblit peu à peu.

Lorsque le *punctum proximum* s'éloigne, il en résulte que la grandeur de l'image rétinienne la plus considérable que l'on puisse obtenir diminue et que, par suite, on voit moins de détails, ce qui peut être un inconvénient.

Mais, d'autre part, le *punctum proximum* s'éloignant, il faut écarter de plus en plus de l'œil l'objet que l'on regarde : il peut arriver une diminution de l'accommodation telle que l'on ne puisse plus ramener sur la rétine l'image d'un objet porté au bout du bras. Il en résulte évidemment une gêne notable qui, d'ailleurs, se fait sentir avant que l'on arrive à cette limite. On a donné le nom de *pres-*

bytie ou *presbyopie* à l'état de l'œil dans lequel la puissance de l'accommodation est assez affaiblie pour que le *punctum proximum* soit à une distance gênante dans la vie journalière.

On voit dès lors que la presbytie n'est pas définie d'une manière absolue et qu'il y a un certain vague provenant de ce que, en effet, la limite à laquelle l'éloignement du *punctum proximum* devient gênant ne saurait être fixe et dépend des conditions d'étude, d'occupation, de métier, etc.

841. Des amétropies sphériques. — Tous les yeux ne sont pas emmétropes (831) ; il n'existe pas toujours entre les dimensions du globe oculaire, d'une part, la réfringence des milieux et les courbures des surfaces qui les limitent, d'autre part, une relation qui fasse coïncider le second plan focal avec la rétine lorsque l'œil n'est pas accommodé. On conçoit dès lors que deux cas distincts peuvent se présenter lorsque cette coïncidence n'existera pas : le plan focal sera compris entre le cristallin et la rétine ; — le plan focal sera derrière la rétine. Ces deux états de l'œil constituent ce que l'on appelle respectivement la *myopie* ou *brachymétropie* et l'*hypermétropie*.

De ces caractères qui définissent les deux états d'*amétropie sphérique*, on peut déduire des propriétés qu'il est indispensable de connaître.

842. Myopie. — Lorsque le plan focal est devant la rétine, l'axe de l'œil étant trop long relativement à la convergence du système optique, l'image d'un objet placé à l'infini se faisant devant la rétine, celle-ci sera coupée par des cercles de diffusion, la vision ne sera pas nette.

L'accommodation, qui augmente la convergence, rapprocherait l'image du cristallin et rendrait la vision encore moins nette : un œil myope ne peut donc *jamais* voir nettement à l'infini.

Mais si l'on rapproche l'objet de l'œil non accommodé, l'image, se déplaçant dans le même sens, s'éloigne du cristallin, se rapproche de la rétine et, pour une distance convenablement choisie, cette image se fait sur la rétine : on voit nettement l'objet. Le point auquel l'œil myope, non accommodé, voit nettement un objet est dit le *punctum remotissimum* ou plus ordinairement le *punctum remotum*.

On peut déduire de là deux propriétés de l'œil myope qui sont intéressantes et qui en découlent par reversibilité :

Un point de la rétine d'un œil myope non accommodé étant supposé lumineux donnerait naissance à la sortie de l'œil à un faisceau convergent ;

La rétine d'un œil myope non accommodé considérée comme

un objet lumineux a son image au *punctum remotum* (ou bien encore la rétine et le *punctum remotum* sont deux foyers conjugués).

Si à partir du punctum remotum on rapproche l'objet, l'image cessera d'être nette si l'œil ne s'accommode pas. Il devra donc s'accommoder pour voir à des distances diverses et nous retombons alors sur les remarques que nous avons faites pour l'œil emmétrope.

En résumé, l'œil myope voit les objets situés dans l'espace compris entre le *punctum remotum* (accommodation nulle) et le *punctum proximum* (maximum d'accommodation).

843. Hypermétropie. — Lorsque le plan focal est derrière la rétine, l'axe de l'œil étant trop court relativement à la convergence du système optique, l'image d'un objet situé à l'infini tendant à se faire derrière la rétine, celle-ci sera coupée suivant des cercles de diffusion, la vision ne sera pas nette.

Si l'on rapprochait l'objet, sans que l'accommodation intervînt, l'image se déplaçant dans le même sens s'éloignera de plus en plus du cristallin et de la rétine, elle sera de moins en moins nette. Quelle que soit la distance, un œil hypermétrope ne peut jamais voir nettement un objet sans accommodation.

Un œil hypermétrope pourrait bien avoir une image nette qui correspondrait à des faisceaux incidents convergents. Mais nous savons qu'aucun objet n'émet de semblables faisceaux, il n'y a donc pas à s'en occuper pour l'étude de la vision des objets, au point de vue pratique. On peut cependant caractériser l'hypermétropie par le degré de convergence du faisceau incident qui donnerait ainsi une image nette sur la rétine, ou par la position du sommet de ce faisceau incident convergent. Ce sommet situé derrière la rétine sera ce que nous avons appelé un *point lumineux virtuel ;* c'est le foyer conjugué de la rétine pour l'œil non accommodé. Par analogie, on désigne aussi ce point sous le nom de *punctum remotum*, mais ce n'est qu'un point lumineux virtuel.

Il résulte encore de là que si l'un des points de la rétine d'un œil hypermétrope non accommodé était supposé lumineux, il donnerait naissance à la sortie de l'œil à un faisceau divergent.

Ou bien encore, que l'image de la rétine supposée lumineuse dans le cas d'un œil hypermétrope non accommodé est *virtuelle :* elle correspond précisément au *punctum remotum* virtuel que nous venons de signaler.

Revenons au cas où l'objet est à l'infini et supposons que l'œil s'accommode ; la convergence du système augmentant, l'image se rapprochera du cristallin et, par suite, de la rétine. Si donc l'hypermétropie n'est pas trop considérable et si l'accommodation est suffisante, il arrivera un état de l'œil pour lequel l'image sera sur la rétine : on verra nettement l'objet à l'infini.

Si alors on rapproche l'objet de l'œil, pour conserver la vision nette, il faudra augmenter l'accommodation, comme il a été dit d'une manière générale. Mais on arrivera de même à un *punctum proximum* correspondant à un maximum d'accommodation.

En résumé, l'œil hypermétrope voit nettement les objets situés depuis l'infini (à l'aide d'un certain degré d'accommodation) jusqu'au *punctum proximum* (maximum d'accommodation).

844. — On peut comparer, au point de vue optique, un œil myope (ou un œil hypermétrope) à un œil emmétrope au contact duquel on aurait placé une lentille convergente (ou divergente) ayant pour effet d'amener le deuxième foyer principal à la distance où il est réellement. La puissance de cette lentille additionnelle supposée, puissance évaluée en dioptries, donne la valeur de la myopie (ou de l'hypermétropie).

On conçoit immédiatement que si l'on plaçait devant l'œil myope une lentille divergente (ou devant l'œil hypermétrope une lentille convergente) ayant précisément le même *numéro* (720), on détruirait l'effet de cette lentille additionnelle supposée et que l'on ramènerait ces yeux à l'emmétropie.

845. — Il importe de remarquer qu'il n'y aucune relation nécessaire entre le degré de myopie ou d'hypermétropie d'un œil et la position de son *punctum proximum*. Cependant on peut dire que, en général, ce point est plus près de l'œil chez les myopes que chez les hypermétropes; que ceux-ci sont plus souvent et plus tôt presbytes que ceux-là. Mais ce n'est pas *nécessaire*.

Ajoutons que, bien que cela soit contraire aux idées qui ont cours vulgairement, il résulte des définitions qu'il n'y a aucune opposition entre la *myopie* et la *presbytie;* autrement dit, qu'un myope peut en même temps être presbyte.

846. Emploi des besicles. — On peut, par l'emploi des lentilles interposées devant les yeux, sous le nom de *besicles* ou *lunettes*, corriger les défauts que nous venons de signaler. Il est facile de comprendre que ces lentilles, en modifiant le degré de divergence des rayons qui arrivent sur l'œil, permettent au foyer de se produire exactement sur la rétine. Nous allons indiquer les principaux cas qui peuvent se présenter.

S'il s'agit d'un œil myope, on le ramènera à l'emmétropie par l'emploi d'une lentille biconcave convenable (*fig.* 390). L'effet de cette lentille sera de transformer les rayons incidents parallèles en rayons divergents qui, pour une certaine distance focale, auront la même divergence que s'ils émanaient du *punctum remotum r* et par suite auront leur foyer sur la rétine sans accommodation. Par contre, l'effet de cette même lentille est de reculer également en p' le *punc-*

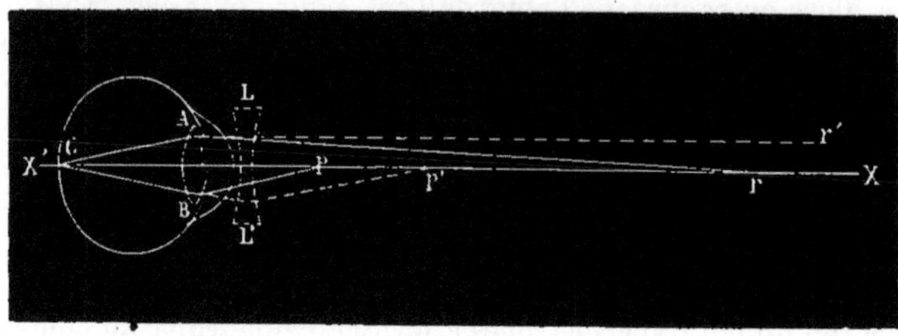

Fig. 390.

tum proximum p, ce qui est plutôt un inconvénient, ear alors l'image rétinienne est plus petite (839).

On voit aisément que la lentille devant transformer un faisceau parallèle en un faisceau divergent ayant son sommet en r, son foyer (virtuel dans ce cas) devra se trouver en ce point; ce qui définit le numéro du verre à employer.

Dans le cas de l'hypermétropie, l'emploi des besicles n'est pas né-cessaire pour voir à grande distance; mais il est avanta-geux parce qu'il sup-prime la fatigue de l'accommodation. Il faut alors employer une lentille conver-gente (*fig.* 391); cette lentille donnera aux

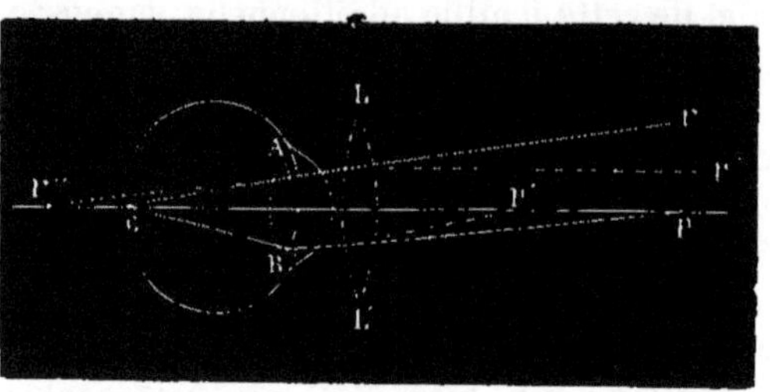

Fig. 391.

rayons incidents parallèles le degré de convergence qui correspond à l'accommodation nulle, si elle a été convenablement choisie; mais, dans ce cas, elle approchera le *punctum proximum* et facilitera en même temps la vision à courte distance.

On reconnaît aisément que la lentille qui convient dans le cas d'un œil hypermétrope donné est celle dont le foyer coïncide avec le *punctum remotum* (virtuel) de l'œil : elle est donc bien déter-minée.

Il est souvent nécessaire de corriger la presbytie. Dans ce cas, la lentille choisie doit être déterminée, non pour permettre la vision à grande distance, mais pour rendre possible celle des objets rap-prochés; il faut alors que la lentille soit telle qu'elle fasse arriver à l'œil les rayons plus convergents qu'ils ne seraient directement : c'est donc une lentille convexe qu'il faut employer.

Rien dans ce cas ne fixe le numéro du verre à choisir : la lentille agit alors comme une loupe (866). Si l'œil est emmétrope, il ne devra se servir de ces besicles que pour les objets rapprochés ; s'il est hypermétrope, elles peuvent être choisies de manière à servir également pour la vision à l'infini. Si enfin la presbytie se compliquait de myopie, il faudrait un verre convexe pour la vision rapprochée et un verre concave pour la vision à grande distance.

847. Aberration de sphéricité de l'œil. — Ce n'est que parce que nous avons supposé dans les lentilles de très petites amplitudes, que nous avons pu considérer l'image d'un point lumineux comme étant un seul point lumineux. Lorsque l'amplitude dépasse 5 à 6° les rayons émergents se rencontrent en des points différents de l'axe, le foyer des rayons centraux étant plus éloigné que celui des rayons marginaux. L'amplitude de la partie utile de l'œil varie entre 12 et 23°. On devrait donc trouver une notable aberration de sphéricité qui se traduirait par un manque de netteté dans les images à quelque distance que fût l'objet ; l'expérience prouve qu'il n'en est rien, et que l'aberration est au moins très faible ; cela tient à la composition spéciale du cristallin, dont les bords sont moins réfringents que le centre, et dont les rayons marginaux rencontrent l'axe, par suite, plus loin que si la lentille avait partout l'indice de réfraction du centre ; il peut y avoir compensation exacte, et les rayons arrivant en un point quelconque du cristallin peuvent avoir un foyer unique. Volkmann a prouvé, cependant, que cette compensation n'existe pas absolument en général ; mais, en tout cas, l'aberration est faible et on peut négliger ce défaut dans une étude physique sommaire.

848. Astigmatisme. — L'œil est loin de toujours présenter la symétrie absolue que nous lui avons supposée dans l'exposition générale des phénomènes de la vision ; nous avons considéré toutes les surfaces réfringentes sur lesquelles les rayons lumineux se brisent, comme étant de révolution autour d'un même axe : cette condition est loin d'être remplie, du moins pour la plupart des yeux. Il en résulte des effets particuliers que nous allons indiquer, et qui ont été signalés pour la première fois par Young (1801).

Si l'on regarde, à une distance pour laquelle la vision générale soit nette, une figure formée de lignes passant toutes en un même point, et également inclinées l'une sur l'autre, de 15°, par exemple, on reconnaîtra, en général, que toutes ne seront pas vues avec la même netteté ; l'une d'elles sera bien distincte, et les autres le seront de moins en moins, à mesure qu'elles s'en éloigneront ; si, par un changement d'accommodation, on parvient à voir distinctement une ligne qui précédemment semblait peu nette, on aura cessé de voir avec netteté la ligne qui précédemment était la plus distincte. Il résulte de cette expérience et de plusieurs autres analogues que, pour un même degré d'accommodation, les images des différentes lignes ne se font pas toutes sur la rétine, mais que, le plus souvent, cela n'a lieu que pour une seule direction. On reconnaît, en variant le mode d'observation, que, en général, la plus grande différence de netteté correspond à deux directions rectangulaires.

On explique ce phénomène, en remarquant que si l'une des surfaces réfringentes présente des courbures différentes dans ses différents *méridiens* (sections planes passant par l'axe de l'œil), pour chacune de ces sections la distance focale aura une valeur particulière, et que, pour un même degré d'accommodation, la distance de la vision nette d'un point dépendrait du méridien que l'on considérerait.

849. — Il importe d'ailleurs d'examiner la question de plus près en nous bornant au cas où les surfaces réfringentes, sans être de révolution, sont cependant régulières et ne présentent pas des formes bizarres comme il en résulte de blessures ou de brûlures.

Sans nous arrêter à rechercher quelle est celle des trois surfaces réfringentes qui est le plus souvent affectée d'astigmatisme, nous considérerons l'œil réduit à une seule surface réfringente (828). On démontre en géométrie que des surfaces définies *de petite étendue*, dans lesquelles les méridiens n'ont pas la même courbure, présentent une certaine régularité dans la variation de courbure et que, notamment, les méridiens de courbure maxima et de courbure minima sont à angle droit : cette propriété correspond au fait que nous citions précédemment de la plus grande différence de netteté dans deux directions rectangulaires.

Plusieurs géomètres, Sturm entre autres, ont étudié la réfraction dans le cas d'une surface de ce genre ; nous nous bornerons à faire comprendre ce qui doit arriver, en nous appuyant sur ce que nous avons dit précédemment.

Considérons un dioptre régulier, une surface sphérique réfringente, comme celle qui limite l'œil réduit, et supposons que nous placions au contact une lentille cylindrique (721). Le système ainsi formé constituera au point de vue optique un ensemble analogue à une surface astigmatique. Si l'on étudie les divers méridiens de ce système on reconnaît aisément : 1° que dans le méridien parallèle aux génératrices du cylindre, la lentille n'intervient pas pour modifier la convergence : elle agit comme lame à faces parallèles, l'effet est le même que si la surface agissait seule avec sa courbure normale ; 2° que dans le méridien perpendiculaire aux génératrices du cylindre, la réfringence est produite par la section courbe du cylindre ajoutée à la section de la surface (si la lentille cylindrique était divergente, il faudrait retrancher et non ajouter) : la puissance du système dans ce plan sera la somme des puissances de la surface et de la section droite de la lentille cylindrique, le tout évalué en dioptries ; enfin, 3° dans tout autre plan un effet analogue se produira, mais il sera moindre, parce que, comme nous l'avons dit, la courbure et, par conséquent, la puissance des sections obliques du cylindre sont moindres que celles de la section droite et sont d'autant moindres qu'on s'écarte davantage de celle-ci.

Le système complexe que nous considérons a donc un méridien de puissance minima, un méridien de puissance maxima perpendiculaire au précédent, et entre ces deux méridiens principaux des méridiens dont la puissance varie continuement. C'est bien le même effet que dans la surface astigmatique que nous considérions précédemment, puisque dans chaque méridien la puissance est définie par la courbure.

850. — On conçoit dès lors que lorsqu'un faisceau homocentrique (conique ou cylindrique) tombe sur une semblable surface ou sur un semblable système, il donne un faisceau réfracté dont la forme est complexe. Le calcul et l'expérience montrent que le faisceau réfracté est défini par ce que chacun de ses rayons va rencontrer deux droites perpendiculaires entre elles et à l'axe du système : ce sont les droites focales (analogues à ce que nous avons signalé pour les lentilles cylindriques). Ces droites sont à des distances différentes de la surface réfringente.

Considérons le cas d'un point lumineux envoyant un faisceau divergent sur une surface astigmatique convergente : la première droite focale, la plus rapprochée de la surface, sera au foyer conjugué du point

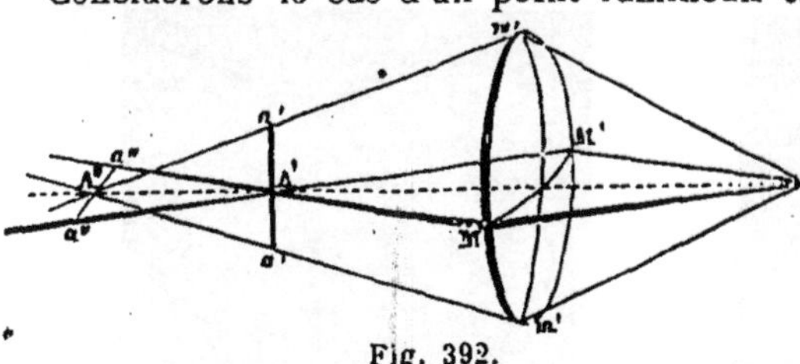

Fig. 392.

considéré par rapport au méridien de plus grande courbure M ; elle sera perpendiculaire à ce méridien.

La deuxième droite focale, plus éloignée, est au foyer conjugué du point lumineux par rapport au méridien de moindre courbure m ; elle est perpendiculaire à ce méridien.

En dehors de ces positions, le faisceau réfracté est coupé suivant des sections courbes, ovales ; on reconnaît expérimentalement qu'un écran que l'on place en divers points est éclairé le plus vivement possible lorsqu'il coupe le faisceau suivant les lignes focales.

851. — Considerons maintenant le cas d'un œil astigmate regardant'un point; quelle que soit la position de la rétine, elle ne
pourra jamais couper le faisceau suivant un *point ;* elle le coupera
suivant des surfaces de diffusion courbes ou suivant des droites ,
pour un œil donné et un point lumineux également donné, on peut
observer l'un ou l'autre effet, suivant que l'accommodation intervient plus ou moins activement.

L'observation montre que, naturellement, l'accommodation se
produit de manière à donner sur la rétine l'image la plus vive possible, c'est-à-dire que l'une des droites focales se trouve sur cette
membrane. Il résulte de là que, dans les conditions ordinaires, pour
un œil astigmate l'image d'un *point* est une *droite.* (Il est sans intérêt, pour l'étude sommaire que nous voulons faire, de savoir si c'est
la première ou la deuxième droite focale.)

Si l'astigmatisme est faible, la droite aura une petite longueur, différera peu d'un point et la vision sera faiblement troublée.
Il n'en sera pas ainsi, si l'astigmatisme étant plus fort, cette droite,
image d'un point, a une certaine longueur; on conçoit aisément
combien l'image des objets sera peu nette, en général, puisque à
chaque point de l'objet correspond une droite et que l'image est formée par l'ensemble de ces droites. En particulier, dans le cas simple
d'une droite, la netteté devra différer avec la direction de la droite.

852. — Supposons, en effet, non une droite, mais une série de
points placés en ligne droite et concevons d'abord que la direction
qu'ils déterminent soit parallèle à celle de l'image rectiligne que

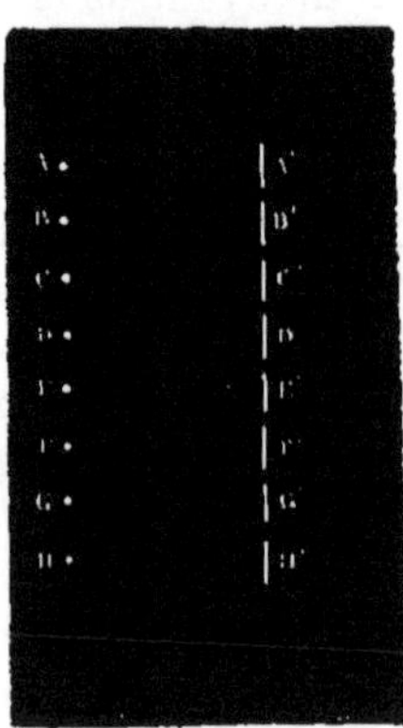

Fig. 393.

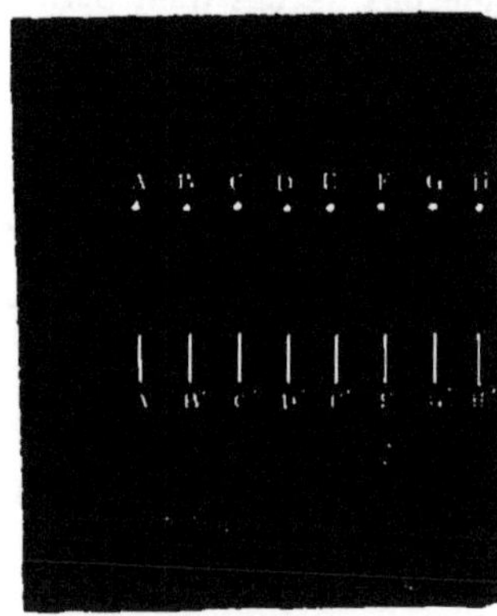

Fig. 394.

forme un point sur la rétine. On aura donc sur la rétine une série
de petites droites de *même direction ;* si les points se rapprochent
pour former une droite, les lignes se rapprocheront sur la rétine,
se recouvriront en partie sans cesser de donner une image rec-

tiligne ayant une apparence peu différente de celle que verrait un œil normal.

Mais supposons, au contraire, que la ligne des points que nous considérons soit perpendiculaire à la direction de l'image rectiligne que forme un point sur la rétine. On aura alors sur la rétine une série de petites droites placées parallèlement à côté les unes des autres; si les points lumineux se rapprochent pour former une droite, les lignes se rapprocheront et formeront une *bande* qui sera d'autant plus large que l'astigmatisme sera plus considérable, que la droite focale sur la rétine sera plus longue.

On conçoit aisément ce qui arriverait pour des directions intermédiaires et ce qui se passe dans le cas d'objets de formes quelconques.

853. Correction de l'astigmatisme. — Comment peut-on corriger l'astigmatisme? La solution de cette question se trouve dans la remarque que nous avons faite plus haut (849). Une surface astigmate peut être considérée comme un dioptre régulier contre lequel on place une lentille cylindrique convergente : il est évident que l'on détruira l'irrégularité si l'on met au contact une lentille cylindrique divergente de même puissance que la lentille convergente supposée, et placée parallèlement : les effets cylindriques se détruiront directement et il ne subsistera que l'effet de la réfraction régulière.

Il existe un autre moyen de corriger l'astigmatisme : au lieu de détruire l'effet de la lentille cylindrique convergente supposée, au lieu de diminuer les courbures les plus accentuées sans changer la courbure minima, on peut faire l'inverse, ne rien changer à la courbure maxima et augmenter la puissance pour toutes les autres courbures jusqu'à obtenir pour le méridien de courbure minima une puissance égale à celle du méridien de courbure maxima. On arrive à ce résultat en plaçant devant l'œil une lentille cylindrique *convergente*, égale à la lentille additionnelle supposée, mais placée de telle sorte que les génératrices soient perpendiculaires. Au point de vue physique, cette solution est aussi satisfaisante que la précédente; dans la pratique, il peut n'être pas indifférent d'employer l'une ou l'autre et il convient de discuter les conditions.

Le choix des verres correcteurs de l'astigmatisme comprend la détermination de la puissance de la lentille cylindrique et celle de la direction suivant laquelle elle doit être placée. Ces déterminations se font à l'aide d'appareils spéciaux que nous ne pouvons décrire ici.

L'astigmatisme a été étudié spécialement par M. Donders et par M. Javal.

854. Aberration chromatique de l'œil. — L'œil, système centré dans lequel toutes les surfaces sont convergentes, ne peut être achromatique (815). Il est facile de s'assurer, par des expériences directes, que, pour l'œil comme pour les lentilles non achromatisées, les foyers des rayons des diverses couleurs sont différents. Il suffit pour cela de chercher les distances extrêmes pour lesquelles des objets présentant ces colorations forment leur image exactement sur la rétine : on reconnaît que ces distances sont différentes. Il résulte de là que si des rayons présentant des couleurs variées émanent d'un même point, ils iront se réunir à des distances variées de la rétine, sur laquelle l'un d'eux seulement aura son foyer ; c'est exactement ce que nous avons signalé pour les lentilles. L'œil doit donc présenter, comme ces appareils, le défaut d'aberration chromatique, et voir les objets irisés sur les bords. Mais ce défaut est peu sensible, moins qu'il ne le serait dans un appareil en verre présentant les mêmes surfaces que l'œil, parce que les pouvoirs dispersifs des divers milieux qui composent celui-ci, et qui se rapprochent de celui de l'eau, sont moindres que celui du verre.

855. Dyschromatopsie ; daltonisme. — Nous avons dit que, en général, pour les couleurs spectrales il y a une relation entre la réfrangibilité et la nature de la sensation colorée. Mais il faut savoir qu'il n'en est pas toujours ainsi, ce qui montre bien la part importante que joue l'organe par lequel nous éprouvons cette sensation.

En étudiant attentivement les actions produites sur différents yeux par toutes les couleurs du spectre, on reconnaît une grande inégalité de sensibilité : certaines personnes distinguant des nuances que d'autres ne peuvent reconnaître. Mais ces différences peuvent s'étendre non seulement aux nuances d'une même couleur, mais aussi à des couleurs qui sont ordinairement considérées comme entièrement distinctes. On désigne sous le nom de *dyschromatopsie* ce défaut, qui a été étudié, pour la première fois complètement, par Dalton (1798), qui en était affecté, et sous le nom duquel on le désigne quelquefois (*daltonisme*).

Les personnes atteintes de *dyschromatopsie* sont incapables de distinguer des couleurs telles que le rouge et le vert, qui ne leur procurent qu'une seule sensation, tandis qu'elles ne confondent nullement les autres couleurs entre elles ni avec celles-là. Dans d'autres cas, le rouge et le bleu sont les seules couleurs vues nettement, les autres étant plus ou moins confondues, etc.

On conçoit les inconvénients de ce défaut de la vue dans certains cas, comme, par exemple, pour les employés de chemin de fer, qui peuvent confondre des disques diversement colorés.

Disons, enfin, que, par l'action de la *santonine*, on peut produire une dyschromatopsie temporaire.

856. Persistance des impressions lumineuses. — Nous ne saurions insister sur les propriétés de l'œil, la question étant du domaine de la physiologie : nous devons cependant signaler quelques points dont la connaissance est indispensable pour comprendre certains appareils ou certaines expériences d'optique.

Les impressions produites par l'action des corps lumineux sur la rétine ne cessent pas aussitôt que cesse cette action, mais se prolongent pendant un temps très court, puisqu'il n'atteint que des valeurs comprises entre 1/10 et 1/30 de seconde, mais qui est cependant appréciable, et qui donne l'explication d'un certain nombre d'effets curieux.

On sait que si l'on vient à faire tourner avec rapidité, suivant une circonférence, un charbon allumé, on cessera de percevoir les positions successives et distinctes du charbon, à partir d'une certaine vitesse, et l'on apercevra un cercle lumineux continu. Cet effet ne peut évidemment s'expliquer que par une prolongation de l'impression lumineuse qui nous fait voir le charbon en un certain point pendant tout le temps qu'il emploie pour revenir à ce point, après avoir décrit un tour entier; on trouve dans cette expérience un moyen de mesurer la durée même de cette persistance de l'impression, durée qui correspond à la moindre vitesse pour laquelle nous avons cette impression de la continuité, et que l'on peut évaluer en communiquant au corps enflammé un mouvement uniforme de vitesse bien déterminée.

Si, sur le disque de Newton (755), on colle un secteur de papier coloré, le reste du cercle restant blanc, on aura, comme nous l'avons dit, par une rotation assez rapide, l'impression d'un cercle entièrement coloré, cette couleur étant, suivant l'expression consacrée, *rabattue de blanc*, dans le rapport des secteurs colorés au secteur blanc; cet effet s'explique également par ce que chacun des secteurs infiniment petits dans lesquels on peut diviser le cercle produit une impression qui, se prolongeant pendant la durée d'une révolution, subsiste concurremment avec celles de toutes les autres tranches. Pour la même raison, si l'on place deux ou plusieurs secteurs diversement colorés, l'œil aura l'impression qui résulte du mélange de ces couleurs, ce mélange étant fait proportionnellement à l'étendue des secteurs.

La persistance des impressions lumineuses sur la rétine donne encore l'explication de quelques apparences non conformes à la réalité. La veine fluide (199) nous semble continue et est, en réalité, produite par la chute de gouttelettes se succédant très rapidement :

les flammes manométriques (412), soumises à l'action de vibrations sonores, semblent immobiles, malgré leurs variations périodiques, par suite de la vitesse considérable avec laquelle ces variations se modifient.

Mais si, d'une part, les impressions lumineuses se prolongent au delà de l'instant où les corps qui les produisent cessent d'agir, d'autre part, il faut que ces corps agissent pendant un certain temps, sans quoi ils restent inaperçus. Ce temps est très variable ; il dépend de diverses conditions, au premier rang desquelles on peut placer la coloration et l'éclat du corps ; il n'est guère possible, jusqu'à présent, d'en donner une valeur même approximative. C'est en vertu de cette inertie, de cette paresse de la rétine que certains corps passent devant nos yeux sans être vus, par exemple, la balle qui sort du canon d'un fusil, et qui ne reste pas assez longtemps dans notre champ visuel pour y déterminer une sensation que nous percevions.

857. Phénakisticope. — On a construit divers appareils basés sur la persistance des impressions lumineuses. MM. Plateau et Stampfer inventèrent séparément et simultanément (1832) un appareil ingénieux, auquel le premier donna le nom de *phénakisticope* et que le second appela *disque stroboscopique*. Cet appareil consiste essentiellement en un disque circulaire pouvant tourner avec rapidité autour de son centre. Il est percé près du bord, et suivant une circonférence concentrique, de fentes régulièrement espacées et de mêmes dimensions, en face desquelles l'observateur place l'œil en même temps qu'il communique au disque une grande vitesse. Il perçoit ainsi des impressions séparées et distinctes correspondant au passage de chacune des fentes, et pour une rapidité convenable ces impressions ne se fusionnent pas ; on voit donc ainsi diverses positions successives qui paraissent discontinues, et donnent l'aspect des corps étudiés à des instants successifs. Placé devant une veine fluide, le phénakisticope la résout en gouttelettes séparées qui semblent tomber lentement. Devant les flammes manométriques, il met leurs vibrations en évidence.

Le phénakisticope est encore employé d'une autre manière, où son effet semble plus curieux encore. Sur la face du disque opposée à celle où l'on place l'œil, on dessine sur chacun des rayons correspondants aux fentes les diverses positions d'un corps animé d'un mouvement périodique, par exemple d'une cloche en branle ; l'appareil étant placé vis-à-vis d'un miroir, on fait tourner le disque en regardant son image, et l'on voit la cloche qui semble réellement être en mouvement. Dans ce cas, l'œil voit les diverses positions par les fentes successives ; et, si le disque tourne assez vite, chacune des sensations est prolongée jusqu'au passage de la fente suivante ; on voit donc ou, du moins, on croit voir toujours le corps, et comme les images varient régulièrement de position, on attribue au corps le mouvement qui produirait ces mêmes variations. Les effets sont très nets, et produisent une illusion absolue si les dessins ont été bien faits.

L'effet des miroirs prismatiques tournants, dont nous avons signalé l'existence dans l'appareil de Kœnig, s'explique comme celui que nous avons indiqué tout d'abord pour le phénakisticope. Ce n'est, en effet, que pour une position déterminée du miroir que l'image des flammes arrive à un observateur ; si le miroir tourne, celui-ci cesse de rien distinguer jusqu'à ce qu'une autre face du prisme soit venue occuper la position spéciale qui renvoie les rayons dans la direction convenable, et ainsi de suite ; l'observateur saisira donc à intervalles de temps réguliers l'image de la flamme pendant un temps très court, et l'impression sera éteinte lors d'une perception nouvelle ; il y aura donc, comme pour le phénakisticope, décomposition des états de la flamme qui, se succédant trop rapidement, seraient confondus.

Dans le cas d'un mouvement bien régulier du miroir tournant devant une flamme manométrique, il pourrait se faire que, les impressions successives correspondant constamment à la même phase de la période, la flamme parût en repos ; mais on s'assure facilement de l'existence du mouvement vibratoire en changeant la vitesse de rotation, ce qui détruit la coïncidence des mouvements de la flamme et du disque ou du miroir, et met en évidence les variations de grandeur.

858. Vision binoculaire. — Dans toutes les questions traitées jusqu'à présent, nous nous sommes occupés seulement de la vision par un œil ; mais ce n'est pas dans ces conditions qu'on *voit* ordinairement, et les deux yeux servent simultanément pour l'appréciation des formes et des distances. Nous ne nous occuperons point de l'influence de la vision binoculaire sur l'appréciation des distances, mais nous indiquerons, au moins, comment elle concourt à la connaissance des formes.

Les deux yeux, à cause de la distance qui les sépare, ne voient point de la même façon les corps qui présentent une épaisseur, tandis que les figures planes leur apparaissent identiques. Il est facile de se rendre compte de ce fait. Un dessin, tracé sur un tableau, sur une feuille de papier, ne change aucunement lorsqu'on le regarde tantôt avec un œil, tantôt avec l'autre, en ayant soin de fermer celui dont on ne se sert pas ; mais si l'on recommence la même expérience avec un corps à trois dimensions, les résultats

seront bien différents : si l'on place, par exemple, à quelque distance en
face de soi un livre dont le dos est tourné vers le visage, et que l'on
distingue nettement, on cessera de le voir aussi nettement lorsque
l'on fermera un œil, et les images perçues seront différentes, suivant
que l'on fermera l'œil droit ou l'œil gauche ; ainsi, tandis qu'avec les
deux yeux on verra le dos et les deux côtés de la couverture, on ne
verra plus que le dos et un seul côté, si l'on ferme l'un des yeux ; on
verra, enfin, le côté droit ou le côté gauche de la couverture, suivant
que l'on se servira précisément de l'œil droit ou de l'œil gauche.

Il résulte de cette expérience, et de plusieurs autres du même
genre, que les images d'un même objet produites dans les deux
yeux sont différentes, et c'est précisément à l'action simultanée de
ces deux sensations distinctes, à la superposition des perceptions correspondantes, qu'est due la notion du relief des corps. Nous n'avons
pas, bien entendu, à rechercher comment se produit cette action.

Il est facile de se rendre compte par l'observation que les images
des objets formées dans les deux yeux sont d'autant moins différentes que ces objets sont plus éloignés ; aussi la sensation de relief
disparaît-elle à peu près complètement pour les montagnes éloignées,
les nuages, etc., et c'est seulement la disposition et l'intensité des
ombres qui nous conduit à juger que ces corps ont un relief dont
nous n'avons pas la perception.

On conçoit qu'un tableau, quelque bien fait, quelque exact
qu'on veuille le supposer, ne peut jamais nous procurer la sensation d'un corps en relief, puisque les deux images formées dans les
yeux sont identiques. On se rend compte aussi pourquoi les pano-
ramas, par une habile distribution des ombres et des couleurs, par
une perspective exacte, peuvent représenter de grandes étendues
de terrain, des plaines et des montagnes, mais ne seraient pas
susceptibles de produire l'illusion pour des objets rapprochés.

859. Stéréoscope. — Le stéréoscope est un appareil qui
donne exactement la sensation du relief à l'aide de figures planes
convenablement dessinées ; Wheatstone donna, le premier (1833),
une description de cet appareil qui fut perfectionné plus tard par
Brewster ; c'est l'appareil de ce dernier qui est généralement employé aujourd'hui. Nous allons en indiquer le principe.

Si l'on trace sur une feuille de papier les deux perspectives
différentes suivant lesquelles un corps est vu par les deux yeux,
ces dessins, placés à côté l'un de l'autre, et regardés chacun par
l'œil correspondant, donnent, sans autre appareil, la sensation de
l'objet en relief, pourvu que les yeux suffisamment indépendants
regardent *exclusivement* chacun une image, et que, cependant, on
puisse superposer les deux images produites, comme cela a lieu

pour la vision de l'objet réel; mais, dans ce dernier cas, la superposition est rendue facile par l'habitude pour un certain degré de convergence des axes visuels, tandis qu'il y a parallélisme, au moins très sensiblement, dans le cas de deux dessins placés à côté l'un de l'autre.

Dans l'appareil de Wheatstone, la superposition se fait naturellement; à l'aide de miroirs, convenablement inclinés, réfléchissant chacun un des dessins perspectifs, les yeux voient les images comme émanant d'un seul et même endroit. Dans le stéréoscope de Brewster, le même effet est obtenu à l'aide de prismes. Ceux-ci présentent souvent même des faces courbes qui produisent un certain grossissement.

Les dessins représentant les deux aspects du même corps vus par les deux yeux ont été obtenus d'abord par des constructions géométriques, mais ce procédé ne peut s'appliquer qu'à des corps de forme simple. Cependant, quoique les dessins aient été d'abord de simples traits sans ombre, l'impression est très nette et très vive. Aujourd'hui, la photographie permet de reproduire exactement les perspectives réelles et exactes des objets les plus compliqués, des paysages les plus étendus; ces épreuves sont actuellement trop répandues, pour qu'il soit nécessaire d'insister davantage. Nous dirons seulement que, dans le cas où les objets représentés sont fort éloignés, il faut, pour obtenir le relief, que les épreuves soient prises, non pas aux positions exactes qu'occuperaient les deux yeux, mais à des points dont la distance soit plus grande, et d'autant plus que les objets sont plus éloignés.

CHAPITRE VII

INSTRUMENTS D'OPTIQUE.

860. Instruments d'optique. —On désigne sous le nom d'instruments d'optique un ensemble de surfaces réfléchissantes ou réfringentes, qui, par leur combinaison, permettent de voir certains objets dans une position et avec des dimensions convenables pour l'étude qu'on se propose. A ce titre, les miroirs devraient être rangés parmi les instruments d'optique les plus simples; nous réserverons ce nom aux microscopes simples ou composés, aux lunettes, aux télescopes, ainsi qu'à la chambre noire et à la chambre claire. Nous réunirons à la fin de ce chapitre quelques instruments qui satisfont entièrement à la définition que nous avons donnée, mais qui ont un but spécial, et que la pratique médicale et chirurgicale est appelée à employer de plus en plus fréquemment : ce sont l'ophtalmoscope, le laryngoscope et l'endoscope.

Nous nous occuperons d'abord des instruments donnant des images réelles et qui, par conséquent, peuvent être utilisés aussi bien pour la vision directe que pour l'obtention d'épreuves photographiques : nous étudierons ensuite les appareils qui ne donnent que des images virtuelles.

861. Chambre noire. — Cet appareil est destiné à donner une image réelle des objets lumineux ou éclairés : il est fondé directement sur l'emploi des lentilles convergentes. Il se compose d'une caisse ou chambre ABCD (*fig.* 395) close et peinte en noir. En face de l'objet EG que l'on veut reproduire, se trouve une ouverture dans laquelle on place une lentille convergente H. Si, comme cela arrive toujours, l'objet est au delà du foyer principal de cette lentille, l'objet formera une image *e'g'* réelle et renversée que l'on pourra recevoir sur un écran AD, et examiner comme un tableau qui y serait tracé. La grandeur de l'image et sa distance à la lentille dépendent de

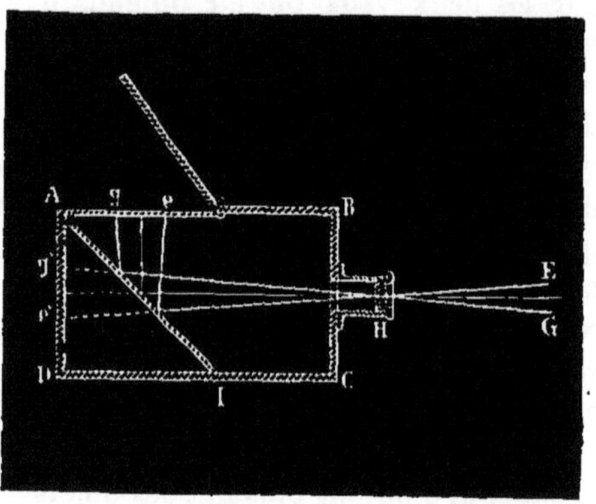

Fig. 395.

la longueur focale de celle-ci et de la position de l'objet (707). L'écran pourra être remplacé par un verre dépoli, sur lequel on verra l'image par transparence. On évitera l'inconvénient du renversement, en plaçant sur le trajet du rayon lumineux un miroir AI, incliné à 45°, qui renvoie en *eg* sur un verre dépoli horizontal une image égale mais droite.

Il sera possible de suivre avec un crayon ou un pinceau les contours de l'image réelle; si, à l'endroit où se fait nettement cette image réelle, on met une plaque sensible (824) on aura, après un temps de pose convenable, une épreuve négative de l'objet.

Si l'on veut obtenir les images d'objets situés à des distances différentes, il faut pouvoir déplacer l'écran AD sur lequel se fait l'image; ou bien, au contraire, cet écran restant fixe, il faut déplacer la lentille H, *l'objectif*, pour *mettre au point*.

Il faut remarquer que l'emploi d'une lentille ne permet d'obtenir avec netteté que les images d'objets situés à la même distance. Deux objets situés, en effet, à des distances différentes correspondent à des foyers également différents, et si l'écran AD se trouve en une position qui convienne à l'un, cette position ne convenant pas à l'autre donnera pour celui-ci des contours plus ou moins vagues.

La clarté de l'image dépend de l'amplitude de la lentille, que l'on aurait dès lors tout intérêt à prendre aussi considérable que possible, si cet avantage n'était compensé par l'inconvénient d'une déformation provenant de l'aberration de sphéricité.

Dans certaines chambres noires, on obtient par une seule pièce la convergence des rayons et le renversement qui redresse l'image. La lentille est remplacée alors par un prisme ABC (*fig.* 396), situé au-dessus de la surface sur laquelle doit se peindre l'image. L'ensemble des faces courbes AB et AC remplace la lentille convergente, et la réflexion des rayons est une réflexion totale sur la face hypoténuse BC.

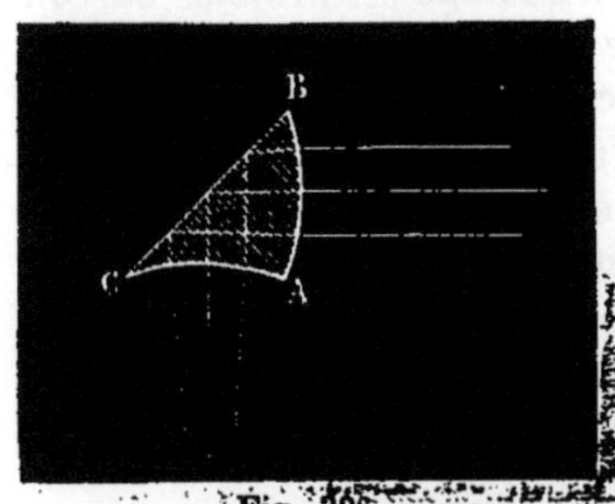

Fig. 396.

862. Mégascope. Lanterne magique. Fantasmagorie. — Si, dans l'expérience de la chambre noire, nous plaçons l'objet entre le foyer principal et le point situé à une distance double, l'image réelle et renversée sera plus grande que l'objet. On aura sur l'écran qui constitue le fond de la chambre noire une représentation de l'objet dans les proportions que l'on voudra. Mais l'éclairement diminuerait rapidement avec le grossissement, si l'on n'avait le soin d'éclairer très vivement l'objet en expérience; à cet effet, on concentre, au point qu'il occupe, à l'aide de lentilles ou de miroirs concaves, les rayons du soleil ou de toute autre source vive de lumière. Si l'objet est opaque, il doit être éclairé du côté où se trouve la chambre noire; la source de lumière doit, au contraire, se trouver de l'autre côté de l'objet, s'il est transparent ou translucide.

Le *mégascope*, qui n'est plus guère employé, avait pour but principal de donner des images de médailles, de dessins, etc.; il était éclairé par la lumière solaire, et le grossissement n'atteignait jamais une grande valeur.

Dans la *lanterne magique*, dont on attribue l'invention au P. Kircher (1665), les dessins dont on veut obtenir l'image sont dessinés et peints sur verre; ils doivent être placés entre la source de lumière, qui est une lampe de moyenne force, et la lentille, qui doit concentrer les rayons à son foyer. Dans cet appareil,

la lampe est entourée d'une enveloppe opaque, et la pièce même
où l'on se trouve est rendue obscure. Les images sont projetées sur
un corps opaque blanc quelconque. On arrive à une netteté suffisante, en faisant varier la distance de l'objet à la lentille, au
moyen d'un tube à tirage dans lequel celle-ci est montée.

Les appareils de projection qui sont si fréquemment employés
maintenant sont basés sur le même principe.

Dans la *fantasmagorie*, l'appareil, qui est une lanterne magique,
est monté sur un chariot à roulettes. L'image est projetée sur un
écran translucide, qui est tendu entre l'opérateur et les spectateurs.
En rapprochant ou en éloignant le chariot de l'écran, on diminue
ou on augmente les dimensions de l'image qui paraît alors s'éloigner ou se rapprocher. Mais, pour conserver à l'image une netteté
suffisante, il faut faire varier également la distance de la lentille
à l'objet. Pour arriver à ce résultat, le tube qui porte la lentille
est relié par un excentrique ou un mécanisme quelconque aux roulettes du chariot, dont le mouvement détermine le déplacement de
la lentille.

En ayant deux appareils semblables montés sur un même pied,
et dont les images se font en un même point, on peut arriver à
produire des changements divers, rapides ou lents, dans les tableaux obtenus sur l'écran.

**863. Microscope solaire; microscope photo-électri-
que, à gaz.** — Si, dans les expériences indiquées aux deux para-
graphes précédents, on rapproche de plus en plus l'objet du foyer
principal, tout en le maintenant au delà de ce point, on obtient des
images dont les grossissements deviennent de plus en plus considérables. Il faut alors, comme nous l'avons déjà dit, avoir recours
à des sources de lumière très puissantes, dont on concentre encore
les rayons sur l'objet par des lentilles et des miroirs concaves.

La disposition générale de l'appareil est celle que nous avons
indiquée pour le mégascope ou la lanterne magique. Seulement les
lentilles doivent être plus puissantes et aussi parfaitement achromatiques que possible; le plus souvent on en emploie deux ou trois.

On peut employer comme source de lumière les rayons solaires
que l'on renvoie dans une direction convenable, à l'aide d'un miroir ou mieux d'un *héliostat* (appareil dans lequel un miroir, mù
par un mécanisme d'horlogerie, envoie des rayons *rigoureusement*
dans la même direction, malgré le déplacement du soleil); mais,
maintenant, on fait plus souvent usage de la lumière électrique que
Foucault et M. Donné ont employée les premiers; enfin, la flamme
de Drummond peut servir avantageusement.

Les lentilles concentrent sur l'objet une grande quantité de chaleur; dans le cas où elle pourrait nuire, on interpose une dissolution d'alun parfaitement transparente, mais qui arrête absolument la chaleur.

864. Chambre claire. — Parmi les instruments qui ne donnent pas d'images réelles, il faut classer les miroirs et les appareils basés sur la réflexion comme le goniomètre; nous n'avons pas à nous y arrêter après ce que nous avons déjà dit, et il nous suffira de parler de la *camera lucida* ou *chambre claire*.

On désigne sous ce nom un appareil qui permet de reproduire l'image exacte d'un objet sur une feuille de papier. On a proposé un assez grand nombre de modèles satisfaisant à cette condition; le principe est toujours le même.

On peut employer une lame de verre (mieux de verre légèrement platiné) que l'on incline à 45° en face de l'objet qu'il s'agit de reproduire (*fig.* 397). En plaçant l'œil au-dessus de cette lame, on voit en dessous une image égale, symétrique de l'objet, formée par la partie des faisceaux lumineux qui a subi la réflexion. Si au point où paraît se faire l'image on met une feuille de papier, on la verra par transparence ainsi que la pointe d'un crayon qu'on y appliquerait : il sera donc possible avec ce crayon de suivre les contours de l'image que l'on croit exister sur le papier.

En général, l'appareil a une autre disposition et on emploie la

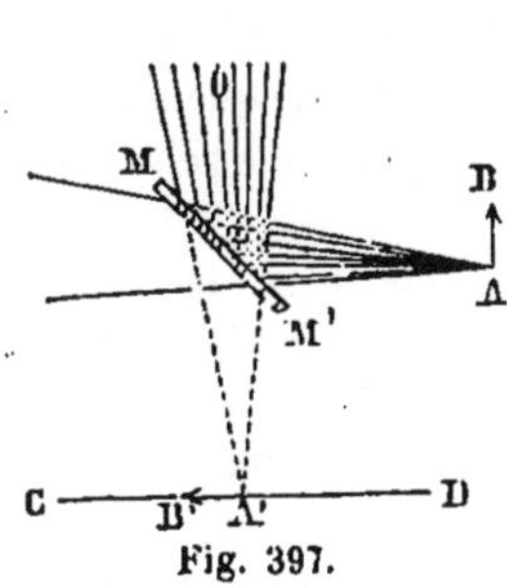

Fig. 397.

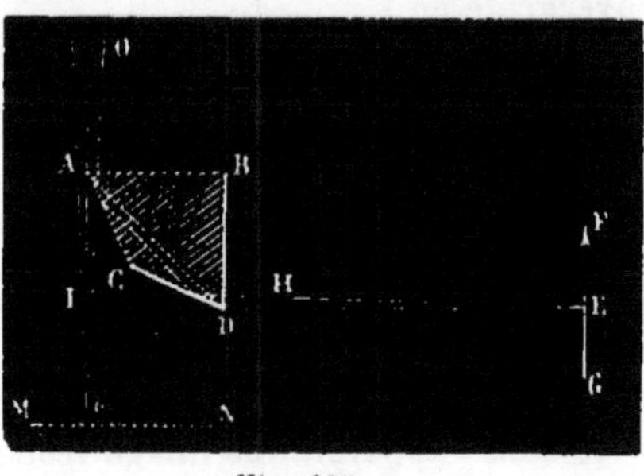

Fig. 398.

réflexion totale produite dans les prismes. Voici la disposition adoptée par Wollaston.

La chambre claire de Wollaston (*fig.* 398) consiste en un prisme à base quadrilatère ABCD, ayant ses côtés égaux deux à deux, et dans lequel les angles B et C ont des valeurs respectivement égales à 90° et 135°. On place ce prisme horizontalement devant l'objet à reproduire FG, de manière qu'il présente un côté vertical et un autre horizontal. Dans ces conditions, les rayons émanés d'un point tel que E peuvent être considérés comme arrivant normalement. Ils pénètrent sans déviation et, à cause des valeurs attribuées aux

angles, subissent une réflexion totale sur la face CD, puis une
seconde sur la face AC, et prennent alors une direction verticale
qui les fait émerger sans déviation sur la face AB : ces rayons constituent donc un faisceau qui, reçu dans l'œil O de l'observateur,
lui fait paraître en *e* l'image du point E ; il en est de même des
autres points de l'objet. En plaçant dès lors une feuille de papier MN
à cette distance, l'image de l'objet semblera se peindre sur cet
écran. Si l'œil est placé de telle sorte qu'il puisse lui parvenir des
rayons venant de *e*, et qui n'ont point traversé le prisme, il verra
également la pointe d'un crayon placée sur le papier, et pourra suivre
les contours de l'image qui se trouvera ainsi reproduite exactement.

On conçoit qu'en déplaçant l'œil latéralement au-dessus de l'a-
rête A, on puisse y laisser entrer dans des proportions diverses les
rayons venant du papier ou de l'objet, de manière à donner aux
images des clartés à peu près égales, ce qui est une condition nécessaire pour la commodité du tracé.

En général, l'œil ne pourra distinguer à la fois nettement
l'image *e* de l'objet et la pointe du crayon, qui seront à des distances différentes. On ramènera les rayons émanés de ces deux
sources à arriver en O avec le même degré de convergence à peu
près par l'emploi de lentilles. Si l'œil est myope, on placera en H
une lentille divergente; s'il est presbyte, on mettra une lentille
convergente en I.

Le prisme et les lentilles dont on a besoin sont montés sur un
pied de forme variable suivant les conditions dans lesquelles on
doit opérer, et qui maintient ces pièces dans les positions relatives
convenables.

865. Grossissement. — Les appareils d'optique les plus
intéressants sont ceux dans lesquels on fait usage de lentilles placées devant l'œil et donnant des images virtuelles. Nous les diviserons en deux groupes, suivant qu'il ne se forme pas ou qu'il se
forme dans l'appareil une image réelle.

Ces divers appareils, quelles que soient leurs dispositions, ont pour
but de permettre de voir certains détails que l'on ne saurait voir
directement, soit parce que ces détails sont trop petits, soit parce
que l'objet est trop loin. Si l'on se reporte à ce que nous avons
dit, on voit que le caractère commun de tous ces appareils sera de
donner une image rétinienne plus grande que celle que donnerait
directement l'objet.

Soient *o* l'image rétinienne que donnerait l'objet dans une circonstance déterminée et *i* l'image rétinienne fournie par l'instrument dans une circonstance aussi déterminée : le rapport $\dfrac{i}{o}$ mesure

l'avantage qu'il y a à se servir de cet instrument, c'est ce que l'on appelle le *grossissement* g qu'il produit pour les circontances spécifiées.

L'image o est produite par un objet de grandeur O placé à une distance D; l'image i est produite par l'image virtuelle I que l'on regarde dans l'appareil en usage et qui est à une distance que nous appellerons d. D'après ce que nous avons dit, le rapport $\frac{i}{o} = g$ est égal au rapport des diamètres apparents et l'on a dès lors :

$$g = \frac{I}{d} : \frac{O}{D} = \frac{I}{O} \cdot \frac{D}{d} .$$

Dans quelques cas il est intéressant d'avoir la valeur absolue de l'image rétinienne i. On a $i = \frac{I}{d} a$ en désignant par a la distance de la rétine au centre optique.

866. Loupe. — La loupe est le plus simple des instruments

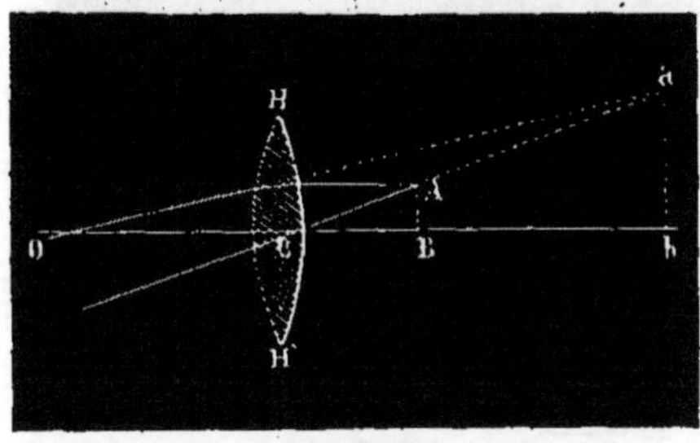

Fig. 399.

d'optique; elle consiste simplement en une lentille convergente que l'on interpose entre l'œil et l'objet à étudier. L'objet est placé entre la lentille et le foyer principal, et donne. par suite (711), une image virtuelle, droite et augmentée de l'objet ; c'est ce que fait comprendre facilement la marche des rayons lumineux dans cette lentille (*fig.* 399). ·

Autrement dit, si l'on considère un point A de l'objet qui envoie sur la lentille un faisceau divergent, après son passage dans la lentille ce faisceau est transformé en un autre moins divergent dont le sommet est en A′ et, *pour un œil placé dans le faisceau émergent*, l'effet est le même que si la lumière émanait de A′.

On peut se rendre compte sommairement de l'effet de la loupe en remarquant que, comme nous l'avons indiqué (832), l'emploi d'une lentille convergente devant l'œil rapproche le *punctum proximum*, ce qui est une condition favorable pour la vision.

867. Grossissement dans la loupe. — Il est intéressant de rechercher le grossissement, ou tout au moins les éléments qui interviennent dans sa détermination [1].

1. Dans la valeur du grossissement

$$g = \frac{I}{O} \cdot \frac{D}{d} .$$

Au premier abord la question peut sembler se résoudre immédiatement et l'on est tenté de conclure qu'il faut disposer l'appareil
pour que l'image *ab* se fasse au *punctum proximum,* comme il conviendrait de placer en ce point l'objet que l'on regarderait directement.
Mais la question n'est pas si simple, parce que l'image que l'on
regarde n'a pas toujours la même grandeur, que cette grandeur
dépend de la position même et qu'il peut arriver que l'accroissement de grandeur compense et au delà l'éloignement.

Cherchons directement de quoi dépend la grandeur *i* de *l'image
rétinienne,* c'est là véritablement le point intéressant de la question.

Soit AB un objet lumineux placé devant une lentille dont F est
le foyer et NP le plan principal correspondant; menons le rayon

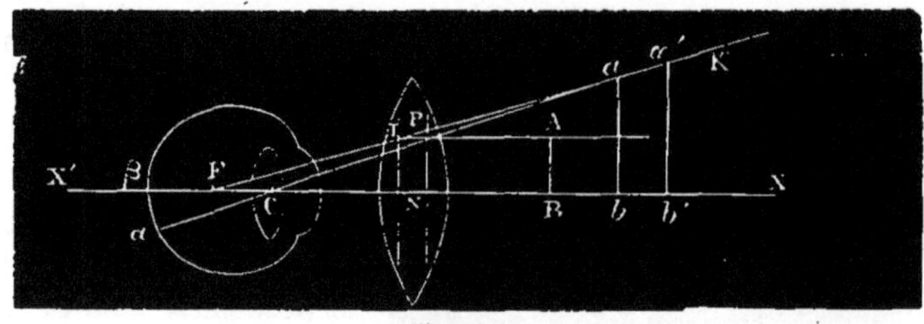

Fig. 400.

il existe des relations entre les quantités I, O et *d ;* en appelant *p* la distance de
l'objet regardé à travers la loupe à la lentille, dont nous supposerons le centre
optique distant de δ du centre optique de l'œil, nous avons

$$\frac{I}{O} = \frac{d - \delta}{p},$$

mais on a aussi, *f* étant la distance focale de la loupe, en valeur absolue

$$\frac{1}{d - \delta} - \frac{1}{p} = - \frac{1}{f},$$

d'où l'on tire, en éliminant *p,*

$$\frac{I}{O} = \frac{f + d - \delta}{f} \qquad \text{et} \qquad g = \frac{f + d - \delta}{f} \quad \frac{D}{d}$$

On a d'autre part

$$i = aO \frac{f + d - \delta}{fd} = \frac{aO}{f}\left(1 + \frac{f - \delta}{d}\right),$$

équations que l'on peut discuter en remarquant que la valeur de *d* ne peut être
quelconque, qu'elle doit être au moins égale à π, distance du *punctum proximum,* que dans le cas des yeux emmétropes ou hypermétropes elle peut recevoir une valeur infinie, que pour les yeux myopes sa valeur maxima est celle
qui correspond au *punctum remotum* et enfin que pour les yeux hypermétropes
elle peut être négative.

Nous n'insistons pas sur cette discussion algébrique qui a été très bien faite
par M. Guébhard.

Si l'on considère un objet de longueur égale à l'unité, O = 1, le rapport
correspondant $\frac{i}{a}$ est ce que l'on appelle la *puissance* de l'appareil pour les conditions déterminées.

horizontal AI passant par l'extrémité de l'objet et rencontrant le plan principal en I : il sera remplacé après la lentille par un rayon dont la direction est IF ; cette droite FIK est le lieu des images *a* du point A. Soit *ab* une image de AB et soit un œil dont le centre optique C [1] est situé avant le foyer F et qui est susceptible de s'accommoder pour la position *ab*.

Pour avoir l'image rétinienne de *a*, l'œil étant convenablement accommodé, il suffit de joindre *a*C : l'image rétinienne de AB sera αβ. Dans ces conditions, on voit évidemment que l'image αβ sera d'autant plus grande que la ligne *a*C*α* s'écartera davantage de l'axe, que l'angle *α*Cβ et son égal *a*C*b* croîtront. Or ce dernier croît lorsque *ab* se rapproche de C. Dans le cas qui nous occupe, il y a donc intérêt à ce que l'image *ab* se fasse le plus près possible de l'œil pour une lentille donnée, et comme il faut en même temps que la vision soit nette, il faut que *ab* soit au *punctum proximum*. On voit en même temps que l'image rétinienne αβ est d'autant plus grande que le punctum proximum est plus près de l'œil.

Enfin la figure montre également que pour une même distance C*b* l'angle *a*C*b* et l'image rétinienne croîtront quand on diminuera la distance focale, le point F restant toujours en arrière du point C, car la droite FI se relèvera davantage.

Enfin la lentille restant la même ainsi que la position du point *b*, on voit aisément aussi qu'il y a intérêt à rapprocher la lentille de l'œil le plus possible ; car, par ce mouvement, la droite FI se déplace parallèlement à elle-même et le point *a* se trouve plus haut sur la droite *ba*.

868. — Les constructions restant les mêmes, supposons maintenant que le foyer F de la lentille soit situé avant le centre optique de

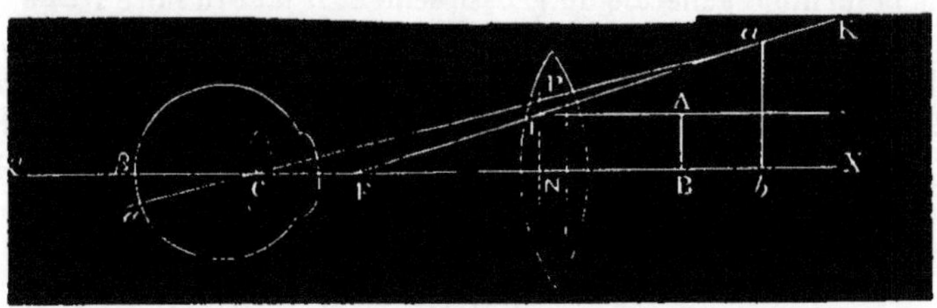

Fig. 401.

l'œil. Pour une position *ab* de l'image virtuelle située dans les limites de l'accommodation, on aura l'image rétinienne αβ comme il a été dit précédemment ; on voit que cette image rétinienne αβ est d'autant plus grande que les angles *α*Cβ et *a*C*b* sont eux-mêmes plus

---

1. Il n'y aurait aucune différence si on voulait tenir compte des deux points nodaux de l'œil, au lieu de les supposer réunis en un seul.

grands, c'est-à-dire que l'image *ab* est plus éloignée. Comme l'image ne doit pas cesser de se faire sur la rétine, il en résulte que *ab* devra être située au *punctum remotum* si l'œil considéré est myope ; — à l'infini s'il est emmétrope ; — et même si l'œil étant hypermétrope donne sur la rétine une image nette pour des rayons incidents convergents, il faudra adopter cette disposition. C'est-à-dire que quand le foyer sera situé en avant du centre optique de l'œil, l'image rétinienne sera la plus grande possible quand l'œil ne sera pas accommodé.

869. — Le premier cas que nous avons examiné (F situé en arrière du centre optique de l'œil) se rencontre presque seul dans la loupe ; cependant on peut observer le deuxième cas avec des loupes à très courte distance focale. Il était d'ailleurs nécessaire de traiter la question dans son ensemble, parce que les conclusions sont les mêmes pour un système centré quelconque, pour un appareil composé, microscope, lunette, etc., à la condition que le foyer F et le plan principal NP soient, non les éléments de la dernière lentille, mais les éléments du système centré tout entier, comme nous avons démontré qu'ils existent (724).

Ajoutons encore qu'un cas intéressant, qui a été utilisé déjà, est celui dans lequel F coïncide avec C : on voit immédiatement que la grandeur de l'image rétinienne est alors indépendante de la position de *ab* tant que celle-ci reste dans les limites de l'accommodation.

Dans les loupes et les microscopes, appareils destinés à regarder des objets que l'observateur a à sa portée, l'objet regardé directement devrait être placé au *punctum proximum*, pour être dans les conditions les plus favorables. Si donc π représente cette distance, dans la formule générale du grossissement il faudra faire $D = \pi$.

Quant à l'image, sa position dépendra de la position du foyer de la lentille ou du système centré complexe que représente l'appareil. Si ce foyer est en arrière du centre optique, l'image doit être au *punctum proximum* et l'on doit faire dans la formule $d = 1$. Le grossissement prend alors la valeur suivante

$$g = \frac{I}{O}$$

et paraît indépendant du *punctum proximum* puisque π n'entre pas dans cette formule : il n'en est rien cependant, parce que le rapport $\dfrac{I}{O}$ dépend de la position de l'image et par suite de ce point.

Si le foyer de la lentille ou du système est en avant du centre optique de l'œil, il faut que l'image regardée à travers l'objet soit au *punctum remotum* ; si ρ représente la distance de ce point à l'œil, il faut donc faire $d = \rho$ et l'on a pour le grossissement [1] :

$$g = \frac{\mathrm{I}}{\mathrm{O}} \cdot \frac{\pi}{\rho}$$

870. Loupe composée : doublet, triplet. — Il y a intérêt pour avoir un grossissement notable à employer des loupes à courte distance focale, à fortes courbures, par conséquent. D'autre part, afin que l'image soit assez éclairée il convient que la lentille ait une grande ouverture. Ces deux conditions réunies entraînent forcément comme conséquence une notable aberration de sphéricité. Pour l'éviter, on emploie diverses dispositions dans le détail desquelles nous ne pouvons entrer, tels que des diaphragmes placés intérieurement et arrêtant les rayons incidents pour lesquels l'angle d'incidence est trop grand, etc.

Mais l'un des procédés les plus employés consiste à se servir de *loupes composées*, assemblages de deux ou trois lentilles convergentes, ayant même axe et disposées de manière à former un système convergent ; les constructions et les résultats sont absolument les mêmes : tout objet placé entre le système et son foyer principal donne une image virtuelle. La discussion que nous avons faite pour la loupe simple est immédiatement applicable dans ce cas, alors même que les plans principaux du système seraient en dehors de l'espace limité par les foyers, au lieu d'être compris à l'intérieur comme dans le cas d'une lentille.

Les loupes composées sont désignées, en général, d'après le nombre des lentilles composantes, sous les noms de *doublet*, de *triplet*.

871. Microscope simple. — Bien qu'il soit préférable de réserver le nom de *microscopes* aux appareils composés dont nous parlerons ci-après, on donne le nom de *microscopes simples* à des loupes montées sur des pieds de formes diverses, bien que, le plus souvent, ces appareils comprennent une loupe composée.

Parmi les dispositions générales qui sont avantageuses, on peut

1. Le grossissement, en général, en appelant f la valeur absolue de la distance focale du système prend, suivant les cas, l'une des formes :

$$g = \frac{f + \pi - \delta}{f} \qquad \text{ou} \qquad g = \frac{f + \rho - \delta}{f} \cdot \frac{\pi}{\rho}.$$

La grandeur de l'image rétinienne est d'ailleurs respectivement :

$$i = a\mathrm{O}\, \frac{f + \pi - \delta}{f\pi} \qquad \text{ou} \qquad i = a\mathrm{O}\, \frac{f + \rho - \delta}{f\rho}.$$

La puissance, valeur de $\frac{i}{a}$ pour $\mathrm{O} = 1$, serait :

$$\mathrm{P} = \frac{1}{f}\left(1 + \frac{f - \delta}{\pi}\right) \qquad \text{ou} \qquad \mathrm{P} = \frac{1}{f}\left(1 + \frac{f - \delta}{\rho}\right).$$

citer celle du microscope simple de Nachet (*fig.* 402). La lentille peut s'approcher ou s'éloigner de la platine qui porte l'objet que l'on examine, à l'aide d'une vis de rappel. Des plaques métalliques, fixées latéralement à la platine, permettent d'appuyer les mains s'il s'agit de faire une préparation sous le microscope, comme cela peut être nécessaire pour certaines dissections fines.

Fig. 402.

872. Loupe de Brucke. Lunette de Galilée. — Les appareils dont nous allons parler se rattachent aux appareils composés précédents en ce qu'ils fournissent une image virtuelle et droite sans qu'il y ait eu production d'image réelle dans l'appareil; ils en diffèrent en ce qu'ils sont formés par la combinaison d'une lentille convergente et d'une lentille divergente : la première, tournée du côté de l'objet, s'appelle l'*objectif*, la seconde, près de laquelle on applique l'œil, est désignée sous le nom d'*oculaire*.

L'objet étant placé plus loin que le foyer principal de l'objec-

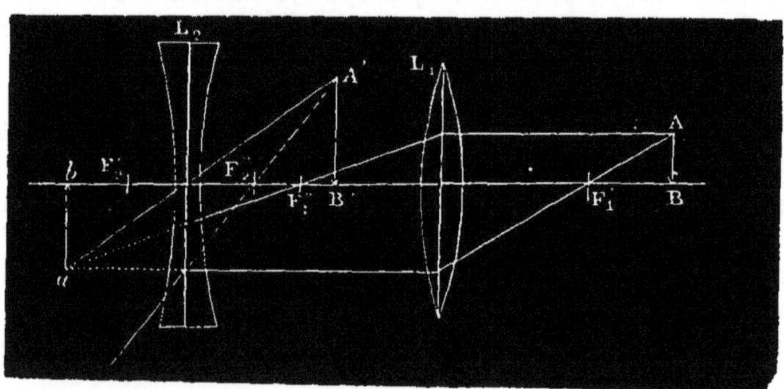
Fig. 403.

tif L_1, les rayons qui en émanent et arrivent sur cette lentille donneraient en *ab* une image réelle; mais avant ce point on place l'oculaire divergent L_2 qui coupe ainsi avant leurs sommets les cônes convergents qui auraient produit cette image réelle, de telle sorte que la position géométrique de cette image réelle soit située plus loin que la distance focale. On sait alors que l'on aura une image virtuelle de cet objet virtuel et que cette image A'B' sera renversée, qu'elle sera par conséquent de même sens que l'objet même que l'on regarde.

Deux cas différents peuvent se présenter, suivant que l'objet AB que l'on regarde est à la portée de l'observateur qui peut le déplacer à volonté ou, au contraire, que c'est un objet éloigné, hors de portée.

Dans le prémier cas l'objet AB est placé en général de manière à ce que l'image ab qu'en donnerait l'objectif serait plus grande que AB, et de même l'image A′B′ que donne l'oculaire est plus grande que ab; on regarde donc une image A′B′ plus grande en réalité que l'objet. L'appareil disposé dans ce but est connu sous le nom de *loupe de Brücke*.

Si l'objet est hors de portée, il est toujours bien plus loin que le double de la distance focale de l'objectif, et l'image réelle ab que cette lentille donnerait est beaucoup plus petite que l'objet; aussi, bien que, en général, A′B′ soit plus grand que ab, est-il presque toujours plus petit que l'objet AB. Dans ce cas, la lunette est avantageuse non parce qu'elle donne un grossissement dans le sens vulgaire du mot, comme dans le cas précédent, mais parce qu'elle donne une image rapprochée : l'image est plus petite que l'objet, mais sa distance est moindre que celle de l'objet; le rapport des images rétiniennes dans les deux cas est égal au rapport des diamètres apparents (839). Si le rapprochement de l'image est assez considérable, son diamètre apparent sera plus grand que celui de l'objet, malgré que l'image soit plus petite que ce dernier, et il y aura intérêt à employer l'appareil.

Les appareils, du genre que nous venons de décrire, qui servent à regarder les objets éloignés, sont appelés *lunettes de Galilée*.

Il importe de remarquer que les indications que nous venons d'exposer s'appliquent non seulement aux lunettes de Galilée, mais à tous les appareils destinés à regarder les objets éloignés, aux lunettes, aux télescopes, qui donnent des images *plus petites* que l'objet, mais plus rapprochées [1].

Les lorgnettes de spectacle sont des lunettes de Galilée. Généralement, tant pour augmenter l'éclat des images que pour permettre d'avoir la sensation du relief par la vision binoculaire, on en accouple deux, une pour chaque œil : c'est là ce qui constitue les *jumelles*.

Dans les jumelles, pour éviter les irisations sur les bords des images, on emploie surtout pour les objectifs des lentilles achromatiques.

---

1. La valeur du grossissement dans ce cas encore conserve, bien entendu, la valeur générale que nous avons donnée :

$$g = \frac{f + d - \delta}{f} \cdot \frac{D}{d}$$

Dans cette formule, D conservera sa valeur, car l'observateur regardant directement l'objet ne peut faire varier sa position ; mais il faudra donner à d, suivant les cas (867 note), soit la valeur π, soit la valeur ρ.

873. Microscope composé. — Les appareils dont nous avons à parler maintenant, et qui servent à des usages très différents, ont un caractère commun : on obtient dans l'appareil une *image réelle* que l'on regarde avec une loupe qui en donne une image virtuelle.

Nous nous occuperons d'abord du *microscope* proprement dit ou *microscope composé*.

Le microscope comprend une lentille L_1 de petite distance focale.

l'objectif, devant laquelle on place l'objet à une distance comprise entre la distance focale et le double de cette distance (c'est-à-dire entre le plan focal et le plan principal inverse). Nous savons que, dans ces conditions, on a de l'autre côté de la lentille, au delà du plan principal inverse, en ab une image réelle et agrandie. Cette image réelle pourrait être vue et étudiée directement par un observateur se plaçant à une distance convenable ; mais on préfère employer une seconde lentille L_2 également convergente, qui se place devant l'œil, et reçoit pour cette cause le nom d'*oculaire*; cette lentille joue le rôle d'une loupe, et donne en A'B' une image virtuelle, droite et agrandie de ab, par suite une image très agrandie et renversée de l'objet AB.

Le grossissement fourni par le microscope composé peut atteindre une valeur considérable, et l'image a souvent un diamètre 500 fois plus grand que l'objet. On conçoit facilement que cette image serait bien peu éclairée, si l'on n'avait le soin de concentrer sur l'objet une grande quantité de lumière, qui donne à l'image assez de vivacité pour être nettement perçue. L'éclairement de l'objet se fait, soit à l'aide d'un miroir concave, situé en dessous, et renvoyant vers l'objectif les rayons qu'il reçoit des nuées ou d'une lampe placée à quelque distance, soit à l'aide d'une lentille convergente, concentrant sur l'objet tous les rayons lumineux qui tombent à sa surface. Dans certains cas, il est utile d'éclairer l'objet par-dessous, mais obliquement, et non plus dans la direction même de l'objectif; on y arrive facilement par un déplacement convenable du miroir réflecteur.

Outre les pièces précédentes, un microscope doit encore pré-

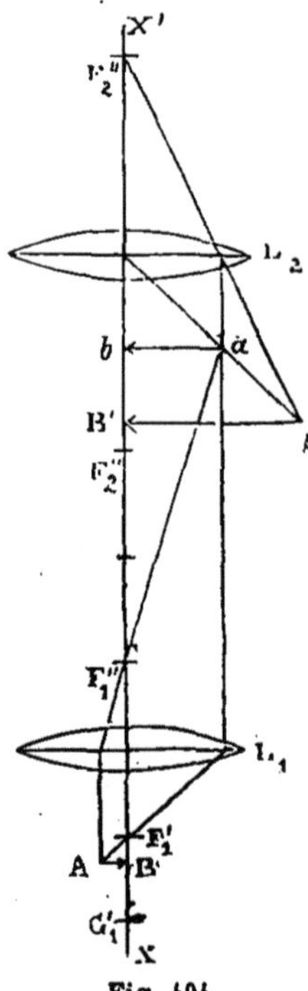

Fig. 404.

senter un mécanisme qui permette de placer à une distance convenable l'objet et l'objectif; l'oculaire doit pouvoir se déplacer également, de manière à s'approcher ou s'éloigner de l'image *ab*, et

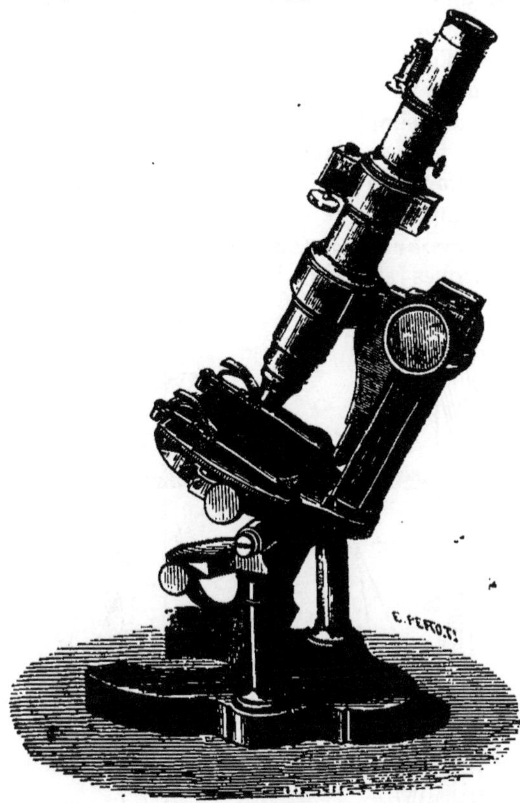

Fig. 405.

pouvoir servir aux vues des diverses variétés que nous avons signalées. Dans certains cas, un diaphragme, percé de trous de diamètres différents, est nécessaire pour régler l'éclairement de l'objet. Enfin, il peut être avantageux que tout l'appareil puisse s'incliner autour d'un axe horizontal, comme l'indique la figure 405 qui représente un des modèles les plus complets de M. Nachet.

Dans quelques microscopes, pour éviter la position gênante de l'observateur, on emploie la disposition suivante, indiquée par Amici. Le tube qui contient l'oculaire est horizontal, à angle droit par conséquent avec celui qui contient l'objectif; les rayons qui ont traversé cette dernière lentille rencontrent normalement une face d'un prisme situé au sommet de cet angle, y pénètrent et, après s'être réfléchis totalement sur la face hypoténuse qui les a rendus horizontaux, ils sortent du prisme, et vont former l'image réelle en avant de l'oculaire, qui est, bien entendu, placé verticalement.

874. — Nous ne saurions décrire toutes les formes de microscopes et tous les détails que comporte un appareil complet; nous devons nous borner à quelques indications générales.

Malgré le petit diamètre donné aux objectifs, et à cause de leur faible distance focale, il est difficile d'éviter les déformations cau-

sées par l'aberration de sphéricité ; aussi dans les appareils puissants
emploie-t-on des *objectifs composés*, systèmes convergents formés de
plusieurs lentilles, ayant une faible distance focale, et présentant
cependant très peu d'aberration.

De même aussi, au lieu d'une seule lentille comme oculaire, on
fait usage, en général, d'un doublet ou d'un triplet (870), combinaison qui fonctionne comme une simple loupe. Dans ces appareils on
peut toujours par la pensée, pour se rendre compte de la formation
géométrique des images, remplacer l'objectif composé et l'oculaire
composé chacun par une simple lentille.

875. Champ du microscope ; lentille de champ. —
Les constructions géométriques relatives à la formation des images
ne suffisent pas pour déterminer les conditions de l'emploi d'un microscope : pour qu'un point soit vu dans un micros-cope, il ne faut pas
seulement qu'on ait déterminé son image à l'aide de rayons, lignes de
construction convenablement choi-sies ; il faut qu'un *faisceau* parti de
ce point puisse parvenir à l'œil de l'observateur après avoir tra-versé
l'instrument.

Il est évident que tout point de l'objet A ou C don-

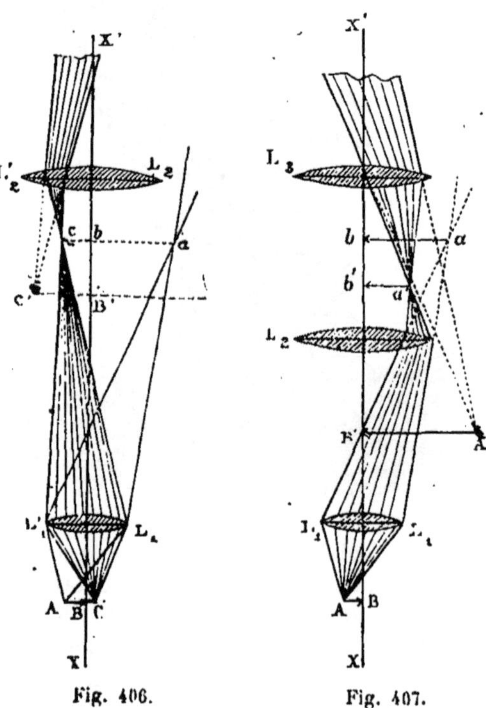

Fig. 406.   Fig. 407.

nera un faisceau divergent ayant pour base l'objectif $L_1 L'_1$ (*fig.* 406), faisceau qui sera transformé en un faisceau convergent $L_1 L'_1 a$ ou $L_1 L'_1 c$
(si l'objet est plus loin que le foyer F'_1, ce que nous avons supposé) ;
mais, par la suite ces deux faisceaux ne se comporteront pas de
même : l'un $L_1 L'_1 a$ ne rencontrera pas l'oculaire L_2 et, par suite, il n'y
aura pas pour un observateur d'image virtuelle de a, puisque aucun
rayon passant en ce point ne parviendra à son œil. Au contraire, le

faisceau convergent L₁L₁c transformé en faisceau divergent rencontrera l'oculaire et donnera à la suite un autre faisceau divergent dont le sommet serait en C', de telle sorte que pour un observateur dont l'œil recevrait ce faisceau l'impression sera la même que si le faisceau partait de C' ; ce point est l'image virtuelle de C.

On conçoit donc que l'observateur ne pourra pas voir tous les points d'un objet situé en ABC, mais seulement ceux qui ne sont pas trop éloignés de l'axe. Cette condition, que le faisceau réfracté par l'objectif doit rencontrer l'oculaire, limite le *champ* du microscope qui dépend des distances focales et des ouvertures des lentilles. On ne peut, comme nous l'avons dit, augmenter l'ouverture de l'objectif à cause de l'aberration de sphéricité : il serait inutile de faire croître l'ouverture de l'oculaire au delà d'une certaine grandeur, parce que les faisceaux que recevrait alors cet oculaire à sa périphérie ne pourraient tomber dans l'œil de l'observateur, à travers sa pupille, ce qui est la condition nécessaire évidemment.

On peut démontrer que, pour un appareil construit comme nous venons de l'indiquer, on ne peut faire croître le grossissement sans diminuer le champ.

876. — Dans le but d'augmenter le champ, on emploie en général une troisième lentille convergente dite *lentille de champ* et placée entre l'objectif L₁ et l'endroit *ab* où se formerait l'image réelle de l'objet (*fig.* 407) : on obtient alors une nouvelle image réelle en *a'b'* plus près de cette lentille L₂ et plus petite que *ab*. On voit alors que le faisceau émané de A₁ et qui après avoir passé en *a* serait tombé en dehors de l'oculaire, est dévié, qu'il passe en *a'* et tombe plus près de l'axe, rencontrant l'oculaire. L'observateur pourra donc voir l'image A' correspondant à A, ce qui n'aurait pu avoir lieu sans l'interposition de L₂. Le champ a donc été augmenté.

Disons, sans vouloir insister, que la lentille de champ est utilisée en outre pour constituer avec l'objectif un système plus achromatique que ne serait l'objectif seul, même rendu achromatique.

Souvent, la lentille de champ est reliée matériellement par un tube de laiton à l'oculaire et l'on dit que l'ensemble de ces deux lentilles forme un *oculaire composé négatif*. Mais, malgré la liaison matérielle, cette manière de considérer les choses est inexacte : la lentille de champ concourt avec l'*objectif* à donner une image *réelle* que l'on regarde à l'aide de l'oculaire qui en donne une image virtuelle : il serait plus logique de dire que la lentille de champ et l'objectif forment ensemble un *objectif composé*.

877. **Reproduction des images. Grossissement.** — Il est très intéressant, dans un travail de recherches au microscope, de pouvoir reproduire exactement les images que l'on a sous les

yeux. On arrive à ce résultat, à l'aide d'une chambre claire (864) que l'on peut fixer, au moyen d'une monture spéciale (*fig.* 408), au-dessus de l'oculaire, et qui permet de voir à la fois l'image de l'objet dans le microscope et la pointe du crayon qui se meut sur un papier placé à côté de l'instrument, et sur lequel précisément l'œil projette l'image dont on peut suivre les contours.

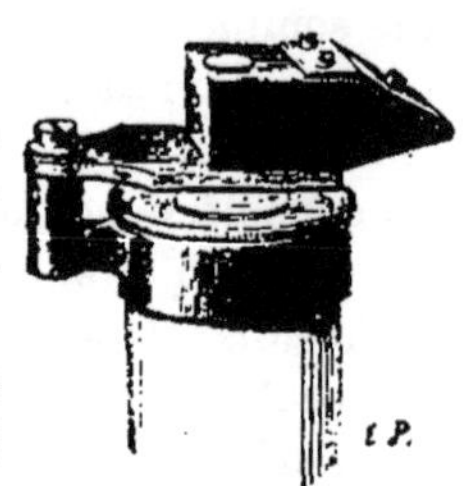

Cette chambre claire dont le principe général est le même que nous avons indiqué plus haut comprend un système à réflexion totale analogue à celui de la figure 329.

Fig. 408.

On peut également, à l'aide de la chambre claire, mesurer expérimentalement le grossissement produit par le microscope. Pour cela, on fait usage d'un micromètre, qui consiste en une lame de verre mince, sur laquelle on a tracé avec un diamant des traits fins très rapprochés, au nombre de cinq cents, par exemple, dans l'étendue de 1 millimètre; ce micromètre étant placé sous l'objectif, on regarde son image à l'aide de la chambre claire, et on la projette sur une règle divisée en millimètres; si, par exemple, il faut quatre divisions du micromètre pour 1 millimètre, chaque division valant 1/500 de millimètre, on voit que le grossissement en diamètre est de 500/4 ou de 125 fois.

L'étude complète des microscopes ne peut être faite dans un traité de physique générale et nous devons renvoyer aux livres spéciaux, aux monographies pour l'indication de toutes les questions de détail. Il nous suffit d'avoir indiqué les principes sur lesquels repose la construction de ces importants instruments.

878. Lunette astronomique. — Cette lunette, comme l'indique son nom, est destinée à l'observation des astres, c'est-à-dire

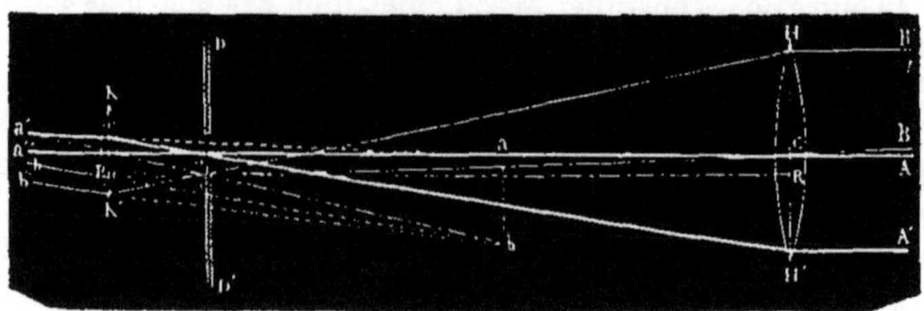

Fig. 409.

d'objets très éloignés et tels, que l'on puisse considérer les rayons qui arrivent de chacun de leurs points comme parallèles. Elle se compose essentiellement d'une lentille convergente III' (*fig.* 409),

dirigée vers l'objet, l'*objectif*, et recevant les rayons qui en émanent.
Soient AC et BC les directions extrêmes de ces rayons. L'objet pouvant être considéré comme placé à l'infini, on a en $\alpha\beta$, au foyer
principal de l'objectif, une image très petite, lumineuse, réelle et
renversée de l'objet. En plaçant l'œil sur l'axe Aa'', à la distance de
la vue distincte, on pourrait voir cette image. Mais, en réalité, on
l'amplifie à l'aide d'une lentille convergente KK′, servant de
loupe et donnant en *ab* une image virtuelle de l'objet qui est évidemment renversée, par rapport à l'objet, par suite de la marche
des rayons.

La position de l'image réelle $\alpha\beta$ est fixe ; la position de l'image *ab*
dépend de celle de l'oculaire, et nous pouvons répéter à ce sujet,
comme aussi pour le grossissement, tout ce que nous avons dit à
propos de la loupe [1].

Comme l'objet observé ne peut être éclairé à volonté, il faut
recueillir la plus grande quantité possible de rayons, donc donner
à l'objectif une ouverture maxima. Mais la difficulté d'obtenir de
grandes masses homogènes de verre et les erreurs produites par
l'aberration de sphéricité limitent les dimensions de l'objectif.

D'autre part, le diamètre de l'oculaire est déterminé par cette
condition, que les rayons qui en émergent pour être utiles doivent
passer à travers la pupille, celle-ci étant placée en un point nommé
l'anneau oculaire, où, comme le montre la figure, le faisceau

---

1. Le grossissement dans le cas de la lunette astronomique est donné comme
toujours par la formule générale ; mais en remarquant que l'objet est à l'infini,
que son image se fait dans le plan focal de l'objectif, et que l'on peut négliger la distance de l'objectif à l'œil devant sa distance à l'objet, on peut arriver
à une formule simplifiée. Soient I′ la grandeur de l'image réelle formée par l'objectif dont f_1 est la grandeur focale. Le diamètre apparent BCA de l'objet est
égal à $\beta C\alpha$, soit à $\dfrac{I'}{f_1}$: d'autre part, soit l l'image de I′ vu à travers la loupe de
distance focale f_2 et à la distance d du centre optique de l'œil ; le diamètre
apparent de cette image serait $\dfrac{I}{d}$; mais en appliquant la remarque indiquée plus
haut (869 note), on aurait

$$\frac{I}{I'} = \frac{f_2 + d - \delta}{f_2} \qquad \text{d'où} \qquad \frac{I}{d} = \frac{I'}{d}\frac{f_2 + d - \delta}{f_2},$$

et, par suite, le grossissement g, égal au rapport des diamètres apparents,
donne

$$g = \frac{I}{d} : \frac{I'}{f_1} = \frac{f_1 (f_2 + d - \delta)}{f_2 d} = \frac{f_1}{f_2}\Big(1 + \frac{f_2 - \delta}{d}\Big),$$

équation dans laquelle, suivant les cas, il faut remplacer d par π ou par ρ. Si
l'on imagine, ce qui paraît être le cas ordinaire, qu'il faille prendre cette dernière valeur ρ, et si l'on considère un œil emmétrope pour lequel ρ est infini,
la valeur du grossissement se simplifie et devient

$$g = \frac{f_1}{f_2}$$

émergent subit une espèce d'étranglement. C'est en ce point que doit être fixé l'œilleton.

Lorsque l'on veut faire des observations avec une grande précision, on détermine dans la lunette une direction fixe, au moyen d'un *réticule*, qui consiste le plus souvent en deux fils très fins (fils d'araignées ou fils de platine, de $1^{mm}/1500$ de diamètre), croisés à angle droit. Ces fils sont fixés dans le plan focal, et observés avec l'oculaire, en même temps que l'image réelle que l'on y peut rapporter comme position.

Enfin, pour que les images ne soient pas troublées par des causes étrangères, on noircit intérieurement toutes les parties métalliques de la lunette, afin d'empêcher qu'il n'y ait des réflexions inutiles de quelques rayons sur les parois.

879. Lunette terrestre. — On désigne sous ce nom des appareils destinés à voir des objets éloignés, comme la lunette astronomique, mais à donner des images droites et non renversées. Les lunettes terrestres présentent, comme les lunettes astronomiques, un objectif HH′ destiné à donner à son foyer une image réelle αβ de l'objet, et un oculaire KK′, qui sert, comme une loupe, à regarder une image réelle. Mais il y a en plus deux lentilles destinées à redresser l'image. Ces lentilles MM′ et NN′ (*fig.* 410) sont de

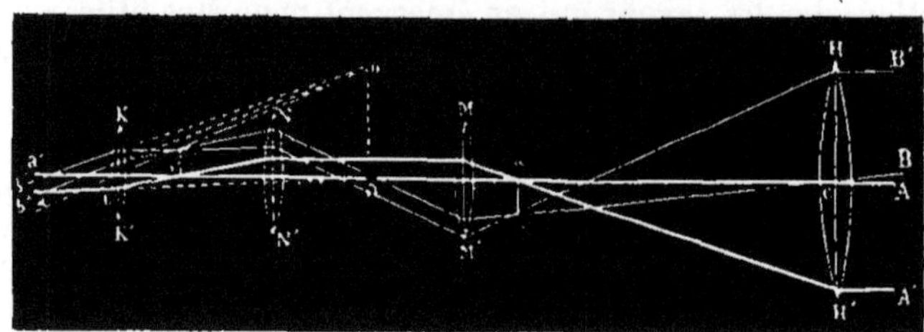

Fig. 410.

même diamètre et de même distance focale ; la première est placée à une distance de l'image réelle αβ, formée par l'objectif, égale à sa distance focale, les rayons qui en proviennent émergent parallèlement de cette lentille et rencontrent la seconde NN′, en formant à son foyer principal une image α′β′, qui est égale et contraire à αβ (707) et, par suite, qui est droite par rapport à l'objet. C'est cette image réelle que l'on regarde avec l'oculaire.

Cette lunette présente, sur la disposition de l'appareil précédent, deux désavantages. A égalité de puissance, elle est plus longue de la distance αα′, et de plus elle donne des images moins lumineuses, les rayons ayant traversé une plus grande épaisseur de milieux.

880. Laryngoscope. — Cet appareil est destiné à observer le larynx, soit à l'état physiologique, soit à l'état pathologique. Son usage tend à se répandre davantage de jour en jour, et son mode d'action fort simple en rend l'emploi très facile.

Les rayons d'une lampe B (*fig.* 411) traversent une lentille convergente C, maintenue à distance convenable par un support à collier ; le faisceau obtenu est projeté dans la cavité buccale de la personne soumise à l'observation, et rencontrent à la partie postérieure un petit miroir métallique supporté par un manche que l'observateur tient à la main. Par une inclinaison convenable, les rayons réfléchis sont renvoyés vers le larynx qu'ils éclairent

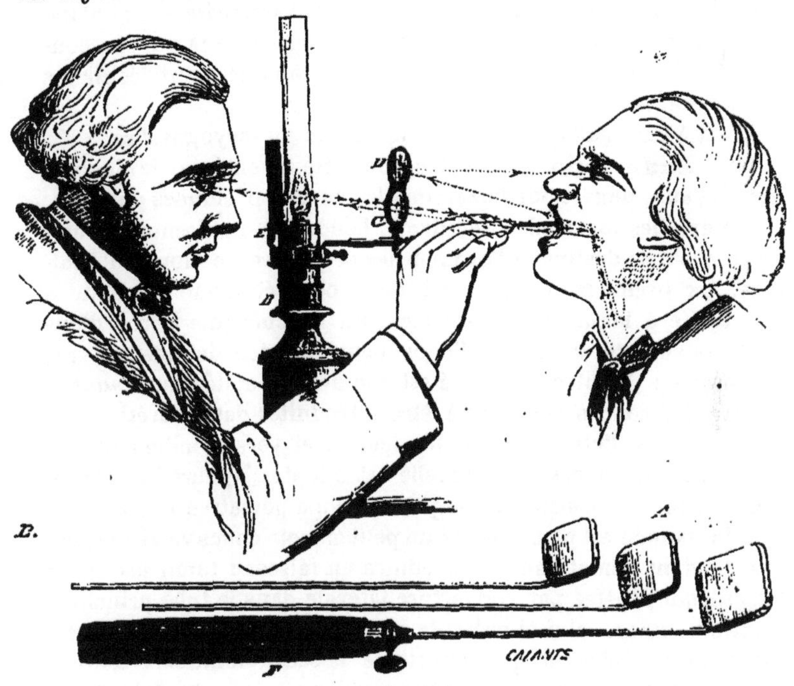

Fig. 411.

avec une intensité suffisante ; le larynx éclairé émet, à son tour, des rayons qui sont réfléchis par le miroir, et sortent presque horizontalement pour pénétrer dans l'œil de l'observateur qui voit l'image du larynx derrière le miroir et à peu près verticale. Un écran E, fixé sur la lampe, empêche les rayons d'arriver directement à l'observateur qu'ils éblouiraient et rendraient incapable de voir nettement l'image moins éclairée du larynx.

Les miroirs consistent simplement en de petites plaques carrées de métal poli, représentées en A sur la figure, et soudées par un de leurs angles à une tige métallique, avec laquelle elles font un angle très ouvert, de 135° à peu près.

L'appareil peut être très facilement complété, de manière à permettre un examen *autoscopique* du larynx. A cet effet, la lentille est surmontée d'un miroir D, sur lequel une inclinaison convenable du miroir placé dans la bouche peut faire tomber les rayons réfléchis. Le miroir D, mobile également autour d'un axe horizontal, est incliné de manière à réfléchir les rayons qu'il reçoit sur l'œil de la personne même dont le larynx est éclairé.

Dans l'examen laryngoscopique, il faut avoir soin de chauffer légèrement le miroir métallique A avant de l'introduire dans la bouche. Sans cette précaution, il se couvrirait immédiatement d'une buée provenant de la condensation à sa surface de la vapeur contenue dans l'haleine, et qui le rendrait incapable de réfléchir les rayons lumineux.

C'est à Czermak que l'on doit l'invention du laryngoscope.

881. Endoscope. — L'endoscope a été inventé par le docteur Desormeaux, dans le but d'examiner les cavités profondes du corps.

Comme les appareils précédents, l'endoscope présente à considérer la partie destinée à l'examen des organes et le moyen d'éclairage. La première consiste en un tube métallique portant, à l'extrémité à laquelle on place l'œil, un diaphragme percé d'une petite ouverture, et à laquelle on peut adapter des instruments grossissants. L'autre extrémité est une douille effilée sur laquelle on fixe des sondes destinées à être introduites dans l'urèthre, les fosses nasales, l'utérus, etc. Latéralement et vers le milieu du tube se trouve une ouverture à laquelle est adapté l'appareil d'éclairement. Celui-ci consiste en une petite lampe portative à gazogène, dont la flamme est placée entre un petit miroir concave et une lentille tendant l'un et l'autre à produire un faisceau lumineux assez intense, qui pénètre par l'ouverture latérale dans le tube principal. A cette hauteur, celui-ci présente un miroir métallique incliné à 45° sur l'axe du tube, et qui renvoie le faisceau lumineux dans la direction même de la douille. Les parties situées à l'extrémité de cette douille sont éclairées assez fortement par le faisceau réfléchi pour être vues nettement; mais, pour que les rayons qui en émanent puissent parvenir à l'œil, il faut, comme pour l'ophtalmoscope, que le miroir métallique soit percé en son centre d'une petite ouverture correspondant exactement à celle du diaphragme derrière lequel on place l'œil. On peut, à l'aide de l'endoscope, étudier avec facilité la couleur, l'aspect, etc., des membranes qui tapissent les cavités du corps.

882. Ophtalmoscope. — Cet appareil, qui présente actuellement une grande importance, au point de vue médical, non seulement pour le diagnostic des affections de l'organe de la vue, mais même dans un grand nombre d'autres maladies, est destiné à permettre l'examen du fond de l'œil.

Il est facile de se rendre compte pourquoi l'on ne peut apercevoir le fond de l'œil dans les conditions normales. Il faut, en effet, pour que l'on puisse voir les divers points de la rétine, qu'il y parvienne des rayons lumineux, destinés à les éclairer, c'est-à-dire des rayons émanés d'un corps lumineux, et qui, après avoir subi l'action des milieux réfringents de l'œil, aillent converger sensiblement en ces points : d'autre part, les rayons émanés de ces points de la rétine, agissant comme corps lumineux, doivent, en repassant dans les milieux de l'œil, puis dans l'air, arriver à l'œil même de l'observateur. Il faut donc, en vertu du retour inverse des rayons lumineux, que l'œil de l'observateur et la flamme éclairante soient en ligne droite avec l'œil observé. Il y a impossibilité d'arriver à une observation directe, car la flamme ne peut être située derrière l'expérimentateur évidemment, ni devant, puisqu'elle l'éblouirait. Il faut avoir recours à des procédés indirects, dont l'indication est due à **M.** Helmholtz. Nous allons décrire le principe seulement, sans indiquer les modifications diverses et nombreuses qui portent seulement sur des détails.

Les observations à l'ophtalmoscope doivent être faites dans une chambre obscure ; la source de lumière consiste généralement en une lampe L entourée d'un manchon opaque percé d'une ouverture, par laquelle s'échappe un faisceau lumineux que l'on rend sensiblement parallèle au moyen d'une lentille convergente HH

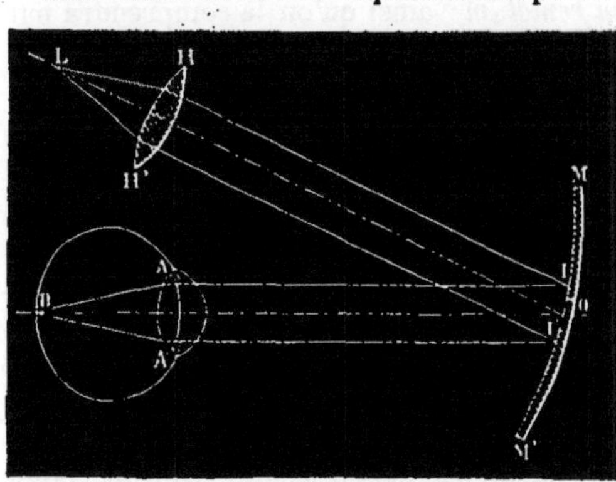

Fig. 412.

(*fig.* 412). La lampe doit être placée à côté de la personne soumise à l'exploration ophtalmoscopique, et presque en face de l'observateur. Le faisceau lumineux est reçu sur un miroir MM', quelquefois convexe ou plan, mais le plus souvent concave, et qui est tenu à la main ou porté sur un pied qui permet de lui donner des inclinaisons très variables. On le place par tâtonnement, de telle sorte que le faisceau lumineux qu'il réfléchit aille tomber sur l'œil observé. Une partie de ce faisceau pénètre par la pupille, et, rendu convergent par les milieux de l'œil et le cristallin, va former un foyer lumineux en BB' sur la rétine, ou du moins à une faible distance. Le maximum d'éclairement correspond au premier cas, mais alors l'espace éclairé est très restreint ; cet espace sera plus vaste et bien suffisamment éclairé encore si, le croisement des rayons ayant lieu à quelque distance, la rétine coupe le cône lumineux avant ou après.

La rétine ainsi éclairée émet à son tour des rayons qui traversent l'œil en sens contraire et en sortent dans la direction même du miroir qui les renverrait en L, s'il ne présentait en O une ouverture par laquelle une partie de ces rayons passe pour aboutir dans l'œil de l'observateur placé derrière.

883. — On conçoit, d'après ce que nous venons de dire, que la rétine puisse être éclairée, et qu'un observateur puisse la distinguer ; il faut se rendre compte de la manière dont on peut obtenir des images nettes.

On soumet d'abord l'œil que l'on veut observer à l'action de la belladone qui produit un double effet. Elle empêche d'une part la contraction de l'iris et, donnant à la pupille le diamètre maximum, permet l'introduction d'une assez grande quantité de lumière ; d'autre part, la belladone s'oppose à l'accommodation et dispose l'œil dans un état optique invariable, correspondant à la vision nette au *punctum remotum :* ainsi qu'on le comprendra par ce qui va suivre, les variations rapides de l'état d'accommodation s'opposeraient à une observation facile.

Si l'œil observé est myope (842), la rétine se trouvant en arrière du foyer principal lors de l'accommodation nulle, la rétine éclairée doit donner en avant de l'œil, et à la distance du *punctum remotum*, une image réelle et renversée ; mais cette image, relativement éloignée, est très grande et très peu lumineuse (711). Aussi serait-il très difficile de l'observer directement. De plus, l'œil, quelle que fût sa position, ne pourrait recevoir simultanément qu'un petit nombre des faisceaux émanés des divers points de cette image : l'observateur ne pourrait donc pas voir l'image dans son ensemble, mais seulement partie par partie, ce qui rendrait l'étude presque impossible.

Il ne se produirait aucune image réelle de la rétine si l'œil examiné était emmétrope ou hypermétrope, car les rayons émis par la rétine sortiraient parallèles ou divergents. Cependant l'œil de l'observateur recevant directement ces rayons pourrait, dans certains cas, voir nettement l'image virtuelle et droite de la rétine, mais cette image serait, comme précédemment, trop éloignée, trop grande et trop peu éclairée.

On conçoit que pour le cas d'une myopie exagérée, dans laquelle

le *punctum remotum* se trouverait à quelques centimètres de l'œil,
l'image réelle qui se formerait pourrait être assez peu amplifiée
et, par suite, assez fortement éclairée pour être nettement visible. De même, si l'hypermétropie était extrêmement prononcée,
l'image virtuelle qui serait perçue par l'observateur serait aussi
assez petite et assez nette pour être facilement distinguée. On
arrive à donner aux yeux ces défauts exagérés, dont nous venons
d'indiquer les résultats satisfaisants au point de vue ophtalmoscopique, par l'interposition de lentilles convenables. En produisant
artificiellement une myopie exagérée, on obtient des images réelles
et *renversées;* on a, au contraire, des images virtuelles et *droites* en pro-
duisant une hypermétro-
pie extrême. Par suite,
deux modes distincts
d'observation.

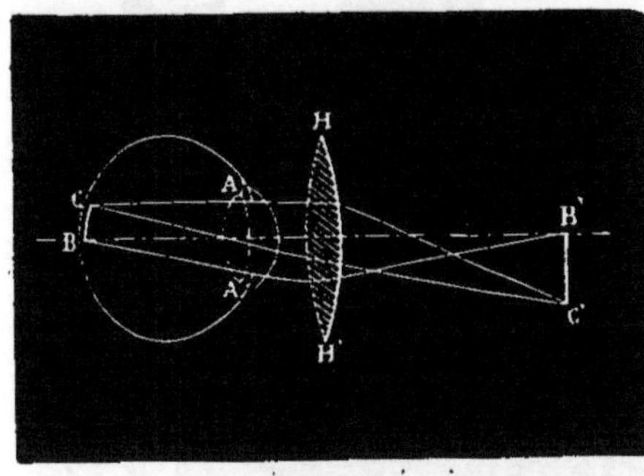

Fig. 413.

*Observation par l'i-
mage renversée.* — Dans
ce mode d'observation,
on place une lentille HH′
(*fig.* 413) assez fortement
convergente près de l'œil que l'on doit étudier; soit BC la portion de
la rétine éclairée; les rayons qui en émanent sous l'influence des milieux
réfringents de l'œil et de la lentille donnent en B′C′ une image *réelle
et renversée* de la partie BC. L'observateur, placé en O à une distance qui corresponde pour lui à une vision nette, pourra étudier
l'image B′C′; c'est en O que doit être placé le miroir réflecteur. Si
cette distance, pour un certain observateur, était trop grande ou
trop petite, on la
ramènerait à une va-
leur convenable par
l'interposition en O
d'une lentille concave
ou convexe, agissant
comme besicle.

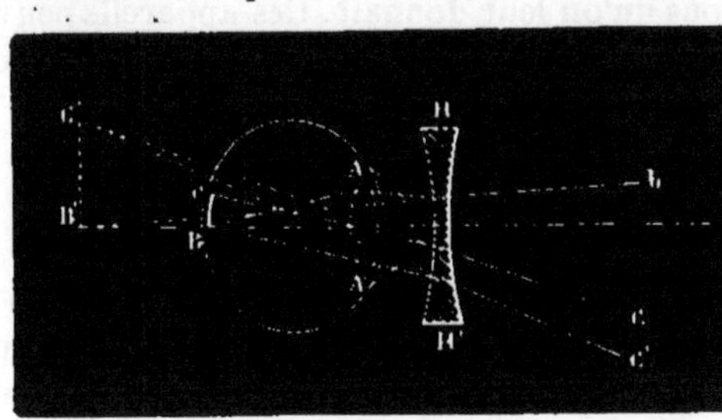

Fig. 414.

*Observation par
l'image droite.* — C'est
une lentille diver-
gente HH′ (*fig.* 414) que l'on place devant l'œil observé dans ce cas;
les rayons sortent en divergeant et vont pénétrer dans l'œil de
l'observateur, qui voit en B′C′ l'image *droite et virtuelle* de la partie BC de la rétine.

La théorie de l'ophtalmoscope ne présente aucune difficulté réelle ; il n'en est pas de même de l'application, pour laquelle le manuel opératoire est assez délicat. En général, la tête du malade étant maintenue fixe, l'observateur tient à la main le miroir percé (*fig.* 415) dont il fait varier à son gré la direction et la posi-

Fig. 415.

tion. Il faut éviter, on le conçoit, les mouvements brusques, les changements rapides. Aussi a-t-on proposé des ophtalmoscopes fixes, dans lesquels les diverses pièces étaient invariablement maintenues dans les positions qu'on leur donnait. Ces appareils peuvent être utiles aux débutants, mais leur complication et leur volume les ont fait abandonner en général.

L'examen ophtalmoscopique doit être répété souvent, si l'on veut y acquérir une certaine habileté. Pour éviter la difficulté que l'on éprouve souvent à avoir à sa disposition des yeux que l'on puisse examiner, M. le docteur Perrin a fait construire un *œil ophtalmoscopique.* C'est une pièce creuse à peu près cylindrique, montée sur un pied autour duquel elle peut tourner par l'intermédiaire de la charnière O (*fig.* 416). A la partie postérieure, on adapte une portion sphérique C simulant la rétine, sur laquelle on a peint les aspects physiologiques ou pathologiques de cette membrane ; sur l'autre base de la pièce cylindrique, on visse une lentille A produisant à elle seule le même effet de réfraction que l'ensemble des divers milieux de l'œil ; des diaphragmes de différents diamètres remplacent l'iris.

Fig. 416.

Par la substitution d'une lentille à une autre, ou par un simple changement de position du fond, on peut reproduire les conditions optiques des divers genres de vue : emmétropie, myopie, hypermétropie et même *astigmatisme* (848).

Nous n'avons pas besoin d'insister pour faire comprendre les avantages que l'on peut retirer d'un emploi judicieux de cet instrument pour se préparer à l'examen ophtalmoscopique réel.

884. Ophtalmoscope binoculaire ; microscope binoculaire. — M. le Dr Giraud Teulon a imaginé un ophtalmoscope à l'aide duquel on obtient la sensation de relief : les faisceaux émanés de l'œil et passant à travers l'ouverture du miroir (*fig.* 417) tombent sur un double système de

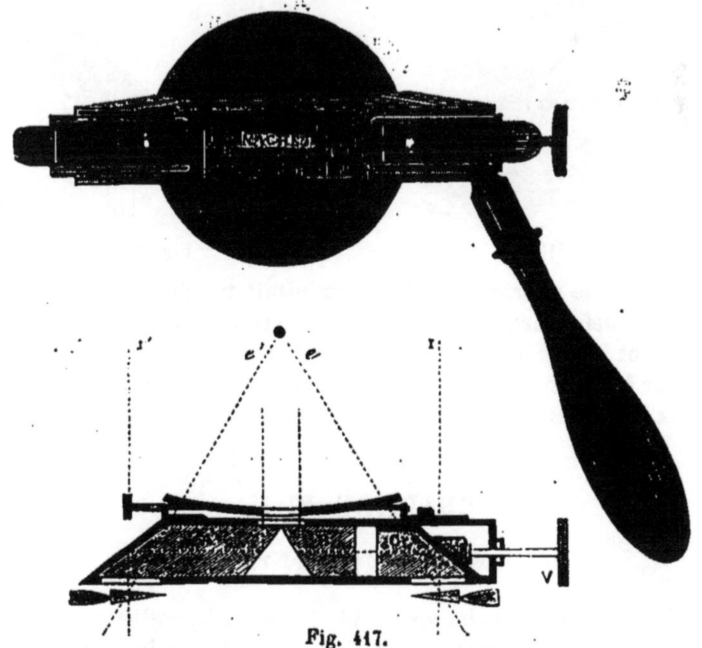

Fig. 417.

prismes à réflexion totale A, BC qui sépare ces faisceaux en deux parties qu'il écarte en I et I' à une distance égale à celle des yeux de l'observateur et que l'on peut d'ailleurs faire varier en déplaçant la pièce C à l'aide de la vis V. Comme dans le stéréoscope, on place des prismes ou des demi-lentilles qui dévient les faisceaux avant leur entrée dans l'œil et font fusionner les images comme si les rayons partaient d'un même point E. Ces conditions sont celles qui concourent à la production de la sensation de relief, ainsi que nous l'avons indiqué (858).

Une disposition analogue (*fig.* 419) a été appliquée aux microscopes ; mais on a dû la compliquer un peu ensuite, parce que les images étant vues ren-

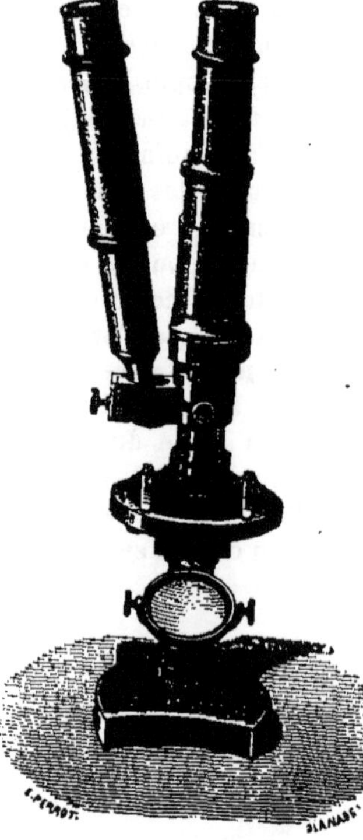

Fig. 418.

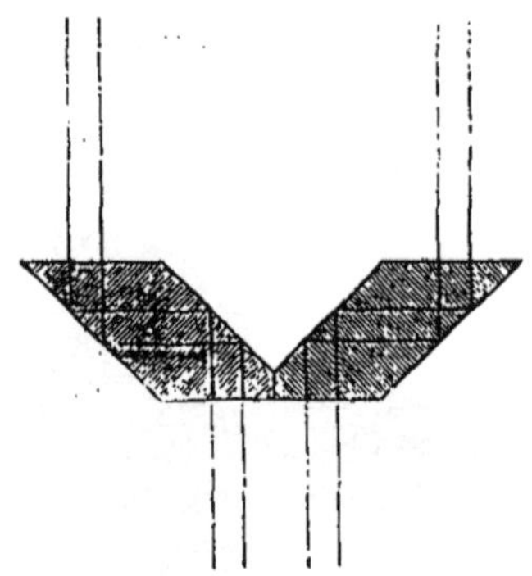

Fig. 419.

versées dans le microscope, il se produisait un effet de *pseudoscopie* : les reliefs paraissaient être des creux et inversement. On a obvié à cet inconvénient en forçant les faisceaux à se croiser avant d'arriver à former les deux images réelles que l'on regarde à l'aide de deux oculaires.

CHAPITRE VIII

NOTIONS D'OPTIQUE PHYSIQUE.

885. — Nous avons indiqué (614) les deux hypothèses par lesquelles on a successivement tenté d'expliquer les phénomènes optiques. L'hypothèse des *ondulations,* due à Huyghens, et que les travaux des physiciens modernes, et particulièrement de Fresnel, ont complétée, est aujourd'hui universellement adoptée.

Dans cette hypothèse, on admet que les espaces qui nous séparent des planètes et des étoiles, aussi bien que les intervalles entre les molécules des corps, sont remplis par un fluide spécial, l'*éther lumineux*, éminemment élastique, et dont les molécules sont très mobiles. Lors de l'ébranlement de l'une d'entre elles, le mouvement vibratoire qu'elle prend se communique à toutes les molécules voisines, et met en vibration des molécules réparties sur une surface qui a reçu le nom d'*onde*. Mais le mouvement se transmettant de proche en proche, l'onde acquiert des dimensions toujours croissantes; dans un milieu *isotrope* (homogène au point de vue optique), ces surfaces sont évidemment des sphères dont le rayon augmente constamment. Il est très important de comprendre que ces surfaces d'ondes variables n'ont pas d'existence réelle, mais représentent seulement l'ensemble des molécules d'éther qui, à un même instant, se trouvent animées d'un même mouvement. Nous aurions à reprendre, à ce sujet, ce que nous avons dit pour les ondes liquides et les ondes acoustiques (209 et 395).

Les phénomènes d'*interférence* que nous étudierons d'abord mettront en évidence la nécessité d'admettre des vibrations comme cause de la lumière ; nous pourrons déduire de l'étude de la *polarisation* des conséquences importantes sur la direction de l'oscillation ; enfin l'étude de la *double réfraction* et de la *polarisation rotatoire* nous prouvera l'influence de la matière sur les mouvements de l'éther.

886. Vitesse de propagation de la lumière. — La lumière se propage avec une telle rapidité, que l'on a cru pendant longtemps que sa propagation était instantanée. Olaf Rœmer, astronome danois, parvint à obtenir une mesure de cette vitesse, en 1676, par l'observation des éclipses du premier satellite de Jupiter. Il trouva un nombre qui n'est pas très éloigné des valeurs qui ont été données par des méthodes entièrement différentes, telles que celle de M. Fizeau et celle de L. Foucault dont nous allons indiquer le principe.

L'appareil de M. Fizeau consiste essentiellement en une roue R (*fig.* 420), portant à sa circonférence des dents très régulières, et tournant uniformément avec une grande vitesse. Un point lumineux L est placé en face de la circonférence de cette roue. Les rayons qui en émanent sont rendus parallèles par une lentille convergente H au foyer de laquelle il se trouve ; ils traversent une glace non étamée M avant de rencontrer la roue. Ces rayons sont dirigés sur un miroir plan N, situé à grande distance (8,500 mètres dans l'expérience de M. Fizeau), sur lequel ils tombent normalement, de manière à être renvoyés exactement suivant la direction d'incidence et à revenir à la roue dentée. S'ils arrivent dans l'intervalle de deux dents, ils parviennent sur la glace M, où ils sont réfléchis en partie suivant MK ; une lentille K, qui les reçoit, donne en L' une image réelle du point

Fig. 420.

L, image que l'on peut observer à la loupe, ou même au microscope.

Si la roue R tourne, il peut arriver que, pendant le temps que la lumière met à aller en N et à en revenir, il ait passé un certain nombre de dents ; si le rayon tombe sur une dent, on ne verra rien en L'; si, au contraire, il tombe sur l'intervalle de deux dents, il donnera une image plus ou moins intense. On peut concevoir que, connaissant la distance RN et la vitesse de rotation de la roue, on détermine la vitesse de propagation de la lumière.

887. — Le procédé de Foucault a permis de déterminer cette vitesse, en opérant encore sur de moindres distances. Soit L (*fig.* 421)

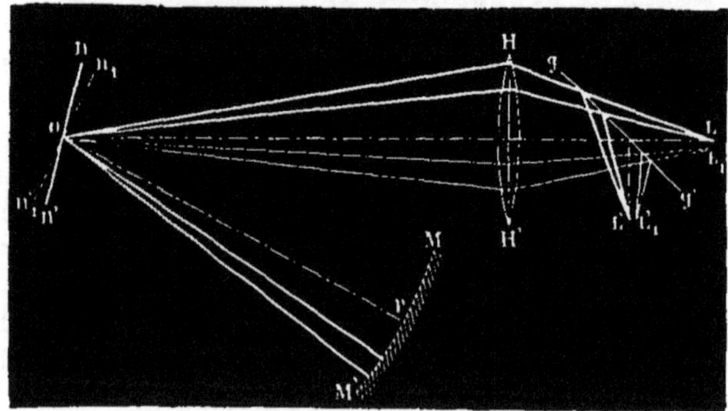

Fig. 421.

un point lumineux duquel émane un faisceau qui pénètre dans une chambre obscure. Ce faisceau tombe sur une lentille convergente H, qui en donne une image réelle en un point O, auquel est placé l'axe vertical d'un petit miroir *nn'* tournant avec une rapidité considérable et réfléchissant les rayons incidents qui sont dirigés sur un miroir sphérique MM′, ayant précisément son centre au point O ; ce miroir renvoie ces rayons au même point O (651). et si le miroir $nn′$ n'a pas bougé, ceux-ci reviennent sur la lentille H ; après celle-ci, ils rencontrent une glace non étamée $gg′$, qui les dévie et les réunit en un point L′, image du point L. Si le miroir $nn′$ tourne, les rayons réfléchis par MM′ ne le retrouveront pas dans la position primitive, mais en $n_1n′$, et, par suite (636), seront réfléchis suivant la direction OH′, faisant avec la direction d'incidence un angle égal au doublé de nOn_1 ; ils formeront alors leur image en $L′_1$ au lieu de L′.

On comprend qu'il existe entre la déviation $L′L′_1$, la vitesse de rotation du miroir $nn′$, le rayon du miroir MM′ et la vitesse de propagation une relation qui permette de déterminer cette dernière quantité lorsque toutes les autres sont connues, et telles étaient précisément les conditions dans les expériences de Foucault.

Les mesures prises par Foucault, celles données par M. A. Cornu à la suite d'expériences dans lesquelles il avait employé la méthode de M. Fizeau en y apportant quelques modifications qui permettent d'atteindre une plus grande précision, ont montré que la vitesse de propagation de la lumière s'écarte peu de la valeur de 300,000 kilomètres par seconde que l'on peut adopter comme moyenne.

INTERFÉRENCES, DIFFRACTION.

888. Des interférences. — En général, l'éclairement d'un corps augmente avec le nombre des sources de lumière auxquelles il est exposé ; mais, en se plaçant dans des conditions particulières, on peut arriver à des résultats entièrement contraires, ainsi que l'a montré Fresnel dans une série d'expériences remarquables. Il faut, pour arriver à cet effet, que les deux sources de lumière ne soient pas indépendantes l'une de l'autre, et que les rayons agissent dans des directions parallèles ou à très peu près parallèles. On peut satisfaire à ces conditions de plusieurs manières différentes.

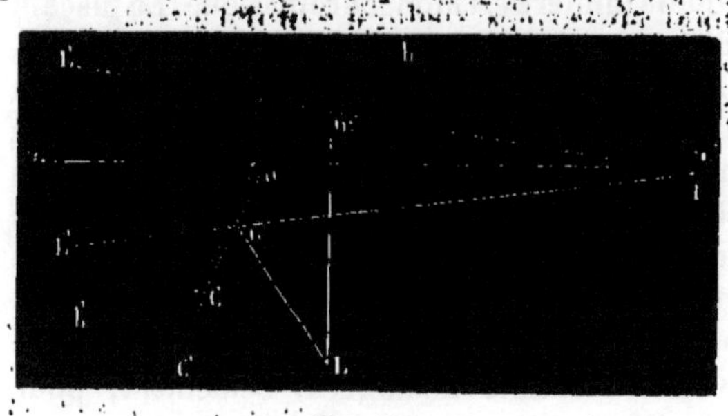

Fig. 422.

1° *Miroirs de Fresnel*. — Les rayons lumineux sont issus d'un point L (*fig.* 422). qui est la source même de lumière ou seulement le foyer d'une lentille agissant comme source ; des rayons vont tomber sur un double miroir, composé de deux surfaces planes réfléchissantes ab et ac, faisant entre elles un angle très voisin de 180°. Après leur réflexion, les rayons prendront une direction telle qu'ils sembleront émanés de deux points L′ et L″ qui sont les images de L dans chaque miroir ; les deux sources fictives subissent simultanément les mêmes variations, de quelque nature qu'elles puissent être ; de plus, à cause de la valeur donnée à l'angle bac, les rayons réfléchis nI et mI peuvent être considérés comme très sensiblement parallèles.

2° *Biprisme.* — Devant le point L (*fig.* 423), source de lumière, on place un prisme isocèle abc dont les angles à la base sont très petits ; l'action de ce prisme est de ramener vers l'axe Lc les rayons venant frapper les faces latérales ac et bc, et de leur donner une direction telle, qu'ils semblent émanés de deux points L′ et L″, situés symétriquement par rapport à Lc. Pour les mêmes raisons que précédemment, les rayons qui se rencontrent

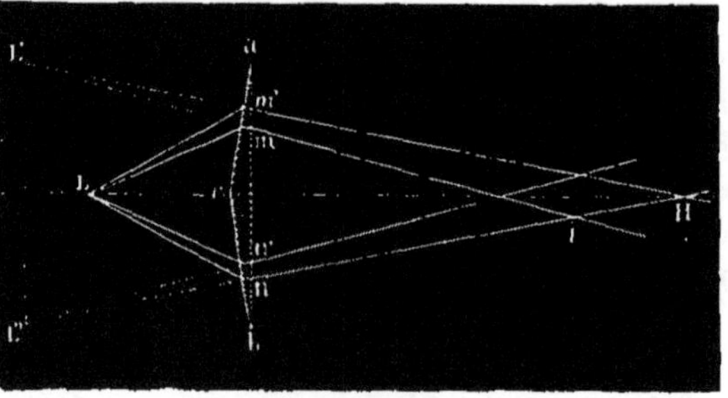

Fig. 423.

en I peuvent être considérés comme provenant de deux sources identiques à tous égards et comme étant à très peu près parallèles.

Les phénomènes que l'on peut observer se présentent sous deux aspects différents, suivant la nature de la lumière employée. Nous supposerons d'abord que la lumière est monochromatique. En plaçant un écran à quelque distance des miroirs ou du biprisme et parallèlement à la ligne L′L″ qui joint les points d'où les rayons semblent émaner, on observe une série de bandes alternativement lumineuses et obscures ; pour une même position de l'écran, les distances de deux bandes consécutives sont sensiblement les mêmes ; ces distances diminuent à mesure qu'on rapproche l'écran de la ligne L′L″ ; enfin, la ligne centrale correspondant à l'axe LH est toujours lumineuse.

En répétant l'expérience avec des lumières monochromatiques différentes, on observe des résultats analogues ; seulement, pour une même position de l'écran, les largeurs des bandes sont plus petites dans la lumière violette que dans la lumière rouge, et, d'une manière générale, d'autant moindres que l'indice de réfraction correspondant est plus considérable.

889. Explication des franges d'interférence. — Les expériences que nous venons d'indiquer montrent que, dans certains
cas, de la lumière ajoutée à de la lumière produit de l'obscurité; il est
facile de prouver, en effet, que chacune des sources virtuelles de lumière L' et L" (*fig*. 422 et 423) éclaircrait l'écran si elle agissait
seule; il suffit, pendant que l'on observe les franges, de glisser un
corps opaque sur l'un des miroirs ou sur l'une des faces du prisme
pour que les franges disparaissent et que l'écran semble unifor
mément éclairé; les parties claires et obscures apparaissent, au contraire, aussitôt que l'on enlève ce corps qui s'opposait à l'arrivée
d'un certain nombre de rayons lumineux.

Nous trouvons donc, dans ce cas, un phénomène analogue à celui que nous avons indiqué pour l'acoustique (413), et il est naturel de lui assigner une cause du même ordre, bien que nous ne
puissions mettre en évidence les vibrations lumineuses, comme nous
avons pu montrer les vibrations sonores (376). Il est difficile, d'ailleurs, de s'imaginer, en dehors du mouvement vibratoire, une
cause qui puisse s'annuler en s'ajoutant à elle-même. On est donc
conduit tout naturellement, par suite des interférences lumineuses,
à considérer la lumière comme produite par des vibrations; nous
avons dit (616) pourquoi il faut admettre un corps impondérable
comme agent animé de ce mouvement vibratoire. La cause de
ce mouvement vibratoire est le corps lumineux qui jouit de la
propriété de faire osciller les molécules d'éther voisines qui l'entourent.

890. — Sans étudier d'une manière générale la propagation du
mouvement vibratoire, occupons-nous de ce qui se présente dans le
cas d'un milieu homogène sur une ligne droite partant de la source
de lumière, sur un rayon lumineux.

Les molécules d'éther situées sur la direction d'un rayon lumineux oscillent successivement de part et d'autre de leur position
d'équilibre; les molécules consécutives n'arrivent que l'une après
l'autre à leurs positions extrêmes, elles sont à un même instant à
des périodes différentes de leur mouvement oscillatoire, à des phases
différentes. On appelle *longueur d'onde* la distance qui sépare les
deux molécules les plus rapprochées qui soient dans la même phase:
deux molécules qui sont dans la même phase exactement se trouvent
distantes d'un certain nombre de fois la longueur d'onde; deux molécules qui sont dans des phases exactement inverses sont séparées
par une distance égale à un nombre impair de fois la demi-longueur
d'onde.

Lorsque deux mouvements vibratoires de l'éther coexistent,
chaque molécule prend un mouvement résultant, qui, dans le cas

particulier où les mouvements composants ont la même direction, est déterminé par la somme algébrique de ceux-ci. Le mouvement résultant aura une intensité maximum dans le cas où les mouvements composants agissant sur la molécule considérée auront même longueur d'onde et seront dans la même phase ; l'intensité sera minimum lorsque ces mêmes mouvements seront dans des phases exactement inverses ; si ces mouvements sont égaux, la molécule sera réduite au repos, et, par suite, il ne se manifestera plus aucun phénomène lumineux.

891.—En nous appuyant sur les remarques précédentes, étudions ce qui se passe dans les phénomènes d'interférence précédemment décrits. Soient L′ et L″ (*fig.* 424) les points d'où semblent émaner les rayons lumineux ; ces points agissent comme origine des mouvements vibratoires de l'éther ; L′ et L″, images d'un même point,

sont, à un même instant, à une même phase de ce mouvement ; il en est de même, par suite, des points situés à des distances respectivement égales de L′ et L″. Soit un point I situé à une certaine distance de ces sources de lumière et tel que l'on puisse considérer les droites L′I et L″I comme sensiblement parallèles. Le point I aura un mouvement oscillatoire maximum, si la différence des distances L′I — L″I est égale à un

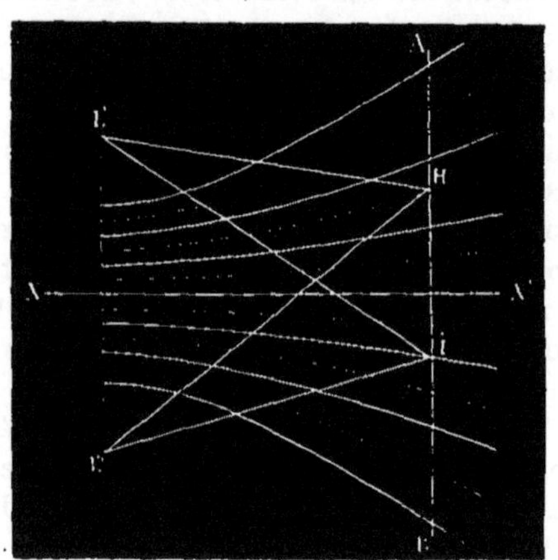

Fig. 424.

certain nombre de longueurs d'onde, car alors les mouvements composants se trouveront dans les mêmes phases et s'ajouteront réellement. Si cette différence est égale à un nombre impair de fois la demi-longueur d'onde, les mouvements composants seront dans des phases exactement inverses et se détruiront.

Si donc on appelle l et l_1 les distances d'un même point aux points L′ et L″ ; si λ est la longueur d'onde, le mouvement vibratoire et par suite l'intensité lumineuse seront maximum aux points où l'on aura $l - l_1 = k\lambda$.

Le mouvement vibratoire sera nul, et par suite l'obscurité existera aux points où l'on aura

$$l - l_1 = (2k + 1)\frac{\lambda}{2} \cdot$$

Pour chaque valeur donnée à k, ces relations indiquent que les points doivent être situés sur une hyperbole dont on trouverait facilement les éléments ; toutes ces courbes ont, du reste, pour foyers les point L′ et L″[1]. La figure contient la représentation de plusieurs de ces courbes, dans la supposition où la longueur d'onde est égale à l'axe de la première hyperbole ; les lignes pleines correspondent aux points les plus éclairés ; les lignes ponctuées, aux points dont l'éclairement est nul ; entre ces courbes, l'éclairement varie d'une manière continue de zéro au maximum.

L'étude de ces courbes montre que leurs intersections par une ligne telle que AB, parallèle à L′L″, sont à peu près à égale distance ; on a vu, en effet, que les bandes ont sensiblement la même largeur pour une même position de l'écran. On voit que la ligne XX′, également éloignée de L′ et L″, doit présenter un éclairement maximum, et que les largeurs des bandes diminuent lorsque l'on rapproche l'écran de L′L″ : ces conséquences sont conformes à l'expérience.

892. Mesure des longueurs d'onde. — D'après ce que nous avons dit, on voit que la longueur d'onde λ d'une lumière a une relation simple avec les éléments de chacune des hyperboles, puisque l'axe de ces courbes est égal à 1, 2, 3 longueurs d'onde, suivant qu'il s'agit de la 1ᵉ, la 2ᵉ, la 3ᵉ hyperbole lumineuse. En étudiant les courbes données par les expériences, on a pu mesurer les valeurs de λ, qui ont été trouvées différentes pour les diverses couleurs, d'après ce que nous avons dit sur l'écartement variable des franges avec la coloration de la flamme.

Si nous appelons n le nombre de vibrations par seconde et v la vitesse de propagation de la lumière, on a la relation

$$v = n\lambda,$$

car il faut que la vibration se soit transmise à la distance v au bout de 1 seconde. Cette relation permet de trouver la durée de chaque vibration ; le tableau suivant donne les longueurs d'onde et le nombre de vibrations par seconde pour chaque couleur.

COULEURS.	LONGUEURS D'ONDE λ EN MILLIMÈTRES.	NOMBRE DE VIBRATIONS PAR SECONDE.
	mm	
Violet.	0,000 423	708 000 000 000 000
Indigo	0,000 449	669 000 000 000 000
Bleu.	0,000 479	630 000 000 000 000
Vert.	0,000 521	576 000 000 000 000
Jaune.	0,000 551	543 000 000 000 000
Orangé.	0,000 583	513 000 000 000 000
Rouge.	0,000 620	483 000 000 000 000

1. On appelle hyperbole une courbe telle, que la différence des distances de chacun de ses points à deux points fixes nommés *foyers* est constante.

893. Franges d'interférence dans la lumière composée. — Ce cas est celui qui se produit lorsque l'on emploie les rayons solaires ou même une flamme ordinaire de lampe ou de bec de gaz. On observe alors aussi des parties obscures et des parties lumineuses; mais, sauf la bande centrale qui est blanche, les autres ne sont ni absolument lumineuses, ni entièrement obscures, mais présentent des colorations variées et des intensités moins nettement distinctes que dans le cas précédent. L'écran paraît sillonné de bandes irisées assez analogues à celles qui semblent entourer les corps que l'on observe à travers un prisme. Les largeurs de ces bandes varient avec la distance de l'écran à la source de lumière et diminuent en même temps que celle-ci.

L'explication de ce phénomène est très facile, après ce que nous avons dit des franges dans la lumière simple. Chacun des rayons simples produit des franges comme s'il était seul, et les diverses bandes obscures ou lumineuses se superposent; mais, comme elles ont des largeurs différentes, elles ne se recouvrent que partiellement, et d'un point à un autre les couleurs superposées varient et par suite aussi la couleur résultante.

On peut se rendre compte de l'effet produit en se reportant à la figure 425 : la courbe tracée au-dessus de la ligne BR est telle,

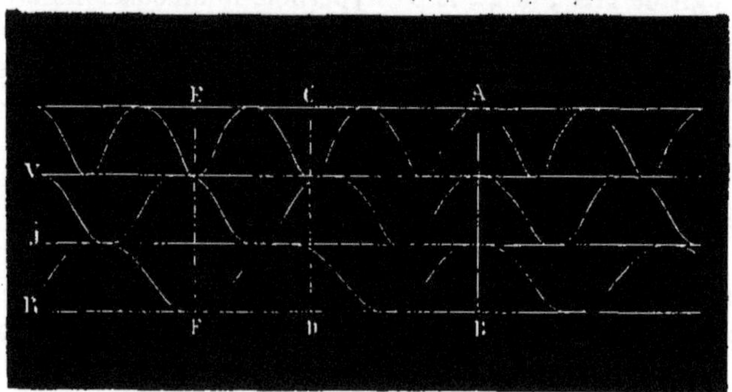

Fig. 425.

que les distances de ses points à BR représentent les intensités de la lumière rouge aux divers points de l'écran ; de même, les courbes marquées J et V représentent de la même manière les intensités des lumières jaune et violette. En réalité, il faudrait avoir autant de courbes analogues qu'il y a de couleurs simples. Soit AB la position de la frange centrale; comme elle correspond à des maxima d'intensité lumineuse pour toutes les couleurs, leur ensemble donne une coloration identique à celle de la source de lumière; mais, à cause des largeurs inégales des franges, on voit que, en CD par exemple, le violet est nul, tandis que le jaune et le rouge sont voisins de l'intensité maxima; plus loin, en EF, le violet et le rouge ont disparu; il ne reste que le jaune presque à son maximum. On conçoit les combinaisons variées qui peuvent résulter de ces changements et qui donnent chaque fois des colorations diverses.

894. — On peut obtenir des franges d'interférence dans bien d'autres conditions que celles que nous avons indiquées; nous ne nous y arrêterons pas et nous signalerons seulement l'expérience suivante due à Fresnel et qui est une modification de celle des deux miroirs. On emploie un seul miroir et, en se plaçant dans des conditions convenables, on obtient des franges provenant de la superposition dans l'espace des rayons émanés de la source lumineuse L et de L', image de ce point L dans le miroir. L'explication est la même, les mesures donnent les mêmes valeurs que précédemment. tout est semblable, si ce n'est qu'il y a des franges lumineuses là où la théorie et l'expérience des deux miroirs indiqueraient des franges obscures et inversement [1].

Comme on le voit, les deux expériences ne diffèrent que par un point : dans la première, chacun des deux rayons a subi une réflexion dans l'air sur le verre; dans la seconde, un seul rayon a subi cette réflexion; l'autre, venant directement du point lumineux, ne l'a pas subie. On peut conclure de là qu'une semblable réflexion produit le même effet qu'une différence de marche égale à une demi-longueur d'onde $\frac{\lambda}{2}$.

L'expérience et la théorie montrent, d'autre part, que la réflexion ne produit pas cet effet quand elle se fait dans un milieu plus réfringent sur un milieu moins réfringent, dans l'air sur le verre. par exemple.

895. **Des anneaux colorés.** — Si l'on place une lentille plan-convexe reposant par sa partie sphérique sur une lame plane de cristal, et que l'on regarde le point de contact en se plaçant presque normalement au-dessus, on aperçoit au centre une tache noire et alentour, si l'appareil est éclairé par une flamme monochromatique, une série d'anneaux alternativement lumineux et obscurs, dont l'intensité diminue à mesure que le diamètre augmente, et qui cessent]d'être visibles à une certaine distance du centre, distance variable avec les conditions de l'expérience.

C'est encore aux interférences qu'il faut avoir recours pour expliquer ces phénomènes. Remarquons qu'en un point de la sur-

---

1. Il y a frange obscure, interférence, quand la différence de marche est $2k\frac{\lambda}{2}$, et frange lumineuse quand la différence de marche est $(2k + 1)\frac{\lambda}{2}$.

face courbe tel que m (*fig.* 426) on peut considérer deux rayons émergeant suivant mb, l'un provenant du rayon incident am se réfléchissant en m, l'autre provenant de cd qui se serait réfléchi sur la surface plane en d ; les deux chemins parcourus par la lumière sont inégaux, et la différence est sensiblement le double de la distance md ; il y aura des points pour lesquels cette différence sera égale à un multiple de la longueur d'onde, d'autres pour lesquels elle sera égale à un nombre impair de fois la demi-longueur d'onde. Il faut remarquer, en outre, que l'une des deux réflexions, celle du point m, se fait dans le verre, sur la couche d'air, elle est sans action spéciale (894) ; l'autre se fait en d, dans l'air, sur le verre, elle produit le même effet qu'une différence de marche égale à une demi-longueur d'onde. Par suite, aux points pour lesquels le double de dm est un multiple de la longueur d'onde, les mouvements vibratoires des deux rayons sont dans des phases

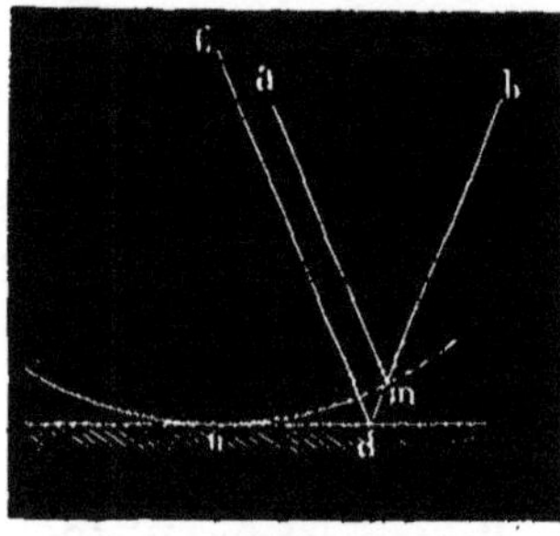

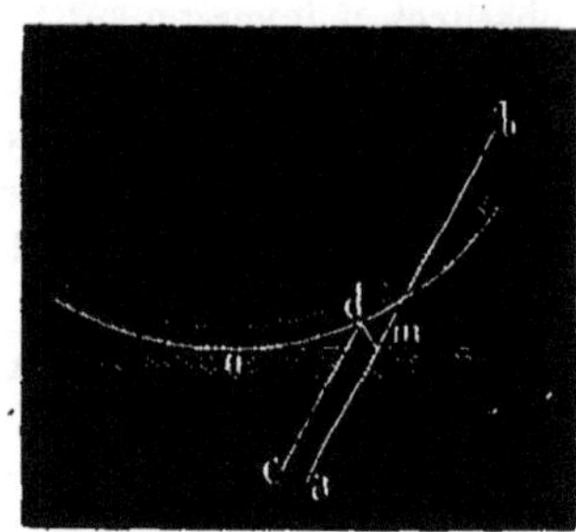

Fig. 426.　　　　　　　　　　Fig. 427.

inverses, et s'annulent en produisant de l'obscurité ; c'est ce qui arrive, en particulier, au point de contact o. Il y a, au contraire, augmentation d'intensité lumineuse aux points pour lesquels $2dm$ est égal à un nombre impair de fois $\dfrac{\lambda}{2}$, car, en tenant compte de la différence de réflexion, on voit que les mouvements vibratoires s'ajoutent.

On peut produire des anneaux colorés différents, en regardant par transparence une lumière, à travers l'ensemble du plan et de la lentille : ils diffèrent des précédents, notamment en ce que le centre est occupé par un espace lumineux. Ces anneaux, colorés par transmission, s'expliquent par l'interférence en m (*fig.* 427) de deux rayons émergeant dans la même direction, l'un ab sans avoir subi de réflexion, l'autre cd s'étant réfléchi successivement en d et en m. Les effets dus à la réflexion se compensent, comme se produisant aux points d et m dans les mêmes conditions, dans l'air et sur le verre ; et la différence de phase provient uniquement de la différence de marche, qui est sensiblement $2dm$. Il y aura alors obscurité si $2dm = (2k + 1)\dfrac{\lambda}{2}$, et augmentation de lumière si $2\,dm = k\lambda$, et en particulier au centre pour $k = 0$.

896. — L'observation des anneaux colorés est due à Newton, qui a trouvé les lois qui régissent leurs dimensions en fonction des éléments de l'expérience. Depuis, d'autres expériences plus précises ont montré la concordance parfaite entre la théorie et les faits; on a même pu produire des effets que le calcul avait indiqués avant que le fait ne fût réalisé.

Dans le cas où l'on fait varier la coloration des flammes, le diamètre des anneaux change; il devient plus petit lorsque la longueur d'ondulation diminue, ou inversement.

Nous pouvons prévoir de là que, dans le cas d'une lumière complexe, chacun des systèmes correspondant à une couleur simple se formant, et tous ces anneaux se superposant (893), il se produit une série d'anneaux irisés, à centre obscur dans les anneaux par réflexion, à centre blanc dans les anneaux par transmission.

La coloration en un point dépend, on le voit, du nombre et de la nature des anneaux obscurs ou lumineux correspondant à chacun des rayons simples de la lumière en expérience, lesquels dépendent de l'épaisseur de la lame d'air considérée.

Toutes les lames ne produisent pas de colorations analogues; il est indispensable qu'elles soient minces. Lorsque l'épaisseur atteint une certaine grandeur, la différence de marche et, par suite, la différence d'intensité est trop grande pour que l'interférence puisse se manifester, au moins d'une manière distincte, directement.

897. **Coloration des lames minces.** — L'explication que nous venons de donner des colorations diverses que présentent les anneaux de Newton nous fait connaître également la raison des colorations variées et des irisations que présentent certains corps, tels que la nacre de perle, les bulles de savon, les couches produites à la surface de certains métaux par l'oxydation, etc. Il faut remarquer que ces corps sont précisément très minces, ou au moins composés de couches superposées ayant chacune une très faible épaisseur. On conçoit qu'alors il puisse se présenter des phénomènes d'interférence identiques à ceux que nous avons indiqués précédemment, et qu'il en résulte des colorations dépendant à la fois de l'épaisseur des couches minces et de leur indice de réfraction. On a pu même, dans certains cas, déduire l'épaisseur d'une lame de la coloration qu'elle présente dans des conditions données.

898. **De la diffraction.** — Nous avons dit que les conséquences de la théorie géométrique des ombres ne se vérifient pas si l'on

prend pour source lumineuse un *point*; on observe alors des effets tout autres que ceux que l'on observe communément : nous allons indiquer rapidement les principaux.

Soit en L (*fig.* 428) le foyer d'une lentille sur laquelle tombent les rayons du soleil, et soit AB un corps opaque, dont les dimensions dépassent plusieurs millimètres; l'expérience se faisant dans une chambre obscure, on recueille sur un écran l'ombre produite, et l'on reconnaît que bien loin d'être limitée nettement, elle est indécise sur les bords et comme estompée. Tout s'est donc passé comme si les rayons qui rasent les parties extrêmes A et B du corps opaque avaient subi de leur part une action qui les aurait fait s'épanouir en faisceau. Bien plus, la partie qui aurait dû être dans l'ombre se trouve éclairée faiblement et, sur une petite zone, les

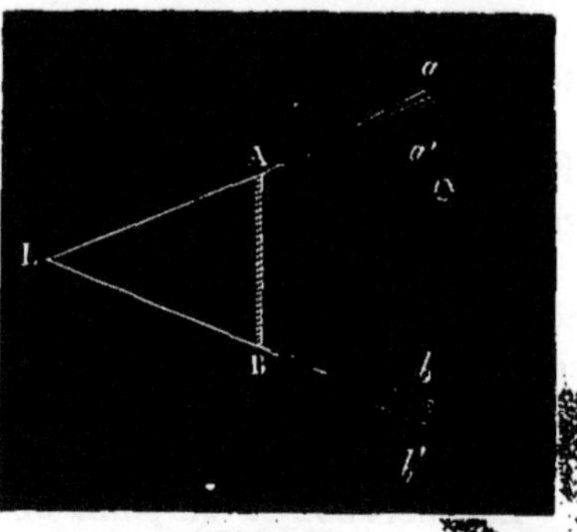

Fig. 428.

points extérieurs à l'ombre, qui auraient dû être éclairés uniformément, présentent des franges alternativement claires et obscures, et même irisées, si la lumière employée est composée.

Ce phénomène et d'autres analogues constituent la *diffraction*; il ne nous est pas possible de nous y arrêter. Disons seulement que la théorie des ondulations les a tous expliqués, qu'elle en a même prévu quelques-uns, en s'appuyant sur le principe des interférences.

Nous avons dit que la partie intérieure à l'ombre géométrique ne présentait point de franges, si le corps opaque est assez grand. Il en est tout autrement si les parties qui limitent l'ombre ou la portion éclairée sont très voisines, si, par exemple. on expose à l'action éclairante d'un point lumineux un corps de très petit diamètre, une aiguille fine. ou si l'on fait passer un faisceau lumineux à travers une fente de très faible largeur; un écran, placé à quelque distance derrière l'obstacle, se couvre non d'une ombre séparée nettement d'un espace éclairé, mais de franges alternativement obscures et éclairées, si l'on opère avec une lumière monochromatique; ou de franges irisées, si la source de lumière provient d'une flamme complexe.

Les effets que nous venons d'indiquer, et qui constituent le phénomène de la diffraction, s'expliquent par l'interférence des rayons lumineux. Les rayons qui ont rasé les bords du corps opaque AB (*fig.* 429), et qui se sont infléchis, vont rencontrer sous un très petit angle les rayons également infléchis par l'action de l'autre bord, et les vibrations s'ajoutent ou se retranchent, suivant qu'en

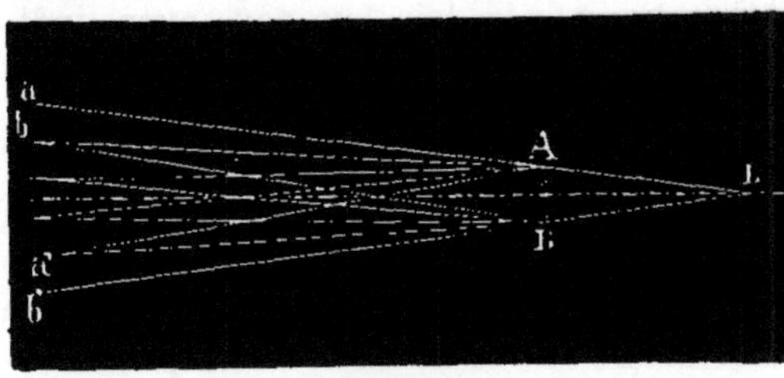

un même point ils sont dans des phases identiques ou inverses de leur mouvement.

899. — Le fait que les très petits objets convenablement éclairés donnent naissance à des cercles irisés présente un intérêt pratique : des phénomènes de ce genre s'observent en effet dans quelques circonstances qui correspondent à des états pathologiques de l'œil : c'est ce qui se manifeste, par exemple, lorsque l'humeur vitrée contient des particules solides de très petites dimensions : il se produit alors des effets de diffraction qui, affectant la rétine, donnent naissance à des sensations spéciales : cercles irisés, perles, chapelets de perles, etc. Il existe une relation entre la grandeur des objets qui interceptent ainsi la lumière et celle des cercles qui sont perçus : le diamètre de ces derniers est d'autant plus grand que celui des particules opaques est plus petit. Les cercles grandissent quand les particules se résorbent.

900. — Les phénomènes de diffraction dont nous venons de parler ne se manifestent que lorsque la source est un point lumineux et non une surface d'une certaine étendue, ce qui explique comment ils ne sont pas perceptibles en général et comment ils n'ont pas été signalés avant Young et Grimaldi.

La raison de cette différence est d'ailleurs aisée à concevoir ; un point de la source lumineuse considéré isolément donne naissance aux effets de diffraction, aux franges par exemple. Mais il en est de même du point voisin, qui donne un système de franges différent du précédent, et de même aussi pour tous les autres points. On comprend que la superposition de tous ces systèmes divers, réunissant en chaque point des franges obscures et des franges lumineuses, finisse par donner un éclairement uniforme.

901. Diffraction par réflexion et par réfraction. — Les phénomènes de diffraction ne se produisent pas seulement dans les cas de propagation, alors que le mouvement vibratoire de l'éther est intercepté par des corps opaques : il se manifeste des phénomènes de même ordre toutes les fois que, par un procédé quelconque, un faisceau lumineux tend à être réduit à une section extrêmement petite. C'est ce qui arrive lorsque l'on fait tomber un faisceau de lumière parallèle, par exemple, sur une *très petite* surface réfléchissante ou réfringente ; le faisceau réfléchi ou réfracté n'est pas limité, ni déterminé en direction par les lois que nous avons indiquées pour la réflexion et la réfraction ; mais il s'élargit dans toutes les directions et d'autant plus que la surface considérée est plus petite.

Ces faits comme les précédents ont été expliqués par la théorie des ondulations ; ils ne s'accordent pas avec celle de l'émission.

Ajoutons que c'est peut-être à la diffraction qu'il faut rattacher le phénomène de la diffusion (657) : les surfaces des corps présentent de nombreuses inégalités qui sont en général de petites dimensions : lorsqu'un faisceau lumineux tombe sur le corps, la réflexion se fait non sur la surface géométrique que l'on admet pour ce corps, mais sur ces irrégularités qui donnent de la lumière réfléchie dans toutes les directions, c'est-à-dire ce que l'on appelle de la lumière (ou de la chaleur) diffusée.

PÓLARISATION

902. Lumière polarisée. —Nous avons étudié, dans les premiers chapitres de l'optique, des faisceaux lumineux présentant la plus grande symétrie de propriétés dans toutes les directions normales à l'axe du faisceau. Cette condition, toujours remplie lorsque le faisceau émane directement d'une source lumineuse, cesse d'exister après certaines actions. Les rayons lumineux semblent *orientés*, *polarisés*, c'est-à-dire qu'ils se comportent différemment, suivant qu'on les fait se réfléchir ou se réfracter sur une face ou sur une autre, pour ainsi dire. Cette modification de la lumière, cette *polarisation* peut être produite de diverses manières, et donne naissance à un grand nombre de phénomènes curieux et intéressants, parmi lesquels nous signalerons les plus importants. Nous déduirons également, de l'étude de la *lumière polarisée*, des conséquences que nous avons déjà signalées sur la direction des vibrations lumineuses.

903. Polarisation de la lumière par réflexion. —Lorsque l'on fait réfléchir sur un miroir un faisceau de lumière provenant d'une source lumineuse quelconque, et que l'on forme sur un écran une image ou foyer d'une lentille interposée, on peut faire tourner le miroir autour du rayon incident sans changer à aucun égard l'intensité de l'image.

Mais il n'en est plus de même, si le faisceau reçu sur le miroir provient déjà de la réflexion de rayons lumineux sur un autre miroir. Si l'on fait alors tourner le second miroir autour de la direction du rayon incident, l'image décrit une circonférence, et en même temps l'intensité augmente et diminue en passant, pour un tour complet, par deux maxima et deux minima également distants entre eux. L'expérience se fait facilement, au moyen d'un tube AB (*fig.* 430), pouvant prendre diverses inclinaisons, et muni à chaque extrémité de colliers portant des miroirs M et M'; ceux-ci peuvent tourner autour d'un axe qui les traverse; et, d'autre part, ils peuvent également être entraînés dans la rotation des colliers autour du tube. On dirige sur le miroir M, par exemple, un faisceau lumineux, et l'on donne au miroir et au tube une direction telle que le rayon réfléchi soit dirigé suivant l'axe.

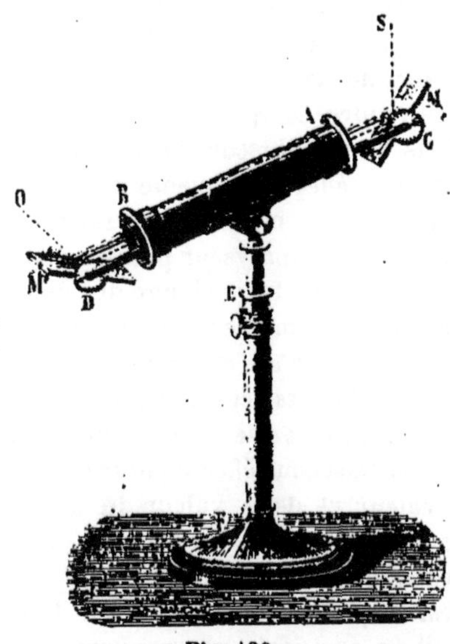

Fig. 430.

Il est de nouveau réfléchi sur le second miroir, et l'on peut placer l'œil en des positions telles, qu'on reçoive ces rayons réfléchis deux fois. On pourra ainsi vérifier l'existence des maxima et des minima. On peut même trouver des positions des miroirs, relativement à l'axe du tube, telles, que les minima soient nuls; c'est-à-dire que toute lumière soit éteinte par la seconde réflexion. Si l'on emploie des glaces noires, avec lesquelles l'expérience réussit très bien, il faut, pour obtenir ce résultat, que les angles d'incidence soient égaux à 54°35'. Si les miroirs sont placés de telle sorte, que les plans d'incidence coïncident, les réflexions se font dans ce plan, et la lumière est réfléchie dans la proportion maximum; si le second miroir tourne, l'intensité du rayon lumineux diminue jusqu'à s'éteindre pour une rotation de 90°; elle augmente alors en sens inverse jusqu'à redevenir maxima pour une demi-révolution. A partir de cet instant, les mêmes variations d'intensité se représentent dans le même ordre.

Le faisceau de lumière qui s'est réfléchi sur une glace noire, sous un angle de 54° 35', jouit donc de propriétés différentes de celles d'un faisceau directement émis par une source lumineuse; ce faisceau est dit composé de *lumière polarisée*; il est *polarisé*. Le plan d'incidence du rayon est appelé *plan de polarisation*. L'angle d'incidence pour lequel on peut arriver à une extinction totale du rayon réfléchi est l'*angle de polarisation*. Il varie avec les substances sur lesquelles on opère.

Le miroir noir sur lequel tombe d'abord le faisceau incident est appelé un *polariseur* ; le second miroir qui par sa rotation donne des images d'intensité variable et qui permet non seulement de reconnaître que le faisceau est polarisé, mais qui aussi donne la direction du plan de polarisation constitue ce que l'on appelle un *analyseur*.

904. Lumière partiellement polarisée. — Imaginons que, par une disposition qu'il est facile de réaliser, on fasse arriver sur un miroir noir servant d'analyseur, sous l'incidence de 54° 35′ par conséquent, un faisceau de lumière polarisée mélangé à un faisceau lumineux n'ayant subi aucune action, à un faisceau de *lumière* naturelle. Il est aisé de se rendre compte de l'effet qui se produira : dans toutes les positions de l'analyseur, le faisceau de lumière naturelle donnera un faisceau réfléchi de même intensité ; le faisceau de lumière polarisée donnera au contraire un faisceau réfléchi qui pour une rotation complète de l'analyseur passera deux fois par zéro et deux fois par un maximum. Le mélange des deux faisceaux réfléchis donnera donc dans les mêmes conditions une intensité variable qui passera deux fois par un minimum et deux fois par un maximum ; le faisceau réfléchi total étant la somme des deux faisceaux réfléchis composants, on voit que le minimum sera représenté par la valeur constante du faisceau réfléchi naturel. et le maximum par la somme de cette valeur et de la valeur du maximum du faisceau réfléchi polarisé.

Le faisceau incident complexe que nous avons imaginé est ce que l'on appelle un faisceau de *lumière partiellement polarisée* ; il est caractérisé par la manière dont il se comporte par rapport à un analyseur et se distingue aisément de la lumière naturelle et de la lumière totalement polarisée.

905. Polarisation par réfraction. — Le miroir de verre noir est un polariseur : il donne un faisceau réfléchi totalement polarisé si l'angle d'incidence est de 54°35′ ; pour toute autre incidence, le faisceau réfléchi est partiellement polarisé.

Mais la réflexion n'est pas la seule action qui produise cet effet et on peut l'obtenir par d'autres procédés.

C'est ainsi que le passage à travers une lame de glace donne un faisceau partiellement polarisé, mais produit en somme peu d'effet. L'effet est plus intense si l'incidence se fait sous l'angle de 54° 35′ : il est encore plus énergique si on le reproduit, c'est-à-dire si l'on fait traverser sous ce même angle une *pile de glaces* formée par la superposition d'une douzaine de glaces placées parallèlement et maintenues à peu de distance les unes des autres. Le plan de polarisation (caractérisé comme il a été dit ci-dessus) est perpendiculaire au plan d'incidence.

906. Polarisation par double réfraction. — Un faisceau lumineux qui tombe sur un cristal biréfringent à faces parallèles, un spath d'Islande par exemple, est, sauf quelques cas particuliers, divisé en deux faisceaux parallèles à l'émergence, le faisceau ordinaire et le faisceau extraordinaire (733). En faisant arriver ces faisceaux sur un miroir de verre noir agissant comme analyseur, on reconnaît aisément qu'ils sont l'un et l'autre polarisés : mais la polarisation n'est pas identique et l'expérience montre que l'extinction de l'un coïncide avec le maximum d'éclat de l'autre. Si l'on cherche à préciser leur état au point de vue de la polarisation, on reconnaît que le plan de polarisation du faisceau ordinaire coïncide avec la section principale du cristal (734), tandis que le plan de polarisation du faisceau extraordinaire est perpendiculaire à cette section. Pour cette raison, les faisceaux ordinaire et extraordinaire sont dits *polarisés à angle droit*.

Il est essentiel d'insister sur ce que les propriétés d'un faisceau polarisé sont identiques quel que soit le procédé qui ait été employé pour obtenir la polarisation ; deux faisceaux polarisés par un procédé quelconque et dont on a amené les plans de polarisation à être parallèles se comportent absolument de la même façon dans tous les cas.

907. Des polariseurs. — Les polariseurs sont des appareils destinés à donner des faisceaux de lumière polarisée. Les plus simples, mais non les plus commodes, sont le miroir de verre noir et la pile de glaces employés comme nous l'avons indiqué.

Le spath d'Islande peut également servir : il donne deux faisceaux, ce qui dans un certain nombre de cas est une complication inutile. Mais on peut se débarrasser de l'un d'eux ; si, par exemple, on emploie un cristal à faces parallèles d'assez grande épaisseur, les

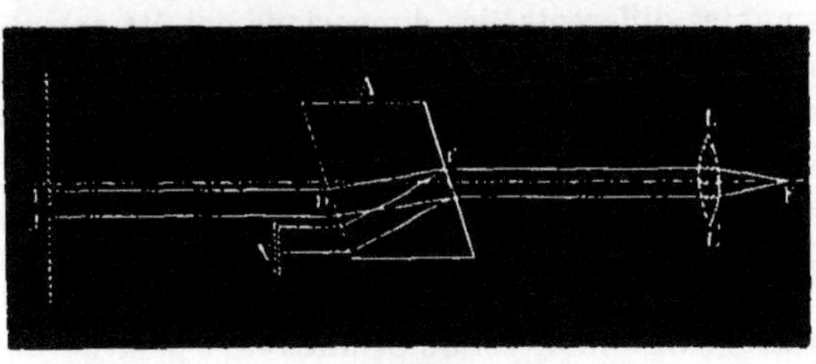

Fig. 431.

deux faisceaux sont séparés à la sortie et on peut intercepter l'un d'eux à l'aide d'un écran (*fig.* 431).

On peut encore utiliser le spath sous forme de prisme. On taille un fragment de spath sous la forme d'un prisme triangulaire B (*fig.* 432), dont les arêtes sont parallèles à l'axe, et sur l'une des faces duquel on superpose un autre prisme de verre A, de manière à produire une lame à faces parallèles et achromatique. On

fait arriver un rayon R normalement au prisme de verre; il pénètre
sans déviation; à la surface de séparation des deux milieux, il se
subdivise et donne un rayon ordinaire R_o, et un rayon extraordinaire R_e qui est notablement dévié; à leur passage dans l'air, ils
reprennent leur direction primitive, mais sont séparés; à l'aide d'un
diaphragme, on intercepte le rayon R_e, qui est le plus dévié, et
l'on recueille le rayon ordinaire R_o, qui est polarisé dans le plan de
la section principale, c'est-à-dire dans un plan normal à la face d'incidence, et parallèle aux arêtes du prisme.

Les prismes de Nicol et de Foucault conduisent à un résultat

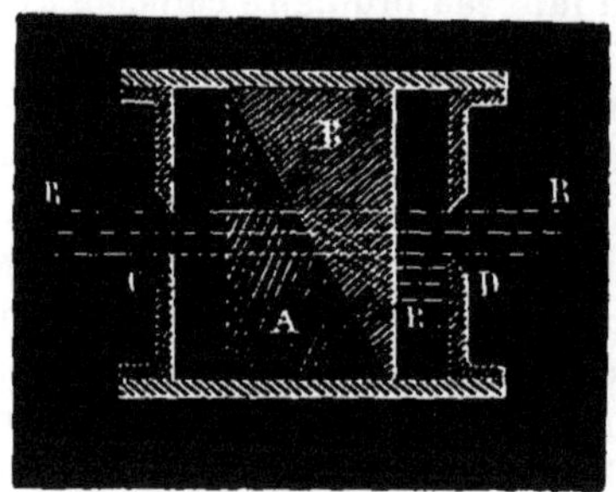

Fig. 432.

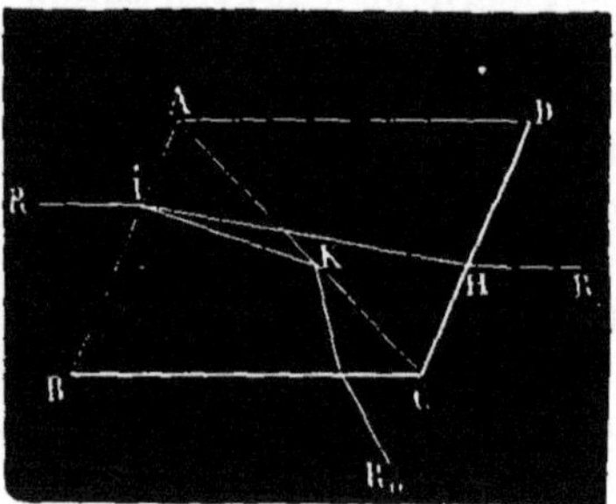

Fig. 433.

analogue en supprimant l'un des faisceaux par suite de la réflexion
totale. On partage un cristal de spath d'Islande par un trait de scie
très oblique; on polit les faces, et on les recolle à l'aide de baume
du Canada (*fig.* 433); un rayon R, qui vient frapper la face d'entrée
AB, se partage en deux autres R_o et R_e, qui vont rencontrer la section AC sous des angles différents; les dimensions ont été calculés,
eu égard aux indices de réfraction du spath et du baume, de telle
sorte que le rayon extraordinaire pénètre seul dans la seconde portion du cristal, le rayon ordinaire R_o se réfléchissant totalement et
se perdant dans la monture. Le rayon R_e, qui traverse ainsi et qui
est polarisé dans un plan perpendiculaire à la section principale, ne
donne qu'un seul rayon par son passage dans le second prisme ACD;
il sort donc parallèlement à la direction primitive, et polarisé dans
un plan perpendiculaire à la section principale.

Dans le prisme de Foucault, les deux parties sont séparées par
une mince couche d'air, l'action est absolument la même; mais on
peut donner à la section une obliquité moindre et par suite aussi
une moindre longueur.

Enfin la *tourmaline* produit le même résultat par un autre moyen.
La tourmaline est un cristal biréfringent de couleur verte ou brune :
on taille des plaques à faces parallèles de 2^{mm} d'épaisseur environ

et telles, que leurs faces soient parallèles à l'axe optique. Un faisceau qui arrive normalement dans ce cas traverse sans déviation; mais il y a une absorption et cette absorption est beaucoup plus considérable pour le faisceau ordinaire que pour le faisceau extraordinaire, si bien que pour l'épaisseur de 2^{mm} ce dernier subsiste seul. Le faisceau émergent est polarisé, par conséquent, et son plan de polarisation est perpendiculaire à l'axe du cristal.

La tourmaline est commode dans diverses circonstances; elle présente l'inconvénient de donner un faisceau coloré.

908. Réflexion et réfraction de la lumière polarisée. — Les faisceaux qui ont traversé les appareils que nous venons d'indiquer (polariseurs) ont une propriété commune qui est mise en évidence par le miroir de verre noir : celle de s'éteindre dans des conditions déterminées. Une étude complète montre qu'un faisceau de lumière polarisée possède toujours les mêmes propriétés quel que soit le polariseur dont on a fait usage pour l'obtenir.

Disons d'abord que la lumière polarisée se comporte dans tous les cas comme la lumière naturelle au point de vue de la direction des faisceaux, et que les seules différences que l'on ait à signaler sont relatives à l'intensité.

Dans ce qui suit, nous aurons en vue spécialement la lumière totalement polarisée : il ne sera pas difficile de conclure ce qui arriverait dans le cas de lumière partiellement polarisée.

Nous n'avons pas à insister sur les effets produits par la réflexion sous un angle convenablement choisi (54° 35′ pour le verre noir) sur un faisceau de lumière polarisée, puisque ce sont les variations observées qui nous ont servi à reconnaître et à définir la lumière polarisée : variations continues de l'intensité produisant pour un tour complet deux extinctions et deux maxima distants de 90° les uns des autres. Le plan de polarisation est le plan d'incidence qui amène l'intensité maxima ou, ce qui est plus commode, c'est le plan perpendiculaire au plan d'incidence qui amène l'extinction.

Malus a cherché comment varie l'intensité du faisceau réfléchi lorsque le plan d'incidence sur la surface réfléchissante ne coïncide pas avec le plan de polarisation du faisceau. En appelant I l'intensité du faisceau incident, i celle du faisceau réfléchi et α l'angle du plan d'ncidence et du plan de polarisation, il a trouvé la relation simple

$$i = I \cos^2\alpha.$$

909. — La réfraction produit sur la lumière polarisée des effets de même nature que la réflexion : ces effets sont manifestes surtout lorsque l'on emploie une pile de glaces (902) et que l'angle d'incidence est égal à 54° 35′. Le faisceau polarisé qui a traversé cette pile

présente des variations d'intensité suivant l'angle que fait le plan de polarisation avec le plan d'incidence. Pour un tour complet de la pile de glaces autour de la direction du faisceau incident, il y a deux maxima et deux extinctions (les extinctions ne sont pas toujours complètes, mais il y a en tout cas des minima très accentués); seulement ils ne se produisent pas comme dans la réflexion : l'extinction a lieu lorsque le plan de polarisation et le plan d'incidence coïncident; c'est lorsque ces plans sont perpendiculaires que l'intensité du faisceau réfracté est maxima.

Malus a trouvé que l'intensité du faisceau réfracté est donnée par la formule

$$i = I \sin^2 \alpha$$

i étant l'intensité du faisceau réfracté et les autres lettres ayant la même signification que précédemment.

910.—Lorsqu'un faisceau de lumière polarisée tombe sur un spath d'Islande, il se divise en deux faisceaux, comme il a été expliqué d'une manière générale (733). Mais, tandis que ces faisceaux ordinaire et extraordinaire ont la même intensité si la lumière incidente est de la lumière naturelle, il n'en est plus de même si l'on a employé de la lumière polarisée : les deux images que l'on peut recueillir sur un écran sont, en général, d'intensités inégales. De plus, si l'on fait tourner le spath autour de la direction du faisceau incident, en même temps que l'on voit l'image extraordinaire tourner autour de l'image ordinaire (734), on les voit changer d'intensité, l'une augmentant quand l'autre diminue. On reconnaît aisément que, pour un tour complet, chaque image passe par deux maxima et deux extinctions, le maximun de l'une se produisant quand a lieu l'extinction de l'autre. On peut préciser ainsi qu'il suit ces changements :

L'image ordinaire est maxima quand le plan de polarisation et la section principale du cristal coïncident; elle est éteinte quand ces plans sont perpendiculaires l'un à l'autre.

L'image extraordinaire est éteinte quand le plan de polarisation et la section principale du cristal coïncident; elle est maxima quand ces plans sont perpendiculaires l'un à l'autre.

Si ces plans font entre eux un angle de 45°, les deux images sont égales en intensité.

Fig. 131.

Enfin, on reconnaît également que la somme des intensités reste constante : pendant les modifications, l'une des images perd ce que gagne l'autre. Si l'on s'arrange en effet pour que les deux images, ordinaire et extraordinaire, empiètent l'une sur l'autre, on voit que tandis que chacune des parties distinctes varie d'intensité, la portion commune aux deux cercles présente toujours le même éclat, et se comporte, par suite, absolument comme un faisceau de lumière naturelle (*fig.* 434).

Ces résultats sont compris dans les formules suivantes, données également par Malus :

$$i_0 = \mathrm{I} \cos^2\alpha \qquad \text{et} \qquad i_e = \mathrm{I} \sin^2\alpha.$$

911. Action de deux spaths superposés. — Comme conséquence de ce qui précède, on peut expliquer les effets produits lorsqu'un faisceau de lumière naturelle traverse à la suite deux cristaux de spath d'Islande. Le premier cristal divise le faisceau incident d'intensité I en deux faisceaux i_o et i_e de même intensité $\dfrac{\mathrm{I}}{2}$, polarisés l'un et l'autre, mais dont les plans de polarisation sont à angle droit.

Le second cristal agira sur chacun de ces faisceaux comme il a été dit, les divisant en deux : le premier i_o en un faisceau ordinaire et un extraordinaire dont nous désignerons les intensités par i_{oo} et i_{oe}; de même le faisceau i_e donnera deux faisceaux par l'action du deuxième spath, i_{eo} et i_{ee}. On reconnaît aisément que si l'incidence a été normale le seul faisceau i_{oo} n'est pas dévié; si donc on recueille la lumière sur un écran, on aura quatre images, et si l'on fait tourner un cristal, une seule restera immobile et les autres se déplaceront autour de celle-ci qui correspondra à i_{oo}. En même temps ces images varieront d'éclat.

On peut aisément donner la formule qui correspond à ces changements. Appelons φ l'angle des sections principales des deux cristaux pour une position quelconque.

Le faisceau i_o d'intensité $\dfrac{1}{2}$ a son plan de polarisation qui coïncide avec la section principale du premier cristal : l'angle α de ce plan et de la section principale du deuxième cristal est donc égal à φ, angle des deux sections principales. On aura donc, d'après la formule de Malus :

$$i_{oo} = \frac{\mathrm{I}}{2} \cos^2\varphi \qquad \text{et} \qquad i_{oe} = \frac{\mathrm{I}}{2} \sin^2\varphi .$$

Le faisceau i_e fourni par le premier cristal a aussi pour intensité $\dfrac{1}{2}$: il est polarisé, mais son plan de polarisation est perpendiculaire à la section principale du premier cristal et l'angle α qu'il fait avec celle du deuxième cristal est égal à $\varphi + 90°$. Il en résulte que l'on a :

$$i_{eo} = \frac{1}{2}\sin^2\varphi \qquad \text{et} \qquad i_{ee} = \frac{1}{2}\cos^2\varphi .$$

On voit que les images sont à chaque instant égales en intensité deux à deux, $i_{oo} = i_{ee}$ et $i_{oe} = i_{eo}$: — que leur somme est constante et égale à 1 : — que pour $\varphi = 45°$ les quatre images ont la même intensité.

Ces résultats sont absolument vérifiés par l'expérience.

912. Analyseurs. — Le miroir noir n'est pas le seul appareil qui puisse servir à reconnaître si un faisceau est polarisé ou non et à déterminer la position de son plan de polarisation. Le fait que la lumière polarisée se comporte d'une manière spéciale dans la réfraction ou la double réfraction permet de concevoir que ces phénomènes peuvent servir à résoudre la question. En réalité, tout polariseur peut servir d'analyseur.

Nous n'avons pas besoin d'insister sur le miroir de verre noir; mais la pile de glaces, les spaths d'Islande permettent d'obtenir des indications précises. Si les faisceaux qui ont traversé ces corps ne conservent pas la même intensité, c'est que la lumière incidente était polarisée; — s'il y a extinction complète, la polarisation était totale. On reconnaît également comment on peut, dans l'un ou l'autre cas, déterminer la direction du plan de polarisation.

Au lieu d'un spath, on peut prendre comme analyseur un Nicol ou un Foucault; on reconnaît aisément si la lumière est polarisée; on détermine moins facilement la position du plan de polarisation.

Enfin, la tourmaline peut être utilisée dans les mêmes conditions et d'une façon analogue.

Nous ajouterons que ce n'est pas par un simple effet de hasard que tout polariseur peut servir d'analyseur. Cela résulte directement de la théorie complète de la polarisation, théorie sur laquelle nous ne pouvons nous arrêter.

913. Représentation symbolique des intensités lumineuses d'un faisceau de lumière polarisée. — Il est commode dans quelques circonstances de représenter symboliquement à l'aide d'une courbe les variations d'intensité que subit un faisceau de lumière polarisée qui se réfléchit ou qui subit la réfraction simple ou double. Considérons, par exemple, le cas de la réflexion sur un miroir de verre noir sous l'angle de $54° 35'$.

Soit XOX' une droite représentant la direction du plan de polarisation; convenons que, à partir d'un point O pris sur cette droite, nous traçions des droites OA ayant la direction du plan d'incidence sur le miroir et que sur ces droites nous portions des longueurs proportionnelles aux intensités lumineuses. Ces longueurs pourraient être déduites d'expériences directes, elles peuvent être calculées à l'aide de la formule de Malus, $i = I \cos^2 \alpha$.

Le lieu des extrémités de ces longeurs donnera une courbe à deux boucles (*fig.* 435) qui servira à reconnaître immédiatement

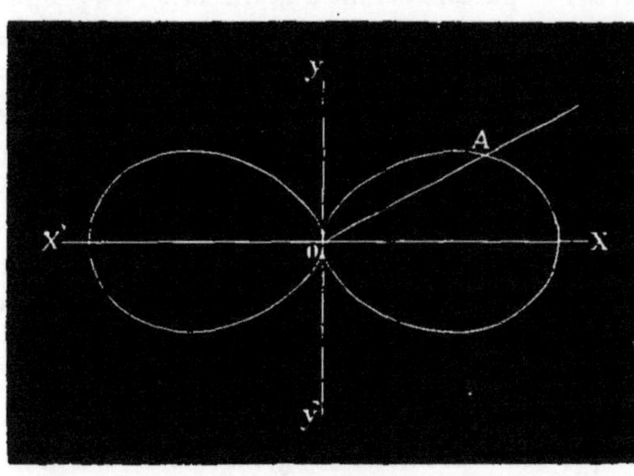

Fig. 435.

l'intensité du faisceau réfléchi pour une direction quelconque du plan d'incidence, ou plus généralement pour un angle quelconque AOX du plan d'incidence AO avec le plan de polarisation AX. La figure montre que si l'angle est nul la direction du plan principal de l'analyseur se confond avec celle du polariseur, et l'intensité est maxima, elle est celle du faisceau incident; cette intensité décroît, elle n'est plus que OA pour un angle des sections principales égal à XOA; lorsque les sections principales sont à angle droit, la ligne Oy' ne coupe pas la courbe, l'intensité est nulle, il n'y a pas de lumière réfléchie. Au delà, les valeurs des intensités reparaissent avec les mêmes valeurs, mais en ordre inverse, et successivement ainsi dans les quatre quadrants.

Une courbe identique donnerait la variation dans le cas du passage à travers une pile de glaces; seulement, alors, OA représentant toujours la direction du plan d'incidence, ce serait OY (et non OX) qui devrait représenter la direction du plan de polarisation.

Enfin la même courbe servirait encore dans le cas de la double réfraction; OA représentant la direction du plan d'incidence, la longueur du rayon vecteur comptée sur cette direction représente l'intensité du faisceau ordinaire si OX est le plan de polarisation, et celle du faisceau extraordinaire si OY est la direction du plan de polarisation.

914. De la direction des vibrations lumineuses. — Les phénomènes d'interférence ont conduit à rejeter, comme nous l'avons dit, l'hypothèse d'un fluide spécial, émis par les corps lumineux, car on ne peut concevoir comment, avec cette supposition, on pourrait, par la superposition de deux rayons lumineux, produire de l'obscurité. L'idée de vibrations d'un *éther lumineux*, milieu élastique indéfini, donne l'explication de ces faits, et nous l'avons adoptée, mais sans rien préjuger de la direction dans laquelle ces vibrations s'effectuent. Les phénomènes de polarisation nous permettent de mieux connaître ce mouvement vibratoire.

La vibration d'un fluide quelconque provenant d'un centre peut se faire de trois manières : 1° parallèlement à la direction de propagation de l'ébranlement, c'est-à-dire normalement à la surface de l'onde, ou, dans ce cas, dans le sens du rayon lumineux ; 2° perpendiculairement à la direction précédente, c'est-à-dire dans la surface même de l'onde ; 3° dans une direction quelconque. Mais ce dernier cas peut se ramener au précédent, car un mouvement quelconque peut être considéré comme résultant de deux certains mouvements composants rectangulaires, et l'on pourrait, par exemple, dans le cas qui nous occupe, remplacer le mouvement vibratoire quelconque par deux autres situés l'un dans le plan de l'onde, l'autre normalement à ce plan.

C'est entre ces trois hypothèses que nous avons à choisir.

Il faut remarquer que les vibrations longitudinales, normales aux surfaces d'ondes, ne peuvent, de quelque façon qu'on les considère, donner que des faisceaux présentant la plus grande symétrie dans tous les sens ; si, par exemple, le faisceau est cylindrique, les oscillations se faisant dans le sens de la longueur du cylindre, il serait impossible que, dans ce faisceau, une direction jouît de propriétés que ne partageassent pas les autres. Si, au contraire, les oscillations se font perpendiculairement à la longueur du cylindre, et s'il arrive que, pour toutes les molécules, ces oscillations soient parallèles, on conçoit qu'un faisceau ainsi constitué puisse ne pas posséder les mêmes propriétés, suivant qu'on le considère en un point de sa circonférence ou en un autre ; on voit, en un mot, que deux faisceaux parallèles en direction peuvent ne pas subir les mêmes modifications, en se trouvant dans les mêmes circonstances, si les oscillations des molécules qui les composent se font dans des plans qui ne soient pas parallèles. Or, l'expérience a prouvé que la lumière polarisée présente ce caractère de donner des effets très différents avec un même milieu, sur la surface duquel elle arrive normalement, lorsque l'on fait varier les positions relatives d'un certain plan fixe dans la surface ; que, en un mot, le faisceau n'est pas symétrique dans toutes les directions lorsqu'il est polarisé.

Par des expériences délicates et fort bien conçues sur l'interférence des rayons lumineux polarisés, Fresnel et Arago ont démontré directement, d'ailleurs, que les vibrations de la lumière non seulement ne sont pas dirigées dans le sens de la propagation du mouvement lumineux, mais même ne peuvent avoir aucune composante dans cette direction.

Nous sommes donc conduits à supposer les oscillations normales au faisceau (ou situées dans le plan de l'onde). Et, pour donner la raison de l'existence d'un plan particulier dans le faisceau polarisé, il faut admettre que, dans ce cas, les oscillations se font toutes parallèlement entre elles. Les faisceaux provenant de l'action d'un cristal biréfringent sur un faisceau naturel, et qui sont polarisés diversement, sont différents en ce que la direction fixe des oscillations n'est pas la même dans les deux, et l'on est conduit par plusieurs considérations à les regarder comme rectangulaires. Enfin, il resterait à fixer la direction de ces vibrations par rapport à ce plan remarquable de direction fixe dans le faisceau, et auquel nous avons donné le nom de plan de polarisation. Par de semblables raisons de symétrie, le faisceau possédant identiquement les mêmes propriétés de part et d'autre de ce plan, les vibrations ne peuvent avoir lieu que dans ce plan ou dans une direction normale. Jusqu'à présent, aucune expérience n'a permis de décider entre ces deux hypothèses également admissibles. Fresnel, à qui cette partie de la physique est si redevable, a supposé que les vibrations ont lieu perpendiculairement au plan de polarisation : c'est également cette hypothèse que nous adopterons.

945. De la lumière naturelle. — Comment devons-nous comprendre alors la constitution de la lumière naturelle? Deux hypothèses se présentent comme conséquences des diverses expériences que nous avons indiquées.

A cause de l'identité de propriétés que possède un faisceau de lumière naturelle dans toutes les directions, nous sommes conduits à supposer la même constitution également dans toutes les directions; on peut donc considérer un faisceau de lumière naturelle comme résultant d'oscillations de l'éther successives ou simultanées, et ayant lieu dans tous les sens, de telle sorte que l'effet est celui d'une identité absolue dans chaque azimut.

Mais, d'autre part, nous avons dit que la superposition de deux faisceaux polarisés à angle droit donne naissance aux mêmes effets que le faisceau de lumière naturelle, de sorte que nous pourrions encore considérer la lumière naturelle comme provenant de vibrations s'effectuant seulement dans deux directions perpendiculaires l'une à l'autre.

L'étude mécanique et mathématique des mouvements vibratoires ramène ces deux hypothèses à une seule ; on démontre, en effet, en s'appuyant sur la composition des petits mouvements, qu'une vibration rectiligne quelconque peut toujours être considérée comme résultant de l'effet simultané de deux autres vibrations rectilignes rectangulaires, de telle sorte que, dans notre première hypothèse, nous pourrions remplacer chaque vibration, dans quelque direction qu'elle s'exécute, par deux vibrations s'effectuant suivant deux lignes rectangulaires déterminées.

Il semble plus simple, cependant, de regarder la lumière naturelle comme produite par des vibrations s'effectuant dans tous les sens, simultanément ou successivement.

POLARISATION ROTATOIRE OU CHROMATIQUE

916. Phénomènes de polarisation rotatoire. — Nous supposerons d'abord, dans l'exposé des phénomènes que nous avons à indiquer, que la lumière employée est monochromatique, et nous nous occuperons ensuite du cas général d'une lumière composée.

Le premier fait connu a été signalé en 1811 par Arago; on peut le reproduire de la manière suivante :

Un polariseur est placé sur la direction d'un faisceau de lumière simple, de telle sorte qu'un écran intercepte, par exemple, le rayon extraordinaire; le faisceau polarisé ainsi produit tombe sur un analyseur, qui donne seulement passage au rayon ordinaire. On sait que si les sections principales du polariseur et de l'analyseur sont à angle droit, toute la lumière est interceptée par le dernier ; un observateur, placé derrière l'analyseur, n'éprouvera aucune sensation lumineuse, et l'on ne pourra projeter aucune image sur un écran. La lumière transmise serait sensible pour tout autre angle des sections principales, et son intensité croîtrait à mesure que les sections principales tendraient à être parallèles.

L'extinction complète du faisceau transmis étant obtenue, elle subsistera si l'on place entre le polariseur et l'analyseur une substance isotrope, une lame de verre, par exemple. Mais si l'on interpose une lame de quartz à faces parallèles, perpendiculaires à l'axe optique, l'analyseur transmet aussitôt une certaine quantité de lumière, bien que les rayons parallèles à l'axe d'un cristal le traversent normalement sans être déviés ni dédoublés. Le faisceau polarisé, qui traverse une lame de quartz, subit donc une modification importante, puisque l'analyseur produit des effets nouveaux.

On peut, au moyen de la rotation de l'analyseur, étudier le faisceau transmis par le quartz. Des variations d'intensité lumineuse montrent que ce faisceau, comme le faisceau incident, est polarisé;

mais que *le plan de polarisation a varié de position, qu'il a tourné d'un certain angle.*

Si donc on veut représenter symboliquement les intensités du faisceau émergeant de l'analyseur, on trouvera une courbe iden-

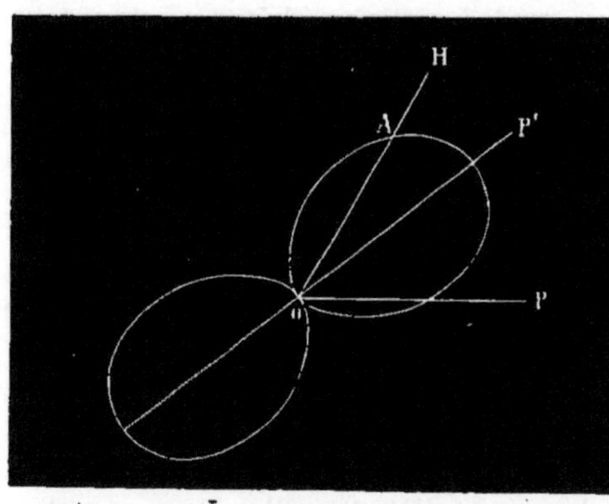
Fig. 436.

tique à celle que nous avons déjà indiquée; seulement, OP (*fig.* 436) représentant toujours la direction de la section principale du polariseur, la courbe aura pour axe de symétrie OP' qui fait avec OP un angle, dont la valeur varie suivant diverses circonstances, comme nous le dirons plus loin.

Le phénomène découvert par Arago consiste donc, en somme, en une *rotation du plan de polarisation;* on lui donne souvent le nom moins heureux de *polarisation rotatoire;* enfin, les phénomènes qui se produisent lorsque l'on emploie la lumière blanche expliquent le nom également employé de *polarisation chromatique.*

Le quartz n'est pas le seul corps qui présente des particularités analogues aux précédentes: le camphre, les alcalis organiques, le cinabre, quelques liquides et bien d'autres substances jouissent de la même propriété. Ces substances sont dites, d'une manière générale, *substances actives.*

L'expérience montre que toutes les substances actives ne produisent pas le même effet quant au sens dans lequel a lieu la rotation. On a qualifié de *dextrogyres* les substances dans lesquelles le plan de polarisation tourne dans le sens où l'on voit tourner les aiguilles d'une montre; on appelle *lévogyres* les corps dans lesquels la rotation se produit en sens opposé.

Il est certaines substances chimiquement définies qui déterminent une rotation qui, suivant l'échantillon considéré, se produit dans un sens ou dans l'autre.

Le quartz présente cette propriété remarquable : deux plaques de même épaisseur déterminent des rotations égales du plan de polarisation, mais tantôt ce déplacement se produit de droite à gauche, et tantôt de gauche à droite. D'autres corps, quelques tartrates, etc., présentent les mêmes phénomènes.

917. Lois de la polarisation rotatoire. — Le phénomène

de la rotation du plan de polarisation fut étudié par Biot (1812-1818); par des expériences faciles à répéter, et qui consistent particulièrement dans la recherche de la position du plan de polarisation, il découvrit les lois suivantes :

PREMIÈRE LOI. — *Lorsque, sur le trajet d'un faisceau polarisé, on interpose des lames de quartz d'épaisseurs différentes, les angles dont tourne le plan de polarisation sont proportionnels aux épaisseurs.*

Si l'on met, par exemple, des lames de quartz ayant respectivement 0,5 millimètre et $1^{mm},5$ d'épaisseur, l'angle dont aura tourné le plan de polarisation sera trois fois plus grand dans le second cas que dans le premier; autrement dit, l'angle P'OP (*fig.* 436) sera triple pour la lame de $1^{mm},5$ de ce qu'il serait pour celle de 0,5 millimètre.

Dans le violet extrême, une lame de quartz de 1 millimètre d'épaisseur produit une rotation d'environ 45°; il résulte de là qu'une lame de 4 millimètres fera tourner le plan de polarisation de 180°, et, par suite, le ramènera parallèle à sa direction primitive. L'effet sera le même alors que s'il n'y avait pas eu rotation. Aussi, pour la démonstration de la loi, faut-il employer des lames dont les épaisseurs varient lentement.

DEUXIÈME LOI. — *Si l'on place à la suite, sur le trajet d'un faisceau de lumière polarisée, diverses lames de substances actives, la rotation totale du plan de polarisation est la somme algébrique des rotations partielles.*

Pour que cette loi soit générale, et s'applique non seulement à la superposition de substances faisant tourner dans le même sens le plan de polarisation, mais aussi à des corps agissant dans un sens ou dans l'autre, il faut attribuer des signes différents aux rotations s'effectuant dans un sens ou dans l'autre.

Enfin, les dissolutions de substances actives dans des liquides sans action peuvent produire une rotation du plan de polarisation. Ce cas, important à cause de ses applications (Voy. *Saccharimétrie*), a été particulièrement étudié par Biot. Ce physicien a reconnu que :

TROISIÈME LOI. — *Pour une même épaisseur de solution traversée, l'angle dont tourne le plan de polarisation est proportionnel à la quantité de substance active dissoute.*

On comprend dès lors que l'on puisse fonder un procédé de mesure sur l'observation de ce phénomène.

918. Action de la coloration du rayon. — Nous avons supposé, dans l'explication du phénomène de la rotation du plan de polarisation, que l'on opérait avec une lumière simple. Si l'on fait varier la coloration de la lumière employée, on observera des effets analogues. Seulement les angles de rotation du plan de polarisation seront différents sous la même épaisseur.

En général, l'angle de rotation pour une même épaisseur augmente, si l'on considère des rayons ayant une moindre longueur d'onde. Le jaune est plus dévié que le rouge, par exemple, et le violet donne le maximum de déviation. Mais cet énoncé n'est pas toujours applicable; on peut citer l'acide tartrique, pour lequel le maximum de déviation correspond au bleu, le violet produisant sensiblement le même effet que le vert.

On ne peut donc pas admettre que les rotations du plan de polarisation soient proportionnelles, si l'on considère des substances différentes et des lumières simples variées. Il résulte de là que si l'on prend deux corps, l'un dextrogyre et l'autre lévogyre, et que l'on détermine des épaisseurs telles que les effets s'annulent exactement pour une certaine coloration, il peut fort bien arriver que le plan de polarisation reste dévié pour tout ou partie des autres couleurs. C'est ce qui arriverait, par exemple, pour une lame de quartz et une lame d'acide tartrique.

Mais, si cet effet n'est pas général, il se rencontre cependant. Par exemple, les deux variétés de quartz, dextrogyre et lévogyre sont telles, que les déviations du plan de polarisation des divers rayons sont proportionnelles. Il en est de même du quartz lévogyre et de la dissolution de sucre dextrogyre. Ce fait est important à remarquer, car il permet d'opérer les essais saccharimétriques à la lumière ordinaire sans avoir recours à une lumière monochromatique.

919. Cas d'une lumière composée. — Supposons qu'il arrive sur une substance active un rayon composé de trois lumières simples, et soit OP (*fig.* 437) la direction du plan de polarisation. Pour l'une des lumières, rouge par exemple, le plan de polarisation sera dévié suivant OP': il sera dirigé sui-

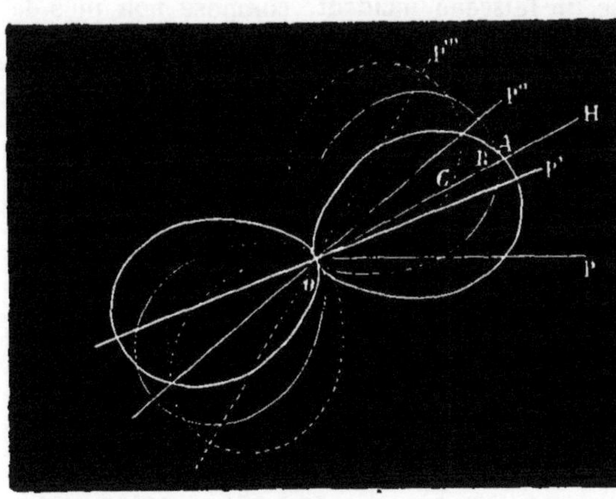

Fig. 437.

vant OP″ pour la lumière jaune, et suivant OP‴ pour les rayons violets. Sur chacune de ces directions, nous pouvons tracer la courbe symbolique qui donne l'intensité lumineuse pour les diverses positions de l'analyseur (913). Ces courbes sont représentées par un trait fort pour le rouge, par une ligne fine pour le jaune, par une courbe ponctuée pour le violet.

Supposons maintenant que l'on dirige la section principale de l'analyseur suivant OH. A cause de la nature même des courbes, on voit que le faisceau qui arrivera à l'œil comprendra du rouge ayant une intensité représentée par OA, du jaune dont OB est de même l'intensité, et du violet dont l'intensité serait proportionnelle à OC. En composant ces couleurs, on aurait la coloration résultante du faisceau qui parvient à l'œil.

On voit, par la figure, que la coloration du faisceau qui a traversé l'analyseur varie avec la position de la section principale de celui-ci, car les segments interceptés sur OH par les diverses courbes sont dans des rapports qui varient avec la direction de cette ligne. On voit également que, pour aucune position de l'analyseur, il n'y aura extinction complète du faisceau. L'extinction n'arrive pour une couleur, en effet, que lorsque la section principale de l'analyseur est perpendiculaire à l'axe de la courbe correspondante. Or cette section ne peut être perpendiculaire à la fois à trois directions différentes, OP′, OP″ et OP‴.

Nous serions arrivés à des résultats entièrement semblables, si nous avions supposé un faisceau incident, composé non plus de trois couleurs seulement, mais de sept, ce qui donnerait la lumière blanche. Suivant la direction de la section principale de l'analyseur, on a des faisceaux émergents variables d'intensité et de coloration. Dans aucun cas, d'ailleurs, deux couleurs ne peuvent s'éteindre simultanément.

Lorsque les rayons les plus éclatants, les rayons jaunes, sont éteints, il y a une teinte d'intensité minima, contenant presque exclusivement du rouge d'une part, et de l'autre du bleu et du violet, dont l'ensemble donne une coloration gris de lin. Biot l'a désignée sous le nom de *teinte sensible*, parce qu'elle se modifie très rapidement pour un déplacement même faible de la section principale de l'analyseur et passe presque brusquement soit au rouge, soit au bleu.

920. Action du magnétisme sur la polarisation rotatoire. — Les phénomènes de polarisation rotatoire que nous venons de rapporter succinctement montrent l'influence de la matière sur les vibrations de l'éther lumineux. Des recherches intéressantes, dont nous ne pouvons indiquer que les résultats généraux, ont établi, pour certains corps, une relation entre la forme de la cristallisation et le sens dans lequel a lieu la rotation du plan de polarisation.

Mais la constitution moléculaire des corps et leur forme cristalline ne sont pas les seules causes auxquelles on doive rapporter les modifications dans la rotation du plan de polarisation. Il résulte d'une belle expérience de Faraday que le plan de polarisation varie sous l'influence d'aimants puissants. On opère généralement avec des *electro-aimants* (Voy. *Électricité dynamique*), dont l'action se produit ou cesse instantanément. Ce phénomène montre qu'il existe une relation certaine, quoique inconnue jusqu'à présent, entre les vibrations de l'éther produisant les phénomènes lumineux ou calorifiques, et la cause complètement ignorée des actions électriques et magnétiques.

921. Saccharimétrie. — La dissolution dans l'eau de matières capables d'agir sur le plan de rotation produit des effets analogues et, pour une même épaisseur, fait décrire à ce plan des angles proportionnels aux quantités de matière active dissoute (917). La *saccharimétrie*, destinée à déterminer la quantité de sucre contenue dans un liquide inactif, est entièrement basée sur ce principe. On pourrait opérer avec les appareils qui servent à l'étude de la polarisation, mais on se sert plus généralement d'un appareil spécial, le *saccharimètre*, dont nous allons donner une description succincte.

Sur un même axe optique, et renfermées dans des garnitures en laiton, sont montées les diverses pièces suivantes : en N (*fig.* 438)

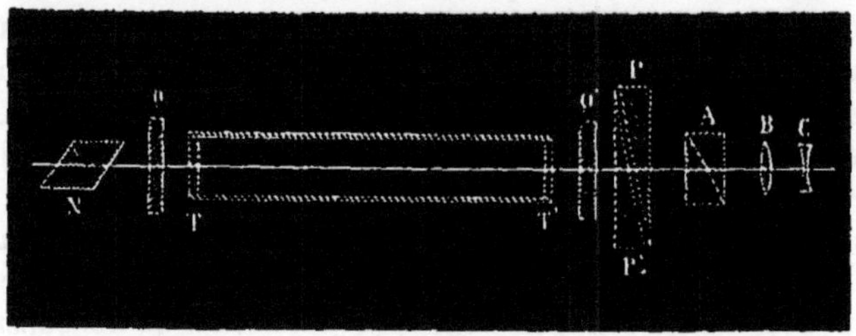

Fig. 438.

se trouve un prisme de Nicol qui reçoit la lumière des nuées vers lesquelles il est dirigé, et donne à la face opposée un faisceau polarisé. qui vient traverser une lame de quartz Q. Cette lame est composée de deux fragments de même épaisseur réunis suivant un diamètre, mais l'un de ces fragments est dextrogyre, l'autre est pris dans un échantillon lévogyre. Le faisceau polarisé qui les traverse éprouvera, dans chacun, des modifications particulières; l'angle dont il aura tourné sera le même, mais décrit dans un sens ou dans le sens opposé, suivant le fragment que l'on considère. Si donc on regarde cette lame, dite *plaque à deux rotations*, à travers un analyseur A, on distinguera deux couleurs distinctes, correspondant à chacune des deux moités, sauf pour le cas où la section principale de l'analyseur est parallèle à la section principale du polariseur N. L'épaisseur commune des deux lames est telle, que, dans ce dernier cas, la coloration commune des deux lames soit précisément la *teinte sensible* (919). Pour que les observations soient plus nettes, on vise les images colorées à l'aide de deux lentilles B et C, constituant une lunette de Galilée (872).

On fait tourner l'analyseur autour de son axe, jusqu'à ce que l'on ait pour les deux images la même coloration gris de lin. Le plan de polarisation ne changera pas, et, par suite, les colorations ne varieront pas, si l'on interpose entre Q et A une lame à faces parallèles d'un corps inactif ou un liquide également inactif. On introduit, par exemple, de l'eau contenue dans un tube T' en laiton, fermé à ses extrémités par des glaces parallèles, et aucune action ne doit se produire. Mais si ce liquide contient en dissolution une matière active, du sucre, par exemple, le plan de polarisation sera aussitôt dévié, et produira des différences dans les deux moitiés colorées, différences qui sont très appréciables, car de la teinte sensible, l'une passe au bleu, et l'autre vire au rouge. Toute différence de coloration entre les images annonce l'interposition d'une substance active. Il faut, en outre, mesurer la quantité. On se sert pour cela des pièces Q', P et P' qu'il nous reste à décrire. Ces pièces sont comprises entre la dissolution que l'on essaye et l'analyseur. Q' est une plaque de quartz, que nous supposerons *lévogyre*; P et P' sont deux prismes de quartz *dextrogyre*, que l'on peut faire mouvoir l'un sur l'autre, à l'aide d'une crémaillère et d'un pignon. Dans la position moyenne, qui est marquée par le 0 d'une échelle graduée, ils présentent ensemble une épaisseur exactement égale à celle de la plaque Q', dont, par suite, ils détruisent absolument l'effet. En tournant le pignon dans un sens ou dans l'autre, on fait varier graduellement l'épaisseur de la lame à faces parallèles qu'ils constituent par leur ensemble. Si cette épaisseur augmente, l'effet de ces prismes augmente, et, par l'ensemble des pièces Q', P et P', le plan de polarisation est dévié à droite. Le contraire se produit si l'on fait marcher en sens contraire le pignon qui commande la crémaillère.

On a donc ainsi un moyen de faire varier la position du plan de polarisation à droite ou à gauche, et les divisions indiquent les angles dont on l'a fait tourner.

922. — L'ensemble de l'appareil est monté sur un pied, et peut être dirigé vers les parties éclairées des nues (*fig.* 439). En A se trouvent le nicol et la lame de quartz à deux rotations. A la suite se trouve le tube plein de liquide, que l'on place librement sur des colliers. La plaque de quartz se trouve aussitôt après, et est suivie des deux prismes, dont R est l'extrémité supérieure, et qui sont mus par la crémaillère H; enfin, N est l'analyseur, et DD' l'oculaire.

Pour faire une expérience, le tube à liquide étant rempli d'eau pure, on vérifiera que l'on obtient l'identité de coloration des deux images demi-circulaires que l'on aperçoit lorsque la crémaillère est au 0. On enlève le tube à eau pure, et on le remplace par un autre de même longueur, contenant la dissolution à essayer. Aussitôt, si celui-ci contient une substance active, on voit les images prendre des colorations variées, qui correspondent à une rotation du plan de polarisation. On fait tourner le bouton H, de manière à produire une rotation égale, mais de sens contraire, ce dont on est assuré

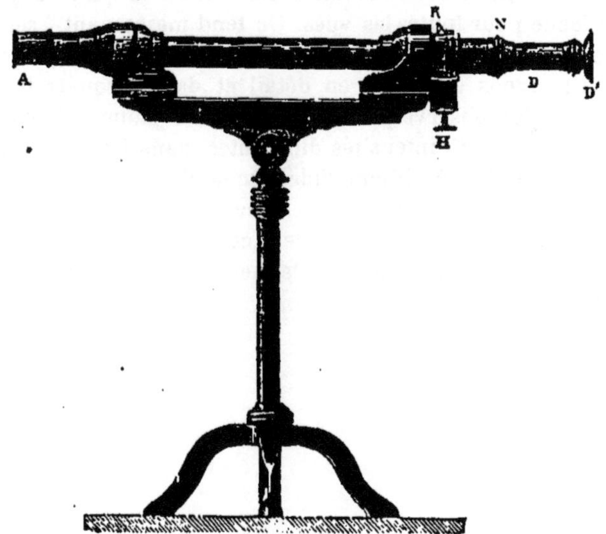

Fig. 439.

en ce que l'on ramène les deux images à la teinte sensible. On note alors le nombre de divisions marquées sur la graduation. On a fait, au préalable, un essai sur une dissolution titrée, et l'on a observé la division obtenue dans ce cas. A cause de la proportionnalité indiquée par Biot, on a le titre de la dissolution par une règle de trois simple.

Dans le cas où le liquide à essayer est coloré par lui-même, on

pourrait éprouver quelques difficultés dans l'opération. Mais on
annule complètement cette coloration, en plaçant en avant du saccharimètre un nicol et une plaque de quartz, qui peuvent tourner sur
leur axe. Nous renvoyons aux monographies spéciales pour l'indication de ce détail et de quelques autres, comme aussi pour les opérations nécessaires dans le cas où il y a plusieurs substances actives
en dissolution.

Les essais saccharimétriques sont fréquemment employés dans
l'industrie, et le saccharimètre donne des résultats rapides et exacts.
Il est également employé avantageusement à la recherche du sucre
dans les urines. C'est un mode d'investigation qui n'est peut-être
pas aussi répandu qu'on pourrait le désirer, malgré les avantages
qu'on en retirerait, et bien qu'il ne puisse être remplacé par aucun
autre.

923. Saccharimètres à pénombre. — L'appareil que nous
venons de décrire présente l'inconvénient de reposer sur la détermination de l'identité de deux teintes différentes, ce qui n'est pas également facile pour toutes les vues. On tend maintenant à remplacer
cet appareil par d'autres fondés sur le même principe général, que
nous ne pouvons examiner en détail et dans lesquels le champ
éclairé que l'on observe présente une teinte jaune uniforme, mais
qui en général a des intensités différentes dans les deux moitiés :
au lieu de chercher à obtenir l'identité de deux teintes, on cherche
à établir l'égalité d'intensité de ces deux parties de même couleur.

Le mode d'emploi est analogue à celui que nous avons indiqué
plus haut et l'approximation sur laquelle on peut compter est plus
grande.

LIVRE III

MAGNÉTISME ET ÉLECTRICITÉ.

924. — Les phénomènes sonores, calorifiques, lumineux que nous avons étudiés jusqu'ici présentent ce caractère commun de correspondre à des sensations spéciales et se différencient par là des phénomènes dont nous avons à nous occuper maintenant, *phénomènes magnétiques* et *électriques*, dont nous n'avons pas directement connaissance dans les conditions ordinaires. Sauf peut-être dans quelques cas pathologiques, un aimant ne produit pas de sensations différentes de celles auxquelles donne naissance un morceau d'acier de mêmes dimensions; un fil parcouru par un courant, à moins que celui-ci ne soit très intense, ne nous impressionne pas particulièrement; un corps électrisé statiquement ne produit aucune action qui corresponde à une sensation spéciale ; les actions que nous pouvons éprouver en présence de ces corps ressemblent à des actions calorifiques ou à des actions mécaniques, à des chocs. Mais nous n'avons pas de *sens* correspondant aux phénomènes électriques. Ce ne sera donc toujours que par l'observation de certains effets convenablement choisis que nous pourrons faire l'étude de ces phénomènes, et cela déjà établit une différence essentielle avec les parties précédentes de la physique.

Une autre différence mérite encore d'être signalée : tandis que l'on sait pertinemment que les phénomènes sonores sont dus à des mouvements vibratoires de totalité des corps, et que l'on a de très sérieuses raisons de penser que les phénomènes calorifiques et lumineux correspondent à des mouvements vibratoires soit des molécules matérielles, soit des molécules d'éther, on n'est point encore fixé sur la cause des phénomènes magnétiques et électriques. Les explications que l'on en donne sont plutôt des comparaisons que l'indication de la cause même. Il est probable que lorsque l'électricité, qui est en somme étudiée depuis peu de temps, aura été plus complètement explorée, on arrivera à se former une idée de la cause des phénomènes.

Mais il convient d'ajouter, par contre, que l'étude des phénomènes électriques a bénéficié de la modernité de cette partie de la physique, notamment parce que ses relations avec les autres parties de cette science ont été établies plus rationnellement, et surtout parce que, sans crainte de rendre inutiles toutes les recherches antérieures, on a pu adopter un système d'unités rationnel, le système absolu que nous exposerons par la suite.

Primitivement, les phénomènes magnétiques étaient considérés comme entièrement distincts des phénomènes électriques; depuis les mémorables travaux d'Ampère, on sait qu'il n'en est pas ainsi. et le magnétisme n'est plus qu'un chapitre de l'électrodynamique. Mais l'aiguille aimantée étant un précieux moyen de recherche et de mesure pour l'étude des courants, et la connaissance de ses propriétés principales étant utile dès le début de l'électricité dynami- que, nous avons pensé qu'il y a un réel intérêt à signaler tout d'abord ces propriétés, en rejetant l'explication que l'on en peut donner après l'étude des solénoïdes.

CHAPITRE PREMIER

MAGNÉTISME

925. Aimants naturels et artificiels. — On trouve dans la nature une pierre qui attire le fer et qui porte le nom de pierre d'aimant : c'est un oxyde de fer Fe^3O^4 regardé généralement comme une combinaison de protoxyde et de sesquioxyde de fer. L'oxyde magnétique Fe^3O^4 n'a pas toujours la propriété d'attirer le fer ; préparé artificiellement, il ne la possède jamais ; et celui qui en jouit peut la perdre par une élévation de température et un brusque refroidissement. C'est du nom de la ville de Magnésie, où les anciens trouvèrent ce minerai, que vient le mot de *magnétisme*, sous lequel on désigne l'ensemble des propriétés que possèdent les aimants.

Les aimants peuvent communiquer les propriétés magnétiques à des aiguilles ou à des barreaux d'acier. lorsqu'on les laisse quelque temps en contact avec eux, dans des conditions convenables dont nous indiquons les principales plus loin. On peut donc construire des aimants artificiels, c'est-à-dire obtenir des morceaux d'acier ayant une vertu magnétique durable.

926. Propriétés des aimants. — Les aimants attirent le fer, l'acier, le cobalt, le nickel et quelques autres corps ; lorsqu'ils sont très puissants, ils agissent sur tous les corps en général, mais moins que sur le fer. comme nous le verrons plus loin. Si on roule un aimant naturel ou artificiel dans la limaille, on voit celle-ci se fixer sur lui sous la forme de grappes, surtout vers les parties extrêmes (*fig.* 440). Les forces attractives d'un aimant résident donc principalement vers les extrémités.

Fig. 440.

palement vers les extrémités. qui ont reçu le nom de *pôles* ou *régions polaires ;* elles paraissent nulles vers le milieu. où une certaine étendue ne présente pas le phénomène d'attraction : cette partie a reçu le nom de *ligne neutre.* L'action d'un aimant peut s'exercer à travers

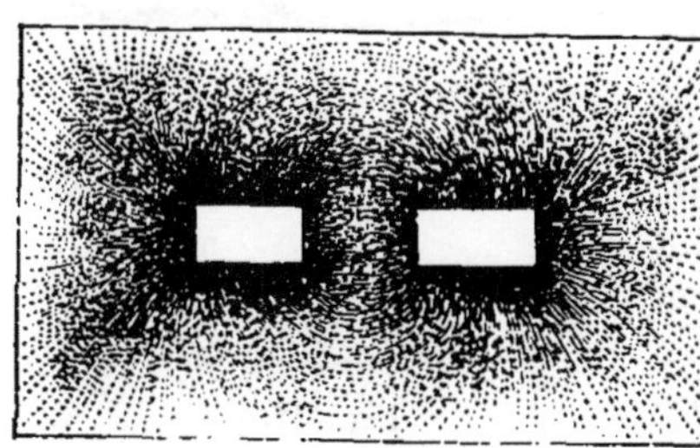

Fig. 441.

tous les corps. On le constate en plaçant un barreau aimanté sous une feuille de carton et en y projetant régulièrement de la limaille qui y prend, si l'on a le soin d'agiter un peu le carton. une disposition particulière. comme l'indique la figure 441. Les parcelles de fer se groupent en lignes courbes qui en général rayonnent de deux centres d'action placés vers les extrémités ; au milieu, on n'observe pas d'attraction appréciable.

La figure ainsi obtenue, qui dépend de la forme de l'aimant et des conditions de l'expérience, est ce que l'on appelle le *spectre* ou *fantôme magnétique.*

Chaque aimant possède au moins deux *pôles* situés vers les extrémités ; il peut y avoir en outre des centres d'attraction en d'autres régions, que l'on désigne sous le nom de *points conséquents.* Nous ne nous occuperons que des aimants réguliers, qui ne possèdent que deux pôles. Ces pôles attirent l'un et l'autre la limaille de fer ; mais, comme nous allons le dire. ils diffèrent par d'autres propriétés.

927. Direction des aimants. Aiguille aimantée. — Outre ces propriétés attractives. les aimants en possèdent une autre très remarquable, qui a conduit à des applications utiles.

Si l'on abandonne un barreau aimanté suspendu par son centre de gravité, il prendra, après quelques oscillations. une position d'équilibre stable à laquelle il reviendra si on l'en écarte. En un même lieu, tous les barreaux aimantés prennent la même direction : ils se placent parallèlement. La direction est *à peu près* dans le méridien géographique du lieu où l'on se trouve et, dans notre hémisphère, l'extrémité dirigée du côté du nord est au-dessous de l'horizontale du centre de gravité; c'est l'inverse dans l'hémisphère austral. Si l'on note l'extrémité qui se tourne vers le nord, on verra, en recommençant l'expérience, que dans tous les cas elle prend la même position relative : on appelle *pôle nord* cette extrémité, et l'on donne le nom de *pôle sud* à l'extrémité opposée. Ce fait prouve l'existence d'une différence réelle entre les deux pôles d'un aimant.

Au lieu de prendre un barreau de forme quelconque, on emploie le plus souvent une *aiguille aimantée* : on désigne sous ce nom une petite lame d'acier taillée en forme de losange (*fig.* 442) et aimantée de manière à n'avoir que deux pôles. Elle présente à sa partie moyenne une ouverture garnie d'une chape en agate, par laquelle elle repose sur un pivot vertical ; cette chape est placée en un point tel que l'aiguille reste sensiblement horizontale dans ses oscillations. Le plus souvent, enfin, la partie qui se dirige vers le nord, celle qui

Fig. 442.

contient le pôle nord, est colorée en bleu, ce qui la fait immédiatement reconnaître.

L'aiguille aimantée est la pièce principale des boussoles, dont nous parlerons plus loin et qui servent à étudier la *déclinaison* et l'*inclinaison* (930. 931).

928. **Actions réciproques des aimants.** — Déterminons la nature des pôles de deux barreaux ou de deux aiguilles aimantées, en recherchant quelles sont les extrémités qui se dirigent vers le nord : les deux pôles qui sont tournés vers le nord sont dits *pôles de même nom* : ils doivent jouir de propriétés analogues entre elles et différentes de celles que possèdent les pôles dirigés vers le sud, qui sont de *nom contraire* par rapport aux premiers. En effet, prenons un barreau aimanté, et présentons une même extrémité à deux pôles de même nom : ils seront à la fois attirés ou à la fois repoussés ; mais, si les pôles nord, par exemple, sont attirés, les pôles sud seront repoussés par la même extrémité du barreau.

Prenons alors à la main l'une des aiguilles et approchons, par exemple, son pôle nord du pôle nord de l'aiguille qui est mobile sur son pivot : celle-ci sera repoussée. Présentons le même pôle nord au pôle sud de l'aiguille mobile : il l'attirera.

Recommençons l'expérience, en approchant de l'aiguille mobile le pôle sud de l'autre aiguille : cette fois le pôle nord de celle-ci sera attiré, et le pôle sud sera repoussé.

On peut résumer ces expériences par l'énoncé suivant : *Les pôles de même nom se repoussent ; les pôles de nom contraire s'attirent.*

Il est clair que l'on obtient les mêmes résultats en replaçant sur le pivot l'aiguille que l'on tenait à la main, et en se servant de l'autre pour provoquer les attractions et les répulsions.

En laissant les deux aiguilles mobiles sur leurs pivots et les approchant dans diverses positions, il est facile de reconnaître que les aiguilles se meuvent simultanément, qu'elles se repoussent ou s'attirent en même temps ; en un mot, que les actions sont *réciproques.*

929. Aimantation par influence. Rupture d'un aimant. — Un morceau de fer doux B (*fig.* 443), placé à distance ou au contact d'un barreau aimanté A, acquiert immédiatement la vertu magnétique. Il prend, comme un aimant, deux pôles et une ligne moyenne. On s'en assure en approchant de ses extrémités successivement le pôle d'un aimant. Ainsi aimanté, le barreau de fer devient capable de supporter à son extrémité libre un second morceau de fer doux C, et ainsi de suite. Si on éloigne l'aimant, les propriétés magnétiques des morceaux de fer disparaissent immédiatement.

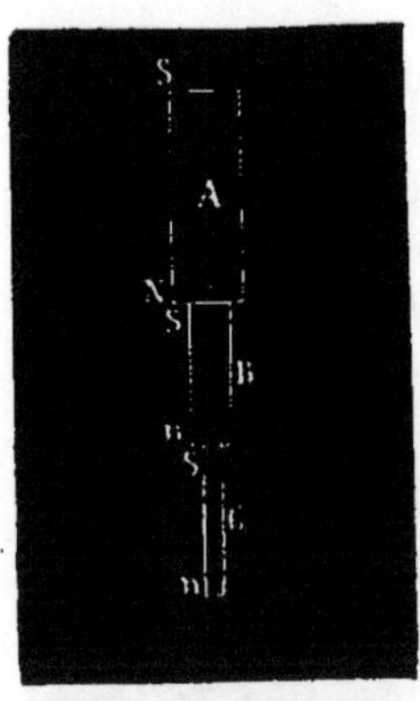

Fig. 443.

Quand on opère avec des morceaux d'acier trempé, on observe les mêmes phénomènes ; seulement, après la séparation, ils conservent leurs propriétés magnétiques.

Les aimants peuvent donc communiquer la vertu magnétique à des morceaux d'acier ; mais le magnétisme ne se développe pas aussi facilement dans l'acier que dans le fer doux : on exprime cette résistance au développement des propriétés magnétiques dans l'acier en disant qu'il possède une *force coercitive*, qui a pour autre effet de maintenir ces propriétés lorsqu'elles ont été développées : le fer doux n'a pas de force coercitive. Il faut comprendre, du reste, que ce n'est pas là une explication, mais la simple énonciation des faits observés. Le mot *force* est seulement synonyme de *propriété* et n'a point le sens précis qu'on lui donne en mécanique.

Une dernière propriété que nous tenons à signaler, c'est que lorsque l'on brise en deux parties un aimant, on obtient deux *aimants complets*, c'est-à-dire que chaque fragment a deux pôles et une ligne neutre. Les pôles ainsi déterminés sont orientés comme les pôles de l'aimant entier.

930. Déclinaison, inclinaison. — La direction que prend

spontanément l'aiguille aimantée librement suspendue joue un grand rôle dans toutes les circonstances où l'on fait usage de cet organe. On la définit, par rapport au globe terrestre, à l'aide de deux angles.

On appelle *méridien magnétique* d'un lieu, le plan vertical qui passe par la direction de l'aiguille aimantée ; il est connu lorsque l'on connaît l'angle qu'il fait avec le méridien géographique du même lieu : cet angle est la *déclinaison* ; et, pour connaître la direction que prend l'aiguille dans ce plan, on mesure l'angle qu'elle fait avec l'horizontale ou l'*inclinaison*. La difficulté de suspendre une aiguille par son centre de gravité, de manière qu'elle puisse prendre autour de ce point toutes les positions possibles, fait que, pour trouver la direction de l'aiguille sous l'action du couple terrestre, on emploie deux instruments distincts, la boussole de déclinaison et la boussole d'inclinaison.

931. Mesure de la déclinaison. — La déclinaison est l'angle que fait le plan du méridien magnétique avec le méridien géographique ; cet angle est celui des deux droites d'intersection de ces plans avec le plan horizontal. Pour le déterminer en un lieu donné, on tourne un cercle gradué (*fig.* 444) horizontal de manière que le diamètre 0—180 coïncide avec la méridienne, que l'on connaît à l'avance et qui peut être trouvée dans tous les cas à l'aide d'observations astronomiques. Au centre de ce cercle est disposé un pivot, sur lequel est placée une aiguille aimantée ACB en forme de losange : elle prend une direction fixe AB, différente de la ligne NS. L'angle ACN mesure la déclinaison qui peut être *orientale* ou *occidentale*.

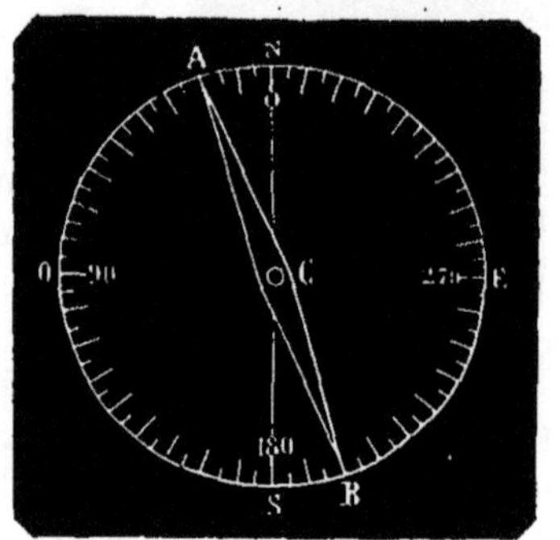

Fig. 444.

En réalité l'opération n'est pas aussi simple, parce que la ligne AB peut ne pas être la ligne des pôles, qui est celle dont il faudrait connaître la position, et parce que le point C peut n'être pas le centre du cercle gradué. Il existe des procédés simples qui permettent d'éliminer ces causes d'erreur.

932. Détermination de l'inclinaison. — L'inclinaison est l'angle que fait avec l'horizontale une aiguille suspendue par son centre de gravité et mobile autour de ce centre dans le plan du méridien magnétique. Dans la boussole d'inclinaison, l'aiguille aimantée se meut autour d'un axe horizontal fixé au centre d'un cercle vertical. Ce cercle peut tourner autour d'un axe vertical, et sa rotation est mesurée sur un limbe horizontal et fixe. On amène le limbe mobile dans le plan du méridien magnétique. L'aiguille s'incline, et le plus petit angle qu'elle forme avec le diamètre horizontal est l'inclinaison.

Pour placer le limbe dans le méridien magnétique on peut s'appuyer sur ce que la théorie indique que, lorsqu'on le fait tourner jusqu'à ce que l'aiguille soit verticale, le plan du limbe est alors perpendiculaire au méridien. On n'a plus alors qu'à le faire tourner de 90° pour se trouver exactement dans ce plan. La détermination de l'inclinaison, comme celle de la déclinaison et pour des raisons analogues, exige diverses précautions sur lesquelles il est inutile d'insister.

933. Magnétisme terrestre. — L'étude de la déclinaison et de l'inclinaison dans les divers points du globe montre que l'on peut expliquer les effets observés par l'effet d'un aimant qui serait situé à peu près dans la direction de l'axe de la terre et dont les pôles ne seraient pas très éloignés du centre. Gilbert a même montré expérimentalement qu'une petite aiguille aimantée, placée dans le voisinage d'un gros aimant taillé en forme de sphère, prend des positions tout analogues à celles que l'on a observées aux divers points du globe.

Mais cet aimant terrestre dont on se sert pour expliquer les effets observés n'est pas invariable. L'état magnétique de la terre varie à chaque instant. On peut s'en assurer, en observant la déclinaison et l'inclinaison. Lorsqu'on a observé la déclinaison pour la première fois, elle était orientale. En 1663, elle a passé par 0° ; elle a augmenté jusqu'en 1814, en devenant occidentale, et a pris une valeur maximum de 22°. Depuis cette époque, elle diminue lentement. En 1851, elle était de 20°,25. Actuellement, elle est de 19° environ.

La déclinaison semble donc éprouver de lentes oscillations. Il y a aussi des variations dans l'inclinaison, qui diminue depuis 1661, époque à laquelle on l'a observée pour la première fois. L'aiguille éprouve également des variations diurnes : le pôle austral de l'aiguille se déplace vers l'ouest, depuis le lever du soleil jusqu'au moment où la température est maxima. Dans nos climats, les variations diurnes sont plus grandes en été qu'en hiver. Leur plus grande valeur est de 15′ en été.

Enfin, on observe quelquefois des variations brusques dans la déclinaison, on les appelle perturbations. Arago a constaté qu'elles coïncidaient avec les apparitions des aurores boréales, qui semblent être un phénomène magnétique ou électrique.

934. L'action de la terre se réduit à un couple. —On voit aisément qu'une aiguille aimantée, soumise à l'action d'un barreau.

prend une direction parallèle à l'axe polaire de l'aimant ; on peut constater qu'elle est en même temps attirée ou repoussée. Comme notre globe dirige aussi les aimants, il est naturel de se demander s'il les attire ou les repousse. L'observation montre qu'il n'y a pas d'action de translation appréciable, et que la terre n'a seulement qu'une action directrice.

En effet, si l'aiguille était soumise à une force de translation, cette force pourrait être verticale, horizontale ou inclinée ; et, dans ce dernier cas, elle aurait une composante verticale et une composante horizontale. Si, donc, il n'y a ni force horizontale, ni force verticale, il n'y aura pas de mouvement d'entraînement.

Pour chercher s'il y.a une composante verticale, on se sert de la balance, car si la terre avait une action attractive appréciable, le poids d'une aiguille augmenterait par l'effet de son aimantation. Or, si on pèse l'aiguille, avec une balance très sensible, avant et après qu'elle a été aimantée, son poids ne change pas. La terre ne tend donc ni à faire descendre ni à faire monter l'aimant.

Il est également facile de faire voir que la terre n'a pas de composante horizontale. En plaçant un morceau de liège sur une eau tranquille, et sur le liège un petit aimant, l'aimant prend sa direction ordinaire, sans que le liège soit entraîné dans un sens ni dans l'autre.

935. Lois des actions magnétiques. — Nous avons dit que les pôles des aimants agissent les uns sur les autres par attraction ou par répulsion : la grandeur de l'action dépend des aimants en présence et de la distance qui les sépare. Sans insister, il est nécessaire de dire quelles sont ces lois et comment on les a vérifiées.

Les mesures se font en général par la méthode des oscillations : une petite aiguille aimantée, placée sur un pivot, et écartée de la position d'équilibre, oscille avant d'y revenir, sous l'influence de l'aimant terrestre. On comprend aisément et l'on démontre en mécanique qu'elle se trouve alors dans les conditions d'un pendule (97) et qu'on peut lui appliquer la formule que nous avons indiquée. Si l'on mesure le temps de l'oscillation, on pourra de cette formule déduire la valeur de l'accélération du mouvement que prendrait l'aiguille abandonnée *librement* à l'action de l'aimant terrestre : la valeur de l'accélération conduit, s'il est nécessaire, à la détermination de la force.

Si l'on recommence l'expérience en plaçant un barreau aimanté dans le plan du méridien magnétique, on observera immédiatement que la durée des oscillations aura varié. On peut d'ailleurs s'arranger pour que l'on ait seulement à considérer *un pôle* de ce barreau (en prenant un barreau assez long et le plaçant verticalement, l'un de ces pôles étant sur la même horizontale que l'aiguille); si, enfin, le barreau est éloigné de l'aiguille, on pourra également appliquer la formule du pendule et en déduire la force qui agit. Cette force est due à l'action simultanée de la terre et du barreau; comme l'expérience précédente avait donné la valeur de l'action terrestre, on en déduit celle du barreau.

En opérant avec un même barreau à des distances différentes, on reconnaît la loi suivante :

PREMIÈRE LOI. — *L'action d'un pôle sur un autre pôle varie en raison inverse du carré de leur distance.*

Avec la même aiguille aimantée et des barreaux différents, ou avec des aiguilles différentes et le même barreau, on reconnaît que l'action n'est pas la même. Cette action dépend donc des aimants en présence et montre qu'ils ne sont pas identiques : on dit que les pôles de ces aimants ont des intensités magnétiques différentes. On convient de prendre ces actions mêmes comme mesure de cette quantité de magnétisme : c'est-à-dire que l'on dit que deux pôles ont des intensités magnétiques égales quand, agissant sur une même aiguille aimantée à la même distance, ils produisent des actions égales (attractives ou répulsives); si les actions sont dans le rapport de 1 à 2, à 3.... à p, ou dans celui de m à n, on dira que les intensités magnétiques sont aussi dans le rapport de 1 à 2, à 3.... à p, ou dans le rapport de m à n.

Ceci posé, et remarquant qu'il y a réciprocité, c'est-à-dire que l'action dépend de chacun des deux pôles et est proportionnelle à son intensité, puisqu'elle en est la mesure dans un cas déterminé, on peut énoncer la loi suivante :

DEUXIÈME LOI. — *Les actions magnétiques sont proportionnelles au produit des intensités magnétiques des pôles en présence.*

936. — Il résulte de ces deux lois que si m et m' sont les intensités magnétiques de deux pôles, d leur distance, f la force qui s'exerce entre eux et k une constante qui dépend des unités choisies, on a nécessairement :

$$f = k\, \frac{mm'}{d^2} \, .$$

Si l'on veut rattacher ces mesures au système des unités absolues, les unités qui servent à mesurer d et f sont déterminées. Il n'en est pas de même de l'unité d'intensité magnétique, que nous n'avons pas précisée jusqu'à présent. Nous pouvons faire choix de cette unité de telle sorte que lorsque l'on prendra deux pôles d'intensité 1, placés à l'unité de distance, la force sera égale à l'unité. On voit que l'unité de pôle magnétique sera l'intensité d'un pôle qui agis-

sant sur un pôle identique placé à l'unité de distance (1^{cm}) produira
une force égale à l'unité. Comme on aura alors $m = m' = 1, d = 1$ et
$f = 1$, il faudra que l'on ait aussi $k = 1$.

La formule générale, avec ces unités, prendra la forme plus
simple :

$$f = \frac{mm'}{d^2} \cdot$$

937. Champ magnétique : lignes de force. — Comment
se produit l'action exercée par un aimant sur un autre aimant ou
sur un morceau de fer avec lequel il n'est pas en contact? Existe-t-
il une action s'exerçant *à distance?* C'est l'idée primitive, celle qui
est encore admise en général; elle paraît quelque peu en contradiction avec la tendance qui se manifeste de rapprocher les phénomènes physiques des phénomènes mécaniques, tendance qui s'accorde mal avec la notion des *actions à distance*. Le fait est certain
cependant : un aimant agit à distance sur les corps. Mais on peut
l'expliquer sans admettre les actions à distance, et il peut y avoir
un certain intérêt à employer ce mode d'explication.

On imagine que la présence d'un aimant en un lieu de l'espace
produit dans cet espace, et de proche en proche, une modification :
nous ignorons la nature de cette modification et l'agent qui la subit.
et cela est d'ailleurs sans intérêt. La portion de l'espace ainsi affectée constitue un *champ magnétique :* il s'étend en réalité indéfiniment dans toutes les directions, mais, à une certaine distance de l'aimant qui le produit, les effets peuvent être considérés comme nuls.

Lorsque l'espace ne renfermait aucun aimant, lorsque le champ
magnétique était nul, il y avait symétrie, homogénéité parfaite à
ce point de vue. Une parcelle de fer doux, une aiguille aimantée
placées dans cet espace n'auraient subi aucune action particulière
et auraient pu rester en équilibre dans une position quelconque.
Mais il n'en est plus de même dans un champ magnétique : la dissymétrie qui s'est produite a pour résultat qu'une aiguille aimantée
qui y est soumise n'est plus indifférente, qu'elle prend une position
déterminée par la constitution même du champ magnétique au
point où elle se trouve. Il en est de même d'ailleurs d'une parcelle
de fer doux, qui s'aimante d'abord par influence et est ensuite orientée par le champ magnétique.

Nous n'avons pas d'idée précise sur ce champ magnétique et
nous ne pouvons nous le représenter que d'une manière symboé-
lique. Il est clair que nous serions fixés sur les effets dont il peut
être le théâtre si, en chaque point, nous connaissions la direction
et la grandeur de la force qu'il peut exercer sur un pôle d'intensit-

magnétique connue, d'intensité magnétique égale à l'unité, par exemple.

Si, partant d'un point quelconque, nous traçons de proche en proche les éléments d'une courbe dont la direction nous fasse connaître la direction de la force magnétique en chacun de ses points, nous aurons ce que Faraday a appelé une *ligne de force* : nous pouvons concevoir une infinité de lignes de force dans l'espace, et l'on comprend que deux lignes de force ne peuvent se couper, car en chaque point d'un champ magnétique une aiguille aimantée a une position d'équilibre et une seule.

La forme des lignes de force nous renseigne sur la constitution du champ magnétique; expérimentalement, ces lignes nous sont données par les spectres magnétiques, qui permettent de les distinguer nettement.

938. — Mais la direction de la force magnétique ne suffit pas ; il faut encore, pour déterminer le champ magnétique, donner la grandeur de l'action en chaque point. On peut arriver à déterminer cette grandeur en faisant osciller l'aiguille aimantée aux divers points de chaque ligne de force, et déduisant de la durée de l'oscillation la grandeur de la force. On pourrait représenter le champ magnétique en inscrivant les valeurs ainsi trouvées en face de chacun des points de la ligne de force considérée (comme on fait pour les plans cotés). Mais on a convenu de représenter aux yeux la grandeur de cette action par l'intervalle qu'on laisse entre deux lignes de force consécutives, l'intervalle étant d'autant moindre que l'action est plus énergique (de même que, dans les plans cotés, la distance entre deux lignes de niveau est d'autant moindre que la *pente* de la surface est plus grande).

Nous ne voulons pas insister sur ce mode de représentation qui rend de réels services ; nous dirons seulement que le champ magnétique produit par un aimant placé à petite distance est *varié* : les lignes de force, droites ou courbes, sont inégalement espacées en leurs divers points et ont des directions différentes. Si l'aimant est très loin, comme il arrive pour l'aimant terrestre, les lignes de force sont parallèles et également espacées ; le champ est *uniforme*.

Enfin nous dirons qu'on appelle *intensité du champ magnétique* Il en un point la force que subit en ce point un pôle d'intensité magnétique égale à l'unité. Il est clair (935) que si l'on a un pôle d'intensité magnétique m, on aura pour la grandeur de la force f

$$f = m\mathrm{Il}$$

les diverses grandeurs étant exprimées en unités absolues.

939. Action des aimants sur tous les corps ; magné-

tisme, diamagnétisme. — En soumettant les divers corps de
la nature à l'action d'un fort aimant en fer à cheval, et mieux à
celle d'un électro-aimant, Faraday a reconnu que tous sont influencés par l'aimant. L'action n'est pas la même pour tous : les uns
sont attirés, les autres repoussés par les pôles de l'aimant. Si on
les réduit en barreaux, en aiguilles que l'on place entre les pôles
d'un aimant puissant en fer à cheval, les premiers prennent une
position d'équilibre dirigée suivant la ligne des pôles, une direction *axiale*; les autres prennent une direction *équatoriale*, perpendiculaire à cette ligne. Les premiers sont dits *paramagnétiques*, ou
simplement *magnétiques*; et les seconds, *diamagnétiques*.

Indépendamment du fer, du cobalt et du nickel, d'autres substances, telles que le manganèse, le chrome, sont magnétiques. Les
corps diamagnétiques sont le bismuth, l'antimoine, l'étain, le mercure, l'argent et le cuivre. Parmi les liquides, il y en a qui sont
magnétiques, et d'autres diamagnétiques. Enfin, M. Becquerel a
étudié l'action de l'aimant sur l'oxygène et les gaz, en les condensant dans le charbon, et Faraday, en se servant de bulles gazeuses;
ils ont trouvé que, parmi les gaz, l'oxygène seul possède un fort
pouvoir diamagnétique.

940. — La question n'est pas aussi simple, d'ailleurs, qu'elle le
paraît au premier abord, et le milieu dans lequel se trouve le corps
considéré joue un rôle capital, ainsi qu'il résulte de l'expérience
suivante de M. Becquerel. Entre les pôles d'un électro-aimant on
place une cuve remplie d'une solution d'un liquide magnétique, le
chlorure de fer par exemple; et dans cette cuve on introduit, suspendue à un fil, une petite ampoule en verre, de forme allongée,
contenant également une dissolution de chlorure de fer. Cette ampoule ne se dirigera pas toujours axialement comme elle le ferait
dans l'air; mais sa direction, et par suite son état magnétique dont
cette direction est la manifestation, dépendra de la nature du liquide
dans lequel elle est plongée. Si le liquide contenu dans l'ampoule
est plus riche en chlorure de fer, s'il est plus magnétique que le
liquide ambiant, l'ampoule paraîtra *magnétique*, elle prendra la
direction axiale; elle sera *indifférente*, ne sera pas dirigée par l'aimant si les deux solutions sont également concentrées; enfin l'ampoule sera *diamagnétique* si la solution qu'elle renferme est moins
concentrée que la solution ambiante.

En généralisant les résultats de cette expérience, on peut conclure de là que l'état magnétique d'un corps dépend du milieu dans
lequel il se trouve : l'effet produit par un aimant sur un corps est
une résultante de l'action effective sur le corps et de l'action sur le
milieu ambiant. Il se produirait là quelque chose d'analogue à ce

qui a lieu pour la pesanteur dans le cas d'un solide plongé dans un fluide : si l'action de la pesanteur est plus grande sur le solide que sur le liquide, si, à volume égal, le solide pèse plus que le liquide, le solide obéit à l'action de la pesanteur, il tombe; — si les deux actions sont égales, si le solide et le liquide sont également denses, le solide paraît indifférent, il reste en équilibre dans toutes les positions; — enfin, si l'action de la pesanteur est plus grande sur le liquide que sur le solide, si le liquide est plus dense que le solide, celui-ci s'élève au sein du liquide, se mouvant en sens contraire de la pesanteur, paraissant, par conséquent, *repoussé* par le centre de la terre.

Nous voyons des faits analogues pour le magnétisme : si le liquide ambiant est moins magnétique que l'ampoule, celle-ci obéit à l'action de l'aimant, elle est attirée par les pôles; elle est indifférente si le milieu ambiant et le liquide de l'ampoule ont la même composition; si le liquide de l'ampoule est moins magnétique que le liquide ambiant, l'ampoule est repoussée par les pôles de l'aimant.

On voit dès lors, par cette comparaison, que tout se passe dans cette expérience comme si l'action observée sur l'ampoule était (comme pour le principe d'Archimède) la différence entre l'action exercée sur le liquide de l'ampoule et celle qui serait exercée sur la partie du liquide ambiant qui occuperait la place de l'ampoule si celle-ci n'existait pas.

Cette notion, qu'il convient d'étendre à tous les phénomènes magnétiques, met en évidence l'importance du champ magnétique.

941. Procédés d'aimantation. — La méthode générale d'aimantation consiste à frotter un barreau d'acier contre un autre barreau déjà aimanté. De là résultent divers procédés que l'on désigne sous le nom de *simple touche, double touche séparée, double touche réunie.*

1° *Simple touche.* — Pour aimanter une aiguille d'acier, on fait glisser sur toute sa longueur le pôle d'un aimant, et on répète plusieurs fois, dans le même sens, les frictions sur les deux faces. Il se forme alors, à l'extrémité de l'aiguille que le pôle de l'aimant quitte la dernière, un pôle de nom contraire, et à l'autre extrémité un pôle de même nom. Il n'est pas nécessaire de frotter le barreau à aimanter, le simple contact suffit; cependant l'acier s'aimante plus facilement lorsqu'on le frotte. On ignore la cause de ce fait, mais il est certain que le mouvement vibratoire facilite l'aimantation : si l'on faisait vibrer un barreau en présence d'un barreau aimanté sans le toucher, il s'aimanterait très fortement.

2° *Touche séparée.* — On obtient des aimants plus forts, au

moyen du procédé de Duhamel, ou de la touche séparée. On fait
reposer les extrémités du barreau *ab* que l'on veut aimanter sur les
pôles contraires A et B de deux aimants fixes placés en regard
(*fig.* 445). On place
ensuite sur son mi-
lieu deux aimants
faisant avec le bar-
reau un angle de
30° et dont les pôles
A′ et B′ sont dans
le sens des pre-

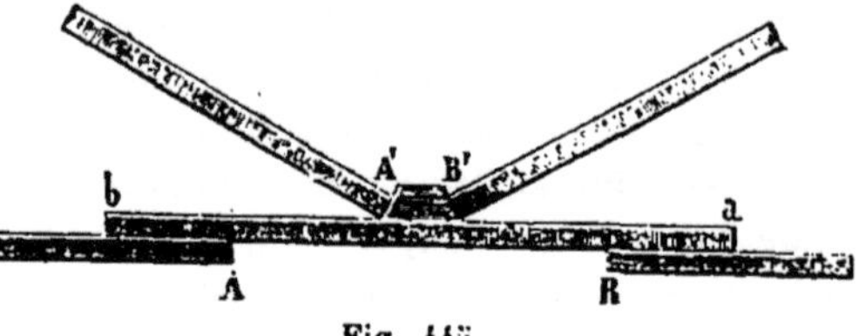

Fig. 445.

miers; on les fait glisser du milieu aux extrémités, on les ramène
au milieu, et on recommence la même opération plusieurs fois.

3° Pour aimanter des barreaux de fortes dimensions, le procédé
le plus puissant est celui d'Œpinus. Les extrémités du barreau
reposent, comme précédemment, sur des aimants artificiels très
énergiques, et les deux autres barreaux, inclinés d'un angle de 20°.
sont séparés par un petit morceau de bois. On les fait alors glisser,
non plus séparément, mais ensemble, du milieu vers une extrémité.
de cette extrémité vers l'autre, et ainsi de suite. Toutes ces méthodes sont à peu près tombées en désuétude, et remplacées par
celle des électro-aimants, qui donne une aimantation très énergique.

4° *Aimantation par la terre.* — Une barre de fer ou d'acier
éprouve, de la part de la terre, la même influence que d'un aimant.
Cette influence est surtout sensible, si l'on donne à la barre la
direction de l'aiguille d'inclinaison ; il se forme alors deux pôles
aux extrémités; le pôle boréal est en haut, et le pôle austral en
bas. Et ce qui prouve que ce n'est pas une propriété de la barre,
c'est que les pôles restent les mêmes lorsqu'on la retourne. Mais.
si on vient à la frapper ou à la tordre, elle conserve son aimantation. Ce mode d'aimantation explique la formation des aimants et
tous ces signes de magnétisme, en apparence spontanés, que l'on
observe dans les objets travaillés en fer ou en acier.

Mais le magnétisme développé dans un barreau tend à disparaître par l'action de la terre. par la température. les chocs; pour
le maintenir plus longtemps, on emploie des *armatures*, c'est-à-dire
des morceaux de fer doux qu'on place aux extrémités, et qui conservent les fluides décomposés. A cet effet, on place deux aimants
l'un à côté de l'autre, les pôles de noms contraires en regard, et on
les réunit à chaque extrémité par un morceau de fer.

Pour avoir des aimants plus énergiques. on en réunit plusieurs
sous forme d'un faisceau prismatique. Mais, dans ces faisceaux,

l'intensité magnétique diminue assez rapidement, parce que les pôles de même nom sont en présence. Pour diminuer cette cause de déperdition, on ne donne pas la même longueur aux barreaux.

Quelquefois, on donne aux aimants la forme d'un fer à cheval; l'aimantation se conserve mieux dans ce cas, les pôles de noms contraires se trouvant dans le voisinage l'un de l'autre.

942. — De plus, lorsque l'aimant doit agir par attraction sur un morceau de fer doux, ses deux pôles concourent alors à produire cette action.

Il peut arriver que l'aimantation ne soit pas régulière, surtout quand on emploie la méthode d'OEpinus. Outre les deux pôles, dont on reconnaît la présence aux deux extrémités, d'autres centres d'action se manifestent sur le barreau. Ces pôles secondaires sont toujours alternativement de noms contraires : ce sont des *points conséquents*. Il importe de les éviter, surtout dans la construction des boussoles.

Il existe encore d'autres procédés d'aimantation, dont nous nous occuperons quand nous aurons indiqué les propriétés des courants électriques.

CHAPITRE II

PHÉNOMÈNES GÉNÉRAUX DE L'ÉLECTRICITÉ STATIQUE

943. **Phénomènes fondamentaux**. — Certains corps, tels que le verre, la résine, le soufre, l'ambre, les pierres précieuses, frottés avec une étoffe de laine, ou une peau de chat, acquièrent la propriété d'attirer les corps légers (*fig.* 446), morceaux de papier, barbes de plumes, feuilles d'or. Ce phénomène d'attraction ayant été observé, pour la première fois, sur l'ambre, dont le nom grec est ἤλεκτρον, on dit qu'un corps est *électrisé* lorsqu'il produit de semblables actions : on dit encore qu'il y a *électrisation*, et l'on a désigné sous le nom d'*électricité* la cause supposée qui produit ces phénomènes, qui se manifeste par cette propriété spéciale.

Fig. 446.

Pour constater avec plus de certitude que les corps s'électrisent par le frottement, on emploie le *pendule électrique*, qui consiste en une balle légère de sureau (*fig.* 447), fixée à un fil de soie porté par un pied de verre. En approchant de la boule un bâton de verre frotté, on observe une vive attraction, suivie d'une répulsion. La boule s'est électrisée au contact du verre, car elle est capable d'attirer la sciure de bois ou les feuilles d'or; on entend un léger bruissement au moment où le corps attiré vient toucher le verre; et on aperçoit une petite étincelle, si on fait l'expérience dans l'obscurité.

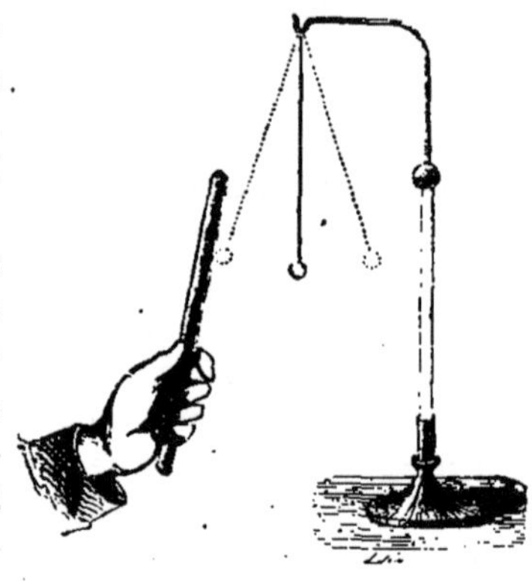

Fig. 447.

Les substances que nous avons citées furent d'abord reconnues les seules capables de s'électriser par le frottement; d'autres, tels que les métaux, ne manifestaient aucun signe électrique, ce qui avait fait partager les corps de la nature en deux classes : la première, contenant les corps qui s'électrisent par le frottement; la seconde, ceux qui ne s'électrisent pas. Plus tard, on reconnut que cette distinction n'est pas fondée, et que les corps de la seconde classe peuvent également s'électriser quand ils sont placés dans des conditions convenables. La cause de cette différence provient d'une propriété des corps, qui a reçu le nom de *conductibilité électrique*.

944. Corps bons conducteurs et corps mauvais conducteurs. — Un tube de verre ou un bâton de soufre que l'on frotte sur une certaine étendue est électrisé aux points frottés, mais non sur les autres points. Il peut acquérir également cette propriété par le contact avec un corps électrisé; mais, dans ce cas encore, la propriété reste limitée aux points touchés. Les choses se passent comme si cette propriété était due à la présence d'un agent dont nous ignorons la nature, l'*électricité*, agent qui pourrait passer d'un corps à l'autre, mais qui resterait localisé dans le verre, le soufre... aux points où il a été produit ou déposé. Par assimilation avec ce qui se passerait pour un agent matériel, on dit que ces corps sont *mauvais conducteurs* de l'électricité.

Une tige de cuivre, fixée à l'extrémité d'un tube de verre que l'on tient à la main, mise en contact par un de ses points avec un corps électrisé, s'électrise aussitôt dans toute sa longueur; de la même façon, on peut imaginer que cet effet se produit parce que l'*électricité* se répand dans tout le corps; les corps qui jouissent de cette propriété sont dits *bons conducteurs* de l'électricité. Cette distinction, établie par Gray, en 1722, ne doit pas être prise dans un sens absolu. La faculté conductrice appartient à tous les corps, mais à des degrés très différents. Les métaux, les liquides, à l'exception des huiles, conduisent bien l'électricité. Le verre, la résine. la gomme-laque, la conduisent mal. Les organes des végétaux et des animaux, composés de substances solides et liquides qui transmettent l'électricité, sont aussi bons conducteurs.

Voici un tableau de diverses substances rangées par ordre de conductibilité décroissante

BONS CONDUCTEURS.	MAUVAIS CONDUCTEURS.
Acides.	Oxydes.
Dissolutions salines.	Air sec.
Eau liquide.	Soie.
Végétaux.	Verre.
Animaux.	Soufre.
Air humide.	Résine.
Fil de lin.	Gomme-laque.

945. Corps isolants. — Ces notions sur la conductibilité électrique des corps vont nous conduire à des conséquences importantes.

Un corps conducteur électrisé, mis en communication avec le sol par une suite de corps conducteurs, perd plus ou moins vite son état électrique. En effet, la terre étant composée de substances conductrices, l'électricité du corps se répand sur une surface d'une grandeur infinie, et, par suite, tout signe électrique doit disparaître. D'où il suit qu'un cylindre métallique tenu à la main ne peut conserver l'électricité développée sur lui, puisqu'elle s'écoule d'une manière incessante dans le sol, à travers la voie conductrice du corps humain. Au contraire, un corps mauvais conducteur, placé dans les mêmes conditions, peut recevoir une charge appréciable. l'écoulement de l'électricité dans le sol s'effectuant d'une manière d'autant plus lente que le corps est moins bon conducteur.

On pourra donc interrompre la communication des corps électrisés avec la terre, en les suspendant ou en les faisant supporter par des corps très peu conducteurs, tels que le verre, la gomme-laque, les fils de soie. C'est pour cette raison que l'on désigne ces substances sous le nom de corps *isolants.* Tout corps isolé pourra donc s'électriser par le frottement, et conserver sa vertu électrique pendant un temps plus ou moins long. Enfin, on doit conclure du fait de la déperdition lente de l'électricité dans l'air que ce fluide pris à l'état sec est un *isolateur;* mais plus l'atmosphère se charge de vapeurs, plus elle devient conductrice; c'est ce qui fait que, dans les jours chauds de l'été, il est très difficile d'obtenir des charges sensibles et permanentes d'électricité, tandis que les expériences réussissent très bien dans les jours froids et secs de l'hiver, la quantité d'humidité contenue dans l'air augmentant, en général, avec la température.

946. Corps diversement électrisés; attractions, répulsions. — Un corps électrisé attire toujours un corps qui ne l'est pas, que celui-ci soit isolé ou non. Mais deux corps électrisés tantôt s'attirent et tantôt se repoussent ; c'est ce qui peut être mis en évidence par l'expérience suivante. La balle de sureau d'un pendule électrique isolé étant électrisée par le contact avec le verre électrisé, est attirée par la résine électrisée, et repoussée par le verre. Inversement, la même balle étant électrisée par la résine est attirée par le verre électrisé et repoussée par la résine. Il y a donc opposition entre les électrisations manifestées sur le verre et sur la résine, entre les états électriques de ces corps ; en répétant l'expérience avec d'autres corps, on voit que lorsqu'ils sont électrisés les uns se comportent comme le verre électrisé, d'autres comme la résine électrisée. On exprime cette différence en disant que les premiers sont électrisés *vitreusement*, les seconds sont électrisés *résineusement ;* ces dénominations qui s'expliquent d'elles-mêmes sont remplacées le plus souvent par celles de : électrisation *positive*, électrisation *négative* qui correspondent à des idées que nous exposons plus loin. Il suffit, bien entendu, de définir l'un de ces états. On dit qu'un corps est électrisé positivement quand il se comporte comme le fait le verre frotté avec de la laine.

Les expressions de : *corps électrisés semblablement* ou *contrairement* s'expliquent sans qu'il soit nécessaire d'insister.

Les expériences précédentes qui ont conduit à ces notions peuvent se résumer dans les énoncés suivants :

Deux corps électrisés semblablement se repoussent.

Deux corps électrisés contrairement s'attirent.

947. Électrisation par le frottement. — L'expérience montre que lorsque l'on frotte deux corps l'un contre l'autre, ils s'électrisent l'un et l'autre, mais prennent toujours des électrisations contraires : bien entendu, on ne peut vérifier cette loi que si les corps sont mauvais conducteurs, ou si, étant bons conducteurs, ils sont portés par des corps isolants.

Pour vérifier ce fait, on frotte l'un contre l'autre deux disques isolés, l'un en verre, et l'autre en bois recouvert de drap (*fig.* 448). Tant qu'on les tient réunis, ils ne donnent aucun signe d'électricité ; mais dès qu'ils sont séparés, on reconnaît que l'un repousse le pendule électrique, préalablement électrisé, et que l'autre l'attire. Ce phénomène n'offre pas d'exceptions. Toutefois, il est impossible de déterminer *a priori* quelle est celle des deux électrisations qui se

manifeste sur l'un ou l'autre des deux corps et l'expérience seule
permet de le savoir. La liste suivante présente un certain nombre
de substances disposées de telle sorte qu'elles s'électrisent positivement lorsqu'elles sont frottées avec celles qui les suivent, et
négativement avec celles
qui les précèdent :

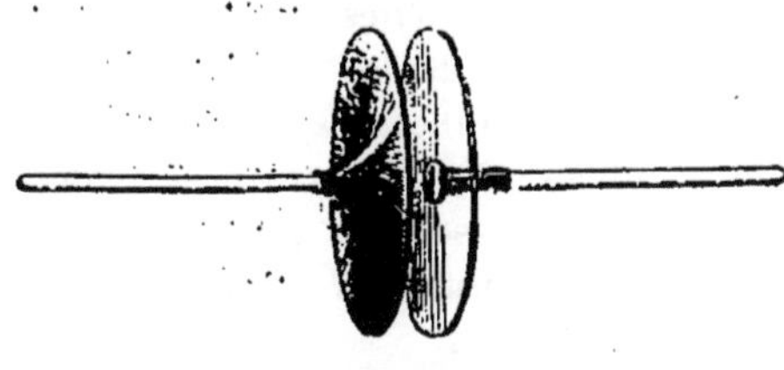

Fig. 448

Peau de chat, verre
poli, étoffe de laine, soie.
gomme-laque, verre dé-
poli.

En outre, les condi-
tions générales qui pré-
sident à la distribution
des deux électrisations dépendent d'un certain nombre de circonstances, telles que la nature des surfaces, le degré de poli, la température, etc. Ainsi, lorsqu'on frotte l'un contre l'autre deux
plateaux de verre, celui dont la surface est la plus polie se charge
positivement.

**948. Hypothèses sur la cause des phénomènes élec-
triques.** — Les faits que nous venons de passer en revue sont la
base de la théorie physique de l'électricité.

Sans rien préjuger au fond sur la véritable cause des phénomènes électriques, cause dont la nature est inconnue, il est utile
d'en donner une explication hypothétique qui, reliant entre eux les
divers faits expérimentaux, permette de les retenir plus facilement.
Deux systèmes principaux ont été proposés jusqu'à présent : ils
expliquent également bien les faits primordiaux en vue desquels ils
ont été conçus. Dans la théorie de Symmer, on admet deux fluides
distincts produisant l'un l'électrisation positive, l'autre l'électrisation négative : cette théorie qui est encore classique s'applique très
bien aux faits de l'électricité statique; elle est presque inacceptable
pour l'électricité dynamique; aussi, par un artifice, quelque peu
grossier, il faut l'avouer, on y renonce sans le dire expressément.
et pour l'étude des courants on ne fait, en réalité, usage que de la
seconde hypothèse dont nous voulons parler maintenant.

Dans la théorie de Franklin, on admet l'existence d'un seul fluide
(nous dirons d'un seul agent, pour ne rien spécifier sur la nature
de la cause des phénomènes) et c'est par les variations de quantité de cet agent, variations en plus ou en moins, que l'on explique
les faits observés. Cette hypothèse s'applique aussi bien que celle
de Symmer à l'électricité statique : nous avons dit que, en réalité.
elle s'applique seule à l'électricité dynamique. C'est donc l'hypothèse d'un seul fluide. d'un seul agent. que nous adopterons; non

pas cependant tout à fait comme Franklin l'avait imaginée, mais en y apportant quelques modifications qui écarteront les difficultés qui en ont fait rejeter l'emploi en général [1].

949. — Nous admettrons qu'un agent dont nous ignorons la nature, l'*électricité*, est la cause des phénomènes électriques; cet agent, qui peut exister dans les corps et s'y déplacer plus ou moins facilement (corps bons ou mauvais conducteurs), existe dans l'atmosphère où se produisent les phénomènes électriques; il jouit de la propriété que ses molécules se repoussent les unes les autres et, dans leurs mouvements, peuvent entraîner les corps dans lesquels elles se trouvent, si ceux-ci sont libres.

Lorsqu'un corps se trouve dans un milieu déterminé, il ne paraîtra le siège d'aucun phénomène électrique s'il contient une certaine quantité d'électricité qui est en rapport avec ses dimensions, sa nature et la quantité d'électricité du milieu ambiant. On dit alors que le corps est à l'*état neutre*. Les phénomènes électriques apparaissent soit lorsque ce corps contient une quantité d'électricité plus grande que celle qu'il possédait à l'état neutre, soit lorsqu'il en contient une plus petite quantité. Dans le premier cas, il sera dit électrisé en plus ou positivement; dans le second, il sera électrisé en moins ou négativement. La différence entre la quantité que le corps contient et celle qu'il possède à l'état neutre, s'appelle la charge : elle est *positive* si le corps a gagné de l'électricité et *négative* dans le cas contraire.

Il faut, pour être acceptable, que l'hypothèse explique d'abord les faits généraux que nous avons déjà signalés. Nous laissons à part le phénomène primordial, l'attraction des corps légers, qui est complexe et que nous ne pourrons expliquer que plus tard. Il est évident, sans qu'il soit nécessaire d'insister, que cette hypothèse rend compte de la différence entre les bons et les mauvais conducteurs, de l'électrisation par contact. L'électrisation de deux corps par frottement (947) correspond à une modification dans la répartition de l'électricité : les deux corps étaient à l'état neutre; par suite du frottement (et en vertu d'un mécanisme que nous ignorons), l'un de ces corps perd une partie de son électricité qui se porte sur l'autre; celui-ci sera donc électrisé positivement, l'autre le sera négativement, nécessairement.

---

1. Il serait sans intérêt de discuter ici l'hypothèse même de Franklin; nous dirons seulement que dans cette hypothèse le fluide électrique agit par répulsion sur lui-même et par attraction sur la matière pondérable. Il en résulte de réelles difficultés lorsqu'il s'agit d'expliquer les attractions et répulsions des corps électrisés : ce sont ces difficultés qui ont fait rejeter l'hypothèse de Franklin, difficultés que l'on peut éviter comme nous allons le dire.

950. — Enfin, il faut rendre compte des attractions et des répulsions des corps électrisés. Dans cette explication intervient l'état électrique du milieu dans lequel se trouvent les corps que l'on considère : il se produit dans ce cas une action analogue à ce qui se passe dans le principe d'Archimède, suivant que la densité du corps plongé est plus grande ou moins grande que celle du milieu ambiant; analogue à ce que nous avons dit pour le magnétisme et le diamagnétisme (940) où il y a attraction ou répulsion suivant que le corps considéré est plus magnétique ou moins magnétique que le milieu ambiant. Considérons en présence deux corps de très petites dimensions (pour éviter les effets d'influence dont nous parlons plus loin, 959) contenant l'un et l'autre une certaine quantité d'électricité : ils exerceraient l'un sur l'autre une certaine action : mais en réalité le corps B, mobile, par exemple, est plongé dans un milieu également électrisé : l'action du corps A sera alors la résultante de l'action de l'électricité de A sur celle de B et de l'action de l'électricité de A sur l'électricité qui se trouverait dans le milieu ambiant à la place de B si B n'existait pas; suivant que la quantité d'électricité de B sera supérieure, égale ou inférieure à celle qui existerait dans le milieu à cette place, c'est-à-dire suivant que B sera électrisé positivement, sera à l'état neutre ou sera électrisé négativement, l'action de B l'emportera sur celle du milieu, lui sera égale ou sera vaincue par elle : l'effet aura lieu dans un sens ou dans l'autre ou sera nul suivant l'état électrique de B. Ce résultat correspond bien aux faits que nous avons signalés plus haut.

On peut d'ailleurs serrer de plus près l'analyse du phénomène et reconnaître alors que les attractions et répulsions des corps électrisés s'expliquent entièrement [1].

---

[1] Soit un point A contenant une quantité d'électricité $e + \varepsilon$ alors que l'espace ambiant en contient ε pour le même volume. Si le point A est seul dans l'espace, par raison de symétrie, aucune action ne pourra s'exercer sur lui. Imaginons maintenant un second point B contenant $e' + \varepsilon'$ d'électricité, e' étant l'excès, positif ou négatif, de ce que contient B sur ce qui existerait dans le même volume du milieu ambiant : la symétrie est détruite, une action peut se produire; elle ne peut avoir lieu que suivant la direction AB. Cherchons l'action subie par A : si nous prenons en B' dans le milieu ambiant un espace égal à B et placé de la même façon de l'autre côté de A, il est évident qu'il suffit d'examiner les actions de B et de B' sur A, car pour tous les autres points de l'espace il y aura toujours symétrie. Nous admettrons que les actions électriques sont proportionnelles aux produits des quantités d'électricité qui agissent (952); les distances étant les mêmes de part et d'autre, il n'y a pas lieu évidemment de s'en préoccuper.

L'action exercée par B sur A sera égale à la différence entre la force provenant de la quantité d'électricité $e' + \varepsilon'$ agissant sur $e + \varepsilon$ et la force que produirait $e' + \varepsilon'$ agissant sur l'électricité ε du milieu ambiant; elle sera donc : $\mathrm{K}\,(e' + \varepsilon')(e + \varepsilon) - \mathrm{K}\,(e' + \varepsilon')\,\varepsilon$; K est une constante qui dépend de la distance. Mais B' produit une action en sens contraire; par analogie on peut écrire

951. Lois des attractions et des répulsions électriques.
— Après avoir constaté les attractions et répulsions qui s'exercent entre deux corps électrisés, il faut rechercher quelles sont les lois qui les régissent. On emploie dans ce but la balance de torsion qui sert à mesurer de petites forces. Pour cela, on les fait agir horizontalement, et on les équilibre par les forces de torsion développées dans des fils très fins, lesquelles sont proportionnelles aux angles de torsion, comme Coulomb l'a établi par des expériences directes (123).

Balance de Coulomb. — La balance électrique est formée d'une grande cage en verre (*fig.* 449) dont la face supérieure, percée en son centre, porte un tube de verre étroit. Suivant l'axe de ce tube, est

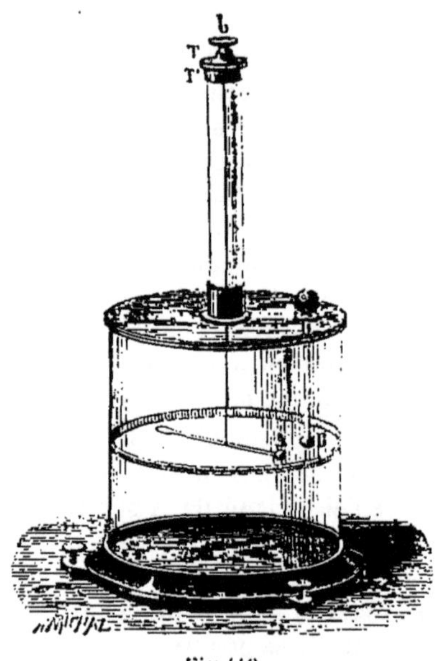

Fig. 449.

suspendu un fil d'argent fixé à un prisme b qui fait corps avec un tambour métallique T mobile, gradué sur ses bords, et qui s'emboîte à frottement dur dans un autre tambour fixe T', muni d'un vernier.

L'ensemble de ces deux pièces s'appelle le *micromètre*. Il sert à faire varier la torsion du fil. Ce fil se termine par une longue aiguille de gomme-laque horizontale qui porte une petite balle de sureau A. Contre la paroi de la cage et dans un plan horizontal

immédiatement sa valeur : $K\varepsilon'(e + \varepsilon) - K\varepsilon'\varepsilon$. La résultante sera la différence $K[(e' + \varepsilon')(e + \varepsilon) - (e' + \varepsilon')\varepsilon - \varepsilon'(e + \varepsilon) + \varepsilon'\varepsilon]$ et le signe $+$ de cette valeur correspondrait au sens de la première action, l'action directe de l'électricité de B sur l'électricité de A, c'est-à-dire à une répulsion. En faisant le calcul on trouve que la résultante se réduit à : Kee'; ce produit sera positif et il y aura répulsion si e et e' sont de même signe, c'est-à-dire si les deux corps sont électrisés positivement ou négativement l'un et l'autre; le produit sera négatif et il y aura attraction si e et e' sont de signes contraires, c'est-à-dire si les deux corps considérés sont électrisés contrairement.

Le résultat est donc absolument conforme aux faits fournis par l'expérience que, par suite, l'hypothèse explique complètement.

Il importe de remarquer que la valeur de la résultante qui détermine l'action ne contient pas les quantités absolues d'électricité de A et de B, mais seulement les excès sur le milieu ambiant e et e'; ce sont ces excès positifs ou négatifs qui constituent les charges de ces corps.

passant par l'axe de l'aiguille, sont tracées des divisions qui correspondent à des angles au centre égaux, d'une valeur de 1°; enfin
le plateau supérieur est percé d'un trou destiné à introduire une
boule métallique isolée B. La longueur de la tige est telle, que
la boule fixe touche la boule mobile lorsque l'aiguille est placée
vis-à-vis le zéro des divisions horizontales.

On dispose l'expérience, par exemple, de manière que les boules
A et B (qui doivent être petites, pour éviter les effets d'influence)
n'étant pas électrisées se trouvent en contact sans que le fil présente de torsion. Si l'on vient alors à électriser semblablement les
boules A et B, il y a répulsion et la boule A s'écarte de B; mais, par
suite de ce déplacement même, le fil se tord et la force de torsion
qui se manifeste alors, croissant avec l'angle d'écart, arrive à faire
équilibre à la force de répulsion des boules électrisées. Connaissant
l'angle de torsion, les dimensions et la nature du fil, il est possible
d'évaluer la force que l'élasticité développe dans le métal et par
conséquent la force répulsive développée entre les boules A et B.
On fait varier les conditions de l'expérience, charges électriques,
distances, et, dans chaque cas, on mesure la force.

On opère un peu différemment pour les attractions; il est en
outre nécessaire de faire quelques corrections; mais il n'y a pas
lieu d'insister et il nous suffit d'avoir indiqué le principe.

952. — En faisant une série d'expériences avec des boules dont
on ne fait pas varier la charge et changeant seulement la distance,
on arrive à trouver la loi suivante :

PREMIÈRE LOI. — *Les forces électriques (attractions ou répulsions)
sont inversement proportionnelles aux carrés des distances.*

D'autre part, l'expérience montre que, à la même distance, la
force qui existe entre deux boules électrisées A et B n'a pas toujours la même valeur; on attribue les différences observées à ce
que les boules n'ont pas la même *charge électrique*, qu'elles ne
contiennent pas la même *quantité d'électricité*.

Nous ne savons rien en réalité sur ces quantités d'électricité, que
nous n'avons pas de moyen de mesurer, puisque nous ignorons ce
qu'est cet agent, l'électricité; ce n'est que par des moyens indirects
et par extension de l'hypothèse que nous avons faite que nous pouvons arriver à effectuer ces mesures. Nous admettrons que, comme
il arrive pour un fluide matériel, lorsque l'électricité se partage
entre deux corps que l'on met au contact, rien n'est changé à la
somme totale des charges et qu'il se produit seulement une répartition différente. En particulier, si on touche un corps électrisé
isolé A avec un autre corps identique B, également isolé et non électrisé, après le contact les corps sont également électrisés et la

charge de chacun d'eux est la moitié de la charge que possédait primitivement A.

La balance de Coulomb permet alors d'étudier l'influence des charges électriques : les deux boules électrisées étant écartées à une certaine distance par suite de la répulsion, on touche A par exemple avec un corps identique A' que l'on retire ensuite. La charge de A a donc été réduite de moitié : la répulsion diminue et la boule B se rapproche. On agit sur le micromètre pour faire tourner le fil de manière à rétablir la distance, afin de n'avoir pas à tenir compte de cet élément. on évalue la force répulsive (ou plutôt la force de torsion qui lui est égale) et l'on reconnaît qu'elle a diminué de moitié.

On trouve également, comme on pouvait le prévoir, car toutes ces actions sont réciproques, que la répulsion est réduite à moitié également si, sans toucher la boule A, on réduit de même la charge de B.

On déduit de ces expériences, et d'autres analogues sur les attractions, la loi suivante :

Deuxième loi. — *Les attractions et répulsions électriques sont proportionnelles au produit des quantités d'électricité en présence.*

953. — Si on appelle f la force, q et q' les quantités d'électricité en présence, d la distance qui sépare les corps, et à la condition de faire choix d'unités convenables, on a donc la formule [1] :

$$f = \frac{qq'}{d^2}$$

Cette équation définit l'*unité de quantité d'électricité* : si l'on fait, en effet, $d = 1$, $q = q' = 1$, il vient $f = 1$; c'est à dire que :

L'unité de quantité d'électricité est celle qui, agissant sur une quantité égale située à l'unité de distance, produit une action mesurée par l'unité de force.

Si la distance et la force ont été mesurées en *unités absolues*, la quantité d'électricité ainsi définie sera également une unité absolue (5,936).

Les lois dont nous venons de donner les énoncés ont été découvertes par Coulomb. Ce sont des lois élémentaires : il ne faut pas oublier que ces lois s'appliquent seulement au cas où les corps en présence ont des dimensions très petites par rapport aux distances. Dans le cas contraire, les variations de distance entraîneraient nécessairement des changements dans la distribution de l'électricité et compliqueraient le problème.

---

1. On peut, sans hypothèse, partir de cette équation pour définir les quantités d'électricité ; il est inutile d'insister sur ce point de vue.

954. Déperdition de l'électricité. — Un corps électrisé perd peu à peu son électricité et finit par revenir à l'état naturel. Plusieurs causes concourent pour produire cet effet : 1° d'abord il n'existe pas de substance absolument dénuée de conductibilité : un corps dit isolant, un cylindre de verre ou de gomme-laque, par exemple, mis en contact avec une source électrique par une de ses extrémités, se charge d'une quantité de fluide qui se transmet dans une certaine partie de sa longueur, variable avec la nature du corps et la durée du contact ; il se fait donc à travers ces substances un écoulement lent de fluide qui doit affaiblir progressivement la charge d'un conducteur isolé ; 2° d'autre part, l'air agit sur les conducteurs de deux manières : s'il est sec, la couche gazeuse qui enveloppe le corps se charge d'une petite quantité de fluide ; cette couche est repoussée et remplacée par une autre qui s'électrise à son tour ; s'il est humide, il acquiert lui-même un certain degré de conductibilité, et les supports deviennent aussi bons conducteurs en se chargeant de vapeur d'eau. Cette cause de déperdition peut être facilement évitée en desséchant les appareils et en opérant dans une atmosphère qui ne soit pas humide. Coulomb a étudié les lois qui régissent les phénomènes dont il s'agit, de manière à pouvoir éliminer les erreurs correspondantes dans les expériences ou à pouvoir en tenir compte à l'aide de formules de correction.

955. Distribution de l'électricité à la surface des corps.

Fig. 450.

— Lorsqu'on met une sphère de métal électrisée en contact avec une sphère de même volume, conductrice et isolée, mais à l'état naturel, il se fait un partage égal d'électricité entre les deux boules ; c'est ce que l'on peut vérifier avec la balance de Coulomb. Il y a encore partage égal quand l'une des sphères est creuse et l'autre pleine, et cela, quelle que soit la substance qui les compose, quelle que soit l'épaisseur. Ces faits doivent nous conduire à penser que l'électricité libre se porte tout entière à la surface des corps conducteurs, sans que leurs particules intérieures la retiennent en aucune façon. Cette propriété est confirmée par les expériences suivantes :

1° On prend une sphère isolée (*fig.* 450), à laquelle on communique une faible charge électrique; on la recouvre de deux hémisphères métalliques que l'on tient à la main par deux manches isolants. En enlevant rapidement les hémisphères et en les présentant à un pendule électrique, on reconnaît qu'ils ont pris l'électricité de la sphère et qu'ils l'ont prise tout entière.

2° On électrise une sphère creuse isolée (*fig.* 451) et présentant une ouverture en un point de sa surface; à l'aide d'un plan d'épreuve, c'est-à-dire d'un disque de papier doré soutenu par un manche de gomme-laque, on touche un point quelconque situé à l'intérieur. Le disque, retiré, ne donne aucun signe d'électricité; mais, si on lui fait toucher un point de la surface extérieure ou même les bords, il devient électrique; toute l'électricité dont la sphère s'est chargée réside donc sur sa surface; non seulement il n'y en a pas dans l'intérieur, mais il serait impossible d'y en fixer. En effet, le plan d'épreuve étant électrisé, on l'introduit dans l'intérieur d'un corps; toute l'électricité se porte aussitôt à la surface, et le disque revient à l'état naturel.

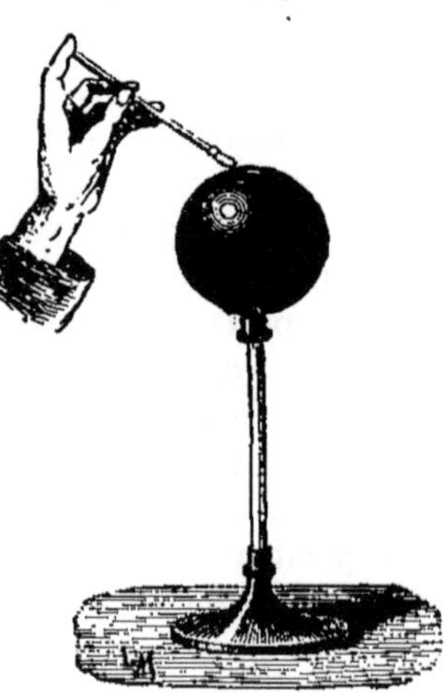

Fig. 451.

Ce mouvement de l'électricité, cheminant de la surface intérieure à la surface extérieure, se démontre par une expérience curieuse, due à Faraday.

On électrise un petit sac de toile de lin attaché à un cercle métallique isolé (*fig.* 452). Le fluide se porte tout entier à l'extérieur. A l'aide d'un fil de soie, on retourne le sac, et aussitôt l'électricité passe d'une surface à l'autre.

Fig. 452.

On doit donc conclure de tous ces faits que l'électricité libre qui se répand sur un conducteur se porte à la surface pour y former une couche d'une épaisseur extrêmement mince, qui y est retenue par la pression de l'air extérieur; car, dans le vide, tout le fluide s'écoule et disparaît instantanément.

956. Lois de la distribution de l'électricité. — Pour comparer expérimentalement les quantités d'électricité qui se trouvent aux différents points de la surface d'un conducteur isolé, Coulomb a employé la méthode dite du *plan d'épreuve*. Si l'on applique le plan d'épreuve sur un point de la surface d'un corps électrisé, on peut supposer qu'il se confond avec l'élément correspondant à la surface touchée, et qu'en le retirant, il emporte avec lui l'électricité qui se trouve sur cet élément; c'est ce que l'expérience vérifie.

Ceci posé, on touche avec le plan d'épreuve un point A du corps. On le porte dans la balance électrique préalablement chargée d'une électricité de même nature, et on mesure la torsion T à une distance donnée D. On touche ensuite avec le même plan d'épreuve un autre point B, et on mesure encore la tension T′ pour la même distance D.

Le rapport $\dfrac{T}{T'}$ représente le rapport des quantités d'électricité aux deux points A et B [1].

Sauf le cas particulier d'une sphère, le plan d'épreuve emporte des différents points touchés des quantités différentes d'électricité. Pour représenter ces résultats, Coulomb, assimilant l'électricité à un liquide, imaginait qu'elle forme autour du corps une couche (infiniment mince en réalité) ayant aux divers points des *épaisseurs* différentes : ces épaisseurs sont données précisément par les quantités d'électricité emportées par le plan d'épreuve.

Sans insister sur tous les résultats obtenus, nous signalerons seulement les suivants qui sont les plus importants :

1° Dans une sphère, l'épaisseur électrique est partout la même;

2° Dans un cylindre allongé, l'épaisseur est sensiblement uniforme depuis le milieu jusqu'à 2 ou 3 centimètres environ des extrémités; au delà elle augmente très rapidement;

3° Sur un ellipsoïde, l'épaisseur est maxima aux extrémités du grand axe, et minima aux extrémités du petit axe; et le rapport

---

1. Comme il y a une déperdition d'électricité entre les instants où l'on touche les deux points, pour corriger les résultats de cette cause d'erreur, on touche une seconde fois le point A, et on mesure la nouvelle torsion T″. On considère la moyenne $\dfrac{T + T''}{2}$ comme étant la véritable torsion au moment où l'on touche le point B, et le rapport des quantités d'électricité aux deux points A et B est alors celui de $\dfrac{T + T''}{2}$ à T′.

des quantités d'électricité est d'autant plus grand que l'ellipsoïde est plus allongé.

Nous ajouterons que Poisson, prenant comme point de départ les lois élémentaires de Coulomb (952), a appliqué le calcul à l'étude de cette question : il a recherché les lois de la distribution de l'électricité à la surface des corps conducteurs, et est arrivé à des résultats conformes à ceux que Coulomb avait trouvés par l'expérience.

957. — Si nous considérons un point d'un corps électrisé, l'équilibre tendra à se rétablir avec le milieu ambiant, et d'autant plus énergiquement que la charge sera plus considérable au point considéré; l'équilibre se rétablira parce que l'électricité qui est en ce point sera repoussée par les parties voisines si le corps est chargé positivement; ce sera au contraire l'électricité ambiante qui viendra rétablir le déficit si le corps est électrisé négativement. La force avec laquelle l'équilibre tend à se rétablir au point considéré est ce que l'on appelle la *pression électrique*; elle croît nécessairement en même temps que l'épaisseur électrique.

La pression électrique ne rétablit pas nécessairement l'équilibre : l'action de l'air s'y oppose, au moins s'il est sec. On conçoit dès lors que la pression atmosphérique doit avoir une influence notable sur la charge que peut conserver un conducteur. Matteucci a démontré expérimentalement que la quantité de fluide que peut retenir un corps est d'autant plus faible que le gaz est plus raréfié; donc, dans le vide, la charge doit être nulle.

958. **Pouvoir des pointes**. — Un corps conducteur, terminé en forme de cône, peut être considéré comme un ellipsoïde dont le grand axe a une longueur infinie, par rapport au petit axe. En conséquence, l'électricité devra s'accumuler tout entière en ce point; mais, comme la résistance de l'air est nécessairement limitée, on conçoit que, dans tout conducteur armé d'une pointe, l'électricité s'écoulera tout entière, quelle que soit la charge. C'est en cela que consiste le pouvoir des pointes, découvert par Franklin, et c'est ce que l'expérience vérifie. Il est, en effet, impossible de charger d'électricité un corps isolé présentant une pointe à sa surface.

CHAPITRE III

INFLUENCE ÉLECTRIQUE ET CONDENSATION

959. **De l'influence électrique**. — Sans insister sur ce point de vue, on conçoit. comme nous l'avons indiqué pour le magné-

tisme, que la présence d'un corps électrisé dans l'espace produise un *champ électrique*, c'est-à-dire modifie la répartition de l'électricité dans l'espace ; ce serait également à cette modification de l'état électrique du milieu ambiant, et non à des actions se produisant à distance, que l'on pourrait attribuer les effets que nous avons signalés. On conçoit aisément dès lors que tout corps conducteur placé dans ce milieu subisse des modifications dans son état électrique, dans la distribution de son électricité. Ce sont ces modifications qui constituent les effets d'influence électrique. Le corps qui est la cause de ces modifications est dit *corps influençant* ou *corps .influent*. (On réserve pour certains phénomènes d'électro-dynamique les mots d'*induction*, de corps *inducteur*, de corps *induit* que Faraday avait proposés.)

Sans revenir à chaque exemple sur le mécanisme probable de l'influence, nous raisonnerons, ce qui ne changera rien d'ailleurs, comme si l'action de l'influent sur l'influencé était directe.

Pour étudier les phénomènes de l'électrisation par influence, on prend une sphère A (*fig.* 453), supportée par un pied de verre, et au-dessus on place verticalement un conducteur isolé BC dont les

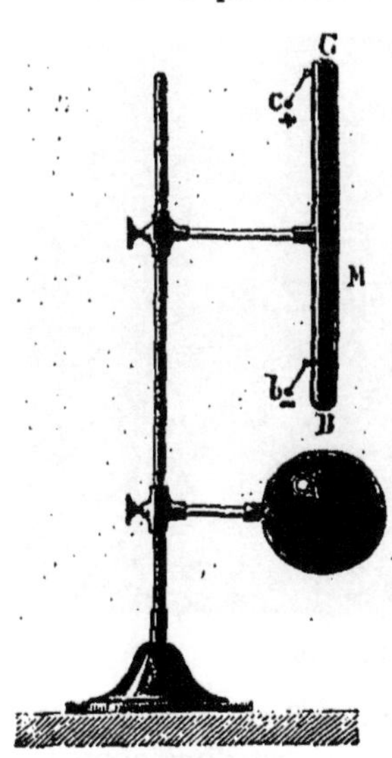

Fig. 453.

extrémités portent des pendules *b* et *c*, formés d'une balle de sureau suspendue à un fil de lin. Dès qu'on électrise la sphère, les pendules s'écartent du cylindre. Cet effet ne peut pas être attribué à l'attraction de la source A, car dans les conditions où on opère l'action de la sphère ne peut pas donner lieu à une force horizontale sensible. La divergence des pendules est donc due à l'électricité répandue sur le cylindre conducteur. On peut constater, d'ailleurs, que si la sphère a été chargée positivement d'abord, la charge est négative en B, et positive en C. En approchant un bâton de résine frotté successivement de chacune des balles, il y a attraction du côté de C, et répulsion du côté de B. Si l'on dispose des petits pendules tout le long du conducteur, on remarque que les écarts vont en diminuant des extrémités jusque vers le milieu M, où l'action est nulle. Ainsi donc, sous l'influence d'une source électrique, un conducteur quelconque se charge de deux électrisations contraires, séparées par une ligne neutre, qui se trouve notablement plus près de la source que de l'extrémité opposée. L'expérience se fait plus nettement encore, en suspendant à un support isolant un fil de lin conducteur, sur lequel on a fixé, à diverses hauteurs, des balles de sureau peu distantes les unes des autres. On place verticalement cette chaîne de balles de sureau au-dessus du corps électrisé; les balles s'électrisent par influence. Celles qui sont situées à la partie inférieure sont chargées contrairement à la source, tandis que les balles supérieures possèdent la même électrisation. On peut s'assurer facilement de cette distribution, en approchant de la chaîne de balles un corps électrisé et ayant, par exemple, la même électrisation que la source. Il attirera la chaîne si on le place en face de la partie inférieure, et la repoussera s'il agit à la partie supérieure. Cette expérience présente encore plus de netteté que celle du conducteur métallique.

960. — Ces faits s'expliquent facilement par la théorie : considérons en effet une molécule d'électricité M (*fig.* 454) prise sur le conducteur et supposons le corps influent électrisé positivement; la molécule M est repoussée par la charge du corps influent, se porte vers la partie C qui se trouve ainsi contenir plus d'électricité, être électrisée positivement, tandis que la partie B ayant perdu de

l'électricité est chargée négativement. (Il est à peine nécessaire de faire remarquer que le raisonnement serait peu modifié si l'on admettait que le corps influent A est chargé négativement.) L'action de A se fait sentir sur une autre molécule qui se dirige également vers la partie C, augmentant l'effet d'influence. Mais cette action ne saurait continuer indéfiniment,

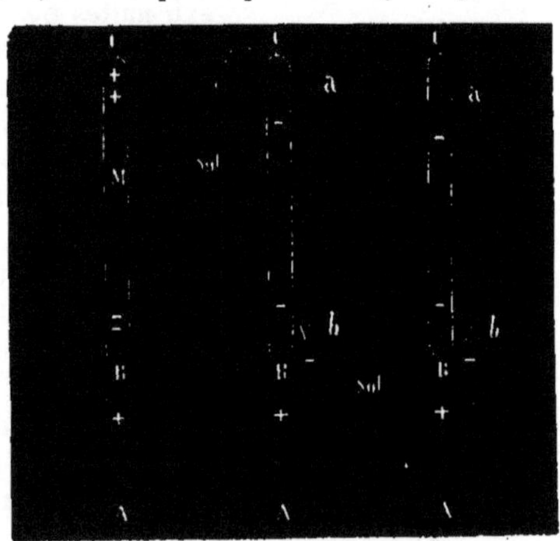

Fig. 454.

car la différence de charge qui se produit entre B et C tend à diriger vers B les molécules d'électricité; cette action est donc opposée à celle de A, et comme elle croît en même temps que l'effet d'influence augmente, elle arrive à contrebalancer l'action de A; à cet instant, il s'est établi un nouvel état d'équilibre électrique, une nouvelle répartition de l'électricité.

961. — Si l'on éloigne ou si l'on décharge le corps influençant,

les pendules retombent et le corps influencé reprend l'état naturel; la cause qui avait amené la rupture d'équilibre entre les deux parties du conducteur venant à disparaître, l'équilibre se reproduit nécessairement : l'électricité en excès en C vient combler immédiatement le déficit qui existait en B.

962. — Lorsque l'on fait communiquer avec le sol un point quelconque du conducteur influencé, le pendule *a* retombe à la verticale, marquant que la charge a disparu ; mais le pendule *b* s'écarte davantage : la charge en B a augmenté.

Il faut concevoir que l'effet est le même, seulement le conducteur qui comprend le réservoir commun est infiniment grand: c'est à son extrémité opposée, qui échappe à l'observation, que se trouve la charge positive : la partie C ne présente plus rien de particulier.

La charge en B doit augmenter : l'action de A tout à l'heure était contrebalancée par celle de B et par celle de C; cette dernière a disparu à cause de l'éloignement; l'effet d'influence ne s'arrête pas aussitôt, mais seulement lorsque l'action de la charge de B seule suffit à contrebalancer l'action de A.

Si après avoir fait communiquer le corps influençant avec le sol, on supprime cette communication, puis qu'on éloigne ou qu'on décharge le corps influençant, le corps influencé restera chargé contrairement à la source et la charge se répartira sur tout le corps d'après sa forme.

On peut donc électriser un corps sans frottement, sans contact avec un corps électrisé, par simple influence. Si on a éloigné le corps influençant, ce qui permet à la charge du corps influencé de se manifester, on retrouve sur le corps influent toute la charge primitive sans perte aucune. Ce fait est important.

963. — Si en face d'un corps influent A, on place plusieurs conducteurs isolés B, B'... on observe sur chacun d'eux des effets analogues à ceux que nous venons d'indiquer : les charges sont orientées dans tous de la même façon. L'explication est analogue, mais les actions sont plus complexes, parce que l'état d'un conducteur quelconque dépend des actions de tous les autres conducteurs et de la source.

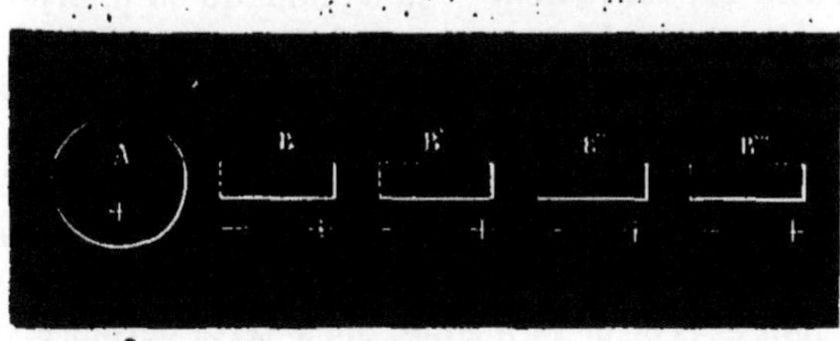

Fig. 455.

Il importe enfin de signaler que dans ces expériences il y a réci-

procité d'action : le corps influençant subit également une modification provenant de la présence des corps influencés. Il n'y a pas
apparition de deux charges opposées, mais modification dans la distribution électrique. Si le corps influent est une sphère, pendant l'influence la répartition n'est plus uniforme et la charge est plus considérable vers les points les plus voisins du corps influencé que vers
les points diamétralement opposés.

**964. Influence électrique sur les corps mauvais con-
ducteurs.** — Les corps mauvais conducteurs peuvent subir l'influence électrique, soit à distance, soit au contact. Matteucci suspend
une aiguille de soufre, de gomme-laque, ou de toute autre substance,
à un fil de cocon, et la soumet à l'action d'un corps électrisé. Aussitôt l'aiguille se dirige vers celui-ci, et se charge contrairement
dans ses deux moitiés, comme le ferait une aiguille conductrice.
Cette charge cesse avec l'influence.

Pour expliquer le mode de développement de l'électricité dans
les corps isolants, Faraday admet que chaque molécule subit isolément l'influence ; elles ont donc des électrisations de même orientation, ou, comme on dit, se *polarisent*, et tout se passe comme dans
une série de conducteurs soumis à l'action électrique. Cette explication est confirmée par l'expérience suivante de Matteucci. Une pile
de lames de mica superposées étant mise en communication, d'un
côté avec une machine électrique, et de l'autre avec le sol,
on trouve, au bout de quelque temps, que chaque lame est chargée
sur ses deux faces de fluides contraires, en d'autres termes, qu'elle
a pris deux pôles électriques. Cette décomposition polaire ne se
maintient que pendant un certain temps. Si l'expérience se prolonge,
la polarité électrique disparaît, et les lames sont toutes chargées
positivement.

965. Des écrans électriques. — Imaginons qu'on interpose
un corps, une plaque mince entre un corps influencé et le corps
influent ; quel sera l'effet produit ? L'effet dépendra de la nature du
corps interposé.

Si le corps interposé est une plaque métallique isolée, son effet
sera à peu près nul. La plaque subira l'influence, et ses deux faces
prendront des charges opposées ; quant au conducteur, il subira l'action du corps influent et celle de la plaque. Mais cette dernière est
presque nulle, car les deux charges opposées et nécessairement
égales sont sensiblement à la même distance du corps influencé, à
cause de la faible épaisseur de l'écran. Il y aura donc influence
comme si l'écran n'existait pas.

Il n'en sera pas de même si cette plaque métallique est en communication avec le sol : la plaque sera alors chargée contrairement

au corps influent (962). Le corps soumis à l'influence subira alors deux actions, celle du corps influent et celle de la plaque : ces deux effets sont opposés. La charge de la plaque est moindre que celle de la source, mais elle agit à une moindre distance. On peut concevoir qu'il y a compensation et c'est ce que l'expérience vérifie : l'influence ne se produit pas à travers un conducteur métallique relié au sol. Cette propriété est importante, parce qu'elle permet de soustraire facilement des instruments délicats à l'action de charges puissantes produites dans leur voisinage.

Si le corps interposé est mauvais conducteur, il ne s'oppose en aucun cas à l'action de l'influence ; pour cette raison, Faraday a désigné les corps mauvais conducteurs sous le nom de *diélectriques*. Ils produisent cependant une action et, à épaisseur égale, comme l'expérience permet de le vérifier aisément, ils donnent lieu à des effets plus ou moins énergiques. On a même pu effectuer des mesures relatives à ces effets.

966. Attraction des corps légers. — Les effets d'influence permettent de se rendre compte de l'attraction que les corps électrisés exercent sur les corps légers : il faut remarquer que lorsque l'on approche un corps électrisé d'un pendule électrique, par exemple, il se produit immédiatement un effet d'influence. Si le corps influençant est électrisé positivement, par exemple, le pendule présentera une charge négative sur la partie la plus rapprochée et une charge positive sur la partie la plus éloignée. Il y aura donc deux actions opposées, émanées du corps influençant, sur ces deux charges : l'une répulsive sur la charge positive, l'autre attractive sur la charge négative. Ces charges correspondent à des quantités égales d'électricité (puisque le corps était primitivement à l'état neutre), mais elles sont à des distances inégales ; la plus rapprochée donnera lieu à une action prépondérante ; ce sera donc l'attraction qui se manifestera.

Si le pendule en expérience communiquait avec le sol, l'attraction serait plus énergique : il y aurait également effet d'influence, mais la charge négative seule subsisterait sur le pendule, donnant lieu à une attraction ; la charge positive étant refoulée dans le sol, il n'y aurait pas de répulsion.

Des effets d'influence de ce genre pourraient se produire dans la balance de Coulomb si l'on employait des boules trop grosses : ils sont évidemment à éviter.

Enfin l'influence se produit également quand on approche un corps électrisé d'un corps électrisé, par exemple d'un pendule isolé préalablement électrisé ; il peut se manifester des effets qui semblent en contradiction avec ce que nous avons dit (946), mais qui s'expliquent aisément si l'on tient compte des charges qui apparaissent comme conséquence de l'influence.

967. Communication de l'électricité. Étincelle électrique. — Lorsque l'on approche un corps à l'état neutre, isolé ou non, d'un corps électrisé, avant que le contact s'établisse on voit jaillir une étincelle et l'on entend un crépitement.

Ces signes sont la manifestation de l'équilibre électrique qui s'est produit. Le rapprochement du corps électrisé produit un effet d'influence qui amène les points les plus voisins à posséder des charges différentes; ces charges augmentent, et avec elles les pressions électriques, lorsque la distance diminue : lorsque les pressions ont atteint une valeur sùffisante, l'équilibre se rétablit malgré la résistance opposée par l'air.

Si le corps neutre est isolé, l'étincelle est d'autant plus petite que le corps est plus petit; s'il communique avec le sol, l'étincelle est plus longue et ne dépend plus de la grosseur du corps, mais elle dépend beaucoup de la forme. Avec des corps en pointe, on n'obtient pas d'étincelle, bien que l'équilibre se rétablisse, parce que, la pression devenant tout de suite très grande, l'électricité passe d'une manière continue et rétablit peu à peu l'équilibre au lieu de produire cet effet brusquement.

Si le corps neutre est mauvais conducteur, il n'y aura pas d'étincelle et il faudra arriver au contact pour produire l'électrisation, qui sera seulement accompagnée d'un bruissement léger.

Nous étudions plus loin les propriétés et les effets de l'étincelle.

968. Électroscopes. — On nomme ainsi des appareils qui ser-

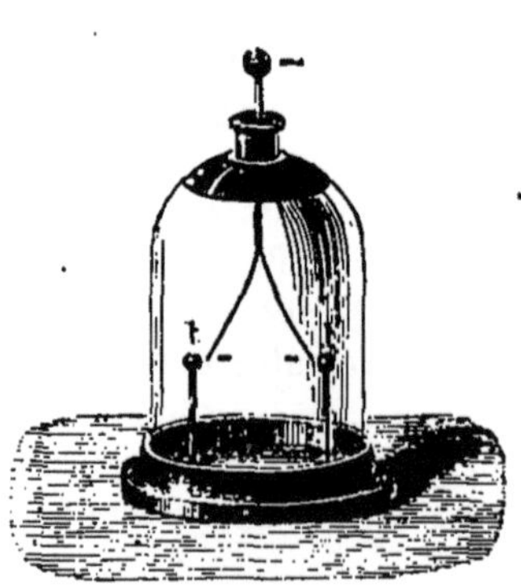

Fig. 456.

Fig. 457.

vent à reconnaître la présence de l'électricité d'un corps et à en déterminer la nature; lorsqu'ils peuvent en indiquer la proportion,

ils prennent le nom d'*électromètres*. Ils sont presque tous fondés sur
la divergence de petits corps sous l'influence de l'électricité, et leur
sensibilité dépend de la légèreté des corps employés. Ce sont ordinairement des pailles, des balles de sureau, ou des lames d'or. Le
plus sensible est l'électroscope à lames d'or. Il est formé essentiellement d'une tige métallique terminée supérieurement par un
corps arrondi, bouton ou anneau, et portant à sa partie inférieure
deux minces lamelles d'or. Cette tige est fixée, au moyen d'une
substance isolante, dans la tubulure d'une cloche en verre recouverte sur sa convexité d'une couche de vernis à la gomme-laque. La
cloche repose sur un fond métallique qui porte deux petites tiges
verticales conductrices t et t', orientées de telle sorte que les lames les rencontrent dans leur plus grand écart. Ces tiges empêchent
les lames de toucher les parois de la cloche et d'y déposer de l'électricité, ce qui pourrait troubler les expériences.

Pour reconnaître si un corps est électrisé, on l'approche du bouton de l'électroscope : si les lames divergent, c'est que le corps
est chargé d'électricité. Dans ce cas, en effet, il se produit un effet
d'influence : une charge contraire à celle du corps se manifeste sur
le bouton, une charge semblable sur les feuilles d'or qui, étant électrisées l'une et l'autre semblablement, se repoussent.

Dans le cas où le corps que l'on approche n'est pas électrisé,
aucune divergence des feuilles d'or ne se produit.

Pour déterminer la nature de la charge, on commence par charger l'électroscope. A cet effet, on approche un corps électrisé positivement, par exemple, un bâton de verre : les lames divergent par
influence. On touche le bouton avec le doigt, les lames se rapprochent ; en retirant le doigt, puis le bâton de verre, l'appareil reste
chargé négativement, les lames sont divergentes. Si maintenant on
approche le bâton de verre ou un corps chargé positivement, les
lames retomberont, car l'influence se reproduira de la même façon ;
si l'on approche davantage, l'influence augmentant, les lames qui
avaient été ramenées à l'état neutre deviendront positives et diver-
geront de nouveau.

L'électroscope étant chargé négativement comme nous l'avons
dit, approchons un corps chargé négativement ; il produira une influence qui aura pour effet d'accroître la charge négative des feuilles,
d'augmenter leur divergence, par suite, et d'autant plus que le
corps sera plus rapproché.

Si l'on approchait un corps non électrisé, il subirait l'influence de
l'électroscope électrisé ; comme nous l'avons dit, celui-ci éprouverait
une modification dans sa distribution électrique, la charge croîtrait sur le bâton et diminuerait dans les feuilles sans cependant y

devenir nulle. Celles-ci se rapprocheraient donc, mais sans arriver au contact.

On peut donc conclure d'une manière générale que : Une augmentation de divergence indique un corps dont l'électrisation est la même que celle qui existe dans l'appareil ;

Une diminution de la divergence, suivie d'un nouvel écartement des feuilles lorsque l'on approche graduellement le corps en expérience, indique que celui-ci est électrisé contrairement à l'électroscope ;

Une diminution de la divergence qui ne peut être amenée jusqu'au contact des feuilles d'or indique que le corps est à l'état neutre.

969. Du potentiel. — Considérons deux corps isolés et électrisés, assez éloignés l'un de l'autre pour que l'on puisse négliger les effets d'influence, et relions-les par un fil métallique. Il peut arriver que cette communication ne change rien à l'état électrique de chacun des corps, et l'expérience montre que dans ce cas l'équilibre subsiste quel que soit le point touché sur chacun des corps.

Il résulte de là que l'équilibre qui se manifeste ainsi ne dépend pas de la *tension* électrique, car, en général et sauf le cas de la sphère, la tension n'est pas la même en tous les points.

Si, d'autre part, on évalue la quantité d'électricité (ce à quoi l'on peut arriver plus ou moins directement avec la balance de Coulomb et le plan d'épreuve), on trouve que l'équilibre ne correspond pas à l'égalité des quantités d'électricité existant sur les corps.

Cet équilibre que manifeste l'expérience dépend donc d'une donnée autre que celles que nous avons eu à considérer : cette nouvelle donnée, dont l'importance est très grande, dépend en réalité de la quantité et de la tension aux divers points, mais non d'une manière simple. Sans rechercher la relation qui existe, nous dirons que deux corps sont au même *potentiel*, qu'ils ont des *potentiels égaux* lorsqu'ils sont en équilibre électrique dans les conditions précédemment indiquées.

Si, dans ces conditions, l'équilibre n'existait pas, l'un des corps perdrait de l'électricité et l'autre en gagnerait pour que l'équilibre puisse s'établir, pour que les corps puissent arriver au même potentiel. On dit alors qu'ils étaient d'abord à des *potentiels différents* et que celui qui a fourni de l'électricité à l'autre était à un *potentiel plus élevé*.

Sans vouloir insister sur cette comparaison, le potentiel présente quelque analogie avec le niveau d'un liquide remplissant un vase. Quand on réunit deux vases par une conduite, ce qui détermine l'équilibre ou le mouvement du liquide, ce n'est ni la quantité de liquide qui existe dans chacun des vases, ni la pression sur le fond des vases, mais seulement le *niveau* de la surface libre. Si les surfaces libres sont au même *niveau*, il y a équilibre ; sinon, il y a mouvement et le liquide va du vase où le *niveau* est le plus élevé à celui où il est le moins élevé, jusqu'à ce que les deux surfaces libres soient arrivées au même niveau.

970. Électromètre Thomson : électromètre à quadrants. — Bien que l'on puisse à la rigueur se servir d'un électroscope pour reconnaître si deux corps sont ou non au même

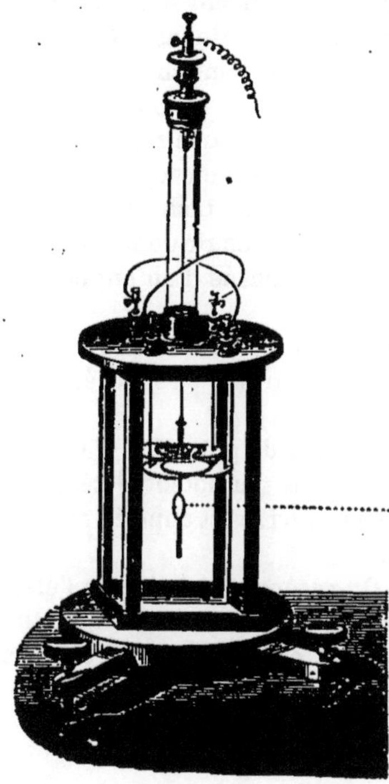

Fig. 458.

potentiel, il est plus commode de faire usage d'un appareil spécial qui permet en outre de mesurer les différences de potentiel [1], l'électromètre de sir William Thomson ou *électromètre à quadrants*.

En principe, cet appareil consiste en quatre secteurs métalliques isolés et réunis deux à deux en diagonale par des fils métalliques A,A′ et B,B′. Au-dessus et parallèlement se trouve suspendue à un fil métallique fin une lame métallique présentant une forme analogue à celle d'un 8. On dispose cette lame de manière que son axe soit au-dessus d'un des diamètres de séparation des secteurs ; cette position d'équilibre ne sera pas troublée si l'on électrise la lame ; elle ne le sera pas non plus, par raison de symétrie, si on électrise les secteurs de manière que les deux couples AA′ et BB′ soient au même potentiel. Mais il n'en sera plus de même s'il existe une différence de potentiel, et la lame sera déviée de sa position d'équilibre : on comprend même que la déviation sera d'autant plus grande que la différence de potentiel sera plus considérable.

On s'arrange pour que les déviations restent très petites et l'on

---

1. Nous ne saurions entrer dans les considérations rationnelles qui conduisent à la mesure des différences de potentiel, et nous admettrons *à priori* que ces différences sont définies, mesurées par les déviations observées dans l'électromètre à quadrants.

prend alors ces déviations pour mesures des différences de potentiel qui existent entre les couples de secteurs.

Lorsque l'on veut faire la mesure d'une différence de potentiel entre deux corps P et Q, on met le corps P, par exemple, en communication par un fil avec les secteurs A et A' qui sont alors amenés au potentiel de P; de même les secteurs B et B' sont mis en communication avec Q et ainsi amenés au même potentiel. La différence de potentiel des secteurs donne donc celle des corps P et Q. Les déviations de la lame en 8, devant rester très petites, seraient difficiles à observer : on remédie à cet inconvénient à l'aide d'un procédé fréquemment employé dans des cas analogues. Un petit miroir très léger est fixé à la tige par laquelle la lame en 8 est reliée au fil de suspension : on projette sur ce miroir un rayon lumineux dans une direction constante et l'on recueille sur une règle divisée la trace lumineuse du rayon réfléchi. Lorsque la lame tourne entraînant le miroir, le rayon réfléchi est dévié et la tache lumineuse déplacée : ce déplacement permet de mesurer l'angle dont a tourné le rayon réfléchi et l'on sait que le miroir a tourné d'un angle égal à la moitié de celui-ci (636).

On arrive à un résultat analogue en visant à l'aide d'une lunette fixe les images des divisions d'une échelle graduée regardée dans le miroir mobile.

On ne mesure jamais que des *différences* de potentiel. Par convention, on dit que le réservoir commun est au potentiel zéro : la différence de potentiel entre un corps et la terre est appelée absolument le *potentiel* du corps considéré.

971. Capacité électrique. — On reconnaît à l'aide de l'électromètre que, pour un corps déterminé, le potentiel et la quantité d'électricité communiquée au corps sont proportionnels; si donc on appelle V le potentiel et Q la quantité d'électricité, on a :

$$Q = CV$$

C étant une constante pour un corps déterminé.

Cette constante est ce que l'on appelle la *capacité électrique* du corps considéré.

On voit que si l'on fait $Q = 1$ et que l'on veuille avoir $C = 1$, il faut que $V = 1$; ceci définit l'unité de capacité :

Un corps a une capacité égale à l'unité lorsque pour une unité de quantité d'électricité son potentiel est égal à l'unité de potentiel.

L'unité de capacité sera donc entièrement déterminée quand on aura fixé l'unité de quantité et l'unité de potentiel.

972. Condensation électrique ; électricité dissimulée. — Considérons un plateau métallique isolé A portant sur l'une de ses faces un pendule *a* et mettons-le en communication avec un appareil qui fournisse de l'électricité à un potentiel déterminé, comme la machine électrique, par exemple (982). Établissons une communication métallique et faisons tourner le plateau très rapidement : le pendule *a* sera écarté au maximum, le plateau A sera chargé *à refus*, son potentiel sera devenu égal à celui de la machine.

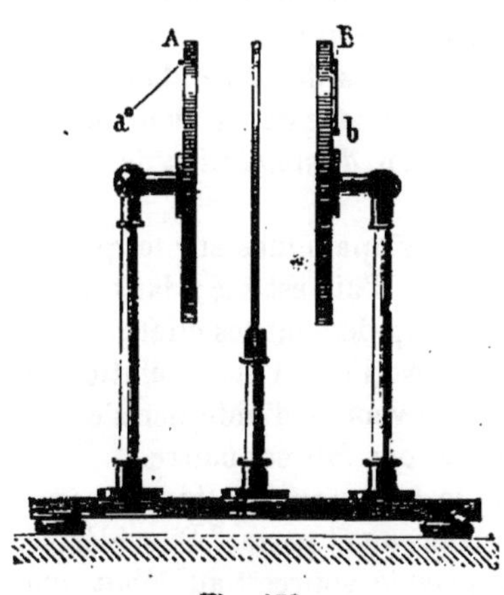

Fig. 459.

Répétons maintenant l'expérience après avoir placé dans le voisinage de A un autre plateau analogue B que nous aurons relié métalliquement au sol ; pour arriver à charger le plateau A *à refus*, pour qu'il soit amené au même potentiel que la machine, il aura fallu faire tourner la manivelle de la machine bien plus qu'on ne l'avait fait précédemment : on aura évidemment fourni une plus grande quantité d'électricité. Puisque le potentiel a été amené à la même valeur, c'est que la capacité (971) de A a été augmentée par suite de la présence du plateau B.

Si l'on assimile l'électricité à un fluide matériel, un liquide ou mieux un gaz, lorsque le plateau est chargé à refus, le résultat est analogue à celui d'un réservoir que l'on aurait rempli ; on n'aurait pu en introduire plus dans le second cas que dans le premier qu'à la condition d'avoir comprimé, d'avoir *condensé* ce fluide. A cause de cette comparaison, on a dit qu'il y avait dans la seconde expérience *condensation* de l'électricité ; l'électricité était *condensée*. L'appareil est appelé *condensateur à plateaux*, le plateau A est appelé plus spécialement le *collecteur*; le plateau B, dont la présence est la condition de la condensation, est le *condensateur*.

On peut avec cet appareil faire une expérience qui donne l'explication d'une autre dénomination relative au même phénomène.

Chargeons le plateau A d'une quantité quelconque d'électricité, le pendule *a* s'écartera de la verticale. Supprimons toute communication avec la source d'électricité et approchons le plateau B préalablement relié au sol : on verra le pendule *a* s'abaisser de plus en plus et retomber presque jusqu'à la verticale comme si le plateau A était déchargé. Il n'en est rien cependant et l'électrisation de A se manifeste de nouveau, le pendule *a* diverge si l'on écarte les deux plateaux. Il semble donc que l'électricité ait disparu tem-

porairement sur A, ou au moins qu'elle ne produise plus son effet :
à cause de cela on dit qu'elle est *dissimulée*, qu'elle est latente.

La même expérience peut se compléter ainsi qu'il suit : les deux
plateaux étant rapprochés, on supprime la communication de B
avec le sol et l'on vient alors à toucher A : le pendule *a* retombe
absolument à la verticale comme si A était ramené à l'état neutre.
Par contre *b* qui était vertical s'écarte quelque peu. Puis si l'on
sépare les plateaux A et B la divergence des deux pendules s'ac-
centue et atteint de part et d'autre presque celle que *a* avait primitivement. Là encore il semble qu'il y ait eu *dissimulation* de l'électricité.

Disons que ces expériences et d'autres analogues sur lesquelles
nous n'insistons pas ne réussissent que si l'air est sec; dans le cas
contraire, la déperdition diminue trop rapidement les charges.

973. — En réalité, il n'y a ni condensation, ni dissimulation de
l'électricité, et les phénomènes que nous venons d'indiquer s'expliquent par le jeu des actions que nous avons fait connaître.

Comment d'abord se rendre compte de l'augmentation de capacité qui constitue la condensation à proprement parler? Considérons
le plateau A seul en communication avec la source : au début, une
molécule d'électricité dans le conducteur subit la répulsion de la
machine M; le plateau A étant à l'état neutre n'agit pas; la molécule obéit à l'action de M et se porte sur A qui commence à se charger. Mais alors, pour une autre molécule d'électricité, à l'action de
M vient s'opposer l'action répulsive de A, action répulsive qui croît
avec la charge de A : lorsque cette charge aura atteint une certaine
valeur, elle contrebalancera exactement l'effet de M et l'équilibre
existera, le plateau sera chargé à refus.

Mais approchons maintenant le plateau B relié au sol; nous
savons qu'il va subir l'influence de A et qu'il se trouvera chargé·
contrairement à A. La présence de ce plateau change les conditions·
et le plateau B produit un effet opposé à celui de A; l'équilibre qui
existait précédemment pour une molécule d'électricité prise dans
le conducteur qui relie A à la machine, cet équilibre n'existe plus.
L'action de B s'ajoute à celle de M et une nouvelle charge pénètre
sur A; en même temps s'accroît l'influence sur B. Si l'action de B
croissait autant que celle de A, l'équilibre ne pourrait jamais être
atteint; mais en réalité il n'en est pas ainsi et elle croît moins rapidement; il arrive donc un moment où l'action de la charge de A
fait équilibre à la somme des actions de M et de B, et alors le plateau
est de nouveau chargé à refus; mais ce résultat n'est atteint qu'après
une augmentation souvent considérable de la charge de A.

974. — Si nous considérons un condensateur chargé, la source

d'électricité M étant éloignée et la communication de B avec le sol étant rompue, on peut concevoir que l'action de l'ensemble sur un point situé du côté de B, sur le pendule *b* par exemple, est nulle : il en doit être ainsi puisque sans cela B, ayant été en communication avec le sol, aurait gagné ou perdu de l'électricité. Les actions contraires de B et de A sont donc égales et, comme B est plus rapproché, il faut par compensation que la charge de B soit moindre en quantité. Du côté de A il doit y avoir une action, car la charge de A est plus rapprochée que celle de B et plus considérable ; mais cette action est minime, car elle n'est que la différence des deux actions opposées de A et de B. Il va sans dire que si l'on sépare les deux plateaux, chacune des actions prend plus d'importance que celle du plateau qui s'éloigne et les effets résultants s'accentuent.

Il n'est pas nécessaire d'insister pour montrer que ces remarques expliquent les phénomènes dits de *dissimulation*.

Il importe de remarquer d'autre part que si les actions de A et de B se contrarient pour des points situés en dehors du condensateur, elles s'ajoutent au contraire pour les points compris entre les deux plateaux, de telle sorte que de ce côté l'équilibre tend à se rétablir avec énergie, et se rétablit avec production d'étincelle, si la distance est trop petite. Mais, la condensation dépendant de l'influence, il y a intérêt à augmenter celle-ci et par suite à diminuer la distance. Afin de pouvoir satisfaire à ces deux conditions contradictoires, on rapproche les plateaux en les séparant, non pas seulement par une couche d'air comme nous l'avons supposé jusqu'à présent, mais par une lame isolante offrant une grande résistance au passage de l'électricité : on emploie généralement une lame de verre.

La capacité d'un condensateur dépend de l'étendue de ses surfaces et aussi de l'énergie de l'influence, c'est-à-dire qu'elle augmente lorsque l'épaisseur de la lame isolante interposée diminue ; on ne saurait cependant dépasser certaines limites, parce que l'équilibre électrique pourrait se rétablir à travers la lame qui serait percée, ce qui détruirait le condensateur.

975. Décharge des condensateurs. — Lorsqu'on réunit les deux lames d'un condensateur par un conducteur métallique, l'équilibre électrique se rétablit et comme toujours alors il y a une étincelle, d'autant plus vive que la charge était plus considérable.

Il y a de même décharge du condensateur lorsque, l'un des plateaux étant en communication avec le sol, on établit une communication entre le sol et l'autre plateau.

Mais au lieu de ramener brusquement l'équilibre électrique, on peut opérer différemment : les deux plateaux étant isolés, on touche *alternativement* le plateau A, puis B, puis on revient à A et ainsi de suite. On conçoit, d'après ce que nous avons dit de l'effet exercé sur un point extérieur au condensateur, que l'on ne peut enlever à chaque contact qu'une fraction de la charge qui existe sur le plateau touché, de telle sorte que théoriquement on pourrait continuer indéfiniment sans jamais arriver à décharger complètement le condensateur. En réalité, on atteint ce résultat assez rapidement parce que les pertes par l'air et les supports interviennent.

976. Formes diverses du condensateur. Bouteille de Leyde. — On peut donner au condensateur des formes variées. Il y a d'abord le condensateur à plateaux ou condensateur d'Œpinus (*fig.* 459). Le carreau fulminant de Franklin s'en rapproche beaucoup ; c'est une lame de verre portant sur chacune de ses faces une lame d'étain. Mais le condensateur le plus fréquemment employé est la bouteille de Leyde, dont la découverte, due à Cuneus et à Muschenbrock, remonte à 1746. Elle se compose d'un flacon (*fig.* 460) rempli de feuilles de clinquant et recouvert entièrement d'une lame d'étain. Le bouchon

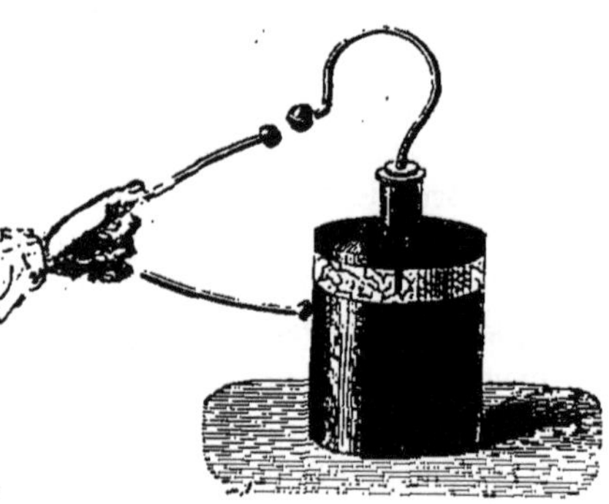

Fig. 460.

qui le ferme est traversé par une tige métallique terminée inférieurement par une pointe et extérieurement par un bouton. Les

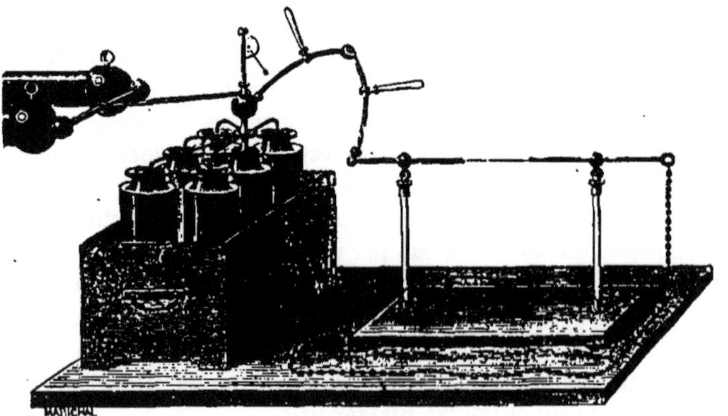

Fig. 461.

substances conductrices qui remplissent la bouteille et la feuille d'étain prennent le nom d'*armatures*. On doit éviter avec soin toute communication entre les deux armatures. C'est pour cela qu'on recouvre le goulot du flacon d'un vernis isolant.

977. Batteries électriques. — Quand la bouteille a de grandes dimensions, on colle sur sa face interne une feuille d'étain semblable à celle qui recouvre la face externe ; des fils de laiton qui

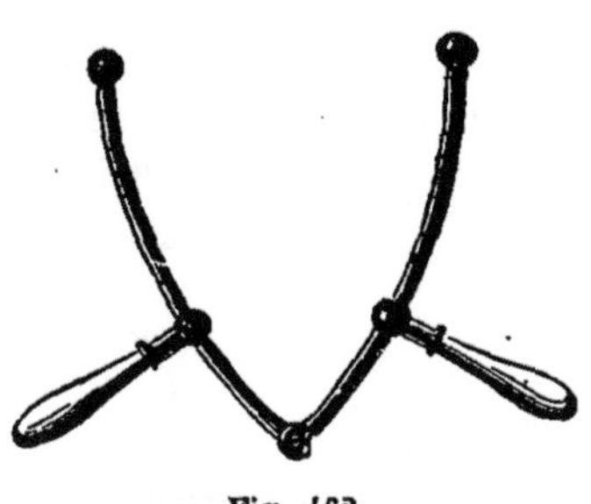

Fig. 462.

s'appuient sur l'armature intérieure sont attachés au bouton et y apportent l'électricité. La bouteille prend alors le nom de *jarre*. Pour obtenir de grands effets, on réunit plusieurs de ces bouteilles dans une même caisse (*fig.* 461) dont le fond est tapissé d'une lame d'étain. De cette manière, toutes les armatures extérieures communiquent ensemble métalliquement. Quant aux armatures internes, elles sont réunies entre elles par des tiges de cuivre. Leur ensemble forme une batterie électrique.

978. Charge de la bouteille de Leyde et des batteries. — On charge ordinairement la bouteille de Leyde en la tenant à la main par son armature extérieure et en mettant le bouton en contact métallique avec une machine électrique, ou simplement en l'approchant à distance, ce qui constitue la charge par étincelles successives, et de cette manière l'armature intérieure prend l'électricité positive, et l'armature extérieure l'électricité contraire. On pourrait également charger la bouteille en la tenant par le crochet et en mettant la panse en contact avec la machine. La charge d'une batterie s'effectue de la même manière. On fait communiquer le fond de la caisse avec le sol par une chaîne métallique, et les tiges de cuivre avec le conducteur de la machine électrique. Un électromètre de Henley indique par ses mouvements le moment où on a atteint la charge maximum. L'aiguille verticale s'élève graduellement dans les premiers tours, et finit par prendre une position qu'elle ne peut plus dépasser malgré la rotation du plateau de la machine.

Lorsque l'on veut décharger une batterie, il est prudent de faire communiquer les armatures à l'aide d'un *excitateur à manches de verre* (*fig.* 462) constitué par un arc métallique à charnière dont les branches portent des poignées isolantes.

979. Bouteille à armatures mobiles. — Lorsqu'on a réuni les deux armatures par un arc métallique, il semble au premier abord que la bouteille doit être complètement déchargée. L'expérience démontre qu'il n'en est rien, car on peut, au bout de quelque temps, obtenir une seconde étincelle assez vive, puis une troisième qui l'est moins, puis une quatrième, etc. L'explication de ce phénomène est très simple. Lorsqu'on charge une bouteille de Leyde, ce n'est pas seulement entre les surfaces des lames métalliques, mais entre les deux faces de la lame isolante que se produit la rupture de l'équilibre électrique, que se manifeste la différence de potentiel; à cause de la mauvaise conductibilité du verre, cette différence subsiste après que l'on a réuni par un arc conducteur les deux lames du condensateur, et après un certain temps, celles-ci, se mettant en équilibre avec les faces de verre qu'elles touchent,

sont de nouveau susceptibles de donner une étincelle. Pour mettre en évidence l'influence de la lame isolante, on se sert de la bouteille à armatures mobiles (*fig.* 463) qui consiste en un vase en verre que l'on peut placer entre deux vases en

Fig. 463.

métal qui forment armatures. On charge la bouteille comme à l'ordinaire, puis on enlève séparément les armatures et on n'en tire qu'une faible étincelle. Vient-on à reconstituer la bouteille, on obtient alors une brillante étincelle. C'est donc bien entre les lames de verre qu'existait la différence de potentiel.

980. Électroscope condensateur. — Pour rendre sensibles de faibles charges électriques, Volta a imaginé l'électroscope condensateur. Cet appareil est un électroscope à lames d'or (*fig.* 464) dont la tige porte un plateau métallique circulaire P′ recouvert sur sa face supérieure d'une légère couche de gomme-laque. Sur ce plateau qui forme le collecteur d'un condensateur, on en

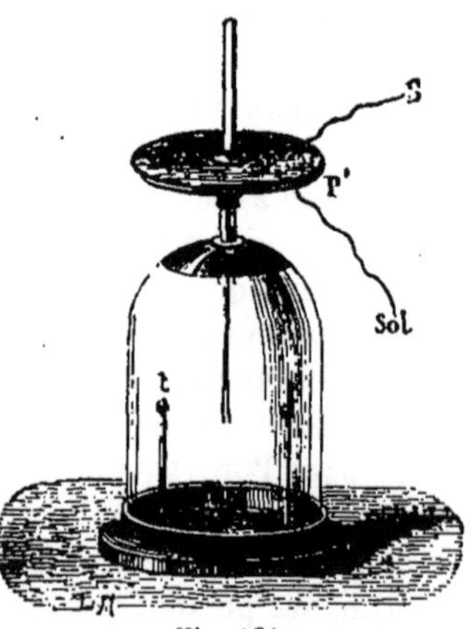

Fig. 464.

dispose un second identique P muni d'un manche en verre et verni pareillement à la gomme-laque à sa face inférieure. En faisant communiquer le plateau inférieur avec une source d'électricité, et le plateau supérieur avec le sol, ou inversement, on accumule sur

le plateau une assez grande quantité d'électricité. Alors on enlève
la source et le plateau supérieur ; l'électricité qui se trouve sur le
plateau inférieur se répand sur les feuilles et les fait diverger.

Cet appareil est principalement avantageux lorsqu'il s'agit d'une
source fournissant de l'électricité à un faible potentiel (comme les
piles hydro-électriques) mais en grande quantité. Le condensateur
ayant une grande capacité, à cause de la faible épaisseur de la couche isolante, reçoit une charge assez considérable avant d'atteindre
le potentiel de la source. Quand on rompt le condensateur, la charge
se répartit dans tout l'appareil et fait diverger les feuilles d'or.

981. **Machines électriques.** — Ces appareils sont destinés
à donner à un conducteur isolé une charge électrique déterminée,
ou à établir entre deux conducteurs une différence d'état électrique, l'un étant électrisé positivement, l'autre négativement.

On peut dire encore, et cette notion est plus précise, que les
machines électriques ont pour effet de produire une différence de
potentiel entre un conducteur isolé et le sol, ou entre deux conducteurs isolés.

Ces appareils peuvent être classés en deux groupes dans lesquels
des phénomènes d'influence se produisent également. Mais dans le
premier groupe, qui contient les machines classiques, la rupture
d'équilibre électrique est maintenue par un frottement qui se reproduit constamment. Dans le second groupe, il n'y a pas de frottement et les charges qui se produisent et se maintiennent sont la
conséquence d'une charge initiale qui peut être très faible.

982. **Machines à frottement.** — Nous ne décrirons que quelques modèles de ce groupe.

Machine de Ramsden ou à plateau. — La machine électrique ordinaire se compose d'un plateau de verre circulaire vertical PP'
(*fig.* 465) qui tourne entre quatre coussins CC', autour d'un axe
horizontal, par le moyen d'une manivelle M. En regard du plateau,
sont disposés deux cylindres creux métalliques A, B, montés sur
des pieds de verre ; ces cylindres se terminent par des branches
recourbées *a*, *b* armées de peignes qui embrassent le plateau sans
le toucher. Lorsqu'on fait tourner le plateau, le verre se charge
positivement en passant entre les coussins ; la partie électrisée agit
par influence sur le conducteur devant lequel elle arrive et, à cause
des pointes du peigne, l'équilibre se rétablit de ce côté, ramenant
le verre à l'état neutre, tandis que l'extrémité opposée du conducteur reste chargée semblablement, c'est-à-dire positivement. Le
verre repassant entre les autres coussins peut s'électriser à nouveau
et le même effet se reproduit.

Pour qu'une semblable machine puisse donner le maximum

d'effet, il faut qu'elle remplisse certaines conditions dépendant du plateau, du frottoir et des conducteurs. Sur le verre, la quantité d'électricité dépend de la grandeur du plateau et, en chaque point, de la nature du verre et des corps frottants. Les anciens verres sont préférables, parce qu'ils sont moins alcalins et par suite moins hygrométriques. Autrefois les coussins étaient formés d'une lame

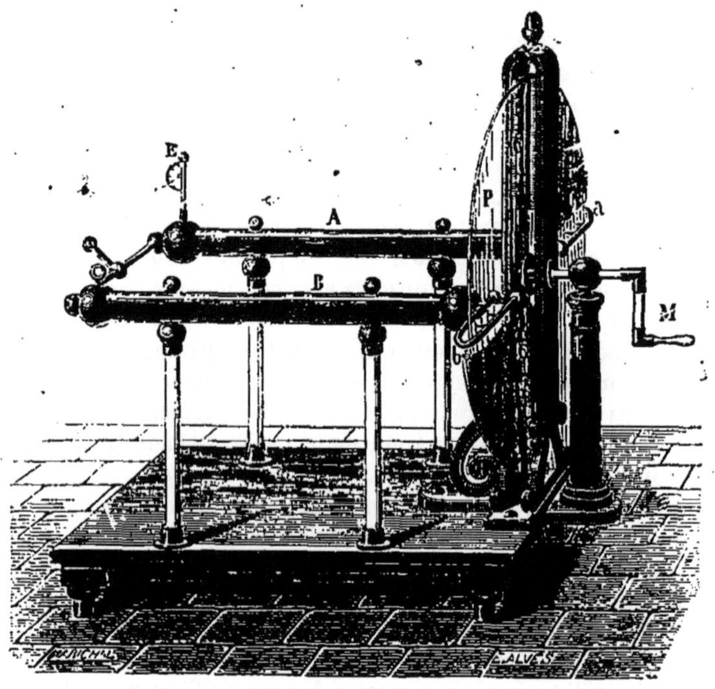

Fig. 465.

de cuir et rembourrés de crins ; leur surface était recouverte de bisulfure d'étain ou or mussif. Aujourd'hui on emploie des coussins plats, formés de plaques de tissus recouverts d'une lame de taffetas sur laquelle on étend, au moyen d'un corps gras, un amalgame métallique dans lequel entrent de l'étain, du zinc et du bismuth. Une lame d'étain, placée à la partie postérieure et sur les bords des coussins, assure la communication parfaite des coussins avec le sol. Dans ces conditions, le verre donnera une charge d'autant plus grande que la déperdition par l'air sera moindre. Pour rendre cette perte aussi faible que possible, on enveloppe de taffetas gommé la partie de verre comprise entre les coussins et les pointes des conducteurs, et on sèche avec soin le plateau et les supports. Toutes ces conditions étant remplies, il y aura toujours une *charge limite de la machine* qui sera atteinte lorsque l'action exercée par l'électricité du plateau sera contrebalancée par celle de la charge accumulée aux extrémités du conducteur. On l'apprécie d'une manière approximative par l'électromètre à cadran de Henley E.

Machine électrique de Nairne. — La machine électrique ordinaire ne donne que des charges positives ; celle de Nairne peut fournir l'une ou l'autre, ou les deux à la fois. Elle se compose d'un cylindre en verre C (*fig.* 466) tournant autour d'un axe horizontal. Deux conducteurs isolés, placés de part et d'autre du cylindre, portent, l'un A, un frottoir, l'autre B, des pointes. Le premier reçoit une charge négative, le second une charge positive.

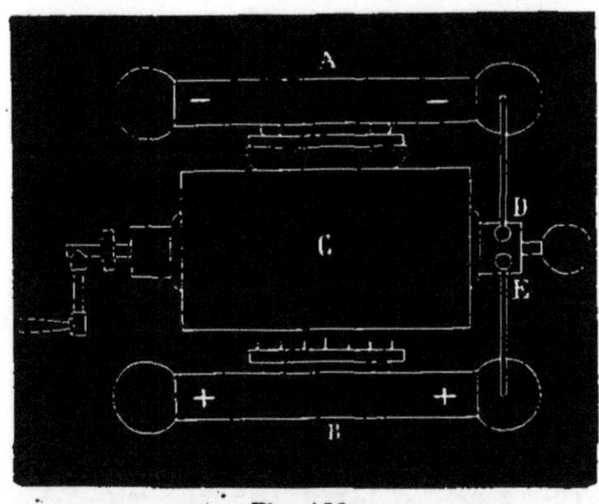

Fig. 466.

On a ainsi l'une ou l'autre en faisant communiquer avec le sol l'un ou l'autre des conducteurs ; on les a toutes deux, mais en moins grande quantité, lorsque les deux conducteurs restent isolés.

Machine d'Armstrong. — Plus récemment, Armstrong a imaginé une machine où l'électricité est produite par le frottement de petites gouttes d'eau contre certaines substances, le buis par exemple. Elle consiste en une chaudière isolée, dans laquelle on produit de la vapeur à une haute pression. La vapeur formée traverse une série de tuyaux en buis, contournés de manière à augmenter le frottement et placés dans une boîte où on les entoure d'étoupe sans cesse imprégnée d'eau. Une partie de la vapeur se condense, et les petites gouttelettes d'eau, entraînées, développent de l'électricité par leur frottement contre le buis ; elles se chargent positivement, et le buis négativement. Pour recueillir l'électricité positive, on place dans le jet de vapeur des pointes qui communiquent à un conducteur isolé. Dans cette machine, il faut toujours employer de l'eau distillée, parce que cette eau conduit mal l'électricité. Des corps mélangés à l'eau peuvent amener des changements dans la production de l'électricité ; les huiles essentielles déterminent un renversement des fluides. On obtient avec cette machine des effets considérables, non pas que la tension électrique y soit plus grande que dans la machine de Ramsden, mais parce que l'électricité s'y reproduit avec la plus grande rapidité.

Dans ces diverses machines, la production et la reproduction des charges électriques a pour origine le travail mécanique dépensé à tourner la manivelle ou à donner naissance au courant de vapeur humide.

983. Machines électriques à influence; électrophore. — On emploie dans les laboratoires une petite machine électrique appelée électrophore. Un gâteau de résine A (*fig.* 467), ou mieux une plaque de caoutchouc durci, est électrisé négativement par le frottement avec une peau de chat. On place sur ce gâteau un plateau P de bois recouvert d'une feuille d'étain, et muni d'un manche de verre : ce plateau conducteur subit l'influence de la résine électrisée. On le touche avec le doigt, on le met par conséquent en communication avec le sol; on retire le doigt, puis on soulève le plateau à l'aide du manche isolant, et l'on reconnaît que le plateau est électrisé : on peut en tirer une étincelle. La théorie de cet appareil est absolument celle que nous avons donnée à propos des effets d'influence (962).

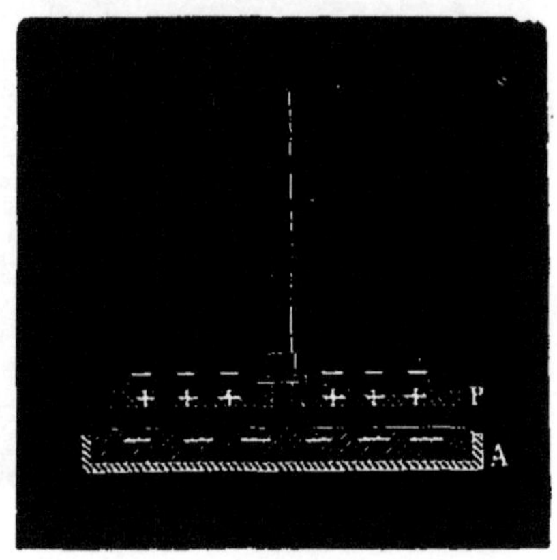

Fig. 467

Il importe de remarquer que, dans cette action, la charge de la résine n'a pas été modifiée : il n'y a eu, en effet, de contact que par quelques points et, à cause de la mauvaise conductibilité de la résine, ces points seuls ont pu être ramenés à l'état neutre. Il résulte de là que lorsque le plateau métallique aura été déchargé, on pourra en recommençant la même opération obtenir une nouvelle charge; théoriquement on pourrait recommencer indéfiniment, mais en réalité la résine se décharge peu à peu par son contact avec l'air.

Quelle est l'origine, la source de ces charges indéfinies? ce ne peut être le travail minime développé pour électriser la résine par frottement au début. La source en est encore dans le travail mécanique développé à chaque fois par l'opérateur : il faut remarquer, en effet, que, à chaque opération, il doit fournir pour soulever le plateau un travail plus grand que si l'appareil ne fonctionnait pas, à cause de l'attraction qui s'exerce entre le gâteau de résine chargé négativement et le plateau chargé positivement, comme nous venons de le dire. C'est cet excès de travail mécanique qui est l'origine du développement de l'état électrique observé.

984. Machine électrique de Holtz. — Cette machine est basée sur un principe analogue à celui de l'électrophore, quoique sa théorie soit un peu plus compliquée. Elle se compose d'un plateau de verre (*fig.* 468) tournant autour d'un axe horizontal, auquel

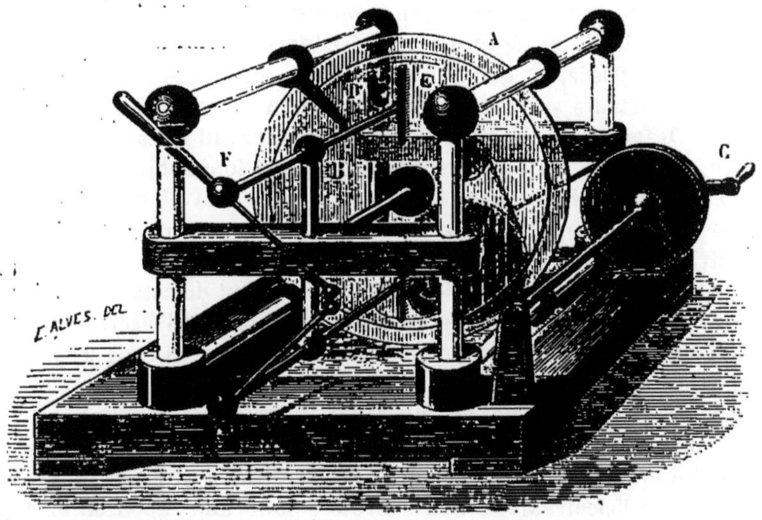

Fig. 468

on peut communiquer un mouvement de rotation assez rapide, à l'aide d'une manivelle C. Parallèlement, et à une faible distance que l'on peut faire varier dans certaines limites, se trouve un autre plateau de verre fixe A, percé en son centre d'une ouverture, dans laquelle passe librement l'axe du plateau mobile. Le plateau fixe présente, en outre, aux extrémités du diamètre horizontal deux ouvertures ou *fenêtres* P. Une armature de papier, collée sur le disque, vient effleurer le bord inférieur d'une fenêtre et le bord supérieur de l'autre. Ces armatures sont prolongées dans la fenêtre par des bandes de papier terminées en pointe, dirigées l'une en haut et l'autre en bas, dans le même sens, par conséquent, par rapport à la rotation du disque. En face de ces fenêtres, mais de l'autre côté du plateau mobile, se trouvent des peignes E montés à l'extrémité de conducteurs F et G supportés par des pieds isolants.

Pour se servir de la machine, on applique contre l'une des armatures un corps électrisé, une lame de caoutchouc durci, par exemple, frottée préalablement avec une peau de chat, et l'on met en mouvement le plateau mobile dans un sens tel, que ses divers points s'avancent dans le sens opposé à celui indiqué par les pointes de papier. Il faut avoir soin de maintenir les conducteurs en contact pendant quelque temps. Puis on peut enlever la source d'électricité. En continuant à tourner, et écartant les conducteurs, on voit partir des étincelles, dont on peut augmenter progressivement la longueur dans de certaines limites. On remarque que, bien que le plateau tourne avec une grande facilité, lorsqu'il ne se produit pas d'électricité, on éprouve une résistance dès l'approche de la source électrisée, et que cette résistance augmente notablement dans les instants suivants, pour devenir constante après quelque temps. Il faut donc dépenser un plus grand travail mécanique pour faire tourner le plateau lorsque la machine fonctionne que lorsqu'elle ne fonctionne pas. C'est cet excès de travail qui, comme pour l'électrophore, est la véritable source de la rupture de l'état électrique.

On reconnaît aisément que le fonctionnement de cette machine, en général, présente quelque analogie avec celui de l'électrophore. Mais la théorie complète n'en est pas encore connue et nous croyons inutile d'insister.

Dans cette machine, la différence de potentiel que l'on peut atteindre est faible ; il en est de même de la charge que l'on peut communiquer aux conducteurs. Mais on utilise la rapidité de production de l'électricité et l'on s'arrange pour que l'appareil fonctionne d'une manière un peu différente. Les fluides séparés sont employés à charger des *condensateurs* (972), qui se déchargent spontanément. La pratique, d'accord avec la théorie, a fait reconnaître que c'est ainsi que l'on obtient les plus grands effets.

Nous ne pouvons qu'indiquer ici la machine électrique de M. Bertsch et celle de M. Carré. Elles ne diffèrent guère, au fond, de la machine de Holtz, quoiqu'elles soient de construction plus simple.

Nous ne nous arrêterons pas non plus sur la machine de Voss, qui paraît dérivée de la machine de Töpler. Ces machines présentent une certaine analogie avec la machine de Holtz. La machine de Voss en diffère notamment en ce qu'elle fonctionne sans charge préalable ; il est probable que le frottement du plateau mobile dans l'air suffit pour donner naissance à une charge initiale, pour *amorcer* la machine.

985. Étincelle électrique. — Quand on approche d'une machine électrique un conducteur mis en communication avec le sol, il se produit une étincelle entre les deux corps avant que le contact ait lieu ; c'est que l'électricité de la machine a agi par influence sur le conducteur. Si le corps que l'on approche est isolé, l'étincelle ne jaillit qu'à une faible distance, et le corps prend une électrisation de même nom que celle de la source; mais la source a perdu une électricité précisément égale à celle qui se trouve sur le conducteur. L'étincelle est donc le rétablissement, à travers l'air, de l'équilibre électrique, par suite d'un phénomène d'influence. Avec une source faible d'électricité, l'étincelle est courte et rectiligne; avec une charge puissante, elle peut atteindre $0^m,30$ ou $0^m,40$ de longueur, et même davantage; alors elle prend une forme en zigzag ou sinueuse, d'où s'échappent des ramifications. Ces grandes étincelles peuvent être obtenues avec une machine puissante de Ramsden, en présentant au conducteur un plateau métallique qui est en communication avec le sol par une chaîne conductrice.

On peut multiplier les étincelles que donne une machine, en établissant des solutions de continuité dans le conducteur par lequel s'écoule l'électricité. Les tubes et les carreaux étincelants sont formés par de petites bandes de feuilles d'étain collées sur le verre, qui présentent des intervalles très petits et forment des dessins variés.

986. Aigrette électrique. — Lorsqu'on place une pointe sur le conducteur d'une machine, toute l'électricité disparaît à mesure qu'elle se produit, et la machine ne peut pas se charger. Si on examine la pointe dans l'obscurité, elle est lumineuse et offre une aigrette due à de petits filets étincelants qui s'étalent en éventail, si l'électrisation est positive; elle se réduit, au contraire, à un point lumineux, lorsque l'électrisation est négative.

987. Étincelle dans les gaz raréfiés. — L'aspect de l'étincelle change complètement lorsqu'elle a lieu dans un gaz raréfié. Au lieu d'un trait de feu, on observe une lueur rougeâtre, pâle, formée par des gerbes, du côté de la charge positive, et une lueur violacée plus vive, mais très peu étalée, du côté de la charge négative. On fait ordinairement ces expériences avec un tube qui sert pour la chute des corps dans le vide, ou bien avec un vase elliptique, appelé *œuf électrique*, duquel on peut enlever l'air, et qui est traversé par deux tiges terminées par des boules.

988. Couleur de l'étincelle électrique. — La couleur de l'étincelle varie avec la nature et la tension du gaz dans lequel elle se propage, et aussi avec la nature des conducteurs. L'influence des conducteurs se démontre par les phénomènes qui se passent quand l'étincelle d'une forte batterie jaillit entre deux boules métalliques, d'argent et de cuivre, par exemple : l'électricité entraîne avec elle de l'argent sur le cuivre, et réciproquement du cuivre sur l'argent. On en a une autre preuve dans l'analyse spectrale de la lumière électrique : on y reconnaît la présence de raies brillantes caractéristiques des divers métaux en vapeurs. On doit donc considérer l'incandescence des particules métalliques entraînées au moment de la décharge comme étant la cause de la lumière de l'étincelle.

Dans les tubes à gaz raréfiés, il n'y a pas trace de vapeurs métalliques; dans ce cas, la lumière est nécessairement due à l'échauffement du gaz qui devient lumineux. Dans l'air, la couleur de la lumière est violette; elle est blanche dans l'oxygène, bleue dans l'acide carbonique et rouge dans l'hydrogène.

La décharge de l'électricité à travers les corps détermine des effets de nature diverse que nous diviserons en effets physiologiques, physiques et chimiques.

989. **Effets physiologiques**. — Le corps humain conduit assez facilement l'électricité, principalement par les liquides qui imprègnent ses tissus; il peut donc remplir, par rapport à ce fluide, le rôle d'un conducteur. Ainsi, lorsqu'un observateur se trouve dans le voisinage d'une machine électrique, il subit la décomposition par influence, et s'il approche le doigt, ou toute autre partie du corps, du conducteur chargé, il se produit une étincelle accompagnée d'une sensation, sensation qui dépend de la distance à laquelle a lieu l'explosion.

Si une personne, placée sur un tabouret isolé, communique avec le conducteur de la machine, elle devient elle-même électrisée, en sorte qu'on peut tirer des étincelles de toutes les parties de son corps; ses cheveux se hérissent, deviennent lumineux dans l'obscurité, et elle éprouve la même sensation que si son visage se couvrait d'une toile d'araignée.

La décharge à travers le corps humain est accompagnée d'une sensation plus ou moins douloureuse, suivant les quantités d'électricité mises en jeu. Tantôt, c'est un simple picotement, avec contraction légère des muscles; tantôt, c'est un mouvement qui se fait sentir dans les diverses articulations, et qui peut occasionner des lésions graves, comme cela arrive quand on opère la décharge d'une bouteille de Leyde en touchant les deux armatures avec la main. C'est ce que l'on nomme la commotion électrique.

Avec une puissante batterie, on parvient à tuer des animaux de grande taille.

990. **Effets physiques**. — Ils se distinguent en effets calorifiques et mécaniques. Parmi les premiers, nous citerons l'inflammation d'un mélange d'oxygène et d'hydrogène, de l'alcool, de l'éther, par l'étincelle ordinaire ou celle d'une bouteille de Leyde. Si, sur le trajet d'une batterie, on interpose des fils métalliques,

ceux-ci sont rendus incandescents; ils sont fondus et volatilisés s'ils
sont suffisamment fins. L'or, l'argent; réduits en feuilles minces,
sont également brûlés, et laissent sur les corps avec lesquels ils
sont en contact une trace d'un brun violacé, qui n'est autre chose
qu'un dépôt métallique très divisé. On se sert de cette propriété
pour faire des empreintes électriques.

Ce qui caractérise surtout les décharges électriques, ce sont
leurs effets mécaniques. Lorsque l'électricité d'une source s'é-
chappe par une pointe, elle produit un mouvement dans l'air, suffisant pour éteindre une bougie. Cela tient à ce que les molécules
d'air, étant toutes électrisées de la même manière, se repoussent.
Si l'air est repoussé dans le sens où s'écoule l'électricité, la pointe
doit l'être en sens contraire. C'est ce que l'on vérifie avec un petit
appareil, dont la disposition est analogue à celle du tourniquet
hydraulique.

Lorsque la décharge d'une batterie traverse un corps mauvais
conducteur, un morceau de bois sec, une pierre, ce corps peut être
brisé ou pulvérisé. Une lame de verre, une carte, placées entre
deux pointes métalliques, sont percées par la décharge d'une bouteille de Leyde.

Les effets physiques de l'électricité statique, qui étaient étudiés
très minutieusement autrefois, ont beaucoup perdu de leur intérêt
depuis la découverte des courants électriques; aussi ne croyons-
nous pas devoir insister davantage.

991. Effets chimiques. — L'étincelle électrique peut déterminer un grand nombre de combinaisons. Comme exemple, nous
citerons la combinaison de l'oxygène et de l'hydrogène dans l'eu-
diomètre, la transformation en acide carbonique d'un mélange
d'oxygène et d'oxyde de carbone.

On sait depuis longtemps que le passage d'une série d'étincelles
à travers un mélange d'azote et d'oxygène, en présence d'une
base, donne lieu à la formation d'acide azotique. Cette expérience
explique la présence de l'acide azotique dans les pluies d'orage.

L'électricité agit aussi comme agent de décomposition; Franklin, Priestley et, plus tard, Wollaston, en faisant passer des étincelles dans l'eau entre les extrémités voisines des deux conducteurs,
ont pu déterminer la décomposition de l'eau et recueillir les gaz.
Wollaston parvint aussi à décomposer le sulfate de cuivre entre
deux fils d'argent très rapprochés, dont les extrémités communiquaient avec les conducteurs d'une machine de Nairne.

Une série d'étincelles à travers certains gaz composés produit
leur décomposition. L'ammoniaque, l'acide chlorhydrique, sont
séparés en leurs éléments. Le bioxyde d'azote se dédouble en azote

et acide hypo-azotique. Enfin, au nombre des actions chimiques
produites par l'étincelle, nous mentionnerons la transformation de
l'oxygène en ozone, dont la découverte est due à Schœnbein.

Il faut encore signaler que l'on obtient des actions chimiques
énergiques par l'action des effluves électriques, décharges sans étincelles, analogues à celles qui forment des aigrettes et qui correspondent au rétablissement de l'équilibre entre deux corps dont la
différence de potentiel est peu considérable. Seulement, ces actions, qui ont été mises à profit, notamment par M. Berthelot, ne
se produisent qu'à la longue.

992. Électricité atmosphérique. — Les phénomènes électriques peuvent être considérés soit lorsque l'atmosphère est calme,
soit par les temps d'orage. Occupons-nous d'abord du premier
cas.

En temps calme les diverses couches de l'atmosphère présentent des différences d'état électrique qui peuvent être notables et
qui exigent quelques précautions pour être mises en évidence. Il
faut en effet remarquer que nous ne pouvons reconnaître que des
différences d'état électrique et qu'un appareil de mesure, un électroscope, par exemple, placé dans une couche d'air, quel que soit
l'état de cette couche, ne présenterait aucune divergence des feuilles
d'or. Pour que cette divergence se produise, il suffit d'amener ces
feuilles à un autre état électrique, de les mettre en équilibre avec le
sol ou avec une autre couche. On y parvient en surmontant l'électroscope d'une longue tige métallique terminée en pointe, par
exemple. Par cette pointe (958) la tige et les feuilles d'or sont
amenées au potentiel de la couche où elle se termine, et si la tige
est assez longue il y a entre cette couche et celle où se trouve l'é-
lectroscope une différence de potentiel suffisante pour amener la
divergence des feuilles.

Des recherches intéressantes ont été faites par de Saussure,
par Becquerel et Breschet; elles ont fourni quelques résultats généraux sur la question. Mais ce n'est que depuis que l'on prend des
mesures comparables, à l'aide de l'électromètre à quadrants, que
la question est entrée dans une voie qui puisse fournir des résultats
précis. Aussi n'insisterons-nous pas sur les faits observés; nous
nous bornerons à dire que, sauf des cas exceptionnels, les diverses
couches d'air sont à un potentiel plus élevé que la terre; — que
l'état électrique varie, présentant une certaine régularité, deux
maxima et deux minima chaque jour, régularité qui peut être
troublée par des variations accidentelles, quelquefois considérables.

993. Orages, éclairs, tonnerre et foudre. — Il arrive
souvent que, par suite de circonstances non encore complètement

déterminées, il se manifeste de grandes variations électriques qui donnent naissance à des phénomènes divers accompagnant les *orages*.

Les manifestations électriques qui ont lieu pendant l'orage n'ont pas seulement l'atmosphère pour théâtre. La terre participe souvent à ces phénomènes, c'est ce qui a lieu en particulier quand la foudre *tombe*. Tout orage est caractérisé par la production de l'éclair, du tonnerre et souvent par la chute de la foudre.

L'éclair est l'étincelle électrique jaillissant entre deux nuages électrisés contrairement, ou entre deux nuages l'un électrisé, l'autre à l'état naturel, ou bien entre un nuage électrisé et la terre. C'est dans ce dernier cas qu'on dit que la foudre *tombe* sur la terre. Pour que ce dernier phénomène se produise, il faut que le nuage soit près de la terre et qu'il soit chargé d'une grande quantité d'électricité. La nature du sol a une grande influence, car on ne peut pas tirer une étincelle d'un corps mauvais conducteur. Si le sol est accidenté, toute l'électricité s'accumule vers les parties les plus élevées. Aussi la foudre tombe-t-elle surtout sur les points culminants, si ces points sont conducteurs et communiquent avec de grandes couches conductrices.

L'éclair n'étant autre chose qu'une étincelle électrique, sa durée est très courte, et n'atteint pas un millième de seconde, ainsi que Wheatstone l'a démontré. On en distingue de trois espèces : les uns ont la forme d'un trait de lumière, serré, très arrêté sur les bords et qui se meut en zigzag en se bifurquant très souvent. D'autres consistent en une lueur très étendue qui semble sortir de l'intérieur des nuages et en éclaire la masse. La teinte de ces éclairs est souvent rouge mêlée de blanc et de violet. Enfin, on observe quelquefois des éclairs qui ont une forme globuleuse et qui sont visibles pendant une, deux et même dix secondes : ce sont les éclairs en *boule*, qui peuvent se transporter des nuages à la terre avec assez de lenteur pour que l'œil puisse les suivre dans leur marche, avant leur explosion; leur origine n'est pas connue.

Le tonnerre est le bruit qui accompagne l'éclair, ce bruit est tantôt sec, éclatant, tantôt grave, prolongé, suivi d'un roulement; ce roulement s'explique par la longueur de l'éclair et par les échos qui servent à le répercuter. On observe un intervalle de temps entre l'apparition de l'éclair et l'arrivée du bruit, ce qui tient à la différence dans la vitesse de propagation de la lumière et du son. Si donc un observateur comptait avec un chronomètre le nombre de secondes qui s'écoule entre ces deux instants, il aurait la distance rectiligne du point où s'est produit la décharge en multipliant ce nombre de secondes par la vitesse du son.

L'analogie qui existe entre les effets des batteries et ceux de la

foudre conduisit Franklin à vérifier expérimentalement que le phénomène de l'éclair, du tonnerre et de la foudre est dû à l'électricité.
Ce physicien conçut donc le projet d'aller chercher l'électricité dans
la région du tonnerre, en se servant d'un cerf-volant à pointe qu'il
lança vers un nuage orageux. Après quelques essais infructueux, il
parvint à tirer de la corde qui retenait le cerf-volant au milieu des
nuages quelques étincelles, avec lesquelles il put charger une bouteille de Leyde. Cette expérience célèbre eut lieu à Philadelphie en
1752. Vers la même époque, elle était exécutée en France par Dali-
bard, à Marly, et par M. de Romas, à Nérac. Ce dernier eut l'heureuse idée d'entourer la corde de chanvre d'un fil métallique et de
le terminer par un cordon de soie, afin d'éviter des décharges im-
prévues. A l'aide d'un excitateur à manches de verre, il put tirer
de cette corde de nombreuses et longues étincelles. Il fut donc bien
établi par là que la foudre n'est autre chose qu'une décharge analogue à celle d'une machine électrique. Aussi, les effets qui accompagnent sa production sont les mêmes que ceux de l'étincelle.

Nous ne voulons point insister sur ces effets qui reproduisent
avec une grande intensité toutes les actions calorifiques, mécaniques, magnétiques, chimiques auxquelles donnent lieu les étincelles des batteries.

Les êtres vivants qui sont soumis à l'action de la foudre sont le
théâtre de phénomènes très variés : les uns sont de nature physique,
à proprement parler, et sont caractérisés par des désordres matériels : mais, dans un grand nombre de cas, il n'existe aucune
modification appréciable de l'organisme qui puisse expliquer les
accidents graves souvent et la mort même qui sont la conséquence
du foudroiement. Il semble que l'on doive expliquer ces effets et
quelques autres analogues par une variation *brusque* et notable
de l'état électrique, du potentiel de l'organisme et particulièrement
du système nerveux.

994. Choc en retour. — Un cas assez rare, mais très curieux, parmi les accidents causés par la foudre, est celui du *choc
en retour*, dans lequel un homme peut être foudroyé lorsque la
foudre tombe à une grande distance du lieu où il se trouve. Ce fait
s'explique par un phénomène d'influence du nuage électrisé, qui
amène les parties du sol qui sont au-dessous de lui et les corps qui
s'y trouvent à un état électrique opposé. S'il éclate un éclair entre
ce nuage et un nuage voisin, le premier sera ramené à l'état neutre :
l'influence cessera brusquement et le sol sera brusquement aussi
ramené à l'état neutre. Les hommes et les animaux qui se trouvent
en ce point, quoique n'ayant point été soumis à l'action de la
décharge, subiront donc une rapide variation de potentiel, variation

qui suffit, d'après ce que nous venons de dire, à expliquer de graves désordres et la mort même.

995. Paratonnerre. — Les dangers que fait courir la foudre sont assez grands pour qu'on doive chercher à se mettre à l'abri de ses atteintes. D'après la statistique, les personnes frappées dépassent annuellement en France le nombre de 200, parmi lesquelles la moitié au moins est tuée roide, sans compter les animaux de toute espèce.

La théorie, d'accord avec l'expérience, a suggéré à Franklin l'idée de placer sur le faîte des édifices et des maisons une longue barre de fer terminée en pointe et qui communique avec le sol par une chaîne conductrice. Une semblable barre s'appelle un *para-tonnerre*. L'action préservatrice de cette tige repose sur l'influence électrique et sur le pouvoir des pointes. En effet, quand un nuage orageux passe au-dessus d'un paratonnerre, il agit sur son fluide naturel et sur celui des corps environnants. L'électricité de nom contraire est attirée, et, en s'échappant par la pointe, va neutra-liser l'électricité du nuage qui se trouve ainsi plus ou moins dé-chargé. Mais, pour que ce phénomène s'accomplisse régulièrement, il faut une communication bien assurée du conducteur avec le sol, sinon il devient lui-même électrisé et pourrait donner lieu à des explosions dangereuses. A cet effet, le conducteur est fixé à la tige par un collier métallique à une distance de 10 à 15 centimètres du toit. De plus, dans tout son parcours, il est éloigné des murs par des crampons en fer. Une fois arrivé dans le sol, il est conduit dans un puits ou dans un endroit humide qu'on a soin d'entourer de braise de boulanger. Il est bon aussi, d'après l'instruction de

Fig. 469.

M. Pouillet, que le conducteur envoie quelques rami-fications dans les couches supérieures de la terre. Cel-les-ci sont rendues humides par l'action de la pluie, et assurent une communication parfaite avec le réser-voir commun. La pointe du paratonnerre, en facilitant l'écoulement de l'électricité, en augmente la sphère d'activité.

Autrefois, la tige du paratonnerre se composait de trois parties : une tige en fer surmontée d'une tige de cuivre terminée par une pointe en platine. Aujour-d'hui, on est revenu à la pointe en cuivre rouge (*fig.* 469), à laquelle on donne la forme d'un cône d'un angle de 30°, ce qui lui permet de mieux résister à la fusion.

M. Melsens a proposé de remplacer les paratonnerres élevés et peu nombreux par des aigrettes à pointes multiples et placées à tous les points saillants de l'édifice : toutes ces aigrettes sont réunies par de nombreux conducteurs qui forment comme une cage métallique autour du bâtiment et communiquent largement avec le sol, avec les couches humides du sol. Ce système, qui paraît avoir donné de bons résultats, est moins coûteux que l'ancien système, paraît-il.

CHAPITRE IV

ÉLECTRICITÉ DYNAMIQUE. GÉNÉRALITÉS SUR LES COURANTS.

996. Du courant électrique. — Lorsque l'on réunit par un fil conducteur deux corps qui sont à des potentiels différents et qui sont par là ramenés à l'équilibre, les hypothèses que nous avons admises pour expliquer les phénomènes électriques conduisent à supposer qu'une certaine quantité d'électricité, quittant le corps où le potentiel est le plus élevé, se porte à travers le fil jusqu'au corps où le potentiel est le moins élevé; l'effet serait analogue à celui qui se passe lorsque l'on réunit par un tuyau de communication deux réservoirs contenant un liquide à des niveaux différents. Dans ce cas, il se produit un *courant* de liquide dans le tube de communication, jusqu'à ce que les deux surfaces libres soient au même niveau; l'équilibre est alors atteint et tout s'arrête. Par comparaison, nous dirons que, dans l'expérience d'électricité rapportée plus haut, il y a un *courant* d'électricité, un *courant électrique* qui existe dans le conducteur réunissant les deux corps électrisés; ce courant, qui va du corps où le potentiel est le plus élevé au corps où le potentiel est le moins élevé, dont le sens est donc bien déterminé, cesse lorsque l'équilibre électrique est atteint.

Mais de même que si, entre les deux réservoirs de liquide, on vient à maintenir une différence de niveau constante, le courant liquide se continuera avec la même intensité, de même aussi, si par un procédé quelconque on maintient la différence de potentiel constante entre deux corps A et B, nous devons concevoir que le courant électrique se continuera identique à lui-même, tant que la cause, c'est-à-dire la différence de potentiel, ne variera pas [1].

997. — Un fil métallique traversé par un courant n'agit pas directement sur nos sens (à moins que l'action ne soit très énergique);

---

[1]. On pourrait faire également une comparaison, qui ne serait pas sans intérêt, avec la transmission de la chaleur dans un corps conducteur; mais il est inutile d'insister, la comparaison précédente permettant de se rendre compte des effets, par analogie.

l'existence du courant ne peut donc nous être connue que par l'observation des effets divers produits sur les différents corps soumis à l'action plus ou moins directe de ce courant. Ces effets sont de diverse nature et nous aurons à les étudier en détail ; nous signalerons tout d'abord des phénomènes calorifiques, chimiques et mécaniques qui sont le plus directement appréciables et qui, les uns et les autres, peuvent servir à reconnaître l'existence du courant : nous aurons à y joindre plus tard des actions magnétiques et des actions physiologiques qu'il serait sans intérêt d'indiquer maintenant.

Mais avant d'étudier ces effets, même sommairement, nous devons indiquer empiriquement, sans en donner quant à présent la théorie, un appareil qui permet d'obtenir un courant électrique et de le faire varier en sens ou en grandeur. Il va sans dire que, dans l'exposition de ces divers phénomènes, nous ne pouvons suivre l'ordre chronologique de leur découverte.

998. Élément de pile; force électromotrice. — Considérons dans un vase contenant de l'eau acidulée par de l'acide sulfurique deux lames métalliques (*fig.* 470) l'une de zinc Z et l'autre C de cuivre, de platiné, en un mot d'un corps conducteur non attaquable par l'acide. Cet ensemble constitue ce que l'on appelle un *élément de pile* ou *élément voltaïque*.

L'expérience montre que les lames métalliques ont des charges électriques contraires, lorsque primitivement les lames avaient été

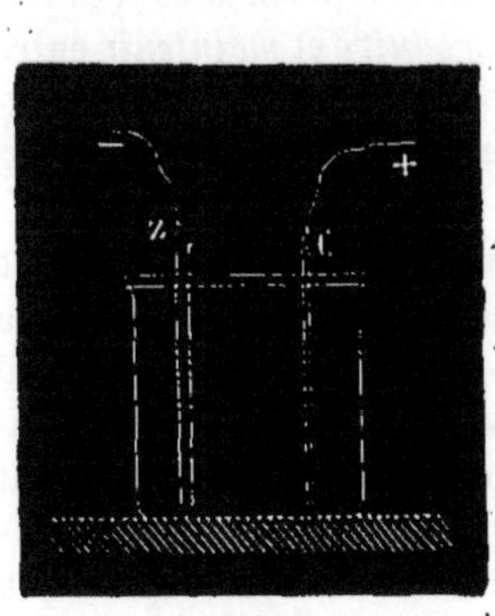

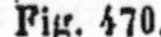

Fig. 470.   Fig. 471.

déchargées par le contact avec le sol : le cuivre est chargé positivement, le zinc négativement. On le reconnaît non à l'aide de l'électroscope, les charges étant très faibles, mais à l'aide de l'électromètre condensateur (*fig.* 471) comme Volta l'a fait, ou en se servant de l'électromètre à quadrants.

Tel est le fait fondamental découvert par Volta : la rupture de l'équilibre électrique, l'établissement d'une différence de potentiel entre deux lames métalliques par le fait de leur contact avec un liquide acide. Sans rechercher actuellement la nature réelle de la cause de cette modification, nous désignerons cette cause même sous le nom de *force électromotrice*, et nous la mesurerons par la différence de potentiel qui se produit. Disons en passant, mais nous reviendrons sur ce fait, que ce n'est pas seulement dans ces conditions que se manifeste la force électromotrice.

On a fait choix, pour la pratique, d'une unité de force électromotrice que nous définirons plus tard avec précision et à laquelle on a donné le nom de *Volt* (de Volta). La force électromotrice étant mesurée par la différence de potentiel qu'elle produit, le *volt* sert également à mesurer des différences de potentiel.

Nous admettrons jusqu'à nouvel ordre (nous expliquerons plus tard la raison de cette supposition) que c'est à la surface de contact du zinc et du liquide acidulé qu'agit la force électromotrice; c'est entre la couche superficielle de zinc et la couche adjacente du liquide que l'équilibre électrique est rompu. Mais la lame de zinc, par simple conduction, est amenée au même potentiel en tous ses points, d'une part; et, d'autre part, le liquide tout entier et le cuivre qui y est plongé prennent également par simple conduction le même potentiel que la couche de liquide qui est en contact avec le zinc.

999. — La force électromotrice présente des propriétés très importantes : elle agit instantanément pour *produire* et *maintenir* entre le zinc et le liquide une différence de potentiel déterminée; la valeur de cette différence est *indépendante* de l'état électrique des corps en présence.

La force électromotrice produit son effet instantanément et le maintient, le reproduit indéfiniment (au moins tant que l'élément de pile n'est pas détruit). On le reconnaît en réunissant par un fil conducteur les lames de zinc et de cuivre, ce qui les amène au même potentiel; puis, les séparant brusquement, on étudie leur état électrique avec un électromètre et l'on trouve toujours la même différence de potentiel. On trouve encore cette même valeur après que l'on a réuni à la terre les deux lames métalliques, ce qui les amène au potentiel zéro.

D'autre part on mesure, à l'aide de l'électromètre à quadrants, la différence de potentiel, dans diverses circonstances; soit lorsque les deux fils après avoir été réunis sont écartés, soit lorsque l'un ou l'autre communique avec le sol, soit lorsque, à l'aide d'un appareil quelconque, on maintient l'une des lames à un potentiel déterminé.

On trouve toujours entre les deux lames la même différence et dans le même sens.

Il faut se rendre bien compte de cette importante propriété. Imaginons qu'un élément de pile, tel que nous l'avons décrit, produise une différence de potentiel égale à 6. Nous pourrons avoir pour la valeur des potentiels sur les lames, par exemple :

$+$ 3 sur le cuivre et $-$ 3 sur le zinc, si l'élément est isolé ;

$+$ 6 sur le cuivre et 0 sur le zinc, si celui-ci communique avec le sol ;

0 sur le cuivre et $-$ 6 sur le zinc, si le cuivre communique avec le sol ;

$+$ 14 sur le cuivre et $+$ 8 sur le zinc, si l'élément a préalablement été chargé positivement ;

$-$ 10 sur le cuivre et $-$ 16 sur le zinc, si l'élément était chargé négativement ;

Parce que, dans tous ces cas, la différence des tensions est la valeur supposée 6.

1000. De la pile électrique. — Les conséquences de ces propriétés, que Volta précisa et que l'expérience vérifie, sont capitales.

On conçoit d'abord que si l'on vient à réunir par un fil conducteur (*fig.* 472) les deux lames métalliques qui constituent l'élément de pile, un *courant électrique* se manifestera dans le fil ; et comme la différence de potentiel est maintenue constamment, constamment reproduite avec la même valeur, le courant sera continu.

L'électricité, allant toujours du point où le potentiel est le plus élevé à celui où il est le moins élevé, donnera donc naissance à un courant qui partira (*fig.* 473) de la couche de liquide adjacente au zinc, traversera le liquide, la lame de cuivre, le fil extérieur qui réunit les deux lames, en allant du cuivre au zinc, puis enfin le zinc jusqu'aux couches superficielles voisines du liquide.

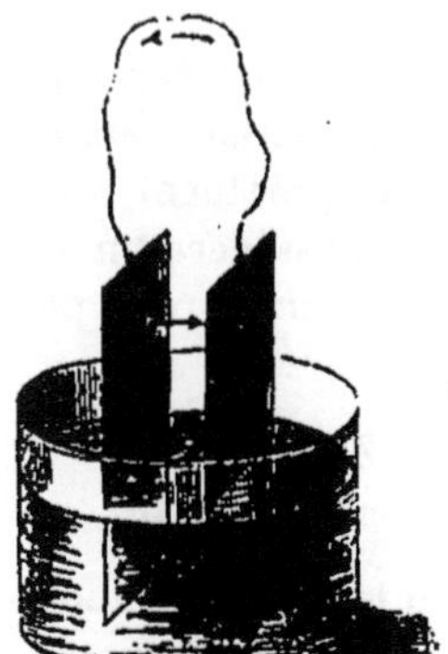

Fig. 472.

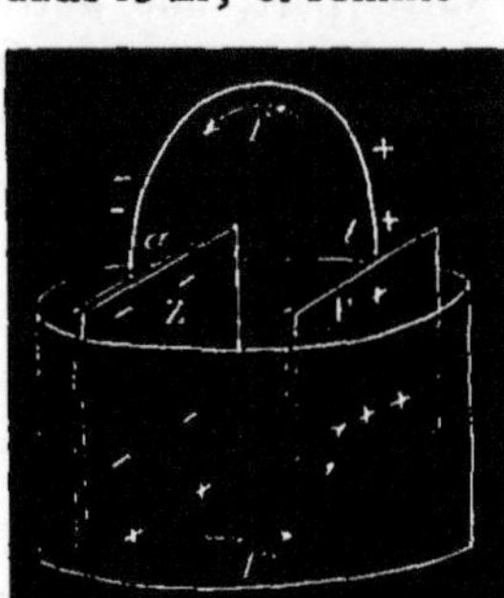

Fig. 473.

Il résulte de là que, dans l'intérieur de l'élément, le courant va de la couche de liquide adjacente au zinc jusqu'au cuivre (on dit

abréviativement du zinc au cuivre); mais que dans le fil conjonctif.
dans le circuit extérieur, comme l'on dit, le courant va du cuivre
au zinc. Le cuivre est dit, pour cette raison, le pôle + de la pile,
et le zinc le pôle — ou pôle négatif.

Ainsi, le fait que l'élément voltaïque *produit* et *maintient* une
force électromotrice constante explique que cet élément puisse donner naissance à un courant continu.

La propriété que la différence de potentiel due à l'action de la
force électromotrice est indépendante de l'état électrique absolu,
conduit à construire une *pile électrique* produisant une différence de potentiel aussi grande que l'on veut.

Supposons que 6 soit la valeur de la force électromotrice d'un
élément, et accouplons 3 éléments dans le même ordre, chaque
zinc communiquant avec le cuivre de l'élément suivant, et le dernier zinc avec le sol. Dans cet élément, le zinc aura un potentiel
nul et, par l'action de la force électromotrice, le cuivre aura un potentiel + 6; dans le second élément, le zinc qui est en communication avec le cuivre précédent aura aussi un potentiel + 6, et le
cuivre aura, eu égard à la force électromotrice, un potentiel + 12,
que possédera également, par contact, le zinc de l'élément extrême;
le cuivre de celui-ci aura un potentiel supérieur de 6, soit un potentiel
+ 18. Ainsi, l'accouplement des éléments aura eu pour effet d'augmenter la différence de potentiel proportionnellement au nombre
des éléments employés.

Considérons, d'autre part, une autre pile de trois éléments
montés dans le même ordre, mais dont le cuivre extrême est en
contact avec le sol; un raisonnement analogue au précédent nous
montrerait que le zinc situé à l'extrémité opposée possédera un potentiel — 18. Nous pourrons donc représenter les deux piles par
le schema suivant :

$$\text{Cu-Zn} \mid \text{Cu-Zn} \mid \text{Cu-Zn} \qquad \text{Cu-Zn} \mid \text{Cu-Zn} \mid \text{Cu-Zn}$$
$$+18 \quad +12 \quad +6 \quad 0 \qquad 0 \quad -6 \quad -12 \quad -18$$

Si maintenant nous venons à réunir le cuivre et le zinc qui d'abord
communiquaient avec le sol, nous n'aurons rien changé aux potentiels de chacune des moitiés, et nous aurons une pile isolée dont les
extrémités seront à des potentiels + 18 et — 18, dont la différence
est 36.

On peut donc, en réunissant dans le même ordre des éléments
de Volta, former une *pile*, appareil dont la différence des potentiels
est proportionnelle au nombre des éléments.

Un raisonnement analogue permettrait de prévoir ce qui arrive
lorsque l'on met une pile en contact, soit avec le sol, soit avec une

source d'électricité. On pourrait également se rendre compte de l'effet qui se produirait si l'on changeait le sens d'un ou plusieurs éléments, etc.

1001. État variable, état permanent. Intensité du courant. — Considérons, comme nous l'avons déjà indiqué, un courant de liquide traversant une conduite, sous l'influence d'une différence de niveau : au moment où l'on a établi la communication entre les deux réservoirs, le mouvement a commencé ; mais la vitesse du liquide en chaque point n'a pas pris immédiatement la valeur qu'elle atteint quelques instants plus tard. Autrement dit, il y a une *période variable* qui précède l'établissement du *régime permanent ;* ce régime permanent est caractérisé par ce que la vitesse conserve la même valeur dans chaque point (pouvant d'ailleurs différer d'un point à l'autre) et, comme conséquence, que dans deux sections il passe la même quantité de liquide dans le même temps. Le courant sera déterminé par là *quantité* de liquide qui passe par une section quelconque dans un temps donné ; il le sera également si l'on se donne le *débit* par seconde, c'est-à-dire la quantité de liquide qui traverse une section quelconque en une seconde.

Le courant étant établi, si l'on vient à interrompre la communication, le liquide ne s'arrête pas instantanément en tous ses points et il y a, avant qu'il arrive au repos, une *période variable* finale, comme il y en avait eu une au début.

Des expériences très délicates et que nous ne pouvons décrire montrent que lors de l'établissement d'un courant électrique il y a un *état variable* de très courte durée (à peine quelques centièmes de seconde) précédant l'*état permanent*, qui persiste ensuite tant que rien n'est changé dans la pile et le circuit. Dans un très grand nombre de cas, on peut négliger l'état variable et ne considérer que le courant à l'état permanent ; dans quelques circonstances, cet état variable a une grande importance.

Il y a outre cet état variable qui se produit lors de la *fermeture* d'un circuit, lors de l'établissement d'un courant, un second *état variable*, dit *de rupture*, qui se produit au moment où on interrompt le courant.

L'existence de l'état variable est une nouvelle analogie, intéressante à signaler, entre les courants liquides et les courants électriques.

Cette analogie nous porte dès lors à caractériser un courant électrique (comme on fait pour les liquides) soit en indiquant la *quantité d'électricité* qui a traversé une section quelconque du conducteur, soit en indiquant seulement, ce qui est suffisant, le *débit* par seconde, c'est-à-dire la quantité qui s'écoule par une section quelconque en 1 seconde; c'est là ce qu'on appelle l'*intensité du courant*.

1002. — Il résulte évidemment de là que la *quantité* d'électricité qui passe dans une section d'un conducteur est proportionnelle à l'intensité et au temps. Si donc on appelle t le temps, Q la quantité d'électricité et I l'intensité du courant, et à la condition d'avoir convenablement choisi les unités employées, on a:

$$Q = It$$

On voit immédiatemment que si l'on fait $t = 1$ et $Q = 1$, il faut que l'on ait $I = 1$; c'est-à-dire que:

Un courant électrique dont l'intensité est l'unité est un courant pour lequel une section quelconque du conducteur est traversée par l'unité de quantité d'électricité dans l'unité de temps, 1 seconde.

Nous indiquerons plus tard comment on a été conduit à faire choix des unités adoptées: il nous suffit maintenant de signaler les unités pratiques et d'en donner les noms.

L'unité de quantité d'électricité a reçu le nom de *Coulomb*; l'unité d'intensité celui d'*Ampère*.

Nous préciserons ultérieurement les valeurs de ces unités et nous nous bornons à indiquer que la remarque précédente devient:

1 AMPÈRE *est l'intensité d'un courant dans lequel une section quelconque est traversée par* 1 COULOMB *en* 1 *seconde.*

L'équation que nous avons écrite sert fréquemment. Elle est d'ailleurs fort simple: elle montre immédiatement qu'un courant de 1 ampère fournit 60 coulombs en 1 minute, et $60 \times 60 = 3600$ en 1 heure; — qu'un courant de 12 ampères en 25 secondes fournit $12 \times 25 = 300$ coulombs, etc.

1003. — Nous avons défini la capacité électrique (974) par la relation

$$Q = CV$$

dans laquelle Q mesure une quantité d'électricité, V une différence de potentiel; C est alors la capacité. Nous pouvons maintenant définir l'unité de capacité qui a été adoptée pour la pratique et à laquelle on a donné le nom de *Farad* (de Faraday). Puisque l'on a $C = 1$ lorsque l'on prend $Q = 1$ et $V = 1$, on voit que :

Le FARAD *est la capacité d'un conducteur dont le potentiel augmente de* 1 VOLT *lorsqu'on augmente sa charge de* 1 COULOMB.

1004. **Mesure de l'intensité d'un courant.** — Avant d'aller plus loin dans l'exposé des données fondamentales qui se rapportent au courant, il est nécessaire de fournir quelques indications sommaires sur les moyens que l'on peut employer pour mesurer les éléments qui caractérisent un courant.

Nous avons été conduits à l'idée de quantité d'électricité ou d'intensité d'un courant par une comparaison; mais cette comparaison est hypothétique, car nous ne connaissons pas la nature de l'électricité et nous ne l'étudions que par ses effets. Est-il possible par quelques expériences de justifier cette comparaison?

Les effets les plus simples que l'on puisse considérer sont les effets calorifiques et les effets chimiques; un courant traversant un fil conducteur dans des conditions déterminées l'échauffe; traversant une dissolution d'un sel métallique, d'azotate d'argent par exemple, il décompose le sel et met le métal en liberté.

Ne pouvant étudier, mesurer directement l'électricité, il est naturel de chercher à la mesurer à l'aide de ses effets et, par exemple, d'évaluer les quantités d'électricité par les quantités de chaleur dégagées, par les poids de métal ou d'hydrogène mis en liberté. Les mesures calorifiques présentent des difficultés dans la pratique, et l'on a recours seulement aux actions chimiques; des expériences de précision ont montré, une fois pour toutes, que l'on arriverait à des conséquences identiques à celles que nous allons indiquer si l'on opérait par des mesures calorifiques.

En mesurant les quantités d'électricité par les quantités de métal mis en liberté, on vérifie les conséquences auxquelles nous avons été conduits par analogie. Ainsi, des dissolutions d'un même sel placées en divers points d'un circuit laissent déposer la même quantité de métal dans le même temps. Nous avions dit que des quantités égales d'électricité traversaient dans le même temps les diverses sections du conducteur.

1005. — Il y a proportionnalité entre les quantités d'électricité et les quantités de métal mis en liberté. Cette proportionnalité résulte de l'expérience suivante, due à Faraday : en un point A d'un circuit traversé par un courant, on place un voltamètre, appareil permettant de recueillir l'hydrogène provenant de la décomposition de l'eau acidulée; le fil conducteur se divise alors en deux parties *identiques*, sur chacune desquelles on a placé, en des points correspondants, des voltamètres identiques aussi, B et B'; enfin, à la réunion des deux fils et sur le conducteur qui se rend à la pile, on place un quatrième voltamètre A', identique à chacun des précédents. Il est évident que les voltamètres A et A' sont traversés par le courant tout entier, tandis que les voltamètres B et B' ne sont traversés que par la *moitié* du courant total. On observe que la quantité d'hydrogène dégagée en A est la même que celle dégagée en A', ce qui prouve d'abord que l'intensité d'un courant est la même aux divers points de son circuit. En outre, la quantité d'hydrogène dégagée en B est la même que celle dégagée en B', et la moitié de celle recueillie en A. Il y a donc proportionnalité entre les actions chimiques et les *quantités* d'électricité.

La mesure de l'hydrogène dégagé dans le voltamètre en 1 seconde pourrait dès lors servir à mesurer l'*intensité* du courant.

1006. Du galvanomètre. — Mais en réalité les mesures seraient peu pratiques, l'action d'un courant pendant 1 seconde étant très minime : car un courant de 1 ampère en 1 seconde met en liberté $0^{mgr},010445$ d'hydrogène seulement, ou $1^{mgr},125$ d'argent.

Il existe un autre ordre de phénomènes qui se prêtent très bien. au contraire, aux mesures rapides. C'est l'action produite par un courant sur une aiguille aimantée placée dans le voisinage, action découverte par Œrsted en 1819 et que nous étudierons plus tard en détail. Nous nous bornons à l'indiquer sommairement.

On reconnaît en plaçant une aiguille aimantée dans le voisinage du fil traversé par un courant que, par ce seul fait, l'aiguille aimantée est déviée du méridien magnétique. Si, par un artifice quelconque, on a annulé l'action terrestre, l'aiguille se met en croix avec le courant.

Le sens de la déviation varie avec les positions respectives du fil et de l'aiguille et sont faciles à reconnaître en déplaçant l'un ou l'autre : Ampère a animé en quelque sorte le courant, en définissant ce qu'il appelle la droite et la gauche du courant. Il suppose un *observateur couché sur le fil, regardant l'aiguille, et recevant le courant des pieds à la tête. La droite et la gauche de cet observateur représentent la droite et la gauche du courant.* Cette convention étant admise, on trouve que, quel que soit le sens du courant, quelle que soit la position relative de l'aiguille et du fil conducteur, *le pôle nord de l'aiguille aimantée se porte toujours à la gauche du courant.*

Lorsque l'action de la terre n'est pas contrebalancée, elle s'oppose à ce que l'aiguille soit déviée *en croix* avec le courant ; il y a une déviation qui dépend de l'intensité du courant et qui est d'autant plus grande que cette intensité est plus considérable. On conçoit donc que la grandeur de la déviation puisse être utilisée pour mesurer l'intensité ; l'action étant instantanée, on aura par là un moyen très rapide de mesurer les courants.

Pour augmenter l'action, on enroule le fil traversé par le courant autour de l'aiguille et l'on a ainsi un appareil appelé *galvanomètre* dont l'aiguille se meut sur un cercle gradué, et que nous étudierons plus tard en détail. La grandeur et le sens de la déviation font connaître la grandeur et le sens du courant.

1007. — Mais il n'y a pas proportionnalité entre les angles de
déviation et les intensités des courants : il faut donc que l'on ait fait
au préalable une série d'opérations pour établir la relation existant
entre les uns et les autres.

On peut supposer (ce n'est pas la méthode réelle, que nous indiquerons également plus tard) que l'on intercale dans un même
circuit un voltamètre et un galvanomètre. On fait passer pendant
un certain temps le courant, qui doit être constant, ce dont on s'assure par ce que la déviation ne change pas au galvanomètre : la
mesure de l'hydrogène dégagé donne le nombre de *coulombs* qui a
traversé les appareils, et en divisant par le temps évalué en secondes on a l'intensité du courant en *ampères*. On recommence en
changeant le courant, dont on détermine de même l'intensité, et l'on a
une autre déviation correspondante. On continue ainsi et l'on peut
dresser un tableau donnant l'intensité correspondant à une déviation quelconque.

Les diverses mesures d'intensité du courant se font à l'aide du
galvanomètre ou d'appareils basés sur le même principe : il suffit
quant à présent d'avoir fait connaître l'existence de ces appareils
à indications rapides.

1008. Vitesse de propagation de l'électricité. — Cette
question, qui présente une importance réelle, a été étudiée à diverses
reprises et par des méthodes différentes. Wheatstone, le premier,
étudia la vitesse de l'électricité dans un fil de laiton ; il observait,
dans un miroir tournant avec une très grande rapidité, les étincelles
produites par la décharge d'un condensateur en divers points du
conducteur où un léger intervalle avait été ménagé. Il trouva que
cette vitesse atteint 115,000 lieues par seconde.

Depuis, d'assez nombreuses recherches ont été faites sur les courants par des méthodes diverses et ont donné des résultats notablement différents. Il n'y a pas lieu de s'étonner de ces différences : au
point extrême, on est averti de l'arrivée du flux d'électricité par
la mise en mouvement d'un signal quelconque, mouvement qui se
produit non pas au moment où le flux commence, mais seulement
au moment où l'intensité a atteint une certaine valeur dépendant de
l'appareil, à une période de l'état variable qui varie avec cet appareil. Or la durée de l'état variable, celle de ses diverses phases
par conséquent, dépend non seulement du conducteur, longueur,
section, nature, mais aussi de la présence dans le voisinage de corps
pouvant agir par influence.

Quoi qu'il en soit de cette remarque, le temps le plus long que
l'on puisse avoir à considérer pour un conducteur donné est celui qui
s'écoule depuis la fermeture du circuit au point de départ, jusqu'à

l'établissement de l'*état permanent* au point d'arrivée. Ce temps est toujours très court, même pour de grandes distances; il est tellement minime pour de petites distances qu'on peut le négliger absolument.

Jusqu'à ces dernières années, ce n'était guère que cette propriété de rapidité de transmission que l'on utilisait dans les applications où l'on faisait usage des courants électriques (télégraphie). Maintenant, comme nous le dirons, les courants sont fréquemment employés comme transmetteurs et transformateurs d'énergie.

1009. Résistance des conducteurs. — Considérons un circuit comprenant une pile, un galvanomètre, et dont on puisse à volonté remplacer une partie par un fil de nature, de longueur ou de section différentes. Supposons, par exemple, que, entre deux points A et B du circuit, on interpose un fil de cuivre rouge de longueur et de sections déterminées : on notera la déviation α du galvanomètre; remplaçons ce fil par un autre de mêmes dimensions, mais d'une autre nature, un fil de fer, par exemple : on observera une autre déviation du galvanomètre; il en serait de même si l'on employait un fil de cuivre rouge. mais dont la longueur ou la section seraient différentes de ce qu'elles étaient d'abord. On peut donc conclure de ces expériences, que l'intensité d'un courant dépend de la nature des conducteurs dans lesquels circule le courant. Tout se passe donc comme si les fils conducteurs opposaient au passage du courant une certaine *résistance*, plus ou moins analogue au frottement subi par les liquides circulant dans des tuyaux.

On a fait choix pour la pratique d'une unité de résistance à laquelle on a donné le nom d'*Ohm* (du nom du physicien Ohm); cette unité, dont nous expliquerons plus tard l'origine, peut être représentée matériellement (contrairement à ce qui est pour le coulomb ou l'ampère, par exemple): c'est la résistance d'une colonne de mercure de 1 millimètre carré de section et de $1^m,05$ de longueur, ou encore celle d'un fil de fer de 4^{mm} de diamètre (fil télégraphique ordinaire) et de 100^m de longueur environ.

1010. Lois des résistances ou lois de Ohm. — Les lois suivant lesquelles varient les résistances des conducteurs au passage d'un courant ont été trouvées théoriquement par Ohm, dont elles portent le nom, et ont été démontrées expérimentalement par Pouillet.

Pour mesurer la résistance d'un conducteur, il faut avoir construit préalablement des résistances *étalonnées* ; ce sont des bobines recouvertes de fil métallique isolé et ayant des résistances de 1, 2, 5, 10... ohms. Dans un circuit comprenant comme ci-dessus une pile et un galvanomètre, on intercale le conducteur que l'on étudie entre deux points A et B. Le courant prend une certaine intensité et l'on note la déviation au galvanomètre. On enlève le conducteur, puis l'on met à la place entre les mêmes points A et B une ou plusieurs bobines, jusqu'à ce que, l'aiguille du galvanomètre marquant la même déviation, on soit assuré que le courant a la même intensité. La somme des résistances des bobines intercalées mesure la résistance du conducteur considéré.

En étudiant de cette façon, ou par d'autres méthodes, des conducteurs dont on fait varier la longueur, la section, la nature, on arrive à vérifier les lois suivantes :

PREMIÈRE LOI. — *La résistance d'un conducteur est proportionnelle à sa longueur ;*

DEUXIÈME LOI. — *La résistance est en raison inverse de la section ;*

TROISIÈME LOI. — *La résistance varie avec la nature du conducteur.*

Si donc on désigne par R la résistance d'un fil, l sa longueur. S sa section, et K un coefficient constant spécifique pour chaque corps [1], on a :

$$R = \frac{Kl}{S}.$$

Il est commode, dans un certain nombre de cas, de considérer une substance type pour laquelle on aurait $K = 1$. On peut trouver aisément quelle devrait être la longueur d'un fil de cette substance de 1 millimètre carré de section qui présenterait la même résistance qu'un conducteur donné.

Si l'on représente par λ cette longueur, qu'on désigne sous le nom de *longueur réduite*, la résistance serait égale à $\dfrac{1 \cdot \lambda}{1}$ ou λ, et comme elle doit être la même que celle du fil donné, on a :

$$\lambda = \frac{Kl}{S}$$

Ainsi la *longueur réduite* d'un conducteur a la même valeur que sa *résistance :* aussi emploie-t-on souvent les deux expressions l'une pour l'autre.

On peut également chercher quelle serait la section d'un fil de la substance type de 1 mètre de longueur qui offrirait au courant la même résistance qu'un fil donné. Si on appelle ς cette section. qu'on nomme *section réduite,* on doit avoir :

$$\frac{1 \cdot 1}{\varsigma} = \frac{Kl}{S}$$

1. On désigne quelquefois sous le nom de *conductibilité* d'un conducteur l'inverse de la *résistance :* cette notion est sans grande utilité. Il en est de même de la *résistance relative* d'un corps par rapport à un autre.

ce qui conduit à

$$\varsigma = \frac{S}{Kl} \cdot$$

On voit immédiatement qu'on a $\lambda_\varsigma = 1$.

RÉSISTANCE SPÉCIFIQUE DE QUELQUES CORPS USUELS.

NOM DES SUBSTANCES.	RÉSISTANCE EN OHMS.	NOM DES SUBSTANCES.	RÉSISTANCE EN OHMS.
Argent.	0,015	Dissolutions satu- rées :	
Cuivre.	0,016		
Platine.	0,092	Sulfate de cuivre. .	0,000 000 008 8
Fer.	0,098	Chlorure de so-	
Mercure. . . . , . .	0,997	dium.	0,000 000 034 4

1011. Étude des éléments d'un courant. — Considérons un conducteur homogène ayant partout la même section et dans lequel, par un moyen quelconque, on maintient entre les deux extrémités une différence de potentiel que nous pouvons supposer produite par une force électromotrice dont la valeur exprimée en volts est E. Un courant s'établira et, si la différence de potentiel est invariable, ce que l'on peut obtenir par l'emploi d'une pile, par exemple, le courant sera constant.

Nous pouvons étudier le conducteur ainsi traversé par un courant au point de vue du potentiel de ses différents points ; on reconnaît qu'il y a une variation continue dont la loi, vérifiée par Kohlrausch, est très simple : *la variation de potentiel entre plusieurs points est proportionnelle à leurs distances* [1].

Il est intéressant de signaler que si, en divers points d'une conduite traversée par un liquide sous l'influence d'une différence de niveau entre deux réservoirs, on établit des tubes verticaux de petit diamètre, le liquide s'y élève à des hauteurs différentes : les *niveaux piézométriques*, suivant l'expression consacrée, ne sont pas les mêmes, et la loi qui régit cette différence de niveau est précisément la même que celle que nous venons de signaler sur les potentiels. Il y a donc là une nouvelle analogie entre les phénomènes hydrauliques et les phénomènes électriques.

---

1. Soient V et V' les potentiels des deux extrémités, distantes de la longueur L, v le potentiel d'un point situé à une distance l de la première extrémité. La loi s'exprime ainsi :

$$\frac{V - V'}{L} = \frac{V - v}{l} \quad \text{d'où} \quad v = V + \frac{(V' - V)l}{L}.$$

L'étude de l'intensité du courant présente un intérêt plus direct : on peut faire les mesures soit en déterminant les quantités d'électricité qui passent dans un temps donné, soit en mesurant l'intensité à l'aide du galvanomètre.

Si l'on fait usage des unités que nous avons indiquées et que nous définirons complètement plus tard, on trouve que *l'intensité d'un courant entre deux points donnés est égale au quotient de la différence de potentiel qui existe entre ces deux points par la résistance du conducteur* [1].

Cette loi s'exprime par la formule extrêmement importante :

$$I = \frac{E}{R} \qquad (1)$$

On en peut tirer deux autres formules également usitées :

$$R = \frac{E}{I} \quad \text{et} \quad E = IR$$

Si Q est la quantité d'électricité qui passe en t secondes, on a :

$$Q = \frac{Et}{R} \qquad (2)$$

L'équation (1) nous permet de définir le volt en ayant recours seulement à des données matérielles précises. On voit que si l'on fait $R = 1$ et $I = 1$, on a $E = 1$. C'est-à-dire que :

Le VOLT *est la différence de potentiel qui, existant entre les deux extrémités d'une colonne de mercure de 1 millimètre carré de section et* $1^m,05$ *de longueur, produit un courant susceptible de dégager* $1^{mgr},125$ *d'argent en 1 seconde.*

1012. — Les conducteurs traversés par les courants ne présentent pas toujours l'homogénéité que nous avons supposée d'abord; ils peuvent être formés de fils placés à la suite et différant de nature ou de diamètre. Quelle est l'influence de ces variations sur les résultats que nous venons de signaler ?

La question ne présente aucune difficulté: il faut calculer la *longueur réduite* (1010) de chaque partie et supposer par la pensée que l'on remplace chaque partie par un fil de substance type (résistance spécifique égale à 1) et ayant cette longueur. La substitution ne modifiera en rien les effets produits : lorsqu'on l'aura appliquée à tous les éléments du conducteur, on aura alors un conducteur homogène ayant partout la même section et dont la somme sera

1. Si l'on prend des unités qui n'aient pas entre elles les relations qui exis-, tent entre le volt, l'ampère et l'ohm, le quotient indiqué donne seulement des valeurs *proportionnelles* aux intensités.

la somme des longueurs réduites calculées. C'est à ce conducteur type substitué au conducteur hétérogène réellement existant que s'appliquent *sans aucune modification* les lois que nous venons d'indiquer sur le potentiel et sur l'intensité du courant.

Soient plusieurs conducteurs définis par les quantités $k_1\, l_1\, s_1$, $k_2\, l_2\, s_2$...; si l'on appelle λ_1, λ_2... les longueurs réduites, on aura pour la résistance totale R

$$R = \lambda_1 + \lambda_2 + \dots = \frac{k_1 l_1}{s_1} + \frac{k_2 l_2}{s_2} + \dots$$

et c'est cette valeur de R qu'il faudra introduire dans l'équation (1).

1013. Intensité du courant produit par un élément. — Soit un élément de pile dont les pôles sont réunis par un fil métallique qui est traversé par un courant : les remarques précédentes nous permettront de trouver l'intensité de ce courant.

Considérons le conducteur commençant à la couche de liquide qui est en contact avec le zinc, comprenant le liquide de la pile, la lame de cuivre, le fil interpolaire et la lame de zinc pour finir à la couche de zinc adjacente au liquide. Les deux extrémités de ce conducteur sont amenées et maintenues à une différence de potentiel e constante, caractérisant la force électromotrice de cet élément. Si nous appelons R la résistance totale du conducteur, nous aurons immédiatement : $I = \dfrac{e}{R}$.

R est la résistance d'un conducteur hétérogène que l'on peut calculer comme nous venons de l'indiquer : nous pouvons réunir les résistances du liquide et des lames de cuivre et de zinc qui se retrouveront toujours ensemble quand on fera usage de cet élément ; l'ensemble de ces trois résistances s'appelle la *résistance de l'élément* ; nous la désignerons par π. Quant au fil interpolaire, nous désignerons sa résistance par λ, cette valeur pouvant être une somme de longueurs réduites si le fil n'est pas homogène. La résistance totale du conducteur sera donc $R = \pi + \lambda$, et il vient alors :

$$I = \frac{e}{\pi + \lambda}$$

Il est très important de remarquer que dans le conducteur la répartition des potentiels se fait comme nous l'avons indiqué ci-dessus. Il résulte de là que les points des lames de cuivre et de zinc où l'on fixe les extrémités du fil interpolaire présentent entre eux, lorsque le circuit est fermé, une différence de potentiel moindre que celle qui existe entre le zinc et la couche de liquide adjacente [1]. Au contraire, lorsque le circuit est ouvert, la différence de potentiel est la même.

1014. Groupement des éléments. — Nous avons montré, d'après les propriétés attribuées à la force électromotrice, que lorsque l'on réunit plusieurs éléments identiques en les orientant dans le même sens, la différence de potentiel est proportionnelle au nombre des éléments (1000). Un raisonnement analogue, vérifié par l'expérience, montre que si l'on a des éléments dont les forces électromotrices e, e', e''..... sont inégales, la différence de potentiel de la pile formée en réunissant les éléments dans le même sens sera la somme $e + e' + e''...$: cette somme devient me si l'on emploie m éléments égaux.

On peut reconnaître également, par le même raisonnement, que si dans le groupement on dispose *en sens contraire* des éléments de force électromotrice $e_1, e'_1 ....$, la force électromotrice totale sera

$$e + e' + e'' + ... - e_1 - e'_1 ...$$

En particulier, si les éléments mis dans le même sens sont tous égaux, on a pour la force électromotrice $me - m_1 e_1$, et s'il n'y a qu'un élément de chaque espèce, elle est $e - e_1$.

Ces remarques conduisent à des résultats très importants.

Considérons, par exemple, le cas très fréquent où l'on réunit un certain nombre d'éléments égaux, m par exemple, en les orientant dans le même sens (*fig. 474*); on dit alors qu'ils sont *associés en série* (on dit quelquefois aussi *associés en tension*).

Fig. 474.

Soient e la force électromotrice, π la résistance de chacun d'eux et λ la résistance du fil interpolaire : la différence de potentiel à laquelle est dû le courant est égale à me, la résistance totale se compose de la résistance de la pile, évidemment égale à $m\pi$, augmentée de la résistance extérieure λ; elle est donc $m\pi + \lambda$ et, en vertu de la formule générale, il vient :

$$I = \frac{me}{m\pi + \lambda}.$$

---

[1]. D'après la loi donnée plus haut, si ε est la différence de potentiel entre les deux extrémités du fil interpolaire, on a :

$$\frac{\varepsilon}{\lambda} = \frac{e}{\pi + \lambda} \qquad \text{d'où l'on déduit} \qquad \varepsilon = \frac{e\lambda}{\pi + \lambda}.$$

Cette formule peut encore s'écrire :

$$I = \frac{e}{\pi + \dfrac{\lambda}{m}}$$

ce qui montre immédiatement que :

L'intensité du courant croît toujours avec la *force électromotrice* de chacun des éléments considérés et avec le *nombre* de ces éléments ; et qu'elle varie en sens contraire de la *résistance* de chaque élément et de la *résistance extérieure*.

Donc pour obtenir le courant le plus intense dans un circuit extérieur déterminé, il y a toujours intérêt à prendre le plus d'éléments possible ; à prendre des éléments ayant la plus grande force électromotrice et la moindre résistance possible.

S'il y a *toujours* intérêt à augmenter le nombre des éléments, l'avantage n'est pas toujours le même. Si, par exemple, la résistance extérieure λ était assez petite par rapport à $m\pi$, la valeur $\dfrac{m\,e}{m\pi + \lambda}$ différerait peu de $\dfrac{m\,e}{m\pi}$, c'est-à-dire de $\dfrac{e}{\pi}$ qui représente l'intensité produite par 1 élément. Si au contraire λ est très grand et que $m\pi$ soit petit par rapport à sa valeur, l'expression $\dfrac{me}{m\pi + \lambda}$ différera peu de $\dfrac{m\,e}{\lambda}$, c'est-à-dire que l'intensité croîtra à peu près *proportionnellement* au nombre des éléments.

1015. — Si l'on place des éléments en sens contraire, en *opposition*, on a, en appliquant toujours la formule générale,

$$I = \frac{me - m_1 e_1}{m\pi + m_1 \pi_1 + \lambda}$$

On voit immédiatement que I et $me - m_1 e_1$ sont nuls en même temps.

Cette propriété a été appliquée à la mesure des forces électromotrices, notamment par M. le Professeur J. Regnauld. Il prenait une pile composée de nombreux éléments possédant une faible force électromotrice e_1 : puis il plaçait en opposition l'élément dont il cherchait la force électromotrice e. En faisant varier m_1, il arrivait à faire disparaître le courant ; à ce moment, on avait donc $e = m_1 e_1$.

En opérant successivement avec des éléments de divers modèles, il pouvait faire des comparaisons dont nous indiquerons plus loin quelques résultats.

On peut à l'aide de cette méthode démontrer que la force électromotrice d'un élément est indépendante de sa surface. Pour le

prouver, on place dans un même circuit comprenant un galvanomètre deux éléments de dimensions différentes, ces éléments étant
placés en sens inverses; on observe alors que le galvanomètre ne
bouge pas; l'absence de courant prouve l'égalité des forces électromotrices.

1016. — Etant donnés m éléments, on peut les combiner différemment: on réunit ensemble tous les pôles positifs en A d'un côté, et tous les pôles négatifs en B de l'autre, de manière à former comme un seul élément : on réunit les points A et B par un
fil qui est alors traversé par un courant (fig. 475). On a constitué
un groupement *parallèle* en *batterie* ou en *quantité*. Ici encore
on a : $I = \dfrac{E}{R}$: il faut détermi-
ner E et R.

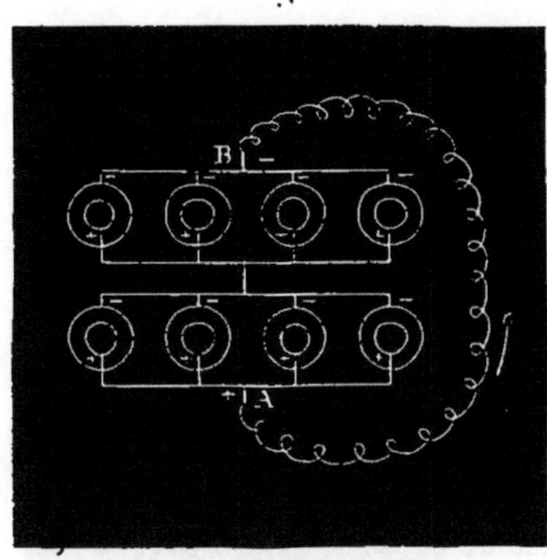

Fig. 475.

La force électromotrice du grand élément formé est e, car
nous avons dit que la force électromotrice ne dépend que de la nature
de la pile, mais est indépendante de la surface. La résistance R se
compose de la résistance interpolaire λ plus la résistance de la
pile ; celle-ci agit comme *un seul* élément qui aurait une surface m fois
plus grande que les éléments réels : la résistance est donc m fois
plus petite, soit $\dfrac{\pi}{m}$, et la résistance totale est $\lambda + \dfrac{\pi}{m}$. On a donc

$$I = \frac{e}{\lambda + \dfrac{\pi}{m}} = \frac{me}{m\lambda + \pi}$$

Ces valeurs montrent que dans le cas où les éléments sont ainsi
groupés, l'intensité du courant varie avec les données, comme dans
le groupement en série. Les conditions générales à rechercher sont
donc toujours les mêmes.

Mais. comme précédemment, l'avantage qu'il y a à augmenter le
nombre des éléments n'est pas toujours le même. Si $m\lambda$ est petit
par rapport à π, la fraction $\dfrac{me}{m\lambda + \pi}$ diffère peu de $\dfrac{me}{\pi}$, et l'intensité du courant croît à peu près proportionnellement au nombre

des éléments. Si, au contraire, π est petit par rapport à $m\lambda$, la fraction $\dfrac{me}{m\lambda + \pi}$ diffère peu de $\dfrac{me}{m\lambda} = \dfrac{e}{\lambda}$, c'est-à-dire que l'intensité est presque la même que si l'on n'avait pris qu'un élément.

Si donc on a m éléments, il est avantageux de les grouper en *série* si la résistance extérieure est *très grande*, et en *batterie* si elle est *très faible*.

On reconnaîtrait facilement qu'on obtiendrait le même résultat par l'un et l'autre groupement si l'on avait $\lambda = \pi$, c'est-à-dire si la résistance de chaque élément était égale à la résistance extérieure. Dans tous les autres cas, il faudra faire le calcul pour rechercher la disposition la plus favorable.

Disons encore que le calcul permet de déterminer l'intensité d'un courant produit par des éléments que "on groupe en séries de batteries ou en batteries de séries. Une disposition intéressante est celle dans laquelle les éléments sont rangés en deux séries égales que l'on réunit en A et en B respectivement par les pôles de même nom (fig. 476). On a ainsi deux piles égales en *opposition* et par conséquent aucun courant ne traverse les fils conjonctifs : mais si l'on réunit par un conducteur les points A et B, ce conducteur est parcouru par un courant allant de A en B : l'intensité de ce courant est égale à celle que l'on obtiendrait en montant parallèlement *deux* éléments ayant chacun une force électromotrice et une résistance égales à la somme des forces électromotrices et des résistances de chacune des séries.

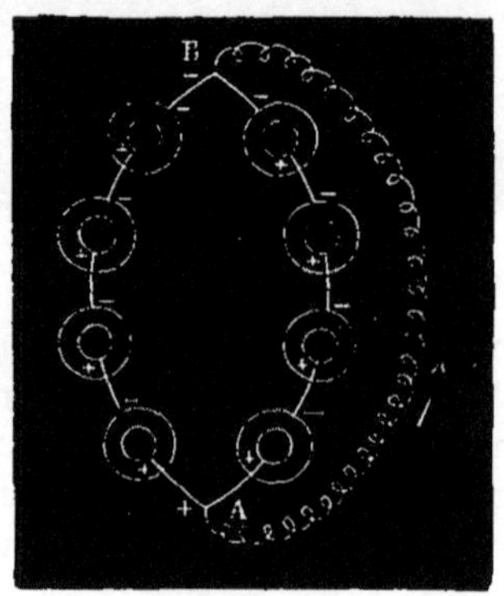

Fig. 476.

1017. Courants dérivés. — Considérons le cas simple où deux points A et B, maintenus à des potentiels dont la différence constante est E, sont réunis par plusieurs fils dont les données caractéristiques sont $k_1 l_1 s_1,\ k_2 l_2 s_2,\dots$ Chacun de ces fils sera traversé par un courant, et en général les intensités $i_1,\ i_2\dots$ seront différentes : il s'agit de les déterminer.

Par analogie avec ce qui se passerait pour un liquide, on admet (ce que l'expérience vérifie d'ailleurs) 1° que le courant est le même que s'il n'y avait qu'un seul conducteur présentant la même résistance, 2° que les quantités d'électricité qui passent dans les divers fils sont proportionnelles à leurs sections réduites $\varsigma_1,\ \varsigma_2\dots$

Si donc nous appelons I l'intensité du courant qui traverserait
un conducteur unique de même résistance, on aurait :

$$I = i_1 + i_2 + \cdots$$

et

$$\frac{i_1}{\varsigma_1} = \frac{i_2}{\varsigma_2} = \cdots = \frac{I}{\varsigma_1 + \varsigma_2 + \cdots}$$

D'où l'on tire, par exemple,

$$i_1 = \frac{I\varsigma_1}{\varsigma_1 + \varsigma_2 + \cdots}$$

Il s'agit de déterminer la résistance existant entre les points A
et B, car alors on calculerait immédiatement I.

Nous pouvons précisément remplacer les divers conducteurs par
des fils types de longueur 1 et de section $\varsigma_1, \varsigma_2 \ldots$: on conçoit que,
au lieu de ces divers fils types, on pourrrait prendre un fil de même
longueur et ayant pour section $\varsigma_1 + \varsigma_2 + \cdots$ On aura alors pour
l'intensité :

$$I = E (\varsigma_1 + \varsigma_2 + \cdots)$$

et par suite

$$i_1 = E\varsigma_1$$

et comme

$$\varsigma_1 = \frac{1}{\lambda_1} = \frac{S_1}{K_1 l_1} \text{ , il vient } i_1 = \frac{E\varsigma_1}{K_1 l_1} \, .$$

L'intensité du courant est la même que si, la différence de
potentiel conservant la même valeur, le conducteur considéré existait seul.

1018. — Etudions le cas plus complexe, mais se rapprochant
davantage des conditions de la pra-
tique, où deux ou plusieurs fils sont intercalés dans le circuit d'une pile. Soient
E la force électromotrice de la pile, Π
sa résistance, $\lambda_1, \lambda_2 \ldots$ les résistances
des conducteurs intercalés entre les
pôles.

Appelons A la résistance de l'ensemble des conducteurs intercalés, on aura :

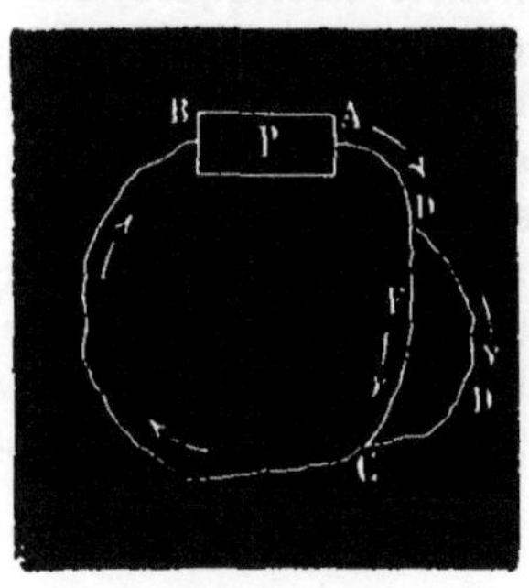

Fig. 477.

$$I = \frac{E}{\Pi + A}$$

La résistance A est aisée à calculer, car elle est l'inverse de la
section réduite totale Σ (1010) qui est $\Sigma = \varsigma_1 + \varsigma_2 + \cdots$

Nous pouvons maintenant calculer l'intensité totale I et l'intensité i_1 existant dans l'un des conducteurs.

$$I = \frac{E}{\Pi + \dfrac{1}{\varsigma_1 + \varsigma_2 + \dots}} \qquad i_1 = \frac{E\varsigma_1}{(\varsigma_1 + \varsigma_2 + \dots)\left(\Pi + \dfrac{1}{\varsigma_1 + \varsigma_2 + \dots}\right)}$$

$$I = \frac{E(\varsigma_1 + \varsigma_2 + \dots)}{\Pi(\varsigma_1 + \varsigma_2 \dots) + 1} \qquad i_1 = \frac{E\varsigma_1}{\Pi(\varsigma_1 + \varsigma_2 + \dots) + 1}$$

On donne généralement les résistances, longueur réduites $\lambda_1, \lambda_2 \dots$ plutôt que les sections réduites. Si, par exemple, il y a deux dérivations, on a :

$$\varsigma_1 = \frac{1}{\lambda_1} \quad \text{et} \quad \varsigma_2 = \frac{1}{\lambda_2}$$

Il vient alors :

$$I = \frac{E(\lambda_1 + \lambda_2)}{\Pi(\lambda_1 + \lambda_2) + \lambda_1\lambda_2} \qquad i_1 = \frac{E\lambda_2}{\Pi(\lambda_1 + \lambda_2) + \lambda_1\lambda_2}$$

$$i_2 = \frac{E\lambda_1}{\Pi(\lambda_1 + \lambda_2) + \lambda_1\lambda_2}$$

CHAPITRE V

LES PHÉNOMÈNES CALORIFIQUES ET LES COURANTS ÉLECTRIQUES

1019. Actions calorifiques produites par les courants : lois de Joule. — Comme nous l'avons indiqué, les courants électriques sont susceptibles de produire des effets calorifiques; mais, comme nous le dirons, les courants électriques peuvent prendre naissance sous l'influence d'actions calorifiques : il y a une reversibilité très importante dans les relations de cause à effet, relations que nous retrouverons également dans les chapitres suivants.

Lorsqu'un courant traverse un conducteur, ce conducteur s'échauffe et dégage par suite une certaine quantité de chaleur; l'élévation de température peut être telle que le corps soit porté à l'incandescence et, s'il s'agit d'un métal, qu'il fonde ou que même il se volatilise.

Comme nous le dirons, la production d'un courant est la manifestation d'une certaine quantité d'énergie (53) qui se trouve emmagasinée dans l'appareil, quel qu'il soit, où se manifeste la force électromotrice : le dégagement de chaleur en un point du circuit correspond à la mise en liberté d'une partie de cette énergie sous forme d'action calorifique. Aussi, indépendamment de l'intérêt que présentent en eux-mêmes ces phénomènes, sont-ils intéressants parce qu'ils nous renseignent sur l'énergie disponible.

Joule, par des méthodes aisées à concevoir, a démontré des lois que l'on peut résumer dans l'énoncé suivant :

Loi : *La quantité de chaleur dégagée dans un conducteur traversé par un courant est proportionnelle au produit de l'intensité du courant par la différence de potentiel qui existe entre ces deux extrémités* [1].

Des conséquences importantes peuvent se déduire de cette loi, et notamment la suivante :

L'intensité du courant restant constante, la quantité de chaleur dégagée est proportionnelle à la résistance du conducteur considéré.

1020. — En général la question se présente sous une forme différente et l'on a, non un conducteur limité, mais un circuit complet comprenant une source de courant, une pile par exemple. On conçoit alors que si l'on remplace sur une partie un conducteur par un autre plus résistant, on fera varier en même temps l'intensité du courant et que l'on ne pourra prévoir dans quel sens se produit la variation [2].

La discussion montre que si l'on a *un conducteur déterminé*, la quantité de chaleur croîtra si l'on augmente la force électro motrice de la pile et si l'on diminue sa résistance. Si l'on a des éléments égaux, on voit aisément que cette quantité de chaleur croît avec le nombre des éléments.

Mais si, au contraire, on a une *pile déterminée*, il y a une quantité maxima de chaleur que l'on ne peut dépasser et qui correspond au cas où la résistance du conducteur considéré est égale à la résistance de la pile.

Ce sont là deux cas absolument distincts et que l'on ne doit pas confondre, comme on le fait trop souvent.

---

1. Avec les notations précédentes, K étant une constante (inverse de l'équivalent mécanique de la chaleur) et C la quantité de chaleur dégagée, on a :

$$C = KEI,$$

ormule qui, à cause des relations indiquées ci-dessus, peut s'écrire :

$$C = \frac{KE^2}{R} = KI^2R.$$

2. Avec les mêmes données que précédemment, on a :

$$I = \frac{e}{\Pi + R} \qquad \text{et par suite} \qquad C = K\frac{e^2R}{(\Pi + R)^2}.$$

On reconnaît aisément que si R est constant, C croît quand e augmente et quand Π diminue ; si, au contraire, la pile est donnée, c commence par croître quand R varie à partir de 0, passe par un maximum pour $R = \Pi$, puis décroît et s'annule quand R devient infini.

Une certaine quantité de chaleur se dégage également dans la pile et dépend de celle qui est manifestée extérieurement, augmentant quand celle-ci diminue et inversement. Cette question reviendra quand nous aurons vu les phénomènes qui se passent dans les piles.

On voit immédiatement qu'un même courant traversant plusieurs conducteurs ne produira pas le même effet. Qu'on interpose, par exemple, sur le trajet d'un courant, un fil fin de platine et un gros fil du même métal, le fil fin rougit et le gros reste obscur. De deux métaux de même longueur et de même section mis bout à bout, platine et argent par exemple, le fil de platine, qui est le moins bon conducteur, rougit; l'argent ne change pas.

On arrive, dans cet ordre d'idées, à des résultats singuliers. Un fil de platine est traversé par un courant qu'on règle de manière qu'il soit maintenu au rouge sombre; avec une lampe à alcool, on le chauffe en un point; on voit l'autre point redevenir obscur. La résistance au passage du courant augmentant avec l'élévation de la température, son intensité diminue. On peut faire encore l'expérience inverse : si l'on refroidit un côté du fil, on voit l'autre augmenter d'éclat, parce que la résistance diminue et l'intensité augmente.

1021. Galvanocaustique. — L'incandescence des fils métalliques pendant le passage du courant de la pile a reçu une application précieuse en chirurgie. On peut, au moyen d'un fil de platine rougi, cautériser d'une manière circonscrite des parties profondes, opérer l'ablation de certaines tumeurs, etc. Cette méthode est désignée d'une manière générale sous le nom de *galvanocaustique*. Elle a été appliquée pour la première fois par le docteur Fabre-Palaprat, en France, et par M. Crusell, à Saint-Pétersbourg; plus tard, Marshall, MM. Nélaton et Amussat fils se servirent de cette méthode pour cautériser les tissus et faire l'ablation de quelques tumeurs; mais c'est surtout M. Middeldorpf, de Breslau, qui a démontré expérimentalement les avantages qu'on peut retirer de la chaleur développée par la propagation de l'électricité; les instruments employés sont désignés sous le nom de *cautères galvaniques*, de *porte-ligature* et de *sétons galvaniques*.

Le cautère galvanique est formé de deux tiges métalliques H, I (*fig.* 478) disposées chacune dans une gouttière creusée dans l'épaisseur d'un demi-cylindre de bois. Ces tiges communiquent par une de leurs extrémités avec les rhéophores de la pile, et par l'autre avec un ruban ou un fil fin de platine, qui doit être rendu incandescent et auquel on donne une forme variée, suivant les cas.

Les sétons galvaniques sont formés de fils de platine de diamètres différents, que l'on peut introduire, au moyen d'aiguilles convenables, à travers les tissus ou les trajets fistuleux sur lesquels on veut agir.

Enfin, le porte-ligature F, qui sert à l'ablation des tumeurs, consiste en un fil G disposé en forme d'anse dont on peut faire varier l'étendue à volonté. Ce fil lui-même est relié à deux tiges métalliques qui doivent transmettre le courant à l'anse coupante et la rendre incandescente.

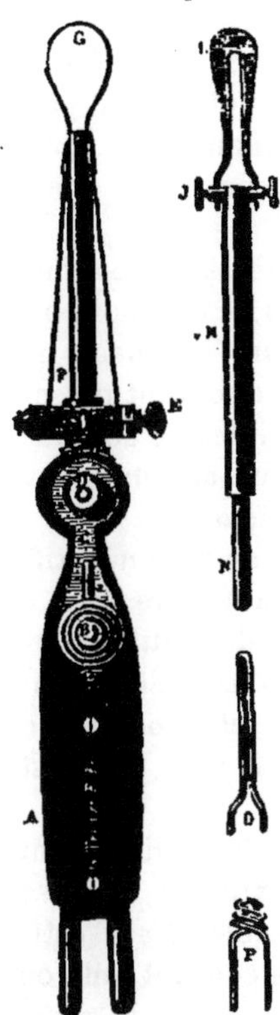

Fig. 478.

D'après Middeldorpf, les avantages de cette méthode sont : l'absence d'hémorrhagie, la rapidité et l'énergie d'action, la limitation exacte des effets que l'on veut produire; enfin, la possibilité d'atteindre certaines parties qui sont inaccessibles aux instruments tranchants, aux caustiques ordinaires, ou au fer rouge.

M. J. Regnauld, à la suite de nombreuses expériences, a nettement établi le cas où le cautère électrique offre des avantages incontestables, et ceux où son usage présente des difficultés presque insurmontables et même un véritable danger. Il résulte des observations faites par ce physicien : 1° que le cautère électrique ne saurait être employé pour la destruction des tumeurs volumineuses, l'opérateur se trouvant entre deux écueils, ou d'amener la fusion du fil par une incandescence trop vive, ou de ne pas le porter à une température suffisante pour produire la cautérisation; 2° que ce mode d'action a une supériorité sur le cautère ordinaire, lorsqu'il s'agit de cautériser des surfaces peu étendues placées dans le voisinage d'organes délicats ou dans certaines cavités profondes; 3° enfin le mode le plus sûr d'application consiste à répéter les contacts du fil incandescent et de la partie sur laquelle on agit.

1022. Éclairage électrique : lampes à incandescence. — C'est sur les mêmes propriétés calorifiques des courants que sont basés les divers procédés d'éclairage électrique.

Dans les lampes à incandescence, qui donnent un éclairage relativement faible (de 1 à 10 carcels), un filament de charbon est courbé dans un ballon de verre dans lequel existe un vide aussi parfait que possible et ses deux extrémités sont reliées à deux conducteurs par lesquels on fait arriver un courant électrique : sous son influence, s'il est assez énergique, le charbon, très résistant, arrive à l'incandescence et peut être échauffé assez pour projeter un très vif éclat.

On conçoit la nécessité du vide qui existe dans l'appareil : s'il s'y trouvait de l'air, le charbon brûlerait, le filament serait détruit et le courant cesserait de passer.

Il existe divers systèmes de lampes à incandescence qui diffèrent les uns des autres seulement par quelques détails, notamment par la constitution du filament de charbon. Les principaux sont ceux d'Edison, de Lane-Fox, de Maxim et de Swann; leur usage commence à se répandre.

1023. Arc voltaïque : lampes à arc. — En faisant communiquer les deux pôles d'une pile avec deux cônes de charbon, on obtient un jet lumineux d'un éclat éblouissant. L'arc lumineux ne se produit que si on met les charbons en contact ; le courant passe, rougit les charbons; si on écarte alors les deux pointes, le courant continue à circuler et forme entre les deux cônes un arc lumineux très éclatant, auquel on a donné le nom d'*arc voltaïque*.

Il y a un transport de charbon du pôle positif au pôle négatif. On peut voir les parcelles de ce corps, lorsqu'on considère l'arc à travers une lentille et un verre coloré. Ce transport de matière conductrice entre les deux pôles rend le milieu conducteur. Si la température ne s'élève pas assez pour rougir le charbon, et qu'on vienne à les écarter, on n'observe aucune lumière. Dans le vide, l'arc est plus long que dans l'air.

Le conducteur formé par les particules matérielles qui passent d'un charbon à l'autre est très résistant, ce qui explique qu'il se manifeste une élévation de température considérable. Mais cette résistance rend nécessaire l'emploi d'une source de courant, pile ou machine d'induction, susceptible de maintenir une grande différence de potentiel. Si l'on emploie une pile, il faut employer des piles en série, ou en série de batteries si le nombre des éléments est considérable.

L'arc voltaïque se produit entre deux métaux quelconques. Le métal est aussi entraîné du pôle positif au pôle négatif; il y a également un transport en sens contraire, mais moindre que le premier. Cela tient probablement à ce que la température est plus élevée au pôle positif. Du reste, la longueur de l'arc varie avec la nature du métal employé au pôle positif. L'arc voltaïque possède diverses propriétés. Sa chaleur est tellement intense qu'on peut y fondre tous les métaux. Despretz a montré que les corps les plus réfractaires peuvent s'y liquéfier et même s'y volatiliser. Le charbon se ramollit et, peut-être même, se réduit en vapeur.

Il n'est pas pratique de produire usuellement la lumière électrique dans le vide, et dans l'air les charbons s'usent, la distance augmente, et l'arc disparaît. Pour obvier à cet inconvénient, on se sert de régulateurs, qui sont tous fondés sur les variations d'intensité du courant et qui maintiennent les pointes de charbon à une distance convenable. Parmi les modèles divers qui sont très nombreux, il faut citer celui de Foucault, le premier qui fut appliqué en France.

1024. — Une très ingénieuse solution pour obvier à cette difficulté a été donnée par M. Jablochkoff : elle évite tout mécanisme. Les deux charbons sont placés parallèlement, au lieu d'être bout à bout, et s'usent en même temps, l'arc se produisant aux sommets qui brûlent simultanément. Pour que l'usure soit la même, il faut que le courant change de sens à chaque instant, qu'il soit *alternatif* (nous dirons plus loin que certaines machines satisfont à cette condition), sans quoi le charbon positif diminuerait plus rapidement. Pour être assuré que l'arc éclate toujours au sommet, on place entre les deux charbons une matière isolante (colombin) qui fond au fur et à mesure que les charbons s'usent, ne laissant libres que leurs extrémités.

La lumière électrique par incandescence ne paraît produire sur les organes de la vision aucun effet particulier, aucun effet que ne produirait, par exemple, la lumière d'un fort bec de gaz. Il n'en est pas de même de la lumière de l'arc qui, à cause de sa haute température, contient beaucoup de rayons très réfrangibles, rayons chimiques. Aussi l'action directe sur l'œil peut-elle amener des accidents, des inflammations si la source est rapprochée; elle paraît sans inconvénient si la source est éloignée. En tout cas, l'action des corps éclairés par l'arc est sans danger si l'on évite l'action directe de l'arc.

1025. **Courants thermo-électriques.** — De même que l'électricité en mouvement produit de la chaleur, de même aussi la chaleur peut développer des courants dans les corps.

En 1823, Seebeck découvrit qu'une différence de température entre certains points d'un circuit composé de métaux suffit pour faire naître des courants dans ce circuit. C'est à ce genre de phénomènes qu'on donne le nom d'*actions thermo-électriques*. Pour constater ces actions, on prend

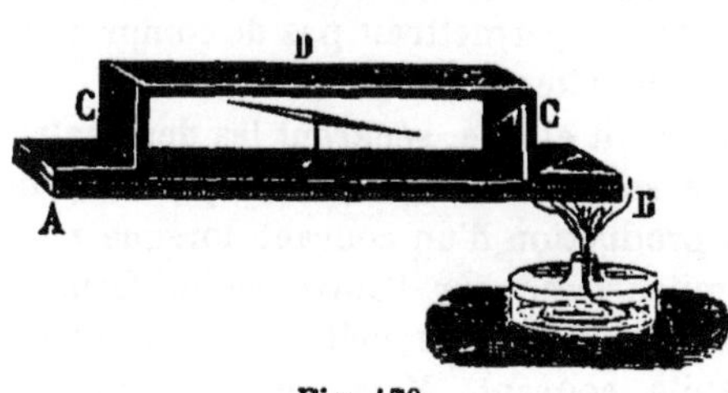

Fig. 479.

un barreau de bismuth ou d'antimoine AB (*fig.* 479) soudé aux extrémités A et B à une lame de cuivre recourbée CDC; on donne au cadre la direction d'une aiguille aimantée placée en son centre et mobile sur un pivot vertical. Si l'on échauffe l'une des soudures, B par exemple, la déviation de l'aiguille indique la présence d'un courant dans un certain sens. Si on refroidit la même soudure, il y a déviation dans l'autre sens, et par suite production d'un courant contraire au premier; enfin, si les deux soudures sont également échauffées, il n'y a plus de courant. C'est donc à la différence de température des soudures qu'on doit le développement des courants dans ce circuit. Tous les métaux donnent lieu aux mêmes effets, qu'ils soient en contact ou soudés l'un à l'autre.

En remplaçant le barreau de bismuth par un barreau d'antimoine, le sens du courant devient inverse de celui qu'il était dans le premier cas; ainsi, avec le bismuth et le cuivre, le courant marche du bismuth au cuivre à travers la soudure chauffée; avec l'antimoine et le cuivre, il est dirigé du cuivre à l'antimoine dans le point échauffé.

Le tableau suivant comprend les principaux métaux rangés dans un ordre tel que chacun d'eux est positif par rapport à celui qui le précède et négatif par rapport à celui qui le suit.

Bismuth, platine, plomb, étain, cuivre, or, argent, zinc, fer, antimoine (Becquerel). L'antimoine et le bismuth donnent le courant de plus grande intensité; l'électricité marche de l'antimoine au bismuth; si l'on chauffe également les deux soudures, les deux courants sont de sens contraires et se neutralisent.

Il est intéressant de signaler que la présence de deux métaux différents n'est pas une condition nécessaire pour donner naissance à un courant, pour faire naître une force électromotrice. Ce n'est qu'un moyen d'obtenir une répartition dissymétrique de la chaleur dans le conducteur; c'est cette dissymétrie qui détermine le courant dont l'origine est dans la chaleur dépensée.

Cela explique pourquoi l'on ne peut observer aucun courant si l'on chauffe un point quelconque d'un circuit homogène; car la symétrie qui existe à tous égards ne permettrait pas de comprendre l'existence d'un courant d'un sens déterminé.

Mais si nous rompons ce circuit et que, séparant les deux extrémités, nous en chauffions une sans faire varier la température de l'autre, nous observerons la production d'un courant lorsque nous appliquerons les deux extrémités l'une sur l'autre, ce qui fermera le circuit. Au moment du contact, il y a dissymétrie dans la répartition de la chaleur et par suite courant. Mais bientôt l'équilibre de température s'établit, la chaleur se répartit également des deux côtés du point de contact, la symétrie se produit et le courant cesse.

Cette idée de la nécessité de la dissymétrie fait concevoir qu'on puisse avoir un courant en chauffant un point d'un circuit constitué par un conducteur chimiquement homogène, mais présentant des différences dans sa constitution physique, dans sa constitution moléculaire. Ainsi un fil de platine contourné en partie sous forme de spirale et chauffé dans le voisinage de la portion contournée donne lieu à un courant qui doit provenir de ce que les parties du fil contournées ont été comme écrasées par la torsion; de même un fil tiré à la filière ou recuit en un point seulement et chauffé près de ce point donne lieu à un courant, ce qui doit tenir à un changement de structure. Dans le cuivre ou l'argent, le courant marche de la partie écrasée à l'autre; dans le fer, c'est le contraire qui se passe. Des phénomènes analogues s'observent dans des métaux cristallisés qui n'ont pas la même structure dans tous les sens.

1026. Lois des courants thermo-électriques. — 1° L'intensité du courant pour de faibles excès est *sensiblement proportionnelle à l'excès de température d'une soudure sur l'autre*. Cette loi a été établie par M. Becquerel. Si, en effet, on prend un barreau de bismuth soudé à deux fils de cuivre et que l'on porte l'une des soudures à des températures croissantes en maintenant l'autre à la température de 0°, les déviations de l'aiguille d'un galvanomètre accusent une intensité proportionnelle à l'excès de température, pourvu que cet excès ne dépasse pas 40° ou 50°; au delà, le courant est moins fort, cesse, puis change de sens.

2° Pour une même température, les différents métaux ont des pouvoirs électromoteurs différents. Pour les comparer aux températures ordinaires, M. Becquerel a construit une chaîne de petits barreaux d'argent, de cuivre, de fer, de zinc, de platine, etc.; en chauffant les différentes soudures, il a trouvé des intensités variables dans le courant, quoique le circuit soit toujours le même.

Voici quelques nombres donnant des intensités relatives :

Zinc-cuivre.	1	Fer-cuivre.	28
Argent-cuivre.	2	Fer-platine.	36

1027. Piles thermo-électriques. — On a construit des piles thermo-électriques. La première est due à Pouillet; chaque élément se compose d'un barreau de bismuth en fer à cheval; deux fils de cuivre sont soudés à ses deux extrémités. Lorsqu'on veut réunir plusieurs éléments et former une pile, un même fil de cuivre est soudé à une extrémité d'un barreau de bismuth et à une extrémité du suivant, et ainsi de suite. En mettant toutes les soudures impaires, par exemple, dans des vases contenant de l'eau chauffée à 100°, et toutes les soudures paires dans la glace fondante, on obtient une pile dont la force électromotrice est absolument constante.

Dans cette pile, comme dans toutes les piles composées d'éléments identiques, cette force électromotrice est proportionnelle au nombre des couples.

1028. — Il est important de faire remarquer que le courant produit par une pile thermo-électrique ne diffère en rien de celui que donne une autre pile quelconque. Les différences observées, qui sont seulement des différences d'intensité, tiennent à la force électromotrice très faible de ces éléments.

Par contre, la résistance de chacun d'eux est presque négligeable puisqu'ils sont composés seulement de métaux en contact; comme nous l'avons indiqué (1013), il en résulte que le courant s'affaiblit très rapidement lorsque l'on fait croître la résistance extérieure.

1029. — Les piles thermo-électriques peuvent être employées à donner naissance à des courants électriques, c'est-à-dire qu'elles ont alors pour but de transformer en courant l'énergie correspondant à la chaleur que l'on dépense. Mais, jusqu'à présent, elles n'ont pas donné de bons résultats à ce point de vue; outre la faiblesse de leur force électromotrice, elles se détériorent généralement par l'usage, probablement parce que, sous l'influence des flammes et des gaz chauds, les surfaces métalliques en contact s'oxydent, se sulfurent et que le contact métallique est détruit.

Par contre, les piles thermo-électriques sont parfaites lorsqu'il s'agit non d'utiliser sous forme de courant l'énergie dépensée sous forme calorifique, mais seulement de se servir du courant pour *manifester* l'existence d'une action calorifique. Elles servent alors comme thermomètres différentiels et ont donné d'excellents résultats dans les recherches physiques et physiologiques sur les variations de température; on les appelle alors des *thermo-multiplicateurs*, dénomination mauvaise d'ailleurs si on voulait la prendre dans son sens exact.

1030. **Pile de Nobili et de Melloni.** — Cette pile, imaginée par Nobili et perfectionnée par Melloni, se compose de barreaux de bismuth et d'antimoine très déliés, soudés et repliés sur eux-mêmes en zigzag, de manière que toutes les soudures paires soient d'un côté et les soudures impaires de l'autre (*fig.* 480). Les

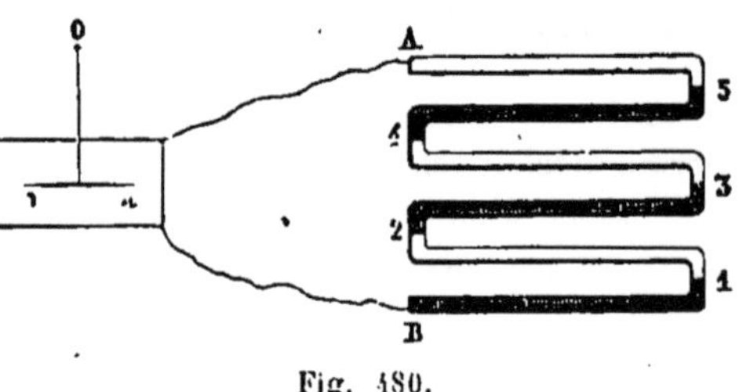

Fig. 480.

deux extrémités de cette chaîne, l'une de bismuth, l'autre d'antimoine, viennent aboutir à deux bornes métalliques, qui forment ainsi les deux pôles de la pile, qu'on met en communication avec les deux extrémités d'un galvanomètre. La moindre différence de température se révèle par les mouvements de l'aiguille aimantée. Pour se servir de cet appareil dans l'évaluation des températures, Melloni a cherché le rapport qui lie les intensités des courants aux déviations de l'aiguille et par suite aux intensités calorifiques. Il a trouvé que, dans ces appareils, l'intensité est proportionnelle aux déviations jusqu'à 20°; au delà, on construit des tables par les méthodes dont nous avons parlé à propos de la chaleur rayonnante (744).

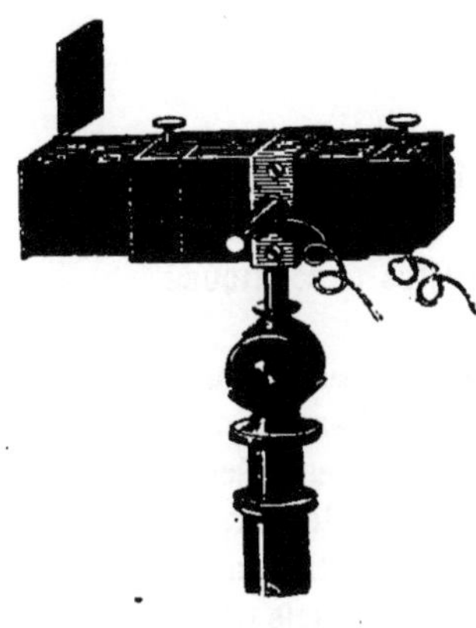

Fig. 481.

Quelquefois les barreaux sont disposés sur une seule rangée, comme dans la figure 480, constituant alors la *pile linéaire*; mais le plus souvent ils sont disposés sur plusieurs rangées parallèles, de manière à former un parallélipipède. L'ensemble est alors placé dans une garniture en laiton que l'on peut fermer à ses extrémités par des écrans. Les deux extrémités de la chaîne de barreaux communiquent avec des bornes placées extérieurement et où l'on fixe les fils qui relient la pile au galvanomètre .

1031. **Applications à la physiologie.** — Melloni, avec son appareil thermo-électrique, est parvenu à mettre en évidence la présence de la chaleur dans les insectes, les mollusques et dans les corps phosphorescents. M. Janssen a également appliqué le thermo-multiplicateur à l'étude de l'absorption de la chaleur par les milieux transparents de l'œil. Becquerel et Breschet, en construisant des aiguilles métalliques formées de deux métaux différents, ont donné le moyen de mesurer la température des tissus organiques. Ces aiguilles sont formées de deux fils très fins, l'un de cuivre et l'autre d'acier, soudés par un de leurs bouts. Pour faire une observation, on prend deux aiguilles identiques; la soudure de l'une d'elles est placée dans une étuve à température constante, 0° par exemple; l'autre est introduite au milieu de l'organe dont on veut apprécier la température. Les bouts libres du fil d'acier des deux aiguilles sont réunis par un fil d'acier, et les bouts libres du cuivre communiquent par des fils de cuivre avec le galvanomètre. La moindre différence de température est accusée par une déviation du galvanomètre, dont le sens et l'étendue peuvent donner la température de l'un des milieux, quand on connaît celle de l'autre. On peut encore trouver la température du tissu sur lequel on expérimente, en retirant l'aiguille de l'organe et en la plaçant dans un bain dont on élève progressivement la température jusqu'à ce que le galvanomètre donne la même déviation que dans le premier cas. Il est évident que la température du bain sera alors égale à celle du tissu. Cette seconde méthode n'exige que la sensibilité de l'instrument, et est indépendante de l'exactitude de la graduation.

CHAPITRE VI

LES ACTIONS CHIMIQUES ET LES COURANTS ÉLECTRIQUES

1032. Décompositions chimiques; électrolyse. — Un corps composé amené à l'état liquide soit par dissolution, soit par fusion, et que l'on fait traverser par un courant, est décomposé, en général. Cette opération constitue l'*électrolyse* : le corps soumis à la décomposition est l'*électrolyte ;* le courant pénètre dans le liquide et en sort par des conducteurs métalliques auxquels on a donné le nom d'*électrodes*. Quelquefois on distingue ces lames en *anode* et *cathode*, suivant qu'il s'agit de l'électrode qui communique au pôle positif ou de celle qui communique au pôle négatif.

Nous n'étudierons pas l'électrolyse dans tous les cas et nous nous occuperons seulement de l'électrolyse des composés métalliques, des sels métalliques, composés binaires ou ternaires.

Les effets que l'on observe sont souvent complexes, parce que les corps mis en liberté réagissent sur les substances avec lesquelles ils se trouvent en contact, soit sur le dissolvant, soit sur les électrodes; ces effets secondaires masquent les résultats primordiaux, qui sont cependant ceux dont il faut tenir compte pour établir les lois de l'électrolyse.

1033. — D'une manière générale, on peut dire que lorsqu'un sel métallique est décomposé par un courant, le métal se porte sur l'électrode négative; le corps ou les autres corps (radicaux chimiques) avec lesquels le métal est combiné se portent sur l'électrode positive.

On peut dire encore que dans cette décomposition le métal est entraîné dans le sens du courant, et que les autres corps se déplacent en sens contraire du courant.

On peut vérifier expérimentalement que l'eau ne joue aucu rôle direct particulier dans ce cas, comme on le croyait autrefois.

Bunsen, opérant sur du chlorure de magnésium anhydre, amené à l'état liquide par fusion et employant des électrodes de charbon, a obtenu du magnésium au pôle négatif et du chlore au pôle positif.

D'ailleurs l'eau pure, l'eau distillée ne laisse pas passer le courant, n'est pas décomposée; quand elle contient une substance en dissolution, il est plus simple de comprendre que ce soit cette substance conductrice du courant qui soit décomposée, plutôt que l'eau dont les propriétés n'ont pu être modifiées.

1034. — Considérons le cas d'un sel en dissolution dans l'eau, du sulfate de cuivre, par exemple, ou de l'acide sulfurique (sulfate d'hydrogène); faisons passer le courant avec des électrodes en platine. On n'observe aucun effet au sein du liquide, qui cependant est traversé par le courant; ce n'est que dans le voisinage des électrodes que des modifications se manifestent. Sur l'électrode négative, le cuivre se dépose à l'état métallique et l'hydrogène apparaît sous forme de bulles. Le radical du sel, SO^4 dans ce cas, se porte sur l'électrode positive; mais il ne peut exister à l'état de liberté en présence de l'eau : il agit sur ce liquide en donnant de l'acide sulfurique (sulfate d'hydrogène) et de l'oxygène, en vertu de la réaction $SO^4 + H^2O = H^2SO^4 + O$. On reconnaît la présence de l'acide sulfurique à l'aide des réactifs colorés et l'on voit des bulles d'oxygène se dégager sur la lame de platine.

Si l'on a opéré sur l'eau acidulée (sulfate d'hydrogène en dissolution), il se reforme spontanément autant d'acide qu'il y en a eu de décomposé, de telle sorte que le résultat est le même que si l'eau seule avait été décomposée; mais on ne saurait admettre que les choses se passent ainsi, comme nous l'avons expliqué plus haut.

Dans le cas de l'eau acidulée, il peut être intéressant de recueil-

Fig. 482.

lir les gaz dégagés : on emploie alors un appareil connu sous le nom de *voltamètre*. Dans un vase en verre V (*fig.* 482) dont le fond est traversé par deux fils de platine, on verse de l'eau légèrement acidulée; les deux fils sont recouverts par deux petites cloches pleines du même liquide que celui du vase; l'un des fils est mis en communication avec le pôle positif d'une pile, et l'autre avec le pôle négatif. Dès que le courant est établi, il se dégage des bulles d'hydrogène à l'électrode négative, et des bulles d'oxygène à l'électrode positive; en d'autres termes, l'hydrogène suit le courant et vient se déposer sur la lame par laquelle le courant sort du liquide.

1035. — Dans les électrolyses, bien que le courant traverse le liquide en entier, ce n'est que sur les électrodes ou dans leur voisinage que l'on observe les résultats de la décomposition; par exemple, aucune bulle de gaz n'apparaît dans la masse liquide. Grothus a donné de ce fait l'explication suivante, qui paraît confirmée par diverses expériences de Faraday.

Soit, par exemple, une dissolution du sulfate d'un métal M de formule MSO^4. Considérons une file de molécules : le premier effet du courant serait d'orienter ces molécules, de manière à placer dans chacune le métal du côté du pôle — et le radical SO^4 du côté

du pôle $+$: puis toutes les molécules se divisent à la fois, le métal se séparant du radical; mais chaque molécule de métal rencontre une molécule du radical et reforme le sel MSO^4, excepté pour les deux molécules extrêmes où le métal M au pôle —

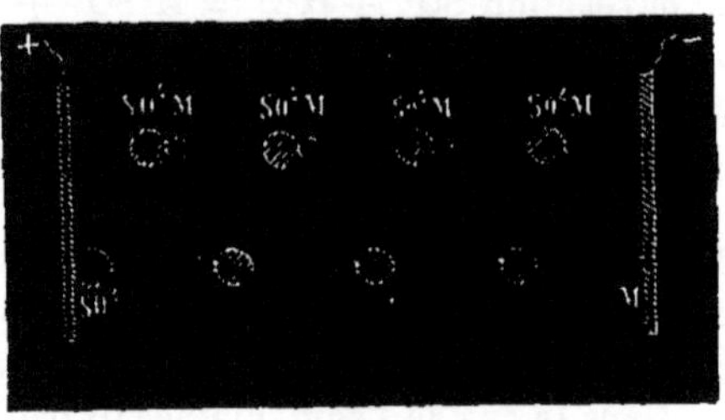

Fig. 483.

et le radical SO^4 au pôle $+$ ne trouvent pas les éléments qui leur permettraient de reformer le sel et se déposent sur les électrodes, pouvant alors d'ailleurs produire tous les effets chimiques qui dépendent de leur nature et des corps avec lesquels ils sont en contact.

1036. **Actions secondaires dans l'électrolyse**. — Les effets secondaires jouent un rôle capital dans un grand nombre de cas d'électrolyse; on ne les a pas toujours distingués. C'est ainsi que dans la décomposition du sulfate de cuivre on n'en tenait pas compte, parce que l'on attribuait à l'acide sulfurique la formule SO^3, tandis que dans l'eau le corps H^2SO^4 peut seul exister.

L'action secondaire du radical SO^4, dans le cas de l'électrolyse d'un sulfate, peut se manifester autrement au pôle positif. Si, à ce pôle, l'électrode est constituée par une lame d'un métal susceptible de former un sulfate stable, une lame de zinc, une lame de cuivre, c'est sur le métal et non sur l'eau que se portera l'action du radical SO^4, et il se formera un sulfate sans dégagement d'oxygène en vertu de la réaction : $Cu + SO^4 = Cu\,SO^4$.

Le cas est particulièrement intéressant si le métal attaqué est le même que celui qui existe dans le sel en dissolution : il se reforme, en effet, par l'action du radical, précisément autant de sel qu'il y en a eu de décomposé ; et, d'autre part, comme conséquence, il y aura autant de métal dissous à l'électrode positive qu'il y en a eu de déposé à l'électrode négative. De telle sorte que la composition de la dissolution ne change pas, et que tout se passe comme si, directement, une partie de l'anode était transportée sur la cathode.

1037. — Ce n'est pas seulement au pôle positif que se produisent les actions secondaires : elles peuvent également se manifester au pôle négatif. C'est ce qui se passe, par exemple, pour l'électrolyse des sels alcalins et ce qui a fait croire autrefois que ces sels obéissaient à des lois spéciales : on trouve, en effet, au pôle négatif, non le métal, mais la *base*, et de l'*hydrogène* au pôle positif ; les résultats sont ceux indiqués précédemment. On peut constater la présence de l'acide libre et de l'alcali, en opérant la décomposition du sel dans un tube en U, et en colorant la dissolution avec un peu

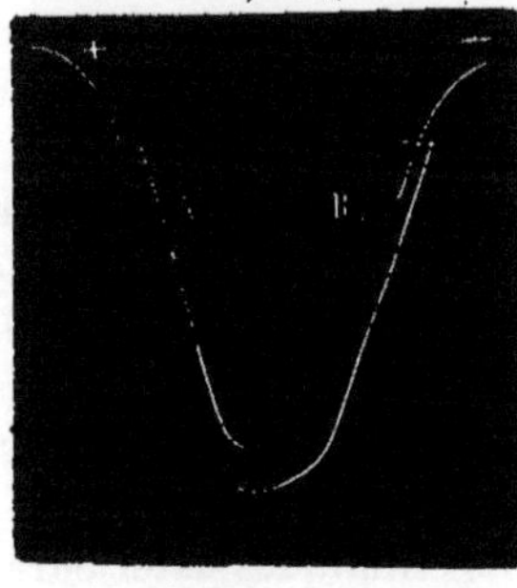

Fig. 484.

de sirop de violettes. La liqueur devient rouge du côté du fil positif, verte du côté du fil négatif. La présence de la base est due à l'action secondaire du métal sur l'eau. S'agit-il, par exemple, du sulfate de soude, le sodium décompose l'eau, forme de la soude, et l'hydrogène est mis en liberté. On le démontre directement, en empêchant le sodium de décomposer l'eau ; et, pour cela, on prend, ainsi que l'a indiqué Pouillet, un tube recourbé contenant du mercure pour électrode négative. On obtient alors, au pôle négatif, un amalgame de sodium.

On peut obtenir des effets d'autre nature en nombre très considérable ; nous en indiquerons seulement un exemple.

Reprenons le voltamètre, la décomposition de l'eau acidulée : on peut produire cet effet sans dégagement de gaz aux pôles. Il suffit de prendre, par exemple, une anode soluble, du cuivre : on a $Cu + SO^4 = Cu\,SO^4$ sans dégagement d'oxygène ; et une cathode recouverte de peroxyde de plomb : l'hydrogène qui s'y dépose réduira ce peroxyde à un moindre degré d'oxydation ou même à l'état de plomb métallique et formera de l'eau.

1038. Lois de Faraday sur l'électrolyse. — Nous avons déjà indiqué (1004, 1005) deux lois sur les décompositions électro-chimiques, démontrées par Faraday :

PREMIÈRE LOI. — *La quantité d'électrolyte décomposé dans le même temps est la même dans tous les points du circuit.*

DEUXIÈME LOI. — *Les quantités d'électrolytes décomposés dans un même temps sont proportionnelles aux intensités des courants.*

Il nous reste à citer une troisième loi fort importante, relative au cas où l'on considère des électrolytes différents.

TROISIÈME LOI. — *Si l'on place dans un même circuit des électro-lytes différents, les quantités de corps mis en liberté sont proportion-nelles aux équivalents de ces corps.*

Il importe, on le conçoit, de mettre en même temps dans un même circuit les divers électrolytes; car, leurs résistances étant différentes, en les plaçant successivement on obtiendrait des cou-rants d'intensité variable, tandis que l'intensité doit rester la même. Si l'on place ainsi dans un circuit un voltamètre, une dissolution d'acétate d'argent, une de sulfate de cuivre, etc., on trouvera que les poids d'hydrogène, d'argent, de cuivre, etc., dégagés aux électrodes négatives sont proportionnels aux nombres 1, 108, 32, équivalents chimiques de ces corps.

Comme nous l'avons dit (1005), la quantité de métal mis en liberté permet de mesurer la quantité d'électricité et par suite l'intensité du courant. On voit, d'après cette dernière loi, que l'on peut em-ployer un métal quelconque; nous avons dit que 1 coulomb met en liberté $0^{mgr},0105$; nous pouvons conclure qu'il dégagera pour le cuivre et pour l'argent des poids $0,0105 \times 32$ et $0,0105 \times 108$, soit respectivement $0^{mgr},3307$ et $1^{mgr},1340$. Dans les mesures prises par cette méthode, les résultats sont naturellement plus exacts si l'on emploie un sel d'argent.

Il existe une autre loi qui relie les actions chimiques extérieures à celles qui se produisent dans la pile, nous y reviendrons plus tard.

1039. Galvanocaustique chimique. — Des actions ana-logues à celles que nous avons indiquées pour les dissolutions salines se produisent lorsqu'un courant assez énergique agit sur certaines matières de composition complexe, comme par exemple les tissus à l'état physiologique ou à l'état pathologique : il y a toujours dans ce cas des actions secondaires aux deux pôles, si bien qu'à l'électrode négative on obtient une substance alcaline (provenant des sels alcalins de l'économie) et à l'électrode positive une substance acide. Quand on soumet une partie d'un organisme vivant à l'action d'un courant, indépendamment de l'action propre du courant qui traverse tout ou partie du corps, il y a des actions chimiques aux endroits par où le courant pénètre et sort, et en tous les points où il existe une brusque variation de résistance. Ces actions qui produisent d'abord une rubéfaction de la peau sont un inconvénient réel dans le cas de l'application des courants continus. Dans d'autres cas, lorsque, par exemple, il s'agit de détruire certaines tumeurs, on agit plus énergiquement; les électrodes sont alors des aiguilles qui pénètrent dans les tissus; avec un courant intense, on observe la mortification des tissus ainsi attaqués, si bien que l'on peut arriver à enlever la tumeur. Dans ces circonstances, le courant paraît agir surtout par les composés acides et alcalins qu'il met en liberté et qui interviennent par leur action chimique; on reconnaît, en effet, que l'eschare négative est molle et fluente, tandis que l'eschare positive est sèche et résistante, présentant ainsi les caractères des eschares que donnent directement les alcalis et les acides.

1040. Galvanopuncture. — Le courant continu, provenant d'une pile faible, a été appliqué aussi aux traitements des anévrismes. Cette méthode est fondée sur la propriété que possède le sang de se coaguler, comme cela a lieu pour l'albumine, par suite du dégagement probable d'un acide à l'électrode positive. Pour cela, on introduit au centre de la tumeur anévrismale une aiguille en platine qui sert d'électrode positive, et on applique l'électrode négative sur la peau. La durée du passage du courant doit être d'une demi-heure environ. Ce procédé a été employé avec succès dans un grand nombre de cas; néanmoins il n'est pas à l'abri de tout danger. Il peut arriver, à la suite de l'application de ce moyen, certains accidents tels que l'inflammation des bords de la piqûre, leur ulcération et quelquefois des eschares.

1041. Dorure et argenture électrochimiques. — Les actions chimiques des courants font comprendre facilement les moyens employés pour opérer un dépôt métallique sur l'électrode négative, soit que l'on veuille recouvrir une surface donnée d'une couche mince d'or ou d'argent, soit que l'on veuille reproduire un relief. M. de la Rive est le premier qui a eu l'idée de la dorure galvanique; MM. Elkington et de Ruolz en ont donné les procédés pratiques. Pour dorer, on se sert d'un bain contenant un sel d'or. La solution qui donne les meilleurs résultats est formée d'un mélange de 100 grammes d'eau, 5 grammes de cyanure d'or, 10 grammes de cyano-ferrure jaune de potassium et 5 grammes de carbonate de soude. Le courant de décomposition doit être constant et assez lent; et, quand on opère en grand, la liqueur doit être un peu chaude. Enfin, pour conserver au bain le même degré de concentration, on emploie une électrode soluble d'or.

Les objets que l'on veut dorer sont soumis préalablement à deux opérations, le dérochage et le décapage. Pour cela, on les chauffe, puis on les plonge successivement dans l'acide sulfurique et l'acide azotique étendus, et on lave à l'eau distillée.

Pour l'argenture, on se sert d'un bain analogue, dans lequel le cyanure d'or est remplacé par le cyanure d'argent.

1042. Galvanoplastie. — On ne peut pas obtenir un relief parfait en faisant déposer directement un métal sur une médaille, parce que l'on ne peut pas avoir un dépôt qui ait partout la même épaisseur. On est donc forcé d'employer des moules qui sont en stéarine, en plâtre, en alliage fusible ou en gutta-percha. On peut aussi obtenir des moules par la galvanoplastie, en faisant déposer du cuivre sur la médaille ou tout autre objet dont on veut obtenir l'empreinte, et en détachant le cuivre déposé. La stéarine, le plâtre, la gutta-percha, n'étant pas conducteurs, on leur communique cette propriété en les recouvrant d'une couche très fine de plombagine. On prend pour bain une dissolution de sulfate de cuivre, pour électrode positive soluble une lame de cuivre. Le moule, convenablement préparé, sert d'électrode négative. Pour obtenir un bon résultat, le courant doit être assez lent pour que le dépôt soit régulier, et donne une couche facile à séparer du moule : mais un courant trop lent donnerait lieu à un dépôt adhérent.

La galvanoplastie sert à obtenir des clichés des planches gravées sur cuivre ou sur bois, et peut rendre de grands services à l'art de la typographie.

Si l'on plonge dans le bain de cuivre un objet métallique en fer ou en fonte, il se recouvrira d'une mince couche de cuivre adhérente ; c'est par ce procédé que l'on cuivre aujourd'hui les candélabres, les fontaines, etc.

En variant les bains, on peut arriver à déposer sur les métaux le platine, l'étain ; on est même parvenu à recouvrir les métaux d'une couche mince d'un alliage tel que le laiton.

1043. Origine chimique des courants. — Les actions chimiques et les phénomènes électriques présentent entre eux les mêmes relations de reversibilité que nous avons signalées dans le chapitre précédent pour la chaleur : les actions chimiques peuvent, en particulier, être la source de courants électriques. C'est précisément ce qui se passe dans les piles.

Si l'on considère un élément de pile construit comme nous l'avons indiqué (998), on peut faire les observations suivantes, à la condition d'employer du zinc *chimiquement pur*.

En même temps que les électrodes qui étaient primitivement au potentiel 0 prennent des potentiels différents, qu'il s'établit entre elles une différence de potentiel, il se produit une légère action chimique. Un peu de sulfate de zinc se forme par l'action de l'acide sulfurique sur l'hydrogène, et de l'hydrogène se dégage ; conformément à la règle générale que nous avons énoncée, l'hydrogène suit le sens du courant et apparaît sous la forme de quelques fines bulles sur la lame de platine. Mais bientôt l'action chimique cesse, comme aussi cessent les modifications électriques : la force électromotrice a produit tout son effet.

Si maintenant nous réunissons par un fil conducteur les lames de zinc et de platine, nous savons que le courant existera d'une manière continue ; en même temps l'action chimique se manifeste. le zinc se dissout progressivement et le gaz hydrogène se dégage sans interruption. Si l'on interrompt le circuit, le courant cesse, et l'on observe que l'action chimique a cessé en même temps.

On voit donc, dans cette expérience, qu'il y a une relation directe de cause à effet entre l'action chimique et le courant électrique. On ne peut admettre que le courant produise l'action chimique, car le courant naîtrait de rien. Il est naturel que l'action chimique, qui correspond à une certaine absorption d'énergie, soit regardée comme la cause du courant.

1044. — L'expérience suivante est également probante et montre que dans ces conditions la production du courant est liée à l'existence d'une action chimique.

Soudons deux fils d'or aux extrémités d'un conducteur, et faisons-les plonger dans l'acide azotique, qui est sans action sur l'or ; aucun courant ne se produit. Mais, si on verse près de l'un des fils de l'acide chlorhydrique, l'or étant attaqué par l'eau régale, l'action chimique commence et un courant se manifeste.

Il importe de remarquer que l'existence du courant est liée, non pas tant à l'existence de l'action chimique, qu'à la dissymétrie créée dans le circuit. C'est ainsi que, dans l'expérience précédente, il ne se produira aucun courant si l'on verse de l'acide chlorhydrique près des deux fils ; il y aura bien action chimique, cependant ; mais il n'y aura pas dissymétrie.

Il résulte de cette notion qu'il doit y avoir un courant si l'on réunit par un conducteur deux lames différentes que l'on plonge ensemble dans un liquide qui les attaque inégalement : il y a, en effet, à la fois action chimique et dissymétrie. L'expérience prouve bien qu'il y a production d'un courant.

Dans le cas où un seul métal est attaqué, il se charge négativement par rapport au liquide et, par suite, par rapport à la lame non attaquée : il est le *pôle négatif*. Si les deux lames sont attaquées, elles sont toutes les deux négatives par rapport au liquide ; comme on peut le prévoir, comme l'expérience le vérifie, celle qui est le plus attaquée subit une plus grande diminution de potentiel; elle joue donc le rôle de pôle négatif par rapport à l'autre lame et le courant va, dans le circuit extérieur, de la lame la moins attaquée à la lame la plus attaquée.

1045. Théorie du contact. Expérience de Galvani. — Ces idées sont fort simples et faciles à saisir : elles n'ont point été cependant admises tout d'abord sans contestation, et l'on a commencé par croire, avec Volta, que le courant était dû au *contact* de métaux hétérogènes; cette théorie du contact, abandonnée aujourd'hui [1], est historique, classique; il est nécessaire de la faire connaître, et cela nous conduit à rappeler sommairement les expériences qui ont servi de point de départ à l'électricité dynamique.

C'est à Galvani que l'on doit la première expérience qui conduisit à la connaissance de phénomènes inconnus jusquelà. Ce savant expérimentateur étudiait l'action de l'électricité des nuages sur les grenouilles. A cet effet, il avait attaché, par un crochet de cuivre, des grenouilles à un balcon de fer. Chaque fois que le vent poussait ces grenouilles contre le balcon, elles éprouvaient des contractions. Galvani expliqua ces mouvements par l'existence de deux électricités résidant, l'une dans les nerfs, et l'autre dans les muscles; leur combinaison à travers le fil métallique déterminait des contractions analogues à celles qu'on éprouve par la décharge d'une bouteille de Leyde.

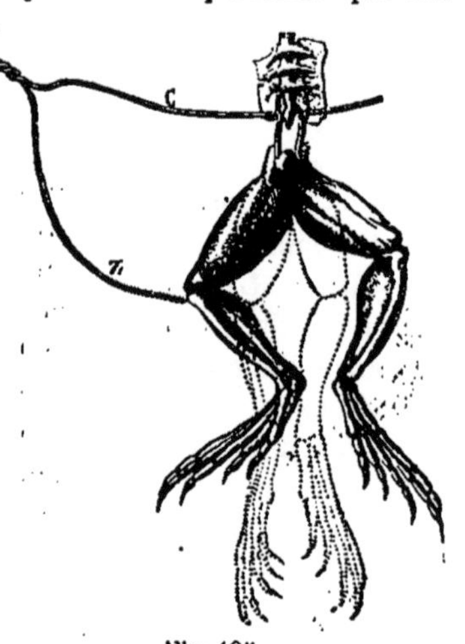

Fig. 485.

Pour répéter facilement l'expérience de Galvani, on coupe une grenouille transversalement au-dessous des membres supérieurs. On enlève rapidement la peau des cuisses et des jambes, et on met ainsi à nu les nerfs lombaires et les muscles des membres inférieurs. Si, maintenant (*fig.* 485), on fait communiquer les nerfs avec les muscles par un arc conducteur formé de deux métaux, cuivre et zinc, par exemple, ou d'un seul, on peut faire naître dans ces

1. Les physiciens sont partagés aujourd'hui sur le rôle que peut jouer le *contact* dans la production des phénomènes électriques ; mais la question, délicate d'ailleurs, est tout autre que celle que nous indiquons.

muscles des contractions très vives au moment où le contact a lieu
et au moment où il cesse.

1046. **Expériences de Volta**. — Volta, frappé de la nécessité d’employer un arc formé de deux métaux, pour que les contractions galvaniques fussent plus prononcées, fut conduit à une
tout autre explication, devenue l’origine d’une théorie connue
sous le nom de *théorie du contact.* Volta pensa que, dans l’expérience
de Galvani, l’électricité développée était de l’électricité ordinaire,
qui se formait au contact du cuivre et du zinc, le cuivre prenant le
fluide négatif, et le zinc le fluide positif.

Il admit que le contact de deux métaux ou, plus généralement,
de deux corps hétérogènes, développait, aux points communs, une
force capable de séparer l’une de l’autre les deux électricités, et il
chercha à établir ce fait fondamental par des expériences nombreuses et variées, parmi lesquelles nous reproduirons la suivante.

On soude ensemble une lame de zinc Z (*fig.* 486) et une lame
de cuivre C. Prenant à la main l’extrémité zinc, on touche le pla-

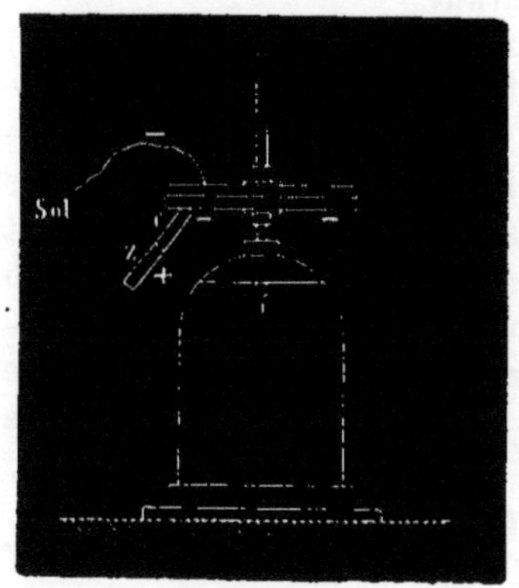

teau inférieur de l’électroscope condensateur avec l’extrémité cuivre,
tandis que le plateau supérieur
communique avec le sol. Après ce
contact, on rompt les communications, et on soulève le plateau supérieur. On voit alors apparaître
une divergence des feuilles d’or,
due à la charge négative du cuivre,
le zinc ayant pris la charge positive. Cette expérience, comme toutes celles du même genre qui ont
été exécutées pour soutenir la théorie du contact, manque de rigueur.
On peut faire à toutes la même

Fig. 486.

objection, savoir, que la production de l’électricité est due à l’action chimique de l’atmosphère ou de la main de l’expérimentateur
sur les métaux avec lesquels on opère.

1047. — La théorie de Volta, rapportant l’origine du courant
au seul contact de métaux hétérogènes, ne peut se soutenir aujour-
d’hui. D’abord, la théorie du contact est en contradiction avec les
principes fondamentaux de la mécanique. Il y aurait, en effet,
production d’électricité, sans que rien dans l’appareil fût modifié,
sans que cette électricité pût être considérée comme provenant de
la transformation d’un autre phénomène.

D'autre part, il y a des expériences probantes qui montrent que ce contact de métaux hétérogènes n'est pas nécessaire ; nous n'en citerons qu'une.

On peut constituer une pile ainsi qu'il suit : on prend des vases en nombre pair, 4 par exemple, A. B. C et D. On remplit A et C d'acide azotique, B et D d'une dissolution de pentasulfure de sodium. On introduit des lames de plomb recourbées en ∩ de manière à réunir les vases A et B d'une part, les vases C et D, d'autre part. Une lame de cuivre de même forme est placée entre B et C ; enfin dans les vases extrêmes on place des lames de cuivre reliées

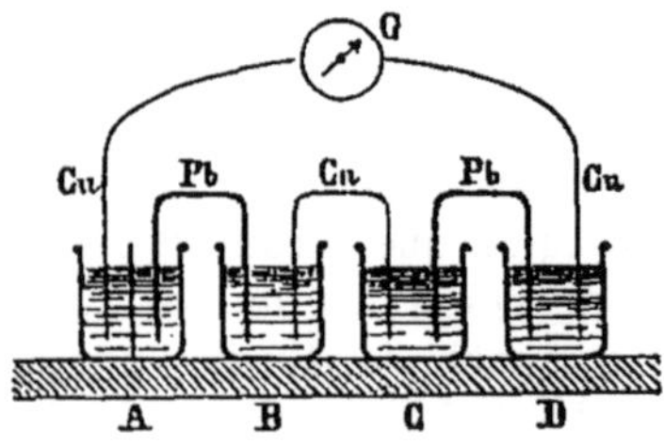

Fig. 487.

aux extrémités du fil de cuivre d'un galvanomètre. Il n'y a nulle part contact de métaux hérétogènes, et cependant la déviation de l'aiguille indique l'existence d'un courant.

L'origine de ce courant est facile à comprendre si l'on admet le rôle des actions chimiques : on sait, en effet, que l'acide azotique attaque fortement le cuivre et très peu le plomb. C'est l'inverse pour le pentasulfure de sodium. Il résulte de là que, dans les vases A et C, les lames de cuivre ne sont négatives que par rapport aux lames de plomb ; dans les vases B et D les lames de plomb sont négatives par rapport aux lames de cuivre. Donc les 4 éléments sont *orientés* dans le même sens et, réunis, forment une pile montée en série : il doit y avoir un courant d'autant plus intense que le nombre des éléments est plus grand.

1048. Polarisation des électrodes dans l'électrolyse. — Toute action chimique qui se produit dans un circuit fermé donne naissance à un courant électrique, et non pas seulement l'action d'un acide sur un métal. Cette action correspond d'ailleurs seulement à la substitution du zinc à l'hydrogène de l'acide, c'est-à-dire en réalité du métal zinc au métal hydrogène. Le résultat serait le même, non comme intensité, mais comme action générale si le zinc se substituait à un autre métal dans un sel, par exemple au sodium dans le sulfate de soude.

Il y a également courant dans des actions chimiques d'autre nature : dans la combustion du charbon, par exemple, le charbon devenant négatif ; dans l'action directe d'un acide sur une base.

Le résultat de l'électrolyse étant de séparer des corps qui étaient primitivement combinés en vertu de leur affinité, ces corps doivent tendre à se recombiner lorsque le courant cesse d'agir, et ils se combinent en effet de nouveau. Si l'on abandonne un liquide dans lequel on a fait une électrolyse, on trouve après un certain temps toute trace de décomposition disparue; dans le cas du sulfate de cuivre, le cuivre métallique déposé s'est dissous de nouveau dans l'acide sulfurique qui s'était formé; dans le cas de l'eau acidulée (sulfate d'hydrogène), rien n'est changé à l'acide sulfurique, il est vrai, mais il n'y a plus ni hydrogène, ni oxygène libres; dans le cas du sulfate de sodium, l'acide et l'alcali ont disparu.

Si pendant que se fait cette recomposition on réunit par un fil les deux électrodes, ce fil est parcouru par un courant, puisqu'il y a action chimique, et dans cette action c'est le métal attaqué qui est le pôle négatif; par conséquent, dans les cas précédents le courant ira, dans le fil conjonctif, de la lame autour de laquelle était l'acide à celle sur laquelle se trouve le cuivre, ou l'hydrogène ou la base.

Dans le liquide, au contraire, le courant marche du cuivre, hydrogène ou base vers l'acide; c'est-à-dire qu'il est dans l'électrolyte en *sens contraire* du courant qui avait produit l'électrolyse. Pour caractériser ce phénomène, qui est dû aux dépôts qui se sont produits sur les électrodes ou dans leur voisinage, on dit que celles-ci sont *polarisées*.

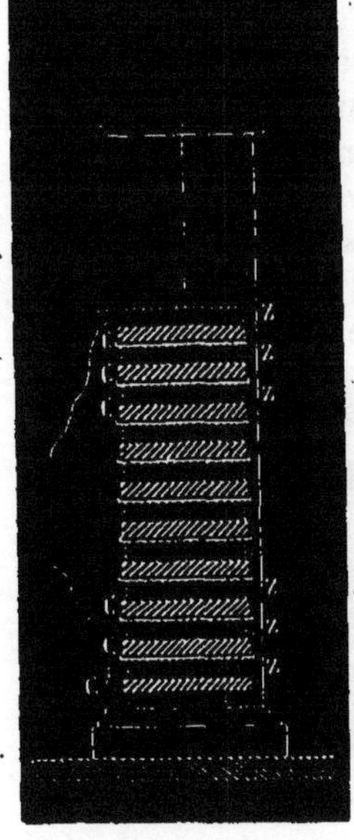

Fig 488.

Les expériences sont trop simples à concevoir pour qu'il soit nécessaire d'insister.

Il va sans dire que les phénomènes de recomposition dont nous parlons ne se produisent pas en masse, pour ainsi dire, mais molécule à molécule, et qu'ils s'expliquent par l'hypothèse de Grothus (1035).

Ces remarques sont fort importantes parce qu'elles sont nécessaires pour concevoir la théorie des piles.

1049. Pile de Volta : pile à colonne. — Malgré l'erreur commise sur l'origine de la force électromotrice, Volta, comme nous l'avons dit, sut en reconnaître les caractères et put construire une pile constituée par des lames de cuivre et de zinc convenablement placées et qui, de sa forme, a reçu le nom de *pile à colonne*. Les lames de zinc et de cuivre (*fig.* 488) sont des rondelles de même diamètre qui, souvent, sont soudées ensemble par une de leurs faces et que l'on superpose dans le même ordre en les séparant par des rondelles de drap préalablement trempées dans l'eau légèrement acidulée.

D'après les idées de Volta la force électromotrice prend naissance au contact du zinc et du cuivre : la rondelle de drap interposée entre deux éléments sert seulement de conducteur. Les fils interpolaires sont reliés l'un au premier cuivre qui est le pôle négatif, l'autre au dernier zinc qui est le pôle positif. On voit que s'il y a n éléments, c'est-à-dire n zincs et n cuivres, il n'y a que n-1 rondelles.

Dans la théorie chimique, la force électromotrice prend naissance entre le zinc et le drap acidulé : le cuivre est seulement conducteur. Il résulte de là que, dans la pile montée comme nous venons de l'imaginer, il y a seulement n-1 éléments (puisqu'il n'y a que n-1 draps) : le premier cuivre ne sert à rien, puisqu'il est au même potentiel que le zinc voisin; on peut le supprimer. Il en est de même du dernier zinc qui n'étant pas en contact avec un drap acidulé ne produit aucun effet : il reste alors n-1 cuivres, n-1 draps, n-1 zincs, formant n-1 éléments. Le pôle négatif correspond au zinc (puisque le premier cuivre, simple conducteur, a été enlevé), le pôle positif au cuivre.

1050. — Formes diverses de la pile à un liquide. — Indépendamment des inconvénients que présente la pile de Volta, par sa nature même de pile à un liquide, elle en présente d'autres qui sont dus spécialement à sa forme : les plaques de cuivre et de zinc ne peuvent pas avoir une très grande surface; le liquide, en s'échappant des rondelles, par l'effet de la compression des disques métalliques, diminue la conductibilité intérieure et établit une communication extérieure entre les divers éléments, deux circonstances qui diminuent les effets de la pile.

Pile à tasses, pile à couronne. — Pour obvier à cet inconvénient, on a modifié la forme de la pile de Volta sans la changer dans son principe, et l'on a construit la pile à tasses ou à couronne de tasses (par abréviation, pile à couronne). Elle se compose de vases de verre (*fig.* 489) contenant de l'eau acidulée au vingtième. Dans

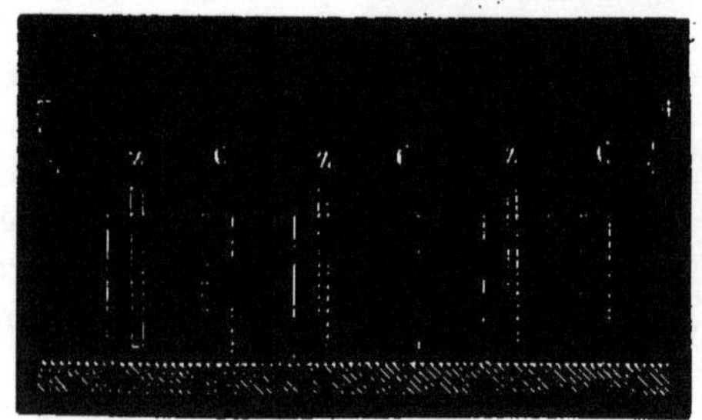

Fig. 489.

chacun de ces vases plongent une lame de cuivre C et une lame de zinc Z. On joint le cuivre du premier vase au zinc du second, le cuivre du second au zinc du troisième... Dans ce système, chaque vase, avec sa dissolution et ses lames de cuivre et de zinc, forme un *élément* de pile.

Pile à auge. — Plus tard, on a employé la pile à auge. Elle consiste en une caisse en bois (*fig.* 490) partagée en compartiments par des plaques composées de deux lames, zinc et cuivre, soudées ensemble. Pour mettre cet appareil en activité, on verse dans les compartiments de l'eau acidulée. Deux fils métalliques plongent dans les

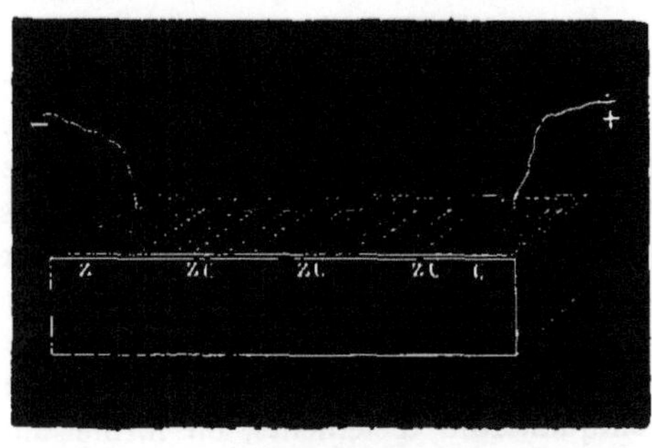

Fig. 490.

cloisons extrêmes, et prennent à leurs extrémités des charges contraires. Ce sont les extrémités de ces fils qu'on nomme les *rhéophores* de la pile.

Pile de Wollaston. — Une forme de pile très avantageuse est celle qui est connue sous le nom de pile de Wollaston. Tous les éléments sont montés sur une traverse en bois, et peuvent être à volonté plongés ou retirés des vases qui contiennent l'eau acidulée. Chaque élément est formé d'une lame de zinc Z (*fig.* 491) et d'une lame de cuivre recourbée C qui enveloppe entiè-

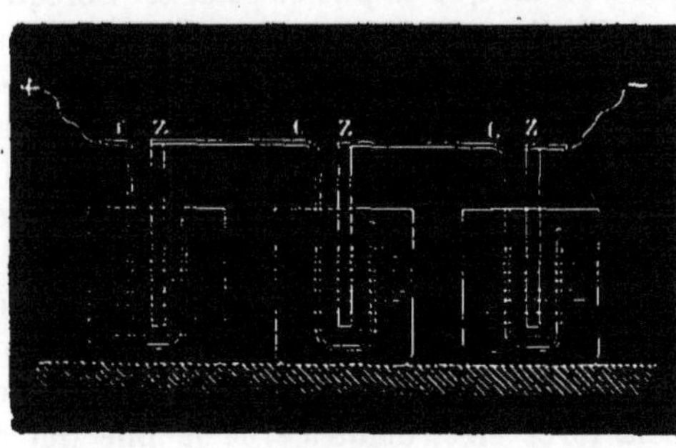

Fig. 491.

rement la lame de zinc sans la toucher. Cette disposition double en quelque sorte la surface qui doit recevoir l'électricité développée par l'action chimique, et rend plus énergique l'action de l'appareil.

La force électromotrice d'un élément de Wollaston, comme celle d'un élément de Volta, est de 0^{volt}.85.

Pile de Muncke et de Hure. — Faraday et Muncke ont employé une disposition analogue à celle de Wollaston. Les éléments sont formés de lames de cuivre et de zinc soudées, disposés en U et emboîtés les uns dans les autres. Tous les éléments plongent dans la même auge. Pour avoir encore de plus grandes surfaces, Hure

a imaginé la pile à hélice. Elle est composée de lames de cuivre et
de zinc enroulées, mais séparées par des lanières qui les empêchent
de se toucher. On forme ainsi un élément que l'on plonge dans un
seau en bois contenant de l'eau acidulée. Cette pile est très énergique au début.

· *Pile à chaine.* — Dans les applications de l'électricité à la médecine, on emploie encore la forme adoptée par M. Pulvermacher.
Chaque élément est formé de deux fils de zinc et de laiton enroulés
en hélice autour d'un petit cylindre de bois, parallèlement et à une
distance de 1 millimètre, afin qu'ils ne se touchent pas. Comme
dans toutes les piles, le zinc de l'un des éléments est relié au laiton
de l'autre élément.

Si on plonge ce système dans du vinaigre, on a un élément de
pile. En réunissant une cinquantaine d'éléments, on forme une
chaîne voltaïque qui donne des effets assez notables pour ses dimensions.

1051. Causes d'affaiblissement des piles à un liquide.
— L'expérience montre que, même dans le cas d'une pile composée
de nombreux éléments, le courant, qui peut être très intense au début,
s'affaiblit très rapidement, ce qui rend l'usage de ces piles peu
commode dans la pratique : on dit que la pile se *polarise.* Lorsque
cette polarisation s'est produite, il faut enlever les lames métalliques
hors du liquide et les abandonner à l'air, comme on peut le faire
facilement dans la pile de Wollaston, ou mieux encore les plonger
dans de l'eau pure ; en les remettant dans l'eau acidulée, elles peuvent de nouveau donner un courant intense, mais pour peu de
temps également.

Quelle est la cause de cet affaiblissement du courant ? Il ne
peut provenir d'une augmentation de résistance, car la composition
du liquide de la pile a à peine changé pendant le temps court de
l'expérience ; c'est donc la force électromotrice de la pile qui a
diminué. A cause de la formule $I = \dfrac{E}{R}$, l'intensité I ne peut diminuer que si R augmente ou si E diminue.

C'est bien la force électromotrice de la pile qui a diminué ; non
que l'action de l'acide sur le zinc se soit modifiée, mais parce
qu'une autre force électromotrice en sens contraire a pris naissance
et que la force électromotrice totale, qui est la différence des deux
actions composantes (1015), est nécessairement moindre que la force
primitive. Cette force électromotrice opposée, c'est celle qui résulte
de la *polarisation des électrodes ;* au début, il y avait seulement l'action de l'acide sulfurique (sulfate d'hydrogène) sur le zinc ; cette
action subsiste toujours, mais il se produit, dès que la pile a fonc-

tionné, l'action de l'hydrogène mis en liberté sur le sulfate de zinc formé.

. 1052. — Indépendamment de cette action capitale, il en existe d'autres moins importantes, mais qui cependant ont une influence et s'opposent à la régularité du courant. Ce sont notamment : 1° l'*hétérogénéité du zinc*. Le zinc ordinaire décompose l'eau acidulée, sans faire partie d'un circuit voltaïque; et quand le circuit est fermé, l'hydrogène se dégage à la fois sur la lame de zinc et sur celle de cuivre. La présence de l'hydrogène sur le cuivre empêche le contact du métal avec le liquide, et la résistance au passage de l'électricité devient considérable. De là, affaiblissement sensible de la pile. En second lieu, avec le zinc impur, il se produit des courants locaux, qui proviennent des alliages du zinc avec le fer, le plomb, etc. De là aussi, nouvel affaiblissement du courant. Rien de semblable n'a lieu avec le zinc pur. Il reste inactif dans l'eau acidulée, et n'est attaqué qu'autant qu'il fait partie d'un circuit fermé. Enfin l'hydrogène ne se dégage alors que sur la lame de cuivre. Le zinc amalgamé possède les mêmes propriétés que le zinc purifié. On l'amalgame en le décapant dans l'eau acidulée, et en y étendant du mercure avec un tampon. L'emploi du zinc amalgamé remédie donc, en partie, aux inconvénients; 2° *la saturation progressive de l'acide sulfurique* et la formation de sulfate de zinc; ces deux actions modifient la résistance de la pile et, par suite, font varier l'intensité. Il va sans dire que le courant cesserait si l'acide sulfurique venait à être transformé entièrement en sulfate. On obvie à cet inconvénient qui, comme le précédent, n'est pas particulier aux piles à un liquide, en ajoutant de l'acide de temps à autre et en soutirant la dissolution de sulfate de zinc qui, en vertu de sa plus grande densité, tombe au fond du liquide.

1053. **Piles à courant constant. Pile de Daniell.** — Les piles à deux liquides sont destinées à éviter le dégagement de gaz, et la polarisation des électrodes par conséquent, c'est-à-dire qu'elles sont construites de manière à ce que l'hydrogène soit absorbé; ce résultat est atteint de diverses façons et les piles ainsi construites sont dites *piles à courant constant*. L'un des premiers modèles adoptés est celui imaginé par Daniell sur les idées de Becquerel et qui porte le nom de *pile de Daniell*.

Considérons un élément de pile formé par une lame de zinc amalgamé et une lame de cuivre. Séparons les deux lames par une cloison perméable, et mettons dans le compartiment qui contient le zinc de l'eau acidulée, et dans l'autre du sulfate de cuivre. Dans ces conditions, la couche si fâcheuse d'hydrogène va disparaître : Ce gaz passant à travers la paroi poreuse, décompose le sulfate de

cuivre en SO⁴, reforme l'acide sulfurique $H^2 SO^4$ et du cuivre se dépose
sur le cuivre; on évite la polarisation, puisqu'il n'y a pas d'hydrogène mis en liberté. D'autre part, puisque la surface du cuivre est
recouverte de cuivre, ne change pas par conséquent, la résistance
de la pile n'est pas modifiée. On conçoit que le courant doive rester
constant, dès lors, si l'on a employé du zinc amalgamé.

Il importe de remarquer que, dans la pile de Daniell, il se
reforme autant d'acide sulfurique qu'il y en a eu d'employé à faire
le sulfate de zinc et que, finalement, l'action chimique consiste dans
la disparition d'une certaine quantité de sulfate de cuivre qui est
remplacée par la quantité *équivalente* chimiquement de sulfate de
zinc : il y a substitution du zinc au cuivre.

Dans sa forme usuelle, l'élément de Daniell se compose d'un
vase extérieur V (*fig.* 492), contenant de l'eau acidulée, dans lequel
on place un cylindre de zinc
Z. A l'intérieur de ce cylindre,
se trouve un vase de terre
poreuse P, qui renferme une
dissolution concentrée de sulfate de cuivre, dans laquelle
plonge un fil de cuivre. Pour
maintenir saturée la dissolution de sulfate de cuivre, on
dispose sur une galerie D des
cristaux de sulfate de cuivre en
contact avec la solution saline.
Bréguet a reconnu qu'on obte-

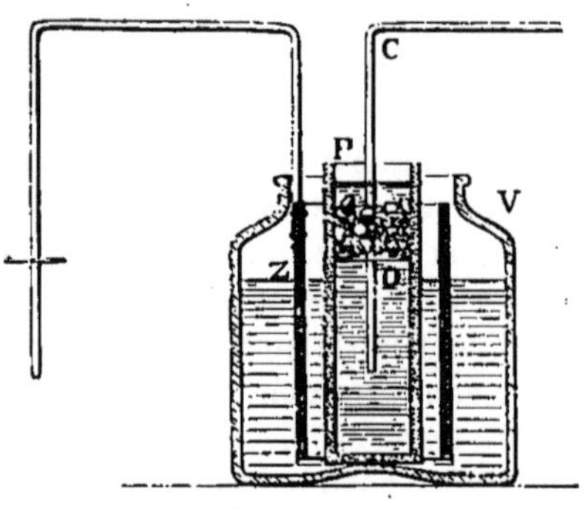

Fig. 492.

nait les mêmes effets en supprimant l'acide, et en le remplaçant par de
l'eau ordinaire, ce qui s'explique aisément d'après la remarque que
nous avons faite précédemment sur le rôle de l'acide. Mais, dans ce
cas, la résistance varie : elle diminue par suite de la production de
sulfate de zinc qui se dissout. On peut d'après la même remarque
construire des éléments où le zinc est plongé dans une dissolution
de sulfate de zinc, et le cuivre dans une dissolution de sulfate de
cuivre.

La force électromotrice d'un élément de Daniell est d'environ
1^{volt},08; la résistance dépend de ses dimensions.

L'élément *Callaud* fréquemment usité lorsque la pile ne doit pas
être déplacée est un élément Daniell sans vase poreux, les deux
liquides restant séparés par leur superposition par ordre de densité : la résistance est moindre que celle d'un élément Daniell, par
suite de la suppression du vase poreux.

1054. Pile de Grove, de Bunsen. — Au lieu de faire agir

l'hydrogène sur du sulfate de cuivre, Grove proposa l'emploi de
l'acide azotique : il se forme alors des composés nitreux qui se dégagent en partie ou en partie restent en dissolution. Mais il fallut
remplacer le cuivre par du platine non attaquable par l'acide
azotique : tel est l'élément de Grove. L'élément de Bunsen n'est
qu'une transformation heureuse de l'élément de Grove; il n'en
diffère que par la substitution au platine d'une plaque de charbon
de cornue (*fig.* 493) : V vase de verre ou de poterie vernissée; Z

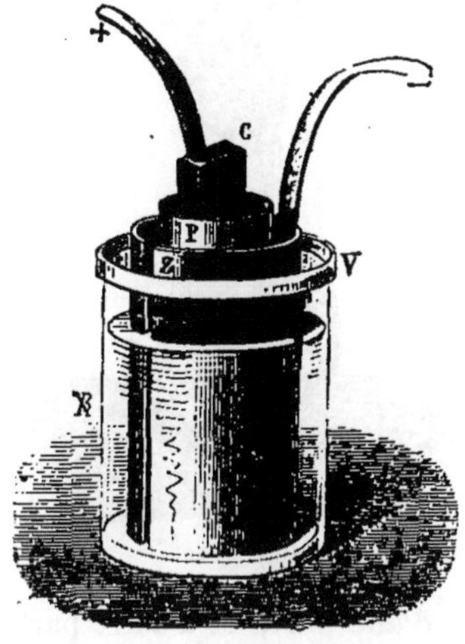

Fig. 493.

cylindre de zinc amalgamé; P vase
poreux, et C plaque de charbon des
cornues à gaz.

Pour former une pile, on réunit
le charbon d'un élément avec le zinc
de l'élément suivant, et ainsi de
suite. Le pôle positif est au dernier
charbon, et le pôle négatif au dernier zinc.

Actuellement dans la pile de
Bunsen on remplace les charbons
de cornue par des charbons artificiels, par des agglomérés qui sont
également conducteurs et dont le
prix de revient est moindre.

La force électromotrice d'un
élément Bunsen est environ de
$1^{volt}.8$; aussi ces éléments sont-ils souvent employés pour construire des piles puissantes. Ils présentent l'inconvénient, très sérieux
dans un grand nombre de cas, de dégager des vapeurs nitreuses
acides.

1055. **Pile de Marié Davy**. — Dans cette pile qui est quelquefois employée on retrouve les mêmes éléments que dans l'élément Bunsen; seulement le charbon est en contact non avec de
l'acide azotique, mais avec une dissolution de sulfate de mercure
qui est réduit. Le mercure en partie tombe au fond du liquide, en
partie se porte sur le zinc dont il entretient l'amalgamation, ce qui
est un avantage. La force électromotrice de cet élément est $1^{volt},2$.

Il existe de petits éléments sans vase poreux, mais contenant les
mêmes matières, zinc et charbon; on y met une dissolution de
bisulfate de mercure. Le courant est à peu près constant pendant
un certain temps. Ces éléments sont employés notamment dans les
bobines d'induction destinées aux applications médicales.

1056. **Pile au bichromate de potasse**. — On se sert aujourd'hui très fréquemment, pour les expériences, de la pile au

bichromate de potasse. Elle consiste en un ballon (*fig.* 494) qui contient une dissolution saturée à froid de bichromate additionnée d'acide sulfurique. Dans l'intérieur, plonge une lame de zinc, entourée par deux plaques de charbon. Quand l'élément ne doit pas fonctionner, on soulève les zincs, afin de les mettre hors du liquide actif.

Dans cette pile, il se produit une action analogue à ce qui se passe dans les piles précédentes à deux liquides : le zinc est attaqué par l'acide sulfurique, d'une part; d'autre part, l'hydrogène ainsi dégagé agit sur le mélange oxydant de bichromate de potasse et d'acide sulfurique. Il se reforme de l'eau en même temps qu'un alun de chrome (sulfate double de chrome et de potassium).

La force électromotrice d'un élément au bichromate de potasse est environ de $1^{\text{volt}},8$.

1057. **Pile Leclanché**.— Cette pile diffère des précédentes en ce que la substance dépolarisante est solide d'une part, et d'autre part que l'on n'emploie pas l'acide sulfurique.

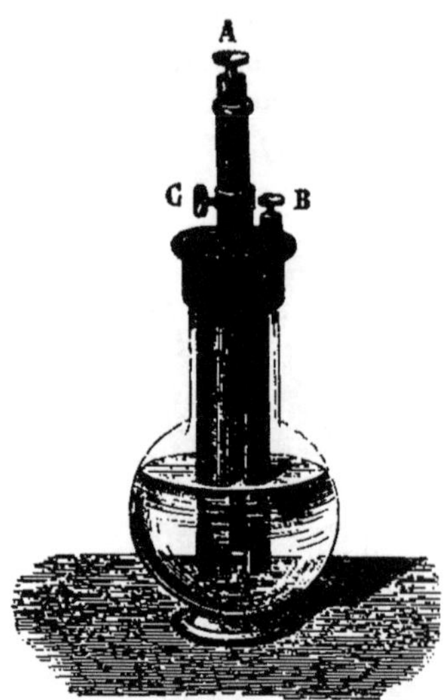

Fig. 494.

Un élément Leclanché se compose d'un cylindre de zinc plongé dans une dissolution de sel ammoniac (chlorure d'ammonium); dans celle-ci plonge également un vase poreux contenant un mélange de charbon et de bioxyde de manganèse : dans les modèles récents (modèle Barbier), le vase poreux est supprimé et l'on plonge dans le liquide un cylindre ou des plaques agglomérées comprenant sous forme d'un corps solide le charbon et le bioxyde de manganèse.

Il se forme du chlorure de zinc, de l'ammoniaque, et l'hydrogène mis en liberté forme de l'eau en réduisant le bioxyde de manganèse :

$$Zn + 2AzH^4Cl + 2MnO^2 = ZnCl^2 + 2AzH^3 + H^2O + Mn^2O^3$$

En réalité l'action est moins simple et il se forme des chlorures doubles.

La force électromotrice d'un élément Leclanché est de $1^{\text{volt}},5$; la dépolarisation ne s'y fait pas rapidement d'une manière complète; aussi le courant s'affaiblit-il d'une manière appréciable si l'on fait travailler la pile d'une manière continue. Elle donne de très bons résultats lorsqu'elle est destinée à un service intermittent.

1058. Piles secondaires Planté; accumulateurs. — Les effets de polarisation, qui sont un inconvénient dans les piles, ont pu être utilisés pour donner naissance à des courants électriques, par l'emploi des piles secondaires qui ont été imaginées par M. Gaston Planté.

Un élément secondaire consiste essentiellement en deux lames

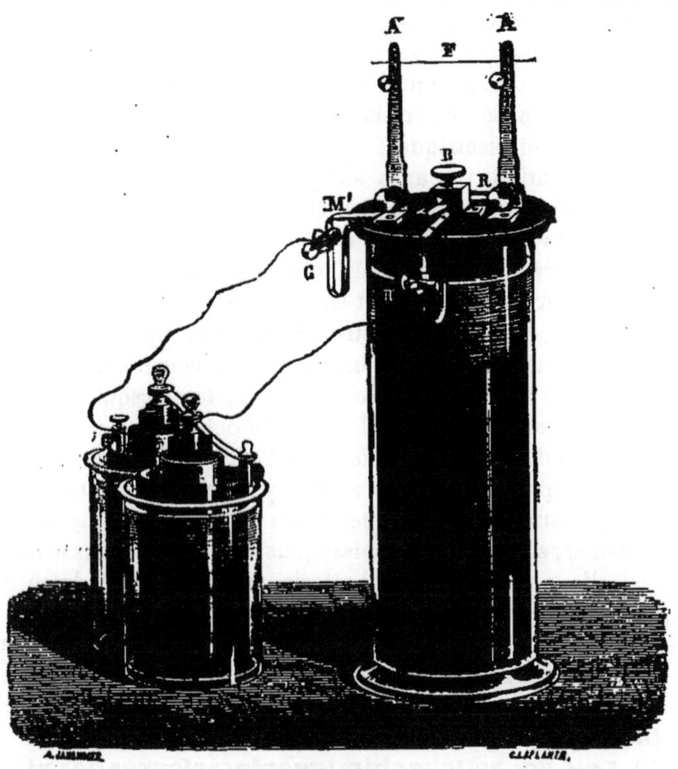

Fig. 495.

de plomb de grande surface isolées l'une de l'autre et maintenues à une petite distance, plongeant dans un vase contenant de l'eau acidulée. Par une série d'opérations préliminaires consistant à faire passer des courants alternativement dans l'un et l'autre sens, les plaques ont été amenées à un état spongieux particulier. L'élément est inerte par lui-même et doit être *chargé* : pour cela, à l'aide d'une pile (ou de toute autre source de courant continu) on fait traverser cet élément par un courant produisant l'électrolyse du liquide : la lame de plomb prise pour électrode positive s'oxyde, et la lame prise pour électrode négative se recouvre d'hydrogène condensé. Lorsque l'on rompt la communication avec la pile qui a servi à la charge et que l'on ferme le circuit, l'effet inverse se produit, donnant naissance à un courant qui dure tant que les lames n'ont pas été ramenées à leur état primitif.

Des appareils du même genre, mais dans lesquels on a directement introduit du peroxyde de plomb sur l'une des lames, ont reçu le nom d'*accumulateurs*. Il importe de remarquer que l'appareil *n'accumule pas* l'électricité (les condensateurs produisent cet effet), mais qu'il s'y accumule sous forme d'action chimique une certaine quantité d'*énergie* due au courant électrique de charge. Lorsque l'action chimique se produira en sens inverse, l'énergie reparaîtra sous forme de courant électrique : il va sans dire que, comme dans toute transformation, il y aura une perte d'énergie et que l'on ne pourra recueillir en électricité tout ce qu'on y avait introduit.

Les éléments secondaires ont une force électromotrice voisine de 2 volts ; ils peuvent être combinés en *piles* soit par un groupement en série, soit par un groupement en batterie.

Une pile en batterie peut être chargée par une pile primaire faible, 2 éléments Bunsen, par exemple ; elle accumule une assez grande quantité d'énergie qu'elle pourra rendre lorsqu'il sera nécessaire, soit sous une faible différence de potentiel, soit avec une forte différence de potentiel, suivant que l'on conservera les éléments en batterie ou qu'on les groupera en série. Mais dans tous les cas on pourra produire des effets que la pile primaire employée n'aurait pu donner, soit qu'elle fournisse plus d'électricité dans le même temps si elle est groupée en batterie, soit qu'elle produise une plus grande différence de potentiel si elle est groupée en série.

Les accumulateurs pourront rendre des services dans l'industrie si la dépense n'est pas trop grande : ils sont employés dès à présent pour des applications médicales, notamment pour la galvanocaustique thermique.

1059. Lois des actions chimiques intérieures des piles. — Considérons un circuit comprenant un ou plusieurs éléments de pile et une ou plusieurs électrolytes : il y aura des actions chimiques produites, tant dans les éléments que dans les électrolytes. Nous connaissons (1038) les lois qui régissent ces dernières. On sait qu'elles sont liées aux actions chimiques qui se produisent dans les éléments. Matteucci a reconnu que les lois de Faraday sont applicables, au signe près, aux actions chimiques qui se manifestent dans les piles. Lorsque plusieurs éléments fonctionnent dans un même circuit, il se dissout dans chacun d'eux le même poids de métal : s'il s'agissait de piles où le métal attaqué différerait, les poids des métaux attaqués seraient proportionnels aux équivalents chimiques de ces métaux.

De plus, il existe une relation entre les actions chimiques de la pile et celles qui se produisent dans les électrolytes :

Il se dégage dans chaque électrolyte autant d'équivalents de métal qu'il se dissout d'équivalents de zinc dans chaque élément de pile.

1060. La force électromotrice mesure l'action chimique. — L'action chimique est, dans les piles, la source de la force électromotrice; s'il en est bien ainsi, comme nous l'avons dit, il doit y avoir une relation entre ces éléments. Mais, pour arriver à préciser cette relation, il faut pouvoir caractériser la grandeur de l'action chimique. Il existe un moyen de caractériser l'énergie correspondante, c'est de déterminer la quantité de chaleur qui peut être dégagée dans une action donnée. Or l'expérience a prouvé qu'il y a proportionnalité entre l'intensité des actions chimiques, évaluées en calories, et la force électromotrice.

Voici, par exemple, quelques données numériques fournies par Favre et Silbermann.

Pile de Volta. — Dans cette pile, l'action chimique comprend a sulfatation du zinc qui représente 53258 calories et la décomposition de l'eau correspondant à 34462 calories; ces chiffres correspondant à 1 équivalent. La seconde action étant en sens contraire de la première, il reste disponible 18796 calories.

Pile de Daniell. — La sulfatation du zinc fournit toujours 53258 calories; la décomposition du sulfate de cuivre en absorbe 29605. Il reste disponible 23653 calories.

Pile de Grove ou de Bunsen. — La chaleur fournie par la sulfatation du zinc est toujours 53258; quant à la chaleur absorbée, elle serait 6885 calories si l'acide azotique était transformé en acide hypoazotique, et 13634 s'il était transformé en acide azoteux. Les deux actions ayant lieu simultanément, nous admettrons que la quantité de chaleur absorbée est la moyenne, soit 10260 calories. Il reste donc disponible (toujours pour 1 équivalent du zinc dissous) 42998 calories (les valeurs extrêmes seraient 39624 et 46373).

M. J. Regnauld dans ses recherches sur les forces électromotrices des éléments avait déjà reconnu qu'il y a proportionnalité. En se reportant aux chiffres que nous avons donnés pour les forces électromotrices, on voit aisément qu'il en est ainsi en effet. Par de simples divisions, on voit également que la force électromotrice de 1 volt correspondrait à un élément qui, en chiffres ronds, laisserait libres 22000 calories pour 1 équivalent de zinc dissous dans l'acide sulfurique.

1061. Le courant transmet l'énergie rendue libre dans la pile. — La quantité de chaleur correspondant aux actions chimiques qui se produisent dans une pile mesure l'énergie disponible par suite de cette action même. En nous basant sur les idées générales que nous avons indiquées à plusieurs reprises, nous pouvons prévoir que les actions diverses recueillies dans le circuit comprenant cette pile, mesurées en totalité, représenteront une énergie égale à celle fournie par la pile.

Ce résultat, extrêmement important au point de vue des idées générales, a été vérifié de diverses façons.

Le cas le plus simple est celui d'un circuit comprenant une pile dont les pôles sont reliés par un fil métallique dans lequel il ne se produit que des actions calorifiques. Joule a énoncé, pour ce cas, la loi suivante, qui complète celle que nous avons donnée d'autre part (1019) : *la chaleur totale développée dans le circuit est constante pour une même quantité de zinc dissous.*

M. Favre a confirmé cette loi par de nombreuses expériences faites avec son calorimètre à mercure. On place dans le calorimètre un petit élément formé de zinc amalgamé et de cuivre dont le circuit est fermé par un fil métallique dont on fait varier les dimensions, et l'on détermine la quantité de chaleur dégagée pour un même poids de zinc dissous.

Si le fil extérieur est gros et court, nous savons (1019) qu'il s'y dégage peu de chaleur, la pile s'échauffe beaucoup; si le fil est fin, long, résistant, il s'échauffe plus et la pile dégage moins de chaleur.

Mais si l'on met dans le calorimètre à la fois la pile et le fil interpolaire, on trouve que, quel que soit celui-ci, le calorimètre indique la même quantité de chaleur pour le même poids de zinc dissous; ce qui vérifie la loi de Joule.

Il est très important de remarquer que si le circuit extérieur agit seulement sur la répartition et non pas sur la valeur totale de la chaleur dégagée pour un poids donné de zinc, son influence est grande sur la quantité de chaleur dégagée *dans un temps donné.* La quantité de zinc dissous augmente, en effet, quand la résistance extérieure est faible, parce que, alors, l'intensité du courant est plus grande.

1062. — Il va sans dire que si dans le circuit extérieur le courant est employé à produire soit un travail mécanique, soit une action chimique, on ne retrouverait pas la totalité de la chaleur qui est indiquée par la loi précédente. Une partie de l'énergie disponible serait alors utilisée sous une forme autre que l'action calorifique.

S'il n'y a qu'une action mécanique produite, on doit trouver une perte de chaleur *équivalant* au travail recueilli (528).

Cette remarque, très importante au point de vue de la théorie mécanique de la chaleur, a été vérifiée directement au moyen du calorimètre à mercure : la pile et le circuit étaient placés dans le moufle et l'on évaluait la chaleur produite pour un équivalent de zinc dissous; puis, le courant passant dans les bobines d'une petite machine électro motrice, on recommençait l'expérience tandis que cette machine produisait l'élévation d'un poids, et l'on observait une diminution dans la chaleur fournie au calorimètre. M. Favre put même déduire de ces expériences une valeur approchée de l'équivalent mécanique de la chaleur.

1063. — S'il se produit une décomposition chimique dans le circuit extérieur, on ne trouve pas la quantité totale de chaleur correspondante à l'action de la pile, mais cette quantité diminuée de celle qui représente l'énergie absorbée par la décomposition. Ainsi une pile de Wollaston de 5 éléments fournit, en chiffres ronds, $18000 \times 5 = 90000$ calories; si un voltamètre se trouve dans le circuit, on n'en trouve que 56000 parce qu'il y a eu décomposition d'un équivalent d'eau ayant absorbé 34000 calories.

Cette même considération fait comprendre quelle est la condition nécessaire pour qu'une pile donnée produise une certaine électrolyse; il faut que l'électricité fournie par la pile corresponde à un dégagement de chaleur plus grand que celui nécessaire à la décomposition du corps en expérience. Pour se rendre compte si cette condition est remplie, il faut remarquer que la chaleur dégagée dans un élément n'est que la différence entre les chaleurs dégagée et absorbée par les compositions ou décompositions que l'on observe (1060).

Un seul élément de Volta ne peut pas décomposer l'eau. En effet, pour un équivalent d'eau décomposée, il ne peut y avoir qu'un gramme de zinc dissous, lequel ne produit que 18796 calories au lieu de 34462.

De même un élément Daniell ne peut décomposer l'eau, car l'énergie développée est représentée seulement par 23653 calories.

Mais un seul élément Bunsen produit cet effet, car il dégage au minimum 39624 calories.

CHAPITRE VII

LES COURANTS ÉLECTRIQUES ET LES ACTIONS MÉCANIQUES.
ÉLECTRODYNAMIQUE ET ÉLECTROMAGNÉTISME.

1064. Actions mécaniques réciproques des courants. — L'existence d'un courant traversant un fil placé dans un lieu modifie les conditions de l'espace en vertu d'une action de nature inconnue, et donne naissance à un *champ électrique* dont la réalité peut être vérifiée par des fantômes ou spectres tout analogues à ceux que nous avons indiqués pour le magnétisme. En projetant de même de la limaille de fer sur une feuille de papier, on voit se dessiner des lignes qui, on le conçoit, doivent jouer le même rôle que les lignes de force : ces lignes sont des droites perpendiculaires au fil traversé par le courant, si le papier est placé parallèlement à ce fil, par exemple.

Nous ne chercherons pas à étudier ces lignes en détail, ni à tirer de leur existence toutes les conséquences qu'elles peuvent fournir ; nous dirons seulement que ces lignes de force nous montrant que l'espace est modifié, de proche en proche, par la présence d'un courant, on conçoit qu'un autre courant placé à une distance assez faible du premier subisse une action qui n'existerait pas si ce second courant existait seul dans l'espace. Nous pouvons, par la pensée, négliger le champ électrique et raisonner comme si c'était le premier courant qui agit directement sur le second. Le mécanisme de l'action étant bien indiqué au début, il n'y a pas d'inconvénient à raisonner comme s'il se produisait une action directe à distance.

Les actions dont il s'agit se manifestent par des forces attractives ou répulsives, suivant les cas ; on pourrait les reconnaître et les mesurer à l'aide d'un dynamomètre très sensible ; on préfère les mettre en évidence en montrant les mouvements qu'elles produisent.

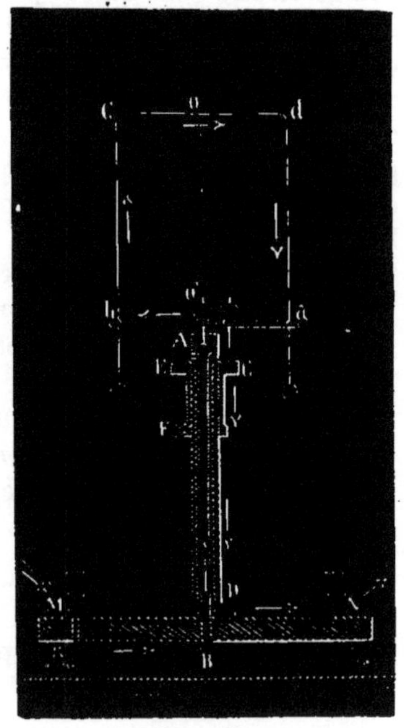

Fig. 496.

1065. — Il faut donc avoir des courants mobiles disposés de manière à se mouvoir sous des influences diverses, notamment sous celle d'autres courants fixes : en faisant varier les formes, les grandeurs, les distances, etc., on arrive à déterminer expérimentalement ou à vérifier les lois qui régissent ces actions, qui sont dites *actions électrodynamiques.*

Le support des courants mobiles le plus commode est celui qui a été indiqué par M. O'Belliane. Il est formé de deux colonnes métalliques AB, CD. *(fig* 496), emboîtées l'une dans l'autre, et séparées par une matière isolante. La colonne AB est terminée par un godet A, que l'on remplit de mercure. Le long de la colonne extérieure glisse une bague métallique EF, qui peut être fixée à une hauteur déterminée au moyen d'une vis de pression F, et qui se termine aussi par un autre godet C, contenant du mercure. Les courants mobiles ont une forme variable suivant les expériences ; ils sont munis de contre-poids, qui abaissent le centre de gravité des points de suspension et assurent leur stabilité. On les construit ordinairement avec des fils de cuivre ou d'aluminium, que l'on contourne en rectangle ou en cercle. Leurs extrémités portent des aiguilles d'acier qui plongent dans le mercure. Le conducteur fixe est formé d'un simple fil métallique, ou d'un fil enroulé plusieurs fois sur un rectangle de bois. Le courant d'une pile entre, par exemple, par la borne M, suit la colonne intérieure, l'équipage mobile *bcda*, de là il arrive, par la colonne extérieure, à une seconde borne N, pour se rendre ensuite dans un conducteur fixe, et de là à la pile. De cette manière, un même courant traverse les parties mobiles et les parties fixes suivant des directions déterminées, qu'on peut changer à volonté, soit à la main, soit par l'intermédiaire d'un commutateur.

1066. Lois élémentaires des actions réciproques des courants. — Ampère, à qui on doit la découverte et l'étude complète de cette question, a donné les lois qui existent entre deux *éléments* de courants, c'est-à-dire deux courants infiniment petits.

Dans les expériences, on ne peut réaliser cette condition et on opère avec des courants finis que l'on place dans les conditions les plus simples. Nous nous bornerons à indiquer la principale loi :

Entre deux éléments de courant parallèles il existe une force attractive si les courants sont de même sens, répulsive s'ils sont de sens contraires.

On peut préciser davantage et l'on reconnaît que les actions augmentent avec l'étendue des éléments, avec l'intensité des courants, et diminuent quand la distance augmente [1]. Disons encore que la force agit suivant la ligne qui joint les milieux des éléments.

L'existence de cette force montre que si l'un des éléments est libre de se mouvoir, il sera attiré ou repoussé par l'autre. On vérifie ce résultat, non pour des éléments, mais pour des courants finis, en plaçant sur le support mobile un simple rectangle *abcd* (*fig.* 497), dans lequel circule un courant, suivant les flèches. Si on approche de *cb* le fil *mn* parallèle et traversé par un courant de même sens,

---

1. Si f est la force, s et s' les longueurs des éléments, i et i' les intensités des courants, d la distance et k une constante, on a :

$$f = \frac{k\,ss'\,ii'}{d^2}$$

aussitôt le système mobile se met à tourner, en s'approchant du conducteur fixe ; si on change le sens du courant dans l'un des conducteurs, le rectangle mobile tourne, en s'éloignant de *mn*. Donc,

il y a attraction entre deux courants parallèles et de même sens ; il y a répulsion entre deux courants parallèles et de sens contraires.

En réalité, la question n'est pas tout à fait aussi simple parce qu'il faudrait tenir compte des autres parties du courant mobile, *ab*, *cd* et *da* ; mais une analyse complète montre que c'est l'action de *bc* qui produit réellement l'effet observé.

Nous n'étudierons pas les divers autres cas, et nous arriverons immédiatement à l'étude d'une importante disposition des courants.

1067. Solénoïdes. — On appelle *solénoïde* un système composé par une série de courants circulaires de même sens,

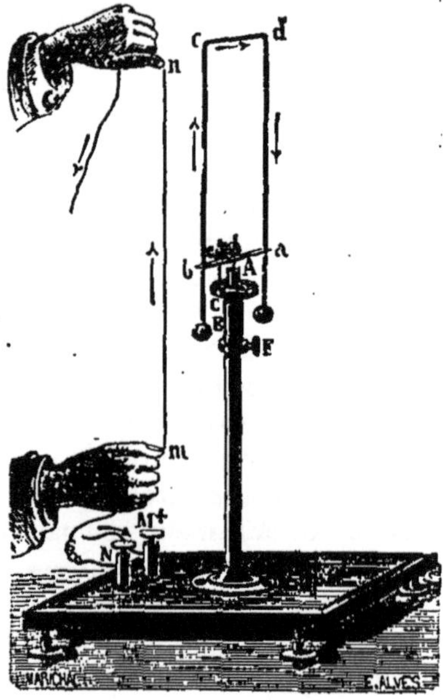

Fig. 497.

ayant leurs centres sur une droite qu'on appelle *axe du solénoïde*.

On ne peut pas réaliser un ensemble de courants circulaires indépendants ; on a cherché à s'en rapprocher le plus possible.

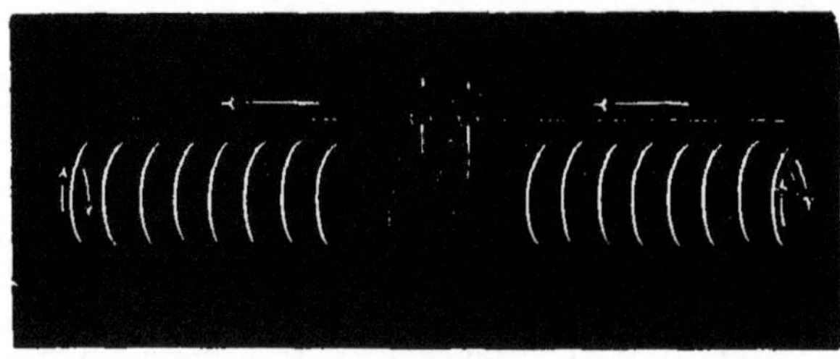

Fig. 498.

Ordinairement, pour former un solénoïde (*fig.* 498), on se borne à contourner un fil en hélice, et on ramène les deux bouts le long de son axe jusqu'au milieu. Ainsi constitué, un solénoïde peut être considéré sensiblement comme un assemblage de courants circulaires.

On attachait autrefois une certaine importance à distinguer entre les solénoïdes *dextrorsum* I, ou *sinistrorsum* II ; en réalité cette distinction ne correspond à rien d'utile. Ce qui est intéressant seulement, ce sont les cercles fictifs que remplacent les spires de l'hélice et ils sont les mêmes dans les deux systèmes.

Mais, dans un solénoïde quelconque traversé par un courant dont on connaît le sens, on voit immédiatement que les apparences ne sont pas les mêmes suivant qu'on regarde ce solénoïde par l'une

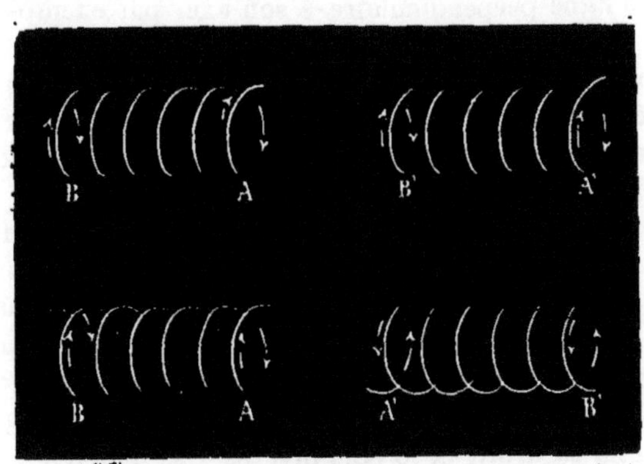

Fig. 499.

ou par l'autre extrémité : à l'une d'elles, en A ou A', on voit le courant se diriger dans le sens où l'on voit tourner les aiguilles d'une montre, dans ce que l'on appelle le sens *direct* ; au contraire, lorsque l'on regarde le solénoïde par l'extrémité opposée B ou B', on y voit tourner le courant dans le sens contraire de celui où l'on voit tourner les aiguilles d'une montre, dans le sens *inverse*. Pour cette raison, nous désignerons les extrémités, provisoirement au moins, sous les noms de *pôle direct* et de *pôle inverse*.

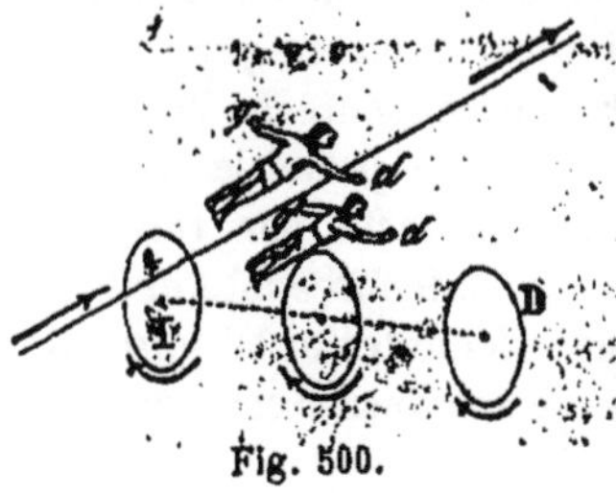

1068. — Nous pouvons exprimer autrement ce résultat à l'aide de la représentation du sens d'un courant donnée par Ampère. Ainsi que nous l'avons dit, Ampère caractérise le courant par un personnage placé dans le circuit de manière que le courant entre par les pieds et sorte par la tête (1006) : la droite et la gauche du personnage, dans des conditions déterminées, seront la droite et la gauche du courant.

Fig. 500.

Imaginons dans un solénoïde ce personnage, que nous astreindrons de plus à toujours regarder l'axe du solénoïde ; on se rend compte aisément qu'il sera vu tournant dans le sens direct, dans le sens des aiguilles d'une montre pour un observateur placé à sa droite, mais qu'il sera vu tournant dans le sens inverse par un observateur placé à sa gauche. Autrement dit, pour ce personnage ainsi défini, le pôle direct sera à sa droite, le pôle inverse à sa gauche.

1069. Action d'un courant rectiligne sur un solénoïde. — On peut disposer un solénoïde de manière à ce qu'il soit mobile autour d'une ligne perpendiculaire à son axe, par exemple autour d'une ligne verticale, l'axe du solénoïde étant horizontal. Si, dans ces conditions, on place au-dessus ou au-dessous du solénoïde un fil rectiligne parcouru par un courant, on le verra tourner jusqu'à une position d'équilibre caractérisée par ce que l'axe du solénoïde est alors perpendiculaire au courant.

Nous pouvons énoncer ce résultat autrement, en considérant le personnage représentatif du solénoïde placé comme nous l'avons dit, et celui représentant le courant rectiligne placé de manière à regarder le solénoïde. Il est évident que dans la partie la plus voisine les deux personnages devront être placés *parallèlement*, que, par suite, le personnage représentatif du courant rectiligne aura le pôle direct à sa droite et le pôle inverse à sa gauche.

Ainsi que nous l'avons déjà dit, les actions électrodynamiques élémentaires changent de sens quand change le sens de l'un des courants; il en sera évidemment de même dans le cas d'une action complexe comme celle qui correspond au solénoïde. Dans tous les cas, l'équilibre sera atteint quand l'axe du solénoïde sera en croix avec la direction du courant rectiligne et que le pôle *inverse* sera à la gauche de ce dernier.

Nous avons dit que le spectre électrique d'un courant rectiligne est une figure dans laquelle la disposition est la même que s'il existait des lignes de force perpendiculaires au courant. En admettant leur existence, on voit que l'axe du solénoïde prend la direction des lignes de force, c'est-à-dire qu'il se comporte par rapport à elles comme un aimant par rapport aux lignes de force magnétiques. C'est là une première analogie entre les solénoïdes et les aimants; comme nous allons le dire, il sera possible de pousser cette analogie très loin.

L'action que nous venons de signaler, comme toutes les actions électro dynamiques, est réciproque; c'est-à-dire que si le solénoïde est fixe et le courant rectiligne mobile, celui-ci se déplacera jusqu'à arriver à une position d'équilibre qui sera caractérisée comme nous venons de le dire pour le cas précédent.

1070. Direction d'un solénoïde par l'action terrestre.

— L'expérience montre qu'un solénoïde pouvant tourner autour d'un axe vertical, et lors même qu'il n'existe aucun courant dans le voisinage, se dirige dans l'espace spontanément et qu'il s'arrête à une position d'équilibre qui est parallèle à la direction de l'aiguille de déclinaison. C'est ici seulement le champ magnétique terrestre que l'on peut invoquer, et c'est à son action qu'est due la direction que prend le solénoïde. Pour préciser cette direction, nous dirons que c'est le pôle *inverse* qui se dirige vers le nord ; par analogie, nous désignerons maintenant sous le nom de *pôle nord* du solénoïde ce que nous appelions le *pôle inverse*, et sous le nom de *pôle sud* ce qui était le pôle direct.

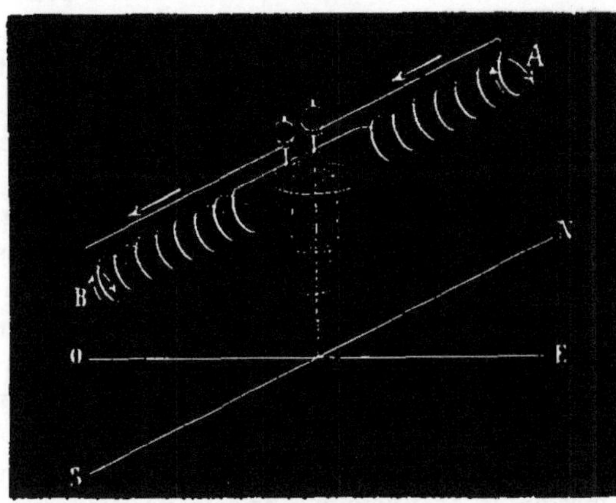

Fig. 501.

L'analogie entre le solénoïde et l'aiguille aimantée est complète, car si le solénoïde est mobile autour d'un axe horizontal passant par son centre de gravité, et perpendiculaire au méridien magnétique, il prend, dans ce cas, la déviation d'une aiguille d'inclinaison.

Il résulte de là que le solénoïde est dirigé par les lignes de force magnétiques comme il l'est par les lignes de force électriques. S'il en est ainsi, il doit y avoir réciprocité et un aimant doit être dirigé par les lignes de force électriques : c'est, en effet, ce qu'a prouvé la mémorable expérience d'OErsted, qui a été en réalité le point de départ de l'électrodynamique.

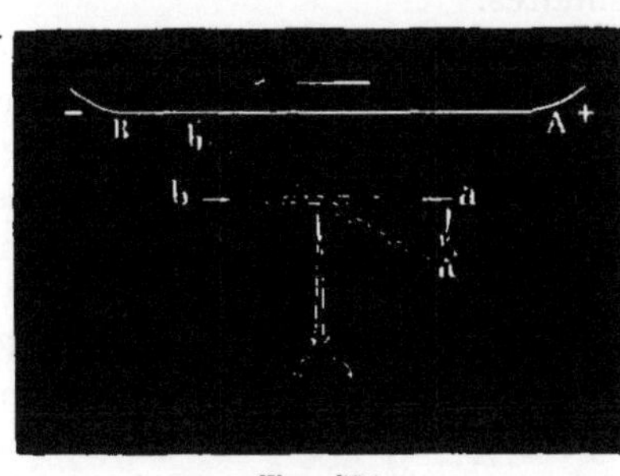

Fig. 502.

1071. Action des courants sur les aimants. Expérience d'OErsted. — Pour mettre en évidence l'action du courant sur les aimants, on se sert d'un long fil de cuivre rectiligne AB (*fig.* 502), dont les extrémités communiquent avec les pôles d'une pile. On le place très près, et parallèlement, au-dessus d'une aiguille aimantée *ab*, mobile sur un pivot vertical. Aussitôt que le courant passe dans le fil, l'aiguille est déviée dans un certain sens, et tend à se mettre en croix avec lui. Si on présente le fil conducteur au-dessous, l'aiguille est déviée, mais en sens contraire. Si l'on cherche à déterminer le sens pour lequel l'équilibre est atteint, on trouve que la rotation s'est faite de manière à amener à la gauche du courant (définie comme ci-dessus) le pôle nord de l'aimant.

Dans ce cas encore, le pôle nord de l'aimant se comporte comme le ferait le pôle inverse d'un solénoïde.

1072. — Les actions étant réciproques, on peut prévoir qu'un courant mobile sera dirigé par un aimant. En effet, quelque temps après l'expérience d'Œrsted, Ampère constata cette action et montra qu'un courant mobile se place perpendiculairement à l'axe d'un aimant fixe, mais toujours de façon que le pôle nord de l'aimant se trouve à la gauche du courant d'après la convention établie. Pour le démontrer, il suffit de placer un barreau aimanté au-dessous de la partie inférieure d'un rectangle mobile traversé par l'électricité. Si, lorsque le conducteur a pris la position indiquée, on vient à changer le sens du courant, aussitôt le conducteur fait une demi-révolution pour prendre une position semblable.

L'analogie que mettent en évidence les expériences précédentes se poursuit encore plus loin : on reconnaît, par des expériences faciles à concevoir, que les solénoïdes se comportent entre eux comme des aimants, c'est-à-dire présentent des attractions lorsque des pôles de noms contraires sont en regard et des répulsions lorsque ce sont des pôles de même nom.

Disons que ces effets ont pu être prévus par le calcul, comme une conséquence des lois élémentaires.

Enfin, pour pousser l'analogie jusqu'au bout, on peut étudier les actions des aimants sur les solénoïdes et réciproquement, et l'on trouve qu'il se manifeste également des attractions et des répulsions, et que ces actions obéissent aux mêmes lois. Qu'il s'agisse d'aimants ou de solénoïdes, les pôles de même nom se repoussent, les pôles de noms contraires s'attirent.

En résumé, il n'y a aucune action qui ait été observée pour les aimants que l'on ne retrouve dans les solénoïdes ou inversement.

1073. **Théorie du magnétisme d'Ampère.** — Ces analogies, ces identités même, pourrait-on dire, ont conduit Ampère à ramener la théorie des aimants à celle des solénoïdes, en rejetant l'hypothèse des fluides magnétiques qui était acceptée autrefois. Il conclut de ces faits que les aimants sont des solénoïdes, ou plutôt des assemblages de solénoïdes placés parallèlement. D'après cette théorie, dans un aimant, il existe autour des molécules des courants particulaires, tous perpendiculaires à la ligne des pôles et tous orientés dans le même sens, dans un sens tel qu'en se plaçant en face du pôle nord de l'aimant les courants électriques marchent en sens contraire des aiguilles d'une montre, comme dans le cas de l'hélice électrique où solénoïde.

Seulement, il y a dans cette hypothèse une difficulté : dans un solénoïde, les pôles sont exactement aux extrémités, ce qui n'a pas lieu dans les aimants. Ampère expliquait ce fait en disant que, pour que les pôles soient aux extrémités, il faut que les courants soient perpendiculaires à l'axe, qu'ils aient partout la même direction, et qu'ils soient à la même distance les uns des autres. Mais, dans les aimants, il y a une infinité de courants élémentaires qui réagissent les uns sur les autres, en sorte que, dans le voisinage des extrémités, l'orientation des courants particulaires doit éprouver des perturbations et donne lieu à une flexion des cylindres électrodynamiques, ce qui suffirait pour expliquer le déplacement des pôles.

Ampère suppose, en outre, que ces courants particulaires existent même dans le fer doux et dans l'acier non aimantés ; seulement alors ils ne sont pas orientés, ils sont dirigés dans tous les sens. L'aimantation n'est qu'une orientation des courants. La force coercitive maintient cette orientation dans l'acier ; elle ne peut la maintenir dans le fer *doux*.

1074. — L'hypothèse d'Ampère peut évidemment s'étendre à l'aimant terrestre que l'on avait tout d'abord imaginé : on peut le remplacer par un solénoïde ou, ce qui revient au même, par un courant dirigé de l'est à l'ouest, placé vers l'équateur, et agissant comme l'aimant terrestre de la théorie du magnétisme. Il est probable qu'il y a plusieurs courants terrestres, lesquels peuvent être remplacés par une résultante ou, ce qui revient au même, un courant moyen.

Quelle que puisse être la valeur réelle de cette hypothèse, il est certain qu'elle est plus acceptable que celle de l'aimant terrestre. L'existence de cet aimant n'est pas compatible avec la haute température que l'on s'accorde à admettre pour la partie centrale de notre globe ; les courants pourraient trouver leur application, par exemple, dans l'action solaire qui établit une irrégularité de distribution de la chaleur à la surface de la terre.

1075. **Aimantation par les courants**. — Une preuve que l'on peut donner à l'appui de l'hypothèse d'Ampère, c'est la possibilité d'obtenir des aimants par l'action du courant électrique.

Un aimant étant constitué par des courants perpendiculaires à
son axe, et un barreau d'acier étant parcouru par des courants qui
sont dirigés dans son intérieur d'une manière quelconque, il suffit,
pour faire un aimant d'un barreau d'acier, d'orienter ces courants particuliers. En vertu
des effets signalés plus haut
(1066), on conçoit que cette
orientation peut se faire par
l'action d'un courant suffisamment intense et placé dans le
voisinage perpendiculairement à l'axe du barreau. Mais
les effets ainsi obtenus sont
faibles, irréguliers. Pour obtenir une aimantation plus
forte et plus régulière, Arago
et Ampère imaginèrent le procédé suivant : on place le barreau dans un tube de verre,
sur lequel est enroulé un fil en
hélice (*fig.* 503). On fait passer le courant à travers ce fil. Le

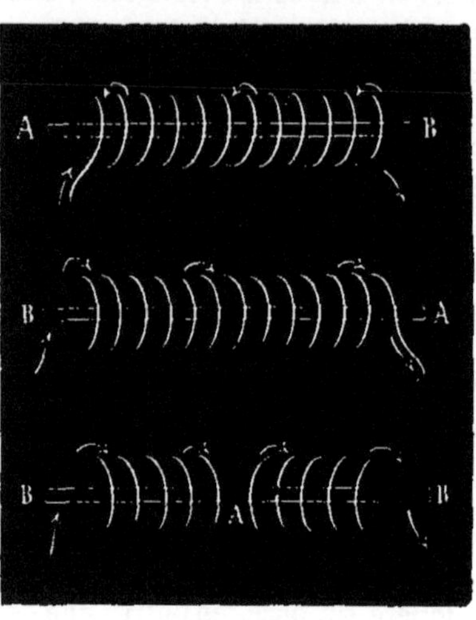

Fig. 503.

barreau prend un état magnétique permanent, et présente deux pôles
disposés de telle sorte que le pôle nord est à la gauche du courant.

Le sens de l'aimantation varie avec le sens d'enroulement de
l'hélice, la position du pôle nord étant toujours déterminée par la
règle d'Ampère. Si l'on enroule le fil de manière à changer en un
ou plusieurs points le sens de l'enroulement, on trouve un point
conséquent à chaque inversion du sens hélicoïdal. Dans tous les cas,
la polarité satisfait toujours à la règle d'Ampère. Sans qu'il soit
nécessaire d'insister, on comprend que l'action du courant dépend
des conditions de l'expérience. L'aimantation est d'autant plus
puissante que le courant est plus intense et les tours de spire plus
nombreux. Mais, en augmentant le nombre de tours, on augmente
la résistance et, par suite, on diminue l'intensité du courant; il
doit donc y avoir une limite qui ne doit pas être dépassée. On démontre par le calcul, et l'expérience a vérifié que, pour obtenir
le maximum d'effet, il faut que la résistance du fil de l'hélice soit
égale à la somme des résistances de la pile et du reste du circuit
extérieur.

1076. **Aimantation du fer doux; électro-aimants.**—Le
fer doux s'aimante dans les mêmes conditions que l'acier; mais son
aimantation est temporaire et cesse lorsque cesse le courant qui la

produit. L'ensemble d'un barreau de fer doux et de l'hélice magné-
tisante qui l'enveloppe constitue un *électro-aimant*, qui peut s'aimanter et se désaimanter à volonté.

Pour obtenir un magnétisme très intense, on enroule autour
d'un cylindre de fer doux un fil de cuivre recouvert de soie, de
manière à faire un grand nombre de tours, tout en conservant le
même sens d'enroulement. De cette manière, dès que le courant
passe, chaque tour de spire agit dans le même sens, ce qui donne
une aimantation très énergique, et
deux pôles aux extrémités. Souvent on
donne au morceau de fer doux la forme
d'un fer à cheval, et on adapte sur
chacune des deux branches une bobine sur laquelle est enroulé un fil de
cuivre entouré de soie, de telle sorte
que l'une soit la continuation de l'autre. Souvent aussi on emploie deux cylindres de fer entourés de bobines, que
l'on réunit par une barre de fer. On
obtient plus facilement ces trois pièces
sans force coercitive, et par suite le ma-

Fig. 504.

gnétisme cesse plus rapidement à l'interruption du courant. Cette
cessation brusque ne se produit qu'à la condition d'employer du
fer aussi pur que possible; malgré toutes les précautions, le fer
doux reste toujours très légèrement aimanté; on dit qu'il conserve
une certaine quantité de *magnétisme rémanent.*

Les électro-aimants peuvent dans toutes les circonstances remplacer les aimants; ils sont avantageux dans certains cas à cause de
la puissance considérable qu'on peut leur communiquer. Mais, en
général, c'est plutôt leur propriété de s'aimanter et de se désaimanter
à volonté qui est utilisée.

1077. **Loi élémentaire de l'action des courants sur
les aimants.** — Nous avons passé en revue sommairement les
diverses actions qui se produisent entre les courants ou entre ceux-
ci et les aimants. Les analogies que nous avons indiquées ont été
vérifiées dans le plus grand détail. On a pu, en effet, partant de la
loi élémentaire d'Ampère (1066, note), calculer les lois auxquelles
doivent obéir les actions des solénoïdes sur les courants ou des solénoïdes entre eux : ces lois ont été vérifiées expérimentalement.
Mais, de plus, il a été reconnu également par l'expérience que ces
lois sont aussi celles qui régissent l'action des aimants sur les courants ou celle des aimants entre eux (936); l'analogie se poursuit
donc, on peut dire que l'on arrive à l'identité.

Nous ne pouvons donner ces lois en détail et nous nous bornerons à signaler celle qui régit l'action d'un élément de courant sur le pôle d'un aimant ou d'un solénoïde. Dans ce cas, l'action est mesurée par une force proportionnelle à la longueur de l'élément, à l'intensité du courant, à l'intensité du pôle magnétique, et qui varie en raison inverse du carré de la distance. Cette force appliquée au pôle est perpendiculaire au plan qui contient l'élément de courant et le pôle. Enfin, elle est dirigée de manière à faire tourner le pôle à gauche ou à droite du courant suivant qu'il est un pôle nord ou un pôle sud.

Par la composition des forces exercées sur un pôle par les divers éléments d'un circuit, on conçoit qu'il est possible de passer de cette action élémentaire à celle d'un courant de formes et de dimensions quelconques sur le pôle d'un aimant.

1078. — Ces actions ont, à un autre point de vue théorique, une très grande importance, car ce sont elles qui ont servi à faire choix des unités électriques dans le système absolu C. G. S (centimètre-gramme-seconde). Nous ne voulons pas insister et nous nous bornerons à dire que l'on a pu déterminer les diverses unités électriques dans le système absolu de manière qu'elles se correspondissent et pussent satisfaire aux équations générales que nous avons indiquées :

$$I = \frac{E}{R} \qquad Q = It \qquad Q = C\,E,$$

en y joignant l'équation qui représente l'énergie disponible dans un conducteur quelconque. Au lieu de représenter cette énergie en chaleur, comme nous l'avons fait, on peut la définir par le travail correspondant W (du mot anglais *Work*), ce qui donne la relation

$$W = E\,I\,t.$$

Il y a ainsi 4 équations entre les 5 quantités I, E, R, Q et C; on peut donc choisir arbitrairement l'une d'entre elles et les autres seront déterminées. On a convenu de définir *a priori* l'intensité en s'appuyant précisément sur l'action d'un courant sur un pôle, ce qui a fait donner à ce système le nom de système d'unités électro-magnétiques [1].

---

[1] L'unité absolue CGS d'intensité est l'intensité d'un courant représentant un arc de cercle de 1^{cm} de rayon et de 1^{cm} de longueur qui, agissant sur un pôle d'intensité 1 (936) situé en son centre, produit une force égale à 1.

Disons en passant que l'unité absolue CGS de force est la force qui, agissant sur la masse de 1 centimètre cube d'eau, lui communique une accélération de 1 centimètre par seconde ; c'est la *dyne*.

L'unité de force électromotrice sera définie par l'équation W = EIt, dans laquelle on prendra $t = 1$, I = 1 et W = 1. L'unité de travail absolue CGS ou

Les unités du système absolu CGS sont trop petites ou trop grandes pour être utilisées dans la pratique. On a adopté pour la pratique des unités qui diffèrent de ces unités par une puissance de 10 déterminée : ces unités ont été choisies telles, qu'elles satisfont également aux équations générales que nous venons de rappeler. Nous avons indiqué déjà ces unités, à savoir : l'*Ampère*, le *Volt*, l'*Ohm*, le *Coulomb* et le *Farad* [1].

Dans plusieurs cas ces unités pratiques sont elles-mêmes trop petites ou trop grandes. On a convenu d'employer quelques multiples ou sous-multiples, par exemple :

Le   *milliampère*   qui vaut   0,001 d'ampère
Le   *microhm*   —   0,000001 d'ohm
Le   *mégohm*   —   1000000 d'ohms
Le   *microfarad*   —   0,000001 de farad.

CHAPITRE VIII

LES ACTIONS MÉCANIQUES ET LES COURANTS ÉLECTRIQUES. INDUCTION

1079. — Si l'on considère un circuit fermé placé dans un champ magnétique quelconque mais invariable, il n'y aura aucun effet produit dans le circuit, aucun courant. Il n'y aurait d'ailleurs, dans ce cas, aucune cause pour expliquer la production d'un courant susceptible de produire des effets divers. Mais cette cause, on conçoit qu'elle existe si, par exemple, on fait mouvoir le circuit dans un champ magnétique qui ne soit pas uniforme (ou, ce qui revient au même, si l'on déplace le champ magnétique par rapport au circuit); elle existe de même si, sans changer la position du circuit, on fait varier l'intensité du champ magnétique, la répartition des lignes de force.

On désigne sous le nom de courants induits les courants qui se développent dans ces conditions; le phénomène, qui a été découvert (1831) et étudié par Faraday, a reçu le nom d'induction. Nous allons l'exposer avec quelques détails.

erg, c'est le travail produit par 1 dyne agissant sur un point dans la direction même de son mouvement sur une longueur de 1 centimètre. Les autres équations donnent alors successivement R, Q et C.

1. Si on désigne les unités pratiques par A, V, O, C, F, et les unités absolues correspondantes respectivement par a, v, o, c, f, on a les relations

$$A = a.10^{-1}, \quad V = v.10^{8}, \quad O = o.10^{9}, \quad C = c.10^{-1}, \quad F = f.10^{-9}$$

1080. Induction par déplacement dans le champ magnétique. — Le champ magnétique peut être considéré comme produit par un courant ou par un aimant; nous nous occuperons d'abord du premier cas.

Soit *ab* (*fig.* 505) une portion de fil faisant partie d'un circuit voltaïque, et *a'b'* un autre fil appartenant à un circuit dont fait partie un galvanomètre *g*.

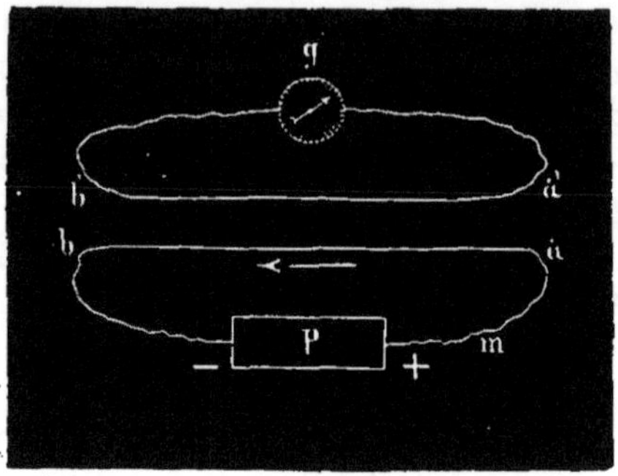

Fig. 505.

Si l'on vient à approcher le circuit *ab* du fil *a'b'*, aussitôt il se développe dans ce dernier un courant *inverse* du premier, et dont la durée est égale à celle du mouvement relatif qui le provoque. C'est ce qu'indique le galvanomètre dont l'aiguille, d'abord déviée, revient ensuite au zéro. Si on éloigne le conducteur *ab*, l'aiguille du galvanomètre est déviée en sens contraire, et accuse dans le fil *a'b'* le passage d'un courant de même sens que celui de la pile, ou *direct*. Le courant qui traverse le conducteur *ab* s'appelle *courant inducteur*; celui qui se produit dans *a'b'* se nomme *courant induit*. On appelle *fil* ou *circuit inducteur* le fil *ab*, *fil* ou *circuit induit* le fil *a'b'*.

Pour démontrer expérimentalement ces phénomènes d'*induction*, au lieu d'employer, comme nous venons de le dire, des fils rectilignes qui n'agissent l'un sur l'autre que dans une très petite étendue, il est préférable de se servir de fils roulés en spirales plates, ce qui augmente

Fig. 506.

l'énergie des effets. Le plus ordinairement, on prend une bobine (*fig.* 506) qu'on peut introduire dans l'axe d'une autre bobine. On joint les extrémités du fil inducteur avec les rhéophores d'une pile, et les extrémités du fil induit avec ceux d'un rhéomètre. La bobine inductrice est creuse et peut recevoir un faisceau de fils de fer doux, ce qui rend l'énergie inductrice plus forte, comme nous allons le voir. On conçoit comment il faut faire les expériences, sans qu'il soit nécessaire d'insister.

1081. — Le champ magnétique dans lequel on déplace le circuit peut être produit par un aimant. C'est ce que reconnut Faraday qui, frappé de l'analogie qui existe entre les propriétés des aimants et

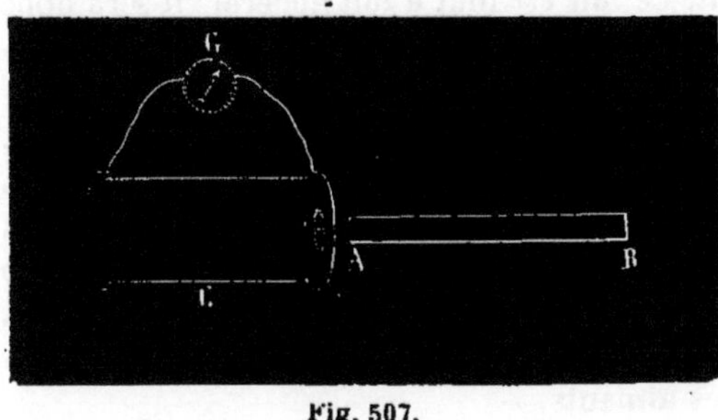

Fig. 507.

celles des solénoï- des, pensa que la bobine inductrice des expériences pré- cédentes pouvait être remplacée par un aimant. Si, en effet, on introduit dans la bobine C un barreau aimanté AB (*fig.* 507), on ob- tient les mêmes résultats qu'avec la bobine inductrice. C'est-à- dire qu'en approchant brusquement un aimant on détermine dans le fil de la bobine un courant instantané dirigé en sens contraire du solénoïde qui pourrait remplacer l'aimant. Si on éloigne le bar- reau, on fait naître un courant direct. Il va sans dire que l'on pro- duit les mêmes effets si, maintenant immobile le barreau aimanté, on éloigne ou l'on approche la bobine.

Les courants induits n'existent que pendant le mouvement relatif, et cessent aussitôt que le circuit est en repos relatif par rapport au circuit inducteur ou à l'aimant inducteur.

Enfin le mouvement d'un circuit dans le champ magnétique dû à l'action terrestre donne également naissance à un courant induit. Delezenne l'a prouvé en faisant tourner un circuit cir- culaire autour d'un diamètre perpendiculaire à l'aiguille d'incli- naison.

Il peut être utile de remarquer que, dans le cas d'un champ magnétique uniforme, le courant induit ne se produit pas si, dans son mouvement, le circuit rencontre toujours le même nombre de lignes de force (937), comme il arriverait si on faisait tourner un circuit circulaire autour d'un diamètre parallèle à l'aiguille d'incli- naison.

1082. Loi de Lenz. — Peu de temps après la découverte de Faraday, Lenz énonçait la loi suivante, qui lie d'une manière intime les phénomènes d'induction aux phénomènes électrodynamiques découverts par Ampère :

Les courants induits sont toujours dirigés de telle sorte qu'ils résistent au mouvement qu'on produit.

C'est ce qu'il est facile de démontrer en citant quelques faits. Si, par exemple, on approche le courant inducteur du circuit, il se développe un courant inverse ; mais on sait que deux courants de sens contraires se repoussent. Si l'on éloigne le courant inducteur, il se produit dans le circuit un courant direct ; mais deux courants de même sens s'attirent. Ce fait est tout à fait général : il sera donc toujours facile de reconnaître le sens d'un courant induit, en se rappelant que ce sens est inverse de celui que produirait le même mouvement qu'on effectue mécaniquement pour développer l'induction.

1083. Induction par variation du champ magnétique. — Au lieu de produire les courants induits par des déplacements, on peut les obtenir dans un circuit fixe, en faisant varier le champ magnétique dans lequel se trouve ce circuit. Comme précédemment, cette variation du champ magnétique peut être obtenue à l'aide des courants ou à l'aide des aimants.

Etant donnés un circuit fermé $a'b'$ et un circuit voisin ab comprenant un pile, on peut obtenir les phénomènes d'induction en établissant ou en interrompant le courant en un point quelconque m du circuit inducteur. Dans le premier cas, l'aiguille du galvanomètre annonce par sa déviation un courant allant dans $a'b'$ en sens inverse de celui que suit ab. Ce courant est aussi de très courte durée ; il ne se forme qu'au moment précis de la fermeture du courant. Tant que le courant persiste dans ab, le fil $a'b'$ reste à l'état naturel ; mais un nouveau courant se produit lorsqu'on rompt le circuit en m, de courte durée comme le premier, mais direct, c'est-à-dire de même sens que celui de la pile.

On peut encore obtenir des variations dans le champ magnétique en déterminant d'une manière quelconque des variations d'intensité dans le courant inducteur : il suffit, par exemple, de faire passer le courant inducteur dans une auge contenant une dissolution de sulfate de cuivre. En faisant marcher le fil dans cette auge, dans un sens ou dans l'autre, on augmente ou on diminue la résistance du courant. Ces variations d'intensité donnent lieu à des courants induits, inverses si la résistance diminue, c'est-à-dire si l'intensité augmente, directs si l'intensité diminue.

1084. — C'est la période de variation du champ magnétique qui correspond à la production du courant induit ; la variation du champ magnétique se produit évidemment, d'autre part, pendant l'*état variable* du courant inducteur et cesse pendant la durée de l'*état permanent*.

Il est intéressant de remarquer que les variations du champ

magnétique se traduisent par un changement dans la distribution
des lignes de force; de telle sorte que, comme précédemment, la
production du courant induit correspond aux cas où le nombre des
lignes de force que coupe la superficie limitée par le circuit vient à
changer, le courant se produisant dans un sens ou dans l'autre suivant que ce nombre augmente ou diminue.

1085. — Enfin le champ magnétique peut être modifié par la production ou la cessation d'un aimant, ou même par un simple changement dans l'intensité magnétique d'un aimant.

Pour observer les effets dus aux variations d'intensité magnétique, on place un cylindre de fer doux F ou un aimant (*fig.* 508)

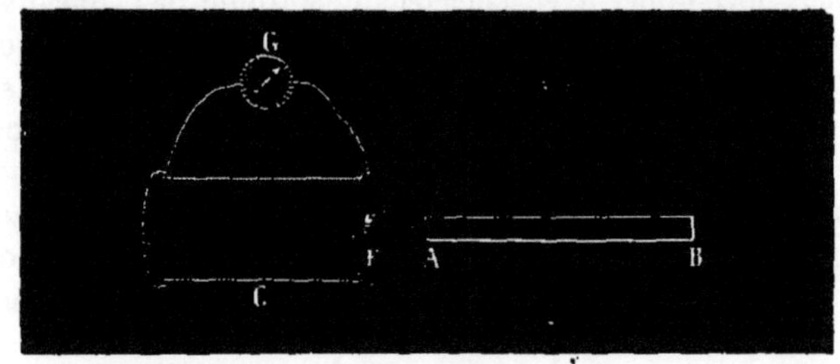

Fig. 508.

dans l'intérieur de la bobine C, et on approche, puis on éloigne un
aimant AB. Le fer doux, en s'aimantant, produit un courant induit
inverse de celui qui donnerait au fer doux son aimantation actuelle,
et un courant induit *direct* lorsqu'il perd son aimantation.

Si l'on a employé un aimant, son magnétisme augmente ou
diminue suivant que l'on met en regard des pôles de noms contraires ou de même nom et les effets sont analogues.

Dans ces expériences, on s'assure que ce n'est pas l'action directe
de l'aimant, que l'on approche ou que l'on éloigne, qui donne naissance à ces courants induits : il suffit, en effet, de répéter les mêmes
expériences, mais sans mettre ni fer ni aimant dans la bobine : les
effets sont alors nuls ou au moins très faibles.

Il est facile de voir pourquoi, dans l'expérience relatée ci-dessus,
on augmente l'intensité des effets produits par la double bobine de
la *figure* 506, en introduisant dans son intérieur un cylindre de fer
doux. En effet, le courant qui traverse la bobine A détermine un
courant induit inverse dans l'autre B. En outre, il aimante le fer
doux, qui agit à son tour sur B pour produire un courant de même
sens. Il en est de même quand le courant cesse : il y a encore courant induit dû au fer doux qui se désaimante et à la suppression du
courant inducteur.

1086. Induction produite par les décharges électriques. — L'électricité statique peut aussi donner naissance à des courants. Si l'on réunit les conducteurs et les coussins d'une machine électrique, on obtient des courants très faibles, mais qui produisent les mêmes effets que les courants ordinaires. La décharge d'une bouteille de Leyde donne naturellement des effets plus énergiques. Les courants ainsi produits amènent une variation dans le champ magnétique, de courte durée, il est vrai, mais qui n'en est pas moins susceptible de donner naissance à des courants induits. Naturellement, il y a deux courants induits de sens contraires qui se succèdent immédiatement.

On peut développer avec l'électricité statique des courants d'induction. A cet effet, sur un plateau de verre recouvert de gomme-laque, on enroule un fil métallique bien isolé ; les deux bouts du fil sont mis en communication avec les deux armatures d'une bouteille de Leyde. Si, au moment où la décharge s'opère, on dispose un plateau exactement semblable en face du premier, il s'y développe un courant induit capable de donner une commotion assez violente.

1087. Résumé des conditions de production des courants induits. — Au lieu de considérer les modifications du champ magnétique qui sont les causes directes de la production des courants induits, on peut prendre comme point de départ la cause qui fait varier le champ magnétique. On voit que l'induction, à ce point de vue, est produite soit par un courant, soit par un aimant ; on dit, suivant le cas, qu'elle est *volta-électrique* ou *magnéto-électrique*.

Les lois fondamentales de l'induction peuvent se résumer de la manière suivante :

1° Un courant qui commence, un courant qui s'approche ou dont l'intensité augmente, donnent naissance à des courants induits *inverses* du courant inducteur ;

2° Un courant qui finit, un courant qui s'éloigne ou dont l'intensité diminue, produisent des courants induits *directs* ou de même sens que le courant inducteur.

Deux autres lois identiques sont applicables aux aimants : le sens du courant induit, inverse ou direct, est déterminé par rapport aux courants particulaires de l'aimant, ou, ce qui revient au même, par rapport au courant du solénoïde qui pourrait remplacer l'aimant.

1088. Propriétés des courants induits. — A la durée près, les courants induits possèdent toutes les propriétés des courants obtenus par d'autres procédés, produisent les mêmes effets et obéissent aux mêmes lois. Les vérifications ne seraient guère possibles à faire si l'on ne disposait d'autres moyens de produire les courants d'induction que ceux que nous avons indiqués ; mais, comme nous le dirons, il existe des machines qui les produisent facilement. Quelquefois ces machines donnent des courants alternatifs, et il faut alors les *redresser* si l'on veut obtenir des effets comparables à ceux que donnent les piles.

Il résulte de ce fait, joint à ceux que nous avons signalés déjà (1028), que le courant électrique est, dans tous les cas, identique à lui-même quelle que soit la nature de la source qui l'a produit. Les courants ne sont hydro-électriques (ou chimiques), thermo-électriques (ou induits), que par rapport à la cause qui leur a donné naissance ; en eux-mêmes ils sont identiques dans tous les cas et ne diffèrent les uns des autres que par leur intensité.

1089. Courants induits de divers ordres. —Il résulte de là que les courants induits doivent pouvoir donner naissance à d'autres courants induits ; c'est ce qui est en effet. Pour le vérifier, on prend deux bobines A et B à deux fils chacune, a et a' pour la première, b et b' pour la seconde. On établit une pile dans le circuit qui contient le fil a ; on relie les fils a' et b, puis on place un galvanomètre dans le circuit formé par le fil b'.

En ouvrant le circuit de a, et interrompant par suite le courant, on produit dans le circuit $a'b$ un courant induit direct, dont l'intensité, nulle d'abord, croît très rapidement jusqu'à une certaine valeur, puis décroît ensuite. Pendant la période d'état variable décroissante, le fil b fait naître dans b' un courant induit inverse, par rapport au courant induit de b et par suite au courant inducteur même ; mais aussitôt succède la période d'état variable de décroissance du courant induit de b, il en résulte dans b' un courant induit direct par rapport au précédent et par rapport au courant inducteur.

A ce point de vue, le courant qui circule dans les fils a' et b s'appelle *courant induit de premier ordre*, et celui qui est produit dans b' est un *courant induit de second ordre*.

Il va sans dire que des effets analogues, mais se produisant inversement, se manifestent quand on rompt le circuit inducteur.

On conçoit sans difficulté que, de même, les courants induits de deuxième ordre donnent naissance à des courants induits de troisième ordre et ainsi de suite. Ces courants de divers ordres ont difficilement une action sur le galvanomètre ; cela tient à ce que le courant induit ne durant qu'un temps très court, il se produit presque en même temps un courant inverse et un courant direct secondaires, dont les effets se contrarient ; mais on peut les reconnaître aux secousses violentes qu'ils déterminent, ou bien en plaçant sur leur trajet un voltamètre à eau.

1090. Action inductrice d'un courant sur lui-même ou extra-courant. — Lorsqu'un courant commence à circuler dans un fil enroulé en spirale ou en hélice, comme il ne s'établit pas instantanément dans toutes les spires, il y a production d'un courant induit dans les spires voisines ; c'est là l'*extra-courant de fermeture* ; il est de sens contraire au courant inducteur, dont il diminue l'intensité (Faraday).

Au moment de la rupture, il se produit un effet analogue, mais inverse, qui se traduit par un *extra-courant de rupture* qui est de même sens que le courant inducteur, auquel il s'ajoute pour augmenter les effets.

Henry de Princeton, en Amérique, avait remarqué que, lorsqu'on ouvre le circuit d'une pile, même faible, il se produit, à la rupture, une étincelle très vive, si on introduit dans le courant un fil roulé en hélice, et faible ou nulle si le circuit est court. Jenkins avait observé aussi que l'étincelle prend un éclat très remarquable, quand on place dans l'hélice un morceau de fer doux : on éprouve en même temps une commotion violente, lorsque, tenant à la main les fils de la bobine, on vient à rompre le circuit.

Pour démontrer l'extra-courant à la rupture, on introduit dans le courant d'une pile p une bobine C (*fig.* 509). On joint en-

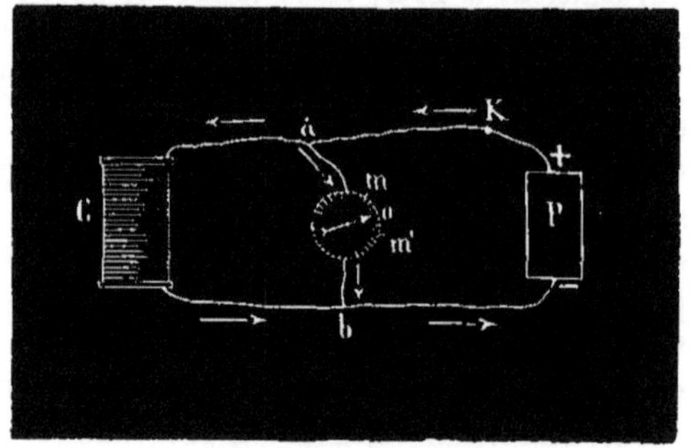

Fig. 509.

suite par un fil de dérivation deux points a et b, entre lesquels se trouve un galvanomètre. Le passage du courant à travers ce fil détermine une déviation de l'aiguille du galvanomètre dans un certain sens, en m par exemple. On la ramène et on la maintient au zéro au moyen d'un obstacle, tout en la laissant libre de se mouvoir en sens contraire. Si, en ce moment, on rompt le circuit en K, l'aiguille est repoussée violemment en m' dans un sens opposé au premier. Or, lorsque le courant est établi, le courant marche dans le fil de dérivation suivant ab. A la rupture, il marche suivant ba et dans la bobine suivant acb, c'est-à-dire dans le même sens que celui de la pile.

Une expérience du même genre permet de mettre en évidence l'extra-courant de fermeture.

On a désigné quelquefois, mais à tort, l'extra-courant sous le nom de courant induit de premier ordre, et alors le courant induit proprement dit était appelé courant de deuxième ordre.

1091. Lois de l'induction. — On conçoit aisément que les phénomènes d'induction produits dans un circuit augmentent avec l'intensité du courant ou du pôle magnétique qui les produit. On voit également que, s'il n'y a pas déplacement relatif, les effets seront d'autant plus grands que la distance sera moindre entre l'induit et l'inducteur. L'influence des autres éléments se voit moins immédiatement; elle a été étudiée expérimentalement; mais nous ne nous en occuperons que dans le cas de l'induction produite par la variation d'intensité du courant inducteur : il sera aisé de voir quelles conséquences seraient applicables immédiatement aux autres cas.

Pour un même circuit induit, la *quantité* d'électricité mise en mouvement est proportionnelle à la longueur du circuit inducteur et à son intensité; elle est la même à la fermeture et à l'ouverture; le mouvement se produit en sens contraire.

Mais l'*intensité* du courant induit dépend nécessairement d'un autre élément : la durée de ce courant, c'est-à-dire la durée de l'état variable du courant inducteur. L'intensité augmente quand la durée diminue, en vertu de la relation générale $Q = It$.

Il résulte de là que, dans le cas de bobines comme celles que l'on emploie en général, il y a une grande différence entre les intensités du courant induit de fermeture et celles du courant induit de rupture. En effet, l'extra-courant influe sur la durée de l'état variable; l'extra-courant de fermeture agit en sens contraire du courant inducteur, et comme l'intensité finale est la même, la durée de l'état variable est augmentée. L'extra-courant de rupture, agissant dans le sens du courant inducteur, l'augmente d'abord, ce qui diminue d'autant la durée de la période décroissante de l'état variable. Il résulte de là que l'intensité sera plus grande pour le courant inverse (courant de rupture) que pour le courant de fermeture.

On peut imaginer que le courant induit est dû à une force électromotrice; comme la résistance ne change pas, on voit qu'elle varie comme varie l'intensité même.

Les effets qui ne dépendent que de la quantité d'électricité doivent être les mêmes pour le courant induit direct ou inverse. Il n'en est pas de même de ceux qui dépendent de l'énergie disponible : ces effets seront plus considérables pour le courant de rupture.

Le courant inducteur, d'autre part, restant le même, l'intensité du courant induit dépend de la résistance totale du circuit induit et de la partie qui est directement soumise à l'action du courant inducteur. Elle est proportionnelle à la longueur de la partie du circuit induit soumise à l'induction, et en raison inverse de la résistance totale du circuit induit [1].

1092. Induction dans les masses métalliques. — Ce n'est pas seulement dans des circuits fermés constitués par des fils conducteurs que peuvent naître des courants d'induction, mais dans des corps métalliques de forme quelconque.

Le fait a été vérifié directement en faisant tourner rapidement un disque métallique au-dessus d'un pôle d'un puissant aimant, et reconnaissant qu'il existait des courants entre les divers points de a masse.

Comme conséquence de la production de ces courants induits, et en vertu de la loi de Lenz, on peut prévoir qu'il doit exister dans ce cas entre l'inducteur et l'induit une force qui tend à les amener au repos *relatif*, c'est-à-dire à arrêter l'un si l'autre est immobile, ou à entraîner l'un si l'autre est en mouvement. Ces notions ont permis de donner l'explication de faits qui avaient été signalés avant la découverte de l'induction. C'est ainsi que le constructeur Gambey avait remarqué qu'une aiguille aimantée oscillait moins bien dans une boîte de cuivre que dans une boîte de bois, ou sur un support isolé. L'effet est très énergique. Ainsi, tandis qu'une aiguille aimantée décrit 300 ou 400 oscillations avant de revenir au repos, lorsqu'il n'y a d'autre résistance que l'air, lorsqu'elle oscille au-dessus d'un disque de cuivre, elle s'arrête après 3 ou 4 oscillations au plus. Le même phénomène se reproduit avec un disque d'argent, de plomb, etc. Arago attribua cet effet au déplacement relatif de l'aiguille et du disque de cuivre; il pensa donc que le cuivre mobile devait exercer une action analogue sur l'aiguille immobile. Si, en effet, laissant l'aiguille immobile, on fait tourner un disque de cuivre, séparé de l'aimant par une membrane,

---

1. Soient I l'intensité du courant inducteur, q la quantité d'électricité correspondant au temps t, i l'intensité du courant induit, r la résistance de la partie du circuit induit soumise à l'induction, ς la partie non soumise à l'induction; soit enfin e la force électromotrice qui correspond au courant induit. On a d'abord

$$q = it \qquad \text{avec} \qquad i = \frac{e}{r + \varsigma}$$

ce qui donne

$$q = \frac{et}{r + \varsigma}.$$

Mais, en remarquant que la longueur induite est proportionnelle à r, et en appelant K une constante qui dépend de l'appareil (distance des fils, etc), on a

$$q = \mathrm{KI}r.$$

En égalant, on déduit la valeur

$$e = \frac{\mathrm{KI}r(r + \varsigma)}{t}.$$

l'aiguille est d'abord déviée, puis, le mouvement du plateau s'accélérant, elle est entraînée et tourne dans le sens de la rotation du plateau.

La membrane a pour but d'éviter que le mouvement ne puisse être attribué à un entraînement par l'effet d'un courant d'air.

1093. — On peut encore modifier l'expérience et reconnaître, par exemple, qu'un aimant en mouvement entraîne un disque de cuivre très mobile placé dans le voisinage.

Si, au contraire, la masse de cuivre est en mouvement dans le voisinage d'un aimant immobile, cette masse s'arrêtera d'autant plus brusquement que l'aimant sera plus puissant. Faraday a fait l'expérience en employant des électro-aimants.

Foucault a complété cette expérience d'une manière très importante : il força à tourner avec rapidité un disque de cuivre entre les pôles d'un puissant électro-aimant. Le mouvement ne peut être entretenu que par une dépense continue de travail mécanique ; si l'on cesse de développer ce travail, le disque s'arrête brusquement. Mais le travail mécanique ainsi dépensé produit un effet, qui est dû au développement des courants induits : cet effet, c'est un dégagement de chaleur qui représente sous une autre forme l'énergie dépensée à la manivelle de l'appareil. Comme ici, sauf le frottement des axes et des roues d'engrenage dont on peut tenir compte, il n'y a rien que le travail dépensé et la chaleur recueillie, on a pu employer cet appareil pour déterminer l'équivalent mécanique de la chaleur (529).

1094. — Lorsque l'on entoure une bobine inductrice que peut traverser un courant d'une enveloppe cylindrique continue en métal, des courants induits se produisent dans cette enveloppe au moment de la fermeture et de la rupture du circuit inducteur; ces courants, parallèles ou à peu près aux spires inductrices, se produisent suivant des lignes circulaires tracées sur le cylindre perpendiculairement à l'axe.

Lorsqu'un semblable cylindre se trouvera interposé entre deux bobines concentriques, l'une inductrice et l'autre induite, les mêmes courants d'induction se manifesteront, mais il en résultera comme conséquence que les courants produits dans la bobine extérieure seront notablement diminués : l'action inductrice n'étant pas changée se manifestera surtout sur le conducteur le plus voisin. On met en évidence l'influence de ce cylindre métallique en reconnaissant que le courant induit de la bobine extérieure augmente lorsque l'on retire peu à peu le cylindre. On conçoit qu'il y ait là un moyen simple de graduer les courants induits.

L'effet intéressant que nous signalons doit être considéré comme

dù effectivement à des courants induits naissant dans l'enveloppe
cylindrique, et non à une sorte d'action de présence du métal, car,
sans rien changer à sa masse et à sa position, son effet est
presque entièrement annulé si l'on vient à fendre le cylindre le
long d'une génératrice : on s'oppose ainsi à la production de courants circulaires dans cette enveloppe, et l'action inductrice s'exerce
tout entière sur la bobine extérieure.

CHAPITRE IX

APPLICATION DE L'ÉLECTRODYNAMIQUE ET DE L'INDUCTION.

1095. Multiplicateurs. Galvanomètres. — Nous avons
signalé très sommairement un appareil destiné à la mesure de l'intensité des courants et basé sur l'action des courants sur l'aiguille
aimantée. Il faut maintenant que nous reprenions la question pour
l'étudier plus complètement.

Peu de temps après la découverte d'OErsted, on a cherché à appliquer l'action directrice du courant à la construction d'appareils
propres à mettre en évidence l'existence et le sens des courants,
et à mesurer leur intensité. Ces appareils sont connus sous le nom
de *multiplicateurs, galvanomètres* ou *rhéomètres*.

Schweiger, le premier, a cherché à augmenter l'action du
courant sur l'aiguille
aimantée et, par ce
moyen, à rendre ap-
préciables des courants
de faible intensité. Con-
sidérons une aiguille
horizontale *ab* (*fig.*
510), et un courant
marchant de A vers
B ; ce courant tendra à
faire tourner le pôle
nord de l'aiguille en

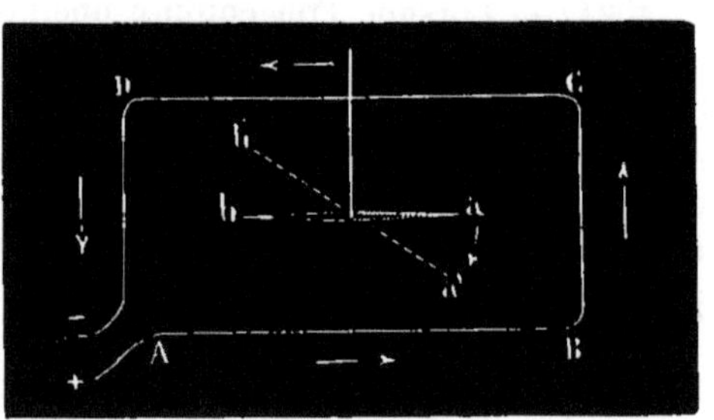

Fig. 510.

avant de la figure. Si, maintenant, on contourne le fil suivant ABCD,
il est facile de voir que les actions de BC, CD et DA concourent pour
faire tourner l'aiguille du même côté, car l'observateur, couché
dans le sens du courant, et regardant l'aiguille, a toujours sa gauche du
même côté. L'action du courant devient donc plus grande ; si on
multiplie le nombre des tours, l'action augmente encore. Tel est le

principe du multiplicateur de Schweiger, qui consiste en un cadre en bois vertical, autour duquel on enroule un fil de cuivre recouvert de soie, de manière à former plusieurs circonvolutions. C'est dans l'intérieur de ce cadre qu'on suspend l'aiguille aimantée, au moyen d'un fil fin de cocon. Il importe, toutefois, de remarquer que l'action exercée sur l'aiguille aimantée ne croît pas proportionnellement au nombre des tours que fait le fil conducteur sur le cadre, car, à mesure que l'on augmente la longueur du circuit, la résistance augmente et l'intensité du courant diminue (1010), et, de plus, les spires superficielles agissent d'autant moins qu'elles sont plus éloignées du centre du cadre.

1096. — En supposant, ce qui n'est pas, que toutes les spires agissent de la même façon, on peut reconnaitre que l'addition d'une nouvelle spire ne produit pas toujours le même effet. Cet effet est très faible, négligeable, si la résistance extérieure est faible ; dans ce cas, qui est celui des piles thermo-électriques, on ne gagne rien à augmenter le nombre des spires. Si, au contraire, la résistance extérieure est très grande, comme dans les expériences d'électro-physiologie en général, chaque nouvelle spire produit un effet appréciable et l'action sur l'aiguille est presque proportionnelle au nombre de spires [1].

1097. **Galvanomètre de Nobili à deux aiguilles.** — Avec le multiplicateur simple, l'influence du magnétisme terrestre tend à ramener l'aiguille dans le plan du méridien magnétique, et détruit en partie l'effet du courant. L'aiguille, soumise à l'action de deux forces contraires, fait avec le méridien un angle d'autant plus grand que le courant a une intensité plus considérable et que l'action directrice de la terre est plus faible.

On ne peut songer à diminuer celle-ci, car on diminuerait en même temps l'action du courant sur l'aiguille (1077) et par suite on ne gagnerait rien.

____

[1]. Soit f l'action subie par un pôle de l'aiguille, n le nombre des spires et i l'intensité du courant, on a, K étant une constante qui dépend de la forme et des dimensions du cadre,

$$f = Kni.$$

Mais si e est la force électromotrice, R la résistance extérieure et r la résistance d'une spire, on a $i = \dfrac{e}{nr + R}$; on déduit donc

$$f = \frac{Kne}{nr + R}.$$

Si l'on peut négliger R, il vient $f = \dfrac{Ke}{r}$, valeur indépendante de n ; si au contraire on peut négliger r, il vient $f = \dfrac{Kne}{R}$, valeur proportionnelle à n.

Dans certains cas, on arrive à produire l'effet cherché en plaçant dans le voisinage du galvanomètre un aimant que l'on oriente en sens contraire de l'aimant terrestre et dont il diminue l'action.

Mais, le plus souvent, on remplace l'aiguille du galvanomètre par deux aiguilles reliées l'une à l'autre, parallèles, et ayant les pôles contraires en regard. Si les deux aiguilles sont également aimantées, elles sont complètement indifférentes à l'action de la terre et forment, par leur ensemble, un système *astatique*. Si elles sont inégalement aimantées, ce qui est le cas ordinaire, il y a encore action de la terre, mais elle est très

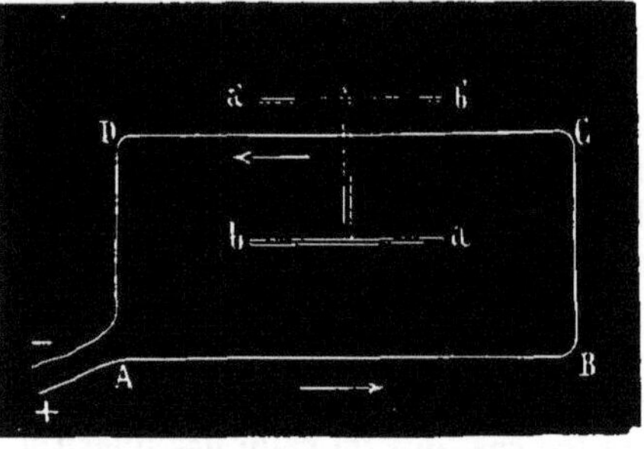

Fig. 511.

faible. L'une de ces aiguilles occupe le milieu du cadre (*fig.* 511), et l'autre est placée au-dessus. Dans cette disposition, les quatre parties du cadre font tourner l'aiguille intérieure dans le même sens. Quant à l'aiguille extérieure, il n'y a que la partie CD qui agit dans le même sens; les autres la font tourner en sens contraire. Mais comme elles sont plus éloignées, leur effet est moindre. Donc, finalement, l'action du courant sur le système des deux aiguilles est plus forte que sur une seule; et la force directrice de la terre est presque nulle. Il résulte de là que de très faibles courants pourront produire des déviations sensibles, variables avec l'intensité du courant.

S'il était possible d'obtenir

Fig. 512.

un système complètement astatique, ce qui est irréalisable d'ailleurs, il n'y aurait aucun avantage, par ce que les aiguilles se mettraient en croix avec le courant quelle que fût l'intensité de celui-ci.

Dans les galvanomètres du modèle que l'on rencontre le plus souvent (*fig.* 512), le fil conducteur, recouvert de soie, est enroulé autour d'un cadre en ivoire, qui porte le cadran divisé, sur lequel se meut l'aiguille supérieure. Le système des deux aiguilles est supporté par un fil de cocon. L'appareil est recouvert d'une cloche de verre percée d'un trou, qui laisse passer un bouton *b*, au moyen duquel on peut soulever ou abaisser les aiguilles. Enfin, le cadre repose sur un support CC, qui tourne à frottement doux, ce qui permet de lui donner toutes les positions possibles, par rapport aux aiguilles. Les extrémités A et B du circuit extérieur se fixent à deux bornes, où viennent aboutir les fils du galvanomètre. Lorsqu'on veut se servir de l'appareil, on commence par rendre les aiguilles mobiles, et, au moyen de vis calantes, on s'arrange de façon que le fil occupe le centre du cadran ; alors, par une rotation convenable, on amène l'aiguille supérieure vis-à-vis le zéro des divisions, et l'appareil est disposé pour l'expérience.

1098. Galvanomètre différentiel. — On appelle galvanomètre différentiel un galvanomètre dans lequel on enroule sur le cadre deux fils identiques dont les extrémités aboutissent à 4 bornes, A,A' pour l'un des fils, B,B' pour l'autre. Il peut être employé de diverses façons; soit en utilisant seulement l'un des fils ; — soit en les réunissant de manière à former un seul fil, ce qu'on obtient en reliant par un conducteur les bornes A' et B, et mettant les rhéophores l'un à A, l'autre à B'; on a alors un nombre double de spires et une résistance double; — soit en disposant les fils parallèlement, c'est-à-dire en reliant ensemble A et B où l'on fait arriver un des rhéophores d'une part, et de l'autre A' et B' où se termine l'autre rhéophore; par rapport à la première disposition, on a le même nombre de spires, mais une résistance moitié moindre.

Enfin, l'on peut employer le galvanomètre différentiellement dans le but de comparer au même instant les intensités de deux courants. Pour cela, on fait passer l'un de ces courants dans le premier fil, par exemple de A en A', et l'autre courant dans le deuxième fil de B' en B. Si les intensités sont égales, les actions se contrebalanceront exactement, l'aiguille restera immobile; elle sera déviée, au contraire, si les courants sont inégaux et le sens de la déviation fera connaître celui qui est le plus fort.

1099. Graduation d'un galvanomètre. — Il y a des appareils basés sur le principe du galvanomètre (boussole des tangentes, des sinus) dans lesquels il existe une relation connue entre l'intensité et la déviation. Bien que les lois élémentaires à appliquer soient les mêmes, cette relation ne se retrouve pas dans les galvanomètres, tant à cause de la forme moins simple du circuit qui entoure le cadre que de l'emploi d'aiguilles relativement longues et du système astatique. Les lectures des déviations ne fournissent d'indications comparatives sur les intensités des courants que si l'on a établi à l'avance et empiriquement un tableau donnant la relation entre ces éléments. Le galvanomètre différentiel se prête très bien à cet usage; voici d'une manière générale comment on opère.

On fait passer dans le fil A par exemple un courant d'une intensité que l'on prend comme terme de comparaison, soit i cette intensité, et l'on observe la déviation produite α. A l'aide d'une autre pile, on fait passer un courant dans le fil B et l'on fait varier son intensité jusqu'à ce que la déviation soit devenue α; on est assuré que cette intensité est i. Si l'on fait alors agir les deux courants à la fois, on observe une déviation β, cette déviation correspond en réalité à un courant $2\,i$. Dès lors, lorsqu'un courant passant dans un seul fil, A par exemple, produira la déviation β, c'est qu'il aura une intensité égale à $2\,i$. On fait alors agir ce courant $2\,i$ dans le fil A et le courant i, précédemment obtenu, dans le fil B; on a une déviation γ; cette déviation est caractéristique de l'intensité $3\,i$. On continue ainsi de suite de proche en proche et l'on peut former un tableau contenant en regard les angles observés et les déviations correspondantes et qui pourra servir pour effectuer des mesures d'intensité.

L'expérience montre que, comme nous le disions, il n'y a pas de relation simple entre ces deux éléments, la déviation et l'intensité; cependant (et ainsi qu'il doit toujours arriver), tant que les déviations restent *petites*, on peut admettre qu'il y a proportionnalité.

Lorsque les déviations sont *très petites*, ce qui est avantageux, parce que la proportionnalité peut alors être considérée comme rigoureuse, les mesures directes de déviation deviennent peu précises. Il faut alors employer un miroir réflecteur porté par l'aiguille, comme nous l'avons indiqué déjà (970).

1100. Galvanomètres étalonnés. — Il est possible, pour un galvanomètre donné, de déterminer la valeur absolue de la déviation pour une intensité donnée, évaluée, par exemple, en ampères, ou fractions d'ampère. Cette graduation se fait en introduisant dans un circuit le galvanomètre et un électrolyte; si le courant est resté constant, et l'appareil l'indique puisque alors l'aiguille se maintient immobile, du poids du métal déposé dans un temps donné, on pourra déduire l'intensité (1038).

On reconnaît que les indications ainsi obtenues sont indépendantes de l'intensité magnétique de l'aiguille, parce que les modifications qui en résultent portent à la fois sur l'action du courant et sur l'action exercée par l'aimant terrestre.

Par contre, ces indications dépendent de l'intensité du champ magnétique au point où l'on opère; mais ce champ magnétique varie extrêmement peu en un même point du globe.

Un galvanomètre ainsi gradué constitue ce que l'on appelle un galvanomètre étalonné ou *ampéremètre*. Il donne exactement l'inten-

sité du courant qui traverse le circuit dont il fait partie. Mais si l'on est obligé de l'introduire dans un circuit où il ne se trouvait pas, il introduit une résistance supplémentaire et diminue l'intensité, de telle sorte que la valeur qu'il fournira sera inférieure à celle qui existait.

Cependant, si la résistance de l'appareil est minime par rapport à la résistance totale qui existait,

Fig. 513.

son introduction modifie très peu cette résistance et par suite l'intensité [1], et l'on peut prendre alors, sans erreur sensible, la valeur obtenue comme mesurant l'intensité primitive.

On emploie pour les usages médicaux de semblables galvanomètres étalonnés (*fig.* 513); ils sont gradués en milliampères (les courants continus employés en médecine ne dépassent guère 25 à 30 milliampères), leur résistance est généralement voisine de 10 ohms, résistance faible par rapport à celles que le corps humain oppose et qui, même pour de faibles longueurs, s'élèvent à plusieurs milliers d'ohms.

Il existe des modèles divers de galvanomètres étalonnés; comme ils reposent tous sur les mêmes idées générales, il est inutile d'insister sur leur description détaillée. Les premiers paraissent avoir été construits, en France, par M. Gaiffe.

1101. — Il peut être intéressant de mesurer la différence de

---

1. Si I est l'intensité primitive, R la résistance totale du circuit, on a $I = \dfrac{E}{R}$; introduisons un galvanomètre de résistance γ, et soit i la valeur de l'intensité qui est $i = \dfrac{E}{R + \gamma}$. On conclut de là que $\dfrac{I}{i} = \dfrac{R + \gamma}{R} = 1 + \dfrac{\gamma}{R}$, valeur très voisine de 1 si γ est très petit par rapport à R.

potentiel qui existe entre deux points d'un circuit traversé par un courant, entre les deux pôles d'une pile, par exemple. On peut employer un galvanomètre étalonné pour cette mesure. Si E est en effet la différence de potentiel cherchée, γ la résistance du galvanomètre que l'on intercale entre les points considérés, il sera traversé par un courant d'intensité i donné par la formule $i = \dfrac{E}{\gamma}$.

On connaît γ à l'avance, i peut être connu par la lecture de la déviation, si l'appareil a été étalonné à l'avance, on pourra donc calculer E. Plus simplement encore, on s'arrangera pour se dispenser de passer par l'intermédiaire de i et l'on déterminera une fois pour toutes les déviations en fonction des valeurs de E. On aura donc ainsi un galvanomètre qui sera étalonné pour les différences de potentiel, pour les forces électromotrices, qui sera étalonné en volts, par exemple.

Comme précédemment, l'appareil donnera des indications exactes pour la mesure à prendre lorsqu'il sera intercalé entre les deux points considérés; mais si primitivement il ne faisait pas partie du circuit, son introduction créera une dérivation et changera la répartition du potentiel. On conçoit cependant que cette influence sera très minime si la résistance du galvanomètre est très grande et qu'on pourra la négliger sans erreur sensible [1]. C'est donc par l'introduction d'un galvanomètre étalonné de grande résistance (*Voltmètre*) que l'on pourra mesurer absolument des différences de potentiel.

On peut employer des appareils de diverses formes, mais dont le principe général est toujours le même.

Nous ajouterons que l'on possède ainsi, maintenant, des appareils commodes et suffisamment précis donnant les éléments qu'il est indispensable de connaître pour déterminer un courant. Nous ne comprenons pas que tous les appareils destinés à l'emploi médical des courants continus ne soient pas munis de ces moyens de mesure : c'est le *seul moyen* d'apporter quelque précision dans l'électrothérapie et c'est, en grande partie au moins, parce que des mesures de ce genre n'ont pas été prises jusqu'à présent que cette partie de la thérapeutique est restée peu sûre.

1102. Emploi du galvanomètre en dérivation. Shunt. — Les galvanomètres de précision sont des appareils qui ne permettent d'effectuer que des mesures de courants peu intenses. Ils ne peuvent servir pour les forts courants, l'aiguille étant toujours déviée

---

1. On peut donner de ce résultat une démonstration rigoureuse, analogue à celle de la note du numéro 1100.

alors à 90° ; de plus ces courants pourraient détériorer l'appareil, désaimanter les aiguilles, fondre les matières isolantes par suite de l'échauffement des fils.

Pour éviter ces inconvénients, lorsqu'il s'agit d'un courant intense, on met le galvanomètre en dérivation, ou, suivant l'expression anglaise admise maintenant, on établit un *shunt*, on *shunte* le galvanomètre. Pour cela, avant d'introduire l'appareil dans le circuit, on réunit les extrémités du fil par un fil gros et court : lorsque le courant passera, il se partagera entre ce fil, ce shunt et le fil de la bobine ; d'après la loi que nous avons indiquée (1017), le courant passera presque tout entier dans le shunt et une faible proportion seulement traversera l'appareil. On peut même déterminer cette proportion à l'avance ; si le shunt a une résistance de $\frac{1}{9}$, $\frac{1}{99}$, $\frac{1}{999}$ de la résistance du fil, le courant qui traversera le fil aura $\frac{1}{10}$, $\frac{1}{100}$, $\frac{1}{1000}$ de l'intensité totale. En effet, la section réduite du shunt se trouve 9, 99, 999 fois plus grande que celle du fil, ou 10, 100, 1000 fois plus grande que la section totale : le fil a donc une section réduite 10, 100, 1000 fois plus petite que la section totale, ce qui explique le résultat indiqué.

1103. Applications des électro-aimants. — Les électro-aimants sont susceptibles, sous l'influence d'un courant, d'attirer le fer doux, puis de le laisser retomber lors de la rupture du circuit. Si donc on place en face des pôles d'un électro-aimant un levier de fer doux mobile autour d'un axe et qu'il soit sollicité à s'éloigner de l'électro-aimant par son poids ou par un ressort, on déterminera par le passage du courant un mouvement du levier dans un sens, la cessation du courant rendant le levier libre lui permettra de se mouvoir en sens inverse, et cet effet peut se répéter autant de fois qu'on le veut par la fermeture ou la rupture du circuit. C'est sur ce principe que sont basées diverses machines : on conçoit, en effet, qu'il est facile de transformer le mouvement alternatif du levier de fer doux en un mouvement d'une autre nature, tel, par exemple, que le mouvement circulaire continu d'un axe.

On a cherché ainsi, par l'emploi de courants assez puissants, à obtenir un mouvement circulaire continu ou alternatif d'un axe et susceptible de vaincre une certaine résistance. Malgré la simplicité de ces *moteurs électriques*, on a renoncé à les employer ; ils ne fournissaient pas de bons résultats. Nous décrirons plus loin les formes actuellement adoptées pour ces moteurs.

L'emploi des électro-aimants a été longtemps borné à trans-

mettre à une distance plus ou moins considérable un signal donné :
les résultats étaient d'autant meilleurs dans ces conditions qu'on
ne demandait à l'appareil qu'un travail mécanique très minime, et
les avantages étaient la rapidité de transmission et la possibilité de
répéter ces signaux à de très courts intervalles de temps.

1104. Télégraphie électrique. — Considérons un circuit très long comprenant d'une part une pile et en un autre point
un électro-aimant, en face duquel est placé un contact maintenu à
une petite distance par un faible ressort : si l'on vient à fermer le
circuit, le courant s'établira et, dans un temps très court, parviendra à l'électro-aimant, quelque loin qu'on veuille le supposer, faisant
agir le signal porté par le contact. Il y a quasi-simultanéité entre
les deux actions, à cause de la grande vitesse de propagation. Si
l'on interrompt le circuit, le courant cessera et, avec la même rapidité, le contact s'éloignera de l'électro-aimant; si celui-ci ne se
désaimantait pas instantanément, il y aurait un léger retard pour
la production de ce second signal. On pourra recommencer ensuite,
presque aussitôt, les signaux se succédant avec une grande rapidité.

Tel est, en somme, le principe de tous les télégraphes, qui ne
diffèrent les uns des autres que par la manière dont le mouvement
dû à l'action de l'électro-aimant est transformé en un signal déterminé ayant une signification particulière.

Malgré tout l'intérêt que présente la question qui, d'ailleurs, est
spéciale dans ses développements, nous ne nous arrêterons pas à
décrire les nombreux systèmes employés, et nous nous bornerons
à quelques indications présentant un intérêt général au point de
vue de la physique.

Dans la télégraphie, on n'emploie pas un circuit fermé, qui exigerait une longueur de fil double de la distance à parcourir; il
suffit de réunir par un fil à un pôle de la pile les appareils destinés
à transmettre ou à recevoir les signaux, à la condition de mettre
en communication avec la terre, d'une part, le second pôle de la
pile, et, d'autre part, l'appareil récepteur qui a été traversé par le
courant : l'un des pôles de la pile en contact avec le sol ayant un
potentiel nul, il se produit à l'autre un potentiel déterminé par
la force électromotrice de cette pile, potentiel qui détermine un
flux d'électricité à travers le fil et jusqu'au sol à la seconde station,
puisqu'en ce point le potentiel est également nul.

1105. — Il est nécessaire de remarquer que, quelque délicat que
soit l'appareil, il n'entre pas en action aussitôt que le courant y
parvient, car à ce moment l'intensité, nulle d'abord et qui va en
croissant pendant l'état variable, est trop faible; mais seulement à une certaine période de cet état variable qui correspond à

une intensité susceptible de vaincre les résistances mécaniques. Il résulte de là que toutes les circonstances qui tendent à accroître la durée de l'état variable retarderont le mouvement du signal. Un effet analogue, mais inverse, se produira lors de la cessation du courant et il en résultera une lenteur dans la transmission.

Cet effet est celui qui se produit dans les câbles sous-marins, formés, on le sait, de fils conducteurs entourés d'une enveloppe isolante et plongés au fond de la mer. On voit que ce câble et l'eau qui l'entoure constituent un condensateur : la capacité (971) du fil conducteur se trouve donc notablement augmentée.

1106. Appareils d'enregistrement par l'électricité. — Les électro-aimants sont très fréquemment employés dans les appareils d'enregistrement en physiologie : la forme diffère suivant les conditions de l'expérience, mais le principe est toujours le même. Devant le pôle d'un électro-aimant, on place une pièce en fer doux mobile autour d'un axe qui porte une pointe destinée à appuyer sur un cylindre enregistreur : un petit ressort maintient cette pièce à une petite distance de l'électro-aimant, dont elle se rapproche seulement quand le courant passe et dont elle s'éloigne aussitôt que le courant a cessé. L'électro-aimant fait partie d'un circuit comprenant une pile et qui présente en un point une solution de continuité que l'on peut fermer en pressant sur un ressort très peu résistant, par exemple, ou en introduisant une pointe de platine dans du mercure : l'appareil est disposé de manière à ce que cette fermeture se produise au moment où se manifeste le phénomène que l'on veut étudier.

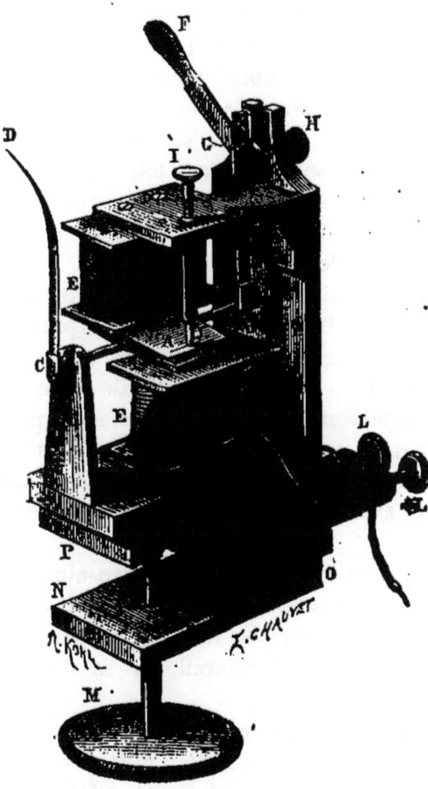

Fig. 514.

Tant que ce phénomène ne se manifestera pas, la pointe tracera sur le cylindre d'enregistrement une ligne circulaire ou héliçoïdale (qui deviendra une droite par le développement de la feuille de papier) ; au moment de la production du phénomène, le courant passe, l'électro-aimant agit, la pointe est déplacée pour revenir à sa première position, brusquement si le phénomène est de courte durée, après un temps plus ou moins long dans le cas contraire. Dans le premier cas, on verra un crochet aigu sur le tracé; dans le second, on aura une ligne droite parallèle à la première et dont la longueur dépendra de la durée du phénomène.

On peut ainsi enregistrer à côté les unes des autres les phases de phénomènes divers, et comparer ceux-ci entre eux. Si à l'aide d'un appareil analogue mu par une horloge ou à l'aide d'un électro-diapason (1107) on enregistre le temps, on aura le moyen de mesurer avec une grande approximation la durée des phénomènes.

Pour que ces appareils donnent de bons résultats, quelques conditions sont nécessaires : comme l'aimantation et la désaimantation ne sont pas instantanées, il faut toujours, si l'on veut faire des mesures de temps, que le retard soit le même; tous les phénomènes s'inscriront avec un léger retard qui sera sans influence puisqu'il aura la même valeur pour tous.

Si, de plus, on veut enregistrer des phénomènes qui se succèdent très rapidement, il faut que l'aimantation et la désaimantation soient très brusques. M. Marcel Deprez a étudié les moyens de satisfaire à ces conditions et il a imaginé des appareils qui sont précieux : l'un d'eux (*fig.* 514) présente la disposition générale que nous avons indiquée, avec quelques perfectionnements de détail importants pour le bon fonctionnement. Le principal est l'emploi de deux électro-aimants agissant sur la palette de part et d'autre de l'axe et en sens contraires. Cet appareil inscrit nettement 500 signaux par seconde [1].

Dans un autre appareil, il y a un aimant outre l'électro-aimant; le fonctionnement est analogue, mais un peu moins simple. M. Marcel Deprez a trouvé qu'il suffit de fermer le courant pendant $^{1}/_{10000}$ de seconde pour faire fonctionner l'appareil, qui se met en marche avec un retard de 0,001 de seconde.

1107. Sonneries électriques. Électro-diapason. — Dans quelques cas, un mouvement alternatif doit être prolongé pendant un long temps : il est possible de produire cet effet automatiquement par un procédé qui a été indiqué par De la Rive. On en a un exemple dans les sonneries électriques.

Ces sonneries se composent dans leur ensemble d'une pile aux

---

1. La figure 514 est extraite du journal la *Lumière électrique.*

pôles de laquelle aboutissent deux fils métalliques recouverts de soie, qui vont se terminer d'autre part en *c* et en *z* (*fig.* 515) au point où la sonnerie doit se faire entendre. Le circuit est interrompu à l'endroit d'où on doit faire agir la sonnerie : en pressant un bouton, on ferme le circuit et l'on détermine par conséquent le passage du courant dans l'appareil.

Le bouton *c*, où arrive le courant, est relié par des pièces métalliques au fil qui entoure l'électro-aimant EE et qui va aboutir au bouton métallique F : à ce bouton est fixé, par l'intermédiaire d'un ressort, une lame de fer doux A qui porte à l'autre extrémité un marteau *m*. Lorsque l'appareil est au repos, le fer doux est en communication avec une autre lame métallique R, qui est reliée par l'intermédiaire du bouton J au pôle Z, où se fixe l'autre fil de la pile.

Fig. 515.

On peut se rendre compte facilement du jeu de l'appareil : le courant passant dans la bobine E, le fer doux A est attiré et le marteau vient taper contre un timbre placé à côté : mais alors le contact cesse d'exister entre A et R et, par suite, le courant est interrompu; l'électro-aimant cesse d'attirer le fer doux qui, sous l'influence du ressort qui le porte, est rejeté en arrière jusqu'au contact avec R. Mais, alors, le courant passe de nouveau, et, de nouveau, l'électro-aimant attirant le fer doux A, le marteau vient frapper le timbre : le même effet se reproduit alors et le marteau *m* prend un mouvement de va-et-vient à chacune des oscillations duquel il vient frapper le timbre.

Ces sonneries, qui portent le nom de *trembleuses* à cause du mouvement vibratoire du marteau, sont fort employées.

Une disposition tout analogue et fréquemment employée en physique et en physiologie a été appliquée aux diapasons. Il suffit d'avoir un diapason maintenu fixe et dont une branche est placée dans les mêmes conditions que la tige A de la sonnerie : lorsque le mouvement vibratoire aura été commencé, il se continuera sans interruption par le même mécanisme. On a ainsi ce que l'on appelle un diapason entretenu ou électro-diapason. Si l'une des branches porte un style appuyant sur un cylindre enregistreur, elle y tracera une ligne sinueuse qui, à cause de l'isochronisme des oscillations, permettra de mesurer le temps : on arrive aisément, grâce à ce procédé, à évaluer 0,001 de seconde.

1108. Appareils d'induction. — Les appareils d'induction doivent être divisés en deux groupes, suivant que les courants induits y sont produits par la *variation* du champ magnétique ou par un *déplacement* dans le champ magnétique (ou un déplacement du champ magnétique).

Le premier groupe comprend principalement les bobines et les exploseurs; le second comprend les machines d'induction proprement dites. Enfin, dans quelques appareils, on a réuni les deux causes de production des courants induits.

1109. Bobines d'induction; appareil à chariot. — Cet appareil est la réalisation pratique de la bobine d'induction de démonstration que nous avons indiquée. Il comprend une bobine inductrice à gros fil H (*fig.* 516), dans le circuit de laquelle on place une pile et un interrupteur : l'interrupteur peut avoir les dispositions les plus différentes selon la nature des expériences que l'on veut faire; on peut produire les interruptions à volonté, par un contact mû à la main, ou mécaniquement à l'aide d'un mécanisme d'horlogerie dont on règle la vitesse, ou automatiquement à l'aide d'un trembleur analogue à celui des sonneries.

La bobine est placée horizontalement et fixée par une de ses

Fig. 516.

bases contre un support vertical : elle peut pénétrer dans la cavité centrale d'une autre bobine creuse H' qui est la bobine induite. Celle-ci est portée sur un chariot ou plaque horizontale mobile entre des glissières. On peut pousser le chariot jusqu'à ce que la bobine induite recouvre entièrement la bobine inductrice, auquel cas l'effet produit est évidemment maximum. On peut déplacer progressivement la bobine induite qui découvre ainsi une portion de plus en plus étendue de la bobine inductrice, ce qui diminue l'effet. Celui-ci ne cesse pas d'ailleurs lorsque la bobine inductrice est entièrement sortie de la bobine induite et se fait sentir même lorsqu'il existe entre les deux une distance considérable, 1 mètre et même davantage. Cet appareil est connu sous le nom de bobine à chariot ou bobine de Dubois-Reymond.

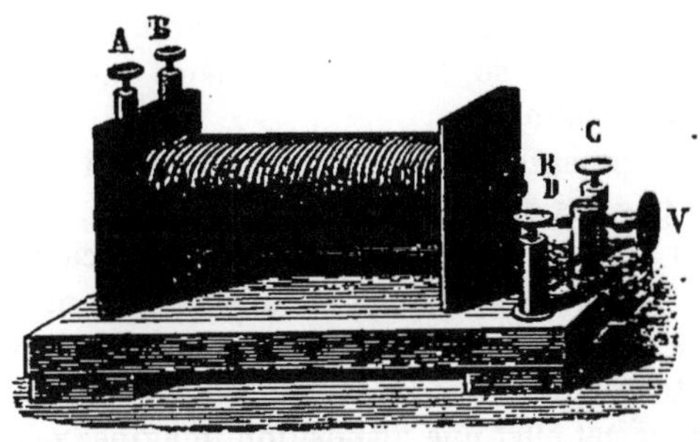

Fig. 517.

On peut modifier l'intensité du courant en faisant varier la position de la bobine induite, comme nous venons de le dire; mais on y parvient également en changeant la force de la pile inductrice ou en plaçant des fils de fer doux en nombre variable au centre de la bobine inductrice.

1110. Bobine de Rhumkorff. — Cette machine comprend des éléments analogues à ceux que nous venons d'indiquer. Elle est formée d'un faisceau de fils de fer doux F (*fig.* 518), enveloppé d'une bobine inductrice B à fil gros et court, de 2 millimètres de diamètre, par exemple; celle-ci est entourée par une bobine induite B′, constituée par un fil long et ayant 1/4 de millimètre.

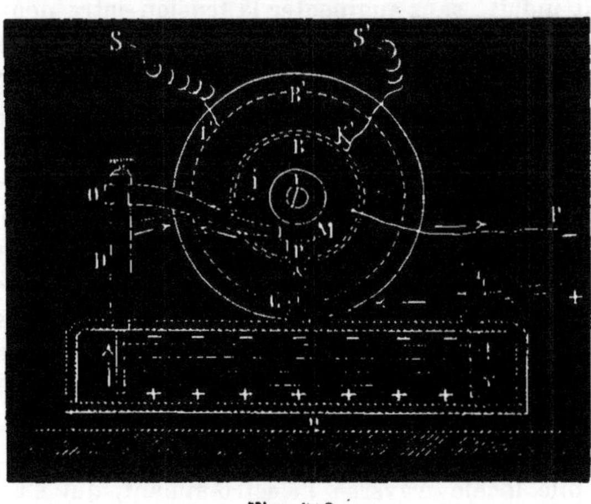

Fig. 518.

Pour fermer ou ouvrir alternativement le circuit, l'appareil est muni d'un interrupteur à marteau, imaginé par M. De la Rive et tout analogue à celui que nous avons décrit pour la sonnerie. Il

consiste en un levier OM, portant un marteau M en fer, dont la face
inférieure est recouverte d'une lame de platine. Ce marteau repose
sur une enclume C également platinée. Le courant de la pile arrive
par la borne A à l'enclume, au marteau, à la colonne D, et traverse
la bobine inductrice en I pour sortir en K et se diriger à la pile P.
Dès que le courant s'établit, le fer doux s'aimante et attire le marteau, ce qui établit une interruption entre E et M. Aussitôt le marteau retombe, et la communication se rétablit. Le même mouvement recommence, et ainsi de suite.

D'après les lois précédemment établies, le circuit induit est
alternativement parcouru par des courants inverses et directs.

La machine que nous venons de décrire présente une cause
d'affaiblissement. En effet, lorsque le marteau se soulève, il se produit à la rupture une vive étincelle, due à l'extra-courant, ce qui
continue le courant inducteur et diminue l'intensité du courant induit. On emploie pour éviter cet effet une disposition imaginée par
M. Fizeau et qui consiste à faire communiquer avec les armatures d'un condensateur deux points pris de part et d'autre de
l'interrupteur. Sans que l'on ait pu donner une théorie complètement satisfaisante de l'effet produit, l'expérience démontre qu'alors
l'étincelle de rupture diminue, et que celle d'induction augmente.

Dans les grands modèles, la bobine induite est formée, d'après
les indications de Poggendorff, par une association de bobines isolées, mais reliées ensemble. Par ce moyen, on peut augmenter la
longueur du circuit induit, sans augmenter la tension entre deux
couches superposées de fil. On n'a plus à craindre la rupture de
l'appareil dans certains points. Cette disposition permet de donner
à la machine une puissance extraordinaire, et d'obtenir des étincelles ayant 35 à 40 centimètres de longueur.

1111. Interrupteur de Foucault. — Un autre perfectionnement qu'il nous reste à signaler, c'est le remplacement de l'interrupteur à marteau par l'interrupteur à mercure. Il consiste en
un ressort R (*fig.* 519) qui, écarté de la position d'équilibre, exécute des oscillations, dont l'amplitude peut être réglée par un poids
que l'on fixe à une hauteur déterminée. Ce ressort entraîne dans
son mouvement une lame terminée par une armature de fer doux i,
placée au-dessus d'un électro-aimant M, et qui porte deux pointes p,
qui plongent dans des godets contenant du mercure et de l'alcool.
Le courant d'une pile locale traverse l'électro-aimant, qui s'aimante; celui-ci attire le fer doux; la pointe p, en se relevant, sort
du mercure, et le courant inducteur est interrompu. Le ressort, en
vertu de son élasticité, tend à reprendre sa position, et amène la
pointe p en contact avec le mercure; le courant se rétablit, et ainsi

de suite. La figure 519 représente la grande bobine de Ruhmkorff.
Les extrémités C et D sont les rhéophores de la pile locale, E et F

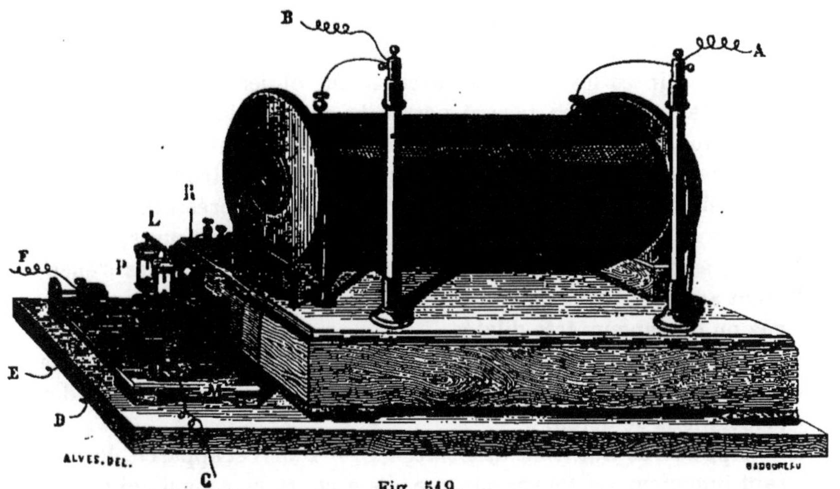

Fig. 519.

ceux de la pile qui fournit le courant inducteur, enfin, A et B les
extrémités du fil induit.

1112. Effets divers produits par la bobine de Ruhmkorff. — 1° Lorsqu'on rapproche les extrémités d'un circuit induit, il se produit à travers l'air une série de décharges qui résultent de la succession des courants directs et inverses. Les premiers ayant une tension plus grande, si on augmente l'intervalle des deux fils, les courants directs peuvent seuls passer à travers la couche d'air interposée. Cette étincelle est formée de deux parties distinctes : un trait de feu brillant et une auréole rougeâtre. On le reconnaît en faisant jaillir l'étincelle entre deux conducteurs, auxquels on a imprimé un mouvement de rotation. Le trait persiste, en restant linéaire, mais l'auréole s'étale.

2° On peut avec cette machine charger très rapidement une bouteille de Leyde et même une batterie. Il suffit de mettre les extrémités du fil induit en relation avec les deux armatures; seulement, il faut établir dans le circuit une interruption; alors il ne passe plus que les courants directs.

3° Si, dans le passage des courants, on interpose un voltamètre à eau, on recueille un mélange des deux gaz dans chacune des deux éprouvettes, le courant passant tantôt dans un sens et tantôt dans l'autre. Si l'on place les fils très près, il y a autant d'hydrogène et d'oxygène dans une éprouvette que dans l'autre. Le mé-

lange est moins parfait, si on éloigne les fils un peu plus ; et en les
mettant à une distance convenable, il n'y a plus que de l'hydrogène
d'un côté, que de l'oxygène de l'autre. Cela tient à ce que le courant inverse ne passe plus.

4° L'étincelle de la machine passe à de grandes distances à
travers l'air et les vapeurs raréfiés. On obtient alors de beaux
effets de lumière, en faisant passer le courant induit dans l'œuf
électrique. On observe un flot de lumière rougeâtre vers la boule
positive, violacée vers la boule négative. Si on introduit dans cet
appareil une vapeur raréfiée, la gerbe lumineuse présente une succession de bandes alternativement lumineuses et obscures, ce qui
donne à ce phénomène un aspect stratifié. Ces expériences s'effectuent avec des tubes de verre, dits de Geissler, qui sont remplis de
gaz ou de vapeurs très dilatés.

1113. Appareils médicaux. — Ces appareils dérivent de
la bobine que nous venons de décrire et n'en diffèrent que par des
dispositions de détail.

Appareil de Duchenne de Boulogne. — Dans cet appareil, le courant inducteur est fourni par une pile à charbon, sans diaphragme
intérieur. Le système d'induction est formé d'un gros fil de cuivre
de 1 millimètre de diamètre, roulé autour d'un fil de fer doux, et
d'un fil induit plus fin. L'interrupteur se compose du trembleur de
De la Rive, et d'une roue dentée, que l'on peut utiliser à volonté
pour produire les interruptions. Un point essentiel est de pouvoir
régler avec précision l'intensité des courants transmis. Pour cela,
M. Duchenne se sert : 1° d'un modérateur, c'est-à-dire d'un tube de
verre rempli d'eau, dans lequel s'engage une tige métallique qu'on
enfonce plus ou moins, ce qui permet de faire varier l'épaisseur de
la couche liquide que doit traverser le courant, et d'augmenter ou
de diminuer la résistance au passage de l'électricité ; 2° d'un graduateur, composé d'un cylindre de cuivre, qui sépare la bobine du
fer doux. Les courants induits qui se manifestent dans cette enveloppe métallique diminuent d'une manière notable l'action des courants d'induction. Donc, pour augmenter leur énergie, il faudra
faire sortir plus ou moins le graduateur.

Appareil de M. Gaiffe. — Les constructeurs ont cherché à obtenir un appareil de petit volume qui fût portatif. M. Ruhmkorff, le
premier, croyons-nous, adopta une disposition qui a été répétée souvent depuis. L'un des modèles les plus usités maintenant est celui de
M. Gaiffe, qui se compose d'une boîte de petites dimensions comprenant trois compartiments.

Le premier renferme la pile, qui est formée de deux éléments L,
à sulfate de mercure (1055) ; dans le second, se trouve une double

bobine M contenant un tube métallique qui sert de graduateur.
En l'enfonçant plus ou moins au moyen d'un bouton R, on diminue ou on augmente à volonté la force du courant. Les extrémités du fil induit aboutissent à deux bornes placées sur la traverse
EF. En face des bobines est placé un interrupteur, formé d'une

Fig. 520.

pièce de fer doux mobile P, qui presse contre un ressort, et détermine
par son mouvement oscillatoire (trembleur de De la Rive) la fermeture ou l'ouverture du circuit inducteur. Deux bornes servent
à recevoir l'extra-courant.

Le troisième compartiment contient des électrodes de formes
diverses que l'on applique sur la peau suivant les cas.

D'autres modèles analogues sont également employés; nous
citerons, par exemple, celui de M. Trouvé.

1114. Exploseurs. — Nous n'insisterons pas longuement
sur ces appareils qui n'ont que des usages restreints, tels que l'inflammation des mines, et nous n'en parlerons que parce qu'ils utilisent, pour faire varier le champ magnétique, un moyen différant
du courant et qui a été appliqué à quelques appareils médicaux.

L'un des modèles employés consiste dans un aimant puissant
en fer à cheval dont les branches, vers la partie polaire, sont entourées par des bobines de fil fin : l'enroulement des fils est tel qu'il paraît
de sens contraires lorsqu'on regarde l'appareil par l'extrémité polaire. Devant les pôles, et pouvant venir en contact avec eux, est une
forte pièce de fer doux portée sur un axe placé parallèlement à la
ligne qui joint les pôles et à quelque distance en dessous : cette
pièce de fer doux est munie d'une poignée.

Le fer doux étant en contact avec l'aimant, si à l'aide de la poignée on sépare *brusquement* le fer doux, il se produit, par là
même, une modification dans la distribution du magnétisme des régions polaires et, par suite, une modification dans le champ magnétique qui donne naissance à des courants induits dans les bobines.
A cause des noms contraires des pôles, l'un des courants tourne

dans le sens direct, l'autre dans le sens inverse. Ils s'ajoutent donc dans le circuit induit, puisque les fils sont précisément enroulés en sens contraires.

Si le circuit induit présente une petite interruption en un point, il jaillira une étincelle qui pourra enflammer un corps explosif.

1115. Appareils médicaux de Breton et de Duchenne de Boulogne. — On arrive à un résultat analogue en faisant tourner un morceau de fer doux devant les pôles d'un aimant muni de bobines comme il vient d'être dit, et ainsi que Page semble l'avoir proposé le premier. Dans ce cas, il se produit un courant dans un sens lorsque le fer doux s'approche d'un pôle, un courant en sens contraire quand il s'en éloigne : pour un tour complet du fer doux, chaque pôle sera influencé deux fois (une pour chaque extrémité), il y aura donc deux courants de chaque sens.

On a construit sur cette idée plusieurs appareils employés en médecine; nous citerons l'appareil de Breton. Il est formé d'un morceau de fer doux qui tourne, par le moyen d'une manivelle, devant les pôles d'un aimant en fer à cheval. Autour des branches de l'aimant sont fixées deux bobines, traversées par des courants d'induction, dont l'intensité peut être réglée au moyen d'une vis, qui rapproche ou éloigne l'aimant de l'armature mobile et augmente ou diminue ainsi son action. L'appareil donne naturellement des courants alternatifs; mais, à l'aide d'un commutateur mis en mouvement par la manivelle, on peut obtenir des courants redressés. Dans les bobines, il y a deux fils enroulés autour de l'aimant: l'un gros et court, l'autre long et fin. On pourra donc obtenir des courants à tension plus ou moins forte.

Duchenne de Boulogne a construit un appareil également destiné à la pratique médicale et dans lequel on retrouve les mêmes éléments.

1116. Théorie générale des machines d'induction. — Lorsqu'un circuit fermé se meut dans un champ magnétique de manière à rencontrer un nombre variable de lignes de force, le circuit est traversé par un courant induit (1079).

Le circuit traversé par ce courant aurait dans le champ magnétique une position d'équilibre (comme nous l'avons dit pour les solénoïdes) : il faut dépenser un certain travail mécanique pour l'en écarter, et le courant produit représente, sous une autre forme, l'énergie correspondant à ce travail; c'est une application de la loi de Lenz.

Dans le mouvement considéré, les variations de rapport entre les lignes de force et le circuit sont de deux ordres différents: le nombre de lignes force rencontrées par la superficie que limite le circuit peut croître ou décroître. On comprend aisément, en se reportant à tous les cas d'inversion que nous avons signalés jusqu'à présent, que cette différence doit correspondre à un changement de sens du courant. C'est ce qui a lieu en effet, ainsi que l'expérience le prouve.

Si l'on considère un circuit animé d'un mouvement de rotation autour d'un axe, ce qui est presque le seul cas que l'on rencontre en pratique, pour un tour complet il y aura pendant une partie augmentation du nombre de lignes de force coupées par le circuit, et nécessairement diminution égale pendant l'autre partie. Si le champ magnétique présente une certaine symétrie, il y aura donc dans le circuit production du courant dans un sens pour une moitié de la révolution, et production d'un courant dans le sens opposé pour l'autre moitié. Il y aura donc deux changements du courant qui se produiront sur un diamètre de la circonférence décrite par le circuit mobile dans son mouvement : cette ligne où se manifestent les changements de sens du courant est appelée *ligne de commutation*.

1117. — Considérons divers circuits, des bobines, par exemple, se mouvant sur la même circonférence et dans le même sens.

Toutes celles qui sont situées d'un même côté de la ligne de commutation seront parcourues par des courants de même sens, tandis que celles qui sont de l'autre côté seront parcourues par des courants de sens contraire. C'est-à-dire que dans ces bobines il existe des forces électromotrices de même sens pour toutes celles qui sont d'un même côté de la ligne de commutation, et de sens contraire pour celles qui sont situées de l'autre côté ; ces forces électromotrices ne sont pas toutes égales entre *elles*, car elles dépendent de la distribution des lignes de force dans le champ magnétique; mais leur sens, et non leur valeur, est nécessaire à connaître pour la théorie générale.

Ces bobines se trouveront donc dans les mêmes conditions où se trouveraient des éléments de pile orientés dans un sens d'un côté de la ligne de commutation, et dans le sens contraire pour l'autre côté. Il sera possible de les grouper à volonté en série ou en batterie ou en batterie de séries, suivant les circonstances, suivant les besoins. Mais ce groupement présente quelques difficultés pratiques, parce que chaque bobine se trouve successivement de l'un et de l'autre côté de la ligne de commutation. Les moyens d'établir les communications varient suivant les appareils; nous indiquerons les principaux.

Telle est la théorie générale, très importante, des machines d'induction à laquelle on peut ramener l'explication de tous les systèmes. Il peut être bon cependant d'étudier quelques appareils en appliquant les lois particulières de l'induction que nous avons indiquées (1087).

Nous serions entraînés très loin, sans intérêt réel, si nous cherchions à établir une classification rationnelle des machines d'induction actuellement employées, et nous nous bornerons à décrire quelques-uns des appareils les plus usités.

1118. Machines de Pixii et de Clarke. — Dans ces machines le champ magnétique est produit par un aimant en fer à cheval et le courant se manifeste dans deux bobines. Dans la machine de Clarke, les bobines se déplacent dans le champ magnétique immobile ; c'est l'inverse dans la machine de Pixii, les bobines y sont fixes et le champ magnétique est déplacé par le mouvement de l'aimant.

Machine de Pixii. — Le premier appareil de ce genre a été construit par Pixii, en 1832. Il est formé d'un gros aimant en fer à cheval, mis en rotation autour d'un axe vertical, au moyen d'une manivelle et d'engrenages convenables. Au-dessus, est placée une armature semblable, en fer doux, dont les deux branches verticales sont entourées d'un fil de cuivre recouvert de soie. Le fil, comme dans un exploseur, est enroulé en sens contraires sur les deux branches. Les deux bobines ainsi constituées sont diamétralement opposées et se trouvent toujours, par conséquent, de part et d'autre de la ligne de

Fig. 521.

commutation : les courants sont donc de sens inverses, mais, à cause de l'enroulement des fils, ils s'ajoutent dans les deux bobines. Le sens total change chaque fois que l'aimant passe à la ligne de commutation. Le courant serait donc alterné à chaque demi-révolution dans le fil constituant le circuit extérieur, si on ne le *redressait* à l'aide d'un commutateur spécial mu par l'axe de rotation et qui, à chaque demi-révolution, intervertit les communications entre les bobines et le circuit extérieur.

Ces machines ne sont plus employées.

Machine de Clarke. — Cette machine comprend un aimant vertical en fer à cheval, devant les pôles duquel deux bobines tournent autour d'un axe horizontal (*fig.* 521).

Pour nous rendre compte du fonctionnement en détail, considérons d'abord une des bobines seulement. Soient A et B (*fig.* 522), les pôles de l'aimant; une bobine décrit devant cet aimant un cercle, et revient au même pôle A, après un tour complet. Il se forme, dans la partie de la bobine la plus voisine, un pôle boréal. De A en *a*, son aimantation diminue; en *a*, elle est à l'état neutre; puis en montant vers B le fer doux s'aimante; elle prend en B un pôle austral, perd son aimantation de B en *b*, s'aimante de nouveau de *b* en A. Or, de A en *a*, il se forme dans la bobine des courants directs, et de *a* en B des courants inverses; mais, comme les pôles sont intervertis, ces courants sont de même sens. Quand la bobine dépasse B, les courants induits sont directs et, par conséquent, de

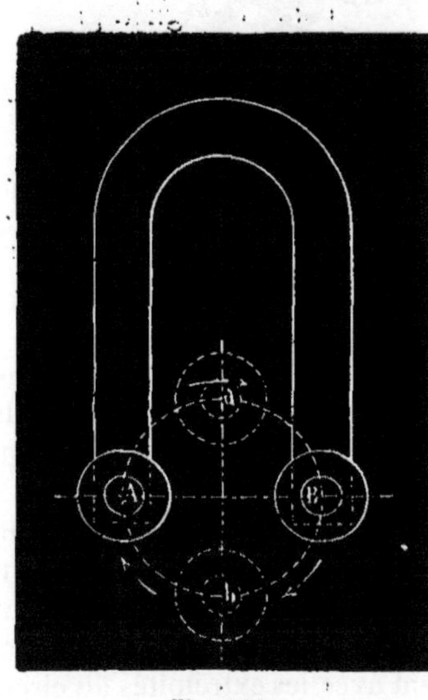

Fig. 522.

sens contraire aux premiers. Ils restent de sens contraire aux premiers jusqu'à ce que la bobine revienne en A. On voit donc que quand le fer doux va d'un pôle à l'autre, l'intensité du courant, varie sans qu'il y ait changement de sens: lorsqu'il dépasse un pôle, le changement de sens se produit. La ligne de commutation passe donc par les pôles. (En réalité, sans doute à cause du magnétisme rémanent des noyaux des bobines, elle est inclinée sur la ligne des pôles.)

Comme dans la machine de Pixii, l'appareil porte deux bobines, sur lesquelles s'enroule un même fil, mais en sens contraires, en sorte que les actions de ce double électro-aimant sont concordantes.

1119. — En général, on cherche à *redresser* le courant qui, sans cela, change de sens quand les bobines passent devant les pôles. On

peut adopter la disposition suivante. L'une des extrémités *a* du
fil des bobines communique à un axe *xy* (*fig.* 523), qui tourne avec
les bobines. Il est entouré d'un cylindre isolant en ivoire. Sur le
cylindre isolant, et à une petite distance, sont adaptées deux demi-
viroles séparées, l'une *m* en communication métallique avec l'axe *xy* ;
l'autre est reliée à l'autre extrémité du fil *b*. Chaque demi-virole

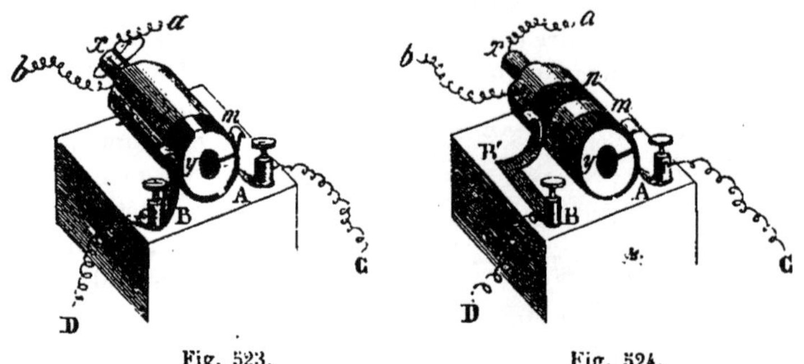

Fig. 523.   Fig. 524.

est alternativement un pôle positif et un pôle négatif, par suite de
la rotation; mais comme, en même temps, les contacts avec les
frotteurs A et B changent également, le courant conserve le même
sens, dans le circuit extérieur ACDB.

Si l'on voulait avoir un courant alternatif, on emploierait une
disposition plus simple : l'axe de rotation (*fig.* 524) entouré d'un
cylindre d'ivoire porte alors deux viroles *m* et *n* dont chacune communique à une extrémité du fil des bobines ; des ressorts A et B' frottant sur chaque virole communiquent avec les extrémités du circuit
extérieur qui reçoit directement le courant tel qu'il est produit
dans les bobines, c'est-à-dire changeant de sens à chaque demi-
révolution.

Pour un même aimant et une même vitesse de rotation, les effets
observés dans le circuit extérieur dépendent de la résistance des
bobines induites. Aussi, suivant les circonstances, emploie-t-on des
bobines à fil fin et long ou des bobines à fil gros et court.

Si l'on veut obtenir des effets chimiques, mettre en évidence
les actions électrodynamiques, agir sur un galvanomètre, il faut
employer des courants *redressés*. On peut utiliser les courants alternatifs pour obtenir des effets calorifiques dans lesquels l'action est
indépendante du sens: ces mêmes courants peuvent servir naturellement à la production de la lumière électrique si leur intensité
est assez grande.

1120. — Cet appareil peut être utilisé pour obtenir des commotions en physiologie ou en thérapeutique. On emploie alors les

courants alternatifs (*fig.* 524), ou bien on adapte un commutateur spécial (*fig.* 525) composé de deux viroles : une entière *n* reliée par le frotteur B′ à la borne B, l'autre *m* présentant une solution de continuité et contre laquelle appuient deux frotteurs communiquant l'un à la borne A, l'autre à la borne B.

Lorsque l'on fait tourner les bobines, tant que le frotteur B presse contre une partie métallique, il y a une communication métallique directe entre les deux bobines par *am*BB′*nb*, et le malade, intercalé en dérivation dans le circuit entre C et D, reçoit un courant continu très faible ; mais au moment où la solution de continuité de la virole *m* vient à passer devant l'un des frotteurs, B par exemple, la communication directe entre les bobines *a* et *b* est interrompue et le courant tout entier, pendant un temps très court d'ailleurs, sui-

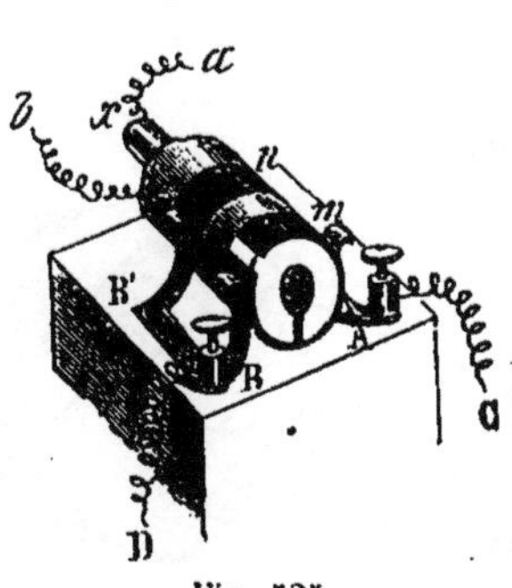

Fig. 525.

vant le trajet *am*ACDB′*nb*, traverse le corps du malade avec toute son intensité. On s'arrange d'ailleurs pour que cette interruption ait lieu lorsque les bobines sont sur la verticale, c'est-à-dire quand le courant induit atteint son maximum.

Quelques appareils présentant les dispositions générales que nous venons de décrire ont été construits pour servir aux usages médicaux. Nous citerons, par exemple, des modèles de M. Gaiffe sur lesquels il n'y a pas lieu d'insister : nous n'aurions à signaler que des différences de détail.

1121. Machine d'induction médicale de Gaiffe. — M. Gaiffe a construit un autre modèle qui sous un même volume est plus énergique (*fig.* 526) : il a réuni la disposition de la machine de Clarke à celle de la machine de Breton. Il se produit des courants dans les bobines fixes et d'autres dans les bobines mobiles : on les réunit pour les faire passer dans le corps du malade. Il faut seulement employer un commutateur spécial pour réunir les courants des deux paires de bobines, parce que, pour une révolution complète, le courant change quatre fois de sens dans les bobines fixes et seulement deux fois dans les bobines mobiles.

Le réglage de l'intensité du courant pour une même vitesse de rotation est obtenu en approchant ou éloignant, à l'aide d'une vis, l'aimant de l'armature mobile.

1122. Modèles divers de machines d'induction. — On a construit de très nombreux modèles de machines d'induction reposant tous sur les mêmes principes. Nous n'insisterons pas sur

ces appareils, dont quelques-uns sont très puissants : nous dirons
seulement, par exemple, que l'on a multiplié le nombre des bobines
soit qu'on les fit passer successivement devant les pôles d'un seul

Fig. 526.

aimant (machine Niaudet), soit qu'elles fussent astreintes à passer
successivement devant les pôles d'un nombre plus ou moins considérable d'aimants (machines de l'Alliance).

Nous signalerons spécialement cependant la machine de M. Marcel Deprez qui, sous un petit volume, produit des effets assez intenses. Dans cette machine, il n'y qu'une bobine formée par un fil
enroulé longitudinalement (parallèlement aux génératrices) sur un
cylindre présentant deux larges rainures diamétralement opposées.
Cette bobine, placée entre les branches de l'aimant et parallèlement
à leur direction, tourne autour de son axe.

On reconnaît aisément : 1° que les actions exercées sur les fils
placés de part et d'autre du cylindre s'ajoutent, à un même instant ;
2° que, dans le circuit, le courant change de sens deux fois pour
une révolution complète de la bobine. Si l'on veut avoir des courants redressés (non alternatifs), il faut employer un commutateur
analogue à celui de la machine de Clarke.

1123. Machine Gramme. — Enfin nous devons insister sur
une machine relativement récente et dont la découverte a été le
point de départ d'une série de perfectionnements importants aux
appareils d'induction. Nous voulons parler de la machine Gramme,
dont la première idée est due à Paccinotti, qui ne semble pas avoir
vu toute l'importance de la disposition qu'il avait adoptée, et que
Gramme a découverte à nouveau et dont il a vu le grand intérêt.

La machine Gramme se compose d'un aimant en fer à cheval
dont les pôles N. S (*fig.* 527 et 528) sont prolongés par des pièces de
fer doux qui emboîtent l'anneau mobile dont nous allons parler, en

Fig. 527.

formant des épanouissements polaires destinés à augmenter l'intensité du champ magnétique, en le resserrant.

Dans l'espace circulaire ainsi limité tourne un anneau, autour
d'un axe perpendiculaire au fer à cheval ; cet anneau est constitué
par un anneau de fil de fer doux autour duquel est enroulé du fil
de cuivre isolé, recouvert de soie, formant une série de bobines de
peu d'étendue ; les extrémités des fils sont toutes ramenées à l'intérieur de cet anneau.

Supposons d'abord que ces bobines restent isolées les unes des
autres et faisons tourner l'anneau.

Il faut remarquer que ces bobines tournent dans un champ
magnétique intense, qui est déterminé non seulement par l'aimant
mais aussi par le fer doux. Si le fer doux était fixe, il prendrait
une polarité opposée à celle de l'aimant et ses pôles n, s seraient en
face de ceux de l'aimant : s'il tourne il y aura, à chaque instant,
un pôle qui occupera sur l'anneau une position différente, mais qui
sera toujours en face du pôle de l'aimant ; de telle sorte que, au

point de vue de la constitution du champ magnétique, l'effet sera le même que le fer doux soit immobile ou qu'il soit en mouvement.

Une bobine se mouvant circulairement dans ce champ magnétique sera traversée par un courant qui, nul sur la ligne de commutation, ira en croissant, atteindra un maximum, décroîtra pour s'annuler après une demi-révolution, lorsque la bobine rencontrera la ligne de commutation. Dans la seconde demi-révolution, les effets seront identiques, mais le courant sera de sens contraire. Nous admettrons, ce qu'une analyse détaillée démontre et ce que l'expérience vérifie, que la ligne de commutation AB est perpendiculaire à la ligne des pôles (en réalité, il n'en est pas rigoureusement ainsi, parce que, probablement par suite du magnétisme rémanent du fer

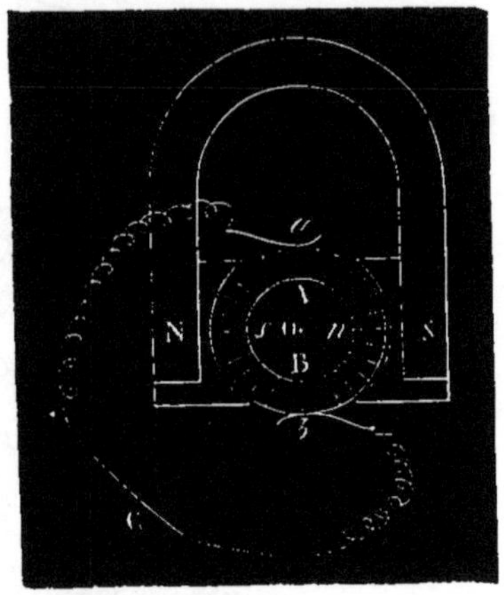

Fig. 528.

doux, le pôle développé à chaque instant dans l'anneau n'est pas exactement en face du pôle de l'aimant). Laissant alors de côté l'aimant et l'anneau de fer doux, nous pouvons seulement considérer une série de bobines se mouvant circulairement et telles que pour toutes celles qui sont à la droite de la ligne de commutation le courant qui les parcourt est dirigé dans un sens, que pour toutes celles qui sont à la gauche de la même ligne le courant est dirigé en sens contraire; il y a d'ailleurs à chaque instant autant de bobines d'un côté que de l'autre.

1124. — Considérons l'ensemble de ces bobines à un instant quelconque. Comme nous l'avons dit, l'effet est le même que si chacune contenait un élément de pile; seulement l'orientation des éléments de droite serait inverse de celle des éléments de gauche. Dans ces conditions, réunissons bout à bout toutes les bobines de droite, l'effet sera le même que si nous avions groupé en *série* un même nombre d'éléments de pile. Si nous opérions de même à gauche, nous aurions une série identique, mais orientée inversement. Si alors nous réunissions simplement les deux séries comme elles sont placées, il n'y *aurait aucun courant*, les forces électromotrices de gauche contrebalançant exactement celles de droite.

Mais les choses se passeront tout autrement si nous établissons un fil métallique *aCb* entre les points de jonction *a. b* de ces deux séries, si nous établissons une dérivation. L'effet correspondra à celui que l'on obtiendrait en réunissant en *batterie* deux *séries* comprenant chacune autant d'éléments qu'il y a de bobines d'un côté de la ligne de commutation (1016)..

Pour satisfaire à la condition que nous venons d'indiquer il faut que toutes les bobines placées d'un côté de la ligne de commutation communiquent entre elles, d'une part; et, d'autre part, que les extrémités des bobines directement voisines, de part et d'autre, de la ligne de commutation soient reliées aux extrémités du fil qui constitue le circuit extérieur.

Ces conditions, très faciles à réaliser lorsque les bobines sont au repos, le sont moins lorsqu'elles sont en mouvement, ce qui est la condition nécessaire. M. Gramme est arrivé à résoudre la difficulté par l'emploi du collecteur, dont nous allons indiquer la disposition générale.

1125. — Les bobines H,I,K,... (*fig.* 529) que nous avons imaginées sont constituées en réalité par quelques tours sur l'anneau de fer doux d'un fil de cuivre recouvert d'une matière isolante; les extrémités de ce fil sont ramenées vers le centre de l'anneau qui est occupé par un axe, cylindre constitué par une matière isolante, de l'ébonite (caoutchouc durci) en général, dans lequel sont enchâssées des lames l, l'.. de cuivre formant des bandes étroites parallèles aux génératrices du cylindre et séparées les unes des autres par la matière isolante : leur nombre est égal à celui des bobines de l'anneau. Ce cylindre composé est le *collecteur*.

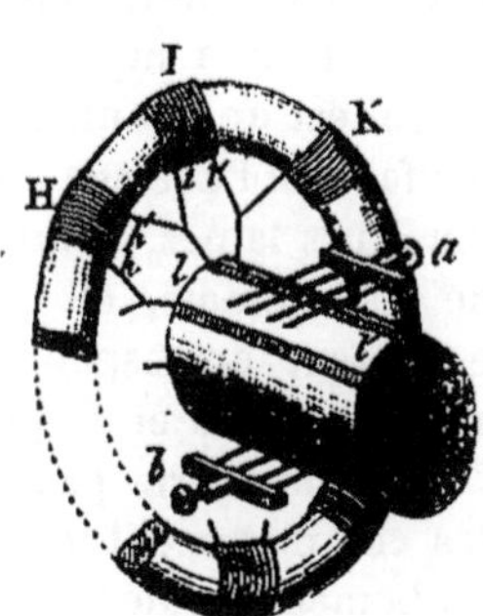

Fig. 529.

Les fils des bobines sont reliés ensemble, de telle sorte que l'extrémité finale h' de l'un soit soudée à l'extrémité initiale i de la bobine suivante : de cette façon, toutes les bobines forment un seul système dans lequel l'enroulement est le même dans toute la longueur. Mais, de plus, chaque point de jonction de deux fils est relié métalliquement à l'une des lames métalliques l' du collecteur.

En réalité le nombre des bobines est beaucoup plus grand que ne l'indique la figure, qui n'est qu'un croquis explicatif, et l'anneau de fer doux est entièrement recouvert de fils de cuivre isolés.

Enfin, deux frotteurs métalliques a, b constitués par des balais en fil métallique, et auxquels aboutissent les deux extrémités du circuit extérieur, appuient sur le collecteur et sont placés de telle sorte que le contact ait lieu sur la ligne de commutation.

Il est facile de voir alors ce qui se passe lorsque l'anneau tourne et que les diverses lames du collecteur viennent successivement rencontrer les balais ; à chaque instant, les bobines placées à droite de la ligne de commutation sont reliées en séries; celles qui sont à gauche sont aussi reliées en série, mais l'orientation est contraire. Par rapport au circuit extérieur terminé aux balais, ces séries sont groupées parallèlement, en batterie, et donnent un courant dans ce circuit.

Un instant après, l'anneau se sera déplacé et les bobines auront été entraînées, mais il y aura toujours autant de bobines de chaque côté de la ligne de commutation et l'effet sera le même si les frotteurs sont en contact avec des lames du collecteur; le courant se continuera donc et, nécessairement, dans le même sens. Et ainsi de suite.

1126. — Si le contact des frotteurs avait lieu suivant un *point*, il y aurait courant chaque fois qu'ils rencontreraient une lame métallique, et le courant cesserait absolument chaque fois que les frotteurs toucheraient les parties isolantes. On aurait donc dans le fil extérieur une série de courants tous de même sens, mais distincts les uns des autres, séparés par un certain intervalle de temps. En réalité, les choses ne se passent pas ainsi, ce qui est un avantage : les frotteurs sont flexibles et touchent la surface de l'axe sur une certaine étendue, de manière à rencontrer plusieurs lames métalliques : alors le contact entre conducteurs ne cesse jamais, et, par conséquent, le courant ne cesse pas; si le contact correspond à 4 lames au repos, il peut varier en mouvement entre 3 et 4, par exemple, mais il ne cessera pas : le courant ne conservera pas la même valeur mais, à aucun instant, il ne sera complètement interrompu. C'est là une différence essentielle avec la machine de Clarke qui, à l'aide du commutateur, donne bien toujours des courants de même sens, mais qui sont en réalité constitués par une série de courants distincts se succédant à un faible intervalle de temps.

1127. **Machines à excitatrice: machines dynamo-électriques**. — Le principe de la machine Gramme a été fécond dans ses applications et l'on peut y rattacher plus ou moins directement un grand nombre d'appareils construits pour l'industrie. Sans entrer en aucune façon dans le détail, nous signalerons les perfectionnements réels que l'on a apportés aux machines de ce genre.

On comprend aisément que la puissance de ces machines, pour une même vitesse de rotation, dépende de l'intensité du champ magnétique et, par conséquent, de l'intensité de l'aimant employé. Mais, pratiquement, la puissance des aimants a une limite : on est arrivé à obtenir des machines plus puissantes en remplaçant les aimants par des électro-aimants. Bien que ceux-ci puissent être animés par un courant provenant d'une source quelconque, d'une pile, par exemple, c'est toujours à une autre machine d'induction que l'on a recours pour obtenir cet effet : cette machine est appelée *excitatrice*. On a donc une machine Gramme à aimants, analogue à celle précédemment décrite, dont on envoie le courant dans les fils des électro-aimants d'une autre machine Gramme.

Dans d'autres systèmes, désignés par la dénomination insuffisante de machines dynamo-électriques, il n'y a pas d'excitatrice : le courant qui traverse les fils des électro-aimants et qui rend ceux-ci actifs est emprunté au courant même produit par la machine, courant qui est utilisé dans une autre partie du circuit pour produire l'effet que l'on recherche. Une fois que la machine fonctionne, on peut concevoir aisément que l'on puisse employer ainsi une partie du courant ; il y a, tout d'abord, quelque difficulté à comprendre comment la machine peut fonctionner au début, puisque le courant induit n'existant pas encore on ne peut rien lui emprunter pour exciter les électro-aimants. Mais les pièces de fer doux ne sont jamais absolument dénuées de magnétisme, elles ont toujours un peu de magnétisme rémanent ; quand l'anneau tourne, la machine fonctionne comme une machine à aimants faibles et produit un courant induit peu intense, qui, au moins en partie, sera dirigé sur les électro-aimants et renforcera leur magnétisme : l'induction sera donc plus énergique. L'action ira donc ainsi en s'accroissant d'instant en instant jusqu'à un effet maximum qui dépend des dimensions de l'appareil et de la vitesse de rotation.

1128. — Il est important de remarquer que, tandis que dans les bobines d'induction le courant induit est la manifestation, sous une forme particulière, de l'énergie chimique dépensée dans la pile, dans les machines d'induction, quel que soit le système considéré, le courant induit est la manifestation du travail mécanique dépensé à la manivelle qui met en rotation les bobines ou l'anneau. A cet égard, on peut dire justement que toutes ces machines sont *dynamo-électriques;* c'est donc à tort que l'on a réservé ce nom pour les machines dans lesquelles on n'emploie ni aimants permanents, ni excitatrice.

On se rend compte aisément du rapport que nous signalons, entre le travail mécanique et le courant induit, en faisant manœuvrer une machine dont on ferme ou dont on ouvre à volonté le circuit induit. Lorsque le circuit induit est ouvert, qu'il ne peut, par suite, s'y manifester de courant, il suffit d'appliquer à la manivelle une faible force seulement pour vaincre les frottements; mais la force doit être beaucoup plus considérable lorsque le circuit induit est fermé, le travail supplémentaire que l'on développe représentant l'énergie du courant induit obtenu.

1129. Reversibilité des machines d'induction. — Il nous reste à signaler pour les machines d'induction une propriété qui paraît appelée à être avantageusement utilisée dans l'industrie; c'est leur *reversilibité* : la machine Gramme qui, nous venons de le dire, transforme en courant électrique l'énergie correspondant au travail mécanique qu'on lui transmet, peut transformer inversement le courant en travail mécanique. Si, dans l'anneau d'une machine Gramme, on vient à faire passer, par l'intermédiaire de balais, un courant opposé à celui qu'elle est susceptible de produire, cet anneau se met en mouvement et peut non seulement vaincre les frottements qui s'opposent à la rotation, mais encore produire un travail mécanique déterminé, élever un poids à une certaine hauteur, en un mot développer un certain nombre de kilogrammètres.

On conçoit donc que si l'on a deux machines reliées par deux fils faisant communiquer convenablement les balais deux à deux et que l'on mette l'une en mouvement, elle produira un courant électrique qui fera mouvoir l'autre. C'est sur cette propriété que repose la question à l'ordre du jour maintenant de la transmission, du transport de la force par l'électricité. Quelque intéressante qu'elle puisse être au point de vue industriel, nous ne pouvons nous y arrêter.

Il n'est pas sans utilité de remarquer que l'on ne transporte pas la force, à proprement parler, mais l'énergie, qui peut se manifester tout autrement si les conditions sont autres; par exemple, par une action chimique si, à la place de la deuxième machine d'induction, on met un électrolyte dans le circuit.

L'expérience suivante est intéressante à ce point de vue. Dans un circuit comprenant deux machines Gramme, on intercale un fil fin de platine par exemple. On fait mouvoir l'une des machines, c'est-à-dire qu'on lui communique une certaine quantité d'énergie sous forme de travail mécanique; si on empêche l'autre machine de tourner, le fil de platine sera porté à l'incandescence, on recueillera l'énergie sous forme calorifique. Si on rend libre la seconde machine, elle se mettra en mouvement, absorbant ainsi une certaine quantité d'énergie; mais en même temps l'incandescence du fil de platine diminuera, il dégagera moins de chaleur : le fait est facile à concevoir. On dispose dans le circuit d'une certaine quantité d'énergie : si elle est utilisée à produire à la fois du mouvement et de la chaleur, ce dernier effet sera moindre que s'il se manifestait seul.

1130. Téléphone. — Une des applications les plus récentes et des plus intéressantes des phénomènes d'induction est le téléphone, dont l'invention est due à Graham Bell; des essais tentés auparavant dans la même voie n'avaient pas donné des résultats complets ; mais Edison fit cette découverte en même temps, à peu près, que Graham Bell.

Le téléphone est destiné à transmettre à distance les sons, la voix, la parole ; il faut pour cela deux appareils, un au point de production du son, l'autre au point de réception ; ces deux appareils, qui sont d'ailleurs identiques, sont reliés par un double fil conducteur isolé.

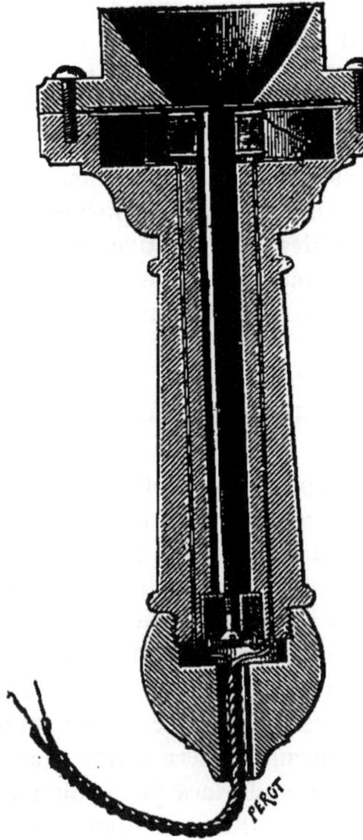

Fig. 530.

Chaque appareil comprend un barreau aimanté, monté ordinairement dans une garniture cylindrique en bois ; en face de l'une des extrémités se trouve un mince disque de fer maintenu dans un évasement de la garniture. La région polaire est entourée d'un fil isolé constituant une bobine dont les extrémités sont reliées au circuit. Les bobines des deux appareils situés aux extrémités de la ligne sont donc ainsi en communication.

Considérons les effets qui se manifestent lorsque l'on vient à produire un ou plusieurs sons devant l'un des appareils. Le mouvement vibratoire de l'air qui correspond au son produit est transmis, au moins en partie, au disque de fer qui vibre synchroniquement ; cette plaque, par conséquent, alternativement et très rapidement se rapproche et s'éloigne du barreau aimanté, y produisant des modifications dans la distribution du magnétisme, dans le champ magnétique. Ces modifications sont très minimes, il est vrai, mais elles sont très rapides, plusieurs centaines par seconde (382), et à cause de cela donnent naissance dans la bobine voisine à des courants induits alternatifs qui traversent tout le circuit et par suite aussi la bobine de l'autre appareil.

Quels vont être les effets produits dans le second appareil : nécessairement ces courants induits alternatifs vont amener des modifications dans le magnétisme du barreau aimanté qu'entoure la bobine. On avait pensé d'abord qu'il y avait dans le second appareil réversion complète des phénomènes du premier, c'est-à-dire que les variations du magnétisme produisent des attractions variables sur le disque qui se met à vibrer et communique ses vibrations à l'air, puis à l'oreille de l'auditeur; ces vibrations dues au courant induit lui sont synchrones et sont par suite synchrones à celles de la plaque du téléphone expéditeur, de telle sorte que les sons sont les mêmes au départ et à l'arrivée. On parait plus porté à croire maintenant que les sons obtenus dans l'appareil récepteur sont produits directement par les variations brusques dans l'aimantation du barreau aimanté. Page a montré, en effet, que les phénomènes d'aimantation et de désaimantation rapides et alternatives d'un barreau de fer produisent des sons; et, d'autre part, des expériences diverses faites directement sur des téléphones semblent bien prouver que telle est l'explication.

On a donné des formes diverses aux téléphones, pour accroître leur puissance; mais dans tous les modèles on trouve des éléments analogues.

Les téléphones ont pu être employés pour transmettre même à de grandes distances des sons, de la musique et même la voix parlée. Celle-ci, bien que reconnaissable cependant, perd son timbre normal et devient nasillarde. Le téléphone, comme nous allons le dire, toujours employé comme appareil récepteur, a été remplacé comme organe transmetteur par un appareil fort intéressant dont il nous reste à parler, le *microphone*, dont l'invention est due à M. Hughes.

1131. Microphone. — Considérons un circuit comprenant une pile et un téléphone : tant que le courant passera d'une manière continue, le téléphone appliqué à l'oreille ne fera percevoir aucun son : d'après ce que nous venons de dire, il ne fonctionne en effet que par les variations du courant qui le traverse. On aura la sensation d'un bruit, d'un choc si l'on vient à interrompre le courant, puis une autre sensation analogue lorsqu'on fermera le circuit. On observerait des effets du même genre si, au lieu de faire finir ou commencer le courant, on se bornait à y produire des modifications d'intensité; les changements d'intensité du courant qui traverse la bobine du téléphone amènent des changements dans l'aimant et, par suite, produisent un son.

Au lieu d'un simple bruit, on aura un son plus ou moins bien caractérisé si, à l'aide d'un mécanisme quelconque, un rouage d'horlogerie, un diapason, etc., on vient à provoquer des interruptions rapides et régulières; le son sera naturellement d'autant plus aigu que les interruptions seront plus rapides. Comme nous le dirons, ces remarques ont été utilisées.

Dans le circuit, intercalons plusieurs fragments de charbons conducteurs, trois par exemple, tels que le fragment intermédiaire C (*fig.* 531) pose sur les fragments D′ et D, où aboutissent les extrémités du fil du circuit : le courant passera ; il subira par l'introduction de cet organe une diminution d'intensité, à cause de la plus

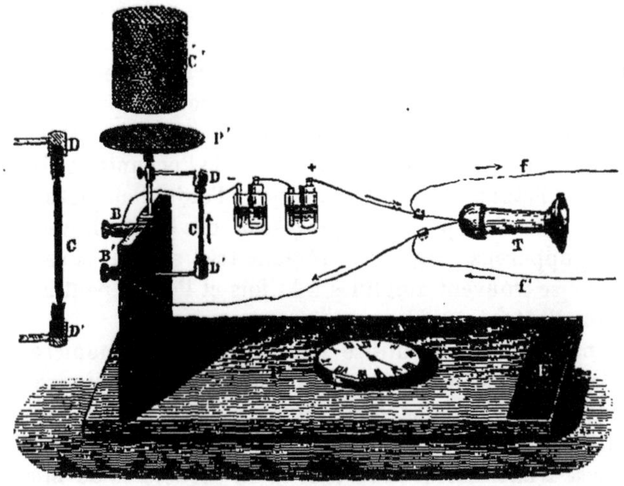

Fig. 531.

grande résistance du charbon et des contacts imparfaits qui s'établissent, mais enfin il s'établira et restera constant tant que les charbons conserveront rigoureusement les mêmes positions relatives, tant que les contacts, par conséquent, ne seront pas modifiés. Mais si l'on communique un mouvement à ces morceaux de charbon, quelque léger qu'il soit, il modifiera les contacts, la résistance changera brusquement et il en résultera une modification brusque de l'intensité du courant : l'observateur qui aurait à cet instant le téléphone à l'oreille entendra un bruit très net qui se répétera chaque fois que les charbons subiront un déplacement. L'ensemble de ces charbons constitue un microphone.

1132. — Cette disposition a été appliquée dans la sonde microphonique, par exemple : cette sonde métallique porte dans une partie cylindrique, située à une extrémité, des charbons disposés comme nous venons de l'indiquer et faisant partie d'un circuit contenant une pile et un téléphone. La sonde étant introduite dans la vessie, lorsqu'elle vient à rencontrer un calcul, subit un choc transmis jusqu'au microphone ; l'observateur entend donc un bruit caractéristique, qui ne se produit pas lorsque le bec de la sonde ne rencontre que des parties molles.

Le plus souvent, les charbons, dont le nombre et la disposition peuvent varier suivant les circonstances, sont reliés à une planchette de bois élastique (*fig.* 531) : le moindre mouvement communiqué à la planchette déplace les charbons et fait agir le téléphone. Le bruit d'une montre que l'on place sur cette planchette est considérablement augmenté dans le téléphone ; il suffit d'une mouche qui marche sur cette planchette pour produire un bruit très appréciable. Le microphone est un amplificateur des bruits.

Aussi a-t-il pu être employé très ingénieusement et très heureusement par divers inventeurs, et notamment par M. le Dr Boudet de Paris qui lui a donné diverses formes permettant de faire entendre nettement les différents bruits de l'organisme. Il l'a appliqué ainsi à l'étude des bruits du cœur à l'aide d'un stéthoscope, du bruit des vaisseaux par le *sphygmophone*, des bruits thoraciques, etc. Mais ces appareils exigent un réglage très soigné ; sans cela, tous les bruits se trouvent amplifiés à la fois et l'on ne peut isoler, localiser l'un d'entre eux.

Le microphone est utilisé maintenant d'une manière générale pour la transmission de la parole dans les communications téléphoniques : les charbons, par exemple, sont placés au-dessous d'une planchette en bois mince devant laquelle on parle. Les vibrations de l'air se transmettent avec tous leurs caractères au microphone, qui les transforme en variations correspondantes du courant fourni par la pile qui est placée dans le circuit ; et dans un téléphone, ces variations du courant sont transmises, également avec la plus grande fidélité, à l'air sous forme de vibrations. Aussi non seulement la hauteur du son est-elle la même, mais l'articulation est distincte et le timbre de la voix n'est pas changé.

On sait que, dans quelques villes, il existe un service régulier de communications téléphoniques qui permet de parler directement à une personne qui se trouve à plusieurs kilomètres. Nous n'avons point à insister ici sur l'organisation, très intéressante d'ailleurs, de ces réseaux téléphoniques.

1133. Emploi du téléphone comme galvanoscope. — Considérons un circuit comprenant un téléphone et un mécanisme interrupteur quelconque ; si le circuit n'est pas traversé par un courant, les interruptions qui se produisent ne donnent naissance à aucun phénomène dans le téléphone ; l'observateur qui l'a mis à son oreille n'entend rien (à la condition, évidemment, qu'il ne puisse entendre directement par l'air le bruit du mécanisme de l'interrupteur) ; mais si, dans ces conditions, un courant parcourt le circuit, immédiatement l'observateur percevra une série de bruits, un son particulier. Le système d'un interrupteur et d'un téléphone est donc capable, comme le fait un galvanomètre, mais d'une autre façon, de déceler l'existence d'un courant dans un circuit; c'est un galvanoscope. L'expérience directe a montré qu'il est beaucoup plus sensible que les galvanomètres et qu'il permet de reconnaître l'existence de courants de très petite intensité.

Le téléphone a été utilisé à cause de cette propriété pour reconnaître l'existence de courants dans un grand nombre de cas, par exemple en électrophysiologie. L'application en est trop simple pour qu'il y ait lieu d'insister ; nous allons donner un exemple d'un cas plus complexe, dans lequel le téléphone a permis d'atteindre à un degré extrême de sensibilité.

1134. Balance d'induction de M. Hughes. —Nous donnerons seulement le principe de ce très intéressant appareil.

Considérons un circuit comprenant une pile P (*fig.* 532), un interrupteur, un rouage d'horlogerie I et deux bobines aussi identiques

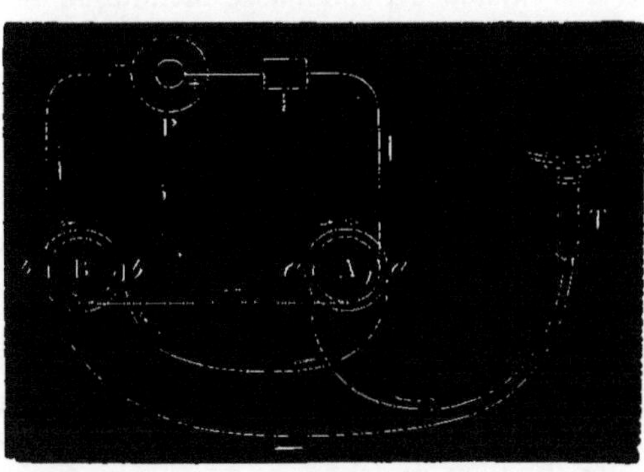

Fig. 532.

que possible A et B. Ce circuit sera traversé par un courant dont le sens sera, par exemple, le sens indiqué par les flèches. Ce courant sera régulièrement interrompu par l'interrupteur.

Autour de ces bobines, enroulons du fil fin de manière à constituer deux bobines induites *a* et *b* qui soient

également, aussi identiques que possible; ces bobines seront parcourues au même instant par des courants tournant dans le même sens; dans la figure, ce sens est celui qui correspond à la rupture du courant inducteur. Réunissons ces bobines entre elles d'une part, et d'autre part à un téléphone, mais de manière que les actions soient opposées, que les courants produits dans ces bobines tendent à parcourir le circuit en sens inverse. Si l'appareil a été construit avec la symétrie parfaite que nous avons supposée, ces deux courants contraires sont égaux, se détruisent à chaque instant : rien ne traverse donc la bobine du téléphone, l'observateur n'entend rien en plaçant cet instrument près de son oreille. On dit, dans ces conditions, que la balance est en *équilibre*. Si cette condition n'était pas remplie, on chercherait à l'obtenir en faisant varier l'un des éléments qui déterminent l'intensité du courant induit.

Pour arriver facilement à réaliser l'équilibre, en général les bobines induites ne sont pas disposées autour des bobines inductrices : les unes et les autres sont des bobines plates et elles sont placées à quelque distance les unes au-dessus des autres, le couple d'une bobine inductrice et de la bobine induite étant assez éloigné de l'autre couple pour qu'il ne puisse y avoir d'action. Le réglage se fait alors en faisant varier les distances dans l'un ou l'autre couple.

Mais si alors on vient à approcher de l'un des couples, Bb par exemple, un morceau de métal, il subira l'action inductrice de B (1092) et le courant induit sera modifié dans b; mais comme le courant de Aa n'a pas changé, l'équilibre qui existait n'existe plus, les actions des deux bobines a et b ne se contrebalancent pas exactement dans le circuit du téléphone, qui alors fait entendre un son. On est donc ainsi averti de l'existence d'une masse métallique dans le voisinage de la bobine B.

Cette disposition a été proposée pour s'assurer de la présence d'un projectile dans une blessure, sans avoir à toucher le blessé; elle a été appliquée sur le président Garfield.

Si l'on mettait deux masses métalliques égales près des bobines A et B, en leur centre, par exemple, il se produirait deux effets qui se détruiraient, et le téléphone ne ferait percevoir aucun son, l'équilibre ne serait pas détruit. Mais, pour que l'effet se manifeste, il suffit que l'on ait opéré avec des masses inégales ou des masses de nature différente. L'appareil est très sensible pour ce genre de comparaison et permet de mettre en évidence des différences de poids très minimes ou, s'il s'agit d'alliages sous un même poids, de très petites différences de composition.

CHAPITRE X

NOTIONS D'ÉLECTROPHYSIOLOGIE ET D'ÉLECTROTHÉRAPIE

1135. — Dans les chapitres précédents, nous nous sommes occupés des phénomènes dont les corps inanimés peuvent être le siège sous l'influence des actions électriques et spécialement des courants électriques; nous avons étudié également dans quelles circonstances ces phénomènes produits directement peuvent donner naissance à des courants.

L'électricité et en particulier les courants électriques agissent sur les êtres vivants, sur les tissus organisés; ils agissent non

seulement en donnant naissance aux actions qui auraient lieu s'ils
étaient appliquées à des composés artificiels ayant même composition chimique et même constitution physique, mais en produisant
des effets différents qui sont dus à ce que les tissus vivants ont des
manières spéciales de réagir sous les causes d'excitation qui leur
sont appliquées. Par exemple, un courant traversant un muscle
ou un nerf y pourra provoquer une action chimique, une électrolyse, y pourra occasionner un dégagement de chaleur ; il en
serait de même pour un corps quelconque composé, substitué à ce
muscle. Mais, de plus, on observera des commotions, des secousses
absolument caractéristiques. Nous ne saurions trop répéter que ces
manifestations spéciales ne nous prouvent nullement que le courant
agit différemment, ce que nous ignorons, mais seulement que le
corps considéré possède un mode spécial de réaction lorsqu'il est
excité. Ces notions physiologiques, que nous avons déjà signalées,
sont très importantes.

Mais, ces actions sont reversibles et les corps vivants, ou les
parties récemment détachées d'êtres vivants, sont susceptibles de
donner des manifestations électriques très nettes, très marquées.
Certains poissons sont capables de produire des décharges intenses ;
des organes, des muscles, des nerfs sont le siège de modifications électriques au moment où ils entrent en action; enfin, même
lorsqu'ils sont inactifs, les muscles et les nerfs présentent en
leurs différents points des différences d'état électrique qui peuvent se traduire par la production d'un courant, si ces points sont
réunis par un conducteur.

Il n'est pas douteux que l'étude de ces questions ne puisse présenter un grand intérêt, et qu'il serait utile de connaître les relations
qui existent, tant à l'état de santé qu'à l'état de maladie, entre les
phénomènes électriques et les actions dont les êtres vivants sont le
théâtre : les applications à la physiologie seraient nombreuses ;
peut-être y trouverait-on des éléments de diagnostic, comme en
a fourni la thermométrie ; sans aucun doute, la thérapeutique en
déduirait de précieux renseignements, puisque déjà elle a pu utiliser l'électricité d'une manière assez satisfaisante.

1436. — Mais, il faut l'avouer, l'électrophysiologie, l'électro-
pathologie n'existent pas encore. Malgré les travaux qui ont été
faits, on ne sait presque rien sur les relations entre les manifestations diverses de la vie et les phénomènes électriques. Cette situation fâcheuse tient certainement d'une part à la complexité des
phénomènes ; mais elle dépend aussi du défaut d'une méthode
rigoureuse. Dans les expériences que l'on peut citer sur ces questions, il n'en est pas une pour ainsi dire dans laquelle des mesu-

res électriques aient été prises, aussi bien lorsque l'action électrique était le résultat que lorsqu'elle était la cause. D'où la quasi-impossibilité de recommencer les expériences dans des conditions identiques et à plus forte raison de déterminer des lois précises.

Le même manque de précision se fait remarquer dans les applications médicales de l'électricité : nous ne parlons pas ici des applications chirurgicales, l'électricité n'agit pas directement alors, mais produit des effets matériels, dégagement de chaleur ou actions chimiques, que l'on peut facilement apprécier et faire varier dans les limites où ils peuvent être utiles. Pour les applications thérapeutiques, tout en ignorant les lois, le mode d'action, on pourrait être parvenu à déterminer empiriquement les conditions dans lesquelles il faut employer l'électricité pour des circonstances données. Or, non seulement ces indications n'existent pas, non seulement aucune *dose* n'est précisée, mais il est souvent impossible de comprendre les renseignements qui sont fournis, dans des observations intéressantes d'ailleurs au point de vue clinique, parce que leurs auteurs semblent attribuer à l'électricité des propriétés, des caractères qui ne correspondent à aucune donnée physique précise.

Les questions d'électrophysiologie et d'électrothérapie ne sont donc pas encore mûres pour entrer dans la science et il nous paraît inutile de résumer ici les données que l'on possède sur ce sujet, données qui, lors même qu'elles seraient plus complètes, ne devraient pas figurer dans un cours de physique. Nous nous bornerons à quelques indications générales montrant comment il convient d'appliquer à ce genre de questions les règles et les lois qui ont été fournies précédemment, et sans chercher à exposer des théories qui sont encore bien incomplètes.

1137. De l'emploi de l'électricité en physiologie. — L'électricité est employée en physiologie directement ou indirectement : indirectement, elle peut être utilisée sous les formes les plus variables, comme par exemple pour l'enregistrement des phénomènes (1106), pour entretenir un mouvement alternatif par l'emploi d'un mécanisme analogue à l'action d'une sonnerie ou d'un électro-diapason (1107), pour des mesures chronographiques, etc. Les courants électriques rendent dans ces circonstances les plus grands services et permettent de mettre en action les appareils les plus délicats et les plus variés. C'est presque toujours par l'intermédiaire d'électro-aimants que l'appareil fonctionne.

Dans quelques cas exceptionnels, l'électricité a été utilisée pour produire un éclairement déterminé, par exemple, un éclairement d'une très courte durée ; la production d'une vive étincelle satisfait à cette condition ; l'étincelle dure un temps extrêmement

court, mais l'impression visuelle a duré beaucoup plus longtemps
à cause de la propriété spéciale de la rétine. Aussi une succession
d'étincelles peut elle donner lieu à un éclairement qui semble continu : cette propriété a pu être mise à profit pour étudier dans
certaines conditions des phénomènes intermittents ou périodiques.

**1138. Conditions des effets physiologiques de l'élec-
tricité**. — L'électricité peut être utilisée en physiologie directement pour l'action qu'elle exerce sur les corps vivants (et c'est
également pour cette action qu'elle peut être un puissant agent thérapeutique); les circonstances sont nombreuses dans lesquelles on
peut l'employer et, l'expérience le montre, les effets sont variés
suivant le mode d'emploi ; mais, dans ce cas encore, on se trouve
en présence de nombreuses obscurités. Non seulement on ignore
comment se produisent les effets observés, ce que l'on ne saura
peut-être jamais, mais on ignore quels sont les éléments importants. Il paraît bien prouvé que les décharges statiques, que les
courants d'induction agissent autrement que les courants continus ;
mais de quoi dépendent les différences ?

Dans le cas d'un courant continu, ces effets peuvent dépendre
de trois éléments, et de trois seulement : l'intensité du courant, la
quantité d'électricité et l'énergie [1].

Il est possible qu'il existe des cas où les effets produits, comme
il arrive pour les actions chimiques, dépendent seulement de la
quantité d'électricité, du nombre de *coulombs* qui ont traversé un
organe, et cela quel que soit le temps employé à cette action (et
par conséquent quelle que soit l'intensité).

Il se peut aussi que l'*intensité* intervienne, c'est-à-dire le nombre d'*ampères* du courant, comme on observe que la déviation de
l'aiguille aimantée dans le galvanomètre ne dépend que de cet élément. Il importe de remarquer que cette donnée est liée d'une
manière absolue, pour un organe donné, à la différence de potentiel
que l'on maintient entre les points par lesquels le courant pénètre
et sort, de telle sorte qu'il est absolument impossible de faire varier
l'un sans faire varier l'autre proportionnellement [2].

---

1. L'idée d'une action chimique qui serait indépendante de ces éléments et
qui serait le fait des courants produits par les piles, sous le prétexte que c'est
une action chimique qui, dans ces appareils, donne naissance à ces courants,
ne repose absolument sur aucune base ; elle est contraire à tout ce que l'on sait
sur la nature des courants, nature qui est indépendante de leur origine, et il est
regrettable qu'elle se trouve répétée dans des ouvrages traitant spécialement des
applications médicales de l'électricité.

2. Si I est l'intensité du courant, E la différence de potentiel et R la résistance
entre les points considérés, on a toujours : $I = \dfrac{E}{R}$.

Enfin, et c'est, croyons-nous, le cas qui doit se présenter en général, bien que nous n'en puissions donner une démonstration certaine, un courant peut agir par l'énergie qu'il rend disponible, sous une forme quelconque : cette énergie peut s'exprimer soit par le produit EI, soit par la forme plus commode RI^2 qui montre que, pour un conducteur déterminé, l'action serait alors proportionnelle au carré de l'intensité.

1139. — Dans le cas de courants interrompus, il se manifeste une autre action qui peut avoir, qui a, pensons-nous également, une grande influence, mais qui a été encore moins bien étudiée que les précédentes : c'est l'action provenant de la *variation* de l'état électrique, de la *variation brusque* de potentiel. Cette action se manifeste même dans le cas des courants continus à la fermeture et à l'ouverture du circuit, elle se manifeste également par les décharges statiques et par les courants d'induction. Elle dépend de la grandeur de cette variation, croissant avec elle ; sans doute elle dépend d'autres éléments, comme la durée de l'action, la répétition rapide des mêmes effets, mais on ne possède aucune donnée à cet égard. On conçoit que ce mode d'action puisse être entièrement différent de celui qui dépend de l'intensité du courant, et cela explique les effets observés, effets qui peuvent être mortels, comme il arrive pour les cas de chute de la foudre ou dans les accidents qui se produisent par le contact avec des conducteurs servant à des éclairages électriques : dans ces cas, la quantité d'électricité qui a agi est minime, sans aucun doute, mais il y a eu des variations de potentiel rapides et considérables.

Toutes ces questions mériteraient d'être étudiées soigneusement, car ce ne sera que lorsqu'elles seront résolues en principe que l'électricité pourra être utilisée d'une manière rationnelle dans les sciences médicales.

Nous devons nous borner ici à indiquer quelles sont les conditions physiques dans lesquelles il convient de se placer, comment on peut les réaliser d'une manière générale et quelles mesures électriques il serait nécessaire de prendre.

Lorsque l'on doit agir sur un organe séparé ou un fragment d'organe, un morceau de nerf, par exemple, la disposition de l'expérience, si elle ne doit pas se prolonger surtout, est aisée à comprendre et il n'y a pas lieu d'insister. Mais pour que ces expériences puissent conduire à quelques résultats, il faut faire des mesures, il faut faire varier l'action électrique à volonté, dans des proportions déterminées.

S'il s'agit d'actions brusques, on peut employer la méthode indiquée par M. Chauveau, et qui consiste à utiliser les différences de potentiel qui existent entre les points d'un conducteur traversé par un courant ou entre les pôles des divers éléments d'une pile isolée [1]. On peut obtenir des effets identiques ou des actions dont le rapport soit connu : bien entendu, pour que les mesures prises soient réellement utiles et comparables dans tous les cas, il faudrait faire des évaluations en *unités* électriques.

1140. — On a employé les courants d'induction surtout pour étudier une succession d'effets : ces appareils sont fort commodes, mais ils ne permettent aucune mesure précise. Tout au plus, peut-on faire usage de bobines à chariot construites le plus semblablement possible, et indiquer pour chaque expérience la position de la bobine mobile ; mais cela ne suffit pas, et il faut en outre préciser l'intensité du courant inducteur et les conditions précises du mouvement de l'interrupteur. Même en obtenant l'identité des appareils pour ces conditions, on ne serait pas sûr d'avoir l'identité des effets, car le courant induit dépend de la résistance du circuit total qu'il traverse ; ce serait donc là un nouvel élément à préciser.

Lors du Congrès des électriciens, une commission a été nommée pour rechercher un moyen de faire des expériences comparables avec les courants induits ; elle n'est arrivée à aucun résultat.

Sur un être vivant ou même sur un organe, un muscle que l'on excite par exemple, l'action ne dépend pas seulement de l'excitation même, mais aussi de l'état de la partie considérée, de sa fatigue ; c'est-à-dire que des excitations *identiques* qui se succèdent ne produisent pas le même effet suivant qu'elles sont plus ou moins rapprochées : il y a là un élément qu'il faut étudier. Il est aisé d'obtenir des excitations plus ou moins rapprochées les unes des autres : on emploie un appareil analogue, par exemple, à l'interrupteur de Foucault et l'on fait varier la durée de son oscillation en déplaçant le contre-poids. Mais le mouvement du corps oscillant changeant, ce n'est pas seulement la durée totale de l'oscillation qui varie, mais la durée de chaque partie, de telle sorte que, en même temps que les contacts qui forment le circuit sont plus rapprochés, ils sont aussi plus brefs. Ce ne seront donc pas des excitations identiques qui se succéderont. Pour obvier à cet inconvénient, MM. Onimus et Trouvé ont construit un interrupteur constitué par un cylindre muni de plusieurs rangées de cames et qui produit des interruptions ou des fermetures ayant toujours la même durée, quel que soit l'intervalle de temps qui les sépare.

Nous avons indiqué quelques-unes des difficultés que présente

____

1. *Ass. fr. pour l'Av. des Sc.* Congrès de Lyon, 1873.

l'emploi des appareils d'induction au point de vue des mesures
qu'il importe de prendre : ces difficultés nous paraissent telles que,
actuellement, nous doutons que, dans la plupart des cas, l'emploi
des machines d'induction puisse fournir des résultats numériques
sérieusement utilisables pour la détermination des lois.

1141. — Dans quelques cas, on emploie les courants continus
dont on prolonge l'action pendant un certain temps ou que l'on
interrompt plus ou moins fréquemment.

Le cas le plus simple est celui où l'action se prolonge : on peut
arriver ici à préciser absolument les conditions de l'expérience.
Mais il ne suffit pas de se borner, comme on le fait trop souvent,
à donner le nombre des éléments dont on s'est servi et leur
nature. Ce qu'il faut avoir, c'est l'intensité du courant, et pour la
calculer ces données sont insuffisantes; il faudrait fournir en plus
la résistance des éléments, celle du circuit extérieur, celle de l'organe même sur lequel on opère. Mais il est plus simple, si l'on
veut préciser l'intensité du circuit, de faire usage d'un galvanomètre étalonné que l'on intercale dans le circuit et qui donne
immédiatement, par une simple lecture, l'intensité cherchée en
ampères, ou fraction d'ampère. C'est là un élément qui, à l'avenir,
ne devra jamais manquer d'être indiqué dans les expériences physiologiques.

D'après ce que nous avons dit plus haut (1138), cette mesure ne
suffirait pas : il faudrait y joindre un autre élément qui permît de
déterminer l'énergie disponible; soit que, à l'aide d'un galvanomètre étalonné, on mesurât la différence de potentiel E entre les
points d'entrée et de sortie du courant, soit que l'on évaluât la
résistance R de l'organe. L'énergie sera mesurée dans le premier
cas par EI, dans le second par RI^2.

En tout cas, il serait à désirer que dans les expériences d'électrophysiologie ces mesures fussent prises, pour permettre de
s'assurer si, par exemple, pour un même organe, R étant constant,
l'effet produit est proportionnel seulement à l'intensité ou au carré
de l'intensité comme nous l'indiquons.

1142. **Effets physiologiques des courants.** — Nous ne
voulons nullement étudier en détail l'action des courants sur les
nerfs et sur les muscles, et nous ne signalerons parmi les faits
connus que ceux qui peuvent être utilisés en physique.

Le courant électrique agissant sur un nerf donne lieu à des
contractions des muscles animés par ce nerf, mais seulement au
moment où il commence et au moment où il finit.

Ce fait important a été successivement étudié par Volta, Valli.
Rumford et Pfaff. Il se démontre, en faisant passer un courant

très faible des nerfs aux muscles, à travers une grenouille préparée
à la Galvani. Lorsque le courant est établi d'une manière invariable, les muscles restent en repos. La rupture du courant détermine une nouvelle secousse des muscles.

Pendant le temps que le courant circule dans les nerfs, il n'y a
pas de contraction; mais cela ne veut pas dire qu'il y ait interruption de l'action. S'il en était autrement, on ne comprendrait pas
qu'il y eût une secousse à la rupture; on ne comprendrait pas
davantage qu'après un certain temps de cette action continue le
musclé cessât de se contracter soit à l'ouverture, soit à la fermeture pour le même courant, bien qu'il n'ait pas perdu cette propriété puisque les mêmes phénomènes se reproduisent après un
certain temps de repos.

Le fait de la continuité de l'action sur les nerfs est d'ailleurs
prouvé par la remarque suivante : lorsque l'on applique les extrémités d'un fil traversé par un courant sur les deux côtés de la
langue, on éprouve une sensation particulière, une saveur spéciale.
Or cette sensation, qui est le résultat de la mise en activité du
nerf, dure autant que le courant et ce n'est pas seulement au commencement et à la fin qu'on l'éprouve.

1143. Grenouille galvanoscopique. — La saveur spéciale
que nous venons de signaler peut être utilisée dans quelques cas

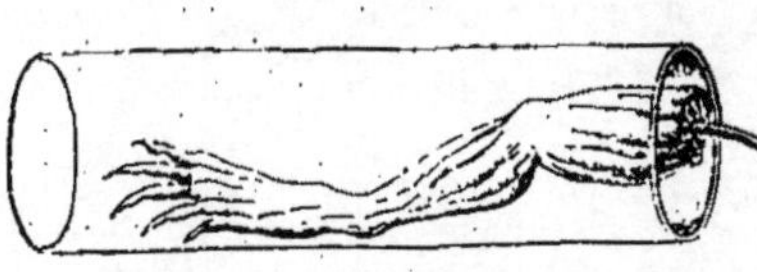

pour reconnaître l'existence
d'un courant. Mais, dans cet
ordre d'idées, on fait usage
plus avantageusement de la
grenouille galvanoscopique,
qui consiste dans une patte
de grenouille munie de son

Fig. 533.

nerf, qu'on introduit dans un tube verni à la gomme-laque pour
qu'elle soit bien isolée; la contraction qu'éprouve cette patte placée
dans un circuit indique le passage d'un courant dans le nerf, mais
seulement au moment où le courant commence et au moment où il
finit.

1144. Électrodes impolarisables. — Dans toutes les expériences relatives aux actions électriques dans les muscles ou les
nerfs, qu'il s'agisse des effets produits par l'électricité, ou qu'il
s'agisse des courants produits par ces organes, il faut prendre des
précautions spéciales pour éviter le phénomène de la polarisation
des électrodes (1048) qui affaiblirait et même annulerait les
courants.

S'il s'agit de faire agir un courant sur un nerf, on prend pour
électrodes deux tubes de verre rétrécis à leur extrémité et bouchés

par des tampons d'argile imbibée d'eau salée, tampons auxquels on donne la forme la plus commode à leur partie libre : les tubes sont remplis d'une dissolution saturée de sulfate de zinc ; des tiges de zinc amalgamé plongent dans le liquide et, par l'autre extrémité, sont reliés aux rhéophores de la pile.

Disons tout de suite que dans le cas où l'on veut étudier les courants produits dans les nerfs ou les muscles, il faut employer une disposition analogue, telle que celle qui a été indiquée par M. Dubois-Reymond. Dans deux vases en verre remplis d'une dissolution saturée de sulfate de

Fig. 534.

zinc, on plonge deux lames de zinc amalgamé qui servent de rhéophores, d'une part ; d'autre part, on dispose avec du papier buvard coupé en bandes que l'on superpose des supports que l'on imbibe de liquide ; sur ces supports on met l'organe à étudier ou, ce qui vaut mieux (de crainte que la dissolution de sulfate de zinc n'agisse sur les tissus), on place sur ces supports des petites masses d'argile imbibée d'eau salée sur lesquelles on fera reposer l'organe.

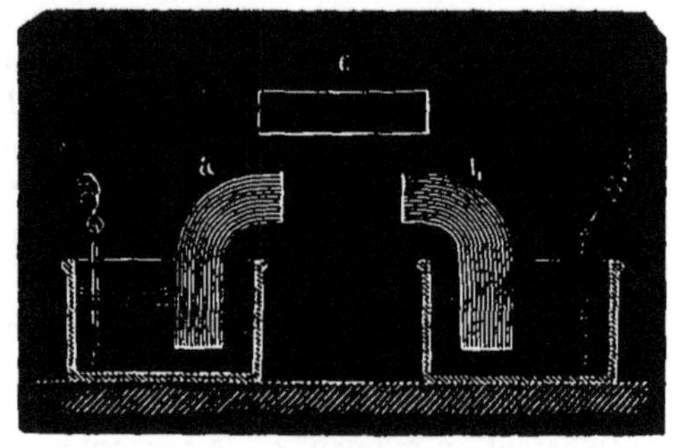

Fig. 535.

Malgré toutes les précautions, on ne fait que diminuer la polarisation sans l'annuler tout à fait. Aussi convient-il après chaque expérience de dépolariser les électrodes ; pour cela, supprimant l'organe étudié on réunit les électrodes par une bandelette de papier c.

Dans quelques modèles, les vases en verre sont supprimés et remplacés par des vases en zinc amalgamé qui sont directement en communication avec les rhéophores.

1145. Diffusion de l'action de l'électricité. — Lorsque

le courant instantané ou continu agit non sur un organe détaché,
sur une partie limitée, mais sur un animal, l'action est, au moins,
bien difficile à localiser. Si l'on met deux électrodes en contact
avec la peau en deux points quelconques, le courant passe de l'une
à l'autre; mais quel chemin suit-il entre ces deux points? on
l'ignore; passe-t-il par la peau seulement, se diffuse-t-il plus ou
moins profondément de manière à agir sur les muscles, les nerfs?
jusqu'à quelle profondeur son action se fait-elle sentir? c'est ce
qu'il est impossible de préciser.

Si même on prend un cas plus simple, si l'on enfonce deux
aiguilles en deux points qui ne soient pas très distants et qu'on les
fasse communiquer avec les pôles d'une pile, le courant passera;
mais bien que, vraisemblablement, il s'établisse principalement
par le chemin le plus direct, il est certain que l'action se fera sentir jusqu'à une certaine distance que rien ne permet de déterminer.

Cette insuffisance d'éléments précis donne une grande incertitude aux résultats de toutes les recherches basées sur l'emploi du
courant dans ces conditions.

**1146. Manifestations électriques chez les êtres orga-
nisés.** — En physiologie, on étudie également les courants électriques qui sont produits dans les organes des animaux, les muscles et les nerfs : ces courants se manifestent soit sur l'organe entier, soit sur des fragments; enfin, les phénomènes électriques
apparaissent soit alors que l'organe est à l'état de repos, soit comme
une conséquence de son fonctionnement ou comme une conséquence d'actions auxquelles il a été soumis auparavant.

Dans les divers cas, il est nécessaire d'employer les électrodes
impolarisables que nous avons décrites plus haut; de plus, ces courants étant faibles, il convient d'employer un appareil très sensible
pour les mettre en évidence.

On a pu reconnaître l'existence d'un courant à l'aide de la grenouille galvanoscopique, par exemple, comme dans l'expérience
suivante de Matteucci. Si l'on fait une incision dans la cuisse d'une
grenouille vivante, et si on introduit au fond de la plaie l'extrémité
du nerf de la grenouille rhéoscopique tandis qu'un autre point
touche la surface de la cuisse, on observe des contractions qui
indiquent un courant dirigé dans le muscle, de l'intérieur à l'extérieur. On obtient des résultats semblables en opérant avec tout
autre muscle coupé appartenant à d'autres animaux vivants, tels
que pigeons, poulets, lapins.

1147. — Généralement, on a recours au galvanomètre pour
reconnaître l'existence des courants musculaires ou nerveux : dans
ce cas, le muscle ou le nerf est le lieu où se manifeste la force élec-

tromotrice, l'action est la même que s'il y avait une pile, par exemple, les indications que nous avons données pour l'emploi du galvanomètre sont applicables (1096); ici, à cause de la très grande résistance des tissus organiques, il convient d'employer un galvanomètre comprenant un grand nombre de spires. On a employé des galvanomètres de 24000 et même 40000 tours; nécessairement, pour que les spires superficielles ne soient pas trop éloignées de l'aiguille, il faut faire usage de fil très fin.

Disons enfin que le téléphone a été employé pour mettre en évidence l'existence de ces courants.

1148. — Il nous paraît absolument impossible de donner aucune explication physique des phénomènes électriques observés comme conséquence d'actions physiologiques proprement dites. Nous ne nous y arrêterons donc pas.

Nous nous bornerons à dire que dans un muscle ou un nerf, ou seulement dans un fragment de ces organes, on a observé entre les différents points des différences de potentiel qui peuvent se traduire par des courants : des faits du même genre existent pour un animal entier. On ignore leur origine, qui est peut-être seulement due aux actions chimiques qui se produisent dans les tissus. Des différences du même genre ont été observées lors de la mise en activité d'un nerf ou d'un muscle, sous une cause extérieure quelconque ou sous l'action de la volonté : les phénomènes électriques sont une des manifestations de l'énergie qui, d'autre part, se traduit par le fonctionnement de l'organe.

Il nous semble que, jusqu'à nouvel ordre, il y a lieu de faire de sérieuses réserves sur les modifications apportées à l'état électrique d'un nerf, par exemple, sous l'influence de l'électricité.

1149. Électricité médicale ; électrothérapie. — Les applications thérapeutiques de l'électricité ont pris maintenant une trop grande importance pour qu'il soit possible de chercher à les indiquer en quelques pages, ni même d'en faire un historique abrégé. Il existe des ouvrages spéciaux qui traitent la question avec détails; il nous suffira de rappeler quelques notions physiques qui doivent constamment être prises en grande considération, d'autant qu'elles sont souvent indiquées d'une manière insuffisante, quand elles ne sont pas interprétées d'une façon absolument erronée.

L'emploi de l'électricité statique ne nous fournit l'occasion de faire aucune remarque spéciale; il en est de même des courants d'induction. On paraît être arrivé à de bons résultats dans différents cas par l'emploi de l'un ou l'autre de ces moyens, mais aucune donnée physique précise n'intervient alors.

Il n'en est pas de même des courants continus, pour lesquels on commence à rechercher une certaine précision : c'est de ceux-là que nous nous occuperons spécialement.

1150. — Ainsi que nous l'avons dit (1138), on ignore quel est, dans le cas des courants continus, la grandeur dont dépendent les effets ; mais qu'il s'agisse de la quantité ou de l'énergie, ces éléments étant directement reliés à l'intensité ($Q = It$, $W = RI^2$), on voit que, pour un même conducteur, un même organe, une même valeur de R par conséquent, c'est de I seulement qu'il faut s'occuper.

Nous insisterons encore sur ce point, souvent méconnu, que, à égalité d'intensité deux courants produiront absolument les mêmes effets dans tous les cas (il s'agit de courants continus, bien entendu) quelle que soit leur origine ; à égalité d'intensité deux courants auront la même action chimique, la même action calorifique dans les mêmes circonstances. C'est donc l'intensité, et l'intensité seule, qu'il y a à faire varier, plus ou moins rapidement, et l'on y arrive aisément en se basant sur les règles générales que nous avons données.

Nous savons que l'intensité du courant fourni par une pile croît avec le nombre des éléments, avec la force électromotrice de chacun, et varie en raison inverse de la résistance totale, qui se compose de la résistance de la pile, de la résistance des fils conducteurs et de la résistance de la partie électrisée (1013). Pour augmenter l'intensité, il faut donc prendre des éléments ayant la plus grande force électromotrice et la plus petite résistance possible, diminuer les conducteurs interpolaires. Quant à la partie sur laquelle on opère, on ne peut modifier à volonté sa résistance, ou du moins elle est indépendante des causes de production du courant. Donnons quelques indications sur cette résistance.

1151. **Résistance des tissus organisés**. — La résistance dépend de la longueur, de la section et de la nature du milieu traversé par le courant. La longueur est connue, et généralement on ne peut modifier la section ni la nature des milieux traversés, on les ignore même : il y a donc là une série d'éléments absolument en dehors de la volonté de l'opérateur. Ce que l'on peut dire seulement, c'est que cette résistance est très grande : elle peut être évaluée à plusieurs milliers d'ohms dans tous les cas.

Mais il est un élément dont l'influence est grande : c'est la surface de contact entre les électrodes et la peau ; là encore, il y a une résistance qui diminue quand la surface augmente et qui dépend de l'état des corps en contact ; elle est énorme si les corps sont secs, elle diminue notablement si l'électrode et la peau sont humides. Enfin la couche de matière sébacée, qui existe en général sur la peau, oppose également un obstacle représentant une grande résistance : on la diminue en enlevant cette matière grasse par un lavage à l'eau de savon ou à l'alcool.

Quoi qu'il en soit, et quelque précaution que l'on prenne, il faut savoir que cette résistance dépassera toujours de beaucoup la résistance de la pile.

1152. — Cette remarque montre que l'effet d'une résistance un peu notable de la pile est minime et ne présente pas grand inconvénient : soit, par exemple, une pile de 50 éléments Daniell, dont la force électromotrice est de $1^{volt},08$ pour chaque élément et qui est destinée à faire passer un courant dans une résistance de 5000 ohms : si on emploie des éléments à grande surface, on pourra amener la résistance à être de 5 ohms, par exemple, par élément et le courant aura une intensité

$$I = \frac{50 \times 1,08}{5000 + 250} = 0^{amp},103.$$

Si les éléments ont une résistance double, soit 10 ohms, l'intensité est

$$I = \frac{50 \times 1,08}{5000 + 500} = 0^{amp},098 ;$$

la diminution est seulement de moins de 5 0/0.

1153. — Mais il faut savoir que s'il n'y a pas grand inconvénient à augmenter la résistance de la pile, il n'y a aucun avantage, parce que, comme nous l'avons indiqué, il n'existe point de relation entre la grandeur des surfaces et par conséquent entre la résistance d'un élément et sa force électromotrice ; c'est là une opinion répandue, mais qui est absolument erronée.

Nous ajouterons que comme on ignore toujours, on peut le dire, la résistance de la partie sur laquelle on doit agir, puisque d'une séance à une autre, entre les mêmes points, la résistance peut varier, ne fût-ce que par l'état de la peau, on ne peut calculer l'intensité du courant, même en étant complètement renseigné sur les constantes de la pile, ce qui n'est pas le cas général ; il faut donc de toute nécessité faire usage d'un galvanomètre dont les indications renseignent absolument sur l'*intensité* du courant, quelles que soient les circonstances extérieures. Il conviendrait d'employer des galvanomètres étalonnés donnant la mesure, en milliampères, des courants employés; c'est le seul moyen de rendre comparables les observations des expérimentateurs différents; mais pour un observateur faisant toujours usage du même appareil, il serait possible d'employer un galvanomètre non étalonné, les indications fournies étant comparables entre elles, bien que n'étant pas déterminées d'une manière absolue.

1154. Nécessité de la graduation des courants continus. — Lorsque l'on emploie les courants continus, le commencement et la fin de l'application du courant sont douloureux, si le courant a immédiatement l'intensité avec laquelle il doit être employé : il en est de même si, pendant le cours de la séance, on augmente ou diminue brusquement cette intensité. Cette remarque, qui est entièrement d'accord avec ce que nous avons dit sur les variations électriques brusques, a conduit dès longtemps à la règle de faire varier les courants toujours d'une manière progressive. Deux moyens différents ont été employés principalement.

Dans plusieurs appareils destinés aux usages médicaux et comprenant une pile, tous les éléments de cette pile sont toujours employés à la fois ; mais entre la pile et la partie à électriser, on intercale une résistance que l'on peut faire varier depuis une valeur très considérable jusqu'à zéro. Lorsque l'on commence l'application du courant, on donne à la résistance sa valeur maxima : le courant est alors très faible ; on diminue ensuite progressivement la résistance, jusqu'à ce que le courant ait atteint la valeur fixée. Lorsque l'on veut cesser l'action, on opère en sens inverse, c'est-à-dire que l'on augmente peu à peu la résistance jusqu'à rendre le courant extrêmement faible : on peut alors retirer les électrodes sans provoquer aucune sensation douloureuse.

La résistance variable peut être de formes diverses : ce peut être un assemblage de bobines de résistance (1010) ; on peut employer le *modérateur* de Duchenne de Boulogne, tube de verre rempli d'eau dans lequel pénètre une tige métallique qu'on enfonce plus ou moins, ce qui permet de faire varier l'épaisseur de la couche d'eau traversée par le courant et par suite la résistance du conducteur.

Bien entendu la valeur de cette résistance ne renseigne pas sur l'intensité du courant qui est liée en outre à la résistance extérieure, et cet appareil ne peut en aucun cas dispenser de l'emploi du galvanomètre.

1155. — Dans d'autres appareils, on a résolu le problème de faire varier progressivement le courant en introduisant un nombre croissant d'éléments dans le circuit. Pour cela, les pôles de tous les éléments sont reliés par des fils à un commutateur spécial comprenant une ou deux manettes mobiles ; en déplaçant celles-ci, on intercale à volonté 1, 2, 3... 10, 11... éléments dans le circuit, faisant ainsi croître le courant peu à peu. On opère en sens contraire pour diminuer le courant.

Mais une précaution spéciale est nécesssaire : il ne faut pas qu'en faisant passer la manette d'une position à une autre, le circuit soit jamais interrompu, parce que, alors, il y aurait cessation d'un courant, puis reprise d'un autre courant presque égal, d'où deux sensations douloureuses. Aussi la manette est-elle élargie à l'extrémité qui sert de contact, de manière à ne jamais quitter le pôle d'un élément sans être déjà en communication avec l'élément suivant.

Cette disposition donne de bons résultats, quoique la variation du courant soit moins progressive. Elle a été vantée, parce qu'elle évitait l'usure inutile des éléments, ne laissant fonctionner que ceux qui étaient nécessaires : mais c'est là une illusion; et il n'y a pas de différence entre les deux dispositions à ce point de vue. A égalité d'intensité, bien entendu, si l'on n'a qu'un petit nombre d'éléments dans le circuit, chacun d'eux s'usera plus vite que si l'on en avait un grand nombre. Cela tient à ce que l'usure n'est pas toujours la même pour le même élément en un même temps, et qu'elle dépend de la résistance totale, diminuant, comme l'intensité, lorsque celle-ci augmente et inversement.

1156. Inutilité des piles très résistantes. — Dans le cas des applications médicales et chirurgicales (galvano-caustique), on a défendu quelquefois l'emploi des piles résistantes, en se basant sur un théorème que nous avons énoncé et dans lequel il est dit que l'on obtient l'effet maximum dans un conducteur lorsque sa résistance est égale à celle de la pile : nous avons déjà insisté sur ce point et nous avons dit (1020) que, pour une *pile donnée*, il faut faire varier le conducteur, en effet, jusqu'à ce que cette condition soit satisfaite. Mais dans le cas dont nous nous occupons, les circonstances ne sont pas les mêmes : on dispose d'une pile dont on peut faire varier le nombre des éléments tandis que le *conducteur* est donné et alors qu'il s'agisse de la différence de potentiel, de l'intensité ou de l'énergie, l'effet croîtra *toujours* lorsque la force électromotrice croîtra et lorsque la résistance décroîtra.

FIN

ERRATA

Pages	Lignes	*Au lieu de :*	*Lisez :*
92	24	Propriétés mécaniques des corps	Propriétés moléculaires
214	33	Chapitre IV	Chapitre V
223	1	Chapitre V	Chapitre VI
271	24	Chapitre VI	Chapitre VII
287	5	375	374
298	26	32,33 64,66 129,32 258,65 517,3	32,62 65,25 130,5 261 522
298	28	870 1034,6 2069,2 4138,4 8276,8	870 1044 2088 4176 8352
332	12	dans la force vive du corps considéré	dans la force vive correspondant au mouvement vibratoire des molécules du corps considéré

Sceaux. — Imp. Charaire et fils.

TABLE ALPHABÉTIQUE

www.ingramcontent.com/pod-product-compliance
Ingram Content Group UK Ltd.
Pitfield, Milton Keynes, MK11 3LW, UK
UKHW020956140726
13695UKWH00001B/4